实变函数习题精选

徐森林 胡自胜 金亚东 薛春华 编

清华大学出版社
北京

内容简介

实变函数论是数学的一个重要分支，它在近代数学的各分支中有着广泛而深刻的应用.

本书详细解答了由徐森林、薛春华编写的《实变函数论》中的练习题和复习题，尤其是其中的难题.它可帮助解难题有困难的读者渡过难关，也可帮助青年教师更好、更有信心地教好这门课.

对应于原书，该书共分4章.全书的主要特点是：1.一题多解，使读者打开思路，开阔视野.每题叙述清晰，论证严密；2.给出解题思路，突出关键；3.解答难题时，注意对分析能力与研究能力的培养，尤其是创造性能力的培养；4.注重一般测度论和一般积分理论的论述，有利于概率统计方向的学生对学习研究能力的培养；5.内容、例题的训练与难题解答连贯起来，以使读者融会贯通，获得较强的分析功夫，在学习和研究上呈现出一个飞跃.

本书可作为综合性大学、理工科大学、高等师范院校数学系数学、概率统计和应用数学专业学生的学习辅助用书.对从事数学分析、实变函数教学工作的青年教师是一部极好的教学参考书.

图书在版编目(CIP)数据

实变函数习题精选/徐森林等编.—北京：清华大学出版社，2011.8（2025.9重印）
ISBN 978-7-302-25099-9

Ⅰ.①实… Ⅱ.①徐… Ⅲ.①实变函数—高等学校—习题集 Ⅳ.①O174.1-44

中国版本图书馆CIP数据核字(2011)第047576号

责任编辑：刘　颖
责任校对：王淑云
责任印制：刘　菲

出版发行：清华大学出版社
网　　址：https://www.tup.com.cn，https://www.wqxuetang.com
地　　址：北京清华大学学研大厦A座　　**邮　　编**：100084
社 总 机：010-83470000　　**邮　　购**：010-62786544
投稿与读者服务：010-62776969，c-service@tup.tsinghua.edu.cn
质量反馈：010-62772015，zhiliang@tup.tsinghua.edu.cn
印 装 者：天津鑫丰华印务有限公司
经　　销：全国新华书店
开　　本：185mm×230mm　　**印　　张**：31　　**字　　数**：673千字
版　　次：2011年8月第1版　　**印　　次**：2025年9月第6次印刷
定　　价：96.00元

产品编号：033497-02

前 言

实变函数是培养学生研究能力的一门极其重要的基础课，也是数学系最难的一门基础课. 其核心内容是测度论和积分理论. 它是近代分析数学的必备知识. 全书主要解答由徐森林、薛春华编写的清华大学出版社出版的《实变函数论》中给出的全部练习题和复习题. 本书是为了帮助那些解难题有困难的读者渡过难关；也是为了帮助讲授实变函数的年轻教师能更好、更有信心地教好这门课. 中国科学技术大学数学系 1977 级出了一大批有名的年轻数学家，大量实变函数论的难题的训练是成功的重要关键.

本书对应于原书共分 4 章. 每章开头都有主要概念和定理的简述，其中还包括一些例题的结论，便利读者阅读习题解答，为了与原教材保持一致，沿用了教材中的序号. 全书的主要特点是：1. 一题多解，使读者可打开思路，开阔视野. 每题叙述清晰，论证严密；2. 给出解题思路，突出关键；3. 难题解答时，注意到分析能力与研究能力的培养. 尤其是创造性能力的培养；4. 注意到一般测度论和一般积分理论的论述，有利于概率统计学生的学习和研究能力的培养；5. 内容、例题的训练与难题解答连贯起来，定能使读者融会贯通，获得很强的分析功夫，使读者在学习和研究上呈现出一个飞跃.

众所周知，一位专心于数学研究的人必须懂得：证明一个命题有三种方法. 1. 应用定义、定理和公式；2. 与自然数 n 有关的命题可用数学归纳法；3. 应用反证法. 另一方面，要说明一个命题不真，只要举一个反例. 自然，反例越简单越好. 原书的练习题一般只需熟读该节之前的定义(概念)、定理和例题以及它们的证明方法就能解决，而每章的复习题就应熟读该章之前的定义、定理、例题、习题及它们的各种证法. 并通过反复的思考、分析，确定应用哪一种证法，哪一个定理. 按照正确独特的思路和方法去解决它. 特别难的题是极少数. 也许几天、几月也不一定想得出来. 能力达不到的读者就去阅读本书相应的解答是很有益的. 能力特别强的读者可继续想，直到完全想清楚. 尤其是关键部分能想出来，体现了读者的智力超强，体现了读者的创造性能力. 这是将来研究的方法和结果创新的源泉.

在编写本书的过程中，得到了中国科学技术大学数学系领导和教师们的热情鼓励和大力支持. 作者谨在此对他们表示诚挚的感谢.

还要特别感谢的是清华大学出版社的刘颖博士，他为本书的出版提供了热情帮助和建设性的意见.

徐森林　胡自胜

金亚东　薛春华

目　录

第1章　集合运算、集合的势、集类

1.1　集合运算及其性质

定理 1.1.1

(1) 交换律：$A\cup B=B\cup A, A\cap B=B\cap A$.

(2) 结合律：$A\cup(B\cup C)=(A\cup B)\cup C, A\cap(B\cap C)=(A\cap B)\cap C$.

(3) 分配律：$A\cap(B\cup C)=(A\cap B)\cup(A\cap C), A\cup(B\cap C)=(A\cup B)\cap(A\cup C)$.

更一般地，有

$$A\cap\left(\bigcup_{\alpha\in\Gamma}B_\alpha\right)=\bigcup_{\alpha\in\Gamma}(A\cap B_\alpha),\quad A\cup\left(\bigcap_{\alpha\in\Gamma}B_\alpha\right)=\bigcap_{\alpha\in\Gamma}(A\cup B_\alpha).$$

(4) 此外，若设 $A,B\subset X$，还有

$$A\cup A^c=X,\quad A\cap A^c=\varnothing,\quad (A^c)^c=A,\quad X^c=\varnothing,\quad \varnothing^c=X,$$

$$A-B=A\cap B^c,\quad A\supset B\Leftrightarrow A^c\subset B^c,\quad A\cap B=\varnothing\Leftrightarrow A\subset B^c.$$

定理 1.1.2　(de Morgan 公式)

$$X-\bigcup_{\alpha\in\Gamma}A_\alpha=\bigcap_{\alpha\in\Gamma}(X-A_\alpha),\quad X-\bigcap_{\alpha\in\Gamma}A_\alpha=\bigcup_{\alpha\in\Gamma}(X-A_\alpha).$$

如果 $A_\alpha\subset X(\forall\alpha\in\Gamma)$，$X$ 为全空间，上述两式变为

$$\left(\bigcup_{\alpha\in\Gamma}A_\alpha\right)^c=\bigcap_{\alpha\in\Gamma}A_\alpha^c,\quad \left(\bigcap_{\alpha\in\Gamma}A_\alpha\right)^c=\bigcup_{\alpha\in\Gamma}A_\alpha^c.$$

定理 1.1.3　称 $A\Delta B=(A-B)\cup(B-A)$ 为集合 A 与 B 的**对称差集**，则：

(1) $A\cup B=(A\cap B)\cup(A\Delta B)$.

(2) $A\Delta\varnothing=A, A\Delta A=\varnothing, A\Delta A^c=X, A\Delta X=A^c$.

(3) 交换律：$A\Delta B=B\Delta A$.

(4) 结合律：$(A\Delta B)\Delta C=A\Delta(B\Delta C)$.

(5) 交与对称差满足分配律：

$$A\cap(B\Delta C)=(A\cap B)\Delta(A\cap C).$$

(6) $A^c\Delta B^c=A\Delta B$.

(7) 对 $\forall A,B$，$\exists_1$(存在惟一)E, s. t.　$E\Delta A=B$.

称

$$\overline{\lim_{k\to+\infty}} A_k = \limsup_{k\to+\infty} A_k \xlongequal{\text{def}} \{x \mid \exists \text{ 无穷个 } k, \quad \text{s.t.} \quad x \in A_k\}$$
$$= \{x \mid \text{对 } \forall n \in \mathbb{N}, \exists k \geqslant n, \quad \text{s.t.} \quad x \in A_k\}$$

为集合列$\{A_k\}$的**上极限集**(**或上限集**).

称

$$\underline{\lim_{k\to+\infty}} A_k = \liminf_{k\to+\infty} A_k \xlongequal{\text{def}} \{x \mid \text{只有有限个 } k, \text{s.t.} \quad x \notin A_k\}$$
$$= \{x \mid \exists n_0 \in \mathbb{N}, \text{当 } k \geqslant n_0 \text{ 时}, \quad x \in A_k\}$$

为集合列$\{A_k\}$的**下极限集**(**或下限集**).

显然

$$\bigcap_{k=1}^{\infty} A_k \subset \underline{\lim_{k\to+\infty}} A_k \subset \overline{\lim_{k\to+\infty}} A_k \subset \bigcup_{k=1}^{\infty} A_k.$$

如果$\overline{\lim\limits_{k\to+\infty}} A_k = \underline{\lim\limits_{k\to+\infty}} A_k$,则称集列$\{A_k\}$**有极限**,或是**收敛的**. 记此**极限**为

$$\lim_{k\to+\infty} A_k \left(= \overline{\lim_{k\to+\infty}} A_k = \underline{\lim_{k\to+\infty}} A_k\right).$$

定理 1.1.4 (用可数交、可数并表示上、下极限)设$\{A_k\}$为集列,则:

(1) $\overline{\lim\limits_{k\to+\infty}} A_k = \bigcap\limits_{n=1}^{\infty} \bigcup\limits_{k=n}^{\infty} A_k$. (2) $\underline{\lim\limits_{k\to+\infty}} A_k = \bigcup\limits_{n=1}^{\infty} \bigcap\limits_{k=n}^{\infty} A_k$.

定理 1.1.5 设$\{A_k\}$为单调增(减)集列,即

$$A_1 \subset A_2 \subset \cdots \subset A_k \subset A_{k+1} \subset \cdots (A_1 \supset A_2 \supset \cdots \supset A_k \supset A_{k+1} \supset \cdots),$$

则

$$\lim_{k\to+\infty} A_k = \bigcup_{k=1}^{\infty} A_k \left(\bigcap_{k=1}^{\infty} A_k\right).$$

定理 1.1.6 (1) $X - \overline{\lim\limits_{k\to+\infty}} A_k = \underline{\lim\limits_{k\to+\infty}} (X - A_k)$. (2) $X - \underline{\lim\limits_{k\to+\infty}} A_k = \overline{\lim\limits_{k\to+\infty}} (X - A_k)$.

定义 1.1.1 设 X,Y 为非空集合,$f: X\to Y, x \overset{\text{惟一}}{\mapsto} y = f(x)$为(单值)**映射**.

如果对$\forall y\in Y, \exists x\in X$, s. t. $y = f(x)$,则称 f 为**满**(**映**)射,或**从 X 到 Y 上的映射**(简称**在上映射**).

如果 $f(x_1) = f(x_2)$必有 $x_1 = x_2$(或 $x_1 \neq x_2$ 必有 $f(x_1) \neq f(x_2)$),则称 f 为**单射**.

如果 f 既为满射又为单射,则称它为**双射或一一映射**. 此时,f 的逆映射 f^{-1} 也为一一映射,且

$$f^{-1}(y) = x \leftrightarrow y = f(x).$$

设 $A\subset X$,称 $f(A) = \{f(x) \mid x\in A\} \subset Y$ 为 A 在 f 下的**像集**($f(\varnothing) \xlongequal{\text{def}} \varnothing$). 显然,$f(X)$为 f 的**值域**.

设 $B\subset Y$,称 $f^{-1}(B) = \{x\in X \mid f(x) \in B\} \subset X$ 为 B 关于 f 的**原像**. 显然,$f^{-1}(Y) = X$.

因此，f 为单射时，$f: X \to f(X)$ 为一一映射.

定理 1.1.7　设 $f: X \to Y$ 为映射，则：

(1) $f\left(\bigcup_{\alpha \in \Gamma} A_\alpha\right) = \bigcup_{\alpha \in \Gamma} f(A_\alpha)$.

(2) $f\left(\bigcap_{\alpha \in \Gamma} A_\alpha\right) \subset \bigcap_{\alpha \in \Gamma} f(A_\alpha)$，但 $f\left(\bigcap_{\alpha \in \Gamma} A_\alpha\right) \supset \bigcap_{\alpha \in \Gamma} f(A_\alpha)$ 不必成立.

(3) 若 $B_1 \subset B_2$，则 $f^{-1}(B_1) \subset f^{-1}(B_2)$.

(4) $f^{-1}\left(\bigcup_{\beta \in \Lambda} B_\beta\right) = \bigcup_{\beta \in \Lambda} f^{-1}(B_\beta)$.

(5) $f^{-1}(B^c) = (f^{-1}(B))^c$.

定义 1.1.2　如果 $Y = \mathbb{R}$，则称 $f: X \to Y = \mathbb{R}$ 为**实函数**.

设 $A \subset X$，我们称

$$\chi_A : X \to \mathbb{R},$$

$$x \mapsto \chi_A(x) \overset{\text{def}}{=\!=} \begin{cases} 1, & x \in A, \\ 0, & x \in X - A (\text{或 } x \notin A) \end{cases}$$

为定义在 X 上的关于它的子集 A 的**特征函数**. 显然

$$x \in A \Leftrightarrow \chi_A(x) = 1.$$

定理 1.1.8

(1) $A = B \Leftrightarrow \chi_A = \chi_B$；　　$A \neq B \Leftrightarrow \chi_A \neq \chi_B$；

$A \Delta B = \{x \mid \chi_A(x) \neq \chi_B(x)\}$.

(2) $A \subset B \Leftrightarrow \chi_A(x) \leqslant \chi_B(x)$，　$\forall x \in X$.

(3) $\chi_{A \cup B}(x) = \chi_A(x) + \chi_B(x) - \chi_{A \cap B}(x)$.

(4) $\chi_{A \cap B}(x) = \chi_A(x) \cdot \chi_B(x)$.

(5) $\chi_{A-B}(x) = \chi_A(x)[1 - \chi_B(x)]$.

(6) $\chi_{A \Delta B}(x) = \left|\chi_A(x) - \chi_B(x)\right|$.

【1】　证明：de Morgan 公式中的第 1 式

$$X - \bigcup_{\alpha \in \Gamma} A_\alpha = \bigcap_{\alpha \in \Gamma} (X - A_\alpha).$$

证明　因为

$$\begin{aligned} x \in X - \bigcup_{\alpha \in \Gamma} A_\alpha &\Leftrightarrow x \in X, x \notin \bigcup_{\alpha \in \Gamma} A_\alpha \\ &\Leftrightarrow x \in X, \forall \alpha \in \Gamma, x \notin A_\alpha \\ &\Leftrightarrow \forall \alpha \in \Gamma, x \in X - A_\alpha \\ &\Leftrightarrow x \in \bigcap_{\alpha \in \Gamma} (X - A_\alpha), \end{aligned}$$

所以

$$X-\bigcup_{\alpha\in\Gamma}A_\alpha=\bigcap_{\alpha\in\Gamma}(X-A_\alpha).\qquad\Box$$

【2】 设 $A_\alpha(\alpha=1,2,\cdots)$为一集列.

(1) 令 $B_1=A_1,B_n=A_n-\bigcup\limits_{i=1}^{n-1}A_i(n\geqslant 2)$. 证明：$B_n(n=1,2,\cdots)$为一个彼此不相交的集列，并且

$$\bigcup_{i=1}^{n}A_i=\bigcup_{i=1}^{n}B_i,\quad n=1,2,\cdots;$$

$$\bigcup_{i=1}^{\infty}A_i=\bigcup_{i=1}^{\infty}B_i.$$

(2) 如果 $A_n(n=1,2,\cdots)$单调减(即 $A_1\supset A_2\supset\cdots\supset A_n\supset\cdots$)的集列，证明：

$$A_1=(A_1-A_2)\cup(A_2-A_3)\cup\cdots\cup(A_n-A_{n+1})\cup\cdots\cup\Big(\bigcap_{i=1}^{\infty}A_i\Big),$$

并且其中各项互不相交.

证明 (1) 证法 1 显然，$B_i=A_i-\bigcup\limits_{j=1}^{i-1}A_j\subset A_i$，故 $\bigcup\limits_{i=1}^{n}B_i\subset\bigcup\limits_{i=1}^{n}A_i$.

反之，若 $x\in\bigcup\limits_{i=1}^{n}A_i$，①$x\in A_1$，则 $x\in A_1=B_1\subset\bigcup\limits_{i=1}^{n}B_i$；②$x\notin A_i,i=1,2,\cdots,m$，$x\in A_{m+1}$，则 $x\in A_{m+1}-\bigcup\limits_{i=1}^{m}A_i=B_{m+1}\subset\bigcup\limits_{i=1}^{n}B_i$. 因此，$\bigcup\limits_{i=1}^{n}A_i\subset\bigcup\limits_{i=1}^{n}B_i$.

综上得到

$$\bigcup_{i=1}^{n}A_i=\bigcup_{i=1}^{n}B_i.$$

易见，由 $B_i=A_i-\bigcup\limits_{j=1}^{i-1}A_j\subset A_i$ 知 $\bigcup\limits_{i=1}^{\infty}B_i\subset\bigcup\limits_{i=1}^{\infty}A_i$.

反之，若 $x\in\bigcup\limits_{i=1}^{\infty}A_i$，①$x\in A_1$，则 $x\in A_1=B_1\subset\bigcup\limits_{i=1}^{\infty}B_i$；②$x\notin A_i,i=1,2,\cdots,m$，$x\in A_{m+1}$，则 $x\in A_{m+1}-\bigcup\limits_{i=1}^{m}A_i=B_{m+1}\subset\bigcup\limits_{i=1}^{\infty}B_i$. 因此，$\bigcup\limits_{i=1}^{\infty}A_i\subset\bigcup\limits_{i=1}^{\infty}B_i$.

综上得到

$$\bigcup_{i=1}^{\infty}A_i=\bigcup_{i=1}^{\infty}B_i.$$

证法 2 (归纳法)当 $n=1$ 时，有

$$\bigcup_{i=1}^{1}A_i=A_1=B_1=\bigcup_{i=1}^{1}B_i.$$

假设 $n=k$ 时，有 $\bigcup_{i=1}^{k} A_i=\bigcup_{i=1}^{k} B_i$，则

$$\bigcup_{i=1}^{k+1} B_i=B_{k+1}\cup\left(\bigcup_{i=1}^{k} B_i\right)=\left(A_{k+1}-\bigcup_{i=1}^{k} A_i\right)\cup\left(\bigcup_{i=1}^{k} A_i\right)=\bigcup_{i=1}^{k+1} A_i.$$

因此，对 $\forall n\in\mathbb{N}$，有 $\bigcup_{i=1}^{n} A_i=\bigcup_{i=1}^{n} B_i$.

再证 $\bigcup_{i=1}^{\infty} A_i=\bigcup_{i=1}^{\infty} B_i$. 事实上，由

$$A_i\subset\bigcup_{j=1}^{i} A_j=\bigcup_{j=1}^{i} B_j\subset\bigcup_{j=1}^{\infty} B_j=\bigcup_{i=1}^{\infty} B_i,$$

故 $\bigcup_{i=1}^{\infty} A_i\subset\bigcup_{i=1}^{\infty} B_i$. 同理，$\bigcup_{i=1}^{\infty} B_i\subset\bigcup_{i=1}^{\infty} A_i$.（或者由 $B_i=A_i-\bigcup_{j=1}^{i} A_j\subset A_i$ 推得上式）. 于是

$$\bigcup_{i=1}^{\infty} A_i=\bigcup_{i=1}^{\infty} B_i.$$

(2) 因为 $A_1-A_2\subset A_1, A_2-A_3\subset A_2\subset A_1,\cdots,A_n-A_{n+1}\subset A_n\subset A_{n-1}\subset\cdots\subset A_1$，$\bigcap_{i=1}^{\infty} A_i\subset A_1$，所以

$$(A_1-A_2)\cup(A_2-A_3)\cup\cdots\cup(A_n-A_{n+1})\cup\cdots\cup\left(\bigcap_{i=1}^{\infty} A_i\right)\subset A_1.$$

反之，对 $\forall x\in A_1$，有两种情形：

① $x\in\bigcap_{i=1}^{\infty} A_i$；

② $x\notin\bigcap_{i=1}^{\infty} A_i$，则 $x\notin A_{i_0}$，且 $x\in A_i, i=1,2,\cdots,i_0-1$，则 $x\in A_{i_0-1}-A_{i_0}$. 于是

$$x\in(A_1-A_2)\cup(A_2-A_3)\cup\cdots\cup(A_n-A_{n+1})\cup\cdots\cup\left(\bigcap_{i=1}^{\infty} A_i\right),$$

$$A_1\subset(A_1-A_2)\cup(A_2-A_3)\cup\cdots\cup(A_n-A_{n+1})\cup\cdots\cup\left(\bigcap_{i=1}^{\infty} A_i\right).$$

综合上述得到

$$A_1=(A_1-A_2)\cup(A_2-A_3)\cup\cdots\cup(A_n-A_{n+1})\cup\cdots\cup\left(\bigcap_{i=1}^{\infty} A_i\right).$$ □

【3】 设 $\{A_n\}$ 和 $\{B_n\}(n=1,2,\cdots)$ 为两个集列.

(1) 证明：$\bigcup_{n=1}^{\infty}(A_n\cap B_n)\subset\left(\bigcup_{n=1}^{\infty} A_n\right)\cap\left(\bigcup_{n=1}^{\infty} B_n\right)$.

(2) 举例说明：$\bigcup_{n=1}^{\infty}(A_n\cap B_n)\not\supset\left(\bigcup_{n=1}^{\infty} A_n\right)\cap\left(\bigcup_{n=1}^{\infty} B_n\right)$.

(3) 如果 $\{A_n\}$ 和 $\{B_n\}(n=1,2,\cdots)$ 都是单调增的集列，证明：

$$\bigcup_{n=1}^{\infty}(A_n\cap B_n)=\left(\bigcup_{n=1}^{\infty}A_n\right)\cap\left(\bigcup_{n=1}^{\infty}B_n\right).$$

证明

(1) 因为 $A_n\cap B_n\subset A_n\subset\bigcup_{i=1}^{\infty}A_i$，$A_n\cap B_n\subset B_n\subset\bigcup_{i=1}^{\infty}B_i$，故

$$\bigcup_{n=1}^{\infty}(A_n\cap B_n)\subset\left(\bigcup_{i=1}^{\infty}A_i\right)\cap\left(\bigcup_{i=1}^{\infty}B_i\right)=\left(\bigcup_{n=1}^{\infty}A_n\right)\cap\left(\bigcup_{n=1}^{\infty}B_n\right).$$

(2) 设 $A_n=\{n\},n\in\mathbb{N}$; $B_1=\varnothing,B_n=\{n-1\},n=2,3,\cdots$. 则

$$\bigcup_{n=1}^{\infty}(A_n\cap B_n)=\bigcup_{n=1}^{\infty}\varnothing=\varnothing\not\supset\mathbb{N}=\mathbb{N}\cap\mathbb{N}=\left(\bigcup_{n=1}^{\infty}A_n\right)\cap\left(\bigcup_{n=1}^{\infty}B_n\right).$$

(3) 由(1)知

$$\bigcup_{n=1}^{\infty}(A_n\cap B_n)\subset\left(\bigcup_{n=1}^{\infty}A_n\right)\cap\left(\bigcup_{n=1}^{\infty}B_n\right).$$

另一方面，对 $\forall x\in\left(\bigcup_{n=1}^{\infty}A_n\right)\cap\left(\bigcup_{n=1}^{\infty}B_n\right)$，即 $x\in\bigcup_{n=1}^{\infty}A_n$，且 $x\in\bigcup_{n=1}^{\infty}B_n$. 则必有 $x\in A_{n_1},x\in B_{n_2}$，不妨设 $n_1\leqslant n_2$. 又因 $\{A_n\mid n\in\mathbb{N}\}$ 为递增集列，故

$$x\in A_{n_1}\subset A_{n_2},$$

于是

$$x\in A_{n_2}\cap B_{n_2}\subset\bigcup_{n=1}^{\infty}(A_n\cap B_n),$$

$$\left(\bigcup_{n=1}^{\infty}A_n\right)\cap\left(\bigcup_{n=1}^{\infty}B_n\right)\subset\bigcup_{n=1}^{\infty}(A_n\cap B_n).$$

综合上述，有

$$\bigcup_{n=1}^{\infty}(A_n\cap B_n)=\left(\bigcup_{n=1}^{\infty}A_n\right)\cap\left(\bigcup_{n=1}^{\infty}B_n\right).$$ □

【4】 设 A,B,E 为全集 X 中的子集，证明：

$$B=(E\cap A)^c\cap(E^c\cup A)\Leftrightarrow B^c=E.$$

证明 证法 1

$$\begin{aligned}B&=(E\cap A)^c\cap(E^c\cup A)\xlongequal{\text{de Morgan公式}}(E^c\cup A^c)\cap(E^c\cup A)\\&=E^c\cup(A^c\cap A)=E^c\cup\varnothing=E^c\\&\Leftrightarrow B^c=E.\end{aligned}$$

证法 2

$$\begin{aligned}B&=(E\cap A)^c\cap(E^c\cup A)\\&\Leftrightarrow B^c=((E\cap A)^c\cap(E^c\cup A))^c\\&\xlongequal{\text{de Morgan公式}}(E\cap A)\cup(E^c\cup A)^c\\&\xlongequal{\text{de Morgan公式}}(E\cap A)\cup(E\cap A^c)\\&=E\cap(A\cup A^c)=E\cap X=E.\end{aligned}$$

证法 3

$$\begin{aligned}B &= (E\cap A)^c\cap(E^c\cup A)=(E^c\cup A^c)\cap(E^c\cup A)\\ &=(E^c\cap E^c)\cup(A^c\cap E^c)\cup(A^c\cap A)\cup(E^c\cap A)\\ &=E^c\cup(A\cup E)^c\cup\varnothing\cup(E^c\cap A)\\ &=E^c\cup(A\cup E)^c=(E\cap(A\cup E))^c=E^c\\ &\Leftrightarrow B^c=E.\end{aligned}$$

□

【5】 设 $A_{2k-1}=\left(0,\frac{1}{k}\right)$，$A_{2k}=(0,k)$，$k=1,2,\cdots$，求 $\overline{\lim\limits_{n\to+\infty}}A_n$ 和 $\underline{\lim\limits_{n\to+\infty}}A_n$.

解　解法 1　$\overline{\lim\limits_{n\to+\infty}}A_n=\{x\mid\exists$ 无穷个 n，s. t. $x\in A_n\}=(0,+\infty)$.

$\underline{\lim\limits_{n\to+\infty}}A_n=\{x\mid$只有有限个 n，s. t. $x\notin A_n\}=\varnothing$.

解法 2　根据定理 1.1.4，有

$$\overline{\lim_{n\to+\infty}}A_n=\bigcap_{k=1}^{\infty}\bigcup_{n=k}^{\infty}A_n=\bigcap_{k=1}^{\infty}(0,+\infty)=(0,+\infty).$$

$$\underline{\lim_{n\to+\infty}}A_n=\bigcup_{k=1}^{\infty}\bigcap_{n=k}^{\infty}A_n=\bigcup_{k=1}^{\infty}\varnothing=\varnothing.$$

□

【6】 设 $f(x)$为 E 上的一个实函数，c 为任何实数，

$$E(f>c)=\{x\in E\mid f(x)>c\},\quad E(f\leqslant c)=\{x\in E\mid f(x)\leqslant c\}$$

等. 证明：

(1) $E(f>c)\cup E(f\leqslant c)=E$.

(2) $E(f\geqslant c)=E(f>c)\cup E(f=c)$.

(3) 当 $c\leqslant d$ 时，$E(f>c)\cap E(f\leqslant d)=E(c<f\leqslant d)$.

(4) 当 $c\geqslant 0$ 时，$E(f^2>c)=E(f>\sqrt{c})\cup E(f<-\sqrt{c})$.

(5) 当 $f\geqslant g$ 时，$E(f>c)\supset E(g>c)$.

(6) $E(f\geqslant c)=\bigcup\limits_{n=1}^{\infty}E(c\leqslant f<c+n)$.

(7) $E(f<c)=\bigcup\limits_{n=1}^{\infty}E(f\leqslant c-\frac{1}{n})$.

证明

(1) $E(f>c)\cup E(f\leqslant c)=\{x\in E\mid f(x)>c\}\cup\{x\in E\mid f(x)\leqslant c\}$

$=\{x\in E\mid f(x)>c$ 或 $f(x)\leqslant c\}=E$.

(2) $E(f>c)\cup E(f=c)=\{x\in E\mid f(x)>c\}\cup\{x\in E\mid f(x)=c\}$

$=\{x\in E\mid f(x)>c$ 或 $f(x)=c\}=\{x\in E\mid f(x)\geqslant c\}=E(f\geqslant c)$.

(3) $E(f>c)\cap E(f\leqslant d)=\{x\in E\mid f(x)>c\}\cap\{x\in E\mid f(x)\leqslant d\}$

$=\{x\in E\mid f(x)>c$ 且 $f(x)\leqslant d\}=\{x\in E\mid c<f(x)\leqslant d\}$

$=E(c<f\leqslant d)$.

(4) $E(f>\sqrt{c})\cup E(f<-\sqrt{c})=\{x\in E\mid f(x)>\sqrt{c}\}\cup\{x\in E\mid f(x)<-\sqrt{c}\}$

$=\{x\in E\mid f(x)>\sqrt{c}$ 或 $f(x)<-\sqrt{c}\}=\{x\in E\mid f^2(x)>c\}$

$=E(f^2>c)$.

(5) $x\in E(g>c)\Leftrightarrow x\in E$，且 $g(x)>c\Rightarrow x\in E$，且 $f(x)\geqslant g(x)>c\Leftrightarrow x\in E(f>c)$.
等价于

$$E(f>c)\supset E(g>c).$$

(6) 显然，$E(c\leqslant f<c+n)\subset E(f\geqslant c)$，故

$$\bigcup_{n=1}^{\infty}E(c\leqslant f<c+n)\subset E(f\geqslant c).$$

另一方面，对 $\forall x\in E(f\geqslant c)$，即 $f(x)\geqslant c$. 则必有充分大的 $n_0\in\mathbb{N}$，使得 $c\leqslant f(x)<c+n_0$，故 $x\in E(c\leqslant f<c+n_0)$. 于是

$$x\in E(c\leqslant f<c+n_0)\subset\bigcup_{n=1}^{\infty}E(c\leqslant f<c+n).$$

这就得到

$$E(f\geqslant c)\subset\bigcup_{n=1}^{\infty}E(c\leqslant f<c+n).$$

综合上述，有

$$E(f\geqslant c)=\bigcup_{n=1}^{\infty}E(c\leqslant f<c+n).$$

(7) 因为 $f(x)\leqslant c-\frac{1}{n}\Rightarrow f(x)\leqslant c-\frac{1}{n}<c$，故

$$E\left(f\leqslant c-\frac{1}{n}\right)\subset E(f<c),$$

$$\bigcup_{n=1}^{\infty}E\left(f\leqslant c-\frac{1}{n}\right)\subset E(f<c).$$

另一方面，对 $\forall x\in E(f<c)$，即 $x\in E$ 且 $f(x)<c$. 则必有 $n_0\in\mathbb{N}$, s. t. $f(x)\leqslant c-\frac{1}{n_0}$. 即 $x\in E\left(f\leqslant c-\frac{1}{n_0}\right)$. 从而

$$x\in\bigcup_{n=1}^{\infty}E\left(f\leqslant c-\frac{1}{n}\right),\quad E(f<c)\subset\bigcup_{n=1}^{\infty}E\left(f\leqslant c-\frac{1}{n}\right).$$

综合上述，有

$$E(f<c)=\bigcup_{n=1}^{\infty}E\left(f\leqslant c-\frac{1}{n}\right).$$ □

【7】 设 $\{f_n\}(n=1,2,\cdots)$ 为 E 上的实函数列，且关于 n 单调增，即

$$f_1(x)\leqslant f_2(x)\leqslant\cdots\leqslant f_n(x)\leqslant f_{n+1}(x)\leqslant\cdots,\quad\forall x\in E,$$

并且 $\lim\limits_{n\to+\infty}f_n(x)=f(x)$. 证明：对任何实数 c，有

(1) $E(f>c)=\bigcup_{n=1}^{\infty}E(f_n>c)=\lim_{n\to+\infty}E(f_n>c)$.

(2) $E(f\leqslant c)=\bigcap_{n=1}^{\infty}E(f_n\leqslant c)=\lim_{n\to+\infty}E(f_n\leqslant c)$.

证明

(1) 证法 1　设 $x\in E(f>c)$，则 $\lim_{n\to+\infty}f_n(x)=f(x)>c$. 于是，$\exists N\in\mathbb{N}$，s. t. 当 $n_0>N$ 时，有 $f_{n_0}(x)>c$. 从而，$x\in E(f_{n_0}>c)\subset\bigcup_{n=1}^{\infty}E(f_n>c)$，$E(f>c)\subset\bigcup_{n=1}^{\infty}E(f_n>c)$.

反之，如果 $x\in\bigcup_{n=1}^{\infty}E(f_n>c)$，则 $\exists n_0\in\mathbb{N}$，s. t. $x\in E(f_{n_0}>c)$. 由于 f_n 关于 n 单调增，故有 $f(x)=\lim_{n\to+\infty}f_n(x)\geqslant f_{n_0}(x)>c$，$x\in E(f>c)$. 从而，$\bigcup_{n=1}^{\infty}E(f_n>c)\subset E(f>c)$.

综合上述，有

$$E(f>c)=\bigcup_{n=1}^{\infty}E(f_n>c).$$

因为 f_n 单调增，故 $E(f_n>c)\subset E(f_{n+1}>c)$，从而

$$\lim_{n\to+\infty}E(f_n>c)=\bigcup_{n=1}^{\infty}E(f_n>c).$$

证法 2　如果(2)不是利用(1)的结论证得，则

$$E(f>c)=E-E(f\leqslant c)\overset{(2)}{=\!=}E-\bigcap_{n=1}^{\infty}E(f_n\leqslant c)\xrightarrow{\text{de Morgan公式}}\bigcup_{n=1}^{\infty}(E-E(f_n\leqslant c))$$

$$=\bigcup_{n=1}^{\infty}E(f_n>c).$$

(2) 证法 1　因为 f_n 关于 n 单调增，故 $f(x)=\lim_{n\to+\infty}f_n(x)\geqslant f_n(x)$，从而

$$E(f\leqslant c)\subset E(f_n\leqslant c),\quad n=1,2,\cdots,$$

$$E(f\leqslant c)\subset\bigcap_{n=1}^{\infty}E(f_n\leqslant c).$$

另一方面，如果 $x\in\bigcap_{n=1}^{\infty}E(f_n\leqslant c)$，则 $x\in E(f_n\leqslant c)$，$\forall n\in\mathbb{N}$，即 $f_n(x)\leqslant c$，$\forall n\in\mathbb{N}$. 于是，$f(x)=\lim_{n\to+\infty}f_n(x)\leqslant c$，$x\in E(f\leqslant c)$，$\bigcap_{n=1}^{\infty}E(f_n\leqslant c)\subset E(f\leqslant c)$.

综合上述，有

$$E(f\leqslant c)=\bigcap_{n=1}^{\infty}E(f_n\leqslant c).$$

由于 f_n 关于 n 单调增，故 $E(f_n\leqslant c)$ 关于 n 单调减，从而

$$\lim_{n\to+\infty}E(f_n\leqslant c)=\bigcap_{n=1}^{\infty}E(f_n\leqslant c)$$

证法 2 如果(1)不是利用(2)的结论证得，则

$$E(f\leqslant c)=E-E(f>c)\overset{(1)}{=\!=}E-\bigcup_{n=1}^{\infty}E(f_n>c)\xrightarrow{\text{de Morgan公式}}\bigcap_{n=1}^{\infty}(E-E(f_n>c))$$

$$=\bigcap_{n=1}^{\infty}E(f_n\leqslant c).$$

□

【8】 设$\{f_i(\boldsymbol{x})\}(i=1,2,\cdots)$为定义在$\mathbb{R}^n$上的实函数列，试用点集

$$\left\{\boldsymbol{x}\in\mathbb{R}^n\mid f_i(\boldsymbol{x})\geqslant\frac{1}{j}\right\},\quad i,j=1,2,\cdots$$

表示点集$\{\boldsymbol{x}\in\mathbb{R}^n\mid\overline{\lim\limits_{i\to+\infty}}f_i(\boldsymbol{x})>0\}$.

解

$$\{\boldsymbol{x}\in\mathbb{R}^n\mid\overline{\lim_{i\to+\infty}}f_i(\boldsymbol{x})>0\}=\bigcup_{j=1}^{\infty}\left\{\boldsymbol{x}\in\mathbb{R}^n\mid\text{存在无穷个 }i,\text{使 }f_i(\boldsymbol{x})\geqslant\frac{1}{j}\right\}$$

$$=\bigcup_{j=1}^{\infty}\overline{\lim_{i\to+\infty}}\left\{\boldsymbol{x}\in\mathbb{R}^n\mid f_i(\boldsymbol{x})\geqslant\frac{1}{j}\right\}$$

$$\xrightarrow{\text{定理1.1.4(1)}}\bigcup_{j=1}^{\infty}\bigcap_{N=1}^{\infty}\bigcup_{i=N}^{\infty}\left\{\boldsymbol{x}\in\mathbb{R}^n\mid f_i(\boldsymbol{x})\geqslant\frac{1}{j}\right\}.$$

□

【9】 设$f\colon X\to Y,A\subset X,B\subset Y$. 试问下列等式成立吗？并说明理由.

(1) $f^{-1}(Y-B)=f^{-1}(Y)-f^{-1}(B)$.

(2) $f(X-A)=f(X)-f(A)$.

解 (1) $f^{-1}(Y-B)=f^{-1}(Y)-f^{-1}(B)$成立.

解法 1

$$\begin{aligned}x\in f^{-1}(Y-B)&\Leftrightarrow f(x)\in Y-B\\&\Leftrightarrow f(x)\in Y,f(x)\notin B\\&\Leftrightarrow x\in f^{-1}(Y)=X,x\notin f^{-1}(B)\\&\Leftrightarrow x\in f^{-1}(Y)-f^{-1}(B).\end{aligned}$$

解法 2

$$\begin{aligned}f^{-1}(Y-B)&=\{x\in X\mid f(x)\in Y-B\}=X-\{x\in X\mid f(x)\in B\}\\&=X-f^{-1}(B)=f^{-1}(Y)-f^{-1}(B).\end{aligned}$$

解法 3

$$\begin{aligned}f^{-1}(Y-B)&=f^{-1}(Y\cap B^c)=f^{-1}(Y)\cap f^{-1}(B^c)=f^{-1}(Y)\cap(f^{-1}(B))^c\\&=f^{-1}(Y)-f^{-1}(B).\end{aligned}$$

(2) $f(X-A)=f(X)-f(A)$未必成立. 只有$f(X)-f(A)\subset f(X-A)$.

事实上，

$$\begin{aligned}y\in f(X)-f(A)&\Leftrightarrow y\in f(X),y\notin f(A)\\&\Rightarrow\exists x\in X\text{ 但 }x\notin A,\text{s. t. }y=f(x)\\&\Leftrightarrow\exists x\in X-A,\text{s. t. }y=f(x)\\&\Leftrightarrow y\in f(X-A).\end{aligned}$$

因此，$f(X)-f(A)\subset f(X-A)$.

但是，$f(X)-f(A)\not\supset f(X-A)$. 从而，$f(X-A)\neq f(X)-f(A)$.

反例：设X为多于两点的集合，$A=\{a\}\subset X$，$f\colon X\to Y$为常值映射，$f(x)\equiv y_0\in Y$，

$\forall x \in X$. 于是

$$f(X)-f(A)=\{y_0\}-\{y_0\}=\varnothing \not\supset \{y_0\}=f(X-A).$$

□

【10】 设 X 为固定的集合，$A \subset X$，$\chi_A(x)$ 为集合 A 的特征函数. A, B, A_α, A_n 都为 X 的子集. 证明：

(1) $A=X \Leftrightarrow \chi_A(x) \equiv 1$；　$A=\varnothing \Leftrightarrow \chi_A(x) \equiv 0$.

(2) $A \subset B \Leftrightarrow \chi_A(x) \leqslant \chi_B(x)$，$\forall x \in X$；

$A=B \Leftrightarrow \chi_A(x)=\chi_B(x)$，$\forall x \in X$.

(3) $\chi_{\bigcup\limits_{\alpha\in\Gamma} A_\alpha}(x)=\max\limits_{\alpha\in\Gamma} \chi_{A_\alpha}(x)$；$\chi_{\bigcap\limits_{\alpha\in\Gamma} A_\alpha}(x)=\min\limits_{\alpha\in\Gamma} \chi_{A_\alpha}(x)$.

(4) 设 $A_n (n=1,2,\cdots)$ 为一集列，则

$$\lim_{n\to+\infty} A_n \text{ 存在} \Leftrightarrow \lim_{n\to+\infty} \chi_{A_n}(x) \text{ 存在}.$$

而且当极限存在时，有

$$\chi_{\lim\limits_{n\to+\infty} A_n}(x)=\lim_{n\to+\infty} \chi_{A_n}(x).$$

证明　(1) 由特征函数的定义，结论是显然的.

(2) $\chi_A(x)=\begin{cases}1, & x\in A \\ 0, & x \in X-A\end{cases} \leqslant \begin{cases}1, & x\in B \\ 0, & x \in X-B\end{cases}=\chi_B(x)$

$\Leftrightarrow \chi_A(x)=1$ 必有 $\chi_B(x)=1$

$\Leftrightarrow x\in A$ 必有 $x \in B \Leftrightarrow A \subset B$.

$$A=B \Leftrightarrow \begin{cases}A \subset B \\ B \subset A\end{cases} \Leftrightarrow \begin{cases}\chi_A(x) \leqslant \chi_B(x) \\ \chi_B(x) \leqslant \chi_A(x)\end{cases} \Leftrightarrow \chi_A(x)=\chi_B(x).$$

(3) 证法 1　$\chi_{\bigcup\limits_{\alpha\in\Gamma} A_\alpha}(x)=1 \Leftrightarrow x \in \bigcup\limits_{\alpha\in\Gamma} A_\alpha \Leftrightarrow \exists\, \alpha_0 \in \Gamma$, s. t. $x \in A_{\alpha_0}$

$$\Leftrightarrow \exists\, \alpha_0 \in \Gamma, \text{s. t. } \chi_{A_{\alpha_0}}(x)=1 \Leftrightarrow \max_{\alpha\in\Gamma} \chi_{A_\alpha}(x)=1,$$

再由 $\chi_{\bigcup\limits_{\alpha\in\Gamma} A_\alpha}(x)$ 与 $\max\limits_{\alpha\in\Gamma} \chi_{A_\alpha}(x)$ 或为 1 或为 0 知

$$\chi_{\bigcup\limits_{\alpha\in\Gamma} A_\alpha}(x)=\max_{\alpha\in\Gamma} \chi_{A_\alpha}(x).$$

或者再从

$$\chi_{\bigcup\limits_{\alpha\in\Gamma} A_\alpha}(x)=0 \Leftrightarrow x \notin \bigcup_{\alpha\in\Gamma} A_\alpha \Leftrightarrow \forall\, \alpha \in \Gamma, x \notin A_\alpha$$

$$\Leftrightarrow \forall\, \alpha \in \Gamma, \chi_{A_\alpha}(x)=0 \Leftrightarrow \max_{\alpha\in\Gamma} \chi_{A_\alpha}(x)=0$$

推出上面等式.

$$\chi_{\bigcap\limits_{\alpha\in\Gamma} A_\alpha}(x)=1-\chi_{(\bigcap\limits_{\alpha\in\Gamma} A_\alpha)^c}(x) \xlongequal{\text{de Morgan公式}} 1-\chi_{\bigcup\limits_{\alpha\in\Gamma} A_\alpha^c}(x)$$

$$\xlongequal{\text{(3)第1式}} 1-\max_{\alpha\in\Gamma} \chi_{A_\alpha^c}(x)=1-\max_{\alpha\in\Gamma}\left(1-\chi_{A_\alpha}(x)\right)$$

$$=1-\left(1-\min_{\alpha\in\Gamma} \chi_{A_\alpha}(x)\right)=\min_{\alpha\in\Gamma} \chi_{A_\alpha}(x).$$

证法 2 $\chi_{\bigcap\limits_{\alpha\in\Gamma}A_\alpha}(x)=1\Leftrightarrow x\in\bigcap\limits_{\alpha\in\Gamma}A_\alpha\Leftrightarrow\forall\alpha\in\Gamma,x\in A_\alpha$

$$\Leftrightarrow\forall\alpha\in\Gamma,\chi_{A_\alpha}(x)=1\Leftrightarrow\min_{\alpha\in\Gamma}\chi_{A_\alpha}(x)=1.$$

再由 $\chi_{\bigcap\limits_{\alpha\in\Gamma}A_\alpha}(x)$与$\min\limits_{\alpha\in\Gamma}\chi_{A_\alpha}(x)$或为 1 或为 0 知

$$\chi_{\bigcap\limits_{\alpha\in\Gamma}A_\alpha}(x)=\min_{\alpha\in\Gamma}\chi_{A_\alpha}(x).$$

或者再从

$$\chi_{\bigcap\limits_{\alpha\in\Gamma}A_\alpha}(x)=0\Leftrightarrow x\notin\bigcap_{\alpha\in\Gamma}A_\alpha\Leftrightarrow\exists\alpha_0\in\Gamma,x\notin A_{\alpha_0}$$

$$\Leftrightarrow\exists\alpha_0\in\Gamma,\quad\chi_{A_{\alpha_0}}(x)=0\Leftrightarrow\min_{\alpha\in\Gamma}\chi_{A_\alpha}(x)=0$$

推出上面等式.

$$\chi_{\bigcup\limits_{\alpha\in\Gamma}A_\alpha}(x)=1-\chi_{(\bigcup\limits_{\alpha\in\Gamma}A_\alpha)^c}(x)\overset{\text{de Morgan公式}}{=\!=\!=}1-\chi_{\bigcap\limits_{\alpha\in\Gamma}A_\alpha^c}(x)$$

$$\overset{\text{上式}}{=\!=}1-\min_{\alpha\in\Gamma}\chi_{A_\alpha^c}(x)=1-\min_{\alpha\in\Gamma}(1-\chi_{A_\alpha}(x))$$

$$=1-(1-\max_{\alpha\in\Gamma}\chi_{A_\alpha}(x))=\max_{\alpha\in\Gamma}\chi_{A_\alpha}(x).$$

(4) $\lim\limits_{n\to+\infty}A_n$ 存在$\Leftrightarrow\overline{\lim\limits_{n\to+\infty}}A_n=\underline{\lim\limits_{n\to+\infty}}A_n$

$\Leftrightarrow$如果有无穷个 n,使得 $x\in A_n$,则必有 $n_0\in\mathbb{N}$,当 $n>n_0$ 时,$x\in A_n$

$\Leftrightarrow$如果有无穷个 n,使得 $\chi_{A_n}(x)=1$,则必有 $n_0\in\mathbb{N}$,当 $n>n_0$ 时,$\chi_{A_n}(x)=1$

$\Leftrightarrow\forall x\in X,\exists n_0\in\mathbb{N}$,当 $n>n_0$ 时,$\chi_{A_n}(x)\equiv1$ 或 $\chi_{A_n}(x)\equiv0$

$\Leftrightarrow\lim\limits_{n\to+\infty}\chi_{A_n}(x)$存在.

当上述极限存在时,有

$$\chi_{\lim\limits_{n\to+\infty}A_n}(x)=\begin{cases}1, & x\in\lim\limits_{n\to+\infty}A_n,\\ 0, & x\notin\lim\limits_{n\to+\infty}A_n\end{cases}=\lim_{n\to+\infty}\chi_{A_n}(x).$$

【11】 设$\{f_n\}(n=1,2,\cdots)$为定义在$[a,b]$上的实函数列,$E\subset[a,b]$,且有

$$\lim_{n\to+\infty}f_n(x)=\chi_{[a,b]-E}(x).$$

若令 $E_n=\left\{x\in[a,b]\mid f_n(x)\geqslant\frac{1}{2}\right\}$,求集合 $\lim\limits_{n\to+\infty}E_n$.

解 解法 1 由

$$\overline{\lim_{n\to+\infty}}E_n=\{x\in[a,b]\mid\exists\text{ 无穷个 }n\in\mathbb{N},\text{s. t. }x\in E_n\}$$

$$=\left\{x\in[a,b]\mid\exists\text{ 无穷个 }n\in\mathbb{N},\text{s. t. }f_n(x)\geqslant\frac{1}{2}\right\}$$

$$=\left\{x\in[a,b]\mid\chi_{[a,b]-E}(x)=\lim_{n\to+\infty}f_n(x)=1\right\}$$

$$= \{x \in [a,b] \mid x \in [a,b]-E\} = [a,b]-E$$
$$= \{x \in [a,b] \mid x \in [a,b]-E\} = \left\{x \in [a,b] \mid \chi_{[a,b]-E}(x) = \lim_{n\to+\infty} f_n(x) = 1\right\}$$
$$= \left\{x \in [a,b] \mid \exists\, n_0 \in \mathbb{N}, \text{当 } n > n_0 \text{ 时}, f_n(x) \geqslant \frac{1}{2}\right\}$$
$$= \{x \in [a,b] \mid \exists\, n_0 \in \mathbb{N}, \text{当 } n > n_0 \text{ 时}, x \in E_n\} = \varliminf_{n\to+\infty} E_n$$

知，$\lim\limits_{n\to+\infty} E_n = \varlimsup\limits_{n\to+\infty} E_n = \varliminf\limits_{n\to+\infty} E_n = [a,b]-E$.

解法 2　$x \in [a,b]-E \Leftrightarrow 1 = \chi_{[a,b]-E}(x) = \lim\limits_{n\to+\infty} f_n(x)$

$$\Leftrightarrow \exists\, n_0 \in E_n, \text{当 } n > n_0 \text{ 时}, f_n(x) \geqslant \frac{1}{2}$$
$$\Leftrightarrow \exists\, n_0 \in E_n, \text{当 } n > n_0 \text{ 时}, x \in E_n$$
$$\Leftrightarrow x \in \varliminf_{n\to+\infty} E_n \Rightarrow x \in \varlimsup_{n\to+\infty} E_n$$
$$\Leftrightarrow \text{有无穷个 } n \in \mathbb{N}, \text{s. t. } x \in E_n$$
$$\Leftrightarrow \text{有无穷个 } n \in \mathbb{N}, \text{s. t. } f_n(x) \geqslant \frac{1}{2}$$
$$\Leftrightarrow \chi_{[a,b]-E}(x) = \lim_{n\to+\infty} f_n(x) \geqslant \frac{1}{2}$$
$$\Leftrightarrow \chi_{[a,b]-E}(x) = 1 \Leftrightarrow x \in [a,b]-E.$$

由此推出

$$\lim_{n\to+\infty} E_n = \varlimsup_{n\to+\infty} E_n = \varliminf_{n\to+\infty} E_n = [a,b]-E.$$ □

1.2　集合的势(基数)、用势研究实函数

定义 1.2.1　若存在一个从集合 A 到 B 上的一一映射

$$\varphi: A \to B,$$

则称集合 A 与 B 是**对等**的. 记作 $A \overset{\varphi}{\sim} B$，简记为 $A \sim B$.

如果 $A \sim B$，则称 A 与 B 的"数目"是相同的，记作 $\overline{\overline{A}} = \overline{\overline{B}}$. $\overline{\overline{A}}$ 表示 A 的"数目"或**势**，或**基数**.

凡与自然数集 $\mathbb{N}$ 对等的集合称为**可数(列)集**. 记 $\overline{\overline{\mathbb{N}}} = \aleph_0$（读"阿列夫零"）.

有限集与可数集统称为**至多可数(列)集**. 不是至多可数集的集合称为**不可数集**.

凡与 $(0,1]$ 对等的集合的势(基数)称为**连续势(连续基数)**，记作 $\aleph$（读"阿列夫"）.

定理 1.2.1　($\aleph_0$ 为最小无限势)无限集 A 必含可数真子集.

定理 1.2.2　(无限集的特征)A 为无限集 $\Leftrightarrow A$ 与其某真子集对等.

定理 1.2.3　(不可数集的特征)A 为不可数集 $\Leftrightarrow A$ 为无限集，且对 A 的任何可数子集

B,必有 $A\sim A-B$.

定理 1.2.4 (无最大势)设 A 为集合,则 $\overline{\overline{A}}<2^{\overline{\overline{A}}}\overset{\text{def}}{=\!=}\overline{\overline{2^A}}$.

引理 1.2.1 (集合在映射下的分解定理,Banach)若有映射

$$f: X\to Y,\quad g: Y\to X,$$

则存在分解

$$X=A\cup\widetilde{A},\quad Y=B\cup\widetilde{B},$$

其中 $f(A)=B, g(\widetilde{B})=\widetilde{A}, A\cap\widetilde{A}=\varnothing, B\cap\widetilde{B}=\varnothing$.

定理 1.2.5 (Cantor-Bernstein)若 $X\sim Y_1\subset Y, Y\sim X_1\subset X$,则 $X\sim Y$.换言之,若 $\overline{\overline{X}}\leqslant\overline{\overline{Y}}, \overline{\overline{Y}}\leqslant\overline{\overline{X}}$,则 $\overline{\overline{X}}=\overline{\overline{Y}}$.

因此,证明集合 A 与 B 对等(即 $A\sim B$ 或 $\overline{\overline{A}}=\overline{\overline{B}}$)有两个重要的方法:

(1) 直接方法:构造一一映射 $\varphi: A\to B$;

(2) 间接方法:应用 Cantor-Bernstein 定理.

推论 1.2.1 (夹逼定理)设 $X\subset Y\subset Z$,且 $X\sim Z$,则 $X\sim Y\sim Z$.换言之,若 $X\subset Y\subset Z$,且 $\overline{\overline{X}}=\overline{\overline{Z}}$,则 $\overline{\overline{Y}}=\overline{\overline{X}}=\overline{\overline{Z}}$.

定理 1.2.6 (至多可数集的简单性质)

(1) 至多可数集 A 的子集 B 为至多可数集.

(2) 设 $A_1,A_2,\cdots,A_n$ 为至多可数集,则 $\bigcup\limits_{i=1}^{n}A_i$ 为至多可数集.如果 $A_1,A_2,\cdots,A_n$ 中至少有一个为可数集,则 $\bigcup\limits_{i=1}^{n}A_i$ 为可数集.

(3) 设 $A_1,A_2,\cdots,A_i,\cdots$ 为至多可数集,则 $\bigcup\limits_{i=1}^{\infty}A_i$ 仍为至多可数集.如果 $A_1,A_2,\cdots,A_i,\cdots$ 中至少有一个为可数集,则 $\bigcup\limits_{i=1}^{\infty}A_i$ 为可数集.

(4) 设 $A_1,A_2,\cdots,A_n$ 为可数集,则 $A_1\times A_2\times\cdots\times A_n$ 也为可数集.

(5) 由有限个自然数构成的有序组的全体 A 为可数集.

例 1.2.2 有理数集 $\mathbb{Q}$ 为可数集.

例 1.2.3 $\mathbb{R}^n$ 中互不相交的开集族 $\mathscr{A}$ 为至多可数集.

例 1.2.4 $\overline{\overline{S^n}}=\overline{\overline{\mathbb{R}^n}}$.

例 1.2.5 $(0,1]=\{x\in\mathbb{R}\mid 0<x\leqslant 1\}$ 为不可数集.

例 1.2.6 $\mathbb{N}^\infty,(a,b),(a,b],[a,b),[a,b]$(其中 $a<b$),$(-\infty,a),(a,+\infty),(-\infty,a],[a,+\infty),(-\infty,+\infty)$ 都与 $(0,1]$ 对等,它们势都为 $\aleph$.

例 1.2.7 (1) 无理数全体 $\mathbb{R}$-$\mathbb{Q}$ 的势为 $\overline{\overline{\mathbb{R}-\mathbb{Q}}}=\aleph$.

(2) 实数列全体 $\mathbb{R}^\infty=\{(x_1,x_2,\cdots,x_n,\cdots)\mid x_n\in\mathbb{R},n=1,2,\cdots\}$ 的势为 $\aleph$,即 $\overline{\overline{\mathbb{R}^\infty}}=\aleph$.

(3) $\mathbb{R}^n$ 的势为$\aleph$，即$\overline{\overline{\mathbb{R}^n}}=\aleph$.

例 1.2.8 (1) 设$\overline{\overline{A_n}}=\aleph, n=1,2,\cdots$，则$\overline{\overline{\bigcup_{n=1}^{\infty} A_n}}=\aleph$.

(2) 设$\overline{\overline{A_\alpha}}=\aleph, \alpha\in\Gamma$，且$\overline{\overline{\Gamma}}=\aleph$，则$\overline{\overline{\bigcup_{\alpha\in\Gamma} A_\alpha}}=\aleph$.

定义 1.2.3 记映射族组成的集合为

$$B^A=\{f \mid f: A\to B \text{ 为映射}\}.$$

如果$\overline{\overline{A}}=\alpha, \overline{\overline{B}}=\beta$，则

$$\overline{\overline{B^A}}\stackrel{\text{def}}{=}\beta^\alpha.$$

定理 1.2.7 设$\overline{\overline{A}}=\alpha$，则$\overline{\overline{2^A}}=2^\alpha=2^{\overline{\overline{A}}}$.

例 1.2.9 $\aleph=2^{\aleph_0}=\overline{\overline{\{0,1\}^\infty}}$.

例 1.2.10 设$2\leqslant\overline{\overline{A_i}}\leqslant\aleph, i=1,2,\cdots$，则$\overline{\overline{\times_{i=1}^{\infty} A_i}}=\aleph$.

例 1.2.11 $\mathbb{R}^1$ 上单调函数 f 的不连续点的集合 D_f 为至多可数集.

例 1.2.12 设 $f: \mathbb{R}^1\to\mathbb{R}$ 为实函数，则集合

$$A=\{x\in\mathbb{R}^1 \mid f \text{ 在点 } x \text{ 不连续但右极限 } f(x^+) \text{ 存在且有限}\}$$

为至多可数集.

例 1.2.13 设 $f: (a,b)\to\mathbb{R}$ 为实函数，则集合

$$E=\{x\in(a,b) \mid \text{左导数 } f'_-(x) \text{ 及右导数 } f'_+(x) \text{ 都存在(包括} \pm\infty\text{) 而不相等}\}$$

为至多可数集.

例 1.2.14 设 $f: (a,b)\to\mathbb{R}$ 为凸(凹)函数，即对$\forall x_1,x_2\in(a,b), \forall t\in(0,1)$，有

$$f((1-t)x_1+tx_2)\leqslant(1-t)f(x_1)+tf(x_2)$$
$$(f((1-t)x_1+tx_2)\geqslant(1-t)f(x_1)+tf(x_2)),$$

则 f 的不可导的点的集合为至多可数集.

例 1.2.15 $[a,b]$上连续函数的全体 $C[a,b]=C^0([a,b],\mathbb{R})$的势为$\aleph=2^{\aleph_0}$.

例 1.2.16 $[a,b]$上一切实函数的全体 $R[a,b]$的势为$\aleph^\aleph=2^\aleph(>\aleph)$.

例 1.2.17 设 $f: \mathbb{R}\to\mathbb{R}$ 为实函数. 令

$$f_{\max}=\{f(x) \mid x\in\mathbb{R} \text{ 为 } f \text{ 的极大值点}\},$$
$$f_{\min}=\{f(x) \mid x\in\mathbb{R} \text{ 为 } f \text{ 的极小值点}\},$$

则 $f_{\max}$和 $f_{\min}$都为至多可数集.

例 1.2.18 设 f 为$\mathbb{R}$ 上的连续函数，并且$\mathbb{R}$ 中每一点都是 f 的极值点，则 f 在$\mathbb{R}$ 上为常值函数.

注 1.2.2 (1) 设 $f: \mathbb{R}^n\to\mathbb{R}$ 为 n 元函数，令

$$f_{\max}=\{f(\boldsymbol{x}) \mid \boldsymbol{x}\in\mathbb{R}^n \text{ 为 } f \text{ 的极大值点}\},$$

$$f_{\min}=\{f(\boldsymbol{x})\mid \boldsymbol{x}\in\mathbb{R}^n \text{ 为 } f \text{ 的极小值点}\},$$

则 $f_{\max}$ 与 $f_{\min}$ 都为至多可数集.

(2) 设 $f:\mathbb{R}^n\to\mathbb{R}$ 为连续函数,并且 $\mathbb{R}^n$ 中每一点都是 f 的极值点,则 f 在 $\mathbb{R}^n$ 上为常值函数.

例 1.2.19 $\aleph_0^{\aleph_0}=\aleph_0^{\infty}=\aleph,\aleph^{\aleph_0}=\aleph^{\infty}=\aleph,2^{\aleph_0}=\aleph,\aleph^{\aleph}=2^{\aleph},\aleph_0^{\aleph}=2^{\aleph}$.

例 1.2.20 设 $\overline{\overline{A}}=\aleph,A=A_1\cup A_2$,则 $\overline{\overline{A_1}}=\aleph$ 或 $\overline{\overline{A_2}}=\aleph$.

例 1.2.21 设 $A=\bigcup\limits_{n=1}^{\infty}A_n,\overline{\overline{A}}=\aleph$,则 $\exists\, n_0\in\mathbb{N}$, s. t. $\overline{\overline{A_{n_0}}}=\aleph$.

【12】 设 A,B,C 为集合. 证明:

(1) 若 $A-B\sim B-A$,则 $A\sim B$. (2) 若 $A\subset B$,且 $A\sim A\cup C$,则 $B\sim B\cup C$.

证明 (1) 因为 $A-B\sim B-A$,故存在一一映射 $\varphi: A-B\sim B-A$. 于是

$$f: A\to B,$$

$$f(x)=\begin{cases}\varphi(x), & x\in A-B,\\ x, & x\in A\cap B\end{cases}$$

为一一映射,从而 $A\sim B$.

或者,因为 $A-B\sim B-A,(A-B)\cap(A\cap B)=\varnothing=(B-A)\cap(A\cap B)$,所以

$$A=(A-B)\cup(A\cap B)\sim(B-A)\cup(A\cap B)=B.$$

(2) 证法 1 因为 $A\subset B,A\sim A\cup C$,故

$$\begin{aligned}B\cup C&=(B-A)\cup A\cup C=(B-A-C)\cup(A\cup C)\\&\sim(B-A-C)\cup A\subset B,\end{aligned}$$

另一方面,$B\sim B\subset B\cup C$. 根据 Cantor-Bernstein 定理推得 $B\sim B\cup C$.

证法 2 因为

$$B\cup C=(B-A\cup C)\cup(A\cup C),\quad A\cup C\sim A,$$

故 $A\cup C$ 与 A 存在一一映射,又 $B-A\cup C$ 与 $B-A$ 的子集存在一一映射,$(B-A)\cap A=\varnothing$,所以 $B\cup C$ 与 $(B-A)\cup A=B$ 的子集存在一一映射(注意: $A\subset B$). 因此,$\overline{\overline{B\cup C}}\leqslant\overline{\overline{B}}$,又 $\overline{\overline{B}}\leqslant\overline{\overline{B\cup C}}$. 根据 Cantor-Bernstein 定理推得 $\overline{\overline{B}}=\overline{\overline{B\cup C}}$,即 $B\sim B\cup C$.

或者,因为 $A\cup C\sim A$,故存在一一映射 $f: A\cup C\to A$. 令

$$\tilde{f}(x)=\begin{cases}f(x), & x\in A\cup C,\\ x, & x\in B-A\cup C,\end{cases}$$

则

$$\tilde{f}(B\cup C)=\tilde{f}((A\cup C)\cup(B-A\cup C))=A\cup(B-A\cup C)\subset B$$

(注意: $A\subset B$),即 $\tilde{f}$ 为单射,从而

$$\overline{\overline{B\cup C}}=\overline{\overline{\tilde{f}(B\cup C)}}\leqslant\overline{\overline{B}}.$$

又因 $\overline{\overline{B}}\leqslant\overline{\overline{B\cup C}}$,根据 Cantor-Bernstein 定理推得 $\overline{\overline{B}}=\overline{\overline{B\cup C}}$,即 $B\sim B\cup C$.

证法 3　因为

$$\overline{\overline{A}} \leqslant \overline{\overline{A \cup (C-B)}} \leqslant \overline{\overline{A \cup C}} \xlongequal{\text{题设}} \overline{\overline{A}},$$

所以，根据 Cantor-Bernstein 定理，有

$$\overline{\overline{A}} = \overline{\overline{A \cup (C-B)}}.$$

于是，存在一一映射 $\varphi: A \to A \cup (C-B)$. 令

$$f: B \to B \cup C,$$

$$f(x) = \begin{cases} \varphi(x), & x \in A, \\ x, & x \in B-A. \end{cases}$$

由于 $B = A \cup (B-A)$，$B \cup C = (A \cup (C-B)) \cup (B-A)$，故 f 为一一映射，从而

$$B \sim B \cup C.$$

□

【13】（1）作 $\mathbb{R}$ 与 $\mathbb{R}-\mathbb{Q}$ 之间的一一映射.

（2）作 $(0,1]\times(0,1]$ 与 $(0,1]$ 之间的一一映射.

解　（1）设 $\mathbb{Q}=\{r_1,r_2,\cdots,r_n,\cdots\}$，$\mathbb{Q}+\{\sqrt{2}\}=\{r_1+\sqrt{2},r_2+\sqrt{2},\cdots,r_n+\sqrt{2},\cdots\}$，则

$$\begin{aligned} f: \mathbb{R} &= (\mathbb{R}-\mathbb{Q}-(\mathbb{Q}+\{\sqrt{2}\})) \cup (\mathbb{Q}+\{\sqrt{2}\}) \cup \mathbb{Q} \\ &\to (\mathbb{R}-\mathbb{Q}-(\mathbb{Q}+\{\sqrt{2}\})) \cup (\mathbb{Q}+\{\sqrt{2}\}), \end{aligned}$$

$$x \mapsto f(x) = \begin{cases} x, & x \in \mathbb{R}-\mathbb{Q}-(\mathbb{Q}+\{\sqrt{2}\}), \\ r_{2n-1}+\sqrt{2}, & x = r_n+\sqrt{2}, \\ r_{2n}+\sqrt{2}, & x = r_n, n=1,2,\cdots \end{cases}$$

为一一映射.

（2）解法 1　对于 $(0,1]$ 中的数采用二进位制小数法表示，$x\in(0,1]$，$x=\sum\limits_{n=1}^{\infty}\dfrac{a_n}{2^n}$ 或 $0.a_1a_2\cdots a_n\cdots$，$a_n=0$ 或 1，并且规定表示中有无穷个 $a_n=1$. 若在表示中将 $a_n=0$ 的项舍去，则 $x=\sum\limits_{i=1}^{\infty}\dfrac{1}{2^{n_i}}$，$\{n_i\}$ 为严格增的自然数列. 再令 $k_1=n_1$，$k_i=n_i-n_{i-1}$，$i\geqslant 2$，则 $\{k_i\}$ 为自然数列，则 $f_1: (0,1]\to\mathbb{N}^\infty$，$x\in(0,1]$，$x\mapsto f_1(x)=(k_1,k_2,\cdots,k_n,\cdots)$ 为一一映射. 又 $f_2: (0,1]\times(0,1]\to\mathbb{N}^\infty$，$(y,z)\mapsto f_2(y,z)=(l_1,j_1,l_2,j_2,\cdots,l_i,j_i,\cdots)$ 为一一映射，其中 $y=\sum\limits_{i=1}^{\infty}\dfrac{1}{2^{m_i}}$，$l_1=m_1$，$l_i=m_i-m_{i-1}$，$i\geqslant 2$；$z=\sum\limits_{i=1}^{\infty}\dfrac{1}{2^{p_i}}$，$j_1=p_1$，$j_i=p_i-p_{i-1}$，$i\geqslant 2$. 易见，$f_1^{-1}\circ f_2: (0,1]\times(0,1]\to(0,1]$ 也为一一映射.

解法 2　在 $(0,1]$ 中的数采用 10 进位制，凡有两种表示的点一律采用一种（如 0.5 写作 $0.4\dot{9}$），则

$$f: (0,1]\times(0,1]\to(0,1],$$

$$(\alpha,\beta)=(0.\alpha_1\alpha_2\cdots,0.\beta_1\beta_2\cdots)\mapsto r=f(\alpha,\beta)=0.\alpha_1\beta_1\alpha_2\beta_2\cdots$$

为单射(注意：f 不为满射,如：$0.010101\cdots\notin f((0,1]\times(0,1])$. 故

$$\overline{\overline{(0,1]\times(0,1]}}\leqslant\overline{\overline{(0,1]}}.$$

再由

$$g:(0,1]\to(0,1]\times(0,1],$$
$$\alpha=0.\alpha_1\alpha_2\cdots\mapsto g(\alpha)=\left(\alpha,\frac{1}{2}\right)=\left(0.\alpha_1\alpha_2\cdots,\frac{1}{2}\right)$$

为单射知

$$\overline{\overline{(0,1]}}\leqslant\overline{\overline{(0,1]\times(0,1]}}.$$

因此

$$\overline{\overline{(0,1]\times(0,1]}}=\overline{\overline{(0,1]}}.$$

根据 Cantor-Bernstein 定理的证明,可构造出$(0,1]\times(0,1]$到$(0,1]$之间的一一映射.

□

【14】 证明：(1) 任一可数集的所有有限子集全体为可数集(对照例 1.2.9).

(2) g 进制有限小数全体为可数集. 无限循环小数全体也为可数集.

(3) 对于有理数集$\mathbb{Q}$,施行$+,-,\times,\div,\sqrt{\ },\sqrt[3]{\ },\cdots$有限次(包括零次)运算所得到的一切数的全体为可数集.

(4) $\mathbb{R}^n$ 中以有理点(即坐标都为有理数的点)为中心,以正有理数为半径的开球(或闭球；或闭球面)的全体 $\mathscr{A}$ 为可数集.

证明 (1) 设可数集 $A=\{a_1,a_2,\cdots,a_n,\cdots\}$,其中 $a_n(n\in\mathbb{N})$彼此不相同,将 A 的所有有限子集全体 $\mathscr{A}$ 划分为：

$\mathscr{A}_1=\{\{a_{i_1}\}\mid i_1\in\mathbb{N}\}$独点集全体,

$\mathscr{A}_2=\{\{a_{i_1},a_{i_2}\}\mid i_1<i_2,i_1,i_2\in\mathbb{N}\}$,2 点集,

…

$\mathscr{A}_n=\{\{a_{i_1},a_{i_2},\cdots,a_{i_n}\}\mid i_1<i_2<\cdots<i_n,i_1,i_2,\cdots,i_n\in\mathbb{N}\}$,$n$ 点集,

…

按照 $N=i_1+i_2+\cdots+i_n$ 从小到大将 $\mathscr{A}=\bigcup\limits_{n=1}^{\infty}\mathscr{A}_n$ 中元素排列知,$\mathscr{A}$ 为可数集.

(2) 将 g 进制有限小数全体 B 划分为：

$B_1=\{0.a_1\mid a_1=0,1,\cdots,g-1\}$,

$B_2=\{0.a_1a_2\mid a_1,a_2=0,1,\cdots,g-1\}$,

…

$B_n=\{0.a_1a_2\cdots a_n\mid a_1,a_2,\cdots,a_n=0,1,\cdots,g-1\}$,

…

显然,每个 $\mathscr{A}_n(n\in\mathbb{N})$ 都为有限集. 现将 B 中元素,先按 B_1 中元素从小到大排；继按 B_2 中

元素从小到大排；…；再按 B_n 中元素从小到大排；等等. 由此可知 $B=\bigcup_{n=1}^{\infty} B_n$ 为可数集.

考虑无限循环小数全体的集合 C. 记

$$C_{n,m}=\{0.a_1a_2\cdots a_nb_1b_2\cdots b_m \mid a_i,b_j=0,1,\cdots,g-1\},\quad n,m\in\mathbb{N},$$

则当 n,m 固定时，它为有限集. 于是，将 $C=\bigcup_{n,m\in\mathbb{N}} C_{n,m}$ 中元素，先按 $n+m=N$ 从小到大，再从 $C_{n,m}$ 中元素从小到大排列知，C 为可数集.

或者，由

$$\aleph_0=\overline{\overline{\{0.\dot{3},0.0\dot{3},\cdots\}}}\leqslant\overline{\overline{C}},$$

以及每个循环小数都可表达为分数，而分数全体为可数集，故

$$\overline{\overline{C}}\leqslant\aleph_0,$$

再根据 Cantor-Bernstein 定理，$\overline{\overline{C}}=\aleph_0$，即 C 为可数集.

(3) 对于有理数集 $\mathbb{Q}$，施行 $+,-,\times,\div,\sqrt{},\sqrt[3]{},\cdots$ 的有限次运算得到一个公式. 例如：$a_1,a_2,\cdots,a_6,5$ 施行 $+,\sqrt{},\cdot,+,\sqrt[3]{},-,\cdot,\cdot,+,\sqrt[5]{},\div$ 共 11 次运算所得到的公式为

$$b=f(a_1,a_2,\cdots,a_6)=\frac{\sqrt{a_1+a_2}-\sqrt[3]{a_3\cdot a_4+5}}{\sqrt[5]{a_5^2+a_6^2}}.$$

对于这个固定顺序的 11 次运算的公式，考虑对应 $\varphi\colon R(f)\to\mathbb{Q}^6$，

$$b=f(a_1,a_2,\cdots,a_6)\mapsto\varphi(b)=(a_1,a_2,\cdots,a_6)\in\mathbb{Q}^6,$$

显然，它为单射(其中 $R(f)$ 为 f 的值域). 于是

$$\overline{\overline{R(f)}}\leqslant\overline{\overline{\mathbb{Q}^6}}=\aleph_0.$$

容易看出，对于 $\mathbb{Q}$ 施行 $+,-,\times,\div,\sqrt{},\sqrt[3]{},\cdots,n$ 次运算得到的公式有 $\mathscr{A}_n$，共 $\aleph_0$ 个. 而每个公式产生的值域为至多可数集. 于是

$$\aleph_0=\overline{\overline{\mathbb{Q}}}=\overline{\overline{\bigcup_{f\in\mathscr{A}_1}R(f)}}\leqslant\overline{\overline{\bigcup_{n=1}^{\infty}\bigcup_{f\in\mathscr{A}_n}R(f)}}\leqslant\aleph_0.$$

根据 Cantor-Bernstein 定理，$\overline{\overline{\bigcup_{n=1}^{\infty}\bigcup_{f\in\mathscr{A}_n}R(f)}}=\aleph_0$，即对于有理数集 $\mathbb{Q}$，施行 $+,-,\times,\div,\sqrt{},\sqrt[3]{},\cdots$ 有限次运算所得到的一切数的全体为可数集.

(4) 设 $\varphi\colon\mathscr{A}\to\mathbb{Q}^n\times\mathbb{Q}^+$，

$$B((x_1,x_2,\cdots,x_n),r)\mapsto\varphi(B(x_1,x_2,\cdots,x_n),r)=(x_1,x_2,\cdots,x_n,r),$$

显然，φ 为单射. 因此

$$\aleph_0=\overline{\overline{\{B(\mathbf{0};r)\mid r\in\mathbb{Q}^+\}}}\leqslant\overline{\overline{\mathscr{A}}}\leqslant\overline{\overline{\mathbb{Q}^n\times\mathbb{Q}^+}}=\aleph_0.$$

根据 Cantor-Bernstein 定理，知

$$\overline{\overline{\mathscr{A}}} = \aleph_0,$$

即$\mathbb{R}^n$中以有理点为中心,以正有理数为半径的开球的全体$\mathscr{A}$为可数集.

因为$\mathbb{R}^n$中开球$B(\boldsymbol{x};\ r)\leftrightarrow$闭球$\overline{B(\boldsymbol{x};\ r)}\leftrightarrow$闭球面$\partial B(\boldsymbol{x};\ r)$,所以$\mathbb{R}^n$中以有理点为中心,以正有理数为半径的闭球(或闭球面)的全体为可数集. □

【15】 设$a_0,a_1,\cdots,a_n\in\mathbb{Z},a_n\neq 0$.如果复数$z\in\mathbb{C}$为整系数代数方程

$$a_nz^n+a_{n-1}z^{n-1}+\cdots+a_1z+a_0=0$$

的根,则称z为**代数数**.$\mathbb{C}$中非代数数称为**超越数**.证明:代数数全体为可数集;超越数全体的势为$\aleph$.

证明 根据代数基本定理,当$a_0,a_1,\cdots,a_n\in\mathbb{Z},a_n\neq 0$时,代数方程

$$a_nz^n+a_{n-1}z^{n-1}+\cdots+a_1z+a_0=0$$

的根按重数计恰为n个.由于$\{a_nz^n+a_{n-1}z^{n-1}+\cdots+a_1z+a_0\,|\,a_0,a_1,\cdots,a_n\in\mathbb{Z},a_n\neq 0\}$与$\mathbb{Z}^+\times\underbrace{\mathbb{Z}\times\cdots\times\mathbb{Z}}_{n个}$一一对应,故整系数代数方程共有$\aleph_0$个,而每个这样的方程至少1个至多$n$个相异的根.因此,代数数全体为可数集.根据定理1.2.3,超越数全体的势为

$$\overline{\overline{\{超越数\}}}=\overline{\overline{\mathbb{R}-\{代数数\}}}=\overline{\overline{\mathbb{R}}}=\aleph.$$ □

【16】 设$E\subset\mathbb{R}$,证明:集合

$$A=\{x=(x_1,x_2,\cdots,x_n,\cdots)\in\mathbb{R}^\infty\mid x_n\in E,\quad n\in\mathbb{N}\}$$

的势$\overline{\overline{A}}\leqslant\aleph$.

证明 显然

$$\begin{aligned}\overline{\overline{A}}&=\overline{\overline{\{x=(x_1,x_2,\cdots,x_n,\cdots)\in\mathbb{R}^\infty\mid x_n\in E,n\in\mathbb{N}\}}}\\&\leqslant\overline{\overline{\{x=(x_1,x_2,\cdots,x_n,\cdots)\in\mathbb{R}^\infty\mid x_n\in\mathbb{R},n\in\mathbb{N}\}}}\\&=\overline{\overline{\mathbb{R}^\infty}}\xlongequal{推论1.2.4}\aleph.\end{aligned}$$ □

【17】 证明:不存在集合A,使得2^A为可数集.

证明 $\forall n(\in\mathbb{N}\cup\{0\})$元素$A$,$\overline{\overline{2^A}}=2^n<\aleph_0$.

对$\overline{\overline{A}}\geqslant\aleph_0$,则$\overline{\overline{2^A}}\geqslant 2^{\aleph_0}>\aleph_0$.

综上知,2^A不为可数集. □

【18】 设A与B为集合,$A\times A\sim A$,$\overline{\overline{B}}\leqslant\overline{\overline{A}}$.

(1) 如果$\overline{\overline{A}}=0$(即$A$为空集),则$A\cup B\sim A$.

(2) 如果$\overline{\overline{A}}=1$(即$A$为独点集),$\overline{\overline{B}}=0$(即$B$为空集),则$A\cup B\sim A$.

(3) 如果$\overline{\overline{A}}=1$(即$A$为独点集),$\overline{\overline{B}}=1$(即$B$为独点集),且$A=B$,则$A\cup B\sim A$.

(4) 如果$\overline{\overline{A}}=1$(即$A$为独点集),$\overline{\overline{B}}=1$(即$B$为独点集),且$A\neq B$,则$A\cup B\nsim A$,($\nsim$表示不对等).

(5) 如果$\overline{\overline{A}}\geqslant 2$(即$A$至少含两个不同的点),则$A\cup B\sim A$.

证明　(1) 因为 $\overline{\overline{B}}\leqslant\overline{\overline{A}}=0$，故 $A=\varnothing$，$B=\varnothing$，$A\cup B=\varnothing\cup\varnothing=\varnothing\sim\varnothing=A$.

(2) $A\cup B=A\cup\varnothing=A\sim A$.

(3) $A\cup B=A\cup A=A\sim A$.

(4) 设 $A=\{a\}$，$B=\{b\}$，$a\neq b$，则 $A\cup B=\{a,b\}\nsim\{a\}=A$.

(5) 因为 $\overline{\overline{B}}\leqslant\overline{\overline{A}}$，故存在单射 $\varphi: B\to A$. 又因 $\overline{\overline{A}}\geqslant 2$，故可取 $a_1,a_2\in A$，且 $a_1\neq a_2$.

现作映射

$$f: A\cup B\to A\times A,$$

$$x\mapsto f(x)=\begin{cases}(x,a_1), & x\in A,\\ (\varphi(x),a_2), & x\in B-A.\end{cases}$$

易知，f 为单射，所以 $\overline{\overline{A\cup B}}\leqslant\overline{\overline{A\times A}}=\overline{\overline{A}}$.

又 $\overline{\overline{A\cup B}}\geqslant\overline{\overline{A}}$. 根据 Cantor-Bernstein 定理，$\overline{\overline{A\cup B}}=\overline{\overline{A}}$，即 $A\cup B\sim A$. □

【19】 设 $\mathscr{L}=\{l\,|\,l$ 为$\mathbb{R}^2$ 中的直线，如果$(x,y)\in l$，且 $x\in\mathbb{Q}$，则必有 $y\in\mathbb{Q}\}$. 讨论：$\overline{\overline{\mathscr{L}}}$.

解　易见

$$\begin{aligned}\aleph&=\overline{\overline{\{\text{直线 } l: x=c(\text{无理数})\}}}\leqslant\overline{\overline{\mathscr{L}}}\\ &\leqslant\overline{\overline{\{\text{直线 } x=c\}\cup\{\text{直线 } y=c\}\cup\{\text{直线 } ax+by=c\mid a\neq 0,b\neq 0\}}}\\ &\leqslant\aleph.\end{aligned}$$

根据 Cantor-Bernstein 定理知，$\overline{\overline{\mathscr{L}}}=\aleph$.

进而，若直线 $l: x=c\in\mathbb{Q}$，则 $l\notin\mathscr{L}$；若直线 $l: x=c$(无理数)，则 $l\in\mathscr{L}$；若直线 $l: y=c\in\mathbb{Q}$，则 $l\in\mathscr{L}$；若直线 $l: y=c$(无理数)，则 $l\notin\mathscr{L}$；若直线 $y=ax+b$，$a\neq 0$. 取 $x_1,x_2\in\mathbb{Q}$，$x_1\neq x_2$，则 $y_1,y_2\in\mathbb{Q}$，从而

$$a=\frac{y_1-y_2}{x_1-x_2}\in\mathbb{Q},\quad b=y_1-ax_1\in\mathbb{Q},$$

即$(a,b)\in\mathbb{Q}^2$. 反之，若$(a,b)\in\mathbb{Q}^2$，则 $l\in\mathscr{L}$. 因此

$$\{\text{直线 } l: y=ax+b, a\neq 0,\quad a,b\in\mathbb{Q}\}$$

为可数集. 因此，$\overline{\overline{\mathscr{L}}}=\aleph$，但 $\overline{\overline{\mathscr{L}-\{\ell\,|\,\ell: x=c(\text{无理数})\}}}=\aleph_0$. □

【20】 设

$$\begin{aligned}&\mathscr{A}_{\text{增}}=\{f\mid f: \mathbb{R}\to\mathbb{R}\text{ 为单调增函数}\},\\ &\mathscr{A}_{\text{严增}}=\{f\mid f: \mathbb{R}\to\mathbb{R}\text{ 为严格单调增函数}\},\\ &\mathscr{A}_{\text{连续增}}=\{f\mid f: \mathbb{R}\to\mathbb{R}\text{ 为连续增函数}\},\\ &\mathscr{A}_{\text{连续严增}}=\{f\mid f: \mathbb{R}\to\mathbb{R}\text{ 为连续严格增函数}\},\\ &\mathscr{A}_{\text{右连续增}}=\{f\mid f: \mathbb{R}\to\mathbb{R}\text{ 为右连续增函数}\},\\ &\mathscr{A}_{\text{右连续严增}}=\{f\mid f: \mathbb{R}\to\mathbb{R}\text{ 为右连续严格增函数}\}.\end{aligned}$$

证明：

$$\overline{\overline{\mathscr{A}}}_{\text{增}}=\overline{\overline{\mathscr{A}}}_{\text{严增}}=\overline{\overline{\mathscr{A}}}_{\text{连续增}}=\overline{\overline{\mathscr{A}}}_{\text{连续严增}}=\overline{\overline{\mathscr{A}}}_{\text{右连续增}}=\overline{\overline{\mathscr{A}}}_{\text{右连续严增}}=\aleph.$$

证明　(1) 显然，$x+c\in\mathscr{A}_{增}$，故

$$\aleph=\overline{\overline{\{x+c\mid c\in\mathbb{R}\}}}\leqslant\overline{\overline{\mathscr{A}}}_{增}.$$

另一方面，对 $\forall f\in\mathscr{A}_{增}$，$f$ 在有理点集 $\mathbb{Q}=\{r_1,r_2,\cdots,r_n,\cdots\}$ 上的值

$$\{f(r_1),f(r_2),\cdots,f(r_n),\cdots\}$$

完全决定了所有 f 的连续点上的函数值和无理数间断点处函数值的左右极限. 对于无理数间断点，由 f 的单调增和例 1.2.11 知，它们至多可数个，排列为(如果间断点有限，取有限个)

$$x_1,x_2,\cdots,x_n,\cdots.$$

显然，映射

$$\varphi:\ \mathscr{A}_{增}\to\mathbb{R}^\infty$$

$$f\mapsto\varphi(f)=(f(r_1),x_1,f(x_1),f(r_2),x_2,f(x_2),\cdots,f(r_n),x_n,f(x_n),\cdots)$$

为单射. 于是

$$\overline{\overline{\mathscr{A}}}_{增}=\overline{\overline{\varphi(\mathscr{A}_{增})}}\leqslant\overline{\overline{\mathbb{R}^\infty}}=\aleph.$$

根据 Cantor-Bernstein 定理，$\overline{\overline{\mathscr{A}}}_{增}=\aleph$.

(2) 因为

$$\aleph=\overline{\overline{\{x+c\mid c\in\mathbb{R}\}}}\leqslant\overline{\overline{\mathscr{A}}}_{严增}\leqslant\overline{\overline{\mathscr{A}}}_{增}\overset{(1)}{=\!=}\aleph,$$

所以根据 Cantor-Bernstein 定理，$\overline{\overline{\mathscr{A}}}_{严增}=\aleph$.

(3) 证法 1　因为

$$\aleph=\overline{\overline{\{x+c\mid c\in\mathbb{R}\}}}\leqslant\overline{\overline{\mathscr{A}}}_{连续增}\leqslant\overline{\overline{\mathscr{A}}}_{增}\overset{(1)}{=\!=}\aleph,$$

所以根据 Cantor-Bernstein 定理，$\overline{\overline{\mathscr{A}}}_{连续增}=\aleph$.

证法 2　易见

$$\xi:\ \mathscr{A}_{连续增}\to\mathbb{R}^\infty,\ f\mapsto\xi(f)=(f(r_1),f(r_2),\cdots,f(r_n),\cdots)$$

为单射. 于是

$$\aleph=\overline{\overline{\{x+c\mid c\in\mathbb{R}\}}}\leqslant\overline{\overline{\mathscr{A}}}_{连续增}\leqslant\overline{\overline{\mathbb{R}^\infty}}=\aleph,$$

根据 Cantor-Bernstein 定理，$\overline{\overline{\mathscr{A}}}_{连续增}=\aleph$.

(4)(5)(6)类似(3)的证明，有

$$\overline{\overline{\mathscr{A}}}_{连续严增}=\overline{\overline{\mathscr{A}}}_{右连续增}=\overline{\overline{\mathscr{A}}}_{右连续严增}=\aleph.$$ □

注　证明：$\overline{\overline{\mathscr{A}}}_{减}=\overline{\overline{\mathscr{A}}}_{严减}=\overline{\overline{\mathscr{A}}}_{连续减}=\overline{\overline{\mathscr{A}}}_{连续严减}=\overline{\overline{\mathscr{A}}}_{右连续减}=\overline{\overline{\mathscr{A}}}_{右连续严减}=\aleph$.

证明　证法 1　完全类似题[20]的证明.

证法 2　由 f 减(严格减)$\Leftrightarrow -f$ 增(严格增)以及题[20]的结论推得. □

【21】　设

$$BV([a,b])=\{f\mid f:\ [a,b]\to\mathbb{R}\ 为有界变差函数\},$$

证明：$\overline{\overline{BV([a,b])}}=\aleph$.

证明　设

$$\varphi\colon BV([a,b]) \to \mathscr{A}_{增} \times \mathscr{A}_{增},$$
$$f \mapsto \varphi(f) = (g,h)$$

其中 $f=g-h$(见定理 3.6.5). 显然, φ 为单射. 于是

$$\aleph = \overline{\overline{\{f \mid f\colon [a,b] \to \mathbb{R} \text{ 为单调增函数}\}}}$$
$$\leqslant \overline{\overline{BV([a,b])}} = \overline{\overline{\varphi(BV([a,b]))}} = \overline{\overline{\mathscr{A}_{增} \times \mathscr{A}_{增}}} = \overline{\overline{\mathbb{R}^2}} = \aleph.$$

根据 Cantor-Bernstein 定理, $\overline{\overline{BV([a,b])}} = \aleph$. □

1.3　集类、环、σ 环、代数、σ 代数、单调类

定义 1.3.1　设 X 为一个集合, $\mathscr{R}$ 为 X 上的一个非空集类. 如果对 $\forall E_1, E_2 \in \mathscr{R}$, 都有

$$E_1 \cup E_2 \in \mathscr{R}, \quad E_1 - E_2 \in \mathscr{R},$$

则称 $\mathscr{R}$ 为 X 上的一个**环**; 如果还有 $X \in \mathscr{R}$, 就称 $\mathscr{R}$ 为 X 上的一个**代数**, 或称为**域**.

如果对 $\forall E, F \in \mathscr{R}$, 有 $E-F \in \mathscr{R}$; 且对任何一列 $E_i \in \mathscr{R}(i=1,2,\cdots)$, 都有

$$\bigcup_{i=1}^{\infty} E_i \in \mathscr{R},$$

则称 $\mathscr{R}$ 为 X 上的一个 **σ 环**. 如果还有 $X \in \mathscr{R}$, 则称 $\mathscr{R}$ 为 X 上的 **σ 代数**, 或称为 **σ 域**.

定理 1.3.1　设 $\mathscr{R}$ 为环, 则:

(1) 空集 $\varnothing \in \mathscr{R}$.

(2) $\mathscr{R}$ 对"$\cap$"运算封闭.

(3) 如果 $E_i \in \mathscr{R}(i=1,2,\cdots,n)$, 则 $\bigcup\limits_{i=1}^{n} E_i \in \mathscr{R}$.

设 $\mathscr{R}_\alpha(\alpha \in \Gamma)$ 为环(代数), 则:

(4) $\bigcap\limits_{\alpha \in \Gamma} \mathscr{R}_\alpha$ 仍为环(代数).

定理 1.3.2　设 $\mathscr{R}$ 为 σ 环, 则:

(1) $\mathscr{R}$ 为环.

(2) $\mathscr{R}$ 对"$\bigcap\limits_{i=1}^{\infty}$"运算封闭.

(3) $\mathscr{R}$ 对"$\overline{\lim\limits_{k\to+\infty}}$", "$\underline{\lim\limits_{k\to+\infty}}$", "$\lim\limits_{k\to+\infty}$"运算封闭.

设 $\mathscr{R}_\alpha(\alpha \in \Gamma)$ 为 σ 环(σ 代数), 则:

(4) $\bigcap\limits_{\alpha \in \Gamma} \mathscr{R}_\alpha$ 仍为 σ 环(σ 代数).

例 1.3.4　环、σ 环、代数、σ 代数之间的关系如下图所示:

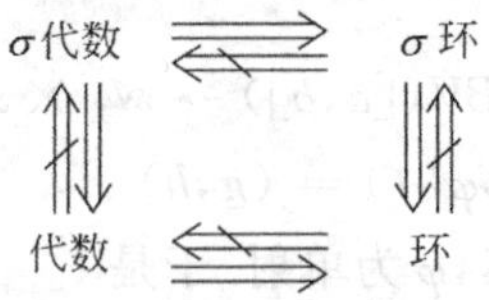

定理 1.3.3 设$\mathscr{E}$为由集合 X 的某些子集组成的集类,则存在惟一的环(或代数、或 σ 环、或 σ 代数)$\mathscr{R}$,使得

(1) $\mathscr{E}\subset\mathscr{R}$;

(2) 任何包含$\mathscr{E}$的环(或代数、或 σ 环、或 σ 代数)$\mathscr{R}'$必有$\mathscr{R}\subset\mathscr{R}'$. 换言之,$\mathscr{R}$是包含$\mathscr{E}$的最小环(或代数、或 σ 环、或 σ 代数).

定义 1.3.2 定理 1.3.3 中的环(或代数、或 σ 环、或 σ 代数)$\mathscr{R}$称为**由集类**$\mathscr{E}$**所生成**(或**张成**)**的环**(**或代数**、**或 σ 环**、**或 σ 代数**),并用$\mathscr{R}(\mathscr{E})$(或$\mathscr{A}(\mathscr{E})$、或$\mathscr{R}_\sigma(\mathscr{E})$、或$\mathscr{A}_\sigma(\mathscr{E})$)表示.

定理 1.3.4 $\mathscr{R}_\sigma(\mathscr{E})=\mathscr{R}_\sigma(\mathscr{R}(\mathscr{E}))$.

例 1.3.9 设$\mathscr{P}$为$\mathbb{R}^1$上左开右闭区间$(a,b]$($-\infty<a<b<+\infty$)全体所成的集类,则:

$\mathscr{R}(\mathscr{P})=\mathscr{R}_0$(例 1.3.5).

$\mathscr{A}(\mathscr{P})=\mathscr{R}(\mathscr{P}\cup\{\mathbb{R}^1\})$(有限个左开右闭区间的并及其余集所形成的集类).

$\mathscr{R}(\mathscr{P})\subsetneq\mathscr{R}_\sigma(\mathscr{P})$.

定理 1.3.5 设 X 为非空集合,$\mathscr{R}$为 X 上的一个集类,则:

$\mathscr{R}$为 σ 代数$\Leftrightarrow$(1) $\varnothing\in\mathscr{R}$;

(2) 若 $E\in\mathscr{R}$,则 $E^c\in\mathscr{R}$;

(3) 若 $E_i\in\mathscr{R},i=1,2,\cdots$,则 $\bigcup\limits_{i=1}^{\infty}E_i\in\mathscr{R}$.

定义 1.3.3 设$\mathscr{U}$为由 X 的某些子集所成的集类,如果对$\mathscr{U}$中任何单调集列$\{E_n\}$,都必有 $\lim\limits_{n\to+\infty}E_n\in\mathscr{U}$,则称$\mathscr{U}$为**单调类**.

定理 1.3.6 设$\mathscr{U}_\alpha$为单调类,$\alpha\in\Gamma$,则$\bigcap\limits_{\alpha\in\Gamma}\mathscr{U}_\alpha$也为单调类.

定理 1.3.7 设$\mathscr{E}$是由集合 X 的某些子集所成的集类,则存在惟一的单调类$\mathscr{U}$,使得

(1) $\mathscr{E}\subset\mathscr{U}$;

(2) 任何包含$\mathscr{E}$的单调类$\mathscr{U}'$,必有$\mathscr{U}\subset\mathscr{U}'$.

换言之,$\mathscr{U}$是包含$\mathscr{E}$的最小单调类.

定义 1.3.4 定理 1.3.7 中的单调类$\mathscr{U}$称为**由集类**$\mathscr{E}$**所生成**(**或张成**)**的单调类**. 记作$\mathscr{U}(\mathscr{E})$.

定理 1.3.8 设$\mathscr{U}$为集合 X 的集类,则

$$\mathscr{U}\text{为 }\sigma\text{ 环}\Leftrightarrow\mathscr{U}\text{为单调环}.$$

定理 1.3.9 设$\mathscr{E}$为集合 X 的某些子集所成的环,则

$$\mathscr{R}_\sigma(\mathscr{E})=\mathscr{U}(\mathscr{E}).$$

推论 1.3.1　设 $\mathscr{U},\mathscr{E}$ 为集合 X 上的两个集类. 如果 $\mathscr{U}$ 为单调类, $\mathscr{E}$ 为 σ 环, 且 $\mathscr{U}\supset\mathscr{E}$, 则 $\mathscr{U}\supset\mathscr{R}_\sigma(\mathscr{E})$.

例 1.3.11　设 $\mathscr{E}$ 为集合 X 上的一个非空集类. 则对 $\forall F\in\mathscr{R}_\sigma(\mathscr{E})$, 必 $\exists E_i\in\mathscr{E}(i=1,2,\cdots)$, s. t. $F\subset\bigcup\limits_{i=1}^{\infty}E_i$.

【22】　设 X 为集合, $\mathscr{E}$ 为 X 上的集类. 证明：

(1) $\mathscr{A}(\mathscr{E})=\{E,X-E\mid E\in\mathscr{R}(\mathscr{E})\}$.

(2) $\mathscr{A}_\sigma(\mathscr{E})=\{E,X-E\mid E\in\mathscr{R}_\sigma(\mathscr{E})\}$.

证明　(1) 设 $E\in\mathscr{R}(\mathscr{E})\subset\mathscr{A}(\mathscr{E})$, 因 $X\in\mathscr{A}(\mathscr{E})$, 故 $X-E\in\mathscr{A}(\mathscr{E})$. 于是

$$\{E,X-E\mid E\in\mathscr{R}(\mathscr{E})\}\subset\mathscr{A}(\mathscr{E}).$$

反之, 下证 $\{E,X-E\mid E\in\mathscr{R}(\mathscr{E})\}$ 为含 $\mathscr{E}$ 的代数, 而 $\mathscr{A}(\mathscr{E})$ 为含 $\mathscr{E}$ 的最小代数. 因此

$$\mathscr{A}(\mathscr{E})\subset\{E,X-E\mid E\in\mathscr{R}(\mathscr{E})\}.$$

综合上述, 有

$$\mathscr{A}(\mathscr{E})=\{E,X-E\mid E\in\mathscr{R}(\mathscr{E})\}.$$

剩下的欲证 $\{E,X-E\mid E\in\mathscr{R}(\mathscr{E})\}$ 为含 $\mathscr{E}$ 的代数. 含 $\mathscr{E}$ 是显然的, 而 $X=X-\varnothing\in\{E,X-E\mid E\in\mathscr{R}(\mathscr{E})\}$, 故只需证 $\{E,X-E\mid E\in\mathscr{R}(\mathscr{E})\}$ 为一个环. 事实上, 对于 $\forall A,B\in\mathscr{R}(\mathscr{E})$, 有

$$A\cup B,A-B\in\mathscr{R}(\mathscr{E})\subset\{E,X-E\mid E\in\mathscr{R}(\mathscr{E})\},$$
$$(X-A)\cup(X-B)=X-A\cap B\in\{E,X-E\mid E\in\mathscr{R}(\mathscr{E})\},$$
$$(X-A)-(X-B)=B-A\in\mathscr{R}(\mathscr{E})\subset\{E,X-E\mid E\in\mathscr{R}(\mathscr{E})\},$$
$$(X-B)\cup A=X-(B-A)\in\{E,X-E\mid E\in\mathscr{R}(\mathscr{E})\},$$
$$(X-B)-A=X-(A\cup B)\in\{E,X-E\mid E\in\mathscr{R}(\mathscr{E})\},$$
$$A-(X-B)=A\cap B\in\mathscr{R}(\mathscr{E})\subset\{E,X-E\mid E\in\mathscr{R}(\mathscr{E})\}.$$

这就证明了 $\{E,X-E\mid E\in\mathscr{R}(\mathscr{E})\}$ 为一个环.

(2) 设 $E\in\mathscr{R}_\sigma(\mathscr{E})\subset\mathscr{A}_\sigma(\mathscr{E})$, 因 $X\in\mathscr{A}_\sigma(\mathscr{E})$, 故 $X-E\in\mathscr{A}_\sigma(\mathscr{E})$. 于是

$$\{E,X-E\mid E\in\mathscr{R}_\sigma(\mathscr{E})\}\subset\mathscr{A}_\sigma(\mathscr{E}).$$

反之, 下证 $\{E,X-E\mid E\in\mathscr{R}_\sigma(\mathscr{E})\}$ 为含 $\mathscr{E}$ 的 σ 代数, 而 $\mathscr{A}_\sigma(\mathscr{E})$ 为含 $\mathscr{E}$ 的最小 σ 代数. 因此

$$\mathscr{A}_\sigma(\mathscr{E})\subset\{E,X-E\mid E\in\mathscr{R}_\sigma(\mathscr{E})\}.$$

综合上述, 有

$$\mathscr{A}_\sigma(\mathscr{E})=\{E,X-E\mid E\in\mathscr{R}_\sigma(\mathscr{E})\}.$$

剩下的欲证 $\{E,X-E\mid E\in\mathscr{R}_\sigma(\mathscr{E})\}$ 为含 $\mathscr{E}$ 的代数. 含 $\mathscr{E}$ 是显然的, 而 $X=X-\varnothing\in\{E,X-E\mid E\in\mathscr{R}_\sigma(\mathscr{E})\}$, 故只需证 $\{E,X-E\mid E\in\mathscr{R}_\sigma(\mathscr{E})\}$ 为一个 σ 环. 事实上, 对于 $\forall A,B,A_n,B_n(n\in\mathbb{N})\in\mathscr{R}_\sigma(\mathscr{E})$, 有

$$\bigcup_{n=1}^{\infty}A_n,A-B\in\mathscr{R}_\sigma(\mathscr{E})\subset\{E,X-E\mid E\in\mathscr{R}_\sigma(\mathscr{E})\},$$
$$\bigcup_{n=1}^{\infty}(X-A_n)\xlongequal{\text{de Morgan公式}}X-\bigcap_{n=1}^{\infty}A_n\in\{E,X-E\mid E\in\mathscr{R}_\sigma(\mathscr{E})\},$$

$$\left(\bigcup_{n=1}^{\infty}(X-A_n)\right)\cup\left(\bigcup_{n=1}^{\infty}B_n\right)=\left(X-\bigcap_{n=1}^{\infty}A_n\right)\cup\left(\bigcup_{n=1}^{\infty}B_n\right)$$

$$=X-\left(\bigcap_{n=1}^{\infty}A_n-\bigcup_{n=1}^{\infty}B_n\right)\in\{E,X-E\mid E\in\mathscr{R}_\sigma(\mathscr{E})\},$$

$$(X-A)-(X-B)=B-A\in\mathscr{R}_\sigma(\mathscr{E})\subset\{E,X-E\mid E\in\mathscr{R}_\sigma(\mathscr{E})\},$$

$$(X-B)-A=X-(A\cup B)\in\{E,X-E\mid E\in\mathscr{R}_\sigma(\mathscr{E})\},$$

$$A-(X-B)=A\cap B\in\mathscr{R}(\mathscr{E})\subset\{E,X-E\mid E\in\mathscr{R}_\sigma(\mathscr{E})\}.$$

这就证明了$\{E,X-E|E\in\mathscr{R}_\sigma(\mathscr{E})\}$为一个$\sigma$环. □

【23】 设X为集合，$\mathscr{E}$为X上的非空集类. 在下列各种情况下分别求出$\mathscr{R}(\mathscr{E})$，$\mathscr{A}(\mathscr{E})$：

(1) $\mathscr{E}=\{E_1,E_2,\cdots,E_n\}$.

(2) $X=\mathbb{R}^1$(实数直线)，$\mathscr{E}=\{(a,b)\mid-\infty<a<b<+\infty\}$.

(3) $X=\mathbb{R}^1$，$\mathscr{E}=\{(-\infty,a)\mid a\in\mathbb{R}\}$.

解 (1) $\mathscr{R}(\mathscr{E})=\{$由$E_1,E_2,\cdots,E_n$中若干元素通过“$\cup$”，“$-$”的有限次运算得到的集合$\}$.

$\mathscr{A}(\mathscr{E})=\{$由$E_1,E_2,\cdots,E_n$以及$X$中若干元素通过“$\cup$”，“$-$”的有限次运算得到的集合$\}$

$\overset{\text{题[22](1)}}{=\!=\!=}\{E,X-E\mid E\in\mathscr{R}(\mathscr{E})\}$.

(2) 由$\mathscr{R}(\mathscr{E})$的定义知，$\mathscr{E}\subset\mathscr{R}(\mathscr{E})$. 进而，当$a<c<b<d$时，有

$$(a,b)-(c,d)=(a,c]\in\mathscr{R}(\mathscr{E}),$$

$$(c,d)-(a,b)=[b,d)\in\mathscr{R}(\mathscr{E}).$$

当$a<c<b$时，有

$$(a,c]\cap[c,b)=\{c\}\in\mathscr{R}(\mathscr{E}).$$

于是，猜测并验证得到

$\mathscr{R}(\mathscr{E})=\{$有限个开区间与有限个点的并集$\}$

$=\{$有限个(开，半开半闭，半闭半开，闭)区间与有限个点的并集$\}$

$\mathscr{A}(\mathscr{E})\overset{\text{题[22](1)}}{=\!=\!=}\{E,X-E\mid E\in\mathscr{R}(\mathscr{E})\}$

$=\{E,X-E\mid E$为有限个开区间与有限个点的并集$\}$.

(3) 由$\mathscr{R}(\mathscr{E})$的定义知，$\mathscr{E}\subset\mathscr{R}(\mathscr{E})$. 进而，当$a<c<b<d$时，有

$$(-\infty,b)-(-\infty,a)=[a,b)\in\mathscr{R}(\mathscr{E}),$$

$$(a,b)-(c,d)=(a,c]\in\mathscr{R}(\mathscr{E}),$$

$$(c,d)-(a,b)=[b,d)\in\mathscr{R}(\mathscr{E}),$$

当$a<c<b$时，有

$$(a,c]\cap[c,b)=\{c\}\in\mathscr{R}(\mathscr{E}).$$

于是，猜测并验证得到

$\mathscr{R}(\mathscr{E})=\{(-\infty,a)$与有限个开区间以及有限个点的并集$\}$

$=\{(-\infty,a)$与有限个(开，半开半闭，半闭半开，闭)区间以及有限个点的并集$\}$.

$$\mathscr{A}(\mathscr{E}) \xlongequal{\text{题[22](1)}} \{E, X-E \mid E \in \mathscr{R}(\mathscr{E})\}$$
$$= \{E, X-E \mid E \text{ 为}(-\infty, a) \text{ 与有限个开区间以及有限个点的并集}\}. \quad \square$$

【24】 设 $\mathscr{E}=\{(a,b) \mid -\infty<a<b<+\infty\}$，$\mathscr{R}_0=\{\bigcup_{i=1}^{n}(a_i,b_i] \mid -\infty<a_i<b_i<+\infty, n\in\mathbb{N}\}$ 为 $\mathbb{R}^1$ 上的两个集类. 证明：分别由 $\mathscr{E}$ 与 $\mathscr{R}_0$ 张成的 σ 环是一致的，并且

$$\mathscr{R}_\sigma(\mathscr{E}) = \mathscr{R}_\sigma(\mathscr{R}_0) = \mathscr{B},$$

其中 $\mathscr{B}$ 为 Borel 集类，即 $\mathscr{B}=\mathscr{A}_\sigma(\mathscr{T}_0^1)$，它是由$(\mathbb{R}^1,\mathscr{T}_0^1)$的开集族 $\mathscr{T}_0^1$ 所生成的 σ 代数.

证明　取$a_1=a$，

$$a_2=a+\frac{1}{2}(b-a),$$

$$a_3=a+\left(\frac{1}{2}+\frac{1}{2^2}\right)(b-a),$$

$$\cdots$$

$$a_i=a+\left(\frac{1}{2}+\frac{1}{2^2}+\cdots+\frac{1}{2^{i-1}}\right)(b-a),$$

$$\cdots$$

则

$$(a,b)=\bigcup_{i=1}^{\infty}(a_i,a_{i+1}] \in \mathscr{R}_\sigma(\mathscr{R}_0), \quad \mathscr{E}\subset\mathscr{R}_\sigma(\mathscr{R}_0).$$

这就证明了 $\mathscr{R}_\sigma(\mathscr{R}_0)$为含 $\mathscr{E}$ 的 σ 环. 而 $\mathscr{R}_\sigma(\mathscr{E})$为含 $\mathscr{E}$ 的最小 σ 环，故

$$\mathscr{R}_\sigma(\mathscr{E}) \subset \mathscr{R}_\sigma(\mathscr{R}_0).$$

另一方面，由于$(a,b]=\bigcap_{n=1}^{\infty}\left(a,b+\frac{1}{n}\right)\in\mathscr{R}_\sigma(\mathscr{E})$，$\mathscr{R}_0\subset\mathscr{R}_\sigma(\mathscr{E})$. 这就证明了 $\mathscr{R}_\sigma(\mathscr{E})$ 为含 $\mathscr{R}_0$ 的 σ 环. 而 $\mathscr{R}_\sigma(\mathscr{R}_0)$ 为含 $\mathscr{R}_0$ 的最小 σ 环，故

$$\mathscr{R}_\sigma(\mathscr{E}) \supset \mathscr{R}_\sigma(\mathscr{R}_0).$$

综合上述得到

$$\mathscr{R}_\sigma(\mathscr{E}) = \mathscr{R}_\sigma(\mathscr{R}_0).$$

因为 $X=\mathbb{R}^1=\bigcup_{n=1}^{\infty}(-n,n)\in\mathscr{R}_\sigma(\mathscr{E})$，故 $\mathscr{R}_\sigma(\mathscr{E})$ 为含 $\mathscr{E}$ 的 σ 代数，而 $\mathscr{T}_0^1$ 的每个元素（即$(X,\mathscr{T}_0^1)=(\mathbb{R}^1,\mathscr{T}_0^1)$ 中的开集），根据定理 1.4.5(1)，它为 $\mathscr{E}$ 中至多可数个两两不相交的元素的并. 因此，$\mathscr{T}_0^1\subset\mathscr{R}_\sigma(\mathscr{E})$. 又因为 $\mathscr{B}=\mathscr{A}_\sigma(\mathscr{T}_0^1)$ 为含 $\mathscr{T}_0^1$ 的最小 σ 代数，故

$$\mathscr{B}=\mathscr{A}_\sigma(\mathscr{T}_0^1)\subset\mathscr{R}_\sigma(\mathscr{E}).$$

反之，因为 $\mathscr{E}\subset\mathscr{T}_0^1\subset\mathscr{A}_\sigma(\mathscr{T}_0^1)$，而 $\mathscr{R}_\sigma(\mathscr{E})$为含 $\mathscr{E}$ 的最小 σ 环，故

$$\mathscr{R}_\sigma(\mathscr{E})\subset\mathscr{A}_\sigma(\mathscr{T}_0^1)=\mathscr{B}.$$

综合上述得到

$$\mathscr{R}_\sigma(\mathscr{R}_0)=\mathscr{R}_\sigma(\mathscr{E})=\mathscr{A}_\sigma(\mathscr{T}_0^1)=\mathscr{B}. \quad \square$$

【25】 设$\mathscr{R}$为集合 X 上的一个非空集类. 证明：

(1) $\mathscr{R}$为一个环

$\Leftrightarrow$(2) $\mathscr{R}$对"$-$"运算和任意有限个互不相交集的"$\bigcup$"运算封闭

$\Leftrightarrow$(3) $\mathscr{R}$对"$-$"、"Δ"、"$\bigcap$"运算封闭.

证明 (1)$\Rightarrow$(3)由环的定义知,环$\mathscr{R}$对"$-$"运算封闭.

进而,对$\forall E,F\in\mathscr{R}$,$E-F\in\mathscr{R}$,$F-E\in\mathscr{R}$,从而

$$E\Delta F=(E-F)\cup(F-E)\in\mathscr{R},$$

即$\mathscr{R}$对"Δ"运算封闭. 此外,由

$$E\cap F=(E\cup F)-(E\Delta F)\in\mathscr{R}$$

推得$\mathscr{R}$对"$\bigcap$"运算封闭. 这就证明了(3)成立.

(1)$\Leftarrow$(3)设$\mathscr{R}$对"$-$"、"Δ"、"$\bigcap$"运算封闭. 于是,对$\forall E,F\in\mathscr{R}$,有

$$E\Delta F=(E-F)\cup(F-E)\in\mathscr{R},\quad E\cap F\in\mathscr{R},$$

$$\begin{aligned}E\cup F&=(E\Delta F)\cup(E\cap F)\\&=(E\Delta F-E\cap F)\cup(E\cap F-E\Delta F)\\&=(E\Delta F)\Delta(E\cap F)\in\mathscr{R},\end{aligned}$$

故$\mathscr{R}$对"$\bigcup$"运算封闭. 这就证明了$\mathscr{R}$为一个环,即(1)成立.

(1)$\Rightarrow$(2)因为$\mathscr{R}$为一个环,故$\mathscr{R}$对"$-$"运算和"$\bigcup$"运算封闭. 再由归纳法立知,$\mathscr{R}$对其任意有限个集($\mathscr{R}$的元素)的"$\bigcup$"运算封闭.

(1)$\Leftarrow$(2)设(2)成立,则对$\forall E,F\in\mathscr{R}$,有

$$E-F\in\mathscr{R},\quad F-E\in\mathscr{R},$$

$$E\cap F=E-(E-F)\in\mathscr{R}.$$

于是,根据(2)中$\mathscr{R}$对任意有限个互不相交集的"$\bigcup$"运算的封闭性,有

$$E\cup F=(E-F)\cup(F-E)\cup(E\cap F)\in\mathscr{R}.$$

这就证明了$\mathscr{R}$对"$\bigcup$"运算封闭. 因此,$\mathscr{R}$为一个环,即(1)成立. □

【26】 设$\mathscr{R}$为集合 X 上的一个非空集类. 证明：

$\mathscr{R}$为代数$\Leftrightarrow\mathscr{R}$对"$\bigcup$"、"$\bigcap$"、"余"运算封闭.

证明 ($\Rightarrow$)设$\mathscr{R}$为代数,则 $X\in\mathscr{R}$,且$\mathscr{R}$对"$-$"、"$\bigcup$"运算封闭. 于是,对$\forall E,F\in\mathscr{R}$,有

$$E^c=X-E\in\mathscr{R},$$

$$E\cap F=(E\cup F)-(E-F)-(F-E)\in\mathscr{R}.$$

这就证明了$\mathscr{R}$对"$\bigcup$"、"$\bigcap$"、"余"运算封闭.

($\Leftarrow$)设$\mathscr{R}$对"$\bigcup$"、"$\bigcap$"、"余"运算封闭. 因为$\mathscr{R}$为集合 X 上的非空集类,故$\exists E\in\mathscr{R}$. 于是,$E^c=X-E\in\mathscr{R}$,$X=E\cup(X-E)\in\mathscr{R}$. 进而,对$\forall E,F\in\mathscr{R}$,有

$$F^c \in \mathscr{R}, \quad E - F = E \cap F^c \in \mathscr{R}.$$

这就证明了 $\mathscr{R}$ 对"$\cup$"和"$-$"运算封闭，即 $\mathscr{R}$ 为一个环. 又因 $X \in \mathscr{R}$，故 $\mathscr{R}$ 为代数.

【27】 设 X 为集合，$A \subset X$. $\mathscr{R}$ 为 X 上某些子集所成的环. 记

$$\mathscr{R} \cap A = \{E \cap A \mid E \in \mathscr{R}\}, \quad \mathscr{R}_\sigma(\mathscr{R}) \cap A = \{E \cap A \mid E \in \mathscr{R}_\sigma(\mathscr{R})\}.$$

证明：(1) $\mathscr{R} \cap A$ 为 A 上的一个环.

(2) $\mathscr{R}_\sigma(\mathscr{R}) \cap A$ 为 A 上的一个 σ 环.

(3) $\mathscr{R}_\sigma(\mathscr{R}) \cap A = \mathscr{R}_\sigma(\mathscr{R} \cap A)$.

(4) 当 $\mathscr{R}$ 为代数或 $A \in \mathscr{R}$ 时，$\mathscr{R}_\sigma(\mathscr{R}) \cap A$ 为 A 上的 σ 代数.

证明　(1) 对 $\forall E \cap A \in \mathscr{R} \cap A, F \cap A \in \mathscr{R} \cap A$，有 $E \in \mathscr{R}, F \in \mathscr{R}$，故 $E \cup F \in \mathscr{R}, E - F \in \mathscr{R}$，且

$$(E \cap A) \cup (F \cap A) = (E \cup F) \cap A \in \mathscr{R} \cap A,$$
$$(E \cap A) - (F \cap A) = (E - F) \cap A \in \mathscr{R} \cap A.$$

这就证明了 $\mathscr{R} \cap A$ 为 A 上的一个环.

(2) 对 $\forall E \cap A \in \mathscr{R}_\sigma(\mathscr{R}) \cap A, F \cap A \in \mathscr{R}_\sigma(\mathscr{R}) \cap A, E_n \cap A \in \mathscr{R}_\sigma(\mathscr{R}) \cap A, n \in \mathbb{N}$，有 $E \in \mathscr{R}_\sigma(\mathscr{R}), F \in \mathscr{R}_\sigma(\mathscr{R}), E_n \in \mathscr{R}_\sigma(\mathscr{R}), n \in \mathbb{N}$，且 $\bigcup_{n=1}^{\infty} E_n \in \mathscr{R}_\sigma(\mathscr{R})$. 于是

$$(E \cap A) - (F \cap A) = (E - F) \cap A \in \mathscr{R}_\sigma(\mathscr{R}) \cap A,$$
$$\bigcup_{n=1}^{\infty} (E_n \cap A) = \Big(\bigcup_{n=1}^{\infty} E_n\Big) \cap A \in \mathscr{R}_\sigma(\mathscr{R}) \cap A.$$

这就证明了 $\mathscr{R}_\sigma(\mathscr{R}) \cap A$ 为 A 上的一个 σ 环.

(3) 证法 1　因为 $\mathscr{R} \subset \mathscr{R}_\sigma(\mathscr{R})$，故 $\mathscr{R} \cap A \subset \mathscr{R}_\sigma(\mathscr{R}) \cap A$. 显然，$\mathscr{R}_\sigma(\mathscr{R}) \cap A$ 为含 $\mathscr{R} \cap A$ 的 σ 环，而 $\mathscr{R}_\sigma(\mathscr{R} \cap A)$ 为含 $\mathscr{R} \cap A$ 的最小 σ 环，因此

$$\mathscr{R}_\sigma(\mathscr{R} \cap A) \subset \mathscr{R}_\sigma(\mathscr{R}) \cap A.$$

令

$$\mathscr{F} = \{F \in \mathscr{R}_\sigma(\mathscr{R}) \mid F \cap A \in \mathscr{R}_\sigma(\mathscr{R} \cap A)\},$$

易见，$\mathscr{F}$ 为 σ 环.

由于 $\mathscr{R} \subset \mathscr{F}$，故 $\mathscr{R}_\sigma(\mathscr{R}) \subset \mathscr{F}$. 于是

$$\mathscr{R}_\sigma(\mathscr{R}) \cap A \subset \mathscr{F} \cap A \subset \mathscr{R}_\sigma(\mathscr{R} \cap A).$$

综合上述得到

$$\mathscr{R}_\sigma(\mathscr{R}) \cap A = \mathscr{R}_\sigma(\mathscr{R} \cap A).$$

证法 2

$\mathscr{R}_\sigma(\mathscr{R}) \cap A =$ {$\mathscr{R}$ 中至多可数个元素 $E_1, E_2, \cdots, E_n, \cdots$ 的至多可数次"$\cup$"、"$-$"运算后所得集与 A 的交}

$=$ {$\mathscr{R} \cap A$ 中至多数个元素 $E_1 \cap A, E_2 \cap A, \cdots, E_n \cap A, \cdots$ 的至多可数次"$\cup$"、"$-$"运算后所得的集}

$= \mathscr{R}_\sigma(\mathscr{R} \cap A)$.

(4) 当 $\mathscr{R}$ 为代数时，$X\in\mathscr{R}$，从而 $A=X\cap A\in\mathscr{R}\cap A\subset\mathscr{R}_\sigma(\mathscr{R})\cap A$. 再由(2)知 $\mathscr{R}_\sigma(\mathscr{R})\cap A$ 为 A 上的 σ 环，故 $\mathscr{R}_\sigma(\mathscr{R}\cap A)$ 为 A 上的 σ 代数.

当 $A\in\mathscr{R}$ 时，$A=A\cap A\in\mathscr{R}\cap A\subset\mathscr{R}_\sigma(\mathscr{R})\cap A$. 再由(2)知 $\mathscr{R}_\sigma(\mathscr{R})\cap A$ 为 A 上的 σ 环，故 $\mathscr{R}_\sigma(\mathscr{R}\cap A)$ 为 A 上的 σ 代数. □

【28】 设 X 为集合，$\mathscr{R}$、$\mathscr{U}$ 为 X 上的非空集类，$\mathscr{U}$ 为 X 上的环，且有

(1) $\mathscr{U}\supset\mathscr{R}$;

(2) 当 $E_1,E_2,\cdots,E_n,\cdots$ 为 $\mathscr{U}$ 中的一列互不相交的元素时，$\bigcup\limits_{n=1}^{\infty}E_n\in\mathscr{U}$.

证明：$\mathscr{U}\supset\mathscr{R}_\sigma(\mathscr{R})$.

证明 $\forall F_n\in\mathscr{U},n\in\mathbb{N}$，令 $E_1=F_1,E_2=F_2-F_1,\cdots,E_n=F_n-\bigcup\limits_{i=1}^{n-1}F_i$，则 $E_n(n\in\mathbb{N})$ 互不相交. 又因为 $\mathscr{U}$ 为环，故 $E_n\in\mathscr{U},n\in\mathbb{N}$. 于是

$$\bigcup_{n=1}^{\infty}F_n=\bigcup_{n=1}^{\infty}E_n\overset{\text{由(2)}}{\subset}\mathscr{U}.$$

因此，环 $\mathscr{U}$ 为 σ 环. 再由(1)知 $\mathscr{R}\subset\mathscr{U}$，而 $\mathscr{R}_\sigma(\mathscr{R})$ 为含 $\mathscr{R}$ 的最小 σ 环，故

$$\mathscr{U}\supset\mathscr{R}_\sigma(\mathscr{R}).$$ □

【29】 设 $\mathscr{R}$ 为 $\mathbb{R}^1$ 上的一个环，$\mathbb{R}^2=\{(x,y)\mid x,y\in\mathbb{R}\}$. 对 $\forall E\in\mathscr{R}$，令

$$\widetilde{E}=\{(x,y)\mid x\in E\}\subset\mathbb{R}^2,\quad \widetilde{\mathscr{R}}=\{\widetilde{E}\mid E\in\mathscr{R}\}.$$

证明：

(1) $\widetilde{\mathscr{R}}$ 为 $\mathbb{R}^2$ 上的一个环.

(2) $\mathscr{R}_\sigma(\widetilde{\mathscr{R}})\cap\mathbb{R}^1=\mathscr{R}_\sigma(\widetilde{\mathscr{R}}\cap\mathbb{R}^1)=\mathscr{R}_\sigma(\mathscr{R})$，其中 $\mathbb{R}^1=\{(x,0)\mid x\in\mathbb{R}\}$.

换言之，

$$\mathscr{R}_\sigma(\widetilde{\mathscr{R}})=\{\widetilde{E}\mid E\in\mathscr{R}_\sigma(\mathscr{R})\},\quad \mathscr{R}_\sigma(\mathscr{R})=\{E\mid\widetilde{E}\in\mathscr{R}_\sigma(\widetilde{\mathscr{R}})\}.$$

证明 (1) 因为 $\widetilde{E}_1=\{(x,y)\mid x\in E_1\}\in\widetilde{\mathscr{R}},\widetilde{E}_2=\{(x,y)\mid x\in E_2\}\in\widetilde{\mathscr{R}}$，故 $E_1\in\mathscr{R},E_2\in\mathscr{R}$. 又因 $\mathscr{R}$ 为 $\mathbb{R}^1$ 上的一个环，所以 $E_1\cup E_2\in\mathscr{R},E_1-E_2\in\mathscr{R}$. 于是

$$\widetilde{E}_1\cup\widetilde{E}_2=\{(x,y)\mid x\in E_1\}\cup\{(x,y)\mid x\in E_2\}=\{(x,y)\mid x\in E_1\cup E_2\}\in\widetilde{\mathscr{R}},$$

$$\widetilde{E}_1-\widetilde{E}_2=\{(x,y)\mid x\in E_1\}-\{(x,y)\mid x\in E_2\}=\{(x,y)\mid x\in E_1-E_2\}\in\widetilde{\mathscr{R}}.$$

这就证明了 $\widetilde{\mathscr{R}}$ 为 $\mathbb{R}^2$ 上的一个环.

(2) $\mathscr{R}_\sigma(\widetilde{\mathscr{R}})\cap\mathbb{R}^1\xlongequal{\text{题[27](3)}}\mathscr{R}_\sigma(\widetilde{\mathscr{R}}\cap\mathbb{R}^1)=\mathscr{R}_\sigma(\mathscr{R})$. □

1.4 $\mathbb{R}^n$ 中的拓扑—开集、闭集、G_σ 集、F_σ 集、Borel 集

设

$$B(\boldsymbol{x}^0;\delta)=\{\boldsymbol{x}\in\mathbb{R}^n\mid\rho_0^n(\boldsymbol{x},\boldsymbol{x}^0)=\|\boldsymbol{x}-\boldsymbol{x}^0\|<\delta\}$$

为 $\mathbb{R}^n$ 中以 $\boldsymbol{x}^0$ 为中心，$\delta>0$ 为半径的开球体.

引理 1.4.1　$\mathbb{R}^n$ 中的子集族

$$\mathscr{T}=\{G \mid \forall \boldsymbol{x} \in G, \exists \delta=\delta(\boldsymbol{x})>0, \text{s.t.}\, B(\boldsymbol{x};\delta) \subset G\}$$

具有 3 条性质：

(1) $\varnothing, \mathbb{R}^n \in \mathscr{T}$;

(2) 若 $G_1, G_2 \in \mathscr{T}$，则 $G_1 \cap G_2 \in \mathscr{T}$;

(3) 若 $G_\alpha \in \mathscr{T}, \alpha \in \Gamma$(指标集)，则 $\bigcup\limits_{\alpha \in \Gamma} G_\alpha \in \mathscr{T}$，或者，$\forall \mathscr{T}' \subset \mathscr{T}$，必有 $\bigcup\limits_{\alpha \in \mathscr{T}'} G \in \mathscr{T}$.

这表明 $\mathscr{T}$ 为 $\mathbb{R}^n$ 上的一个拓扑，$(\mathbb{R}^n, \mathscr{T})$ 成为 $\mathbb{R}^n$ 上的一个拓扑空间.

根据引理 1.4.1，称 $G \in \mathscr{T}$ 称为该拓扑空间 $(\mathbb{R}^n, \mathscr{T})$ 上的一个**开集**. 而开集 G 的余(补)集 G^c 称为该拓扑空间的一个**闭集**.

引理 1.4.2　设

$$\mathscr{F}=\{F \subset \mathbb{R}^n \mid F^c \in \mathscr{T}\}$$

为所有闭集形成的 $(\mathbb{R}^n, \mathscr{T})$ 的闭集族，它也具有(与开集族对偶的)3 条性质：

(1) $\varnothing, \mathbb{R}^n \in \mathscr{F}$;

(2) 若 $F_1, F_2 \in \mathscr{F}$，则 $F_1 \cup F_2 \in \mathscr{F}$;

(3) 若 $F_\alpha \in \mathscr{F}, \alpha \in \Gamma$，则 $\bigcap\limits_{\alpha \in \Gamma} F_\alpha \in \mathscr{F}$，或者，$\forall \mathscr{F}' \subset \mathscr{F}$，必有 $\bigcap\limits_{F \in \mathscr{F}'} F \in \mathscr{F}$.

定义 1.4.1　设 $E \subset \mathbb{R}^n, \boldsymbol{x} \in \mathbb{R}^n$(注意：$\boldsymbol{x}$ 不必属于 E!). 如果对 $\boldsymbol{x}$ 的任何开邻域 G(即含 $\boldsymbol{x}$ 的开集)，必有

$$(G-\{\boldsymbol{x}\}) \cap E=G \cap (E-\{\boldsymbol{x}\}) \neq \varnothing$$

(即 G 中含异于 $\boldsymbol{x}$ 的 E 中的点)，则称 $\boldsymbol{x}$ 为 E 的**聚点或极限点**.

E 的聚点的全体记为 E'，称作 E 的**导集**. $\bar{E}=E \cup E'$ 称为 E 的**闭包**，$\boldsymbol{x} \in E-E'$ 称为 E 的**孤立点**(即孤立点就是 E 中不是聚点的点). 这等价于：存在 $\boldsymbol{x}$ 的某个开邻域 G_0，使

$$(G_0-\{\boldsymbol{x}\}) \cap E=G_0 \cap (E-\{\boldsymbol{x}\})=\varnothing.$$

也等价于：$\exists \delta_0>0$, s.t.

$$(B(\boldsymbol{x};\delta_0)-\{\boldsymbol{x}\}) \cap E=B(\boldsymbol{x}_0;\delta_0) \cap (E-\{\boldsymbol{x}\})=\varnothing.$$

引理 1.4.3　(1) $\boldsymbol{x}$ 为 E 的聚点

$\Leftrightarrow$(2) $\forall \delta>0, (B(\boldsymbol{x};\delta)-\{\boldsymbol{x}\}) \cap E \neq \varnothing$

$\Leftrightarrow$(3) 存在 E 中互异点列 $\boldsymbol{x}^k \to \boldsymbol{x}(k \to +\infty)$，或 $\lim\limits_{k \to +\infty} \boldsymbol{x}^k=\boldsymbol{x}$ 或 $\lim\limits_{k \to +\infty} \|\boldsymbol{x}^k-\boldsymbol{x}\|=0$

$\Leftrightarrow$(4) 对 $\boldsymbol{x}$ 的任何开邻域 G，它必含有 E 中无穷个相异点.

引理 1.4.4　$(E_1 \cup E_2)'=E_1' \cup E_2'$.

引理 1.4.5　(1) $E \subset \mathbb{R}^n$ 为闭集 $\Leftrightarrow$(2) $E' \subset E$

$\Leftrightarrow$(3) $\bar{E}=E$

$\Leftrightarrow$(4) 对 $\forall \boldsymbol{x}^k \in E, \boldsymbol{x}^k \to \boldsymbol{x}(k \to +\infty)$，必有 $\boldsymbol{x} \in E$.

定理 1.4.1　(Bolzano-Weierstrass)$\mathbb{R}^n$ 中任何有界无限点集 E 至少有一聚点.

定理 1.4.2 (Cantor 闭集套原理)设$\{F_k\}$为$\mathbb{R}^n$中的非空有界递降($F_1 \supset F_2 \supset \cdots \supset F_k \supset \cdots$)的闭集列，则

$$\bigcap_{k=1}^{\infty} F_k \neq \varnothing.$$

若F_k的直径$\operatorname{diam} F_k = \sup\{\rho_0^n(\boldsymbol{x}',\boldsymbol{x}'') = \|\boldsymbol{x}'-\boldsymbol{x}''\| \mid \boldsymbol{x}',\boldsymbol{x}'' \in F_k\} \to 0(k \to +\infty)$，则$\exists_1 \boldsymbol{x}^0 \in \bigcap_{k=1}^{\infty} F_k$.

定义 1.4.2 设$E \subset \mathbb{R}^n$，$\mathscr{U}$是$\mathbb{R}^n$中的一个开集族. 如果$E \subset \bigcup_{G \in \mathscr{U}} G$，即对$\forall \boldsymbol{x} \in E$，$\exists G \in \mathscr{U}$，s.t. $\boldsymbol{x} \in G$，则称$\mathscr{U}$为E的一个**开覆盖**.

设$\mathscr{U}$为E的一个开覆盖，若$\mathscr{U}' \subset \mathscr{U}$仍为$E$的一个开覆盖，则称$\mathscr{U}'$为$\mathscr{U}$的一个**子(开)覆盖**.

如果$E \subset \mathbb{R}^n$的任何开覆盖均含有有限子覆盖，则称E为**紧(致)集(合)**.

定理 1.4.3 (Heine-Borel 有限(子)覆盖定理)$E \subset \mathbb{R}^n$为紧集$\Leftrightarrow E \subset \mathbb{R}^n$为有界闭集.

引理 1.4.6 (1) $(\mathbb{R}^n,\mathscr{T})$为$T_2$或 Hausdorff 空间(即$\forall \boldsymbol{p},\boldsymbol{q} \in \mathbb{R}^n$，$\boldsymbol{p} \neq \boldsymbol{q}$，必有$\boldsymbol{p}$的开邻域$U_{\boldsymbol{p}}$和$\boldsymbol{q}$的开邻域$U_{\boldsymbol{q}}$，使得$U_{\boldsymbol{p}} \cap U_{\boldsymbol{q}} = \varnothing$).

(2) $(\mathbb{R}^n,\mathscr{T})$为$A_2$(具有可数拓扑基)空间，即存在至多可数个集组成的开集族$\mathscr{U}$，使得对$\forall G \in \mathscr{T}$，有

$$G = \bigcup_{U \in \mathscr{U}' \subset \mathscr{U}} U \text{(}G\text{ 为 }\mathscr{U}\text{ 中若干元素的并)}.$$

此时，称$\mathscr{U}$为$(\mathbb{R}^n,\mathscr{T})$的可数拓扑基.

定理 1.4.4 (Lindelöf)$\mathbb{R}^n$中的点集E的任何开覆盖ν都含有一个至多可数的子覆盖.

定义 1.4.3 设$E \subset \mathbb{R}^n$，$\boldsymbol{x} \in E$. 如果存在$\boldsymbol{x}$的开邻域$G \subset E$，则称$\boldsymbol{x}$为E的**内点**. E的内点的全体记为$\mathring{E}$或E^o或E^i或 Int$E$(上标i与 Int 为 interior 的缩写，表示“内部”)，称为E的**内点集或内核**；E^c的内点称为E的**外点**，而$(E^c)^o$为E的**外点集**；如果在$\boldsymbol{x} \in \mathbb{R}^n$的任何开邻域中既含$E$的点，又含$E^c$的点，则称$\boldsymbol{x}$为$E$的**边界点**. E的边界点的全体称为E的**边界**，记为∂E或E^b(b为 boundary 的缩写，表示“边界”). 显然

$$\partial E = \partial E^c, \quad \mathbb{R}^n = E^o \cup (E^c)^o \cup \partial E,$$

其中E^o，$(E^c)^o$，∂E为$\mathbb{R}^n$的三个互不相交的部分.

引理 1.4.7 E为开集$\Leftrightarrow E = E^o$.

定理 1.4.5 ($\mathbb{R}^n$中开集的构造)(1)$\mathbb{R}^1$中非空开集G是至多可数个互不相交的(形如$(-\infty,a)$，(a,b)，$(b,+\infty)$的)开区间的并集. 显然，反之亦真.

(2) $\mathbb{R}^n$中的非空开集G是可数个互不相交的半开半闭n维正方体的并集.

定义 1.4.4 若$E \subset \mathbb{R}^n$为至多可数个开集的交集，则称它为$\boldsymbol{G_\delta}$**(型)集**；若$E \subset \mathbb{R}^n$为至多可数个闭集的并集，则称它为$\boldsymbol{F_\sigma}$**(型)集**. 从定义和 de Morgan 公式立知

$$E\text{ 为 }G_\delta\text{ 集}\Leftrightarrow E^c\text{ 为 }F_\sigma\text{ 集}.$$

定义 1.4.5　由 $\mathbb{R}^n$ 中一切开集构成的开集族（$\mathbb{R}^n$ 中的通常的拓扑）$\mathscr{T}$ 所生成的 σ 代数称为 **Borel 代数**，简记为 $\mathscr{B}(=\mathscr{A}_\sigma(\mathscr{T}))$，$\mathscr{B}$ 中的元素称为 **Borel 集**.

易见，$\mathscr{B}=\mathscr{R}_\sigma(\mathscr{R}_0)=\mathscr{A}_\sigma(\mathscr{R}_0)$.

定理 1.4.6　设 $\mathscr{R}_0=\left\{\bigcup\limits_{i=1}^n(a_i,b_i]\,\middle|\,-\infty<a_i<b_i<+\infty\right\}$，则

$$\overline{\overline{\mathscr{B}}}=\overline{\overline{\mathscr{A}_\sigma(\mathscr{R}_0)}}=\overline{\overline{\mathscr{R}_\sigma(\mathscr{R}_0)}}=\aleph.$$

例 1.4.2　设 $\mathscr{T}=\{G\mid G\subset\mathbb{R}^n\text{ 为开集}\}$，$\mathscr{F}=\{F\mid F\subset\mathbb{R}^n\text{ 为闭集}\}$，则 $\overline{\overline{\mathscr{T}}}=\overline{\overline{\mathscr{F}}}=\aleph$.

例 1.4.3　设实函数 f 在 $B_E(\boldsymbol{x}^0;\delta_0)=E\cap B(\boldsymbol{x}^0;\delta_0)\subset\mathbb{R}^n$ 上有定义，称（$0<\delta<\delta_0$）

$$\omega_E(\boldsymbol{x}^0)=\lim_{\delta\to0^+}\omega_E(\boldsymbol{x}^0;\delta)=\lim_{\delta\to0^+}\sup\{|f(\boldsymbol{x}')-f(\boldsymbol{x}'')|\,|\,\boldsymbol{x}',\boldsymbol{x}''\in B_E(\boldsymbol{x}^0;\delta)\}$$

为 f 在点 $\boldsymbol{x}^0\in E$ 处的**振幅**. 特别当 $E\subset\mathbb{R}^n$ 为开集时，简记为 $\omega(\boldsymbol{x}^0)$.

如果 $E\subset\mathbb{R}^n$ 为开集，f 定义在 E 上，则对任意固定的 $t\in\mathbb{R}$，点集

$$E_t=\{\boldsymbol{x}\in E\mid\omega(\boldsymbol{x})<t\}\text{ 与 }\{\boldsymbol{x}\in E\mid\omega(\boldsymbol{x})>t\}$$

为开集. 而

$$\{\boldsymbol{x}\in E\mid\omega(\boldsymbol{x})\geqslant t\}\text{ 与 }\{\boldsymbol{x}\in E\mid\omega(\boldsymbol{x})\leqslant t\}$$

为闭集.

定义 1.4.6　设 $E\subset\mathbb{R}^n$，$f: E\to\mathbb{R}$ 为实函数，$\boldsymbol{x}^0\in E$. 如果对 $\forall\,\varepsilon>0$，$\exists\,\delta>0$，s. t. 当 $\boldsymbol{x}\in E\cap B(\boldsymbol{x}^0;\delta)$ 时，有

$$|f(\boldsymbol{x})-f(\boldsymbol{x}^0)|<\varepsilon,$$

则称 f **在点 $\boldsymbol{x}^0$ 处连续**；称 $\boldsymbol{x}^0$ 为 f 的一个**连续点**（当 $\boldsymbol{x}^0\in E-E'$，即 $\boldsymbol{x}^0$ 为 E 的孤立点时，对充分小的 δ，$\boldsymbol{x}\in E\cap B(\boldsymbol{x}^0;\delta)$，有 $|f(\boldsymbol{x})-f(\boldsymbol{x}^0)|=|f(\boldsymbol{x}^0)-f(\boldsymbol{x}^0)|=0<\varepsilon$）. 如果 E 中任一点皆为 f 的连续点，则称 **f 在 E 上连续**. 并记 $C^0(E,\mathbb{R})=C(E,\mathbb{R})$（简记为 $C^0(E)=C(E)$）为 E 上连续函数的全体.

易见，如果 f,g 在 $\boldsymbol{x}^0\in E$ 连续，则 $f\pm g$，$\lambda f(\lambda\in\mathbb{R})$，$fg$ 以及 $\dfrac{f}{g}(g(\boldsymbol{x}^0)\neq0)$ 在 $\boldsymbol{x}^0$ 也连续.

定理 1.4.7　(1)（最值定理）设 $E\subset\mathbb{R}^n$ 为紧集（$\Leftrightarrow$有界闭集），$f\in C(E)$，则 $\exists\,\boldsymbol{x}^1,\boldsymbol{x}^2\in E$，s. t.

$$f(\boldsymbol{x}^1)=\sup\{f(\boldsymbol{x})\mid\boldsymbol{x}\in E\}=\max\{f(\boldsymbol{x})\mid\boldsymbol{x}\in E\},$$
$$f(\boldsymbol{x}^2)=\inf\{f(\boldsymbol{x})\mid\boldsymbol{x}\in E\}=\min\{f(\boldsymbol{x})\mid\boldsymbol{x}\in E\}.$$

(2) 设 $E\subset\mathbb{R}^n$ 为紧集，$f\in C(E)$，则 f 在 E 上一致连续，即对 $\forall\,\varepsilon>0$，$\exists\,\delta>0$，当 $\boldsymbol{x}',\boldsymbol{x}''\in E$，$\rho_0^n(\boldsymbol{x}',\boldsymbol{x}'')=|\boldsymbol{x}'-\boldsymbol{x}''|<\delta$ 时，有

$$|f(\boldsymbol{x}')-f(\boldsymbol{x}'')|<\varepsilon.$$

(3) 设 $E\subset\mathbb{R}^n$，$f_k\in C(E)$，且 $f_k\rightrightarrows f$（$\{f_k\}$ 在 E 上一致收敛于 f，即 $\forall\,\varepsilon>0$，$\exists\,K=K(\varepsilon)\in\mathbb{N}$，当 $k>K$ 时，有 $|f_k(\boldsymbol{x})-f(\boldsymbol{x})|<\varepsilon$，$\forall\,\boldsymbol{x}\in E$），则 $f\in C(E,\mathbb{R})$.

定义 1.4.7 设 $E\subset\mathbb{R}^n$，$\mathscr{T}$ 为 $\mathbb{R}^n$ 上的通常拓扑，则

$$\begin{aligned}\mathscr{T}_E&=\{H\subset E\mid H=E\cap G,G\in\mathscr{T}\}\\&=\{H\subset E\mid \forall\,\boldsymbol{x}\in H,\exists\,\delta>0,\text{s. t. }E\cap B(\boldsymbol{x};\,\delta)\subset H\}\\&=\{H\subset E\mid \forall\,\boldsymbol{x}\in H,\exists\,\delta>0,\text{s. t. }B_E(\boldsymbol{x};\,\delta)\subset H\}\end{aligned}$$

为 E 上的一个拓扑（其中 $B_E(\boldsymbol{x};\,\delta)=E\cap B(\boldsymbol{x};\,\delta)=\{\boldsymbol{y}\in E\mid\rho_0^n(\boldsymbol{y},\boldsymbol{x})<\delta\}$）. 于是，$(E,\mathscr{T}_E)$ 为一个拓扑空间，称为 $(\mathbb{R}^n,\mathscr{T})$ 的**子拓扑空间**.

例 1.4.4 设 $E\subset\mathbb{R}^n$，f: $E\to\mathbb{R}$ 为连续函数，则对 $\forall\,t\in\mathbb{R}$，

$$E_t=\{\boldsymbol{x}\in E\mid f(\boldsymbol{x})>t\}$$

为 $(E,\mathscr{T}_E)$ 中的开集（当 $E\subset\mathbb{R}^n$ 为开集时，E_t 也为 $(\mathbb{R}^n,\mathscr{T})$ 中的开集）.

$$F_t=\{\boldsymbol{x}\in E\mid f(\boldsymbol{x})\geqslant t\}$$

为 $(E,\mathscr{T}_E)$ 中的闭集（当 $E\subset\mathbb{R}^n$ 为闭集时，F_t 也为 $(\mathbb{R}^n,\mathscr{T})$ 中的闭集）.

例 1.4.5 （函数在点 $\boldsymbol{x}^0$ 连续的充要条件）设 $E\subset\mathbb{R}^n$，f: $E\to\mathbb{R}$，则

$$f\text{ 在 }\boldsymbol{x}^0\text{ 连续}\Leftrightarrow\omega_E(\boldsymbol{x}^0)=0.$$

例 1.4.6 （函数连续点集的结构）设 $G\subset\mathbb{R}^n$ 为开集，f: $G\to\mathbb{R}$ 为实函数，则 f 的连续点集为 G_δ 集；因此，它也为 Borel 集.

例 1.4.7 （连续函数可导点集的结构）设 f: $\mathbb{R}^1\to\mathbb{R}$ 为连续函数，则 f 的可导点集为 $F_{\sigma\delta}$ 集（可数个 F_σ 集的交）.

【30】 设 $E\subset\mathbb{R}^n$，证明：E^0 与 $(E^c)^0$ 都为开集，E 的边界 $\partial E=E^b$ 都为闭集.

证明 证法 1 对 $\forall\,\boldsymbol{x}\in E^0$，则存在 $\boldsymbol{x}$ 的开邻域 $B\subset E$. 由于 $\forall\,\boldsymbol{y}\in B$，$B$ 为 $\boldsymbol{y}$ 的开邻域，$B\subset E$，从而 $\boldsymbol{y}\in E^0$，$B\subset E^0$. 因此，E^0 为开集. 同理，$(E^c)^0$ 为开集. 由拓扑条件(3)，$E^0\cup(E^c)^0$ 为开集. 根据定义 1.4.3，$\partial E=E^b=\mathbb{R}^n-(E^0\cup(E^c)^0)$ 为闭集.

证法 2 对 $\forall\,\boldsymbol{x}\in E^0$，则存在开球 $B(\boldsymbol{x};\,r)\subset E$. 由于 $\forall\,\boldsymbol{y}\in B(\boldsymbol{x};\,r)$，则 $r-\rho_0^n(\boldsymbol{x},\boldsymbol{y})>0$，且 $B(\boldsymbol{y};\,r-\rho_0^n(x,y))\subset B(\boldsymbol{x};\,r)\subset E$，从而 $\boldsymbol{y}\in E^0$，$B(\boldsymbol{x};\,r)\subset E^0$，$E^0$ 为开集. 同理，$(E^c)^0$ 也为开集. 根据闭集的定义，$\partial E=E^b=\mathbb{R}^n-(E^0\cup(E^c)^0)$ 为闭集.

证法 3 $\forall\,\boldsymbol{x}\in(\partial E)'$，$\boldsymbol{x}$ 的任何开邻域 U，则 $\exists\,\boldsymbol{y}\neq\boldsymbol{x}$，s. t. $\boldsymbol{y}\in\partial E$. 根据边界点定义，$\exists\,\boldsymbol{u}\in E\cap U$，$\boldsymbol{v}\in E^c\cap U$，故 $\boldsymbol{x}\in\partial E$. 从而，$(\partial E)'\subset\partial E$. 根据引理 1.4.5(1)，$\partial E$ 为闭集.

证法 4 $\forall\,\boldsymbol{x}_n\in\partial E$，$n\in\mathbb{N}$，$\lim\limits_{n\to+\infty}\boldsymbol{x}_n=\boldsymbol{x}$ 及 $\boldsymbol{x}$ 的任何开邻域 U，$\exists\,N\in\mathbb{N}$，当 $n>N$ 时，$\boldsymbol{x}_n\in U$. 根据边界点的定义，$\exists\,\boldsymbol{u}\in E\cap U$，$\boldsymbol{v}\in E^c\cap U$，故 $\boldsymbol{x}\in\partial E$. 从而，由引理 1.4.5(4)知，在度量空间 $(\mathbb{R}^n,\mathscr{T}_{\rho_0^n})$ 中，∂E 为闭集.

【31】 (1) 设 $E_i\subset\mathbb{R}^n$，$i=1,2,\cdots,k$. 证明：

$$\bigcup_{i=1}^{k} E_i' = (\bigcup_{i=1}^{k} E_i)'; \quad \bigcup_{i=1}^{k} \bar{E}_i = \overline{\bigcup_{i=1}^{k} E_i}.$$

(2) 设 $E_i \subset \mathbb{R}^n, i=1,2,\cdots$. 证明：

$$\bigcup_{i=1}^{\infty} E_i' \subset (\bigcup_{i=1}^{\infty} E_i)'; \quad \bigcup_{i=1}^{\infty} \bar{E}_i \subset \overline{\bigcup_{i=1}^{\infty} E_i}.$$

进而是否有

$$\bigcup_{i=1}^{\infty} E_i' = (\bigcup_{i=1}^{\infty} E_i)'? \quad \bigcup_{i=1}^{\infty} \bar{E}_i = \overline{\bigcup_{i=1}^{\infty} E_i}?$$

证明 (1) 因为 $E_j \subset \bigcup_{i=1}^{k} E_i, j=1,2,\cdots,k$,故 $E_j' \subset (\bigcup_{i=1}^{k} E_i)', j=1,2,\cdots,k$. 于是

$$\bigcup_{i=1}^{k} E_i' = \bigcup_{j=1}^{k} E_j' \subset (\bigcup_{i=1}^{k} E_i)'.$$

另一方面,如果 $\boldsymbol{x} \notin \bigcup_{i=1}^{k} E_i'$,则 $\boldsymbol{x} \notin E_i', i=1,2,\cdots,k$,故存在 $\boldsymbol{x}$ 的开邻域 $U_{E_i}, i=1, 2,\cdots,k$, s. t.

$$U_{E_i} \cap (E_i - \{x\}) = \varnothing, \quad i = 1,2,$$

显然, $\bigcap_{i=1}^{k} U_{E_i}$ 为 $\boldsymbol{x}$ 的开邻域,且

$$(\bigcap_{i=1}^{k} U_{E_i}) \cap (\bigcup_{i=1}^{k} E_i - \{\boldsymbol{x}\}) = \varnothing,$$

所以, $\boldsymbol{x} \notin (\bigcup_{i=1}^{k} E_i)'$. 这就表明了

$$\bigcup_{i=1}^{k} E_i' \supset (\bigcup_{i=1}^{k} E_i)'$$

综合上述得到

$$\bigcup_{i=1}^{k} E_i' = (\bigcup_{i=1}^{k} E_i)'.$$

由此推得

$$\begin{aligned}\bigcup_{i=1}^{k} \bar{E}_i &= \bigcup_{i=1}^{k} (E_i \cup E_i') = (\bigcup_{i=1}^{k} E_i) \cup (\bigcup_{i=1}^{k} E_i') \xlongequal{\text{上一式}} (\bigcup_{i=1}^{k} E_i) \cup (\bigcup_{i=1}^{k} E_i)' \\ &= \overline{\bigcup_{i=1}^{k} E_i}.\end{aligned}$$

(2) 因为 $E_j \subset \bigcup_{i=1}^{\infty} E_i, j=1,2,\cdots$,故 $E_j' \subset (\bigcup_{i=1}^{\infty} E_i)', j=1,2,\cdots$. 于是

$$\bigcup_{i=1}^{\infty} E_i' = \bigcup_{j=1}^{\infty} E_j' \subset (\bigcup_{i=1}^{\infty} E_i)';$$

$$\bigcup_{i=1}^{\infty}\overline{E_i}=\bigcup_{i=1}^{\infty}(E_i\cup E_i')=(\bigcup_{i=1}^{\infty}E_i)\cup(\bigcup_{i=1}^{\infty}E_i')$$

$$\overset{\text{上一式}}{\subset}(\bigcup_{i=1}^{\infty}E_i)\cup(\bigcup_{i=1}^{\infty}E_i)'=\overline{\bigcup_{i=1}^{\infty}E_i}.$$

但是,一般来说,下面两式并不成立:

$$\bigcup_{i=1}^{\infty}E_i'\supset(\bigcup_{i=1}^{\infty}E_i)';\qquad \bigcup_{i=1}^{\infty}\bar{E}_i\supset\overline{\bigcup_{i=1}^{\infty}E_i}.$$

因而

$$\bigcup_{i=1}^{\infty}E_i'=(\bigcup_{i=1}^{\infty}E_i)';\qquad \bigcup_{i=1}^{\infty}\bar{E}_i=\overline{\bigcup_{i=1}^{\infty}E_i}.$$

两式也并不成立.

反例 1: 设可数集$\mathbb{Q}^n=\{P_i\mid i\in\mathbb{N}\}$,$E_i=\{P_i\}$为独点集,则

$$\bigcup_{i=1}^{\infty}E_i'=\bigcup_{i=1}^{\infty}\varnothing=\varnothing\not\supset\mathbb{R}^n=(\mathbb{Q}^n)'=(\bigcup_{i=1}^{\infty}E_i)';$$

$$\bigcup_{i=1}^{\infty}\bar{E}_i=\bigcup_{i=1}^{\infty}\{P_i\}=\mathbb{Q}^n\not\supset\mathbb{R}^n=\overline{\mathbb{Q}^n}=(\overline{\bigcup_{i=1}^{\infty}E_i}).$$

反例 2: 设独点集 $E_i=\left\{\left(\frac{1}{i},0,\cdots,0\right)\right\}\subset\mathbb{R}^n,i\in\mathbb{N}$. 则

$$\bigcup_{i=1}^{\infty}E_i'=\bigcup_{i=1}^{\infty}\varnothing=\varnothing\not\supset\{\mathbf{0}=(0,0,\cdots,0)\mid\mathbf{0}\in\mathbb{R}^n\}=\left\{\left(\frac{1}{i},0,\cdots,0\right)\mid i\in\mathbb{N}\right\}'$$

$$=(\bigcup_{i=1}^{\infty}E_i)';$$

$$\bigcup_{i=1}^{\infty}\bar{E}_i=\bigcup_{i=1}^{\infty}\left\{\left(\frac{1}{i},0,\cdots,0\right)\right\}\not\supset\{\mathbf{0}=(0,0,\cdots,0)\mid\mathbf{0}\in\mathbb{R}^n\}\cup\left(\bigcup_{i=1}^{\infty}\left\{\left(\frac{1}{i},0,\cdots,0\right)\right\}\right)$$

$$=\overline{\left\{\left(\frac{1}{i},0,\cdots,0\right)\mid i\in\mathbb{N}\right\}}=(\overline{\bigcup_{i=1}^{\infty}E_i}).$$

□

【32】 记 $A_1=A',A_2=(A_1)',\cdots,A_{n+1}=(A_n)'$. 试作集合 A,使 $A_n(n\in\mathbb{N})$彼此相异.

解 令

$$B_1=\left\{\frac{1}{2^{n_1}}\mid n_1=1,2,\cdots\right\},$$

$$B_2=\left\{1+\frac{1}{2^{n_1}}+\frac{1}{2^{n_1+n_2}}\mid n_1,n_2=1,2,\cdots\right\},$$

$$\cdots$$

$$B_k=\left\{k-1+\frac{1}{2^{n_1}}+\frac{1}{2^{n_1+n_2}}+\cdots+\frac{1}{2^{n_1+n_2+\cdots+n_k}}\mid n_1,n_2,\cdots,n_k=1,2,\cdots\right\},$$

$$\cdots$$

$$A=\bigcup_{k=1}^{\infty}B_k.$$

易见,$A_n(n\in\mathbb{N})$彼此相异. □

【33】 设 $E\subset\mathbb{R}^n$ 为孤立点集,证明:E 为至多可数集.

证明 因为 E 为孤立点集,故对 $\forall\,\boldsymbol{x}=(x_1,x_2,\cdots,x_n)\in E$,存在开方体$(a_1^x,b_1^x)\times(a_2^x,b_2^x)\times\cdots\times(a_n^x,b_n^x)$,使得

$$\{\boldsymbol{x}\}=[(a_1^x,b_1^x)\times(a_2^x,b_2^x)\times\cdots\times(a_n^x,b_n^x)]\cap E,$$

其中 $a_i^x\in\mathbb{Q},b_i^x\in\mathbb{Q},i=1,2,\cdots,n$. 显然

$$f: E\to\mathbb{Q}^n,$$

$$\boldsymbol{x}\mapsto f(\boldsymbol{x})=(a_1^x,b_1^x)\times(a_2^x,b_2^x)\times\cdots\times(a_n^x,b_n^x)$$

为单射,故

$$\overline{\overline{E}}=\overline{\overline{f(E)}}\leqslant\overline{\overline{\mathbb{Q}^n}}=\aleph_0,$$

即 E 为至多可数集. □

【34】 证明:$\mathbb{R}^n$ 中每个闭集为 G_δ 集;每个开集为 F_σ 集.

证明 证法1 设 F 为闭集,作 $G_n=\{\boldsymbol{x}\in\mathbb{R}^n\mid\rho_0^n(\boldsymbol{x},F)<\frac{1}{n}\}$,显然 G_n 为开集. 易知,$F\subset\bigcap\limits_{n=1}^{\infty}G_n$. 又若 $\boldsymbol{x}\in\bigcap\limits_{n=1}^{\infty}G_n$,则对 $\forall\,n\in\mathbb{N}$,有 $\boldsymbol{x}\in G_n$,即 $\rho_0^n(\boldsymbol{x},F)<\frac{1}{n}$,从而 $\rho_0^n(\boldsymbol{x},F)=0$. 注意到 F 为闭集,故 $\exists\,\boldsymbol{y}\in F$, s. t. $\rho_0^n(\boldsymbol{x},\boldsymbol{y})=\rho_0^n(\boldsymbol{x},F)=0$. 由此知 $\boldsymbol{x}=\boldsymbol{y}\in F$. 这说明 $\bigcap\limits_{n=1}^{\infty}G_n\subset F$. 综合上述,有 $F=\bigcap\limits_{n=1}^{\infty}G_n$,从而,闭集 F 为 G_δ 集.

设 G 为开集,则 $F=\mathbb{R}^n-G$ 为闭集,由上知 $F=\bigcap\limits_{n=1}^{\infty}G_n$,$G_n(n\in\mathbb{N})$ 为开集,从而 G_n^c 为闭集,且有

$$G=F^c=\left(\bigcap_{n=1}^{\infty}G_n\right)^c\xlongequal{\text{de Morgan公式}}\bigcup_{n=1}^{\infty}G_n^c,$$

即开集 G 为 F_σ 集.

证法2 根据定理1.4.5($\mathbb{R}^n$ 中开集的构造)中的证明知,记含于开集 G 中的边长为1的闭正方体的全体为 $\mathscr{H}_0$;含于 G 中的边长为$\frac{1}{2}$ 的闭正方体的全体 $\mathscr{H}_1$;…;含于 G 中的边长为$\frac{1}{2^n}$ 的闭正方体的全体为 $\mathscr{H}_n$;…. 显然,$F_n=\bigcup\limits_{A\in\mathscr{H}_n}A$ 为闭集,且 $G=\bigcup\limits_{n=1}^{\infty}F_n$ 为 F_σ 集.

设 F 为闭集，则 $G=\mathbb{R}^n-F$ 为开集，由上知 $G=\bigcup\limits_{n=1}^{\infty}F_n$，$F_n(n\in\mathbb{N})$ 为闭集，从而 F_n^c 为开集，且有

$$F=G^c=\left(\bigcup_{n=1}^{\infty}F_n\right)^c\xlongequal{\text{de Morgan公式}}\bigcap_{n=1}^{\infty}F_n^c,$$

即闭集 F 为 G_δ 集. □

【35】 证明：(1) $\mathbb{R}^n$ 中开集全体所成的集类 $\mathscr{T}_{\rho_0^n}$ 的势为 $\aleph$.

(2) $\mathbb{R}^n$ 中闭集全体所成的集类 $\mathscr{F}$ 的势为 $\aleph$.

(3) $\mathbb{R}^n$ 中紧致集全体所成集类 $\mathscr{A}$ 的势为 $\aleph$.

(4) $\mathbb{R}^n$ 中孤立点集全体所成的集类 $\mathscr{B}$ 的势为 $\aleph$.

(5) $\mathbb{R}^n$ 中至多可数子集全体所成的集类 $\mathscr{C}$ 的势为 $\aleph$.

(6) $\mathbb{R}^n$ 中完全集全体所成的集类 $\mathscr{D}$ 的势为 $\aleph$.

证明 (1) 证法 1 记可数集 $\mathscr{V}=\{B(\boldsymbol{x};r)\mid\boldsymbol{x}\in\mathbb{Q}^n,r\in\mathbb{Q}^+\}=\{B(\boldsymbol{x}^1;r_1),B(\boldsymbol{x}^2;r_2),\cdots,B(\boldsymbol{x}^m;r_m),\cdots\}$. 显然

$$\varphi:\mathscr{T}_{\rho_0^n}\to\{0,1\}^\infty=\{(a_1,a_2,\cdots,a_m,\cdots)\mid a_m=0\text{ 或 }1\}$$

$$U=\bigcup_{\substack{B(\boldsymbol{x};r)\subset U\\(\boldsymbol{x},r)\in\mathbb{Q}^n\times\mathbb{Q}^+}}B(\boldsymbol{x};r)\mapsto\varphi(U)=(a_1,a_2,\cdots,a_m,\cdots)$$

$$a_m=\begin{cases}1, & B(\boldsymbol{x}^m;r_m)\subset U,\\0, & B(\boldsymbol{x}^m;r_m)\not\subset U\end{cases}$$

为单射. 于是

$$\aleph\overset{(1)}{=\!=}2^{\aleph_0}=\overline{\overline{\{0,1\}^\infty}}\geqslant\overline{\overline{\mathscr{T}_{\rho_0^n}}}\geqslant\overline{\overline{\{B(\mathbf{0};r)\mid r\in\mathbb{R}^+\}}}=\aleph.$$

从而，根据 Cantor-Bernstein 定理，$\overline{\overline{\mathscr{T}_{\rho_0^n}}}=\aleph$，且

$\mathscr{V}$ 中 $B(\boldsymbol{x};r)$，$(\boldsymbol{x},r)\in\mathbb{Q}^n\times\mathbb{Q}^+$ 改为以有理点为顶点的长方体，用同样的方法可证 $\overline{\overline{\mathscr{T}_{\rho_0^n}}}=\aleph$.

证法 2 记 $2^{\mathbb{Q}^n}=\{A\mid A\subset\mathbb{Q}^n\}$，显然

$$\varphi:\mathscr{T}_{\rho_0^n}\to 2^{\mathbb{Q}^n},$$

$$U\mapsto\varphi(U)=U\cap\mathbb{Q}^n,$$

为单射. 于是

$$\aleph\overset{(1)}{=\!=}\overline{\overline{2^{\mathbb{Q}^n}}}\geqslant\overline{\overline{\mathscr{T}_{\rho_0^n}}}\geqslant\overline{\overline{\{B(\mathbf{0};r)\mid r\in\mathbb{R}^+\}}}=\aleph,$$

从而，根据 Cantor-Bernstein 定理，$\overline{\overline{\mathscr{T}_{\rho_0^n}}}=\aleph$.

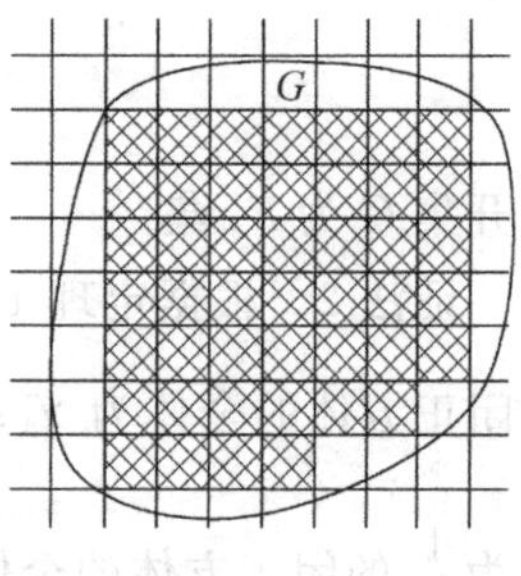

题 35 图

证法 3 设 Γ_k 为题 35 图中边长为 $\frac{1}{2^k}$ 的半开半闭正方体($k=0,1,2,\cdots$)的全体. 考虑

$$\theta:\mathscr{T}_{\rho_0^n}\to\bigcup_{k=0}^{\infty}\Gamma_k,$$

$U \mapsto \theta(U)$为含于U中各$\Gamma_k(k=0,1,2,\cdots)$的半开半闭方体之集类,它为单射. 于是

$$\aleph \xlongequal{\text{例1.2.19}} \overline{\overline{2^{\bigcup\limits_{k=0}^{\infty}\Gamma_k}}} \geqslant \overline{\overline{\mathscr{T}_{\rho_0}^n}} \geqslant \overline{\overline{\{B(\mathbf{0};\ r)\mid r\in\mathbb{R}^+\}}} = \aleph.$$

根据 Cantor-Bernstein 定理,$\overline{\overline{\mathscr{T}_{\rho_0}^n}}=\aleph$.

(2) $\overline{\overline{\mathscr{F}}}=\overline{\overline{\{F\mid F\subset\mathbb{R}^n\text{ 为闭集}\}}}=\overline{\overline{\{F^c\mid F\subset\mathbb{R}^n\text{ 为闭集}\}}}=\overline{\overline{\{U\mid U\subset\mathbb{R}^n\text{ 为开集}\}}}=\aleph$.

(3) 因为$\mathbb{R}^n$中的紧致集就是有界闭集,所以

$$\aleph=\overline{\overline{\{[\mathbf{0},r]^n\mid r>0\}}}\leqslant\overline{\overline{\mathscr{A}}}\leqslant\overline{\overline{\mathscr{F}}}\xlongequal{\text{例1.2.7(2)}}\aleph.$$

根据 Cantor-Bernstein 定理,$\overline{\overline{\mathscr{A}}}=\aleph$.

(5) 设

$$\xi:\ \mathscr{C}\to(\mathbb{R}^n)^\infty,$$
$$C\mapsto\xi(C)=(\boldsymbol{x}^1,\boldsymbol{x}^2,\cdots,\boldsymbol{x}^m,\cdots),\boldsymbol{x}^m\in C\subset\mathbb{R}^n,\quad m=1,2,\cdots,$$

易见,η为单射. 于是

$$\aleph=\overline{\overline{\{\boldsymbol{x}\mid\boldsymbol{x}\in\mathbb{R}^n\}}}\leqslant\overline{\overline{\mathscr{C}}}=\overline{\overline{\{C\mid C\subset\mathbb{R}^n\text{ 为至多可数集}\}}}$$
$$=\overline{\overline{\{\xi(C)\mid C\subset\mathbb{R}^n\text{ 为至多可数集}\}}}\leqslant\overline{\overline{(\mathbb{R}^n)^\infty}}\xlongequal{\text{例1.2.7(2)}}\aleph.$$

根据 Cantor-Bernstein 定理,$\overline{\overline{\mathscr{C}}}=\aleph$.

(4) 证法 1　设$\mathscr{U}$为由不相交的以有理点为中心,正有理数为半径的开球(至多可数个)所成的集类. 考虑

$$\eta:\ \mathscr{B}\to\mathscr{U},$$
$$B\mapsto\eta(B)(\text{它的每个开球只含 }B\text{ 的一个点}).$$

显然,ξ为单射. 于是

$$\aleph=\overline{\overline{\{\boldsymbol{x}\mid\boldsymbol{x}\in\mathbb{R}^n\}}}\leqslant\overline{\overline{\mathscr{B}}}=\overline{\overline{\{\eta(B)\mid B\in\mathscr{B}\}}}\leqslant\overline{\overline{\mathscr{U}}}=2^{\aleph_0}\xlongequal{\text{例1.2.9}}\aleph.$$

根据 Cantor-Bernstein 定理,$\overline{\overline{\mathscr{B}}}=\aleph$.

证法 2　设$B\in\mathscr{B}$为只含孤立点的集合,对B作由不相交的以有理点为中心,正有理数为半径的开球,使得每个这样的开球只含B的一个点. 由于这种开球的中心为有理点,且半径为正有理数,故这种开球至多可数个. 因而,B为至多可数集. 考虑

$$\zeta:\ \mathscr{B}\to(\mathbb{R}^n)^\infty,$$
$$B=\{\boldsymbol{x}^1,\boldsymbol{x}^2,\cdots,\boldsymbol{x}^m,\cdots\}\mapsto\zeta(B)=(\boldsymbol{x}^1,\boldsymbol{x}^2,\cdots,\boldsymbol{x}^m,\cdots),$$

显然,ζ为单射. 且

$$\aleph=\overline{\overline{\{\boldsymbol{x}\mid\boldsymbol{x}\in\mathbb{R}^n\}}}\leqslant\overline{\overline{\mathscr{B}}}=\overline{\overline{\{\zeta(B)\mid B\in\mathscr{B}\}}}\leqslant\overline{\overline{(\mathbb{R}^n)^\infty}}=\aleph^{\aleph_0}\xlongequal{\text{例1.2.9}}\aleph.$$

根据 Cantor-Bernstein 定理,$\overline{\overline{\mathscr{B}}}=\aleph$.

(6) 因为

$$\aleph=\overline{\overline{\{[0,a]^n\mid a>0\}}}\leqslant\overline{\overline{\mathscr{D}}}\leqslant\overline{\overline{\mathscr{F}}}=\aleph,$$

所以根据 Cantor-Bernstein 定理,$\overline{\overline{\mathscr{D}}}=\aleph$. □

【36】 设 $f:\mathbb{R}^1\to\mathbb{R}$ 为单调增的函数. 证明：点集

$$E=\{x\in\mathbb{R}^1 \mid 对\ \forall\,\delta>0, f(x+\delta)-f(x-\delta)>0\}$$

为$\mathbb{R}^1$ 中的闭集.

证明 证法 1 因为

$$\begin{aligned}E^c &= \{x \mid \exists\,\varepsilon>0, \text{s.t.}\ f(x+\varepsilon)-f(x-\varepsilon)\leqslant 0\}\\ &\xlongequal{f单调增}\{x \mid \exists\,\varepsilon>0, \text{s.t.}\ f(x+\varepsilon)-f(x-\varepsilon)=0\}\\ &\quad\{x \mid \exists\,\varepsilon>0, \text{s.t.}\ f|_{(x-\varepsilon,x+\varepsilon)}=f(x)(常值)\},\end{aligned}$$

所以，$x\in E^c\Rightarrow\exists\,\varepsilon>0$, s.t. $(x-\varepsilon,x+\varepsilon)\subset E^c$，从而 E^c 为开集，E 为闭集.

证法 2 设 $x\in E'$，故 $\exists\, x_k\to x, x_k\in E$. 于是，对 $\forall\,\delta>0$，有 $x_k\in(x-\delta,x+\delta)$，故 $\exists\,\delta_1>0$, s.t. $(x_k-\delta_1,x_k+\delta_1)\subset(x-\delta,x+\delta)$. 则

$$f(x+\delta)-f(x-\delta)\geqslant f(x_k+\delta_1)-f(x_k-\delta_1)>0.$$

因此，$x\in E, E'\subset E$. 这就证明了 E 为闭集. □

【37】 证明：$F\subset\mathbb{R}^n$ 为有界闭集$\Leftrightarrow$对 F 的任何无限子集 E，必有 $E'\cap F\neq\varnothing$.

证明 证法 1 $(\Rightarrow)$设 $F\subset\mathbb{R}^n$ 为有界闭集，$E\subset F$ 为无限集. 在 E 中取互异无穷点列 $\{\boldsymbol{x}^k\}$，因 $E\subset F$ 有界，由 Bolzano-Weierstrass 定理知，$\{\boldsymbol{x}^k\}$有收敛子列$\{\boldsymbol{x}^{k_i}\}$，记此极限（或 E 的聚点）为 $\boldsymbol{x}^0$，则 $\boldsymbol{x}^0\in E'\subset F'\subset F$（$F$ 为闭集）. 因此

$$E'\cap F\neq\varnothing$$

（或者，因 $E\subset F$，故 $\boldsymbol{x}^0\in E'\subset\overline{E}\subset\overline{F}=F$（$F$ 为闭集），从而 $E'\cap F=E'\neq\varnothing$）.

$(\Leftarrow)$先证 F 有界.（反证）假设 F 无界，取 $\boldsymbol{x}^1\in F$, s.t. $\|\boldsymbol{x}^1\|>1$. 再取 $\boldsymbol{x}^2\in F$, s.t. $\|\boldsymbol{x}^2\|>\|\boldsymbol{x}^1\|+1>2$；…；取 $\boldsymbol{x}^k\in F$, s.t. $\|\boldsymbol{x}^k\|>\|\boldsymbol{x}^{k-1}\|+1>k$；…. 记

$$E=\{\boldsymbol{x}^k \mid k\in\mathbb{N}\},$$

则 $E\subset F$，但 $E'=\varnothing$，从而 $E'\cap F=\varnothing\cap F=\varnothing$，这与题设 $E'\cap F\neq\varnothing$相矛盾.

再证 F 为闭集.（反证）假设 F 不为闭集，则 $\exists\,\boldsymbol{x}^0\in F'-F$. 根据聚点定义，有互异点列 $\{\boldsymbol{x}^k|k\in\mathbb{N}\}\subset F$, s.t. $\lim\limits_{k\to+\infty}\boldsymbol{x}^k=\boldsymbol{x}^0$. 记

$$E=\{\boldsymbol{x}^k \mid k\in\mathbb{N}\},$$

则

$$E'\cap F=\{\boldsymbol{x}^0\}\cap F=\varnothing,$$

这与题设 $E'\cap F\neq\varnothing$相矛盾.

证法 2 $(\Leftarrow)$任取收敛点列$\{\boldsymbol{x}^k\}\subset F$，记 $\boldsymbol{x}^0=\lim\limits_{k\to+\infty}\boldsymbol{x}^k$. 如果$\{\boldsymbol{x}^k|k\in\mathbb{N}\}$为无限集，则

$$\{\boldsymbol{x}^0\}\cap F=\{\lim_{k\to+\infty}\boldsymbol{x}^k\}\cap F=\{\boldsymbol{x}^k \mid k\in\mathbb{N}\}'\cap F\overset{题设}{\neq}\varnothing,$$

从而，$\boldsymbol{x}^0=\lim\limits_{k\to+\infty}\boldsymbol{x}^k\in F$.

如果$\{\boldsymbol{x}^k|k\in\mathbb{N}\}$为有限集，则 $\boldsymbol{x}^0\in\{\boldsymbol{x}^k|k\in\mathbb{N}\}$，从而，$\boldsymbol{x}^0\in F$. 由此并根据引理 1.4.5(4) 知，$F$ 为闭集. □

【38】 设$\{F_\alpha|\alpha\in\Gamma\}$为$(\mathbb{R}^n,\mathscr{T}_{\rho_0^n})$中的有界闭集族，若任取其中有限个 $F_{\alpha_1},F_{\alpha_2},\cdots,F_{\alpha_k}$，

$k\in\mathbb{N}$,都有 $\bigcap\limits_{i=1}^{k}F_{\alpha_i}\neq\varnothing$. 证明 $\bigcap\limits_{\alpha\in\Gamma}F_\alpha\neq\varnothing$.

证明　证法 1　(反证)假设 $\bigcap\limits_{\alpha\in\Gamma}F_\alpha=\varnothing$,则

$$\bigcup_{\alpha\in\Gamma}F_\alpha^c \xlongequal{\text{de Morgan公式}} \Big(\bigcap_{\alpha\in\Gamma}F_\alpha\Big)^c=\varnothing^c=\mathbb{R}^n,$$

即$\{F_\alpha^c\mid\alpha\in\Gamma\}$为$\mathbb{R}^n$ 的一个开覆盖. 根据 Lindelöf 定理 1.4.4,它有至多可数子覆盖$\{F_{\alpha_k}^c\mid k\in\mathbb{N}\}$,即 $\bigcup\limits_{k=1}^{\infty}F_{\alpha_k}^c=\mathbb{R}^n$. 由此推得

$$\bigcap_{k=1}^{\infty}F_{\alpha_k} \xlongequal{\text{de Morgan公式}} \Big(\bigcup_{k=1}^{\infty}F_{\alpha_k}^c\Big)^c=(\mathbb{R}^n)^c=\varnothing.$$

令 $E_k=\bigcap\limits_{i=1}^{k}F_{\alpha_i}$,由题设知$\{E_k\}$为非空有界递降闭集列. 由 Cantor 闭集套原理,$\bigcap\limits_{k=1}^{\infty}F_{\alpha_k}=\bigcap\limits_{k=1}^{\infty}E_k\neq\varnothing$,这与上面推得 $\bigcap\limits_{k=1}^{\infty}F_{\alpha_k}=\varnothing$ 相矛盾.

证法 2　(反证)假设 $\bigcap\limits_{\alpha\in\Gamma}F_\alpha=\varnothing$,则

$$\bigcup_{\alpha\in\Gamma}F_\alpha^c \xlongequal{\text{de Morgan公式}} \Big(\bigcap_{\alpha\in\Gamma}F_\alpha\Big)^c=\varnothing^c=\mathbb{R}^n,$$

即$\{F_\alpha^c\mid\alpha\in\Gamma\}$为$\mathbb{R}^n$ 的一个开覆盖,当然也为有界闭集(紧致集)F_{α_0} 的一个开覆盖. 根据 Heine-Borel 有限覆盖定理 1.4.3,存在 F_{α_0} 的有限子覆盖$\{F_{\alpha_1}^c,F_{\alpha_2}^c,\cdots,F_{\alpha_k}^c\}$. 因此

$$F_{\alpha_0}\subset\bigcup_{i=1}^{k}F_{\alpha_i}^c \xlongequal{\text{de Morgan公式}} \Big(\bigcap_{i=1}^{k}F_{\alpha_i}\Big)^c,$$

$$F_{\alpha_0}\cap\Big(\bigcap_{i=1}^{k}F_{\alpha_i}\Big)=\varnothing.$$

这与题设 $F_{\alpha_0}\cap\Big(\bigcap\limits_{i=1}^{k}F_{\alpha_i}\Big)\neq\varnothing$ 相矛盾.

证法 3　(反证)假设 $\bigcap\limits_{\alpha\in\Gamma}F_\alpha=\varnothing$,任取定 $\alpha_0\in\Gamma$,则

$$F_{\alpha_0}\cap\Big(\bigcap_{\alpha\in\Gamma}F_\alpha\Big)=F_{\alpha_0}\cap\varnothing=\varnothing,$$

$$F_{\alpha_0}\subset\Big(\bigcap_{\alpha\in\Gamma}F_\alpha\Big)^c \xlongequal{\text{de Morgan公式}} \bigcup_{\alpha\in\Gamma}F_\alpha^c.$$

从而,$\{F_\alpha^c\mid\alpha\in\Gamma\}$为有界闭集(紧致集)$F_{\alpha_0}$ 的一个开覆盖. 下面完全同证法 2 推出矛盾.　□

【39】　设$\{F_\alpha\mid\alpha\in\Gamma\}$为$\mathbb{R}^n$ 中有界闭集族,$G\subset\mathbb{R}^n$ 为开集,且有

$$\bigcap_{\alpha\in\Gamma}F_\alpha\subset G.$$

证明:$\{F_\alpha\mid\alpha\in\Gamma\}$中存在 $F_{\alpha_1},F_{\alpha_2},\cdots,F_{\alpha_k}$,s. t.

$$\bigcap_{i=1}^{k}F_{\alpha_i}\subset G.$$

证明　证法1　(反证)假设 $\bigcap_{i=1}^{k} F_{\alpha_i} \not\subset G$ 对任何 $F_{\alpha_1}, F_{\alpha_2}, \cdots, F_{\alpha_k}$ 成立，则

$$\bigcap_{i=1}^{k}(F_{\alpha_i} \cap G^c) = (\bigcap_{i=1}^{k} F_{\alpha_i}) \cap G^c \neq \varnothing.$$

由于 G 为开集，F_{α_i} 为有界闭集，故 $F_{\alpha_i} \cap G^c$ 为有界闭集. 应用题38的结论知

$$(\bigcap_{\alpha\in\Gamma} F_\alpha) \cap G^c = \bigcap_{\alpha\in\Gamma}(F_\alpha \cap G^c) \neq \varnothing,$$

从而

$$\bigcap_{\alpha\in\Gamma} F_\alpha \not\subset G.$$

这与题设 $\bigcap_{\alpha\in\Gamma} F_\alpha \subset G$ 相矛盾.

证法2　因为 $\bigcap_{\alpha\in\Gamma} F_\alpha \subset G$，故 $(\bigcap_{\alpha\in\Gamma} F_\alpha) \cap G^c = \varnothing$，并且

$$\bigcup_{\alpha\in\Gamma} F_\alpha^c \xlongequal{\text{de Morgan公式}} (\bigcap_{\alpha\in\Gamma} F_\alpha)^c \supset G^c.$$

于是，$\{G, F_\alpha^c \mid \alpha\in\Gamma\}$ 为 $\mathbb{R}^n$ 的一个开覆盖. 任取 $F_{\alpha_0} \in \{F_\alpha \mid \alpha\in\Gamma\}$，则

$$F_{\alpha_0} \subset (\bigcup_{\alpha\in\Gamma} F_\alpha^c) \cup G,$$

即 $\{G, F_\alpha^c \mid \alpha\in\Gamma\}$ 为有界闭集(紧致集) F_{α_0} 的开覆盖，故根据 Heine-Borel 有限覆盖定理存在有限子覆盖 $\{F_{\alpha_1}^c, F_{\alpha_2}^c, \cdots, F_{\alpha_k}^c, G\}$，即

$$F_{\alpha_0} \subset (\bigcup_{i=1}^{k} F_{\alpha_i}^c) \cup G.$$

于是

$$\varnothing = F_{\alpha_0} \cap (\bigcup_{i=1}^{k} F_{\alpha_i}^c \cup G)^c \xlongequal{\text{de Morgan公式}} F_{\alpha_0} \cap (\bigcap_{i=1}^{k} F_{\alpha_i}) \cap G^c,$$

$$\bigcap_{i=0}^{k} F_{\alpha_i} = F_{\alpha_0} \cap (\bigcap_{i=1}^{k} F_{\alpha_i}) \subset G.$$

证法3　因为 $\bigcap_{\alpha\in\Gamma} F_\alpha \subset G$，故对 $F_{\alpha_0} \in \{F_\alpha \mid \alpha\in\Gamma\}$，有

$$F_{\alpha_0} \cap ((\bigcap_{\alpha\in\Gamma} F_\alpha) \cap G^c) = (\bigcap_{\alpha\in\Gamma} F_\alpha) \cap G^c = \varnothing,$$

$$F_{\alpha_0} \subset ((\bigcap_{\alpha\in\Gamma} F_\alpha) \cap G^c)^c \xlongequal{\text{de Morgan公式}} (\bigcup_{\alpha\in\Gamma} F_\alpha^c) \cup G,$$

即 $\{G, F_\alpha^c \mid \alpha\in\Gamma\}$ 为有界闭集 F_{α_0} 的一个开覆盖. 根据 Heine-Borel 有限覆盖定理，存在 F_{α_0} 的有限子覆盖 $\{G, F_{\alpha_1}^c, F_{\alpha_2}^c, \cdots, F_{\alpha_k}^c\}$，即

$$F_{\alpha_0} \subset (\bigcup_{i=1}^{k} F_{\alpha_i}^c) \cup G.$$

又因为

$$F_{\alpha_0}\cap\left(\bigcap_{i=1}^{k}F_{\alpha_i}\right)\cap\left(\bigcup_{i=1}^{k}F_{\alpha_i}^c\right)\xlongequal{\text{de Morgan公式}}F_{\alpha_0}\cap\left(\bigcap_{i=1}^{k}F_{\alpha_i}\right)\cap\left(\bigcap_{i=1}^{k}F_{\alpha_i}\right)^c=\varnothing,$$

所以

$$\bigcap_{i=0}^{k}F_{\alpha_i}=F_{\alpha_0}\cap\left(\bigcap_{i=1}^{k}F_{\alpha_i}\right)\subset G.$$

证法 4　因为 $\bigcap\limits_{\alpha\in\Gamma}F_\alpha\subset G$(开集)，所以 $\bigcup\limits_{\alpha\in\Gamma}F_\alpha^c\supset G^c$，即 $\{F_\alpha^c\mid\alpha\in\Gamma\}$ 为闭集 G^c 的一个开覆盖. 根据 Lindelöf 定理，它有至多可数的子覆盖 $\{F_{\alpha_i}^c\mid i\in\mathbb{N}\}$.

如果该子覆盖有限，记为 $\{F_{\alpha_1}^c,F_{\alpha_2}^c,\cdots,F_{\alpha_k}^c\}$，则

$$\left(\bigcap_{i=1}^{k}F_{\alpha_i}\right)^c=\bigcup_{i=1}^{k}F_{\alpha_i}^c\supset G^c,$$

$$\bigcap_{i=1}^{k}F_{\alpha_i}\subset G.$$

下设该子覆盖为可数集，记为 $\{F_{\alpha_i}^c\mid i\in\mathbb{N}\}$，则

$$\left(\bigcap_{i=1}^{\infty}F_{\alpha_i}\right)^c\xlongequal{\text{de Morgan公式}}\bigcup_{i=1}^{\infty}F_{\alpha_i}^c\supset G^c,$$

$$\bigcap_{i=1}^{\infty}F_{\alpha_i}\subset G.$$

由此可推得 $\exists k\in\mathbb{N}$, s. t. $\bigcap\limits_{i=1}^{k}F_{\alpha_i}\subset G$.（反证）否则，对 $\forall k\in\mathbb{N}$，有

$$\left(\bigcap_{i=1}^{k}F_{\alpha_i}\right)\cap G^c\neq\varnothing.$$

再由 F_α 有界闭立知 $\left\{\left(\bigcap\limits_{i=1}^{k}F_{\alpha_i}\right)\cap G^c\mid k\in\mathbb{N}\right\}$ 为非空有界递降闭集列. 根据 Cantor 闭集套原理，得

$$\left(\bigcap_{i=1}^{\infty}F_{\alpha_i}\right)\cap G^c=\bigcap_{k=1}^{\infty}\left(\left(\bigcap_{i=1}^{k}F_{\alpha_i}\right)\cap G^c\right)\neq\varnothing,$$

即

$$\bigcap_{i=1}^{\infty}F_{\alpha_i}\not\subset G.$$

这与上述 $\bigcap\limits_{i=1}^{\infty}F_{\alpha_i}\subset G$ 相矛盾.　□

【40】 设 $f:\mathbb{R}^1\to\mathbb{R}$ 为实函数. 证明：

f 为连续函数 $\Leftrightarrow$ 对 $\forall t\in\mathbb{R}$，点集 $\{x\mid f(x)\leqslant t\}$ 与 $\{x\mid f(x)\geqslant t\}$ 都为闭集.

证明　证法 1　($\Rightarrow$) $\forall x_0\in\{x\mid f(x)<t\}$，则 $f(x_0)<t$. 由于 f 连续，故 $\exists\delta>0$，当 $x\in(x_0-\delta,x_0+\delta)$ 时，有 $f(x)<t$，即 $(x_0-\delta,x_0+\delta)\subset\{x\mid f(x)<t\}$. 由此推出 $\{x\mid f(x)<t\}$ 为开集. 同理，$\{x\mid f(x)>t\}$ 也为开集. 从而，$\{x\mid f(x)\leqslant t\}=\mathbb{R}-\{x\mid f(x)>t\}$ 与 $\{x\mid f(x)\geqslant t\}=$

$\mathbb{R}-\{x|f(x)<t\}$都为闭集.

($\Leftarrow$)对$\forall t\in\mathbb{R}$,因为$\{x|f(x)\leqslant t\}$与$\{x|f(x)\geqslant t\}$都为闭集,所以$\{x|f(x)>t\}$与$\{x|f(x)<t\}$都为开集.故对$\forall x_0\in\mathbb{R}^1$,$\forall\varepsilon>0$,$G=\{x|f(x)>f(x_0)-\varepsilon\}\cap\{x|f(x)<f(x_0)+\varepsilon\}$亦为开集.又$x_0\in G$(开集),所以$\exists\delta>0$,s. t. $(x_0-\delta,x_0+\delta)\subset G$,即对$\forall\varepsilon>0$,$\exists\delta>0$,s. t. $f(x_0)-\varepsilon<f(x)<f(x_0)+\varepsilon$,$x\in(x_0-\delta,x_0+\delta)$.这就证明了$f$在$x_0$点处连续.由于$x_0$任取,故$f$在$\mathbb{R}^1$上为连续函数.

证法 2 ($\Rightarrow$)设$x_n\in\{x|f(x)\geqslant t\}$,$\lim\limits_{n\to+\infty}x_n=x_0$.由于$f(x_n)\geqslant t$,且$f$连续,所以$f(x_0)=\lim\limits_{n\to+\infty}f(x_n)\geqslant t$,$x_0\in\{x|f(x)\geqslant t\}$.这就表明$\{x|f(x)\geqslant t\}$为闭集.同理,$\{x|f(x)\leqslant t\}$也为闭集.

($\Leftarrow$)(反证)假设$\exists x_0\in\mathbb{R}^1$,$f$在$x_0$点不连续,则$\exists\varepsilon_0>0$,s. t. 对$\forall\delta_n>0$,$\lim\limits_{n\to+\infty}\delta_n=0$,都有$x_n$,使$|x_n-x_0|<\delta_n$,并且$|f(x_n)-f(x_0)|\geqslant\varepsilon_0$.显然,$\lim\limits_{n\to+\infty}x_n=x_0$.此外,$\{x_n\}$必有子列$\{x_{n_i}\}$,s. t. $f(x_{n_i})\geqslant f(x_0)+\varepsilon_0$,$i=1,2,\cdots$(或者,$f(x_{n_i})\leqslant f(x_0)-\varepsilon_0$,$i=1,2,\cdots$).故$x_{n_i}\in\{x|f(x)\geqslant f(x_0)+\varepsilon_0\}$,$i=1,2,\cdots$.由题设$\{x|f(x)\geqslant f(x_0)+\varepsilon_0\}$为闭集推得

$$x_0=\lim_{i\to+\infty}x_{n_i}\in\{x\mid f(x)\geqslant f(x_0)+\varepsilon_0\},$$
$$f(x_0)\geqslant f(x_0)+\varepsilon>f(x_0),$$

矛盾.这就证明了f为$\mathbb{R}^1$上的连续函数. □

推论 设f: $\mathbb{R}^1\to\mathbb{R}$为实函数.证明:

f为连续函数$\Leftrightarrow$对$\forall t\in\mathbb{R}$,点集$\{x|f(x)>t\}$与$\{x|f(x)<t\}$都为开集.

证明易见,

$$f\text{为连续函数}\overset{\text{题[40]}}{\Longleftrightarrow}\text{对 }\forall t\in\mathbb{R},\text{点集}\{x\mid f(x)\leqslant t\}\text{与}\{x\mid f(x)\geqslant t\}\text{都为闭集}$$
$$\Leftrightarrow\text{对 }\forall t\in\mathbb{R},\text{点集}\{x\mid f(x)>t\}\text{与}\{x\mid f(x)<t\}\text{都为开集}.$$ □

【41】 设f: $\mathbb{R}^1\to\mathbb{R}$为可导函数.证明:

f'为连续函数$\Leftrightarrow$对$\forall t\in\mathbb{R}$,点集$\{x\in\mathbb{R}^1\mid f'(x)=t\}$为闭集.

证明 证法 1 ($\Rightarrow$)设f'为连续函数,根据题[40]知,$\{x\in\mathbb{R}^1|f'(x)\leqslant t\}$与$\{x\in\mathbb{R}^1|f'(x)\geqslant t\}$都为闭集.从而,$\{x\in\mathbb{R}^1|f'(x)=t\}=\{x\in\mathbb{R}^1|f'(x)\leqslant t\}\cap\{x\in\mathbb{R}^1|f'(x)\geqslant t\}$为闭集.

($\Leftarrow$)设对$\forall t\in\mathbb{R}$,点集$\{x\in\mathbb{R}^1|f'(x)=t\}$为闭集.记

$$G_t=\{x\in\mathbb{R}\mid f'(x)<t\},\quad H_t=\{x\in\mathbb{R}\mid f'(x)>t\},$$

则可证G_t,H_t均为开集.根据题[40]的推论立知,f'在$\mathbb{R}^1$上连续.

再证G_t为开集.事实上,对$x_0\in G_t$,由题给条件指出

$$G_t\cup H_t=\mathbb{R}^1-\{x\in\mathbb{R}^1\mid f'(x)=t\}=\{x\in\mathbb{R}^1\mid f'(x)\neq t\}$$

为开集.故$\exists\delta>0$,s. t. $(x_0-\delta,x_0+\delta)\subset G_t\cup H_t=\{x\in\mathbb{R}^1|f'(x)\neq t\}$.根据导数的 Darboux 介值定理(见参考文献[15]定理 3.3.5)知,在$(x_0-\delta,x_0+\delta)$内,$f'(x)\overset{\text{恒}}{>}t$或$f'(t)\overset{\text{恒}}{<}t$.又因

$f'(x_0)<t$，故在$(x_0-\delta,x_0+\delta)$内，$f'(x)\overset{恒}{<}t$. 因此，G_t 为开集. 同理可证 H_t 为开集.

证法 2　(⇒)设 f' 为连续函数，根据题[40]推得$\{x\in\mathbb{R}^1\mid f'(x)>t\}$与$\{x\in\mathbb{R}^1\mid f'(x)<t\}$为开集，故点集$\{x\in\mathbb{R}^1\mid f'(x)=t\}$为闭集.

证法 3　(⇒)设 $x_n\in\{x\in\mathbb{R}^1\mid f'(x)=t\}$，即 $f'(x_n)=t$. 如果 $\lim\limits_{n\to+\infty}x_n=x_0$，则由 f' 连续立即推得

$$f'(x_0)=\lim_{n\to+\infty}f'(x_n)=\lim_{n\to+\infty}t=t,$$

$$x_0\in\{x\in\mathbb{R}^1\mid f'(x)=t\}.$$

由此得到$\{x\in\mathbb{R}^1\mid f'(x)=t\}$为闭集.　□

【42】 设 $f_n:\mathbb{R}^1\to\mathbb{R}(n=1,2,\cdots)$为连续函数列. 证明：$\{x\in\mathbb{R}^1\mid \varliminf\limits_{n\to+\infty}f_n(x)>0\}$为 F_σ 集.

证明　证法 1　记 $K=\{x\in\mathbb{R}^1\mid \varliminf\limits_{n\to+\infty}f_n(x)>0\}$，则

$$K^c=\{x\in\mathbb{R}^1\mid \varliminf_{n\to+\infty}f_n(x)\leqslant 0\}=\bigcap_{n,k=1}^{\infty}G_{n,k},$$

其中 $G_{n,k}=\left\{x\in\mathbb{R}^1\mid \exists\, m\geqslant n,\text{s. t. } f_m(x)<\dfrac{1}{k}\right\}$. 易知，$G_{n,k}$ 为开集，所以 K^c 为 G_δ 集，而 K 为 F_σ 集.

证法 2　容易证明

$$K=\{x\in\mathbb{R}^1\mid \varliminf_{n\to+\infty}f_n(x)>0\}=\bigcup_{k=1}^{\infty}\bigcup_{n=1}^{\infty}\left\{x\in\mathbb{R}^1\mid \forall\, m\geqslant n,f_m(x)\geqslant\frac{1}{k}\right\}.$$

或者

$$\begin{aligned}K&=\{x\in\mathbb{R}^1\mid \varliminf_{n\to+\infty}f_n(x)>0\}=\Big(\bigcap_{n,k=1}^{\infty}G_{n,k}\Big)^c\\&\xlongequal{\text{de Morgan公式}}\bigcup_{n,k=1}^{\infty}G_{n,k}^c=\bigcup_{n,k=1}^{\infty}\left\{x\in\mathbb{R}^1\mid \overline{\exists}\, m\geqslant n,\text{s. t. } f_m(x)<\frac{1}{k}\right\}\\&=\bigcup_{n,k=1}^{\infty}\left\{x\in\mathbb{R}^1\mid \forall\, m\geqslant n,f_m(x)\geqslant\frac{1}{k}\right\}\\&=\bigcup_{k=1}^{\infty}\bigcup_{n=1}^{\infty}\left\{x\in\mathbb{R}^1\mid \forall\, m\geqslant n,f_m(x)\geqslant\frac{1}{k}\right\}.\end{aligned}$$

因为 f_n 在$\mathbb{R}^1$ 上连续，故$\left\{x\in\mathbb{R}^1\mid \forall\, m\geqslant n,f_m(x)\geqslant\dfrac{1}{k}\right\}$为闭集. 从而，$K$ 为 F_σ 集.　□

【43】 设 $f:\mathbb{R}^1\to\mathbb{R}$ 为实函数. 证明：点集$\{x\in\mathbb{R}^1\mid \lim\limits_{y\to x}f(y)$存在有限$\}$为 G_δ 集.

证明　证法 1　令

$$\omega_\delta(x)=\sup_{0<|y-x|<\delta}\{f(y)\}-\inf_{0<|y-x|<\delta}\{f(y)\},\quad \omega(x)=\lim_{\delta\to0^+}\omega_\delta(x),$$

则

$$\{x\in\mathbb{R}^1 \mid \lim_{y\to x} f(y)\text{ 存在有限}\}=\bigcap_{n=1}^{\infty}\left\{x\in\mathbb{R}^1 \mid \omega(x)<\frac{1}{n}\right\}$$

为 G_δ 集.

证法 2　令

$$g(x)=\begin{cases}\lim\limits_{y\to x} f(y), & \text{如果}\lim\limits_{y\to x} f(y)\text{ 存在有限},\\ f(x), & \text{如果}\lim\limits_{y\to x} f(y)\text{ 不存在有限},\end{cases}$$

则

$$\{x\in\mathbb{R}^1 \mid \lim_{y\to x} f(y)\text{ 存在有限}\}=\{x\in\mathbb{R}^1 \mid g(y)\text{ 在 } x \text{ 连续}\}.$$

根据例 1.4.6,该集合为 G_δ 集.　□

【44】 设 $\{F_i\}$ 为含于开区间 $\Delta=(a,b)$ 内的任一组互不相交的闭集列,则 $\Delta-\bigcup\limits_{j=1}^{\infty}F_j$ 的势等于连续统的势 $\aleph$.

证明　不失一般性,设 $F_i\neq\varnothing$, $i\in\mathbb{N}$. 取 F_1,令 $a_0=\inf F_1$(即 F_1 的下确界),$b_0=\sup F_1$(即 F_1 的上确界). 由 F_1 为闭集,故 $a_0,b_0\in F_1$ 且 $a<a_0\leqslant b_0<b$, $I_0\overset{\text{def}}{=\!=}[a_0,b_0]\supset F_1$. 又记 $\Delta_1=(a,a_0)$(非空),$\Delta_2=(b_0,b)$(非空),则有两种情况:

第一种情况:若 $\Delta_i\cap\bigcup\limits_{j=2}^{\infty}F_j\,(i=1,2)$ 中至少有一个空集,不妨设 $\Delta_1\cap\bigcup\limits_{j=2}^{\infty}F_j=\varnothing$,而 $\Delta_1\cap F_1\subset\Delta_1\cap I_0=\varnothing$,所以

$$\Delta_1\cap\bigcup_{j=1}^{\infty}F_j=\varnothing,\quad \Delta-\bigcup_{j=1}^{\infty}F_j\supset\Delta_1.$$

因此

$$\aleph=\overline{\overline{\Delta}}\geqslant\overline{\overline{\Delta-\bigcup_{j=1}^{\infty}F_j}}\geqslant\overline{\overline{\Delta_1}}=\aleph.$$

根据 Cantor-Bernstein 定理,得

$$\overline{\overline{\Delta-\bigcup_{j=1}^{\infty}F_j}}=\aleph.$$

第二种情况:$\Delta_i\cap\bigcup\limits_{j=1}^{\infty}F_j\,(i=1,2)$ 均不为空集. 对 $\Delta_i\,(i=1,2)$,在 $F_2,F_3,\cdots$ 中存在最小的下标 $n_1^{(i)}$, s. t. $F_{n_1^{(i)}}\cap\Delta_i\neq\varnothing$. 显然,$n_1=\min\{n_1^{(1)},n_1^{(2)}\}\geqslant 2$ 以及 $a,a_0,b_0,b\overline{\in}F_{n_1^{(i)}}$,从而

$$F_{n_1^{(i)}}\cap\Delta_i=F_{n_1^{(i)}}\cap\overline{\Delta_i}$$

为含于开区间 Δ_i 内的闭集. 对此闭集仿上作出两个闭区间 $I_1^{(i)}$,它们满足:

$(1)_1$ $I_0,I_1^{(1)},I_1^{(2)}$ 互不相交;

$(2)_1$ $I_0\cup\bigcup\limits_{i=1}^{2}I_1^{(i)}\supset\bigcup\limits_{i=1}^{n_1}F_i\supset\bigcup\limits_{i=1}^{2}F_i$

对 Δ 中挖去 $I_0,I_1^{(1)},I_1^{(2)}$ 后余下的 $2^2=4$ 个开区间重复上述步骤. 依次类推,应用归纳法假设对第 N 步作出闭区间 $I_N^{(i)}(i=1,2,\cdots,2^N)$,它们满足:

$(1)_N I_0,I_n^{(i)}(i=1,2,\cdots,2^n;\ n=1,2,\cdots,N)$互不相交;

$(2)_N I_0\cup\left[\bigcup\limits_{n=1}^{N}\left(\bigcup\limits_{i=1}^{2^n}I_n^{(i)}\right)\right]\supset\bigcup\limits_{i=1}^{n_N}F_i\supset\bigcup\limits_{i=1}^{N+1}F_i$(因为 $n_N\geqslant N+1$).

在开区间 Δ 中挖去闭区间 $I_0,I_n^{(i)}(i=1,2,\cdots,2^n;\ n=1,2,\cdots,N)$余下的 2^{N+1} 个开区间中,如果至少有一个开区间如 Δ_{i_0} 与 $\bigcup\limits_{i\geqslant N+2}F_i$ 的交为空集,从而由$(2)_N$,Δ_{i_0} 与 $\bigcup\limits_{i=1}^{\infty}F_i$ 的交也为空集. 此时

$$\aleph=\overline{\overline{\Delta}}\geqslant\overline{\overline{\Delta-\bigcup_{i=1}^{\infty}F_i}}\geqslant\overline{\overline{\Delta_{i_0}}}=\aleph.$$

根据 Cantor-Bernstein 定理,有

$$\overline{\overline{\Delta-\bigcup_{i=1}^{\infty}F_i}}=\aleph.$$

若不然则这 2^{N+1} 个开区间均与 $\bigcup\limits_{i\geqslant N+2}F_i$ 相交,重复上述步骤得到一列互不相交的闭区间$\{I_0,I_n^{(i)}\}$. 易见

$$[a,b]-\mathring{I}_0\cup\left[\bigcup_{n=1}^{\infty}\left(\bigcup_{i=1}^{2^n}\mathring{I}_n^{(i)}\right)\right]$$

为非空完全集. 又

$$I_0\cup\left[\bigcup_{n=1}^{\infty}\left(\bigcup_{i=1}^{2^n}I_n^{(i)}\right)\right]\supset\bigcup_{i=1}^{\infty}F_i,$$

所以

$$\begin{aligned}\aleph=\overline{\overline{(a,b)}}&\geqslant\overline{\overline{\Delta-\bigcup_{j=1}^{\infty}F_j}}\geqslant\overline{\overline{(a,b)-I_0\cup\left[\bigcup_{n=1}^{\infty}\left(\bigcup_{i=1}^{2^n}I_n^{(i)}\right)\right]}}\\&=\overline{\overline{[a,b]-\mathring{I}_0\cup\left[\bigcup_{n=1}^{\infty}\left(\bigcup_{i=1}^{2^n}\mathring{I}_n^{(i)}\right)\right]}}\\&\xlongequal{\text{定理1.6.4}}\aleph.\end{aligned}$$

根据 Cantor-Bernstein 定理,推得

$$\overline{\overline{\Delta-\bigcup_{j=1}^{\infty}F_j}}=\aleph.$$

□

【45】 证明:开区间(a,b)不能表示为$\mathbb{R}$ 中至多可数个两两不相交的闭集之并.

证明　证法 1　(反证)假设(a,b)可表示为$\mathbb{R}$ 中至多可数个两两不相交的闭集$\{F_j\}$之

并，即$(a,b)=\bigcup_{j=1}^{\infty}F_j$. 则

$$0=\overline{\overline{\varnothing}}=\overline{\overline{(a,b)-\bigcup_{j=1}^{\infty}F_j}}\xlongequal{\text{题[44]}}\aleph\neq 0,$$

矛盾.

证法 2 （反证）假设$I_0=(a,b)=\bigcup_{j=1}^{\infty}F_j$，其中$\{F_j\}$为两两不相交的闭集列. 由于$I_0-F_1\neq\varnothing$（否则$I_0=(a,b)$为闭集），故$\exists\, x_2\in F_j(j\geqslant 2)$, s. t.

$$\rho_0^1(x_2,F_1)<\frac{1}{2}(b-a).$$

取$F_{i_1^{(1)}}=F_1$，$F_{i_2^{(1)}}$为$F_2,F_3,\cdots$中第一个满足上述不等式的$F_j(i_2^{(1)}\geqslant 2)$. 由引理 1.6.2 $\exists\, a_1\in F_{i_1^{(1)}}$，$b_1\in F_{i_2^{(1)}}$, s. t.

$$\rho_0^1(F_{i_1^{(1)}},F_{i_2^{(1)}})=\rho_0^1(a_1,b_1)=|b_1-a_1|\leqslant\rho_0^1(x_2,F_{i_1^{(1)}})<\frac{1}{2}(b-a).$$

显然，$a<a_1$，$b_1<b$. 当$a_1<b_1$时，记$I_1=(a_1,b_1)$；当$a_1>b_1$时，记$I_1=(b_1,a_1)$，则有：

$(1)_1$ $I_0\supset\overline{I}_1$，$m(I_1)=|b_1-a_1|<\frac{1}{2}m(I_0)$，其中$m(I_i)$表示区间$I_i$的长度；

$(2)_1$ $F_j\cap I_1=\varnothing(j=1,2,\cdots,i_2^{(1)})$；

$(3)_1$ 令$F_j^{(1)}\xlongequal{\text{def}}F_{i_2^{(1)}+j}\cap I_1(j=1,2,\cdots)$. 再由$a_1,b_1\notin F_{i_2^{(1)}+j}$知，诸$F_j^{(1)}$为互不相交的闭集，且利用$(2)_1$有

$$I_1=\bigcup_{j=1}^{\infty}(F_j^{(1)}\cap I_1)=\bigcup_{j=1}^{\infty}(F_{i_2^{(1)}+j}\cap I_1)=\bigcup_{j=1}^{\infty}F_j^{(1)}.$$

对I_1重复上述步骤得$I_2=(a_2,b_2)$或(b_2,a_2)满足：

$(1)_2$ $I_1\supset\overline{I}_2$，$m(I_2)<\frac{1}{2}m(I_1)<\frac{1}{2^2}(b-a)$；

$(2)_2$ $F_j^{(1)}\cap I_2=\varnothing(j=1,2,\cdots,i_2^{(2)})$. 由此并利用上述结果不难推知

$$F_j\cap I_2=\varnothing(j=1,2,\cdots,i_2^{(2)});$$

$(3)_2$ 令$F_j^{(2)}\xlongequal{\text{def}}F_{i_2^{(2)}+j}\cap I_2(j=1,2,\cdots)$，仿上知诸$F_j^{(2)}$为互不相交的闭集且满足

$$I_2=\bigcup_{j=1}^{\infty}F_j^{(2)}.$$

如此继续下去得到一列开区间$I_n=(a_n,b_n)$（或(b_n,a_n)）满足：

$(1)_n$ $I_0\supset\overline{I}_1\supset\cdots\supset\overline{I}_n$，$m(I_n)<\frac{1}{2}m(I_{n-1})<\cdots<\frac{1}{2^n}(b-a)$；

$(2)_n$ $F_j\cap I_n=\varnothing(j=1,2,\cdots,i_2^{(n)})$；

$(3)_n$ 诸$F_j^{(n)}=F_{i_2^{(n)}+j}\cap I_n$为互不相交的闭集，且

$$I_n=\bigcup_{j=1}^{\infty}F_j^{(n)}.$$

这样得到的区间列$\{I_n\}$满足：$I_0\supset\bar{I}_1\supset\cdots\supset\bar{I}_n\supset\cdots$，且$\lim\limits_{n\to+\infty}m(I_n)=0$. 由闭区间套原理，$\exists_1 x^*\in\bar{I}_n(n\in\mathbb{N})$. 显然，$x^*\in I_0=(a,b)=\bigcup\limits_{j=1}^{\infty}F_j$. 于是，$\exists i_0$, s. t. $x^*\in F_{i_0}$. 取n_0使$i_2^{(n_0)}>i_0$，则由

$$F_j\cap\bar{I}_{n_0+1}=\varnothing\quad(j=1,2,\cdots,i_2^{(n_0+1)})$$

知

$$F_{i_0}\cap\bar{I}_{n_0+1}=\varnothing,$$

所以$x^*\notin\bar{I}_{n_0+1}$. 这与$x^*\in\bar{I}_n(n\in\mathbb{N})$相矛盾. □

【46】 设$G_1,G_2\subset\mathbb{R}^n$为两个不相交的开集. 证明：$G_1\cap\overline{G_2}=\varnothing$.

证明 证法 1　因为$G_1\cap G_2=\varnothing$，故$G_2\subset G_1^c$. 再由G_1为开集，从而G_1^c为闭集. 这就推得

$$\overline{G_2}\subset\overline{G_1^c}=G_1^c,\quad G_1\cap\overline{G_2}=\varnothing.$$

证法 2　(反证)假设$G_1\cap\overline{G_2}\neq\varnothing$，则$\exists\boldsymbol{x}\in G_1\cap\overline{G_2}$. 由于$G_1\cap G_2=\varnothing$，而$\boldsymbol{x}\in G_1$，故$\boldsymbol{x}\notin G_2$. 但$\boldsymbol{x}\in\overline{G_2}$，所以$\boldsymbol{x}\in\partial G_2$. 对$\boldsymbol{x}$的任何开邻域$U$有$U\cap G_2\neq\varnothing$. 又由$\boldsymbol{x}\in G_1$(开集)知，存在$\boldsymbol{x}$的开邻域$U_0\subset G_1$. 因而，$G_1\cap G_2\supset U_0\cap G_2\neq\varnothing$，它与题设$G_1\cap G_2=\varnothing$相矛盾. 这就证明了$G_1\cap\overline{G_2}=\varnothing$.

证法 3　因为$\forall\boldsymbol{x}\in G_1$，由$G_1$为开集，故$\exists\delta>0$, s. t. $B(\boldsymbol{x};\delta)\subset G_1$. 因此，$x\notin G_2'$(因$G_1\cap G_2=\varnothing$). 这表明$G_1\cap G_2'=\varnothing$. 于是

$$\begin{aligned}G_1\cap\overline{G_2}&=G_1\cap(G_2\cup G_2')\\&=(G_1\cap G_2)\cup(G_1\cap G_2')=\varnothing\cup\varnothing=\varnothing.\end{aligned}$$

证法 4　(反证)假设$G_1\cap\overline{G_2}\neq\varnothing$，则$\exists\boldsymbol{x}\in G_1\cap\overline{G_2}$. 由题设$G_1\cap G_2=\varnothing$，故

$$\boldsymbol{x}\in G_1\cap\overline{G_2}=G_1\cap(G_2\cup G_2')=(G_1\cap G_2)\cup(G_1\cap G_2')=G_1\cap G_2'.$$

由于G_1为开集，所以$\exists\delta>0$, s. t. $B(\boldsymbol{x};\delta)\subset G_1$. 又因$\boldsymbol{x}\in G_2'$，故

$$(B(\boldsymbol{x};\delta)-\{\boldsymbol{x}\})\cap G_2\neq\varnothing,$$

$$B(\boldsymbol{x};\delta)\cap G_2\neq\varnothing,\quad G_1\cap G_2\neq\varnothing,$$

这与已知$G_1\cap G_2=\varnothing$相矛盾. 这就证明了$G_1\cap\overline{G_2}=\varnothing$相矛盾. □

【47】 设$G\subset\mathbb{R}^n$. 如果对$\forall E\subset\mathbb{R}^n$，有$G\cap\bar{E}\subset\overline{G\cap E}$. 证明：$G$为开集.

证明 证法 1　(反证)假设G不为开集，则$\exists\boldsymbol{x}^0\in G\cap\partial G$. 令$E=G^c$，则

$$\{\boldsymbol{x}^0\}\subset G\cap\partial G\subset G\cap\overline{G^c}=G\cap\bar{E}\overset{\text{题设}}{\subset}\overline{G\cap E}=\overline{G\cap G^c}=\overline{\varnothing}=\varnothing,$$

矛盾. 这就证明了G为开集.

证法 2　取$E=G^c$，则

$$G\cap\overline{G^c}=G\cap\bar{E}\overset{\text{题设}}{\subset}\overline{G\cap E}=\overline{G\cap G^c}=\overline{\varnothing}=\varnothing,$$

$$G\cap\overline{G^c}=\varnothing,\overline{G^c}\subset G^c$$，即 G^c 为闭集，从而 G 为开集.

证法 3 （反证）假设 G 不为开集，则 $\exists\,\boldsymbol{x}^0\in G$, s. t. $\forall\,\delta>0$, $B(\boldsymbol{x}^0;\delta)\not\subset G$，故

$$(B(\boldsymbol{x}^0;\delta)-\{\boldsymbol{x}^0\})\cap G^c=B(\boldsymbol{x}^0;\delta)-G\neq\varnothing.$$

因此，$\boldsymbol{x}^0\in(G^c)'$，$\boldsymbol{x}^0\in G\cap\overline{G^c}\overset{\text{题设}}{\subset}\overline{G\cap G^c}=\overline{\varnothing}=\varnothing$，矛盾. 这就证明了 G 为开集.

证法 4 （反证）假设 G 不为开集，则 $\exists\,\boldsymbol{x}^0\in G$，而 $\boldsymbol{x}^0\notin\mathring{G}$，即对 $\forall\,\delta>0$, $B(\boldsymbol{x}^0;\delta)\cap G^c\neq\varnothing$. 作点列 $\{\boldsymbol{x}^k\}$：

$$\boldsymbol{x}^1\in B(\boldsymbol{x}^0;1)\cap G^c,$$

$$\boldsymbol{x}^2\in B(\boldsymbol{x}^0;\delta_2)\cap G^c,\quad 0<\delta_2<\min\{1,\|\boldsymbol{x}^1-\boldsymbol{x}^0\|\},$$

$$\cdots$$

$$\boldsymbol{x}^k\in B(\boldsymbol{x}^0;\delta_k)\cap G^c,\quad 0<\delta_k<\min\left\{\frac{1}{k},\|\boldsymbol{x}^{k-1}-\boldsymbol{x}^0\|\right\}$$

$$\cdots$$

作 $E=\{\boldsymbol{x}^k\,|\,k\in\mathbb{N}\}$，则 $\overline{E}=\{\boldsymbol{x}^k\,|\,k=0,1,2,\cdots\}$，$G\cap\overline{E}=\{\boldsymbol{x}^0\}$. 因为 $\boldsymbol{x}^0\notin E$，故 $G\cap E=\varnothing$. 于是

$$G\cap\overline{E}=\{\boldsymbol{x}^0\}\not\subset\varnothing=\overline{\varnothing}=\overline{G\cap E},$$

这与题设 $G\cap\overline{E}\subset\overline{G\cap E}$ 相矛盾. 这就证明了 G 为开集. □

【48】 设 $E\subset\mathbb{R}^n$，$E\neq\varnothing,\mathbb{R}^n$. 证明：$E$ 的边界 $\partial E\neq\varnothing$.

证明 证法 1 因为 $E\subset\mathbb{R}^n$，$E\neq\varnothing$，$E\neq\mathbb{R}^n$，所以 $\exists\,\boldsymbol{x}^0\in E$，$\boldsymbol{x}^1\in E^c$. 在直线段 $\overline{\boldsymbol{x}^0\boldsymbol{x}^1}=\{(1-t)\boldsymbol{x}^0+t\boldsymbol{x}^1\,|\,0\leqslant t\leqslant 1\}$ 上，令

$$t^*=\sup\{t\,|\,(1-t)\boldsymbol{x}^0+t\boldsymbol{x}^1\in E,0\leqslant t\leqslant 1\}$$

显然，在 $(1-t^*)\boldsymbol{x}^0+t^*\boldsymbol{x}^1$ 的任何开邻域 U 中必含 $E\cap\overline{\boldsymbol{x}^0\boldsymbol{x}^1}$ 中的点，也必含 $E^c\cap\overline{\boldsymbol{x}^0\boldsymbol{x}^1}$ 中的点. 它表明 $(1-t^*)\boldsymbol{x}^0+t^*\boldsymbol{x}^1\in\partial E$.

证法 2 （反证）假设 E 之边界点集 ∂E 为空集，即 $\partial E=\varnothing$. 则对 $\forall\,\boldsymbol{x}\in E$，必存在 $\boldsymbol{x}$ 的开邻域 $U\subset E$（否则，对 $\boldsymbol{x}$ 的任何开邻域 U，$U\cap E^c\neq\varnothing$. 而 $U\cap E\supset\{\boldsymbol{x}\}$，故 $U\cap E\neq\varnothing$. 从而，$\boldsymbol{x}\in\partial E$，矛盾）. 这表明 E 为开集. 因为 $\partial E^c=\partial E=\varnothing$，同理知 E^c 为开集. 再由题设知，$E\neq\varnothing,\mathbb{R}^n$，故 $E^c\neq\varnothing$. 它表明 $\mathbb{R}^n=E\cup E^c$ 不连通. 这与 $\mathbb{R}^n$ 连通（见参考文献[16]例 7.2.2）相矛盾.

或者直接证明如下：取 $\boldsymbol{x}^0\in E$，$\boldsymbol{x}^1\in E^c$. 在直线段 $\overline{\boldsymbol{x}^0\boldsymbol{x}^1}=\{(1-t)\boldsymbol{x}^0+t\boldsymbol{x}^1\,|\,0\leqslant t\leqslant 1\}$ 上，令

$$t^*=\sup\{t\,|\,(1-t)\boldsymbol{x}^0+t\boldsymbol{x}^1\in E,0\leqslant t\leqslant 1\}.$$

根据 E^c 为开集以及上确界 sup 的定义立知，$(1-t^*)\boldsymbol{x}^0+t^*\boldsymbol{x}^1\notin E^c$ 再根据 E 为开集和 $\{(1-t)\boldsymbol{x}^0+t\boldsymbol{x}^1\,|\,t^*<t\leqslant 1\}\subset E^c$ 知，$(1-t^*)\boldsymbol{x}^0+t^*\boldsymbol{x}^1\notin E$. 从而

$$(1-t^*)\boldsymbol{x}^0+t^*\boldsymbol{x}^1\notin E\cup E^c=\mathbb{R},$$

矛盾. □

【49】 设 $F\subset\mathbb{R}^1$ 为闭集，F^c 的构成区间中有限构成区间的中心点的集合为 E. 证明：$E'\subset F'$.

证明　设 $x_0\in E'$，则存在互异点列 $\{x_k\mid k\in\mathbb{N}\}\subset E$，使得 $\lim\limits_{k\to+\infty}x_k=x_0$. 如果记含 x_k 的有限构成区间为 (a_k,b_k)，则 $x_k=\dfrac{a_k+b_k}{2}$，$k\in\mathbb{N}$. 显然，$a_k,b_k\in F$，且对 $\forall\, k\in\mathbb{N}$，$x_0\notin(a_k,b_k)$（事实上，若 $x_0\in(a_k,b_k)$，由 $\lim\limits_{l\to+\infty}x_l=x_0$，故 $\exists\, L\in\mathbb{N}$，当 $l>L$ 时，$x_l\in(a_k,b_k)$. 于是，$x_l\in(a_l,b_l)\cap(a_k,b_k)$，这与 F^c 的构成区间互不相交相矛盾）. 由此推得 $x_0\neq x_k$，并且 (a_k,b_k) 在 x_0 的左边或右边，$k\in\mathbb{N}$. 从而，有无穷个 (a_k,b_k) 在 x_0 的左边或有无穷个 (a_k,b_k) 在 x_0 的右边. 不妨设是前者. 因此，可设 $\{(a_{k_i},b_{k_i})\mid i\in\mathbb{N}\}$ 在 x_0 的左边. 且

$$a_{k_i}<x_{k_i}=\frac{a_{k_i}+b_{k_i}}{2}<b_{k_i}<x_0,$$

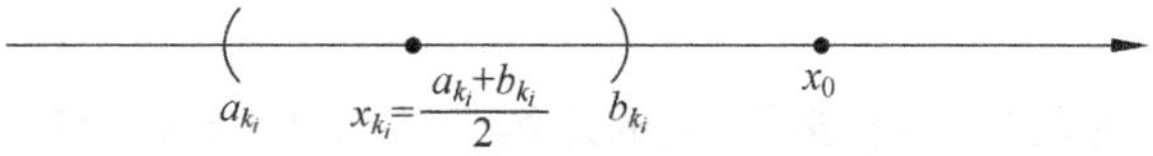

题 49 图

参见题 49 图，知 $\lim\limits_{i\to+\infty}x_{k_i}=x_0=\lim\limits_{i\to+\infty}x_0$. 根据夹逼定理知，$\lim\limits_{i\to+\infty}b_{k_i}=x_0$，$x_0\in F'$，$E'\subset F'$.　□

【50】　设 $\{F_\alpha\mid\alpha\in\Gamma\}$ 为 $\mathbb{R}^n$ 中的闭集族，且对 $\forall\,\alpha,\beta\in\Gamma$，有

$$F_\alpha\subset F_\beta\quad\text{或}\quad F_\beta\subset F_\alpha.$$

证明：$F_0=\bigcup\limits_{\alpha\in\Gamma}F_\alpha$ 为 F_σ 集.

证明　证法 1　（反证）反设 F_0 不是 F_σ 集，即 F_0 不是可数个闭集的并（从而，F_0 不是 $\{F_\alpha\mid\alpha\in\Gamma\}$ 中可数子集族的并集）. 当然，它也不是闭集（否则 $F_0=\bigcup\limits_{i=1}^{\infty}F_i(F_i=F_0,i\in\mathbb{N})$ 为 F_σ 集）. 于是，$\exists\,\boldsymbol{x}^0\in F_0'$ 但 $\boldsymbol{x}^0\notin F_0$. 作开球 $B\left(\boldsymbol{x}^0;\dfrac{1}{i}\right)$，则 $\left(\bigcup\limits_{\alpha\in\Gamma}F_\alpha\right)\cap B\left(\boldsymbol{x}^0;\dfrac{1}{i}\right)=F_0\cap B\left(\boldsymbol{x}^0;\dfrac{1}{i}\right)\neq\varnothing$. 由此 $\exists\,F_{\alpha_i}$，s.t. $F_{\alpha_i}\cap B\left(\boldsymbol{x}^0;\dfrac{1}{i}\right)\neq\varnothing$. 并且，$\boldsymbol{x}^0\in\left(\bigcup\limits_{i=1}^{\infty}F_{\alpha_i}\right)'$. 注意到 F_0 不是 F_σ 集，故 $\bigcup\limits_{i=1}^{\infty}F_{\alpha_i}\subsetneqq F_0$. 因此，$\exists\,\boldsymbol{x}\in F_0-\bigcup\limits_{i=1}^{\infty}F_{\alpha_i}$，即 $\boldsymbol{x}\in F_0$，但 $\boldsymbol{x}\notin F_{\alpha_i}$，$\forall\, i\in\mathbb{N}$. 必有 $F_\beta\ni\boldsymbol{x}$. 由题设 $F_\beta\supset F_{\alpha_i}$，$\forall\, i\in\mathbb{N}$. 它蕴涵着 $F_\beta\supset\bigcup\limits_{i=1}^{\infty}F_{\alpha_i}$. 于是

$$\boldsymbol{x}^0\in\left(\bigcup_{i=1}^{\infty}F_{\alpha_i}\right)'\subset F_\beta'\subset\overline{F_\beta}\overset{F_\beta\text{闭}}{=\!=}F_\beta\subset F_0,$$

这与上述 $\boldsymbol{x}^0\notin F_0$ 相矛盾.

证法 2　（反证）反设 F_0 不是 F_σ 集，即 F_0 不是可数个闭集的并（从而，F_0 不是 $\{F_\alpha\mid\alpha\in\Gamma\}$ 中可数子集族的并集），当然，它也不是闭集. 于是，$\exists\,\boldsymbol{x}^0\in F_0'$，但 $\boldsymbol{x}^0\notin F_0$. 作开球 $B\left(\boldsymbol{x}^0;\dfrac{1}{i}\right)$，则 $\left(\bigcup\limits_{\alpha\in\Gamma}F_\alpha\right)\cap B\left(\boldsymbol{x}^0;\dfrac{1}{i}\right)=F_0\cap B\left(\boldsymbol{x}^0;\dfrac{1}{i}\right)\neq\varnothing$. 由此 $\exists\,F_{\alpha_i}$，s.t. $F_{\alpha_i}\cap$

$B\left(\boldsymbol{x}^0;\ \frac{1}{i}\right)\neq\varnothing$. 并且, $\boldsymbol{x}^0\in\left(\bigcup_{i=1}^{\infty}F_{\alpha_i}\right)'$. 注意到 F_0 不是 F_σ 集, 故 $\bigcup_{i=1}^{\infty}F_{\alpha_i}\subsetneqq F_0$. 因此, $\exists\beta\in\Gamma$, s. t. $F_\beta\not\subset\bigcup_{i=1}^{\infty}F_{\alpha_i}$, 从而 $F_\beta\not\subset F_{\alpha_i}(i\in\mathbb{N})$. 根据题设知

$$F_\beta\supset F_{\alpha_i}(i\in\mathbb{N}),\quad F_\beta\supset\bigcup_{i=1}^{\infty}F_{\alpha_i}.$$

取 $\boldsymbol{x}^i\in F_{\alpha_i}\cap B\left(\boldsymbol{x}^0;\ \frac{1}{i}\right)\subset F_\beta$, 则 $\lim\limits_{i\to+\infty}\boldsymbol{x}^i=\boldsymbol{x}^0$. 因 F_β 为闭集, 故

$$\boldsymbol{x}^0\in\overline{F}_\beta=F_\beta\subset\bigcup_{\alpha\in\Gamma}F_\alpha=F_0,$$

这与 $\boldsymbol{x}^0\notin F_0$ 相矛盾. □

【51】 设 $F\subset\mathbb{R}^n$ 为闭集. 试构造 $\mathbb{R}^n$ 上的连续函数列 $f_k(\boldsymbol{x})(k=1,2,\cdots)$, s. t.

$$\lim_{k\to+\infty}f_k(\boldsymbol{x})=\chi_F(\boldsymbol{x}),\quad\forall\,\boldsymbol{x}\in\mathbb{R}^n.$$

解 当 $F=\varnothing$ 时, 令 $f_k(\boldsymbol{x})=0$, $\forall\,\boldsymbol{x}\in\mathbb{R}^n$, 则 $\lim\limits_{k\to+\infty}f_k(\boldsymbol{x})=\lim\limits_{k\to+\infty}0=0=\chi_F(\boldsymbol{x})$, $\forall\,\boldsymbol{x}\in\mathbb{R}^n$.

当 $F\neq\varnothing$ 时, 令

$$f_k(\boldsymbol{x})=\frac{1}{k\cdot d(\boldsymbol{x},F)+1},$$

则

$$\lim_{k\to+\infty}f_k(x)=\lim_{k\to+\infty}\frac{1}{k\cdot d(\boldsymbol{x},F)+1}=\begin{cases}\lim\limits_{k\to+\infty}\dfrac{1}{k\cdot 0+1}=1, & \boldsymbol{x}\in F,\\ 0, & \boldsymbol{x}\in\mathbb{R}^n-F\end{cases}$$

$$=\chi_F(x),\quad\forall\,\boldsymbol{x}\in\mathbb{R}^n.$$

特别当 $F=\mathbb{R}^n$ 时, $d(\boldsymbol{x},F)=d(\boldsymbol{x},\mathbb{R}^n)=0$, 故

$$f_k(\boldsymbol{x})=\frac{1}{k\cdot d(\boldsymbol{x},F)+1}=\frac{1}{k\cdot 0+1}=1,\quad\forall\,\boldsymbol{x}\in\mathbb{R}^n.$$ □

【52】 设 $G\subset\mathbb{R}^n$ 为开集. 试构造 $\mathbb{R}^n$ 上的连续函数列 $g_k(\boldsymbol{x})$ 列 $(k=1,2,\cdots)$, s. t.

$$\lim_{k\to+\infty}g_k(\boldsymbol{x})=\chi_G(\boldsymbol{x}),\quad\forall\,\boldsymbol{x}\in\mathbb{R}^n.$$

解 令 $F=G^c$, 由题[51], 可构造 $\mathbb{R}^n$ 上的连续函数列 $f_k(\boldsymbol{x})(k=1,2,\cdots)$, s. t.

$$\lim_{k\to+\infty}f_k(\boldsymbol{x})=\chi_F(\boldsymbol{x}),\quad\forall\,\boldsymbol{x}\in\mathbb{R}^n.$$

令 $g_k(\boldsymbol{x})=1-f_k(\boldsymbol{x})$, $\forall\,\boldsymbol{x}\in\mathbb{R}^n$. 显然, $g_k(\boldsymbol{x})$ 也为 $\mathbb{R}^n$ 上的连续函数列, 且

$$\lim_{k\to+\infty}g_k(\boldsymbol{x})=\lim_{k\to+\infty}[1-f_k(\boldsymbol{x})]=1-\chi_F(\boldsymbol{x})=\chi_{F^c}(\boldsymbol{x})=\chi_G(\boldsymbol{x}),\quad\forall\,\boldsymbol{x}\in\mathbb{R}^n.$$

特别当 $G=\varnothing$, 即 $F=G^c=\varnothing^c=\mathbb{R}^n$ 时, $g_k(\boldsymbol{x})=1-f_k(\boldsymbol{x})=1-1=0$, $\forall\,\boldsymbol{x}\in\mathbb{R}^n$; 当 $G=\mathbb{R}^n$, 即 $F=G^c=(\mathbb{R}^n)^c=\varnothing$ 时, $g_k(\boldsymbol{x})=1-f_k(\boldsymbol{x})=1-0=1$, $\forall\,\boldsymbol{x}\in\mathbb{R}^n$. 当 $G\subsetneqq\mathbb{R}^n$ 时, $F=G^c\neq$

$\varnothing$，且

$$g_k(\boldsymbol{x})=1-f_k(\boldsymbol{x})=1-\frac{1}{k\cdot d(\boldsymbol{x},F)+1}=\frac{k\cdot d(\boldsymbol{x},F)}{k\cdot d(\boldsymbol{x},F)+1}=\frac{d(\boldsymbol{x},F)}{d(\boldsymbol{x},F)+\frac{1}{k}}$$

$$=\frac{d(\boldsymbol{x},G^c)}{d(\boldsymbol{x},G^c)+\frac{1}{k}}.$$

□

【53】 设 $E\subset\mathbb{R}^n$. 证明：$\chi_E(x)$ 为 $\mathbb{R}^n$ 上连续函数列的极限 $\Leftrightarrow E$ 既为 G_δ 集又为 F_σ 集.

证　($\Rightarrow$)设 $f_m\in C(\mathbb{R}^n)$，$\lim\limits_{m\to+\infty} f_m(\boldsymbol{x})=\chi_E(\boldsymbol{x})$. 因为 f_m 连续，容易看出集合

$$\left\{\boldsymbol{x}\in\mathbb{R}^n \mid f_m(\boldsymbol{x})\geqslant\frac{1}{2}\right\},\quad m\in\mathbb{N}$$

为 $\mathbb{R}^n$ 中闭集，而

$$\left\{\boldsymbol{x}\in\mathbb{R}^n \mid f_m(\boldsymbol{x})>\frac{1}{2}\right\},\quad m\in\mathbb{N}$$

为开集. 根据拓扑的定义和性质，知

$$\bigcap_{m=N}^{\infty}\left\{\boldsymbol{x}\in\mathbb{R}^n \mid f_m(\boldsymbol{x})\geqslant\frac{1}{2}\right\}$$

为闭集；而

$$\bigcup_{m=N}^{\infty}\left\{\boldsymbol{x}\in\mathbb{R}^n \mid f_m(\boldsymbol{x})>\frac{1}{2}\right\}$$

为开集. 于是，从

$$E=\bigcup_{N=1}^{\infty}\bigcap_{m=N}^{\infty}\left\{\boldsymbol{x}\in\mathbb{R}^n \mid f_m(\boldsymbol{x})\geqslant\frac{1}{2}\right\}$$

$$=\bigcap_{N=1}^{\infty}\bigcup_{m=N}^{\infty}\left\{\boldsymbol{x}\in\mathbb{R}^n \mid f_m(\boldsymbol{x})>\frac{1}{2}\right\}$$

的第一式知 E 为 F_σ 集；从 E 的第二式知 E 为 G_δ 集.

($\Leftarrow$)设 E 既为 G_δ 集又为 F_σ 集. 不失一般性可设 $E=\bigcup\limits_{m=1}^{\infty}F_m=\bigcap\limits_{m=1}^{\infty}G_m$，$\{F_m\}$ 为递增闭集列（否则用 $\bigcup\limits_{k=1}^{m}F_k$ 代替 F_m），$\{G_m\}$ 为递减开集列（否则用 $\bigcap\limits_{k=1}^{m}G_k$ 代替 G_m）. 根据参考文献[1]例 1.6.2 可作 $\mathbb{R}^n$ 上的连续函数列 $\{f_m\}$，s. t.

$$f_m(x)=\begin{cases}1, & \boldsymbol{x}\in F_m,\\ 0, & \boldsymbol{x}\in\mathbb{R}^n-G_m.\end{cases}$$

如

$$f_m(\boldsymbol{x})=\frac{d(\boldsymbol{x},G_m^c)}{d(\boldsymbol{x},G_m^c)+d(\boldsymbol{x},F_m)}$$

就是满足上面条件的函数. 并且，$\lim\limits_{m\to+\infty} f_m(\boldsymbol{x})=\chi_E(\boldsymbol{x})$.　□

【54】 设 $E\subset\mathbb{R}^1$ 非空，$f(x)$为 E 上的实值函数，满足 Lipschitz 条件：

$$|f(x)-f(y)|\leqslant M|x-y|,\quad x,y\in E.$$

证明：可将 $f(x)$延拓到$\mathbb{R}^1$，使它仍满足上述 Lipschitz 条件.

证明 将 f 作如下延拓：

当 $x\in E$ 时，令 $\tilde{f}(x)=f(x)$；

当 $x\in\bar{E}-E$ 时，由于 f 在 E 上满足 Lipschitz 条件，故 f 在 E 上一致连续. 根据参考文献[15]定理 2.5.7 必要性证明和参考文献[16]定理 7.4.6(2)知，$\lim\limits_{\substack{u\to x\\ u\in E}}f(u)$存在有限. 并令

$$\tilde{f}(x)=\lim_{\substack{u\to x\\ u\in E}}f(u)$$

则 $\tilde{f}$ 为 f 的连续延拓. 此时，对 $\forall\, x,y\in\bar{E}$，必有

$$|\tilde{f}(x)-\tilde{f}(y)|=\left|\lim_{\substack{u\to x\\ u\in E}}f(u)-\lim_{\substack{v\to y\\ v\in E}}f(v)\right|=\lim_{\substack{u\to x\\ v\to y\\ u,v\in E}}|f(u)-f(v)|$$
$$\leqslant\lim_{\substack{u\to x\\ v\to y\\ u,v\in E}}M|u-v|=M|x-y|.$$

当 $x\notin\bar{E}$ 时，记

$$a_k=\inf\{x'\in\mathbb{R}\mid(x',x)\in\bar{E}^c\},\quad b_k=\sup\{x'\in\mathbb{R}\mid(x,x')\in\bar{E}^c\}.$$

如果 $a_k=-\infty$，令 $\tilde{f}(x)=\tilde{f}(b_k)$，$\forall\, x\in(-\infty,b_k)$；

如果 $b_k=+\infty$，令 $\tilde{f}(x)=\tilde{f}(a_k)$，$\forall\, x\in(a_k,+\infty)$；

如果 a_k,b_k 皆有限，记

$$t=\frac{x-a_k}{b_k-a_k},\quad 1-t=\frac{b_k-x}{b_k-a_k}.$$

对 $x\in(a_k,b_k)$，令

$$\tilde{f}(x)=\tilde{f}((1-t)a_k+tb_k)\overset{\text{def}}{=}(1-t)\tilde{f}(a_k)+t\tilde{f}(b_k)$$
$$=\frac{b_k-x}{b_k-a_k}\tilde{f}(a_k)+\frac{x-a_k}{b_k-a_k}\tilde{f}(b_k)$$
$$=\frac{\tilde{f}(b_k)-\tilde{f}(a_k)}{b_k-a_k}x+\frac{b_k\tilde{f}(a_k)-a_k\tilde{f}(b_k)}{b_k-a_k}.$$

若 $x,y\in(-\infty,b_k]$，则

$$|\tilde{f}(x)-\tilde{f}(y)|=|f(b_k)-f(b_k)|=0\leqslant M|x-y|;$$

若 $x,y\in[a_k,+\infty)$，则

$$|\tilde{f}(x)-\tilde{f}(y)|=|f(a_k)-f(a_k)|=0\leqslant M|x-y|;$$

若 a_k,b_k 皆有限，则对 $\forall\, x,y\in[a_k,b_k]$，有

$$|\tilde{f}(x)-\tilde{f}(y)|=\left|\frac{\tilde{f}(b_k)-\tilde{f}(a_k)}{b_k-a_k}\right||x-y|\leqslant M|x-y|.$$

若 $x\in[a_k,b_k]$，$y\in[a_l,b_l]$，$b_k\leqslant a_l$，则

$$|\tilde{f}(x)-\tilde{f}(y)|\leqslant|\tilde{f}(x)-\tilde{f}(b_k)|+|\tilde{f}(b_k)-\tilde{f}(a_l)|+|\tilde{f}(a_l)-\tilde{f}(y)|$$
$$\leqslant M|x-b_k|+M|b_k-a_l|+M|a_l-y|=M|x-y|.$$

总之,上述表明 $\tilde{f}$ 为$\mathbb{R}^1$ 上满足 Lipschitz 条件的函数. □

【55】 设 $E\subset[0,1]$,且 f 在 E 上连续.试构造定义在$[0,1]$上的函数 $\tilde{f}(x)$,以 E 中的点为连续点,且 $\tilde{f}(x)=f(x),x\in E$.

证明　证法 1　构造 $\tilde{f}$ 如下:

当 $x\in E$ 时,令 $\tilde{f}(x)=f(x)$;

当 $x\in\overline{E}-E$ 时,记 $A=\varliminf\limits_{E\ni u\to x}f(u),B=\varlimsup\limits_{E\ni u\to x}f(u)$.令 $\tilde{f}(x)\in[A,B]$.

当 $x\notin\overline{E}$ 时,$\exists x_0\in\overline{E}$,s.t. $\rho_0^1(x,x_0)=\rho_0^1(x,\overline{E})$,令 $\tilde{f}(x)=f(x_0)$.我们可证 $\tilde{f}$ 在 E 上连续,且 $\tilde{f}(x)=f(x),x\in E$.

事实上,对 $\forall x\in E,\forall\varepsilon>0$,由 f 在 E 上连续知,$\exists\delta>0$,s.t.

$$|f(u)-f(x)|<\frac{\varepsilon}{2},\quad\forall u\in B(x;\delta)\cap E.$$

再由 f 在 E 上连续,对 $\forall u\in B(x;\delta)\cap(\overline{E}-E)$,据上、下极限定义有

$$\varliminf_{E\ni x'\to u}f(x')=\varliminf_{B(x;\delta)\cap E\ni x'\to u}f(x')=A\in\overline{B\left(f(x);\frac{\varepsilon}{2}\right)},$$

$$\varlimsup_{E\ni x''\to u}f(x'')=\varlimsup_{B(x;\delta)\cap E\ni x''\to u}f(x'')=B\in\overline{B\left(f(x);\frac{\varepsilon}{2}\right)}.$$

因为 $\tilde{f}(u)\in[A,B]$,所以 $\tilde{f}(u)\in[A,B]\subset\overline{B\left(f(x);\frac{\varepsilon}{2}\right)}$.由此推得

$$|\tilde{f}(u)-\tilde{f}(x)|=|\tilde{f}(u)-f(x)|\leqslant\frac{\varepsilon}{2}<\varepsilon.$$

对于 $u\in B\left(x;\frac{\delta}{2}\right)\cap\overline{E}^c$,有 $\rho_0^1(u,\overline{E})\leqslant\rho_0^1(u,x)=|u-x|<\frac{\delta}{2}$,$\exists u_0\in\overline{E}$,s.t. $|u-u_0|=\rho_0^1(u,u_0)=\rho_0^1(u,\overline{E})<\frac{\delta}{2}$,且

$$\tilde{f}(u)=\tilde{f}(u_0).$$

显然

$$|u_0-x|\leqslant|u_0-u|+|u-x|<\frac{\delta}{2}+\frac{\delta}{2}=\delta,\quad u_0\in B(x;\delta)\cap\overline{E},$$

$$|\tilde{f}(u)-\tilde{f}(x)|=|\tilde{f}(u)-f(x)|<\varepsilon.$$

综合上述得到

$$|\tilde{f}(u)-\tilde{f}(x)|<\varepsilon,\quad u\in B\left(x;\frac{\delta}{2}\right).$$

这就证明了 $\tilde{f}$ 在 E 上为连续函数.

证法 2　同证法 1 一样构造 $\tilde{f}$.下证 $\tilde{f}$ 在 E 上连续.为此,类似 $\tilde{f}$ 引进 $\tilde{f}_{下}$ 与 $\tilde{f}_{上}$,只需当

$x\in\overline{E}-E$ 时，令 $\widetilde{f}_{下}(x)=A=\underset{E\ni u\to x}{\underline{\lim}}f(u)$，$\widetilde{f}_{上}(x)=B=\underset{E\ni u\to x}{\overline{\lim}}f(u)$.

（反证）反设 $\widetilde{f}_{下}$ 在点 $x_0\in E$ 处不连续，则 $\exists\,\varepsilon_0>0$ 与 $x_n\in[0,1]$，s. t. $\lim\limits_{n\to+\infty}x_n=x_0$ 且 $|\widetilde{f}_{下}(x_n)-\widetilde{f}_{下}(x_0)|\geqslant\varepsilon_0>0$. 不妨设 $x_n\in\overline{E}$（否则将其换为 $x_n'\in\overline{E}$，满足 $\rho_0^1(x_n,x_n')=\rho_0^1(x_n,\overline{E})$. 此时，还有 $\lim\limits_{n\to+\infty}x'_n=x_0$ 与 $\widetilde{f}_{下}(x_n)=\widetilde{f}_{下}(x'_n)$）. 对 $x_n\in\overline{E}$，$\exists\,y_n\in E$（这里用到了 $\widetilde{f}_{下}=\underset{E\ni u\to x}{\underline{\lim}}f(u)$ 中下极限的定义. 对 $\widetilde{f}$ 未必成立），s. t.

$$|y_n-x_n|<\frac{1}{n},\quad |\widetilde{f}_{下}(y_n)-\widetilde{f}_{下}(x_n)|<\frac{\varepsilon_0}{2}.$$

因此，$\lim\limits_{n\to+\infty}y_n=\lim\limits_{n\to+\infty}x_n=0$，且

$$\begin{aligned}|f(y_n)-f(x_0)|&=|\widetilde{f}_{下}(y_n)-\widetilde{f}_{下}(x_0)|=|\widetilde{f}_{下}(y_n)-\widetilde{f}_{下}(x_n)+\widetilde{f}_{下}(x_n)-\widetilde{f}_{下}(x_0)|\\&\geqslant|\widetilde{f}_{下}(x_n)-\widetilde{f}_{下}(x_0)|-|\widetilde{f}_{下}(y_n)-\widetilde{f}_{下}(x_n)|\geqslant\varepsilon_0-\frac{\varepsilon_0}{2}=\frac{\varepsilon_0}{2},\end{aligned}$$

它与 $\lim\limits_{n\to+\infty}f(y_n)=f(x_0)$ 相矛盾（因 f 在 E 上连续）. 这就证明了 $\widetilde{f}_{下}$ 在 E 上连续. 同理可证 $\widetilde{f}_{上}$ 在 E 上也连续.

因为 $\widetilde{f}_{下}\leqslant\widetilde{f}\leqslant\widetilde{f}_{上}$，$\widetilde{f}_{下}$ 与 $\widetilde{f}_{上}$ 均在任何点 $x_0\in E$ 处连续，故对 $\forall\,\varepsilon>0$，$\exists\,\delta>0$，

$$f(x_0)-\varepsilon=\widetilde{f}_{下}(x_0)-\varepsilon<\widetilde{f}_{下}(x)<\widetilde{f}_{下}(x_0)+\varepsilon=f(x_0)+\varepsilon,$$
$$f(x_0)-\varepsilon=\widetilde{f}_{上}(x_0)-\varepsilon<\widetilde{f}_{上}(x)<\widetilde{f}_{上}(x_0)+\varepsilon=f(x_0)+\varepsilon.$$

于是

$$\begin{aligned}\widetilde{f}(x_0)-\varepsilon&=f(x_0)-\varepsilon<\widetilde{f}_{下}(x)\leqslant\widetilde{f}(x)\leqslant\widetilde{f}_{上}(x)<f(x_0)+\varepsilon\\&=\widetilde{f}(x_0)+\varepsilon,\quad x\in B(x_0;\delta).\end{aligned}$$

这就证明了 $\widetilde{f}$ 在 x_0 点处连续. 由 $x_0\in E$ 任取，故 $\widetilde{f}$ 在 E 上连续. □

【56】 设 $F\subset\mathbb{R}^1$ 为闭集. 试构造$\mathbb{R}^1$ 上单调增的函数 $f(x)$，使得 $f\in C^1(\mathbb{R}^1)$（即 f 为$\mathbb{R}^1$ 上的连续可导函数），且

$$F=\{x\in\mathbb{R}^1\mid f'(x)=0\}.$$

解法 1　由于距离函数 $\rho_0^1(t,F)$ 关于 t 为连续的非负函数，根据微积分的基本定理，

$$f(x)=\int_0^x\rho_0^1(t,F)\mathrm{d}t$$

连续可导，即 $f\in C^1(\mathbb{R}^1)$，且 $f'(x)=\rho_0^1(x,F)\geqslant0$. 因此，$f(x)$ 为单调增的函数且 $\{x\in\mathbb{R}^1\mid f'(x)=0\}=F$.

解法 2　因为 $F\subset\mathbb{R}^1$ 为闭集，故 $F^c=\mathbb{R}^1-F$ 为开集. 设 $F^c=\bigcup\limits_{n\geqslant1}(a_n,b_n)$，其中 (a_n,b_n) 为 F^c 的构造区间（可能为无穷区间）. 作函数 $g(x)$，s. t. $g(x)=0$，$x\in F$；若 $(a_n,b_n)=(-\infty,b_n)$，则令 $g(x)=b_n-x$，$x\in(-\infty,b_n)$；若 (a_n,b_n) 为有穷区间，则令 $g(x)=(x-a_n)\cdot(b_n-x)$，$x\in(a_n,b_n)$；若 $(a_n,b_n)=(a_n,+\infty)$，则令 $g(x)=x-a_n$，$x\in(a_n,+\infty)$.

显然，$g(x)$ 为$\mathbb{R}^1$ 上的非负连续函数，且 $F=\{x\in\mathbb{R}^1\mid g(x)=0\}$. 令

$$f(x)=\int_0^x g(t)\mathrm{d}t.$$

根据微积分的基本定理，$f(x)$连续可导，即 $f\in C^1(\mathbb{R}^1)$，且 $f'(x)=g(x)\geqslant 0$. 因此，$f(x)$为单调增的函数，并且$\{x\in\mathbb{R}^1\mid f'(x)=0\}=F$. □

【57】 设 $f:\mathbb{R}^1\to\mathbb{R}$ 在有理点上取值为无理数，在无理点上取值为有理数. 证明：f 不为连续函数.

证明 （反证）反设 f 为连续函数. 因为 f 在有理点上取值为无理数，在无理点上取值为有理数，故 $f(0)\neq f(\sqrt{2})$. 根据连续函数的介值定理，知

$$f(\mathbb{R}^1)\supset f([0,\sqrt{2}])\supset[\min\{f(0),f(\sqrt{2})\},\max\{f(0),f(\sqrt{2})\}].$$

由此推得 $f(\mathbb{R}^1)$为不可数集（或$\overline{\overline{f(\mathbb{R}^1)}}=\aleph$），这与

$$f(\mathbb{R}^1)=f(\mathbb{Q})\cup f(\mathbb{R}^1-\mathbb{Q})\subset f(\mathbb{Q})\cup\mathbb{Q}$$

为至多可数集相矛盾. □

【58】 设(X,d)为紧致度量空间（如$\mathbb{R}^n$ 中的有界闭集 X），$\{f_m\}$为 X 上的连续函数序列，f 为 X 上的连续函数. 它们满足：

(1) $f_1(\boldsymbol{x})\geqslant f_2(\boldsymbol{x})\geqslant\cdots,\ \forall\,\boldsymbol{x}\in X$；

(2) $\lim\limits_{m\to+\infty}f_m(\boldsymbol{x})=f(\boldsymbol{x}),\ \forall\,\boldsymbol{x}\in X$.

证明：函数序列$\{f_m\}$在 X 上一致收敛于 f.

证明 证法 1 （反证）假设$\{f_m\}$在 X 上不一致收敛于 f，则 $\exists\,\varepsilon_0>0$，对 $\forall\,m\in\mathbb{N}$，$\exists\,\boldsymbol{x}_m\in X$，s. t.

$$f_m(\boldsymbol{x}_m)-f(\boldsymbol{x}_m)=|\,f_m(\boldsymbol{x}_m)-f(\boldsymbol{x}_m)\,|\geqslant\varepsilon_0$$

（否则用子列代替）.

由于(X,d)为紧致度量空间，所以序列$\{\boldsymbol{x}_m\}$有收敛的子序列$\{\boldsymbol{x}_{m_k}\}$，记 $\lim\limits_{k\to+\infty}\boldsymbol{x}_{m_k}=\boldsymbol{x}_0$. 对 $\forall\,m\in\mathbb{N}$，由于 f_m-f 连续，故有

$$\lim_{k\to+\infty}[f_m(\boldsymbol{x}_{m_k})-f(\boldsymbol{x}_{m_k})]=f_m(\boldsymbol{x}_0)-f(\boldsymbol{x}_0).$$

另一方面，当 $\boldsymbol{m}_k\geqslant\boldsymbol{m}$ 时，有

$$f_m(\boldsymbol{x}_{m_k})-f(\boldsymbol{x}_{m_k})\geqslant f_{m_k}(\boldsymbol{x}_{m_k})-f(\boldsymbol{x}_{m_k})\geqslant\varepsilon_0.$$

所以，令 $k\to+\infty$得到

$$f_m(\boldsymbol{x}_0)-f(\boldsymbol{x}_0)=\lim_{k\to+\infty}[f_m(\boldsymbol{x}_{m_k})-f(\boldsymbol{x}_{m_k})]\geqslant\varepsilon_0,\quad m=1,2,\cdots.$$

从而

$$\lim_{m\to+\infty}[f_m(\boldsymbol{x}_0)-f(\boldsymbol{x}_0)]\geqslant\varepsilon_0>0,$$

这与

$$\lim_{m\to+\infty}[f_m(\boldsymbol{x})-f(\boldsymbol{x})]=f(\boldsymbol{x})-f(\boldsymbol{x})=0,\quad\forall\,\boldsymbol{x}\in X$$

相矛盾. 因此，$\{f_m\}$在 X 上一致收敛于 f.

证法 2　$\forall \boldsymbol{x}_0\in X$，因为 $\lim\limits_{m\to+\infty}[f_m(\boldsymbol{x})-f(\boldsymbol{x})]=0$，且 $f_m(\boldsymbol{x})-f(\boldsymbol{x})\geqslant f_{m+1}(\boldsymbol{x})-f(\boldsymbol{x})$，所以 $f_m(\boldsymbol{x})-f(\boldsymbol{x})\geqslant 0$. 对 $\forall\varepsilon>0$，$\exists N(\varepsilon,\boldsymbol{x}_0)\in\mathbb{N}$，当 $m>N(\varepsilon,\boldsymbol{x}_0)$ 时，有

$$0\leqslant f_m(\boldsymbol{x}_0)-f(\boldsymbol{x}_0)<\varepsilon.$$

又因 f_m-f 连续，故存在 x_0 的开邻域 $\Delta(x_0)$，使得

$$0\leqslant f_{N(\varepsilon,\boldsymbol{x}_0)+1}(\boldsymbol{x})-f(\boldsymbol{x})<\varepsilon,\quad \forall\,\boldsymbol{x}\in\Delta(\boldsymbol{x}_0).$$

于是，当 $m>N(\varepsilon,\boldsymbol{x}_0)$ 时，有

$$0\leqslant f_m(\boldsymbol{x})-f(\boldsymbol{x})\leqslant f_{N(\varepsilon,\boldsymbol{x}_0)+1}(\boldsymbol{x})-f(\boldsymbol{x})<\varepsilon,\quad \forall\,\boldsymbol{x}\in\Delta(\boldsymbol{x}_0).$$

易见，$\{\Delta(\boldsymbol{x}_0)\mid \boldsymbol{x}_0\in X\}$ 为 X 的一个开覆盖. 又 (X,d) 为紧致度量空间，所以存在有限子覆盖 $\{\Delta(\boldsymbol{x}_1),\Delta(\boldsymbol{x}_2),\cdots,\Delta(\boldsymbol{x}_l)\}$. 因此，当 $m>N(\varepsilon)=\max\{N(\varepsilon,\boldsymbol{x}_1),N(\varepsilon,\boldsymbol{x}_2),\cdots,N(\varepsilon,\boldsymbol{x}_l)\}$ 时，有

$$0\leqslant f_m(x)-f(x)\leqslant f_{N(\varepsilon)+1}(x)-f(x)<\varepsilon,\quad \forall\,x\in X.$$

这就证明了 $\{f_m\}$ 在 X 上一致收敛于 f.

证法 3　$\forall\varepsilon>0$，记

$$X_k=\{\boldsymbol{x}\in X\mid 0\leqslant f_k(\boldsymbol{x})-f(\boldsymbol{x})<\varepsilon\}.$$

由 $f_k(\boldsymbol{x})-f(\boldsymbol{x})$ 为 X 上的连续函数，故 X_k 为 (X,d) 中的开集，且 $\{X_k\mid k\in\mathbb{N}\}$ 为紧致度量空间 (X,d) 的一个开覆盖，故它有有限子覆盖 $\{X_1,X_2,\cdots,X_{k_0}\}$，即 $X=\bigcup\limits_{k=1}^{k_0}X_k$. 又因 f_k-f 关于 k 单调减，故 $X_1\subset X_2\subset\cdots$. 于是，$X=X_{k_0}\subset X_k\subset X$，$X=X_k$，$k\geqslant k_0$，即

$$0\leqslant f_k(\boldsymbol{x})-f(\boldsymbol{x})<\varepsilon,\quad \forall\,\boldsymbol{x}\in X_k=X,\quad k\geqslant k_0.$$

这就证明了 $\{f_k\}$ 在 X 上一致收敛于 f. □

【59】 设 f 在 $[a,b]$ 上为连续函数，D 为 $[a,b]$ 中的至多可数子集. 如果对 $\forall\,x\in[a,b]-D$，都 $\exists\,\delta=\delta(x)>0$，s. t. $f(y)>f(x)$，$\forall\,y\in(x,x+\delta)$. 证明：$f(x)$ 在 $[a,b]$ 上严格增.

证明　证法 1　先证 f 在 $[a,b]$ 上单调增.（反证）反设 f 不是单调增，则 $\exists\,c,d,a\leqslant c<d\leqslant b$，s. t. $f(c)>f(d)$. 则对 $\forall\,y\in(f(d),f(c)]$，根据连续函数的介值定理，$\exists\,x_y=\sup\{x\in[c,d]\mid f(x)=y\}$，使 $f(x_y)=y$，且

$$f(x')<f(x_y)=y,\quad \forall\,x'\in(x_y,d).$$

根据题设知，$x_y\in D$. 显然，不同的 y，相应的 x_y 也不同，如题 59 图所示. 于是

$$\aleph_0\overset{\text{题设}}{=\!=}\overline{\overline{D}}\geqslant\overline{\overline{\{x_y\mid y\in(f(d),f(c)]\}}}=\aleph>\aleph_0,$$

矛盾.

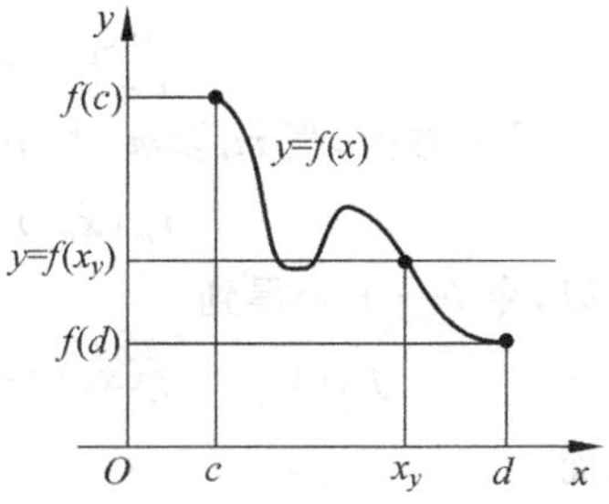

题 59 图

再证 f 在 $[a,b]$ 上严格增.

（反证）反设 f 在 $[a,b]$ 上不是严格增，则 $\exists\,c,d,a\leqslant c<d\leqslant b$，且 $f(c)\geqslant f(d)$. 由 f 单调增知，$f(c)\leqslant f(d)$. 因此，$f(c)=f(d)$，且 f 在 $[a,b]$ 上为常值. 由题设立得 $[c,d]\subset D$ 以及

$$\aleph_0\geqslant\overline{\overline{D}}\geqslant\overline{\overline{[c,d]}}=\aleph>\aleph_0,$$

矛盾.

证法2 先证 $\max\limits_{x\in[a,b]}\{f(x)\}=f(b)$.(反证)假设 $\exists c\in[a,b]$, s. t. $f(c)>f(b)$. 则对 $\forall y\in(f(b),f(c))$. 根据连续函数的介值定理,$\exists x_y=\sup\{x\in[c,b]\mid f(x)\geqslant y\}$,则 $f(x_y)=y$,且

$$f(x')<f(x_y)=y,\quad \forall x'\in(x_y,b).$$

根据题设知,$x_y\in D$. 显然,不同的 y,相应的 x_y 也不同. 于是

$$\aleph_0\overset{\text{题设}}{\geqslant}\overline{\overline{D}}\geqslant\overline{\overline{\{x_y\mid y\in(f(b),f(c))\}}}=\aleph>\aleph_0,$$

矛盾.

由上述,对 $\forall c,d\in[a,b]$, $c<d$,有

$$f(c)=\max_{x\in[a,c]}f(x)\leqslant\max_{x\in[a,d]}f(x)=f(d),$$

即 f 在 $[a,b]$ 上单调增.

因为 D 为 $[a,b]$ 中的至多可数子集,故 $\forall c,d\in[a,b]$, $c<d$,必有 $t\in[c,d]-D$. 根据题设,$\exists\delta(t)>0$,当 $x\in(t,t+\delta(t))\cap(t,d]$ 时,有

$$f(c)\leqslant f(t)<f(x)\leqslant f(d).$$

这就证明了 f 在 $[a,b]$ 上是严格增的. □

注 设 $f(x)$ 为 $\mathbb{R}$ 上的实函数. 如果在点 x_0 处,$\exists\delta=\delta(x_0)>0$,对 $\forall x\in(x_0-\delta,x_0+\delta)$,当 $x<x_0$ 时,$f(x)<f(x_0)$;而当 $x>x_0$ 时,$f(x)>f(x_0)$,则称 $f(x)$ 在点 x_0 处**严格增**.

现设 $f(x)$ 在 $\mathbb{R}$ 上每点处均严格递增,证明:$f(x)$ 在 $\mathbb{R}$ 上严格增(证明参阅题[353]).

【60】 设 f 在 $[a,b)$ 上连续,$\lim\limits_{x\to b^-}f(x)=+\infty$,且 $\forall(\alpha,\beta)\subset[a,b)$,$f$ 在 (α,β) 上达不到最小值. 证明:f 在 $[a,b)$ 上是严格增的.

证明 证法1 (反证)假设 f 在 $[a,b)$ 上非严格增,则必 $\exists x_1,x_2\in[a,b)$, $x_1<x_2$,但 $f(x_1)\geqslant f(x_2)$. 因为 $\lim\limits_{x\to b^-}f(x)=+\infty$,所以 $\exists x_3>x_2>x_1$,使 $f(x_3)\geqslant f(x_1)$. $f(x)$ 在 $[x_1,x_3]$ 上连续,必在 $[x_1,x_3]$ 上取到最小值 $f(x_0)$,且 $x_0\in(x_1,x_3)$. 但 f 在 $(x_1,x_3)\subset[a,b)$ 上达不到最小值,矛盾.

证法2 取 $\forall x_1,x_2\in[a,b)$, $x_1<x_2$. 因为 $\lim\limits_{x\to b^-}f(x)=+\infty$,故 $\exists x_3>x_2>x_1$,使 $f(x_3)>\max\{f(x_1),f(x_2)\}$. $[x_1,x_3]\subset[a,b)$. f 不在 (x_1,x_3) 中取最小值,故 f 在 $[x_1,x_3]$ 中的最小值必在 x_1 或 x_3 处取到. 但 $f(x_3)>f(x_1)$,且 $x_2\in(x_1,x_3)$,$f(x_2)$ 不是最小值. 故 $f(x_1)$ 必为最小值,且 $f(x_1)<f(x_2)$. 由 $x_1<x_2$ 的任取性知,f 在 $[a,b)$ 上严格增. □

【61】 设 $f:[a,b]\to\mathbb{R}$ 为实函数. 证明:f 在 $[a,b]$ 上的连续点集的全体为 Borel 集.

证明 根据例 1.4.3. 例 1.4.5, 例 1.4.6 可知,f 在 $[a,b]$ 上的连续点集的全体为

$$\left(\bigcap_{n=1}^{\infty}G_n\right)\cup A,$$

其中 $G_n=\{x\in(a,b)\mid\omega(x)<\frac{1}{n}\}$ 为 (a,b) 中的开集,当然它也为 $\mathbb{R}$ 中的开集,A 为 $\{a,b\}$ 的子集. 这就证明了 f 在 $[a,b]$ 上的连续点集的全体为 Borel 集. □

【62】 设A,B为$\mathbb{R}^1$中的点集.试证明：

$$(A\times B)'=(\overline{A}\times B')\cup(A'\times\overline{B}).$$

证明 证法1 设$(x_0,y_0)\in\overline{A}\times B'$,对$(x_0,y_0)$的任何开邻域$W$,必有$x_0$的开邻域$U$和$y_0$的开邻域$V$,使得$(x_0,y_0)\in U\times V\subset W$.并有$(x,y)\in A\times B$,$y\neq y_0$且$(x,y)\in U\times V\subset W$.此时,$(x,y)\neq(x_0,y_0)$.因此,$(x_0,y_0)\in(A\times B)'$.$\overline{A}\times B'\subset(A\times B)'$.同理,$A'\times\overline{B}\subset(A\times B)'$.这就证明了$(A\times B)'\supset(\overline{A}\times B')\cup(A'\times\overline{B})$.

反之,设$(x_0,y_0)\in(A\times B)'$.取x_0的开邻域$U_n=\left(x_0-\dfrac{1}{n},x_0+\dfrac{1}{n}\right)$,$y_0$的开邻域$V_n=\left(x_0-\dfrac{1}{n},y_0+\dfrac{1}{n}\right)$,则$U_n\times V_n$为$(x_0,y_0)$的开邻域.于是,$\exists(x_n,y_n)\in(U_n\times V_n)\cap(A\cap B)$,$(x_n,y_n)\neq(x_0,y_0)$.这表明有无穷个$n$,$x_n\neq x_0$或者有无穷个$y_n\neq y_0$.如果是前者,则$x_0\in A'$,$(x_0,y_0)\in A'\times\overline{B}$;如果是后者,则$(x_0,y_0)\in\overline{A}\times B'$.无论何种情形,都有$(x_0,y_0)\in(\overline{A}\times B')\cup(A'\times\overline{B})$,$(A\times B)'\subset(\overline{A}\times B')\cup(A'\times\overline{B})$.

综合上述,得到

$$(A\times B)'=(\overline{A}\times B')\cup(A'\times\overline{B}).$$

证法2 设$(x_0,y_0)\in\overline{A}\times B'$,则存在不同于$y_0$的互异点列$\{y_n\}\subset B$,使得$\lim\limits_{n\to+\infty}y_n=y_0$.又因$x_0\in\overline{A}$,则$\exists x_n\in A$,s.t. $\lim\limits_{n\to+\infty}x_n=x_0$.从而,$\lim\limits_{n\to+\infty}(x_n,y_n)=(x_0,y_0)$,而$(x_n,y_n)$为不同于$(x_0,y_0)$的$A\times B$中的互异点列.这就证明了$(x_0,y_0)\in(A\times B)'$,$\overline{A}\times B'\subset(A\times B)'$.同理,有$A'\times\overline{B}\subset(A\times B)'$.综上得到$(A\times B)'\supset(\overline{A}\times B')\cup(A'\times\overline{B})$.

反之,设$(x_0,y_0)\in(A\times B)'$,则存在互异点列$(x_n,y_n)\neq(x_0,y_0)$,使得$\lim\limits_{n\to+\infty}(x_n,y_n)=(x_0,y_0)$.易知,$\{x_n\}$,$\{y_n\}$中至少有一个含有互异的子点列.如果$\{x_n\}$有互异子点列$\{x_{n_k}\}$,则$x_0=\lim\limits_{k\to+\infty}x_{n_k}\in A'$,$y_0=\lim\limits_{n\to+\infty}y_n\in\overline{B}$,$(x_0,y_0)\in A'\times\overline{B}$;如果$\{y_n\}$有互异子点列$\{y_{n_k}\}$,则$x_0=\lim\limits_{n\to+\infty}x_n\in\overline{A}$,$y_0=\lim\limits_{k\to+\infty}y_{n_k}\in B'$,$(x_0,y_0)\in\overline{A}\times B'$.无论如何都有

$$(x_0,y_0)\in(\overline{A}\times B')\cup(A'\times\overline{B}),(A\times B)'\subset(\overline{A}\times B')\cup(A'\times\overline{B}).$$

综上所述,得到

$$(A\times B)'=(\overline{A}\times B')\cup(A'\times\overline{B}).$$

上面分两步证明.我们也可统一表达为：

$$(x_0,y_0)\in(A\times B)'$$

$\Leftrightarrow$存在互异点列$\{(x_n,y_n)\mid x_n\in A,y_n\in B,n\in\mathbb{N}\}$,使得$\lim\limits_{n\to+\infty}(x_n,y_n)=(x_0,y_0)$,且

$$(x_n,y_n)\neq(x_0,y_0),\quad n\in\mathbb{N}$$

$\Leftrightarrow\exists(x_n,y_n)\in A\times B$,$(x_n,y_n)\neq(x_0,y_0)$,点$\{x_n\}$有无穷个点互异或者$\{y_n\}$有无穷个点互异,使$\lim\limits_{n\to+\infty}x_n=x_0$,$\lim\limits_{n\to+\infty}y_n=y_0$

$\Leftrightarrow x_0\in A'$,$y_0\in\overline{B}$或者$x_0\in\overline{A}$,$y_0\in B'$

$\Leftrightarrow(x_0,y_0)\in(\overline{A}\times B')\cup(A'\times\overline{B})$. □

注　根据证法 1,对一般拓扑空间,应有

$$(A\times B)'\supset(\overline{A}\times B')\cup(A'\times\overline{B}).$$

而对于 A_1 空间(具有第一可数性公理)(见参考文献[18]定义 1.2.3),根据参考文献[18]引理 1.2.2,定理 1.2.3(1),及(2)中证明的第 2 部分也有

$$(A\times B)'\subset(\overline{A}\times B')\cup(A'\times\overline{B}).$$

$$(A\times B)'=(\overline{A}\times B')\cup(A'\times\overline{B}).$$

但是

$$(A\times B)'\subset(\overline{A}\times B')\cup(A'\times\overline{B})$$

对一般拓扑空间并不成立.

反例:设 $X=Y=[-1,1]$,$A=B=\{0\}$,取平庸拓扑空间.显然,$X\times Y$ 的积拓扑也是平庸的,于是,$A'=X-\{0\}$,$B'=Y-\{0\}$,$(A\times B)'=X\times Y-\{(0,0)\}$,$\overline{A}=X$,$\overline{B}=Y$,则

$$\begin{aligned}(A\times B)'&=X\times Y-\{(0,0)\}\\&\supsetneqq X\times(Y-\{0\})\cup(X-\{0\})\times Y\\&=(\overline{A}\times B')\cup(A'\times\overline{B}).\end{aligned}$$

【63】　设 $E\subset\mathbb{R}^n$ 为开集,f 定义在 E 上,则对任意固定的 $t\in\mathbb{R}$,点集

$$E_t=\{\boldsymbol{x}\in E\mid\omega(\boldsymbol{x})<t\}$$

为开集.

证明　证法 1　当 $E_t=\varnothing$ 时,E_t 为开集.

当 $E_t\neq\varnothing$ 时,对 $\forall\,\boldsymbol{x}^0\in E_t$,因 $\omega(\boldsymbol{x}^0)<t$,故 $\exists\,\delta_0>0$, s. t. $B(\boldsymbol{x}^0;\delta_0)\subset E$,且有

$$\sup\{|f(\boldsymbol{x}')-f(\boldsymbol{x}'')|\;\big|\;\boldsymbol{x}',\boldsymbol{x}''\in B(\boldsymbol{x}^0,\delta_0)\}\leqslant t_1<t.$$

现对 $\forall\,\boldsymbol{x}\in B(\boldsymbol{x}^0;\delta_0)$,可选 $\delta_1>0$, s. t. $B(\boldsymbol{x};\delta_1)\subset B(\boldsymbol{x}^0;\delta_0)$.显然,有

$$\begin{aligned}&\sup\{|f(\boldsymbol{x}')-f(\boldsymbol{x}'')|\;\big|\;\boldsymbol{x}',\boldsymbol{x}''\in B(\boldsymbol{x};\delta_1)\}\\\leqslant&\sup\{|f(\boldsymbol{x}')-f(\boldsymbol{x}'')|\;\big|\;\boldsymbol{x}',\boldsymbol{x}''\in B(\boldsymbol{x}^0;\delta_0)\}\leqslant t_1<t.\end{aligned}$$

由此可知 $\omega(\boldsymbol{x})\leqslant t_1<t$,即

$$B(\boldsymbol{x}^0;\delta_0)\subset E_t,$$

这就证明了 E_t 为 $(\mathbb{R}^n,\mathscr{T}_{\rho_0^n})$ 中的开集.

证法 2　$\forall\,\boldsymbol{x}^m\in E_t^c=E-E_t$,且 $\lim\limits_{m\to+\infty}\boldsymbol{x}^m=\boldsymbol{x}^0$.对 $\forall\,\delta>0$,$\exists\,N\in\mathbb{N}$,当 $m\geqslant N$ 时,$\boldsymbol{x}^m\in B(\boldsymbol{x}^0;\delta)$.于是,当 $m>N$ 时,有

$$\omega\,|_{B(\boldsymbol{x}^0;\delta)}\geqslant\omega(\boldsymbol{x}^m)\geqslant t$$

于是

$$\omega(\boldsymbol{x}^0)=\lim_{\delta\to0^+}\omega\,|_{B(\boldsymbol{x}^0;\delta)}\geqslant t,\quad x^0\in E_t^c=E-E_t,$$

从而 $E_t^c=E-E_t$ 为闭集,即 E_t 为 $(\mathbb{R}^n,\mathscr{T}_{\rho_0^n})$ 中的开集.　□

1.5 Baire定理及其应用

定理 1.5.1 (Baire)设 $E\subset\mathbb{R}^n$ 为 F_σ 集,即 $E=\bigcup\limits_{k=1}^{\infty}F_k$,$F_k(k\in\mathbb{N})$皆为闭集.如果每个 $F_k(k\in\mathbb{N})$皆无内点,则 E 也无内点.或者 E 有内点,必存在某个 F_{k_0} 包含内点.

由 de Morgan 公式立知,它等价于:设 $G_k(k\in\mathbb{N})$为$\mathbb{R}^n$ 中的稠密(即$\overline{G_k}=\mathbb{R}^n$)开集,则 G_δ 集 $\bigcap\limits_{k=1}^{\infty}G_k$ 在$\mathbb{R}^n$ 中也稠密.

定义 1.5.1 设 X 为非空集合,ρ: $X\times X\to\mathbb{R}$ 为映射,满足对 $\forall\, x,y,z\in X$,有:

(1) $\rho(x,y)\geqslant 0$,$\rho(x,y)=0\Leftrightarrow x=y$(正定性);

(2) $\rho(x,y)=\rho(y,x)$(对称性);

(3) $\rho(x,y)\leqslant\rho(x,z)+\rho(z,y)$(三角(点)不等式).

则称 ρ 为 X 上的一个**度量**或**距离**.(X,ρ)称为 X 上的一个**度量空间**或**距离空间**.

显然,X 上的子集族

$$\mathscr{T}_\rho=\{G\mid\forall\, x\in G,\exists\,\delta=\delta(x)>0,\text{s.t.}\, B(x;\,\delta)\subset G\}$$

为 X 上的一个拓扑,并称 $\mathscr{T}_\rho$ 为 X 上由 ρ **诱导的拓扑**.$(X,\mathscr{T}_\rho)$称为 X 上由 ρ **诱导的拓扑空间**.$G\in\mathscr{T}_\rho$ 称为$(X,\mathscr{T}_\rho)$的**开集**,开集 G 的余集 G^c 称为其**闭集**.

类似$(\mathbb{R}^n,\mathscr{T})$可引进收敛、聚点、孤立点、闭包等概念.

定义 1.5.2 设(X,ρ)为度量空间,如果对 $\forall\,\varepsilon>0$,必 $\exists\, N\in\mathbb{N}$,当 $m,n>N$ 时,有

$$\rho(x_m,x_n)<\varepsilon,$$

则称点列$\{x_k\}\subset X$ 为一个**基本点列**或 **Cauchy 点列**.

如果对(X,ρ)中的任何基本点列(或 Cauchy 点列)$\{x_k\}$是收敛的(收敛于 $x_0\in X$),则称(X,ρ)为**完备度量(距离)空间**.

定理 1.5.2 (一般 Baire 定理)设(X,ρ)为完备度量空间,X 的子集 E 为 F_σ 集,即 $E=\bigcup\limits_{k=1}^{\infty}F_k$,$F_k(k\in\mathbb{N})$皆为闭集.如果每个 $F_k(k\in\mathbb{N})$皆无内点,则 E 也无内点.或者 E 有内点,必有某个 F_{k_0} 包含内点.

由 de Morgan 公式立知,它等价于:设 $G_k(k\in\mathbb{N})$为$(X,\mathscr{T}_\rho)$中的稠密(即$\overline{G_k}=X$)开集,则 G_δ 集 $\bigcap\limits_{k=1}^{\infty}G_k$ 在$(X,\mathscr{T}_\rho)$中也稠密.

例 1.5.1 (1) 有(无)理点集$\mathbb{Q}^n(\mathbb{R}^n-\mathbb{Q}^n)$为 $F_\sigma(G_\delta)$集.

(2) 有(无)理点集$\mathbb{Q}^n(\mathbb{R}^n-\mathbb{Q}^n)$不为 $G_\delta(F_\sigma)$集.

例 1.5.2 不存在函数 f: $\mathbb{R}\to\mathbb{R}$,使得 f 在所有有理点处连续,而在所有无理点处不连续.

例 1.5.3　Riemann 函数

$R: \mathbb{R} \to \mathbb{R}$,

$$R(x)=\begin{cases}\dfrac{1}{p}, & x=\dfrac{q}{p}\in\mathbb{Q}, q\in\mathbb{Z}, p\in\mathbb{N}, p \text{ 与 } q \text{ 无大于 1 的公因子},\\ 0, & x\in\mathbb{R}-\mathbb{Q}\end{cases}$$

在所有有理点处不连续，而在所有无理点处连续，且

$$\lim_{x\to x_0} R(x)=0,\quad x_0\in\mathbb{R}.$$

例 1.5.4　(连续函数列的极限函数的性质)设 $f_i: \mathbb{R}^n\to\mathbb{R}$ 为连续函数，$i\in\mathbb{N}$，且

$$\lim_{i\to+\infty} f_i(\boldsymbol{x})=f(\boldsymbol{x}),\quad \forall\, \boldsymbol{x}\in\mathbb{R}^n,$$

则：

(1) 若 $G\subset\mathbb{R}$ 为开集，则 $f^{-1}(G)$ 为 F_σ 集；

(2) f 的连续点集在$\mathbb{R}^n$ 中为稠密的 G_δ 集($\Leftrightarrow f$ 的不连续点集 $D(f)$在$\mathbb{R}^n$ 中为无内点的 F_σ 集).

例 1.5.5　设 $f: \mathbb{R}\to\mathbb{R}$ 处处可导，则 f'的连续点集在$\mathbb{R}$ 中是稠密的 G_δ 集. 特别地，f'在$\mathbb{R}$ 中必有连续点.

例 1.5.6　(1) 证明：不存在函数 $f(x)$，其导函数 $f'(x)$在无理点不连续，而在有理点连续.

(2) 构造$[0,1]$上的一个可导函数 $g(x)$，使其导函数 $g'(x)$在无理点连续，而在有理点不连续.

例 1.5.7　Dirichlet 函数

$$D(x)=\begin{cases}1, & x\in\mathbb{Q},\\ 0, & x\in\mathbb{R}-\mathbb{Q}\end{cases}$$

不是一个连续函数列的极限.

例 1.5.8　设函数 f 在$[0,+\infty)$上连续，对 $\forall\, r>0$，有 $\lim\limits_{n\to+\infty} f(nr)=0$，则 $\lim\limits_{x\to+\infty} f(x)=0$.

例 1.5.9　设 $f(x)$在(a,b)上无穷次可导，且 Taylor 级数在每个 $x\in(a,b)$上有正收敛半径. 证明：$f(x)$在(a,b)的某个子区间(α,β)上是解析的，即 $f(x)$在 $\forall\, x_0\in(\alpha,\beta)$处是解析的(指 f 的 Taylor 级数在 x_0 的某个开邻域中收敛到 $f(x)$).

例 1.5.10　设 $F\subset\mathbb{R}^n$ 为闭集，$G_i\,(i\in\mathbb{N})$为$\mathbb{R}^n$ 中的开集列，且有$\overline{G_i\cap F}=F\,(i\in\mathbb{N})$. 证明：

$$\overline{\left(\bigcap_{i=1}^{\infty} G_i\right)\cap F}=F.$$

【64】　证明：不存在满足下列条件的函数 $f(x,y)$：

(1) $f(x,y)$为$\mathbb{R}^2$ 上的连续函数；

(2) 偏导数$\dfrac{\partial}{\partial x}f(x,y)$，$\dfrac{\partial}{\partial y}f(x,y)$在$\mathbb{R}^2$ 上处处有限；

(3) $f(x,y)$在$\mathbb{R}^2$ 的任一点处都不可微.

证明　(反证)假设满足(1),(2),(3)的 $f(x,y)$存在.考察连续函数列

$$F_n(x,y)=\frac{f\left(x+\frac{1}{n},y\right)-f(x,y)}{\frac{1}{n}},$$

根据例 1.5.4(2)和定理 1.5.1 知,$\frac{\partial}{\partial x}f(x,y)$的连续点集 G_1 为$\mathbb{R}^2$ 中的稠密 G_δ 集.同理,$\frac{\partial}{\partial y}f(x,y)$的连续点集 G_2 为$\mathbb{R}^2$ 中的稠密 G_δ 集.自然 $G_1\cap G_2$ 也为$\mathbb{R}^2$ 中的稠密 G_δ 集.因此,$\frac{\partial}{\partial x}f(x,y)$与$\frac{\partial}{\partial y}f(x,y)$在 $G_1\cap G_2$ 上连续,从而 $f(x,y)$在稠密集 $G_1\cap G_2$(当然非空)上可微,这与本题中(3)相矛盾. □

【65】 设 $f(x)$为定义在$[0,1]$上的连续函数.令

$$f_1'(x)=f(x),\quad f_2'(x)=f_1(x),\cdots,f_k'(x)=f_{k-1}(x),\cdots.$$

如果对$\forall x\in[0,1]$,$\exists k\in\mathbb{N}$,s.t. $f_k(x)=0$.证明:$f(x)=0,x\in[0,1]$.

证明　证法1　设 J 为$[0,1]$中任一闭子区间.作点集

$$E_k=\{x\in J\mid f_k(x)=0\},\quad k=1,2,\cdots.$$

显然,每个 E_k 都为闭集,且

$$J=\bigcup_{k=1}^{\infty}E_k.$$

根据 Baire 定理知,存在 E_{k_0},它包含一个区间(α,β).所以,$f_{k_0}(x)=0,\forall x\in(\alpha,\beta)$.由此推得 $f_{k_0-1}(x)=f_{k_0}'(x)=0,\forall x\in(\alpha,\beta),\cdots,f(x)=f_1'(x)=0,\forall x\in(\alpha,\beta)$.注意到$(\alpha,\beta)\subset E_{k_0}\subset J$ 和 J 的任取性,$f(x)$在$[0,1]$的一个稠密集上为 0.再由 f 在$[0,1]$上连续得到 $f(x)=0,x\in[0,1]$.

证法2　(反证)反设 $f(x)$在$[0,1]$上不恒等于 0,则存在$[a_0,b_0]\subset[0,1]$,f 在其上恒正或恒负.所以,$\exists x_1\in(a_0,b_0)$,$f_1(x_1)\neq0$.以此得$[a_1,b_1]$,s.t. $x\in[a_1,b_1]\subset[a_0,b_0]$,且 $f_1(x)$在$[a_1,b_1]$上与 $f_1(x_1)$同号.同理有 $x_2\in[a_1,b_1]$,$f_2(x_2)\neq0,\cdots$.故得闭集套$[a_k,b_k]$及点列 $x_k\in[a_k,b_k]$,$f_k(x_k)\neq0$,f_k 在$[a_k,b_k]$上与 $f_k(x_k)$同号.由闭集套原理知,$\bigcap_{k=1}^{\infty}[a_k,b_k]$非空,对其中的点 x,$\forall k\in\mathbb{N}$,有 $f_k(x)\neq0$,这与题设相矛盾. □

1.6　闭集上连续函数的延拓定理、Cantor 疏朗三分集、Cantor 函数

定义 1.6.1　设 $\boldsymbol{x}\in\mathbb{R}^n$,$E\subset\mathbb{R}^n$ 为非空集合,称

$$\rho_0^n(\boldsymbol{x},E)=\inf\{\rho_0^n(\boldsymbol{x},\boldsymbol{y})=\|\boldsymbol{x}-\boldsymbol{y}\|\mid \boldsymbol{y}\in E\}$$

为点 x 到 E 的距离.

如果 E_1, E_2 为 $\mathbb{R}^n$ 中的非空集合，则称

$$\rho_0^n(E_1, E_2) = \inf\{\rho_0^n(\boldsymbol{x}, \boldsymbol{y}) = \|\boldsymbol{x} - \boldsymbol{y}\| \mid \boldsymbol{x} \in E_1, \boldsymbol{y} \in E_2\}$$

为 E_1 与 E_2 之间的距离.

例 1.6.1　设

$$E_1 = \{(x, 0) \mid x \in \mathbb{R}\} \subset \mathbb{R}^2, \quad E_2 = \{\left(x, \frac{1}{x}\right) \mid x \neq 0\} \subset \mathbb{R}^2.$$

易证 $\rho_0^n(E_1, E_2) = 0$，但 $E_1 \cap E_2 = \varnothing$.

引理 1.6.1　设 $F \subset \mathbb{R}^n$ 为非空闭集，且 $\boldsymbol{x}^0 \in \mathbb{R}^n$，则 $\exists\, \boldsymbol{y}^0 \in F$，s. t.

$$\rho_0^n(\boldsymbol{x}^0, F) = \rho_0^n(\boldsymbol{x}^0, \boldsymbol{y}^0) = \|\boldsymbol{x}^0 - \boldsymbol{y}^0\|.$$

引理 1.6.2　设 $F_1, F_2 \subset \mathbb{R}^n$ 为两个非空闭集，且其中至少有一个是有界的，则 $\exists\, \boldsymbol{x}^0 \in F_1$，$\exists\, \boldsymbol{y}^0 \in F_2$，s. t.

$$\rho_0^n(F_1, F_2) = \rho_0^n(\boldsymbol{x}^0, \boldsymbol{y}^0) = \|\boldsymbol{x}^0 - \boldsymbol{y}^0\|.$$

引理 1.6.3　设 $E \subset \mathbb{R}^n$ 为非空集合，则 $\rho_0^n(\boldsymbol{x}, E)$ 作为 $\boldsymbol{x}$ 的函数在 $\mathbb{R}^n$ 上是一致连续的.

例 1.6.2　设 $F_0, F_1 \subset \mathbb{R}^n$ 为两个互不相交的非空闭集，则存在连续函数(或 C^∞(即具有各阶连续偏导数的)函数) $f: \mathbb{R}^n \to \mathbb{R}$，s. t.

(1) $0 \leqslant f(\boldsymbol{x}) \leqslant 1$，$\forall\, \boldsymbol{x} \in \mathbb{R}^n$；

(2) $F_0 = \{\boldsymbol{x} \in \mathbb{R}^n \mid f(\boldsymbol{x}) = 0\}$，$F_1 = \{\boldsymbol{x} \in \mathbb{R}^n \mid f(\boldsymbol{x}) = 1\}$.

定理 1.6.1　$(\mathbb{R}^n, \mathscr{T})$ 为**正规空间**，即 $\mathbb{R}^n$ 中任何两个不相交的闭集 A 和 B 必有不相交的开邻域.

推论 1.6.1　设 A 和 B 为 $(\mathbb{R}^n, \mathscr{T})$ 中的两个不相交的闭集，则存在连续函数

$$f: \mathbb{R}^n \to \mathbb{R},$$

$$\text{s. t. } f|_A = 0, \quad f|_B = 1.$$

定理 1.6.2　(闭集上连续函数的 Tietze 扩张(延拓)定理)设 $F \subset \mathbb{R}^n$ 为闭集，f 是定义在 F 上的连续函数，且 $|f(\boldsymbol{x})| \leqslant M$(或 $< M$)，$\forall\, \boldsymbol{x} \in F$. 则存在连续函数 $f^*: \mathbb{R}^n \to \mathbb{R}$ 满足

$$|f^*(\boldsymbol{x})| \leqslant M \quad (\text{或} < M), \quad \forall\, \boldsymbol{x} \in \mathbb{R}^n,$$

且 $f^*(\boldsymbol{x}) = f(\boldsymbol{x})$，$\forall\, \boldsymbol{x} \in F$.

定义 1.6.2　设 $E \subset \mathbb{R}^n$，如果 $\overline{E} = \mathbb{R}^n$(即每一个点的任何开邻域中必含 E 的点或者每个非空开集中必含 E 的点)，则称 E 为 $\mathbb{R}^n$ 中的**稠密集**.

如果在每个非空开集中必有非空开集完全含在 E^c 中，则称 E 为**疏朗集**或**无处稠密集**.

显然，疏朗集 E 的余集 E^c 必为稠密集，但反之不成立.

例 1.6.3　Cantor 疏朗三分集 C(见参考文献[1]85～88 页).

(1) C 是非空有界闭集(非空紧集).

(2) C 为完全集(即 $C = C' \Leftrightarrow C' \subset C$($C$ 为闭集)且 $C \subset C'$(C 为自密集)).

(3) C 为疏朗集.

(4) $\overline{\overline{C}}=2^{\aleph_0}=\aleph$.

(5) $m([0,1]-C)=1, m(C)=0$.

类 Cantor 疏朗三分集 C_p(见参考文献[1]88-90 页).

类似 Cantor 疏朗三分集 C, C_p 有性质(1)－(4),且有

(5) $m([0,1]-C_p)=\delta>0, m(C_p)=1-\delta>0$.

例 1.6.4　Cantor 函数(见参考文献[1]90 页).

Cantor 函数在实变函数理论中很有用,尤其构造一些反例常用到 Cantor 函数.

定理 1.6.4　(非空完全集的势)$\mathbb{R}$ 中非空完全集(无孤立点的非空闭集)C,其势 $\overline{\overline{C}}=\aleph$.

定义 1.6.3　设 E 为直线$\mathbb{R}^1$ 上的点集,$x\in\mathbb{R}^1$(它未必属于 E).如果 x 的任何开邻域 G 中总含有 E 的不可数个点,则称 x 为 E 的**凝聚点**,简称为**凝点**.

显然,凝点必为聚点,但聚点未必为凝点.

定理 1.6.5　关于$\mathbb{R}^1$ 中的凝点,有:

(1) (Lindelöf)如果 E 的点都不为 E 的凝点,则 E 为至多可数集.换言之,任何不可数集 E 必有凝点,而且在 E 中必有一个凝点.

(2) 设 x 为 E 的凝点,则 x 必为 E 的凝点集的聚点.

(3) 设 P 为 E 的凝点的全体,则 $E-P$ 为至多可数集.

(4) 设 E 为不可数集,P 为 E 的凝点的全体,则 $E\cap P$ 为不可数集,即任何不可数集 E 一定包含它的不可数个凝点.

(5) 设 E 为不可数集,则 E 的凝点的全体 P 为一个非空的完全集(由定理 1.6.4,P 的势为$\aleph$).

(6) (Г.康妥(Cantor)-И.宾迪克逊)设 E 为不可数的闭集,则 $E=P\cup D$,其中 P 为非空的完全集,D 为至多可数集.由此立知 E 的势为$\aleph$.

(7) 设 $E\subset\mathbb{R}^1$ 为闭集,则 E 的势或为有限,或为可数,或为$\aleph$.

注 1.6.8　类似定义 1.6.3 可将凝点的概念和定理 1.6.5 推广到 $E\subset\mathbb{R}^n$.

例 1.6.5　设 $E\subset\mathbb{R}^n$,E'为至多可数集,则 E 为至多可数集.

例 1.6.6　设 $F\subset\mathbb{R}$ 为至多可数的非空闭集,则 F 必含有孤立点.

【66】　证明:$\mathbb{R}^n$ 中的可数稠密集 E 不为 G_δ 集.但它是 F_σ 集.

证明　证法 1　(反证)假设可数稠密集 $E=\{x_1,x_2,\cdots,x_k,\cdots\}$为 G_δ 集,则就有开集 $G_1,G_2,\cdots,G_k,\cdots$, s. t. $E=\bigcap\limits_{k=1}^{\infty}G_k$.由于 $G_k\supset E(k\in\mathbb{N})$,故 $G_k(k\in\mathbb{N})$在$\mathbb{R}^n$ 中为稠密开集.从而,$\mathbb{R}^n-G_k(k\in\mathbb{N})$为无内点的闭集.于是

$$\mathbb{R}^n=(\mathbb{R}^n-E)\cup E=\left(\mathbb{R}^n-\bigcap_{k=1}^{\infty}G_k\right)\cup\left(\bigcup_{k=1}^{\infty}\{x_k\}\right)$$

$$\xlongequal{\text{de Morgan公式}}\left(\bigcup_{k=1}^{\infty}(\mathbb{R}^n-G_k)\right)\cup\left(\bigcup_{k=1}^{\infty}\{x_k\}\right).$$

显然，上式右边是可列个无内点闭集之并，根据 Baire 定理，$\mathbb{R}^n$ 无内点，这与 $\mathbb{R}^n$ 中每一点都为内点相矛盾.

因为每个独点集 $\{x_k\}$ 为闭集，所以可数集 $E=\bigcup_{k=1}^{\infty}\{x_k\}$ 为 F_σ 集.

证法 2　(反证)假设可数稠密集 $E=\{x_1,x_2,\cdots,x_k,\cdots\}$ 为 G_δ 集，则就有开集 G_1，$G_2,\cdots,G_k,\cdots$，s. t. $E=\bigcap_{k=1}^{\infty}G_k$. 由于 $G_k\supset E(k\in\mathbb{N})$，故 $G_k(k\in\mathbb{N})$ 在 $\mathbb{R}^n$ 中为稠密开集. 从而，根据参考文献[1]定理 1.5.1 证法 2 知，$E=\bigcap_{k=1}^{\infty}G_k$ 的势为 $\aleph$(不可数)，这与已知 E 为可数集相矛盾. □

【67】 设 $F\subset\mathbb{R}^n$ 为至多可数的非空闭集. 证明：F 必含孤立点.

证明　证法 1　如果 F 为有限的非空集(当然它为闭集)，则 F 的每一点都是孤立点.

如果 F 为可数的非空闭集，则 F 必含孤立点.(反证)假设 F 不含孤立点，则 $F=\{x_1,x_2,\cdots,x_n,\cdots\}$ 中的每一点都为 F 的聚点，任取 $y_1\in F,y_1\neq x_1$，再取 $\delta_1\in(0,1)$，s. t. $x_1\notin\overline{B(y_1;\delta_1)}$. 因为 y_1 为 F 的聚点，故 $\exists\, y_2\in B(y_1;\delta_1)\cap F$，且 $y_2\neq x_2$. 又因 y_2 为 F 的聚点，故 $\exists\,\delta_2\in\left(0,\frac{1}{2}\right)$，s. t. $B(y_2;\delta_2)\subset B(y_1;\delta_1)$，且 $x_2\notin\overline{B(y_2;\delta_2)}$. 于是，$\exists\, y_3\in B(y_2;\delta_2)\cap F$，s. t. $y_3\neq x_3$. 如此下去得到 $\{y_n\}$，$\{\delta_n\}$ 满足：

$$\delta_n\in\left(0,\frac{1}{n}\right),\quad B(y_n;\delta_n)\subset B(y_{n-1};\delta_{n-1}),$$

$$x_n\notin\overline{B(y_n;\delta_n)},\quad y_{n+1}\in B(y_n;\delta_n)\cap F,\quad y_{n+1}\neq x_{n+1},\quad n=2,3,\cdots.$$

根据闭球套原理，$\exists_1\, y\in\bigcap_{n=1}^{\infty}\overline{B(y_n;\delta_n)}$. 由于 F 为闭集，故 $y=\lim\limits_{n\to+\infty}y_n\in F$. 但由上述构造法，$y\neq x_n$，$\forall\, n\in\mathbb{N}$，故 $y\notin\{x_1,x_2,\cdots,x_n,\cdots\}=F$，矛盾.

证法 2　因 F 为闭集，故 $F'\subset F$.(反证)假设 F 不含孤立点，则 $F\subset F'$. 于是，$F=F'$，F 为非空的完全集. 根据定理 1.6.4，$\overline{\overline{F}}=\aleph>\aleph_0$，这与 F 为至多可数集相矛盾.

证法 3　如果 F 为有限的非空集(当然它为闭集)，则 F 的每一点都是孤立点.

如果 F 为可数的非空闭集，令 $F=\{x_k\mid k\in\mathbb{N}\}$，不失一般性，设 $F\subset(0,1)$(至多相差一个同胚映射). 记 $x_k=0.x_{k1}x_{k2}\cdots$ 为 x_k 的二进小数表示(其中 x_{ki} 有无限个不为 0). 取 $y_1=x_1$，并作

$$F_{1,l}=\{x_k\in F\mid x_{k1}\cdots x_{k,l-1}=x_{11}\cdots x_{1,l-1},x_{kl}\neq x_{1l}\},l=1,2,\cdots.$$

因 x_1 为 F 的聚点，故 $\{F_{1,l}\}$，$l=1,2,\cdots$ 中有非空集. 设

$$n_2=\min\{l\in\mathbb{N}\mid F_{1,l}\neq\varnothing\}.$$

取 $y_2=x_{n_2}$，同理作集合列 $\{F_{n_2,l}\}$

$$F_{n_2,l}=\{x_k\in F_{1,n_2}\mid x_{k1}\cdots x_{k,l-1}=x_{n_2,1}\cdots x_{n_2,l-1},x_{kl}\neq x_{n_2l}\},\quad(l>n_2).$$

记 $n_3=\min\{l\in\mathbb{N}\mid F_{n_2,l}\neq\varnothing\}$. …，依次得点列 $\{y_m\}$. y_m 与 y_{m-1} 在 n_m 位开始有差异，故 $\{y_m\}$

收敛. 由于 F 为闭集,所以,$y=\lim\limits_{m\to+\infty} y_m\in F$. 根据上面 y_m 的构造法易知,$y\neq x_k$,$\forall k\in\mathbb{N}$,从而 $y\notin\{x_1,x_2,\cdots,x_k,\cdots\}=F$,矛盾. □

注 (1) 设 $F\subset\mathbb{R}^n$ 为可数的非空集,问: F 必含孤立点吗?

(2) 设 F 为度量空间 (X,ρ) 中的可数的非空闭集,问: F 必含孤立点吗?

(3) 设 F 为完备度量空间 (X,ρ) 中的至多可数的非空闭集,问: F 必含孤立点吗?

(4) 设 F 为拓扑空间 $(X,\mathscr{T})$ 中的有限的非空闭集,问: F 必含孤立点吗?

解 (1) 未必. 反例: $F=\mathbb{Q}^n$ 就不含孤立点.

(2) 未必. 反例: $(X,\rho)=(\mathbb{Q}^n,\rho_0^n|_{\mathbb{Q}^n})$,$F=\mathbb{Q}^n$ 为 (X,ρ) 中的非空闭集,但 $F=\mathbb{Q}^n$ 就不含孤立点.

(3) 当 F 为完备度量空间 (X,ρ) 中的至多可数的非空闭集时,完全类似题[67]可证 F 必含孤立点.

(4) 未必.

反例: 设 X 多于一点的有限集,$(X,\mathscr{T}_{平庸})$ 为平庸拓扑空间,$F=X$ 为 $(X,\mathscr{T}_{平庸})$ 的有限的非空闭集,但它不含孤立点.

反例: 设 $X=\{1,2,3,4\}$,$\mathscr{T}=\{\varnothing,\{1,2\},\{3,4\},\{1,2,3,4\}=X\}$,$F=X$ 为 $(X,\mathscr{T})$ 的有限的非空闭集,但它不含孤立点. □

【68】 设 $E\subset\mathbb{R}^n$ 为非空集合. 证明:

$$E\text{ 为闭集}\Leftrightarrow\text{对 }\forall\,\boldsymbol{x}\in\mathbb{R}^n,\ \exists\,\boldsymbol{y}\in E,\ \text{s. t. }\rho_0^n(\boldsymbol{x},\boldsymbol{y})=\rho_0^n(\boldsymbol{x},E).$$

证明 ($\Rightarrow$)(见引理 1.6.1)对 $\forall\,\boldsymbol{x}\in\mathbb{R}^n$,根据距离 $\rho_0^n(\boldsymbol{x},E)$ 的定义,$\exists\,\boldsymbol{y}^k\in E$,s. t.

$$\begin{aligned}\rho_0^n(\boldsymbol{x},E)&=\inf\{\rho_0^n(\boldsymbol{x},\boldsymbol{y})=\|\boldsymbol{x}-\boldsymbol{y}\|\ \big|\ \boldsymbol{y}\in E\}\\&=\lim_{k\to+\infty}\rho_0^n(\boldsymbol{x},\boldsymbol{y}^k)=\lim_{k\to+\infty}\|\boldsymbol{x}-\boldsymbol{y}^k\|.\end{aligned}$$

显然,$\{\boldsymbol{y}^k\}$ 为有界点集,根据 Bolzano-Weierstrass 定理,必有 $\boldsymbol{y}^{k_i}\to\boldsymbol{y}(i\to+\infty)$,所以 $\boldsymbol{y}\in\overline{E}=E$($E$ 为闭集),并且

$$\rho(\boldsymbol{x},E)=\lim_{i\to+\infty}\rho_0^n(\boldsymbol{x},\boldsymbol{y}^{k_i})=\rho_0^n(\boldsymbol{x},\boldsymbol{y})=\|\boldsymbol{x}-\boldsymbol{y}\|.$$

($\Leftarrow$)(反证)假设 E 不为闭集,则 $\exists\,\boldsymbol{y}^k\in E$,s. t. $\lim\limits_{k\to+\infty}\boldsymbol{y}^k=\boldsymbol{x}$,但是 $\boldsymbol{x}\notin E$. 于是,由于 $\lim\limits_{k\to+\infty}\rho_0^n(\boldsymbol{x},\boldsymbol{y}^k)=0$,故

$$\rho_0^n(\boldsymbol{x},E)=\inf\{\rho_0^n(\boldsymbol{x},\boldsymbol{y})\mid\boldsymbol{y}\in E\}=0.$$

根据右边条件,必 $\exists\,\boldsymbol{y}\in E$,s. t.

$$\rho_0^n(\boldsymbol{x},\boldsymbol{y})=\rho_0^n(\boldsymbol{x},E)=0,$$

因此,$\boldsymbol{x}=\boldsymbol{y}\in E$,这与上述 $\boldsymbol{x}\notin E$ 相矛盾. □

【69】 证明: 点 $x=\dfrac{1}{4},\dfrac{1}{13}$ 属于 Cantor 疏朗集 C.

证明 因为

$$\frac{1}{4}=\frac{2}{9}\cdot\frac{1}{1-\frac{1}{9}}=\sum_{n=1}^{\infty}\frac{2}{3^{2n}}\quad \text{或}\quad (\text{三进小数})0.0202\cdots,$$

$$\frac{1}{13}=\frac{2}{27}\cdot\frac{1}{1-\frac{1}{27}}=\sum_{n=1}^{\infty}\frac{2}{3^{3n}}\quad \text{或}\quad (\text{三进小数})0.002002\cdots,$$

所以$\frac{1}{4}$,$\frac{1}{13}$都属于 Cantor 疏朗集 C. □

【70】 设 C 为$[0,1]$中的 Cantor 疏朗集. 证明:

$$C+C=\{x+y\mid x\in C,y\in C\}=[0,2].$$

解 显然,由 $C\subset[0,1]$知,$C+C\subset[0,2]$.

另一方面,对 $\forall z\in[0,2]$,有

$$z=2\sum_{i=1}^{\infty}\frac{\alpha_i}{3^i}=\sum_{i=1}^{\infty}\frac{\beta_i}{3^i}+\sum_{i=1}^{\infty}\frac{\gamma_i}{3^i}=x+y\in C+C,$$

其中

$$\beta_i=\begin{cases}\alpha_i, & \alpha_i=0,2,\\ 2, & \alpha_i=1,\end{cases}\qquad \gamma_i=\begin{cases}\alpha_i, & \alpha_i=0,2,\\ 0, & \alpha_i=1,\end{cases}$$

则$[0,2]\subset C+C$.

综上知,$C+C=[0,2]$.

复习题 1

【71】 设 X 为无限集,f: $X\to X$ 为映射. 证明:存在 X 中的非空真子集 E,使得 $f(E)\subset E$.

证明 证法 1 任取定 $a\in X$,由 $f(a)\in X$ 知,$f_2(a)=f[f(a)]\in X$. 从而得到 X 中的一列元:

$$a,f(a),f_2(a),\cdots,f_n(a),\cdots.$$

(1) 如果对任意的 n,$f_n(a)\neq a$,则令

$$E=\{f(a),f_2(a),\cdots,f_n(a),\cdots\}.$$

显然,$E\neq\varnothing$,$E\subset X-\{a\}$,即 E 为 X 中的非空真子集,且有

$$f(E)=\{f_2(a),f_3(a),\cdots,f_{n+1}(a),\cdots\}\subset E.$$

(2) 如果存在 n_0,使得 $f_{n_0}(a)=a$,则令

$$E=\{a,f(a),f_2(a),\cdots,f_{n_0-1}(a)\}.$$

显然,$E\neq\varnothing$,$E\neq X$(无限集),即 E 为 X 中的非空真子集,且有

$$f(E)=\{f(a),f_2(a),\cdots,f_{n_0}(a)\}=\{f(a),f_2(a),\cdots,f_{n_0-1}(a),a\}=E.$$

证法 2 记 $f^0=f$,$f^n=\underbrace{f\circ f\circ\cdots\circ f}_{n\text{个}}$,$n\in\mathbb{N}$. 任取定 $a\in X$,作

$$F=\{f^n(a)\mid n\in\mathbb{N}\cup\{0\}\}.$$

(1) 如果 $\forall m,n\in\mathbb{N}\cup\{0\},m\neq n,f^m(a)\neq f^n(a)$，令 $E=F-\{a\}=\{f^n(a)\mid n\in\mathbb{N}\}$，显然，$E\neq\varnothing,E\subset X-\{a\}$，即 E 为 X 中的非空真子集，且有

$$f(E)=\{f^{n+1}(a)\mid n\in\mathbb{N}\}\subset E.$$

(2) 如果 $\exists m,n\in\mathbb{N}\cup\{0\},m>n$, s. t. $f^m(a)=f^n(a)$，令 $E=F$. 显然，$E\neq\varnothing$，且 E 为有限集，故 $E\neq X$（无限集），即 E 为 X 中的非空真子集，且有

$$f(E)=f(F)\subset F=E.$$ □

【72】 （单调映射的不动点） 设 X 为集合，$f:2^X\to2^X$ 为映射，且对 $\forall A,B\subset X,A\subset B$，必有 $f(A)\subset f(B)$（即 f 具有单调性）. 证明：$\exists E\subset X$, s. t. $f(E)=E$（即 E 为 f 的不动点）.

证明 证法 1 作 X 的子集族

$$\mathscr{A}=\{A\in2^X\mid f(A)\subset A\},$$

显然，$\varnothing,X\in\mathscr{A}$. 令 $E=\bigcap\limits_{A\in\mathscr{A}}A$，则

$$f(E)=f\Big(\bigcap_{A\in\mathscr{A}}A\Big)=\bigcap_{A\in\mathscr{A}}f(A)\subset\bigcap_{A\in\mathscr{A}}A=E,$$

且 $E\in\mathscr{A}$ 为其最小元. 另一方面，

$$f(f(E))\subset f(E),\quad f(E)\in\mathscr{A}.$$

结合 $E\in\mathscr{A}$ 为最小元知，$E\subset f(E)$.

综上知，$f(E)=E$.

证法 2 作 X 的子集族

$$\mathscr{B}=\{B\in2^X\mid f(B)\supset B\},$$

显然，$\varnothing\in\mathscr{B}$. 令 $E=\bigcup\limits_{B\in\mathscr{B}}B$，则

$$f(E)=f\Big(\bigcup_{B\in\mathscr{B}}B\Big)=\bigcup_{B\in\mathscr{B}}f(B)\supset\bigcup_{B\in\mathscr{B}}B=E,$$

且 $E\in\mathscr{B}$ 为其最大元. 另一方面，

$$f(f(E))\supset f(E),\quad f(E)\in\mathscr{B}.$$

结合 $E\in\mathscr{B}$ 为最大元知，$E\supset f(E)$.

综上知，$f(E)=E$. □

【73】 设 $f(x)$ 为定义在 $[0,1]$ 上的实函数，且存在常数 M，使对 $\forall n\in\mathbb{N}$ 及 $\forall x_1,x_2,\cdots,x_n\in[0,1],x_i\neq x_j(i\neq j)$，均有

$$|f(x_1)+\cdots+f(x_n)|\leqslant M.$$

证明：$E=\{x\in[0,1]\mid f(x)\neq0\}$ 为至多可数集.

证明 证法 1 设 $E_m=\left\{x\in[0,1]\,\Big|\,|f(x)|\in\left[\frac{1}{m},+\infty\right)m=1,2,\cdots\right\}$，则 E_m 为有限集.（反证）假设 E_m 为无限集，且 $\forall x\in E_m$，必有 $|f(x)|\geqslant\frac{1}{m}$. 显然，可取 $n(>mM)$ 个不同的

点 $x_1,x_2,\cdots,x_n\in[0,1]$，使得 $f(x_1)\geqslant\frac{1}{m},f(x_2)\geqslant\frac{1}{m},\cdots,f(x_n)\geqslant\frac{1}{m}$，或者 $f(x_1)\leqslant-\frac{1}{m}$，$f(x_2)\leqslant-\frac{1}{m},\cdots,f(x_n)\leqslant-\frac{1}{m}$. 于是

$$|f(x_1)+\cdots+f(x_n)|\geqslant n\cdot\frac{1}{m}>mM\cdot\frac{1}{m}=M,$$

这与题设 $|f(x_1)+\cdots+f(x_n)|\leqslant M$ 相矛盾. 由此知

$$E=\{x\in[0,1]\mid f(x)\neq 0\}=\bigcup_{n=1}^{\infty}E_n$$

为至多可数集.

证法 2　(反证)假设 $E=\{x\in[0,1]\mid f(x)\neq0\}$ 不为至多可数集，即它为不可数集，则必有 $m_0\in\mathbb{N}$，使得 $F_{m_0}=\left\{x\in[0,1]\,\middle|\,|f(x)|\in\left(\frac{1}{m_0+1},\frac{1}{m_0}\right]\right\}$ 为不可数集. 显然，可取 $n(>(m_0+1)M)$ 个不同的点 $x_1,x_2,\cdots,x_n\in[0,1]$，使得 $f(x_1)\geqslant\frac{1}{m_0+1},f(x_2)\geqslant\frac{1}{m_0+1},\cdots,f(x_n)\geqslant\frac{1}{m_0+1}$，或者 $f(x_1)\leqslant-\frac{1}{m_0+1},f(x_2)\leqslant-\frac{1}{m_0+1},\cdots,f(x_n)\leqslant-\frac{1}{m_0+1}$. 于是

$$|f(x_1)+\cdots+f(x_n)|\geqslant n\cdot\frac{1}{m_0+1}>(m_0+1)M\cdot\frac{1}{m_0+1}=M,$$

这与题设 $|f(x_1)+\cdots+f(x_n)|\leqslant M$ 相矛盾. □

注　如果在题[73]中删去"$x_i\neq x_j,i\neq j$"，则 $f(x)=0,\forall x\in[0,1]$，即 $E=\varnothing$.

证明　(反证)假设 $\exists x_0\in[0,1]$, s. t. $f(x_0)\neq0$，取 $n\in\mathbb{N}$, s. t. $n>\frac{M}{|f(x_0)|}$. 令 $x_1=x_2=\cdots=x_n=x_0$. 根据题设，有

$$M=\frac{M}{|f(x_0)|}\cdot|f(x_0)|<n|f(x_0)|=|f(x_1)+\cdots+f(x_n)|\leqslant M,$$

矛盾. □

【74】　设 $A\subset\mathbb{R}^n$，对 $\forall\boldsymbol{x}\in A$，总 $\exists\delta(\boldsymbol{x})>0$, s. t. $B(\boldsymbol{x};\delta(\boldsymbol{x}))\cap A$ 为至多可数集. 证明：A 必为至多可数集.

证明　由题设，对 $\forall\boldsymbol{x}\in A$，总 $\exists\delta(\boldsymbol{x})>0$, s. t. $B(\boldsymbol{x};\delta(\boldsymbol{x}))\cap A$ 为至多可数集. 选 $\tilde{\boldsymbol{x}}\in\mathbb{Q}^n$，$\tilde{\delta}(\boldsymbol{x})\in\mathbb{Q}^+=\{r\in Q\mid r>0\}$, s. t. $\boldsymbol{x}\in B(\tilde{\boldsymbol{x}};\tilde{\delta}(\boldsymbol{x}))\subset B(\boldsymbol{x};\delta(\boldsymbol{x}))$. 显然，$B(\tilde{\boldsymbol{x}};\tilde{\delta}(\boldsymbol{x}))\cap A$ 也为至多可数集. 设这样得到的 $B(\tilde{\boldsymbol{x}};\tilde{\delta}(\boldsymbol{x}))$ 的全体的集合 $\mathscr{A}$(相同的只取一次)为至多可数集. 于是

$$A=\bigcup_{B(\tilde{\boldsymbol{x}};\tilde{\delta}(\boldsymbol{x}))\in\mathscr{A}}(B(\tilde{\boldsymbol{x}};\tilde{\delta}(\boldsymbol{x}))\cap A)$$

为至多可数集. □

【75】　试作自然数集 $\mathbb{N}$ 的 $\aleph$ 个非空子集，其中任意两个子集之间有严格的包含关系.

证明　因 $\mathbb{Q}\sim\mathbb{N}$，故存在一一映射 $f:\mathbb{Q}\to\mathbb{N}$. 记 $A_\alpha=\mathbb{Q}\cap[0,\alpha]$，$\alpha>0$，则

$$\{B_\alpha = f(A_\alpha) \mid \alpha > 0\}$$

为$\mathbb{N}$的所求的$\aleph$个非空子集，其中任意两个子集之间有严格的包含关系. □

【76】 不存在集合族Γ，使得对任一集合B，有$A\in\Gamma$，且$A\sim B$.

证明 （反证）假设存在集合族Γ，考察$B=\bigcup\limits_{A\in\Gamma}2^A$，则

$$\overline{\overline{B}} = \overline{\overline{\bigcup_{A\in\Gamma}2^A}} \geqslant \overline{\overline{2^A}} > \overline{\overline{A}}, \quad A \not\sim B.$$

这与题设相矛盾. □

【77】 设$E\subset\mathbb{R}^3$，且对$\forall\, \boldsymbol{x},\boldsymbol{y}\in E$，距离$\rho_0^3(\boldsymbol{x},\boldsymbol{y})\in\mathbb{Q}$. 证明：$E$为至多可数集.

证明 证法1 当E中所有点共线时，取其一为原点，依所在直线建立数轴，可得E到Q的单射. 此时，E自然为至多可数集.

当E中至少有3点A,B,C不共线，组成平面π，将空间$\mathbb{R}^3$分成三部分. 平面“上”、平面“中”、平面“下”，分别以“上、中、下”表示. 令$T=\{t\mid t=$“上”、“中”、“下”$\}$. 作映射

$$\varphi\colon E \to \mathbb{Q}^3 \times T,$$

$$\boldsymbol{p} \mapsto (|PA|, |PB|, |PC|, t_P),$$

t_P表示P点的空间状态. 易知，φ为单射. 所以

$$\overline{\overline{E}} \leqslant \overline{\overline{\mathbb{Q}^3 \times T}} \leqslant \aleph_0,$$

即E为至多可数集.

证法2 固定$\boldsymbol{x}_0\in E$，记$E_k=\{\boldsymbol{x}\in E \mid d(\boldsymbol{x},\boldsymbol{x}_0)=r_k\}$，其中$\mathbb{Q}=\{r_1,r_2,\cdots,r_n,\cdots\}$，则$E=\bigcup\limits_{k=1}^{\infty}E_k$. 如果$E_k\neq\varnothing$，取$\boldsymbol{x}_{k0}\in E_k$，记$E_{kj}=\{\boldsymbol{x}\in E_k \mid d(\boldsymbol{x},\boldsymbol{x}_{k0})=r_j\}$，则$E_k=\bigcup\limits_{j=1}^{\infty}E_{kj}$. 如果$E_{kj}\neq\varnothing$，取$\boldsymbol{x}_{kj0}\in E_{kj}$，记$E_{kjl}=\{\boldsymbol{x}\in E_{kj} \mid d(\boldsymbol{x},\boldsymbol{x}_{kj0})=r_l\}$. 由于$E_k$含于球面内，故$E_{kj}$含于圆内，从而$E_{kjl}$中至多只含两个点. 于是，$E_{kj}=\bigcup\limits_{l=1}^{\infty}E_{kjl}$为至多可数集，而$E=\bigcup\limits_{k=1}^{\infty}\bigcup\limits_{j=1}^{\infty}E_{kj}$也为至多可数集. □

【78】 设E为平面$\mathbb{R}^2$中的可数集. 证明：存在互不相交的集合A与B，使得$E=A\cup B$，且任一平行于x轴的直线交A至多有限个点；任一平行于y轴的直线交B至多有限个点.

证明 证法1 记

$$X=\{E\text{ 中点的横坐标的全体}\}, \quad Y=\{E\text{ 中点的纵坐标的全体}\}.$$

若X为有限集，取$A=E,B=\varnothing$；

若Y为有限集，取$A=\varnothing,B=E$；

若X,Y均为可数集，则存在一一映射

$$\varphi_1\colon X\to\mathbb{Z}, \quad \varphi_2\colon Y\to\mathbb{Z},$$

它们诱导出单射

$$\varphi: E \to \mathbb{Z}\times\mathbb{Z},$$
$$(x,y) \mapsto (\varphi_1(x), \varphi_2(x)).$$

易见，φ 将 E 中具有相同横(纵)坐标的点变为$\mathbb{Z}^2=\mathbb{Z}\times\mathbb{Z}$ 中具有相同横(纵)坐标的点.

现将$\mathbb{Z}^2=\mathbb{Z}\times\mathbb{Z}$ 划分为两部分：

$$\widetilde{A} = \{(a,b) \mid a,b \in \mathbb{Z}, |a| \leqslant |b|\}, \quad \widetilde{B} = \{(a,b) \mid a,b \in \mathbb{Z}, |b| < |a|\}.$$

$\widetilde{A}\cap\widetilde{B}=\varnothing$. 则任一平行于 $x(y)$轴的直线交 $\widetilde{A}(\widetilde{B})$至多有限个点. 易证 $A=\varphi^{-1}(\widetilde{A})$，$B=\varphi^{-1}(\widetilde{B})$ 满足题给要求.

证法 2　记 $E_0=\{x \mid$存在 E 中点 e，使 e 的横坐标为 x 或纵坐标为 $x\}$，由 E 可数知 E_0 为可数集. 设 $E_0=\{x_1,x_2,\cdots\}$. 于是，$\forall e\in E$，$\exists i,j\in\mathbb{N}$，s. t. $e=(x_i,x_j)$. 令

$$A = \{e = (x_i,x_j) \in E \mid i \leqslant j\}, \quad B = \{e = (x_i,x_j) \mid i > j\},$$

则 $A\cap B=\varnothing$，$E=A\cup B$，且 A，B 满足题给要求. □

【79】 设 $E\subset\mathbb{R}^1$ 为可数集. 证明：$\exists x_0\in\mathbb{R}^1$，s. t.

$$E \cap (E + \{x_0\}) = \varnothing,$$

其中点集

$$E + \{x_0\} = \{x + x_0 \mid x \in E\}, \quad A + B = \{x + y \mid x \in A, y \in B\}.$$

证明　设可数集 $E=\{x_1,x_2,\cdots,x_n,\cdots\}$，则 $A=\{x_n-x_m \mid n\neq m\}$为可数集. 因此，必可取 $x_0\notin A$. 于是，$E\cap(E+\{x_0\})=\varnothing$. (反证)否则 $\exists x\in E\cap(E+\{x_0\})$，故 $x=x_n$，$x=x_m+x_0$，从而 $x_n=x=x_m+x_0$，$x_0=x_n-x_m\in A$，这与 $x_0\notin A$ 相矛盾. □

【80】 设 $A=\{a_1,a_2,\cdots,a_n,\cdots\}$，$B=\{b_1,b_2,\cdots,b_n,\cdots\}$为两个自然数子列，如果

$$\lim_{n\to+\infty}\frac{a_n}{b_n} = 0,$$

则称 B 是比 A 增长更快的数列.

现设 $\mathscr{N}$为由某些自然数子列构成的数列族. 且对任一自然数子列 A，均有 $B\in\mathscr{N}$，使得 B 比 A 增长更快. 证明：$\mathscr{N}$为不可数集.

证明　证法 1(反证)反设 $\mathscr{N}$为至多可数集，排列 $\mathscr{N}$中元如下：

$$B_1 = \{b_{11}, b_{12}, \cdots, b_{1n}, \cdots\},$$
$$B_2 = \{b_{21}, b_{22}, \cdots, b_{2n}, \cdots\},$$
$$\cdots$$

令 $a_n=\sum_{k=1}^{n} nb_{kn}$，$A=\{a_1,a_2,\cdots,a_n,\cdots\}$. 易知，$n\geqslant k$ 时，有

$$0 < \frac{b_{kn}}{a_n} = \frac{b_{kn}}{\sum_{i=1}^{n} nb_{in}} \leqslant \frac{b_{kn}}{nb_{kn}} = \frac{1}{n} \to 0, \quad n \to +\infty,$$

故 A 比 B_k 增长快($k=1,2,\cdots$). 这与题设，均有 $B\in\mathscr{N}$，使得 B 比 A 增长快相矛盾.

证法 2(反证)令 $a_n=\max\limits_{1\leqslant i,j\leqslant n}\{b_{ij}\}$，$A=\{a_1,a_2,\cdots,a_n,\cdots\}$，根据题设，均 $\exists k_0\in\mathbb{N}$，s. t.

B_{k_0} 比 A 增长得快，即 $\lim\limits_{n\to+\infty}\frac{a_n}{b_{k_0 n}}=0$. 但是，由 a_n 的定义，当 $n\geqslant k_0$ 时，$a_n\geqslant b_{k_0 n}$，$\frac{a_n}{b_{k_0 n}}\geqslant 1$，$\lim\limits_{n\to+\infty}\frac{a_n}{b_{k_0 n}}\not< 1$，矛盾. □

【81】 证明：平面$\mathbb{R}^2$ 和开圆片都不能被其中至多可数个彼此无公共内点(可以相切)的闭圆片的集合 $\mathscr{A}$ 所覆盖.

推广：n 维 Enclid 空间$\mathbb{R}^n$ 和 n 维开球体都不能被其中至多可数个彼此无公共内点(可以相切)的闭球体的集合 $\mathscr{A}$ 所覆盖(类似平面情形证明).

证明 (反证)假设 $\mathscr{A}$ 能覆盖$\mathbb{R}^2$. 根据例 1.2.3 知 $\mathscr{A}$ 至多可数，故 $\mathscr{A}$ 中任两闭圆片的切点的全体为至多可数集. 又因$\mathbb{R}$ 为不可数集，故 $\exists c\in\mathbb{R}$, s. t. 直线 $l=\{(x,c)\mid x\in\mathbb{R}\}$ 不经过所有的切点. 于是，l 与各圆片或者不相交，或者相交于一闭区间线段(包括退缩为一点). 而这些闭区间至多可数个，且彼此不相交，记为 F_i，$i=1,2,\cdots$，且 $l=\bigcup\limits_{i=1}^{\infty}F_i$. 这与题[45]的结论相矛盾. □

【82】 设 $E\subset l^2=\{x=(x_1,x_2,\cdots,x_n,\cdots)\mid x_n\in\mathbb{R},\ \sum\limits_{n=1}^{\infty}x_n^2<+\infty\}$为 l^2 的一个线性基. 证明：E 为不可数集.

证明 对 $\forall a\in(0,1)$，令

$$x=(1,a,\cdots,a^n,\cdots),$$

由于

$$\sum_{n=1}^{\infty}(a^{n-1})^2=\lim_{n\to+\infty}\frac{1-a^{2n}}{1-a^2}=\frac{1}{1-a^2},\quad a\in(0,1),$$

所以 $x\in l^2$.

现证 $V=\{(1,a,a^2,\cdots,a^n,\cdots)\mid a\in(0,1)\}$中的向量线性无关. 事实上，如果

$$\sum_{i=1}^{m}\lambda_i\alpha_i=0,$$

其中 $\alpha_i=(1,a_i,a_i^2,\cdots,a_i^n,\cdots)$，$i\neq j$ 时，$a_i\neq a_j$，$i,j\in\{1,2,\cdots,m\}$，则

$$\begin{cases}\lambda_1+\lambda_2+\cdots+\lambda_m=0,\\ \lambda_1a_1+\lambda_2a_2+\cdots+\lambda_ma_m=0,\\ \lambda_1a_1^2+\lambda_2a_2^2+\cdots+\lambda_ma_m^2=0,\\ \cdots\\ \lambda_1a_1^{m-1}+\lambda_2a_2^{m-1}+\cdots+\lambda_ma_m^{m-1}=0\end{cases}$$

是关于 $\lambda_1,\lambda_2,\cdots,\lambda_m$ 的线性方程组，由 Vandermonde 行列式

$$\det\begin{pmatrix}1 & 1 & \cdots & 1\\ a_1 & a_2 & \cdots & a_m\\ a_1^2 & a_2^2 & \cdots & a_m^2\\ \vdots & \vdots & & \vdots\\ a_1^{m-1} & a_2^{m-1} & \cdots & a_m^{m-1}\end{pmatrix} = \prod_{1\leqslant i<j\leqslant m}(a_j - a_i) \neq 0$$

知 $\lambda_1=\lambda_2=\cdots=\lambda_m=0$. 从而$\{\alpha_1,\alpha_2,\cdots,\alpha_m\}$线性无关. 由于 $m\in\mathbb{N}$ 任取，故 V 线性无关.

（反证）　假设 E 为至多可数集，则可记

$$E=\{\beta_1,\beta_2,\cdots,\beta_n,\cdots\}.$$

于是，l^2 和 V 中元素均可由 E 中元素有限线性表示. 设

$$U_1=\{\lambda_1\beta_1 \mid \lambda_1\in\mathbb{R}\},$$
$$U_2=\{\lambda_1\beta_1+\lambda_2\beta_2 \mid \lambda_1,\lambda_2\in\mathbb{R}\},$$
$$\cdots$$
$$U_n=\{\lambda_1\beta_1+\lambda_2\beta_2+\cdots+\lambda_n\beta_n \mid \lambda_1,\lambda_2,\cdots,\lambda_n\in\mathbb{R}\},$$
$$\cdots$$

则 $\bigcup\limits_{n=1}^{\infty}U_n=l^2\supset V$. 因此，至少 $\exists N\in\mathbb{N}$, s. t. U_N 中含 V 中不可数个点（否则会得出 V 为可数集，与 $\overline{\overline{V}}=\overline{\overline{\{(1,a,a^2,\cdots,a^n,\cdots)\mid a\in\mathbb{R}\}}}=\overline{\overline{\{a\mid a\in\mathbb{R}\}}}=\overline{\overline{R}}=\aleph$，$V$ 为不可数集相矛盾). 显然，$U_N\cap V$ 中的向量线性无关，且可由 $\beta_1,\cdots,\beta_N$ 线性表示，故

$$U_N\cap V \text{ 中向量个数} \leqslant N,$$

这与 $U_N\cap V$ 为不可数集相矛盾. 因此，E 为不可数集.　□

【83】　$\mathbb{R}^n$ 中的超平面就是 $n-1$ 维平面 $a_1x_1+a_2x_2+\cdots+a_nx_n=d$，其中 $a_1,a_2,\cdots,a_n$，d 为实常数，且 $a_1,a_2,\cdots,a_n$ 不全为 0（$\mathbb{R}^1$ 中的超平面为点；$\mathbb{R}^2$ 中超平面为一维直线；$\mathbb{R}^3$ 中超平面为通常的二维平面）.

证明：$\mathbb{R}^n$ 中至多可数个超平面不能覆盖$\mathbb{R}^n$.

证明　（反证）假设超平面$\{\pi_1,\pi_2,\cdots,\pi_m,\cdots\}$能覆盖$\mathbb{R}^n$，即 $\mathbb{R}^n=\bigcup\limits_m\pi_m$. 显然，$\pi_1$ 不能覆盖$\mathbb{R}^n$. 取 $\boldsymbol{p}_1\in\mathbb{R}^n-\pi_1$，并作开球 $B(\boldsymbol{p}_1;r_1)$，使得 $0<r_1<1$，且$\overline{B(\boldsymbol{p}_1;r_1)}\cap\pi_1=\varnothing$. 显然，$\pi_2$ 不能覆盖 $B(\boldsymbol{p}_1;r_1)$. 取 $\boldsymbol{p}_2\in B(\boldsymbol{p}_1;r_2)-\pi_2$，并作开球 $B(\boldsymbol{p}_2;r_2)$，使得 $0<r_2<\frac{1}{2}$，$\overline{B(\boldsymbol{p}_2;r_2)}\subset B(\boldsymbol{p}_1;r_1)$，$\overline{B(\boldsymbol{p}_2;r_2)}\cap\pi_2=\varnothing$. 依次可构造一递降闭球套：

$$\overline{B(\boldsymbol{p}_1;r_1)}\supset\overline{B(\boldsymbol{p}_2;r_2)}\supset\cdots\supset\overline{B(\boldsymbol{p}_m;r_m)}\supset\cdots,$$

使得 $0<r_m<\frac{1}{m}$，且$\overline{B(\boldsymbol{p}_m;r_m)}\cap\pi_m=\varnothing$. 根据闭球套原理，$\exists_1\boldsymbol{p}_0\in\bigcap\limits_m\overline{B(\boldsymbol{p}_m;r_m)}$. 易见

$$\boldsymbol{p}_0\in\bigcap_m\overline{B(\boldsymbol{p}_m;r_m)}\subset\mathbb{R}^n.$$

但 $\boldsymbol{p}_0 \notin \bigcup_m \pi_m = \mathbb{R}^n$，矛盾. □

【84】 设 G 为$\mathbb{R}^n$ 中的 G_δ 集. 试构造$\mathbb{R}^n$ 上的函数 f，它的连续点集就是 G.

解 解法1 不妨设 G_δ 集 $G = \bigcap_{m=1}^{\infty} G_m$，其中 $G_1 = \mathbb{R}^n$，$G_m(m = 1,2,\cdots)$ 都为开集. 记 $H_m = \bigcap_{k=1}^{m} G_k$. 并令

$$f(x) = \begin{cases} 0, & x \in \bigcap_{m=1}^{\infty} H_m = \bigcap_{m=1}^{\infty} G_m = G, \\ \dfrac{1}{m}, & x \in (H_m - H_{m+1}) \cap \mathbb{Q}^n, \\ -\dfrac{1}{m}, & x \in (H_m - H_{m+1}) \cap (\mathbb{R}^n - \mathbb{Q}^n), \end{cases}$$

则

$$0 \leqslant \omega(\boldsymbol{x}) \leqslant \frac{2}{m}, \quad \boldsymbol{x} \in H_m;$$

$$\omega(\boldsymbol{x}) \geqslant \frac{1}{m} - \frac{1}{m+1}, \quad \boldsymbol{x} \in H_m - H_{m+1}, \quad m = 1,2,\cdots.$$

因此

$$\omega(\boldsymbol{x}) = \begin{cases} 0, & \boldsymbol{x} \in \bigcap_{m=1}^{\infty} H_m = \bigcap_{m=1}^{\infty} G_m = G, \\ > 0, & \boldsymbol{x} \in H_m - H_{m+1}, \quad m = 1,2,\cdots. \end{cases}$$

由此推得 f 的连续点集恰为 G.

解法2 对 $\forall\, \boldsymbol{x}_0 \in G = \bigcap_{m=1}^{\infty} G_n = \bigcap_{m=1}^{\infty} H_m$，$\forall\, \varepsilon > 0$，$\exists\, m \in \mathbb{N}$，s. t. $\dfrac{1}{m} < \dfrac{1}{\varepsilon}$. 于是

$$|\, f(\boldsymbol{x}) - f(\boldsymbol{x}_0)\,| = |\, f(\boldsymbol{x}) - 0\,| = |\, f(\boldsymbol{x})\,| \leqslant \frac{1}{m} < \varepsilon, \quad \forall\, \boldsymbol{x} \in H_m(x_0 \text{ 的开邻域}).$$

这就证明了 f 在 $\boldsymbol{x}_0$ 点处连续. 由 $\boldsymbol{x}_0$ 任取，故 f 在 G 的每一点都连续.

对 $\forall\, \boldsymbol{x}_0 \in H_{m_0} - H_{m_0+1}$，$\forall\, \boldsymbol{x}_0$ 的开邻域 U，必有 $\boldsymbol{x} \in H_{m_0} \cap U$，s. t.

$$|\, f(\boldsymbol{x}) - f(\boldsymbol{x}_0)\,| \geqslant \frac{1}{m_0} - \frac{1}{m_0+1} > 0.$$

因此，f 在 $\boldsymbol{x}_0$ 点不连续.

综合上述，f 的连续点集恰为 G. □

【85】 G 恰为某个函数 f: $\mathbb{R}^n \to \mathbb{R}$ 的连续点集 $\Leftrightarrow G \subset \mathbb{R}^n$ 为 G_δ 集.

证明 ($\Rightarrow$)设 G 恰为 f: $\mathbb{R}^n \to \mathbb{R}$ 的连续点集，则

$$G = \{\boldsymbol{x} \in \mathbb{R}^n \mid \omega(\boldsymbol{x}) = 0\} = \bigcap_{m=1}^{\infty} \left\{\boldsymbol{x} \in \mathbb{R}^n \mid \omega(\boldsymbol{x}) < \frac{1}{m}\right\} = \bigcap_{m=1}^{\infty} G_{\frac{1}{m}}.$$

由例 1.4.3 知，$G_{\frac{1}{m}}$ 为 $(\mathbb{R}^n,\mathscr{T}_{\rho_0^n})$ 中的开集，故 G 为 G_δ 集.

(⇐)设 $G\subset\mathbb{R}^n$ 为 G_δ 集，记 $G=\bigcap\limits_{m=1}^{\infty}G_m$，其中 G_m 为开集. 根据题[84]，G 恰为某个函数 f 的连续点集. □

注　不存在函数 $f:\mathbb{R}\to\mathbb{R}$，使得 f 的连续点集恰为 $\mathbb{Q}$.

证明　见参考文献[1]例 1.5.2 证法 1-4. 注意，根据例 1.5.1 知，$\mathbb{Q}$ 不为 G_δ 集. □

注　Riemann 函数

$$R:\mathbb{R}\to\mathbb{R},$$

$$R(x)=\begin{cases}\dfrac{1}{p}, & x=\dfrac{q}{p},\quad q\in\mathbb{Z},p\in\mathbb{N},p\text{ 与 }q\text{ 无大于 1 的公因子},\\ 0, & x\in\mathbb{R}-\mathbb{Q}\end{cases}$$

的连续点集恰为 $\mathbb{R}-\mathbb{Q}$.

证明　见参考文献[1]例 1.5.3 注意，$\mathbb{Q}=\{r_1,r_2,\cdots,r_n,\cdots\}=\bigcup\limits_{m=1}^{\infty}\{r_m\}$，而

$$\mathbb{R}-\mathbb{Q}=\Big(\bigcup_{m=1}^{\infty}\{r_m\}\Big)^c=\bigcap_{m=1}^{\infty}\{r_m\}^c$$

为 G_δ 集. □

【86】　设 $\sum\limits_{n=0}^{\infty}a_nx^n$ 与 $\sum\limits_{n=0}^{\infty}b_nx^n$ 在 $(-R,R)$ 上收敛. 令

$$E=\{x\in(-R,R)\mid\sum_{n=0}^{\infty}a_nx^n=\sum_{n=0}^{\infty}b_nx^n\},$$

如果 $E'\cap(-R,R)\neq\varnothing$，证明：$a_n=b_n,n=0,1,2,\cdots$.

证明　证法 1　因 $E'\cap(-R,R)\neq\varnothing$，故 $\exists\,x_m\in E$, s. t. $\lim\limits_{m\to+\infty}x_m=x_0\in E'\cap(-R,R)$. 记

$$f(x)=\sum_{n=0}^{\infty}(a_n-b_n)x^n,$$

取 $r\in(0,R-|x_0|)$，则 $f(x)$ 在 (x_0-r,x_0+r) 上一致收敛. 于是：

(1) f 在 (x_0-r,x_0+r) 中解析，

$$f(x)=\sum_{n=0}^{\infty}\frac{f^{(n)}(x_0)}{n!}(x-x_0)^n,\quad x\in(x_0-r,x_0+r).$$

(2) 因为 $f(x_m)=\sum\limits_{n=0}^{\infty}(a_n-b_n)x_m^n=\sum\limits_{n=0}^{\infty}a_nx_m^n-\sum\limits_{n=0}^{\infty}b_nx_m^n=0$，所以

$$f(x_0)=\lim_{m\to+\infty}f(x_m)=\lim_{m\to+\infty}0=0.$$

根据 Rolle 定理，存在 ξ_m^1 介于 x_0 与 x_m 之间，s. t.

$$f'(\xi_m^1)=\frac{f(x_m)-f(x_0)}{x_m-x_0}=\frac{0-0}{x_m-x_0}=0,$$

且 $\lim\limits_{m\to+\infty}\xi_m^1=x_0$. 于是

$$f'(x_0)=\lim_{m\to+\infty}f'(\xi_m^1)=\lim_{m\to+\infty}0=0.$$

再根据 Rolle 定理,存在 ξ_m^2 介于 x_0 与 ξ_m^1 之间,s. t.

$$f''(\xi_m^2)=\frac{f'(\xi_m^1)-f'(x_0)}{\xi_m^1-x_0}=\frac{0-0}{\xi_m^1-x_0}=0,$$

且 $\lim\limits_{m\to+\infty}\xi_m^2=x_0$. 于是

$$f''(x_0)=\lim_{m\to+\infty}f''(\xi_m^2)=\lim_{m\to+\infty}0=0.$$

反复应用 Rolle 定理得到

$$f^{(n)}(x_0)=0,\quad n=0,1,2,\cdots.$$

从而

$$f(x)=\sum_{n=0}^{\infty}\frac{f^{(n)}(x_0)}{n!}(x-x_0)^n=\sum_{n=0}^{\infty}\frac{0}{n!}(x-x_0)^n=0,\quad x\in(x_0-r,x_0+r).$$

令

$$a=\inf\{s\mid f(x)=0,-R<s<x_0\},$$

则 $a=-R$.(反证)假设 $-R<a<x_0$,根据 $f(x),f'(x),f''(x),\cdots$ 的连续性,必有 $f(a)=f^{(0)}(a)=f'(a)=f''(a)=\cdots=0$,且 $\exists\,\varepsilon>0$,s. t.

$$f(x)=\sum_{n=0}^{\infty}\frac{f^{(n)}(a)}{n!}(x-a)^n=\sum_{n=0}^{\infty}\frac{0}{n!}(x-a)^n=0,\quad x\in(a-\varepsilon,a+\varepsilon),$$

这与 a 为下确界相矛盾. 同理

$$b=\sup\{s\mid f(x)=0,x_0<s<R\}=R.$$

由此推得

$$f(x)=0,\quad\forall\,x\in(-R,R).$$

从而

$$a_n-b_n=\frac{f^{(n)}(0)}{n!}=\frac{0}{n!}=0,$$

$$a_n=b_n,\quad n=0,1,2,\cdots.$$

证法 2 设 $f(x)=\sum\limits_{n=0}^{\infty}(a_n-b_n)x^n$,则 $f(x)=0\,(x\in E)$. 记 $A=E'\cap(-R,R)$,$B=(-R,R)-A$,易知 $(-R,R)=A\cup B$,且 B 为开集($\forall\,x\in B=(-R,R)-A$,即 $x\in(-R,R)$,$x\notin A=E'\cap(-R,R)$,则 $x\notin E'$,$x\in(-R,R)$. 于是,$f(x)\neq0$ 或 $f(x)=0$,$x\in E$ 为 E 的孤立点. 由此立即推出 B 为开集).

设 $x_0\in A$,将 $f(x)$ 在 $x=x_0$ 展开为

$$f(x)=\sum_{n=0}^{\infty}d_n(x-x_0)^n,\quad |x-x_0|<R-|x_0|.$$

如果存在最小的 $k\in\{0,1,2,\cdots\}$,s. t. $d_k\neq0$,则有

$$f(x)=\sum_{n=k}^{\infty}d_n(x-x_0)^n=(x-x_0)^k\cdot g(x),$$

$$g(x)=\sum_{m=0}^{\infty}d_{k+m}(x-x_0)^m,\quad |x-x_0|<R-|x_0|.$$

因为 $g(x)$ 在 $x=x_0$ 处连续，$g(x_0)=d_k\neq 0$，所以 $\exists\delta>0$，s. t. $g(x)\neq 0(|x-x_0|<\delta)$. 从而有 $f(x)\neq 0(0<|x-x_0|<\delta)$，这与 $x_0\in E'$ 相矛盾. 这就证明了 $d_n=0(n=0,1,2,\cdots)$. 由此得到 $f(x)=0(|x-x_0|<R-|x_0|)$ 由 $x_0\in A$ 任取，故 A 为开集. 从 $(-R,R)=A\cup B$ 连通，A 与 B 为开集，$A\cap B=\varnothing$. $A=E'\cap(-R,R)\neq\varnothing$ 立知，$B=\varnothing$. 故 $(-R,R)=A\subset E\subset(-R,R)$，$E=A=(-R,R)$. 最后，我们推得 $f(x)=0(x\in(-R,R))$，从而 $c_n=0$，$a_n=b_n$，$n=0,1,2,\cdots$. □

【87】 设 f 为 $\mathbb{R}$ 上无限次可导的实值函数，且 $\exists M>0$，s. t. 在 $\mathbb{R}$ 上，对 $\forall n\geqslant 0$，有 $|f^{(n)}(x)|\leqslant M$. 如果 $f\equiv 0$ 在一个无限有界集 L 上成立，则在 $\mathbb{R}$ 上，$f\equiv 0$.

证明 由 f 连续知，f 在 $\overline{L}$ 上为 0，故不妨设 L 为有界闭集.

应用归纳法和 Rolle 定理，可选严格单调增(或减)的序列 $\{x_n^k\mid n=1,2,\cdots\}$ 使得 $x_n^{k+1}\in(x_n^k,x_{n+1}^k)$，$n=1,2,\cdots$；$k=0,1,2,\cdots$，且 $\lim\limits_{n\to+\infty}x_n^k=x_0$，$f^{(k)}(x_n^k)=0$. 由 $f^{(k)}$ 的连续性，有

$$f^{(k)}(x_0)=\lim_{n\to+\infty}f^{(k)}(x_n^k)=0,\quad k=0,1,2,\cdots.$$

由此并用带 Lagrange 余项的 Tylor 公式得到

$$0\leqslant|f(x)|=\left|\frac{f^{(n)}(x_0+\theta(x-x_0))}{n!}(x-x_0)^n\right|\leqslant\frac{M}{n!}|x-x_0|^n\to 0\quad(n\to+\infty),$$

$$f(x)\equiv 0,\quad\forall x\in\mathbb{R}.$$ □

【88】 设 $F\subset\mathbb{R}^n$ 为有界闭集，$G_i(i=1,2,\cdots,k)$ 为 $\mathbb{R}^n$ 中的开集，且

$$F\subset\bigcup_{i=1}^{k}G_i.$$

试作有界闭集 $F_i(i=1,2,\cdots,k)$，使得

$$F=\bigcup_{i=1}^{k}F_i,\quad F_i\subset G_i,\quad i=1,2,\cdots,k.$$

证明 对 $\forall x\in F$，由 $F\subset\bigcup\limits_{i=1}^{k}G_i$，$\exists i\in\{1,2,\cdots,k\}$，s. t. $x\in G_i$(开集)，从而 $\exists\delta(x)>0$，s. t. $\overline{B(x,\delta(x))}\subset G_i$. 由于 $\{B(x;\delta(x))\mid x\in F\}$ 构成了紧集(有界闭集)F 的一个开覆盖，故 $\exists x_1,x_2,\cdots,x_m$，s. t. $F\subset\bigcup\limits_{i=1}^{k}B(x_i;\delta(x_i))$. 令 $H_i=\bigcup\limits_{B(x_j;\delta(x_j))\subset G_i}\overline{B(x_j;\delta(x_j))}$，则 H_i 为有界闭集，且 $F\subset\bigcup\limits_{i=1}^{k}H_i$，$H_i\subset G_i$. 再令 $F_i=H_i\cap F$，则 F_i 为有界闭集，且

$$F=\bigcup_{i=1}^{k}F_i,\quad F_i\subset G_i,\quad i=1,2,\cdots,k.$$ □

[**89**] 设 $f\in C^1([a,b])$([a,b]上连续可导函数的全体). 证明

$$E=\{x\in[a,b]\mid f(x)=0\}\cap\{x\in[a,b]\mid f'(x)>0\}$$

中任一点皆为 E 的孤立点.

证明 证法 1 对 $\forall x_0\in E$,有 $f(x_0)=0, f'(x_0)>0$. 因为 $f\in C^1([a,b])$,即 $f'\in C([a,b])$,故 $\exists\delta_0>0$,当 $x\in(x_0-\delta_0,x_0+\delta_0)$时,$f'(x)>0$. 于是,根据 Lagrange 中值定理,$\exists\xi\in(x,x_0)\subset(x_0-\delta_0,x_0)$或 $\eta\in(x_0,x)\subset(x_0,x_0+\delta)$, s. t.

$$f(x)=f(x)-f(x_0)=\begin{cases}(x-x_0)f'(\xi)<0, & x\in(x_0-\delta_0,x_0),\\(x-x_0)f'(\eta)>0, & x\in(x_0,x_0+\delta_0).\end{cases}$$

这就立即推得

$$((x_0-\delta_0,x_0+\delta_0)-\{x_0\})\cap E=\varnothing.$$

从而,x_0 为 E 的孤立点. 由于 x_0 任取,所以 E 中任一点皆为孤立点.

证法 2 (反证)假设有 $x_0\in E$ 不为 E 的孤立点,则 $\exists x_n\in E, x_n\neq x_0$, s. t. $\lim\limits_{n\to+\infty}x_n=x_0$. 由于 $x_0,x_n\in E$,故 $f(x_0)=f(x_n)=0$. 应用 Lagrange 中值定理,ξ_n 位于 x_0 与 x_n 之间,且

$$f'(\xi_n)=\frac{f(x_n)-f(x_0)}{x_n-x_0}=\frac{0-0}{x_n-x_0}=0.$$

显然,$\lim\limits_{n\to+\infty}\xi_n=x_0$. 由 $f'(x)$连续知,$f'(x_0)=\lim\limits_{n\to+\infty}f'(\xi_n)=\lim\limits_{n\to+\infty}0=0$,这与 $x_0\in E$ 必有 $f'(x_0)>0$ 相矛盾. □

【**90**】 设 $f:[a,b]\to\mathbb{R}$ 为实函数,作 f 的图形集

$$G_f=\{(x,f(x))\mid x\in[a,b]\}.$$

证明: G_f 为$\mathbb{R}^2$ 中的紧集(有界闭集)$\Leftrightarrow f\in C^0([a,b])=C([a,b])$,即 f 为[a,b]上的连续函数.

举例说明: G_f 为$\mathbb{R}^2$ 中的无界闭集,而 $f\notin C^0([a,b])$.

证明 证法 1 ($\Leftarrow$)设 f 为[a,b]上的连续函数. 对 $\forall(x_n,f(x_n))\in G_f$, $(x_n,f(x_n))\to(x_0,y_0)$,由 f 连续,故 $y_0=\lim\limits_{n\to+\infty}f(x_n)=f(x_0)$,即$(x_n,f(x_n))\to(x_0,f(x_0))\in G_f$. 这就证明了 G_f 为闭集. 又因 f 连续,所以 $f([a,b])$有界,从而 G_f 为有界集,G_f 为有界闭集,即 G_f 为紧集.

($\Rightarrow$)(反证)假设 $f\notin C([a,b])$. 取 x_0 为 f 的一个不连续点,则 $\exists\varepsilon_0>0$ 及 $x_n\to x_0(n\to+\infty)$, $f(x_n)\geqslant f(x_0)+\varepsilon_0$ 或 $f(x_n)\leqslant f(x_0)-\varepsilon_0$, $\forall n\in\mathbb{N}$.

由 G_f 紧致,$(x_n,f(x_n))\in G_f$ 必有收敛子列$(x_{n_k},f(x_{n_k}))$,记

$$\lim_{k\to+\infty}(x_{n_k},f(x_{n_k}))=\left(\lim_{k\to+\infty}x_{n_k},\lim_{k\to+\infty}f(x_{n_k})\right)=\left(x_0,\lim_{k\to+\infty}f(x_{n_k})\right)\in G_f.$$

则

$$\left(x_0,\lim_{k\to+\infty}f(x_{n_k})\right)=(x_0,f(x_0)),$$
$$\lim_{k\to+\infty}f(x_{n_k})=f(x_0).$$

当 k 充分大时,有

$$f(x_0)-\varepsilon_0<f(x_{n_k})<f(x_0)+\varepsilon_0,$$

这与上述结论相矛盾.

反例：考虑

$$f(x)=\begin{cases}0, & x=0,\\ \dfrac{1}{x}, & x\in(0,1].\end{cases}$$

显然

$$G_f=\{(x,f(x))\mid x\in[0,1]\}$$

为$\mathbb{R}^2$中的无界闭集，而 f 在 $x=0$ 点处不连续.

证法 2　($\Leftarrow$)对于 $x_0\notin[a,b]$，设 $d=\min\{|x_0-a|,|x_0-b|\}$，则 $d>0$. 显然

$$(x_0-d,x_0+d)\times(y_0-1,y_0+1)\subset\mathbb{R}^2-G_f=G_f^c;$$

对于 $x_0\in[a,b]$，$y_0\neq f(x_0)$，则$|y_0-f(x_0)|>0$. 由 f 连续，$\exists\,\delta_0>0$，使得

$$f(x_0)-\frac{|y_0-f(x_0)|}{2}<f(x)<f(x_0)+\frac{|y_0-f(x_0)|}{2},$$

$$\forall\,x\in(x_0-\delta_0,x_0+\delta_0)\cap[a,b].$$

于是

$$(x_0-\delta_0,x_0+\delta_0)\times\left(y_0-\frac{|y_0-f(x_0)|}{2},y_0+\frac{|y_0-f(x_0)|}{2}\right)\subset G_f^c.$$

这就证明了 G_f^c 为开集，从而 G_f 为闭集. 又因 f 连续，所以 $f([a,b])$有界，从而 G_f 为有界集，G_f 为有界闭集，即 G_f 为紧集.

($\Rightarrow$)设 G_f 为紧集(有界闭集). 对 $\forall\,x_0\in[a,b]$，如果 $x_n\in[a,b]$，$\lim\limits_{n\to+\infty}x_n=x_0$，则由 G_f 的有界性可知，存在子列$\{x_{n_i}\}$，使得

$$\lim_{i\to+\infty}f(x_{n_i})=\overline{\lim_{n\to+\infty}}f(x_n)\overset{\text{def}}{=}y_0.$$

从而得到$\lim\limits_{i\to+\infty}(x_{n_i},f(x_{n_i}))=(x_0,y_0)$. 再由 G_f 的闭集性可知，$y_0=f(x_0)$. 所以

$$\overline{\lim_{n\to+\infty}}f(x_n)=f(x_0).$$

同理

$$\underline{\lim_{n\to+\infty}}f(x_n)=f(x_0).$$

综上知

$$\lim_{n\to+\infty}f(x_n)=f(x_0).$$

这就证明了 f 在 x_0 点处连续. 由 x_0 的任取性，$f\in C([a,b])$.　□

【91】　1890 年，Peano 构造出一条平面连续曲线，它将整个正方形$[0,1]\times[0,1]$填满了. 下面采用 Schoenberg1938 年提出的，需依靠无穷级数构造的连续曲线.

解　首先，在$[0,2]$上定义函数

$$g(t)=\begin{cases}0, & t\in\left[0,\frac{1}{3}\right]\text{或}\left[\frac{5}{3},2\right],\\ 3t-1, & t\in\left(\frac{1}{3},\frac{2}{3}\right],\\ 1, & t\in\left(\frac{2}{3},\frac{4}{3}\right],\\ -3t+5, & t\in\left(\frac{4}{3},\frac{5}{3}\right).\end{cases}$$

再将 $g(t)$ 以 2 为周期延拓到整个实轴 $\mathbb{R}$ 上，即

$$g(t+2)=g(t).$$

从而 $g(t)$ 为 $\mathbb{R}$ 上的连续周期函数，且 $0\leqslant g(t)\leqslant 1$. 参阅题 91 图.

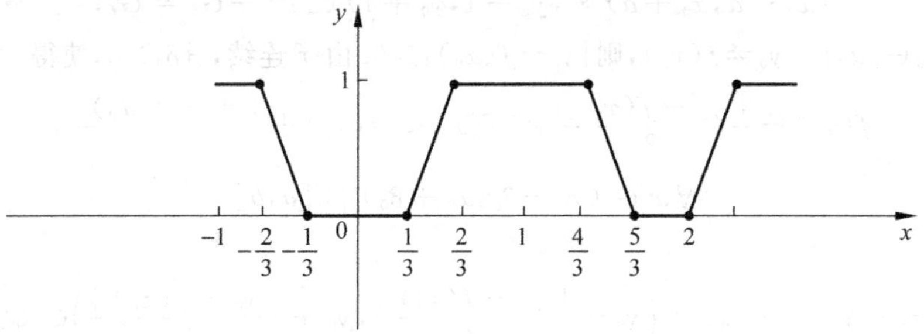

题 91 图

定义函数

$$\begin{cases}x(t)=\sum\limits_{n=1}^{\infty}\dfrac{g(3^{2n-2}t)}{2^n},\\ y(t)=\sum\limits_{n=1}^{\infty}\dfrac{g(3^{2n-1}t)}{2^n}, \quad 0\leqslant t\leqslant 1.\end{cases}$$

由于 $0\leqslant g(t)\leqslant 1$，故上述两级数在 $\mathbb{R}$ 上一致收敛，从而 $x(t)$，$y(t)$ 均为 $[0,1]$ 上的连续函数.

显然，对 $\forall\, t\in[0,1]$，有 $0\leqslant x(t)\leqslant 1$，$0\leqslant y(t)\leqslant 1$，所以

$$G=\{(x(t),y(t))\mid t\in[0,1]\}\subset[0,1]\times[0,1].$$

其次证 $[0,1]\times[0,1]\subset G$.

对 $\forall\,(a,b)\in[0,1]\times[0,1]$，可证 $\exists\, c\in[0,1]$，s. t. $x(0)=a$，$x(1)=b$.

由于 $0\leqslant a\leqslant 1$，$0\leqslant b\leqslant 1$，故由 $[0,1]$ 上数的二进位表示有

$$a=\sum_{n=1}^{\infty}\frac{a_n}{2^n},\quad b=\sum_{n=1}^{\infty}\frac{b_n}{2^n},$$

其中 a_n，b_n 为 0 或 $1(n=1,2,\cdots)$.

作 $c=2\sum\limits_{n=1}^{\infty}\dfrac{c_n}{3^n}$，其中 $c_{2n-1}=a_n$，$c_{2n}=b_n(n=1,2,\cdots)$. 因为 $2\sum\limits_{n=1}^{\infty}\dfrac{1}{3^n}=1$，故有 $0\leqslant c\leqslant 1$.

下面证明：

$$\begin{cases} x(c) = \sum\limits_{n=1}^{\infty} \dfrac{g(3^{2n-2}c)}{2^n} = a, \\ y(c) = \sum\limits_{n=1}^{\infty} \dfrac{g(3^{2n-1}c)}{2^n} = b. \end{cases}$$

从而，$(a,b)=(x(c),y(c))\in G,[0,1]\times[0,1]\subset G$.

综上知，$G=[0,1]\times[0,1]$. 这就证明了连续曲线 $G=\{(x(t),y(t))\mid t\in[0,1]\}$ 填满了整个$[0,1]\times[0,1]$.

易见

$$3^k c = 3^k \cdot 2\sum_{n=1}^{\infty} \frac{c_n}{3^n} = 2\sum_{n=1}^{k} \frac{c_n}{3^{n-k}} + 2\sum_{n=k+1}^{\infty} \frac{c_n}{3^{n-k}} = \text{整偶数} + d_k,$$

其中 $d_k = 2\sum\limits_{n=k+1}^{\infty} \dfrac{c_n}{3^{n-k}}$. 利用 $g(t)$ 以 2 为周期，因此

$$g(3^k c) = g(d_k),\quad k = 0,1,2,\cdots.$$

(1) 如果 $c_{k+1} = 0$，有 $0 \leqslant 2\sum\limits_{n=k+1}^{\infty} \dfrac{c_n}{3^{n-k}} = d_k = 2\sum\limits_{n=k+2}^{\infty} \dfrac{c_k}{3^{n-k}} \leqslant 2\sum\limits_{n=k+2}^{\infty} \dfrac{1}{3^{n-k}} = \dfrac{1}{3}$，所以

$$g(3^k c) = g(d_k) = 0 = c_{k+1}.$$

(2) 如果 $c_{k+1}=1$，有 $\dfrac{2}{3}\leqslant 2\left[\dfrac{1}{3}+\sum\limits_{n=k+2}^{\infty}\dfrac{c_n}{3^{n-k}}\right]=d_k\leqslant 2\sum\limits_{n=k+1}^{\infty}\dfrac{1}{3^{n-k}}=2\cdot\dfrac{\frac{1}{3}}{1-\frac{1}{3}}=1$，所以

$$g(3^k c) = g(d_k) = 1 = c_{k+1}.$$

总之有 $g(3^k c)=c_{k+1}$，$k=0,1,2,\cdots$. 由此得到

$$g(3^{2n-2}c) = c_{2n-1} = a_n,\quad g(3^{2n-1}c) = c_{2n} = b_n,\quad n = 1,2,\cdots.$$

从而

$$\begin{cases} x(c) = \sum\limits_{n=1}^{\infty} \dfrac{g(3^{2n-2}c)}{2^n} = \sum\limits_{n=1}^{\infty} \dfrac{a_n}{2^n} = a, \\ y(c) = \sum\limits_{n=1}^{\infty} \dfrac{g(3^{2n-1}c)}{2^n} = \sum\limits_{n=1}^{\infty} \dfrac{b_n}{2^n} = b. \end{cases}$$

□

【92】 将点集[0,1]表示为$\aleph$个互不相交的非空完全集的并集.

解　设 $x(t)$，$t\in[0,1]$和 $g(t)$，$t\in\mathbb{R}$ 如题[91]中所述.

对 $\forall a\in[0,1]$，作

$$E_a = \{t \mid x(t) = a, t \in [0,1]\},$$

下证，$\{E_a \mid a\in[0,1]\}$为$\aleph$个互不相交的非空完全集.

由于 $x(t)$为连续函数，所以 $E_a=\{t\mid x(t)=a\}$为闭集，即 $E_a'\subset E_a$.

再证 $E_a\subset E_a'$. 事实上，对 $\forall t\in E_a$，有 $x(t)=a$，$0\leqslant t,a\leqslant 1$. 用[0,1]中数的三进位、二进

位表示有

$$t = 2\sum_{j=1}^{\infty}\frac{c_j}{3^j},\quad a = \sum_{i=1}^{\infty}\frac{a_i}{2^i},$$

其中 $a_i=0,1$；$c_j=0,1$.

再根据题[91]的推理,上面两个表示式满足：

$$a_j = g(3^{2j-2}t) = c_{2j-1},\quad j = 1,2,\cdots.$$

作

$$c_{2j-1}^{(n)} = a_j,\quad c_{2j}^{(n)} = \begin{cases} c_{2j}, & j \neq n, \\ \tilde{c}_{2j}, & j = n, \end{cases}\quad j = 1,2,\cdots,$$

其中 $\tilde{c}_{2j}$ 取为与 c_{2j} 不同的数,即

$$\tilde{c}_{2j} = \begin{cases} 1, & c_{2j} = 0, \\ 0, & c_{2j} = 1. \end{cases}$$

令

$$t_n = 2\sum_{j=1}^{\infty}\frac{c_j^{(n)}}{3^j},$$

显然,$t_n \to t(n\to+\infty)$ 且 $t_n \neq t$,而

$$x(t_n) = \sum_{j=1}^{\infty}\frac{g(3^{2j-2}t_n)}{2^j} = \sum_{j=1}^{\infty}\frac{c_{2j-1}^{(n)}}{2^j} = \sum_{j=1}^{\infty}\frac{a_j}{2^j} = a.$$

由此可见,对 $\forall\, t\in E_a$,$\exists\, t_n\in E_a$,$t_n\neq t$,$t_n\to t(n\to+\infty)$,从而 $t\in E_a'$. 所以 $E_a\subset E_a'$.

综上所述,有 $E_a=E_a'$,即 E_a 为非空的完全集. 于是,$[0,1]=\bigcup\limits_{\alpha\in[0,1]}E_\alpha$ 为 $\aleph$ 个互不相交的非空完全集的并集. □

【93】 设 X 为非空集合,$\mathscr{T}$ 为 X 上的一个子集族,满足：

(1) $\varnothing, X\in\mathscr{T}$;

(2) 若 $G_1,G_2\in\mathscr{T}$,则 $G_1\cap G_2\in\mathscr{T}$;

(3) 若 $G_\alpha\in\mathscr{T}$,$\alpha\in\Gamma$(指标集),则 $\bigcup\limits_{\alpha\in\Gamma}G_\alpha\in\mathscr{T}$(或若 $\mathscr{T}_0\subset\mathscr{T}$,必有 $\bigcup\limits_{G\in\mathscr{T}_0}G\in\mathscr{T}$),则称 $\mathscr{T}$ 为 X 上的一个**拓扑**,$(X,\mathscr{T})$ 称为 X 上的一个**拓扑空间**. $G\in\mathscr{T}$ 称为拓扑空间 $(X,\mathscr{T})$ 上的**开集**.

如果 $F\subset X$,$F^c\in\mathscr{T}$,则称 F 为 $(X,\mathscr{T})$ 上的**闭集**.

如果存在 $\mathscr{T}^*\subset\mathscr{T}$,使得 $\mathscr{T}$ 中的任何 G 必为 $\mathscr{T}^*$ 中若干元的并集,则称 $\mathscr{T}^*$ 为 $(X,\mathscr{T})$ 的一个**拓扑基**. 如果 $(X,\mathscr{T})$ 具有至多可数的拓扑基 $\mathscr{T}^*$,则称 $(X,\mathscr{T})$ 为 **A_2 空间或具有第二可数性公理**的拓扑空间.

如果对 $\forall\, x,y\in X$,$x\neq y$,有 x 的开邻域(含 x 的开集)$G_x\not\ni y$,或者有 y 的开邻域 $G_y\not\ni x$,则称 $(X,\mathscr{T})$ 为 **T_0 空间**；如果必有 x 的开邻域 $G_x\not\ni y$,也必有 y 的开邻域 $G_y\not\ni x$,则称 $(X,\mathscr{T})$ 为 **T_1 空间**；如果必有 x 的开邻域 G_x 和 y 的开邻域 G_y,使得 $G_x\cap G_y=\varnothing$,则称 $(X,\mathscr{T})$ 为 **T_2 空间或 Hausdorff 空间**.

设$(X,\mathscr{T})$为 A_2 与 T_0 空间，证明：$\overline{\overline{X}}\leqslant\aleph$.

证明　因为$(X,\mathscr{T})$为 A_2 空间，所以它有可数拓扑基

$$\mathscr{B}=\{B_1,B_2,\cdots,B_n,\cdots\}.$$

令

$$\varphi:X\to 2^{\mathscr{B}},$$
$$x\mapsto\varphi(x)=\{B\in\mathscr{B}\mid x\in B\}.$$

易证 φ 为单射. 事实上，$\forall x,y\in X,x\neq y$，由于$(X,\mathscr{T})$为 T_0 空间，故必有 x 的开邻域 $G_x\not\ni y$，或者有 y 的开邻域 $G_y\not\ni x$. 不失一般性，设为前者. 于是，必有 $B\in\mathscr{B}$, s. t. $x\in B\subset G_x$，但 $y\notin B$. 由此推得

$$\varphi(x)\neq\varphi(y).$$

这就证明了 φ 为单射. 因此

$$\overline{\overline{X}}\leqslant\overline{\overline{2^{\mathscr{B}}}}=\aleph.$$

□

【94】 设 X 为不可数集. 证明：

(1) X 的子集族

$$\mathscr{T}_{余可数}=\{U\mid U=X-C,C\text{ 为 }X\text{ 的至多可数子集}\}\cup\{\varnothing\}$$

为 X 上的一个拓扑.

(2) $(X,\mathscr{T}_{余可数})$不为 T_2 空间，而为 T_1 空间.

(3) $(X,\mathscr{T}_{余可数})$为 Lindelöf 空间，即 X 的任何开覆盖必有可数子覆盖. 但$(X,\mathscr{T}_{余可数})$不为(可数)紧致空间(X 的任何(可数)开覆盖必有有限子覆盖，则称$(X,\mathscr{T}_{余可数})$为**(可数)紧致空间**).

(4) $(X,\mathscr{T}_{余可数})$为连通空间，即 X 不能表示为两个非空不相交开集的并集.

(5) $(X,\mathscr{T}_{余可数})$不为道路连通空间，即 $\exists\,p,q\in X$，不存在连续映射 $\sigma:[0,1]\to X$, s. t. $\sigma(0)=p,\sigma(1)=q$.

证明　(1) 显然，$\varnothing\in\mathscr{T}_{余可数}$，$X=X-\varnothing\in\mathscr{T}_{余可数}$；

若 $X-C_1\in\mathscr{T}_{余可数}$，$X-C_2\in\mathscr{T}_{余可数}$，则 C_1,C_2 为 X 的至多可数子集，从而 $C_1\cup C_2$ 也为 X 的至多可数子集，且

$$(X-C_1)\cap(X-C_2)\xlongequal{\text{de Morgan公式}}X-C_1\cup C_2\in\mathscr{T}_{余可数};$$

若 $X-C_\alpha\in\mathscr{T}_{余可数}$，$\alpha\in\Gamma$，则 C_α 为 X 的至多可数集，从而 $\bigcap\limits_{\alpha\in\Gamma}C_\alpha$ 也为 X 的至多可数集，且

$$\bigcup_{\alpha\in\Gamma}(X-C_\alpha)\xlongequal{\text{de Morgan公式}}X-\bigcap_{\alpha\in\Gamma}C_\alpha\in\mathscr{T}_{余可数}.$$

由此知 $\mathscr{T}_{余可数}$ 为 X 的一个拓扑.

(2) $\forall\,p,q\in X,p\neq q$，则 $X-\{p\}$为 q 的开邻域但不含 p；而 $X-\{q\}$为 p 的开邻域但不含 q. 因此，$(X,\mathscr{T}_{余可数})$为 T_1 空间.

设 $X-C_1$ 与 $X-C_2$ 分别为含 p 与 q 的开邻域，显然，由 X 不可数和 $C_1\cup C_2$ 至多可数知

$$(X-C_1)\cap(X-C_2)\xlongequal{\text{de Morgan公式}}X-C_1\cup C_2\neq\varnothing,$$

因此，$(X,\mathscr{T}_{余可数})$不为 T_2 空间.

(3) 设 $\mathscr{A}$ 为 X 的任一开覆盖. 任取 $G\in\mathscr{A},G\neq\varnothing$，则 $G=X-C$，其中 C 为 X 的至多可数子集，记 $C=\{c_1,c_2,\cdots,c_n,\cdots\}$. 因为 $\mathscr{A}$ 为 X 的开覆盖，故对 $\forall\, c_n\in C$，必有 $G_n\in\mathscr{A}$，s. t. $c_n\in G_n$. 于是，$\{G,G_1,G_2,\cdots,G_n,\cdots\}$为 $\mathscr{A}$ 关于 X 的可数子覆盖. 这就证明了$(X,\mathscr{T}_{余可数})$为 Lindelöf 空间.

另一方面，设$\{c_1,c_2,\cdots,c_n,\cdots\}$为 X 中互异的一个点列，则

$$\begin{aligned}G_1&=X-\{c_1,c_2,\cdots,c_n,\cdots\},\\G_2&=X-\{c_2,c_3,\cdots,c_{n+1},\cdots\},\\&\cdots\\G_n&=X-\{c_n,c_{n+1},\cdots\}\\&\cdots\end{aligned}$$

为 X 的一个可数开覆盖，但它显然无有限子覆盖. 因此，$(X,\mathscr{T}_{余可数})$不是可数紧致空间，也不是紧致空间.

(4) 证法 1 （反证）假设$(X,\mathscr{T}_{余可数})$不为连通空间，则 $X=U\cup V$，其中 U 与 V 为两个不相交的非空开集. 于是，$U=X-C_1$，$V=X-C_2$，其中 C_1，C_2 为 X 中的至多可数集. 从而 $C_1\cup C_2$ 为至多可数集. 由此推得

$$\varnothing=U\cap V=(X-C_1)\cap(X-C_2)\xlongequal{\text{de Morgan公式}}X-C_1\cup C_2\neq\varnothing,$$

矛盾(注意：X 为不可数集).

证法 2 （反证）假设$(X,\mathscr{T}_{余可数})$不为连通空间. 根据参考文献[18]定理 1.4.1，$X=F_1\cup F_2$，其中 F_1，F_2 为两个不相交的非空闭集，则 F_1 与 F_2 必为至多可数集，从而 $X=F_1\cup F_2$ 也为至多可数集，这与 X 不可数相矛盾.

证法 3 （反证）假设$(X,\mathscr{T}_{余可数})$不为连通空间，根据参考文献[18]定理 1.4.1，$X=A\cup B$，其中 A 与 B 为两个非空隔离子集. 因为 X 为不可数集，故 A 与 B 中至少有一个为不可数集，不妨设 A 为不可数集. 易证，$A'=X$，从而 $\overline{A}=A'\cup A=X\cup A=X$. 于是，

$$(A\cap\overline{B})\cup(B\cap\overline{A})=(A\cap\overline{B})\cup(B\cap X)=(A\cap\overline{B})\cup B\supset B\neq\varnothing,$$
$$(A\cap\overline{B})\cup(B\cap\overline{A})\neq\varnothing,$$

这与 A，B 为隔离子集相矛盾.

(5) 证法 1 （反证）假设$(X,\mathscr{T}_{余可数})$是道路连通的，则 $\forall\, p,q\in X,p\neq q$，必有一条道路 σ：$[0,1]\to X$，s. t. $\sigma(0)=p,\sigma(1)=q$. 下证连续映射 σ 为局部常值映射. 否则 $\exists\, t_0\in[0,1]$，$t_n\in[0,1]$，$t_n\to t_0(n\to+\infty)$，但 $\sigma(t_n)\neq\sigma(t_0)$. 易见，$\lim\limits_{n\to+\infty}\sigma(t_n)=\sigma(t_0)$.

再由$(X,\mathscr{T}_{余可数})$的定义，$\exists\, N\in\mathbb{N}$，当 $n>N$ 时，有 $\sigma(t_n)=\sigma(t_0)$，这与上述 $\sigma(t_n)\neq\sigma(t_0)$ 相矛盾. 这就证明了 σ 为局部常值映射. 令

$$U=\{t\in[0,1]\mid\sigma(t)=p\},\quad V=\{t\in[0,1]\mid\sigma(t)\neq p\}.$$

由于 σ 局部常值，故 U 与 V 均为$[0,1]$中的开集(或者若 $\sigma(t_0)\neq p$，由 σ 连续，$\exists\delta>0$，s. t. $\sigma|_{(x_0-\delta,x_0+\delta)\cap[0,1]}\neq p$. 于是，$(t_0-\delta,t_0+\delta)\cap[0,1]\subset V$，从而 V 为开集). 又因 $0\in U,1\in V$，$[0,1]=U\cup V$，故$[0,1]$不连通，这与参考文献[18]例 1.4.3 中$[0,1]$连通相矛盾. 由此推得$(X,\mathscr{T}_{余可数})$不为道路连通的拓扑空间.

或者，$\forall t\in[0,1]$，由 σ 局部常值，$\exists\delta(t)>0$，s. t. $\sigma|_{(t-\delta(t),t+\delta(t))\cap[0,1]}=$常值. 由于$[0,1]$紧致(有界闭集)，根据数学分析知，$[0,1]$的开覆盖$\{(t-\delta(t),t+\delta(t))\mid t\in[0,1]\}$必有有限子覆盖$\{(t_i-\delta(t_i),t_i+\delta(t_i))\mid i=1,2,\cdots,k\}$. 由此推得 σ 在$[0,1]$上为常值映射. 但是，$\sigma(0)=p\neq q=\sigma(1)$，故 σ 在$[0,1]$上不为常值映射，矛盾.

证法 2　(反证)假设$(X,\mathscr{T}_{余可数})$为道路连通空间，则 $\forall p,q\in X$，$p\neq q$，$\exists\sigma$: $[0,1]\to X$ 为连接 $\sigma(0)=p$ 到 $\sigma(1)=q$ 的一条道路. 易见，$\sigma^{-1}(X-\{p,q\})\neq\varnothing$(否则，$[0,1]=\sigma^{-1}(\{p,q\})=\sigma^{-1}(\{p\})\cup\sigma^{-1}(\{q\})$为两个不相交的非空闭集之并，即$[0,1]$不连通，这与参考文献[18]例 1.4.3 的结论$[0,1]$连通相矛盾). 于是，可取 $a_1\in\sigma^{-1}(X-\{p,q\})$. 同理，$\sigma^{-1}(X-\{p,q,\sigma(a_1)\})\neq\varnothing$，从而可取 $a_2\in\sigma^{-1}(X-\{p,q,\sigma(a_1)\})$. 重复上述过程，可取一串点列$\{a_n\}$，其中 $a_n\in[0,1]$，且 $\sigma(a_n)\neq\sigma(a_i)$，$i=1,2,\cdots,n-1$. 由$\{a_n\}\subset[0,1]$，故有界，从而必存在子列$\{a_{n_k}\}$收敛于 $a_0\in[0,1]$. 再由 σ 连续知，$\lim\limits_{k\to+\infty}\sigma(a_{n_k})=\sigma(a_0)$. 根据$(X,\mathscr{T}_{余可数})$的定义，必有 $K\in\mathbb{N}$，当 $k>K$ 时，有 $\sigma(a_{n_k})=\sigma(a_0)$，这与上述 $\sigma(a_{n_k})\neq\sigma(a_{n_l})$，$k\neq l$，$k,l>K$ 相矛盾.

证法 3　(反证)假设$(X,\mathscr{T}_{余可数})$是道路连通的空间，则 $\forall p,q\in X$，$p\neq q$，必存在一条道路(连续映射)σ: $[0,1]\to X$，s. t. $\sigma(0)=p$，$\sigma(1)=q$.

设$\mathbb{Q}$为有理点集，则 $\sigma(\mathbb{Q}\cap[0,1])=C\subset X$，$C$ 为至多可数集. 于是，$A=X-C\in\mathscr{T}_{余可数}$，$\sigma^{-1}(A)$为$[0,1]$中的开集. 由于$\mathbb{Q}\cap[0,1]\cap\sigma^{-1}(A)=\varnothing$，故 $\sigma^{-1}(A)=\varnothing$. 从而，$[0,1]=\sigma^{-1}(C)=\bigcup\limits_{x\in C}\sigma^{-1}(\{x\})$，并且当 $x_1\neq x_2$ 时，$\sigma^{-1}(\{x_1\})$与 $\sigma^{-1}(\{x_2\})$为互不相交的闭集. 又因$\{p,q\}\in C$，所以，C 为至少两点的至多可数集. 于是，$[0,1]=\sigma^{-1}(C)$为至少两个至多可数个不相交的非空闭集的并集. 应用反证法和闭区间套原理立即推出矛盾(参阅题[45]).

证法 4　(反证)假设$(X,\mathscr{T}_{余可数})$为道路连通的空间，则 $\forall p,q\in X$，$p\neq q$，必存在一条道路 σ: $[0,1]\to X$，s. t. $\sigma(0)=p$，$\sigma(1)=q$. 于是，$\sigma(\mathbb{Q}\cap[0,1])$为至多可数集，从而它为$(X,\mathscr{T}_{余可数})$中的闭集. 由此，并应用参考文献[18]定理 1.3.2(4)，有

$$\sigma([0,1])\supset\sigma(\mathbb{Q}\cap[0,1])=\overline{\sigma(\mathbb{Q}\cap[0,1])}\supset\sigma(\overline{\mathbb{Q}\cap[0,1]})=\sigma([0,1]),$$

从而 $\sigma([0,1])=\sigma(\mathbb{Q}\cap[0,1])$. 因此，$\sigma([0,1])$为至少两点(如：$p,q$)的至多可数集.

因为$[0,1]$连通，所以由参考文献[18]定理 1.4.4(1)，$\sigma([0,1])$也连通. 但是，$(X,\mathscr{T}_{余可数})$中至少两点的至多可数集 A 必为离散拓扑空间，它必不连通($\forall a\in A$，$\{a\}=((X-A)\cup\{a\})\cap A$ 为子拓扑空间 A 中的开集). 由此推出矛盾. □

【95】 设 X 为无限集. 证明：

(1) X 的子集族

$$\mathscr{T}_{余有限}=\{U\mid U=X-C,C\text{ 为 }X\text{ 的有限子集}\}\cup\{\varnothing\}$$

为 X 上的一个拓扑.

(2) $(X,\mathscr{T}_{余有限})$不为 T_2 空间,但为 T_1 空间.

(3) $(X,\mathscr{T}_{余有限})$为紧致空间.

(4) $(X,\mathscr{T}_{余有限})$为连通空间.

(5) 如果 X 可数,则$(X,\mathscr{T}_{余有限})$不为道路连通空间; 如果 X 不可数,且 $\overline{\overline{X}}\geqslant\aleph$,则$(X,\mathscr{T}_{余有限})$为道路连通空间.

证明 (1) 显然,$\varnothing\in\mathscr{T}_{余有限}$,$X=X-\varnothing\in\mathscr{T}_{余有限}$;

若 $X-C_1\in\mathscr{T}_{余有限}$,$X-C_2\in\mathscr{T}_{余有限}$,则 C_1,C_2 为 X 的有限子集,从而 $C_1\cup C_2$ 也为 X 的有限子集,且

$$(X-C_1)\cap(X-C_2)\xlongequal{\text{de Morgan公式}}X-C_1\cup C_2\in\mathscr{T}_{余有限};$$

若 $X-C_\alpha\in\mathscr{T},\alpha\in\Gamma$,则 C_α 为 X 的有限子集,从而 $\bigcap\limits_{\alpha\in\Gamma}C_\alpha$ 也为 X 的有限子集,且

$$\bigcup_{\alpha\in\Gamma}(X-C_\alpha)\xlongequal{\text{de Morgan公式}}X-\bigcap_{\alpha\in\Gamma}C_\alpha\in\mathscr{T}_{余有限}.$$

由此知 $\mathscr{T}_{余有限}$为 X 的一个拓扑.

(2) $\forall\, p,q\in X,p\neq q$,则 $X-\{p\}$为 q 的开邻域但不含 p; 而 $X-\{q\}$为 p 的开邻域但不含 q. 因此,$(X,\mathscr{T}_{余有限})$为 T_1 空间.

设 $X-C_1$ 与 $X-C_2$ 分别为含 p 与 q 的开邻域,显然,由 X 为无限集和 $C_1\cup C_2$ 为有限集知

$$(X-C_1)\cap(X-C_2)\xlongequal{\text{de Morgan公式}}X-C_1\cup C_2\neq\varnothing,$$

因此,$(X,\mathscr{T}_{余有限})$不为 T_2 空间.

(3) 设 $\mathscr{A}$ 为 X 的任一开覆盖. 任取 $G\in\mathscr{A},G\neq\varnothing$,则 $G=X-C$,其中 C 为 X 的有限子集,记 $C=\{c_1,c_2,\cdots,c_n\}$. 因为 $\mathscr{A}$ 为 X 的开覆盖,故对 $\forall\, c_i\in C$,必有 $G_i\in\mathscr{A}$, s. t. $c_i\in G_i$. 于是,$\{G,G_1,G_2,\cdots,G_n\}$为 $\mathscr{A}$ 关于 X 的有限子覆盖. 这就证明了$(X,\mathscr{T}_{余有限})$为紧致空间.

(4) 设 U 和 V 为$(X,\mathscr{T})$的任何两个非空开集,则 $U=X-C_1$,$V=X-C_2$,且

$$U\cap V=(X-C_1)\cap(X-C_2)\xlongequal{\text{de Morgan公式}}X-C_1\cup C_2\neq\varnothing,$$

其中 C_1,C_2 均为 X 的有限子集,故 $C_1\cup C_2$ 也为 X 的有限子集(注意: X 为无限集). 由此立知$(X,\mathscr{T}_{余有限})$为连通空间.

(5) 如果 X 不可数,且 $\overline{\overline{X}}\geqslant\aleph$,则对 $\forall\, p,q\in X$,令

$$\sigma:[0,1]\to X,$$

$$t\mapsto\sigma(t),\quad\sigma(0)=p,\quad\sigma(1)=q$$

为单射. 因为 X 与所有 X 的有限子集就是$(X,\mathscr{T})$的全部闭集,且 $\sigma^{-1}(X)=[0,1]$,$\sigma^{-1}(F)$(F 为 X 的有限子集)都为$[0,1]$的闭集,故 σ 为连续映射,它是连接 $p=\sigma(0)$与 $q=\sigma(1)$的一条道路. 由此证得$(X,\mathscr{T}_{余有限})$为道路连通空间.

如果 X 为可数集,可证$(X,\mathscr{T}_{余有限})$不为道路连通空间.

(反证)假设$(X,\mathscr{T}_{余有限})$道路连通,则 $\forall\, p,q\in X,p\neq q$,存在道路 $\sigma:[0,1]\to X,\sigma(0)=p$,

$\sigma(1)=q$. 令可数集 $X=\{a_n \mid n\in\mathbb{N}\}$，其中 a_n 彼此相异. 显然，$\{a_n\}$ 为闭集，故 $\sigma^{-1}(\{a_n\})$ 为闭集($n=1,2,\cdots$)彼此不相交且至少有两个非空. 由

$$[0,1]=\sigma^{-1}(X)=\sigma\Big(\bigcup_{n=1}^{\infty}\{a_n\}\Big)=\bigcup_{n=1}^{\infty}\sigma^{-1}(\{a_n\}),$$

并应用反证法和闭区间套原理立即推出矛盾(参阅题[45]). □

【96】 设 $f:\mathbb{R}^n\to\mathbb{R}$ 为 n 元实函数，令

$$f_{\max}=\{f(\boldsymbol{x})\mid \boldsymbol{x}\in\mathbb{R}^n \text{ 为 } f \text{ 的极大值点}\},\quad f_{\min}=\{f(\boldsymbol{x})\mid \boldsymbol{x}\in\mathbb{R}^n \text{ 为 } f \text{ 的极小值点}\}.$$

证明：$f_{\max}$和 $f_{\min}$为至多可数集.

证明　证法 1　设 $\boldsymbol{x}$ 为 f 的极小值点，则 $\exists\, r>0$, s. t. 对 $\forall\,\boldsymbol{u}\in B(\boldsymbol{x};r)$，有 $f(\boldsymbol{u})\geqslant f(\boldsymbol{x})$. 可以选一个 $B(\boldsymbol{x}^*;r^*)\subset B(\boldsymbol{x};r)$, s. t. $\boldsymbol{x}\in B(\boldsymbol{x}^*;r^*)$, $(\boldsymbol{x}^*;r^*)\in\mathbb{Q}^n\times\mathbb{Q}^+$. 由极小值的性质知

$$\begin{aligned}&\varphi: f_{\min}\to\mathbb{Q}^n\times\mathbb{Q}^+,\\&\quad y=f(\boldsymbol{x})\mapsto(\boldsymbol{x}^*,r^*)(\text{对 } y \text{ 只选一个}(\boldsymbol{x}^*,r^*))\end{aligned}$$

为单射. 于是

$$\overline{\overline{f_{\min}}}\leqslant\overline{\overline{\mathbb{Q}^n\times\mathbb{Q}^+}}=\aleph_0.$$

即 $f_{\min}$为至多可数集. 同理，$f_{\max}$也为至多可数集(或用 $-f$ 代替 f 应用上述结论).

如果将有理球 $B(\boldsymbol{x}^*;r^*)$换为有理开长方体$(a_1,b_1)\times(a_2,b_2)\times\cdots\times(a_n,b_n)$来证也可.

证法 2　记

$$R_i=\Big\{y\mid\ \exists\,\boldsymbol{x}^0, \text{s. t. } y=f(\boldsymbol{x}^0) \text{ 为 } B\Big(\boldsymbol{x}^0;\frac{1}{i}\Big)\text{中的最小值}\Big\},$$

显然，$f_{\min}=\bigcup\limits_{i=1}^{\infty}R_i$.

先证 R_i 为至多可数集. 为此，作映射

$$\begin{aligned}&\varphi_i: R_i\to\mathbb{Q}^n,\\&\quad y=f(\boldsymbol{x}^0)\mapsto\varphi_i(y)=\boldsymbol{r}\in\mathbb{Q}^n\cap B\Big(\boldsymbol{x}^0;\frac{1}{2i}\Big),\end{aligned}$$

易证 φ_i 为单射.

事实上，如果

$$\varphi_i(y)=\boldsymbol{r}=\boldsymbol{r}'=\varphi_i(y'),\quad y=f(\boldsymbol{x}^0),\quad y'=f(\boldsymbol{x}^{0\prime}),$$

而

$$\boldsymbol{r}\in\mathbb{Q}^n\cap B\Big(\boldsymbol{x}^0;\frac{1}{2i}\Big),\quad \boldsymbol{r}'\in\mathbb{Q}^n\cap B\Big(\boldsymbol{x}^{0\prime};\frac{1}{2i}\Big).$$

于是

$$\|\boldsymbol{x}^0-\boldsymbol{x}^{0\prime}\|\leqslant\|\boldsymbol{x}^0-\boldsymbol{r}\|+\|\boldsymbol{r}'-\boldsymbol{x}^{0\prime}\|<\frac{1}{2i}+\frac{1}{2i}=\frac{1}{i}.$$

再根据最小值性知

$$f(\boldsymbol{x}^0) \leqslant f(\boldsymbol{x}^{0\prime}) \quad 且 \quad f(\boldsymbol{x}^0) \geqslant f(\boldsymbol{x}^{0\prime}).$$

这就蕴涵着

$$y = f(\boldsymbol{x}^0) = f(\boldsymbol{x}^{0\prime}) = y'.$$

所以，φ_i 为单射，且 $\overline{\overline{R_i}} \leqslant \overline{\overline{\mathbb{Q}^n}} = \aleph_0$. 由此与定理 1.2.6(3) 立即知

$$\overline{\overline{f_{\min}}} = \overline{\overline{\bigcup_{i=1}^{\infty} R_i}} \leqslant \aleph_0,$$

即 $f_{\min}$ 为至多可数集.

证法 3 记 $C\left(\boldsymbol{x}^0; \frac{1}{i}\right) = \left\{\boldsymbol{x} \,\middle|\, |x_j - x_j^0| < \frac{1}{i}, j=1,2,\cdots,n\right\}$，并令

$$B_i = \left\{\boldsymbol{x}^0 \,\middle|\, \forall\, \boldsymbol{x} \in C\left(\boldsymbol{x}^0; \frac{1}{i}\right), 有\ f(\boldsymbol{x}) \geqslant f(\boldsymbol{x}^0)\right\},$$

则 f 的极小值集为

$$f\left(\bigcup_{i=1}^{\infty} B_i\right) = \bigcup_{i=1}^{\infty} f(B_i).$$

只需证 $f(B_i)$ 为至多可数集，则 $\bigcup\limits_{i=1}^{\infty} f(B_i)$ 为至多可数集. 又

$$f(B_i) = f\left(\bigcup_{m=1}^{\infty} (B_i \cap (-m,m)^n)\right) = \bigcup_{m=1}^{\infty} f(B_i \cap (-m,m)^n).$$

将 $(-m,m)$ 平均分成 $2im+1$ 个小区间：

$$\left(-m, -m + \frac{2m}{2im+1}\right], \cdots, \left(m - \frac{2m}{2im+1}, m\right).$$

若 $\boldsymbol{x}^1, \boldsymbol{x}^2 \in B_i$，且 $|x_j^1 - x_j^2| \leqslant \frac{2m}{2im+1} < \frac{1}{i}$，则

$$f(\boldsymbol{x}^1) \geqslant f(\boldsymbol{x}^2), \quad f(\boldsymbol{x}^2) \geqslant f(\boldsymbol{x}^1), \quad f(\boldsymbol{x}^1) = f(\boldsymbol{x}^2).$$

从而

$$f(B_i \cap (-m,m)^n)$$

中至多含有 $(2im+1)^n$ 个不同的元素. 因此，

$$f(B_i) = \bigcup_{m=1}^{\infty} f(B_i \cap (-m,m)^n)$$

为至多可数集. □

【97】 设 $f: \mathbb{R}^n \to \mathbb{R}$ 为连续函数，处处达到极大或极小值. 证明：f 为常值函数.

证明 证法 1 （反证）假设 f 不是常值函数，则 $\exists\, a, b \in \mathbb{R}^n$, s. t. $f(a) \neq f(b)$，不妨设 $f(a) < f(b)$. 由连续函数的介值定理知，$f(\mathbb{R}^n) \supset [f(a), f(b)]$. 于是

$$\overline{\overline{f(\mathbb{R}^n)}} \geqslant \overline{\overline{[f(a), f(b)]}} = \aleph.$$

另一方面，由题设和题[96]，知

$$\aleph \leqslant \overline{\overline{f(\mathbb{R}^n)}} = \overline{\overline{f_{\max} \cup f_{\min}}} = \aleph_0 < \aleph,$$

矛盾.

证法 2　(反证)假设 f 在$\mathbb{R}$上不是常值函数,则 $\exists\, \boldsymbol{a}^1, \boldsymbol{b}^1 \in \mathbb{R}^n$, s. t. $f(\boldsymbol{a}^1) \neq f(\boldsymbol{b}^1)$. 不妨设 $f(\boldsymbol{a}^1) < f(\boldsymbol{b}^1)$. 考虑 $\boldsymbol{a}^1$ 与 $\boldsymbol{b}^1$ 的连线

$$L = \{(1-t)\boldsymbol{a}^1 + t\boldsymbol{b}^1 \mid t \in \mathbb{R}\}.$$

因为 f 连续,故由介值定理,$\exists\, \boldsymbol{c} \in (\boldsymbol{a}^1, \boldsymbol{b}^1) = \{(1-t)\boldsymbol{a}^1 + t\boldsymbol{b}^1 \mid t \in (0,1)\}$, s. t.

$$f(\boldsymbol{a}^1) < f(\boldsymbol{c}) = \frac{f(\boldsymbol{a}^1) + f(\boldsymbol{b}^1)}{2} < f(\boldsymbol{b}^1).$$

若 $\|\boldsymbol{b}^1 - \boldsymbol{c}\| \leqslant \frac{\|\boldsymbol{b}^1 - \boldsymbol{a}^1\|}{2}$,则令 $\boldsymbol{a}^2 = \boldsymbol{c}$,取 $\boldsymbol{b}^2$ 满足 $\boldsymbol{b}^2 \in (\boldsymbol{a}^2, \boldsymbol{b}^1) = (\boldsymbol{c}, \boldsymbol{b}^1) = \{(1-t)\boldsymbol{c} + t\boldsymbol{b}^1 \mid 0 < t < 1\}$,且

$$f(\boldsymbol{a}^1) < f(\boldsymbol{a}^2) = f(\boldsymbol{c}) < f(\boldsymbol{b}^2) < f(\boldsymbol{b}^1);$$

若 $\|\boldsymbol{c} - \boldsymbol{a}^1\| < \frac{\|\boldsymbol{b}^1 - \boldsymbol{a}^1\|}{2}$,则令 $\boldsymbol{b}^2 = \boldsymbol{c}$,取 $\boldsymbol{a}^2$ 满足 $\boldsymbol{a}^2 \in (\boldsymbol{a}^1, \boldsymbol{b}^2) = (\boldsymbol{a}^1, \boldsymbol{c}) = \{(1-t)\boldsymbol{a}^1 + t\boldsymbol{c} \mid 0 < t < 1\}$,且

$$f(\boldsymbol{a}^1) < f(\boldsymbol{a}^2) < f(\boldsymbol{c}) = f(\boldsymbol{b}^2).$$

无论哪种情形,都有 $f(\boldsymbol{a}^2) < f(\boldsymbol{b}^2)$. 在$[\boldsymbol{a}^2, \boldsymbol{b}^2]$上重复上述做法,并依次类推下去,得一闭区间套

$$[\boldsymbol{a}^1, \boldsymbol{b}^1] \supset [\boldsymbol{a}^2, \boldsymbol{b}^2] \supset \cdots \supset [\boldsymbol{a}^m, \boldsymbol{b}^m] \supset \cdots,$$

$$0 < \|\boldsymbol{b}^m - \boldsymbol{a}^m\| \leqslant \frac{\|\boldsymbol{b}^1 - \boldsymbol{a}^1\|}{2^{m-1}} \to 0 \quad (m \to +\infty).$$

根据闭区间套原理,$\exists_1\, \boldsymbol{x}^0 \in \bigcap_{m=1}^{\infty} [\boldsymbol{a}^m, \boldsymbol{b}^m]$. 由上述选法,易见 $\boldsymbol{x}^0 \in \bigcap_{m=1}^{\infty} (\boldsymbol{a}^m, \boldsymbol{b}^m)$,且 $\lim\limits_{m \to +\infty} \boldsymbol{a}^m = \boldsymbol{x}^0 = \lim\limits_{m \to +\infty} \boldsymbol{b}^m$. 再由 f 连续,$f(\boldsymbol{a}^m)$ 严格单调增且收敛于 $f(\boldsymbol{x}^0)$,$f(\boldsymbol{b}^m)$ 严格单调减且收敛于 $f(\boldsymbol{x}^0)$. 因此

$$f(\boldsymbol{a}^m) < f(\boldsymbol{x}^0) < f(\boldsymbol{b}^m).$$

即 $\boldsymbol{x}^0$ 不为 f 的极值点,这与$\mathbb{R}^n$ 中每一点都是 f 的极值点相矛盾.

证法 3　取定一点 $\boldsymbol{x}^0 \in \mathbb{R}^n$,对 $\forall\, \boldsymbol{x} \in \mathbb{R}^n$, $\boldsymbol{x} \neq \boldsymbol{x}^0$,连过 $\boldsymbol{x}^0$ 与 $\boldsymbol{x}$ 的直线 L. 则 f 在 L 上为连续函数,并且 L 上的每一点都是 f 的极值点. 根据例 1.2.18,f 在 L 上为常值函数,从而 $f(\boldsymbol{x}) = f(\boldsymbol{x}^0)$. 由于 $\boldsymbol{x} \in \mathbb{R}^n$ 任取,故 f 在$\mathbb{R}^n$ 上为常值函数. □

【98】 证明:(1) $2^{\aleph_0} = \aleph$.

(2) $\aleph^{\aleph} = 2^{\aleph}$.

(3) $\aleph_0^{\aleph} = 2^{\aleph}$.

(4) $\aleph^{\aleph_0} = \aleph$.

(5) $\aleph_0^{\aleph_0} = \aleph$.

证明　(1) 参阅例 1.2.9.

(2) 参阅例 1.2.16.

(3) 因为

$$2^{\aleph}\leqslant \aleph_0^{\aleph}\leqslant \aleph^{\aleph}=2^{\aleph},$$

所以根据 Cantor-Bernstein 定理，$\aleph_0^{\aleph}=2^{\aleph}$.

(4) $\aleph^{\aleph_0}=\overline{\overline{\mathbb{R}^{\mathbb{N}}}}=\overline{\overline{\mathbb{R}^{\infty}}}\xlongequal{\text{例1.2.7(2)}}\aleph$.

(5) 因为

$$\aleph=2^{\aleph_0}\leqslant \aleph_0^{\aleph_0}\leqslant \aleph^{\aleph_0}\xlongequal{(4)}\aleph,$$

所以根据 Cantor-Bernstein 定理，$\aleph_0^{\aleph_0}=\aleph$. □

【99】 设 $F_k(k\in\mathbb{N})$为$\mathbb{R}^n$ 中无内点的闭集，则 F_σ 集 $\bigcup\limits_{k=1}^{\infty}F_k$ 在$\mathbb{R}^n$ 中也无内点.

$\Leftrightarrow$设 $G_k(k\in\mathbb{N})$为$\mathbb{R}^n$ 中稠密(即 $\overline{G}_k=\mathbb{R}^n$)的开集，则 G_δ 集 $\bigcap\limits_{k=1}^{\infty}G_k$ 在$\mathbb{R}^n$ 中也稠密.

证明 证法 1 ($\Rightarrow$)设 $G_k(k\in\mathbb{N})$为$\mathbb{R}^n$ 中稠密的开集，则 G_k^c 为$\mathbb{R}^n$ 中无内点的闭集. 根据左边题设，$\bigcup\limits_{k=1}^{\infty}G_k^c$ 在$\mathbb{R}^n$ 中也无内点. 因此

$$\Big(\bigcap_{k=1}^{\infty}G_k\Big)^c\xlongequal{\text{de Morgan公式}}\bigcup_{k=1}^{\infty}G_k^c$$

无内点，从而 $\bigcap\limits_{k=1}^{\infty}G_k$ 在$\mathbb{R}^n$ 中稠密.

($\Leftarrow$)设 $F_k(k\in\mathbb{N})$为$\mathbb{R}^n$ 中无内点的闭集，则 F_k^c 为$\mathbb{R}^n$ 中稠密的开集. 根据右边题设，$\bigcap\limits_{k=1}^{\infty}F_k^c$ 在$\mathbb{R}^n$ 中稠密. 因此

$$\Big(\bigcup_{k=1}^{\infty}F_k\Big)^c\xlongequal{\text{de Morgan公式}}\bigcap_{k=1}^{\infty}F_k^c$$

在$\mathbb{R}^n$ 中稠密，从而 $\bigcup\limits_{k=1}^{\infty}F_k$ 在$\mathbb{R}^n$ 中无内点.

证法 2 ($\Rightarrow$)(反证)假设 $\bigcap\limits_{k=1}^{\infty}G_k$ 在$\mathbb{R}^n$ 中不稠密，则存在闭球$\overline{B(\boldsymbol{x}_0;\delta_0)}$，使得

$$\Big(\bigcap_{k=1}^{\infty}G_k\Big)\cap\overline{B(\boldsymbol{x}_0;\delta_0)}=\varnothing.$$

于是

$$\begin{aligned}\overline{B(\boldsymbol{x}_0;\delta_0)}&=\mathbb{R}^n\cap\overline{B(\boldsymbol{x}_0;\delta_0)}=\varnothing^c\cap\overline{B(\boldsymbol{x}_0;\delta_0)}\\&=\Big(\Big(\bigcap_{k=1}^{\infty}G_k\Big)\cap\overline{B(\boldsymbol{x}_0;\delta_0)}\Big)^c\cap\overline{B(\boldsymbol{x}_0;\delta_0)}\\&=\Big(\bigcup_{k=1}^{\infty}G_k^c\cup\overline{B(\boldsymbol{x}_0;\delta_0)}^c\Big)\cap\overline{B(\boldsymbol{x}_0;\delta_0)}\end{aligned}$$

$$= \bigcup_{k=1}^{\infty}(G_k^c \cap \overline{B(\boldsymbol{x}_0; \delta_0)}).$$

因为 G_k 为$\mathbb{R}^n$ 中稠密的开集，故 G_k^c 为$\mathbb{R}^n$ 中无内点的闭集，从而 $G_k^c \cap \overline{B(\boldsymbol{x}_0; \delta_0)}$也为$\mathbb{R}^n$ 中无内点的闭集. 根据左边题设，$\overline{B(\boldsymbol{x}_0; \delta_0)} = \bigcup_{k=1}^{\infty}(G_k^c \cap \overline{B(\boldsymbol{x}_0; \delta_0)})$ 无内点，这与 $B(\boldsymbol{x}_0; \delta_0)$中每一点都是$\overline{B(\boldsymbol{x}_0; \delta_0)}$的内点相矛盾. □

【100】 (Baire)设 $E\subset\mathbb{R}^n$ 为 F_σ 集，即 $E=\bigcup_{k=1}^{\infty}F_k$，$F_k(k\in\mathbb{N})$ 为闭集. 如果每个 F_k 皆无内点，则 E 也无内点. 它等价于(根据 de Morgan 公式)：

设 $G_k(k\in\mathbb{N})$为$\mathbb{R}^n$ 中的稠密(即 $\bar{G}_k=\mathbb{R}^n$)开集，则 G_δ 集 $\bigcap_{k=1}^{\infty}G_k$ 在$\mathbb{R}^n$ 中也稠密. 进而，可推得$\bigcap_{k=1}^{\infty}G_k$ 的势为$\aleph$(因而它为不可数集).

证明　证法 1　(反证)反设 E 有内点 $\boldsymbol{x}^0$，则 $\exists\,\delta_0>0$，使$\overline{B(\boldsymbol{x}^0; \delta_0)}\subset E$. 因为 F_1 无内点，故 $\exists\,\boldsymbol{x}^1\in B(\boldsymbol{x}^0; \delta_0)-F_1$. 又因 F_1 为闭集，所以可取 $\delta_1\in(0,1)$，s. t. $\overline{B(\boldsymbol{x}^1; \delta_1)}\cap F_1=\varnothing$，同时有$\overline{B(\boldsymbol{x}^1; \delta_1)}\subset B(\boldsymbol{x}^0; \delta_0)$. 再从$\overline{B(\boldsymbol{x}^1; \delta_1)}$出发，类似的推理应用于 F_2，则可得$\overline{B(\boldsymbol{x}^2; \delta_2)}$，s. t. $\overline{B(\boldsymbol{x}^2; \delta_2)}\cap F_2=\varnothing$，$\overline{B(\boldsymbol{x}^2; \delta_2)}\subset B(\boldsymbol{x}^1; \delta_1)$，其中 $\delta_2\in\left(0,\frac{1}{2}\right)$. 依次类推可得到点列$\{\boldsymbol{x}^k\}$与正数列$\{\delta_k\}$使得对 $\forall\,k\in\mathbb{N}$ 有

$$\overline{B(\boldsymbol{x}^k; \delta_k)} \subset B(\boldsymbol{x}^{k-1}; \delta_{k-1}),$$

$$\overline{B(\boldsymbol{x}^k; \delta_k)} \cap F_k = \varnothing,$$

其中 $\delta_k\in\left(0,\frac{1}{k}\right)$. 根据 Cantor 闭集套原理，$\exists_1\boldsymbol{x}\in\bigcap_{k=1}^{\infty}\overline{B(\boldsymbol{x}^k; \delta_k)}$. 显然，$x\notin F_k$，$\forall\,k\in\mathbb{N}$. 所以，$x\notin\bigcup_{k=1}^{\infty}F_k=E$，这与 $\boldsymbol{x}\in\overline{B(\boldsymbol{x}^k; \delta_k)}\subset\overline{B(\boldsymbol{x}_0; \delta_0)}\subset E$ 相矛盾.

证法 2　任取 $\boldsymbol{x}$ 与 $\boldsymbol{x}$ 的开邻域 U. 因为 G_1 在$\mathbb{R}^n$ 中为稠密开集，故必 $\exists\,\boldsymbol{x}^1\in G_1\cap U$，且有 $\boldsymbol{x}^1$ 的开邻域 $B(\boldsymbol{x}^1; \delta_1)$，$\delta_1\in(0,1)$，s. t. $\overline{B(\boldsymbol{x}^1; \delta_1)}\subset G_1\cup U$. 又因 G_2 在$\mathbb{R}^n$ 中为稠密开集，故必 $\exists\,\boldsymbol{x}^2\in G_2\cap B(\boldsymbol{x}^1; \delta_1)$，且有 $\boldsymbol{x}^2$ 的开邻域 $B(\boldsymbol{x}^2; \delta_2)$，$\delta_2\in\left(0,\frac{1}{2}\right)$，s. t. $\overline{B(\boldsymbol{x}^2; \delta_2)}\subset G_2\cap B(\boldsymbol{x}^1; \delta_1)$. 依次类推得到$\{\boldsymbol{x}^k\}$，$\{B(\boldsymbol{x}^k; \delta_k)\}$使得 $\delta_k\in\left(0,\frac{1}{k}\right)$，$x^k\in G_k\cap B(\boldsymbol{x}^{k-1}; \delta_{k-1})$，$\overline{B(\boldsymbol{x}^k; \delta_k)}\subset G_k\cap B(\boldsymbol{x}^{k-1}; \delta_{k-1})$. 根据闭集套原理，$\exists_1\boldsymbol{y}\in\bigcap_{k=1}^{\infty}\overline{B(\boldsymbol{x}^k; \delta_k)}\subset\bigcap_{k=1}^{\infty}G_k\cap U$. 因此，$\bigcap_{k=1}^{\infty}G_k$ 在$\mathbb{R}^n$ 中也稠密.

最后，我们来证明上述 $\bigcap_{k=1}^{\infty} G_k$ 的势为 $\aleph$. 因为 $\overline{\overline{\bigcap_{k=1}^{\infty} G_k}} \leqslant \overline{\overline{\mathbb{R}^n}} = \aleph$，所以只需证 $\overline{\overline{\bigcap_{k=1}^{\infty} G_k}} \geqslant \aleph$. 为此，由 G_1 为稠密开集，故可取非空开集 Δ_0 与 Δ_1，使得

$$\Delta_0 \subset G_1, \quad \Delta_1 \subset G_1, \quad \Delta_0 \cap \Delta_1 = \varnothing, \quad 直径\ \mathrm{diam}\Delta_{i_0} \in (0,1), \quad i_0 = 0 或 1.$$

再由 G_2 为稠密开集，故可取非空开集 $\Delta_{00}, \Delta_{01}, \Delta_{10}, \Delta_{11}$，使得

$$\Delta_{00} \subset G_2 \cap \Delta_0, \quad \Delta_{01} \subset G_2 \cap \Delta_0, \quad \Delta_{10} \subset G_2 \cap \Delta_1,$$

$$\Delta_{11} \subset G_2 \cap \Delta_1, \quad \Delta_{00} \cap \Delta_{01} = \varnothing, \quad \Delta_{10} \cap \Delta_{11} = \varnothing,$$

$$直径\ \mathrm{diam}\Delta_{i_0 i_1} \in \left(0, \frac{1}{2}\right), \quad i_0, i_1 = 0 或 1.$$

依次可得到 $\{\Delta_{i_0 i_1 \cdots i_k}\}$，使得

$$\Delta_{i_0 i_1 \cdots i_k} \subset G_{k+1} \cap \Delta_{i_0 i_1 \cdots i_{k-1}}, \quad \Delta_{i_0 i_1 \cdots i_{k-1} 0} \cap \Delta_{i_0 i_1 \cdots i_{k-1} 1} = \varnothing,$$

$$直径\ \mathrm{diam}\Delta_{i_0 i_1 \cdots i_k} \in \left(0, \frac{1}{k+1}\right), \quad i_0, i_1, \cdots, i_k = 0 或 1.$$

显然，每个递降闭区间套：

$$\Delta_{i_0} \supset \Delta_{i_0 i_1} \supset \Delta_{i_0 i_1 i_2} \supset \cdots \supset \Delta_{i_0 i_1 i_2 \cdots i_k} \supset \cdots$$

都套出唯一的一个点 $x_{i_0 i_1 \cdots i_k} \in \bigcap_{k=1}^{\infty} G_k$. 并且不同的闭区间套套出不同的点. 因此，

$$\overline{\overline{\bigcap_{k=1}^{\infty} G_k}} \geqslant \overline{\overline{\{\Delta_{i_0} \supset \Delta_{i_0 i_1} \supset \cdots \supset \Delta_{i_0 i_1 \cdots i_k} \supset \cdots\}}} = \overline{\overline{\{x_{i_0 i_1 \cdots i_k \cdots}\}}}$$

$$= \overline{\overline{\{二进位小数\ 0.\, i_0 i_1 \cdots i_k \cdots\}}} = \aleph.$$

根据 Cantor-Bernstein 定理，有

$$\overline{\overline{\bigcap_{k=1}^{\infty} G_k}} = \aleph.$$

□

【101】 设 f 在区间 I 上无穷次（连续）可导，即 $f \in C^{\infty}(I)$，如果对 $\forall x \in I$，均 $\exists n_x \in \mathbb{N} \cup \{0\}$，s. t. $f^{(n_x)}(x) = 0$，则存在区间 $(a,b) \subset I$ 以及多项式 $P(x)$，使得

$$f(x) = P(x), \quad x \in (a,b).$$

证明 证法 1 令 $E_n = \{x \in I \mid f^{(n)}(x) = 0\}$，根据题设，对 $\forall x \in I$，$\exists n_x \in \mathbb{N} \cup \{0\}$，s. t. $x \in E_{n_x}$. 注意到 $I = \bigcup_{n=0}^{\infty} E_n$ 及 $E_n (n \in \mathbb{N})$ 为闭集，应用 Baire 定理可知，必有某个 E_{n_0} 包含开区间 (a,b)：$f^{(n_0)}(x) = 0, a < x < b$.

对 $f^{(n_0)}(x)$ 逐次积分，得到

$$f^{(n_0-1)}(x) = c_0, \quad f^{(n_0-2)}(x) = c_0 x + c_1, \cdots,$$

$$f(x) = \frac{c_0}{(n_0-1)!} x^{n_0-1} + \frac{c_1}{(n_0-2)!} x^{n_0-2} + \cdots + c_{n_0-2} x + c_{n_0-1}, \quad a < x < b.$$

证法 2 （反证）假设结论不成立，则 $\exists [c,d] \subset I$, s. t. $f|_{[c,d]} \neq 0$. 由 f 连续知，$\exists [\alpha_0, \beta_0] \subset$

$[c,d]$, s. t. $f(x)\neq 0$, $\forall x\in[\alpha_0,\beta_0]$, 且 $0<\beta_0-\alpha_0<1$; 同理, $\exists[\alpha_1,\beta_1]\subset[\alpha_0,\beta_0]$, s. t. $f'(x)\neq 0$, $\forall x\in[\alpha_1,\beta_1]$, 且 $0<\beta_1-\alpha_1=\frac{1}{2^1}=\frac{1}{2}$; 依次 $\exists[\alpha_n,\beta_n]\subset[\alpha_{n-1},\beta_{n-1}]$, s. t. $f^{(n)}(x)\neq 0$, $\forall x\in[\alpha_n,\beta_n]$, 且 $0<\beta_n-\alpha_n<\frac{1}{2^n}$. 根据闭区间套原理, $\exists_1 x_0\in\bigcap\limits_{n=1}^{\infty}[\alpha_n,\beta_n]\in I$, s. t. $f^{(n)}(x_0)\neq 0$, $\forall n\in\mathbb{N}\cup\{0\}$. 这与题设相矛盾. □

【102】 f 在区间 I 上解析(即 $f\in C^{\omega}(I)$), 对 $\forall x\in I$, 均 $\exists n_x\in\mathbb{N}\cup\{0\}$, s. t. $f^{(n_x)}(x)=0\Leftrightarrow f$ 在 I 上为多项式.

证明　($\Leftarrow$)设 f 在 I 上为 n 次多项式, 即 $f(x)=a_0x^n+a_1x^{n-1}+\cdots+a_{n-1}x+a_n$, 则 $f^{(n+1)}(x)=0$, $\forall x\in I$. 此时, $n_x=n+1$. 对 $\forall x_0\in I$, 显然用 Taylor 展开可将 $f(x)$ 写作

$$f(x)=\sum_{k=0}^{\infty}\frac{f^{(k)}(x_0)}{k!}(x-x_0)^k=\sum_{k=0}^{n}\frac{f^{(k)}(x_0)}{k!}(x-x_0)^k,$$

或者按降幂凑的办法可得到

$$\begin{aligned}f(x)&=a_0(x-x_0)^n+(a_1+na_0x_0)x^{n-1}+\cdots+[a_{n-1}-(-1)^{n-1}x_0^{n-1}]x+[a_n-(-1)^nx_0^n]\\&=\cdots=b_0(x-x_0)^n+b_1(x-x_0)^{n-1}+\cdots+b_{n-1}(x-x_0)+b_n.\end{aligned}$$

这就证明了 f 为 I 上的解析函数.

($\Rightarrow$)因为 f 在区间 I 上解析, 所以 f 在 I 上 C^{∞} 可导. 又对 $\forall x\in I$, 均 $\exists n_x\in\mathbb{N}\cup\{0\}$, s. t. $f^{(n_x)}(x)=0$, 故根据题[101], $\exists(a,b)\subset I$, 使得

$$f(x)=P(x),\quad x\in(a,b),$$

其中 $P(x)=a_0x^n+a_1x^{n-1}+\cdots+a_{n-1}x+a_n$ 为 n 次多项式.

设 $c=\inf I$, $d=\sup I$, 而

$$\alpha_0=\inf\{\alpha\mid f(x)=P(x),x\in(\alpha,b)\},\quad \beta_0=\sup\{\beta\mid f(x)=P(x),x\in(a,\beta)\}.$$

如果 $\alpha_0>c$, 则由 f 在 α_0 处解析, 故 $\exists\delta>0$, s. t.

$$f(x)=\sum_{k=0}^{\infty}\frac{f^{(k)}(\alpha_0)}{k!}(x-\alpha_0)^k=\sum_{k=0}^{\infty}\frac{P^{(k)}(\alpha_0)}{k!}(x-\alpha_0)^k=P(x),\quad x\in[\alpha_0-\delta,\alpha_0+\delta].$$

特别地, $f(\alpha_0-\delta)=P(\alpha_0-\delta)$. 这与 α_0 为下确界相矛盾. 因此, $\alpha_0=c=\inf I$. 同理, $\beta_0=d=\sup I$. 于是

$$f(x)=P(x),\quad \forall x\in I,$$

即 f 在 I 上为多项式. □

注　由题[102]立即知, 如果 f 在区间 I 上是 C^{∞} 的但不是 C^{ω} 的(即不是实解析的), 即使对 $\forall x\in I$, 均 $\exists n_x\in\mathbb{N}\cup\{0\}$, s. t. $f^{(n_x)}(x)=0$, $f(x)$ 在 I 上肯定不是整体多项式.

但是, 要举出一个具有上述性质的函数或者证明具有上述性质的函数是不存在的, 这都不是一件轻而易举的事!

第2章 测度理论

2.1 环上的测度、外测度、测度的延拓

定义 2.1.1 设 $\mathscr{R}$ 为集 X 的某些子集所成的环，$\mu: \mathscr{R} \to \mathbb{R}_*$ 为广义集函数($\mathbb{R}_* = \mathbb{R} \cup \{-\infty, +\infty\}$). 如果 μ 具有下列性质：

(1) $\mu(\varnothing)=0$；

(2) 非负性：$\forall E \in \mathscr{R}, \mu(E) \geqslant 0$；

(3) 可数可加性：对 $\forall E_i \in \mathscr{R}(i=1,2,\cdots)$，如果 $E_i \cap E_j = \varnothing (i \neq j)$ 且 $\bigcup\limits_{i=1}^{\infty} E_i \in \mathscr{R}$，就必定有

$$\mu\left(\bigcup_{i=1}^{\infty} E_i\right) = \sum_{i=1}^{\infty} \mu(E_i).$$

则称广义集函数 μ 为**环 $\mathscr{R}$ 上的一个测度**，称 $\mu(E)$ 为**集 E 的测度**.

定理 2.1.1 (测度的基本性质)设 μ 为环 $\mathscr{R}$ 上的测度.

(1) 有限可加性：如果 $E_1, E_2, \cdots, E_n \in \mathscr{R}$，且这些集两两不相交，则

$$\mu\left(\bigcup_{i=1}^{n} E_i\right) = \sum_{i=1}^{n} \mu(E_i).$$

(2) 单调性：如果 $E_1, E_2 \in \mathscr{R}$，且 $E_1 \subset E_2$，则 $\mu(E_1) \leqslant \mu(E_2)$.

(3) 可减性：如果 $E_1, E_2 \in \mathscr{R}$，且 $E_1 \subset E_2$，又如果 $\mu(E_1) < +\infty$，则

$$\mu(E_2 - E_1) = \mu(E_2) - \mu(E_1).$$

(4) 次可数可加性：如果 $E, E_n \in \mathscr{R}(n=1,2,\cdots)$，$E \subset \bigcup\limits_{n=1}^{\infty} E_n$，则

$$\mu(E) \leqslant \sum_{n=1}^{\infty} \mu(E_n).$$

特别当 $E = \bigcup\limits_{n=1}^{\infty} E_n \in \mathscr{R}$ 时，有

$$\mu\left(\bigcup_{n=1}^{\infty} E_n\right) \leqslant \sum_{n=1}^{\infty} \mu(E_n).$$

(5) 如果 $E_n\in\mathscr{R}(n=1,2,\cdots)$,且 $E_1\subset E_2\subset E_3\subset\cdots$, $\bigcup_{n=1}^{\infty}E_n\in\mathscr{R}$,则

$$\mu\Big(\bigcup_{n=1}^{\infty}E_n\Big)=\lim_{n\to+\infty}\mu(E_n).$$

(6) 如果 $E_n\in\mathscr{R}(n=1,2,\cdots)$,$E_1\supset E_2\supset E_3\supset\cdots$, $\bigcap_{n=1}^{\infty}E_n\in\mathscr{R}$,且至少有一个 E_n,s. t. $\mu(E_n)<+\infty$,则

$$\mu\Big(\bigcap_{n=1}^{\infty}E_n\Big)=\lim_{n\to+\infty}\mu(E_n).$$

此外,如果 $\mathscr{R}$ 为 σ 环,我们还有:

(7) 如果 $E_n\in\mathscr{R}(n=1,2,\cdots)$,则 $\mu(\underline{\lim}_{n\to\infty}E_n)\leqslant\underline{\lim}_{n\to+\infty}\mu(E_n)$.

(8) 如果 $E_n\in\mathscr{R}(n=1,2,\cdots)$,且 $\exists\, m\in\mathbb{N}$,s. t. $\mu\Big(\bigcup_{n=m}^{\infty}E_n\Big)<+\infty$,则

$$\mu(\overline{\lim_{n\to+\infty}}E_n)\geqslant\overline{\lim_{n\to+\infty}}\mu(E_n).$$

(9) 如果 $E_n\in\mathscr{R}(n=1,2,\cdots)$, $\lim_{n\to+\infty}E_n$ 存在,且 $\exists\, m\in\mathbb{N}$,s. t. $\mu\Big(\bigcup_{n=m}^{\infty}E_n\Big)<+\infty$,则

$$\mu(\lim_{n\to+\infty}E_n)=\lim_{n\to+\infty}\mu(E_n).$$

(10) 如果 $E_n\in\mathscr{R}(n=1,2,\cdots)$,且 $\exists\, m\in\mathbb{N}$,s. t. $\sum_{n=m}^{\infty}\mu(E_n)<+\infty$,则

$$\mu(\overline{\lim_{n\to+\infty}}E_n)=0.$$

引理 2.1.1 设 X 为基本空间,$\mathscr{R}$ 为 X 上的一个环,令

$$\mathscr{H}(\mathscr{R})=\{E\mid E\subset X,\exists\ E_i\in\mathscr{R}(i=1,2,\cdots),\text{s. t. }E\subset\bigcup_{i=1}^{\infty}E_i\}.$$

则有 $\mathscr{R}\subset\mathscr{H}(\mathscr{R})$;当 $E\in\mathscr{H}(\mathscr{R})$时,$\forall\, F\subset E$ 必有 $F\in\mathscr{H}(\mathscr{R})$;$\mathscr{H}(\mathscr{R})$必为 σ 环.

定义 2.1.1 设 μ 为环 $\mathscr{R}$ 上的测度,我们定义广义集函数

$$\mu^*:\mathscr{H}(\mathscr{R})\to\mathbb{R}_*,$$

$$\mu^*(E)=\inf\Big\{\sum_{i=1}^{\infty}\mu(E_i)\mid E_i\in\mathscr{R}\text{且}E\subset\bigcup_{i=1}^{\infty}E_i\Big\},$$

μ^* 称为由测度 μ 所诱导的**外测度**.

定理 2.1.2 (μ^* 的简单性质)由环 $\mathscr{R}$ 上的测度 μ 所诱导的外测度 μ^* 有下列性质:

(1) $\mu^*(E)=\mu(E)$, $\forall\, E\in\mathscr{R}$,即 μ^* 为 μ 从 $\mathscr{R}$ 到 $\mathscr{H}(\mathscr{R})$上的延拓.

(2) $\mu^*(\varnothing)=0$.

(3) 非负性: $\mu^*(E)\geqslant 0$, $\forall\, E\in\mathscr{H}(\mathscr{R})$.

(4) 单调性: 如果 $E_1,E_2\in\mathscr{H}(\mathscr{R})$,且 $E_1\subset E_2$,则 $\mu^*(E_1)\leqslant\mu^*(E_2)$

(5) 次可数可加性: 对任何集列$\{E_i\in\mathscr{H}(\mathscr{R})\mid i=1,2,\cdots\}$,有

$$\mu^*(\bigcup_{i=1}^{\infty} E_i) \leqslant \sum_{i=1}^{\infty} \mu^*(E_i).$$

(6) 可数个 μ^* 零集(μ^* 外测度为零的集)$E_i(i=1,2,\cdots)$的并集仍为 μ^* 零集.

定理 2.1.3 设 μ^* 为由环 $\mathscr{R}$ 上的测度 μ 在 $\mathscr{H}(\mathscr{R})$ 上所诱导的外测度. 如果 $E\in\mathscr{R}$,则对 $\forall F\in\mathscr{H}(\mathscr{R})$,有

$$\mu^*(F) = \mu^*(F\cap E) + \mu^*(F-E) = \mu^*(F\cap E) + \mu^*(F\cap E^c).$$

推论 2.1.1 设基本空间 X 分解为 n 个互不相交的集合 $E_1, E_2, \cdots, E_n$ 的并,而且 $E_1, E_2, \cdots, E_n$ 中至少有 $n-1$ 个属于 $\mathscr{R}$,则

$$\mu^*(F) = \sum_{i=1}^{n} \mu^*(F\cap E_i), \forall F\in\mathscr{H}(\mathscr{R}).$$

定义 2.1.3 设 μ 为环 $\mathscr{R}$ 上的测度,μ^* 为由测度 μ 所诱导的外测度. 如果 $E\in\mathscr{H}(\mathscr{R})$满足 **Caratheodory(卡拉泰屋独利)条件**(简称 **Cara 条件**)

$$\mu^*(F) = \mu^*(F\cap E) + \mu^*(F-E), \quad \forall F\in\mathscr{H}(\mathscr{R}),$$

则称 E 为 **μ^* 可测集**. μ^* 可测集的全体记为 $\mathscr{R}^*$. 此时,我们还称 E **分割了** F.

推论 2.1.1′ 设基本空间 X 分解为 n 个互不相交的集合 $E_1, E_2, \cdots, E_n$ 的并,而且 $E_1, E_2, \cdots, E_n$ 中至少有 $n-1$ 个属于 $\mathscr{R}^*$,则

$$\mu^*(F) = \sum_{i=1}^{n} \mu^*(F\cap E_i), \forall F\in\mathscr{H}(\mathscr{R}).$$

定理 2.1.4 μ^* 可测集全体 $\mathscr{R}^*$ 为一个 σ 环. 并且 μ^* 为 $\mathscr{R}^*$ 上的一个测度,它是环 $\mathscr{R}$ 上测度 μ 的延拓.

定义 2.1.4 设 μ 为环 $\mathscr{R}$ 上的测度,$E\in\mathscr{R}$. 如果 $\mu(E)=0$,则称 E 为 **μ 零集**.

如果 $\mathscr{R}$ 中任何 μ 零集的任何子集都必定属于 $\mathscr{R}$(因而必为 μ 零集),则称 μ 为一个**完全测度**.

引理 2.1.3 如果 $E\in\mathscr{H}(\mathscr{R})$,且 $\mu^*(E)=0$,则 $E\in\mathscr{R}^*$(外测度为零的集必为 μ^* 可测度,进而它为 μ^* 零集).

定理 2.1.5 μ^* 为 μ^* 可测集类 $\mathscr{R}^*$ 上的完全测度.

【103】 举例说明定理 2.1.1(6)中条件: 至少有一个 E_n, $\mu(E_n)<+\infty$; (8)与(9)中条件: $\mu(\bigcup_{n=m}^{\infty} E_n)<+\infty$; (10) 中条件 $\sum_{n=m}^{\infty}\mu(E_n)<+\infty$ 都不能删去.

解 设 $E_n=[n,+\infty)\subset\mathbb{R}$, $\mu=m$ 为 Lebesgue 测度,则 $m(E_n)=+\infty$,及

$$m(\bigcap_{n=1}^{\infty} E_n) = m(\bigcap_{n=1}^{\infty}[n,+\infty)) = m(\varnothing) = 0$$

$$\neq +\infty = \lim_{n\to+\infty}(+\infty) = \lim_{n\to+\infty} m([n,+\infty)) = \lim_{n\to+\infty} m(E_n).$$

这是(6)中删去条件的反例.

$$m(\bigcup_{n=m}^{\infty} E_n) = m(\bigcup_{n=m}^{\infty}[n,+\infty)) = m([m,+\infty)) = +\infty,$$

$$m(\overline{\lim_{n\to+\infty}} E_n) = m(\overline{\lim_{n\to+\infty}}[n,+\infty)) = m(\varnothing) = 0$$

$$\not\geqslant +\infty = \overline{\lim_{n\to+\infty}}(+\infty) = \overline{\lim_{n\to+\infty}} m([n,+\infty)) = \lim_{n\to+\infty} m(E_n).$$

这是(8)中删去条件的反例.

因为 $\lim\limits_{n\to+\infty} E_n = \lim\limits_{n\to+\infty}[n,+\infty)=\varnothing$, $m\left(\bigcup\limits_{n=m}^{\infty} E_n\right)=m([m,+\infty))=+\infty$,且

$$m(\lim_{n\to+\infty} E_n) = m(\varnothing) = 0 \neq +\infty = \lim_{n\to+\infty}(+\infty) = \lim_{n\to+\infty} m([n,+\infty))$$
$$= \lim_{n\to+\infty} m(E_n),$$

所以,它是(9)中删去条件的反例.

但是,上面例子不能作为(10)中删去条件的反例.这是因为

$$m(\overline{\lim_{n\to+\infty}} E_n) = m(\overline{\lim_{n\to+\infty}}[n,+\infty)) = m(\varnothing) = 0.$$

设 $E_n=\left(\frac{1}{n},+\infty\right)\subset\mathbb{R}$, $n\in\mathbb{N}$, $\mu=m$ 为 Lebesgue 测度,则 $m(E_n)=+\infty$, $\sum\limits_{n=m}^{\infty} m(E_n) = +\infty$,且

$$m(\overline{\lim_{n\to+\infty}} E_n) = m(0,+\infty) = +\infty \neq 0.$$

因此,它是(10)中删去条件的反例. □

【104】 设$\{\mu_n\}$为环 $\mathscr{R}$ 上的一列测度.证明:

$$\mu(E) = \sum_{n=1}^{\infty} \frac{1}{2^n}\mu_n(E), E \in \mathscr{R}$$

也为 $\mathscr{R}$ 上的测度.

如果对 $\forall E\in\mathscr{R}$, $\forall n\in\mathbb{N}$,都有 $\mu_n(E)\leqslant 1$,则 $\mu(E)\leqslant 1$, $E\in\mathscr{R}$.

证明 显然,由 $\mu_n(\varnothing)=0$ 和 $\mu_n(E)\geqslant 0$, $E\in\mathscr{R}(n\in\mathbb{N})$,知

$$\mu(\varnothing) = \sum_{n=1}^{\infty} \frac{1}{2^n}\mu_n(\varnothing) = \sum_{n=1}^{\infty} \frac{1}{2^n}\cdot 0 = 0;$$

$$\mu(E) = \sum_{n=1}^{\infty} \frac{1}{2^n}\mu_n(E) \geqslant \sum_{n=1}^{\infty} \frac{1}{2^n}\cdot 0 = 0;$$

如果 $E_1\subset E_2$, $E_1, E_2\in\mathscr{R}$,则 $\mu_n(E_1)\leqslant\mu_n(E_2)(n\in\mathbb{N})$且

$$\mu(E_1) = \sum_{n=1}^{\infty} \frac{1}{2^n}\mu_n(E_1) \leqslant \sum_{n=1}^{\infty} \frac{1}{2^n}\mu_n(E_2) = \mu(E_2);$$

最后,如果 $E_i\in\mathscr{R}$, $E_i\cap E_j=\varnothing(i\neq j)$,且 $\bigcup\limits_{i=1}^{\infty} E_i\in\mathscr{R}$,则由 $\mu_n(n\in\mathbb{N})$具有可列可加性,推出

$$\mu\left(\bigcup_{i=1}^{\infty} E_i\right) = \sum_{n=1}^{\infty} \frac{1}{2^n}\mu_n\left(\bigcup_{i=1}^{\infty} E_i\right) = \sum_{n=1}^{\infty} \frac{1}{2^n}\sum_{i=1}^{\infty}\mu_n(E_i)$$
$$= \sum_{i=1}^{\infty}\sum_{n=1}^{\infty} \frac{1}{2^n}\mu_n(E_i) = \sum_{i=1}^{\infty}\mu(E_i),$$

即 μ 也具有可列可加性.

综合上述得,μ 为 $\mathscr{R}$ 上的测度.

如果对 $\forall E\in\mathscr{R}$, $\forall n\in\mathbb{N}$,都有 $\mu_n(E)\leqslant 1$,则

$$\mu(E)=\sum_{n=1}^{\infty}\frac{1}{2^n}\mu_n(E)\leqslant\sum_{n=1}^{\infty}\frac{1}{2^n}\cdot 1=\frac{\frac{1}{2}}{1-\frac{1}{2}}=1.\qquad\square$$

【105】 设 $\mathscr{R}$ 为集合 X 上的环,$\{\mu_n\}$ 为 $\mathscr{R}$ 上的一列测度,并且对 $\forall E\in\mathscr{R}$,极限 $\lim\limits_{n\to+\infty}\mu_n(E)$ 存在,记为 $\mu(E)$. 证明: μ 为 $\mathscr{R}$ 上非负,空集上取值为 0,且具有单调性的有限可加的广义集函数.

举例说明 μ 未必为 $\mathscr{R}$ 上的测度.

证明 因为 $\mu_n(\varnothing)=0$, $\mu_n(E)\geqslant 0$, $\forall E\in\mathscr{R}$, $\forall n\in\mathbb{N}$,所以

$$\mu(\varnothing)=\lim_{n\to+\infty}\mu_n(\varnothing)=\lim_{n\to+\infty}0=0;\quad \mu(E)=\lim_{n\to+\infty}\mu_n(E)\geqslant\lim_{n\to+\infty}0=0.$$

$\forall E_1,E_2\in\mathscr{R}$, $E_1\subset E_2$,由 $\mu_n(E_1)\leqslant\mu_n(E_2)$, $\forall n\in\mathbb{N}$,故

$$\mu(E_1)=\lim_{n\to+\infty}\mu_n(E_1)\leqslant\lim_{n\to+\infty}\mu_n(E_2)=\mu(E_2),$$

即 μ 具有单调性.

如果 $E_1,E_2,\cdots,E_k\in\mathscr{R}$,且 $\{E_i\mid i=1,2,\cdots,k\}$ 彼此不相交,由 μ_n 为测度,故

$$\mu_n\Big(\bigcup_{i=1}^{k}E_i\Big)=\sum_{i=1}^{k}\mu_n(E_i).$$

于是

$$\mu\Big(\bigcup_{i=1}^{k}E_i\Big)=\lim_{n\to+\infty}\mu_n\Big(\bigcup_{i=1}^{k}E_i\Big)=\lim_{n\to+\infty}\sum_{i=1}^{k}\mu_n(E_i)=\sum_{i=1}^{k}\lim_{n\to+\infty}\mu_n(E_i)=\sum_{i=1}^{k}\mu(E_i).$$

即 μ 具有有限可加性.

但是,μ 未必为 $\mathscr{R}$ 上的测度.

反例: 设 $X=\mathbb{R}$,$\mathscr{R}$ 为 $\mathscr{R}_\sigma(\mathscr{T})$(含 $\mathscr{T}$ 的最小 σ 代数),其中 $\mathscr{T}$ 为 $\mathbb{R}^1$ 上左开右闭区间 $(a,b]$ $(-\infty<a<b<+\infty)$ 全体所成的集类(见例 1.3.9). m 为 $\mathscr{R}=\mathscr{R}_\sigma(\mathscr{T})$ 上的 Lebesgue 测度. 令 $\mu_n(E)=\frac{1}{n}m(E)$, $\forall E\in\mathscr{R}=\mathscr{R}_\sigma(\mathscr{T})$, $n\in\mathbb{N}$. 显然,每个 μ_n 都为 $\mathscr{R}=\mathscr{R}_\sigma(\mathscr{T})$ 上的测度. 且对 $\forall E\in\mathscr{R}=\mathscr{R}_\sigma(\mathscr{T})$,有

$$\mu(E)=\lim_{n\to+\infty}\mu_n(E)=\lim_{n\to+\infty}\frac{1}{n}m(E)=\begin{cases}0,\text{当 } 0\leqslant m(E)<+\infty,\\ +\infty,\text{当 } m(E)=+\infty.\end{cases}$$

$$\mu\Big(\bigcup_{i=1}^{\infty}E_i\Big)=\mu\Big(\bigcup_{i=1}^{\infty}(i,i+1]\Big)=\mu((1,+\infty))=+\infty$$

$$\neq 0=\sum_{i=1}^{\infty}0=\sum_{i=1}^{\infty}\mu((i,i+1])=\sum_{i=1}^{\infty}\mu(E_i),$$

即 μ 不具有可数可加性. 从而,μ 不为 $\mathscr{R}=\mathscr{R}_\sigma(\mathscr{T})$ 上的测度. $\square$

【106】 设 μ 为基本空间 X 的环 $\mathscr{R}$ 上的测度. 如果对 $\forall E\in\mathscr{R},\mu(E)\leqslant 1$. 证明：$\mu$ 的"原子"(即是 $\mathscr{R}$ 中的元素，它为 X 中的独点集 $\{x\}$，且 $\mu(\{x\})>0$)的全体为至多可数集.

证明 (反证)假设 μ 的"原子"全体不为至多可数集，则

$$E_n=\left\{x\in X\mid\{x\}\in\mathscr{R},\mu(\{x\})\geqslant\frac{1}{n}\right\},\quad n=1,2,\cdots$$

中必有不可数集，记 E_{n_0} 为不可数集. 于是，由题设得到

$$E=\{x_k\in E_{n_0}\mid k=1,2,\cdots,n_0+1\},$$

$$1<(n_0+1)\cdot\frac{1}{n_0}\leqslant\mu(E)\leqslant 1$$

(或 $E=\{x_k\in E_{n_0}\mid k=1,2,\cdots\},+\infty=\sum\limits_{k=1}^{\infty}\frac{1}{n_0}\leqslant\sum\limits_{k=1}^{\infty}\mu(\{x_k\})=\mu(E)\leqslant 1$) 矛盾. □

【107】 设 μ 为基本空间 X 的 σ 环 $\mathscr{R}$ 上的测度. 如果对 $\forall E\in\mathscr{R},\mu(E)<+\infty$. 证明：$\mu$ 的"原子"的全体为至多可数集.

举例说明 $\mathscr{R}$ 为"σ 环"改为"环"，上述结论并不成立.

证明 (反证)假设 μ 的原子全体不为至多可数集，则

$$E_n=\left\{x\in X\mid\{x\}\in\mathscr{R},\mu(\{x\})\geqslant\frac{1}{n}\right\},\quad n=1,2,\cdots$$

中必有不可数集，记 E_{n_0} 为不可数集. 于是，由题设得到

$$E=\{x_k\in E_{n_0}\mid k=1,2,\cdots\},$$

$$+\infty=\sum_{k=1}^{\infty}\frac{1}{n_0}\leqslant\sum_{k=1}^{\infty}\mu(x_k)=\mu\Big(\bigcup_{k=1}^{\infty}\{x_k\}\Big)=\mu(E)<+\infty,$$

矛盾.

如果 $\mathscr{R}$ 只为环，上述结论不一定成立.

反例：设 X 为不可数集. 显然，

$$\mathscr{R}=\{E\mid E\text{ 为 }X\text{ 中的有限集}\}$$

为集 X 上的环，非 σ 环. 令 $\mu(E)=E$ 中的点数 $<+\infty,E\in\mathscr{R}$，则 μ 为环 $\mathscr{R}$ 上的测度，且 $\mu(\{x\})=1>0,\{x\}$ 为"原子". 因此，"原子"的全体为不可数集. □

【108】 μ 为 σ 环 $\mathscr{R}$ 上的一个测度，对 $\forall E\in\mathscr{H}(\mathscr{R})$，证明：$E$ 必有等测包 H，即 $H\in\mathscr{R}$，$H\supset E$，且 $\mu(H)=\mu^*(E)$.

当 $\mathscr{R}$ 仅为环时，上述结论仍正确吗?

解 因为 $E\in\mathscr{H}(\mathscr{R})$，故根据外测度 μ^* 的定义，有

$$\mu^*(E)=\inf\Big\{\sum_{i=1}^{\infty}\mu(E_i)\mid E_i\in\mathscr{R}\quad\text{且 }E\subset\bigcup_{i=1}^{\infty}E_i\Big\}.$$

由于 $\mathscr{R}$ 为 σ 环，故上式中的 $\bigcup\limits_{i=1}^{\infty}E_i\in\mathscr{R}$. 于是，对 $\forall n\in\mathbb{N}$，必有 $H_n\in\mathscr{R}$, s. t. $E\subset H_n$，且 $\mu(H_n)<\mu^*(E)+\frac{1}{n}$. 显然，$E\subset\bigcap\limits_{n=1}^{\infty}H_n=H,H\in\mathscr{R}$，且

$$\mu^*(E)\leqslant\mu^*(H)=\mu^*\left(\bigcap_{n=1}^{\infty}H_n\right)\leqslant\mu^*(H_n)<\mu^*(E)+\frac{1}{n},$$

令 $n\to+\infty$ 得到

$$\mu^*(E)\leqslant\mu^*(H)\leqslant\mu^*(E),$$

$$\mu(H)=\mu^*(H)=\mu^*(E).$$

当 $\mathscr{R}$ 仅为环时,上述结论并不一定成立.

反例:设 $X=\mathbb{R}$,$\mathscr{R}$ 为 $\mathscr{R}(\mathscr{T})$(含 $\mathscr{T}$ 的最小环),其中 $\mathscr{T}$ 为 $\mathbb{R}^1$ 上左开右闭区间 $(a,b]$($-\infty<a<b<+\infty$)全体所成的集类(见例 1.3.9). m 为 $\mathscr{R}=\mathscr{R}(\mathscr{T})=\mathscr{R}_0$ 上的 Lebesgue 测度.

根据引理 2.3.3 知,$\mathscr{H}(\mathscr{R})=\mathscr{H}(\mathscr{R}_0)$ 为 $\mathbb{R}^1$ 中一切子集所成的集类. 取 $E=\mathbb{R}^1\in\mathscr{H}(\mathscr{R})=\mathscr{H}(\mathscr{R}_0)$,如果 $H\in\mathscr{R}=\mathscr{R}_0$,则 H 为有限个半开半闭区间的并集,它为有界集,故 $H\not\supset\mathbb{R}^1=E$. 由此推得题中结论不成立. □

2.2 σ 有限测度、测度延拓的惟一性定理

定义 2.2.1 设 $\mathscr{R}$ 为非空集合 X 上某些子集所成的环. μ 为 $\mathscr{R}$ 上的测度. 如果 $E\in\mathscr{R}$,$\mu(E)<+\infty$,则称 E 有**有限测度**.

如果对 $\forall E\in\mathscr{R}$ 都有有限测度,则称测度 μ 是**有限**的. 如果 $\mathscr{R}$ 为一个代数,即 $X\in\mathscr{R}$,且 $\mu(X)<+\infty$(此时,μ 是有限的),则称测度 μ 是**全有限**的.

如果 $E\in\mathscr{R}$,且有一集列 $E_i\in\mathscr{R}(i=1,2,\cdots)$,每个 E_i 都有有限测度且 $E\subset\bigcup_{i=1}^{\infty}E_i$,则称 E 的测度 μ 是 **σ 有限**的(注意:未必有 $\mu(E)<+\infty$!)如果每个 $E\in\mathscr{R}$ 的测度是 σ 有限的,则称测度 μ 是 **σ 有限**的. 如果 $\mathscr{R}$ 为代数,即 $X\in\mathscr{R}$,且 X 的测度是 σ 有限的(此时,μ 是 σ 有限的),则称 μ 是**全 σ 有限**的.

定理 2.2.1 (测度延拓的惟一性定理)设 $\mathscr{R}$ 为非空集合(基本空间)X 的某些子集所成的环,$\mu_k(k=1,2)$ 为 $\mathscr{R}_\sigma(\mathscr{R})$ 上的两个测度. 如果 μ_k 在 $\mathscr{R}$ 上都是 σ 有限的,且对 $\forall E\in\mathscr{R}$,$\mu_1(E)=\mu_2(E)$,则在 $\mathscr{R}_\sigma(\mathscr{R})$ 上,$\mu_1=\mu_2$.

定理 2.2.2 设 $\mathscr{R}$ 为非空集合 X 上的环,μ 为 $\mathscr{R}$ 上的 σ 有限的测度,则 μ^* 必为 $\mathscr{R}^*$ 上 σ 有限的测度.

引理 2.2.1 如果 $E\in\mathscr{R}^*$,$\mu^*(E)<+\infty$,则必 $\exists F\in\mathscr{R}_\sigma(\mathscr{R})$, s. t. $F\supset E$,且 $\mu^*(F-E)=0$ 和 $\mu^*(E)=\mu^*(F)$.

定理 2.2.3 ($\mathscr{R}^*$ 与 $\mathscr{R}_\sigma(\mathscr{R})$ 的关系)设 $\mathscr{R}$ 为非空集合 X 上的一个环,μ 为 $\mathscr{R}$ 上的 σ 有限的测度. $\mathscr{N}_{\mu^*}$ 为 μ^* 零集全体所成的集类,则

(1) $E\in\mathscr{R}^*$

$\Leftrightarrow$(2) $E=F-N_2$,$F\in\mathscr{R}_\sigma(\mathscr{R})$,$N_2\in\mathscr{N}_{\mu^*}$

$\Leftrightarrow$(3) $E=F\cup N_1$,$F\in\mathscr{R}_\sigma(\mathscr{R})$,$N_1\in\mathscr{N}_{\mu^*}$

$\Leftrightarrow$(4) $E=F\cup N_1-N_2, F\in\mathscr{R}_\sigma(\mathscr{R}), N_1, N_2\in\mathscr{N}_{\mu^*}$.

此时，$\mu^*(E)=\mu^*(F)$.

定理 2.2.4 设 $\mathscr{R}$ 为非空集合 X 上的一个环，μ 为 $\mathscr{R}$ 上的 σ 有限测度. 则

$$\mathscr{R}^* = \mathscr{R}_\sigma(\mathscr{R}\cup\mathscr{N}_{\mu^*}) = \mathscr{R}_\sigma(\mathscr{R}_\sigma(\mathscr{R})\cup\mathscr{N}_{\mu^*}),$$

即 $\mathscr{R}_\sigma(\mathscr{R})$ 与 $\mathscr{N}_{\mu^*}$ 完全刻画了 $\mathscr{R}^*$.

引理 2.2.2 (1) 设 $\mathscr{R}$ 为非空集合 X 上的环，μ 为 $\mathscr{R}$ 上的测度，$\mathscr{N}$ 为 $\mathscr{R}$ 中一切 μ 零集的子集的全体，则 $\mathscr{N}\subset\mathscr{N}_{\mu^*}$.

(2) 在(1)中如果 $\mathscr{R}$ 为 σ 环，则 $\mathscr{N}=\mathscr{N}_{\mu^*}$.

反例 2.2.3 $\mathscr{N}\not\supset\mathscr{N}_{\mu^*}$.

定理 2.2.5 设 $\mathscr{R}$ 为非空集合 X 上的 σ 环，μ 为 $\mathscr{R}$ 上的 σ 有限测度，则

(1) $E\in\mathscr{R}^*$

$\Leftrightarrow$(2) $E=F-N_2, F\in\mathscr{R}, N_2\in\mathscr{N}$

$\Leftrightarrow$(3) $E=F\cup N_1, F\in\mathscr{R}, N_1\in\mathscr{N}$

$\Leftrightarrow$(4) $E=F\cup N_1-N_2, F\in\mathscr{R}, N_1, N_2\in\mathscr{N}$.

此时，$\mu^*(E)=\mu(F)$，$\mathscr{R}^*=\mathscr{R}_\sigma(\mathscr{R}\cup\mathscr{N})$.

定理 2.2.6 设 X 为非空集合，$\mathscr{R}$ 为 X 上的 σ 环，μ 为 $\mathscr{R}$ 上的测度，$\mathscr{R}'=\{F\cup N-M \mid F\in\mathscr{R}, N, M\in\mathscr{N}\}$.

(1) $\mathscr{R}'$ 为 σ 环，且 $\mathscr{R}\subset\mathscr{R}'=\mathscr{R}_\sigma(\mathscr{R}\cup\mathscr{N})\subset\mathscr{R}^*$.

(2) 如果 $E=F\cup N-M\in\mathscr{R}'$(其中 $F\in\mathscr{R}, N, M\in\mathscr{N}$)，定义

$$\mu'(E)=\mu(F),$$

则 μ' 与 E 的表示式无关，且 μ' 为 $\mathscr{R}'$ 上的完全测度，它是 $\mathscr{R}$ 上测度 μ 的延拓.

(3) 当 μ 为 $\mathscr{R}$ 上的 σ 有限测度时，有 $\mathscr{R}^*=R'$，$\mu^*=\mu'$.

(4) 当 μ 为 $\mathscr{R}$ 上的完全测度时，有 $\mathscr{R}=\mathscr{R}'$，$\mu=\mu'$.

注 2.2.2 设 $\mathscr{R}$ 为 σ 环，但 μ 在 $\mathscr{R}$ 上不是 σ 有限时，其结论只能是

$$\mathscr{R}\subset\mathscr{R}'=\mathscr{R}_\sigma(\mathscr{R}\cup\mathscr{N})\subset\mathscr{R}^*.$$

此时，μ' 为 $\mathscr{R}$ 上测度 μ 的延拓，μ^* 为 $\mathscr{R}'$ 上测度 μ' 的延拓.

反例 2.2.4 $\mathscr{R}=\mathscr{R}'=\mathscr{R}_\sigma(\mathscr{R})=\mathscr{R}_\sigma(\mathscr{R}\cup\mathscr{N})\subsetneqq\mathscr{R}^*=\mathscr{H}(\mathscr{R})$.

反例 2.2.5 $\mathscr{R}=\mathscr{R}'\subsetneqq\mathscr{R}_\sigma(\mathscr{R}\cup\mathscr{N})$.

反例 2.2.6 $\mathscr{R}=\mathscr{R}'\subsetneqq R_\sigma(\mathscr{R}\cup\mathscr{N})=\mathscr{R}_\sigma(\mathscr{R})=\mathscr{B}\subsetneqq\mathscr{R}^*\subsetneqq\mathscr{H}(\mathscr{R})=2^X$.

【109】 设 $X=\{x_n \mid n\in\mathbb{N}\}$ 为可数集，$\mathscr{R}$ 为 X 中有限子集所成的环. 对于 $\forall E\in\mathscr{R}$，$\mu_1(E)$ 为 E 中的点数，$\mu_2(E)=\alpha\mu_1(E)$，$\alpha\in[0,+\infty)$(由例 2.1.1 知，μ_1, μ_2 均为 $\mathscr{R}$ 上的测度). 证明：μ_1^*, μ_2^* 都为 $\mathscr{H}(\mathscr{R})$ 上的测度.

证明 显然

$$\mathscr{H}(\mathscr{R})=\left\{E \mid \exists E_i\in\mathscr{R}, \text{s.t.}\, E\subset\bigcup_{i=1}^{\infty}E_i\right\}=\{E \mid E\subset X\}.$$

对 $\forall E\in\mathcal{H}(\mathcal{R})$，有

$$\mu_1^*(E)=\inf\left\{\sum_{i=1}^{\infty}\mu_1(E_i)\mid E_i\in\mathcal{R},\text{s. t. }E\subset\bigcup_{i=1}^{\infty}E_i\right\}$$

$$=\sum_{x_n\in E}\mu_1(\{x_n\})=\begin{cases}+\infty,\text{当 }E\text{ 为可数集},\\ \mu_1(E)(E\text{ 中点的个数}),\text{当 }E\text{ 为有限集}.\end{cases}$$

如果 $\alpha\in(0,+\infty)$，则

$$\mu_2^*(E)=\inf\left\{\sum_{i=1}^{\infty}\mu_2(E_i)\mid E_i\in\mathcal{R},\text{s. t. }E\subset\bigcup_{i=1}^{\infty}E_i\right\}$$

$$=\inf\left\{\sum_{i=1}^{\infty}\alpha\mu_1(E_i)\mid E_i\in\mathcal{R},\text{s. t. }E\subset\bigcup_{i=1}^{\infty}E_i\right\}$$

$$=\alpha\sum_{x_n\in E}\mu_1(\{x_n\})=\begin{cases}+\infty,\text{当 }E\text{ 为可数集},\\ \alpha\mu_1(E)(E\text{ 中点的个数的 }\alpha\text{ 倍}),\text{当 }E\text{ 为有限集}.\end{cases}$$

如果 $\alpha=0$，则 $\mu_2^*(E)=0,\forall E\in\mathcal{H}(\mathcal{R})$.

下证 μ_1^*,μ_2^* 都为 $\mathcal{H}(\mathcal{R})$上的测度.

证法 1　根据测度的定义立知，μ_1^*,μ_2^* 都为 $\mathcal{H}(\mathcal{R})$上的测度.

证法 2　由上立即推出，对 $E\in\mathcal{H}(\mathcal{R})$和 $\forall F\in\mathcal{H}(\mathcal{R})$，有

$$\mu_1^*(F)=\mu_1^*(F\cap E)+\mu_1^*(F-E)$$

（如果 F 为有限集，上述等式显然成立；如果 F 为可数集，则左边和右边也必为 $+\infty$，从而上述等式也成立）. 这就说明了 E 为 μ_1^* 可测集，即 $E\in\mathcal{R}_{\mu_1}^*$，所以 μ_1^* 为 $\mathcal{R}_{\mu_1}^*=\mathcal{H}(\mathcal{R})$上的测度.

同 μ_1 一样的理由，对 $\mu_2=\alpha\mu_1$，可以看出 μ_2^* 也是 $\mathcal{R}_{\mu_2}^*=\mathcal{H}(\mathcal{R})$上的测度. □

【110】 举例说明环 $\mathcal{R}$ 上测度 μ 按 Caratheodory 条件所得的延拓$(\mathcal{R}^*,\mu^*)$并不一定为$(\mathcal{R},\mu)$的最大的测度延拓.

解　解法 1　设 $\mathcal{R}$ 为不可数集 $X=\mathbb{R}^1$ 的一切有限子集所成的类，对 $\forall E\in\mathcal{R},\mu(E)=E$ 中的点数. 易见

$$\mathcal{R}_\sigma(\mathcal{R})=\{E\mid E\subset X\text{ 为至多可数集}\}$$

$$=\left\{E\subset X\mid \exists E_i\in\mathcal{R},\text{s. t. }E\subset\bigcup_{i=1}^{\infty}E_i\right\}$$

$$=\mathcal{H}(\mathcal{R})\supset\mathcal{R}^*\supset\mathcal{R}_\sigma(\mathcal{R})\supset\mathcal{R},$$

$\mathcal{R}(\mathcal{R})=\mathcal{R}^*=R_\sigma(\mathcal{R})$.

对 $\forall E\in\mathcal{H}(\mathcal{R})=\mathcal{R}^*$，有

$$\mu^*(E)=\begin{cases}E\text{ 中点数},E\in\mathcal{R},\\ +\infty,E\text{ 为可数集}.\end{cases}$$

但$(\mathcal{R}^*,\mu^*)$不是$(\mathcal{R},\mu)$的最大的测度延拓. 例如，$(\mathcal{R},\mu)$可延拓到 X 的一切子集所成的类 2^X 上，s. t. 对 $E\in 2^X$，有

$$\tilde{\mu}(E)=\begin{cases}\mu(E),E\in\mathscr{R}(\text{即 }E\text{ 为有限集}),\\+\infty,E\in 2^X-\mathscr{R}(\text{即 }E\text{ 为无限集}).\end{cases}$$

解法 2　设 $X=\{x_1,x_2\}$，$\mathscr{R}=\{\varnothing,X\}$为 σ 代数.

$$\mu(\varnothing)=0,\mu(X)=1.$$
$$\mathscr{H}(\mathscr{R})=\{\varnothing,\{x_1\},\{x_2\},X\}=2^X,$$
$$\mu^*(\{x_1\})=1=\mu^*(\{x_2\}).$$

因为

$$\begin{aligned}\mu^*(X)=\mu(X)=1\neq 1+1&=\mu^*(\{x_1\})+\mu^*(\{x_2\})\\&=\mu^*(X\cap\{x_1\}+\mu^*(X-\{x_1\}),\end{aligned}$$

所以$\{x_1\}\notin\mathscr{R}^*$. 同理，$\{x_2\}\notin\mathscr{R}^*$. 由此得到

$$\mathscr{R}=\{\varnothing,X\}=\mathscr{R}^*\subsetneq\mathscr{H}(\mathscr{R}).$$

但$(\mathscr{R}^*,\mu^*)$不是$(\mathscr{R},\mu)$的最大的测度延拓. 例如，$(\mathscr{R},\mu)$可延拓到 $\mathscr{H}(\mathscr{R})$上，s. t. 对 $\forall E\in\mathscr{H}(\mathscr{R})=2^X$

$$\tilde{\mu}(E)=\begin{cases}0,E=\varnothing,\\\dfrac{1}{2},E=\{x_1\}\text{ 或}\{x_2\},\\1,E=X=\{x_1,x_2\}.\end{cases}$$

还应该指出的是 μ^* 延拓到 $\mathscr{R}^*=\mathscr{R}$ 为测度. 而延拓到 $\mathscr{H}(\mathscr{R})=2^X$ 不为测度，这是因为

$$\mu^*(\{x_1,x_2\})=1\neq 1+1=\mu^*(\{x_1\})+\mu^*(\{x_2\}).$$
□

【111】　设 $\mathscr{R}$ 为 X 的某些子集所成的环，μ 为 $\mathscr{R}$ 上的测度. 任取 $E\subset X$，令

$$\mathscr{R}_E=\{F\mid F\in\mathscr{R},F\subset E\},$$

μ_E 为 μ 在环 $\mathscr{R}_E$ 上的限制. $(\mathscr{R}_E^*,\mu_E^*)$为$(\mathscr{R}_E,\mu_E)$按 Caratheodory 条件的延拓. 举例说明：

$$\mathscr{R}_E^*\neq\mathscr{R}^*\cap E.$$

解　设 $X=\{x_1,x_2\}$，$\mathscr{R}=\{\varnothing,X\}$为 σ 代数.

$$\mu(\varnothing)=0,\quad\mu(X)=1.$$
$$\mathscr{H}(\mathscr{R})=\{\varnothing,\{x_1\},\{x_2\},X\}=2^X,\quad\mathscr{R}^*=\mathscr{R}=\{\varnothing,X\}$$

再设 $E=\{x_1\}\subset X$，则

$$\mathscr{R}_E=\{F\mid F\in\mathscr{R},F\subset E\}=\{\varnothing\},\quad\mu_E(\varnothing)=\mu(\varnothing)=0.$$

显然，$(\mathscr{R}_E,\mu_E)$按 Caratheodory 条件的延拓$(\mathscr{R}_E^*,\mu_E^*)=(\mathscr{R}_E,\mu_E)$，但

$$\mathscr{R}^*\cap E=\{\varnothing\cap E,X\cap E\}=\{\varnothing,E\}\neq\{\varnothing\}=\mathscr{R}_E=\mathscr{R}_E^*.$$
□

【112】　设 $\mathscr{R}$ 为 X 的某些子集所成的环，μ 为 $\mathscr{R}_\sigma(\mathscr{R})$上的测度. 如果 μ 在 $\mathscr{R}$ 上是 σ 有限的，则 μ 在 $\mathscr{R}_\sigma(\mathscr{R})$上也是 σ 有限的.

举例说明，如果 μ 在 $\mathscr{R}_\sigma(\mathscr{R})$ 上是 σ 有限的，但 μ 限制到 $\mathscr{R}$ 上未必是 σ 有限的.

证明　令 $\mathscr{A}=\left\{E\subset X\mid\exists E_i\in\mathscr{R},\mu(E_i)<+\infty,E\subset\bigcup\limits_{i=1}^{\infty}E_i\right\}$. 因为 μ 在 $\mathscr{R}$ 上是 σ 有

限的，故 $\mathscr{R}\subset\mathscr{A}$. 下面将证 $\mathscr{A}$ 为 σ 环，所以 $\mathscr{R}_\sigma(\mathscr{R})\subset\mathscr{A}$，即 μ 在 $\mathscr{R}_\sigma(\mathscr{R})$ 上也是 σ 有限的.

余下的只须证明 $\mathscr{A}$ 为 σ 环. 事实上，对 $\forall E_n\in\mathscr{A}, n=1,2,\cdots$，$\exists E_n^j\in\mathscr{R}, \mu(E_n^j)<+\infty$，s. t. $E_n\subset\bigcup_{j=1}^{\infty}E_n^j$. 因此

$$E_1-E_2\subset E_1\subset\bigcup_{j=1}^{\infty}E_1^j,$$

$$\bigcup_{n=1}^{\infty}E_n\subset\bigcup_{n=1}^{\infty}\left(\bigcup_{j=1}^{\infty}E_n^j\right)=\bigcup_{n,j=1}^{\infty}E_n^j.$$

从而，$E_1-E_2\in\mathscr{A}, \bigcup_{n=1}^{\infty}E_n\in\mathscr{A}$.

此外，如果 μ 在 $\mathscr{R}_\sigma(\mathscr{R})$ 上是 σ 有限的，但 μ 限制到 $\mathscr{R}$ 上未必是 σ 有限的.

反例 1. $X=\mathbb{R}^1, \mathscr{R}=\mathscr{R}_0=\left\{\bigcup_{i=1}^{n}(a_i,b_i]\mid a_i<b_i\right\}$. 对 $E\in\mathscr{R}_\sigma(\mathscr{R})=\mathscr{R}_\sigma(\mathscr{R}_0)$，

$$\mu(E)=E\text{ 中有理点的个数}.$$

因为对 $\forall E\in\mathscr{R}_\sigma(\mathscr{R})=\mathscr{R}_\sigma(\mathscr{R}_0)$，有

$$E=(E\cap\mathbb{Q})\cup(E\cap(\mathbb{R}^1-\mathbb{Q}))\subset\left(\bigcup_{i=1}^{\infty}\{r_i\}\right)\cup(E\cap(\mathbb{R}^1-\mathbb{Q})),$$

$$\{r_i\}\in\mathscr{R}_\sigma(\mathscr{R})=\mathscr{R}_\sigma(\mathscr{R}_0), \mathbb{R}^1-\mathbb{Q}\in\mathscr{R}_\sigma(\mathscr{R})=\mathscr{R}_\sigma(\mathscr{R}_0),$$

其中 $\mu(\{r_i\})=1, \mu(E\cap(\mathbb{R}^1-\mathbb{Q}))=0$，所以 μ 在 $\mathscr{R}_\sigma(\mathscr{R})=\mathscr{R}_\sigma(\mathscr{R}_0)$ 上是 σ 有限的测度. 但是，由于 $\mu\left(\bigcup_{i=1}^{n}(a_i,b_i]\right)=+\infty$，因此，$\mu$ 在环 $\mathscr{R}=\mathscr{R}_0$ 上不是 σ 有限的.

反例 2. 设 $X=\{a_1,a_2,\cdots,a_n,\cdots\}$ 为可数集，固定 $a\in X$，则

$$\mathscr{R}=\{A\mid a\notin A, A\text{ 为有限集}\}\cup\{X-B\mid a\in X-B, B\text{ 为有限集}\}$$

为环，$\mathscr{R}_\sigma(\mathscr{R})=\{E|E\subset X\}$. 令

$$\mu(E)=\begin{cases}E\text{ 中点数，当 }E\text{ 为有限集},\\+\infty\text{，当 }E\text{ 为无限集}.\end{cases}$$

显然，μ 在 $\mathscr{R}_\sigma(\mathscr{R})$ 上为 σ 有限的测度($E\subset X=\bigcup_{n=1}^{\infty}\{a_n\}$). 但 μ 在 $\mathscr{R}$ 上不是 σ 有限的. 事实上，如果 $X=X-\varnothing\subset\bigcup_{n=1}^{\infty}E_n, E_n\in\mathscr{R}$，则 $\exists E_{n_0}$，它含 a，$E_{n_0}=X-B$ 为无限集，$\mu(E_{n_0})=+\infty$. 因此，μ 在 $\mathscr{R}$ 上不是 σ 有限的. □

【113】 设 $\mathscr{R}$ 为 X 某些子集所成的环，μ 为 $\mathscr{R}$ 上的测度. 证明：

(1) μ 零集全体为 $\mathscr{R}$ 的子环.

(2) 如果 $\mathscr{R}$ 为 σ 环，则 μ 零集全体为 σ 子环.

(3) 举例说明 μ 零集全体不必为 σ 环.

(4) 举例说明 $\mathscr{R}$ 虽不为 σ 环，但 μ 零集全体都为 σ 环.

证明 (1) 因为对 $\forall E_1,E_2\in\mathscr{R}$,$E_1,E_2$ 为 μ 零集,有

$$0\leqslant\mu(E_1-E_2)\leqslant\mu(E_1)=0,$$

$$0\leqslant\mu(E_1\cup E_2)\leqslant\mu(E_1)+\mu(E_2)=0+0=0,$$

且 $\mu(E_1-E_2)=0$,$\mu(E_1\cup E_2)=0$,所以 E_1-E_2,$E_1\cup E_2$ 都为 μ 零集,由此知 μ 零集全体为 $\mathscr{R}$ 的子环.

(2) 如果 $\mathscr{R}$ 为 σ 环,则对 $\forall E_n(n\in\mathbb{N})$,$E_n$ 为 μ 零集,有

$$0\leqslant\mu(E_1-E_2)\leqslant\mu(E_1)=0,$$

$$0\leqslant\mu\Big(\bigcup_{n=1}^{\infty}E_n\Big)\leqslant\sum_{n=1}^{\infty}\mu(E_n)=\sum_{n=1}^{\infty}0=0,$$

且 $\mu(E_1-E_2)=0$,$\mu\Big(\bigcup\limits_{n=1}^{\infty}E_n\Big)=0$,所以 E_1-E_2,$\bigcup\limits_{n=1}^{\infty}E_n$ 都为 μ 零集. 由此知 μ 零集全体为 $\mathscr{R}$ 的 σ 子环.

(3) 反例:设 $X=\{x_1,x_2,\cdots,x_n,\cdots\}$为可数集. $\mathscr{R}$ 为 X 的有限子集的全体,它是环,但非 σ 环. 对 $\forall E\in\mathscr{R}$,令 $\mu(E)=0$,则 μ 为 $\mathscr{R}$ 上的一个测度. 显然,从零集的全体 $\mathscr{R}$ 为环,但非 σ 环.

(4) 反例 1:设 $X=\{x_1,x_2,\cdots,x_n,\cdots\}$为可数集. $\mathscr{R}$ 为 X 的有限子集的全体,它是环,但非 σ 环. 对 $\forall E\in\mathscr{R}$,令 $\mu(E)=E$ 的点数,则 μ 为 $\mathscr{R}$ 上的一个测度. 显然,μ 零集的全体$\{\varnothing\}$为 σ 环.

反例 2:设 $X=\mathbb{R}^1$,$\mathscr{R}=\mathscr{R}_0=\mathscr{R}(\mathscr{T})=\Big\{\bigcup\limits_{i=1}^{n}(a_i,b_i]\mid n\in\mathbb{N}\Big\}$为环,但非 σ 环. $\mu=m$ 为 $\mathscr{R}$ 上的 Lebesgue 测度. 显然,$\mu(=m)$ 零集的全体$\{\varnothing\}$ 为 σ 环.

反例 3:设 $Y=\{x_n\notin\mathbb{R}^1\mid n\in\mathbb{N}\}$为可数集,$X=Y\cup\mathbb{R}^1$. $\mathscr{R}=\Big\{Z\cup\Big(\bigcup\limits_{i=1}^{n}(a_i,b_i]\Big)\mid Z\subset Y,n\in\mathbb{N}\Big\}$ 为环,非 σ 环. 测度 $\mu\Big(Z\cup\Big(\bigcup\limits_{i=1}^{n}(a_i,b_i]\Big)\Big)=\mu(Z)+\sum\limits_{i=1}^{n}(b_i-a_i)=0+\sum\limits_{i=1}^{n}(b_i-a_i)=\sum\limits_{i=1}^{n}(b_i-a_i)$. 显然,$\mu$ 零集全体$\{Z\mid Z\subset Y\}$ 为 σ 环.

【114】 设 $\mathscr{R}$ 为 X 的某些子集所成的 σ 环,μ 为 $\mathscr{R}$ 上的测度. 证明:$\mathscr{H}(\mathscr{R})$上的广义集函数

$$\mu^{**}(E)=\inf\{\mu(F)\mid E\subset F\in\mathscr{R}\},E\in\mathscr{H}(\mathscr{R})$$

就是外测度 $\mu^*(E)$.

证明 设 $A=\{\mu(F)\mid E\subset F\in\mathscr{R}\}$,$B=\Big\{\sum\limits_{n=1}^{\infty}\mu(F_n)\mid E\subset\bigcup\limits_{n=1}^{\infty}F_n,F_n\in\mathscr{R}\Big\}$.

如果 $\mu(F)\in A$,则 $E\subset F\in\mathscr{R}$. 取 $F_1=F$,$F_n=\varnothing$,$n=2,3,\cdots$,则 $F_n\in\mathscr{R}$,$n=1,2,\cdots$,且 $E\subset\bigcup\limits_{n=1}^{\infty}F_n$,故

$$\mu(F)=\sum_{n=1}^{\infty}\mu(F_n)\in B.$$

于是，$A\subset B$，$\inf A\geqslant\inf B$.

反之，若 $\sum_{n=1}^{\infty}\mu(F_n)\in B$，则 $E\subset\bigcup_{n=1}^{\infty}F_n$，$F_n\in\mathscr{R}$. 于是，$E\subset\bigcup_{n=1}^{\infty}F_n\in\mathscr{R}$ 和

$$\sum_{n=1}^{\infty}\mu(F_n)\geqslant\mu\left(\bigcup_{n=1}^{\infty}F_n\right)\in A,$$

这就蕴涵着

$$\inf B\geqslant\inf A.$$

综合上述得到

$$\mu^{**}(E)=\inf B=\inf A=\mu^{*}(E),$$

$$\mu^{**}=\mu^{*}.$$

由此，$\mu^{**}=\mu^{*}$ 应具有外测度的三条基本性质. 当然也可从 μ^{**} 定义直接推出. □

【115】 设 $\mathscr{R}$ 为 X 的某些子集所成的环，μ 为 $\mathscr{R}$ 上的测度. 则 $\mathscr{H}(\mathscr{R})$ 上的集函数

$$\mu_*(E)=\sup\{\mu(F)\mid E\supset F\in\mathscr{R}\}$$

(称 μ_* 为**内测度**)具有下列各性质：

(1) 非负性：$\mu_*(E)\geqslant 0$. 特别地，$\mu_*(\varnothing)=0$；

(2) 单调性：若 $E_1,E_2\in\mathscr{H}(\mathscr{R})$，$E_1\subset E_2$，则 $\mu_*(E_1)\leqslant\mu_*(E_2)$；

(3) 若 $E\in\mathscr{R}$，则 $\mu_*(E)=\mu(E)$；

(4) 若 $E_n\in\mathscr{H}(\mathscr{R})$，$E_i\cap E_j=\varnothing$，$i\neq j$，则

$$\mu_*\left(\bigcup_{n=1}^{m}E_n\right)\geqslant\sum_{n=1}^{m}\mu_*(E_n).$$

进而，有

$$\mu_*\left(\bigcup_{n=1}^{\infty}E_n\right)\geqslant\sum_{n=1}^{\infty}\mu_*(E_n);$$

(5) 对 $E\in\mathscr{R}$，$F\in\mathscr{H}(\mathscr{R})$，有

$$\begin{aligned}\mu_*(F)&=\mu_*(F\cap E)+\mu_*(F-E)\\&=\mu_*(F\cap E)+\mu_*(F\cap E^c);\end{aligned}$$

(6) 若 $E\in\mathscr{H}(\mathscr{R})$，则

$$\mu_*(E)\leqslant\mu^*(E).$$

证明 根据 μ_* 的定义和 μ 的性质，显然有(1)、(2)、(3).

(4) 如果有 $\mu_*(E_n)=+\infty$，则 $\mu_*\left(\bigcup_{n=1}^{m}E_n\right)\overset{(2)}{\geqslant}\mu_*(E_n)=+\infty$，从而

$$\mu_*\left(\bigcup_{n=1}^{m}E_n\right)=+\infty=\sum_{n=1}^{m}\mu_*(E_n).$$

如果 $\mu_*(E_n)<+\infty$，$n=1,2,\cdots,m$，则对 $E_i,E_j\in\mathscr{H}(\mathscr{R})$，$E_i\cap E_j=\varnothing$，$i\neq j$ 和 $\forall\,\varepsilon>0$，取

F_n, s. t. $E_n \supset F_n \in \mathscr{R}$ 及

$$\mu_*(E_n) < \mu(F_n) + \frac{\varepsilon}{2^n}$$

于是, $\bigcup_{n=1}^{m} E_n \supset \bigcup_{n=1}^{m} F_n$. 再从(2)立即得到

$$\begin{aligned}\mu_*\left(\bigcup_{n=1}^{m} E_n\right) &\geqslant \mu_*\left(\bigcup_{n=1}^{m} F_n\right) = \mu\left(\bigcup_{n=1}^{m} F_n\right) = \sum_{n=1}^{m} \mu(F_n) \\ &> \sum_{n=1}^{m} \mu_*(E_n) - \sum_{n=1}^{m} \frac{\varepsilon}{2^n} > \sum_{n=1}^{m} \mu_*(E_n) - \varepsilon.\end{aligned}$$

令 $\varepsilon \to 0^+$, 有

$$\mu_*\left(\bigcup_{n=1}^{m} E_n\right) \geqslant \sum_{n=1}^{m} \mu_*(E_n).$$

进而, 如果 $E_n \in \mathscr{H}(\mathscr{R})$, $E_i \cap E_j = \varnothing$, $i \neq j$, $n, i, j = 1, 2, \cdots$, 则由上结论, 知

$$\mu_*\left(\bigcup_{n=1}^{\infty} E_n\right) \geqslant \mu_*\left(\bigcup_{n=1}^{m} E_n\right) \geqslant \sum_{n=1}^{m} \mu_*(E_n).$$

令 $m \to +\infty$ 得到

$$\mu_*\left(\bigcup_{n=1}^{\infty} E_n\right) \geqslant \sum_{n=1}^{\infty} \mu_*(E_n).$$

(5) 对 $E \in \mathscr{R}$, $F \in \mathscr{H}(\mathscr{R})$, 由于

$$F = (F \cap E) \cup (F - E)$$

且

$$(F \cap E) \cap (F - E) = \varnothing$$

和(4)有

$$\mu_*(F) \geqslant \mu_*(F \cap E) + \mu_*(F - E).$$

再证 $\mu_*(F) \leqslant \mu_*(F \cap E) + \mu_*(F - E)$. 如果 $\mu_*(F \cap E) = +\infty$ 或 $\mu_*(F - E) = +\infty$, 则必有 $\mu_*(F) \geqslant \mu_*(F \cap E) + \mu_*(F - E) = +\infty$, $\mu_*(F) = +\infty = \mu_*(F \cap E) + \mu_*(F - E)$. 如果 $\mu_*(F \cap E) < +\infty$, $\mu_*(F - E) < +\infty$, 则对 $\forall \varepsilon > 0$, 由 μ_* 定义, $\exists F_0 \in \mathscr{R}$ s. t. $F_0 \subset F$ 且 $\mu_*(F) < \mu(F_0) + \varepsilon$. 又 $\mu(F_0) = \mu(F_0 \cap E) + \mu(F_0 - E)$, 故

$$\begin{aligned}\mu_*(F) &< \mu(F_0) + \varepsilon = \mu(F_0 \cap E) + \mu(F_0 - E) + \varepsilon \\ &\leqslant \mu_*(F \cap E) + \mu_*(F - E) + \varepsilon,\end{aligned}$$

令 $\varepsilon \to 0^+$ 得到

$$\mu_*(F) \leqslant \mu_*(F \cap E) + \mu_*(F - E).$$

综合上述, 有

$$\mu_*(F) = \mu_*(F \cap E) + \mu_*(F - E).$$

(6) 设 $E \in \mathscr{H}(\mathscr{R})$, 对 $\forall F \in \mathscr{R}$, $E_i \in \mathscr{R}$, $i \in \mathbb{N}$, 如果 $F \subset E \subset \bigcup_{i=1}^{\infty} E_i$, 则

$$\mu(F) = \mu^*(F) \leqslant \mu^*\left(\bigcup_{i=1}^{\infty} E_i\right) \leqslant \sum_{i=1}^{\infty} \mu^*(E_i) = \sum_{i=1}^{\infty} \mu(E_i).$$

由此推得

$$\mu_*(E)=\inf\{\mu(F)\mid E\supset F\in\mathscr{R}\}\leqslant\sum_{i=1}^{\infty}\mu(E_i),$$

$$\mu_*(E)\leqslant\inf\left\{\sum_{i=1}^{\infty}\mu(E_i)\mid E_i\in\mathscr{R},E\subset\bigcup_{i=1}^{\infty}E_i\right\}=\mu^*(E).$$ □

【116】 设 $\mathscr{R}$ 为 X 的某些子集所成的代数，μ 为 $\mathscr{R}$ 上的有限测度(即 $\mu(X)<+\infty$).定义

$$\mu_{**}(E)=\mu(x)-\mu^*(X-E),E\in\mathscr{H}(\mathscr{R}).$$

证明：(对照题[115])

(1) 非负性：$\mu_{**}(E)\geqslant 0$. 特别地，$\mu_{**}(\varnothing)=0$.

(2) 单调性：若 $E_1,E_2\in\mathscr{H}(\mathscr{R}),E_1\subset E_2$，则 $\mu_{**}(E_1)\leqslant\mu_{**}(E_2)$.

(3) 若 $E\in\mathscr{R}$，则 $\mu_{**}(E)=\mu(E)$.

(4) $\mu_{**}(E)\leqslant\mu^*(E),E\in\mathscr{H}(\mathscr{R})$.

(5) $\mu_{**}(E)\geqslant\mu_*(E),E\in\mathscr{H}(\mathscr{R})$. 并举出 $\mu_{**}(E)>\mu_*(E)$ 的例子.

如果 $\mathscr{R}$ 为 σ 代数，则 $\mu_{**}=\mu_*$.

(6) 设 $\mathscr{R}$ 为 σ 代数，$E_n\in\mathscr{H}(\mathscr{R}),E_i\cap E_j=\varnothing,i\neq j$，则

$$\mu_{**}\left(\bigcup_{n=1}^{m}E_n\right)\geqslant\sum_{n=1}^{m}\mu_{**}(E_n).$$

进而，有

$$\mu_{**}\left(\bigcup_{n=1}^{\infty}E_n\right)\geqslant\sum_{n=1}^{\infty}\mu_{**}(E_n).$$

试研究当 $\mathscr{R}$ 为代数非 σ 代数时，上述不等式是否成立？

(7) 设 $\mathscr{R}$ 为 σ 代数，则对 $E\in\mathscr{R},F\in\mathscr{H}(\mathscr{R})$，有

$$\mu_{**}(F)=\mu_{**}(F\cap E)+\mu_{**}(F-E).$$

试研究当 $\mathscr{R}$ 为代数非 σ 代数时，上述等式是否成立？

证明 (1) 由 $X-E\subset X$ 和 μ^* 的单调性得到

$$\mu_{**}(E)=\mu(X)-\mu^*(X-E)\geqslant 0.$$

此外

$$\mu_{**}(\varnothing)=\mu(X)-\mu^*(X-\varnothing)=\mu(X)-\mu(X)=0.$$

(2) 设 $E_1,E_2\in\mathscr{H}(\mathscr{R}),E_1\subset E_2$，则 $X-E_1\supset X-E_2$. 再由 μ^* 的单调性得到

$$\mu_{**}(E_1)=\mu(X)-\mu^*(X-E_1)\leqslant\mu(X)-\mu^*(X-E_2)=\mu_{**}(E_2).$$

(3) 对 $E\in\mathscr{R}$，由 $\mathscr{R}$ 为代数，故 $X-E\in\mathscr{R}$，且

$$\mu_{**}(E)=\mu(X)-\mu^*(X-E)=\mu(X)-\mu(X-E)=\mu(E).$$

(4) 设 $E\in\mathscr{H}(\mathscr{R})$，则

$$\mu_{**}(E)=\mu(X)-\mu^*(X-E)=\mu^*(X)-\mu^*(X-E)$$

$$\leqslant \mu^*(X-E)+\mu^*(E)-\mu^*(X-E)=\mu^*(E).$$

(5) 设 $E\in\mathscr{H}(\mathscr{R})$,则

$$\begin{aligned}\mu_{**}(E)&=\mu(X)-\mu^*(X-E)=\mu(X)-\mu^*(E^c)\\&=\mu(X)-\inf\left\{\sum_{i=1}^{\infty}\mu(E_i)\mid E_i\in\mathscr{R},E^c\subset\bigcup_{i=1}^{\infty}E_i\right\}\\&\geqslant\mu(X)-\inf\{\mu(F)\mid E^c\subset F\in\mathscr{R}\}\\&=\sup\{\mu(X-F)\mid E^c\subset F\in\mathscr{R}\}\\&=\sup\{\mu(F^c)\mid E\supset F^c\in\mathscr{R}\}=\mu_*(E).\end{aligned}$$

如果 $\mathscr{R}$ 为 σ 代数,则上述论证中第 3 个不等号为等号,故 $\mu_{**}(E)=\mu_*(E)$. 此时,若用这等式,由题[115]中 μ_* 的 6 条性质立即得到 μ_{**} 相应的 6 条性质.

如果 $\mathscr{R}$ 为环但非 σ 环时,可以有

$$\mu_{**}(E)>\mu_*(E).$$

例如: $\mathscr{R}=\mathscr{R}_0\cap[0,1]$,$E$ 是$[0,1]=X$ 中 Lebesgue 测度为$\frac{1}{2}$的类 Cantor 集,则

$$\begin{aligned}\mu_{**}(E)&=\mu(X)-\mu^*(E)=1-\frac{1}{2}=\frac{1}{2},\\\mu_*(E)&=\sup\{\mu(F)\mid E\supset F\in\mathscr{R}\}=0.\end{aligned}$$

从而

$$\mu_{**}(E)=\frac{1}{2}>0=\mu_*(E).$$

(6) 因为 $\mathscr{R}$ 为 σ 代数,由(5)知 $\mu_{**}=\mu_*$. 再由题[115]μ_* 的性质(4)即得

$$\begin{aligned}\mu_{**}\Big(\bigcup_{n=1}^{m}E_n\Big)&\geqslant\sum_{n=1}^{m}\mu_{**}(E_n),\\\mu_{**}\Big(\bigcup_{n=1}^{\infty}E_n\Big)&\geqslant\sum_{n=1}^{\infty}\mu_{**}(E_n).\end{aligned}$$

或者直接证明如下: 设 $E_n\in\mathscr{H}(\mathscr{R})$,$n=1,2,\cdots$为任何两两不相交的集合,由 $\mathscr{R}$ 为代数,故 $E_n^c=X-E_n\in\mathscr{H}(\mathscr{R})$. 对 $\forall\,\varepsilon>0$,由 $\mathscr{R}$ 为 σ 环,故 $\exists\,F_n\in\mathscr{R}$,s. t. $E_n^c\subset F_n$,且

$$\mu(F_n)\leqslant\mu^*(E_n^c)+\frac{\varepsilon}{2^n}.$$

于是,$E_n\supset F_n^c\in\mathscr{R}$,$F_n^c$,$n=1,2,\cdots$ 两两不相交,故

$$\bigcup_{n=1}^{m}F_n^c\subset\bigcup_{n=1}^{m}E_n,\quad X-\bigcup_{n=1}^{m}F_n^c\supset X-\bigcup_{n=1}^{m}E_n.$$

由此及 $\mathscr{R}$ 为代数,有

$$\begin{aligned}\sum_{n=1}^{m}\mu_{**}(E_n)&=\sum_{n=1}^{m}[\mu(X)-\mu^*(E_n^c)]\\&\leqslant\sum_{n=1}^{m}\Big[\mu(X)-\Big(\mu(F_n)-\frac{\varepsilon}{2^n}\Big)\Big]\end{aligned}$$

$$
\begin{aligned}
&< \varepsilon + \sum_{n=1}^{m} \mu(X - F_n) = \varepsilon + \sum_{n=1}^{\infty} \mu(F_n^c) \\
&= \varepsilon + \mu(X) - \left[\mu(X) - \mu\left(\bigcup_{n=1}^{m} F_n^c\right)\right] \\
&= \varepsilon + \mu(X) - \mu\left(X - \bigcup_{n=1}^{m} F_n^c\right) \\
&\leqslant \varepsilon + \mu(X) - \mu^*\left(X - \bigcup_{n=1}^{m} E_n\right) \\
&= \varepsilon + \mu_{**}\left(\bigcup_{n=1}^{m} E_n\right).
\end{aligned}
$$

令 $\varepsilon \to 0^+$ 得到

$$
\mu_{**}\left(\bigcup_{n=1}^{m} E_n\right) \geqslant \sum_{n=1}^{m} \mu_{**}(E_n).
$$

由此推得

$$
\mu_{**}\left(\bigcup_{n=1}^{\infty} E_n\right) \geqslant \sum_{n=1}^{m} \mu_{**}(E_n).
$$

再令 $m \to +\infty$ 得到

$$
\mu_{**}\left(\bigcup_{n=1}^{\infty} E_n\right) \geqslant \sum_{n=1}^{\infty} \mu_{**}(E_n)
$$

(也可仿 $\mu_{**}\left(\bigcup_{n=1}^{m} E_n\right) \geqslant \sum_{n=1}^{m} \mu_{**}(E_n)$ 推导).

(7) 设 $\mathscr{R}$ 为 σ 代数,由(6),对 $E \in \mathscr{R}, F \in \mathscr{H}(\mathscr{R})$,有

$$
\mu_{**}(F) = \mu_{**}((F \cap E) \cup (F - E)) \geqslant \mu_{**}(F \cap E) + \mu_{**}(F - E).
$$

另一方面,以 $\varepsilon > 0, F \in \mathscr{H}(\mathscr{R})$,则由 $\mathscr{R}$ 为 σ 代数,$F^c \in \mathscr{H}(\mathscr{R})$,故 $\exists F_0 \in \mathscr{R}$, s. t. $F_0 \supset F^c$(即 $F_0^c \subset F$),且

$$
\mu^*(F^c) \geqslant \mu(F_0) - \varepsilon.
$$

显然,$F^c \subset F_0 \in \mathscr{R}, F_0^c \cap E \subset F \cap E, F_0^c - E \subset F - E$. 于是,由(3)和(2)得到

$$
\begin{aligned}
\mu_{**}(F) &= \mu(X) - \mu^*(X - F) = \mu(X) - \mu^*(F^c) \\
&\leqslant \mu(X) - (\mu(F_0) - \varepsilon) = \varepsilon + \mu(F_0^c) \\
&= \varepsilon + \mu(F_0^c \cap E) + \mu(F_0^c - E) \\
&= \varepsilon + \mu_{**}(F_0^c \cap E) + \mu_{**}(F_0^c - E) \\
&\leqslant \varepsilon + \mu_{**}(F \cap E) + \mu_{**}(F - E).
\end{aligned}
$$

令 $\varepsilon \to 0^+$ 得到

$$
\mu_{**}(F) \leqslant \mu_{**}(F \cap E) + \mu_{**}(F - E).
$$

综合上述,有

$$\mu_{**}(F) = \mu_{**}(F \cap E) + \mu_{**}(F - E).$$

或者当 $\mathscr{R}$ 为 σ 代数时，根据(5)有 $\mu_{**} = \mu_*$. 再由题[115]中 μ_* 的性质(5)得到上面等式. □

【117】 设 $\mathscr{R}$ 为 X 的某些子集所成的 σ 环，μ 为 $\mathscr{R}$ 上的有限测度. 对 $E \in \mathscr{H}(\mathscr{R})$，

$$\mu_*(E) = \sup\{\mu(F) \mid E \supset F \in \mathscr{R}\}.$$

证明：$\mu^*(E) = \mu_*(E) \Leftrightarrow E \in R^*$（即 E 为 μ^* 可测集）.

举例说明：如果删去条件"有限测度"，则

$$\mu^*(E) = \mu_*(E) \nRightarrow E \in \mathscr{R}^*.$$

证明 ($\Leftarrow$)设 $E \in R^*$，根据定理 2.2.3，$E = F \cup H$，其中 $F \in \mathscr{R}_\sigma(\mathscr{R}) = \mathscr{R}$，$H \in \mathscr{N}_{\mu^*}$（即 H 为 μ^* 零集）. 因此

$$\mu(F) = \mu_*(F) \leqslant \mu_*(E) \leqslant \mu^*(E) = \mu^*(F \cup H)$$
$$\leqslant \mu^*(F) + \mu^*(H) = \mu^*(F) = \mu(F),$$
$$\mu^*(E) = \mu_*(E) = \mu(F).$$

($\Rightarrow$)设 $E \in \mathscr{H}(\mathscr{R})$，$\mu^*(E) = \mu_*(E)$. 由于 $\mathscr{R}$ 为 σ 环，故 $\exists F, G \in \mathscr{R}$, s. t.

$$F \subset E \subset G,$$

且

$$\mu(G) = \mu^*(E) = \mu_*(E) = \mu(F)$$

因为 $G - F \in \mathscr{R}$，故

$$\mu(G) = \mu(G - F) + \mu(F) = \mu(G - F) + \mu(G),$$
$$\mu(G - F) = 0.$$

于是

$$0 \leqslant \mu^*(E - F) \leqslant \mu^*(G - F) = \mu(G - F) = 0,$$
$$\mu^*(E - F) = 0,$$

即 $E - F$ 为 μ^* 零集. 由此知 $E - F \in \mathscr{R}^*$ 和 $E = (E - F) \cup F \in \mathscr{R}^*$，也就是 E 为 μ^* 可测集.

如果删去条件"有限测度"，$\mu^*(E) = \mu_*(E) \nRightarrow E \in \mathscr{R}^*$.

反例：设 A 为 $\left[-\frac{1}{2}, \frac{1}{2}\right]$ 中的 Lebesgue 不可测集，$E = A \cup [1, +\infty)$，则

$$m_*(E) = m^*(E) = +\infty.$$

但显然 E 为 Lebesgue 不可测集. □

【118】 设 μ 为环 $\mathscr{R}$ 上的测度，$A \cap B = \varnothing$，$E \in \mathscr{H}(\mathscr{R})$，有

(1) 如果 $A, B \in \mathscr{R}^*$（即 A, B 为 μ^* 可测集），则

$$\mu^*(E \cap (A \cup B)) = \mu^*(E \cap A) + \mu^*(E \cap B).$$

(2) 如果 $A, B \in \mathscr{R}$（即 A, B 为 μ 可测集），则

$$\mu_*(E \cap (A \cup B)) = \mu_*(E \cap A) + \mu_*(E \cap B).$$

证明 (1) 显然 $E \cap (A \cup B) = (E \cap A) \cup (E \cap B)$，$(E \cap A) \cap (E \cap B) = \varnothing$，有

$$\mu^*(E\cap(A\cup B))\leqslant\mu^*(E\cap A)+\mu^*(E\cap B).$$

另一方面，对 $\forall\varepsilon>0$，存在 μ^* 可测集 $U\supset E\cap(A\cup B)$，s. t.

$$\mu^*(U)\leqslant\mu^*(E\cap(A\cup B))+\varepsilon.$$

因为 $U\supset U\cap(A\cup B)=(U\cap A)\cup(U\cap B)$，故

$$(U\cap A)\cap(U\cap B)=U\cap(A\cap B)=U\cap\varnothing=\varnothing,$$

$$U\cap A\supset E\cap A, U\cap B\supset E\cap B,$$

所以

$$\mu^*(E\cap(A\cup B))+\varepsilon>\mu^*(U)\geqslant\mu^*(U\cap(A\cup B))$$

$$\xlongequal{A,B\mu^*\text{可测}}\mu^*(U\cap A)+\mu^*(U\cap B)\geqslant\mu^*(E\cap A)+\mu^*(E\cap B).$$

令 $\varepsilon\to0^+$ 得到

$$\mu^*(E\cap(A\cup B))\geqslant\mu^*(E\cap A)+\mu^*(E\cap B).$$

综合上述，有

$$\mu^*(E\cap(A\cup B))=\mu^*(E\cap A)+\mu^*(E\cap B).$$

(2) 由题[115]，得

$$\mu_*(E\cap(A\cup B))\geqslant\mu_*(E\cap A)+\mu_*(E\cap B).$$

另一方面，对 $\forall\varepsilon>0$，$\exists F\in\mathscr{R}$，$F\subset E\cap(A\cup B)$，s. t.

$$\mu(F)\geqslant\mu_*(E\cap(A\cup B))-\varepsilon.$$

因为 $F=F\cap(A\cup B)=(F\cap A)\cup(F\cap B)$，$(F\cap A)\cap(F\cap B)=F\cap(A\cap B)=F\cap\varnothing=\varnothing$，$F\cap A\subset E\cap A$，$F\cap B\subset E\cap B$，所以

$$\mu_*(E\cap(A\cup B))-\varepsilon\leqslant\mu(F)=\mu(F\cap(A\cup B))$$

$$\xlongequal{F,A,B\mu\text{ 可测}}\mu(F\cap A)+\mu(F\cap B)\leqslant\mu_*(E\cap A)+\mu_*(E\cap B).$$

令 $\varepsilon\to0^+$ 得到

$$\mu_*(E\cap(A\cup B))\leqslant\mu_*(E\cap A)+\mu_*(E\cap B).$$

综合上述，有

$$\mu_*(E\cap(A\cup B))=\mu_*(E\cap A)+\mu_*(E\cap B).$$ □

2.3 Lebesgue 测度、Lebesgue-Stieltjes 测度

记 $\mathscr{T}=\{(a,b]\mid a\leqslant b\}$，则

$$\mathscr{R}_0=\mathscr{R}(\mathscr{T})=\left\{\bigcup_{i=1}^n(a_i,b_i]\mid a_i\leqslant b_i,i=1,2,\cdots,n\right\}$$

为 $X=\mathbb{R}$ 上的一个环，非 σ 环. 我们定义集函数

$$\mu=m:\mathscr{T}\to\mathbb{R},$$

$$\mu((a,b])=m((a,b])=b-a,$$

它表示区间$(a,b]$的长度. 显然,$\mathscr{T}\subset\mathscr{R}_0$. 而且 $\mathscr{R}_0$ 中元素 E 可以分解成$\mathscr{T}$中有限个两两不相交的元素 $E_1,E_2,\cdots,E_n$ 的并集,我们称这种分解为 E 的一个**初等分解**.

对 $\forall E\in\mathscr{R}_0$,设 $E=\bigcup\limits_{i=1}^{n}E_i$,$E_i=(a_i,b_i]\in\mathscr{R}$,$E_i$ 互不相交,$i=1,2,\cdots,n$,即$\{E_i\mid i=1,2,\cdots,n\}$ 为 E 的一个初等分解. 令

$$m(E)=\sum_{i=1}^{n}m(E_i)=\sum_{i=1}^{n}(b_i-a_i).$$

引理 2.3.1　设 $E\in\mathscr{R}_0$,$m(E)$的值只与 E 有关,而与 E 的初等分解的方式无关.

引理 2.3.2　环 $\mathscr{R}_0$ 上的集函数 m 有下列性质:

(1) m 具有有限可加性.

(2) 如果 $E_1,E_2,\cdots,E_n\in\mathscr{R}_0$,它们彼此不相交,且$\bigcup\limits_{i=1}^{n}E_i\subset E$,$E\in\mathscr{R}_0$,则

$$\sum_{i=1}^{n}m(E_i)\leqslant m(E).$$

(3) m 有次有限可加性:如果 $E_1,E_2,\cdots,E_n,E\in\mathscr{R}_0$,且 $E\subset\bigcup\limits_{i=1}^{n}E_i$,则

$$m(E)\leqslant\sum_{i=1}^{n}m(E_i).$$

特别当 $E=\bigcup\limits_{i=1}^{n}E_i$ 时,有

$$m\Big(\bigcup_{i=1}^{n}E_i\Big)\leqslant\sum_{i=1}^{n}m(E_i).$$

(4) m 为环 $\mathscr{R}_0$ 上的一个测度.

根据引理 2.3.2(4),先引进 σ 环 $\mathscr{H}(\mathscr{R}_0)$,在 $\mathscr{H}(\mathscr{R}_0)$上定义外测度 m^*,并将 $\mathscr{H}(\mathscr{R}_0)$中满足 Caratheodory 条件的集称为 **m^* 可测集**或 **L 可测集**或 **Lebesgue 可测集**. 记 Lebesgue 可测集类为 $\mathscr{L}=\mathscr{R}_0^*$. 因为 Borel 集类 $\mathscr{B}=\mathscr{R}_\sigma(\mathscr{R}_0)$为含 $\mathscr{R}_0$ 的最小 σ 环,而 $\mathscr{L}=\mathscr{R}_0^*$ 为含 $\mathscr{R}_0$ 的 σ 环,故 $\mathscr{B}=\mathscr{R}_\sigma(\mathscr{R}_0)\subset\mathscr{R}_0^*$.

例 2.3.1　(1) Borel 集类 $\mathscr{B}=\mathscr{R}_\sigma(\mathscr{R}_0)$为$\mathbb{R}^1$ 上的 σ 代数.

(2) 至多可数集都是 Borel 集,它们的 Lebesgue 测度都为 0.

(3) 区间$\langle a,b\rangle$(a,b 可取实数,$a<b$;也可取 $a=-\infty$,$b=+\infty$,$\langle,\rangle$ 表示或为开区间,或为闭区间,或为半开半闭区间,或为半闭半开区间),开集 $G=\bigcup\limits_{n}(a_n,b_n)$($(a_n,b_n)$ 为 G 的构成区间)都是 Borel 集,并且

$$m(\langle a,b\rangle)=b-a,m(G)=\sum_{n}(b_n-a_n).$$

(4) 闭集 F 为 Borel 集,当 $F\subset(a,b)$(有限区间)时,有

$$m(F)=m((a,b))-m((a,b)-F)=(b-a)-m((a,b)-F);$$

当 F 为无界闭集时，有

$$m(F)=\lim_{n\to+\infty}m(F\cap[-n,n]).$$

特别当 $F=C$ 为[0,1]中的 Cantor 疏朗三分集时 $m(C)=0$.

(5) G_σ 集，F_σ 集，$G_{\delta\sigma}$ 集和 $F_{\sigma\delta}$ 集都是 Borel 集.

引理 2.3.3 $\mathscr{H}(\mathscr{R}_0)=\left\{E \mid E\subset\mathbb{R}^1,\exists E_i\in\mathscr{R}_0,\text{s.t. }E\subset\bigcup_{i=1}^{\infty}E_i\right\}$ 为 $\mathbb{R}^1$ 中一切子集所构成的集类，且

$$\begin{aligned}m^*(E)&\xlongequal{\text{def}}\inf\left\{\sum_{i=1}^{\infty}m(E_i)\mid E_i\in\mathscr{R}_0,\text{且 }E\subset\bigcup_{i=1}^{\infty}E_i\right\}\\&=\inf\{m(G)\mid E\subset G,G\text{ 为开集}\}.\end{aligned}$$

例 2.3.2 设 A,B,C 为 $\mathbb{R}^n$ 中的点集.

(1) 如果 $m^*(A)=0$，则 $m^*(A\cup B)=m^*(B)$.

(2) 如果 $m^*(A),m^*(B)<+\infty$，则

$$|m^*(A)-m^*(B)|\leqslant m^*(A\Delta B).$$

(3) 设 $m^*(A\Delta B)=0,m^*(B\Delta C)=0$，则

$$m^*(A\Delta C)=0.$$

定理 2.3.1 (Lebesgue 可测集的充要条件)设 $E\subset\mathbb{R}^1$(即 $E\in\mathscr{H}(\mathscr{R}_0)$).

(1) E 为 Lebesgue 可测集(即 $E\in\mathscr{L}=\mathscr{R}_0^*$).

$\Leftrightarrow$(2) 对 $\forall\varepsilon>0$，存在开集 $G\supset E$，s.t. $m^*(G-E)<\varepsilon$.

$\Leftrightarrow$(3) 对 $\forall\varepsilon>0$，存在闭集 $F\subset E$，s.t. $m^*(E-F)<\varepsilon$.

$\Leftrightarrow$(4) 存在 G_δ 集 $H\supset E$，s.t. $m^*(H-E)=0$(从而 $m^*(H)=m^*(E)$).

$\Leftrightarrow$(5) 存在 F_σ 集 $K\subset E$，s.t. $m^*(E-K)=0$(从而 $m^*(K)=m^*(E)$).

$\Leftrightarrow$(6) 存在 G_δ 集 H 和 F_σ 集 K，s.t. $K\subset E\subset H$，且

$$m^*(H-E)=m^*(E-K)=m^*(H-K)=0.$$

从而 $m^*(H)=m^*(E)=m^*(K)$.

推论 2.3.1 设 $E\subset\mathbb{R}^1$(即 $E\in\mathscr{H}(\mathscr{R}_0)$)，则存在包含 E 的 G_δ 集 H，s.t. $m^*(H)=m^*(E)$，即 H 为 E 的一个等测包(Lebesgue 可测集 $H\supset E$，且 $m^*(H)=m^*(E)$，则称 H 为 E 的一个等测包).

推论 2.3.2 任何 Lebesgue 可测集 E 必为某个 Borel 集与 Lebesgue m^* 零集的并集；同时，它又是一个 Borel 集与 Lebesgue m^* 零集的差集.

由 $\mathscr{B}=\mathscr{R}_\sigma(\mathscr{R}_0)\subset\mathscr{L}=\mathscr{R}_0^*\subset\mathscr{H}(\mathscr{R}_\sigma)=2^{\mathbb{R}^1}$，自然会问：

$$\mathscr{B}\subsetneqq\mathscr{L}\subsetneqq\mathscr{H}(\mathscr{R}_0)$$

是否成立？回答是肯定的. 也就是说，非 Borel 集的 Lebesgue 可测集是存在的；Lebesgue 不可测集也是存在的.

定理 2.3.2 $\overline{\overline{\mathscr{L}}}=\overline{\overline{\mathscr{R}_0^*}}=2^{\aleph}>\aleph=\overline{\overline{\mathscr{R}_\sigma(\mathscr{R}_0)}}=\overline{\overline{\mathscr{B}}}$. 由此推得：必有非 Borel 集的 Lebesgue 可

测集.

定理 2.3.2′　必有非 Borel 集的 Lebesgue 可测集.

引理 2.3.6　设 $C_p\subset[0,1]$为类 Cantor 疏朗三分集，$0\leqslant m(C_p)<1$，则存在一个同胚映射 $f:[0,1]\to[0,1]$，s. t. $m(f(C_p))=0$.

例 2.3.4　举例：

(1) 两个同胚的完全疏朗三分集，其中一个 Lebesgue 测度为零，而另一个 Lebesgue 测度可大于零.

(2) 同胚映射可将 Lebesgue 不可测集映为 Lebesgue 可测集；同时映射可将 Lebesgue 可测集映为 Lebesgue 不可测集.

(3) Lebesgue 测度为零的 Borel 集，可含非 Borel 集.

定理 2.3.3　设 $E\subset\mathbb{R}$，$E\in\mathscr{L}=\mathscr{R}_0^*$，$m(E)>0$，则存在 Lebesgue 不可测集 $A\subset E$.

注 2.3.2　m^* 在 $\mathscr{H}(\mathscr{R}_0)$上不具有可数可加性. 即有互不相交的 $A_k\in\mathscr{H}(\mathscr{R}_0)$，$k=0,1,2,\cdots$，s. t.

$$m^*\left(\bigcup_{k=0}^{\infty}A_k\right)<\sum_{k=0}^{\infty}m^*(A_k).$$

引理 2.3.7　(Lebesgue 测度的平移不变性)对 $\forall E\subset\mathbb{R}^1$(即 $E\in\mathscr{H}(\mathscr{R}_0)$)，$m^*(E)=m^*(\tau_\alpha E)$，而当 $E\in\mathscr{L}=\mathscr{R}_0^*$ 时，$\tau_\alpha E\in\mathscr{L}=\mathscr{R}_0^*$，且

$$m(E)=m(\tau_\alpha E),$$

其中 $\tau_\alpha:\mathbb{R}^1\to\mathbb{R}^1$，$x\mapsto\tau_\alpha(x)=x+\alpha$ 为$\mathbb{R}^1$ 上的平移，$\tau_\alpha E=\{x+\alpha\mid x\in E\}$.

在详细讨论了$\mathbb{R}^1$ 上的 Lebesgue 测度的基础上，我们来考察 n 维(实)Euclid 空间

$$\mathbb{R}^n=\{(x_1,x_2,\cdots,x_n)\mid x_i\in\mathbb{R},i=1,2,\cdots,n\}$$

中的集合. 令

$$\begin{aligned}\mathscr{T}&=\{(a_1,b_1]\times\cdots\times(a_n,b_n]\mid a_i\leqslant b_i,i=1,2,\cdots,n\}\\&=\{(a_1,a_2,\cdots,a_n;\ b_1,b_2,\cdots,b_n]\mid a_i\leqslant b_i,i=1,2,\cdots,n\}\\&=\{(x_1,x_2,\cdots,x_n)\mid a_i<x_i\leqslant b_i,i=1,2,\cdots,n\}.\end{aligned}$$

并定义集函数

$$m:\mathscr{T}\to\mathbb{R},$$

$$m((a_1,a_2,\cdots,a_n;\ b_1,b_2,\cdots,b_n])=\prod_{i=1}^{n}(b_i-a_i).$$

它表示 n 维半开半闭长方体$(a_1,a_2,\cdots,a_n;\ b_1,b_2,\cdots,b_n]$的 n 维体积.

由 $\mathscr{T}$ 中有限个元素的并集所成的集类为 $\mathscr{R}_0$，类似$\mathbb{R}^1$ 情形可证 $\mathscr{R}_0$ 为$\mathbb{R}^n$ 上的一个环. 而且 $\mathscr{R}_0$ 中的元可以分解成有限个两两不相交的 $\mathscr{T}$ 中元的并集. 这样的分解称为一个**初等分解**. 对于 $E\in\mathscr{R}_0$，如果 $E=\bigcup\limits_{i=1}^{m}E_i$ 为 E 的一个初等分解($E_i\in\mathscr{T},i=1,2,\cdots,m$；$E_1,E_2,\cdots,E_m$ 两两不相交)，就令 $m(E)=\sum\limits_{i=1}^{m}m(E_i)$. 类似$\mathbb{R}^1$ 的情形可验证 $m(E)$的值只与 E 有关，而

与 E 的初等分解的方式无关.还可验证 m 为环 $\mathscr{R}_0$ 上的一个测度.由这个测度 m 可诱导出 $\mathscr{H}(\mathscr{R}_0)$上的外测度 m^*.并将 $\mathscr{H}(\mathscr{R}_0)$中满足 Caratheodory 条件的集的全体所成的集类记为 $\mathscr{L}=\mathscr{R}_0^*$,它是一个 σ 代数.m^* 在 $\mathscr{L}=\mathscr{R}_0^*$ 上为一个完全测度,称为$\mathbb{R}^n$ 上的 Lebesgue 测度,$\mathscr{R}_0^*$ 的元称为$\mathbb{R}^n$ 中的 Lebesgue 可测集.其他有关 m^*,m 的性质、定理和论述可仿$\mathbb{R}^1$ 相应的内容.这是$(\mathbb{R}^1,m)$的一种推广.

$(\mathbb{R}^1,m)$的另一种推广是更一般的 Lebesgue-Stieltjes 测度.我们考察$\mathbb{R}^1$ 上单调增右连续的函数 $g(x)$.记 $\mathscr{T}=\{(a,b]\mid-\infty<a\leqslant b<+\infty\}$,作集函数

$$m_g:\mathscr{T}\to\mathbb{R},$$

$$m_g((a,b])=g(b)-g(a).$$

可证集函数 m_g 可惟一延拓到含 $\mathscr{T}$的最小环 $\mathscr{R}_0=\mathscr{R}(\mathscr{T})=\left\{\bigcup_{i=1}^n(a_i,b_i]\mid-\infty<a_i\leqslant b_i<+\infty,i=1,2,\cdots,n\right\}$ 上成为一个测度.于是,可定义 $\mathscr{H}(\mathscr{R}_0)$ 上的外测度 m_g^*,从而得到满足 Caratheodorg 条件的 m_g^* 可测集类 $\mathscr{L}^g=\mathscr{R}_0^*(g)\subset\mathscr{H}(\mathscr{R}_0)$.称 m_g^* 为(由 g 或 m_g 所诱导的) $\mathscr{L}^g=\mathscr{R}_0^*(g)$ 上的 **Lebesgue-Stieltjes(简称为 L-S) 测度**.有时仍记为 m_g.

特别地,当 $g(x)=x,\forall x\in\mathbb{R}^1$ 时,$m_g^*=m^*$ 为(由 $m_g=m$ 所诱导的)$\mathscr{L}=\mathscr{L}^g=\mathscr{R}_0^*(g)=\mathscr{R}_0^*$ 上的通常的 Lebesgue(L)测度(它是区间长度的推广),有时仍记为 m.$\mathscr{L}=\mathscr{R}_0^*$ 中的元素就是 Lebesgue 可测集.

引理 2.3.8 设 $E\in\mathscr{R}_0$,$m_g(E)$的值只与 E 有关,而与 E 的初等分解的方式无关.

引理 2.3.9 环 $\mathscr{R}_0$ 上的集函数 m_g 有下列性质:

(1) m_g 有有限可加性.

(2) 如果 $E_1,E_2,\cdots,E_n\in\mathscr{R}_0$,它们彼此不相交,且 $\bigcup_{i=1}^n E_i\subset E,E\in\mathscr{R}_0$,则

$$\sum_{i=1}^n m_g(E_i)\leqslant m_g(E).$$

(3) m_g 有次有限可加性:如果 $E_1,E_2,\cdots,E_n,E\in\mathscr{R}_0$,且 $E\subset\bigcup_{i=1}^n E_i$,则

$$m_g(E)\leqslant\sum_{i=1}^n m_g(E_i).$$

特别,当 $E=\bigcup_{i=1}^n E_i$ 时,有

$$m_g(\bigcup_{i=1}^n E_i)\leqslant\sum_{i=1}^n m_g(E_i).$$

(4) m_g 为环 $\mathscr{R}_0$ 上的一个测度.

注 2.3.4 $m_g(\{a\})=g(a)-g(a-0)$, $m_g((a,b))=g(b-0)-g(a)$.

$m_g([a,b))=g(b-0)-g(a-0)$, $m_g([a,b])=g(b)-g(a-0)$.

【119】 设 $E\subset\mathbb{R}^1$，$m^*(E)>0$. 则对 $\forall q\in[0,m^*(E))$，必 $\exists E_1\subset E$，s. t. $m^*(E_1)=q$.

证明　证法 1　令

$$f(x)=m^*(E\cap(-x,x)),x\in[0,+\infty).$$

易见，$f(0)=0$，$\lim\limits_{x\to+\infty}f(x)=m^*(E)$. 下证 f 为连续函数.

事实上，对 $\forall h>0$，有

$$\begin{aligned}|f(x+h)-f(x)|&=|m^*(E\cap(-x-h,x+h))-m^*(E\cap(-x,x))|\\&\leqslant m^*((-x-h,-x])+m^*([x,x+h))\leqslant 2h,\end{aligned}$$

故 f 在 x 右连续. 同理，f 在 x 左连续. 从而，f 在区间 $[0,+\infty)$ 上连续. 由 $f(0)=0\leqslant q<m^*(E)=\lim\limits_{x\to+\infty}f(x)$ 和连续函数的介值定理，$\exists\xi\in[0,+\infty)$，s. t.

$$q=f(\xi)=m^*(E\cap(-\xi,\xi))=m^*(E_1),$$

其中 $E_1=E\cap(-\xi,\xi)\subset E$.

证法 2　作函数 $f(x)=m^*(E\cap(-x,x))$，$x\in R^+=[0,+\infty)$，则 f 单调增，且 $f\in C(\mathbb{R}^+)$.

事实上，$\forall x_0\in(0,+\infty)$，$f(x_0)\in\mathbb{R}^+$. 对 $\forall\varepsilon>0$，取 $0<\delta<\min\left\{x_0,\dfrac{\varepsilon}{3}\right\}$，有

$$f(x_0+\delta)=m^*(E\cap(-(x_0+\delta),x_0+\delta))\leqslant m^*(E\cap(-x_0,x_0))+\frac{2\varepsilon}{3}<f(x_0)+\varepsilon.$$

同理，$f(x_0)-\varepsilon<f(x_0-\delta)$. 所以，当 $|x-x_0|<\delta$ 时，由 f 单调增得到

$$f(x_0)-\varepsilon<f(x)<f(x_0)+\varepsilon.$$

这就表明 f 在 $x_0\in(0,+\infty)$ 处连续，在 0 点处右连续，故 $f\in C(\mathbb{R}^+)$.

注意到 $f(0)=0$，$f(+\infty)=\lim\limits_{x\to+\infty}f(x)=m^*(E)$. 因此，对 $\forall q\in[f(0),f(+\infty))=[0,m^*(E))$，由连续函数的介值定理，且 $\exists\xi\in[0,+\infty)$，s. t.

$$q=f(\xi)=m^*(E\cap(-\xi,\xi)).$$

取 $E_1=E\cap(-\xi,\xi)$，则 $E_1\subset E$，$m^*(E_1)=q$.　□

【120】 设 $(\mathbb{R}^1,\mathscr{L},m)$ 为 Lebesgue 测度空间，$E\subset\mathbb{R}^1$. 如果 $0<a<m(E)$，证明：存在无内点的有界闭集 $F\subset E$，s. t. $m(F)=a$.

证明　证法 1　令 $E_1=E-\mathbb{Q}$，则 E_1 无内点，$m(E_1)=m(E)$. 作有界闭集 $F_n\in E_1$，s. t.（参阅例 2.5.5 和定理 2.3.1(3)）

$$a<m(F_n)\leqslant a+\frac{1}{n},$$

且 $F_{n+1}\subset F_n$. 再令 $F=\bigcap\limits_{n=1}^{\infty}F_n$，则 $F=\bigcap\limits_{n=1}^{\infty}F_n\subset E_1\subset E$，$F$ 无内点，有界闭集且

$$a\leqslant m(F)=m\left(\bigcap_{n=1}^{\infty}F_n\right)\xlongequal{\text{定理 2.1.1(6)}}\lim_{n\to+\infty}m(F_n)\leqslant\lim_{n\to+\infty}\left(a+\frac{1}{n}\right)=a,$$

$$m(F)=a$$

证法 2　令 $E_1=E-\mathbb{Q}$，则 E_1 无内点，$m(E_1)=m(E)$. 由例 2.5.5 和定理 2.3.1(3)，存在闭集 E_2，s. t. $E_2\subset E_1$，且

$$a<m(E_2)<m(E_1)=m(E).$$

对 $\forall n\in\mathbb{N}$，应用例 2.5.5 中的方法 $\exists r_n\in\mathbb{R}$，s. t.

$$a<m(E_2\cap[-r_n,r_n])<a+\frac{1}{n}.$$

令 $r=\varliminf_{n\to+\infty} r_n$，则

$$a\leqslant m(E_2\cap[-r,r])=\varliminf_{n\to+\infty} m(E_2\cap[-r_n,r_n])\leqslant\varliminf_{n\to+\infty}\left(a+\frac{1}{n}\right)=a,$$

$$m(E_2\cap[-r,r])=a.$$

于是，$F=E_2\cap[-r,r]$ 为无内点的有界闭集，且 $F\subset E$，$m(F)=a$.

证法 3　令 $E_1=E-\mathbb{Q}$，则 E_1 无内点，$m(E_1)=m(E)$. 作闭集 $F_1\subset E_1\subset E$，s. t. $m(F_1)>a$. 再作 $f:\mathbb{R}^+=[0,+\infty)\to\mathbb{R}$，$x\mapsto f(x)=m(F_1\cap[-x,x])$. 由

$$|f(x)-f(y)|\leqslant 2|x-y|$$

立知，$f\in C(\mathbb{R}^+)$，且 $f(0)=0$，$\lim_{x\to+\infty} f(x)=m(F_1)$. 根据连续函数的介值定理，$\exists x_0\in\mathbb{R}^+$，s. t. $f(x_0)=m(F_1\cap[-x_0,x_0])=a$. 于是，$F=F_1\cap[-x_0,x_0]$ 为所求的无内点的有界闭集，且 $F\subset E$，$m(F)=a$.

证法 4　因为 $0<a<m(E)$，故存在有界闭集 $F_1\subset E$，s. t. $m(F_1)=b>a$. 令

$$G=\bigcup_{n=1}^{\infty}\left(r_n-\frac{\alpha}{n^2},r_n+\frac{\alpha}{n^2}\right),$$

其中 $\{r_n\}$ 为 $\mathbb{Q}$ 的一个排列. 取 $0<\alpha<\frac{3(b-a)}{\pi^2}$，$F_1\cap G^c$ 为无内点的闭集，且

$$\begin{aligned}m(F_1\cap G^c)&=m(F_1)-m(F_1\cap G)\\&\geqslant b-m(G)=b-\alpha\cdot\sum_{n=1}^{\infty}\frac{2}{n^2}\\&>b-\frac{3(b-a)}{\pi^2}\cdot\frac{\pi^2}{3}=a.\end{aligned}$$

根据例 2.5.5 的做法，存在有界闭集 K，s. t.

$$m(K\cap F_1\cap G^c)=a.$$

于是，$F=K\cap F_1\cap G^c$ 为无内点的有界闭集，且 $F\subset F_1\subset E$，$m(F)=a$. □

【121】 设 $(\mathbb{R}^n,\mathscr{L},m)$ 为 Lebesgue 测度空间.

(1) $A_1,A_2\subset\mathbb{R}^n$，$A_1\subset A_2$，$A_1\in\mathscr{L}$ 且 $m(A_1)=m^*(A_2)<+\infty$. 证明：$A_2\in\mathscr{L}$.

(2) $A,B\subset\mathbb{R}^n$，$A\in\mathscr{L}$，且 $m^*(B)<+\infty$. 证明：

$$m^*(A\cup B)=m^*(A)+m^*(B)-m^*(A\cap B).$$

(3) 对 $\forall E\subset\mathbb{R}^n$，证明：存在 F_σ 集 K 和 G_δ 集 H，s. t.

$$K \subset E \subset H,$$

且

$$m(K) = m_*(E), m(H) = m^*(E).$$

证明　证法 1　(1) 由 A_1 为 Lebesgue 可测集和 $A_1 \subset A_2$, $m^*(A_1) = m(A_1) = m^*(A_2) < +\infty$, 知

$$\begin{aligned} m^*(A_2) &= m^*(A_2 \cap A_1) + m^*(A_2 \cap A_1^c) \\ &= m^*(A_1) + m^*(A_2 - A_1) = m^*(A_2) + m^*(A_2 - A_1). \end{aligned}$$

又因 $m^*(A_2) < +\infty$, 故 $m^*(A_2 - A_1) = 0$, 即 $A_2 - A_1$ 为 m^* 零集, 根据引理 2.1.3 推得 $A_2 - A_1$ 为 m^* 可测集, 即 $A_2 - A_1 \in \mathscr{L}$. 由此得到

$$A_2 = A_1 \cup (A_2 - A_1) \in \mathscr{L}.$$

(2) 由 $A \in \mathscr{L}$, 故

$$\begin{aligned} m^*(A \cup B) &= m^*((A \cup B) \cap A) + m^*(A \cup B) \cap A^c) \\ &= m^*(A) + m^*(B - A) = m^*(A) + m^*(B) - m^*(A \cap B). \end{aligned}$$

(3) 设 $E \in \mathbb{R}^n = \mathscr{H}(\mathscr{R}_0)$, 其中 $\mathscr{R}_0$ 为半开半闭长方体的有限并的全体. 根据 m^* 的定义, $\exists E_k \in \mathscr{R}_0 (k \in \mathbb{N})$, s. t. $E \subset \bigcup\limits_{k=1}^{\infty} E_k$, $\sum\limits_{k=1}^{\infty} m(E_k) < m^*(E) + \frac{1}{l}$. 显然, 必有开集 H_l, s. t. $E \subset \bigcup\limits_{k=1}^{\infty} E_k \subset H_l$, 且 $m(H_l) < m^*(E) + \frac{1}{l}$(只需将每个半开半闭的长方体稍扩大一点得到 H_l). 同样, 根据 m_* 的定义, $\exists F_l \in \mathscr{R}_0$, s. t. $F_l \subset E$, $m(F_l) > m_*(F) - \frac{1}{l}$. 显然, 必有闭集 K_l, s. t. $K_l \subset F_l \subset E$, $m(K_l) > m_*(E) - \frac{1}{l}$(只需将每个半开半闭的长方体稍缩小一点得 K_l).

$$m_*(E) - \frac{1}{l} \leqslant m(K_l) \leqslant m\Big(\bigcup_{l=1}^{\infty} K_l\Big) \leqslant m_*(E),$$

$$m^*(E) \leqslant m\Big(\bigcap_{l=1}^{\infty} H_l\Big) \leqslant m(H_l) < m^*(E) + \frac{1}{l},$$

所以, 当 $l \to +\infty$ 时得到

$$m\Big(\bigcup_{l=1}^{\infty} K_l\Big) = m_*(E), m\Big(\bigcap_{l=1}^{\infty} H_l\Big) = m^*(E).$$

我们令 $K = \bigcup\limits_{l=1}^{\infty} K_l$, $H = \bigcap\limits_{l=1}^{\infty} H_l$, 则 K, H 分别为题中要求的 F_σ 集和 G_δ 集.

证法 2　(1) 因为 $A_1 \subset A_2$, $A_1 \in \mathscr{L}$, $m(A_1) = m^*(A_2) < +\infty$, 所以

$$m^*(A_2 - A_1) = m^*(A_2) - m^*(A_2 \cap A_1) = m^*(A_1) - m^*(A_1) = 0.$$

进而, 对 $\forall\, T \in \mathscr{H}(\mathscr{R}_0)$, 由 $A_1 \in \mathscr{L}$ 得到

$$m^*(T\cap A_2)+m^*(T-A_2)\leqslant m^*(T\cap A_2\cap A_1)+m^*(T\cap A_2-A_1)+m^*(T-A_1)$$
$$\leqslant m^*(T\cap A_1)+m^*(A_2-A_1)+m^*(T-A_1)$$
$$=m^*(T\cap A_1)+0+m^*(T-A_1)$$
$$=m^*(T)\leqslant m^*(T\cap A_2)+m^*(T-A_2),$$
$$m^*(T)=m^*(T\cap A_2)+m^*(T-A_2),$$

即 $A_2\in\mathscr{L}$. □

【122】 设 μ 为集 X 的环 $\mathscr{R}$ 上的测度.

(1) 如果 $\mathscr{R}$ 为 σ 环, $E_n\in\mathscr{H}(\mathscr{R})$, $E_1\subset E_2\subset\cdots\subset E_n\subset\cdots$, 则

$$\lim_{n\to+\infty}\mu^*(E_n)=\mu^*\left(\bigcup_{n=1}^{\infty}E_n\right).$$

(2) 如果 $\mathscr{R}$ 为 σ 环, $E_n\in\mathscr{H}(\mathscr{R})$, $E_1\supset E_2\supset\cdots\supset E_n\supset\cdots$, 且至少有一个 E_{n_0}, s. t. $\mu_*(E_{n_0})<+\infty$, 则

$$\lim_{n\to+\infty}\mu_*(E_n)=\mu_*\left(\bigcap_{n=1}^{\infty}E_n\right).$$

举例说明"$\mu_*(E_{n_0})<+\infty$"不能删去.

(3) 举例说明, 虽有(1)中条件: $E_n\in\mathscr{H}(\mathscr{R})$, $E_1\subset E_2\subset\cdots\subset E_n\subset\cdots$, 但

$$\lim_{n\to+\infty}\mu_*(E_n)\neq\mu_*\left(\bigcup_{n=1}^{\infty}E_n\right).$$

(4) 如果 $\mathscr{R}$ 为 σ 代数, $E_n\in\mathscr{H}(\mathscr{R})$, $E_1\supset E_2\supset\cdots\supset E_n\supset\cdots$, $\mu(X)<+\infty$, 则

$$\lim_{n\to+\infty}\mu_{**}(E_n)=\mu_{**}\left(\bigcap_{n=1}^{\infty}E_n\right)$$

(5) 举例说明: 虽有(2)中条件: $E_n\in\mathscr{H}(\mathscr{R})$, $E_1\supset E_2\supset\cdots\supset E_n\supset\cdots$, 但

$$\lim_{n\to+\infty}\mu^*(E_n)\neq\mu^*\left(\bigcap_{n=1}^{\infty}E_n\right).$$

证明 (1) 由 $E_1\subset E_2\subset\cdots\subset E_n\subset\cdots$, 知

$$\mu^*(E_n)\leqslant\mu^*\left(\bigcup_{n=1}^{\infty}E_n\right),\mu^*(E_n)\leqslant\mu^*(E_{n+1}),$$

且 $\lim\limits_{n\to+\infty}\mu^*(E_n)$ 存在, 知

$$\lim_{n\to+\infty}\mu^*(E_n)\leqslant\mu^*\left(\bigcup_{n=1}^{\infty}E_n\right).$$

下证 $\lim\limits_{n\to+\infty}\mu^*(E_n)\geqslant\mu^*\left(\bigcup\limits_{n=1}^{\infty}E_n\right)$.

如果 $\mu^*(E_n)=+\infty$, 则 $\mu^*(E_i)=+\infty$, $\forall i\geqslant n$, 结论显然成立;

如果 $\mu^*(E_n)<+\infty$, $n=1,2,3,\cdots$, 则对每个 E_n 和 $\forall\varepsilon>0$, 取 $G_n\in\mathscr{R}$, s. t. $E_n\subset G_n$ 且

$$\mu(G_n)<\mu^*(E_n)+\varepsilon.$$

记 $A_n=\bigcap\limits_{k=n}^{\infty}G_k$，易知 $A_1\subset A_2\subset A_3\subset\cdots$，$E_n\subset A_n\subset G_n$，$n=1,2,3,\cdots$. 再从定理 2.1.1(5) 和 $\bigcup\limits_{n=1}^{\infty}E_n\subset\bigcup\limits_{n=1}^{\infty}A_n$ 得到

$$\mu^*\left(\bigcup_{n=1}^{\infty}E_n\right)\leqslant\mu^*\left(\bigcup_{n=1}^{\infty}A_n\right)=\mu\left(\bigcup_{n=1}^{\infty}A_n\right)=\lim_{n\to+\infty}\mu(A_n)\leqslant\varliminf_{n\to+\infty}\mu(G_n)\leqslant\varlimsup_{n\to+\infty}\mu(G_n)$$
$$\leqslant\lim_{n\to+\infty}\mu^*(E_n)+\varepsilon.$$

令 $\varepsilon\to0^+$ 立得

$$\mu^*\left(\bigcup_{n=1}^{\infty}E_n\right)\leqslant\lim_{n\to+\infty}\mu^*(E_n).$$

综合上述，有

$$\lim_{n\to+\infty}\mu^*(E_n)=\mu^*\left(\bigcup_{n=1}^{\infty}E_n\right).$$

(2) 由 $E_1\supset E_2\supset E_3\supset\cdots$ 知 $\mu_*(E_n)\geqslant\mu_*\left(\bigcap\limits_{n=1}^{\infty}E_n\right)$，$\mu_*(E_n)\geqslant\mu_*(E_{n+1})$ 和 $\lim\limits_{n\to+\infty}\mu_*(E_n)$ 存在. 因此

$$\lim_{n\to+\infty}\mu_*(E_n)\geqslant\mu_*\left(\bigcap_{n=1}^{\infty}E_n\right).$$

下证 $\lim\limits_{n\to+\infty}\mu_*(E_n)\leqslant\mu_*\left(\bigcap\limits_{n=1}^{\infty}E_n\right)$.

对每个 $E_n(n\geqslant n_0)$ 和 $\forall\varepsilon>0$，取 $F_n\in\mathscr{R}$，s. t. $F_n\subset E_n$ 且

$$\mu(F_n)>\mu_*(E_n)-\varepsilon.$$

记 $A_n=\bigcup\limits_{k=n}^{\infty}F_k$. 易知 $A_1\supset A_2\supset A_3\supset\cdots$，$E_n\supset A_n\supset F_n$，$n=1,2,\cdots$. 再从定理 2.1.1(6) 和 $\bigcap\limits_{n=n_0}^{\infty}E_n\supset\bigcap\limits_{n=n_0}^{\infty}A_n$，得到

$$\mu_*\left(\bigcap_{n=1}^{\infty}E_n\right)=\mu_*\left(\bigcap_{n=n_0}^{\infty}E_n\right)\geqslant\mu\left(\bigcap_{n=n_0}^{\infty}A_n\right)$$
$$=\lim_{n\to+\infty}\mu(A_n)\geqslant\varlimsup_{n\to+\infty}\mu(F_n)\geqslant\varliminf_{n\to+\infty}\mu(F_n)\geqslant\lim_{n\to+\infty}\mu_*(E_n)-\varepsilon,$$

令 $\varepsilon\to0^+$，立得

$$\mu_*\left(\bigcap_{n=1}^{\infty}E_n\right)\geqslant\lim_{n\to+\infty}\mu_*(E_n).$$

综合上述，有

$$\lim_{n\to+\infty}\mu_*(E_n)=\mu_*\left(\bigcap_{n=1}^{\infty}E_n\right).$$

利用(1)的结果和令 $H_n=E_{n_0}-E_n(n\geqslant n_0)$ 也可证得(2)中的结果.

注意:"$\mu_*(E_{n_0})<+\infty$"不能删去.

反例:令 $E_n=[n,+\infty)\subset\mathbb{R}^1$,$\mu=m$ 为 Lebesgue 测度.

$$\lim_{n\to+\infty}m_*(E_n)=+\infty\neq 0=m_*(\varnothing)=m_*\left(\bigcap_{n=1}^{\infty}E_n\right).$$

(3) 设 $[-1,1]\cap\mathbb{Q}=\{r_0,r_1,r_2,\cdots\}$,$r_0=0$,$x,y\in\left[-\frac{1}{2},\frac{1}{2}\right]$,定义

$$x\sim y\Leftrightarrow x-y\in[-1,1]\cap\mathbb{Q},$$

$[x]=\left\{y\in\left[-\frac{1}{2},\frac{1}{2}\right]\middle|\,y\sim x\right\}$ 为 x 的等价类. 在每个等价类中恰选一元素为代表得到代表集 A. 记 $A_0=A$,$A_k=\varphi_k(A)$,其中 $\varphi_k(u)=u+r_k$,$u\in A$. 现在,我们来证明

$$m_*\left(\bigcup_{k=0}^{n}A_k\right)=0,n=0,1,2,\cdots.$$

记 $E_n=\bigcup_{k=0}^{n}A_k$,则

$$\varphi_{n_i}(E_n)=\{\varphi_{n_i}(u)=u+r_{n_i}\mid u\in E_n\},$$

其中 $n_0<n_1<n_2<\cdots$,且对 $\forall\, i,j=0,1,2,\cdots,i\neq j$,有

$$|r_{n_i}-r_{n_j}|\notin\{|r_s-r_t|\mid s,t=0,1,2,\cdots,n\}.\tag{$*$}$$

于是,$\varphi_{n_i}(E_n)(i=0,1,2,\cdots)$ 为彼此不相交的集合.

(反证)假设 $\varphi_{n_i}(E_n)\cap\varphi_{n_j}(E_n)\neq\varnothing$,则 $\exists\, z\in\varphi_{n_i}(E_n)\cap\varphi_{n_j}(E_n)$,$i<j$. 于是

$$z=x+r_s+r_{n_i}=y+r_t+r_{n_j},x+r_s\in\varphi_s(A),y+r_t\in\varphi_t(A),$$
$$0\leqslant s,t\leqslant n,x-y=(r_t-r_s)+(r_{n_j}-r_{n_i})\in\mathbb{Q},$$

必有 $x=y$(因 $x,y\in A$ 都为代表元,且 $x\sim y$),$r_s-r_t=r_{n_j}-r_{n_i}$,这与上面式($*$)相矛盾.
由此得(记 $\delta=m_*(\varphi_{n_i}(E_n))$)

$$0\leqslant\sum_{i=0}^{\infty}\delta=\sum_{i=0}^{\infty}m_*(\varphi_{n_i}(E_n))\leqslant m_*\left(\bigcup_{i=0}^{\infty}\varphi_{n_i}(E_n)\right)\leqslant m\left(\left[-\frac{3}{2},\frac{3}{2}\right]\right)=3$$

和

$$m_*\left(\bigcup_{k=0}^{n}A_k\right)=m_*(E_n)=m_*(\varphi_{n_i}(E_n))=\delta=0.$$

从上述还可看出,$E_0\subset E_1\subset E_2\subset E_3\subset\cdots$ 及

$$\lim_{n\to+\infty}m_*(E_n)=\lim_{n\to+\infty}0=0<1=m\left(\left[-\frac{1}{2},\frac{1}{2}\right]\right)\leqslant m_*\left(\bigcup_{k=0}^{\infty}A_k\right)=m_*\left(\bigcup_{n=0}^{\infty}E_n\right).$$

这就是所需的反例.

(4) 证法 1 因为 $\mathscr{R}$ 为 X 上的 σ 代数,根据题[116](5)知,$\mu_{**}=\mu_*$. 再根据(2)立即

$$\lim_{n\to+\infty}\mu_{**}(E_n)=\lim_{n\to+\infty}\mu_*(E_n)=\mu_*\left(\bigcap_{n=1}^{\infty}E_n\right)=\mu_{**}\left(\bigcap_{n=1}^{\infty}E_n\right).$$

证法 2　因$\{E_n\}$单调减,故$\{X-E_n\}$单调增.于是

$$\begin{aligned}\lim_{n\to+\infty}\mu_{**}(E_n)&=\lim_{n\to+\infty}(\mu(X)-\mu^*(X-E_n))\\&\xlongequal{(1)}\mu(X)-\mu^*\left(\bigcup_{n=1}^{\infty}(X-E_n)\right)\\&\xlongequal{\text{de Morgan公式}}\mu(X)-\mu^*\left(X-\bigcap_{n=1}^{\infty}E_n\right)\\&=\mu_{**}\left(\bigcap_{n=1}^{\infty}E_n\right).\end{aligned}$$

(5) 设A_k如(3)中所述.令$E_n=\bigcup\limits_{k=n}^{\infty}A_k$,$n=0,1,2,\cdots$.则$E_0\supset E_1\supset E_2\supset\cdots$,且$m^*(E_n)\leqslant m^*\left(\left[-\frac{3}{2},\frac{3}{2}\right]\right)=3<+\infty$,$E_n\supset A_n$,$m^*(E_n)\geqslant m^*(A_n)=m^*(A_0)=m^*(A)=\beta>0$(见参考文献[1]定理 2.3.3 证法 2)有

$$\lim_{n\to+\infty}m^*(E_n)\geqslant\beta>0=m^*(\varnothing)=m^*\left(\bigcap_{n=0}^{\infty}E_n\right).$$

其中$\mathscr{R}$取$\mathscr{R}_0$或$\mathscr{R}_0^*$.　□

【123】 设$(\mathbb{R}^1,\mathscr{L},m)$为 Lebesgue 测度空间.

(1) 作出一个由$\mathbb{R}^1$中某些无理数构成的闭集F,s.t. $m(F)>0$.

(2) 设有理数集$\mathbb{Q}=\{r_n\mid n\in\mathbb{N}\}$,令

$$G=\bigcup_{n=1}^{\infty}\left(r_n-\frac{1}{n^2},r_n+\frac{1}{n^2}\right).$$

证明:任一闭集$F\subset\mathbb{R}^1$,有$m(G\Delta F)>0$.

(1) **解**　解法 1 记$\mathbb{Q}=\{r_1,r_2,\cdots\}$,令$G_n=\left(r_n-\frac{1}{2^n},r_n+\frac{1}{2^n}\right)$,则$G=\bigcup\limits_{n=1}^{\infty}G_n=\bigcup\limits_{n=1}^{\infty}\left(r_n-\frac{1}{2^n},r_n+\frac{1}{2^n}\right)$为开集,且$m(G)\leqslant\sum\limits_{n=1}^{\infty}\frac{2}{2^n}=2$.令$F=G^c$,则$F$为闭集,且$m(F)=m(\mathbb{R}^1)-m(G)\geqslant(+\infty)-2=+\infty>0$.

解法 2　设$E=[0,1]-\mathbb{Q}$,则$m(E)=1$.取$F\subset E$为闭集,全由无理数组成,且$m(E-F)<\frac{1}{2}$.因此

$$m(F)=m(E)-m(E-F)\geqslant 1-\frac{1}{2}=\frac{1}{2}>0.$$

(2) **证明**　证法 1　设$F\subset\mathbb{R}^1$为闭集,若$F\supset G$,则闭集$F\supset\overline{G}=\mathbb{R}^1$,$F=\mathbb{R}^1$.自然有

$$\begin{aligned}m(G\Delta F)&=m(G-F)+m(F-G)=m(\varnothing)+m(\mathbb{R}^1-G)\\&=0+m(\mathbb{R}^1)-m(G)=(+\infty)-\sum_{n=1}^{\infty}\frac{2}{n^2}=+\infty>0.\end{aligned}$$

若 $F\not\supset G$，则 $\exists x_0\in G-F$，由 G 为开集，F 为闭集知，$G-F=G\cap F^c$ 为开集，故 $\exists\delta>0$，s. t. $B(x_0;\delta)\subset G-F$. 因此

$$m(G\Delta F)\geqslant m(G-F)\geqslant m(B(x_0;\delta))\geqslant 2\delta>0.$$

证法 2 （反证）假设存在闭集 F，使得 $m(G-F)+m(F-G)=m(G\Delta F)=0$，则

$$m(G-F)=0,m(F-G)=0,m(F)=m(F\cap G)=m(G).$$

易证 $G\subset F$（事实上，$\forall x_0\in G$，若 $x_0\notin F$，则由 G 为开集，而 F 为闭集知，$\exists\delta_0>0$，s. t. $B(x_0;\delta_0)\subset G$ 且 $B(x_0;\delta_0)\cap F=\varnothing$. 从而

$$0=m(G-F)\geqslant m(B(x_0;\delta_0))=2\delta_0>0,$$

矛盾. 因此，$G\subset F$). 于是，$\mathbb{R}^1=\overline{G}\subset\overline{F}=F$，从而

$$m(F)\geqslant m(\mathbb{R}^1)=+\infty,$$

$$+\infty>\frac{\pi^2}{3}\geqslant m(G)=m(F)\geqslant+\infty,$$

矛盾.

证法 3 （反证）假设存在闭集 F，使得 $m(G-F)+m(F-G)=m(G\Delta F)=0$，则

$$m(G-F)=0,\quad m(F-G)=0.$$

于是，开集 $G\cap F^c=G-F=\varnothing$. 从而，$G\subset F$，$\mathbb{R}^1=\overline{G}\subset\overline{F}=F$，$F=\mathbb{R}^1$. 此时

$$0=m(F-G)=m(\mathbb{R}^1\cap G^c)=m(G^c).$$

这与

$$m(G^c)=m(\mathbb{R}^1)-m(G)=(+\infty)-\sum_{n=1}^{\infty}\frac{2}{n^2}=(+\infty)-\frac{\pi^2}{3}=+\infty$$

相矛盾. □

【124】 设$(\mathbb{R}^n,\mathscr{L},m)$为 Lebesgue 测度空间.

(1) **证明**：$E\in\mathscr{L}\Leftrightarrow$对 $\forall\varepsilon>0$，存在开集 G_1,G_2，s. t. $G_1\supset E,G_2\supset E^c$，且 $m(G_1\cap G_2)<\varepsilon$.

(2) 设 $E\subset\mathbb{R}^n$，且 $m^*(E)<+\infty$. 如果

$$m^*(E)=\sup\{m(F)\mid F\subset E\text{ 为有界闭集}\},$$

证明：$E\in\mathscr{L}$.

如果条件"$m^*(E)<+\infty$"删去，结论不一定正确.

(3) 设 $E\in\mathscr{L}$ 且 $m(E)>0$. 证明：$\exists x\in E$，s. t. 对 $\forall\delta>0$，有

$$m(E\cap B(x;\delta))>0.$$

(4) 设$\{B_k\}$为$\mathbb{R}^n$ 中递减可测集列，$m^*(A)<+\infty$. 令

$$E_k=A\cap B_k,k\in\mathbb{N},$$

$$E=\bigcap_{k=1}^{\infty}E_k.$$

证明：$\lim\limits_{k\to+\infty}m^*(E_k)=m^*(E)$.

证明 (1) 证法 1 ($\Leftarrow$) $\forall\varepsilon>0$，令 $F=G_2^c$，因 G_2 为开集，故 F 为闭集. 显然，$G_2\supset E^c\Leftrightarrow$

$F=G_2^c\subset E$. 再由开集 $G_1\supset E$ 和

$$m^*(G_1-E)\leqslant m(G_1-F)=m(G_1\cap F^c)=m(G_1\cap G_2)<\varepsilon,$$

并根据定理 2.3.1(2)推得 E 为 Lebesgue 可测集,即 $E\in\mathscr{L}$.

($\Rightarrow$)设 $E\in\mathscr{L}$,即 E 为 Lebesgue 可测集. 对 $\forall\,\varepsilon>0$,根据定理 2.3.1(2)(3),存在开集 G_1 和闭集 F, s. t. $F\subset E\subset G_1$,且

$$m(E-F)<\frac{\varepsilon}{2},m(G_1-E)<\frac{\varepsilon}{2}.$$

令 $G_2=F^c$,它为开集. 显然,开集 $G_1\supset E$,开集 $G_2\supset E^c$,且

$$\begin{aligned}m(G_1\cap G_2)&=m(G_1\cap F^c)=m(G_1-F)=m((G_1-E)\cup(E-F))\\&=m(G_1-E)+m(E-F)<\frac{\varepsilon}{2}+\frac{\varepsilon}{2}=\varepsilon.\end{aligned}$$

证法 2 ($\Leftarrow$)对 $\forall\,T\subset\mathbb{R}^n$,由于 $\forall\,\varepsilon>0$,存在开集 G_1,G_2, s. t. $G_1\supset E,G_2\supset E^c$ 且 $m(G_1\cap G_2)<\varepsilon$. 因此

$$\begin{aligned}m^*(T\cap E)+m^*(T\cap E^c)&\leqslant m^*(T\cap G_1)+m^*(T\cap G_2)\\&\leqslant m^*(T\cap G_1)+m^*(T\cap G_2\cap G_1^c)+m^*(T\cap G_2\cap G_1)\\&\leqslant m^*(T\cap G_1)+m^*(T\cap G_1^c)+m^*(G_1\cap G_2)\\&=m^*(T)+m^*(G_1\cap G_2)=m^*(T)+\varepsilon.\end{aligned}$$

令 $\varepsilon\to0^+$,得到

$$m^*(T\cap E)+m^*(T\cap E^c)\leqslant m^*(T).$$

又因为

$$m^*(T)\leqslant m^*(T\cap E)+m^*(T\cap E^c),$$

所以

$$m^*(T)=m^*(T\cap E)+m^*(T\cap E^c).$$

这就证明了 E 为 Lebesgue 可测集,即 $E\in\mathscr{L}$.

($\Rightarrow$)由 $E\subset\mathbb{R}^n$ 为 Lebesgue 可测集,故 $E^c=\mathbb{R}^n-E$ 也为 Lebesgue 可测集. 因此,对 $\forall\,\varepsilon>0$,有开集 G_1,G_2, s. t. $G_1\supset E,G_2\supset E^c$,且

$$m(G_1-E)<\frac{\varepsilon}{2},m(G_2-E^c)<\frac{\varepsilon}{2}.$$

于是

$$\begin{aligned}m(G_1\cap G_2)&=m(G_1\cap G_2\cap E)+m(G_1\cap G_2\cap E^c)\\&\leqslant m(G_2\cap E)+m(G_1\cap E^c)\\&=m(G_2-E^c)+m(G_1-E)<\frac{\varepsilon}{2}+\frac{\varepsilon}{2}=\varepsilon.\end{aligned}$$

证法 3 ($\Leftarrow$)设 $\forall\,\varepsilon>0$,有开集 G_1,G_2, s. t. $G_1\supset E,G_2\supset E^c$,且 $m(G_1\cap G_2)<\varepsilon$. 对 $\forall\,T\subset\mathbb{R}^n$,有

$$\begin{aligned}m^*(T) &\leqslant m^*(T \cap E)+m^*(T \cap E^c)\\&\leqslant m^*(T \cap G_1)+m^*(T \cap G_2)\\&\leqslant m^*(T \cap G_1 \cap G_2)+m^*(T \cap G_1 \cap G_2^c)+m^*(T \cap G_2)\\&\leqslant m^*(G_1 \cap G_2)+m^*(T \cap G_2^c)+m^*(T \cap G_2)\\&<\varepsilon+m^*(T).\end{aligned}$$

令 $\varepsilon \to 0^+$，得到

$$m^*(T) \leqslant m^*(T \cap E)+m^*(T \cap E^c) \leqslant m^*(T),$$
$$m^*(T)=m^*(T \cap E)+m^*(T \cap E^c).$$

这就证明了 E 为 Lebesgue 可测集，即 $E \in \mathscr{L}$.

(2) 证法 1　因为

$$m^*(E)=\sup\{m(F) \mid F \subset E \text{ 为有界闭集}\},$$

所以存在有界闭集 $F_k \subset E$, s. t. $m(F_k)>m^*(E)-\frac{1}{k}$. 于是

$$m^*(E)-\frac{1}{k} \leqslant m(F_k) \leqslant m^*\left(\bigcup_{i=1}^{\infty} F_i\right) \leqslant m^*(E).$$

令 $k \to +\infty$，得到

$$m^*(E) \leqslant m^*\left(\bigcup_{i=1}^{\infty} F_i\right) \leqslant m^*(E),$$

$$m^*\left(\bigcup_{i=1}^{\infty} F_i\right)=m^*(E).$$

再根据 m^* 定义(或引理 2.3.3)知，存在开集 $G_k \supset E$, s. t. $m(G_k)<m^*(E)+\frac{1}{k}$,

$$m^*(E) \leqslant m^*\left(\bigcap_{i=1}^{\infty} G_i\right) \leqslant m(G_k)<m^*(E)+\frac{1}{k}.$$

令 $k \to +\infty$，得到

$$m^*(E) \leqslant m^*\left(\bigcap_{i=1}^{\infty} G_i\right) \leqslant m^*(E),$$

$$m^*\left(\bigcap_{i=1}^{\infty} G_i\right)=m^*(E).$$

由此，有 $\bigcup_{i=1}^{\infty} F_i \subset E \subset \bigcap_{i=1}^{\infty} G_i$,

$$m^*\left(\bigcap_{i=1}^{\infty} G_i-\bigcup_{i=1}^{\infty} F_i\right)=m^*\left(\bigcap_{i=1}^{\infty} G_i\right)-m^*\left(\bigcup_{i=1}^{\infty} F_i\right)=m^*(E)-m^*(E)=0,$$

$$m^*\left(\bigcap_{i=1}^{\infty} G_i-E\right)=0, \quad \bigcap_{i=1}^{\infty} G_i-E \in \mathscr{L}.$$

从而

$$E=\bigcap_{i=1}^{\infty}G_i-\left(\bigcap_{i=1}^{\infty}G_i-E\right)\in\mathscr{L}.$$

证法 2　$\forall T\subset\mathbb{R}^n$，对有界闭集 $F\subset E$，有 $F^c\supset E^c$ 且

$$\begin{aligned}m^*(T)&=m^*(T\cap F)+m^*(T\cap F^c)\\&\geqslant m^*(T\cap F)+m^*(T\cap E^c).\end{aligned}\tag{$*$}$$

注意到

$$\begin{aligned}0&\leqslant m^*(T\cap E)-m^*(T\cap F)\leqslant m^*(T\cap(E-F))\leqslant m^*(E-F)\\&=m^*(E)-m^*(E\cap F)=m^*(E)-m^*(F).\end{aligned}$$

因为 $m^*(E)<+\infty$，所以

$$m^*(T\cap E)-m^*(E)+m^*(F)\leqslant m^*(T\cap F)\leqslant m^*(T\cap E).$$

就有界闭集 $F\subset E$ 取 sup 可得

$$m^*(T\cap E)=m^*(T\cap E)-m^*(E)+m^*(E)\leqslant\sup_F m^*(T\cap F)\leqslant m^*(T\cap E).$$

因此

$$m^*(T\cap E)=\sup_F m^*(T\cap F).$$

再在($*$)式取 sup 得

$$\begin{aligned}m^*(T)&\geqslant\sup_F m^*(T\cap F)+m^*(T\cap E^c)\\&=m^*(T\cap E)+m^*(T\cap E^c).\end{aligned}$$

另一方面，由 m^* 的次可加性，显然有

$$m^*(T)\leqslant m^*(T\cap E)+m^*(T\cap E^c).$$

综上得到

$$m^*(T)=m^*(T\cap E)+m^*(T\cap E^c).$$

这就证明了 E 为 Lebesgue 可测集.

证法 3　因为

$$m^*(E)=\sup\{m(F)\mid F\subset E\text{ 为有界闭集}\}<+\infty,$$

所以，对 $\forall\varepsilon>0$，$\exists F\subset E$ 为有界闭集，s. t.

$$m^*(E)-m(F)<\varepsilon.$$

而由闭集 F 为 Lebesgue 可测集，故

$$\begin{aligned}&m^*(E)=m^*(E\cap F)+m^*(E\cap F^c)=m^*(F)+m^*(E\cap F^c),\\&m^*(E\cap F^c)=m^*(E)-m^*(F)<\varepsilon.\end{aligned}$$

对 $\forall T\subset\mathbb{R}^n$，有

$$\begin{aligned}m^*(T)&\leqslant m^*(T\cap E)+m^*(T\cap E^c)\\&=m^*((T\cap F)\cup(T\cap E\cap F^c)+m^*(T\cap E^c)\\&\leqslant m^*(T\cap F)+m^*(T\cap E\cap F^c)+m^*(T\cap E^c)\\&\leqslant m^*(T\cap F)+m^*(E\cap F^c)+m^*(T\cap F^c)<m^*(T)+\varepsilon.\end{aligned}$$

令 $\varepsilon \to 0^+$，得到

$$m^*(T) = m^*(T \cap E) + m^*(T \cap E^c).$$

这就证明了 E 为 Lebesgue 可测集.

注意：

$$\begin{aligned} m^*(E) &\overset{\text{题设}}{=\!=\!=} \sup\{m(F) \mid F \subset E \text{ 为有界闭集}\} \\ &\leqslant \sup\{m(\widetilde{F}) \mid \widetilde{F} \text{ 为 } E \text{ 中的闭集}\} \\ &= \sup\{m(\widetilde{F} \cap [-k,k]) \mid \widetilde{F} \text{ 为 } E \text{ 中的闭集}, k \in \mathbb{N}\} \\ &\leqslant \sup\{m(F) \mid F \subset E \text{ 为有界闭集}\}, \\ m^*(E) &= \sup\{m(F) \mid F \subset E \text{ 为有界闭集}\} \\ &= \sup\{m(\widetilde{F}) \mid \widetilde{F} \subset E \text{ 为闭集}\}. \end{aligned}$$

如果条件“$m^*(E) < +\infty$”删去，结论不一定正确.

反例：设 $E = [0,+\infty) \cup W$，W 为 $(-\infty,0)$ 中的不可测集，$F_k = [0,k]$ 为有界闭集，$m([0,k]) = k$，

$$m^*(E) = +\infty = \sup\{m(F) \mid F \subset E \text{ 为有界闭集}\},$$

但 E 为 Lebesgue 不可测集.

(3)（反证）反设 $\forall x \in E$，$\exists \delta(x) > 0$，s. t.

$$m(E \cap B(x;\delta(x))) = 0.$$

显然，$\{B(x;\delta(x)) \mid x \in E\}$ 为 E 的一个开覆盖. 根据 Lindelöf 定理，它有可数的子覆盖

$$\{B(x_i;\delta(x_i)) \mid i \in \mathbb{N}, x_i \in E\}.$$

因此

$$\begin{aligned} 0 < m(E) &= m\Big(E \cap \Big(\bigcup_{i=1}^{\infty} B(x_i;\delta(x_i))\Big)\Big) \\ &\leqslant \sum_{i=1}^{\infty} m(E \cap B(x_i;\delta(x_i))) = \sum_{i=1}^{\infty} 0 = 0, \end{aligned}$$

矛盾.

(4) 证法 1　由于 B_k 可测，故

$$m^*(A) = m^*(A \cap B_k) + m^*(A - B_k).$$

由于 $\bigcap_{k=1}^{\infty} B_k$ 仍为可测集，所以

$$m^*(A) = m^*\Big(A \cap \Big(\bigcap_{k=1}^{\infty} B_k\Big)\Big) + m^*\Big(A - \bigcap_{k=1}^{\infty} B_k\Big).$$

因为 B_k 递减，故 $A - B_k$ 递增，根据题[122](1)，有

$$\begin{aligned} \lim_{k\to+\infty} m^*(A - B_k) &= m^*\big(\lim_{k\to+\infty}(A - B_k)\big) = m^*\Big(\bigcup_{k=1}^{\infty}(A - B_k)\Big) \\ &\overset{\text{de Morgan公式}}{=\!=\!=\!=\!=} m^*\Big(A - \bigcap_{k=1}^{\infty} B_k\Big). \end{aligned}$$

由此推得(注意 $m^*(A)<+\infty$)

$$\lim_{k\to+\infty} m^*(E_k)=\lim_{k\to+\infty} m^*(A\cap B_k)=\lim_{k\to+\infty}[m^*(A)-m^*(A-B_k)]$$

$$=m^*(A)-m^*\left(\bigcup_{k=1}^{\infty}(A-B_k)\right)\xlongequal{\text{de Morgan公式}}m^*(A)-m^*\left(A-\bigcap_{k=1}^{\infty}B_k\right)$$

$$\xlongequal{\text{见证1}}m^*\left(A\cap\left(\bigcap_{k=1}^{\infty}B_k\right)\right)=m^*\left(\bigcap_{k=1}^{\infty}(A\cap B_k)\right)=m^*\left(\bigcap_{k=1}^{\infty}E_k\right)=m^*(E).$$

证法 2　因为 B_k 递减可测,故 $B_k^c=A-B_k=A\cap B_k^c$ 递增,且 $\bigcap_{k=1}^{\infty}B_k$ 仍可测. 于是

$$m^*(A)-\lim_{k\to+\infty} m^*(E_k)=m^*(A)-\lim_{k\to+\infty} m^*(A\cap B_k)$$

$$=\lim_{k\to+\infty}[m^*(A)-m^*(A\cap B_k)]=\lim_{k\to+\infty} m^*(A\cap B_k^c)$$

$$\xlongequal{\text{题[122](1)}}m^*\left(\lim_{k\to+\infty}(A\cap B_k^c)\right)=m^*\left(\bigcup_{k=1}^{\infty}(A\cap B_k^c)\right)$$

$$=m^*\left(A\cap\left(\bigcup_{k=1}^{\infty}B_k^c\right)\right)\xlongequal{\text{de Morgan公式}}m^*\left(A\cap\left(\bigcap_{k=1}^{\infty}B_k\right)^c\right)$$

$$\xlongequal{\bigcap_{k=1}^{\infty}B_k\text{ 可测}}m^*(A)-m^*\left(A\cap\left(\bigcap_{k=1}^{\infty}B_k\right)\right)=m^*(A)-m^*\left(\bigcap_{k=1}^{\infty}(A\cap B_k)\right)$$

$$=m^*(A)-m^*\left(\lim_{k\to+\infty}(A\cap B_k)\right)=m^*(A)-m^*\left(\lim_{k\to+\infty}E_k\right)$$

$$=m^*(A)-m^*(E),$$

注意到 $m^*(A)<+\infty$,因此有

$$\lim_{k\to+\infty} m^*(E_k)=m^*(E).$$

□

【125】 设$(\mathbb{R}^2,\mathscr{L},m)$为 Lebesgue 测度空间,$[0,1]^2=[0,1]\times[0,1]$. 令

$$E=\left\{(x,y)\in[0,1]^2\,\middle|\,|\sin x|<\frac{1}{2},\cos(x+y)\text{ 为无理数}\right\}.$$

证明:$m(E)=\dfrac{\pi}{6}$.

证明　证法 1　令

$$E_1=\left\{(x,y)\in[0,1]^2\,\middle|\,|\sin x|<\frac{1}{2}\right\}=\left[0,\frac{\pi}{6}\right]\times[0,1],$$

$$E_2=\{(x,y)\in[0,1]^2\mid\cos(x+y)\text{ 为有理数}\}$$

显然,$E=E_1-E_2$,$m(E_1)=\dfrac{\pi}{6}$.

记$\mathbb{Q}\cap[-1,1]=\{r_1,r_2,\cdots,r_n,\cdots\}$,

$$E_{2,i}=\{(x,y)\in[0,1]^2\mid\cos(x+y)=r_i\}=\{(x,y)\in[0,1]^2\mid x+y=\arccos r_i\}$$

为直线段,则 $E_2=\bigcup_{i=1}^{\infty}E_{2,i}$,$m(E_{2,i})=0$,$m(E_2)=0$,

$$m(E)=m(E_1-E_2)=m(E_1)-m(E_2)=\frac{\pi}{6}-0=\frac{\pi}{6}.$$

证法 2 设 $E=\left\{(x,y)\in[0,1]^2\,\middle|\,|\sin x|<\frac{1}{2},\cos(x+y)\text{为有理数}\right\}$. 因为 $\cos x$ 在$[0,2]$上为单调减函数,故可令

$$[\cos 2,\cos 0]\cap\mathbb{Q}=[\cos 2,1]\cap\mathbb{Q}=\{r_n\mid n\in\mathbb{N}\}.$$

取 $x_n\in[0,2]$,$\cos x_n=r_n$. 则过点$(x_n,0)$作与 x 轴成 135° 的直线与$\left[0,\frac{\pi}{6}\right]\times[0,1]$相交线段为 F_n,则 $F=\bigcup\limits_{n=1}^{\infty}F_n$,且

$$m(F)=m\Big(\bigcup_{n=1}^{\infty}F_n\Big)=\sum_{n=1}^{\infty}m(F_n)=\sum_{n=1}^{\infty}0=0,$$

$$\begin{aligned}m(E)&=m\left(\left[0,\frac{\pi}{6}\right]\times[0,1]-F\right)=m\left(\left[0,\frac{\pi}{6}\right]\times[0,1]\right)-m(F)\\&=\frac{\pi}{6}\cdot 1-0=\frac{\pi}{6}.\end{aligned}$$

证法 3
$$\begin{aligned}m(E)&=\int_{[0,1]^2}\chi_E(x,y)\mathrm{d}x\mathrm{d}y\xlongequal{\text{定理 3.7.2Fubini}}\int_0^{\frac{\pi}{6}}\mathrm{d}x\int_0^1\chi_E(x,y)\mathrm{d}y+\int_{\frac{\pi}{6}}^1\mathrm{d}x\int_0^1\chi_E(x,y)\mathrm{d}y\\&=\int_0^{\frac{\pi}{6}}1\,\mathrm{d}x+\int_{\frac{\pi}{6}}^1 0\mathrm{d}x=\frac{\pi}{6}+0=\frac{\pi}{6}.\end{aligned}$$
□

【126】 设$(\mathbb{R}^n,\mathscr{L},m)$为 Lebesgue 测度空间,$E_k\in\mathscr{L},k\in\mathbb{N}$. 证明:

(1) $m(\varliminf\limits_{k\to+\infty}E_k)\leqslant\varliminf\limits_{k\to+\infty}m(E_k)$.

(2) 如果 $\exists k_0\in\mathbb{N}$, s. t. $m\Big(\bigcup\limits_{k=k_0}^{\infty}E_k\Big)<+\infty$,则

$$m(\varlimsup_{k\to+\infty}E_k)\geqslant\varlimsup_{k\to+\infty}m(E_k).$$

证明 证法 1 (1)
$$\begin{aligned}m(\varliminf_{k\to+\infty}E_k)&=m\Big(\bigcup_{k=1}^{\infty}\bigcap_{i=k}^{\infty}E_i\Big)\xlongequal{\bigcap_{i=k}^{\infty}E_i\uparrow}\lim_{k\to+\infty}m\Big(\bigcap_{i=k}^{\infty}E_i\Big)\\&=\varliminf_{k\to+\infty}m\Big(\bigcap_{i=k}^{\infty}E_i\Big)\leqslant\varliminf_{k\to+\infty}m(E_k).\end{aligned}$$

(2) 同理有

$$\begin{aligned}m(\varlimsup_{k\to+\infty}E_k)&=m\Big(\bigcap_{k=1}^{\infty}\bigcup_{i=k}^{\infty}E_i\Big)\xlongequal[m\left(\bigcup_{i=k_0}^{\infty}E_i\right)<+\infty]{\bigcup_{i=k}^{\infty}E_i\downarrow}\lim_{k\to+\infty}m\Big(\bigcup_{i=k}^{\infty}E_i\Big)\\&=\varlimsup_{k\to+\infty}m\Big(\bigcup_{i=k}^{\infty}E_i\Big)\geqslant\varlimsup_{k\to+\infty}m(E_k).\end{aligned}$$

证法 2(1) 记　$F_k=\bigcap_{i=k}^{\infty}E_i$，则 $F_1\subset F_2\subset\cdots\subset F_k\subset\cdots$ 且

$$\varliminf_{k\to+\infty}E_k=\{x\in\mathbb{R}^n\mid\exists k_0\in\mathbb{N},\text{s.t. }x\in E_k,\forall k\geqslant k_0\}=\bigcup_{k=1}^{\infty}F_k.$$

于是

$$m(\varliminf_{k\to+\infty}E_k)=m(\bigcup_{k=1}^{\infty}F_k)=\lim_{k\to+\infty}m(F_k).\tag{$*$}$$

又因 $\forall k\in\mathbb{N}$，有 $F_k\subset E_i,i>k$，所以　$m(F_k)\leqslant m(E_i),i>k$，且

$$m(F_k)\leqslant\varliminf_{i\to+\infty}m(E_i).\tag{$**$}$$

从而得到

$$m(\varliminf_{k\to+\infty}E_k)\overset{(*)}{=\!=}\lim_{k\to+\infty}m(F_k)\overset{(**)}{\leqslant}\varliminf_{i\to+\infty}m(E_i)=\varliminf_{k\to+\infty}m(E_k).$$

(2) 令 $\tilde{E}_k=(\bigcup_{i=k_0}^{\infty}E_i)-E_k,k>k_0$. 于是，由(1)得到

$$m(\varliminf_{k\to+\infty}\tilde{E}_k)\leqslant\varliminf_{k\to+\infty}m(\tilde{E}_k).$$

此外，根据集合列的上、下极限的定义易证：

$$\varliminf_{k\to+\infty}\tilde{E}_k\cup\varlimsup_{k\to+\infty}E_k=\varliminf_{k\to+\infty}\left(\left(\bigcup_{i=k_0}^{\infty}E_i\right)-E_k\right)\cup\varlimsup_{k\to+\infty}E_k=\bigcup_{i=k_0}^{\infty}E_i,$$

$$\varliminf_{k\to+\infty}\tilde{E}_k\cap\varlimsup_{k\to+\infty}E_k=\varliminf_{k\to+\infty}\left(\left(\bigcup_{i=k_0}^{\infty}E_i\right)-E_k\right)\cap\varlimsup_{k\to+\infty}E_k=\varnothing.$$

综上，有

$$m(\bigcup_{i=k_0}^{\infty}E_i)-m(\varlimsup_{k\to+\infty}E_k)=m(\varliminf_{k\to+\infty}\tilde{E}_k)\leqslant\varliminf_{k\to+\infty}m(\tilde{E}_k)=\varliminf_{k\to\infty}\left[m(\bigcup_{i=k_0}^{\infty}E_i)-m(E_k)\right]$$

$$=m(\bigcup_{i=k_0}^{\infty}E_i)-\varlimsup_{k\to+\infty}m(E_k),$$

$$m(\varlimsup_{k\to+\infty}E_k)\geqslant\varlimsup_{k\to+\infty}m(E_k).$$

□

【127】 设$(\mathbb{R}^n,\mathscr{L},m)$为 Lebesgue 测度空间.

(1) $E\subset\mathbb{R}^n,H\supset E$ 且 H 为 Lebesgue 可测集. 证明：

H 为 E 的等测包 $\underset{m^*(E)<+\infty}{\rightleftarrows}$ $H-E$ 中任一 Lebesgue 可测子集 e 皆为 lebesgue 零测集.

如果删去“$m^*(E)<+\infty$”，上述结论是否正确？

(2) 设 $E\subset\mathbb{R}^n,m^*(E)<+\infty$. 证明：$\exists G_\delta$ 集 $H\supset E$, s. t. 对任一可测集 $A\subset\mathbb{R}^n$，有

$$m^*(E\cap A)=m(H\cap A).$$

如果 $m^*(E)=+\infty$，结论如何？

(3) 设 $A,B\subset\mathbb{R}^n,A\cup B\in\mathscr{L},m(A\cup B)<+\infty$，且

$$m(A \cup B) = m^*(A) + m^*(B).$$

证明：A,B 皆为 Lebesgue 可测集.

如果 $m(A \cup B) = +\infty$，上述结论如何？

证明 (1) ($\Leftarrow$)由推论 2.3.1，$\exists G_\delta$ 集 $G = \bigcap_{k=1}^{\infty} G_k$（$G_k$ 为含 E 的开集），s.t. $E \subset G$，$m(G) = m^*(E)$，即 G 为 E 的一个等测包. 于是，$H-G$ 为 Lebesgue 可测集，且 $H-G \subset H-E$. 根据右边题设知，$H-G$ 为 Lebesgue 零测集，即 $m^*(H-G)=0$. 由此得到

$$\begin{aligned} m^*(E) &\leqslant m^*(H) = m^*(H \cap G) + m^*(H-G) = m^*(H \cap G) + 0 \\ &= m^*(H \cap G) \leqslant m^*(G) = m(e) = m^*(E), \end{aligned}$$

$$m^*(H) = m^*(E).$$

从而，H 为 E 的一个等测包.

($\underset{m^*(E)<+\infty}{\Longrightarrow}$)设 e 为 $H-E$ 中的任一 Lebesgue 可测集，$H-e \supset E$. 于是，由 H 为 E 的等测包，知

$$m^*(E) = m(H) = m(e) + m(H-e) \geqslant m(e) + m^*(E).$$

注意到 $m^*(E) < +\infty$，得到

$$0 \geqslant m(e) \geqslant 0, \quad m(e) = 0,$$

即 e 为 Lebesgue 零测集.

如果删去"$m^*(E) < +\infty$"上述结论不正确.

反例：在 $\mathbb{R}^1$ 中，$E = (-\infty, 0)$，$H = (-\infty, 1)$，$H-E = [0,1)$ 都为 Lebesgue 可测集，$m(H) = +\infty = m(E)$，H 为 E 的一个等测包，但 $e = H-E = [0,1)$ 不为 Lebesgue 零测集.

(2) 证法 1 如果题中 G_δ 集 H 存在，取 Lebesgue 可测集 $A = H$，则 $m^*(E) = m^*(E \cap H) = m(H \cap H) = m(H)$. H 必为 E 的等测包. 事实上，由推论 2.3.1，取 G_δ 集 H 为 E 的等测包.

显然，可测集 $H \cap A \supset E \cap A$，且对任一 Lebesgue 可测集 $e \subset H \cap A - E \cap A = (H-E) \cap A$，必有 $e \subset H-E$. 因 $m^*(E) < +\infty$，根据(1)的必要性，e 为 Lebesgue 零测集. 再根据(1)的充分性，$H \cap A$ 为 $E \cap A$ 的等测包，故

$$m^*(E \cap A) = m(H \cap A).$$

证法 2 取 H 为 E 的等测包. 此时，显然

$$m^*(E \cap A) \leqslant m(H \cap A).$$

并有 $m^*(E \cap A^c) \leqslant m^*(E) < +\infty$，且

$$\begin{aligned} m^*(E \cap A) + m^*(E \cap A^c) &\overset{A\text{可测}}{=\!=\!=} m^*(E) \\ &= m(H) = m(H \cap A) + m(H \cap A^c) \\ &\geqslant m(H \cap A) + m^*(E \cap A^c), \end{aligned}$$

$$m^*(E \cap A) \geqslant m(H \cap A).$$

因此

$$m^*(E\cap A)=m(H\cap A).$$

当 $m^*(E)=+\infty$ 时，上述推导不能全通过. 当然，随便找一个 E 的 G_δ 型等测包，并不一定符合要求. 例如：

$E=(-\infty,0]$，$H=(-\infty,1]$ 为 G_δ 集，$E\subset H$，$m(H)=+\infty=m^*(E)$. 取 $A=[-1,1]$，则 $E\cap A=[-1,0]$，$H\cap A=[-1,1]$. 但是

$$m^*(E\cap A)=m^*([-1,0])=1\neq 2=m([-1,1])=m(H\cap A).$$

上述例子并不能说明通过别的途径一定找不到所需的 E 的 G_δ 型等测包. 让我们来试一试. 为此，令

$$E_k=E\cap[-k,k],k\in\mathbb{N},$$

它为单调增集列. 取 H_k 为 E_k 的 G_δ 型等测包，且 $H_1\subset H_2\subset\cdots\subset H_k\subset\cdots$，令 $\widetilde{H}=\bigcup_{k=1}^{\infty}H_k$（它为包含 E 的 Lebesgue 可测集，未必为 G_δ 集）. 根据上述结论知，$m^*(E_k\cap A)=m(H_k\cap A)$，故

$$m^*(E\cap A)=m^*(\lim_{k\to+\infty}E_k\cap A)\xlongequal{\text{题[122](1)}}\lim_{k\to+\infty}m^*(E_k\cap A)=\lim_{k\to+\infty}m(H_k\cap A)$$

$$=m(\lim_{k\to+\infty}(H_k\cap A))=m(\widetilde{H}\cap A).$$

特别地，取 $A=\widetilde{H}$，有

$$m^*(E)=m^*(E\cap\widetilde{H})=m(\widetilde{H}\cap\widetilde{H})=m(\widetilde{H}),$$

即 $\widetilde{H}$ 为 E 的等测包（未必是 G_δ 型的）.

最后，根据推论 2.3.1，取 H 为 $\widetilde{H}$ 的 G_δ 型等测包，它为题中所求. 这表明当 $m^*(E)=+\infty$ 时，结论仍是正确的. 但是，这个 E 的 G_δ 型等测包并不是任意的.

(3) 作可测集 G_A,G_B，s. t. $G_A\supset A$，$G_B\supset B$，且

$$m(G_A)=m^*(A),m(G_B)=m^*(B).$$

再令

$$\widetilde{G}_A=G_A\cap(A\cup B),\widetilde{G}_B=G_B\cap(A\cup B).$$

则 $\widetilde{G}_A,\widetilde{G}_B\in\mathscr{L}$，$A\subset\widetilde{G}_A$，$B\subset\widetilde{G}_B$，$A\cup B\subset\widetilde{G}_A\cup\widetilde{G}_B$，$\widetilde{G}_A\subset G_A$，$\widetilde{G}_B\subset G_B$，且

$$\begin{aligned}0\leqslant m(\widetilde{G}_A\cap\widetilde{G}_B)&=m(\widetilde{G}_A)+m(\widetilde{G}_B)-m(\widetilde{G}_A\cup\widetilde{G}_B)\\&\leqslant m(G_A)+m(G_B)-m(A\cup B)\\&=m^*(A)+m^*(B)-m(A\cup B)\xlongequal{\text{题设}}0,\end{aligned}$$

$$m(\widetilde{G}_A\cap\widetilde{G}_B)=0.$$

因为 $\widetilde{G}_A-A\subset\widetilde{G}_A\cap B\subset\widetilde{G}_A\cap\widetilde{G}_B$，$\widetilde{G}_B-B\subset\widetilde{G}_B\cap A\subset\widetilde{G}_B\cap\widetilde{G}_A=\widetilde{G}_A\cap\widetilde{G}_B$，所以

$$0\leqslant m^*(\widetilde{G}_A-A)\leqslant m^*(\widetilde{G}_A\cap\widetilde{G}_B)=0,$$

$$0\leqslant m^*(\widetilde{G}_B-B)\leqslant m^*(\widetilde{G}_A\cap\widetilde{G}_B)=0,$$

$$m^*(\widetilde{G}_A - A) = 0, m^*(\widetilde{G}_B - B) = 0,$$

即 $\widetilde{G}_A - A$ 与 $\widetilde{G}_B - B$ 都为 Lebesgue 零测集. 于是

$$A = \widetilde{G}_A - (\widetilde{G}_A - A) \in \mathscr{L}, \quad B = \widetilde{G}_B - (\widetilde{G}_B - B) \in \mathscr{L}.$$

如果 $m(A \cup B) = +\infty$，未必能推出 A, B 为 Lebesgue 可测集.

反例：设 $A \subset \mathbb{R}^n$ 为 Lebesgue 不可测集，则 $B = \mathbb{R}^n - A$ 也为 Lebesgue 不可测集，且

$$+\infty = m(\mathbb{R}^n) = m(A \cup B) \leqslant m^*(A) + m^*(B).$$

从而

$$m^*(A) + m^*(B) = +\infty = m^*(A \cup B). \qquad \square$$

【128】 设$([a,b], \mathscr{L} \cap [a,b], m)$为$[a,b]$上的 Lebesgue 测度空间. $\mathscr{L} \cap [a,b]$为$[a,b]$中 Lebesgue 可测集的全体.

(1) 设$\{E_k\}$为$[0,1]$中的 Lebesgue 可测集列，$m(E_k) = 1, k \in \mathbb{N}$. 证明：

$$m\left(\bigcap_{k=1}^{\infty} E_k\right) = 1.$$

(2) 设 $E_1, E_2, \cdots, E_k$ 为$[0,1]$中的 Lebesgue 可测集，且

$$\sum_{i=1}^{k} m(E_i) > k - 1.$$

证明：

$$m\left(\bigcap_{i=1}^{k} E_i\right) > 0.$$

(3) E 为$[a,b]$中的可测集，$I_k \subset [a,b], k \in \mathbb{N}$ 为开区间列，满足：

$$m(I_k \cap E) \geqslant \frac{2}{3} m(I_k), k \in \mathbb{N}.$$

证明：

$$m\left(\left(\bigcup_{k=1}^{\infty} I_k\right) \cap E\right) \geqslant \frac{1}{3} m\left(\bigcup_{k=1}^{\infty} I_k\right).$$

证明 (1) 证法 1 因为

$$\begin{aligned} 0 &\leqslant m\left(\bigcup_{k=1}^{\infty}([0,1] - E_k)\right) \leqslant \sum_{k=1}^{\infty} m([0,1] - E_k) \\ &= \sum_{k=1}^{\infty}[m([0,1]) - m(E_k)] = \sum_{k=1}^{\infty}(1-1) = \sum_{k=1}^{\infty} 0 = 0, \end{aligned}$$

$$m\left(\bigcup_{k=1}^{\infty}([0,1] - E_k)\right) = 0.$$

$$\begin{aligned} m\left(\bigcap_{k=1}^{\infty} E_k\right) &= m\left([0,1] - \left([0,1] - \bigcap_{k=1}^{\infty} E_k\right)\right) \xlongequal{\text{de Morgan公式}} m\left([0,1] - \bigcup_{k=1}^{\infty}([0,1] - E_k)\right) \\ &= m([0,1]) - m\left(\bigcup_{k=1}^{\infty}([0,1] - E_k)\right) = 1 - 0 = 1. \end{aligned}$$

证法 2 显然，$F_k=\bigcap\limits_{i=k}^{\infty}E_i$ 为递增可测集列，由

$$\begin{aligned}0&\leqslant m([0,1]-F_k)=m\Big([0,1]-\bigcap_{i=k}^{\infty}E_i\Big)\\&\xlongequal{\text{de Morgan公式}}m\Big(\bigcup_{i=k}^{\infty}([0,1]-E_i)\Big)\leqslant\sum_{i=k}^{\infty}m([0,1]-E_i)\\&=\sum_{i=k}^{\infty}[m([0,1])-m(E_i)]=\sum_{i=k}^{\infty}(1-1)=\sum_{i=k}^{\infty}0=0\end{aligned}$$

知

$$m([0,1]-F_k)=0,$$

$$m(F_k)=m([0,1]-([0,1]-F_k))=1-m([0,1]-F_k)=1-0=1.$$

因此

$$m\Big(\bigcap_{k=1}^{\infty}E_k\Big)=m\Big(\bigcap_{k=1}^{\infty}F_k\Big)=m\big(\lim_{k\to+\infty}F_k\big)=\lim_{k\to+\infty}m(F_k)=1.$$

证法 3 因为 E_1 为 Lebesgue 可测集，故 $E_1^c=[0,1]-E_1$ 也为 Lebesgue 可测集. 于是

$$1=m([0,1])=m(E_1)+m(E_1^c)=1+m(E_1^c),$$

$$m(E_1^c)=0.$$

从而

$$\begin{aligned}1=m([0,1])&\geqslant m(E_1\cap E_2)=m(E_2)-m(E_2\cap E_1^c)\\&\geqslant m(E_2)-m(E_1^c)=1-0=1,\\m(E_1\cap E_2)&=1\end{aligned}$$

（或者，（反证）若 $m(E_1\cap E_2)\neq1$，则 $m(E_1\cap E_2)<1$，从而

$$\begin{aligned}1&=m([0,1])\geqslant m(E_1\cup E_2)\\&=m(E_1)+m(E_2)-m(E_1\cap E_2)\\&>1+1-1=1,\ \text{矛盾}).\end{aligned}$$

类推（应用归纳法）知，$m\Big(\bigcap\limits_{k=1}^{n}E_k\Big)=1$. 由此及 $\bigcap\limits_{k=1}^{n}E_k$ 关于 n 递减，且 $m(E_1)=1<+\infty$ 得到

$$m\Big(\bigcap_{k=1}^{\infty}E_k\Big)=m\Big(\lim_{n\to+\infty}\bigcap_{k=1}^{n}E_k\Big)=\lim_{n\to\infty}m\Big(\bigcap_{k=1}^{n}E_k\Big)=\lim_{n\to+\infty}1=1.$$

(2) 证法 1 $m\Big(\bigcap\limits_{i=1}^{k}E_i\Big)=m\Big([0,1]-\Big([0,1]-\bigcap\limits_{i=1}^{k}E_i\Big)\Big)$

$$\begin{aligned}&\xlongequal{\text{de Morgan公式}}1-m\Big(\bigcup_{i=1}^{k}([0,1]-E_i)\Big)\\&\geqslant1-\sum_{i=1}^{k}m([0,1]-E_i)=1-\sum_{i=1}^{k}(1-m(E_i))\end{aligned}$$

$$= \sum_{i=1}^{k} m(E_i) - (k-1) \overset{\text{题设}}{>} (k-1) - (k-1) = 0.$$

证法 2 当 $k=1$ 时,因为 $m(E_1)=\sum\limits_{i=1}^{1} m(E_i)>1-1=0$,故 $m\left(\bigcap\limits_{i=1}^{1} E_i\right)=m(E_1)>0$.

假设 $k=n$ 时,命题成立.则当 $k=n+1$ 时,由

$$\sum_{i=1}^{n+1} m(E_i) > (n+1) - 1 = n,$$

得到

$$m(E_1 \cup E_2) + m(E_1 \cap E_2) + \sum_{i=3}^{n+1} m(E_i)$$

$$= m(E_1 \cap E_2) + m(E_1 - E_2) + m(E_2 - E_1) + m(E_1 \cap E_2) + \sum_{i=3}^{n+1} m(E_i)$$

$$= m(E_1) + m(E_2) + \sum_{i=3}^{n+1} m(E_i) = \sum_{i=1}^{n+1} m(E_i) > n,$$

$$m(E_1 \cap E_2) + \sum_{i=3}^{n+1} m(E_i) > n - m(E_1 \cup E_2) \geqslant n - m([0,1]) = n-1.$$

于是

$$m\left(\bigcap_{i=1}^{n+1} E_i\right) = m\left((E_1 \cap E_2) \cap \left(\bigcap_{i=3}^{n+1} E_i\right)\right) \overset{\text{归纳}}{>} 0.$$

证法 3 将命题加强为

$$m\left(\bigcap_{i=1}^{k} E_i\right) \geqslant \sum_{i=1}^{k} m(E_i) - (k-1).$$

(归纳法) 当 $k=1$ 时,$m\left(\bigcap\limits_{i=1}^{1} E_i\right) \geqslant \sum\limits_{i=1}^{1} m(E_i) - (1-1)$.

假设 $k-1$ 时命题成立.则对 k,设

$$\sum_{i=1}^{k} m(E_i) > k-1,$$

则 $\exists k_0 \in \{1,2,\cdots,k\}$, s. t.

$$\sum_{\substack{1 \leqslant j \leqslant k \\ j \neq k_0}} m(E_j) > k-2$$

(否则 $k-1 < \sum\limits_{i=1}^{k} m(E_i) = \dfrac{1}{k-1} \sum\limits_{k_0=1}^{k} \sum\limits_{\substack{1 \leqslant j \leqslant k \\ j \neq k_0}} m(E_j) \leqslant \dfrac{k(k-2)}{k-1} \leqslant k-1$,矛盾). 不妨设 $k_0 = k$,有

$$m\left(\bigcap_{i=1}^{k-1} E_i\right) \geqslant \sum_{i=1}^{k-1} m(E_i) - (k-2).$$

$$m\left(\bigcap_{i=1}^{k} E_i\right)=m(E_k)+m\left(\bigcap_{i=1}^{k-1} E_i\right)-m\left(E_k\cup\left(\bigcap_{i=1}^{k-1} E_i\right)\right)$$

$$\geqslant\sum_{i=1}^{k} m(E_i)-(k-2)-1=\sum_{i=1}^{k} m(E_i)-(k-1).$$

(3) 因为 $I_k\subset[a,b]$，$k=1,2,\cdots$，所以 $\bigcup\limits_{k=1}^{\infty} I_k\subset[a,b]$. 对给定的 $n\in\mathbb{N}$，选 $\{I_{k_i}\mid i=1,2,\cdots,l\}$，s. t. 具有性质(*)：$I_{k_i}(i=1,2,\cdots,l)$ 中没有一个含于其他若干个的并中(否则删去这个开区间). 此时，$[a,b]$ 中不存在点同时属于 $\{I_{k_i}\mid i=1,2,\cdots,l\}$ 中的三个区间(如果 $x\in I_{k_i}\cap I_{k_j}\cap I_{k_s}$，不妨设左端点中 I_{k_i} 的最小，右端点中 I_{k_s} 的最大，则 $I_{k_j}\subset I_{k_i}\cup I_{k_s}$，这与上面假设相矛盾). 于是

$$\bigcup_{i=1}^{l} I_{k_i}=\bigcup_{k=1}^{n} I_k.$$

进而，有

$$m\left(\left(\bigcup_{k=1}^{\infty} I_k\right)\cap E\right)\geqslant m\left(\left(\bigcup_{i=1}^{l} I_{k_i}\right)\cap E\right)$$

$$=m\left(\bigcup_{i=1}^{l}(I_{k_i}\cap E)\right)\overset{\text{性质}(*)}{\geqslant}\frac{1}{2}\sum_{i=1}^{l} m(I_{k_i}\cap E)$$

$$\overset{\text{题设}}{\geqslant}\frac{1}{2}\cdot\frac{2}{3}\sum_{i=1}^{l} m(I_{k_i})\geqslant\frac{1}{3}m\left(\bigcup_{i=1}^{l} I_{k_i}\right)=\frac{1}{3}m\left(\bigcup_{k=1}^{n} I_k\right).$$

令 $n\to+\infty$，得到

$$m\left(\left(\bigcup_{k=1}^{\infty} I_k\right)\cap E\right)\geqslant\frac{1}{3}m\left(\bigcup_{k=1}^{\infty} I_k\right).$$ □

【129】 设 $f:[a,b]\to\mathbb{R}$. 若对 $[a,b]$ 中任一 Lebesgue 可测集 E，$f(E)$ 必为 $\mathbb{R}$ 中的 Lebesgue 可测集. 证明：$[a,b]$ 中任一 Lebesgue 零测集 Z，必有 $f(Z)$ 为 $\mathbb{R}$ 中的 Lebesgue 零测集，即 $m^*(f(Z))=0$.

证明 (反证)反设 $\exists Z\subset[a,b]$ 为 Lebesgue 零测集，s. t. $m^*(f(Z))\neq 0$，则 $m^*(f(Z))>0$. 今在 $f(Z)$ 上取一个 Lebesgue 不可测集 A，则 $f^{-1}(A)\cap Z\subset Z$ 为 Lebesgue 零测集(当然为 Lebesgue 可测集)，而 $f(f^{-1}(A)\cap Z)=A$ 为 Lebesgue 不可测集，这与题设相矛盾. □

注 题中 $[a,b]$ 改为区间(开或半开半闭或闭) I，结论仍正确，其证明也完全类似.

【130】 设 $f:[a,b]\to\mathbb{R}$ 为连续函数. 则

$[a,b]$ 中任何 Lebesgue 可测集 E 的象 $f(E)$ 仍为 $\mathbb{R}$ 的 Lebesgue 可测集

$\Leftrightarrow f$ 具有性质(N)：Lebesgue 零测集 $Z\subset[a,b]$ 的象 $f(Z)$ 仍为 Lebesgue 零测集.

证明 ($\Rightarrow$)参阅题[129].

($\Leftarrow$)设 f 具有性质(N)，$E\subset[a,b]$ 为 Lebesgue 可测集，根据定理 2.3.1(5)的必要性，$E=K+Z$，其中 K 为 F_σ 集，而 $m^*(Z)=0$. 于是，由右边题设知，$m^*(f(Z))=0$. 由于 $[a,b]$

中的闭子集等价于紧致子集.而紧致子集在连续映射下的象仍为紧致集,当然该象为闭集.由闭集 $f(K)$与 Lebesgue 零测集 $f(Z)$均为 Lebesgue 可测集,故 $f(E)=f(K)\cup f(Z)$也为 $\mathbb{R}$ 中的 Lebesgue 可测集. □

注 题[130]中的$[a,b]$改为区间(开或半开半闭或闭)I,结论仍正确,其证明也类似.只需注意到:当 $K\subset\mathbb{R}$ 为 F_σ 集时,$K=\bigcup\limits_{n=1}^{\infty}E_n$,其中 E_n 为闭集.如果令 $E_{n,k}=E_n\cap[k,k+1]$,则 $E_{n,k}$ 为紧致集,且 $K=\bigcup\limits_{n=1}^{\infty}\bigcup\limits_{k=-\infty}^{\infty}E_{n,k}$.

【131】 设$(\mathbb{R}^1,\mathscr{L},m)$为 Lebesgue 测度空间,$E\subset\mathbb{R}^1$,且$\exists q\in(0,1)$,s. t. 对任何开区间$(a,b)$,总有开区间列$\{I_k\}$满足

$$E\cap(a,b)\subset\bigcup_{k=1}^{\infty}I_k,\quad \sum_{k=1}^{\infty}m(I_k)\leqslant q(b-a).$$

证明:$m^*(E)=0$.

证明 证法 1 对任何开区间(a,b),由题设,存在 $E\cap(a,b)$的开区间覆盖$\{I_k\}$,满足

$$E\cap(a,b)\subset\bigcup_{k=1}^{\infty}I_k,\quad \sum_{k=1}^{\infty}m(I_k)\leqslant q(b-a).$$

则

$$m^*(E\cap(a,b))\leqslant m\Big(\bigcup_{k=1}^{\infty}I_k\Big)\leqslant\sum_{k=1}^{\infty}m(I_k)\leqslant q(b-a).$$

再对 $E\cap I_k(k=1,2,\cdots)$作开覆盖,其该覆盖的每个开区间之长度总和不大于 $q\cdot m(I_k)$.从而有

$$\begin{aligned}m^*(E\cap(a,b))&\leqslant m^*\Big(E\cup\Big(\bigcup_{k=1}^{\infty}I_k\Big)\Big)\leqslant\sum_{k=1}^{\infty}m^*(E\cap I_k)\leqslant\sum_{k=1}^{\infty}q\cdot m(I_k)\\&\leqslant q\cdot q(b-a)=q^2(b-a).\end{aligned}$$

依次继续下去(归纳),有

$$0\leqslant m^*(E\cap(a,b))\leqslant q^n(b-a),n=1,2,\cdots.$$

令 $n\to+\infty$立即得到(注意:$q\in(0,1)$)

$$0\leqslant m^*(E\cap(a,b))\leqslant 0,m^*(E\cap(a,b))=0.$$

因此

$$m^*(E)=\lim_{k\to+\infty}m^*(E\cap(-k,k))=\lim_{k\to+\infty}0=0,$$

即 E 为 Lebesgue 零测集.

证法 2 取 E 的等测包 $G=\bigcap\limits_{n=1}^{\infty}G_n$,其中$\{G_n\}$为递减开集列.

对 $n\in\mathbb{N}$,G_n 可表示为至多可数个构成区间$\{I_{n,l}\mid l=1,2,\cdots\}$之并.则

$$m^*(E)=m(G)=m(G\cap G_n)=m\Big(G\cap\Big(\bigcup_{l=1}^{\infty}I_{n,l}\Big)\Big)=m\Big(\bigcup_{l=1}^{\infty}(G\cap I_{n,l})\Big)$$

$$= \sum_{l=1}^{\infty} m(G \cap I_{n,l}) \geqslant \sum_{l=1}^{\infty} m^*(E \cap I_{n,l}) \xlongequal{I_{n,l}\text{ 互不相交}} m^*(E).$$

由此必有　$m(G\cap I_{n,l})=m^*(E\cap I_{n,l})$，$l=1,2,\cdots$. 根据证法 1，$m^*(E\cap I_{n,l})=0$，从而，$m^*(E)=0$，即 E 为 Lebesgue 零测集.

证法 3　取 E 的等测包 $G=\bigcap_{n=1}^{\infty} G_n$，其中$\{G_n\}$为递减开集列.

对 $n\in\mathbb{N}$，G_n 可表示为至多可数个构成区间$\{I_{n,l}\mid l=1,2,\cdots\}$之并. 则

$$m(G)=m(G\cap G_n)=m\Big(G\cap\Big(\bigcup_{l=1}^{\infty} I_{n,l}\Big)\Big)$$

$$=\sum_{l=1}^{\infty} m^*(E\cap I_{n,l}) \leqslant q\sum_{l=1}^{\infty} m(I_{n,l}) = qm(G_n).$$

不难看出当 $m(G)=m^*(E)<+\infty$时，令 $n\to+\infty$，得到

$$0\leqslant m(G)\leqslant qm(G),$$
$$0\leqslant (1-q)m(G)\leqslant 0,$$
$$m^*(E)=m(G)=0.$$

一般地，有

$$m^*(E)=\lim_{k\to+\infty} m^*(E\cap(-k,k))=\lim_{k\to+\infty} 0=0. \qquad \square$$

【132】　设$([0,1],\mathscr{L}\cap[0,1],m)$为$[0,1]$上的 Lebesgue 测度空间.

(1) 证明：不存在具有下列性质的 Lebesgue 可测集 $E\subset[0,1]$，对 $\forall(a,b)\subset[0,1]$有

$$m(E\cap(a,b))=\frac{b-a}{2}.$$

(2) 设 $E\subset[0,1]$为可测集且 $m(E)\geqslant\varepsilon>0$，$x_i\in[0,1]$，$i=1,2,\cdots,n$，其中 $n>\frac{2}{\varepsilon}$. 证明：E 中存在两点其距离等于$\{x_1,x_2,\cdots,x_n\}$中某两个点之间的距离.

(3) 在$[0,1]$中作点集

$$E=\{x\in[0,1]\mid \text{在 } x \text{ 的 10 进制小数表示中只出现 9 个数码}\},$$

求 $m(E)$和 $\overline{\overline{E}}$.

(4) 设 $W\subset[0,1]$为 Lebesgue 不可测集. 证明：$\exists\varepsilon\in(0,1)$，s. t. 对于$[0,1]$中任一满足 $m(E)\geqslant\varepsilon$ 的可测集 E，$W\cap E$ 为 Lebesgue 不可测集.

证明　(1) 证法 1　(反证)反设$\exists E\in\mathscr{L}\cap[0,1]$. 作 $E-\{0,1\}$的等测包 $G=\bigcap_{n=1}^{\infty} G_n$($G_n$ 为$(0,1)$中的递减开集列). 注意到 G_n 为其构成区间之并. 而对 $\forall(a,b)\subset(0,1)$，有

$$m(E\cap(a,b))=\frac{b-a}{2}.$$

所以

$$m(G\cap G_n)=m(E\cap G_n)=\frac{1}{2}m(G_n).$$

令 $n\to+\infty$，得到

$$m(G)=m(E\cap G)=\frac{1}{2}m(G),$$

$$\frac{1}{2}m(G)=0, m(E)=m(G)=0.$$

这与 $m(E)=m(E\cap(0,1))=\frac{1-0}{2}=\frac{1}{2}>0$ 相矛盾.

证法 2 (反证)反设 $\exists E\in\mathscr{L}\cap[0,1]$,则

$$m(E)=m(E\cap(0,1))=\frac{1-0}{2}=\frac{1}{2}>0.$$

根据参考文献[1]例 2.5.7 证明中的引理,取 $\lambda=\frac{2}{3}$,则存在开区间 $I\subset[0,1]$, s. t.

$$m(E\cap I)>\frac{2}{3}m(I).$$

于是

$$\frac{1}{2}m(I)=m(E\cap I)>\frac{2}{3}m(I),$$

$$0>\frac{1}{6}m(I)>0,$$

矛盾.

证法 3 (反证)反设存在具有上述性质的可测集 E,则对 $\forall\varepsilon>0$,存在 $E-\{0,1\}$ 的开覆盖 $\{I_k\mid k\in\mathbb{N}\}$, s. t. $\sum_{k=1}^{\infty}m(I_k)<m(E)+\varepsilon$. 在

$$m(E)=m\Big(E\cap\Big(\bigcup_{k=1}^{\infty}I_k\Big)\Big)=m\Big(\bigcup_{k=1}^{\infty}(E\cap I_k)\Big)\leqslant\sum_{k=1}^{\infty}m(E\cap I_k)$$

$$\overset{\text{题设}}{=\!=}\sum_{k=1}^{\infty}\frac{1}{2}m(I_k)<\frac{1}{2}[m(E)+\varepsilon]$$

中,令 $\varepsilon\to0^+$ 得到

$$m(E)\leqslant\frac{1}{2}m(E),$$

$$0\leqslant\frac{1}{2}m(E)\leqslant0, m(E)=0,$$

这与 $m(E)=m(E\cap(0,1))=\frac{1-0}{2}=\frac{1}{2}$ 相矛盾.

(2) 记 $E_k=E+\{x_k\}, k=1,2,\cdots,n$,则

$$\bigcup_{k=1}^{n}E_k\subset[0,2],$$

$$m\Big(\bigcup_{k=1}^{n}E_k\Big)\leqslant m([0,2])=2.$$

下面可证，$\exists i,j\in\mathbb{N},i\neq j$，s. t. $E_i\cap E_j\neq\varnothing$. 令 $z\in E_i\cap E_j$，则 $\exists x,y\in E$，s. t.

$$x+x_i=z=y+x_j,$$

$$x-y=x_j-x_i$$

这就证明了 E 中存在两点 x,y，其距离等 $\{x_1,x_2,\cdots,x_n\}$ 中某两点 x_j,x_i 之间的距离.

(反证)假设 $E_i\cap E_j=\varnothing,\forall i,j\in\{1,2,\cdots,n\},i\neq j$. 则

$$2\geqslant m\Big(\bigcup_{k=1}^{n}E_k\Big)=\sum_{k=1}^{n}m(E_k)=nm(E)>\frac{2}{\varepsilon}\cdot\varepsilon=2,$$

矛盾.

(3) 证法 1　设 E_j 为 $[0,1]$ 中 10 进位小数表示中不出现 j 的点的全体，$j=0,1,\cdots,9$. 显然，$E=\bigcup\limits_{j=0}^{9}E_j$，且 $\overline{\overline{E_j}}=\aleph$（$E_j$ 为非空完备集），$\overline{\overline{E}}=\aleph$.

将 $(0,1]$ 10 等分，舍去区间 $\left[\dfrac{k}{10},\dfrac{k+1}{10}\right)(k=0,1,\cdots,9)$ 中的第 $j+1$ 个，则剩下的点小数表示中第 1 位不出现 j，且对这些剩下的区间再 10 等分，再舍去第 $j+1$ 个，…. 最后留下 E_j. 易见舍去的总长为

$$\frac{1}{10}+\frac{9}{10^2}+\frac{9^2}{10^3}+\cdots=\frac{1}{10}\left[1+\frac{9}{10}+\left(\frac{9}{10}\right)^2+\cdots\right]=\frac{1}{10}\cdot\frac{1}{1-\dfrac{9}{10}}=1,$$

即 $m(E_j)=1-1=0$. $m(E)=m\Big(\bigcup\limits_{j=0}^{9}E_j\Big)=\sum\limits_{j=0}^{9}m(E_j)=\sum\limits_{j=0}^{9}0=0$.

证法 2　令

$$g:\{0,1,\cdots,\hat{j},\cdots,9\}\to\{0,1,\cdots,8\},\quad f:E_j\to[0,1],$$

$$\alpha=0.\alpha_1\cdots\alpha_n\cdots\mapsto f(\alpha)=\sum_{i=1}^{\infty}\frac{g(\alpha_i)}{9i},$$

则 g,f 都为一一映射. 因此，$\overline{\overline{E_j}}=\overline{\overline{[0,1]}}=\aleph$.

(4) (反证)假设命题不成立，则 $\exists\varepsilon_n>0$ 单调增趋于 1 及集列 $\{E_n\}$，s. t. $W\cap E_n$ 为 Lebesgue 可测集，且 $m(E_n)\geqslant\varepsilon_n$.

记 $E=\bigcup\limits_{n=1}^{\infty}E_n$，则

$$1\geqslant m(E)=m\Big(\bigcup_{n=1}^{\infty}E_n\Big)\geqslant m(E_n)\geqslant\varepsilon_n\to 1(\to+\infty),$$

$$1\geqslant m(E)\geqslant 1,m(E)=1,m(E^c)=m([0,1]-E)=m([0,1])-m(E)=1-1=0.$$

显然，由 $W\cap E_n$ 为 Lebesgue 可测集知，$W\cap E=\bigcup\limits_{n=1}^{\infty}(W\cap E_n)$ 为 Lebesgue 可测集.

因为

$$0\leqslant m^*(W\cap E^c)\leqslant m(E^c)=0,$$

所以，$m^*(W\cap E^c)=0$. 从而 $W\cap E^c$ 为$[0,1]$上的 Lebesgue 可测集，及

$$W=(W\cap E)\cup(W\cap E^c)$$

亦为 Lebesgue 可测集，这与题设相矛盾. □

【133】 设$(\mathbb{R}^1,\mathscr{L},m)$为 Lebesgue 测度空间，$E\subset\mathbb{R}^1$ 为 Lebesgue 可测集，$a\in\mathbb{R}^1$，$\delta>0$. 如果对满足$|x|<\delta$ 的 x，$a+x$ 与 $a-x$ 之中必有一点属于 E. 证明：$m(E)\geqslant\delta$.

证明 证法 1 由题意，$\forall\,|x|<\delta$，$\pm x$ 中必有一点属于 $E-a$.

若 $x\in E-a$，则 $-x\in a-E$；若 $-x\in E-a$，则 $x\in a-E$. 因此，$\pm x\in(E-a)\cup(a-E)$，故

$$2\delta=m((-\delta,\delta))\leqslant m((E-a)\cup(a-E))\leqslant 2m(E-a)=2m(E),$$
$$m(E)\geqslant\delta.$$

证法 2 由题意，$\forall\,|x|<\delta$，

如果 $a+x\in E$，则 $a-x=-(a+x)+2a\in 2a-E$；

如果 $a-x\in E$，则 $a+x=-(a-x)+2a\in 2a-E$.

因此，总有 $a-x\in E\cup(2a-E)$，$a+x\in E\cup(2a-E)$，故

$$(a-\delta,a+\delta)\subset E\cup(2a-E).$$

从而

$$2\cdot m(E)=m(E)+m(2a-E)\geqslant m(E\cup(2a-E))\geqslant m((a-\delta,a+\delta))=2\delta,$$
$$m(E)\geqslant\delta.$$
□

【134】 设$(\mathbb{R}^n,\mathscr{L},m)$为 Lebesgue 测度空间，$W\subset\mathbb{R}^n$ 为 Lebesgue 不可测集，$E\subset\mathbb{R}^n$ 为 Lebesgue 可测集. 证明：$E\Delta W$ 为 Lebesgue 不可测集.

证明 证法 1 （反证）反设 $E\Delta W$ Lebesgue 可测，则由 E 为 Lebesgue 可测集知

$$W-E=(E\Delta W)-E$$

亦为 Lebesgue 可测集. 又 W 为 Lebesgue 不可测集，故 $W\cap E$ 为 Lebesgue 不测集（否则，$W=(W-E)\cup(W\cap E)$为 Lebesgue 可测集）. 于是

$$E-W=E-(W\cap E)$$

为 Lebesgue 不可测集（否则 $W\cap E=E-(E-(W\cap E))$为 Lebesgue 可测集，矛盾），这与

$$E-W=(E\Delta W)-(W-E)$$

为 Lebesgue 可测集相矛盾. 因此，$E\Delta W$ 为 Lebesgue 不可测集.

证法 2 因为 E 为 Lebesgue 可测集，故 E^c 为 Lebesgue 可测集.（反证）反设 $E\Delta W$ 为 Lebesgue 可测集，则

$$W=(W-E)\cup(E\cap W)=((E\Delta W)\cap E^c)\cup(E-(E\Delta W))$$

亦为 Lebesgue 可测集，这与 W 为 Lebesgue 不可测集相矛盾.

证法 3 （反证）反设 $E\Delta W$ 为 Lebesgue 可测集.

(i) 如果 $E\cap W$ 为 Lebesgue 可测集，由 E 为 Lebesgue 可测集知

$$E-W=E-(E\cap W)$$

为 Lebesgue 可测集. 再由 W 为 Lebesgue 不可测集与

$$W=(E\cap W)\cup(W-E)$$

以及应用反证法知 $W-E$ 为 Lebesgue 不可测集. 这与

$$W-E=(E\Delta W)-(E-W)$$

为 Lebesgue 可测集相矛盾.

(ii) 如果 $E\cap W$ 为 Lebesgue 不可测集. 由 E 可测, $E\cap W=E-(E-W)$ 及反证知 $E-W$ 为 Lebesgue 不可测集. 这与

$$E-W=(E\Delta W)\cap E$$

为 Lebesgue 可测集相矛盾.

综上知, $E\Delta W$ 为 Lebesgue 不可测集. □

【135】 设 $(\mathbb{R}^n,\mathscr{L},m)$ 为 Lebesgue 测度空间, $T:\mathbb{R}^n\to\mathbb{R}^n$ 为一一映射, 且保持点集的外测度不变. 证明: 对 $\forall E\in\mathscr{L}$, 有 $T(E)\in\mathscr{L}$.

证明　证法 1　对 $\forall F\subset\mathbb{R}^n$, 有

$$\begin{aligned}&m^*(T(F)\cap T(E))+m^*(T(F)\cap(T(E))^c)\\&\xlongequal{T\text{保外测度}}m^*(F\cap E)+m^*(F\cap E^c)\\&\xlongequal{E\in\mathscr{L}}m^*(F)\xlongequal{T\text{保外测度}}m^*(T(F)).\end{aligned}$$

由于 T 为一一映射, 故 $T(F)$ 跑遍 $\mathbb{R}^n$ 中的所有子集, 从而 $T(E)\in\mathscr{L}$.

证法 2　对 $\forall S\subset\mathbb{R}^n$, 由 T 为一一映射, $\exists F\subset\mathbb{R}^n$, s. t. $T(F)=S$. 于是

$$\begin{aligned}m^*(S)&=m^*(T(F))\xlongequal{T\text{保外测度}}m^*(F)\xlongequal{E\in\mathscr{L}}m^*(F\cap E)+m^*(F\cap E^c)\\&\xlongequal{T\text{保外测度}}m^*(T(F)\cap T(E))+m^*(T(F)\cap T(E)^c)\\&=m^*(S\cap T(E))+m^*(S\cap T(E)^c).\end{aligned}$$

这就证明了 $T(E)\in\mathscr{L}$. □

【136】 设 $(\mathbb{R}^n,\mathscr{L},m)$ 为 Lebesgue 测度空间, $E\subset\mathbb{R}^n$. 如果存在 Lebesgue 可测集列 $\{A_k\},\{B_k\}$, s. t. $A_k\subset E\subset B_k$, $k\in\mathbb{N}$, 使得

$$\lim_{k\to+\infty}m^*(B_k-A_k)=0,$$

证明: E 为 Lebesgue 可测集.

证明　证法 1　由 $A_k\in\mathscr{L}(k\in\mathbb{N})$ 故 $\bigcup\limits_{k=1}^{\infty}A_k\in\mathscr{L}$. 再由 $A_k\subset E\subset B_k$ 得到

$$A_k\subset\bigcup_{k=1}^{\infty}A_k\subset E\subset B_k\quad k\in\mathbb{N}.$$

它蕴涵着

$$0\leqslant m^*\Big(E-\bigcup_{k=1}^{\infty}A_k\Big)\leqslant m^*(B_k-A_k)\to0(k\to+\infty),$$

$$0\leqslant m^*\Big(E-\bigcup_{k=1}^{\infty}A_k\Big)\leqslant0,$$

$$m^*(E-\bigcup_{k=1}^{\infty}A_k)=0,$$

即 $E-\bigcup_{k=1}^{\infty}A_k$ 为 Lebesgue 零测集,当然 $E-\bigcup_{k=1}^{\infty}A_k\in\mathscr{L}$. 于是,

$E=(\bigcup_{k=1}^{\infty}A_k)\cup(E-\bigcup_{k=1}^{\infty}A_k)\in\mathscr{L}$,即 E 为 Lebesgue 可测集.

证法 2　令 $A=\bigcup_{k=1}^{\infty}A_k$,易知 $A\in\mathscr{L}$,$A_k\subset A\subset E\subset B_k$,$k\in\mathbb{N}$,则

$$0\leqslant m^*(E-A)\leqslant m(B_k-A_k)\to 0(k\to+\infty),$$
$$0\leqslant m^*(E-A)\leqslant 0,$$
$$m^*(E-A)=0.$$

对 $\forall\, T\subset\mathbb{R}^n$,由 $A^c\supset E^c$,$0\leqslant m^*(T\cap E\cap A^c)\leqslant m^*(E\cap A^c)=m^*(E-A)=0$,$m^*(T\cap E\cap A^c)=0$,得到

$$\begin{aligned}m^*(T)&\xlongequal{A\in\mathscr{L}}m^*(T\cap A)+m^*(T\cap A^c)\\&=m^*(T\cap E\cap A)+m^*(T\cap E\cap A^c)+m^*(T\cap A^c)\\&\underset{A^c\supset E^c}{\overset{A\in\mathscr{L}}{\geqslant}}m^*(T\cap E)+m^*(T\cap E^c)\geqslant m^*(T),\end{aligned}$$

因此

$$m^*(T)=m^*(T\cap E)+m^*(T\cap E^c),$$
$$E\in\mathscr{L}.$$

即 E 为 Lebesgue 可测集. □

【137】 举例说明引理 2.3.3 中开集 G 不能换成闭集.

解　取 $E=\mathbb{Q}$,则 $m^*(E)=m^*(\mathbb{Q})=0$. 但是,如果 $\mathbb{Q}\subset F$(闭集),则

$$\mathbb{R}=\overline{\mathbb{Q}}\subset\overline{F}=F,\quad m^*(F)=m^*(\mathbb{R})=+\infty,$$
$$\begin{aligned}\inf\{m(F)\mid\mathbb{Q}\subset F,F\text{ 为闭集}\}&=\inf\{+\infty\mid\mathbb{Q}\subset F,F\text{ 为闭集}\}\\&=+\infty\neq 0=m^*(\mathbb{Q}).\end{aligned}$$
□

【138】 构造一个开集 $G\subset\mathbb{R}^1$,s. t. 它的 Lebesgue 测度

$$m(G)\neq m(\overline{G}),$$

其中 $\overline{G}$ 为 G 的闭包.

解　令 $\mathbb{Q}=\{r_1,r_2,\cdots,r_n,\cdots\}$,

$$G=\bigcup_{n=1}^{\infty}\left(r_n-\frac{1}{2^n},r_n+\frac{1}{2^n}\right),$$

则 G 为开集,且 $m(G)\leqslant\sum_{n=1}^{\infty}m\left(\left(r_n-\frac{1}{2^n},r_n+\frac{1}{2^n}\right)\right)=\sum_{n=1}^{\infty}\frac{2}{2^n}=\sum_{n=1}^{\infty}\frac{1}{2^{n-1}}=2$. 但是

$$m(\overline{G})=m(\mathbb{R}^1)=+\infty\neq 2=m(G).$$
□

【139】 设 $E\subset[0,1]$为$[0,1]$中的 Lebesgue 可测集. 如果$\exists\alpha>0$, s. t. 对任意的$0\leqslant a<b\leqslant 1$,有

$$m(E\cap[a,b])\geqslant\alpha(b-a).$$

证明：$m(E)=1$.

证明 证法 1　如果$\alpha\geqslant 1$,则由

$$1=m([0,1])\geqslant m(E)=m(E\cap[0,1])\geqslant\alpha(1-0)=\alpha\geqslant 1$$

推得$m(E)=1$.

如果$0<\alpha<1$,则对任意的$0\leqslant a<b\leqslant 1$,有

$$\begin{aligned}m(E^c\cap[a,b])&=(b-a)-m(E\cap[a,b])\\&\leqslant(b-a)-\alpha(b-a)=(1-\alpha)(b-a),\end{aligned}$$

其中$0<1-\alpha<1$. 下证$m(E^c)=0$,从而

$$m(E)=m([0,1]-E^c)=m([0,1])-m(E^c)=1-0=1.$$

(反证)假设$m(E^c)\neq 0$,则$m(E^c)>0$. 取$1-\alpha<\lambda<1$,根据参考文献[1]例 2.5.7 证明中引理有

$$(1-\alpha)(b-a)<\lambda(b-a)<m(E^c\cap[a,b])\leqslant(1-\alpha)(b-a),$$

矛盾.

证法 2　反设$m(E)\neq 1$,则$m(E)<1$,则$m(E^c)=m([0,1]-E)=m([0,1])-m(E)=1-m(E)>0$. 在$E^c$中取 Lebesgue 可测集$F\subset E^c$, s. t. $m(F)>0$. 作$[0,1]$中的开集列$\{G_n\}$, $G_1\supset G_2\supset\cdots\supset G_n\supset\cdots$, $G_n\supset F$, 且$m(G_n-F)\to 0(n\to+\infty)$. 由题设易知, $m(E\cap G_n)\geqslant\alpha m(G_n)$. 令$n\to+\infty$即有

$$m(E\cap F)\geqslant\alpha m(F)>0.$$

但$F\subset E^c$,故$m(E\cap F)=m(\varnothing)=0$,矛盾. □

【140】 (1) 设T为指标集,且对$\forall t\in T$, G_t为$\mathbb{R}^1$中的开集. 问：$\bigcap\limits_{t\in T}G_t$为 Borel 可测集吗? $\bigcap\limits_{t\in T}G_t$为 Lebesgue 可测集吗?

(2) 任意个闭集的并是 Borel 可测集吗?是 Lebesgue 可测集吗?

(3) 设$E\subset\mathbb{R}^1$,问：$\bigcap\limits_{\substack{E\subset G\\ G\text{为开集}}}G$为 Lebesgue 可测集吗?

解　(1) $\bigcap\limits_{t\in T}G_t$不一定为 Lebesgue 可测集. 当然也不一定为 Borel 可测集

反例：设T为$\mathbb{R}^1$中的 Lebesgue 不可测集. 显然,对$\forall t\in T$,则

$$G_t=\{t\}^c=\mathbb{R}^1-\{t\}$$

为开集. 但是

$$\bigcap_{t\in T}G_t=\bigcap_{t\in T}\{t\}^c\xlongequal{\text{de Morgan公式}}\Big(\bigcup_{t\in T}\{t\}\Big)^c=T^c$$

为 Lebesgue 不可测集. 当然它也不是 Borel 可测集.

(2) 反例：设 E 为$\mathbb{R}^1$ 中的 Lebesgue 不可测集，则

$$E = \bigcup_{x\in E}\{x\}$$

为闭集$\{x\}(x\in E)$的并，它不是 Lebesgue 可测集，当然也不是 Borel 可测集.

(3) 不一定. 反例：设 E 为$\mathbb{R}^1$ 中的 Lebesgue 不可测集，则对 $\forall\, x\in E^c$，$\{x\}^c=\mathbb{R}^1-\{x\}$ 为含 E 的开集. 于是

$$\bigcap_{x\in E^c}\{x\}^c \xlongequal{\text{de Morgan公式}} \Big(\bigcup_{x\in E^c}\{x\}\Big)^c = (E^c)^c = E$$

为含 E 的开集$\{x\}^c(x\in E^c)$的交，但它为 Lebesgue 不可测集.

显然

$$E\subset \bigcap_{\substack{E\subset G\\ G\text{为开集}}} G \subset \bigcap_{x\in E^c}\{x\}^c \xlongequal{\text{上述}} E,$$

故

$$\bigcap_{\substack{E\subset G\\ G\text{为开集}}} G = E$$

为 Lebesgue 不可测集.

【141】 设$(\mathbb{R}^2,\mathscr{L},m)$为平面上的 Lebesgue 测度空间. 旋转

$$\varphi_\theta:\mathbb{R}^2\to\mathbb{R}^2,$$
$$(x,y)\mapsto(x',y')=\varphi_\theta(x,y)$$

为

$$\begin{cases}x' = x\cos\theta - y\sin\theta,\\ y' = x\sin\theta + y\cos\theta.\end{cases}$$

证明：(1) 对 $\forall\, E\subset\mathbb{R}^2$，有 $m^*(\varphi_\theta(E))=m^*(E)$.

(2) 对任何 Lebesgue 可测集 $E\subset\mathbb{R}^2$，$\varphi_\theta(E)\subset\mathbb{R}^2$ 也为 Lebesgue 可测集，且

$$m(\varphi_\theta(E)) = m(E).$$

(3) 对任何 Lebesgue 不可测集 $E\subset\mathbb{R}^2$，$\varphi_\theta(E)\subset\mathbb{R}^2$ 也为 Lebesgue 不可测集.

证明 (1) 证法 1 当$\triangle$为三角形时，显然 $\varphi_\theta(\triangle)=\widetilde{\triangle}$也为三角形，且

$$m(\widetilde{\triangle}) = m(\varphi_\theta(\triangle)) = m(\triangle).$$

当$\square$为正方形时，因为$\square$为两个无公共内点的三角形之并，显然 $\varphi_\theta(\square)=\widetilde{\square}$也为正方形，且

$$m(\widetilde{\square}) = m(\varphi_\theta(\square)) = m(\square).$$

根据开集定义和定理 1.4.5(2)，当 G 为开集时，显然 $\varphi_\theta(G)=\widetilde{G}$ 仍为开集，且

$$m(\widetilde{G}) = m(\varphi_\theta(G)) = m(G).$$

对 $\forall\, E\subset\mathbb{R}^2$，因为 $G=\varphi_\theta^{-1}(\widetilde{G})=\varphi_{-\theta}(\widetilde{G})$为开集$\Leftrightarrow\widetilde{G}=\varphi_\theta(G)$为开集，故

$$
\begin{aligned}
m^*(E) &\xlongequal{\text{引理 2.3.3}} \inf\{m(G) \mid E \subset G, G\text{ 为开集}\} \\
&= \inf\{m(\varphi_\theta(G)) \mid \varphi_\theta(E) = \widetilde{E} \subset \widetilde{G} = \varphi_\theta(G), G\text{ 为开集}\} \\
&= \inf\{m(\widetilde{G}) \mid \widetilde{E} \subset \widetilde{G}, \widetilde{G}\text{ 为开集}\} \\
&\xlongequal{\text{引理 2.3.3}} m^*(\widetilde{E}) = m^*(\varphi_\theta(E)).
\end{aligned}
$$

证法 2　因 G 为开集，故 $\widetilde{G}=\varphi_\theta(G)$ 也为开集，且

$$
m(G) = \iint\limits_G \mathrm{d}x\mathrm{d}y \xlongequal{\varphi_\theta} \iint\limits_{\widetilde{G}} |\det\varphi_\theta| \,\mathrm{d}x'\mathrm{d}y' = \iint\limits_{\widetilde{G}} \mathrm{d}x'\mathrm{d}y' = m(\widetilde{G}).
$$

(2) E 为 Lebesgue 可测集

$\Leftrightarrow \forall\, T \subset \mathbb{R}^2$，有 $m^*(T) = m^*(T\cap E) + m^*(T\cap E^c)$

$\overset{(1)}{\Leftrightarrow} \forall\, \varphi_\theta(T) \subset \mathbb{R}^2$，有 $m^*(\varphi_\theta(T)) = m^*(\varphi_\theta(T\cap E)) + m^*(\varphi_\theta(T\cap E^c))$

$\qquad = m^*(\varphi_\theta(T)\cap\varphi_\theta(E)) + m^*(\varphi_\theta(T)\cap\varphi_\theta(E)^c)$

$\Leftrightarrow \varphi_\theta(E)$ 为 Lebesgue 可测集.

进而，当 E 为 Lebesgue 可测集时，有

$$
m(\varphi_\theta(E)) = m^*(\varphi_\theta(E)) = m^*(E) = m(E).
$$

(3)（反证）假设 $\varphi_\theta(E)$ 为 Lebesgue 可测集，根据(2)，有

$$
E = \varphi_\theta^{-1}(\varphi_{-\theta}(E)) = \varphi_{-\theta}(\varphi_\theta(E))
$$

也为 Lebesgue 可测集，这与题设 E 为 Lebesgue 不可测集相矛盾. □

2.5　测度的典型实例和应用

例 2.5.1　设 $E\subset\mathbb{R}^1$，$m(E)>0$，则 $\exists\, x_0, x_1\in E$，s. t. $x_1 - x_0$ 为无理数.

例 2.5.2　设 $E\subset\mathbb{R}^1$，$m(E)>0$，则 $\exists\, x_0, x_1\in E$，s. t. $x_1 - x_0$ 为有理数.

例 2.5.3　$\mathbb{R}^1$ 上的 Lebesgue 外测度 m^* 不具有可数可加性，即存在两两不相交的集列 $\{A_n\}$，s. t.

$$
m^*\left(\bigcup_{n=1}^{\infty} A_n\right) < \sum_{n=1}^{\infty} m^*(A_n).
$$

例 2.5.4　设 $E\subset\mathbb{R}^1$ 为 Lebesgue 可测集，如果对 $\forall\, n\in\mathbb{N}$，有

$$
m(\tau_{\frac{1}{n}}E \cap E) = 0,
$$

则 $m(E)=0$，其中 $\tau_{\frac{1}{n}}(x) = x + \dfrac{1}{n}$ 为平移.

例 2.5.5　设 $E\subset\mathbb{R}^1$，$m^*(E)>0$，则对 $\forall\, q\in[0, m^*(E))$，必 $\exists\, E_1\subset E$，s. t. $m^*(E_1) = q$.

例 2.5.6　设 $\mathscr{R}$ 为集合 X 的某些子集所成的 σ 环，μ 为 $\mathscr{R}$ 上的测度. $A, B\in\mathscr{H}(\mathscr{R})$，则：

(1) $\mu^*(A\cup B) + \mu^*(A\cap B) \leqslant \mu^*(A) + \mu^*(B)$.

(2) 设 $A, B\in\mathscr{H}(\mathscr{R})$，当 A 或 B 为 μ^* 可测集时，有

$$\mu^*(A\cup B)+\mu^*(A\cap B)=\mu^*(A)+\mu^*(B).$$

(3) 举出$(X,\mathscr{R},\mu)$，$A,B\in\mathscr{H}(\mathscr{R})$，s. t.

$$\mu^*(A\cup B)+\mu^*(A\cap B)<\mu^*(A)+\mu^*(B).$$

例 2.5.7 设$E\subset\mathbb{R}^1$为可测集，$D\subset\mathbb{R}^1$稠密，且对$\forall x\in D$必有

$$m(E\Delta(E+x))=m((E-(E+x))\cup((E+x)-E))=0,$$

则$m(E)=0$或$m(E^c)=0$，其中$E+x=\{e+x\mid e\in E\}$.

例 2.5.8 构造一个 Borel 集(当然为 Lebesgue 可测集)$E\subset[0,1]$，s. t. 它对任意区间$\Delta\subset[0,1]$，有

$$m(\Delta\cap E)>0,\quad m(\Delta\cap E^c)>0.$$

复习题 2

【142】 设$([0,1],\mathscr{L}\cap[0,1],m)$为$[0,1]$上的 Lebesgue 测度空间.

(1) 若$\{E_n\}$为$[0,1]$中的 Lebesgue 可测集列，且$\overline{\lim\limits_{n\to+\infty}}m(E_n)=1$. 证明：对$0<\alpha<1$，必$\exists\{E_{n_k}\}$，s. t.

$$m\left(\bigcap_{k=1}^{\infty}E_{n_k}\right)>\alpha.$$

(2) 若$\{E_n\}$为$[0,1]$中互不相同的可测集列，且$\exists\varepsilon>0$，$m(E_n)\geqslant\varepsilon$，$n\in\mathbb{N}$.

问：是否存在子列$\{E_{n_k}\}$，s. t. $m\left(\bigcap\limits_{k=1}^{\infty}E_{n_k}\right)>0$？又若$\{m(E_n)\}$中有收敛于 1 的子列，则上述结论是否成立？

证明 (1) 证法 1 $0<\alpha<1$. 由$\overline{\lim\limits_{n\to+\infty}}m(E_n)=1$，故$\exists\{E_{n_k}\}$，s. t.

$$1-m(E_{n_k})<\frac{1}{2^k}(1-\alpha),k=1,2,\cdots.$$

于是

$$\begin{aligned}m\left(\bigcap_{k=1}^{\infty}E_{n_k}\right)&\xlongequal{\text{de Morgan公式}}m\left([0,1]-\left(\bigcup_{k=1}^{\infty}([0,1]-E_{n_k})\right)\right)\\&=1-m\left(\bigcup_{k=1}^{\infty}([0,1]-E_{n_k})\right)\geqslant1-\sum_{k=1}^{\infty}m([0,1]-E_k)\\&=1-\sum_{k=1}^{\infty}[1-m(E_{n_k})]>1-\sum_{k=1}^{\infty}\frac{1}{2^k}(1-\alpha)\\&=1-(1-\alpha)=\alpha.\end{aligned}$$

证法 2 归纳地构造E_{n_k}. 首先令$\beta=\frac{\alpha+1}{2}\in(\alpha,1)$. 取$n_0\in\mathbb{N}$，s. t. $\frac{1}{n_0}<1-\beta$，则由$\overline{\lim\limits_{n\to+\infty}}m(E_n)=1$知，$\exists n_1\in\mathbb{N}$，s. t. $1\geqslant m(E_{n_1})>\beta+\frac{1}{n_0}$. $\exists n_2\in\mathbb{N}$，s. t. $m(E_{n_2})>1-$

$\frac{1}{n_0(n_0+1)}$. 此时由 E_n Lebesgue 可测，有

$$m(E_{n_1}\cap E_{n_2})=m(E_{n_1})+m(E_{n_2})-m(E_{n_1}\cup E_{n_2})$$
$$\geqslant\left(\beta+\frac{1}{n_0}\right)+\left(1-\frac{1}{n_0(n_0+1)}\right)-1=\beta+\frac{1}{n_0+1}.$$

$\exists\, n_3\in\mathbb{N}$, s. t. $m(E_{n_3})>1-\frac{1}{(n_0+1)(n_0+2)}$. 此时同理有

$$m(E_{n_1}\cap E_{n_2}\cap E_{n_3})=m(E_{n_1}\cap E_{n_2})+m(E_{n_3})-m((E_{n_1}\cap E_{n_2})\cup E_{n_3})$$
$$\geqslant\left(\beta+\frac{1}{n_0+1}\right)+\left(1-\frac{1}{(n_0+1)(n_0+2)}\right)-1=\beta+\frac{1}{n_0+2}.$$

依次类推，得到一串集合列 $\{E_{n_k}\}$，有

$$m\left(\bigcap_{k=1}^{l}E_{n_k}\right)\geqslant\beta+\frac{1}{n_0+l-1}.$$

因此

$$m\left(\bigcap_{k=1}^{\infty}E_{n_k}\right)=\lim_{l\to+\infty}m\left(\bigcap_{k=1}^{l}E_{n_k}\right)\geqslant\beta=\frac{\alpha+1}{2}>\alpha.$$

(2) 不一定. 举反例如下：

取 $\varepsilon=\frac{1}{4}$, $E_n=\bigcup_{i=0}^{2^{n-1}-1}\left[\frac{2i}{2^n},\frac{2i+1}{2^n}\right]$，则 $m(E_n)=\frac{1}{2}>\frac{1}{4}=\varepsilon$. 由归纳易证

$$m\left(\bigcap_{k=1}^{l}E_{n_k}\right)\leqslant\frac{1}{2^l},\ n_1<n_2<\cdots<n_l\left(\text{实际上 } m\left(\bigcap_{k=1}^{l}E_{n_k}\right)=\frac{1}{2^l}\right),$$

故任何子列 $\{E_{n_k}\}$，有

$$m\left(\bigcap_{k=1}^{\infty}E_{n_k}\right)=\lim_{l\to+\infty}m\left(\bigcap_{k=1}^{l}E_{n_k}\right)=0.$$

又若 $\{m(E_n)\}$ 中有收敛于 1 的子列，则 $\overline{\lim_{n\to+\infty}}\,m(E_n)=1$. 根据(1)，对 $0<\alpha<1$，必有 $\{E_{n_k}\}$, s. t.

$$m\left(\bigcap_{k=1}^{\infty}E_{n_k}\right)>\alpha.$$

□

【143】 设 E 为 $\mathbb{R}^n$ 中的 Lebesgue 不可测集. 证明：$\exists\,\varepsilon>0$, s. t. 对满足：

$$A\supset E,\quad B\supset E^c$$

的任意 Lebesgue 可测集 A 与 B，均有 $m(A\cap B)\geqslant\varepsilon$.

证明　证法 1　(反证)否则对 $\varepsilon_n=\frac{1}{n}$, $\lim_{n\to+\infty}\frac{1}{n}=0$，有集合列 $\{A_n\}$, $\{B_n\}$ 满足：

$$A_n\supset E,\quad B_n\supset E^c,\quad A_n\in\mathscr{L},\quad B_n\in\mathscr{L},$$

且 $m(A_n\cap B_n)<\varepsilon_n=\frac{1}{n}$.

考虑 $A=\bigcap_{n=1}^{\infty}A_n$, $B=\bigcap_{n=1}^{\infty}B_n$，则 $A\in\mathscr{L}$, $B\in\mathscr{L}$, $A\supset E$, $B\supset E^c$，而 $\forall n\in\mathbb{N}$，有

$$0\leqslant m(A\cap B)\leqslant m(A_n\cap B_n)<\frac{1}{n}.$$

令 $n\to+\infty$ 得到

$$0\leqslant m(A\cap B)\leqslant 0,\quad m(A\cap B)=0.$$

又因

$$A-E\subset A-B^c=A\cap B,$$

故 $m^*(A-E)=0$, $A-E\in\mathscr{L}$. 从而，

$$E=A-(A-E)\in\mathscr{L},$$

这与题设 $E\notin\mathscr{L}$ 相矛盾.

证法 2　由证法 1，$m(A\cap B)=0$.

可证 $A\cap E^c=A-E\notin\mathscr{L}$.（反证）假设 $A\cap E^c=A-E\in\mathscr{L}$，则 $E=A-(A-E)\in\mathscr{L}$，这与题设 $E\notin\mathscr{L}$ 相矛盾.

于是

$$0=m(A\cap B)\geqslant m^*(A\cap E^c)>0.$$

矛盾. □

【144】 设 $E\subset(-\pi,\pi)$，$0\leqslant a<b\leqslant+\infty$，令

$$S_E(a,b)=\{(r\cos\theta,r\sin\theta)\mid a<r<b,\theta\in E\}.$$

证明：(1) 当 $b<+\infty$ 时，$m^*(S_E(a,b))\leqslant\frac{1}{2}(b^2-a^2)m^*(E)$；

当 $b=+\infty$，$m^*(E)=0$，$m^*(S_E(a,+\infty))=0$；

当 $b=+\infty$，$m^*(E)>0$ 时，$m^*(S_E(a,+\infty))=+\infty$.

(2) 如果 $E\subset(-\pi,\pi)$ 为 Lebesgue 可测集，则 $S_E(a,b)$ 也为 Lebesgue 可测集.

（注意：$m^*(S_E(a,b))$ 是二维 Lebesgue 外测度，$m^*(E)$ 是一维 Lebesgue 外测度.）

证明　(1) 证法 1　(i) 当 $b<+\infty$ 时，因为 $E\subset(-\pi,\pi)$，故 $m^*(E)\leqslant 2\pi$. 根据 m^* 的定义，对 $\forall\varepsilon>0$，$\exists E_i\in\mathscr{R}_0$，$i=1,2,\cdots$，s. t. $E\subset\bigcup_{i=1}^{\infty}E_i$，$\sum_{i=1}^{\infty}m(E_i)<m^*(E)+\varepsilon$. 于是

$$\begin{aligned}m^*(S_E(a,b))&\leqslant m^*(S_{\bigcup_{i=1}^{\infty}E_i}(a,b))=m^*\Big(\bigcup_{i=1}^{\infty}S_{E_i}(a,b)\Big)\leqslant\sum_{i=1}^{\infty}m^*(S_{E_i}(a,b))\\&=\sum_{i=1}^{\infty}\frac{1}{2}(b^2-a^2)m^*(E_i)\\&=\frac{1}{2}(b^2-a^2)\sum_{i=1}^{\infty}m(E_i)<\frac{1}{2}(b^2-a^2)(m^*(E)+\varepsilon),\end{aligned}$$

再令 $\varepsilon\to0^+$，得到

$$m^*(S_E(a,b)) \leqslant \frac{1}{2}(b^2-a^2)m^*(E).$$

由于 $E_i \in \mathscr{R}_0$，故 $E_i = \coprod_{j=1}^{j(i)} [a_j^{(i)}, b_j^{(i)})$，这里 $\coprod$ 为不交并. 由此推得

$$\begin{aligned} m^*(S_{E_i}(a,b)) &= m^*(S_{\coprod_{j=1}^{j(i)}(a_j^{(i)},b_j^{(i)}]}(a,b)) = m^*\left(\coprod_{j=1}^{j(i)} S_{(a_j^{(i)},b_j^{(i)}]}(a,b)\right) \\ &= \sum_{j=1}^{j(i)} m^*(S_{(a_j^{(i)},b_j^{(i)}]}(a,b)) = \sum_{j=1}^{j(i)} \frac{1}{2}(b^2-a^2)(b_j^{(i)}-a_j^{(i)}) \\ &= \frac{1}{2}(b^2-a^2)\sum_{j=1}^{j(i)}(b_j^{(i)}-a_j^{(i)}) = \frac{1}{2}(b^2-a^2)m^*(E_i) \\ &= \frac{1}{2}(b^2-a^2)m(E_i). \end{aligned}$$

(ii) 当 $b=+\infty$，$m^*(E)=0$ 时，对 $n\in\mathbb{N}$，由上结论知

$$0 \leqslant m^*(S_E(a,n)) \leqslant \frac{1}{2}(n^2-a^2)m^*(E) = 0, m^*(S_E(a,n)) = 0.$$

从而得到

$$m^*(S_E(a,+\infty)) = \lim_{n\to+\infty} m^*(S_E(a,n)) = \lim_{n\to+\infty} 0 = 0.$$

(iii) 当 $b=+\infty$，$m^*(E)>0$ 时，显然，有

$$m^*(S_E(a,+\infty)) \leqslant +\infty = \frac{1}{2}(b^2-a^2)m^*(E)\Big|_{b=+\infty}.$$

取闭集 $F\subset E$，使 $m(F)>0$. 再根据下面注，有

$$\begin{aligned} +\infty &= \lim_{n\to+\infty} \frac{1}{2}(n^2-a^2)m(F) = \lim_{n\to+\infty} m^*(S_F(a,n)) \\ &\leqslant \lim_{n\to+\infty} m^*(S_E(a,n)) \leqslant m^*(S_E(a,+\infty)), \\ & m^*(S_E(a,+\infty)) = +\infty. \end{aligned}$$

证法 2　(i) 当 $b<+\infty$ 时，根据定理 2.3.1(2)或证法 1(i)，对 $\forall\varepsilon>0$，存在开区间列 $\{I_i\}$，s. t. $E\subset\bigcup_{i=1}^{\infty} I_i$，$\sum_{i=1}^{\infty} m(I_i) < m^*(E)+\varepsilon$. 显然，$S_E(a,b)\subset\bigcup_{i=1}^{\infty} S_{I_i}(a,b)$. 从而有

$$\begin{aligned} m^*(S_E(a,b)) &\leqslant m^*(S_{\bigcup_{i=1}^{\infty} I_i}(a,b)) = m^*\left(\bigcup_{i=1}^{\infty} S_{I_i}(a,b)\right) \leqslant \sum_{i=1}^{\infty} m^*(S_{I_i}(a,b)) \\ &= \frac{1}{2}(b^2-a^2)\sum_{i=1}^{\infty} m(I_i) < \frac{1}{2}(b^2-a^2)(m^*(E)+\varepsilon), \end{aligned}$$

令 $\varepsilon\to 0^+$ 得到

$$m^*(S_E(a,b)) \leqslant \frac{1}{2}(b^2-a^2)m^*(E).$$

(2) 设 $E\subset(-\pi,\pi)$ 为 Lebesgue 可测集，$I\subset(-\pi,\pi)$ 为开区间. 对开环扇形 $T=S_I(a,b)$，$E^c=(-\pi,\pi)-E$，有

$$m^*(T) \leqslant m^*(T\cap S_E(0,+\infty)) + m^*(T\cap S_{E^c}(0,+\infty))$$

$$= m^*(S_{I\cap E}(a,b)) + m^*(S_{I\cap E^c}(a,b))$$
$$\overset{(1)}{\leqslant} \frac{1}{2}(b^2-a^2)[m^*(I\cap E)+m^*(I\cap E^c)]$$
$$\xlongequal{E\text{可测}} \frac{1}{2}(b^2-a^2)m^*(I) = \frac{1}{2}(b^2-a^2)m(I) = m^*(T),$$
$$m^*(T) = m^*(T\cap S_E(0,+\infty)) + m^*(T\cap S_{E^c}(0,+\infty)). \qquad (*)$$

设 T 为$\mathbb{R}^2$ 中的开集，仿参考文献[1]定理 1.4.5(2)的证明可知，T 可由可数个不相交的开环扇形 T_i 之并(至多差一个零测集(边界)). 于是，得到

$$m^*(T) \leqslant m^*(T\cap S_E(0,+\infty)) + m^*(T_i\cap S_{E^E}(0,+\infty))$$
$$\leqslant \sum_{i=1}^{\infty} m^*(T_i\cap S_E(0,+\infty)) + \sum_{i=1}^{\infty} m^*(T_i\cap S_{E^c}(0,+\infty))$$
$$= \sum_{i=1}^{\infty}[m^*(T_i\cap S_E(0,+\infty)) + m^*(T_i\cap S_{E^c}(0,+\infty))]$$
$$\xlongequal{\text{由}(*)} \sum_{i=1}^{\infty} m^*(T_i) = \sum_{i=1}^{\infty} m(T_i) \xlongequal{\{T_i\}\text{互不交}} m(T) = m^*(T),$$
$$m^*(T) = m^*(T\cap S_E(0,+\infty)) + m^*(T\cap S_{E^c}(0,+\infty)).$$

设 $T\subset\mathbb{R}^2$ 为任何集合，根据定理 2.3.1(2)知，存在$\mathbb{R}^2$ 上的开集 G_i，s. t. $T\subset G_i$，$m^*(G_i-T)<\frac{1}{i}$. 由此推得

$$0\leqslant m^*(G_i) - m^*(T) \leqslant m^*(G_i - T) < \frac{1}{i},$$
$$0\leqslant m^*(G_i\cap S_E(0,+\infty)) - m^*(T\cap S_E(0,+\infty))$$
$$\leqslant m^*((G_i-T)\cap S_E(0,+\infty)) \leqslant m^*(G_i-T) < \frac{1}{i},$$
$$0\leqslant m^*(G_i\cap S_{E^c}(0,+\infty)) - m^*(T\cap S_{S^c}(0,+\infty))$$
$$\leqslant m^*((G_i-T)\cap S_{E^c}(0,+\infty)) \leqslant m^*(G_i-T) < \frac{1}{i}.$$

于是

$$\lim_{i\to+\infty} m^*(G_i) = m^*(T),\ \lim_{i\to+\infty} m^*(G_i\cap S_E(0,+\infty)) = m^*(T\cap S_E(0,+\infty)),$$
$$\lim_{i\to+\infty} m^*(G_i\cap S_{E^c}(0,+\infty)) = m^*(T\cap S_{E^c}(0,+\infty)).$$

根据上述，有

$$m^*(T) = \lim_{i\to+\infty} m^*(G_i) = \lim_{i\to+\infty}[m^*(G_i\cap S_E(0,+\infty) + m^*(G_i\cap S_{E^c}(0,+\infty))]$$
$$= m^*(T\cap S_E(0,+\infty)) + m^*(T\cap S_{E^c}(0,+\infty)).$$

这就证明了 $S_E(0,+\infty)$为$\mathbb{R}^2$ 上的 Lebesgue 可测集.

最后，从 $S_E(a,b)=S_E(0,+\infty)\cap S_{(-\pi,\pi)}(a,b)$立知 $S_E(a,b)$也为$\mathbb{R}^2$ 上的 Lebesgue 可测集. □

注 由题[144]证明中的(1)(i) 的证明知，当 $E\in\mathscr{R}_0$ 时，有

$$m(S_E(a,b)) = m^*(S_E(a,b)) = \frac{1}{2}(b^2-a^2)m^*(E) = \frac{1}{2}(b^2-a^2)m(E).$$

进而对 E 为开集、闭集，再根据定理 2.3.1 推得对 $E\in\mathscr{R}^*$，有 $m(S_E(a,b))=\frac{1}{2}(b^2-a^2)m(E)$.

【145】 设$(\mathbb{R}^n,\mathscr{L},m)$为 Lebesgue 测度空间，$E\subset\mathbb{R}^n$ 为 Lebesgue 可测集，$m(E)>0$.

(1) $0<\lambda<1$，证明：存在 n 维开方体 I，s. t.

$$\lambda m(I)<m(E\cap I).$$

(2) 作(向量差)点集

$$E\_E=\{\boldsymbol{x}-\boldsymbol{y}\mid \boldsymbol{x},\boldsymbol{y}\in E\},$$

证明：$\exists\delta>0$，s. t.

$$E\_E\supset B(\boldsymbol{0},\delta)=\{\boldsymbol{x}\in\mathbb{R}^n\mid \|\boldsymbol{x}\|<\delta\}.$$

证明　(1) 不失设 $m(E)<+\infty$(否则取 $E_1=E\cap[-n_0,n_0]^n$ s. t. $m(E_1)>0$. 并用 E_1 代替 E，则 $\lambda m(I)<m(E_1\cap I)\leqslant m(E\cap I)$). 对于 $0<\varepsilon<(\lambda^{-1}-1)m(E)$，作 E 的开方体覆盖 $\{I_k\}$，s. t.

$$\sum_{k=1}^{\infty}m(I_k)<m(E)+\varepsilon.$$

从而，$\exists k_0\in\mathbb{N}$，s. t.

$$\lambda m(I_{k_0})<m(E\cap I_{k_0}).$$

(反证)事实上，对 $\forall k\in\mathbb{N}$，有

$$\lambda m(I_k)\geqslant m(E\cap I_k),$$

则可得

$$\begin{aligned}m(E)&=m\Big(E\cap\Big(\bigcup_{k=1}^{\infty}I_k\Big)\Big)=m\Big(\bigcup_{k=1}^{\infty}(E\cap I_k)\Big)\leqslant\sum_{k=1}^{\infty}m(E\cap I_k)\\&\leqslant\lambda\sum_{k=1}^{\infty}m(I_k)\leqslant\lambda[m(E)+\varepsilon]\\&<\lambda[m(E)+(\lambda^{-1}-1)m(E)]=m(E),\end{aligned}$$

矛盾.

(2) 取 λ 满足 $1-2^{-(n+1)}<\lambda<1$，由(1)可知，存在开方体 I，使得

$$\lambda m(I)<m(E\cap I).$$

现记 I 的边长为 $\delta(>0)$，并作开方体

$$J=\Big\{\boldsymbol{x}=(\xi_1,\xi_2,\cdots,\xi_n)\,\Big|\,|\xi_i|<\frac{\delta}{2},i=1,2,\cdots,n\Big\}.$$

从而，只需证 $J\subset E\_E$.

事实上，对 $\forall\boldsymbol{x}_0\in J$，因为 J 是以原点为中心、边长为 δ 的开方体，所以 I 的平移开方体 $I+\boldsymbol{x}_0$ 仍含有 I 的中心. 从而，有

$$m(I\cap(I+\boldsymbol{x}_0))>2^{-n}m(I).$$

由此可得

$$\begin{aligned}m(I\cup(I+\boldsymbol{x}_0))&=m(I)+m(I+\boldsymbol{x}_0)-m(I\cap(I+\boldsymbol{x}_0))\\&<2m(I)-2^{-n}m(I)=2(1-2^{-(n+1)})m(I)\\&<2\lambda\cdot m(I).\end{aligned}$$

再证 $E\cap I$ 必与点集 $(E\cap I)+\boldsymbol{x}_0$ 相交.(反证)假设 $E\cap I$ 与 $(E\cap I)+\boldsymbol{x}_0$ 不相交,则

$$\begin{aligned}2\lambda\cdot m(E) &< m(E\cap I)+m((E\cap I)+\boldsymbol{x}_0)\\ &= m((E\cap I)\cup((E\cap I)+\boldsymbol{x}_0))\\ &\leqslant m(I\cup(I+\boldsymbol{x}_0))<2\lambda\cdot m(E),\end{aligned}$$

矛盾.

最后,因为 $E\cap I$ 与 $(E\cap I)+\boldsymbol{x}_0$ 相交,故 $\exists\, \boldsymbol{y},\boldsymbol{z}\in E\cap I$,使得 $\boldsymbol{y}=\boldsymbol{z}+\boldsymbol{x}_0$,则 $\boldsymbol{x}_0=\boldsymbol{y}-\boldsymbol{z}\in E\_E$. □

【146】 设 $(\mathbb{R}^1,\mathscr{L},m)$ 为 Lebesgue 测度空间,$E\in\mathscr{L}$.

(1) 如果 $m(E)>0$,证明:点集

$$E+E\xlongequal{\text{def}}\{x+y\mid x\in E,y\in E\}$$

必包含一个开区间.

(2) 如果 $m(E)>0$,且 $\frac{1}{2}(x+y)\in E$,$\forall\, x,y\in E$,证明:E 必包含一个开区间.

证明 (1) 证法 1 根据题[145](1),有开区间 (a,b),s. t.

$$A=E\cap(a,b),m(A)=m(E\cap(a,b))>\frac{3}{4}(b-a).$$

(反证)假设 $E+E$ 不含任何开区间,则可取点 $p\notin E+E$,s. t. $p\in\left(a+b,a+b+\frac{b-a}{2}\right)$.
令 $B=p-A=\{p-x\mid x\in A\}$,则

$$a=(a+b)-b<p-x<\left(a+b+\frac{b-a}{2}\right)-a=b+\frac{b-a}{2},\forall\, x\in A=E\cap(a,b).$$

从而

$$B\subset\left(a,b+\frac{b-a}{2}\right).$$

此外,易见 $A\cap B=\varnothing$.(反证)假设 $A\cap B\neq\varnothing$,则 $\exists\, x\in A\cap B=A\cap(p-A)$,并有 $y\in A$,s. t. $x=p-y$,从而 $p=x+y\in E+E$,这与上述 $p\notin E+E$ 相矛盾. 于是

$$\begin{aligned}\frac{3}{2}(b-a)&=m\left(\left(a,b+\frac{b-a}{2}\right)\right)\geqslant m(A\cup B)=m(A)+m(B)\\ &>\frac{3}{4}(b-a)+\frac{3}{4}(b-a)=\frac{3}{2}(b-a),\end{aligned}$$

矛盾. 这就证明了 $E+E$ 必含一个开区间.

证法 2 参阅题[158](3).

(2) 设 $\frac{E}{2}=\left\{\frac{x}{2}\mid x\in E\right\}$,显然 $m\left(\frac{E}{2}\right)=\frac{1}{2}m(E)>0$. 由 $\frac{1}{2}(x+y)\in E(\forall\, x,y\in E)$ 推得

$$\frac{E}{2}+\frac{E}{2}\subset E.$$

根据(1)，$\frac{E}{2}+\frac{E}{2}$必包含一个开区间，从而 E 也必包含一个开区间. □

【147】 设$(\mathbb{R}^1,\mathscr{L},m)$为 Lebesgue 测度空间，$\alpha>2$. 令

$$E=\left\{x\in\mathbb{R}^1 \mid \text{存在无限个分数}\frac{p}{q}(p,q\text{ 是互素(质)的自然数}),\text{s. t.}\ \left|x-\frac{p}{q}\right|<\frac{1}{q^\alpha}\right\}.$$

证明：$m(E)=0$.

证明 设 $E_k=E\cap(k,k+1]$，则 $E=\bigcup\limits_{k=-\infty}^{+\infty}E_k$.

先证 $m(E_0)=0$. 记 $A_{p,q}=\left\{x\,\middle|\,|x-\frac{p}{q}|<\frac{1}{q^\alpha}\right\}$，$A_q=\bigcup\limits_{\substack{p=1\\ p\text{与}q\text{互素}}}^{q}A_{p,q}$，则

$$x\in E_0\Rightarrow \text{存在无限个 } q,\text{s. t. } x\in A_q$$
$$\Leftrightarrow x\in \varlimsup_{q\to+\infty}A_q.$$

从而 $E_0\subset\varlimsup\limits_{q\to+\infty}A_q$. 由于

$$m(A_{p,q})=\frac{2}{q^\alpha},$$

故

$$m(A_q)=m\Big(\bigcup_{\substack{p=1\\ p\text{与}q\text{互素}}}^{q}A_{p,q}\Big)\leqslant\sum_{\substack{p=1\\ p\text{与}q\text{互素}}}^{q}m(A_{p,q})\leqslant\sum_{p=1}^{q}m(A_{p,q})\leqslant q\cdot\frac{2}{q^\alpha}=\frac{2}{q^{\alpha-1}}.$$

又因为

$$E_0\subset\varlimsup_{q\to+\infty}A_q=\bigcap_{n=1}^{\infty}\bigcup_{q=n}^{\infty}A_q,$$

所以

$$0\leqslant m(E_0)\leqslant m\Big(\bigcup_{q=n}^{\infty}A_q\Big)\leqslant\sum_{q=n}^{\infty}m(A_q)\leqslant\sum_{q=n}^{\infty}\frac{2}{q^{\alpha-1}}\to0(n\to+\infty)$$

$\left(\text{注意到}\sum\limits_{q=1}^{\infty}\frac{2}{q^{\alpha-1}}\text{收敛}\right)$，

$$0\leqslant m(E_0)\leqslant0,\quad m(E_0)=0.$$

同理，$m(E_k)=0$，$k\in\mathbb{Z}$(整数集). 由此推得

$$m(E)=m\Big(\bigcup_{k=-\infty}^{+\infty}E_k\Big)=\sum_{k=-\infty}^{\infty}m(E_k)=\sum_{k=-\infty}^{\infty}0=0.$$ □

【148】 在$\mathbb{R}^n$ 中构造一个 Lebesgue 不可测集.

解 解法 1 参阅定理 2.3.3.

解法 2 设$\mathbb{Q}^n$ 为$\mathbb{R}^n$ 中的有理点集. 对于 $\boldsymbol{x},\boldsymbol{y}\in\mathbb{R}^n$，若 $\boldsymbol{x}-\boldsymbol{y}\in\mathbb{Q}^n$，则记 $\boldsymbol{x}\sim\boldsymbol{y}$. 根据这一等

价关系"～",将$\mathbb{R}^n$ 中一切点分类,凡有等价关系的点均属于同一类(例如$\mathbb{Q}^n$ 为其中的一个类).我们在每一类中选出一元且只选一元为代表构造集合 W.下证 W 为 Lebesgue 不可测集.

(反证)反设 W 为可测集.

若 $m(W)>0$,根据参考文献[1]例 2.5.7 证明中的引理或题[158](2),点集 W_W 含有一球 $B(\mathbf{0};\delta)$.因此,$\exists\,\boldsymbol{x}\in(W\_W)\cap\mathbb{Q}^n$,s.t. $\boldsymbol{x}\neq\mathbf{0}$.这表明 $\exists\,\boldsymbol{y},\boldsymbol{z}\in W$,s.t. $\boldsymbol{x}=\boldsymbol{y}-\boldsymbol{z}$,$\boldsymbol{y}\neq\boldsymbol{z}$.因此,$\boldsymbol{y}$ 与 $\boldsymbol{z}$ 是两个不相同的同类元素,这与 W 的造法(一类中只选一元为代表)相矛盾.

若 $m(W)=0$,作可数个平移

$$\tau_k:\mathbb{R}^n\to\mathbb{R}^n,\boldsymbol{x}\mapsto\tau_k(\boldsymbol{x})=\boldsymbol{x}+\boldsymbol{r}^k,$$

其中$\mathbb{Q}^n=\{\boldsymbol{r}^1,\boldsymbol{r}^2,\cdots,\boldsymbol{r}^k,\cdots\}$.于是

$$\tau_k(W)=W+\boldsymbol{r}^k=\{\boldsymbol{x}+\boldsymbol{r}^k\mid\boldsymbol{x}\in W\}.$$

显然,有

$$\mathbb{R}^n=\bigcup_{k=1}^{\infty}(W+\boldsymbol{r}^k).$$

由于 $m(W)=0$,故 $m(W+\boldsymbol{r}^k)=0$.随之得出

$$m(\mathbb{R}^n)=m\Big(\bigcup_{k=1}^{\infty}(W+\boldsymbol{r}^k)\Big)=\sum_{k=1}^{\infty}m(W+\boldsymbol{r}^k)=\sum_{k=1}^{\infty}0=0,$$

这与 $m(\mathbb{R}^n)=+\infty$相矛盾.

综上知,W 为 Lebesgue 不可测集. □

【149】 设 $f(x)$的定义在$\mathbb{R}^1$ 上的连续可导的函数,并且 $f'(x)>0$.证明:当 E 为 Lebesgue 可测集时,$f^{-1}(E)$也为 Lebesgue 可测集.

证明 因为 f 在$\mathbb{R}^1$ 上连续可导,且 $f'(x)>0$,所以 f 在$\mathbb{R}^1$ 上严格增,且它有严格增的具有连续可导的反函数 $h=f^{-1}$,也有 $h'(x)=[f'(x)]^{-1}>0$.

先证 h 将 Lebesgue 零测集 Z 映为 Lebesgue 零测集 $h(Z)=f^{-1}(Z)$.

为此,设 $Z_n=Z\cap(n,n+1]$,$n=0,\pm1,\pm2,\cdots$.令

$$M_n=\sup\{h'(x)\mid x\in[h(n-1),h(n+2)]\}.$$

对 $\forall\,\varepsilon>0$,选$\{(a_k,b_k)\}$,s.t.

$$Z_n\subset\bigcup_{k=1}^{\infty}(a_k,b_k)\subset[n-1,n+2],$$

$$\sum_{k=1}^{n}(b_k-a_k)<\frac{\varepsilon}{M_n}.$$

从而,有

$$f^{-1}(Z_n)=h(Z_n)\subset\bigcup_{k=1}^{\infty}(h(a_k),h(b_k))\subset[h(n-1),h(n+2)],$$

$$\sum_{k=1}^{\infty}[h(b_k)-h(a_k)]\leqslant\sum_{k=1}^{\infty}h'(\xi_k)(b_k-a_k)\leqslant M_n\sum_{k=1}^{\infty}(b_k-a_k)<M_n\cdot\frac{\varepsilon}{M_n}=\varepsilon,$$

这就证明了 $m(f^{-1}(Z_n))=m(h(Z_n))=0$. 于是

$$m(f^{-1}(Z))=m(h(Z))=m\Big(h\Big(\bigcup_{n=-\infty}^{\infty}Z_n\Big)\Big)=\sum_{n=-\infty}^{\infty}m(h(Z_n))=\sum_{n=-\infty}^{\infty}0=0.$$

最后,根据引理 3.8.3 的必要性知,$h=f^{-1}$ 将 Lebesgue 可测集 E 映为 Lebesgue 可测集. □

【150】 设 D 为 $\mathbb{R}^1$ 中的稠密集,μ 为 $\mathbb{R}^1$ 上的 Borel 测度(Borel 集组成的 σ 代数(Borel 代数)$\mathscr{B}=\mathscr{A}_\sigma(\mathscr{T})=\mathscr{R}_\sigma(\mathscr{R}_0)$ 上的测度 μ,如果对任何紧集 $K\subset\mathbb{R}^1$,有 $\mu(K)<+\infty$,则称 μ 为 **Borel 测度**). 对 $\forall x_0\in D$ 以及 $\forall a,b\in\mathbb{R}^1,a<b$,有

$$\mu([a,b)+x_0)=\mu([a,b)).$$

证明:对 $\forall E\in\mathscr{B}$(即 E 为 Borel 集),有

$$\mu(E)=\lambda\cdot m(E),\text{其中 }\lambda=\mu([0,1)).$$

证明 证法 1 设 $c\in\mathbb{R}^1$,由 D 在 $\mathbb{R}^1$ 中稠密,故在 D 中 $\exists\{c_n\}$ 单调增,且 $c_n\to c(n\to+\infty)$. 根据题设,有 $\mu([a+c_n,b+c_n))=\mu([a,b)+c_n)=\mu([a,b))$. 因此,

$$\begin{aligned}\mu([a,b))&=\lim_{n\to+\infty}\mu([a+c_n,b+c_n))\xlongequal{\text{定理 2.1.1(9)}}\mu(\lim_{n\to+\infty}[a+c_n,b+c_n))\\&=\mu([a+c,b+c)).\end{aligned}$$

设 $p,q\in\mathbb{N}$,有

$$\mu([0,1))=\mu\Big(\Big[0,\frac{1}{q}\Big)\Big)+\mu\Big(\Big[\frac{1}{q},\frac{2}{q}\Big)\Big)+\cdots+\mu\Big(\Big[\frac{q-1}{q},\frac{q}{q}\Big)\Big)=q\mu\Big(\Big[0,\frac{1}{q}\Big)\Big),$$

$$\begin{aligned}\mu\Big(\Big[0,\frac{p}{q}\Big)\Big)&=\mu\Big(\Big[0,\frac{1}{q}\Big)\Big)+\mu\Big(\Big[\frac{1}{q},\frac{2}{q}\Big)\Big)+\cdots+\mu\Big(\Big[\frac{p-1}{q},\frac{p}{q}\Big)\Big)\\&=p\mu\Big(\Big[0,\frac{1}{q}\Big)\Big)=p\cdot\frac{1}{q}\mu([0,1))=\frac{p}{q}\mu([0,1)).\end{aligned}$$

从而,对 $r_1,r_2\in\mathbb{Q},r_1<r_2$,有

$$\mu([r_1,r_2))=\mu([0,r_2-r_1))=(r_2-r_1)\mu([0,1))=\mu([0,1))\cdot m([r_1,r_2)).$$

于是,对 $\forall a,b\in\mathbb{R}^1$,由 $\mathbb{Q}$ 的稠密性和定理 2.1.1(9),在 $\mathbb{Q}$ 中取 $\{a_n\}$ 与 $\{b_n\}$ 分别单调增趋于 a 与 b,有

$$\begin{aligned}\mu([a,b))&=\mu(\lim_{n\to+\infty}[a_n,b_n))=\lim_{n\to+\infty}\mu([a_n,b_n))\\&=\mu([0,1))\lim_{n\to\infty}m([a_n,b_n))=\mu([0,1))\cdot m([a,b)).\end{aligned}$$

由此和测度 μ,m 都具有可数可加性推得

$$\begin{aligned}\mu\Big(\coprod_{i\geqslant1}[\alpha_i,\beta_i)\Big)&=\sum_{i\geqslant1}\mu([\alpha_i,\beta_i))=\sum_{i\geqslant1}\mu([0,1))\cdot m([\alpha_i,\beta_i))\\&=\mu([0,1))\sum_{i\geqslant1}m([\alpha_i,\beta_i))=\mu([0,1))\cdot m\Big(\coprod_{i\geqslant1}[\alpha_i,\beta_i)\Big).\end{aligned}$$

于是,对于 $\forall E\in\mathscr{H}(\mathscr{R}_0)$,有

$$\begin{aligned}\mu^*(E)&=\inf\left\{\sum_{i=1}^{\infty}\mu(E_i)\,\middle|\,E_i\in\mathscr{R}_0,E\subset\bigcup_{i=1}^{\infty}E_i\right\}\\&=\inf\left\{\sum_{i=1}^{\infty}\mu([\alpha_i,\beta_i))\,\middle|\,E\subset\coprod_{i=1}^{\infty}E_i\right\}\\&=\inf\left\{\mu([0,1))\sum_{i=1}^{\infty}m([\alpha_i,\beta_i))\,\middle|\,E\subset\coprod_{i=1}^{\infty}[\alpha_i,\beta_i)\right\}\\&=\mu([0,1))\cdot\inf\left\{\sum_{i=1}^{\infty}m([\alpha_i,\beta_i))\,\middle|\,E\subset\coprod_{i=1}^{\infty}[\alpha_i,\beta_i)\right\}\\&=\mu([0,1))\cdot\inf\left\{\sum_{i=1}^{\infty}m(E_i)\,\middle|\,E_i\in\mathscr{R}_0,E\subset\bigcup_{i=1}^{\infty}E_i\right\}\\&=\mu([0,1))\cdot m^*(E).\end{aligned}$$

因为 $\mathscr{B}=\mathscr{A}_\sigma(\mathscr{T})=\mathscr{R}_\sigma(\mathscr{R}_0)$ 为含 $\mathscr{R}_0$ 的最小 σ 代数,故 $\forall E\in\mathscr{B}$,E 为 μ 可测集和 m 可测集,且

$$\mu(E)=\mu^*(E)=\mu([0,1))\cdot m^*(E)=\mu([0,1))\cdot m(E).$$

证法 2 对于 $\forall E\in\mathscr{H}(\mathscr{R}_0)$,有

$$\begin{aligned}&=\inf\{\mu(G)\mid E\subset G,G\text{为开集}\}\\&=\inf\{\mu([0,1))\cdot m(G)\mid E\subset G,G\text{为开集}\}\\&=\mu([0,1))\cdot\inf\{m(G)\mid E\subset G,G\text{为开集}\}\\&\xlongequal{\text{引理 2.3.3}}\mu([0,1))\cdot m^*(E).\end{aligned}$$

因为 $\mathscr{B}=\mathscr{A}_\sigma(\mathscr{T})=\mathscr{R}_0(\mathscr{R}_0)$ 为含 $\mathscr{R}_0$ 的最小 σ 代数,故 $\forall E\in\mathscr{B}$,E 为 μ 可测集和 m 可测集,且

$$\mu(E)=\mu^*(E)=\mu([0,1))\cdot m^*(E)=\mu([0,1))\cdot m(E).\qquad\square$$

注 1 当 $\mu([0,1))=0$,则 $\forall E\in\mathscr{H}(\mathscr{R}_0)$,$\mu^*(E)=\mu([0,1))\cdot m^*(E)=0$.从而,$\mu$ 可测集的全体为 $\mathscr{H}(\mathscr{R}_0)=2^{\mathbb{R}^1}$ 不等于 m 可测集的全体 $\mathscr{R}_0^*$.此时,对 $\forall E\in\mathscr{R}_0^*\subset\mathscr{H}(\mathscr{R}_0)$,仍然有

$$\mu(E)=\mu([0,1))\cdot m(E).$$

当 $\mu([0,1))\neq0$ 时,因为

$$\begin{aligned}&\mu^*(T)=\mu^*(T\cap E)+\mu^*(T\cap E^c)\\&\Leftrightarrow\mu([0,1))\cdot m^*(T)=\mu([0,1))\cdot[m^*(T\cap E)+m^*(T\cap E^c)]\\&\Leftrightarrow m^*(T)=m^*(T\cap E)+m^*(T\cap E^c),\end{aligned}$$

所以,$E\mu^*$ 可测$\Leftrightarrow Em^*$ 可测.由此得到 μ^* 可测集全体与 m^* 可测集全体都为 $\mathscr{R}_0^*$,且对 $\forall E\in\mathscr{R}_0^*$,有

$$\mu(E)=\mu^*(E)=\mu([0,1))\cdot m^*(E)=m(E).$$

注 2 建立 $\mathbb{R}^n$ 中相同的命题,并类似证明之.

【151】 设 $(\mathbb{R}^1,\mathscr{L},m)$ 为 Lebesgue 测度空间.函数 $f:\mathbb{R}^1\to\mathbb{R}$ 在正测集 $E\in\mathscr{L}$ 上是有界

的，且满足

$$f(x+y)=f(x)+f(y),x,y\in\mathbb{R}^1.$$

证明：$f(x)$为线性函数，即 $f(x)=xf(1)$，$\forall x\in\mathbb{R}^1$.

证明 证法 1 由题[158](2)，点集 E_E 所包含的区间为$[a,b]$，且设

$$|f(x)|\leqslant M,\forall x\in E.$$

则对 $\forall x\in[a,b]\subset E\_E$，有

$$x=\alpha-\beta,\alpha,\beta\in E,$$

$$|f(x)|=|f(\alpha-\beta)|=|f(\alpha)+f(-\beta)|=|f(\alpha)-f(\beta)|$$
$$\leqslant|f(\alpha)|+|f(\beta)|\leqslant M+M=2M.$$

记 $c=b-a>0$，对 $x\in[0,c]$，则 $x+a\in[a,a+c]=[a,b]$.

$$|f(x)|=|f(x+a-a)|=|f(x+a)-f(a)|$$
$$\leqslant|f(x+a)|+|f(a)|\leqslant 2M+2M=4M.$$

因为 $f(x)=-f(-x)$，所以

$$|f(x)|=|-f(-x)|=|f(-x)|\leqslant 4M,\quad x\in[-c,0].$$

于是

$$|f(x)|\leqslant 4M,\quad\forall x\in[-c,c].$$

对 $\forall x\in\mathbb{R}^1$，$\forall n\in\mathbb{N}$，$\exists r\in\mathbb{Q}$，s.t. $|x-r|<\frac{c}{n}$. 由此与 $f(r)=rf(1)$（见例 3.2.5(1)的结论）推得

$$\begin{aligned}|f(x)-xf(1)|&=|f(x-r)+f(r)-xf(1)|\\&=|f(x-r)+rf(1)-xf(1)|=|f(x-r)+(r-x)f(1)|\\&\leqslant|f(x-r)|+|(r-x)f(1)|\overset{\alpha\in[-c,c]}{\leqslant}\left|f\left(\frac{\alpha}{n}\right)\right|+\frac{c}{n}|f(1)|\\&=\frac{1}{n}|f(\alpha)|+\frac{c}{n}|f(1)|\leqslant\frac{1}{n}(4M+c|f(1)|).\end{aligned}$$

令 $n\to+\infty$，得到

$$f(x)-xf(1)=0,$$
$$f(x)=xf(1),\quad\forall x\in\mathbb{R}^1.$$

证法 2 由例 3.2.5(1)的结论，$f(r)=rf(1)$，$r\in\mathbb{Q}$. 下证 f 在 $x=0$ 点处连续，根据注 3.2.3，

$$f(x)=xf(1),\quad\forall x\in\mathbb{R}^1.$$

事实上，由 $m(E)>0$ 知，$\exists\delta_0>0$，s.t. $E\_E\supset(-\delta_0,\delta_0)$，即对 $\forall z\in(-\delta_0,\delta_0)$，$\exists x,y\in E$，s.t. $z=x-y$. 由于 f 在 E 上有界，故 $\exists M>0$，有

$$|f(x)|<M,\quad\forall x\in E.$$

从而

$$|f(z)|=|f(x-y)|=|f(x)-f(y)|\leqslant|f(x)|+|f(y)|$$
$$<M+M=2M,\quad\forall z\in(-\delta_0,\delta_0).$$

对 $\forall\varepsilon>0$,取 $N_0\in\mathbb{N}$, s. t. $\dfrac{2M}{N_0}<\varepsilon$,令 $\delta=\dfrac{\delta_0}{N_0}$,则 $\forall z\in(-\delta,\delta)\subset(-\delta_0,\delta_0)$,有

$$|f(z)|<\varepsilon.$$

(反证)假设 $\exists z_0\in(-\delta,\delta)$, s. t. $|f(z_0)|\geqslant\varepsilon$,则 $N_0z_0\in(-N_0\delta,N_0\delta)=(-\delta_0,\delta_0)$,而

$$2M>|f(N_0z_0)|=|N_0f(z_0)|\geqslant N_0\varepsilon>2M,$$

矛盾. 这就表明 f 在点 0 处连续. □

【152】 设 $E\subset\mathbb{R}^1$ 为 Lebesgue 测度空间($\mathbb{R}^1,\mathscr{L},m$)的非空完全集,则 E 的每一点均为 E 的凝点.

证明 任取点 $x_0\in E$,并任取含 x_0 的一个开区间 δ. 由 x_0 为 E 的聚点,δ 中必有另一点 $x_1\in E$. 并可作出两个开区间 $\delta_{i_1}(i_1=0,1)$, s. t.

$$x_{i_1}\in\delta_{i_1},\delta_{i_1}\subset\delta,m(\delta_{i_1})<\frac{m(\delta)}{2},\quad \overline{\delta_0}\cap\overline{\delta_1}=\varnothing.$$

同理,又可在 $\delta_{i_1}(i_1=0,1)$中取出相异两点 $x_{i_10},x_{i_11}\in E$,并相应地作出区间 $\delta_{i_1i_2}(i_2=0,1)$,

$$x_{i_1i_2}\in\delta_{i_1i_2},\delta_{i_1i_2}\subset\delta_{i_1},\quad m(\delta_{i_1i_2})<\frac{m(\delta)}{2^2},$$

$$\overline{\delta_{i_1i_2}}\cap\overline{\delta_{i'_1i'_2}}=\varnothing,(i_1,i_2)\neq(i'_1,i'_2).$$

这种手续一直进行下去,便可得点集 $S=\{x_{i_1i_2\cdots i_n\cdots}\}$,其中

$$x_{i_1i_2\cdots i_n\cdots}\in\bar{\delta}_{i_1}\cap\bar{\delta}_{i_1i_2}\cap\cdots\cap\bar{\delta}_{i_1\cdots i_n}\cap\cdots,\quad i_k=0,1.$$

易知,$S\subset E\cap\delta$,且 $\overline{\overline{S}}=\aleph$,从而 x_0 为 E 的凝点. □

【153】 设($\mathbb{R}^1,\mathscr{L},m$)为 Lebesgue 测度空间. 证明:$\mathbb{R}^1$ 上的每个非空完全集 E 必含有一个 Lebesgue 测度为 0 的非空完全集.

证明 证法 1 考察 $E\cap[n,n+1](n=0,\pm1,\pm2,\cdots)$,显然其中至少有一个为非空完全集,不妨设含它的最小区间为$[a,b]$. 而$\{G_n\}$为$[a,b]-E$ 的构成区间.

因为 $a,b\in E$, $\exists a_1,b_1\in E$, s. t. $[a_1,b_1]\subset(a,b)$,且

$$G_1\subset(a_1,b_1)=U_1,\text{且 }m(U_1)\geqslant\frac{b-a}{2}.$$

又 $\exists U_2=(a_{21},b_{21}),U_3=(a_{22},b_{22})$, s. t. $[a_{21},b_{21}]\subset(a,a_1),[a_{22},b_{22}]\subset(b_1,b)$,且

$$\bigcup_{i=1}^{k_2}G_i\subset\bigcup_{i=1}^{3}U_i,\text{且 }m\Big(\bigcup_{i=1}^{3}U_i\Big)=\sum_{i=1}^{3}m(U_i)\geqslant\frac{b-a}{2}+\frac{b-a}{2^2}.$$

$$\cdots$$

$$\exists U_{2^{n-1}}=(a_{n1},b_{n1}),U_{2^{n-1}+1}=(a_{n2},b_{n2}),\cdots,U_{2^n-1}=(a_{n,2^{n-1}},b_{n,2^{n-1}}),\text{ s. t.}$$

$$\bigcup_{i=1}^{k_n}G_i\subset\bigcup_{i=1}^{2^n-1}U_i,\text{且 }m\Big(\bigcup_{i=1}^{2^n-1}U_i\Big)=\sum_{i=1}^{2^n-1}m(U_i)\geqslant\frac{b-a}{2}+\frac{b-a}{2^2}+\cdots+\frac{b-a}{2^n}.$$

则得$\{U_k\}$. 于是,$[a,b]-\bigcup\limits_{i=1}^{\infty}U_i\subset E$ 为所求 Lebesgue 测度为 0 的非空完全集. 见题[153]图

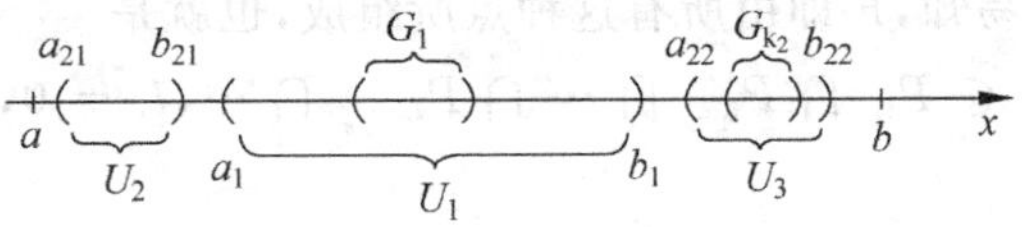

题 153 图

证法 2　设 E 为非空完全集.

若 $m(E)=0$,则 E 就是 E 含有的一个 Lebesgue 测度为 0 的非空完全集.

若 $m(E)=a>0$,在 E 中任取两个不同的点 x_0,x_1,作两个小区间 δ_0,δ_1, s. t. $x_0\in\delta_0$, $x_1\in\delta_1$,且

$$m(\delta_0)\leqslant\frac{a}{2^2},m(\delta_1)\leqslant\frac{a}{2^2},\quad \overline{\delta_0}\cap\overline{\delta_1}=\varnothing.$$

根据参考文献[1]定理 1.6.4 知,x_0,x_1 均为 E 的凝点,从而 $E\cap\overline{\delta_0}$ 与 $E\cap\overline{\delta_1}$ 均为不可数的闭集,记其凝点全体分别为 P_1 与 P_2. 易知,$P_{i_1}(i_1=0,1)$为非空的完全集,且

$$P_{i_1}\subset E,m(P_{i_1})\leqslant\frac{a}{2^2},\quad P_0\cap P_1=\varnothing.$$

对每个 P_{i_1} 施行同样的手续,得出四个完全集 $P_{i_1i_2}(i_1=0,1;\ i_2=0,1)$,满足

$$P_{i_1i_2}\subset P_{i_1},m(P_{i_1i_2})\leqslant\frac{a}{2^4},\quad P_{i_10}\cap P_{i_20}=\varnothing.$$

再对每个 P_{i_1,i_2} 施行同样的手续. 如此一直做下去,得到一列完全集:

$$P_{i_1}(2^1\text{ 个}),P_{i_1i_2}(2^2\text{ 个}),\cdots,P_{i_1\cdots i_n}(2^n\text{ 个}),\cdots$$

满足

$$P_{i_1\cdots i_n}\subset P_{i_1\cdots i_{n-1}}\subset E,m(P_{i_1\cdots i_n})\leqslant\frac{a}{2^{2n}},$$

$$P_{i_1\cdots i_n}\cap P_{i'_1\cdots i'_n}=\varnothing(\text{至少有一个 } i_k \text{ 与 } i'_k \text{ 不同}).$$

令

$$P^{(1)}=\bigcup_{(i_1)}P_{i_1},\quad P^{(2)}=\bigcup_{(i_1,i_2)}P_{i_1i_2},\cdots,\quad P^{(n)}=\bigcup_{(i_1,\cdots,i_n)}P_{i_1\cdots i_n},\cdots.$$

易知,$P^{(1)}\supset P^{(2)}\supset\cdots\supset P^{(n)}\supset\cdots$,

$$0\leqslant m(P^{(n)})\leqslant 2^n\cdot\frac{a}{2^{2n}}=\frac{a}{2^n}\to 0(n\to+\infty),\lim_{n\to+\infty}m(P^{(n)})=0.$$

再令 $F=\bigcap\limits_{n=1}^{\infty}P^{(n)}$,则 F 为闭集,且

$$m(F)=m\Big(\bigcap_{n=1}^{\infty}P^{(n)}\Big)=\lim_{l\to+\infty}m\Big(\bigcap_{n=1}^{l}P^{(n)}\Big)=0$$

因为每一个 0－1 序列$(i_1,i_2,\cdots,i_n,\cdots)$所对应的完全集列

$$P_{i_1}\supset P_{i_1i_2}\supset\cdots\supset P_{i_1\cdots i_n}\supset\cdots$$

决定一点,记为 $z_{i_1\cdots i_n\cdots}$. 易知,F 即由所有这种点所组成,也就是

$$F=\{z_{i_1\cdots i_n\cdots}\mid z_{i_1\cdots i_n\cdots}\in P_{i_1}\cap P_{i_1i_2}\cap\cdots\cap P_{i_1\cdots i_n}\cap\cdots,i_k=0,1(k=1,\cdots,n,\cdots)\}.$$

这表明 F 的势 $\overline{\overline{F}}=\aleph$.

再记 F 的凝点全体为 P,根据定理 1.6.5(5),P 为一个非空的完全集. 又 $P\subset F\subset E$,所以 $0\leqslant m(P)\leqslant m(F)=0$,$m(P)=0$. 于是,$P$ 为 E 的 Lebesgue 测度为 0 的非空完全集. □

【154】 设 $E\subset[a,b]$,$f:[a,b]\to\mathbb{R}$ 为实函数. 如果 $f'(x)$ 在 E 上存在有限,且 $|f'(x)|\leqslant M$(常数),则

(1) 对 $\forall\,\varepsilon>0$, $\forall\,n\in\mathbb{N}$,有

$$m^*(f(E_n))\leqslant(M+\varepsilon)(m^*(E_n)+\varepsilon),$$

其中

$$E_n=\{x\in E\mid 当\ y\in[a,b]\ 且\ |y-x|\leqslant\frac{1}{n}\ 时,有$$
$$|f(y)-f(x)|\leqslant(M+\varepsilon)|y-x|\}.$$

(2) $m^*(f(E))\leqslant M\,m^*(E)$.

证明 (1) 在 $[a,b]$ 中取覆盖 E_n 的区间 $\{I_{n,k}\mid k=1,2,\cdots\}$, s. t.

$$\sum_{k=1}^{\infty}m(I_{n,k})<m^*(E_n)+\varepsilon,$$

$$直径\ \mathrm{diam}(I_{n,k})\leqslant\frac{1}{n},k=1,2,\cdots.$$

显然,若 $s,t\in E_n\cap I_{n,k}$,则有

$$|f(s)-f(t)|\leqslant(M+\varepsilon)|s-t|=(M+\varepsilon)\mathrm{diam}(I_{n,k}).$$

于是

$$\begin{aligned}m^*(f(E_n))&=m^*\Big(f\Big(E_n\cap\bigcup_{k=1}^{\infty}I_{n,k}\Big)\Big)\\&\leqslant\sum_{k=1}^{\infty}m^*(f(I_n\cap I_{n,k}))\leqslant\sum_{k=1}^{\infty}\mathrm{diam}(f(E_n\cap I_{n,k}))\\&\leqslant(M+\varepsilon)\sum_{k=1}^{\infty}\mathrm{diam}(I_{n,k})=(M+\varepsilon)\sum_{k=1}^{\infty}m(I_{n,k})\\&<(M+\varepsilon)(m^*(E_n)+\varepsilon).\end{aligned}$$

(2) 显然,$E_n\subset E_{n+1}\subset E$,$f(E_n)\subset f(E_{n+1})$,以及 $E=\bigcup\limits_{n=1}^{\infty}E_n$,$f(E)=\bigcup\limits_{n=1}^{\infty}f(E_n)$. 事实上,对任何固定的 $x\in E$,$\exists\,n\in\mathbb{N}$, s. t. 当 $0<|y-x|\leqslant\dfrac{1}{n}$ 时

$$f'(x)-\varepsilon\leqslant\frac{f(y)-f(x)}{y-x}\leqslant f'(x)+\varepsilon,$$

$$\left|\frac{f(y)-f(x)}{y-x}\right|\leqslant|f'(x)|+\varepsilon\leqslant M+\varepsilon,$$
$$|f(y)-f(x)|\leqslant(M+\varepsilon)|y-x|.$$

因此，$x\in E_n$，从而 $E\subset\bigcup_{n=1}^{\infty}E_n$. 此外，由 E_n 的定义，显然有 $E_n\subset E$，$\bigcup_{n=1}^{\infty}E_n\subset E$. 故 $E=\bigcup_{n=1}^{\infty}E_n$.

据此得到

$$m^*(f(E))\xlongequal{\text{题}[122](1)}\lim_{n\to+\infty}m^*(f(E_n))\leqslant\lim_{n\to+\infty}(M+\varepsilon)(m^*(E_n)+\varepsilon)$$
$$\xlongequal{\text{题}[122](1)}(M+\varepsilon)(m^*(E)+\varepsilon).$$

令 $\varepsilon\to0^+$，就有

$$m^*(f(E))\leqslant Mm^*(E).$$ □

【155】 (1) 设 $f:\mathbb{R}^1\to\mathbb{R}$ 为 C^1 映射(即 f 连续可导)，$E\subset\mathbb{R}^1$ 为 Lebesgue 零测集，即 $m(E)=0$，则 $m(f(E))=0$.

(2) 进一步，即使 $f:\mathbb{R}^1\to\mathbb{R}$ 只是可导函数，$m(E)=0$，仍有 $m(f(E))=0$.

证明 (1) 令 $E_n=E\cap[-n,n]$，$n\in\mathbb{N}$，$M_n=\max\limits_{x\in[-2n,2n]}\{|f'(x)|\}$. 因为 $m(E)=0$，所以 $m(E_n)=0$.

对 $\forall\varepsilon>0$，存在开集 $G=\bigcup_i(a_i,b_i)\supset E_n$，s.t. $m(G)<\varepsilon$，其中 $\{(a_i,b_i)\}$ 为 G 的构成区间，$(a_i,b_i)\subset[-2n,2n]$，则当 $x\in(a_i,b_i)$ 时，根据 Lagrange 中值定理，$\exists\xi\in(a_i,x)$，s.t.

$$|f(x)-f(a_i)|=|f'(\xi)(x-a_i)|\leqslant M_n|x-a_i|\leqslant M_n(b_i-a_i).$$

因此

$$m^*(f(G))\leqslant M_n\sum_i(b_i-a_i)=M_nm(G),$$
$$0\leqslant m^*(f(E_n))\leqslant m^*(f(G))\leqslant M_nm(G)<M_n\varepsilon.$$

令 $\varepsilon\to0^+$ 得到 $m^*(f(E_n))=0$.

再由

$$0\leqslant m^*(f(E))=m^*\Big(f\Big(\bigcup_{n=1}^{\infty}E_n\Big)\Big)=m^*\Big(\bigcup_{n=1}^{\infty}f(E_n)\Big)\leqslant\sum_{n=1}^{\infty}m^*(f(E_n))=\sum_{n=1}^{\infty}0=0,$$
$$m^*(f(E))=0.$$

这表明 $f(E)$ 为 m^* 零集，故它为 Lebesgue 可测集，也可记为 $m(f(E))=0$.

(2) 令 $E_n=\{x\in E\mid|f'(x)|\leqslant n\}$，则 $E_n\subset E_{n+1}\subset E$，且

$$0\leqslant m^*(E_n)\leqslant m^*(E)=0,\quad m^*(E_n)=0,\forall n\in\mathbb{N}.$$

于是

$$E=\bigcup_{n=1}^{\infty}E_n.$$

根据题[154](2)，知

$$0 \leqslant m^*(f(E_n)) \leqslant n \cdot m^*(E_n) = n \cdot 0 = 0,$$

$$m^*(f(E_n)) = 0.$$

$$0 \leqslant m^*(f(E)) = m^*\left(f\left(\bigcup_{n=1}^{\infty} E_n\right)\right) = m^*\left(\bigcup_{n=1}^{\infty} f(E_n)\right) \leqslant \sum_{n=1}^{\infty} m^*(f(E_n)) \leqslant \sum_{n=1}^{\infty} 0 = 0,$$

$$m^*(f(E)) = 0.$$

这表明 $f(E)$ 为 m^* 零集，故它为 Lebesgue 可测集，也可记为 $m(f(E))=0$. □

注　上述结果结合引理 3.8.3 得到$[a,b]$上的可导函数(当然也为连续函数)f，将$[a,b]$上的任何 Lebesgue 可测集 E 映为 Lebesgue 可测集 $f(E)$.

【156】 设 $f:[a,b]\to\mathbb{R}$ 在 $E\subset[a,b]$上每一点处都可导. 证明：

f'在 E 上几乎处处为 0(即 $f' \underset{m}{\doteq} 0$)$\Leftrightarrow m(f(E))=0$.

证明　($\Rightarrow$)设 $E_0=\{x\in E \mid f'(x)=0\}$，$E_n=\{x\in E \mid n-1<|f'(x)|\leqslant n\}$，$n=1,2,\cdots$. 由 $f' \underset{m}{\doteq} 0$ 知，$m^*(E_n)=m(E_n)=0$，$n\in\mathbb{N}$，$m^*(E_0)=m^*(E)$.

$$0\leqslant m^*(f(E)) = m^*\left(f\left(\bigcup_{n=0}^{\infty} E_n\right)\right) = m^*\left(\bigcup_{n=0}^{\infty} f(E_n)\right) \leqslant \sum_{n=0}^{\infty} m^*(f(E_n))$$

$$\overset{\text{题[154](2)}}{\leqslant} m^*(f(E_0)) + \sum_{n=1}^{\infty} n\cdot m^*(E_n) \leqslant 0\cdot m^*(E_0) + \sum_{n=1}^{\infty} n\cdot m^*(E_n)$$

$$= 0 + \sum_{n=1}^{\infty} n\cdot 0 = 0.$$

于是，$m^*(f(E))=0$，$m(f(E))=0$.

($\Leftarrow$)作点集

$$A_n = \left\{x\in E \mid \text{当} \mid y-x\mid \leqslant \frac{1}{n} \text{时}, \mid f(y)-f(x)\mid \geqslant \frac{1}{n}\mid y-x\mid\right\}.$$

显然，

$$A = \{x\in E \mid |f'(x)|>0\} = \bigcup_{n=1}^{\infty} A_n.$$

易见，$f' \underset{m}{\doteq} 0 \Leftrightarrow m(A)=0 \Leftrightarrow m(A_n)=0$，$n=1,2,\cdots$.

现证 $m(A_n)=0$，$n=1,2,\cdots$. 对任何开区间 I，$\mathrm{diam}(I)\leqslant\frac{1}{n}$，因为

$$0\leqslant m^*(f(I\cap A_n)) \leqslant m^*(f(A)) \leqslant m^*(f(E)) = m(f(E)) = 0,$$

所以 $m^*(f(I\cap A_n))=0$，$m(f(I\cap A_n))=0$. 于是，对 $\forall\,\varepsilon>0$，存在开区间列$\{J_k\}$，s. t.

$$\bigcup_{k=1}^{\infty} J_k \supset f(I\cap A_n),\ \sum_{k=1}^{\infty}\mathrm{diam}(J_k)<\varepsilon.$$

令 $B_k=(I\cap A_n)\cap f^{-1}(J_k)$，则

$$B_k \subset I \cap A_n, f(B_k) \subset J_k, I \cap A_n = \bigcup_{k=1}^{\infty} B_k.$$

于是,有

$$0 \leqslant m^*(I \cap A_n) = m^*\left(\bigcup_{k=1}^{\infty} B_k\right) \leqslant \sum_{k=1}^{\infty} m^*(B_k) \leqslant \sum_{k=1}^{\infty} \operatorname{diam}(B_k)$$

$$\leqslant \sum_{k=1}^{\infty} n \cdot \operatorname{diam}(f(B_k)) \leqslant n \sum_{k=1}^{\infty} \operatorname{diam}(J_k) < n\varepsilon.$$

令 $\varepsilon \to 0^+$,得到

$$m^*(I \cap A_n) = 0, m(I \cap A_n) = 0.$$

由此推得

$$m(A_n) = 0, \forall n \in \mathbb{N}. \qquad \square$$

【157】 (特殊 Sard 定理)设 $f:[a,b] \to \mathbb{R}$ 的临界点集为

$$E = \{x \in [a,b] \mid f'(x) = 0\},$$

则 f 的临界值集 $f(E)$ 为 Lebesgue 零测集,即 $m(f(E))=0$.

证明 由题[154](2)得到

$$0 \leqslant m^*(f(E)) \leqslant 0 \cdot m^*(E) = 0,$$

$$m^*(f(E)) = 0, m(f(E)) = 0. \qquad \square$$

【158】 设$(\mathbb{R}^1, \mathscr{L}, m)$为 Lebesgue 测度空间,$A, B \subset \mathbb{R}^1$,$m(A)>0$,$m(B)>0$.

(1) 若 $D \subset \mathbb{R}^1$ 在$\mathbb{R}^1$ 中稠密,则 $\exists a \in A, b \in B$, s. t. $b-a \in D$.

(2) $E=A_B=\{x-y \mid x \in A, y \in B\}$必含一个区间.

(3) $A+B=\{x+y \mid x \in A, y \in B\}$必含一个区间.

证明 (1)根据题[145](1) 对 $\lambda=\frac{3}{4}$,有区间 I_A, I_B, s. t.

$$m(B \cap I_B) > \frac{3}{4} m(I_B), 2m(I_A) < m(I_B) < 6m(I_A)\text{(应用两等分法)}, m(A \cap I_A) > \frac{3}{4} m(I_A).$$

将区间 I_B 两等分,则存在子区间$\tilde{I}_B$, s. t. $m(B \cap \tilde{I}_B) > \frac{3}{4} m(\tilde{I}_B) = \frac{3}{8} m(I_B)$. 由于 D 在$\mathbb{R}^1$ 中稠密,可取 $d \in D$, s. t. $(A \cap I_A) + d \subset \tilde{I}_B$. 我们有

$$m(B \cap \tilde{I}_B) > \frac{3}{8} m(I_B),$$

$$m((A \cap I_A) + d) = m(A \cap I_A) > \frac{3}{4} m(I_A).$$

从而

$$\begin{aligned}
& m((B \cap \tilde{I}_B) \cap ((A \cap I_A) + d)) \\
&= m(B \cap \tilde{I}_B) + m((A \cap I_A) + d) - m((B \cap \tilde{I}_B) \cup ((A \cap I_A) + d)) \\
&> \frac{3}{8} m(I_B) + \frac{3}{4} m(I_A) - m(\tilde{I}_B) = \frac{3}{8} m(I_B) + \frac{3}{4} m(I_A) - \frac{1}{2} m(I_B)
\end{aligned}$$

$$=\frac{3}{4}m(I_A)-\frac{1}{8}m(I_B)=\frac{1}{8}[6m(I_A)-m(I_B)]>0,$$

$$(B\cap\tilde{I}_B)\cap((A\cap I_A)+d)\neq\varnothing,$$

故 $\exists b\in B,a\in A$, s. t. $b=a+d$,即 $b-a=d\in D$.

(2) 证法 1 令 $E^c=D$,则 D 非稠密((反证)假设 D 稠密,根据(1),$\exists a\in A,b\in B$, s. t. $a-b\in D=E^c$,即 $a-b\notin E$,这与 E 的定义有矛盾). 这表明 E 必包含一个区间.

证法 2 参阅题[145](2).

证法 3 因为 $m(A)>0,m(-B)=m(B)>0$,根据(3)的证法 2 知,$A-B=A+(-B)$ 必含一个区间.

(3) 证法 1 因为 $m(A)>0,m(-B)=m(B)>0$,根据(2)的证法 1 或证法 2 知,$A+B=A-(-B)$ 必含一个区间.

证法 2 因为 A,B 都为 Lebesgue 正测度集,根据题[145](1),对 $0<\lambda<1$,存在开区间 $(a,b),(c,d)$, s. t.

$$m(A\cap(a,b))>\lambda(b-a),\quad m(B\cap(c,d))>\lambda(d-c).$$

取 $n,k\in\mathbb{N}$, s. t.

$$\lambda<\frac{n(b-a)}{k(d-c)}=\frac{\dfrac{b-a}{k}}{\dfrac{d-c}{n}}<1\Leftrightarrow\frac{\lambda}{\dfrac{b-a}{d-c}}<\frac{n}{k}<\frac{1}{\dfrac{b-a}{d-c}}.$$

对区间 (a,b) 作 k 等分,(c,d) 作 n 等分,其中必有 (a,b) 的一个等分 $(\tilde{a},\tilde{b})$, s. t.

$$m(A\cap(\tilde{a},\tilde{b}))>\lambda(\tilde{b}-\tilde{a});$$

也有 (c,d) 的一个等分 $(\tilde{c},\tilde{d})$, s. t.

$$m(B\cap(\tilde{c},\tilde{d}))>\lambda(\tilde{d}-\tilde{c}).$$

令

$$A\cap(\tilde{a},\tilde{b})=\tilde{A},\quad B\cap(\tilde{c},\tilde{d})=\tilde{B},$$

则

$$\lambda<\frac{\dfrac{b-a}{k}}{\dfrac{d-c}{n}}=\frac{\tilde{b}-\tilde{a}}{\tilde{d}-\tilde{c}}<1.$$

作平移,有

$$\tilde{\tilde{A}}=\tilde{A}-\tilde{a}=\{x-\tilde{a}\mid x\in\tilde{A}\}\subset(0,\tilde{b}-\tilde{a})=I_1,$$

$$\tilde{\tilde{B}}=\tilde{B}-\tilde{d}=\{x-\tilde{d}\mid x\in\tilde{B}\}\subset(\tilde{c}-\tilde{d},0)=I_2.$$

考察原点 0,并取 $0<\delta<(1-\lambda)(\tilde{b}-\tilde{a})$. 对 $\forall x\in(-\delta,\delta)$,有

$$\begin{aligned}m(I_1\cup(x-I_2))&=m(I_1)+m(x-I_2)-m(I_1\cap(x-I_2))\\&=m(I_1)+m(I_2)-m(I_1\cap(x-I_2))\\&<(\tilde{b}-\tilde{a})+(\tilde{d}-\tilde{c})-[(\tilde{b}-\tilde{a})-\delta]=\tilde{d}-\tilde{c}+\delta.\end{aligned}$$

$$\begin{aligned}m(\tilde{\tilde{A}}\cap(x-\tilde{\tilde{B}}))&=m(\tilde{\tilde{A}})+m(\tilde{\tilde{B}})-m(\tilde{\tilde{A}}\cup(x-\tilde{\tilde{B}}))\\&=m(\tilde{A})+m(\tilde{B})-m(\tilde{\tilde{A}}\cup(x-\tilde{\tilde{B}}))\\&\geqslant m(\tilde{A})+m(\tilde{B})-m(I_1\cup(x-I_2))\\&>\lambda(\tilde{b}-\tilde{a})+\lambda(\tilde{d}-\tilde{c})-(\tilde{d}-\tilde{c}+\delta)\\&>\lambda(\tilde{b}-\tilde{a})-(1-\lambda)(\tilde{d}-\tilde{c})-(1-\lambda)(\tilde{b}-\tilde{a})\\&=(2\lambda-1)(\tilde{b}-\tilde{a})-(1-\lambda)(\tilde{d}-\tilde{c})>0,\end{aligned}$$

取

$$\begin{cases}0<\lambda<1,\\2\lambda-1>0,\\\dfrac{\tilde{b}-\tilde{a}}{\tilde{d}-\tilde{c}}>\dfrac{1-\lambda}{2\lambda-1}>0\end{cases}\Leftrightarrow\begin{cases}\dfrac{1}{2}<\lambda<1,\\\dfrac{\tilde{b}-\tilde{a}}{\tilde{d}-\tilde{c}}>\dfrac{1-\lambda}{2\lambda-1}.\end{cases}$$

尤其当 $\lambda\geqslant\dfrac{1-\lambda}{2\lambda-1}\left(\dfrac{1}{2}<\lambda<1\right)\Leftrightarrow 2\lambda^2-\lambda\geqslant1-\lambda\Leftrightarrow\lambda^2\geqslant\dfrac{1}{2}\Leftrightarrow\lambda>\dfrac{1}{\sqrt{2}}$ 时，有

$$\frac{\tilde{b}-\tilde{a}}{\tilde{d}-\tilde{c}}>\lambda\geqslant\frac{1-\lambda}{2\lambda-1}.$$

特别取 $\lambda=\dfrac{3}{4}$ 时，必有 $m(\tilde{\tilde{A}}\cap(x-\tilde{\tilde{B}}))>0$. 这表明

$$\tilde{\tilde{A}}\cap(x-\tilde{\tilde{B}})\neq\varnothing,$$

即 $\exists\, y\in\tilde{\tilde{A}}\cap(x-\tilde{\tilde{B}})$，故 $y\in\tilde{\tilde{A}}, y\in x-\tilde{\tilde{B}}$. 于是，$\exists\, z\in\tilde{\tilde{B}}$, s. t. $y=x-z, x=y+z$，其中 $y\in\tilde{\tilde{A}}$, $z\in\tilde{\tilde{B}}$，即 $x\in\tilde{\tilde{A}}+\tilde{\tilde{B}}$. 由 x 在 $(-\delta,\delta)$ 中任取，故 $(-\delta,\delta)\subset\tilde{\tilde{A}}+\tilde{\tilde{B}}$. 特别地，0 为 $\tilde{\tilde{A}}+\tilde{\tilde{B}}$ 的一个内点.

由此推得

$$(-\delta,\delta)\subset\tilde{\tilde{A}}+\tilde{\tilde{B}}=(\tilde{A}-\tilde{a})+(\tilde{B}-\tilde{d})=(\tilde{A}+\tilde{B})-(\tilde{a}+\tilde{d}),$$

$$(\tilde{a}+\tilde{d}-\delta,\tilde{a}+\tilde{d}+\delta)\subset\tilde{A}+\tilde{B}=(A\cap(\tilde{a},\tilde{b}))+(B\cap(\tilde{c},\tilde{d}))\subset A+B.$$

这表明 $\tilde{a}+\tilde{d}$ 为 $\tilde{A}+\tilde{B}$ 的内点，当然它也为 $A+B$ 的内点. □

【159】 设 $(\mathbb{R}^2,\mathscr{L},m)$ 为 Lebesgue 测度空间. 试作 $\mathbb{R}^2$ 中的一个 Lebesgue 正测度集，使其任一正测子集 E，皆不能表成 $E=A\times B$，其中 A,B 为 $(\mathbb{R}^1,\mathscr{L},m)$ 中的 Lebesgue 正测度集.

证明 作 $[0,1]$ 中的类 Cantor 集 $\tilde{C}$，$m(\tilde{C})=\alpha\in(0,1)$. 并作

$$F=\{(x,y)\in[0,1]\times[0,1]\mid x-y\in\tilde{C}\},$$

记截

$$F^y=\{x\in[0,1]\mid x-y\in\tilde{C}\}=\{x\in[0,1]\mid x\in\tilde{C}+y\},y\in[0,1].$$

显然，$m(F^y)>0(\forall\, y\in[0,1))$ 且为 y 的连续函数，故根据 Fubini 定理 3.7.2 或定理 3.7.3，知

$$m(F)=\int_0^1 m(F^y)\mathrm{d}y>0,$$

即 F 为$(\mathbb{R}^2,\mathscr{L},m)$中的 Lebesgue 正测度集.

(反证)假设有$(\mathbb{R}^2,\mathscr{L},m)$中的正测度集 $E=A\times B\subset F$,其中 A,B 为$(\mathbb{R}^1,\mathscr{L},m)$中的正测度集.则 $A\_B\subset\widetilde{C}$.根据题[158](2),$\widetilde{C}$ 含有非空的内核,即 $\exists\delta>0$, s. t. $B(x_0;\delta)=(x_0-\delta,x_0+\delta)\subset\widetilde{C}$,这与 $\widetilde{C}$ 为疏朗集相矛盾. □

【160】 (1) 构造$[0,1]$上的一个可导函数 f,其导函数 f' 在已给的非空完全疏朗集 C 上无处连续.

(2) 构造$[0,1]$上的一个可导函数 f,使 f' 在$[0,1]$上不连续点全体具有正的 Lebesgue 测度.

解 (1) 设 $C^c=[0,1]-C$ 的构成区间为$\{(\alpha_n,\beta_n)\mid n=1,2,\cdots\}$,定义函数

$$f(x)=\begin{cases}(x-\alpha_n)^2(\beta_n-x)^2\sin\dfrac{1}{(x-\alpha_n)^2(\beta_n-x)^2}, & x\in(\alpha_n,\beta_n)\subset[0,1]-C\\ 0, & x\in C.\end{cases}$$

于是

$$f'(x)=\begin{cases}2(x-\alpha_n)(\beta_n-x)(\alpha_n+\beta_n-2x)\sin\dfrac{1}{(x-\alpha_n)^2(\beta_n-x)^2}\\ -\dfrac{2(\alpha_n+\beta_n-2x)}{(x-\alpha_n)(\beta_n-x)}\cos\dfrac{1}{(x-\alpha_n)^2(\beta_n-x)^2}, x\in(\alpha_n,\beta_n)\subset[0,1]-C,\\ 0, \qquad x\in C.\end{cases}$$

其中对每个 $x\in C$,从

$$\left|\frac{f(x+h)-f(x)}{h}-0\right|$$

$$=\begin{cases}\left|\dfrac{(x+h-\alpha_n)^2(\beta_n-x-h)^2\sin\dfrac{1}{(x+h-\alpha_n)^2(\beta_n-x-h)^2}-0}{h}\right|, x+h\in(\alpha_n,\beta_n),\\ \left|\dfrac{0-0}{h}\right|, \quad x+h\in C\end{cases}$$

$$\leqslant\frac{h^2}{|h|}=|h|\to 0(h\to 0),$$

得到

$$f'(x)=\lim_{h\to 0}\frac{f(x+h)-f(x)}{h}=0.$$

综合上述,f 在$[0,1]$上处处可导.而由 f' 的解析表达式易知,f' 在$[0,1]-C$ 上连续,在 C 上无处连续.

(2) 在(1)中只须取 C 为具有正测度的类 Cantor 集即可. □

第3章 积分理论

3.1 可测空间、可测函数

定义 3.1.1 设 X 为基本空间，$\mathscr{R}$ 为 X 上的一个 σ 环，$X=\bigcup_{E\in\mathscr{R}}E$（注意：$X$ 未必属于 $\mathscr{R}$!)，则称 $(X,\mathscr{R})$ 为**可测空间**，称 $E\in\mathscr{R}$ 为（$(X,\mathscr{R})$ 上的）**可测集**.

定义 3.1.2 设 $(X,\mathscr{R})$ 为可测空间，$E\subset X$，$f:E\to\mathbb{R}$ 为有限实函数. 如果对 $\forall c\in\mathbb{R}$，集合

$$E(c\leqslant f)=\{x\in E\mid c\leqslant f(x)\}$$

都为 $(X,\mathscr{R})$ 上的可测集（即 $E(c\leqslant f)\in\mathscr{R}$)，则称 f 为 **E 上（关于 $(X,\mathscr{R})$ 的）可测函数**. 此时

$$E=\bigcup_{n=1}^{\infty}E(-n\leqslant f)\in\mathscr{R},$$

即 E 为 $(X,\mathscr{R})$ 上的可测集.

特别地，$(\mathbb{R}^1,\mathscr{L}^g)$ 称为 **Lebesgue-Stieltjes 空间**，$E\in\mathscr{L}^g$ 称为 **Lebesgue-Stieltjes 可测集**，$(\mathbb{R}^1,\mathscr{L}^g)$ 上的可测函数称为**（关于 g 的）Lebesgue-Stieltjes 可测函数**；$(\mathbb{R}^n,\mathscr{L})$ 称为 **Lebesgue 可测空间**，$E\in\mathscr{L}$ 称为 **Lebesgue 可测集**，$(\mathbb{R}^n,\mathscr{L})$ 上的可测函数称为 **Lebesgue 可测函数**；$(\mathbb{R}^n,\mathscr{B})=(\mathbb{R}^n,\mathscr{R}_\sigma(\mathscr{R}_0))$ 称为 **Borel 可测空间**，$E\in\mathscr{B}=\mathscr{R}_\sigma(\mathscr{R}_0)$ 称为 **Borel 可测集**，$(\mathbb{R}^n,\mathscr{B})=(\mathbb{R}^n,\mathscr{R}_\sigma(\mathscr{R}_0))$ 的可测函数称为 **Borel 可测函数**（也称为 **Baire 函数**).

定理 3.1.1 （可测函数的充要条件）设 $(X,\mathscr{R})$ 为可测空间，$E\subset X$，$f:E\to\mathbb{R}$ 为有限实函数，则：

(1) f 为 E 上的可测函数

$\Leftrightarrow$(2) 对 $\forall c\in\mathbb{R}$，集合 $E(c<f)$ 为可测集

$\Leftrightarrow$(3) 对 $\forall c\in\mathbb{R}$，集合 $E(f\leqslant c)$ 为可测集

$\Leftrightarrow$(4) 对 $\forall c\in\mathbb{R}$，集合 $E(f<c)$ 为可测集

$\Leftrightarrow$(5) 对 $\forall c,d\in\mathbb{R}$，集合 $E(c\leqslant f<d)$ 为可测集.

定理 3.1.2 （可测函数的简单性质）设 $(X,\mathscr{R})$ 为可测空间，$E\subset X$，$f:E\to\mathbb{R}$ 为实函数.

(1) 设 f 为 E 上的可测函数，$E_1\subset E$ 为可测子集，则 $f:E_1\to\mathbb{R}$ 也为可测函数.

(2) 设 $E_1,E_2,\cdots,E_n$ 为可测集，$E=\bigcup_{i=1}^{n}E_i$，则

$$f\text{为}E=\bigcup_{i=1}^{n}E_i\text{上的可测函数}\Leftrightarrow f\text{为}E_i(i=1,2,\cdots,n)\text{上的可测函数}.$$

(3) 设 $E_1,E_2,\cdots,E_i,\cdots$ 为可测集，$E=\bigcup_{i=1}^{\infty}E_i$，则

$$f\text{为}E=\bigcup_{i=1}^{\infty}E_i\text{上的可测函数}\Leftrightarrow f\text{为}E_i(i=1,2,\cdots)\text{上的可测函数}.$$

(4) 设 $\mathscr{R}$ 为 σ 代数，则

$$E\text{为可测集}\Leftrightarrow E\text{的特征函数}\chi_E(x)\text{为可测函数}.$$

定理 3.1.3 （可测函数的代数运算）设 $(X,\mathscr{R})$ 为可测空间，$E\subset X$，$f,g:E\to\mathbb{R}$ 为可测函数，则：

(1) 对 $\alpha\in\mathbb{R}$，αf 为 E 上的可测函数.

(2) $f+g$ 为 E 上的可测函数.

(3) 任意有限个可测函数的线性组合为可测函数.

(4) fg 与 $\dfrac{f}{g}$（假设 $g(x)\neq 0$，$\forall x\in E$）都为 E 上的可测函数.

(5) $\min\{f,g\}$ 与 $\max\{f,g\}$ 都为 E 上的可测函数.

(6) $|f|$ 为 E 上的可测函数.

定理 3.1.4 （可测函数列的极限）设 $(X,\mathscr{R})$ 为可测空间，$E\subset X$，$\{f_n\}$ 在 E 上为一个可测函数列，当

$$\sup_{n\in\mathbb{N}}f_n(x),\ \inf_{n\in\mathbb{N}}f_n(x),\ \overline{\lim_{n\to+\infty}}f_n(x),\ \underline{\lim_{n\to+\infty}}f_n(x)$$

为有限函数时，它们都是 E 上的可测函数.

特别地，对 $\forall x\in E$，$\lim\limits_{n\to+\infty}f_n(x)$ 存在有限，则 $\lim\limits_{n\to+\infty}f_n(x)$ 为 E 上的可测函数.

定理 3.1.5 （可测集的特征函数的线性组合逼近可测函数）

设 $(X,\mathscr{R})$ 为可测空间，$E\subset X$，f 为 E 上的可测函数，则必存在函数列 $\{f_n\}$，使得每个 f_n 为可测集的特征函数的有限线性组合，且 $\{f_n\}$ 在 E 上处处收敛于 f.

定理 3.1.6 设 $(X,\mathscr{R})$ 为可测空间，$E\subset X$，f 为 E 上的有界可测函数，则必存在函数列 $\{f_n\}$，使得每个 f_n 为可测集的特征函数的有限线性组合，且 $\{f_n\}$ 在 E 上一致收敛于 f.

定义 3.1.3 设 $(X,\mathscr{R})$ 为可测空间，$E\subset X$，$f:E\to\mathbb{R}_*=\mathbb{R}\cup\{-\infty,+\infty\}$ 为广义实函数. 如果对 $\forall c\in\mathbb{R}_*$，集合

$$E(c\leqslant f)=\{x\in E\mid c\leqslant f(x)\}$$

都为 $(X,\mathscr{R})$ 上的可测集，即 $E(c\leqslant f)\in\mathscr{R}$，则称 f 为 **E 上（关于 $(X,\mathscr{R})$）的广义可测函数**.

易见，$f:E\to\mathbb{R}$ 为可测函数，则它必为广义可测函数. 进而

$f:E\to\mathbb{R}_*$ 为广义可测函数

$\Leftrightarrow f:\widetilde{E}=E-(E(f=-\infty)\cup E(f=+\infty))\to\mathbb{R}$ 为可测函数，且 $E(f=-\infty)$ 和 $E(f=+\infty)$ 均为 $(X,\mathscr{R})$ 上的可测集.

广义可测函数具有与可测函数相仿的代数与极限性质,而证明方法也几乎是一样的.有时仅需对取到$\pm\infty$值的那些集作一点单独处理.

定理 3.1.1′ (广义可测函数的充要条件)设$(X,\mathscr{R})$为可测空间,$E\subset X$,$f:E\to\mathbb{R}_*$为广义实函数,则:

(1) f为E上的广义可测函数.

$\Leftrightarrow$(2) $E(f=+\infty)$为可测集,并且对$\forall c\in\mathbb{R}_*$,$E(f<c)$为可测集.

$\Leftrightarrow$(3) 对$\forall c\in\mathbb{R}_*$,$E(f\leqslant c)$为可测集.

$\Leftrightarrow$(4) $E(f=-\infty)$为可测集,并且对$\forall c\in\mathbb{R}_*$,$E(c<f)$为可测集.

$\Leftrightarrow$(5) $E(f=+\infty)$为可测集,并且对$\forall c,d\in\mathbb{R}_*$,$E(c\leqslant f<d)$为可测集.

定理 3.1.2′ (广义可测函数的简单性质)设$(X,\mathscr{R})$为可测空间,$E\subset X$,$f:E\to\mathbb{R}_*$为广义实函数.

(1) 设f为E上的广义可测函数,$E_1\subset E$为可测子集,则$f:E_1\to\mathbb{R}_*$也为广义可测函数.

(2) 设$E_1,E_2,\cdots,E_n$为可测集,$E=\bigcup\limits_{i=1}^{n}E_i$,则

f为$E=\bigcup\limits_{i=1}^{n}E_i$上的广义可测函数$\Leftrightarrow f$为$E_i(i=1,2,\cdots,n)$上的广义可测函数.

(3) 设$E_1,E_2,\cdots,E_i,\cdots$为可测集,$E=\bigcup\limits_{i=1}^{\infty}E_i$,则

f为$E=\bigcup\limits_{i=1}^{n}E_i$上的广义可测函数$\Leftrightarrow f$为$E_i(i=1,2,\cdots)$上的广义可测函数.

(4) 设$\mathscr{R}$为σ代数,则

E为可测集$\Leftrightarrow E$的特征函数$\chi_E(x)$为可测函数(当然也为广义可测函数).

定理 3.1.3′ (广义可测函数的代数运算)设$(X,\mathscr{R})$为可测空间,$E\subset X$,$f,g:E\to\mathbb{R}_*$为广义可测函数,则:

(1) 对$\forall\alpha\in\mathbb{R}$,如果$\alpha f$有意义(在$\alpha$点不发生$0\cdot(\pm\infty)$),则$\alpha f$在$E$上为广义可测函数.

(2) 如果$f+g$有意义(在x点不发生$(+\infty)+(-\infty)$,$(-\infty)+(+\infty)$),则$f+g$在E上为广义可测函数.

(3) 如果$fg,\dfrac{f}{g}$有意义$\left(\text{在点 }x\text{ 不发生 }0\cdot(\pm\infty),\dfrac{0}{0},\dfrac{\pm\infty}{\pm\infty}\right)$,则$fg,\dfrac{f}{g}$在$E$上为广义可测函数.

(4) $\min\{f,g\}$与$\max\{f,g\}$都为广义可测函数.

(5) $|f|$为E上的广义可测函数.

定理 3.1.4′ (广义可测函数的极限)设$(X,\mathscr{R})$为可测空间,$E\subset X$,$\{f_n\}$为E上的一个

广义可测函数列,则

$$\sup_{n\in\mathbb{N}} f_n(x),\inf_{n\in\mathbb{N}} f_n(x),\overline{\lim_{n\to+\infty}} f_n(x),\underline{\lim_{n\to+\infty}} f_n(x)$$

都为 E 上的广义可测函数.

定理 3.1.5′ (可测集的特征函数的线性组合逼近广义可测函数)设$(X,\mathscr{R})$为可测空间,$E\subset X$,f 为 E 上的广义可测函数,则必存在函数列$\{f_n\}$,使得每个 f_n 为可测集的特征函数的有限线性组合,且$\{f_n\}$在 E 上处处收敛于 f.

定理 3.1.7 (Borel 可测函数与 Lebesgue 可测函数的关系)

设 $E\subset\mathbb{R}^1$,$f:E\to\mathbb{R}$ 为有限实函数.

(1) 如果 f 为 E 上的 Borel 可测函数,则 f 必为 E 上的 Lebesgue 可测函数.

(2) 如果 f 为 E 上的 Lebesgue 可测函数,则必存在全直线$\mathbb{R}$上的 Borel 可测函数 h,使得

$$m^*(E(f\neq h))=0.$$

例 3.1.1 设 $I\subset\mathbb{R}^1$ 为区间,$f:I\to\mathbb{R}$ 为连续函数,则 f 为 I 上的 Borel 可测函数,当然也为 Lebesgue 可测函数.

例 3.1.2 设$(X,\mathscr{R})$为可测空间,$E,E_i\in\mathscr{R},i=1,2,\cdots,n,E\supset\bigcup_{i=1}^{n}E_i$,且 $E_i\cap E_j=\varnothing,i\neq j$. 令

$$f:E\to\mathbb{R},$$

$$f(x)=\begin{cases}\alpha_i,x\in E_i,i=1,2,\cdots,n,\\ 0,x\in E-\bigcup_{i=1}^{n}E_i\end{cases}$$

(其中 $\alpha_i\in\mathbb{R}$ 为常数),我们称此函数为**简单函数**. 它为 E 上的可测函数.

例 3.1.3 设$(X,\mathscr{R})$为可测空间,$\mathscr{R}$为 X 上所有子集全体形成的集类. 对任何有限实函数 $f:X\to\mathbb{R}$,$\forall c\in\mathbb{R}$,显然 $X(c\leqslant f)\in\mathscr{R}$,所以 f 为 X 上的可测函数. 此时,定义在 X 上的所有有限实函数 f 都是可测函数.

例 3.1.4 设$(\mathbb{R}^1,\mathscr{L})$为 Lebesgue 可测空间,$E$ 为$\mathbb{R}^1$ 中的 Lebesgue 不可测集,$\chi_E(x)$,$x\in\mathbb{R}^1$ 为 E 的特征函数. 由于$\left\{x\mid x\in\mathbb{R}^1,\chi_E(x)\geqslant\frac{1}{2}\right\}=E\notin\mathscr{L}$,所以$\mathbb{R}^1$ 上的函数$\chi_E(x)$不为 Lebesgue 可测函数.

【161】 设$(X,\mathscr{R})$为可测空间,$E\in\mathscr{R}$. 证明:

f 为 $E\in\mathscr{R}$ 上的可测函数$\Leftrightarrow$对 $\forall r\in\mathbb{Q}$,$E(r\leqslant f)$为可测集.

证明 $(\Rightarrow)$由定义 3.1.2 即得.

$(\Leftarrow)$ $\forall c\in\mathbb{R}$,取 $r_n\in\mathbb{Q},n=1,2,\cdots$,使得$\{r_n\}$严格增趋于 c,则由 $E(r_n\leqslant f)$为可测集知,

$$E(c\leqslant f)=\bigcap_{n=1}^{\infty}E(r_n\leqslant f)$$

为可测集. 根据定义 3.1.2, f 为 $E\in\mathscr{R}$ 上的可测函数. □

【162】 设 $f:[a,b]\to\mathbb{R}$ 为实函数, 如果对 $\forall[\alpha,\beta]\subset(a,b)$, f 为 $[\alpha,\beta]$ 上的 Lebesgue 可测函数. 证明: f 为 $[a,b]$ 上的 Lebesgue 可测函数.

证明 证法 1 $\forall c\in\mathbb{R}$, 因为 f 在 $\left[a+\frac{b-a}{4n},b-\frac{b-a}{4n}\right]$, $n\in\mathbb{N}$ 上为 Lebesgue 可测函数, 故

$$\left\{x\in\left[a+\frac{b-a}{4n},b-\frac{b-a}{4n}\right]\middle|c\leqslant f(x)\right\}$$

为 Lebesgue 可测集. 于是

$$\{x\in[a,b]\mid c\leqslant f(x)\}=\left(\bigcup_{n=1}^{\infty}\left\{x\in\left[a+\frac{b-a}{4n},b-\frac{b-a}{4n}\right]\middle|c\leqslant f(x)\right\}\right)\cup E,$$

其中 E 为二点集 $\{a,b\}$ 的子集. 此式表明 $\{x\in[a,b]\mid c\leqslant f(x)\}$ 为 Lebesgue 可测集. 从而, f 为 $[a,b]$ 上的 Lebesgue 可测函数.

证法 2 令

$$f_n(x)=\begin{cases}f(x),x\in\left[a+\frac{b-a}{4n},b-\frac{b-a}{4n}\right],\\0,x\in(a,b)-\left[a+\frac{b-a}{4n},b-\frac{b-a}{4n}\right],\end{cases}$$

则 f_n 在 (a,b) 上为 Lebesgue 可测函数, 根据定理 3.1.4, 知

$$f(x)=\lim_{n\to+\infty}f_n(x)$$

为 (a,b) 上的 Lebesgue 可测函数. 因为差两点不影响函数的 Lebesgue 可测性, 故 $f(x)$ 在 $[a,b]$ 上也为 Lebesgue 可测函数. □

【163】 设 $(X,\mathscr{R})$ 为可测空间, E 为可测集, f 为 E 上的可测函数. 证明: 对 $\forall c\in\mathbb{R}$, $E(f=c)$ 为可测集.

证明 因为 f 为 E 上的可测函数, 故 $E(c\leqslant f)$ 为可测集; 再根据定理 3.1.1(3) 知, $E(f\leqslant c)$ 为可测集. 从而

$$E(f=c)=E(c\leqslant f)\cap E(f\leqslant c)$$

为可测集. □

【164】 任取 $x\in[0,1]$, x 有小数表示 $x=0.n_1n_2n_3\cdots$(0.2 不取 $0.1\dot{9}$, 只用 0.2 表示), 定义

$$f:[0,1]\to\mathbb{R},$$

$$f(x)=\begin{cases}\max\limits_{1\leqslant i<+\infty}\{n_i\}, & x=0.n_1n_2n_3\cdots,\\1, & x=1.\end{cases}$$

证明: f 为 $[0,1]$ 上的 Lebesgue 可测函数.

证明 因为

$$m(\{x\in[0,1]\mid f(x)=9\})=\frac{1}{10}+9\cdot\frac{1}{10^2}+9^2\cdot\frac{1}{10^3}+\cdots$$
$$=\frac{1}{10}\left[1+\frac{9}{10}+\left(\frac{9}{10}\right)^2+\cdots\right]=\frac{1}{10}\cdot\frac{1}{1-\frac{9}{10}}=1,$$

所以

$$m(\{x\in[0,1]\mid c\leqslant f(x)\})=\begin{cases}1, & c\leqslant 9,\\ 0, & c>9.\end{cases}$$

这就证明了$\{x\in[0,1]\mid c\leqslant f(x)\}$为 Lebesgue 可测集，根据定义 3.1.2，从而 f 为$[0,1]$上的 Lebesgue 可测函数. □

【165】 设$(X,\mathscr{R})$为可测空间，E 为可测集，f 为 E 上的可测函数. M 为$\mathbb{R}$ 中的开集，或闭集，或 G_δ 集，或 F_σ 集，或 Borel 集. 证明：$f^{-1}(M)$为$(X,\mathscr{R})$中的可测集.

证明 (1)设 $a<b$，则

$$f^{-1}((a,b))=\{x\in E\mid f(x)\in(a,b)\}=\{x\in E\mid a<f(x)<b\}$$
$$=\{x\in E\mid a<f(x)\}\cap\{x\in E\mid f(x)<b\}\in\mathscr{R}\cap E.$$

设 $G=\bigcup\limits_{i=1}^{\infty}(a_i,b_i)$ 为开集，其中$\{(a_i,b_i)\mid i=1,2,\cdots\}$为 G 的构成区间，则

$$f^{-1}(G)=f^{-1}\Big(\bigcup_{i=1}^{\infty}(a_i,b_i)\Big)=\bigcup_{i=1}^{\infty}f^{-1}(a_i,b_i)\in\mathscr{R}\cap E.$$

设 $F=\mathbb{R}^1-G$ 为闭集，其中 G 为开集，则

$$f^{-1}(F)=f^{-1}(\mathbb{R}^1-G)=f^{-1}(\mathbb{R}^1)-f^{-1}(G)=E-f^{-1}(G)\in\mathscr{R}\cap E.$$

设 G_i 为开集，F_i 为闭集，$i=1,2,\cdots$，则$\bigcap\limits_{i=1}^{\infty}G_i$ 为 G_δ 集，$\bigcup\limits_{i=1}^{\infty}F_i$ 为 F_σ 集，且

$$f^{-1}\Big(\bigcap_{i=1}^{\infty}G_i\Big)=\bigcap_{i=1}^{\infty}f^{-1}(G_i)\in\mathscr{R}\cap E,\quad f^{-1}\Big(\bigcup_{i=1}^{\infty}F_i\Big)=\bigcup_{i=1}^{\infty}f^{-1}(F_i)\in\mathscr{R}\cap E.$$

综上知，如果 M 为$\mathbb{R}^1$ 中的开集，或闭集，或 G_δ 集，或 F_σ 集，则 $f^{-1}(M)$为$(X,\mathscr{R})$中的可测集.

(2) 证法 1 设 $\mathscr{A}=\{A\subset\mathbb{R}^1\mid f^{-1}(A)\text{可测}\}$，则当 $A_n\in\mathscr{A}$，$n=1,2,\cdots$时，有

$$f^{-1}(A_1-A_2)=f^{-1}(A_1)-f^{-1}(A_2)\text{ 可测},A_1-A_2\in\mathscr{A},$$

$$f^{-1}\Big(\bigcup_{i=1}^{\infty}A_i\Big)=\bigcup_{i=1}^{\infty}f^{-1}(A_i)\text{ 可测},\bigcup_{i=1}^{\infty}A_i\in\mathscr{A},$$

$$f^{-1}(\mathbb{R}^1)=E\text{ 可测},\mathbb{R}^1\in\mathscr{A}.$$

因此，再根据(1)知，$\mathscr{A}$为含开集族 $\mathscr{T}$(拓扑)的一个 σ 代数. 而 Borel 代数 $\mathscr{B}$ 是含 $\mathscr{T}$ 的最小 σ 代数，故 $\mathscr{B}\subset\mathscr{A}$. 这就证明了任何 Borel 集 M，$f^{-1}(M)$为$(X,\mathscr{R})$中的可测集.

证法 2 设 $\mathscr{T}$为$\mathbb{R}^1$ 上通常的拓扑，$\mathscr{B}$ 为 Borel 代数，即由 $\mathscr{T}$生成的最小 σ 代数. 根据

$$f^{-1}(A_1-A_2)=f^{-1}(A_1)-f^{-1}(A_2),f^{-1}\left(\bigcup_{i=1}^{\infty}A_i\right)=\bigcup_{i=1}^{\infty}f^{-1}(A_i),$$

不难看出$\{f^{-1}(M)\mid M\in\mathscr{B}\}$为$E$上由$\{f^{-1}(G)\mid G\in\mathscr{T}\subset\mathscr{B}\}$生成的最小$\sigma$代数. 另一方面，显然，由(1)知$\mathscr{R}\cap E$为$E$上含$\{f^{-1}(M)\mid G\in\mathscr{T}\subset\mathscr{B}\}$的$\sigma$代数. 因此，

$$\{f^{-1}(M)\mid M\in\mathscr{B}\}\subset\mathscr{R}\cap E.$$

这表明当M为Borel集时，$f^{-1}(M)$为$(X,\mathscr{R})$中的可测集. □

【166】 设$(X,\mathscr{R})$为可测空间，E为可测集，$\{f_n\}$为E上的一列可测函数，并且$\{f_n\}$在E上有极限函数f(允许极限值为$\pm\infty$). 证明：$E(f=+\infty)$，$E(f=-\infty)$都为可测集，且对$\forall c\in\mathbb{R}$，$E(c\leqslant f)$也为可测集(即f为E上的广义可测函数).

证明 因为$\{f_n\}$为E上的一列可测函数，所以

$$\{x\in E\mid f_n(x)>m\},\{x\in E\mid f_n(x)<-m\},\left\{x\in E\mid c-\frac{1}{m}<f(x)\right\}$$

都为可测集. 从而，由$\mathscr{R}$为σ环与E为可测集，知

$$\begin{aligned}E(f=+\infty)&=\{x\in E\mid f(x)=+\infty\}\\&=\{x\in E\mid\forall m\in\mathbb{N},\exists N\in\mathbb{N},\text{当 }n>N\text{ 时},f_n(x)>m\}\\&=\bigcap_{m=1}^{\infty}\bigcup_{N=1}^{\infty}\bigcap_{n=N+1}^{\infty}\{x\in E\mid f_n(x)>m\},\\E(f=-\infty)&=\{x\in E\mid f(x)=-\infty\}\\&=\{x\in E\mid\forall m\in\mathbb{N},\exists N\in\mathbb{N},\text{当 }n>N\text{ 时},f_n(x)<-m\}\\&=\bigcap_{m=1}^{\infty}\bigcup_{N=1}^{\infty}\bigcap_{n=N+1}^{\infty}\{x\in E\mid f_n(x)<-m\},\\E(c\leqslant f)&=\{x\in E\mid c\leqslant f(x)\}\\&=\left\{x\in E\mid\forall m\in\mathbb{N},\exists N\in\mathbb{N},\text{当 }n>N\text{ 时},c-\frac{1}{m}<f_n(x)\right\}\\&=\bigcap_{m=1}^{\infty}\bigcup_{N=1}^{\infty}\bigcap_{n=N+1}^{\infty}\left\{x\in E\,\middle|\,c-\frac{1}{m}<f_n(x)\right\}\end{aligned}$$

都为可测集. □

【167】 设$(X,\mathscr{R})$为可测空间，E为可测集，f为E上的可测函数，又h为直线$\mathbb{R}^1$上的Borel可测函数. 证明：$h\circ f=h(f)$为E上的可测函数.

证明 对$\forall c\in\mathbb{R}$，因为h为Borel可测函数，故根据定义3.1.2，知

$$h^{-1}([c,+\infty))=\{x\in\mathbb{R}^1\mid c\leqslant f(x)\}$$

为$\mathbb{R}^1$上的Borel集. 又因f为可测集E上的可测函数，故根据题[165]得到

$$\{x\in E\mid c\leqslant h\circ f(x)\}=(h\circ f)^{-1}([c,+\infty))=f^{-1}(h^{-1}([c,+\infty)))$$

为$(X,\mathscr{R})$中的可测集，从而$h\circ f$为E上的可测函数. □

【168】 设$(\mathbb{R}^1,\mathscr{L})$为Lebesgue可测空间，$E$为Lebesgue可测集，$f$为$E$上的Lebesgue

可测函数，h 为$\mathbb{R}^1$ 上的 Lebesgue 可测函数. 问：$h\circ f=h(f)$是否必为 E 上的 Lebesgue 可测函数？

解 如果 f 为 Lebesgue 可测集 E 上的 Lebesgue 可测函数(甚至为连续函数)，h 为$\mathbb{R}^1$ 上的 Lebesgue 可测函数，而 $h\circ f$ 未必为 E 上的 Lebesgue 可测函数.

反例：设 $\Phi(x)$为参考文献[1]例 1.6.4 中的 Cantor 函数，它为$[0,1]$上单调增的连续函数. 令

$$\theta(x)=\frac{1}{2}[x+\Phi(x)],x\in[0,1],$$

则 $\theta(x)$为$[0,1]$上的严格增的连续函数，因而它为拓扑映射. 记 C 为$[0,1]$中的 Cantor 疏朗集. 根据参考文献[1]定理 2.3.2′证 2 立即可知，$m(\theta(C))=\frac{1}{2}$，故再从定理 2.3.3 必有 Lebesgue 不可测集 $W\subset\theta(C)$. 由 $\theta^{-1}(W)\subset C$ 与 $m(C)=0$ 知 $m^*(\theta^{-1}(W))=0$，所以 Lebesgue m^* 零集 $\theta^{-1}(W)$为 Lebesgue 可测集. 由此推得 $\theta^{-1}(W)$的特征函数 $h=\chi_{\theta^{-1}(W)}$ 为 Lebesgue 可测函数，且 $h\underset{m}{\doteq}0$. 显然，$f(x)=\theta^{-1}(x)$，$x\in[0,1]=E$ 为严格增的连续函数. 从

$$\begin{aligned}(h\circ f)^{-1}\left(\left[\frac{1}{2},+\infty\right)\right)&=\left\{x\in[0,1]\mid(h\circ f)(x)\geqslant\frac{1}{2}\right\}\\&=\left\{x\in[0,1]\mid\chi_{\theta^{-1}(W)}(\theta^{-1}(x))\geqslant\frac{1}{2}\right\}=W\end{aligned}$$

为 Lebesgue 不可测集，推得 $h\circ f$ 不是$[0,1]$上的 Lebesgue 可测函数.

进而还可验证 $y=f(x)=\theta^{-1}(x)$满足 Lipschitz 条件(它比连续函数强). 事实上，对 $0\leqslant x_1\leqslant x_2\leqslant 1$，有

$$\begin{aligned}|f(x_2)-f(x_1)|&=|\theta^{-1}(x_2)-\theta^{-1}(x_1)|=|y_2-y_1|\\&=2\cdot\frac{|y_2-y_1|}{2}\leqslant 2\left|\frac{y_2-y_1}{2}+\frac{\Phi(y_2)-\Phi(y_1)}{2}\right|\\&=2\left|\frac{y_2+\Phi(y_2)}{2}-\frac{y_1+\Phi(y_1)}{2}\right|\\&=2|\theta(y_2)-\theta(y_1)|=2|x_2-x_1|.\end{aligned}$$

□

【169】 设$(\mathbb{R}^n,\mathscr{L},m)$为 Lebesgue 可测空间，$f^2$ 为$\mathbb{R}^n$ 上的 Lebesgue 可测函数，且点集 $E(f>0)$为 Lebesgue 可测集(其中 $E=\mathbb{R}^n$). 证明：f 为$\mathbb{R}^n$ 上的 Lebesgue 可测函数.

证明 证法 1 因为 f^2 为$\mathbb{R}^n$ 上的 Lebesgue 可测函数，根据定义 3.1.2 和定理 3.1.1，知

$$E(f^2\geqslant c^2),E(f^2\leqslant c^2)$$

都为 Lebesgue 可测集. 又因为 $E(f>0)$为 Lebesgue 可测集，故 $E(f\leqslant 0)=\mathbb{R}^n-E(f>0)$为 Lebesgue 可测集. 于是

$$E(f\geqslant c)=\begin{cases}E(f^2\geqslant c^2)\cap E(f>0),c>0,\\E(f>0)\cup(E(f^2\leqslant c^2)\cap E(f\leqslant 0)),c\leqslant 0\end{cases}$$

也为 Lebesgue 可测集. 再根据定义 3.1.2 推得 f 为$\mathbb{R}^n$ 上的 Lebesgue 可测函数.

证法 2　因为

$$E(f>c)=\begin{cases}\{x \mid f(x)>c=0\}, & c=0,\\ \{x \mid f(x)>0\}-\{x \mid f^2(x)\leqslant c^2\}, & c>0,\\ \{x \mid f(x)>0\}\cup\{x \mid f^2(x)<c^2\}, & c<0\end{cases}$$

或

$$E(f>c)=\begin{cases}\{x \mid f(x)>c=0\}, & c=0,\\ \{x \mid f(x)>0\}\cap\{x \mid f^2(x)>c^2\}, & c>0,\\ \{x \mid f(x)>0\}\cup\{x \mid f^2(x)<c^2\}, & c<0\end{cases}$$

为 Lebesgue 可测集. 再根据定理 3.1.1(2)推得 f 为 $E=\mathbb{R}^n$ 上的 Lebesgue 可测函数.　□

【170】　设 f 为直线$\mathbb{R}^1$ 上的 Lebesgue(或 Borel)可测函数,$\alpha\in\mathbb{R}$ 为常数. 证明: $f(\alpha x)$ 为$\mathbb{R}^1$ 上的 Lebesgue(或 Borel)可测函数.

证明　当 $\alpha=0$ 时,则

$$\{x \mid f(0\cdot x)=f(0)\geqslant c\}=\begin{cases}\mathbb{R}^1, & f(0)\geqslant c,\\ \varnothing, & f(0)<c\end{cases}$$

为 Lebesgue(或 Borel)可测集,故 $f(0\cdot x)$为$\mathbb{R}^1$ 上的 Lebesgue(或 Borel)可测函数.

当 $\alpha\neq 0$ 时,根据下面引理,知

$$\{x \mid f(\alpha x)\geqslant c\}=\left\{\frac{u}{\alpha}\,\middle|\, f(u)\geqslant c\right\}$$

为 Lebesgue(或 Borel)可测集,故 $f(\alpha x)$为$\mathbb{R}^1$ 上的 Lebesgue(或 Borel)可测函数.

引理　设 $\beta\neq 0$,记 $\beta E=\{\beta u \mid u\in E\}$. 如果 E 为 Lebesgue(或 Borel)可测集,则 βE 也为 Lebesgue(或 Borel)可测集.

事实上,若记 $\mathscr{A}=\{E \mid E\in\mathscr{R}_0^*=\mathscr{L},\beta E\in\mathscr{R}_0^*=\mathscr{L}\}$,则 $\mathscr{R}_0\subset\mathscr{A}$. 此外,如果 $E_i\in\mathscr{A},i\in\mathbb{N}$,则 $E_i\in\mathscr{R}_0^*$, $\beta E_i\in\mathscr{R}_0^*$, $E_1-E_2\in\mathscr{R}_0^*$, $\beta(E_1-E_2)=\beta E_1-\beta E_2\in\mathscr{R}_0^*$; $\bigcup\limits_{i=1}^{\infty}E_i\in\mathscr{R}_0^*$, $\beta\left(\bigcup\limits_{i=1}^{\infty}E_i\right)=\bigcup\limits_{i=1}^{\infty}\beta E_i\in\mathscr{R}_0^*$. 从而, $E_1-E_2\in\mathscr{A}$, $\bigcup\limits_{i=1}^{\infty}E_i\in\mathscr{A}$, $\mathscr{A}$ 为 σ 代数. 因为 $\mathscr{R}_0^*$ 为含 $\mathscr{R}_0$ 的最小 σ 代数,故 $\mathscr{R}_0^*\subset A$. 再由 $\mathscr{A}$ 的定义知 $\mathscr{A}\subset\mathscr{R}_0^*$. 综上得到 $\mathscr{A}=\mathscr{R}_0^*$.

类似地,因 $\mathscr{T}\subset\{E \mid E\in\mathscr{B},\beta E\in\mathscr{B}\}$,故

$$\{E \mid E\in\mathscr{B},\beta E\in\mathscr{B}\}=\mathscr{B}.$$

上述证明了: 如果 E 为 Lebesgue(或 Borel)可测集,则 βE 也为 Lebesgue(或 Borel)可测集.　□

【171】　设 f 为直线$\mathbb{R}^1$ 上的 Lebesgue(或 Borel)可测函数. 证明: $f(x^3)$, $f(x^2)$, $f\left(\frac{1}{x}\right)$ (当 $x=0$ 时,规定 $f\left(\frac{1}{0}\right)=0$)都为 Lebesgue(或 Borel)可测函数.

证明　(1) 因为

$$\{x \mid f(x^3) \geqslant c\} = \{u^{\frac{1}{3}} \mid f(u) \geqslant c\} = \{u \mid f(u) \geqslant c\}^{\frac{1}{3}},$$

所以，根据下面引理知，如果 f 为$\mathbb{R}^1$ 上的 Lebesgue(或 Borel)可测函数，则 $\{x \mid f(x^3) \geqslant c\}$ 为 Lebesgue(或 Borel)可测集. 由此推得 $f(x^3)$为$\mathbb{R}^1$ 上的 Lebesgue(或 Borel)可测函数.

引理　记 $E^{\frac{1}{3}} = \{x^{\frac{1}{3}} \mid x \in E\}$. 如果 E 为 Lebesgue(或 Borel)可测集，则 $E^{\frac{1}{3}}$ 也为 Lebesgue(或 Borel)可测集.

事实上，若记 $\mathscr{A} = \{E \mid E \in \mathscr{R}_0^* = \mathscr{L}, E^{\frac{1}{3}} \in \mathscr{R}_0^* = \mathscr{L}\}$，则 $\mathscr{R}_0 \subset \mathscr{A}$. 此外，如果 $E_i \in \mathscr{A}, i \in \mathbb{N}$，则 $E_i \in \mathscr{R}_0^*, E_i^{\frac{1}{3}} \in \mathscr{R}_0^*, E_1 - E_2 \in \mathscr{R}_0^*, (E_1 - E_2)^{\frac{1}{3}} = E_1^{\frac{1}{3}} - E_2^{\frac{1}{3}} \in \mathscr{R}_0^*$；$\bigcup\limits_{i=1}^{\infty} E_i \in \mathscr{R}_0^*$，$\left(\bigcup\limits_{i=1}^{\infty} E_i\right)^{\frac{1}{3}} = \bigcup\limits_{i=1}^{\infty} E_i^{\frac{1}{3}} \in \mathscr{R}_0^*$. 从而，$E_1 - E_2 \in \mathscr{A}$，$\bigcup\limits_{i=1}^{\infty} E_i \in \mathscr{A}$，$\mathscr{A}$为 σ 代数. 因为 $\mathscr{R}_0^*$ 为含 $\mathscr{R}_0$ 的最小 σ 代数，故 $\mathscr{R}_0^* \subset \mathscr{A}$. 再由 $\mathscr{A}$ 的定义知 $\mathscr{A} \subset \mathscr{R}_0^*$. 综上得到 $\mathscr{A} = \mathscr{R}_0^*$.

类似地，因 $\mathscr{T} \subset \{E \mid E \in \mathscr{B}, E^{\frac{1}{3}} \in \mathscr{B}\}$，故

$$\{E \mid E \in \mathscr{B}, E^{\frac{1}{3}} \in \mathscr{B}\} = \mathscr{B}.$$

上述证明了：如果 E 为 Lebesgue(或 Borel)可测集，则 $E^{\frac{1}{3}}$ 也为 Lebesgue(或 Borel)可测集.

(2) 因为

$$\begin{aligned}
\{x \mid f(x^2) \geqslant c\} &= \{x \mid f(x^2) \geqslant c, x \geqslant 0\} \cup \{x \mid f(x^2) \geqslant c, x < 0\} \\
&= \{u^{\frac{1}{2}} \mid f(u) \geqslant c, u \geqslant 0\} \cup \{-u^{\frac{1}{2}} \mid f(u) \geqslant c, u > 0\} \\
&= (\{u \mid f(u) \geqslant c\} \cap [0, +\infty))^{\frac{1}{2}} \\
&\qquad \cup (-(\{u \mid f(u) \geqslant c\} \cap (0, +\infty))^{\frac{1}{2}}),
\end{aligned}$$

与类似上述引理的证明知，如果 f 为$\mathbb{R}^1$ 上的 Lebesgue(或 Borel)可测函数，则$\{x \mid f(x^2) \geqslant c\}$为 Lebesgue(或 Borel)可测集. 由此推得 $f(x^2)$为$\mathbb{R}^1$ 上的 Lebesgue(或 Borel)可测函数.

(3) 因为

$$\left\{x \,\middle|\, f\left(\frac{1}{x}\right) \geqslant c\right\} = \begin{cases} \left\{\dfrac{1}{u} \,\middle|\, f(u) \geqslant c, u \neq 0\right\} \cup \{0\}, f(0) \geqslant c, \\ \left\{\dfrac{1}{u} \,\middle|\, f(u) \geqslant c, u \neq 0\right\}, f(0) < c, \end{cases}$$

与类似上述引理的证明知，如果 f 为 $\mathbb{R}^1$ 上的 Lebesgue(或 Borel)可测函数，则 $\left\{x \,\middle|\, f\left(\frac{1}{x}\right) \geqslant c\right\}$为 Lebesgue(或 Borel)可测集. 由此推得 $f\left(\frac{1}{x}\right)$为 $\mathbb{R}^1$ 上的 Lebesgue(或 Borel)可测函数. □

【172】 证明　(1) 当 f 为$[a,b]$上的连续函数、单调函数、阶梯函数时，f 必为$[a,b]$上的 Borel 可测函数.

(2) 当 f 为$\mathbb{R}^n$ 中 Lebesgue 可测集 E 上的连续函数时，f 必为 E 上的 Lebesgue 可测

函数.

证明　(1) 因为 $E=[a,b]$ 为 Borel 集，$\mathbb{R}^1$ 中的开集或闭集都为 Borel 集，根据下面(2)中证法 1 与证法 2 得到 $\{x\in E=[a,b]\mid f(x)>c\}$ 与 $\{x\in E=[a,b]\mid f(x)\geqslant c\}$ 都为 Borel 集.由此推出连续函数 f 必为 $[a,b]$ 上的 Borel 可测函数.

当 f 为 $[a,b]$ 上的单调函数时，则

$$\{x\in[a,b]\mid f(x)\geqslant c\}$$

必为 $[a,b]$ 上的一个区间(包括退缩为一点)，它是 Borel 集，故 f 为 $[a,b]$ 上的 Borel 可测函数.

当 f 为 $[a,b]$ 上的阶梯函数时，则

$$\{x\in[a,b]\mid f(x)\geqslant c\}$$

必为 $[a,b]$ 上的若干区间(包括退缩为一点)，它是 Borel 集，故 f 为 $[a,b]$ 上的 Borel 可测函数.

(2) 证法 1　设 $x_0\in\{x\in E\mid f(x)>c\}$，则由 f 在 E 上连续知，$\exists\,\delta_{x_0}>0$, s. t.

$$f(x)>c,\ x\in B_E(x_0;\delta_{x_0})=B(x_0;\delta_{x_0})\cap E$$

即　$B_E(x_0;\delta_{x_0})\subset\{x\in E\mid f(x)>c\}$.由此推得 $\{x\in E\mid f(x)>c\}$ 为 E 中开集.且

$$\{x\in E\mid f(x)>c\}=\bigcup_{x_0\in\{x\in E\mid f(x)>c\}}B_E(x_0;\delta_{x_0})=\Big(\bigcup_{x_0\in\{x\in E\mid f(x)>c\}}B(x_0;\delta_{x_0})\Big)\cap E$$

为 $\mathbb{R}^n$ 中的 Lebesgue 可测集.根据定理 3.1.1(2)知，f 为 E 上的 Lebesgue 可测函数.

证法 2　设 $x_n\in\{x\in E\mid f(x)\geqslant c\}$，$\lim\limits_{n\to+\infty}x_n=x_0\in E$，则由 f 在 E 上连续，知

$$f(x_0)=\lim_{n\to+\infty}f(x_n)\geqslant c,\text{即 } x_0\in\{x\in E\mid f(x)\geqslant c\},$$

这表明 $\{x\in E\mid f(x)\geqslant c\}$ 为 E 中的闭集，从而

$$\{x\in E\mid f(x)\geqslant c\}=F\cap E,$$

其中 F 为 $\mathbb{R}^n$ 中的闭集.再由 E 为 Lebesgue 可测集和闭集 F 也为 Lebesgue 可测集，故 $F\cap E$ 亦为 Lebesgue 可测集.根据定义 3.1.2 知，f 为 E 上的 Lebesgue 可测函数.　□

【173】　设 $f(x)$ 为 $[a,b]$ 上的可导函数.证明：$f'(x)$ 为 $[a,b]$ 上的 Lebesgue 可测函数.

证明　因为 $f(x)$ 为 $[a,b]$ 上的可导函数，故 $f(x)$ 必为 $[a,b]$ 上的连续函数.从而

$$\frac{f\left(x+\frac{1}{n}\right)-f(x)}{\frac{1}{n}}$$

在 $[a,b)$ 上为连续函数，由例 3.1.1 知，它为 $[a,b)$ 上的 Lebesgue 可测函数.而根据定理 3.1.4 得到

$$f'(x)=\lim_{n\to+\infty}\frac{f\left(x+\frac{1}{n}\right)-f(x)}{\frac{1}{n}}$$

为$[a,b)$上的 Lebesgue 可测函数. 因为

$$\{x\in[a,b]\mid f'(x)\geqslant c\}\text{与}\{x\in[a,b)\mid f'(x)\geqslant c\}$$

至多差一个点,故由$\{x\in[a,b)\mid f'(x)\geqslant c\}$为 Lebesgue 可测集知$\{x\in[a,b]\mid f'(x)\geqslant c\}$也为 Lebesgue 可测集. 因此,$f'(x)$为$[a,b]$上的 Lebesgue 可测函数.

证法 2 $\forall c\in\mathbb{R}$,因为$f(x)$为$[a,b]$上的可导函数,故$f(x)$必为$[a,b]$上的连续函数. 从而

$$F_n(x)=\frac{f\left(x+\frac{1}{n}\right)-f(x)}{\frac{1}{n}}$$

为$[a,b)$上的连续函数,故由例 3.1.1 知,它为$[a,b)$上的 Lebesgue 可测函数. 于是,对$\forall c\in\mathbb{R}$, $\{x\in[a,b)\mid F_n(x)\geqslant c\}$为 Lebesgue 可测集. 由此推得

$$\begin{aligned}\{x\in[a,b)\mid f'(x)\geqslant c\}&=\{x\in[a,b)\mid \lim_{n\to+\infty}F_n(x)\geqslant c\}\\&=\bigcap_{N=1}^{\infty}\bigcup_{n=N}^{\infty}\{x\in[a,b)\mid F_n(x)\geqslant c\}\end{aligned}$$

为 Lebesgue 可测集. 根据定义 3.1.2,$f'(x)$为$[a,b)$上的 Lebesgue 可测函数. 因为

$$\{x\in[a,b]\mid f'(x)\geqslant c\}\text{与}\{x\in[a,b)\mid f'(x)\geqslant c\}$$

至多差一个点,故由$\{x\in[a,b)\mid f'(x)\geqslant c\}$为 Lebesgue 可测集知$\{x\in[a,b]\mid f'(x)\geqslant c\}$也为 Lebesgue 可测集. 因此,$f'(x)$为$[a,b]$上的 Lebesgue 可测函数. □

【174】 设$f(\boldsymbol{\xi})=f(\xi_1,\xi_2)$为$\mathbb{R}^2$上的连续函数,$g_1,g_2$为$[a,b]\subset\mathbb{R}^1$上的 Lebesgue 可测函数. 证明:$F(x)=f(g_1(x),g_2(x))$为$[a,b]$上的 Lebesgue 可测函数.

证明 考察映射

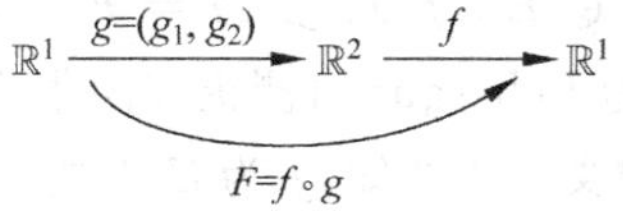

设G,U,V为$\mathbb{R}^1$中的开集,由f连续,故$f^{-1}(G)$为开集. 再由g_1,g_2为 Lebesgue 可测函数,所以根据例 3.2.7,得

$$g^{-1}(U\times V)=g_1^{-1}(U)\cap g_2^{-1}(V)$$

为 Lebesgue 可测集. 由此得到

$$F^{-1}(G)=(f\circ g)^{-1}(G)=g^{-1}(f^{-1}(G))$$

为 Lebesgue 可测集. 再一次应用例 3.2.7 知,$F(x)=f(g_1(x),g_2(x))$为$[a,b]$上的 Lebesgue 可测函数.

证法 2 $\forall c\in\mathbb{R}$,因为f连续,故

$$G_c=\{(\xi_1,\xi_2)\mid f(\xi_1,\xi_2)>c\}$$

为$\mathbb{R}^2$中的开集，于是，存在开区间 $I_i=(\alpha_i,\beta_i)\times(\gamma_i,\delta_i)$，$i=1,2,\cdots$，s. t. $G_c=\bigcup_{i=1}^{\infty}I_i$，且

$$\begin{aligned}\{x\in[a,b]\mid F(x)>c\}&=\{x\in[a,b]\mid f(g_1(x),g_2(x))>c\}\\&=\bigcup_{i=1}^{\infty}\{x\in[a,b]\mid(g_1(x),g_2(x))\in(\alpha_i,\beta_i)\times(\gamma_i,\delta_i)\}\\&=\bigcup_{i=1}^{\infty}\{x\in[a,b]\mid g_1(x)\in(\alpha_i,\beta_i)\}\cap\{x\in[a,b]\mid g_2(x)\in(\gamma_i,\delta_i)\},\end{aligned}$$

因为 g_1,g_2 为$[a,b]$上的 Lebesgue 可测函数，故上述$\{x\in[a,b]\mid F(x)>c\}$为 Lebesgue 可测集，从而 $F(x)=f(g_1(x),g_2(x))$为$[a,b]$上的 Lebesgue 可测集. □

【175】 设 f,g 为$(0,1)\subset\mathbb{R}^1$上的 Lebesgue 可测函数，且对$\forall t\in\mathbb{R}$，有

$$m(\{x\in(0,1)\mid f(x)\geqslant t\})=m(\{x\in(0,1)\mid g(x)\geqslant t\}),$$

即 f 与 g 互为等测度函数. 如果 f,g 都为单调减且左连续的函数. 证明：

$$f(x)=g(x),\ \forall x\in(0,1).$$

证明 (反证)假设$\exists x_0\in(0,1)$，s. t.

$$f(x_0)\neq g(x_0).$$

不妨设 $f(x_0)>g(x_0)$. 又因 f,g 左连续且单调减，故$\exists\delta>0$，s. t.

$$f(x)\geqslant f(x_0)>\frac{1}{2}[f(x_0)+g(x_0)]>g(x)\geqslant g(x_0),\ \forall x\in(x_0-\delta,x_0).$$

因此

$$\{x\in(0,1)\mid g(x)\geqslant f(x_0)\}\subset(0,x_0-\delta),$$

$$\{x\in(0,1)\mid f(x)\geqslant f(x_0)\}\supset(0,x_0),$$

$$m(\{x\in(0,1)\mid f(x)\geqslant f(x_0)\})\geqslant x_0>x_0-\delta\geqslant m(\{x\in(0,1)\mid g(x)\geqslant f(x_0)\}),$$

这与题设对$\forall t\in\mathbb{R}$，$m(\{x\in(0,1)\mid f(x)\geqslant t\})=m(\{x\in(0,1)\mid g(x)\geqslant t\})$相矛盾. □

3.2 测度空间、可测函数的收敛性、Lebesgue 可测函数的结构

定义 3.2.1 设$(X,\mathscr{R})$为可测空间，μ 为 $\mathscr{R}$ 上的测度，称$(X,\mathscr{R},\mu)$为**测度空间**. 当 μ 为 $\mathscr{R}$ 上的有限测度，或为全有限测度，或为 σ 有限测度，或为全 σ 有限测度时，相应地称$(X,\mathscr{R},\mu)$为**有限测度空间**，或为**全有限测度空间**，或为 **σ 有限测度空间**，或为**全 σ 有限测度空间**.

特别强调一种非常重要的测度空间$(X,\mathscr{R},\mu)$，其中 $\mathscr{R}$ 为 σ 代数，而 $\mu(X)=1$，它称为概率测度空间，在概率论中起着关键的作用.

通常称$(\mathbb{R}^1,\mathscr{L},m)$为 **Lebesgue 测度空间**，它是全 σ 有限测度空间；称由单调增右连续函数 g 导出的$(\mathbb{R}^1,\mathscr{L}^g,m_g)$为 **Lebesgue-Stieltjes 测度空间**. 它是全 σ 有限测度空间. 特别，当 $g(+\infty)-g(-\infty)<+\infty$时，$(\mathbb{R}^1,\mathscr{L}^g,m_g)$为全有限测度空间.

定义 3.2.2 设$(X,\mathscr{R},\mu)$为测度空间,$E\subset X$,P为与E中的点有关的某个命题,如果$\exists E_0\subset X$, s.t. $\mu(E_0)=0$,且当$x\in E-E_0$时,命题P都成立(即P不成立的点总包含在某个测度为0的集合E_0中),则称命题P在E上**几乎处处**成立(注意:E未要求为可测集!).特别当$E_0=\varnothing$时,命题P在E上成立.

定义 3.2.3 设$(X,\mathscr{R},\mu)$为测度空间,$E\subset X$,$\{f_n\}$为E上的可测函数列,如果存在一个有限实函数f(这里f未必为可测函数,但$|f_n-f|$应为可测函数),它和f_n满足:对$\forall\varepsilon>0$,有

$$\lim_{n\to+\infty}\mu(E(|f_n-f|)>\varepsilon)=0,$$

则称$\{f_n\}$(在E上)**依测度μ收敛于f**或称$\{f_n\}$(在E上关于测度μ)**度量收敛**于f,记为

$$f_n\underset{\mu}{\Rightarrow}f.$$

用"$\varepsilon-N$"语言描述为:对$\forall\varepsilon>0$,$\forall\delta>0$,$\exists N=N(\varepsilon,\delta)\in\mathbb{N}$(只依赖于$\varepsilon$和$\delta$),当$n>N$(或等价地,当$n\geqslant N$)时,有

$$\mu(E(|f_n-f|>\varepsilon))<\delta.$$

定义 3.2.4 设$(X,\mathscr{R},\mu)$为测度空间,$E\subset X$,$\{f_n\}$为E上的一列可测函数列,如果对$\forall\varepsilon>0$,有

$$\lim_{\substack{n\to+\infty\\ m\to+\infty}}\mu(E(|f_n-f_m|)>\varepsilon)=0,$$

则称$\{f_n\}$为(在E上关于μ)**依测度(或度量)基本列(或 Cauchy 列)**.

用"$\varepsilon-N$"语言描述为:对$\forall\varepsilon>0$,$\forall\delta>0$,$\exists N=N(\varepsilon,\delta)\in\mathbb{N}$(只依赖于$\varepsilon$和$\delta$),当$m,n>N$(或等价地,当$m,n\geqslant N$)时,有

$$\mu(E(|f_n-f_m|>\varepsilon))<\delta.$$

引理 3.2.1 设$(X,\mathscr{R},\mu)$为测度空间,$E\subset X$,$\{f_n\}$为可测集E上的依测度基本列,如果有子列$\{f_{n_i}\}$依测度收敛于E上的可测函数f,则$f_n\underset{\mu}{\Rightarrow}f$.

定理 3.2.1 (依测度收敛等价于依测度基本列)设$(X,\mathscr{R},\mu)$为测度空间,$E\subset X$,$\{f_n\}$为E上的一列可测函数,则

$$\{f_n\}(\text{在 }E\text{ 上})\text{依测度收敛}\Leftrightarrow\{f_n\}(\text{在 }E\text{ 上})\text{为依测度基本列}.$$

推论 3.2.1 设$(X,\mathscr{R},\mu)$为测度空间,$E\subset X$,$\{f_n\}$为E上的可测函数列,h为E上的有限实函数.如果在E上$f_n\underset{\mu}{\Rightarrow}h$,则必存在$E$上的可测函数$f$,使得

$$f\underset{\mu}{\doteq}h,\text{且 }f_n\underset{\mu}{\Rightarrow}f.$$

定理 3.2.2 设$(X,\mathscr{R},\mu)$为测度空间,$\{f_n\}$在可测集E上几乎处处收敛于有限实函数h,则必存在E上可测函数f,使得

$$\lim_{n\to+\infty}f_n\underset{\mu}{\doteq}f,\ f\underset{\mu}{\doteq}h.$$

定理 3.2.3 (F. Riesz)设$(X,\mathscr{R},\mu)$为测度空间,$E\subset X$.如果E上可测函数列$\{f_n\}$依测度收敛于f,则必有$\{f_n\}$的子列$\{f_{n_i}\}$在E上几乎处处收敛于f.

定理 3.2.4 设$(X,\mathscr{R},\mu)$为测度空间，$E\subset X$，$\mu(E)<+\infty$，$\{f_n\}$为E上的可测函数列.

(1) 如果$\{f_n\}$在E上几乎处处收敛于可测函数f，则$\{f_n\}$在E上必依测度收敛于f.

(2) 如果$\{f_n\}$在E上几乎处处收敛于有限实函数h(未必为E上的可测函数)，则存在E上的可测函数f，使得$f\underset{\mu}{\doteq}h$，并且在E上$f_n\underset{\mu}{\Rightarrow}f$.

定理 3.2.5 (用几乎处处收敛刻画依测度收敛)设$(X,\mathscr{R},\mu)$为测度空间，$E\subset X$，$\mu(E)<+\infty$，$\{f_n\}$为E上的可测函数列，f为E上的可测函数，则

$\{f_n\}$在E上依测度收敛于f

$\Leftrightarrow\{f_n\}$的任一子列$\{f_{n_k}\}$都可以从中找到一个子列$\{f_{n_{k_i}}\}$在E上几乎处处收敛于f.

定理 3.2.6 (依测度收敛的基本性质)设$(X,\mathscr{R},\mu)$为测度空间，$E\subset X$，$\{f_n\}$，$\{g_n\}$都为E上的可测函数列，且$f_n\underset{\mu}{\Rightarrow}f$，$g_n\underset{\mu}{\Rightarrow}g$，则：

(1) 如果在E上，$f_n\underset{\mu}{\Rightarrow}h$，则$f\underset{\mu}{\doteq}h$.

(2) f必几乎处处等于E上的一个可测函数.

(3) 如果f,g在E上可测，$\alpha,\beta\in\mathbb{R}$，则$\alpha f_n+\beta g_n\underset{\mu}{\Rightarrow}\alpha f+\beta g$.

(4) $|f_n|\underset{\mu}{\Rightarrow}|f|$.

进而，当$\mu(E)<+\infty$时，有：

(5) 如果f,g在E上可测，则$f_ng_n\underset{\mu}{\Rightarrow}fg$.

(6) 如果g_n和g在E上几乎处处不等于0，且f和g在E上都可测，则$\dfrac{f_n}{g_n}\underset{\mu}{\Rightarrow}\dfrac{f}{g}$$\left(\text{这里在 }g_n,g\text{ 为 0 的一个零测集上，可规定}\dfrac{f_n}{g_n},\dfrac{f}{g}\text{为任意实数值}\right)$.

例 3.2.2 处处收敛但不依测度收敛的函数列.

例 3.2.3 依测度收敛但处处不收敛的函数列.

定理 3.2.7 (Д. Ф. Егоров，几乎处处收敛与一致收敛的关系)设$(X,\mathscr{R},\mu)$为测度空间，$E\subset X$，$\{f_n\}$为E上的可测函数列，$\mu(E)<+\infty$. 如果$\{f_n\}$在E上几乎处处收剑于有限实函数f，则对$\forall\,\delta>0$，必存在E的可测子集E_δ，使得$\mu(E-E_\delta)<\delta$，且在E_δ上，$\{f_n\}$一致收敛于f.

定理 3.2.8 (几乎处处收敛与一致收敛的关系)设$(X,\mathscr{R},\mu)$为测度空间，$E\subset X$，$\{f_n\}$为E上的可测函数列，f为E上的实函数.

(1) 一般地，有

$\{f_n\}$在E上几乎处处收敛于f

$\not\Leftarrow$对$\forall\,\delta>0$，必存在E的可测子集E_δ，使得$\mu(E-E_\delta)<\delta$，且在E_δ上，$\{f_n\}$一致收敛于f.

(2) 当$\mu(E)<+\infty$时，有

$\{f_n\}$在E上几乎处处收敛于f

⇔对 $\forall\delta>0$,必存在 E 的可测子集 E_δ,使得 $\mu(E-E_\delta)<\delta$,且在 E_δ 上,$\{f_n\}$ 一致收敛于 f.

定理 3.2.10 (н. н. дузин,用连续函数刻画 Lebesgue 可测函数)设 $E\subset\mathbb{R}^n$ 为 Lebesgue 可测集,f 为 E 上的 Lebesgue 可测函数,则对 $\forall\delta>0$,必有 E(关于$\mathbb{R}^n$)的闭子集 F_δ,s. t. $m(E-F_\delta)<\delta$,且 f 为 F_δ 上的连续函数.

定理 3.2.11 (н. н. дузин 定理的另一形式)设 $E\subset\mathbb{R}^n$ 为 Lebesgue 可测集,f 为 E 上的 Lebesgue 可测函数,则对 $\forall\delta>0$,必有$\mathbb{R}^n$ 上的连续函数 h,s. t.

$$m(E(f\neq h))<\delta.$$

如果 $|f(\boldsymbol{x})|\leqslant M$(或$<M$),$\forall\boldsymbol{x}\in E$,则上述 h 可选为满足 $|h(\boldsymbol{x})|\leqslant M$(或$<M$),$\forall x\in\mathbb{R}^n$,其中 M 为常数.

推论 3.2.2 在 дузин 定理中,如果 $E\subset\mathbb{R}^n$ 为有界集,则上述的 h 可选择具有紧支集,即

$$\operatorname{supp} h=\overline{\{\boldsymbol{x}\in\mathbb{R}^n\mid h(\boldsymbol{x})\neq 0\}}$$

为紧支集.

推论 2.2.3 设 f 为 $E\subset\mathbb{R}^n$ 上的几乎处处有限的 Lebesgue 可测函数,则存在$\mathbb{R}^n$ 上的连续函数列$\{f_k\}$,s. t. 在 E 上

$$\lim_{k\to+\infty}f_k(\boldsymbol{x})\underset{m}{\doteq}f(\boldsymbol{x}).$$

例 3.2.5 (1) 设 $f:\mathbb{R}\to\mathbb{R}$ 为 Lebesgue 可测函数,且对 $\forall x,y\in\mathbb{R}$,有

$$f(x+y)=f(x)+f(y),$$

则 f 为$\mathbb{R}$ 上的连续函数,进而,$f(x)=f(1)x$,$\forall x\in\mathbb{R}$.

(2) 举例说明(1)中删去条件"f 为$\mathbb{R}$ 上的 Lebesgue 可测函数",则结论不成立.

注 3.2.3 从例 3.2.5 的证明可看出:如果对 $\forall x,y\in\mathbb{R}$,有

$$f(x+y)=f(x)+f(y),$$

且 f 在某个固定点 $x_0\in\mathbb{R}$ 连续,则 f 为$\mathbb{R}$ 上的连续函数. 进而,$f(x)=f(1)x$,$\forall x\in\mathbb{R}$.

例 3.2.6 (1) 设 $f(x)$为(a,b)上的实值 Lebesgue 可测函数,且满足

$$f\left(\frac{x+y}{2}\right)\leqslant\frac{f(x)+f(y)}{2},\ \forall x,y\in(a,b),$$

则 f 为(a,b)上的凸函数.

(2) 举例说明(1)中删去条件"f 在(a,b)上为实值 Lebesgue 可测函数",其结论不成立.

注 3.2.4 (1) 从参考文献[1]例 3.2.6 的证明可看出:如果 $f(x)$在区间 I 的任何闭子区间上有上界,且满足

$$f\left(\frac{x_1+x_2}{2}\right)\leqslant\frac{f(x_1)+f(x_2)}{2},x_1,x_2\in(a,b),$$

则 f 为 I 上的凸函数.

例 3.2.7　设 $f:\mathbb{R}^n\to\mathbb{R}$ 为实值函数，则

f 在 $\mathbb{R}^n$ 上为 Lebesgue 可测函数 $\Leftrightarrow$ 对 $\mathbb{R}$ 中的任一开集 G，$f^{-1}(G)$ 为 Lebesgue 可测集.

例 3.2.8　设 $f:\mathbb{R}\to\mathbb{R}$ 为连续函数，$g:\mathbb{R}\to\mathbb{R}$ 为 Lebesgue 可测函数，则复合函数

$$h(x)=f\circ g(x)=f(g(x))$$

为 $\mathbb{R}$ 上的 Lebesgue 可测函数.

例 3.2.9　当 $f:[0,1]\to[0,1]$ 为 Lebesgue 可测函数，而 $g:[0,1]\to[0,1]$ 为连续函数时，$f\circ g(x)=f(g(x))$ 就不一定为 Lebesgue 可测函数.

定义 3.2.10　设 $\boldsymbol{T}:\mathbb{R}^n\to\mathbb{R}^n$ 为连续映射，当 $Z\subset\mathbb{R}^n$，且 $m(Z)=0$ 时，必有 $m(\boldsymbol{T}^{-1}(Z))=0$（例如：$\boldsymbol{T}$ 为非异线性变换）. 如果 $f:\mathbb{R}^n\to\mathbb{R}$ 为 Lebesgue 可测函数，则 $f\circ\boldsymbol{T}(x)=f(\boldsymbol{T}(x))$ 为 $\mathbb{R}^n$ 上的 Lebesgue 可测函数.

【176】　设 $(X,\mathscr{R},\mu)$ 为测度空间，f 为 $E\in\mathscr{R}$ 上的几乎处处有限的可测函数，$\mu(E)<+\infty$. 证明：对 $\forall\,\varepsilon>0$，存在 E 上的有界可测函数 $g(x)$，使得

$$\mu(\{x\in E\mid |f(x)-g(x)|>0\})<\varepsilon.$$

证明　证法 1　因为 f 为 $E\in\mathscr{R}$ 上的几乎处处有限的可测函数，故

$$F=\{x\in E\mid |f(x)|=+\infty\}$$

与

$$F_n=\{x\in E\mid |f(x)|>n\}=\{x\in E\mid f(x)<-n\}\cup\{x\in E\mid f(x)>n\}$$

为可测集，且 $\mu(F)=0$，F_n 关于 n 单调减，$F=\bigcap\limits_{n=1}^{\infty}F_n$. 再由 $\mu(F_n)\leqslant\mu(E)<+\infty$，根据定理 2.1.1(6)

$$0=\mu(F)=\mu\Big(\bigcap_{n=1}^{\infty}F_n\Big)=\mu\big(\lim_{n\to+\infty}F_n\big)=\lim_{n\to+\infty}\mu(F_n).$$

因此，对 $\forall\,\varepsilon>0$，$\exists\,N\in\mathbb{N}$，当 $n>N$ 时，$\mu(F_n)<\varepsilon$. 令

$$g(x)=\begin{cases}f(x), & x\in E-F_n,\\ 0, & x\in F_n,\end{cases}$$

根据定义 3.1.2，$g(x)$ 为有界可测函数，且

$$\mu(\{x\in E\mid |f(x)-g(x)|>0\})=m(F_n)<\varepsilon.$$

证法 2　（反证）反设 $\exists\,\varepsilon_0>0$，对任何 E 上的有界可测函数 $g(x)$，有

$$\mu(\{x\in E\mid |f(x)-g(x)|>0\})\geqslant\varepsilon_0.$$

令 $E_n=\{x\in E\mid |f(x)|\leqslant n\}=\{x\in E\mid -n\leqslant f(x)\leqslant n\}$. 由 f 可测和定义 3.1.2 和定理 3.1.1(3)，E_n 可测，从而 $E-E_n$ 也可测. 易证

$$g_n(x)=\begin{cases}f(x), & x\in E_n,\\ n, & x\in E(f>n),\\ -n, & x\in E(f<-n)\end{cases}$$

为 E 上的有界可测函数. 由假设，知

$$\mu(\{x\in E \mid |f(x)-g_n(x)|>0\})\geqslant \varepsilon_0,$$

故

$$\mu(\{x\in E \mid |f(x)|>n\})=\mu(\{x\in E \mid |f(x)-g_n(x)|>0\})\geqslant \varepsilon_0,$$

令 $n\to+\infty$ 得到 $\mu(\{x\in E \mid |f(x)|=+\infty\})\geqslant\varepsilon_0$，这与 f 在 E 上几乎处处有限相矛盾. □

【177】 设 $(\mathbb{R}^1,\mathscr{L},m)$ 为 Lebesgue 测度空间，f 为 $\mathbb{R}^1$ 上的 Lebesgue 可测函数，且有

$$f(x+1)\underset{m}{\doteq}f(x).$$

作函数 $g:\mathbb{R}^1\to\mathbb{R}$，s. t. g 是 $\mathbb{R}^1$ 上周期为 1 的函数，即

$$g(x+1)=g(x),\ \forall x\in\mathbb{R}^1,$$

且在 $\mathbb{R}^1$ 上，有

$$g(x)\underset{m}{\doteq}f(x).$$

解 令

$$E=\{x\in\mathbb{R}^1 \mid f(x+1)=f(x)\},$$

$$F=\bigcup_{n=-\infty}^{\infty}(E+n),$$

$$g(x)=\begin{cases}f(x), & x\notin F,\\ 0, & x\in F.\end{cases}$$

由题设，$m(E)=0$，从而 $m(F)=0$，且 $g(x)\underset{m}{\doteq}f(x)$，

$$g(x+1)=\begin{cases}f(x+1), & x+1\notin F,\\ 0, & x+1\in F,\end{cases}$$

$$=\begin{cases}f(x), & x\notin F\\ 0, & x\in F\end{cases}=g(x),\ \forall x\in\mathbb{R}^1,$$

□

【178】 设 $\{f_k\}$ 为 $[a,b]$ 上的 Lebesgue 可测函数列. 证明：存在正数列 $\{a_k\}$，使得在 $[a,b]$ 上有

$$\lim_{k\to+\infty}a_k\cdot f_k(x)\underset{m}{\doteq}0,x\in[a,b].$$

证明 因为 $\{f_k\}$ 为 $[a,b]$ 上的 Lebesgue 可测函数列，所以可取正数列 $\{b_k\}$，s. t.

$$E_k=\{x\in[a,b] \mid |f_k(x)|\leqslant b_k\}$$

满足 $m(E_k^c)<\dfrac{1}{2^{k+1}}(k=1,2,\cdots)$. 令 $a_k=\dfrac{1}{kb_k}$，$k=1,2,\cdots$. 令 $E=\varliminf_{k\to+\infty}E_k$，则

$$m(E)=m(\varliminf_{k\to+\infty}E_k)=m\Big(\bigcup_{n=1}^{\infty}\bigcap_{k=n}^{\infty}E_k\Big)=\lim_{n\to+\infty}m\Big(\bigcap_{k=n}^{\infty}E_k\Big)$$

$$=\lim_{n\to+\infty}\Big[(b-a)-m\Big(\Big(\bigcap_{k=n}^{\infty}E_k\Big)^c\Big)=\lim_{n\to+\infty}\Big[(b-a)-m\Big(\bigcup_{k=n}^{\infty}E_k^c\Big)\Big]$$

$$=(b-a)-\lim_{n\to+\infty}m\Big(\bigcup_{k=n}^{\infty}E_k^c\Big)=(b-a)-0=b-a,$$

其中

$$0\leqslant m\Big(\bigcup_{k=n}^{\infty}E_k^c\Big)\leqslant\sum_{k=n}^{\infty}m(E_k^c)<\sum_{k=n}^{\infty}\frac{1}{2^{k+1}}=\frac{\frac{1}{2^{n+1}}}{1-\frac{1}{2}}=\frac{1}{2^n}\to 0(n\to+\infty),$$

$$\lim_{n\to+\infty}m\Big(\bigcup_{k=n}^{\infty}E_k^c\Big)=0.$$

进而，对 $\forall x\in E$，$\forall\varepsilon>0$，取 $K>\left[\frac{1}{\varepsilon}\right]+1$，$k\in\mathbb{N}$ 当 $k>K$ 时，有

$$x\in E_k,\quad |a_kf_k(x)-0|=a_k|f_k(x)|\leqslant\frac{1}{kb_k}\cdot b_k=\frac{1}{k}<\varepsilon,$$

即

$$\lim_{k\to+\infty}a_kf_k(x)\underset{m}{\doteq}0,\quad x\in[a,b].$$ □

【179】 设$(\mathbb{R}^n,\mathscr{L},m)$为 Lebesgue 测度空间，$G\subset\mathbb{R}^n$ 为开集，$f:G\to\mathbb{R}$ 为实函数．证明：

f 在 G 上几乎处处连续$\Leftrightarrow$对 $\forall t\in\mathbb{R}$，点集

$$E_1=E_1(t)=\{x\in G\mid f(x)>t\},\quad E_2=E_2(t)=\{x\in G\mid f(x)<t\}$$

中几乎处处都是内点．

证明　证法 1　($\Rightarrow$)设　$D_f=\{x\in G|f$ 在 x 不连续$\}$，由于 f 在 G 上几乎处处连续，故 $m(D_f)=0$．于是

$$m(E_1\cap D_f)=0.$$

$\forall x_0\in E_1-D_f$，由 f 在 x_0 连续知，$\exists\delta(x_0)>0$，s. t.

$$f(x)>t,\quad\forall x\in B(x_0;\delta(x_0)).$$

故 $B(x_0;\delta(x_0))\subset E_1$，即 x_0 为 E_1 的内点．这就表明 E_1-D_f 中的点都为 E_1 的内点．从 $E_1=(E_1-D_f)\cup(E_1\cap D_f)$及 $m(E_1\cap D_f)=0$ 知，E_1 几乎处处都是内点．

同理，E_2 几乎处处都是内点．

($\Leftarrow$)因为 $E_1(t)$，$E_2(t)$几乎处处都是内点，所以，它们的非内点集 $A_1(t)$，$A_2(t)$皆为 Lebesgue 零测集．记

$$D=\bigcup_{t\in\mathbb{Q}}[A_1(t)\cup A_2(t)],$$

则 $m(D)=0$．

下证 $D_f\subset D$．事实上，对 $\forall x\notin D$．$\forall\varepsilon>0$，取 $t_1,t_2\in\mathbb{Q}$，s. t.

$$f(x)-\varepsilon<t_1<f(x)<t_2<f(x)+\varepsilon.$$

则 $x\in\mathring{E}_1(t_1)\cap\mathring{E}_2(t_2)$．从而，$\exists\delta>0$，s. t.

$$(x-\delta,x+\delta)\subset E_1(t_1)\cap E_2(t_2).$$

即

$$f((x-\delta,x+\delta))\subset(t_1,t_2)\subset(f(x)-\varepsilon,f(x)+\varepsilon).$$

所以，f 在 x 处连续，即 $x\notin D_f$. 由此推得 $D_f\subset D$. $m(D_f)=0$，f 在 G 上几乎处处连续.

证法 2 （$\Rightarrow$）设 $D_f=\{x\in G\mid f$ 在 x 不连续$\}$，则 $m(D_f)=0$. $\forall x\in G-D_f$，即 x 为 f 的连续点. $\forall t\in\mathbb{R}$，不妨设 $f(x)>t$，即 $x\in E_1$，$\exists\delta(x)>0$，$\forall y\in B(x,\delta(x))$，有

$$|f(y)-f(x)|<f(x)-t.$$

从而

$$-[f(x)-t]<f(y)-f(x),$$
$$f(y)>t, y\in E_1, B(x;\delta(x))\subset E_1, x\in \mathring{E}_1,$$
$$(G-D_f)\cap E_1\subset \mathring{E}_1,\quad E_1-\mathring{E}_1\subset E_1\cap D_f.$$
$$0\leqslant m(E_1-\mathring{E}_1)\leqslant m(E_1\cap D_f)=m(D_f)=0,$$
$$m(E_1-\mathring{E}_1)=0,$$

这就证明了 E_1 中几乎处处是内点.

同理，E_2 中几乎处处是内点.

（$\Leftarrow$）$\forall x_0\in\left(\bigcup_{t\in\mathbb{Q}}\mathring{E}_1(t)\right)\cap\left(\bigcup_{t\in\mathbb{Q}}\mathring{E}_2(t)\right)$，对 $\forall\varepsilon>0$，取 $t_1,t_2\in\mathbb{Q}$，s. t.

$$f(x_0)-\varepsilon<t_1<f(x_0)<t_2<f(x_0)+\varepsilon.$$

于是，$\exists\delta_0>0$，s. t. $B(x_0;\delta_0)\subset\mathring{E}_1(t_1)\cap\mathring{E}_2(t_2)$（开集）. 于是，对 $\forall x\in B(x_0;\delta_0)$ 有

$$f(x_0)-\varepsilon<t_1<f(x)<t_2<f(x_0)+\varepsilon,$$

即 f 在 x_0 点处连续.

此外，由

$$\left(\left(\bigcup_{t\in\mathbb{Q}}\mathring{E}_1(t)\right)\cap\left(\bigcup_{t\in\mathbb{Q}}\mathring{E}_2(t)\right)\right)^c=\left(\bigcup_{t\in\mathbb{Q}}\mathring{E}_1(t)\right)^c\cup\left(\bigcup_{t\in\mathbb{Q}}\mathring{E}_2(t)\right)^c$$
$$\subset\left(\bigcup_{t\in\mathbb{Q}}(E_1(t)-\mathring{E}_1(t))\right)\cup\left(\bigcup_{t\in\mathbb{Q}}(E_2(t)-\mathring{E}_2(t))\right)$$
$$m(E_1(t)-\mathring{E}_1(t))\xlongequal{\text{题设}}0\xlongequal{\text{题设}}m(E_2(t)-\mathring{E}_2(t))$$

立知

$$m\left(\left(\left(\bigcup_{t\in\mathbb{Q}}\mathring{E}_1(t)\right)\cap\left(\bigcup_{t\in\mathbb{Q}}\mathring{E}_2(t)\right)\right)^c\right)=0.$$

这就证明了 f 在 G 上几乎处处连续. □

【180】 $\mathscr{B}$ 是 $\mathbb{R}^1$ 上的 Borel 集的全体，$(\mathbb{R}^1,\mathscr{B})$ 是 Borel 可测空间，设 f 是定义在 $E\subset\mathbb{R}^1$ 上的有限实函数，如果对 $\forall c\in\mathbb{R}$，集合 $E(c\leqslant f)$ 都是 Borel 集，则称 f 是 E 上的 **Borel 可测函数**，也称作 **Baire 函数**.

设 f 在 E 上是 Borel 可测的，则 f 必是 E 上 Lebesgue 可测函数.

证明 因为 f 在 E 上是 Borel 可测的，所以对 $\forall c\in\mathbb{R}$，$E(c\leqslant f)\in\mathscr{B}\subset\mathscr{L}$，因而 f 在 E 上是 Lebesgue 可测的. □

【181】 设 f 是 $E\in\mathbb{R}^1$ 上有限的 Lebesgue 可测函数，则一定存在全直线 $\mathbb{R}^1$ 上的 Borel 可测函数 h，s. t.

$$m(E(f\neq h))=0.$$

证明　根据例 3.3.2，存在 E 上一列函数 $\{f_n\}$，每个 f_n 是 Lebesgue 可测集（E 的子集）的特征函数的线性组合，即

$$f_n=\sum_{i=1}^{l_n}\alpha_i^n\chi_{E_i^n},\text{s. t. }\{f_n\}\text{ 在 }E\text{ 上处处收敛于 }f.$$

又根据定理 2.3.1(5)知，对每个 E_i^n，存在 F_σ 集(Borel 集)B_i^n，s. t. $E_i^n\supset B_i^n$，而且，$m(E_i^n-B_i^n)=0$.

作直线$\mathbb{R}^1$ 上的函数

$$h_n=\sum_{i=1}^{l_n}\alpha_i^n\chi_{B_i^n},n=1,2,\cdots.$$

显然，$h_n(n=1,2,\cdots)$都是 Borel 可测函数. 而且

$$E(f_n\neq h_n)\subset\bigcup_{i=1}^{l_n}(E_i^n-B_i^n).$$

因此

$$m(E(f_n\neq h_n))=0.$$

记　$E_0=\bigcup\limits_{n=1}^{\infty}E(f_n\neq h_n)$. 显然，$m(E_0)=0$. 所以

$$\lim_{n\to+\infty}h_n(x)=f(x),x\in E-E_0.$$

再根据定理 2.3.1(6)知，对 E_0，有 Borel 集 $B_0\supset E_0$，适合 $m(B_0)=0$. 令 $B_1=\mathbb{R}^1-B_0$，B_1 是 Borel 集. 因此，从上式得到

$$\lim_{n\to+\infty}\chi_{B_1}(x)h_n(x)=\chi_{B_1}(x)f(x),\quad x\in E\cap B_1.$$

当 $x\in E-B_1$ 时，上述两边在这种点上的值都是零. 于是，上式实际上在 E 上也成立.

对原来只定义在 E 上的函数 $\tilde{h}(x)=\chi_{B_1}(x)f(x)$补充定义它在$\mathbb{R}^1-E$ 上的值为零，补充定义后所得的全直线$\mathbb{R}^1$ 上定义的函数记为 $h(x)$. 显然，在全直线$\mathbb{R}^1$ 上，有

$$h(x)=\lim_{n\to+\infty}\chi_{B_1}(x)h_n(x).$$

因为$\{\chi_{B_1}h_n\}$为直线$\mathbb{R}^1$ 上的 Borel 可测函数列. 由定理 3.1.4，h 为直线$\mathbb{R}^1$ 上的 Borel 可测函数. 显然，$E(f\neq h)\subset B_0$，因而 $m(E(f\neq h))=0$.　□

【182】　设$(\mathbb{R}^1,\mathscr{L}^g,m_g)$为 Lebesgue-Stieltjes 测度空间，f 为 $E\in\mathscr{L}^g$上的 Lebesgue-Stieltjes 可测函数. 证明：必存在$\mathbb{R}^1$ 上的 Borel 可测函数 h，s. t. $m_g(f\neq h)=0$.

证明　根据例 3.3.2，存在 E 上一列函数$\{f_n\}$，每个 f_n 是 Lebesgue-Stieltjes 可测集(E 的子集)的特征函数的线性组合，即 $f_n=\sum\limits_{i=1}^{l_n}\alpha_i^n\chi_{E_i^n}$，s. t. $\{f_n\}$ 在 E 上处处收敛于 f. 又根据定理 2.3.1(5)(因为 g 单调增右连续，故定理 2.3.1 关于 m_g 也成立)知，对每个 E_i^n，存在 F_σ 集(Borel 集)B_i^n，s. t. $E_i^n\supset B_i^n$，而且，$m_g(E_i^n-B_i^n)=0$.

作直线$\mathbb{R}^1$ 上的函数

$$h_n = \sum_{i=1}^{l_n} \alpha_i^n \chi_{B_i^n}, n = 1,2,\cdots.$$

显然，$h_n(n=1,2,\cdots)$都是 Borel 可测函数，而且

$$E(f_n \neq h_n) \subset \bigcup_{i=1}^{l_n} (E_i^n - B_i^n).$$

因此

$$m_g(E(f_n \neq h_n)) = 0.$$

记 $E_0 = \bigcup_{n=1}^{\infty} E(f_n \neq h_n)$，显然，$m_g(E_0) = 0$. 所以

$$\lim_{n\to+\infty} h_n(x) = f(x), x \in E - E_0.$$

再根据定理 2.3.1(6)知，对 E_0，有 Borel 集 $B_0 \supset E_0$，适合 $m(B_0)=0$. 令 $B_1 = \mathbb{R}^1 - B_0$，B_1 是 Borel 集. 因此，从上式得到

$$\lim_{n\to+\infty} \chi_{B_1}(x) h_n(x) = \chi_{B_1}(x) f(x), x \in E \cap B_1.$$

当 $x \in E - B_1$ 时，上述两边在这种点上的值都是零. 于是，上式实际上在 E 上也成立.

对原来只定义在 E 上的函数 $\tilde{h}(x) = \chi_{B_1}(x) f(x)$ 补充定义它在 $\mathbb{R}^1 - E$ 上的值为零，补充定义后所得的全直线 $\mathbb{R}^1$ 上定义的函数记为 $h(x)$. 显然，在全直线 $\mathbb{R}^1$ 上，有

$$h(x) = \lim_{n\to+\infty} \chi_{B_1}(x) h_n(x).$$

因为$\{\chi_{B_1} h_n\}$为直线 $\mathbb{R}^1$ 上的 Borel 可测函数列. 由定理 3.1.4，h 为直线 $\mathbb{R}^1$ 上的 Borel 可测函数. 显然，$E(f \neq h) \subset B_0$，因而，$m_g(E(f \neq h)) = 0$. □

【183】 设 I 为指标集，$\{f_\alpha(x) \mid \alpha \in I\}$为 $\mathbb{R}^n$ 上的 Lebesgue 可测函数族. 问：函数

$$S(\boldsymbol{x}) = \sup\{f_\alpha(\boldsymbol{x}) \mid \alpha \in I\}$$

在 $\mathbb{R}^n$ 上是 Lebesgue 可测的吗？

解　解法 1　不一定.

反例：取指标集 $I=W$ 为 $\mathbb{R}^n$ 中的 Lebesgue 不可测集，$\forall \alpha \in I = W$，令

$$f_\alpha(x) = \begin{cases} 1, & x = \alpha, \\ 0, & x \neq \alpha, \end{cases}$$

则

$$S(\boldsymbol{x}) = \sup\{f_\alpha(\boldsymbol{x}) \mid \alpha \in I = W\} = \chi_W(\boldsymbol{x})$$

为 $\mathbb{R}^n$ 上的 Lebesgue 不可测函数，这是因为

$$\left\{\boldsymbol{x} \in \mathbb{R}^n \mid S(\boldsymbol{x}) \geqslant \frac{1}{2}\right\} = W$$

为 Lebesgue 不可测集.

解法 2　在上例中，因为

$$\{\boldsymbol{x}\in\mathbb{R}^n \mid S(\boldsymbol{x})>0\}=\bigcup_{\alpha\in W}\{\boldsymbol{x}\in\mathbb{R}^n \mid f_\alpha(\boldsymbol{x})>0\}=W$$

为 Lebesgue 不可测集，根据定理 3.1.1(2)知，$S(\boldsymbol{x})$为$\mathbb{R}^n$ 上的 Lebesgue 不可测函数. □

【184】 设$(\mathbb{R}^n,\mathscr{L},m)$为 Lebesgue 测度空间，$\{f_k\}$为 $E\in\mathscr{L}$ 上的可测函数列，$m(E)<+\infty$. 证明：在 E 上，$\lim\limits_{k\to+\infty}f_k(x)\underset{m}{\doteq}0\Leftrightarrow$对$\forall\,\varepsilon>0$，有

$$\lim_{j\to+\infty}m(\{x\in E \mid \sup_{k\geqslant j}|f_k(x)|\geqslant\varepsilon\})=0.$$

证明　证法 1　($\Rightarrow$)由$\{f_k\}$为 $E\in\mathscr{L}$ 上的可测函数列，$m(E)<+\infty$及 $\lim\limits_{k\to+\infty}f_k(x)\underset{m}{\doteq}0$，$x\in E$，故对$\forall\,\eta>0$，$\forall\,\varepsilon>0$，根据 Егоров 定理 3.2.7，$\exists\,E_\eta\subset E$，s. t. $m(E_\eta)<\eta$，且$\{f_k(x)\}$在 $E-E_\eta$ 上一致收敛于 0. 因此，$\exists\,K\in\mathbb{N}$，当 $k\geqslant K$ 时，$|f_k(x)|<\dfrac{\varepsilon}{2}$，$\forall\,x\in E-E_\eta$. 于是

$$0\leqslant m(\{x\in E \mid \sup_{k\geqslant K}|f_k(x)|\geqslant\varepsilon\})\leqslant m(E_\eta)<\eta,$$

即

$$\lim_{j\to+\infty}m(\{x\in E \mid \sup_{k\geqslant j}|f_k(x)|\geqslant\varepsilon\})=0.$$

($\Leftarrow$)对$\forall\,\varepsilon>0$，令

$$E_0=\bigcap_{j=1}^{\infty}\{x\in E \mid \sup_{k\geqslant j}|f_k(x)|\geqslant\varepsilon\},$$

则

$$m(E_0)=m(\lim_{j\to+\infty}\{x\in E \mid \sup_{k\geqslant j}|f_k(x)|\geqslant\varepsilon\})$$

$$\xlongequal{\text{定理 2.1.1(6)}}\lim_{j\to+\infty}m(\{x\in E \mid \sup_{k\geqslant j}|f_k(x)|\geqslant\varepsilon\})=0.$$

对$\forall\,x\in E-E_0$，则 $x\notin E_0$，$\exists\,j_0\in\mathbb{N}$，s. t. $\sup\limits_{k\geqslant j_0}|f_k(x)|<\varepsilon$. 于是，当 $k\geqslant j_0$ 时，有

$$|f_k(x)|<\varepsilon.$$

即　$\lim\limits_{k\to+\infty}f_k(x)=0$，$x\in E-E_0$. 从而，有

$$\lim_{k\to+\infty}f_k(x)\underset{m}{\doteq}0,x\in E.$$

证法 2　记 $A=E-\{x\in E \mid \lim\limits_{k\to+\infty}f_k(x)=0\}$，

$$B_{j,\varepsilon}=\{x\in E \mid \sup_{k\geqslant j}|f_k(x)|\geqslant\varepsilon\}\quad(\text{固定 }\varepsilon\text{，关于 }j\text{ 为单调减集列}).$$

则有

$$A=\{x\in E \mid \overline{\lim_{k\to+\infty}}|f_k(x)|>0\}=\bigcup_{n=1}^{\infty}\left\{x\in E \mid \overline{\lim_{k\to+\infty}}|f_k(x)|>\frac{1}{n}\right\}$$

$$=\bigcup_{n=1}^{\infty}\overline{\lim_{j\to+\infty}}B_{j,\frac{1}{n}}=\bigcup_{n=1}^{\infty}\lim_{j\to+\infty}B_{j,\frac{1}{n}}.$$

于是

$$\lim_{k\to+\infty}f_k(x)\underset{m}{\doteq}0,x\in E\Leftrightarrow m(A)=0$$

$$\Leftrightarrow\forall\,n\in\mathbb{N},m(\lim_{j\to+\infty}B_{j,\frac{1}{n}})=0$$

$$\Leftrightarrow \forall n \in \mathbb{N}, \lim_{j\to+\infty} m(B_{j,\frac{1}{n}}) = 0$$

$$\Leftrightarrow \forall \varepsilon > 0, \lim_{j\to+\infty} m(B_{j,\varepsilon}) = 0.$$

即 $$\lim_{j\to+\infty} m(\{x \in E \mid \sup_{k\geqslant j} |f_k(x)| \geqslant \varepsilon\}) = 0.$$ □

注 根据定理 3.2.4 及例 3.2.3，知

$$\text{“}\forall \varepsilon > 0, \lim_{j\to+\infty} m(\{x \in E \mid \sup_{k\geqslant j}\{|f_k(x)| \geqslant \varepsilon\}) = 0\text{”}$$

比$\{f_k\}$在 E 上度量收敛于 0 要强.

【185】 设 $f, f_1, f_2, \cdots, f_k, \cdots$为$[a,b]$上的几乎处处有限的 Lebesgue 可测函数，且

$$\lim_{k\to+\infty} f_k(x) \underset{m}{\doteq} f(x), x \in [a,b].$$

证明：$\exists E_n \subset [a,b], n \in \mathbb{N}$, s. t.

$$m([a,b] - \bigcup_{n=1}^{\infty} E_n) = 0,$$

而$\{f_k\}$在每个 E_n 上一致收敛于 $f(x)$.

证明 证法 1 应用 Егоров 定理 3.2.7，$\forall n \in \mathbb{N}$，取 Lebesgue 可测集 $E_n \subset [a,b]$，s. t.

$$m([a,b] - E_n) < \frac{1}{n},$$

且

$$f_k(x) \rightrightarrows f(x), x \in E_n.$$

而

$$0 \leqslant m([a,b] - \bigcup_{n=1}^{\infty} E_n) \leqslant m([a,b] - E_k) < \frac{1}{k} \to 0 (k \to +\infty),$$

故

$$m([a,b] - \bigcup_{n=1}^{\infty} E_n) = 0.$$

证法 2 应用 Егоров 定理 3.2.7，$\forall n \in \mathbb{N}$，取 Lebesgue 可测集 F_n，s. t.

$$F_n \subset E - \bigcup_{j=1}^{n-1} F_j, \quad m(E - \bigcup_{j=1}^{n} F_j) < \frac{1}{n},$$

且

$$f_k(x) \rightrightarrows f(x), \quad x \in \bigcup_{j=1}^{n} F_j.$$

令 $E_n = \bigcup_{j=1}^{n} F_j$，则 $f_k(x) \rightrightarrows f(x), x \in E_n (k \to +\infty)$，且 E_n 单调增(更强结果).

由于

$$0 \leqslant m([a,b] - \bigcup_{n=1}^{\infty} E_n) \leqslant m([a,b] - \bigcup_{j=1}^{k} E_j) = m([a,b] - \bigcup_{j=1}^{k} F_j) < \frac{1}{k} \to 0 (k \to +\infty),$$

故

$$0 \leqslant m\left([a,b] - \bigcup_{n=1}^{\infty} E_n\right) \leqslant 0,$$

$$m\left([a,b] - \bigcup_{n=1}^{\infty} E_n\right) = 0.$$ □

【186】 设$\{f_n\}$为$[0,1]$上几乎处处收敛于 0 的几乎处处有限的 Lebesgue 可测函数列. 证明：存在数列$\{t_n\}$满足

$$\sum_{n=1}^{\infty} |t_n| = +\infty,$$

s. t. 在$[0,1]$上

$$\sum_{n=1}^{\infty} |t_n f_n(x)| \underset{m}{\dot{<}} +\infty.$$

证明　不妨设$\{f_n(x)\}$在$[0,1]$上处处有限，否则$\exists F \subset [0,1]$，$m(F)=0$，s. t. $\{f_n(x)\}$在$[0,1]-F$上处处有限.

证法 1　由 Егоров 定理 3.2.7，$\exists E_k \subset [0,1]$，s. t. $m([0,1]-E_k) \leqslant \frac{1}{k}$，且

$$f_n(x) \rightrightarrows 0, x \in E_k,$$

且$E_1 \subset E_2 \subset \cdots \subset E_k \subset \cdots$. 显然，$\exists n_k \in \mathbb{N}$，当$n \geqslant n_k$时，有

$$|f_n(x)| \leqslant \frac{1}{2^k}, x \in E_k.$$

不妨设$n_1 < n_2 < \cdots < n_k < \cdots$. 令$E = \bigcup_{n=1}^{\infty} E_n$，则

$$0 \leqslant m([0,1]-E) = m\left([0,1] - \bigcup_{n=1}^{\infty} E_n\right) \leqslant m([0,1]-E_k) \leqslant \frac{1}{k} \to 0 (k \to +\infty).$$

$$m([0,1]-E) = 0.$$

取

$$t_n = \begin{cases} 0, & n \neq n_k, \\ 1, & n = n_k, \quad k = 1,2,\cdots \end{cases}$$

对$\forall x \in E = \bigcup_{k=1}^{\infty} E_k$，$\exists k_0 \in \mathbb{N}$，$x \in E_{k_0}$，故

$$\sum_{n=n_{k_0}}^{\infty} |t_n f_n(x)| = \sum_{k=k_0}^{\infty} |t_{n_k} f_{n_k}(x)| = \sum_{k=k_0}^{\infty} |f_{n_k}(x)| \leqslant \sum_{k=k_0}^{\infty} \frac{1}{2^k} = \frac{1}{2^{k_0-1}}.$$

从而

$$\sum_{n=1}^{\infty} |t_n f_n(x)| < +\infty, x \in E,$$

$$\sum_{n=1}^{\infty} |t_n f_n(x)| \underset{m}{\dot{<}} +\infty, x \in [0,1].$$

其中

$$\sum_{n=1}^{\infty}|t_n|=\sum_{k=1}^{\infty}|t_{n_k}|=\sum_{k=1}^{\infty}1=+\infty.$$

证法 2 由证法 1 知，可作[0,1]中的递增 Lebesgue 可测集列$\{E_k\}$，$m(\bigcup_{k=1}^{\infty}E_k)=1$，且

$$f_n(x)\rightrightarrows 0,\quad x\in E_k.$$

记 $l_k=\min\left\{l\in\mathbb{N}\,\Big|\,\sup_{x\in E_k}|f_l(x)|<\frac{1}{k},l>l_{k-1}\right\}$. 令

$$t_n=\frac{1}{k(l_{k+1}-l_k)},l_k\leqslant n<l_{k+1},$$

则

$$\sum_{n=1}^{\infty}t_n=\sum_{k=1}^{\infty}\sum_{l_k\leqslant n<l_{k+1}}t_n=\sum_{k=1}^{\infty}\frac{1}{k}=+\infty.$$

对 $\forall x\in\bigcup_{k=1}^{\infty}E_k$，必有 $k_0\in\mathbb{N}$, s. t. $x\in E_{k_0}$，则

$$\begin{aligned}\sum_{n=1}^{\infty}|t_nf_n(x)|&=\sum_{n=1}^{l_k-1}|t_nf_n(x)|+\sum_{j=k}^{\infty}\sum_{l_j\leqslant n<l_{j+1}}|t_nf_n(x)|\\&\leqslant\sum_{n=1}^{l_k-1}|t_nf_n(x)|+\sum_{j=k}^{\infty}\frac{1}{j^2}<+\infty,\end{aligned}$$

即

$$\sum_{n=1}^{\infty}|t_nf_n(x)|\underset{m}{\dot{<}}+\infty,x\in[0,1].\qquad\square$$

【187】 设 $m(E)<+\infty$，$f,f_1,f_2,\cdots,f_k,\cdots$为 $E\in\mathscr{L}$上几乎处处有限的 Lebesgue 可测函数. 证明：

$\{f_k\}$在 E 上依 Lebesgue 测度收敛于 f(即$\{f_k\}$在 E 上度量收敛于 f)

$\Leftrightarrow\lim_{k\to+\infty}\inf_{\alpha>0}\{\alpha+m(\{x\in E\,|\,|f_k(x)-f(x)|>\alpha\})\}=0.$

证明 设$E_0=\{x\in E\,|\,|f(x)|=+\infty\}\cup\left(\bigcup_{k=1}^{\infty}\{x\in E\,|\,|f_k(x)|=+\infty\}\right)$，依题意，$m(E_0)=0$. 显然，只须对 $E-E_0$ 证明结论. 因此，不失一般性，假定 $f,f_1,f_2,\cdots,f_k,\cdots$ 在 E 上处处有限.

($\Rightarrow$)因为 $f_k\underset{E}{\Rightarrow}f(k\to+\infty)$，故对$\forall\varepsilon>0$，$\alpha_0=\frac{\varepsilon}{2}$，$\exists K\in\mathbb{N}$，当 $k>K$ 时，有

$$m(\{x\in E\,|\,|f_k(x)-f(x)|>\alpha_0\})<\frac{\varepsilon}{2}.$$

于是

$$\alpha_0 + m(\{x \in E \mid | f_k(x) - f(x) | > \alpha_0\}) < \frac{\varepsilon}{2} + \frac{\varepsilon}{2} = \varepsilon.$$

因此

$$\inf_{\alpha>0}\{\alpha + m(\{x \in E \mid | f_k(x) - f(x) | > \alpha\})\} < \varepsilon,$$

$$\lim_{k\to+\infty}\inf_{\alpha>0}\{\alpha + m(\{x \in E \mid | f_k(x) - f(x) | > \alpha\})\} = 0.$$

($\Leftarrow$) $\forall \varepsilon>0$, $\forall \sigma>0$，记 $\varepsilon_0=\min\{\varepsilon,\sigma\}$. 因为

$$\lim_{k\to+\infty}\inf_{\alpha>0}\{\alpha + m(\{x \in E \mid | f_k(x) - f(x) | > \alpha\})\} = 0,$$

所以，$\exists K\in\mathbb{N}$，当 $k>K$ 时，有

$$\inf_{\alpha>0}\{\alpha + m(\{x \in E \mid | f_k(x) - f(x) | > \alpha\})\} < \varepsilon_0.$$

由此立知，$\exists \alpha_0$，s. t. $0<\alpha_0<\varepsilon_0\leqslant\sigma$，且

$$\alpha_0 + m(\{x \in E \mid | f_k(x) - f(x) | > \alpha_0\}) < \varepsilon_0,$$

$$m(\{x \in E \mid | f_k(x) - f(x) | > \alpha_0\}) < \varepsilon_0.$$

于是

$$m(\{x \in E \mid | f_k(x) - f(x) | > \sigma\}) \leqslant m(\{x \in E \mid | f_k(x) - f(x) | > \alpha_0\}) < \varepsilon_0 \leqslant \varepsilon.$$

这就证明了

$$f_k \underset{E}{\Rightarrow} f\ (k\to+\infty).$$

证法 2　($\Leftarrow$)因为 $\lim\limits_{k\to+\infty}\inf\limits_{\alpha>0}\{\alpha+m(\{x\in E \mid | f_k(x)-f(x) | >\alpha\})\}=0$，故可取严格单调减趋于 0 的正数列 $\{\delta_n\}$（简记为 $\{\delta_n\}\searrow 0$）和严格增的自然数列 $\{k_n\}$（简记为 $\{k_n\}\nearrow+\infty$），s. t. 当 $k\geqslant k_n$ 时

$$\inf_{\alpha>0}\{\alpha + m(\{x \in E \mid | f_k(x) - f(x) | > \alpha\}) < \delta_n,$$

取 $\delta_n>\alpha_n>0$，s. t.

$$\alpha_n + m(\{x \in E \mid | f_k(x) - f(x) | > \alpha_n\}) < \delta_n.$$

由此推得

$$m(\{x \in E \mid | f_k(x) - f(x) | > \alpha_n\}) < \delta_n - \alpha_n < \delta_n,$$

$$0 < \alpha_n < \delta_n,\ \lim_{n\to+\infty}\alpha_n = 0.$$

因此，对 $\forall \varepsilon>0$，$\forall \delta>0$，$\exists k_0\in\mathbb{N}$，s. t. $0<\alpha_{k_0}<\varepsilon$，$0<\delta_{k_0}<\delta$. 当 $k\geqslant k_0$ 时，有

$$m(\{x \in E \mid | f_k(x) - f(x) | > \varepsilon\}) \leqslant m(\{x \in E \mid | f_k(x) - f(x) | > \alpha_{k_0}\}) < \delta_{k_0} < \delta,$$

$$f_k \underset{E}{\Rightarrow} f\ (k\to+\infty).$$

□

【188】　设$(\mathbb{R}^1,\mathscr{L},m)$为 Lebesgue 测度空间，$E\in\mathscr{L}$. 如果对任何固定的 n，当 $k\to+\infty$时，有

$$f_k^{(n)} \overset{E}{\underset{m}{\Rightarrow}} f^{(n)};$$

而当 $n\to+\infty$时，有

$$f^{(n)} \overset{E}{\underset{m}{\Rightarrow}} f.$$

证明：在$\{f_k^{(n)}(x)\}$中可选取子列使其度量收敛于 f.

证明 证法1 任取两个正数列$\{\sigma_n\}\searrow 0$，$\{\varepsilon_n\}\searrow 0$.

对$\forall n\in\mathbb{N}$，由于 $f_k^{(n)}\Rightarrow f^{(n)}(k\to+\infty)$，故必有 k_n(且可选 $k_1<k_2<\cdots$)，s. t.

$$m\left\{E\left(|f_{k_n}^{(n)}-f^{(n)}|\geqslant\frac{\sigma_n}{2}\right)\right\}<\frac{\varepsilon_n}{2}.$$

下面证明$\{f_{k_n}^{(n)}\}$即为所求.

对$\forall\varepsilon>0$，$\forall\sigma>0$，$\exists N_1\in\mathbb{N}$，当 $n>N_1$ 时，$\sigma_n<\sigma$，$\varepsilon_n<\varepsilon$. 显然，当 $n>N_1$ 时，有

$$E\left(|f_{k_n}^{(n)}-f^{(n)}|\geqslant\frac{\sigma}{2}\right)\subset E\left(|f_{k_n}^{(n)}-f^{(n)}|\geqslant\frac{\sigma_n}{2}\right),$$

$$m\left(E\left(|f_{k_n}^{(n)}-f^{(n)}|\geqslant\frac{\sigma}{2}\right)\right)\leqslant m\left(E\left(|f_{k_n}^{(n)}-f^{(n)}|\geqslant\frac{\sigma_n}{2}\right)\right)<\frac{\varepsilon_n}{2}<\frac{\varepsilon}{2}.$$

又由 $f^{(n)}\Rightarrow f(n\to+\infty)$知，$\exists N_2\in\mathbb{N}$，当 $n>N_2$ 时，有

$$m\left(E\left(|f^{(n)}-f|\geqslant\frac{\sigma}{2}\right)\right)<\frac{\varepsilon}{2}.$$

取 $N=\max\{N_1,N_2\}$，当 $n>N$ 时，有

$$m\left(E\left(|f_{k_n}^{(n)}-f^{(n)}|\geqslant\frac{\sigma}{2}\right)\right)<\frac{\varepsilon}{2},\quad m\left(E\left(|f^{(n)}-f|\geqslant\frac{\sigma}{2}\right)\right)<\frac{\varepsilon}{2}.$$

因为

$$E(|f_{k_n}^{(n)}-f|\geqslant\sigma)\subset E\left(|f_{k_n}^{(n)}-f^{(n)}|\geqslant\frac{\sigma}{2}\right)\cup E\left(|f^{(n)}-f|\geqslant\frac{\sigma}{2}\right)$$

(如果 $x\notin E\left(|f_{k_n}^{(n)}-f|\geqslant\frac{\sigma}{2}\right)\cup E\left(|f^{(n)}-f|\geqslant\frac{\sigma}{2}\right)$，则

$$\begin{aligned}|f_{k_n}^{(n)}(x)-f(x)|&\leqslant|f_{k_n}^{(n)}(x)-f^{(n)}(x)|+|f^{(n)}(x)-f(x)|\\&<\frac{\sigma}{2}+\frac{\sigma}{2}=\sigma,\end{aligned}$$

$$x\notin E(|f_{k_n}^{(n)}-f|\geqslant\sigma)),$$

所以，当 $n>N$ 时，有

$$\begin{aligned}m(E(|f_{k_n}^{n}-f|\geqslant\sigma)&\leqslant m\left(E\left(|f_{k_n}^{(n)}-f|\geqslant\frac{\sigma}{2}\right)\right)+m\left(E\left(|f^{(n)}-f|\geqslant\frac{\sigma}{2}\right)\right)\\&<\frac{\varepsilon}{2}+\frac{\varepsilon}{2}=\varepsilon,\end{aligned}$$

即

$$f_{k_n}^{(n)}\Rightarrow f(n\to+\infty).$$

证法2 取两个正数列$\{\sigma_j\}=\left\{\frac{1}{j}\right\}=\{\varepsilon_j\}$.

由 $f^{(n)}\Rightarrow f(n\to+\infty)$知，$\exists n_j$，s. t.

$$m\left(E\left(|f^{(n_j)}-f|>\frac{\sigma_j}{2}\right)\right)<\frac{\varepsilon_j}{2},$$

由 $f_k^{(n_j)}\Rightarrow f^{(n_j)}(k\to+\infty)$知，$\exists\, k_j$，s. t.

$$m\left(E\left(\mid f_{k_j}^{(n_j)}-f^{(n_j)}\mid>\frac{\sigma_j}{2}\right)\right)<\frac{\varepsilon_j}{2},$$

且可取$\{n_j\}\uparrow$，$\{k_j\}\uparrow$. 于是，有 $f_{k_j}^{(n_j)}\Rightarrow f(j\to+\infty)$.

事实上，对$\forall\,\sigma>0$，$\forall\,\varepsilon>0$，取 $N\in\mathbb{N}$，s. t. 当 $j>N$ 时，有 $\sigma_j=\varepsilon_j=\dfrac{1}{j}<\min\{\sigma,\varepsilon\}$，且

$$\begin{aligned}
m(E(\mid f_{k_j}^{(n_j)}-f\mid>\sigma))&\leqslant m(E(\mid f_{k_j}^{(n_j)}-f\mid>\sigma_j))\\
&\leqslant m\left(E\left(\mid f_{k_j}^{(n_j)}-f^{(n_j)}\mid>\frac{\sigma_j}{2}\right)\cup E\left(\mid f^{(n_j)}-f\mid>\frac{\sigma_j}{2}\right)\right)\\
&\leqslant m\left(E\left(\mid f_{k_j}^{(n_j)}-f^{(n_j)}\mid>\frac{\sigma_j}{2}\right)\right)+m\left(E\left(\mid f^{(n_j)}-f\mid>\frac{\sigma_j}{2}\right)\right)\\
&<\frac{\varepsilon_j}{2}+\frac{\varepsilon_j}{2}=\varepsilon_j<\varepsilon.
\end{aligned}$$

因此

$$f_{k_j}^{(n_j)}\Rightarrow f(j\to+\infty).$$ □

注　题[188]中，当 $m(E)<+\infty$时，有

证法 3　因为 $f^{(n)}\overset{E}{\underset{m}{\Rightarrow}}f\quad(n\to+\infty)$，根据 Riesz 定理 3.2.3，必有$\{f^{(n)}\}$的子列$\{f^{(n_i)}\}$在 E 上几乎处处收敛于 f(此处用不到 $m(E)<+\infty$). 对每个 n_i，由 $f_k^{(n_i)}\overset{E}{\underset{m}{\Rightarrow}}f^{(n_i)}(k\to+\infty)$，再根据 Riesz 定理 3.2.3，必有$\{f_k^{(n_i)}\}$的子列$\{f_{k_j}^{(n_i)}\}$在 E 上几乎处处收敛于 $f^{(n_i)}$(此处也用不到 $m(E)<+\infty$). 应用题[287]的结论，$\{f_{k_j}^{(n_i)}\}$必有子列在 E 上几乎处处收敛于 f. 最后，根据定理 3.2.4 知，上面得到的子列在 E 上必度量收敛于 f(此处用到 $m(E)<+\infty$!). □

【189】　设$(X,\mathscr{R},\mu)$为测度空间. $E\in\mathscr{R}$，$\mu(E)<+\infty$，且 E 上的可测函数列 $f_k\underset{\mu}{\Rightarrow}f$(有限函数)，则对$\forall\,\alpha>0$，证明：

(1) $|f_k|^\alpha\overset{E}{\underset{\mu}{\Rightarrow}}|f|^\alpha$.

(2) 对 E 上的任何可测函数 h，有$|f_k-h|^\alpha\overset{E}{\underset{\mu}{\Rightarrow}}|f-h|^\alpha$.

证明　根据推论 3.2.1 知，f 为 E 上的可测函数.

(1) 当 $0<\alpha\leqslant 1$ 时，易证

$$\mid x+y\mid^\alpha\leqslant\mid x\mid^\alpha+\mid y\mid^\alpha,\qquad\mid\mid x\mid^\alpha-\mid y\mid^\alpha\mid\leqslant\mid x-y\mid^\alpha.$$

于是

$$\begin{aligned}
&0\leqslant\mu(E(\mid\mid f_k\mid^\alpha-\mid f\mid^\alpha\mid>\sigma))\leqslant\mu(E(\mid f_k-f\mid^\alpha>\sigma))\\
&\quad=\mu(E(\mid f_k-f\mid>\sigma^{\frac{1}{\alpha}}))\to 0(k\to+\infty),\\
&\mu(E(\mid\mid f_k\mid^\alpha-\mid f\mid^\alpha\mid>\sigma))\to 0(k\to+\infty),\\
&\mid f_k\mid^\alpha\overset{E}{\underset{\mu}{\Rightarrow}}\mid f\mid^\alpha.
\end{aligned}$$

当 $\alpha>1$ 时，令 $\alpha=N+\alpha_1$，其中 $N\in\mathbb{N}$，$0\leqslant\alpha_1<1$， 由 $\mu(E)<+\infty$ 得到

$$\begin{aligned}|f_k|^{\alpha}&=|f_k|^{N+\alpha_1}\\&=|f_k|^{N}\cdot|f_k|^{\alpha_1}\xrightarrow[0\leqslant\alpha_1<1\text{的结论}]{\text{定理}3.2.6(5)}|f|^{N}\cdot|f|^{\alpha_1}\\&=|f|^{N+\alpha_1}=|f|^{\alpha}(k\to+\infty).\end{aligned}$$

(2) 因 $f_k\overset{E}{\underset{\mu}{\Rightarrow}}f$，故 $f_k-h\overset{E}{\underset{\mu}{\Rightarrow}}f-h$. 再由(1)，当 $\alpha>0$ 时即得

$$|f_k-h|^{\alpha}\overset{E}{\underset{\mu}{\Rightarrow}}|f-h|^{\alpha}.$$ □

注 当 $\alpha>1$，$\mu(E)=+\infty$，上述结论不一定正确.

参阅例 3.2.4 或取 $E=(0,+\infty)$，$\alpha=2$，

$$f_k(x)=x+\frac{1}{k},f(x)=x.$$

$$f_k\overset{E}{\underset{\mu}{\Rightarrow}}f,\quad \text{但 } f_k^2\overset{E}{\underset{\mu}{\not\Rightarrow}}f^2.$$

3.3 积分理论

定义 3.3.1 (非负可测简单函数的积分)设 h 为 $(X,\mathscr{R},\mu)$ 上的非负简单可测函数，即它在 $A_i\in\mathscr{R}$ 上取值 $c_i\in\mathscr{R}$，$i=1,2,\cdots,p$ $(A_1,A_2,\cdots,A_p$ 互不相交)：

$$h(x)=\sum_{i=1}^{p}c_i\chi_{A_i}(x).$$

若 $E\in\mathscr{R}$，我们定义 h 在 E 上的**积分**为

$$(\mathrm{L})\int h\mathrm{d}\mu\xlongequal{\text{def}}\sum_{i=1}^{p}c_i\mu(E\cap A_i)$$

(上式右边约定 $0\cdot(+\infty)$ 和 $(+\infty)\cdot 0$ 都等于 0. 易见，此积分值只与 $h(x)$ 在 E 上的值有关).

定理 3.3.1(非负可测简单函数积分的线性性) 设 f,g 为 $(X,\mathscr{R},\mu)$ 上的非负广义可测简单函数，f 在 $A_i\in\mathscr{R}$ 上取值 $a_i(i=1,2,\cdots,p)$，g 在 $B_j\in\mathscr{R}$ 上取值 $b_j(j=1,2,\cdots,q)$，$E\in\mathscr{R}$，α,β 为非负常数，则有：

(1) $\int_E\alpha f\mathrm{d}\mu=\alpha\int_E f\mathrm{d}\mu$.

(2) $\int_E(f+g)\mathrm{d}\mu=\int_E f\mathrm{d}\mu+\int_E g\mathrm{d}\mu$.

(3) $\int_E(\alpha f+\beta g)\mathrm{d}\mu=\alpha\int_E f\mathrm{d}\mu+\beta\int_E g\mathrm{d}\mu$.

定理 3.3.2 设 h 为 $(X,\mathscr{R},\mu)$ 上的非负可测简单函数，$\{E_k\}$ 为递增可测集列，$E=\bigcup_{k=1}^{\infty}E_k\in\mathscr{R}$，则

$$\int_E h\,d\mu = \int_{\bigcup\limits_{k=1}^{\infty} E_k} h\,d\mu = \lim_{k\to+\infty}\int_{E_k} h\,d\mu.$$

定义 3.3.1′(非负可测函数的积分)　设 f 为 $E\in\mathscr{R}$ 上的非负广义可测函数,我们定义 f 在 E 上的**积分**为

$$\int_E f\,d\mu \xlongequal{\text{def}} \sup_{\substack{h(x)\leqslant f(x)\\ x\in E}} \left\{\int_E h\,d\mu \mid h\text{ 为}(X,\mathscr{R},\mu)\text{ 上的非负可测简单函数}\right\}$$

(注意到 $h(x)=0\leqslant f(x),\forall x\in E$). 这里的积分可以为 $+\infty$; 若 $\int_E f\,d\mu<+\infty$, 则称 $\boldsymbol{f}$ **在** $\boldsymbol{E}$ **上是可积的,或称** $\boldsymbol{f}$ **为** $\boldsymbol{E}$ **上的可积函数**.

定理 3.3.3　设 f,g 为 $E\in\mathscr{R}$ 上的非负广义可测函数, $A\subset E, A\in\mathscr{R}$, 有:

(1) 若 $f(x)\leqslant g(x),\forall x\in E$, 则 $\int_E f\,d\mu\leqslant\int_E g\,d\mu$.

(2) $\int_A f\,d\mu=\int_E f\chi_A\,d\mu\leqslant\int_E f\,d\mu$.

(3) $\int_E cf\,d\mu=c\int_E f\,d\mu$, c 为非负常数($c=0$, 且 $\int_E f\,d\mu=+\infty$ 时,理解 $0\cdot(+\infty)=0$).

定理 3.3.4(Levi 递增积分定理,极限与积分的次序可交换)　设 $(X,\mathscr{R},\mu)$ 为测度空间, $\{f_k\}$ 为 $E\in\mathscr{R}$ 上的非负广义可测递增函数列,则

$$f_1(x)\leqslant f_2(x)\leqslant\cdots\leqslant f_k(x)\leqslant\cdots(\text{简记为 } f_k\nearrow),$$

且

$$\lim_{k\to+\infty} f_k(x)=f(x),\ \forall x\in E.$$

则

$$\lim_{k\to+\infty}\int_E f_k\,d\mu=\int_E f\,d\mu=\int_E \lim_{k\to+\infty} f_k\,d\mu$$

(由于 $\int_E f\,d\mu$ 与 $f_k\nearrow f$ 中 f_k 的选取无关,故可用左边 $\lim\limits_{k\to+\infty}\int_E f_k\,d\mu$ 来定义积分 $\int_E f\,d\mu$).

例 3.3.2　设 $(X,\mathscr{R},\mu)$ 为测度空间, f 为 $E\in\mathscr{R}$ 上的非负(广义)可测函数,则存在 E 上非负可测简单函数列 $\{\varphi_k\}$, s. t.

$$\lim_{k\to+\infty}\varphi_k(x)=f(x).$$

定理 3.3.5(非负广义可测函数积分的线性性)　设 $(X,\mathscr{R},\mu)$ 为测度空间, f,g 为 $E\in\mathscr{R}$ 上的非负广义可测函数, α 和 β 为非负实常数,则

$$\int_E(\alpha f+\beta g)\,d\mu=\alpha\int_E f\,d\mu+\beta\int_E g\,d\mu.$$

定理 3.3.6　设 $(X,\mathscr{R},\mu)$ 为测度空间, f 为 E 上的非负可积函数.

(1) 若 $\mu(E)=0$, 则 $\int_E f\,d\mu=0$.

(2) 若在 E 上, $f\underset{\mu}{\dot{>}}0$, 且 $\int_E f\,d\mu=0$, 则 $\mu(E)=0$.

(3) 若$\int_E f\,\mathrm{d}\mu=0$,则 $f \underset{\mu}{\doteq} 0$.

定理 3.3.7 设$(X,\mathscr{R},\mu)$为测度空间,f,g 为 $E\in\mathscr{R}$ 上的非负广义可测函数.

(1) 若在 E 上 $f\underset{\mu}{\doteq} g$,则$\int_E f\,\mathrm{d}\mu=\int_E g\,\mathrm{d}\mu$.

(2) f 在 E 上可积$\rightleftarrows$在 E 上,$0\leqslant f \underset{\mu}{<} +\infty$.

定理 3.3.8(Lebesgue 基本定理,逐项积分) 设$(X,\mathscr{R},\mu)$为测度空间,$\{u_k\}$为 $E\in\mathscr{R}$ 上的非负广义可测函数列,则有

$$\int_E \sum_{k=1}^{\infty} u_k\,\mathrm{d}\mu=\sum_{k=1}^{\infty}\int_E u_k\,\mathrm{d}\mu.$$

定理 3.3.9 设$(X,\mathscr{R},\mu)$为测度空间,$E_k\in\mathscr{R}$,$k=1,2,\cdots$,$E_i\cap E_j=\varnothing(i\neq j)$.如果 f 为 $E=\bigcup\limits_{k=1}^{\infty}E_k$ 上的非负广义可测函数,则

$$\int_E f\,\mathrm{d}\mu=\int_{\bigcup\limits_{k=1}^{\infty}E_k} f\,\mathrm{d}\mu=\sum_{k=1}^{\infty}\int_{E_k} f\,\mathrm{d}\mu.$$

特别当 $f\equiv 1$ 时,上式变为 $\mu(E)=\mu\left(\bigcup\limits_{k=1}^{\infty}E_k\right)=\sum\limits_{k=1}^{\infty}\mu(E_k)$,这就是测度 μ 的可数可加性.

例 3.3.3 设 $E_1,E_2,\cdots,E_n$ 为$[0,1]$中的 Lebesgue 可测集,$[0,1]$中的每一点至少属于上述集合中的 k 个$(k\leqslant n)$,则 $E_1,E_2,\cdots,E_n$ 中必有一个点集的测度$\geqslant\frac{k}{n}$.

定理 3.3.10 (非负广义可测函数列的 Fatou 引理)设$(X,\mathscr{R},\mu)$为测度空间,$\{f_k\}$为 $E\in\mathscr{R}$上的非负广义可测函数列,则

$$\int_E \varliminf_{k\to+\infty} f_k\,\mathrm{d}\mu\leqslant \varliminf_{k\to+\infty}\int_E f_k\,\mathrm{d}\mu.$$

定理 3.3.11 (非负广义可测函数可积的充要条件)设$(X,\mathscr{R},\mu)$为测度空间,f 为 $E\in\mathscr{R}$ 上的几乎处处有限的非负广义可测函数,$\mu(E)<+\infty$.在$[0,+\infty)$上分割:

$$0=y_0<y_1<\cdots<y_k<y_{k+1}<\cdots,\ \lim_{k\to+\infty}y_k=+\infty,$$

其中 $y_{k+1}-y_k<\delta(k=0,1,2,\cdots)$,则

$$f\text{ 在 }E\text{ 上可积}\Leftrightarrow\sum_{k=0}^{\infty}y_k\mu(E_k)<+\infty,$$

这里 $E_k=\{x\in E\mid y_k\leqslant f(x)<y_{k+1}\}$.此时,有

$$\lim_{\delta\to 0^+}\sum_{k=0}^{\infty}y_k\mu(E_k)=\int_E f\,\mathrm{d}\mu.$$

定义 3.3.1″ (一般可测函数的积分)设$(X,\mathscr{R},\mu)$为测度空间,f 为 $E\in\mathscr{R}$ 上的广义可测函数.如果两个非负广义可测函数

$$f^{+}(x)=\begin{cases}f(x), & \text{当 } f(x)\geqslant 0,\\ 0, & \text{当 } f(x)<0;\end{cases}\quad f^{-}(x)=\begin{cases}0, & \text{当 } f(x)\geqslant 0,\\ -f(x), & \text{当 } f(x)<0\end{cases}$$

的积分中至少有一个为有限值，则称

$$\int_E f\,\mathrm{d}\mu=\int_E f^{+}\,\mathrm{d}\mu-\int_E f^{-}\,\mathrm{d}\mu$$

为 f 在 $E\in\mathscr{R}$ 上的**积分**. 此时，称 f 在 $E\in\mathscr{R}$ 上是**广义可积**的. 当上式右端两个积分值皆为有限值时，则称 f 在 $E\in\mathscr{R}$ 上是**可积**的，或称 f 为 $E\in\mathscr{R}$ 上的**可积函数**.

显然，$f=f^{+}-f^{-}$，$|f|=f^{+}+f^{-}$. 因此

$$\int_E f\,\mathrm{d}\mu=\int_E(f^{+}-f^{-})\,\mathrm{d}\mu=\int_E f^{+}\,\mathrm{d}\mu-\int_E f^{-}\,\mathrm{d}\mu\text{(其中至少一个积分为有限值)},$$

$$\int_E |f|\,\mathrm{d}\mu=\int_E(f^{+}+f^{-})\,\mathrm{d}\mu=\int_E f^{+}\,\mathrm{d}\mu+\int_E f^{-}\,\mathrm{d}\mu.$$

定理 3.3.12 设 $(X,\mathscr{R},\mu)$ 为测度空间，f 在 $E\in\mathscr{R}$ 上为广义可测函数，则

$$f\text{ 可积}\Leftrightarrow |f|\text{ 可积},$$

且有

$$\left|\int_E f\,\mathrm{d}\mu\right|\leqslant\int_E |f|\,\mathrm{d}\mu.$$

定理 3.3.13 设 $(X,\mathscr{R},\mu)$ 为测度空间.

(1) 设 f 在 $E\in\mathscr{R}$ 上为几乎处处有界的广义可测函数，且 $\mu(E)<+\infty$，则 f 在 E 上可积.

(2) f 在 $E\in\mathscr{R}$ 上可积 $\underset{\nLeftarrow}{\Rightarrow}$ f 在 $E\in\mathscr{R}$ 上几乎处处有限.

(3) 设 f 在 $E\in\mathscr{R}$ 上为广义可测函数，且 $|f(x)|\underset{\mu}{\dot{\leqslant}}|g(x)|$，$x\in E$ 若 g 在 E 上可积，则 f 在 E 上也可积.

(4) 设 f 在 $E\in\mathscr{R}$ 上可测，$f\underset{\mu}{\dot{\geqslant}}0$，则 $\int_E f\,\mathrm{d}\mu\geqslant 0$.

一般地，如果 f,g 在 $E\in\mathscr{R}$ 上可积，且 $f\underset{\mu}{\dot{\leqslant}}g$，则 $\int_E f\,\mathrm{d}\mu\leqslant\int_E g\,\mathrm{d}\mu$.

(5) 设在 E 上 f 可积，且 $g\underset{\mu}{\doteq}f$，则 g 在 E 也可积，且 $\int_E g\,\mathrm{d}\mu=\int_E f\,\mathrm{d}\mu$.

(6) 设在 $E\in\mathscr{R}$ 上，$f\underset{\mu}{\doteq}0$，则 $\int_E f\,\mathrm{d}\mu=0$. 反之，如果 $f\underset{\mu}{\dot{\geqslant}}0$，$\int_E f\,\mathrm{d}\mu=0$，则 $f\underset{\mu}{\doteq}0$.

定理 3.3.14 (一般可积函数积分的线性性)设 $(X,\mathscr{R},\mu)$ 为测度空间，f,g 为 $E\in\mathscr{R}$ 上的可积函数，α,β 为实常数，则有

$$\int_E(\alpha f+\beta g)\,\mathrm{d}\mu=\alpha\int_E f\,\mathrm{d}\mu+\beta\int_E g\,\mathrm{d}\mu.$$

定理 3.3.15 (积分的绝对(全)连续性)设 $(X,\mathscr{R},\mu)$ 为测度空间，f 在 $E\in\mathscr{R}$ 上可积，则对 $\forall\,\varepsilon>0$，$\exists\,\delta>0$，s. t. 当 $e\subset E$，$\mu(e)<\delta$ 时，有

$$\left|\int_e f\mathrm{d}\mu\right| \leqslant \int_e |f|\mathrm{d}\mu < \varepsilon.$$

定理 3.3.16 （积分的可数可加性）设$(X,\mathscr{R},\mu)$为测度空间，$E_k\in\mathscr{R}$，$k=1,2,\cdots$，$E_i\cap E_j=\varnothing(i\neq j)$，$E=\bigcup_{k=1}^{\infty}E_k$，则

$$f\text{ 在 }E\text{ 上可积}\Leftrightarrow \text{①}f\text{ 在 }E_k\text{ 上可积；②}\sum_{k=1}^{\infty}\int_{E_k}|f|\mathrm{d}\mu<+\infty.$$

当f在E上可积时，则

$$\int_E f\mathrm{d}\mu=\int_{\bigcup\limits_{k=1}^{\infty}E_k}f\mathrm{d}\mu=\sum_{k=1}^{\infty}\int_{E_k}f\mathrm{d}\mu.$$

例 3.3.5 （可积函数几乎处处为零的判别法）设$f\in\mathscr{L}([a,b])$（$[a,b]$上 Lebesgue 可积函数的全体），若对$\forall c\in[a,b]$，有

$$(\mathrm{L})\int_a^c f(x)\mathrm{d}x=0,$$

则在$[a,b]$上有$f(x)\underset{m}{\doteq}0$.

例 3.3.6 设$(X,\mathscr{R},\mu)$为测度空间，$E\in\mathscr{R}$，f为E上的可测函数.如果对E上任何可积函数g，$f\cdot g$在E上都为可积函数，则在E上f几乎处处有界.

例 3.3.7 设f为$\mathbb{R}^n$上的 Lebesgue 可积函数，且对$\mathbb{R}^n$中的任何 Lebesgue 可测集E，均有

$$\int_E f(\boldsymbol{x})\mathrm{d}\boldsymbol{x}=0.$$

则$f(\boldsymbol{x})\underset{m}{\doteq}0$，$x\in\mathbb{R}^n$.

定义 3.3.2 设$(X,\mathscr{R},\mu)$为测度空间，$E\in\mathscr{R}$，f，$f_n(n\in\mathbb{N})$在E上都可积，如果

$$\lim_{n\to+\infty}\int_E|f_n-f|\mathrm{d}\mu=0,$$

则称$\{f_n\}$**平均收敛**（即定义 4.1.4 中的 1 次幂平均收敛）**于f**.

定理 3.3.17 $\{f_n\}$平均收敛于$f\;\underset{\not\Leftarrow}{\Rightarrow}\;\{f_n\}$依测度收敛于$f$.

【190】 设f为 Lebesgue 可测集$E\subset\mathbb{R}^n$上几乎处处大于零的 Lebesgue 可测函数，且满足

$$(\mathrm{L})\int_E f\mathrm{d}m=0.$$

证明：$m(E)=0$.

证明 证法 1 （反证）假设$m(E)\neq0$，则由f在E上几乎处处大于零，故

$$E=E(f\leqslant0)\cup\left(\bigcup_{n=1}^{\infty}E\left(\frac{1}{n}\leqslant f\right)\right)$$

中$m(E(f\leqslant0))=0$，且必有$n_0\in\mathbb{N}$，s. t. $m\left(E\left(\frac{1}{n_0}\leqslant f\right)\right)>0$.因此

$$0=(\mathrm{L})\int_E f\,\mathrm{d}m \geqslant (\mathrm{L})\int_{E\left(\frac{1}{n_0}\leqslant f\right)} f\,\mathrm{d}m \geqslant \frac{1}{n_0}\cdot m\left(E\left(\frac{1}{n_0}\leqslant f\right)\right)>0,$$

矛盾.

证法 2 (反证)假设 $m(E)\neq 0$,则由 f 在 E 上几乎处处大于零,故

$$E=E(f\leqslant 0)\cup\left(\bigcup_{n=1}^{\infty}E\left(\frac{1}{n+1}<f\leqslant\frac{1}{n}\right)\right)\cup E(1<f)$$

中 $m(E(f\leqslant 0))=0$,且必有 $n_0\in\mathbb{N}$, s. t. $m\left(E\left(\frac{1}{n_0+1}<f\leqslant\frac{1}{n_0}\right)\right)>0$ 或 $m(E(1<f))>0$.

因此

$$0=(\mathrm{L})\int_E f\,\mathrm{d}m \geqslant (\mathrm{L})\int_{E\left(\frac{1}{n_0+1}<f\leqslant\frac{1}{n_0}\right)} f\,\mathrm{d}m \geqslant \frac{1}{n_0+1}\cdot m\left(E\left(\frac{1}{n_0+1}<f\leqslant\frac{1}{n_0}\right)\right)>0,$$

$$\text{或}\geqslant(\mathrm{L})\int_{E(1<f)} f\,\mathrm{d}m \geqslant 1\cdot m(E(1<f))>0,$$

矛盾. □

注 从题[190]可看出,如果 $m(E)>0$,且 f 在 E 上几乎处处大于 0,则 $(\mathrm{L})\int_E f\,\mathrm{d}m>0$.

【191】 设 f 为 $E\subset\mathbb{R}^n$ 上的非负 Lebesgue 可积函数,

$$E_k=\{x\in E\mid f(x)\geqslant k\},k=1,2,\cdots.$$

证明:$\sum\limits_{k=1}^{\infty}m(E_k)<+\infty$.

证明 记 $F_k=\{x\in E\mid k\leqslant f(x)<k+1\}$, $k=0,1,\cdots$,则 $E=\coprod\limits_{k=0}^{\infty}F_k$($\coprod$ 表示不交并).

于是

$$\begin{aligned}+\infty \overset{\text{L可积}}{>} (\mathrm{L})\int_E f\,\mathrm{d}m &= \sum_{k=0}^{\infty}(\mathrm{L})\int_{F_k} f\,\mathrm{d}m \geqslant \sum_{k=0}^{\infty}k\cdot m(F_k)\\ &=[m(F_1)+m(F_2)+m(F_3)+\cdots]+[m(F_2)\\ &\quad +m(F_3)+\cdots]+[m(F_k)+\cdots]+\cdots\\ &=\sum_{k=1}^{\infty}m(E_k).\end{aligned}$$

□

【192】 设 f 为 $E\subset\mathbb{R}^n$ 上的非负 Lebesgue 可测函数,且 $m(E)<+\infty$. 证明:

$$f\text{ 为 }E\text{ 上的 Lebesgue 可积函数}\Leftrightarrow\sum_{k=0}^{\infty}2^k\cdot m(\{x\in E\mid f(x)\geqslant 2^k\})\text{ 收敛}.$$

证明 令 $E_k=\{x\in E\mid f(x)\geqslant 2^k\}$, $k=0,1,2,\cdots$,则

$$2^k[m(E_k)-m(E_{k+1})]\leqslant(\mathrm{L})\int_{E_k-E_{k+1}} f\,\mathrm{d}m\leqslant 2^{k+1}[m(E_k)-m(E_{k+1})],k=0,1,2,\cdots$$

$$\sum_{k=0}^{\infty}2^k[m(E_k)-m(E_{k+1})]\leqslant(\mathrm{L})\int_{E_0} f\,\mathrm{d}m\leqslant\sum_{k=0}^{\infty}2^{k+1}[m(E_k)-m(E_{k+1})],$$

$$\frac{1}{2}\sum_{k=0}^{\infty}2^k m(E_k)+\frac{1}{2}m(E_0)\leqslant(\mathrm{L})\int_{E_0}f\mathrm{d}m\leqslant\sum_{k=0}^{\infty}2^k m(E_k)+m(E_0).$$

又因为

$$0\leqslant(\mathrm{L})\int_{E-E_0}f\mathrm{d}m\leqslant\int_E 1\mathrm{d}m=m(E)<+\infty,$$

所以

$$f\text{ 在 }E\text{ 上 Lebesgue 可积}\Leftrightarrow f\text{ 在 }E_0\text{ 上 Lebesgue 可积}$$
$$\Leftrightarrow\sum_{k=0}^{\infty}2^k m(E_k)=\sum_{k=0}^{\infty}2^k m(\{x\in E\mid f(x)\geqslant 2^k\})\text{ 收敛.}$$ □

【193】 设 f 为 $E\subset\mathbb{R}^n$ 上的 Lebesgue 可测函数，$m(E)<+\infty$. 证明：

f^2 为 E 上的 Lebesgue 可积函数 $\Leftrightarrow\sum\limits_{k=1}^{\infty}k\cdot m(\{x\in E\mid |f(x)|>k\})<+\infty$.

如果 $m(E)=+\infty$，举例说明充分性不成立.

证明 证法 1 令 $E_k=\{x\in E\mid |f(x)|>k\}$，则

$$k^2[m(E_k)-m(E_{k+1})]\leqslant\int_{E_k-E_{k+1}}f^2\mathrm{d}m\leqslant(k+1)^2[m(E_k)-m(E_{k+1})],$$

$$\sum_{k=0}^{\infty}k^2[m(E_k)-m(E_{k+1})]\leqslant\int_E f^2\mathrm{d}m\leqslant\sum_{k=0}^{\infty}(k+1)^2[m(E_k)-m(E_{k+1})],$$

$$\sum_{k=1}^{\infty}km(E_k)\leqslant\sum_{k=0}^{\infty}(2k+1)m(E_{k+1})\leqslant\int_E f^2\mathrm{d}m\leqslant\sum_{k=0}^{\infty}(2k+1)m(E_k)$$

$$\leqslant 3\sum_{k=1}^{\infty}km(E_k)+m(E_0)\leqslant 3\sum_{k=1}^{\infty}km(E_k)+m(E).$$

由此推得

$$f^2\text{ 在 }E\text{ 上 Lebesgue 可积}\Leftrightarrow\sum_{k=1}^{\infty}km(E_k)=\sum_{k=1}^{\infty}k\cdot m(\{x\in E\mid |f(x)|>k\})<+\infty.$$

证法 2 设 $F_k=\{x\in E\mid k<|f(x)|\leqslant k+1\}$，

$$E_k=\{x\in E\mid |f(x)|>k\}=\bigcup_{l=k}^{\infty}F_l,\quad A=\{x\in E\mid |f(x)|\leqslant 1\}.$$

则

$$E=A\cup\left(\bigcup_{k=1}^{\infty}F_k\right).$$

由此可推得

$$\sum_{k=1}^{\infty}km(E_k)=\sum_{k=1}^{\infty}k\sum_{l=k}^{\infty}m(F_l)=\sum_{l=1}^{\infty}\sum_{k=1}^{l}km(F_l)$$
$$=\sum_{l=1}^{\infty}\frac{l(l+1)}{2}m(F_l)=\sum_{k=1}^{\infty}\frac{k(k+1)}{2}m(F_k).$$

$$(\Leftarrow)(\mathrm{L})\int_E f^2\mathrm{d}m=(\mathrm{L})\int_A f^2\mathrm{d}m+\sum_{k=1}^{\infty}(\mathrm{L})\int_{F_k}f^2\mathrm{d}m\leqslant m(A)+\sum_{k=1}^{\infty}(k+1)^2m(F_k)$$

$$\leqslant m(E)+4\sum_{k=1}^{\infty}\frac{k(k+1)}{2}m(F_k)\leqslant m(E)+4\sum_{k=1}^{\infty}km(E_k)<+\infty,$$

$f^2\in\mathscr{L}(E)$，即 f^2 在 E 上 Lebesgue 可积.

$$(\Rightarrow)\sum_{k=1}^{\infty}km(E_k)=\sum_{k=1}^{\infty}\frac{k(k+1)}{2}m(F_k)\leqslant\sum_{k=1}^{\infty}k^2m(F_k)\leqslant(\mathrm{L})\int_E f^2\mathrm{d}m<+\infty$$

证法 3　设 $\widetilde{E}_n=\{x\in E\mid n<|f(x)|\leqslant n+1\}$，$k=0,1,2,\cdots$，则 $E=\left(\bigcup_{n=0}^{\infty}\widetilde{E}_n\right)\cup\{x\in E\mid f(x)=0\}$，且有

$$\sum_{n=0}^{\infty}n\cdot m(\widetilde{E}_n)\leqslant\sum_{n=0}^{\infty}\int_{\widetilde{E}_n}|f(x)|\,\mathrm{d}x=\int_E|f(x)|\,\mathrm{d}x$$

$$\leqslant\sum_{n=0}^{\infty}(n+1)m(\widetilde{E}_n)=\sum_{n=0}^{\infty}n\cdot m(\widetilde{E}_n)+m(E);$$

$$\sum_{n=0}^{\infty}n^2\cdot m(\widetilde{E}_n)\leqslant\sum_{n=0}^{\infty}\int_{\widetilde{E}_n}f^2(x)\mathrm{d}x\leqslant\int_E f^2(x)\mathrm{d}x$$

$$\leqslant\sum_{n=0}^{\infty}(n+1)^2\cdot m(\widetilde{E}_n)=\sum_{n=0}^{\infty}n^2\cdot m(\widetilde{E}_n)+2\sum_{n=0}^{\infty}n\cdot m(\widetilde{E}_n)+m(E).$$

此外，再根据等式

$$\frac{1}{2}\sum_{n=1}^{\infty}n\cdot m(\widetilde{E}_n)+\frac{1}{2}\sum_{n=1}^{\infty}n^2\cdot m(\widetilde{E}_n)=\sum_{n=1}^{\infty}\frac{n(n+1)}{2}m(\widetilde{E}_n)=\sum_{n=1}^{\infty}\sum_{k=1}^{n}k\cdot m(\widetilde{E}_n)$$

$$=\sum_{k=1}^{\infty}k\sum_{n=k}^{\infty}m(\widetilde{E}_n)=\sum_{k=1}^{\infty}k\cdot m(\{x\in E\mid |f(x)|>k\}),$$

我们推得

f^2 在 E 上 Lebesgue 可积（此时也有 $|f|$，f 在 E 上 Lebesgue 可积）

$$\Leftrightarrow\sum_{n=0}^{\infty}n\cdot m(\widetilde{E}_n)<+\infty,\ \sum_{n=0}^{\infty}n^2\cdot m(\widetilde{E}_n)<+\infty$$

$$\Leftrightarrow\sum_{k=1}^{\infty}k\cdot m(\{x\in E\mid |f(x)|>k\})<+\infty.$$

（注意：$(\Rightarrow)$ 用不到 $m(E)<+\infty$）.

如果 $m(E)=+\infty$，充分性不成立.

反例：$f(x)=1$，$\forall x\in E=\mathbb{R}^n$.

$$\sum_{k=1}^{\infty}k\cdot m(\{x\in E\mid |f(x)|>k\})=\sum_{k=1}^{\infty}k\cdot 0=0<+\infty,$$

但

$$(\mathrm{L})\int_E f^2\,\mathrm{d}m=(\mathrm{L})\int_{\mathbb{R}^n}1\mathrm{d}m=+\infty,$$

即 f^2 在 $E=\mathbb{R}^n$ 上不是 Lebesgue 可积的. □

【194】 设 f 为 $E=[a,b]$ 上的正值 Lebesgue 可积函数，$0<q\leqslant b-a$，

$$\mathscr{A}=\{e\subset[a,b]\mid m(e)\geqslant q\}.$$

证明：

$$\inf_{e\in\mathscr{A}}\{(\mathrm{L})\int_e f\,\mathrm{d}m\}>0.$$

证明 证法 1 因 $f(x)>0$，故

$$\bigcap_{n=1}^{\infty}E\left(f<\frac{1}{n}\right)=\varnothing.$$

于是，$\exists N\in\mathbb{N}$, s. t. $m\left(E\left(f<\frac{1}{N}\right)\right)<\frac{q}{2}$，且

$$m\left(e-E\left(f<\frac{1}{N}\right)\right)\geqslant m(e)-m\left(E\left(f<\frac{1}{N}\right)\right)\geqslant q-\frac{q}{2}=\frac{q}{2}.$$

从而

$$(\mathrm{L})\int_e f\,\mathrm{d}m\geqslant\int_{e-E\left(f<\frac{1}{N}\right)}f\,\mathrm{d}m\geqslant\frac{1}{N}\cdot\frac{q}{2}>0,$$

$$\inf_{e\in\mathscr{A}}\{(\mathrm{L})\int_e f\,\mathrm{d}m\}\geqslant\frac{1}{N}\cdot\frac{q}{2}>0.$$

证法 2 因 $f(x)>0$，$x\in[a,b]$，故必有

$$\inf_{e\in\mathscr{A}}\{(\mathrm{L})\int_e f\,\mathrm{d}m\}\geqslant 0.$$

(反证)假设 $\inf\limits_{e\in\mathscr{A}}\{(\mathrm{L})\int_e f\,\mathrm{d}m\}=0$，则对 $\forall k\in\mathbb{N}$，$\exists e_k\in\mathscr{A}$, s. t.

$$(\mathrm{L})\int_{e_k}f\,\mathrm{d}m<\frac{1}{2^k}.$$

令 $A=\bigcap\limits_{n=1}^{\infty}\bigcup\limits_{k=n}^{\infty}e_k$，由 $m(e_k)\geqslant q$ 可知，

$$m(A)=\lim_{n\to+\infty}\left(m\left(\bigcup_{k=n}^{\infty}e_k\right)\right)\geqslant\lim_{n\to+\infty}m(e_n)\geqslant\lim_{n\to+\infty}q=q>0.$$

于是，对 $\forall n\in\mathbb{N}$，有

$$0\leqslant\int_A f\,\mathrm{d}m=\int_{\bigcap\limits_{n=1}^{\infty}\bigcup\limits_{k=n}^{\infty}e_k}f\,\mathrm{d}m\leqslant\int_{\bigcup\limits_{k=n}^{\infty}e_k}f\,\mathrm{d}m\leqslant\sum_{k=n}^{\infty}\int_{e_k}f\,\mathrm{d}m$$

$$<\sum_{k=n}^{\infty}\frac{1}{2^k}=\frac{1}{2^{n-1}}\to 0\ (n\to+\infty),$$

$$0\leqslant\int_A f\,\mathrm{d}m\leqslant 0,$$

$$\int_A f\,\mathrm{d}m = 0.$$

由此推得,在 A 上,$f \underset{m}{\doteq} 0$. 这与题设 f 为正值函数相矛盾.

证法 3　令　$B_0 = \{x \in [a,b] \mid 1 \leqslant f(x) < +\infty\}$,

$$B_k = \left\{x \in [a,b] \,\middle|\, \frac{1}{k+1} \leqslant f(x) < \frac{1}{k}\right\}, k = 1, 2, \cdots$$

则　$[a,b] = \bigcup_{k=0}^{\infty} B_k$. 对 $0 < q \leqslant b-a$,取 $\varepsilon \in (0,q)$,由

$$\sum_{k=0}^{\infty} m(B_k) = m([a,b]) = b-a$$

知,$\exists k_0 \in \mathbb{N}$, s. t.

$$m\left(\bigcup_{k=0}^{k_0} B_k\right) = \sum_{k=1}^{k_0} m(B_k) \geqslant b-a-q+\varepsilon.$$

由此得到

$$\begin{aligned} m\left(\left(\bigcup_{k=0}^{k_0} B_k\right) \cap e\right) &= m\left(\bigcup_{k=0}^{k_0} B_k\right) + m(e) - m\left(\left(\bigcup_{k=0}^{k_0} B_k\right) \cup e\right) \\ &\geqslant (b-a-q+\varepsilon) + q - (b-a) = \varepsilon. \end{aligned}$$

于是,对 $\forall e \in \mathscr{A}$,有

$$(\mathrm{L})\int_e f\,\mathrm{d}m \geqslant (\mathrm{L})\int_{\left(\bigcup\limits_{k=1}^{k_0} B_k\right) \cap e} f\,\mathrm{d}m \geqslant \frac{1}{k_0+1} m\left(\left(\bigcup_{k=1}^{k_0} B_k\right) \cap e\right) \geqslant \frac{\varepsilon}{k_0+1}.$$

因此

$$\inf_{e \in \mathscr{A}} \left\{(\mathrm{L})\int_e f\,\mathrm{d}m\right\} \geqslant \frac{\varepsilon}{k_0+1} > 0.$$

证法 4　因为 $f(x)$ 在 $[a,b]$ 上 Lebesgue 可积,故 $f(x)$ 在 $[a,b]$ 上为几乎处处有限的 Lebesgue 可测函数. 由 Лузин 定理 3. 2. 10 知,存在闭集 $F \subset [a,b]$, s. t.

$$m([a,b] - F) < \frac{q}{2},$$

且 f 在 $[a,b]$ 上连续. 从而,$\exists x_0 \in F$, s. t. $f(x_0) = \inf\limits_{x \in F} f(x)$. 由 $f(x) > 0, x \in [a,b]$ 知,$f(x_0) > 0$,即有

$$f(x) \geqslant f(x_0) > 0, x \in F.$$

于是,对 $\forall e \in \mathscr{A}$,由

$$\begin{aligned} m(e \cap F) &= m(e - e \cap ([a,b] - F)) \\ &= m(e) - m(e \cap ([a,b] - F)) \\ &\geqslant q - m([a,b] - F) > q - \frac{q}{2} = \frac{q}{2} \end{aligned}$$

得到

$$(\mathrm{L})\int_e f\mathrm{d}m \geqslant (\mathrm{L})\int_{e\cap F} f\mathrm{d}m \geqslant \int_{e\cap F} f(x_0)\mathrm{d}m \geqslant f(x_0)\cdot m(e\cap F) \geqslant f(x_0)\cdot \frac{q}{2},$$

$$\inf_{e\in\mathscr{A}}\{(\mathrm{L})\int_e f\mathrm{d}m\} \geqslant f(x_0)\cdot \frac{q}{2} > 0.$$ □

【195】 设 f,g 为测度空间 $(X,\mathscr{R},\mu)$ 上的可积函数. 证明: $\sqrt{f^2+g^2}$ 也为 $(X,\mathscr{R},\mu)$ 上的可积函数.

证明 因为 f,g 为 $(X,\mathscr{R},\mu)$ 上的可积函数,故 f,g 为可测函数,且

$$\int_X |f|\,\mathrm{d}\mu < +\infty, \quad \int_X |g|\,\mathrm{d}\mu < +\infty.$$

根据定理 3.1.3(4)与(2)得到 f^2+g^2 为可测函数. 再由

$$\{x\in X \mid \sqrt{f^2+g^2}(x) \geqslant c\} = \begin{cases} X, & c\leqslant 0, \\ \{x\in X \mid (f^2+g^2)(x) \geqslant c^2\}, & c>0 \end{cases}$$

为可测集立知 $\sqrt{f^2+g^2}$ 为可测函数. 此外,由 $\sqrt{f^2+g^2}\leqslant |f|+|g|$ 推得

$$\int_X \sqrt{f^2+g^2}\,\mathrm{d}\mu \leqslant \int_X [|f|+|g|]\mathrm{d}\mu \leqslant \int_X |f|\,\mathrm{d}\mu + \int_X |g|\,\mathrm{d}\mu < +\infty.$$

因此, $\sqrt{f^2+g^2}$ 也为 $(X,\mathscr{R},\mu)$ 上的可积函数. □

【196】 设 f 为 $(0,1)$ 上的非负 Lebesgue 可测函数,如果存在常数 c, s. t.

$$(\mathrm{L})\int_0^1 [f(x)]^n\mathrm{d}x = c, n=1,2,\cdots.$$

证明: 存在 Lebesgue 可测集 $E\subset(0,1)$, s. t. 在 $(0,1)$ 上,

$$f(x) \underset{m}{\doteq} \chi_E(x).$$

证明 证法 1 因为对 $\forall k\in\mathbb{N}$,有

$$m\left(\left\{x\in(0,1) \mid f(x)\geqslant 1+\frac{1}{k}\right\}\right)\left(1+\frac{1}{k}\right)^n \leqslant (\mathrm{L})\int_0^1 [f(x)]^n\mathrm{d}x = c, n\in\mathbb{N}.$$

当 k 固定,令 $n\to+\infty$ 立知,

$$m\left(\left\{x\in(0,1) \mid f(x)\geqslant 1+\frac{1}{k}\right\}\right) = 0, \forall k\in\mathbb{N}.$$

从而

$$0\leqslant m(\{x\in(0,1) \mid f(x)>1\}) = m\left(\bigcup_{k=1}^{\infty}\left\{x\in(0,1) \mid f(x)\geqslant 1+\frac{1}{k}\right\}\right)$$

$$\leqslant \sum_{k=1}^{\infty} m\left(\left\{x\in(0,1) \mid f(x)\geqslant 1+\frac{1}{k}\right\}\right) = \sum_{k=1}^{\infty} 0 = 0,$$

$$m(\{x\in(0,1) \mid f(x)>1\}) = 0.$$

于是

$$\lim_{n\to+\infty} f^n(x) = \begin{cases} 1, f(x)=1, \\ 0, 0\leqslant f(x)<1. \end{cases}$$

令

$$E=\{x\in(0,1)\mid f(x)=1\},$$

由 f Lebesgue 可测知 $E\subset(0,1)$ 为 Lebesgue 可测集. 进而,有

$$m(E)=\int_0^1\chi_E(x)\mathrm{d}x=\int_0^1\lim_{n\to+\infty}f^n(x)\mathrm{d}x\xlongequal{\text{定理 3.4.1}''}\lim_{n\to+\infty}\int_0^1 f^n(x)\mathrm{d}x=\lim_{n\to+\infty}c=c.$$

由此推得,当 $n=1$ 时有

$$c=\int_0^1 f(x)\mathrm{d}x=\int_E f(x)\mathrm{d}x+\int_{F_1}f(x)\mathrm{d}x+\int_{F_2}f(x)\mathrm{d}x=\int_E 1\mathrm{d}x+0+\int_{F_2}f(x)\mathrm{d}x$$

$$=c+\int_{F_2}f(x)\mathrm{d}x,$$

$$\int_{F_2}f(x)\mathrm{d}x=0.$$

其中　$F_1=\{x\in(0,1)\mid f(x)>1\}$, $F_2=\{x\in(0,1)\mid 0<f(x)<1\}$. 根据题[190], $m(F_2)=0$. 因此

$$f(x)\underset{m}{\doteq}\chi_E(x),x\in(0,1).$$

证法 2　由证法 1 知, $m(F_1)=m(\{x\in(0,1)\mid f(x)>1\})=0$. 于是

$$c=\int_0^1 f^n(x)\mathrm{d}x=\int_E 1^n\mathrm{d}x+\int_{F_2}f^n(x)\mathrm{d}x\geqslant\int_E 1^{n+1}\mathrm{d}x+\int_{F_2}f^{n+1}(x)\mathrm{d}x$$

$$=\int_0^1 f^{n+1}(x)\mathrm{d}x=c,$$

$$\int_{F_2}f^n(x)[1-f(x)]\mathrm{d}x=\int_{F_2}f^n(x)\mathrm{d}x-\int_{F_2}f^{n+1}(x)\mathrm{d}x=0.$$

因为在 F_2 上, $f^n(x)[1-f(x)]>0$,根据题[190]知

$$m(F_2)=m(\{x\in(0,1)\mid 0<f(x)<1\})=0.$$

于是

$$c=\int_0^1 f(x)\mathrm{d}x=\int_E 1\mathrm{d}x=m(E),$$

$$f(x)\underset{m}{\doteq}\chi_E(x).$$

□

注　题[196]中,如果 $f(x)$不是非负的,则结论改为"$f^2(x)\underset{m}{\doteq}\chi_E(x),x\in(0,1)$".

证明　因为

$$\int_0^1[f^2(x)]^n\mathrm{d}x=\int_0^1 f^{2n}(x)\mathrm{d}x=c,n=1,2,\cdots,$$

所以根据题[196]的结论,有

$$f^2(x)\underset{m}{\doteq}\chi_E(x),x\in(0,1),$$

其中 $E=\{x\in(0,1)\mid f^2(x)=1\}$.

□

【197】　设 $f\in\mathscr{L}(\mathbb{R}^1)$, $f(0)=0$,且 $f'(0)$存在有限. 证明:

$$(\mathrm{L})\int_{\mathbb{R}^1}\frac{f(x)}{x}\mathrm{d}x$$

存在有限，即$\frac{f(x)}{x}$在$\mathbb{R}^1$上 Lebesgue 可积.

证明　因为

$$f'(0)=\lim_{x\to 0}\frac{f(x)-f(0)}{x-0}=\lim_{x\to 0}\frac{f(x)}{x},$$

所以，$\exists\,\delta>0$，当$0<|x|<\delta$时，有

$$\left|\frac{f(x)}{x}-f'(0)\right|<\varepsilon=1,$$

$$f'(0)-1<\frac{f(x)}{x}<f'(0)+1,$$

$$\left|\frac{f(x)}{x}\right|<\max\{|f'(0)-1|,|f'(0)+1|\}=M.$$

于是

$$\int_{\mathbb{R}^1}\left|\frac{f(x)}{x}\right|dx=\int_{-\infty}^{-\delta}\left|\frac{f(x)}{x}\right|dx+\int_{-\delta}^{0}\left|\frac{f(x)}{x}\right|dx+\int_{0}^{\delta}\left|\frac{f(x)}{x}\right|dx+\int_{\delta}^{+\infty}\left|\frac{f(x)}{x}\right|dx$$

$$<2M\delta+\frac{1}{\delta}\int_{\mathbb{R}^1}|f(x)|dx<+\infty,$$

$$\left|\frac{f(x)}{x}\right|,\frac{f(x)}{x}\in\mathscr{L}(\mathbb{R}^1).$$

□

【198】　设

$$(\mathrm{L})\int_0^{2\pi}|f(x)|\cdot\ln(1+|f(x)|)dx<+\infty.$$

证明：$f\in\mathscr{L}([0,2\pi])$.

证明　证法 1　设$E_1=\{x\in[0,2\pi]\mid |f(x)|<\mathrm{e}-1\}$,

$$E_2=[0,2\pi]-E_1=\{x\in[0,2\pi]\mid |f(x)|\geqslant \mathrm{e}-1\},$$

则当$x\in E_2$时，有

$$\ln(1+|f(x)|)\geqslant\ln(1+\mathrm{e}-1)=\ln\mathrm{e}=1,$$

故

$$(\mathrm{L})\int_0^{2\pi}|f(x)|dx=(\mathrm{L})\int_{E_1}|f(x)|dx+(\mathrm{L})\int_{E_2}|f(x)|dx$$

$$\leqslant(\mathrm{e}-1)m(E_1)+(\mathrm{L})\int_{E_2}|f(x)|\cdot\ln(1+|f(x)|)dx$$

$$\leqslant(\mathrm{e}-1)\cdot 2\pi+(\mathrm{L})\int_0^{2\pi}|f(x)|\cdot\ln(1+|f(x)|)dx<+\infty,$$

$$|f|\in\mathscr{L}([0,2\pi]),f\in\mathscr{L}([0,2\pi]).$$

证法 2　设

$E_1=\{x\in[0,2\pi]\mid |f(x)|<\mathrm{e}\}$，　$E_2=[0,2\pi]-E_1=\{x\in[0,2\pi]\mid |f(x)|\geqslant\mathrm{e}\}$，

则当$x\in E_2$时，有

$$|f(x)| \leqslant |f(x)| \ln(1+\mathrm{e}) \leqslant |f(x)| \cdot \ln(1+|f(x)|) \in \mathscr{L}(E_2).$$

因此，$f\in\mathscr{L}(E_1)$，$f\in\mathscr{L}(E_2)$，从而

$$f \in \mathscr{L}(E_1 \cup E_2) = \mathscr{L}([0,2\pi]).$$ □

【199】 设 $E\subset\mathbb{R}^n$，$f\in\mathscr{L}(E)$，且 $(\mathrm{L})\int_E f(x)\mathrm{d}x = r > 0$. 证明：$E$ 中存在可测子集 e，s. t.

$$(\mathrm{L})\int_e f(x)\mathrm{d}x = \frac{r}{3}.$$

证明 作集合

$$E_t = E \cap \overline{B(0;\, t)},\ t \in \mathbb{R},$$

并令

$$F(t) = (\mathrm{L})\int_{E_t} f(x)\mathrm{d}x,$$

则由积分的绝对连续性知，对 $\forall\,\varepsilon>0$，$\exists\,\delta>0$，当 $t',t''\in\mathbb{R}$，$|t'-t''|<\delta$ 时，有

$$|F(t')-F(t'')| = \left|\int_{E_{t'}} f(x)\mathrm{d}x - \int_{E_{t''}} f(x)\mathrm{d}x\right| = \left|\int_{E_{t'}-E_{t''}} f(x)\mathrm{d}x\right| < \varepsilon.$$

这说明 $F(t)$ 为 t 的一致连续函数，当然也是连续函数，即 $F\in C(\mathbb{R})$. 因为

$$\lim_{t\to 0} F(t) = 0, \quad \lim_{t\to+\infty} F(t) = (\mathrm{L})\int_E f(x)\mathrm{d}x = r > 0,$$

而 $0<\frac{r}{3}<r$，根据连续函数的介值定理知，$\exists\,t_0\in(0,+\infty)$，s. t.

$$(\mathrm{L})\int_{E\cap\overline{B(0;\,t_0)}} f(x)\mathrm{d}x = F(t_0) = \frac{r}{3}.$$

令 $e=E\cap\overline{B(0;\,t_0)}$ 即得所证. □

【200】 设 f 为 $E\subset\mathbb{R}^1$ 上非负 Lebesgue 可测函数，且对 $\forall\,\varepsilon>0$，有 E 中 Lebesgue 可测子集 E_ε，s. t.

$$m(E-E_\varepsilon) < \varepsilon, \quad \lim_{\varepsilon\to 0^+}(\mathrm{L})\int_{E_\varepsilon} f(x)\mathrm{d}x \text{ 存在有限}.$$

证明：$f\in\mathscr{L}(E)$.

证明 取 $\varepsilon_k=\frac{1}{2^k}$，有 Lebesgue 可测子集 $E_k\subset E$，s. t. $m(E-E_k)<\frac{1}{2^k}$. 令

$$F_k = \bigcap_{n=k}^{\infty} E_n,$$

则

$$m(E-F_k) = m\left(E-\bigcap_{n=k}^{\infty}E_n\right) = m\left(\bigcup_{n=k}^{\infty}(E-E_n)\right) \leqslant \sum_{n=k}^{\infty} m(E-E_n) \leqslant \sum_{n=k}^{\infty}\frac{1}{2^n} = \frac{1}{2^{k-1}}.$$

$$m(E) \geqslant m(F_k) = m(E) - m(E-F_k) \geqslant m(E) - \frac{1}{2^{k-1}} \to m(E)\ (k\to+\infty),$$

$$\lim_{k\to+\infty} m(F_k) = m(E).$$

又因 $F_k \subset F_{k+1}(k=1,2,\cdots)$，$f(x)\chi_{F_k}(x)\geqslant 0$，且 $f(x)\chi_{F_k}(x)\nearrow$，故

$$0\leqslant (\mathrm{L})\int_E f(x)\mathrm{d}x = (\mathrm{L})\int_E \lim_{k\to+\infty}[f(x)\chi_{F_k}(x)]\mathrm{d}x$$

$$\xlongequal{\text{Levi 定理 3.3.4}} \lim_{k\to+\infty}(\mathrm{L})\int_E f(x)\chi_{F_k}(x)\mathrm{d}x = \lim_{k\to+\infty}(\mathrm{L})\int_{F_k} f(x)\mathrm{d}x$$

$$\leqslant \lim_{k\to+\infty}(\mathrm{L})\int_{E_k} f(x)\mathrm{d}x < +\infty,$$

$$f\in\mathscr{L}(E).$$ □

【201】 设 $f\in\mathscr{L}(\mathbb{R}^1)$，$\alpha>0$. 证明：在 $\mathbb{R}^1$ 上，有

$$\lim_{n\to+\infty} n^{-\alpha} f(nx) \underset{m}{\doteq} 0,$$

证明 显然，有

$$\int_{\mathbb{R}^1} f(x)\mathrm{d}x \xlongequal{x=nt} n\int_{\mathbb{R}^1} f(nt)\mathrm{d}t,$$

$$\frac{1}{n^\alpha}\int_{\mathbb{R}^1} f(nx)\mathrm{d}x = \frac{1}{n^{1+\alpha}}\int_{\mathbb{R}^1} f(x)\mathrm{d}x.$$

令 $f_n(x)=\dfrac{f(nx)}{n^\alpha}$，则

$$\int_{\mathbb{R}^1}\sum_{n=1}^\infty |f_n(x)|\mathrm{d}x = \int_{\mathbb{R}^1}\sum_{n=1}^\infty \frac{|f(nx)|}{n^\alpha}\mathrm{d}x \xlongequal{\text{Levi 定理 3.3.4}} \sum_{n=1}^\infty\int_{\mathbb{R}^1}\frac{|f(nx)|}{n^\alpha}\mathrm{d}x$$

$$=\sum_{n=1}^\infty \frac{1}{n^{1+\alpha}}\int_{\mathbb{R}^1}|f(x)|\mathrm{d}x \overset{f\in\mathscr{L}(\mathbb{R}^1)}{<} +\infty,$$

因此 $\sum\limits_{n=1}^\infty |f_n(x)| \in \mathscr{L}(\mathbb{R}^1)$，$\sum\limits_{n=1}^\infty |f_n(x)|$ 几乎处处有限，且

$$\lim_{n\to+\infty} n^{-\alpha} f(n\alpha) = \lim_{n\to+\infty} f_n(x) \underset{m}{\doteq} 0, x\in\mathbb{R}.$$ □

【202】 设 f 为 $[a,b]$ 上的非负连续函数.

(1) 如果 $(\mathrm{L})\int_a^b f(x)\mathrm{d}x = (\mathrm{L})\int_a^b f\mathrm{d}m = 0$，则 $f(x)\equiv 0, x\in[a,b]$.

(2) 如果 $g(x)$ 为严格增的右连续函数，且 f 关于 g, m_g 的 Lebesgue-Stieltjes 积分 $(\text{L-S})\int_a^b f\mathrm{d}m = 0$，则必有

$$f(x)\equiv 0, x\in[a,b].$$

(3) 如果(2)中 $g(x)$ 为单调增的右连续函数时，其结论如何？

证明 (1) (反证)假设 $f(x)\not\equiv 0, x\in[a,b]$，则必有 $x_0\in[a,b]$，s. t. $f(x_0)>0$. 又因 f 连续，故 $\exists\,\delta>0$，当 $x\in(x_0-\delta,x_0+\delta)\cap(a,b)=(a_1,b_1)$ 时，有

$$f(x) > f(x_0) - \frac{f(x_0)}{2} = \frac{f(x_0)}{2} > 0,$$

$$0=(\mathrm{L})\int_a^b f(x)\mathrm{d}x \geqslant (\mathrm{L})\int_{a_1}^{b_1} f(x)\mathrm{d}x \geqslant \frac{f(x_0)}{2}(b_1-a_1)>0,$$

矛盾.

(2)（反证）假设 $f(x)\not\equiv 0, x\in[a,b]$，则必有 $x_0\in[a,b]$，s. t.

$$f(x)>\frac{f(x_0)}{2}>0, x\in(x_0-\delta,x_0+\delta)\cap(a,b)=(a_1,b_1).$$

于是

$$0=(\mathrm{L}-\mathrm{S})\int_a^b f\mathrm{d}m_g \geqslant (\mathrm{L}-\mathrm{S})\int_{(a_1,b_1)} f\mathrm{d}m_g \geqslant (\mathrm{L}-\mathrm{S})\int_{(a_1,b_1)} \frac{f(x_0)}{2}\mathrm{d}m_g$$

$$=\frac{f(x_0)}{2}\cdot m_g((a_1,b_1)) \xlongequal{\text{注 2.3.4}} \frac{f(x_0)}{2}[g(b_1-0)-g(a_1)] \overset{g\text{严格增}}{>} 0,$$

矛盾.

(3) 如果(2)中 $g(x)$ 为单调增的右连续函数时，其结论未必成立.

反例：

$$g(x)=\begin{cases}0, & x\in\left[0,\frac{1}{2}\right],\\ 2\left(x-\frac{1}{2}\right), & x\in\left(\frac{1}{2},1\right],\end{cases}$$

$$f(x)=\begin{cases}-2\left(x-\frac{1}{2}\right), & x\in\left[0,\frac{1}{2}\right],\\ 0, & x\in\left(\frac{1}{2},1\right],\end{cases}$$

则 f 为 $[0,1]$ 上的非负连续函数，g 为 $[0,1]$ 上的单调增连续函数，且

$$(\mathrm{L}-\mathrm{S})\int_0^1 f\mathrm{d}m_g=(\mathrm{L}-\mathrm{S})\int_{\left[0,\frac{1}{2}\right]} f\mathrm{d}m_g+(\mathrm{L}-\mathrm{S})\int_{\left(\frac{1}{2},1\right]} f\mathrm{d}m_g=0+0=0.$$

但是，$f(x)\not\equiv 0, x\in[0,1]$. □

【203】 (A. Lebesgue)设 $q>1$，正数 p 满足 $\frac{1}{p}+\frac{1}{q}=1$（从而 $p>1$），f 在 $E\subset\mathbb{R}^n$ 上为 Lebesgue 可测函数. 如果对 E 上任何满足 $|h|^q$ Lebesgue 可积的函数 h，fh 必为 Lebesgue 可积函数. 证明：$|f|^p$ 为 Lebesgue 可积函数.

换言之，如果 $f\in\mathscr{L}(E)$，且对 $\forall h\in\mathscr{L}^q(E)$，必有 $fh\in\mathscr{L}(E)$，则 $f\in\mathscr{L}^p(E)$.

证明　（反证）假设 $|f|^p$ 不为 Lebesgue 可积函数，则

$$\int_E |f^+|^p\mathrm{d}m+\int_E |f^-|^p\mathrm{d}m=\int_E |f|^p\mathrm{d}m=+\infty.$$

不失一般性，设 $\int_E |f^+|^p\mathrm{d}m=+\infty$. 令

$$e_k=E\left(k^{\frac{1}{p}}<f\leqslant(k+1)^{\frac{1}{p}}\right), k=0,1,2,\cdots.$$

则 $E(f>0)=\bigcup_{k=0}^{\infty}e_k$.

(1) 对 $\varepsilon>0$,先证 $m(E(|f|>\varepsilon))<+\infty$. 假设 $m(E(|f|>\varepsilon))=+\infty$,取 $E_i\subset E(|f|>\varepsilon)$,s. t. $m(E_i)=1,i=1,2,\cdots$,并且当 $i\neq j$ 时,$E_i\cap E_j=\varnothing$. 令 h,s. t.

$$h(x)=\begin{cases}\dfrac{1}{i}, & x\in E_i,i=1,2,\cdots,\\ 0, & x\notin \bigcup\limits_{i=1}^{\infty}E_i.\end{cases}$$

于是,因 $q=\dfrac{1}{1-\dfrac{1}{p}}>1$,故

$$\int_E|h|^q\mathrm{d}m=\int_{\bigcup\limits_{i=1}^{\infty}E_i}|h|^q\mathrm{d}m=\sum_{i=1}^{\infty}\int_{E_i}|h|^q\mathrm{d}m=\sum_{i=1}^{\infty}\frac{1}{i^q}m(E_i)=\sum_{i=1}^{\infty}\frac{1}{i^q}<+\infty,$$

$h\in\mathscr{L}^q(E)$,即函数 h,s. t. $|h|^q$ 在 E 上 Lebesgue 可积. 但是

$$\begin{aligned}\int_E|fh|\mathrm{d}m&=\int_{E(|f|>\varepsilon)}|fh|\mathrm{d}m=\int_{\bigcup\limits_{i=1}^{\infty}E_i}|fh|\mathrm{d}m\geqslant\varepsilon\int_{\bigcup\limits_{i=1}^{\infty}E_i}h\,\mathrm{d}m\\&=\varepsilon\sum_{i=1}^{\infty}\int_{E_i}h\,\mathrm{d}m=\varepsilon\sum_{i=1}^{\infty}\int_{E_i}\frac{1}{i}\mathrm{d}m=\varepsilon\sum_{i=1}^{\infty}\frac{1}{i}m(E_i)\\&=\varepsilon\sum_{i=1}^{\infty}\frac{1}{i}=+\infty,\end{aligned}$$

这表明 $|fh|\notin\mathscr{L}(E)$,$fh\notin\mathscr{L}(E)$(即 fh 不是 Lebesgue 可积函数),它与题设相矛盾.

由上推得 $m(e_k)<+\infty$,$m(\tilde{e}_k)<+\infty$,其中 $\tilde{e}_k=E\left(\left(\dfrac{1}{k+1}\right)^{\frac{1}{p}}<f\leqslant\left(\dfrac{1}{k}\right)^{\frac{1}{p}}\right)$.

(2) 从

$$\sum_{k=0}^{\infty}(k+1)m(e_k)\geqslant\sum_{k=0}^{\infty}\int_{e_k}|f^+|^p\mathrm{d}m=+\infty$$

得到

$$\sum_{k=0}^{\infty}(k+1)m(e_k)=+\infty.$$

(i) $\sum\limits_{k=1}^{\infty}k\,m(e_k)=+\infty$. 我们构造 h 如下:

$\exists\, n_1\in\mathbb{N},\sum\limits_{k=1}^{n_1}km(e_k)=S_1>1^{\frac{2}{q-1}},h(x)=\dfrac{k^{\frac{1}{q}}}{S_1},\quad x\in e_k,\quad k=1,2,\cdots,n_1,$

$\exists\, n_2\in\mathbb{N},\sum\limits_{k=n_1+1}^{n_2}km(e_k)=S_2>2^{\frac{2}{q-1}},h(x)=\dfrac{k^{\frac{1}{q}}}{S_2},\quad x\in e_k,\quad k=n_1+1,\cdots,n_2,$

…

$$\exists n_l\in\mathbb{N},\ \sum_{k=n_{l-1}+1}^{n_l}km(e_k)=S_l>l^{\frac{2}{q-1}},h(x)=\frac{k^{\frac{1}{q}}}{S_l},\quad x\in e_k,\quad k=n_{l-1}+1,\cdots,n_l,$$

…

$$h(x)=0,\quad \forall\, x\in E(f\leqslant 0)\cup e_0.$$

于是

$$\begin{aligned}\int_E|h|^q\mathrm{d}m&=\sum_{k=1}^{\infty}\int_{e_k}|h|^q\mathrm{d}m=\sum_{l=1}^{\infty}\Big(\sum_{k=n_{l-1}+1}^{n_l}\int_{e_k}|h|^q\mathrm{d}m\Big)\\&=\sum_{l=1}^{\infty}\Big(\sum_{k=n_{l-1}+1}^{n_l}\int_{e_k}\frac{k}{S_l^q}\mathrm{d}m\Big)=\sum_{l=1}^{\infty}\Big(\sum_{k=n_{l-1}+1}^{n_l}\frac{km(e_k)}{S_l^q}\Big)\\&=\sum_{l=1}^{\infty}\frac{1}{S_l^{q-1}}<\sum_{l=1}^{\infty}\frac{1}{l^2}<+\infty,\text{其中 } n_0=0.\end{aligned}$$

$|h|^q\in\mathscr{L}(E)$ 或 $|h|\in\mathscr{L}^q(E)$，从而 $h\in\mathscr{L}^q(E)$.

但是

$$\begin{aligned}\int_E fh\,\mathrm{d}m&=\int_{E(f>0)}fh\,\mathrm{d}m\geqslant\int_{\bigcup\limits_{k=1}^{\infty}e_k}fh\,\mathrm{d}m=\sum_{k=1}^{\infty}\int_{e_k}fh\,\mathrm{d}m\\&\geqslant\sum_{l=1}^{\infty}\Big(\sum_{k=n_{l-1}+1}^{n_l}k^{\frac{1}{p}}\frac{k^{\frac{1}{q}}}{S_l}m(e_k)\Big)\\&=\sum_{l=1}^{\infty}\Big(\sum_{k=n_{l-1}1}^{n_l}\frac{km(e_k)}{S_l}\Big)=\sum_{l=1}^{\infty}\frac{S_l}{S_l}=\sum_{l=1}^{\infty}1=+\infty,\end{aligned}$$

故 $fh\notin\mathscr{L}(E)$，即 fh 不为 E 上的 Lebesgue 可积函数. 这与题设相矛盾.

(ii) $0\leqslant\sum\limits_{k=1}^{\infty}km(e_k)<+\infty$，从而由 $+\infty=\sum\limits_{k=0}^{\infty}(k+1)m(e_k)=\sum\limits_{k=1}^{\infty}km(e_k)+\sum\limits_{k=0}^{\infty}m(e_k)\leqslant$ $2\sum\limits_{k=1}^{\infty}km(e_k)+m(e_0)$

得到 $m(E(0<f\leqslant1))=m(E(0^{\frac{1}{p}}<f\leqslant1^{\frac{1}{p}}))=m(e_0)=+\infty$. 因 $\tilde{e}_k=E\Big(\Big(\frac{1}{k+1}\Big)^{\frac{1}{p}}<f\leqslant\Big(\frac{1}{k}\Big)^{\frac{1}{p}}\Big)$，$k=1,2,\cdots$，

故 $e_0=E(0<f\leqslant1)=\bigcup\limits_{k=1}^{\infty}\tilde{e}_k$. 此时，从

$$0\leqslant\sum_{k=1}^{\infty}\int_{e_k}|f^+|^p\mathrm{d}m\leqslant\sum_{k=1}^{\infty}(k+1)m(e_k)\leqslant2\sum_{k=1}^{\infty}km(e_k)<+\infty$$

和 $\int_{e_0}|f^+|^p\mathrm{d}m+\sum\limits_{k=1}^{\infty}\int_{e_k}|f^+|^p\mathrm{d}m=\int_E|f^+|^p\mathrm{d}m=+\infty$ 立知 $\sum\limits_{k=1}^{\infty}\frac{1}{k}m(\tilde{e}_k)\geqslant\int_{e_0}|f^+|^p\mathrm{d}m=+\infty$.

于是，从 $\sum_{k=1}^{\infty}\frac{1}{k+1}m(\widetilde{e_k})\geqslant\sum_{k=1}^{\infty}\frac{1}{k(k+1)}m(\widetilde{e_k})$ 与 $\sum_{k=1}^{\infty}\frac{1}{k+1}m(\widetilde{e_k})=\sum_{k=1}^{\infty}\frac{1}{k}m(\widetilde{e_k})-\sum_{k=1}^{\infty}\frac{1}{k(k+1)}m(\widetilde{e_k})$，总能推得 $\sum_{k=1}^{\infty}\frac{1}{k+1}m(\widetilde{e_k})=+\infty$. 再构造 h 如下：

$$\exists n_1\in\mathbb{N},\sum_{k=1}^{n_1}\frac{1}{k+1}m(\widetilde{e_k})=S_1>1^{\frac{2}{q-1}},h(x)=\frac{\left(\frac{1}{k+1}\right)^{\frac{1}{q}}}{S_1},x\in\widetilde{e_k},k=1,2,\cdots,n_1,$$

$$\exists n_2\in\mathbb{N},\sum_{k=n_1+1}^{n_2}\frac{1}{k+1}m(\widetilde{e_k})=S_2>2^{\frac{2}{q-1}},h(x)=\frac{\left(\frac{1}{k+1}\right)^{\frac{1}{q}}}{S_2},x\in\widetilde{e_k},k=n_1+1,\cdots,n_2,$$

…

$$\exists n_l\in\mathbb{N},\sum_{k=n_{l-1}+1}^{n_l}\frac{1}{k+1}m(\widetilde{e_k})=S_l>l^{\frac{2}{q-1}},h(x)=\frac{\left(\frac{1}{k+1}\right)^{\frac{1}{q}}}{S_l},x\in\widetilde{e_k},k=n_{l-1}+1,\cdots,n_l,$$

…

$$h(x)=0,\forall x\in E(f\leqslant 0)\cup\left(\bigcup_{k=1}^{\infty}e_k\right).$$

于是

$$\begin{aligned}\int_E|h|^q\mathrm{d}m&=\int_{e_0}|h|^q\mathrm{d}m=\int_{\bigcup\limits_{k=1}^{\infty}\widetilde{e}_k}|h|^q\mathrm{d}m=\sum_{l=1}^{\infty}\left(\sum_{k=n_{l-1}+1}^{n_l}\int_{\widetilde{e_k}}|h|^q\mathrm{d}m\right)\\&=\sum_{l=1}^{\infty}\left[\sum_{n_{l-1}+1}^{n_l}\int_{\widetilde{e_k}}\frac{\frac{1}{k+1}}{S_l^q}\mathrm{d}m\right]=\sum_{l=1}^{\infty}\left[\sum_{k=n_{l-1}+1}^{n_l}\frac{\frac{1}{k+1}m(\widetilde{e_k})}{S_l^q}\right]\\&=\sum_{l=1}^{\infty}\frac{1}{S_l^{q-1}}<\sum_{l=1}^{\infty}\frac{1}{l^2}<+\infty,\text{其中 }n_0=0.\end{aligned}$$

$$|h|^q\in\mathscr{L}(E),|h|\in\mathscr{L}^q(E),\text{从而 }h\in\mathscr{L}^q(E).$$

但是

$$\begin{aligned}\int_E fh\,\mathrm{d}m&=\int_{E(f>0)}fh\,\mathrm{d}m=\int_{e_0}fh\,\mathrm{d}m=\int_{\bigcup\limits_{k=1}^{\infty}\widetilde{e}_k}fh\,\mathrm{d}m\\&=\sum_{k=1}^{\infty}\int_{\widetilde{e_k}}fh\,\mathrm{d}m\geqslant\sum_{l=1}^{\infty}\left[\sum_{k=n_{l-1}+1}^{n_l}\left(\frac{1}{k+1}\right)^{\frac{1}{p}}\frac{\left(\frac{1}{k+1}\right)^{\frac{1}{q}}}{S_l}m(e_k)\right]\\&=\sum_{l=1}^{\infty}\left[\sum_{k=n_{l-1}+1}^{n_l}\frac{\frac{1}{k+1}m(e_k)}{S_l}\right]=\sum_{l=1}^{\infty}\frac{S_l}{S_l}=\sum_{l=1}^{\infty}1=+\infty,\end{aligned}$$

故　$fh\notin\mathscr{L}(E)$，即 fh 不为 E 上的 Lebesgue 可积函数. 这与题设相矛盾. □

【204】 设 $E\subset\mathbb{R}^n$ 为 Lebesgue 可测集，f,h 为 E 上的 Lebesgue 可测函数. $q>1$，正数 p 满足 $\frac{1}{p}+\frac{1}{q}=1$（从而 $p>1$）. 如果对 $\forall h\in\mathscr{L}^q(E)$，必有 $|fh|\in\mathscr{L}(E)$（即 $fh\in\mathscr{L}(E)$），则 $f\in\mathscr{L}^p(E)$.

证明 证法 1 设 $E_a^b=E\cap[\overline{B(0;\,b)}-B(0;\,a)]$，$a<b$.

（反证）假设 $f\notin\mathscr{L}^p(E)$，即 $\int_E|f(x)|^p\mathrm{d}x=+\infty$，则存在严格增的数列 $a_0=0,a_1,a_2,\cdots,a_i,\cdots$，$\left[\int_{E_{a_0}^{a_1}}|f(x)|^p\mathrm{d}x\right]^{q-1}>1$，$\left[\int_{E_{a_1}^{a_2}}|f(x)|^p\mathrm{d}x\right]^{q-1}>2^2$，$\cdots$，$\left[\int_{E_{a_{i-1}}^{a_i}}|f(x)|^p\mathrm{d}x\right]^{q-1}>i^2$，$\cdots$.

令

$$h(x)=\frac{|f(x)|^{\frac{p}{q}}}{\int_{E_{a_{i-1}}^{a_i}}|f(x)|^p\mathrm{d}x},\quad x\in E_{a_{i-1}}^{a_i},i=1,2,\cdots,$$

则

$$0\leqslant\int_E|h(x)|^q\mathrm{d}x=\sum_{i=1}^{\infty}\int_{E_{a_{i-1}}^{a_i}}|h(x)|^q\mathrm{d}x=\sum_{i=1}^{\infty}\frac{\int_{E_{a_{i-1}}^{a_i}}|f(x)|^p\mathrm{d}x}{\left[\int_{E_{a_{i-1}}^{a_i}}|f(x)|^p\mathrm{d}x\right]^q}$$

$$=\sum_{i=1}^{\infty}\frac{1}{\left[\int_{E_{a_{i-1}}^{a_i}}|f(x)|^p\mathrm{d}x\right]^{q-1}}<\sum_{i=1}^{\infty}\frac{1}{i^2}<+\infty,$$

所以 $\int_E|h(x)|^q\mathrm{d}x<+\infty$，$h\in\mathscr{L}^q(E)$.

但是

$$\int_E|f(x)h(x)|\mathrm{d}x=\sum_{i=1}^{\infty}\int_{E_{a_{i-1}}^{a_i}}|f(x)h(x)|\mathrm{d}x=\sum_{i=1}^{\infty}\frac{\int_{E_{a_{i-1}}^{a_i}}|f(x)|^{1+\frac{p}{q}}\mathrm{d}x}{\int_{E_{a_{i-1}}^{a_i}}|f(x)|^p\mathrm{d}x}$$

$$=\sum_{i=1}^{\infty}\frac{\int_{E_{a_{i-1}}^{a_i}}|f(x)|^p\mathrm{d}x}{\int_{E_{a_{i-1}}^{a_i}}|f(x)|^p\mathrm{d}x}=\sum_{i=1}^{\infty}1=+\infty,$$

这与题设 $|fh|\in\mathscr{L}(E)$（即 $fh\in\mathscr{L}(E)$）相矛盾.

证法 2 参阅题[203]的证法. □

【205】 (1) 设 f,h 为 $[a,+\infty)$ 上的 Lebesgue 可测函数. 如果对任意满足 $(\mathrm{L})\int_a^{+\infty}h^2(x)\mathrm{d}x<+\infty$（即 $h\in\mathscr{L}^2([a,+\infty])$）的 h，必有 $(\mathrm{L})\int_a^{+\infty}|f(x)h(x)|\mathrm{d}x<+\infty$（即 $|fh|\in\mathscr{L}([a,+\infty))$，$fh\in\mathscr{L}([a,+\infty))$），则 $(\mathrm{L})\int_a^{+\infty}f^2(x)\mathrm{d}x<+\infty$（即 $f\in\mathscr{L}^2([a,+\infty))$）.

(2) 设 f,h 为$[a,+\infty)$上的 Lebesgue 可测函数. $q>1$，正数 p 满足$\frac{1}{p}+\frac{1}{q}=1$(从而 $p>1$). 如果对$[a,+\infty)$上任何满足 $|h|^q$ Lebesgue 可积的函数 h(即 $h\in\mathscr{L}^q([a,+\infty))$)，必有$(L)\int_a^{+\infty}|f(x)h(x)|\mathrm{d}x<+\infty$(即 $|fh|\in\mathscr{L}([a,+\infty))$, $fh\in\mathscr{L}([a,+\infty))$)，则$(L)\int_a^{+\infty}|f(x)|^p\mathrm{d}x<+\infty$(即 $f\in\mathscr{L}^p([a,+\infty))$).

当 $q=2$ 时，$p=2$ 时，为(1)为(2)的特例.

证明 证法 1 (1) (反证)假设$\int_a^{+\infty}f^2(x)\mathrm{d}x=+\infty$，则存在严格增的数列 $a_0=a,a_1,a_2,\cdots,a_i,\cdots$, s. t.

$$\int_{a_0}^{a_1}f^2(x)\mathrm{d}x>1,\quad \int_{a_1}^{a_2}f^2(x)\mathrm{d}x>2^2,\cdots,\int_{a_{i-1}}^{a_i}f^2(x)\mathrm{d}x>i^2,\cdots.$$

令

$$h(x)=\frac{f(x)}{\int_{a_{i-1}}^{a_i}f^2(x)\mathrm{d}x},\quad a_{i-1}\leqslant x<a_{i+1},\quad i=1,2,\cdots,$$

则

$$0\leqslant\int_a^{+\infty}h^2(x)\mathrm{d}x=\sum_{i=1}^{\infty}\int_{a_{i-1}}^{a_i}h^2(x)\mathrm{d}x=\sum_{i=1}^{\infty}\frac{\int_{a_{i-1}}^{a_i}f^2(x)\mathrm{d}x}{\left[\int_{a_{i-1}}^{a_i}f^2(x)\mathrm{d}x\right]^2}$$

$$=\sum_{i=1}^{\infty}\frac{1}{\int_{a_{i-1}}^{a_i}f^2(x)\mathrm{d}x}<\sum_{i=1}^{\infty}\frac{1}{i^2}<+\infty,$$

所以 $\int_a^{+\infty}h^2(x)\mathrm{d}x<+\infty$.

但是

$$\int_a^{+\infty}|f(x)h(x)|\mathrm{d}x=\sum_{i=1}^{\infty}\int_{a_{i-1}}^{a_i}|f(x)h(x)|\mathrm{d}x=\sum_{i=1}^{\infty}\frac{\int_{a_{i-1}}^{a_i}f^2(x)\mathrm{d}x}{\int_{a_{i-1}}^{a_i}f^2(x)\mathrm{d}x}=\sum_{i=1}^{\infty}1=+\infty,$$

这与题设$\int_a^{+\infty}|f(x)h(x)|\mathrm{d}x<+\infty$ 相矛盾.

(2) (反证)假设$\int_a^{+\infty}|f(x)|^p\mathrm{d}x=+\infty$，则存在严格增的数列 $a_0=a,a_1,a_2,\cdots,a_i,\cdots$, s. t.

$$\left[\int_{a_0}^{a_1}|f(x)|^p\mathrm{d}x\right]^{q-1}>1,\left[\int_{a_1}^{a_2}|f(x)|^p\mathrm{d}x\right]^{q-1}>2^2,\cdots,\left[\int_{a_{i-1}}^{a_i}|f(x)|^p\mathrm{d}x\right]^{q-1}>i^2,\cdots.$$

令

$$h(x)=\frac{|f(x)|^{\frac{p}{q}}}{\int_{a_{i-1}}^{a_i}|f(x)|^p\mathrm{d}x},\quad a_{i-1}\leqslant x<a_{i+1},\quad i=1,2,\cdots,$$

则

$$0\leqslant\int_a^{+\infty}|h(x)|^q\mathrm{d}x=\sum_{i=1}^{\infty}\int_{a_{i-1}}^{a_i}|h(x)|^q\mathrm{d}x=\sum_{i=1}^{\infty}\frac{\int_{a_{i-1}}^{a_i}|f(x)|^p\mathrm{d}x}{\left[\int_{a_{i-1}}^{a_i}|f(x)|^p\mathrm{d}x\right]^q}$$

$$=\sum_{i=1}^{\infty}\frac{1}{\left[\int_{a_{i-1}}^{a_i}|f(x)|^p\mathrm{d}x\right]^{q-1}}<\sum_{i=1}^{\infty}\frac{1}{i^2}<+\infty,$$

所以 $\int_a^{+\infty}|h(x)|^q\mathrm{d}x<+\infty$.

但是

$$\int_a^{+\infty}|f(x)h(x)|\mathrm{d}x=\sum_{i=1}^{\infty}\int_{a_{i-1}}^{a_i}|f(x)h(x)|\mathrm{d}x=\sum_{i=1}^{\infty}\frac{\int_{a_{i-1}}^{a_i}|f(x)|^{1+\frac{p}{q}}\mathrm{d}x}{\int_{a_{i-1}}^{a_i}|f(x)|^p\mathrm{d}x}$$

$$=\sum_{i=1}^{\infty}\frac{\int_{a_{i-1}}^{a_i}|f(x)|^p\mathrm{d}x}{\int_{a_{i-1}}^{a_i}|f(x)|^p\mathrm{d}x}=\sum_{i=1}^{\infty}1=+\infty,$$

这与题设 $\int_a^{+\infty}|f(x)h(x)|\mathrm{d}x<+\infty$ 相矛盾.

证法 2　参阅题[204]的证法 1.

证法 3　参阅题[204]的证法 2(即题[203]的证明). □

注　题[205]的证法 1、证法 2 和题[204]的证法 1 都是直接划分函数的定义域,这是积分的 Riemann 思想；题[205]的证法 3,题[204]的证法 2 和题[203]的证明都是用函数值划分定义域,这是积分的 Lebesgue 思想.

【206】　设 μ_1,μ_2 为可测空间$(X,\mathscr{R})$上的两个测度,并且对 $\forall E\in\mathscr{R}$,

$$\mu_1(E)\leqslant\mu_2(E).$$

证明：如果 f 在 E 上关于 μ_2 可积,则 f 在 E 上关于 $\mu_1,\mu_1+\mu_2$ 也可积,且

$$\int_E f\mathrm{d}(\mu_1+\mu_2)=\int_E f\mathrm{d}\mu_1+\int_E f\mathrm{d}\mu_2.$$

证明　由

$$\int_E|f|\mathrm{d}\mu_1\leqslant\int_E|f|\mathrm{d}\mu_2<+\infty$$

推得 f 在 E 上关于 μ_1 可积. 而由

$$\int_E |f| \mathrm{d}(\mu_1+\mu_2) \leqslant 2\int_E |f| \mathrm{d}\mu_2 < +\infty$$

推得 f 在 E 上关于 $\mu_1+\mu_2$ 可积.

根据非负可测函数积分的定义,知

$$\int_E f^{\pm} \mathrm{d}(\mu_1+\mu_2) \leqslant \int_E f^{\pm} \mathrm{d}\mu_1 + \int_E f^{\pm} \mathrm{d}\mu_2.$$

下证

$$\int_E f^{\pm} \mathrm{d}(\mu_1+\mu_2) \geqslant \int_E f^{+} \mathrm{d}\mu_1 + \int_E f^{\pm} \mathrm{d}\mu_2.$$

因此

$$\int_E f^{\pm} \mathrm{d}(\mu_1+\mu_2) = \int_E f^{\pm} \mathrm{d}\mu_1 + \int_E f^{\pm} \mathrm{d}\mu_2,$$

$$\begin{aligned}\int_E f \mathrm{d}(\mu_1+\mu_2) &= \int_E (f^{+}-f^{-}) \mathrm{d}(\mu_1+\mu_2)\\ &= \int_E (f^{+}-f^{-}) \mathrm{d}\mu_1 + \int_E (f^{+}-f^{-}) \mathrm{d}\mu_2\\ &= \int_E f \mathrm{d}\mu_1 + \int_E f \mathrm{d}\mu_2.\end{aligned}$$

事实上,对 $\forall \varepsilon>0$,必有非负简单可测函数 $h_1^{\pm}$ 与 $h_2^{\pm}$, s. t.

$$h_i^{\pm} \leqslant f^{\pm}, \quad i=1,2,$$

且

$$\int_E h_i^{\pm} \mathrm{d}\mu_2 \geqslant \int_E f^{\pm} \mathrm{d}\mu_i - \frac{\varepsilon}{2}, \quad i=1,2.$$

令 $h^{\pm}(x)=\max\{h_1^{\pm}(x), h_2^{\pm}(x)\}$,显然,$h^{\pm}$ 仍为非负简单可测函数,且 $h^{\pm}\leqslant f^{\pm}$. 于是

$$\begin{aligned}\int_E f^{\pm} \mathrm{d}(\mu_1+\mu_2) &\geqslant \int_E h^{\pm} \mathrm{d}(\mu_1+\mu_2) = \int_E h^{\pm} \mathrm{d}\mu_1 + \int_E h^{\pm} \mathrm{d}\mu_2\\ &\geqslant \int_E h_1^{\pm} \mathrm{d}\mu_1 + \int_E h_2^{\pm} \mathrm{d}\mu_2 > \left(\int_E f^{\pm} \mathrm{d}\mu_1 - \frac{\varepsilon}{2}\right) + \left(\int_E f^{\pm} \mathrm{d}\mu_2 - \frac{\varepsilon}{2}\right)\\ &= \int_E f^{\pm} \mathrm{d}\mu_1 + \int_E f^{\pm} \mathrm{d}\mu_2 - \varepsilon.\end{aligned}$$

令 $\varepsilon\to 0^+$ 得到

$$\int_E f^{\pm} \mathrm{d}(\mu_1+\mu_2) \geqslant \int_E f^{\pm} \mathrm{d}\mu_1 + \int_E f^{\pm} \mathrm{d}\mu_2. \qquad \square$$

【207】 设 $\{f_k\}$ 为 $E\subset\mathbb{R}^1$ 上的非负 Lebesgue 可测函数列, $m(E)<+\infty$. 证明:在 E 上,

$$f_k \overset{E}{\underset{m}{\Rightarrow}} 0 \ (k\to+\infty) \Leftrightarrow \lim_{k\to+\infty} (\mathrm{L})\int_E \frac{f_k(x)}{1+f_k(x)} \mathrm{d}x = 0.$$

证明 证法 1($\Rightarrow$) 设 $m(E)<M<+\infty$. 因为 $f_k \overset{E}{\underset{m}{\Rightarrow}} 0$,故 $\forall\, 0<\varepsilon<2M$, $\exists K\in\mathbb{N}$,当 $k>K$

时，有

$$m\left(\left\{x\in E\mid f_k(x)>\frac{\frac{\varepsilon}{2M}}{1-\frac{\varepsilon}{2M}}\right\}\right)<\frac{\varepsilon}{2},$$

即

$$m\left(\left\{x\in E\mid 1>\frac{f_k(x)}{1+f_k(x)}>\frac{\varepsilon}{2M}\right\}\right)<\frac{\varepsilon}{2}.$$

于是

$$0\leqslant (\mathrm{L})\int_E\frac{f_k(x)}{1+f_k(x)}\mathrm{d}x<\frac{\varepsilon}{2M}\cdot m(E)+1\cdot\frac{\varepsilon}{2}<\frac{\varepsilon}{2}+\frac{\varepsilon}{2}=\varepsilon,$$

$$\lim_{k\to+\infty}(\mathrm{L})\int_E\frac{f_k(x)}{1+f_k(x)}\mathrm{d}x=0.$$

($\Leftarrow$) $\forall\,\varepsilon>0$，$\forall\,\delta>0$，因为

$$\lim_{k\to+\infty}(\mathrm{L})\int_E\frac{f_k(x)}{1+f_k(x)}\mathrm{d}x=0,$$

所以，$\exists\,K\in\mathbb{N}$，当 $k>K$ 时，有

$$\int_E\frac{f_k(x)}{1+f_k(x)}\mathrm{d}x<\frac{\delta}{1+\delta}\varepsilon,$$

$$\frac{\delta}{1+\delta}m\left(\left\{x\in E\,\middle|\,\frac{f_k(x)}{1+f_k(x)}>\frac{\delta}{1+\delta}\right\}\right)\leqslant\int_E\frac{f_k(x)}{1+f_k(x)}\mathrm{d}x<\frac{\delta}{1+\delta}\varepsilon,$$

$$m(\{x\in E\mid f_k>\delta\})=m\left(\left\{x\in E\,\middle|\,\frac{f_k(x)}{1+f_k(x)}>\frac{\delta}{1+\delta}\right\}\right)<\varepsilon,$$

$$f_k\overset{E}{\underset{m}{\Rightarrow}}0\ (k\to+\infty).$$

证法 2($\Rightarrow$)根据定理 3.2.6，易见

$$f_k\overset{E}{\underset{m}{\Rightarrow}}0\Leftrightarrow\frac{f_k}{1+f_k}\overset{E}{\underset{m}{\Rightarrow}}0\quad(k\to+\infty).$$

又因 $0\leqslant\dfrac{f_k(x)}{1+f_k(x)}\leqslant 1$，$\forall\,x\in E$，$\forall\,k\in\mathbb{N}$，故根据定理 3.4.1″，有

$$\lim_{k\to+\infty}(\mathrm{L})\int_E\frac{f_k(x)}{1+f_k(x)}\mathrm{d}x=(\mathrm{L})\int_E\lim_{k\to+\infty}\frac{f_k(x)}{1+f_k(x)}\mathrm{d}x=(\mathrm{L})\int_E 0\,\mathrm{d}x=0.\qquad\square$$

【208】 设$\{f_k\}$为 $E\subset\mathbb{R}^1$ 上的非负 Lebesgue 可测函数列，并且 $f_k(x)\geqslant f_{k+1}(x)$，$\forall\,x\in E$，$k=1,2,\cdots$，$\lim\limits_{k\to+\infty}f_k(x)=f(x)$，$x\in E$. 又 $\exists\,k_0\in\mathbb{N}$，s. t.

$$(\mathrm{L})\int_E f_{k_0}\,\mathrm{d}m<+\infty.$$

证明：

$$\lim_{k\to+\infty}(\mathrm{L})\int_E f_k\,\mathrm{d}m=(\mathrm{L})\int_E\lim_{k\to+\infty}f_k\,\mathrm{d}m=(\mathrm{L})\int_E f\,\mathrm{d}m.$$

证明 由 $f_{k_0}\in\mathscr{L}(E)$ 及 $\{f_k(x)\}$ 为递减非负 Lebesgue 可测函数列知，$f_k\in\mathscr{L}(E)$，$k\geqslant k_0$. 根据定理 3.1.4，$f=\lim\limits_{k\to+\infty}f_k$ 为非负 Lebesgue 可测函数，且 $0\leqslant\int_E f\,\mathrm{d}m\leqslant\int_E f_{k_0}\,\mathrm{d}m<+\infty$，$f\in\mathscr{L}(E)$. 作非负 Lebesgue 递增可测函数列 $\{f_{k_0}-f_k\mid k\geqslant k_0\}$. 于是

$$\int_E f_{k_0}\,\mathrm{d}m-\lim_{k\to+\infty}\int_E f_k\,\mathrm{d}m=\lim_{k\to+\infty}\int_E(f_{k_0}-f_k)\,\mathrm{d}m$$

$$\xlongequal{\text{Levi 定理 3.3.4}}\int_E\lim_{k\to k_0}(f_{k_0}-f_k)\,\mathrm{d}m=\int_E(f_{k_0}-f)\,\mathrm{d}m$$

$$=\int_E f_{k_0}\,\mathrm{d}m-\int_E f\,\mathrm{d}m$$

(省略"(L)"). 因为 $0\leqslant\int_E f_{k_0}\,\mathrm{d}m<+\infty$，所以上面等式可同减去 $\int_E f_{k_0}\,\mathrm{d}m$ 得到

$$\lim_{k\to+\infty}\int_E f_k\,\mathrm{d}m=\int_E f\,\mathrm{d}m.$$ □

【209】 设 $\{f_k\}$ 为 $\mathbb{R}^n$ 上的非负 Lebesgue 可积函数列，若对任何 Lebesgue 可测集 $E\in\mathbb{R}^n$，都有

$$\int_E f_k\,\mathrm{d}m\leqslant\int_E f_{k+1}\,\mathrm{d}m.$$

证明：

$$\lim_{k\to+\infty}\int_E f_k\,\mathrm{d}m=\int_E\lim_{k\to+\infty}f_k\,\mathrm{d}m.$$

证明 因为 $\{f_k\}$ 为 $\mathbb{R}^n$ 上的 Lebesgue 可积函数列，故 $f_{k+1}-f_k$ 也为 $\mathbb{R}^n$ 上的 Lebesgue 可积函数列. 令

$$E_k=\{x\in\mathbb{R}^n\mid f_{k+1}(x)-f_k(x)<0\},$$

则由题设知

$$\int_{E_k}f_k\,\mathrm{d}m\leqslant\int_{E_k}f_{k+1}\,\mathrm{d}m.$$

由此得到

$$0\leqslant\int_{E_k}[f_{k+1}-f_k]\,\mathrm{d}m\leqslant\int_{E_k}0\,\mathrm{d}m=0,$$

$$\int_{E_k}[f_{k+1}-f_k]\,\mathrm{d}m=0.$$

由此推出 $m(E_k)=0$. 从而，$f_{k+1}(x)-f_k(x)\underset{m}{\dot{\geqslant}}0$，$x\in\mathbb{R}^n$，即

$$f_k(x)\underset{m}{\dot{\leqslant}}f_{k+1}(x),\ x\in\mathbb{R}^n.$$

记 $\lim\limits_{k\to+\infty}f_k(x)\underset{m}{\doteq}f(x)$，$x\in\mathbb{R}^n$，根据 Levi 递增积分定理 3.3.4，有

$$\lim_{k\to+\infty}\int_E f_k\,\mathrm{d}m=\int_E f\,\mathrm{d}m=\int_E\lim_{k\to+\infty}f_k\,\mathrm{d}m.$$ □

【210】 设 $E\subset\mathbb{R}^1$，$f\in\mathscr{L}(E)$，$f_k\in\mathscr{L}(E)$，$k=1,2,\cdots$，且

$$\lim_{k\to+\infty}(\mathrm{L})\int_E|f_k(x)-f(x)|\,\mathrm{d}x=0.$$

证明：$\{f_k\}$必有子列$\{f_{k_i}\}$，s. t. 在 E 上，有

$$\lim_{i\to+\infty} f_{k_i}(x) \underset{m}{\doteq} f(x).$$

证明　因为

$$\lim_{k\to+\infty}(\mathrm{L})\int_E |f_k(x)-f(x)|\,\mathrm{d}x = 0,$$

所以　$\forall\varepsilon>0,\forall\delta>0,\exists k_0\in\mathbb{N}$，当 $k\geqslant k_0$ 时，有

$$\varepsilon\cdot m(\{x\in E \mid |f_k(x)-f(x)|\geqslant\varepsilon\})\leqslant(\mathrm{L})\int_E |f_k(x)-f(x)|\,\mathrm{d}x<\varepsilon\delta,$$

$$m(\{x\in E \mid |f_k(x)-f(x)|\geqslant\varepsilon\})<\delta,$$

$$f_k \overset{E}{\underset{m}{\Rightarrow}} f.$$

根据 Riesz 定理 3.2.3，$\{f_k\}$有子列$\{f_{k_i}\}$在 E 上，有

$$\lim_{i\to+\infty} f_{k_i}(x) \underset{m}{\doteq} f(x).$$ □

【211】　设$\{E_k\}$为$\mathbb{R}^n$ 上测度有限的 Lebesgue 可测集列，且有

$$\lim_{k\to+\infty}(\mathrm{L})\int_{\mathbb{R}^n} |\chi_{E_k}(x)-f(x)|\,\mathrm{d}x = 0$$

证明：存在 Lebesgue 可测集 $E\subset\mathbb{R}^n$，s. t. $f(x)\underset{m}{\doteq}\chi_E(x),x\in\mathbb{R}^n$.

证明　因为

$$\lim_{k\to+\infty}(\mathrm{L})\int_{\mathbb{R}^n} |\chi_{E_k}(x)-f(x)|\,\mathrm{d}x = 0,$$

故由题[210]知，$\{\chi_{E_k}\}$有子列$\{\chi_{E_{k_i}}\}$，s. t. $\lim\limits_{i\to+\infty}\chi_{E_{k_i}}(x)\underset{m}{\doteq}f(x),x\in\mathbb{R}^n$. 因此，除一 Lebesgue 零测集 Z 外，$f(x)$只取 0 或 1.

记 $E=\{x\in\mathbb{R}^n \mid f(x)=1\}=\{x\in\mathbb{R}^n \mid f(x)\geqslant 1\}\cap\{x\in\mathbb{R}^n \mid f(x)\leqslant 1\}$，显然它为 Lebesgue 可测集，故 χ_E 在$\mathbb{R}^n$ 上的 Lebesgue 可测函数；或者从

$$\lim_{i\to+\infty}\chi_{E_{k_i}}(x) \underset{m}{\doteq} \chi_E(x),x\in\mathbb{R}^n,$$

和定理 3.1.4 知，$\chi_E(x)$为$\mathbb{R}^n$ 上的 Lebesgue 可测函数. □

【212】　设$(X,\mathscr{R},\mu)$为测度空间，$E\in\mathscr{R},\mu(E)<+\infty$，$f$ 为 E 上的几乎处处有限的广义可测函数. 证明：

$$f \text{ 在 } E \text{ 上可积} \Leftrightarrow \sum_{n=1}^{\infty} n\cdot\mu(E_n)<+\infty.\text{ 其中 } E_n=E(n\leqslant|f|<n+1),n=1,2,\cdots.$$

证明　从

$$\sum_{n=1}^{\infty} n\cdot\mu(E_n)\leqslant\sum_{n=0}^{\infty}\int_{E_n}|f|\,\mathrm{d}\mu=\int_E|f|\,\mathrm{d}\mu\leqslant\sum_{n=0}^{\infty}(n+1)\mu(E_n)$$

$$=\sum_{n=1}^{\infty}n\mu(E_n)+\sum_{n=0}^{\infty}\mu(E_n)\leqslant 2\sum_{n=1}^{\infty}n\mu(E_n)+\mu(E),$$

立即得到

$$f\text{ 在 }E\text{ 上可积}\Leftrightarrow\sum_{n=1}^{\infty}n\cdot\mu(E_n)<+\infty.$$ □

注 如果题[212]中 $\mu(E)=+\infty$，其必要性仍成立，但充分性未必成立.

反例：在 $(\mathbb{R}^1,\mathscr{L},m)$ 中，取 $E=\mathbb{R}^1$，$f(x)=\dfrac{1}{2}$，$x\in\mathbb{R}^1$，则 $E_n=E(n\leqslant|f|<n+1)=\varnothing$，$n=1,2,\cdots$，

$$\sum_{n=1}^{\infty}n\cdot m(E_n)=\sum_{n=1}^{\infty}n\cdot m(\varnothing)=\sum_{n=1}^{\infty}n\cdot 0=0.$$

但是

$$\int_E f\,\mathrm{d}m=\int_{\mathbb{R}^1}\frac{1}{2}\mathrm{d}m=+\infty,$$

f 在 $E=\mathbb{R}^1$ 上不是 Lebesgue 可积的.

【213】 设 $(X,\mathscr{R},\mu)$ 为全 σ 有限的测度空间，f 为 $(X,\mathscr{R})$ 上非负实值可测函数. $E\in\mathscr{R}$，它关于 μ 的积分记为

$$\nu(E)=\int_E f\,\mathrm{d}\mu$$

(积分可取 $+\infty$ 值). 而且当 $\mu(E)<+\infty$ 时，总有 $\int_E f\,\mathrm{d}\mu<+\infty$. 证明：$(X,\mathscr{R},\nu)$ 为全 σ 有限测度空间. 而对 $\forall E\in\mathscr{R}$，只要 $\mu(E)=0$，总有 $\nu(E)=0$.

证明 对 $\forall E\in\mathscr{R}$，如果 $\mu(E)=0$，则根据定义 3.3.1 和定义 3.3.1′，总有

$$\nu(E)=\int_E f\,\mathrm{d}\mu=0.$$

特别地，由 $\mu(\varnothing)=0$ 知，$\nu(\varnothing)=0$.

非负性：$\forall E\in\mathscr{R}$，由 f 为 $(X,\mathscr{R})$ 上非负实值可测函数，故

$$\nu(E)=\int_E f\,\mathrm{d}\mu\geqslant 0.$$

可数可加性：对 $\forall E_i\in\mathscr{R}(i=1,2,\cdots)$. 如果 $E_i\cap E_j=\varnothing(i\neq j)$ 且 $\bigcup\limits_{i=1}^{\infty}E_i\in\mathscr{R}$，就必定有

$$\nu\Big(\bigcup_{i=1}^{\infty}E_i\Big)=\int_{\bigcup\limits_{i=1}^{\infty}E_i}f\,\mathrm{d}\mu\xlongequal{\text{定理 3.3.9}}\sum_{i=1}^{\infty}\int_{E_i}f\,\mathrm{d}\mu=\sum_{i=1}^{\infty}\nu(E_i).$$

这就证明了 ν 为 $(X,\mathscr{R})$ 上的一个测度.

因为 $(X,\mathscr{R},\mu)$ 为全 σ 有限的测度空间，根据定义 2.2.1，则 $X\in\mathscr{R}$，且 $\exists E_i\in\mathscr{R}$，$\mu(E_i)<+\infty$，$X\subset\bigcup\limits_{i=1}^{\infty}E_i$. 根据题设，总有 $\nu(E_i)=\int_{E_i}f\,\mathrm{d}\mu<+\infty$，这表明 $(X,\mathscr{R},\nu)$ 为全 σ 有限测度空间. □

3.4 积分收敛定理(Lebesgue 控制收敛定理、Levi 引理、Fatou 引理)

定理 3.4.1 (Lebesgue 控制收敛定理)设$(X,\mathscr{R},\mu)$为测度空间,$\{f_n\}$为$E\in\mathscr{R}$上的广义可测函数列,且在E上有非负函数F,s. t.

$$|f_n| \underset{\mu}{\dot{\leqslant}} F, n=1,2,\cdots$$

(称F为$\{f_n\}$的**控制函数**). 如果F在E上可积(当然它在E上可测),$\{f_n\}$在E上依测度收敛于广义可测函数f,即在E上$f_n\underset{\mu}{\Rightarrow}f$,则$f$在$E$上可积,且

$$\lim_{n\to+\infty}\int_E f_n\mathrm{d}\mu=\int_E f\mathrm{d}\mu.$$

定理 3.4.1′ (Lebesgue 控制收敛定理)设$(X,\mathscr{R},\mu)$为测度空间,$\{f_n\}$为$E\in\mathscr{R}$上的一个广义可测函数列,F为它的控制函数,并且是可积的. 如果$\{f_n\}$在E上几乎处处收敛于广义可测函数f,即在E上,$\lim\limits_{n\to+\infty}f_n(x)\underset{\mu}{\doteq}f(x)$,则$f$在$E$上是可积的,且

$$\lim_{n\to+\infty}\int_E f_n\mathrm{d}\mu=\int_E f\mathrm{d}\mu.$$

定理 3.4.1″ (有界控制收敛定理)设$(X,\mathscr{R},\mu)$为测度空间,$E\in\mathscr{R}$,$\mu(E)<+\infty$,$\{f_n\}$为E上的广义可测函数列,且

$$|f_n| \underset{\mu}{\dot{\leqslant}} K(\text{常数}), n=1,2,\cdots(K\text{ 为控制函数}).$$

如果$\{f_n\}$在E上依测度(或几乎处处)收敛于广义可测函数f,则f在E上必可积,且

$$\lim_{n\to+\infty}\int_E f_n\mathrm{d}\mu=\int_E f\mathrm{d}\mu.$$

定理 3.4.1‴ (完全测度空间上的控制收敛定理)设$(X,\mathscr{R},\mu)$为完全测度空间,$\{f_n\}$为$E\in\mathscr{R}$上的一个广义可测函数列,F为$\{f_n\}$的控制可积函数. 如果在E上,$f_n\underset{\mu}{\Rightarrow}f$(或$f_n\xrightarrow[\mu]{\cdot}f$),则$f$在$E$上必可积,且

$$\lim_{n\to+\infty}\int_E f_n\mathrm{d}\mu=\int_E f\mathrm{d}\mu.$$

定理 3.4.2 (Levi 引理)设$(X,\mathscr{R},\mu)$为测度空间,$\{f_n\}$为$E\in\mathscr{R}$上的单调增(减)的可积函数列. 如果它的积分列有上确界

$$A=\sup_n\left\{\int_E f_n\mathrm{d}\mu\right\}<+\infty$$

(下确界$B=\inf\limits_n\left\{\int_E f_n\mathrm{d}\mu\right\}>-\infty$),则$\{f_n\}$在$E$上必几乎处处收敛于一个可积函数$f$,且

$$\lim_{n\to+\infty}\int_E f_n\mathrm{d}\mu=\int_E f\mathrm{d}\mu.$$

定理 3.4.2′ (Levi 引理,逐项积分)设$(X,\mathscr{R},\mu)$为测度空间,$\{u_n\}$为$E\in\mathscr{R}$上的非负可积函数列,以及

$$\sum_{n=1}^{\infty}\int_E u_n \mathrm{d}\mu < +\infty,$$

则函数项级数 $\sum_{n=1}^{\infty} u_n$ 必几乎处处收敛于 E 上的一个可积函数 f，且

$$\int_E f\mathrm{d}\mu = \int_E \sum_{n=1}^{\infty} u_n \mathrm{d}\mu = \sum_{n=1}^{\infty}\int_E u_n \mathrm{d}\mu.$$

定理 3.4.3 (Fator 引理)设$(X,\mathscr{R},\mu)$为测度空间，$\{f_n\}$为$E\in\mathscr{R}$上的一个可积函数列. 如果在 E 上有一个可积函数 h，s. t. $f_n \underset{\mu}{\dot{\geqslant}} h\ (f_n \underset{\mu}{\dot{\leqslant}} h)$，$n=1,2,\cdots$，且

$$\varliminf_{n\to+\infty}\int_E f_n \mathrm{d}\mu < +\infty \left(\varlimsup_{n\to+\infty}\int_E f_n \mathrm{d}\mu > -\infty\right),$$

则函数 $\varliminf\limits_{n\to+\infty} f_n$（$\varlimsup\limits_{n\to+\infty} f_n$）为 E 上的可积函数（当该函数在一个 μ 零集的子集上取值为 $\pm\infty$ 时，可任意改变这个 μ 零集上的函数值为某个常数），并有

$$\int_E \varliminf_{n\to+\infty} f_n \mathrm{d}\mu \leqslant \varliminf_{n\to+\infty}\int_E f_n \mathrm{d}\mu \left(\int_E \varlimsup_{n\to+\infty} f_n \mathrm{d}\mu \geqslant \varlimsup_{n\to+\infty}\int_E f_n \mathrm{d}\mu\right).$$

注 3.4.2 (1) Levi 递增积分定理(定理 3.3.4)；(2) Levi 引理(定理 3.4.2)；(3) Fatou 引理(定理 3.4.3)；(4) Lebesgue 控制收敛定理 3.4.1′；(5) Lebesgue 控制收敛定理 3.4.1 是彼此等价的.

例 3.4.1 举例说明 Lebesgue 控制收敛定理中控制函数的可积性不可缺少.

例 3.4.2 举例说明 Levi 引理(定理 3.4.2)中$\{f_n\}$的积分列$\left\{\int_E f_n \mathrm{d}\mu\right\}$有上界是不可缺少的.

例 3.4.3 举例说明：

(1) Fatou 引理(定理 3.4.3)中的条件"$f_n \underset{\mu}{\dot{\geqslant}} h$（可积函数）"不可缺.

(2) Fatou 引理(定理 3.4.3)中的条件"$\varliminf\limits_{n\to+\infty}\int_E f_n \mathrm{d}\mu < +\infty$"不可缺.

定理 3.4.4 (逐项积分)设$(X,\mathscr{R},\mu)$为测度空间，$E\in\mathscr{R}$，$u_k(x)$为 E 上的可积函数，$k=1,2,\cdots$. 若有

$$\sum_{k=1}^{\infty}\int_E |u_k(x)|\,\mathrm{d}\mu < +\infty,$$

则 $\sum_{k=1}^{\infty} u_k(x)$ 在 E 上几乎处处收敛于和函数 $f(x)$，f 在 E 上可积，且

$$\sum_{k=1}^{\infty}\int_E u_k(x)\mathrm{d}\mu = \int_E f(x)\mathrm{d}\mu = \int_E \sum_{k=1}^{\infty} u_k(x)\mathrm{d}\mu.$$

定理 3.4.5 (参变量积分的连续性)设 $f(x,t)$为定义在矩形$[a,b]\times[\alpha,\beta]=\{(x,t)\mid a\leqslant x\leqslant b,\alpha\leqslant t\leqslant\beta\}$上的实函数. 如果对任何固定的 $t\in[\alpha,\beta]$，$f(x,t)$关于 x 在$[a,b]$上是

Lebesgue 可测的,而当 $t'\to t$ 时,$f(x,t')$ 在 $[a,b]$ 上关于 Lebesgue 测度 m 几乎处处收敛于 $f(x,t)$. 并且存在 $[a,b]$ 上的 Lebesgue 可积函数 F, s. t. $|f(x,t)|\underset{m}{\dot{\leqslant}}F(x)$. 则当 $t\in[\alpha,\beta]$ 时,Lebesgue 积分

$$I(t)=(\mathrm{L})\int_{[a,b]}f(\cdot,t)\mathrm{d}m=(\mathrm{L})\int_a^b f(x,t)\mathrm{d}x$$

为 t 的连续函数.

定理 3.4.6　(参变量积分的可导性—积分号下求导)设 $f(x,t)$ 为定义在矩形 $[a,b]\times[\alpha,\beta]=\{(x,t)\mid a\leqslant x\leqslant b,\alpha\leqslant t\leqslant\beta\}$ 上的实函数. 如果对任何固定的 $t\in[\alpha,\beta]$, $f(x,t)$ 关于 x 在 $[a,b]$ 上是 Lebesgue 可积的,而且关于 Lebesgue 测度 m 对几乎所有 x,函数 $f(x,t)$ 对 t 有偏导数,并且存在 $[a,b]$ 上的 Lebesgue 可积函数 $F(x)$, s. t.

$$\left|\frac{f(x,t+h)-f(x,t)}{h}\right|\underset{m}{\dot{\leqslant}}F(x)\text{ 或 }\left|\frac{\partial}{\partial t}f(x,t)\right|\underset{m}{\dot{\leqslant}}F(x)$$

(应用 Lagrange 中值定理,由第 2 式可以推出第 1 式),则

$$I(t)=\int_a^b f(x,t)\mathrm{d}x$$

在 $[\alpha,\beta]$ 上具有导函数,并且

$$I'(t)=\frac{\mathrm{d}}{\mathrm{d}t}\int_a^b f(x,t)\mathrm{d}x=\int_a^b\frac{\partial}{\partial t}f(x,t)\mathrm{d}x.$$

【214】　设 $f\in\mathscr{L}(\mathbb{R}^n)$, $f_k\in\mathscr{L}(\mathbb{R}^n)$, $k=1,2,\cdots$,且对任一 Lebesgue 可测集 $E\subset\mathbb{R}^n$,有

$$(\mathrm{L})\int_E f_k(\boldsymbol{x})\mathrm{d}\boldsymbol{x}\leqslant(\mathrm{L})\int_E f_{k+1}(\boldsymbol{x})\mathrm{d}\boldsymbol{x},$$

$$\lim_{k\to+\infty}(\mathrm{L})\int_E f_k(\boldsymbol{x})\mathrm{d}\boldsymbol{x}=(\mathrm{L})\int_E f(\boldsymbol{x})\mathrm{d}\boldsymbol{x}.$$

证明:

$$\lim_{k\to+\infty}f_k(\boldsymbol{x})\underset{m}{\doteq}f(\boldsymbol{x}),\boldsymbol{x}\in\mathbb{R}^n.$$

证明　证法 1　因为 E 为 $\mathbb{R}^n$ 中的 Lebesgue 可测集,且

$$\int_E f_k(\boldsymbol{x})\mathrm{d}\boldsymbol{x}\leqslant\int_E f_{k+1}(\boldsymbol{x})\mathrm{d}\boldsymbol{x},$$

所以　$f_k(\boldsymbol{x})\underset{m}{\dot{\leqslant}}f_{k+1}(\boldsymbol{x})$, $\boldsymbol{x}\in E$(否则,若 $\exists E_0$, s. t. $f_k(\boldsymbol{x})>f_{k+1}(\boldsymbol{x})$, $\forall\boldsymbol{x}\in E_0$,且 $m(E_0)>0$,则

$$\int_{E_0}f_k(\boldsymbol{x})\mathrm{d}\boldsymbol{x}>\int_{E_0}f_{k+1}(\boldsymbol{x})\mathrm{d}\boldsymbol{x},$$

矛盾). 令

$$A=\{\boldsymbol{x}\in\mathbb{R}^n\mid\exists k\in\mathbb{N},\text{s. t. }f_k(\boldsymbol{x})>f_{k+1}(\boldsymbol{x})\},$$

则 $m(A)=0$,且 $\{f_k\}$ 在 $\mathbb{R}^n-A$ 上单调增.

(反证)假设存在集合 B, $m(B)>0$,且 $\boldsymbol{x}\in B$ 时

$$\lim_{k\to+\infty} f_k(\boldsymbol{x}) \neq f(\boldsymbol{x}).$$

记 $\widetilde{B}=B-A$,则 $m(\widetilde{B})=m(B)>0$. 由于$\{f_k\}$在 $\widetilde{B}$ 上单调增,故 $\lim\limits_{k\to+\infty} f_k(\boldsymbol{x})$存在. 令

$$\widetilde{B}^+ = \{\boldsymbol{x}\in \widetilde{B} \mid \lim_{k\to+\infty} f_k(\boldsymbol{x}) > f(\boldsymbol{x})\}, \quad \widetilde{B}^- = \{\boldsymbol{x}\in \widetilde{B} \mid \lim_{k\to+\infty} f_k(\boldsymbol{x}) < f(\boldsymbol{x})\},$$

则 $\widetilde{B}^+ \cap \widetilde{B}^- = \varnothing$,$\widetilde{B}=\widetilde{B}^+ \cup \widetilde{B}^-$,且

$$m(\widetilde{B}^+) > 0 \text{ 或 } m(\widetilde{B}^-) > 0.$$

不妨设 $m(\widetilde{B}^+)>0$. 于是

$$\lim_{k\to+\infty}\int_{\widetilde{B}^+} f_k(\boldsymbol{x})\mathrm{d}\boldsymbol{x} \xlongequal{\text{Levi 定理 3.3.4}} \int_{\widetilde{B}^+} \lim_{k\to+\infty} f_k(\boldsymbol{x})\mathrm{d}\boldsymbol{x} > \int_{\widetilde{B}} f(\boldsymbol{x})\mathrm{d}\boldsymbol{x}.$$

这与题设条件相矛盾.

证法 2 设

$$E_l = \left\{\boldsymbol{x}\in \mathbb{R}^n \,\middle|\, \frac{1}{l} \leqslant f_k(\boldsymbol{x}) - f_{k+1}(\boldsymbol{x})\right\}, l=1,2,\cdots$$

则由题设知

$$0 \leqslant \frac{1}{l} m(E_l) \leqslant \int_{E_l} [f_k(\boldsymbol{x}) - f_{k+1}(\boldsymbol{x})]\mathrm{d}\boldsymbol{x} \overset{\text{题设}}{\leqslant} 0,$$

故 $m(E_l)=0, l=1,2,\cdots$.

$$0 \leqslant m(\{f_k(\boldsymbol{x}) - f_{k+1}(\boldsymbol{x}) > 0\}) \leqslant m\Big(\bigcup_{l=1}^{\infty} E_l\Big) \leqslant \sum_{l=1}^{\infty} m(E_l) = \sum_{l=1}^{\infty} 0 = 0,$$

$$m(\{f_k(\boldsymbol{x}) - f_{k+1}(\boldsymbol{x}) > 0\}) = 0,$$

$$f_k(\boldsymbol{x}) - f_{k+1}(\boldsymbol{x}) \underset{m}{\dot{\leqslant}} 0, \quad f_k(\boldsymbol{x}) \underset{m}{\dot{\leqslant}} f_{k+1}(\boldsymbol{x}).$$

根据

$$\int_E f_k(\boldsymbol{x})\mathrm{d}\boldsymbol{x} \overset{\text{题设}}{\leqslant} \int_E f_{k+1}(\boldsymbol{x})\mathrm{d}\boldsymbol{x} \leqslant \cdots \leqslant \lim_{k\to+\infty}\int_E f_k(\boldsymbol{x})\mathrm{d}\boldsymbol{x} \xlongequal{\text{题设}} \int_E f(\boldsymbol{x})\mathrm{d}\boldsymbol{x}$$

同理推得

$$f_k(\boldsymbol{x}) \underset{m}{\dot{\leqslant}} f(\boldsymbol{x}), \quad k=1,2,\cdots$$

因为 $f_k(\boldsymbol{x}) \underset{m}{\dot{\leqslant}} f_{k+1}(\boldsymbol{x})$,所以可设 $\lim\limits_{k\to+\infty} f_k(\boldsymbol{x}) \underset{m}{\doteq} g(\boldsymbol{x})$,$\boldsymbol{x}\in\mathbb{R}$. 此外,显然

$$f_1(\boldsymbol{x}) \underset{m}{\dot{\leqslant}} f_2(\boldsymbol{x}) \underset{m}{\dot{\leqslant}} \cdots \underset{m}{\dot{\leqslant}} f_k(\boldsymbol{x}) \underset{m}{\dot{\leqslant}} f_{k+1}(\boldsymbol{x}) \underset{m}{\dot{\leqslant}} \cdots \underset{m}{\dot{\leqslant}} f(\boldsymbol{x}),$$

$$\left|\int_E f_k(\boldsymbol{x})\mathrm{d}\boldsymbol{x}\right| \leqslant \int_E [|f(\boldsymbol{x})| + |f_1(\boldsymbol{x})|]\mathrm{d}\boldsymbol{x}, k=1,2,\cdots.$$

这表明$|f|+|f_1|$为$\{f_k\}$的控制函数.

$$\int_E f(\boldsymbol{x})\mathrm{d}\boldsymbol{x} \xlongequal{\text{题设}} \lim_{k\to+\infty}\int_E f_k(\boldsymbol{x})\mathrm{d}\boldsymbol{x} \xlongequal{\text{控制收敛定理 3.4.1}'} \int_E \lim_{k\to+\infty} f_k(\boldsymbol{x})\mathrm{d}\boldsymbol{x} = \int_E g(\boldsymbol{x})\mathrm{d}\boldsymbol{x},$$

$$\int_E [f(\boldsymbol{x}) - g(\boldsymbol{x})]\mathrm{d}\boldsymbol{x} = 0.$$

由于 E 为任意 Lebesgue 可测集，易见 $f(\boldsymbol{x})-g(\boldsymbol{x})\underset{m}{\doteq}0, f(\boldsymbol{x})\underset{m}{\doteq}g(\boldsymbol{x}), \boldsymbol{x}\in\mathbb{R}^n$. 从而

$$\lim_{k\to+\infty} f_k(\boldsymbol{x}) \underset{m}{\doteq} g(\boldsymbol{x}) \underset{m}{\doteq} f(\boldsymbol{x}), \boldsymbol{x}\in\mathbb{R}^n. \qquad \square$$

【215】 (1) 设 $f, f_1, f_2, \cdots, f_k, \cdots$ 为 $E\subset\mathbb{R}^n$ 上的非负 Lebesgue 可积函数，且在 E 上

$$\lim_{k\to+\infty} f_k(\boldsymbol{x}) \underset{m}{\doteq} f(\boldsymbol{x}),$$

$$\lim_{k\to+\infty}(\mathrm{L})\int_E f_k(\boldsymbol{x})\mathrm{d}\boldsymbol{x} = (\mathrm{L})\int_E f(\boldsymbol{x})\mathrm{d}\boldsymbol{x}.$$

证明：对 E 中任一可测子集 e，有

$$\lim_{k\to+\infty}(\mathrm{L})\int_e f_k(\boldsymbol{x})\mathrm{d}\boldsymbol{x} = (\mathrm{L})\int_e f(\boldsymbol{x})\mathrm{d}\boldsymbol{x}.$$

(2) 若将上述"几乎处处收敛"的条件改为"依测度收敛"，证明结论仍成立.

证明 (1) 证法1 由 f, f_k 在 E 上 Lebesgue 可积，故 f, f_k 均在 $e\subset E$ 上为 Lebesgue 可积函数. 又 f, f_k 在 E 上非负，根据 Fatou 引理(定理 3.4.3)，有

$$\begin{aligned}
\varliminf_{k\to+\infty}\int_e f_k(\boldsymbol{x})\mathrm{d}\boldsymbol{x} &\overset{\text{Fatou}}{\geqslant} \int_e \varliminf_{k\to+\infty} f_k(\boldsymbol{x})\mathrm{d}\boldsymbol{x} = \int_e f(\boldsymbol{x})\mathrm{d}\boldsymbol{x} \\
&= \int_E f(\boldsymbol{x})\mathrm{d}\boldsymbol{x} - \int_{E-e} f(\boldsymbol{x})\mathrm{d}\boldsymbol{x} \overset{\text{题设}}{=\!=} \lim_{k\to+\infty}\int_E f_k(\boldsymbol{x})\mathrm{d}\boldsymbol{x} - \int_{E-e}\varliminf_{k\to+\infty} f_k(\boldsymbol{x})\mathrm{d}\boldsymbol{x} \\
&\geqslant \lim_{k\to+\infty}\int_E f_k(\boldsymbol{x})\mathrm{d}\boldsymbol{x} - \varliminf_{k\to+\infty}\int_{E-e} f_k(\boldsymbol{x})\mathrm{d}\boldsymbol{x} \\
&= \varlimsup_{k\to+\infty}\left[\int_E f_k(\boldsymbol{x})\mathrm{d}\boldsymbol{x} - \int_{E-e} f_k(\boldsymbol{x})\mathrm{d}\boldsymbol{x}\right] \\
&= \varlimsup_{k\to+\infty}\left[\int_E f_k(\boldsymbol{x})\mathrm{d}\boldsymbol{x} - \int_{E-e} f_k(\boldsymbol{x})\mathrm{d}\boldsymbol{x}\right] \\
&= \varlimsup_{k\to+\infty}\int_e f_k(\boldsymbol{x})\mathrm{d}\boldsymbol{x} \geqslant \varliminf_{k\to+\infty}\int_e f_k(\boldsymbol{x})\mathrm{d}\boldsymbol{x}.
\end{aligned}$$

于是

$$\lim_{k\to+\infty}\int_e f_k(\boldsymbol{x})\mathrm{d}\boldsymbol{x} = \varliminf_{k\to+\infty}\int_e f_k(\boldsymbol{x})\mathrm{d}\boldsymbol{x} = \varlimsup_{k\to+\infty}\int_e f_k(\boldsymbol{x})\mathrm{d}\boldsymbol{x} = \int_e f(\boldsymbol{x})\mathrm{d}\boldsymbol{x} = \int_e \lim_{k\to+\infty} f_k(\boldsymbol{x})\mathrm{d}\boldsymbol{x}.$$

证法2 记 $g_k = f_k - f$，由 $f_k \xrightarrow[m]{\cdot} f(k\to+\infty)$ 知，$g_k \xrightarrow[m]{\cdot} 0(k\to 0)$. 因此，$g_k^- \xrightarrow[m]{\cdot} 0(k\to+\infty)$. 又因 $f_k\geqslant 0$，

$$\begin{aligned}
|g_k^-(\boldsymbol{x})| = g^-(\boldsymbol{x}) &= \begin{cases} 0, & f_k(\boldsymbol{x}) - f(\boldsymbol{x}) \geqslant 0, \\ f(\boldsymbol{x}) - f_k(\boldsymbol{x}), & f_k(\boldsymbol{x}) - f(\boldsymbol{x}) < 0 \end{cases} \\
&\leqslant f(\boldsymbol{x}) \in \mathscr{L}(E),
\end{aligned}$$

故应用 Lebesgue 控制收敛定理 3.4.1′(f 为 Lebesgue 可积的控制函数)得到

$$\lim_{k\to+\infty}\int_E g_k^-(\boldsymbol{x})\mathrm{d}\boldsymbol{x} = \int_E \lim_{k\to+\infty} g_k^-(\boldsymbol{x})\mathrm{d}\boldsymbol{x} = \int_E 0\ \mathrm{d}\boldsymbol{x} = 0.$$

由已知，推得

$$\lim_{k\to+\infty}\int_E g_k^+(\boldsymbol{x})\mathrm{d}\boldsymbol{x}-\lim_{k\to+\infty}\int_E g_k^-(\boldsymbol{x})\mathrm{d}\boldsymbol{x}=\lim_{k\to+\infty}\int_E g_k(\boldsymbol{x})\mathrm{d}\boldsymbol{x}$$

$$=\lim_{k\to+\infty}\int_E[f_k(\boldsymbol{x})-f(\boldsymbol{x})]\mathrm{d}\boldsymbol{x}=\lim_{k\to+\infty}\int_E f_k(\boldsymbol{x})\mathrm{d}\boldsymbol{x}-\int_E f(\boldsymbol{x})\mathrm{d}\boldsymbol{x}\xlongequal{\text{题设}}0.$$

因此

$$\lim_{k\to+\infty}\int_E g_k^+(\boldsymbol{x})\mathrm{d}\boldsymbol{x}=\lim_{k\to+\infty}\int_E g_k^-(\boldsymbol{x})\mathrm{d}\boldsymbol{x}=0.$$

由于对任何 Lebesgue 可测集 $e\subset E$,有

$$0\leqslant\int_e g_k^+(\boldsymbol{x})\mathrm{d}\boldsymbol{x}\leqslant\int_E g_k^+(\boldsymbol{x})\mathrm{d}\boldsymbol{x}\to 0(k\to+\infty),$$

$$0\leqslant\int_e g_k^-(\boldsymbol{x})\mathrm{d}\boldsymbol{x}\leqslant\int_E g_k^-(\boldsymbol{x})\mathrm{d}\boldsymbol{x}\to 0(k\to+\infty),$$

故

$$\lim_{k\to+\infty}\int_e[f_k(\boldsymbol{x})-f(\boldsymbol{x})]\mathrm{d}\boldsymbol{x}=\lim_{k\to+\infty}\int_e g_k(\boldsymbol{x})\mathrm{d}\boldsymbol{x}=\lim_{k\to+\infty}\int_e[g_k^+(\boldsymbol{x})-g_k^-(\boldsymbol{x})]\mathrm{d}\boldsymbol{x}$$

$$=\lim_{k\to+\infty}\int_e g_k^+(\boldsymbol{x})\mathrm{d}\boldsymbol{x}-\lim_{k\to+\infty}\int_e g_k^-(\boldsymbol{x})\mathrm{d}\boldsymbol{x}=0-0=0,$$

$$\lim_{k\to+\infty}\int_e f_k(\boldsymbol{x})\mathrm{d}\boldsymbol{x}=\int_e f(\boldsymbol{x})\mathrm{d}\boldsymbol{x}.$$ □

(2)(反证)假设存在 E 的可测子集 e, s. t.

$$\lim_{k\to+\infty}\int_e f_k(\boldsymbol{x})\mathrm{d}\boldsymbol{x}\neq\int_e f(\boldsymbol{x})\mathrm{d}\boldsymbol{x},$$

则有 $\{f_k\}$ 的子列 $\{f_{k_i}\}$, s. t.

$$\lim_{i\to+\infty}\int_e f_{k_i}(\boldsymbol{x})\mathrm{d}\boldsymbol{x}=A\neq\int_e f(\boldsymbol{x})\mathrm{d}\boldsymbol{x}.$$

由于 $f_{k_i}\overset{e}{\underset{m}{\Rightarrow}}f(i\to+\infty)$,根据 Riesz 定理 3.2.3,必有 $\{f_{k_i}\}$ 的子列 $\{f_{k_{i_j}}\}$ 几乎处处收敛于 f,即 $\lim\limits_{j\to+\infty}f_{k_{i_j}}(\boldsymbol{x})\underset{m}{\doteq}f(\boldsymbol{x})$. 根据(1)的结论,有

$$A=\lim_{j\to+\infty}\int_e f_{k_{i_j}}(\boldsymbol{x})\mathrm{d}\boldsymbol{x}=\int_e f(\boldsymbol{x})\mathrm{d}\boldsymbol{x}\neq A,$$

矛盾.

【216】 设 f 为定义在 $\mathbb{R}^n$ 上的实函数,对 $\forall\,\varepsilon>0$, $\exists\, g,h\in\mathscr{L}(\mathbb{R}^n)$ 满足

$$g(\boldsymbol{x})\leqslant f(x)\leqslant h(\boldsymbol{x}),\ \forall\,\boldsymbol{x}\in\mathbb{R}^n,$$

且有

$$(\mathrm{L})\int_{\mathbb{R}^n}[h(\boldsymbol{x})-g(\boldsymbol{x})]\mathrm{d}\boldsymbol{x}<\varepsilon.$$

证明: $f\in\mathscr{L}(\mathbb{R}^n)$.

证明 对 $\forall\,k\in\mathbb{N}$, $\exists\, g_k,h_k\in\mathscr{L}(\mathbb{R}^n)$, s. t.

$$g_k(\boldsymbol{x})\leqslant f(\boldsymbol{x})\leqslant h_k(\boldsymbol{x}),\quad 0\leqslant h_k(\boldsymbol{x})-g_k(\boldsymbol{x}),$$

$$0 \leqslant \int_{\mathbb{R}^n} [h_k(\boldsymbol{x}) - g_k(\boldsymbol{x})] \mathrm{d}\boldsymbol{x} < \frac{1}{k} \to 0 (k \to +\infty),$$

则

$$\lim_{k \to +\infty} \int_{\mathbb{R}^n} [h_k(\boldsymbol{x}) - g_k(\boldsymbol{x})] \mathrm{d}\boldsymbol{x} = 0.$$

由此得到

$$\begin{aligned} 0 \leqslant \int_{\mathbb{R}^n} \varliminf_{k \to +\infty} [h_k(\boldsymbol{x}) - g_k(\boldsymbol{x})] \mathrm{d}\boldsymbol{x} &\overset{\text{Fatou引理}}{\leqslant} \varliminf_{k \to +\infty} \int_{\mathbb{R}^n} [h_k(\boldsymbol{x}) - g_k(\boldsymbol{x})] \mathrm{d}\boldsymbol{x} \\ &= \lim_{k \to +\infty} \int_{\mathbb{R}^n} [h_k(\boldsymbol{x}) - g_k(\boldsymbol{x})] \mathrm{d}\boldsymbol{x} = 0, \end{aligned}$$

$$\int_{\mathbb{R}^n} \varliminf_{k \to +\infty} [h_k(\boldsymbol{x}) - g_k(\boldsymbol{x})] \mathrm{d}\boldsymbol{x} = 0,$$

$$\varliminf_{k \to +\infty} [h_k(\boldsymbol{x}) - g_k(\boldsymbol{x})] \underset{m}{\doteq} 0.$$

又因

$$0 \leqslant h_k(\boldsymbol{x}) - f(\boldsymbol{x}) \leqslant h_k(\boldsymbol{x}) - g_k(\boldsymbol{x}),$$

故

$$0 \leqslant \varliminf_{k \to +\infty} [h_k(\boldsymbol{x}) - f(\boldsymbol{x})] \leqslant \varliminf_{k \to +\infty} [h_k(\boldsymbol{x}) - g_k(\boldsymbol{x})] \underset{m}{\doteq} 0,$$

$$\varliminf_{k \to +\infty} [h_k(\boldsymbol{x}) - f(\boldsymbol{x})] \underset{m}{\doteq} 0.$$

根据下极限的定义，$\{h_k - f\}$必有子列$\{h_{k_i} - f\}$，s. t.

$$\lim_{i \to +\infty} [h_{k_i}(\boldsymbol{x}) - f(\boldsymbol{x})] \underset{m}{\doteq} 0, x \in \mathbb{R}^n; \ \lim_{i \to +\infty} h_{k_i}(\boldsymbol{x}) \underset{m}{\doteq} f(\boldsymbol{x}), x \in \mathbb{R}^n.$$

从而，根据定理 3.1.4 知，f 在$\mathbb{R}^n$ 上为 Lebesgue 可测函数. 于是

$$\int_{\mathbb{R}^n} | f(\boldsymbol{x}) | \mathrm{d}\boldsymbol{x} \leqslant \int_{\mathbb{R}^n} [| g_k(\boldsymbol{x}) | + | h_k(\boldsymbol{x}) |] \mathrm{d}\boldsymbol{x} < +\infty,$$

$$| f | \in \mathscr{L}(\mathbb{R}^n), f \in \mathscr{L}(\mathbb{R}^n). \qquad \square$$

【217】 设 $x^s f(x), x^t f(x)$在$(0, +\infty)$上 Lebesgue 可积，其中 $s < t$. 证明：Lebesgue 积分

$$(\mathrm{L}) \int_0^{+\infty} x^u f(x) \mathrm{d}x, u \in (s, t)$$

存在有限，且为 $u \in (s, t)$的连续函数.

证明 (1) 因为 $x^s f(x), x^t f(x) \in \mathscr{L}((0, +\infty))$，所以当 $u \in (s, t)$时，有

$$\begin{aligned} \int_0^{+\infty} | x^u f(x) | \mathrm{d}x &= \int_0^1 | x^u f(x) | \mathrm{d}x + \int_1^{+\infty} | x^u f(x) | \mathrm{d}x \\ &\leqslant \int_0^1 | x^s f(x) | \mathrm{d}x + \int_1^{+\infty} | x^t f(x) | \mathrm{d}x \\ &= \int_0^{+\infty} | x^s f(x) | \mathrm{d}x + \int_0^{+\infty} | x^t f(x) | \mathrm{d}x < +\infty, \end{aligned}$$

或者

$$\int_0^{+\infty} |x^u f(x)| \mathrm{d}x \leqslant \int_0^{+\infty} (x^s + x^t) |f(x)| \mathrm{d}x$$

$$= \int_0^{+\infty} |x^s f(x)| \mathrm{d}x + \int_0^{+\infty} |x^t f(x)| \mathrm{d}x < +\infty.$$

因此，$x^u f(x) \in \mathscr{L}((0,+\infty))$，即积分 $\int_0^{+\infty} x^u f(x)\mathrm{d}x$ 存在有限.

(2) 记

$$F(u) = \int_0^{+\infty} x^u f(x)\mathrm{d}x, u \in (s,t).$$

对 $\forall u_0 \in (s,t)$，(s,t) 中的任何点列 $u_n \to u_0 (n \to +\infty)$，

$$x^{u_n} f(x) \to x^{u_0} f(x), n \to +\infty,$$

$$|x^{u_n} f(x)| \leqslant |x^s f(x)| + |x^t f(x)| \in \mathscr{L}((0,+\infty)).$$

根据 Lebesgue 控制收敛定理 3.4.1′，知

$$\lim_{n\to+\infty} F(u_n) = \lim_{n\to+\infty} \int_0^{+\infty} x^{u_n} f(x)\mathrm{d}x = \int_0^{+\infty} \lim_{n\to+\infty} x^{u_n} f(x)\mathrm{d}x$$

$$= \int_0^{+\infty} x^{u_0} f(x)\mathrm{d}x = F(u_0),$$

所以 F 在 u_0 点处连续. 由 $u_0 \in (s,t)$ 的任意性，F 在 (s,t) 上连续，即 $F \in C((s,t))$. □

【218】 设 $E \subset \mathbb{R}^1$，$m(E) < +\infty$，f 为 E 上的 Lebesgue 可测函数，$0 < s < +\infty$. 证明：

$$\lim_{t \nearrow s} (\mathrm{L})\int_E |f(x)|^t \mathrm{d}x = (\mathrm{L})\int_E |f(x)|^s \mathrm{d}x$$

证明 设

$$E_1 = \{x \in E \mid |f(x)| \leqslant 1\}, \quad E_2 = \{x \in E \mid |f(x)| > 1\},$$

则对 $s \in (0,+\infty)$，$\forall t_n \nearrow s$，在 E_1 上，有

$$|f(x)|^{t_n} \to |f(x)|^s,$$

$$|f(x)|^{t_n} \leqslant 1, x \in E_1, 1 \in \mathscr{L}(E_1)(\text{注意：} m(E_1) \leqslant m(E) \overset{\text{题设}}{<} +\infty).$$

根据 Lebesgue 控制收敛定理 3.4.1′，知

$$\lim_{n\to+\infty} (\mathrm{L})\int_{E_1} |f(x)|^{t_n} \mathrm{d}x = (\mathrm{L})\int_{E_1} |f(x)|^s \mathrm{d}x.$$

在 E_2 上，$|f(x)|^{t_n} \nearrow |f(x)|^s$，根据 Levi 递增积分定理 3.3.4，有

$$\lim_{n\to+\infty} (\mathrm{L})\int_{E_2} |f(x)|^{t_n} \mathrm{d}x = \int_{E_2} |f(x)|^s \mathrm{d}x.$$

合并两项得到

$$\lim_{n\to+\infty} (\mathrm{L})\int_E |f(x)|^{t_n} \mathrm{d}x = \lim_{n\to+\infty} (\mathrm{L})\int_{E_1} |f(x)|^{t_n} \mathrm{d}x + \lim_{n\to+\infty} (\mathrm{L})\int_{E_2} |f(x)|^{t_n} \mathrm{d}x$$

$$= (\mathrm{L})\int_{E_1} |f(x)|^s \mathrm{d}x + (\mathrm{L})\int_{E_2} |f(x)|^s \mathrm{d}x = (\mathrm{L})\int_E |f(x)|^s \mathrm{d}x.$$

由 $\{t_n\}$ 的任意性，知

$$\lim_{t\nearrow s}(\mathrm{L})\int_E |f(x)|^t\mathrm{d}x=(\mathrm{L})\int_E |f(x)|^s\mathrm{d}x.$$ □

【219】 给出注 3.4.2 中(4)⇒(5)的新证明. 也就是

(4) Lebesgue 控制收敛定理 3.4.1′⇒(5) Lebesgue 控制收敛定理 3.4.1.

证明　先考虑 $\mu(E)<+\infty$.

因为 $f_k\overset{E}{\underset{\mu}{\Rightarrow}}f$, 故 $\{f_k\}$ 必有子列 $\{f_{k_i}\}$, s. t. $\lim\limits_{i\to+\infty}f_{k_i}(x)\underset{\mu}{\doteq}f(x)$, $x\in E$. 又 $|f_k(x)|\leqslant F(x)$, 根据(4), 有

$$\lim_{i\to+\infty}\int_E f_{k_i}(x)\mathrm{d}x=\int_E f(x)\mathrm{d}x.$$

对 $\forall\,\varepsilon>0$, $\exists\, i_0\in\mathbb{N}$, 当 $i\geqslant i_0$ 时, 有

$$\left|\int_E f_{k_i}(x)\mathrm{d}x-\int_E f(x)\mathrm{d}x\right|<\frac{\varepsilon}{2}.$$

另一方面, 根据积分绝对连续性定理 3.3.15, $\exists\,\delta>0$, 当 $e\subset E$, $\mu(e)<\delta$ 时, 有

$$\int_e F(x)\mathrm{d}x<\frac{\varepsilon}{8}.$$

由于 $f_k\overset{E}{\underset{\mu}{\Rightarrow}}f\,(k\to+\infty)$, 故 $\exists\, N\in\mathbb{N}$, s. t. 当 $k>N$ 时, 有

$$\mu\left(E\left(|f_k-f|>\frac{\varepsilon}{4[\mu(E)+1]}\right)\right)<\frac{\delta}{2}.$$

因此, 取 $i\geqslant i_0$, s. t. $k_i>N$, 有

$$\begin{aligned}&\mu\left(E(|f_k-f_{k_i}|>\frac{\varepsilon}{4[\mu(E)+1]}\right)\\ &\leqslant\mu\left(E\left(|f_k-f|>\frac{\varepsilon}{8[\mu(E)+1]}\right)\cup E\left(|f_{k_i}-f|>\frac{\varepsilon}{8[\mu(E)+1]}\right)\right)\\ &<\frac{\delta}{2}+\frac{\delta}{2}=\delta,\end{aligned}$$

令

$$e=E\left(|f_k-f_{k_i}|>\frac{\varepsilon}{4[\mu(E)+1]}\right),$$

则 $\mu(e)<\delta$. 进而, 有

$$\begin{aligned}\int_E |f_k(x)-f_{k_i}(x)|\,\mathrm{d}x&\leqslant\int_e |f_k(x)-f_{k_i}(x)|\,\mathrm{d}x+\int_{E-e}|f_k(x)-f_{k_i}(x)|\,\mathrm{d}x\\ &\leqslant\int_e 2F(x)\mathrm{d}x+\int_{E-e}\frac{\varepsilon}{4[\mu(E)+1]}\mathrm{d}x\\ &<2\cdot\frac{\varepsilon}{8}+\frac{\varepsilon}{4[\mu(E)+1]}\cdot\mu(E)<\frac{\varepsilon}{4}+\frac{\varepsilon}{4}=\frac{\varepsilon}{2},\end{aligned}$$

$$\begin{aligned}\left|\int_E f_k(x)\mathrm{d}x-\int_E f(x)\mathrm{d}x\right|&\leqslant\left|\int_E f_k(x)\mathrm{d}x-\int_E f_{k_i}(x)\mathrm{d}x\right|+\left|\int_E f_{k_i}(x)\mathrm{d}x-\int_E f(x)\mathrm{d}x\right|\\ &<\frac{\varepsilon}{2}+\frac{\varepsilon}{2}=\varepsilon,\end{aligned}$$

$$\lim_{k\to+\infty}\int_E f_k(x)\mathrm{d}x=\int_E f(x)\mathrm{d}x.$$

当 $\mu(E)=+\infty$ 时，因 $|f_k(x)-f(x)|\leqslant 2F(x)$（可积），所以对 $\forall\,\varepsilon>0$，存在可测集 $E_0\subset E$，s. t.

$$\int_{E-E_0}|f_k(x)-f(x)|\,\mathrm{d}x<\frac{\varepsilon}{2},\quad m(E_0)<+\infty.$$

根据上半部分结论，有

$$\lim_{k\to+\infty}\int_{E_0}f_k(x)\mathrm{d}x=\int_{E_0}f(x)\mathrm{d}x.$$

于是，$\exists\,K\in\mathbb{N}$，当 $k>K$ 时，有

$$\left|\int_{E_0}f_k(x)\mathrm{d}x-\int_{E_0}f(x)\mathrm{d}x\right|<\frac{\varepsilon}{2},$$

$$\left|\int_E f_k(x)\mathrm{d}x-\int_E f(x)\mathrm{d}x\right|\leqslant\int_{E-E_0}|f_k(x)-f(x)|\,\mathrm{d}x+\left|\int_{E_0}f_k(x)\mathrm{d}x-\int_{E_0}f(x)\mathrm{d}x\right|$$

$$<\frac{\varepsilon}{2}+\frac{\varepsilon}{2}=\varepsilon,$$

$$\lim_{k\to+\infty}\int_E f_k(x)\mathrm{d}x=\int_E f(x)\mathrm{d}x.$$ □

【220】 对于 $(X,\mathscr{R},\mu)=(\mathbb{R}^n,\mathscr{L},m)$ 证明定理 3. 4. 1.

证明 从 f 为 E 上的广义 Lebesgue 可测函数和定理 3. 1. 3′(5)知 $|f|$ 也为 E 上的广义 Lebesgue 可测函数. 再由 Riesz 定理 3. 2. 3，E 上度量收敛于 f 的函数列 $\{f_n\}$ 必有子列 $\{f_{n_k}\}$ 在 E 上几乎处处收敛于 f. 因此，从 $|f_{n_k}|\underset{m}{\dot{\leqslant}}F$ 得到 $|f|\underset{m}{\dot{\leqslant}}F$. 由 F 的 Lebesgue 可积性和定义 3. 3. 1′，有

$$\int_E|f|\,\mathrm{d}m=\sup_{\substack{h(x)\leqslant|f(x)|\\x\in E}}\left\{\int_E h\,\mathrm{d}m\;\middle|\;h\text{ 为}(\mathbb{R}^n,\mathscr{L},m)\text{ 上非负 Lebesgue 可测简单函数}\right\}$$

$$\leqslant\sup_{\substack{h(x)\leqslant F(x)\\x\in E}}\left\{\int_E h\,\mathrm{d}m\;\middle|\;h\text{ 为}(\mathbb{R}^n,\mathscr{L},m)\text{ 上非负 Lebesgue 可测简单函数}\right\}$$

$$=\int_E F\,\mathrm{d}m,$$

故 $|f|$ 在 E 上 Lebesgue 可积. 从定理 3. 3. 12 知 f 在 E 上 Lebesgue 可积. 同理，f_n 在 E 上也 Lebesgue 可积($n\in\mathbb{N}$).

$\forall\,\varepsilon>0$，由 F 在 E 上 Lebesgue 可积，根据积分的绝对连续性定理 3. 3. 15，$\exists\,\delta>0$，当 $m(e)<\delta$ 时，有

$$\int_e F(\boldsymbol{x})\mathrm{d}\boldsymbol{x}<\frac{\varepsilon}{6},$$

$$\int_e|f_k(\boldsymbol{x})-f(\boldsymbol{x})|\,\mathrm{d}\boldsymbol{x}\leqslant\int_e 2F(\boldsymbol{x})\mathrm{d}\boldsymbol{x}<\frac{\varepsilon}{3}.$$

因为 $E\cap B(0;\ n)\nearrow E(n\to+\infty)$ 和 F 在 E 上 Lebesgue 可积，知

$$\lim_{n\to+\infty}\int_{E\cap B(0;\ n)}F(\boldsymbol{x})\mathrm{d}\boldsymbol{x}=\int_E F(\boldsymbol{x})\mathrm{d}\boldsymbol{x}.$$

从而

$$\lim_{n\to+\infty}\int_{E-B(0;\ n)}F(\boldsymbol{x})\mathrm{d}\boldsymbol{x}=\lim_{n\to+\infty}\left[\int_E F(\boldsymbol{x})\mathrm{d}\boldsymbol{x}-\int_{E\cap B(0;\ n)}F(\boldsymbol{x})\mathrm{d}\boldsymbol{x}\right]=0.$$

由此，必 $\exists N\in\mathbb{N}$, s. t.

$$\int_{E-B(0;\ N)}|f_k(\boldsymbol{x})-f(\boldsymbol{x})|\mathrm{d}\boldsymbol{x}\leqslant\int_{E-B(0;\ N)}2F(\boldsymbol{x})\mathrm{d}\boldsymbol{x}<\frac{\varepsilon}{3}.$$

因为 $f_k\overset{E}{\underset{m}{\Rightarrow}}f$，故对 $\sigma=\dfrac{\varepsilon}{3m(E\cap B(0;\ N))+1}$，$\exists K\in\mathbb{N}$，当 $k>K$ 时，有

$$m(\tilde{e})=m\left(\left\{x\in E\cap B(0;\ N)\ \Big|\ |f_k(x)-f(x)|>\sigma=\frac{\varepsilon}{3m(E\cap B(0;\ N))+1}\right\}\right)<\delta.$$

从而

$$\begin{aligned}&\left|\int_E f_k(\boldsymbol{x})\mathrm{d}\boldsymbol{x}-\int_E f(\boldsymbol{x})\mathrm{d}\boldsymbol{x}\right|\leqslant\int_E|f_k(\boldsymbol{x})-f(\boldsymbol{x})|\mathrm{d}\boldsymbol{x}\\&=\int_{E-B(0;\ N)}|f_k(\boldsymbol{x})-f(\boldsymbol{x})|\mathrm{d}\boldsymbol{x}+\int_{\tilde{e}}|f_k(\boldsymbol{x})-f(\boldsymbol{x})|\mathrm{d}\boldsymbol{x}+\int_{E\cap B(0;\ N)-\tilde{e}}|f_k(\boldsymbol{x})-f(\boldsymbol{x})|\mathrm{d}\boldsymbol{x}\\&<\frac{\varepsilon}{3}+\frac{\varepsilon}{3}+\frac{\varepsilon}{3m(E\cap B(0;\ N))+1}m(E\cap B(0;\ N)-\tilde{e})=\varepsilon,\end{aligned}$$

$$\lim_{k\to+\infty}\int_E f_k(\boldsymbol{x})\mathrm{d}\boldsymbol{x}=\int_E f(\boldsymbol{x})\mathrm{d}\boldsymbol{x}.\qquad\square$$

【221】 设 $\{f_k(x)\}$ 为 $E\subset\mathbb{R}^1$ 上非负 Lebesgue 可积函数列，且 $f\in\mathscr{L}(E)$, s. t. $\{f_k(x)\}$ 在 E 上依测度收敛于 $f(x)$，即 $f_k\overset{E}{\underset{m}{\Rightarrow}}f(k\to+\infty)$. 如果

$$\lim_{k\to+\infty}(\mathrm{L})\int_E f_k(x)\mathrm{d}x=(\mathrm{L})\int_E f(x)\mathrm{d}x.$$

证明：

$$\lim_{k\to+\infty}(\mathrm{L})\int_E|f_k(x)-f(x)|\mathrm{d}x=0.$$

证明 因为 $f_k\geqslant0$, $f_k\overset{E}{\underset{m}{\Rightarrow}}f$，所以 $\exists\{f_{k_i}\}$, s. t. $f_{k_i}(x)\xrightarrow[m]{\cdot}f(x)(k\to+\infty)$, $x\in E$，且 $f\underset{m}{\overset{\cdot}{\geqslant}}0$.

记

$$g_k(x)=f_k(x)-f(x),$$

则

$$g_k^+-g_k^-=g_k=f_k-f\overset{E}{\underset{m}{\Rightarrow}}f-f=0,\quad g_k^-\overset{E}{\underset{m}{\Rightarrow}}0.$$

显然

$$0\underset{m}{\overset{\cdot}{\leqslant}}f-g_k^-=f_k-g_k^+\leqslant f.$$

根据 Lebesgue 控制收敛定理 3.4.1(f 为 Lebesgue 可积的控制收敛函数),有

$$\int_E f(x)\mathrm{d}x-\lim_{k\to+\infty}\int_E g_k^-(x)\mathrm{d}x=\lim_{k\to+\infty}\int_E[f(x)-g_k^-(x)]\mathrm{d}x\xlongequal{\text{定理 3.4.1}}\int_E f(x)\mathrm{d}x,$$

$$\lim_{k\to+\infty}\int_E g_k^-(x)\mathrm{d}x=0.$$

又

$$\begin{aligned}\lim_{k\to+\infty}\int_E g_k^+(x)\mathrm{d}x-\lim_{k\to+\infty}\int_E g_k^-(x)\mathrm{d}x&=\lim_{k\to+\infty}\int_E g_k(x)\mathrm{d}x\\&=\lim_{k\to+\infty}\int_E[f_k(x)-f(x)]\mathrm{d}x\xlongequal{\text{题设}}0,\\\lim_{k\to+\infty}\int_E g_k^+(x)\mathrm{d}x&=\lim_{k\to+\infty}\int_E g_k^-(x)\mathrm{d}x=0.\end{aligned}$$

于是

$$\begin{aligned}\lim_{k\to+\infty}\int_E|f_k(x)-f(x)|\mathrm{d}x&=\lim_{k\to+\infty}\int_E[g_k^+(x)+g_k^-(x)]\mathrm{d}x\\&=\lim_{k\to+\infty}\int_E g_k^+(x)\mathrm{d}x+\lim_{k\to+\infty}\int_E g_k^-(x)\mathrm{d}x=0+0=0.\end{aligned}$$ □

注 设 $f\in\mathscr{L}(E)$,$f_k\in\mathscr{L}(E)$,$k=1,2,\cdots$,且

$$\lim_{k\to+\infty}(\mathrm{L})\int_E|f_k(x)-f(x)|\mathrm{d}x=0\Leftrightarrow$$

$f_k\overset{E}{\underset{m}{\Rightarrow}}f\ (k\to+\infty)$,且 $\lim\limits_{k\to+\infty}(\mathrm{L})\int_E f_k(x)\mathrm{d}x=(\mathrm{L})\int_E f(x)\mathrm{d}x$.

证明 ($\Leftarrow$)即题[221].

($\Rightarrow$) $\forall\,\varepsilon>0$,$\forall\,\delta>0$,由

$$\lim_{k\to+\infty}(\mathrm{L})\int_E|f_k(x)-f(x)|\mathrm{d}x=0$$

知

$$\varepsilon\cdot m(E(|f_k(x)-f(x)|>\varepsilon))\leqslant(\mathrm{L})\int_E|f_k(x)-f(x)|\mathrm{d}x<\varepsilon\delta,$$

$$m(E(|f_k(x)-f(x)|>\varepsilon))<\delta,$$

$$f_k\overset{E}{\underset{m}{\Rightarrow}}f\ (k\to+\infty).$$

此外,对 $\forall\,\varepsilon>0$,由

$$\left|(\mathrm{L})\int_E f_k(x)\mathrm{d}x-(\mathrm{L})\int_E f(x)\mathrm{d}x\right|\leqslant(\mathrm{L})\int_E|f_k(x)-f(x)|\mathrm{d}x<\varepsilon$$

得到

$$\lim_{k\to+\infty}(\mathrm{L})\int_E f_k(x)\mathrm{d}x=(\mathrm{L})\int_E f(x)\mathrm{d}x.$$ □

【222】 设$\{f_k\}$,$\{g_k\}$为$E\subset\mathbb{R}^1$上的两个 Lebesgue 可测函数列,且

$$|f_k(x)|\leqslant g_k(x),\ \forall x\in E.$$

如果

$$\lim_{k\to+\infty}f_k(x)=f(x),\quad \lim_{k\to+\infty}g_k(x)=g(x),\quad \forall x\in E,$$

且

$$\lim_{k\to+\infty}(\mathrm{L})\int_E g_k(x)\mathrm{d}x=(\mathrm{L})\int_E g(x)\mathrm{d}x<+\infty,$$

证明:

$$\lim_{k\to+\infty}(\mathrm{L})\int_E f_k(x)\mathrm{d}x=(\mathrm{L})\int_E f(x)\mathrm{d}x.$$

证明 证法 1 因为$\{f_k\}$,$\{g_k\}$为$E\subset\mathbb{R}^1$上的两个 Lebesgue 可测函数列,且

$$|f_k(x)|\leqslant g_k(x),x\in E,\text{即}-g_k(x)\leqslant f_k(x)\leqslant g_k(x),x\in E,$$

故 $\{g_k(x)-f_k(x)\}$,$\{g_k(x)+f_k(x)\}$均为非负 Lebesgue 可测函数列. 再由$0\leqslant|f_k(x)|\leqslant g_k(x)$,$\lim\limits_{k\to+\infty}g_k(x)=g(x)$,$\lim\limits_{k\to+\infty}(\mathrm{L})\int_E g_k(x)\mathrm{d}x=(\mathrm{L})\int_E g(x)\mathrm{d}x<+\infty$知,$g(x)$,(充分大的$k$)$\{g_k(x)\}$,$\{f_k(x)\}$,$\{g_k(x)-f_k(x)\}$,$\{g_k(x)+f_k(x)\}$,$f(x)$均为 Lebesgue 可积函数. 因此,应用 Fatou 引理 3.4.3,有

$$\begin{aligned}\int_E[g(x)-f(x)]\mathrm{d}x&=\int_E\lim_{k\to+\infty}[g_k(x)-f_k(x)]\mathrm{d}x=\int_E\varliminf_{k\to+\infty}[g_k(x)-f_k(x)]\mathrm{d}x\\&\overset{\text{Fatou引理}}{\leqslant}\varliminf_{k\to+\infty}\int_E[g_k(x)-f_k(x)]\mathrm{d}x=\varliminf_{k\to+\infty}\left(\int_E g_k(x)\mathrm{d}x-\int_E f_k(x)\mathrm{d}x\right)\\&=\int_E g(x)\mathrm{d}x-\varlimsup_{k\to+\infty}\int_E f_k(x)\mathrm{d}x.\end{aligned}$$

$$\begin{aligned}\int_E[g(x)+f(x)]\mathrm{d}x&=\int_E\lim_{k\to+\infty}[g_k(x)+f_k(x)]\mathrm{d}x=\int_E\varliminf_{k\to+\infty}[g_k(x)+f_k(x)]\mathrm{d}x\\&\overset{\text{Fatou引理}}{\leqslant}\varliminf_{k\to+\infty}\int_E[g_k(x)+f_k(x)]\mathrm{d}x=\varliminf_{k\to+\infty}\left(\int_E g_k(x)\mathrm{d}x+\int_E f_k(x)\mathrm{d}x\right)\\&=\int_E g(x)\mathrm{d}x+\varliminf_{k\to+\infty}\int_E f_k(x)\mathrm{d}x.\end{aligned}$$

由此推得

$$\int_E f(x)\mathrm{d}x\geqslant\varlimsup_{k\to+\infty}\int_E f_k(x)\mathrm{d}x\geqslant\varliminf_{k\to+\infty}\int_E f_k(x)\mathrm{d}x\geqslant\int_E f(x)\mathrm{d}x.$$

$$\lim_{k\to+\infty}\int_E f_k(x)\mathrm{d}x=\varlimsup_{k\to+\infty}\int_E f_k(x)\mathrm{d}x=\varliminf_{k\to+\infty}\int_E f_k(x)\mathrm{d}x=\int_E f(x)\mathrm{d}x.$$

证法 2 考虑函数列$\{g_k(x)-f_k(x)\}$,由证法 1 知,$g_k-f_k\geqslant 0$,$f_k\in\mathscr{L}(E)$,$g_k\in\mathscr{L}(E)$. 应用 Fatou 引理 3.4.3,有

$$\int_E|f(x)|\mathrm{d}x=\int_E\varliminf_{k\to+\infty}|f_k(x)|\mathrm{d}x\overset{\text{Fatou}}{\leqslant}\varliminf_{k\to+\infty}\int_E|f_k(x)|\mathrm{d}x$$

$$\leqslant \varliminf_{k\to+\infty}\int_E g_k(x)\mathrm{d}x = \int_E g(x)\mathrm{d}x < +\infty,$$

所以$|f|,f,|g|,g\in\mathscr{L}(E)$. 应用 Fatou 引理 3.4.3,有

$$\int_E g(x)\mathrm{d}x - \int_E f(x)\mathrm{d}x = \int_E \lim_{k\to+\infty}[g_k(x)-f_k(x)]\mathrm{d}x$$

$$\overset{\text{Fatou}}{\leqslant} \int_E g(x)\mathrm{d}x - \varlimsup_{k\to+\infty}\int_E f_k(x)\mathrm{d}x,$$

$$\varlimsup_{k\to+\infty}\int_E f_k(x)\mathrm{d}x \leqslant \int_E f(x)\mathrm{d}x.$$

以$-f_k$代替f_k,并代入上式得到

$$\varlimsup_{k\to+\infty}\int_E[-f_k(x)]\mathrm{d}x \leqslant \int_E[-f(x)]\mathrm{d}x,$$

即

$$\varliminf_{k\to+\infty}\int_E f_k(x)\mathrm{d}x \geqslant \int_E f(x)\mathrm{d}x.$$

综合上述得到

$$\int_E f(x)\mathrm{d}x \leqslant \varliminf_{k\to+\infty}\int_E f_k(x)\mathrm{d}x \leqslant \varlimsup_{k\to+\infty}\int_E f_k(x)\mathrm{d}x \leqslant \int_E f(x)\mathrm{d}x,$$

$$\lim_{k\to+\infty}\int_E f_k(x)\mathrm{d}x = \varlimsup_{k\to+\infty}\int_E f_k(x)\mathrm{d}x = \varliminf_{k\to+\infty}\int_E f_k(x)\mathrm{d}x = \int_E f(x)\mathrm{d}x.$$ □

【223】 设$\{f_n\}$为测度空间$(X,\mathscr{R},\mu)$的$E\in\mathscr{R}$上的可测函数列,如果:

(1) 存在E上的可积函数F, s. t. $|f_n|\underset{\mu}{\dot{\leqslant}}F, n=1,2,\cdots$.

(2) 在E上,$\{f_n\}$几乎处处收敛于可测函数f.

证明:在E上,$f_n\underset{\mu}{\Rightarrow}f$.

证明 因为在E上,$f_n\xrightarrow[\mu]{\cdot}f(n\to+\infty)$,$|f_n|\underset{\mu}{\dot{\leqslant}}F(n=1,2,\cdots)$,所以

$$|f| \overset{\cdot}{\underset{\mu}{=\!=}} |\lim_{n\to+\infty}f_n| \overset{\cdot}{\underset{\mu}{=\!=}} \lim_{n\to+\infty}|f_n| \underset{\mu}{\dot{\leqslant}} F.$$

此处,显然,$|f_n-f|\xrightarrow[\mu]{\cdot}0$,$|f_n-f|\leqslant|f_n|+|f|\underset{\mu}{\dot{\leqslant}}2F$. 根据 Lebesgue 控制收敛定理 3.4.1′,有

$$\lim_{n\to+\infty}\int_E|f_n-f|\mathrm{d}\mu \xlongequal{\text{定理 3.4.1}'} \int_E\lim_{n\to+\infty}|f_n-f|\mathrm{d}\mu = \int_E 0\mathrm{d}\mu = 0.$$

于是,$\forall\,\varepsilon>0,\forall\,\sigma>0,\exists\,N\in\mathbb{N}$,当$n>N$时,有

$$\int_E|f_n-f|\mathrm{d}\mu < \sigma\varepsilon.$$

此得到

$$\sigma\cdot m(\{x\in E\,|\,|f_n(x)-f(x)|>\sigma\}) \leqslant \int_E|f_n-f|\mathrm{d}\mu < \sigma\varepsilon,$$

$$m(\{x\in E\,|\,|f_n(x)-f(x)|>\sigma\}) < \varepsilon,$$

$$f_n \underset{\mu}{\Rightarrow} f \quad (E\text{上}).$$ □

3.5 Lebesgue 可积函数与连续函数、Lebesgue 积分与 Riemann 积分

定理 3.5.1 （Lebesgue 可积函数与连续函数）设 $E\subset\mathbb{R}^n$，$f\in\mathscr{L}(E)$（即 f 为 E 上的 Lebesgue 可积函数），则对 $\forall\,\varepsilon>0$，存在$\mathbb{R}^n$ 上具有紧支集的连续函数 h，s. t.

$$(\mathrm{L})\int_E |f(\boldsymbol{x})-h(\boldsymbol{x})|\,\mathrm{d}\boldsymbol{x}<\varepsilon$$

（用具有紧支集的连续函数 h 在积分运算意义下逼近 Lebesgue 可积函数 f）.

定理 3.5.2 （积分关于变量平移的不变性）设 $f\in\mathscr{L}(\mathbb{R}^n)$，则对 $\forall\,\boldsymbol{y}\in\mathbb{R}^n$，$f(\boldsymbol{x}+\boldsymbol{y})\in\mathscr{L}(\mathbb{R}^n)$，且有

$$(\mathrm{L})\int_{\mathbb{R}^n} f(\boldsymbol{x}+\boldsymbol{y})\,\mathrm{d}\boldsymbol{x}=(\mathrm{L})\int_{\mathbb{R}^n} f(\boldsymbol{x})\,\mathrm{d}\boldsymbol{x}.$$

定理 3.5.3 （平均连续性）设 $f\in\mathscr{L}(\mathbb{R}^n)$，则有

$$\lim_{\boldsymbol{y}\to\boldsymbol{0}}(\mathrm{L})\int_{\mathbb{R}^n} |f(\boldsymbol{x}+\boldsymbol{y})-f(\boldsymbol{x})|\,\mathrm{d}\boldsymbol{x}=0.$$

例 3.5.1 设 $E\subset\mathbb{R}^n$ 为有界可测集，则

$$\lim_{\boldsymbol{y}\to\boldsymbol{0}}\boldsymbol{m}(\boldsymbol{E}\cap(\boldsymbol{E}+\boldsymbol{y}))=m(E).$$

定理 3.5.4 设 $E\subset\mathbb{R}^n$，$f\in\mathscr{L}(E)$，则存在具有紧支集的阶梯函数列$\{\varphi_k(\boldsymbol{x})\}$，s. t.

(1) 在 E 上，$\lim\limits_{k\to+\infty}\varphi_k(\boldsymbol{x})\underset{m}{\doteq}f(\boldsymbol{x})$.

(2) $\lim\limits_{k\to+\infty}(\mathrm{L})\int_E |f(\boldsymbol{x})-\varphi_k(\boldsymbol{x})|\,\mathrm{d}\boldsymbol{x}=0$，从而，

$$\lim_{k\to+\infty}(\mathrm{L})\int_E \varphi_k(\boldsymbol{x})\,\mathrm{d}\boldsymbol{x}=(\mathrm{L})\int_E f(\boldsymbol{x})\,\mathrm{d}\boldsymbol{x}.$$

例 3.5.2 设$\{g_n\}$为$[a,b]$上的 Lebesgue 可测函数列，且满足：

(1) $|g_n(x)|\leqslant M$，$\forall\,x\in[a,b]$，$n=1,2,\cdots$；

(2) 对 $\forall\,c\in[a,b]$，有

$$\lim_{n\to+\infty}(\mathrm{L})\int_a^c g_n(x)\,\mathrm{d}x=0,$$

则对 $\forall\,f\in\mathscr{L}([a,b])$，有

$$\lim_{n\to+\infty}(\mathrm{L})\int_a^b f(x)g_n(x)\,\mathrm{d}x=0.$$

下面我们研究 Lebesgue 积分和 Riemann 积分之间的关系.

设 f 为定义在$[a,b]$上的有界函数，作$[a,b]$的分割序列：

$$\Delta^n:\ a=x_0^n<x_1^n<\cdots<x_{k_n}^n=b,\ n=1,2,\cdots,$$

$$\|\Delta^n\| = \max_{1\leqslant i\leqslant k_n}\{x_i^n - x_{i-1}^n\}, \lim_{n\to+\infty}\|\Delta^n\| = 0.$$

对 $\forall\, i,n\in\mathbb{N}$,令

$$M_i^n = \sup\{f(x)\mid x_{i-1}^n\leqslant x\leqslant x_i^n\},\quad m_i^n = \inf\{f(x)\mid x_{i-1}^n\leqslant x\leqslant x_i^n\},$$

则关于 $f(x)$的 Darboux 上、下积分应为

$$\overline{\int_a^b} f(x)\mathrm{d}x = \inf_{\Delta}\{S_\Delta \mid \Delta\text{ 为}[a,b]\text{ 的任一分割}\}$$

$$\xlongequal{\text{Darboux 定理}} \lim_{\|\Delta\|\to 0} S_\Delta = \lim_{n\to+\infty}\sum_{i=1}^{k_n} M_i^n(x_i^n - x_{i-1}^n),$$

$$\underline{\int_a^b} f(x)\mathrm{d}x = \sup_{\Delta}\{S_\Delta \mid \Delta\text{ 为}[a,b]\text{ 的任一分割}\}$$

$$\xlongequal{\text{Darboux 定理}} \lim_{\|\Delta\|\to 0} S_\Delta = \lim_{n\to+\infty}\sum_{i=1}^{k_n} m_i^n(x_i^n - x_{i-1}^n).$$

引理 3.5.1 设 f 为定义在$[a,b]$上的有界函数,记 $\omega(x)$为 $f(x)$在$[a,b]$上的振幅函数:

$$\omega(x) = \lim_{\delta\to 0^+}\omega_\delta(x) = \lim_{\delta\to 0^+}\sup\{\mid f(x') - f(x'')\mid \mid x',x''\in B(x;\delta)\}$$

$$= \lim_{\delta\to 0^+}\Big[\sup_{y\in B(x;\delta)} f(y) - \inf_{y\in B(x,\delta)} f(y)\Big],$$

则有

$$(\mathrm{L})\int_a^b \omega(x)\mathrm{d}x = \overline{\int_a^b} f(x)\mathrm{d}x - \underline{\int_a^b} f(x)\mathrm{d}x.$$

定理 3.5.5 (Riemann 可积的充要条件)设 f 为$[a,b]$上的有界函数,

$$D_f = \{x\in[a,b]\mid f\text{ 在 }x\text{ 不连续}\},$$

则

f 在$[a,b]$ 上 Riemann 可积 $\Leftrightarrow m(\mathrm{D}_f) = 0$,即 f 在$[a,b]$ 上几乎处处连续.

定理 3.5.6 (Riemann 可积和 Lebesgue 可积的关系)

f 在$[a,b]$上 Riemann 可积$\underset{\not\Leftarrow}{\Rightarrow}$ f 在$[a,b]$上 Lebesgue 可积.

当 f 在$[a,b]$上 Riemann 可积时,还有

$$(\mathrm{R})\int_a^b f(x)\mathrm{d}x = (\mathrm{L})\int_a^b f(x)\mathrm{d}x$$

(其中左边的积分表示 f 在$[a,b]$上的 Riemann 积分).

定理 3.5.7 设$\{E_k\}$为$\mathbb{R}^n$ 中递增 Lebesgue 可测集合列,$E = \bigcup_{k=1}^{\infty} E_k$,$f\in\mathscr{L}(E_k)$,$k=1,2,\cdots$.

(1) 若 $\lim_{k\to+\infty}(\mathrm{L})\int_{E_k}\mid f(\boldsymbol{x})\mid \mathrm{d}\boldsymbol{x}$ 存在有限,则 $f\in\mathscr{L}(E)$,且有

$$(\mathrm{L})\int_E f(\boldsymbol{x})\mathrm{d}\boldsymbol{x} = \lim_{k\to+\infty}\int_{E_k} f(\boldsymbol{x})\mathrm{d}\boldsymbol{x}.$$

(2) 若 $\lim\limits_{k\to+\infty}(\mathrm{L})\int_{E_k}|f(\boldsymbol{x})|\mathrm{d}\boldsymbol{x}=+\infty$，则 $(\mathrm{L})\int_E f(\boldsymbol{x})\mathrm{d}\boldsymbol{x}=+\infty$，从而，$|f|\notin\mathscr{L}(E)$（$\Leftrightarrow f\notin\mathscr{L}(E)$）.

注 3.5.1　应用定理 3.5.6 和定理 3.5.7，我们可将计算 Lebesgue 积分化为计算 Riemann 积分或广义（即 Cauchy 意义下的）Riemann 积分（无限区间上的广义积分和无界函数的瑕积分）.

【224】　证明：(1) $(\mathrm{L})\int_0^1\frac{\ln x}{1-x}\mathrm{d}x=-\frac{\pi^2}{6}$.　　(2) $(\mathrm{L})\int_0^1\ln\frac{1+x}{1-x}\mathrm{d}x=2\ln 2$.

证明　(1) $\int_0^1\frac{\ln x}{1-x}\mathrm{d}x \xlongequal{y=1-x} \int_1^0\frac{\ln(1-y)}{y}(-\mathrm{d}y)$

$=\int_0^1\sum_{n=1}^{\infty}\frac{(-1)^{n-1}(-y)^n}{ny}\mathrm{d}y$

$=-\int_0^1\sum_{n=0}^{\infty}\frac{y^n}{n+1}\mathrm{d}y \xlongequal{\text{定理 3.3.8}} -\sum_{n=0}^{\infty}\int_0^1\frac{y^n}{n+1}\mathrm{d}y=-\sum_{n=0}^{\infty}(\mathrm{R})\int_0^1\frac{y^n}{n+1}\mathrm{d}y$

$=-\sum_{n=0}^{\infty}\frac{y^{n+1}}{(n+1)^2}\bigg|_0^1=-\sum_{n=0}^{\infty}\frac{1}{(n+1)^2}=-\frac{\pi^2}{6}.$

(2) $\int_0^1\ln\frac{1+x}{1-x}\mathrm{d}x=\int_0^1[\ln(1+x)-\ln(1-x)]\mathrm{d}x$

$=\int_0^1\left[\sum_{k=1}^{\infty}\frac{(-1)^{k-1}x^k}{k}-\sum_{k=1}^{\infty}\frac{(-1)^{k-1}(-x)^k}{k}\right]\mathrm{d}x$

$=\int_0^1 2\sum_{l=0}^{\infty}\frac{x^{2l+1}}{2l+1}\mathrm{d}x \xlongequal{\text{定理 3.3.8}} 2\sum_{l=0}^{\infty}\int_0^1\frac{x^{2l+1}}{2l+1}\mathrm{d}x=2\sum_{l=0}^{\infty}(\mathrm{R})\int_0^1\frac{x^{2l+1}}{2l+1}\mathrm{d}x$

$=2\sum_{l=0}^{\infty}\frac{x^{2l+2}}{(2l+1)(2l+2)}\bigg|_0^1=2\sum_{l=0}^{\infty}\frac{1}{(2l+1)(2l+2)}=2\sum_{l=0}^{\infty}\left(\frac{1}{2l+1}-\frac{1}{2l+2}\right)$

$=2\left(1-\frac{1}{2}+\frac{1}{3}-\frac{1}{4}+\cdots\right)=2\ln 2.$　□

【225】　(1) 设

$$f(x)=\begin{cases}\dfrac{\sin\dfrac{1}{x}}{x^\alpha}, & 0<x\leqslant 1,\\ 0, & x=0.\end{cases}$$

讨论当 α 为何值时，f 在 $[0,1]$ 上 Lebesgue 可积或不可积.

(2) 设

$$f(x)=\begin{cases}\dfrac{\sin\dfrac{1}{x}}{x^\alpha}, & |x|>0,\\ 0, & x=0.\end{cases}$$

讨论当 α 为何值时，f 在 $(-\infty,+\infty)$ 上 Lebesgue 可积或不可积.

解　(1) 考虑 $f(x)$ 在 $[0,1]$ 上的广义 Riemann 积分

$$(\mathrm{R})\int_0^1 f(x)\mathrm{d}x=(\mathrm{R})\int_0^1\frac{\sin\frac{1}{x}}{x^\alpha}\mathrm{d}x\xlongequal{x=\frac{1}{u}}(\mathrm{R})\int_{+\infty}^1\frac{\sin u}{\left(\frac{1}{u}\right)^\alpha}\frac{-1}{u^2}\mathrm{d}u$$

$$=(\mathrm{R})\int_1^{+\infty}\frac{\sin u}{u^{2-\alpha}}\mathrm{d}u\begin{cases}\text{绝对收敛，} & \text{当 } 2-\alpha>1 \text{ 时，}\\ \text{条件收敛，} & \text{当 } 0<2-\alpha\leqslant 1 \text{ 时，}\\ \text{发散，} & \text{当 } 2-\alpha\leqslant 0 \text{ 时.}\end{cases}$$

由此立知

$$(\mathrm{L})\int_0^1 |f(x)|\,\mathrm{d}x=(\mathrm{L})\int_1^{+\infty}\left|\frac{\sin u}{u^{2-\alpha}}\right|\mathrm{d}u\begin{cases}<+\infty, & \alpha<1,\\ =+\infty, & \alpha\geqslant 1.\end{cases}$$

这表明当且仅当 $\alpha<1$ 时，$f(x)$ 在 $[0,1]$ 上是 Lebesgue 可积的.

(2) 考虑 $f(x)$ 在 $[0,+\infty]$ 上的广义 Riemann 积分

$$(\mathrm{R})\int_0^{+\infty}f(x)\mathrm{d}x\xlongequal{x=\frac{1}{u}}(\mathrm{R})\int_0^{+\infty}\frac{\sin u}{u^{2-\alpha}}\mathrm{d}u=(\mathrm{R})\int_0^1\frac{\sin u}{u^{2-\alpha}}\mathrm{d}u+(\mathrm{R})\int_1^{+\infty}\frac{\sin u}{u^{2-\alpha}}\mathrm{d}u.$$

因为

$$\lim_{u\to 0^+}\frac{\frac{\sin u}{u^{2-\alpha}}}{\frac{1}{u^{1-\alpha}}}=\lim_{u\to 0^+}\frac{\sin u}{u}=1,$$

所以 $\dfrac{\sin u}{u^{2-\alpha}}\sim\dfrac{1}{u^{1-\alpha}}(u\to 0^+)$. 从而

$$(\mathrm{R})\int_0^1\frac{\sin u}{u^{2-\alpha}}\mathrm{d}u\ \text{绝对收敛}\Leftrightarrow 1-\alpha<1\Leftrightarrow\alpha>0.$$

$$(\mathrm{L})\int_0^1\left|\frac{\sin u}{u^{2-\alpha}}\right|\mathrm{d}u<+\infty\Leftrightarrow 1-\alpha<1\Leftrightarrow\alpha>0.$$

$$(\mathrm{R})\int_\sigma^{+\infty}\frac{\sin u}{u^{2-\alpha}}\mathrm{d}u\ \text{绝对收敛}\Leftrightarrow(\mathrm{R})\int_0^1\frac{\sin u}{u^{2-\alpha}}\mathrm{d}u\ \text{与}(\mathrm{R})\int_1^{+\infty}\frac{\sin u}{u^{2-\alpha}}\mathrm{d}u\ \text{都绝对收敛.}$$

由此立知

$$(\mathrm{L})\int_0^{+\infty}|f(x)|\,\mathrm{d}x=(\mathrm{L})\int_0^{+\infty}\left|\frac{\sin u}{u^{2-\alpha}}\right|\mathrm{d}u<+\infty\Leftrightarrow\begin{cases}\alpha>0\\ \alpha<1\end{cases}\Leftrightarrow 0<\alpha<1.$$

这表明当且仅当 $0<\alpha<1$ 时，$f(x)$ 在 $[0,+\infty)$ 上是 Lebesgue 可积的.

应该指出的是当 $0<\alpha<1$ 时，虽然

$$\int_{-\infty}^{+\infty}\frac{\left|\sin\frac{1}{x}\right|}{|x|^\alpha}\mathrm{d}x=2\int_0^{+\infty}\frac{\left|\sin\frac{1}{x}\right|}{|x|^\alpha}\mathrm{d}x<+\infty,$$

但是，当 $0<\alpha<1, x<0$ 时，x^α 与 $\dfrac{\sin\frac{1}{x}}{x^\alpha}$ 有时有意义$\left(\text{如：}\alpha=\frac{1}{3},\frac{1}{5},\cdots\right)$，此时 $f(x)$ 在 $(-\infty,+\infty)$ 上是 Lebesgue 可积的；有时无意义$\left(\text{如：}\alpha=\frac{1}{2},\frac{1}{4},\cdots\right)$，此时更谈不上 $f(x)$ 在 $(-\infty,+\infty)$ 上 Lebesgue 可积了. □

【226】 证明：(1) $\lim\limits_{n\to+\infty}(\mathrm{L})\displaystyle\int_0^{+\infty}\frac{\mathrm{d}x}{\left(1+\frac{x}{n}\right)^n x^{\frac{1}{n}}}=1.$

(2) $\lim\limits_{n\to+\infty}(\mathrm{L})\displaystyle\int_0^{+\infty}\frac{\ln^p(x+n)}{n}\mathrm{e}^{-x}\cos x\mathrm{d}x=0$，其中 p 为固定的正数.

证明　(1) 当 $0\leqslant x\leqslant 1$ 时，$\left(1+\frac{x}{n}\right)^n x^{\frac{1}{n}}$ 关于 n 单调增(注意：$x^{\frac{1}{n}}$ 关于 n 单调增). 因此

$$\frac{1}{\left(1+\frac{x}{n}\right)^n x^{\frac{1}{n}}}$$

关于 n 单调减. 于是

$$0<\frac{1}{\left(1+\frac{x}{n}\right)^n x^{\frac{1}{n}}}\leqslant\frac{1}{x^{\frac{1}{2}}}(n\geqslant 2).$$

由

$$\int_0^1\frac{\mathrm{d}x}{x^{\frac{1}{2}}}=\left.\frac{x^{1-\frac{1}{2}}}{1-\frac{1}{2}}\right|_0^1=2$$

立知，$\dfrac{1}{x^{\frac{1}{2}}}$ 为$\left\{\dfrac{1}{\left(1+\frac{x}{n}\right)^n x^{\frac{1}{n}}}\,\middle|\, n=2,3,\cdots\right\}$的 Lebesgue 可积的控制函数.

当 $x\geqslant 1$ 时，有

$$0<\frac{1}{\left(1+\frac{x}{n}\right)^n x^{\frac{1}{n}}}\leqslant\frac{1}{\left(1+\frac{x}{n}\right)^n}\leqslant\frac{1}{\left(1+\frac{x}{2}\right)^2}<\frac{4}{x^2}, n\geqslant 2.$$

由

$$\int_1^{+\infty}\frac{4\mathrm{d}x}{x^2}<+\infty$$

立知，$\dfrac{4}{x^2}$ 为 $\dfrac{1}{x^{\frac{1}{2}}}$ 为$\left\{\dfrac{1}{\left(1+\frac{x}{n}\right)^n x^{\frac{1}{n}}}\,\middle|\, n=2,3,\cdots\right\}$的 Lebesgue 可积的控制函数.

根据 Lebesgue 控制收敛定理 3.4.1′知

$$\lim_{n\to+\infty}(\mathrm{L})\int_0^{+\infty}\frac{\mathrm{d}x}{\left(1+\frac{x}{n}\right)^n x^{\frac{1}{n}}}=\lim_{n\to+\infty}(\mathrm{L})\int_0^1\frac{\mathrm{d}x}{\left(1+\frac{x}{n}\right)^n x^{\frac{1}{n}}}+\lim_{n\to+\infty}(\mathrm{L})\int_1^{+\infty}\frac{\mathrm{d}x}{\left(1+\frac{x}{n}\right)^n x^{\frac{1}{n}}}$$

$$= (\mathrm{L})\int_0^1 \frac{\mathrm{d}x}{\mathrm{e}^x} + (\mathrm{L})\int_1^{+\infty} \frac{\mathrm{d}x}{\mathrm{e}^x} = (\mathrm{L})\int_0^{+\infty} \frac{\mathrm{d}x}{\mathrm{e}^x}$$

$$= -\mathrm{e}^{-x}\Big|_0^{+\infty} = 1 - 0 = 1.$$

(2) 由 L'Hospital 法则知，$\lim\limits_{x\to+\infty}\dfrac{\ln^p x}{x}=0$. 因此

$$\left|\frac{\ln^p(x+n)}{x+n}\right| \leqslant M,$$

$$\left|\frac{\ln^p(x+n)}{n}\mathrm{e}^{-x}\cos x\right| \leqslant \left|\frac{\ln^p(x+n)}{x+n}\left(1+\frac{x}{n}\right)\mathrm{e}^{-x}\right| \leqslant M(1+x)\mathrm{e}^{-x}.$$

由

$$\int_0^{+\infty} M(1+x)\mathrm{e}^{-x}\mathrm{d}x < +\infty$$

立知，$M(1+x)\mathrm{e}^{-x}$ 为 $\left\{\dfrac{\ln^p(x+n)}{n}\mathrm{e}^{-x}\cos x\right\}$ 的可积的控制函数.

根据 Lebesgue 控制收敛定理 3.4.1′知，

$$\lim_{n\to+\infty}(\mathrm{L})\int_0^{+\infty}\frac{\ln^p(x+n)}{n}\mathrm{e}^{-x}\cos x\mathrm{d}x = (\mathrm{L})\int_0^{+\infty} 0\cdot \mathrm{e}^{-x}\cos x\mathrm{d}x = 0. \qquad \square$$

【227】 如果 $f(x)$ 在 $[a,b]$ 上 Lebesgue 可积，则对 $\forall\,\varepsilon>0$，$\exists$ 连续函数 φ（即 $\varphi\in C([a,b])$）s. t.

$$(\mathrm{L})\int_a^b |f(x)-\varphi(x)|\,\mathrm{d}x < \varepsilon.$$

证明 证法 1 记

$$[f(x)]_N = \begin{cases} f(x), & \text{当 } |f(x)| \leqslant N, \\ N, & \text{当 } f(x) > N, \\ -N, & \text{当 } f(x) < -N, \end{cases} \qquad x \in E = [a,b],$$

则

$$\int_a^b |f(x)-[f(x)]_N|\,\mathrm{d}x \leqslant \int_{E(|f|>N)} (|f(x)|+N)\mathrm{d}x \leqslant 2\int_{E(|f|>N)} |f(x)|\,\mathrm{d}x.$$

因 $|f(x)|\in\mathscr{L}([a,b])$，故 $\forall\,\varepsilon>0$，根据积分的绝对连续性定理 3.3.15，$\exists\,\delta>0$，s. t. 对 $\forall\, e\subset E=[a,b]$，只要 $m(e)<\delta$，便有

$$\int_e |f(x)|\,\mathrm{d}x < \frac{\varepsilon}{4}.$$

又因

$$\bigcap_{n=1}^{\infty} E(|f|>n) = E(|f|=+\infty),$$

并注意到 $|f(x)|$ 在 E 上 Lebesgue 可积，故它在 E 上几乎处处有限，可得

$$\lim_{n\to+\infty} m(E(|f|>n)) = m(E(|f|=+\infty)) = 0.$$

从而,对上述 $\delta>0$, $\exists N\in\mathbb{N}$, s. t. $m(E(|f|>N))<\delta$. 于是,

$$\int_{E(|f|>N)} |f(x)|\,\mathrm{d}x<\frac{\varepsilon}{4}.$$

由此推得

$$\int_a^b |f(x)-[f(x)]_N|\,\mathrm{d}x\leqslant 2\int_{E(|f|>N)} |f(x)|\,\mathrm{d}x<\frac{\varepsilon}{2}.$$

对于$[f(x)]_N$,根据 Лузин 定理 3.2.11,存在$[a,b]$上的连续函数 $\varphi(x)$, s. t.

$$m(E([f]_N\neq\varphi))<\frac{\varepsilon}{4N},$$

且$|\varphi(x)|\leqslant N$. 则

$$\int_a^b |[f(x)]_N-\varphi(x)|\,\mathrm{d}x=\int_{E([f]_N\neq\varphi)} |[f(x)]_N-\varphi(x)|\,\mathrm{d}x$$
$$\leqslant 2N\cdot m(E([f]_N\neq\varphi))<2N\cdot\frac{\varepsilon}{4N}=\frac{\varepsilon}{2}.$$

从而

$$\int_a^b |f(x)-\varphi(x)|\,\mathrm{d}x\leqslant\int_a^b |f(x)-[f(x)]_N|\,\mathrm{d}x+\int_a^b |[f(x)]_N-\varphi(x)|\,\mathrm{d}x$$
$$<\frac{\varepsilon}{2}+\frac{\varepsilon}{2}=\varepsilon.$$

注 题[227]的结论可推广到 $\mathscr{L}(E)$, $E\subset\mathbb{R}^n$(参阅定理 3.5.1).

【228】 设 $f(x)$为$[a,b]$上的 Lebesgue 可积函数,则对 $\forall\,\varepsilon>0$,存在$[a,b]$上的阶梯函数 $s(x)$, s. t.

$$(\mathrm{L})\int_a^b |f(x)-s(x)|\,\mathrm{d}x<\varepsilon.$$

证明 由 $f\in\mathscr{L}([a,b])$,根据题[227]的结论, $\exists\,\varphi\in C([a,b])$, s. t.

$$\int_a^b |f(x)-\varphi(x)|\,\mathrm{d}x<\frac{\varepsilon}{2}.$$

又由 $\varphi(x)$在$[a,b]$上一致连续, $\exists\,\delta>0$, s. t. 对 $\forall\,x',x''\in[a,b]$, $|x'-x''|<\delta$ 时,有

$$|\varphi(x')-\varphi(x'')|<\frac{\varepsilon}{2(b-a)}.$$

于是,当$[a,b]$的分割 T: $a=x_0<x_1<\cdots<x_n=b$ 满足 $\|T\|=\max\Delta_i=\max\limits_{1\leqslant i\leqslant n}|x_i-x_{i-1}|<\delta$ 时,有

$$\omega_i=\sup_{x_{i-1}\leqslant x\leqslant x_i}\varphi(x)-\inf_{x_{i-1}\leqslant x\leqslant x_i}\varphi(x)=\sup_{x',x''\in[x_{i-1},x_i]}|\varphi(x')-\varphi(x'')|\leqslant\frac{\varepsilon}{2(b-a)}.$$

今作阶梯函数如下:

$$s(x)=\begin{cases}c_i, & x\in[x_{i-1},x_i), \quad i=1,2,\cdots,n-1,\\ c_n, & x\in[x_{n-1},x_n],\end{cases}$$

其中常数 c_i 满足:

$$\min_{x\in[x_{i-1},x_i]}\varphi(x)\leqslant c_i\leqslant \max_{x\in[x_{i-1},x_i]}\varphi(x),\quad i=1,2,\cdots,n.$$

于是

$$\begin{aligned}\int_a^b|\varphi(x)-s(x)|\,\mathrm{d}x&=\sum_{i=1}^n\int_{x_{i-1}}^{x_i}|\varphi(x)-c_i|\,\mathrm{d}x\\&\leqslant\sum_{i=1}^n\int_{x_{i-1}}^{x_i}\frac{\varepsilon}{2(b-a)}\mathrm{d}x\\&=\frac{\varepsilon}{2(b-a)}\cdot(b-a)=\frac{\varepsilon}{2},\end{aligned}$$

$$\begin{aligned}\int_a^b|f(x)-s(x)|\,\mathrm{d}x&\leqslant\int_a^b|f(x)-\varphi(x)|\,\mathrm{d}x+\int_a^b|\varphi(x)-s(x)|\,\mathrm{d}x\\&<\frac{\varepsilon}{2}+\frac{\varepsilon}{2}=\varepsilon.\end{aligned}$$ □

注 题[228]的结论可推广到$\mathscr{L}(E)$,$E\subset\mathbb{R}^n$(参阅定理3.5.4).

【229】 设$f(x)$为$[a,b]$上的Lebesgue可积函数,则对$\forall\varepsilon>0$,则存在多项式函数$\mathrm{P}(x)$,s.t.

$$(\mathrm{L})\int_a^b|f(x)-\mathrm{P}(x)|\,\mathrm{d}x<\varepsilon.$$

证明 由$f\in\mathscr{L}([a,b])$,根据题[227]的结论,$\exists\varphi\in C([a,b])$,s.t.

$$\int_a^b|f(x)-\varphi(x)|\,\mathrm{d}x<\frac{\varepsilon}{2}.$$

再根据参考文献[17]多项式函数逼近定理14.3.4,必有多项式函数$\mathrm{P}(x)$,s.t.

$$|\varphi(x)-\mathrm{P}(x)|<\frac{\varepsilon}{2(b-a)},\quad x\in[a,b].$$

于是

$$\begin{aligned}\int_a^b|f(x)-\mathrm{P}(x)|\,\mathrm{d}x&\leqslant\int_a^b|f(x)-\varphi(x)|\,\mathrm{d}x+\int_a^b|\varphi(x)-\mathrm{P}(x)|\,\mathrm{d}x\\&<\frac{\varepsilon}{2}+\frac{\varepsilon}{2(b-a)}\cdot(b-a)=\varepsilon.\end{aligned}$$ □

【230】 (1) 设$f\in\mathscr{L}^2([a,b])$,且

$$(\mathrm{L})\int_a^b x^nf(x)\mathrm{d}x=0,\quad n=0,1,2,\cdots,$$

则$f(x)\underset{m}{\doteq}0$,$x\in[a,b]$.

(2) 设$f\in\mathscr{L}([a,b])$,$|f|\leqslant M$,且

$$(\mathrm{L})\int_a^b x^nf(x)\mathrm{d}x=0,\quad n=0,1,2,\cdots,$$

则$f(x)\underset{m}{\doteq}0$,$x\in[a,b]$.

(3) 设f为$[a,b]$上的Riemann可积函数,且

$$(\mathrm{R})\int_a^b x^n f(x)\mathrm{d}x = 0, \quad n = 0,1,2,\cdots,$$

则 $f(x) \underset{m}{\doteq} 0, x\in[a,b]$；在$[a,b]$上几乎处处为 $f(x)$的连续点；进而，在连续点处 $f(x)$必为 0.

(4) 设 f 为$[a,b]$上的连续函数，且

$$(\mathrm{R})\int_a^b x^n f(x)\mathrm{d}x = 0, \quad n = 0,1,2,\cdots$$

则 $f(x)=0, x\in[a,b]$.

证明 (1) 证法 1 因为 $f\in\mathscr{L}^2([a,b])$，根据引理 4.1.1，存在 $E=[a,b]$上的连续函数 h，s.t.

$$\int_a^b |f(x)-h(x)|^2\mathrm{d}x < \varepsilon^2.$$

再根据参考文献[17]多项式函数逼近定理 14.3.4，必有多项式函数 $\mathrm{P}(x)$，s.t.

$$\int_a^b |h(x)-\mathrm{P}(x)|^2\mathrm{d}x < \varepsilon^2.$$

于是

$$\begin{aligned}\int_a^b |f(x)-\mathrm{P}(x)|^2\mathrm{d}x &\leqslant \left\{\left[\int_a^b |f(x)-h(x)|^2\mathrm{d}x\right]^{\frac{1}{2}} + \left[\int_a^b |h(x)-\mathrm{P}(x)|^2\mathrm{d}x\right]^{\frac{1}{2}}\right\}^2 \\ &\leqslant (\varepsilon+\varepsilon)^2 = 4\varepsilon^2.\end{aligned}$$

进而，有

$$\begin{aligned}0 &\leqslant \int_a^b f^2(x)\mathrm{d}x \overset{\text{题设}}{=\!=\!=} \int_a^b [f(x)-\mathrm{P}(x)]f(x)\mathrm{d}x \overset{\text{Cauchy-Schwanz}}{\leqslant} \int_a^b [f(x)-\mathrm{P}(x)]^2\mathrm{d}x\int_a^b f^2(x)\mathrm{d}x \\ &\leqslant 4\varepsilon^2\int_a^b f^2(x)\mathrm{d}x \to 0(\varepsilon\to 0^+),\end{aligned}$$

$$\int_a^b f^2(x)\mathrm{d}x = 0, f^2(x) \underset{m}{\doteq} 0, f(x) \underset{m}{\doteq} 0, x\in[a,b].$$

证法 2 因为 $f\in\mathscr{L}^2([a,b])$，故根据积分的绝对(全)连续性定理 3.3.15，对 $\forall\varepsilon>0$，$\exists\delta>0$，s.t. 当 $e\subset[a,b]=E, m(e)<\delta$ 时，有

$$\left|\int_e f^2(x)\mathrm{d}x\right| < \varepsilon, \quad \int_e |f(x)|\mathrm{d}x < \varepsilon.$$

记

$$[f(x)]_N = \begin{cases} f(x), & |f(x)|\leqslant N, \\ N, & f(x)>N, \\ -N, & f(x)<-N, \end{cases}$$

则对充分大的 $N\in\mathbb{N}$，有 $m(E(|f|>N))<\delta$，且

$$\left|\int_a^b (f(x)-[f(x)]_N)f(x)\mathrm{d}x\right| \leqslant \int_{E(|f|>N)} f^2(x)\mathrm{d}x < \varepsilon.$$

对固定的 N,根据 Лузин 定理 3.2.11,必有连续函数 h,s.t.

$$m(E([f]_N \neq h)) < \delta, \text{且} \mid h(x) \mid \leqslant N,$$

于是

$$\left|\int_a^b ([f(x)]_N - h(x))f(x)\mathrm{d}x\right| \leqslant \int_{E([f]_N\neq h)} 2N \mid f(x) \mid \mathrm{d}x < 2N\varepsilon$$

因为 $h(x)$ 在 $[a,b]$ 上连续,根据参考文献[17]多项式函数逼近定理 14.3.4,必有多项式函数 $\mathrm{P}(x)$,s.t.

$$\mid h(x)-\mathrm{P}(x) \mid \leqslant \varepsilon, \forall x \in [a,b].$$

从而

$$\left|\int_a^b [h(x)-\mathrm{P}(x)]f(x)\mathrm{d}x\right| \leqslant \int_a^b \mid h(x)-\mathrm{P}(x) \mid \mid f(x) \mid \mathrm{d}x \leqslant \varepsilon\int_a^b \mid f(x) \mid \mathrm{d}x.$$

综上得到

$$\begin{aligned} 0 \leqslant \int_a^b f^2(x)\mathrm{d}x &\xlongequal{\text{题设}} \int_a^b [f(x)-\mathrm{P}(x)]f(x)\mathrm{d}x \\ &\leqslant \left|\int_a^b (f(x)-[f(x)]_N)f(x)\mathrm{d}x\right| \\ &\quad + \left|\int_a^b ([f(x)]_N - h(x))f(x)\mathrm{d}x\right| \\ &\quad + \left|\int_a^b [h(x)-\mathrm{P}(x)]f(x)\mathrm{d}x\right| \\ &< \varepsilon + 2N\varepsilon + \varepsilon\int_a^b \mid f(x) \mid \mathrm{d}x \to 0 (\varepsilon \to 0^+), \end{aligned}$$

$$\int_a^b f^2(x)\mathrm{d}x = 0,$$

$$f^2(x) \underset{m}{\doteq} 0,$$

$$f(x) \underset{m}{\doteq} 0, x \in [a,b] = E.$$

(2) 证法 1 因为 $f\in\mathscr{L}([a,b])$, $|f(x)|\leqslant M, x\in[a,b]$,故 $f\in\mathscr{L}^2([a,b])$. 根据(1)得到结论.

证法 2 因为 $f\in\mathscr{L}([a,b])$,故根据积分的绝对(全)连续性定理 3.3.15,对 $\forall\varepsilon>0$, $\exists\delta>0$, s. t. 当 $e\subset[a,b]=E, m(\mathrm{e})<\delta$ 时,有

$$\int_e \mid f(x) \mid \mathrm{d}x < \varepsilon.$$

因为 $|f(x)|\leqslant M, x\in[a,b]$,根据 Лузин 定理 3.2.11,必有连续函数 h,s.t.

$$m(E(f \neq h)) < \delta, \quad \text{且} \mid h(x) \mid \leqslant M.$$

于是

$$\left|\int_a^b [f(x)-h(x)]f(x)\mathrm{d}x\right| \leqslant \int_a^b |f(x)-h(x)||f(x)|\mathrm{d}x$$
$$\leqslant 2M\int_{E(f\neq h)} |f(x)|\mathrm{d}x < 2M\varepsilon.$$

因为 $h(x)$ 在 $[a,b]$ 上连续，根据参考文献[17]多项式函数逼近定理 14.3.4，必有多项式函数 $\mathrm{P}(x)$，s. t.

$$|h(x)-\mathrm{P}(x)| \leqslant \varepsilon, \quad x\in[a,b].$$

从而

$$\left|\int_a^b [h(x)-\mathrm{P}(x)]f(x)\mathrm{d}x\right| \leqslant \int_a^b |h(x)-\mathrm{P}(x)||f(x)|\mathrm{d}x \leqslant M(b-a)\varepsilon.$$

综上得到

$$\begin{aligned}
0 &\leqslant \int_a^b f^2(x)\mathrm{d}x = \int_a^b [f(x)-\mathrm{P}(x)]f(x)\mathrm{d}x \\
&\leqslant \left|\int_a^b [f(x)-h(x)]f(x)\mathrm{d}x\right| + \left|\int_a^b [h(x)-\mathrm{P}(x)]f(x)\mathrm{d}x\right| \\
&\leqslant 2M\varepsilon + M(b-a)\varepsilon \to 0(\varepsilon\to 0^+),
\end{aligned}$$

$$\int_a^b f^2(x)\mathrm{d}x = 0,$$

$$f^2(x) \underset{m}{\doteq} 0, f(x) \underset{m}{\doteq} 0, x\in[a,b]=E.$$

(3) 因为 f 为 $[a,b]$ 上的 Riemann 可积函数，则 f 在 $[a,b]$ 上 Lebesgue 可积，且存在 $M>0$，s. t. $|f(x)|\leqslant M, x\in[a,b]$. 于是，有：

证法 1　参阅(2)或(1)的证法 1.

证法 2　参阅(2)证法 2.

证法 3　因为 f 在 $[a,b]$ 上 Riemann 可积，对 $\forall\varepsilon>0$，根据 Riemann 积分定义，存在阶梯函数

$$\tilde{f}(x) = \begin{cases} f(x_{i-1}), x\in[x_{i-1},x_i), i=1,2,\cdots, \\ f(b), x=x_n=b, \end{cases}$$

s. t.

$$\int_a^b |f(x)-\tilde{f}(x)||f(x)|\mathrm{d}x \leqslant M\sum_{i=1}^n \int_{x_{i-1}}^{x_i} |f(x)-f(x_{i-1})|\mathrm{d}x \leqslant M\sum_{i=1}^n \omega_i\Delta x_i < M\varepsilon,$$

用两点连线作折线函数 $h(x)$（它当然是连续函数），s. t.

$$h(x) = \begin{cases} f(x_{i-1}), x\in[x_{i-1}, x_i-\delta], \\ \dfrac{x_i-x}{x_i-(x_i-\delta)}f(x_{i-1}) + \dfrac{x-(x_i-\delta)}{x_i-(x_i-\delta)}f(x_i), \\ \qquad x\in[x_i-\delta, x_i], i=1,2,\cdots,n, \end{cases}$$

其中 $0<\delta<\min\left\{\dfrac{\varepsilon}{4nM}, \max\limits_{1\leqslant i\leqslant n}\Delta x_i\right\}$. 则

$$\int_a^b |\tilde{f}(x)-h(x)||f(x)|\,\mathrm{d}x| \leqslant M\int_a^b |\tilde{f}(x)-h(x)|\,\mathrm{d}x < M\varepsilon.$$

根据参考文献[17]多项式函数逼近定理 14.3.4，必有多项式函数 $\mathrm{P}(x)$，s.t.

$$|h(x)-\mathrm{P}(x)| \leqslant \varepsilon,\quad \forall x\in[a,b].$$

从而

$$\int_a^b |h(x)-\mathrm{P}(x)||f(x)|\,\mathrm{d}x \quad \leqslant M(b-a)\varepsilon.$$

综上得到

$$\begin{aligned}
0 &\leqslant \int_a^b f^2(x)\mathrm{d}x \xlongequal{\text{题设}} \int_a^b [f(x)-\mathrm{P}(x)]f(x)\mathrm{d}x \\
&\leqslant \int_a^b |f(x)-\tilde{f}(x)||f(x)|\,\mathrm{d}x + \int_a^b |\tilde{f}(x)-h(x)||f(x)|\,\mathrm{d}x \\
&\quad + \int_a^b |h(x)-\mathrm{P}(x)||f(x)|\,\mathrm{d}x \\
&\leqslant M\varepsilon + M\varepsilon + M(b-a)\varepsilon \to 0(\varepsilon\to 0^+).
\end{aligned}$$

$$\int_a^b f^2(x)\mathrm{d}x = 0,\ f^2(x) \underset{m}{\doteq} 0,$$

$$f(x) \underset{m}{\doteq} 0,\ x\in[a,b].$$

此外，根据参考文献[15]定理 6.1.4 知，f 在$[a,b]$上 Riemann 可积$\Leftrightarrow f$ 在$[a,b]$几乎处处连续. 而在 f 的每个连续点 $x_0\in[a,b]$，如果 $f^2(x_0)>0$，则 $\exists\, 0<\delta<\max\{|x_0-a|,|b-x_0|\}$，有

$$f^2(x) > f^2(x_0) - \frac{f^2(x_0)}{2} = \frac{f^2(x_0)}{2} > 0,\ \forall x\in(x_0-\delta,x_0+\delta)\cap[a,b].$$

于是

$$0 = \int_a^b f^2(x)\mathrm{d}x \geqslant \int_{(x_0-\delta,x_0+\delta)\cap[a,b]} f^2(x)\mathrm{d}x \geqslant \frac{f^2(x_0)}{2}\cdot\delta > 0,$$

矛盾. 这就表明 $f^2(x_0)=0$，$f(x_0)=0$.

(4) 证法 1　因为 f 为$[a,b]$上的连续函数，故 f 在$[a,b]$上 Riemann 可积. 根据(3)和 f 在$[a,b]$上每一点都连续得到 $f(x)=0$，$\forall x\in[a,b]$.

证法 2　因为 f 为$[a,b]$上的连续函数，根据参考文献[17]多项式函数逼近定理 14.3.4，必有多项式函数 $\mathrm{P}(x)$，s.t.

$$|f(x)-\mathrm{P}(x)| < \varepsilon,\ \forall x\in[a,b].$$

于是

$$\begin{aligned}
0 \leqslant \int_a^b f^2(x)\mathrm{d}x &= \int_a^b [f(x)-\mathrm{P}(x)]f(x)\mathrm{d}x \leqslant \int_a^b |f(x)-\mathrm{P}(x)||f(x)|\,\mathrm{d}x \\
&< \varepsilon\int_a^b |f(x)|\,\mathrm{d}x \to 0(\varepsilon\to 0^+),
\end{aligned}$$

$$0 \leqslant \int_a^b f^2(x)\mathrm{d}x \leqslant 0,$$

$$\int_a^b f^2(x)\mathrm{d}x = 0, f^2(x) = 0, f(x) = 0(\text{注意 } f \text{ 连续}), \forall x \in [a,b].$$ □

【231】 设函数 f 在$[a,b]$上 Riemann 可积. 证明:

$$\lim_{n\to+\infty}\int_a^b f(x)\sin nx\,\mathrm{d}x = 0, \quad \lim_{n\to+\infty}\int_a^b f(x)\cos nx\,\mathrm{d}x = 0.$$

证明 因为 f 在$[a,b]$上 Riemann 可积，故 f 有界，$|f(x)|<M, x\in[a,b]$. 且对 $\forall\varepsilon>0$，存在分割 T: $a=x_0<x_1<\cdots<x_m=b, x'_i, x''_i\in[x_{i-1},x_i]$,

$$\left|\sum_{i=1}^m f(x'_i)\Delta x_i - \sum_{i=1}^m f(x''_i)\Delta x_i\right| < \frac{\varepsilon}{2}.$$

故

$$\sum_{i=1}^m \sup_{x'_i, x''_i\in[x_{i-1},x_i]} |f(x'_i)-f(x''_i)|\Delta x_i \leqslant \frac{\varepsilon}{2}.$$

取 $N\in\mathbb{N}$, s. t. $N>\frac{4Mm}{\varepsilon}$，则当 $n>N$ 时，有

$$\begin{aligned}
&\left|\int_a^b f(x)\cos nx\,\mathrm{d}x - 0\right| = \left|\sum_{i=1}^m\int_{x_{i-1}}^{x_i}[f(x)-f(x_i)]\cos nx\,\mathrm{d}x + \sum_{i=1}^m\int_{x_{i-1}}^{x_i} f(x_i)\cos nx\,\mathrm{d}x\right| \\
&\leqslant \sum_{i=1}^m\int_{x_{i-1}}^{x_i}|f(x)-f(x_i)|\mathrm{d}x + M\sum_{i=1}^m\left|\int_{x_{i-1}}^{x_i}\cos nx\,\mathrm{d}x\right| \\
&\leqslant \sum_{i=1}^m \sup_{x'_i, x''_i\in[x_{i-1},x_i]}|f(x'_i)-f(x''_i)|\Delta x_i + M\sum_{i=1}^m\frac{|\sin nx_i|+|\sin nx_{i-1}|}{n} \\
&< \frac{\varepsilon}{2} + 2M\cdot m\cdot\frac{1}{N} < \frac{\varepsilon}{2} + 2Mm\cdot\frac{\varepsilon}{4Mm} = \varepsilon.
\end{aligned}$$

因此

$$\lim_{n\to+\infty}\int_a^b f(x)\cos nx\,\mathrm{d}x = 0.$$

同理有

$$\lim_{n\to+\infty}\int_a^b f(x)\sin x\mathrm{d}x = 0.$$

证法 2　因为 f 在$[a,b]$上 Riemann 可积，故 f, f^2 在$[a,b]$上 Lebesgue 可积，根据题[232]证法 2，有

$$\lim_{n\to+\infty}\int_a^b f(x)\sin nx\,\mathrm{d}x = 0, \quad \lim_{n\to+\infty}\int_a^b f(x)\cos nx\,\mathrm{d}x = 0.$$ □

【232】 设 $f\in\mathscr{L}^2([-\pi,\pi])$，而

$$a_n = \left\langle f, \frac{\cos nx}{\sqrt{\pi}}\right\rangle = \frac{1}{\sqrt{\pi}}\int_{-\pi}^{\pi} f(x)\cos nx\,\mathrm{d}x,$$

$$b_n=\langle f,\frac{\sin nx}{\sqrt{\pi}}\rangle=\frac{1}{\sqrt{\pi}}\int_{-\pi}^{\pi}f(x)\sin nx\,dx,n=1,2,\cdots.$$

证明：$\lim\limits_{n\to+\infty}a_n=0$，$\lim\limits_{n\to+\infty}b_n=0$.

证明　证法 1　因为 $f\in\mathscr{L}^2([-\pi,\pi])$，$|f(x)|\leqslant\frac{1+f^2(x)}{2}$，$x\in[-\pi,\pi]$，故 $f\in\mathscr{L}([-\pi,\pi])$. 根据 Лузин 定理 3.2.10，存在$[-\pi,\pi]$上的连续函数 h，s.t.

$$\frac{1}{\sqrt{\pi}}\int_{-\pi}^{\pi}|f(x)-h(x)|\,dx<\frac{\varepsilon}{2}.$$

于是，根据题[231]证法 1，$\exists N\in\mathbb{N}$，当 $n>N$ 时，有

$$\left|\frac{1}{\sqrt{\pi}}\int_{-\pi}^{\pi}h(x)\cos nx\,dx\right|<\frac{\varepsilon}{2}.$$

$$\begin{aligned}|a_n-0|&\leqslant\left|\frac{1}{\sqrt{\pi}}\int_{-\pi}^{\pi}f(x)\cos nx\,dx-\frac{1}{\sqrt{\pi}}\int_{-\pi}^{\pi}h(x)\cos nx\,dx\right|+\left|\frac{1}{\sqrt{\pi}}\int_{-\pi}^{\pi}h(x)\cos nx\,dx\right|\\&\leqslant\frac{1}{\sqrt{\pi}}\int_{-\pi}^{\pi}|f(x)-h(x)|\,dx+\frac{\varepsilon}{2}<\frac{\varepsilon}{2}+\frac{\varepsilon}{2}=\varepsilon,\end{aligned}$$

$$\lim_{n\to+\infty}a_n=\lim_{n\to+\infty}\frac{1}{\sqrt{\pi}}\int_{-\pi}^{\pi}f(x)\cos nx\,dx=0.$$

同理

$$\lim_{n\to+\infty}b_n=\lim_{n\to+\infty}\frac{1}{\sqrt{\pi}}\int_{-\pi}^{\pi}f(x)\sin nx\,dx=0.$$

证法 2　因为 $f\in\mathscr{L}^2([-\pi,\pi])$，根据定理 4.2.5(Bessel 不等式)

$$0\leqslant a_0^2+\sum_{n=1}^{\infty}(a_n^2+b_n^2)\leqslant\|f\|_2^2=\langle f,f\rangle=\int_{-\pi}^{\pi}f^2(x)\,dx<+\infty$$

或定理 4.2.8(Parseval 等式)

$$0\leqslant a_0^2+\sum_{n=1}^{\infty}(a_n^2+b_n^2)=\|f\|_2^2=\langle f,f\rangle=\int_{-\pi}^{\pi}f^2(x)\,dx<+\infty$$

得到

$$\lim_{n\to+\infty}a_n=\lim_{n\to+\infty}\frac{1}{\sqrt{\pi}}\int_{-\pi}^{\pi}f(x)\cos nx\,dx=0,$$

$$\lim_{n\to+\infty}b_n=\lim_{n\to+\infty}\frac{1}{\sqrt{\pi}}\int_{-\pi}^{\pi}f(x)\sin nx\,dx=0.$$

□

【233】　(1) 设函数 f 在$[0,\pi]$上 Riemann 可积，$n\in\mathbb{N}$，证明：

$$\lim_{n\to+\infty}\frac{\pi}{2}\int_0^{\pi}f(x)\,|\sin nx|\,dx=\int_0^{\pi}f(x)\,dx.$$

$$\lim_{n\to+\infty}\frac{\pi}{2}\int_0^{\pi}f(x)\,|\cos nx|\,dx=\int_0^{\pi}f(x)\,dx.$$

(2) 如果(1)中 f 在$[0,\pi]$上连续，应用积分中值定理证明上面两式.

证明　证法 1　(1) 对于 $k\in\mathbb{N}$，有

$$\int_{(k-1)\frac{\pi}{n}}^{k\frac{\pi}{n}}|\cos nx|\,dx\xlongequal{u=nx}\frac{1}{n}\int_{(k-1)\pi}^{k\pi}|\cos u|\,du=\frac{1}{n}\int_{-\frac{\pi}{2}}^{\frac{\pi}{2}}\cos u\,du=\frac{2}{n}.$$

以及

$$\inf\left\{f(x)\mid x\in\left[(k-1)\frac{\pi}{n},k\frac{\pi}{n}\right]\right\}\int_{(k-1)\frac{\pi}{n}}^{k\frac{\pi}{n}}\mid\cos nx\mid dx\leqslant\int_{(k-1)\frac{\pi}{n}}^{k\frac{\pi}{n}}f(x)\mid\cos nx\mid dx$$

$$\leqslant\sup\left\{f(x)\mid x\in\left[(k-1)\frac{\pi}{n},k\frac{\pi}{n}\right]\right\}\int_{(k-1)\frac{\pi}{n}}^{k\frac{\pi}{n}}\mid\cos nx\mid dx,$$

$$\inf\left\{f(x)\mid x\in\left[(k-1)\frac{\pi}{n},k\frac{\pi}{n}\right]\right\}\leqslant f_{kn}$$

$$=\frac{\int_{(k-1)\frac{\pi}{n}}^{k\frac{\pi}{2}}f(x)\mid\cos nx\mid dx}{\int_{(k-1)\frac{\pi}{n}}^{k\frac{\pi}{n}}\mid\cos nx\mid dx}$$

$$\leqslant\sup\left\{f(x)\mid x\in\left[(k-1)\frac{\pi}{n},k\frac{\pi}{n}\right]\right\}.$$

因此

$$\begin{aligned}\int_0^{\pi}f(x)\mid\cos nx\mid dx&=\sum_{k=1}^{n}\int_{(k-1)\frac{\pi}{n}}^{k\frac{\pi}{n}}f(x)\mid\cos nx\mid dx\\&=\sum_{k=1}^{n}f_{kn}\int_{(k-1)\frac{\pi}{n}}^{k\frac{\pi}{n}}\mid\cos nx\mid dx\\&=\sum_{k=1}^{n}f_{kn}\cdot\frac{2}{n}.\end{aligned}$$

于是

$$\lim_{n\to+\infty}\frac{\pi}{2}\int_0^{\pi}f(x)\mid\cos nx\mid dx=\lim_{n\to+\infty}\sum_{k=1}^{n}f_{kn}\cdot\frac{\pi}{n}\xlongequal{f\text{ Riemann 可积}}\int_0^{\pi}f(x)dx.$$

同理,有

$$\lim_{n\to+\infty}\frac{\pi}{2}\int_0^{\pi}f(x)\mid\sin nx\mid dx=\int_0^{\pi}f(x)dx.$$

证法 2　因 f 在$[0,\pi]$上 Riemann 可积,故 f 在$[0,\pi]$上 Lebesgue 可积. 由题[236]证法 2 推得结论.

(2) 证法 1,2　因为 f 在$[0,\pi]$上连续,故 f 在$[0,\pi]$上 Riemann 可积,由(1)证法 1,2 得到结论.

证法 3　因为 f 在$[0,\pi]$上连续,则可应用积分中值定理得到

$$\lim_{n\to+\infty}\frac{\pi}{2}\int_0^{\pi}f(x)\mid\cos nx\mid dx=\lim_{n\to+\infty}\frac{\pi}{2}\sum_{k=1}^{n}\int_{(k-1)\frac{\pi}{n}}^{k\frac{\pi}{n}}f(x)\mid\cos nx\mid dx$$

$$\xlongequal[\xi_{kn}\in\left[(k-1)\frac{\pi}{n},k\frac{\pi}{n}\right]]{\text{积分中值定理}}\lim_{n\to+\infty}\frac{\pi}{2}\sum_{k=1}^{n}f(\xi_{kn})\int_{(k-1)\frac{\pi}{n}}^{k\frac{\pi}{n}}\mid\cos nx\mid dx=\lim_{n\to+\infty}\frac{\pi}{2}\sum_{k=1}^{n}\frac{2}{n}f(\xi_{kn})$$

$$= \lim_{n\to+\infty}\sum_{k=1}^{n}\frac{\pi}{n}f(\xi_{kn}) = \int_0^{\pi} f(x)\mathrm{d}x.$$ □

【234】 (1) 设函数 f 在$[a,b]$上 Riemann 可积，$n\in\mathbb{N}$，证明：

$$\lim_{n\to+\infty}\frac{\pi}{2}\int_a^b f(x)\mid\sin nx\mid\mathrm{d}x = \int_a^b f(x)\mathrm{d}x,$$

$$\lim_{n\to+\infty}\frac{\pi}{2}\int_a^b f(x)\mid\cos nx\mid\mathrm{d}x = \int_a^b f(x)\mathrm{d}x.$$

(2) 如果(1)中 f 在$[a,b]$上连续，应用积分中值定理证明上面两式.

证明 (1) 证法 1 对于 $k\in\mathbb{N}$，有

$$\int_{a+(k-1)\frac{\pi}{n}}^{a+k\frac{\pi}{n}}\mid\cos nx\mid\mathrm{d}x \xlongequal{u=nx} \frac{1}{n}\int_{na+(k-1)\pi}^{na+k\pi}\mid\cos u\mid\mathrm{d}u = \frac{1}{n}\int_{-\frac{\pi}{2}}^{\frac{\pi}{2}}\cos u\mathrm{d}u = \frac{2}{n}.$$

以及

$$\inf\left\{f(x)\mid x\in\left[a+(k-1)\frac{\pi}{n},a+k\frac{\pi}{n}\right]\right\}\int_{a(k-1)\frac{\pi}{n}}^{a+k\frac{\pi}{n}}\mid\cos nx\mid\mathrm{d}x$$

$$\leqslant\int_{a+(k-1)\frac{\pi}{n}}^{a+k\frac{\pi}{n}} f(x)\mid\cos nx\mid\mathrm{d}x$$

$$\leqslant\sup\left\{f(x)\mid x\in\left[a+(k-1)\frac{\pi}{n},a+k\frac{\pi}{n}\right]\right\}\int_{a+(k-1)\frac{\pi}{n}}^{a+k\frac{\pi}{n}}\mid\cos nx\mid\mathrm{d}x,$$

$$\inf\left\{f(x)\mid x\in\left[a+(k-1)\frac{\pi}{n},a+k\frac{\pi}{n}\right]\right\}$$

$$\leqslant f_{kn} = \frac{\int_{a+(k-1)\frac{\pi}{n}}^{a+k\frac{\pi}{n}} f(x)\mid\cos nx\mid\mathrm{d}x}{\int_{a+(k-1)\frac{\pi}{n}}^{a+k\frac{\pi}{n}}\mid\cos nx\mid\mathrm{d}x}$$

$$\leqslant\sup\left\{f(x)\mid x\in\left[a+(k-1)\frac{\pi}{n},a+k\frac{\pi}{n}\right]\right\}.$$

因此

$$\int_a^b f(x)\mid\cos nx\mid\mathrm{d}x = \sum_{k=1}^{\left[\frac{n(b-a)}{\pi}\right]}\int_{a+(k-1)\frac{\pi}{n}}^{a+k\frac{\pi}{n}} f(x)\mid\cos nx\mid\mathrm{d}x + A(n)$$

$$= \sum_{k=1}^{\left[\frac{n(b-a)}{\pi}\right]} f_{kn}\cdot\frac{2}{n} + A(n),$$

其中$|f(x)|\leqslant M$，$x\in[a,b]$，且

$$0\leqslant\mid A(n)\mid = \left|\int_{a+\left[\frac{n(b-a)}{\pi}\right]\frac{\pi}{n}}^{b} f(x)\mid\cos nx\mid\mathrm{d}x\right|$$

$$\leqslant M\int_0^{\frac{\pi}{n}} |\cos nx| \, dx \xlongequal{u=nx} \frac{M}{n}\int_0^{\pi} |\cos u| \, du = \frac{2M}{n} \to 0 (n\to+\infty),$$

$$\lim_{n\to+\infty} A(n) = 0.$$

由此推得

$$\lim_{n\to+\infty} \frac{\pi}{2}\int_a^b f(x) |\cos nx| \, dx = \lim_{n\to+\infty}\left[\sum_{k=1}^{\left[\frac{n(b-a)}{\pi}\right]} f_{kn} \frac{\pi}{n} + A(n)\right]$$

$$= \int_a^b f(x) dx + 0 = \int_a^b f(x) dx.$$

同理有 $$\lim_{n\to+\infty} \frac{\pi}{2}\int_a^b f(x) |\sin nx| \, dx = \int_a^b f(x) dx.$$

证法 2 取自然数 p, s. t. $-2p\pi<a, 2p\pi>b$, 即 $[a,b]\subset[-2p\pi,2p\pi]$. 定义

$$F(x) = \begin{cases} f(x), x\in[a,b], \\ 0, x\in[-2p\pi,2p\pi]\backslash[a,b], \end{cases}$$

则 $F(x)$ 在 $[-2px,2px]$ 上 Riemann 可积, 且

$$\int_{-2p\pi}^{2p\pi} F(x) dx = \int_a^b f(x) dx,$$

$$\int_{-2p\pi}^{2p\pi} F(x) |\sin nx| \, dx = \int_a^b f(x) |\sin nx| \, dx.$$

将 $[-2p\pi,2p\pi]$ 等分成 $2pn$ 个小区间, 区间端点用

$$x_i = -2p\pi + \frac{2\pi}{n} i, \quad i = 0,1,2,\cdots,2pn$$

来表示.

$$\Delta x_i = x_i - x_{i-1} = \frac{2\pi}{n}, \quad i = 1,2,\cdots,2pn.$$

因为 $|\sin nx|\geqslant 0$ 不变号, 应用推广的积分第一中值定理, $\exists\, \mu_i\in[m_i, M_i]$ (这里 $m_i=\inf\{F(x)\,|\,x_{i-1}\leqslant x\leqslant x_i\}$, $M_i=\sup\{F(x)\,|\,x_{i-1}\leqslant x\leqslant x_i\}$), s. t.

$$\int_{x_{i-1}}^{x_i} F(x) |\sin nx| \, dx = \mu_i \int_{x_{i-1}}^{x_i} |\sin nx| \, dx \xlongequal{t=nx+2pn\pi-2\pi(i-1)} \mu_i \int_0^{2\pi} \frac{1}{n} |\sin t| \, dt$$

$$= \mu_i \frac{4}{n}\int_0^{\frac{\pi}{2}} \sin t dt = \frac{4}{n}\mu_i.$$

而

$$\int_{-2p\pi}^{2p\pi} F(x) |\sin nx| \, dx = \sum_{i=1}^{2pn}\int_{x_{i-1}}^{x_i} F(x) |\sin nx| \, dx = \sum_{i=1}^{2pn} \frac{4}{n}\mu_i = \frac{2}{\pi}\sum_{i=1}^{2pn}\mu_i \frac{2\pi}{n},$$

$$\frac{2}{\pi}\sum_{i=1}^{2pn} m_i \frac{2\pi}{n} \leqslant \frac{2}{\pi}\sum_{i=1}^{2pn}\mu_i \frac{2\pi}{n} = \int_{-2p\pi}^{2p\pi} F(x) |\sin nx| \, dx \leqslant \frac{2}{\pi}\sum_{i=1}^{2pn} M_i \frac{2\pi}{n}.$$

由 $F(x)$ 及 $F(x)|\sin nx|$ 的 Riemann 的可积性, 有

$$\lim_{n\to+\infty}\int_a^b f(x)\mid\sin nx\mid\mathrm{d}x=\lim_{n\to+\infty}\int_{-2p\pi}^{2p\pi}F(x)\mid\sin nx\mid\mathrm{d}x=\lim_{n\to+\infty}\frac{2}{\pi}\sum_{i=1}^{2pn}m_i\frac{2\pi}{n}$$

$$=\lim_{n\to+\infty}\frac{2}{\pi}\sum_{i=1}^{2pn}M_i\frac{2\pi}{n}=\frac{2}{\pi}\int_{-2p\pi}^{2p\pi}F(x)\mathrm{d}x=\frac{2}{\pi}\int_a^b f(x)\mathrm{d}x.$$

同理可证

$$\lim_{n\to+\infty}\int_a^b f(x)\mid\cos nx\mid\mathrm{d}x=\frac{2}{\pi}\int_a^b f(x)\mathrm{d}x.$$

证法 3 因 f 在$[a,b]$上 Riemann 可积，故 f 在$[a,b]$上 Lebesgue 可积. 参阅题[236]证法 2.

(2) 证法 1,2 因为 f 在$[a,b]$上连续，故 f 在$[a,b]$上 Riemann 可积，同(1)证法 1,2,3 得到结论.

证法 3 因为 f 在$[a,b]$上连续，则可应用积分中值定理得到

$$\lim_{n\to+\infty}\frac{\pi}{2}\int_a^b f(x)\mid\cos nx\mid\mathrm{d}x=\lim_{n\to+\infty}\frac{\pi}{2}\left[\sum_{k=1}^{\left[\frac{n(b-a)}{\pi}\right]}\int_{a+(k-1)\frac{\pi}{n}}^{a+k\frac{\pi}{n}}f(x)\mid\cos nx\mid\mathrm{d}x+A(n)\right]$$

$$\xlongequal[\xi_{kn}\in\left[a+(k-1)\frac{\pi}{n},a+k\frac{\pi}{n}\right]]{\text{积分中值定理}}\lim_{n\to+\infty}\frac{\pi}{2}\left[\sum_{k=1}^{\left[\frac{n(b-a)}{\pi}\right]}f(\xi_{kn})\int_{a+(k-1)\frac{\pi}{n}}^{a+k\frac{\pi}{n}}\mid\cos nx\mid\mathrm{d}x+A(n)\right]$$

$$=\lim_{n\to+\infty}\left[\sum_{k=1}^{\left[\frac{n(b-a)}{\pi}\right]}f(\xi_{kn})\frac{\pi}{n}+A(n)\right]=\int_a^b f(x)\mathrm{d}x+0=\int_a^b f(x)\mathrm{d}x.$$ □

【235】 证明：(1) 对 $\forall x\in(-\infty,+\infty)$，有

$$\mid\cos x\mid=\frac{2}{\pi}+\frac{4}{\pi}\sum_{n=1}^{\infty}\frac{(-1)^{n+1}}{4n^2-1}\cos 2nx.$$

由此结果得到：如果 $f(x)$在$[a,b]$中 Riemann 可积，则

$$\lim_{\lambda\to+\infty}\int_a^b f(x)\mid\cos\lambda x\mid\mathrm{d}x=\frac{2}{\pi}\int_a^b f(x)\mathrm{d}x$$

(2) 对 $\forall x\in(-\infty,+\infty)$，有

$$\mid\sin x\mid=\frac{2}{\pi}-\frac{4}{\pi}\sum_{n=1}^{\infty}\frac{\cos 2nx}{(2n)^2-1}.$$

由此结果得到：如果 $f(x)$在$[a,b]$中 Riemann 可积，则

$$\lim_{\lambda\to\infty}\int_a^b f(x)\mid\sin\lambda x\mid\mathrm{d}x=\frac{2}{\pi}\int_a^b f(x)\mathrm{d}x.$$

证明 (1) 在$[-\pi,\pi]$上将$|\cos x|$展开为 Fourier 级数. 由于$|\cos x|$为偶函数，所以

$$b_n=0,n=1,2,\cdots.$$

$$a_0=\frac{1}{\pi}\int_{-\pi}^{\pi}\mid\cos x\mid\mathrm{d}x=\frac{4}{\pi}\int_0^{\frac{\pi}{2}}\cos x\mathrm{d}x=\frac{4}{\pi},$$

$$a_1=\frac{1}{\pi}\int_{-\pi}^{\pi}|\cos x|\cos x\,\mathrm{d}x=\frac{2}{\pi}\int_0^{\pi}|\cos x|\cos x\,\mathrm{d}x$$

$$=\frac{2}{\pi}\left[\int_0^{\frac{\pi}{2}}\cos^2 x\,\mathrm{d}x-\int_{\frac{\pi}{2}}^{\pi}\cos^2 x\,\mathrm{d}x\right]=0,$$

…

$$a_n=\frac{1}{\pi}\int_{-\pi}^{\pi}|\cos x|\cos nx\,\mathrm{d}x=\frac{2}{\pi}\int_0^{\pi}|\cos x|\cos nx\,\mathrm{d}x$$

$$=\frac{2}{\pi}\left[\int_0^{\frac{\pi}{2}}\cos x\cos nx\,\mathrm{d}x-\int_{\frac{\pi}{2}}^{\pi}\cos x\cos nx\,\mathrm{d}x\right]$$

$$=\frac{1}{\pi}\left[\int_0^{\frac{\pi}{2}}(\cos(n+1)x+\cos(n-1)x)\,\mathrm{d}x\right.$$

$$\left.-\int_{\frac{\pi}{2}}^{\pi}(\cos(n+1)x+\cos(n-1)x)\,\mathrm{d}x\right]$$

$$=\frac{2}{\pi}\left[\frac{\sin(n+1)\dfrac{\pi}{2}}{n+1}+\frac{\sin(n-1)\dfrac{\pi}{2}}{n-1}\right]$$

$$=\begin{cases}\dfrac{4}{\pi}\dfrac{(-1)^{k+1}}{4k^2-1}, & n=2k\text{ 为偶数},\\ 0, & n=2k+1\text{ 为奇数},\end{cases}\qquad k=1,2,\cdots.$$

又 $|\cos x|$ 为 $(-\infty,+\infty)$ 中的连续的周期 2π 的函数. 所以,有

$$|\cos x|=\frac{a_0}{2}+\sum_{n=1}^{\infty}a_n\cos nx=\frac{2}{\pi}+\sum_{n=1}^{\infty}\frac{(-1)^{n+1}}{4n^2-1}\cos 2nx.$$

由上式得到

$$|\cos\lambda x|=\frac{2}{\pi}+\sum_{n=1}^{\infty}\frac{(-1)^{n+1}}{4n^2-1}\cos 2n\lambda x,\quad x\in(-\infty,+\infty).$$

因为 $\left|\dfrac{(-1)^{n+1}}{4n^2-1}\cos 2n\lambda x\right|\leqslant\dfrac{1}{4n^2-1}$,根据 Weierstrass 判别法知级数

$$\frac{2}{\pi}+\sum_{n=1}^{\infty}\frac{(-1)^{n+1}}{4n^2-1}\cos 2n\lambda x$$

在 $x\in(-\infty,+\infty)$ 上一致收敛. 因为 $f(x)$ 在 $[a,b]$ 上 Riemann 可积,必有界. 记 $|f(x)|\leqslant M$, $\forall x\in[a,b]$. 而一个一致收敛的级数乘上一个有界函数仍为一致收敛级数,从而可以逐项积分. 于是

$$\int_a^b f(x)|\cos\lambda x|\,\mathrm{d}x=\frac{2}{\pi}\int_a^b f(x)\,\mathrm{d}x+\frac{4}{\pi}\sum_{n=1}^{\infty}\frac{(-1)^{n+1}}{4n^2-1}\int_a^b f(x)\cos 2n\lambda x\,\mathrm{d}x.$$

由于

$$\left|\int_a^b f(x)\cos 2n\lambda x\,\mathrm{d}x\right|\leqslant M(b-a),$$

$$\left|\frac{(-1)^{n+1}}{4n^2-1}\int_a^b f(x)\cos 2n\lambda x\,\mathrm{d}x\right| \leqslant \frac{M(b-a)}{4n^2-1}$$

和 Weierstrass 定理得级数

$$\sum_{n=1}^{\infty}\frac{(-1)^{n+1}}{4n^2-1}\int_a^b f(x)\cos 2n\lambda x\,\mathrm{d}x$$

在 $\lambda\in(-\infty,+\infty)$ 中一致收敛，因此可逐项求极限. 又根据 Riemann-Lebesgue 引理，有

$$\lim_{\lambda\to\infty}\int_a^b f(x)\cos 2n\lambda x\,\mathrm{d}x = 0,$$

于是

$$\begin{aligned}\lim_{\lambda\to\infty}\int_a^b f(x)\mid\cos\lambda x\mid\mathrm{d}x &= \lim_{\lambda\to\infty}\left\{\frac{2}{\pi}\int_a^b f(x)\mathrm{d}x+\frac{4}{\pi}\sum_{n=1}^{\infty}\frac{(-1)^{n+1}}{4n^2-1}\int_a^b f(x)\cos 2n\lambda x\,\mathrm{d}x\right\}\\ &= \frac{2}{\pi}\int_a^b f(x)\mathrm{d}x+\frac{4}{\pi}\sum_{n=1}^{\infty}\frac{(-1)^{n+1}}{4n^2-1}\lim_{\lambda\to\infty}\int_a^b f(x)\cos 2n\lambda x\,\mathrm{d}x\\ &= \frac{2}{\pi}\int_a^b f(x)\mathrm{d}x.\end{aligned}$$

(2) 因为

$$\left|\frac{\cos 2nx}{(2n)^2-1}\right| \leqslant \frac{1}{(2n)^2-1},\quad x\in(-\infty,+\infty),$$

所以 $|\sin x|$ 有一致收敛的 Fourier 展开式

$$\mid\sin x\mid = \frac{2}{\pi}-\frac{4}{\pi}\sum_{n=1}^{\infty}\frac{\cos 2nx}{(2n)^2-1},\quad x\in(-\infty,+\infty).$$

因此

$$\mid\sin\lambda x\mid = \frac{2}{\pi}-\frac{4}{\pi}\sum_{n=1}^{\infty}\frac{\cos 2n\lambda x}{(2n)^2-1},\quad x\in(-\infty,+\infty).$$

由于

$$\left|\frac{\cos 2n\lambda x}{4n^2-1}\right| \leqslant \frac{1}{4n^2-1},\quad x\in(-\infty,+\infty),$$

根据 Weierstrass 判别法知，级数

$$\frac{2}{\pi}-\frac{4}{\pi}\sum_{n=1}^{\infty}\frac{\cos 2n\lambda x}{4n^2-1}$$

在 $x\in(-\infty,+\infty)$ 上一致收敛. 用有界函数遍乘一致收敛级数的各项，所得级数仍一致收敛. 而 $[a,b]$ 上 Riemann 可积函数必有界，记 $|f(x)|\leqslant M$, $\forall x\in[a,b]$. 故

$$f(x)\mid\sin\lambda x\mid = \frac{2}{\pi}f(x)-\frac{4}{\pi}\sum_{n=1}^{\infty}f(x)\frac{\cos 2n\lambda x}{4n^2-1},\quad x\in[a,b]$$

一致收敛，可逐项积分

$$\int_a^b f(x)\mid\sin\lambda x\mid\mathrm{d}x = \frac{2}{\pi}\int_a^b f(x)\mathrm{d}x-\frac{4}{\pi}\sum_{n=1}^{\infty}\int_a^b\frac{f(x)\cos 2n\lambda x}{4n^2-1}\mathrm{d}x.$$

上述级数的通项

$$\left|\int_a^b \frac{f(x)\cos 2n\lambda x}{4n^2-1}\mathrm{d}x\right| \leqslant \frac{M(b-a)}{4n^2-1},$$

且 $\sum\limits_{n=1}^{\infty}\frac{M(b-a)}{4n^2-1}$ 收敛,因而该级数关于 $\lambda\in(-\infty,+\infty)$ 一致收敛. 在此级数中令 $\lambda\to\infty$ 逐项取极限,并利用 Riemann-Lebesgue 引理,则得

$$\begin{aligned}\lim_{\lambda\to\infty}\int_a^b f(x)\,|\sin\lambda x|\,\mathrm{d}x &= \lim_{\lambda\to\infty}\left[\frac{2}{\pi}\int_a^b f(x)\mathrm{d}x - \frac{4}{\pi}\sum_{n=1}^{\infty}\int_a^b \frac{f(x)\cos 2n\lambda x}{4n^2-1}\mathrm{d}x\right] \\ &= \frac{2}{\pi}\int_a^b f(x)\mathrm{d}x - \frac{4}{\pi}\sum_{n=1}^{\infty}\lim_{\lambda\to\infty}\int_a^b \frac{f(x)\cos 2n\lambda x}{4n^2-1}\mathrm{d}x \\ &= \frac{2}{\pi}\int_a^b f(x)\mathrm{d}x - \frac{4}{\pi}\sum_{n=1}^{\infty} 0 \\ &= \frac{2}{\pi}\int_a^b f(x)\mathrm{d}x.\end{aligned}$$

□

【236】 设 f 在 $[a,b]$ 上 Lebesgue 可积. 证明:

$$\lim_{n\to+\infty}\frac{\pi}{2}\int_a^b f(x)\,|\sin nx|\,\mathrm{d}x = \int_a^b f(x)\mathrm{d}x,$$

$$\lim_{n\to+\infty}\frac{\pi}{2}\int_a^b f(x)\,|\cos nx|\,\mathrm{d}x = \int_a^b f(x)\mathrm{d}x.$$

证明　证法 1　由 f 在 $[a,b]$ 上 Lebesgue 可积和题[228]知,对 $\forall\varepsilon>0$, $\exists h\in C([a,b])$, s.t.

$$\int_a^b |f(x)-h(x)|\,\mathrm{d}x < \frac{\varepsilon}{2\pi}.$$

于是,再由题[235]得到

$$\lim_{n\to+\infty}\frac{\pi}{2}\int_a^b h(x)\,|\cos nx|\,\mathrm{d}x = \int_a^b h(x)\mathrm{d}x.$$

故 $\exists N\in\mathbb{N}$, 当 $n>N$ 时,有

$$\left|\frac{\pi}{2}\int_a^b h(x)\,|\cos nx|\,\mathrm{d}x - \int_a^b h(x)\mathrm{d}x\right| < \frac{\varepsilon}{2}$$

由此推得

$$\begin{aligned}&\left|\frac{\pi}{2}\int_a^b f(x)\,|\cos nx|\,\mathrm{d}x - \int_a^b f(x)\mathrm{d}x\right| \\ \leqslant\ &\frac{\pi}{2}\int_a^b |f(x)-h(x)|\,|\cos nx|\,\mathrm{d}x \\ &+\left|\frac{\pi}{2}\int_a^b h(x)\,|\cos nx|\,\mathrm{d}x - \int_a^b h(x)\mathrm{d}x\right| + \int_a^b |h(x)-f(x)|\,\mathrm{d}x \\ \leqslant\ &2\cdot\frac{\pi}{2}\int_a^b |f(x)-h(x)|\,\mathrm{d}x + \frac{\varepsilon}{2} < \pi\cdot\frac{\varepsilon}{2\pi} + \frac{\varepsilon}{2} = \varepsilon,\end{aligned}$$

$$\lim_{n\to+\infty}\frac{\pi}{2}\int_a^b f(x)\mid\cos nx\mid \mathrm{d}x=\int_a^b f(x)\mathrm{d}x.$$

证法 2 (i) 当 $f(x)=c$(常数)时,因

$$\begin{aligned}\frac{\pi}{2}\int_a^b c\mid\cos nx\mid \mathrm{d}x &\xlongequal{t=nx}\frac{\pi}{2}c\int_{na}^{nb}\mid\cos t\mid \mathrm{d}\left(\frac{t}{n}\right)\\ &=\frac{\pi c}{2n}\left\{\left[\int_0^{\left[\frac{n(b-a)}{\pi}\right]\pi}\mid\cos t\mid \mathrm{d}t+A(n)\right]\right\}\\ &=\frac{\pi c}{2n}\left(\left[\frac{n(b-a)}{\pi}\right]\cdot 2+A(n)\right)\to\pi c\cdot\frac{b-a}{\pi}+0\\ &=c(b-a)=\int_a^b c\,\mathrm{d}x,\quad n\to+\infty,\end{aligned}$$

所以

$$\lim_{n\to+\infty}\frac{\pi}{2}\int_a^b f(x)\mid\cos nx\mid \mathrm{d}x=\lim_{n\to+\infty}\frac{\pi}{2}\int_a^b c\mid\cos nx\mid \mathrm{d}x=\int_a^b c\,\mathrm{d}x=\int_a^b f(x)\mathrm{d}x.$$

(ii) 当 $f(x)=s(x)$(阶梯函数)时,设

$$a=x_0<x_1<\cdots<x_k=b,$$

$$s(x)=\begin{cases}c_i, & x\in[x_{i-1},x_i),\\ c_n, & x\in[x_{n-1},x_n],\end{cases}\quad i=1,2,\cdots,n-1,$$

则

$$\begin{aligned}\lim_{n\to+\infty}\frac{\pi}{2}\int_a^b f(x)\mid\cos nx\mid \mathrm{d}x&=\lim_{n\to+\infty}\frac{\pi}{2}\int_a^b s(x)\mid\cos nx\mid \mathrm{d}x\\ &=\sum_{i=1}^k\lim_{n\to+\infty}\frac{\pi}{2}\int_{x_{i-1}}^{x_i}c_{i-1}\mid\cos nx\mid \mathrm{d}x\xlongequal{\text{由(1)}}\sum_{i=1}^k c_i(x_i-x_{i-1})\\ &=\int_a^b s(x)\mathrm{d}x=\int_a^b f(x)\mathrm{d}x.\end{aligned}$$

(iii) 当 $f(x)\in\mathscr{L}([a,b])$时,对$\forall\varepsilon>0$,由题[228]结论,存在$[a,b]$上的阶梯函数 $s(x)$,s. t.

$$\int_a^b\mid f(x)-s(x)\mid \mathrm{d}x<\frac{\varepsilon}{6}.$$

又由(ii),得

$$\lim_{n\to+\infty}\frac{\pi}{2}\int_a^b s(x)\mid\cos nx\mid \mathrm{d}x=\int_a^b s(x)\mathrm{d}x.$$

因此,$\exists N\in\mathbb{N}$,当 $n>N$ 时,有

$$\left|\frac{\pi}{2}\int_a^b s(x)\mid\cos nx\mid \mathrm{d}x-\int_a^b s(x)\mathrm{d}x\right|<\frac{\varepsilon}{2}.$$

由此得到

$$\left|\frac{\pi}{2}\int_a^b f(x)\mid\cos nx\mid \mathrm{d}x-\int_a^b f(x)\mathrm{d}x\right|$$

$$= \left| \frac{\pi}{2}\int_a^b [f(x)-s(x)] \mid \cos nx \mid \mathrm{d}x + \frac{\pi}{2}\int_a^b s(x) \mid \cos nx \mid \mathrm{d}x \right.$$

$$\left. - \int_a^b s(x)\mathrm{d}x + \int_a^b s(x)\mathrm{d}x - \int_a^b f(x)\mathrm{d}x \right|$$

$$\leqslant \frac{\pi}{2}\int_a^b \mid f(x)-s(x) \mid \mathrm{d}x + \left| \frac{\pi}{2}\int_a^b s(x) \left|\cos x\right| \mathrm{d}x - \int_a^b s(x)\mathrm{d}x \right|$$

$$+ \int_a^b \mid s(x)-f(x) \mid \mathrm{d}x$$

$$< 3\int_a^b \mid f(x)-s(x) \mid \mathrm{d}x + \frac{\varepsilon}{2} < 3 \cdot \frac{\varepsilon}{6} + \frac{\varepsilon}{2} = \varepsilon,$$

即得

$$\lim_{n\to+\infty} \frac{\pi}{2}\int_a^b f(x) \mid \cos nx \mid \mathrm{d}x = \int_a^b f(x)\mathrm{d}x.$$

类似可证

$$\lim_{n\to+\infty} \frac{\pi}{2}\int_a^b f(x) \mid \sin nx \mid \mathrm{d}x = \int_a^b f(x)\mathrm{d}x. \qquad \square$$

【237】 设 F 为$[0,1]$中的闭集，$m(F)=0$. 问：$\chi_F(x)$在$[0,1]$上 Riemann 可积吗？

解 χ_F 在$[0,1]$上是 Riemann 可积的.

事实上，χ_F 的不连续点集为$\partial F \subset \overline{F} = F$(闭集). 因此

$$0 \leqslant m(\partial F) \leqslant m(F) = 0,$$

$$m(\partial F) = 0.$$

由此，根据定理 3.5.5 知，χ_F 在$[0,1]$上 Riemann 可积. $\square$

【238】 设 $E \subset [0,1]$. 证明：

$$\chi_E \text{ 在}[0,1]\text{ 上 Riemann 可积} \Leftrightarrow m(\overline{E}-E^\circ) = m(\partial E) = 0$$

证明 因为 χ_E 的不连续点集为

$$D_{\chi_E} = \partial E = \overline{E} - E^\circ,$$

所以

$$\chi_E \text{ 在}[a,b]\text{ 上 Riemann 可积} \Leftrightarrow m(D_{\chi_E}) = 0$$

$$\Leftrightarrow m(\overline{E}-E^\circ) = m(\partial E) = 0. \qquad \square$$

【239】 设 f,g 为$[a,b]$上的 Riemann 可积函数，并且在$[a,b]$的一个稠密子集 D 上其值相等. 证明：

$$(\mathrm{R})\int_a^b f(x)\mathrm{d}x = (\mathrm{R})\int_a^b g(x)\mathrm{d}x.$$

证明 对$[a,b]$的任一分割 T：$a=x_0<x_1<\cdots<x_n=b$，由 D 在$[a,b]$中稠密，取 $\xi_i \in [x_{i-1},x_i]\cap D$，$i=1,2,\cdots,n$，则 $f(\xi_i)=g(\xi_i)$. 又因 f,g 在$[a,b]$上 Riemann 可积，故

$$(\mathrm{R})\int_a^b f(x)\mathrm{d}x=\lim_{\|T\|\to 0}\sum_{i=1}^n f(\xi_i)\Delta x_i=\lim_{\|T\|\to 0}\sum_{i=1}^n g(\xi_i)\Delta x_i=(\mathrm{R})\int_a^b g(x)\mathrm{d}x.$$ □

【240】 设 f 为$[a,b]$上的有界函数，其不连续点集 D_f 只有至多可数个聚点. 证明：f 为$[a,b]$上的 Riemann 可积函数.

证明 证法 1 因为 f 在$[a,b]$上的不连续点集 D_f 只有至多可数个聚点，根据例 1.6.5，D_f 为至多可数集. 因此，$m(D_f)=0$. 由此推得有界函数 f 在$[a,b]$上几乎处处连续，再根据定理 3.5.5 知，f 在$[a,b]$上 Riemann 可积.

证法 2 因为 f 在$[a,b]$上的不连续点集 D_f 只有至多可数个聚点，根据例 1.6.5，D_f 为至多可数集. 记 $D_f=\{a_i\mid i\in\mathbb{N}\}$. 对 $\forall\varepsilon>0$，令 $J_j=\left(a_i-\frac{\varepsilon}{2^{j+1}},a_i+\frac{\varepsilon}{2^{j+1}}\right)$，$j=1,2,\cdots$，则

$$D_f\subset\bigcup_{j=1}^{\infty}J_j,\ \sum_{j=1}^{\infty}m(J_j)\leqslant\varepsilon.$$

对 $\forall x\in[a,b]-\bigcup_{j=1}^{\infty}J_j$，因 f 在 x 连续，故存在含 x 的开区间 S_x，s. t. 当 $t\in[a,b]\cap S_x$ 时，有

$$|f(t)-f(x)|<\varepsilon.$$

显然，$\left\{J_j,S_x\,\middle|\,j=1,2,\cdots;\ x\in[a,b]-\bigcup_{j=1}^{\infty}J_j\right\}$为紧致集$[a,b]$的一个开覆盖，故存在有限的子覆盖$\{J_1^*,J_2^*,\cdots,J_n^*;\ S_{x_1},S_{x_2},\cdots,S_{x_m}\}$. 于是，根据 Lebesgue 数（见参考文献[15]第 143 页定理 2.5.6），存在 Lebesgue 数 $\delta>0$，当$[a,b]$的分割 $\Delta=\{I_1,I_2,\cdots,I_k\}$，$\|\Delta\|=\max\limits_{1\leqslant i\leqslant k}m(I_i)<\delta$ 时，必有 $I_i\subset J_j^*$ $(j=1,2,\cdots,n)$或 $I_i\subset S_{x_l}$ $(l=1,2,\cdots,m)$. 因此，

$$\begin{aligned}&\sum_{i=1}^{k}[\sup f(I_i)-\inf f(I_i)]m(I_i)\\ \leqslant&\sum_{I_i\subset J_j^*}[\sup f(I_i)-\inf f(I_i)]m(I_i)\\ &+\sum_{I_i\subset S_{x_l}}[\sup f(I_i)-\inf f(I_i)]m(I_i)\\ \leqslant&\ 2M\sum_{j=1}^{\infty}m(J_j)+\varepsilon(b-a)\leqslant[2M+(b-a)]\varepsilon.\end{aligned}$$

由此立知，f 在$[a,b]$上 Riemann 可积. □

【241】 设 f 为$\mathbb{R}^1$ 上的有界函数. 如果对每一点 $x\in\mathbb{R}^1$，极限函数$\lim\limits_{h\to 0}f(x+h)$存在有限. 证明：$f$ 在任一区间$[a,b]$上是 Riemann 可积的.

证明 证法 1 因为$\forall x\in\mathbb{R}^1$，$\lim\limits_{h\to 0}f(x+h)$存在有限，则 f 的不连续点集 D_f 为至多可数集.

事实上，$\forall x\in D_f$，因$\lim\limits_{h\to 0}f(x+h)$存在有限，$\exists\,(a(x),b(x),c(x),d(x))\in\mathbb{Q}^4$，s. t.

$$x \in (a(x),b(x)), \quad f(u) \in (c(x),d(x)),$$
$$\forall u \in (a(x),b(x)) - \{x\}, \quad f(x) \notin (c(x),d(x)).$$

易见，应用反证法知

$$f: D_f \to \mathbb{Q}^4,$$
$$x \mapsto (a(x),b(x),c(x),d(x))$$

为单射，所以 D_f 为至多可数集. 从而，$m(D_f)=0$. 根据定理 3.5.5，有界函数 f 在任何区间 $[a,b]$ 上是 Riemann 可积的.

证法 2　考虑任一有界区间 $[a,b]$. 令

$$\omega_f(x) = | f(x) - \lim_{h\to 0} f(x+h) |,$$

则 x 为 f 的连续点 $\Leftrightarrow \omega_f(x)=0$. 进而，$D_\varepsilon=\{x\in\mathbb{R}^1 \mid \omega_f(x)\geqslant\varepsilon>0\}$ 为至多可数集.（反证）假设 D_ε 为不可数集，则必 $\exists N\in\mathbb{Z}$, s. t. $[N,N+1]$ 中含 D_ε 的不可数点，它们必有聚点 $x_0\in[N,N+1]$，且 $x_0\in D_\varepsilon$. 由此推得 $\lim\limits_{h\to 0} f(x+h)$ 不存在，矛盾. 于是，f 的不连续点集

$$D_f = \{x \in \mathbb{R}^1 \mid \omega_f(x) > 0\} = \bigcup_{n=1}^{\infty} D_{\frac{1}{n}}$$

为至多可数集.

考虑任一有界区间 $[a,b]$. 由于 $D_f\cap(a,b)$ 为至多可数集，故 f 在 $[a,b]$ 中至多有可数个不连续点. 根据定理 3.5.5，有界函数 f 在区间 $[a,b]$ 上是 Riemann 可积的.

证法 3　根据例 1.2.12，知

$$A = \{x \in \mathbb{R}^1 \mid f \text{ 在点 } x \text{ 不连续但右极限} \lim_{h\to 0^+} f(x+h) \text{ 存在有限}\}$$

为至多可数集. 因此，D_f 为至多可数集，$m(D_f)=0$. 由定理 3.5.5，有界函数 f 在任何区间 $[a.b]$ 上是 Riemann 可积的. □

【242】 设 $f\in\mathscr{L}(\mathbb{R}^1)$. 证明：

$$(\mathrm{L})\int_a^b f(x+t)\mathrm{d}x = (\mathrm{L})\int_{a+t}^{b+t} f(x)\mathrm{d}x.$$

证明　$(\mathrm{L})\int_a^b f(x+t)\mathrm{d}x = \int_{\mathbb{R}^1} f(x+t)\chi_{[a,b]}(x)\mathrm{d}x = \int_{\mathbb{R}^1} f(x+t)\chi_{[a+t,b+t]}(x+t)\mathrm{d}x$

$$\xlongequal[\text{定理 3.5.2}]{\text{积分平移不变性}} \int_{\mathbb{R}^1} f(x)\chi_{[a+t,b+t]}(x)\mathrm{d}x = \int_{a+t}^{b+t} f(x)\mathrm{d}x.$$ □

【243】 设 $f(x)$ 为 $[0,1]$ 上的单调增函数. 证明：对 $E\subset[0,1]$，$m(E)=t$，有

$$(\mathrm{L})\int_0^t f(x)\mathrm{d}x \leqslant (\mathrm{L})\int_E f(x)\mathrm{d}x.$$

证明　证法 1　由于 $f(x)$ 在 $[0,1]$ 上单调增，故 $f(x)$ 在 $[0,1]$ 上 Riemann 可积. 根据定理 3.5.6，$f(x)$ 在 $[0,1]$ 上 Lebesgue 可积.

又因为

$$\begin{aligned} m(E\cap[0,t]) + m(E-[0,t]) &= m(E) = t = m([0,t]) \\ &= m(E\cap[0,t]) + m([0,t]-E), \end{aligned}$$
$$m(E-[0.t]) = m([0,t]-E),$$

所以，从 f 单调增得到

$$\begin{aligned}\int_E f(x)\mathrm{d}x &= \int_{E\cap[0,t]} f(x)\mathrm{d}x + \int_{E-[0,t]} f(x)\mathrm{d}x \\ &\geqslant \int_{E\cap[0,t]} f(x)\mathrm{d}x + f(t)\cdot m(E-[0,t]) \\ &= \int_{E\cap[0,t]} f(x)\mathrm{d}x + f(t)\cdot m([0,t]-E) \\ &\geqslant \int_{E\cap[0,t]} f(x)\mathrm{d}x + \int_{[0,t]-E} f(x)\mathrm{d}x \\ &= \int_0^t f(x)\mathrm{d}x.\end{aligned}$$

证法 2　如果 E 为开集，记 $E=\bigcup\limits_{n=1}^{\infty}(a_n,b_n)$，$\{(a_n,b_n)\mid n\in\mathbb{N}\}$ 为 E 的构成区间. 下面重排构成区间. 设 $A_n=\sum\limits_{a_k<a_n}(b_k-a_k)$，$B_n=A_n+(b_n-a_n)<\sum\limits_{k=1}^{\infty}(b_k-a_k)=t$. 易见，$A_n=\sum\limits_{a_k<a_n}(b_k-a_k)\leqslant a_n$（$(A_n,B_n)$ 为 (a_n,b_n) 的一个平移），且 $\{(A_n,B_n)\mid n\in\mathbb{N}\}$ 两两不相交，$\bigcup\limits_{n=1}^{\infty}(A_n,B_n)$ 为 $[0,t]$ 中测度为 $m\left(\bigcup\limits_{n=1}^{\infty}(a_n,b_n)\right)=m(E)=t$ 的开集. 于是

$$\begin{aligned}\int_E f(x)\mathrm{d}x &= \int_{\bigcup\limits_{n=1}^{\infty}(a_n,b_n)} f(x)\mathrm{d}x = \sum_{n=1}^{\infty}\int_{(a_n,b_n)} f(x)\mathrm{d}x \\ &\xlongequal{\text{积分变量平移}} \sum_{n=1}^{\infty}\int_{(A_n,B_n)} f(x+a_n-A_n)\mathrm{d}x \\ &\underset{f\nearrow}{\overset{a_n-A_n\geqslant 0}{\geqslant}} \sum_{n=1}^{\infty}\int_{(A_n,B_n)} f(x)\mathrm{d}x = \int_{\bigcup\limits_{n=1}^{\infty}(A_n,B_n)} f(x)\mathrm{d}x \\ &= \int_{[0,t]-Z} f(x)\mathrm{d}x = \int_0^t f(x)\mathrm{d}x,\end{aligned}$$

其中 $m(Z)=0$.

对于一般的 Lebesgue 可测集 E，存在单调减的开集列 $E_n\supset E$，s. t. $\lim\limits_{n\to+\infty} m(E_n)=m(E)=t$. 由上述关于开集的结论，知

$$\int_{E_n} f(x)\mathrm{d}x \geqslant \int_0^{m(E_n)} f(x)\mathrm{d}x,\quad n\in\mathbb{N}.$$

于是

$$\int_E f(x)\mathrm{d}x = \lim_{n\to+\infty}\int_{E_n} f(x)\mathrm{d}x \geqslant \lim_{n\to+\infty}\int_0^{m(E_n)} f(x)\mathrm{d}x = \int_0^t f(x)\mathrm{d}x. \qquad \square$$

【244】 设 $f\in\mathscr{L}(\mathbb{R}^1)$，$a>0$. 证明：级数

$$F(x)=\sum_{n=-\infty}^{\infty}f\left(\frac{x}{a}+n\right)$$

在$\mathbb{R}^1$上几乎处处绝对收敛，且$F(x)$为以a为周期的周期函数，$F\in\mathscr{L}([0,a])$.

证明 记

$$G(x)=\sum_{n=-\infty}^{\infty}\left|f\left(\frac{x}{a}+n\right)\right|,$$

由

$$G(x)=\lim_{k\to+\infty}\sum_{n=-k}^{k}\left|f\left(\frac{x}{a}+n\right)\right|$$

知，它在$[0,a]$上可测. 考察积分

$$\int_{[0,a]}G(x)\mathrm{d}x=\int_{[0,a)}\sum_{n=-\infty}^{\infty}\left|f\left(\frac{x}{a}+n\right)\right|\mathrm{d}x\xlongequal{\text{定理 3.3.8}}\sum_{n=-\infty}^{\infty}\int_{[0,a]}\left|f\left(\frac{x}{a}+n\right)\right|\mathrm{d}x$$

$$\xlongequal{y=\frac{x}{a}+n}\sum_{n=-\infty}^{\infty}\int_{[n,n+1]}|f(y)|\cdot a\mathrm{d}y=a\int_{\mathbb{R}^1}|f(y)|\mathrm{d}y\overset{f\in\mathscr{L}(\mathbb{R}^1)}{<}+\infty.$$

由此及定理 3.3.13(2)推得$G(x)$在$[0,a]$上几乎处处有限. 从而$F(x)$在$[0,a]$上几乎处处绝对收敛.

易见

$$F(x+a)=\sum_{n=-\infty}^{\infty}f\left(\frac{x+a}{a}+n\right)=\sum_{n=-\infty}^{\infty}f\left(\frac{x}{a}+n+1\right)=F(x),$$

即F为以a为周期的周期函数. 因此，$F(x)$在$\mathbb{R}^1$上几乎处处绝对收敛.

又因$G\in\mathscr{L}([0,a])$及$|F(x)|\leqslant G(x)$，$x\in\mathbb{R}^1$，故$F\in\mathscr{L}([0,a])$. □

3.6 单调函数、有界变差函数、Vitali 覆盖定理

定义 3.6.1 设$E\subset\mathbb{R}^1$，$\Gamma=\{I_\alpha\}$为一区间族. 如果对$\forall\varepsilon>0$，$\forall x\in E$，$\exists I_\alpha\in\Gamma$，s. t. $x\in I_\alpha$，$|I_\alpha|<\varepsilon$，则称Γ为E的 **Vitali 意义下的一个覆盖**，简称为 **Vitali 覆盖**.

定理 3.6.1 (Vitali 覆盖定理)设$E\subset\mathbb{R}^1$，且$m^*(E)<+\infty$. 如果Γ为E的 Vitali 覆盖，则存在有限个互不相交的$I_j\in\Gamma$，$j=1,2,\cdots,n$，s. t.

$$m^*\left(E-\bigcup_{j=1}^{n}I_j\right)<\varepsilon.$$

定理 3.6.1′ (Vitali 覆盖定理)设$E\subset\mathbb{R}^1$，$m^*(E)<+\infty$. 如果Γ为E的 Vitali 覆盖，则存在至多可数个互不相交的$I_j\in\Gamma$，s. t.

$$m\left(E-\bigcup_{j}I_j\right)=0.$$

定理 3.6.1″ 定理 3.6.1 与定理 3.6.1′是等价的.

定义 3.6.2 设$E\subset\mathbb{R}^1$，$f:E\to\mathbb{R}$为实值函数，$x_0\in E$，如果$h_n\neq 0$，$\lim\limits_{n\to+\infty}h_n=0$，$x_0+h_n\in E$，且

$$\lim_{n\to+\infty}\frac{f(x_0+h_n)-f(x_0)}{h_n}=\lambda$$

存在(有限数或$\pm\infty$),则称λ为$f(x)$在x_0点处的一个**导出数**,记作$\lambda=\mathrm{D}f(x_0)$.

设$f(x)$为定义在$x_0\in\mathbb{R}^1$的一个开邻域上的实函数,令

$$\mathrm{D}^+ f(x_0)=\overline{\lim_{h\to0^+}}\frac{f(x_0+h)-f(x_0)}{h},\quad \mathrm{D}_+ f(x_0)=\underline{\lim_{h\to0^+}}\frac{f(x_0+h)-f(x_0)}{h},$$

$$\mathrm{D}^- f(x_0)=\overline{\lim_{h\to0^-}}\frac{f(x_0+h)-f(x_0)}{h},\quad \mathrm{D}_- f(x_0)=\underline{\lim_{h\to0^-}}\frac{f(x_0+h)-f(x_0)}{h},$$

它们分别称为f在x_0点处的**右上导数**、**右下导数**、**左上导数**、**左下导数**,统称为**Dini 导数**.

如果

$$\lim_{h\to0}\frac{f(x_0+h)-f(x_0)}{h}$$

存在,则称此极限值(有限或$\pm\infty$)为f在x_0的**导数**,记作$f'(x_0)$. 此时

$$f'(x_0)=\mathrm{D}^+ f(x_0)=\mathrm{D}_+ f(x_0)=\mathrm{D}^- f(x_0)=\mathrm{D}_- f(x_0).$$

当$f'(x_0)$为实数时,则f在x_0处**可导**. 类似可定义**右导数**

$$f'_+(x_0)=\lim_{h\to0^+}\frac{f(x_0+h)-f(x_0)}{h}=\mathrm{D}^+ f(x_0)=\mathrm{D}_+ f(x_0)$$

与**右可导**;**左导数**

$$f'_-(x_0)=\lim_{h\to0^-}\frac{f(x_0+h)-f(x_0)}{h}=\mathrm{D}^- f(x_0)=\mathrm{D}_- f(x_0)$$

与**左可导**.

引理 3.6.1 设$f:[a,b]\to\mathbb{R}$为实函数.

(1) f对$\forall x_0\in[a,b]$都有导出数.

(2) f在$x_0\in[a,b]$处导数存在(有限数或$\pm\infty$)$\Leftrightarrow f$在x_0的一切导出数都相等.

定理 3.6.2 设$f:[a,b]\to\mathbb{R}$为严格增函数.

(1) 如果对$\forall x\in E\subset[a,b]$,至少有一个导出数$\mathrm{D}f(x)\leqslant p$($\Leftrightarrow\min\{\mathrm{D}_+ f(x),\mathrm{D}_- f(x)\}<p$),其中$0\leqslant p<+\infty$,则

$$m^*(f(E))\leqslant p\cdot m^*(E).$$

(2) 如果对$\forall x\in E\subset[a,b]$,至少有一个导出数$\mathrm{D}f(x)\geqslant q$($\Leftrightarrow\max\{\mathrm{D}^+ f(x),\mathrm{D}^- f(x)\}\geqslant q$),其中$q\geqslant0$为常数,则

$$m^*(f(E))\geqslant q\cdot m^*(E).$$

引理 3.6.2 设$f:[a,b]\to\mathbb{R}$为增函数,则:

(1) f的一切导出数都是非负的.

(2) $m(E_{+\infty})=0$,其中

$$E_{+\infty}=\{x\in[a,b]\mid f\text{ 在 }x\text{ 至少有一个导出数为 }+\infty\}.$$

(3) $m(E_{p,q})=0$,其中$p<q$,且

$$E_{p,q}=\{x\in[a,b]\mid x \text{ 点有两个导出数满足: } \mathrm{D}_1f(x)<p<q<\mathrm{D}_2f(x)\}.$$

定理 3.6.3 设 $f:[a,b]\to\mathbb{R}$ 为增函数,则:

(1) f 在 $[a,b]$ 中关于 Lebesgue 测度对几乎所有的 x 存在有限的导数 $f'(x)$.

(2) $f(x)$ 的导函数 $f'(x)$(如果 $f'(x)$ 在 x 不存在,则补充定义 0)是 Lebesgue 可测的,且

$$0\leqslant\int_a^b f'(x)\mathrm{d}x\leqslant f(b)-f(a).$$

此式表示 $f'(x)$ 在 $[a,b]$ 上是 Lebesgue 可积的.

有例子说明上述等号可不成立.

注 3.6.1 单调减函数 $f(x)$ 在 $[a,b]$ 上也几乎处处存在有限的导数 $f'(x)$,且 $f'\in\mathscr{L}([a,b])$,以及

$$\left|(\mathrm{L})\int_a^b f'(x)\mathrm{d}x\right|\leqslant|f(b)-f(a)|$$

(只须将定理 3.6.3 用于 $-f$ 即可).

例 3.6.3 单调函数几乎处处可导这一结论,一般不能改进.

定理 3.6.4 (Fubini)设 $f_1,f_2,\cdots,f_n,\cdots$ 都为 $[a,b]$ 上的单调增(减)函数,而

$$f(x)=\sum_{n=1}^{\infty}f_n(x),\quad\forall x\in[a,b],$$

即该级数收敛于 $f(x)$,则 f 为单调增(减)函数,且在 $[a,b]$ 上

$$f'(x)\underset{m}{\doteq}\sum_{n=1}^{\infty}f_n'(x).$$

注 3.6.2 定理 3.6.4 中"级数 $\sum\limits_{n=1}^{\infty}f_n(x)$ 在 $[a,b]$ 上处处收敛"可减弱为"$\sum\limits_{n=1}^{\infty}f_n(a)$ 和 $\sum\limits_{n=1}^{\infty}f_n(b)$ 收敛".

定义 3.6.3 设 $f:[a,b]\to\mathbb{R}$ 为实函数. 作 $[a,b]$ 的分割

$$\Delta: a=x_0<x_1<\cdots<x_n=b$$

及相应的和

$$v_\Delta(f)=\sum_{i=1}^{n}|f(x_i)-f(x_{i-1})|.$$

令

$$\bigvee_a^b(f)=\sup_{\Delta}\{v_\Delta(f)\mid\Delta\text{ 为 }[a,b]\text{ 的任一分割}\},$$

并称它为 f 在 $[a,b]$ 上的**全变差**. 如果

$$\bigvee_a^b(f)<+\infty,$$

则称 f 为 $[a,b]$ 上的**有界变差函数**，其全体记为 $\mathrm{BV}([a,b])$.

例 3.6.4 设 $f:[a,b]\to\mathbb{R}$ 为单调函数，则对 $[a,b]$ 的任一分割

$$\Delta: a=x_0<x_1<\cdots<x_n=b,$$

都有

$$v_\Delta(f)=|f(b)-f(a)|,$$

从而

$$\bigvee_a^b(f)=|f(b)-f(a)|<+\infty,$$

故 $f\in\mathrm{BV}([a,b])$.

例 3.6.5 设 $f:[a,b]\to\mathbb{R}$ 满足 Lipschitz 条件：

$$|f(x)-f(y)|\leqslant M|x-y|,\quad \forall x,y\in[a,b],$$

其中 M 为非负常数，则 f 为 $[a,b]$ 上的有界变差函数，且

$$\bigvee_a^b(f)\leqslant M|b-a|.$$

特别当 $|f'(x)|\leqslant M,\forall x\in[a,b]$ 时，f 为 $[a,b]$ 上的有界变差函数，且

$$\bigvee_a^b(f)\leqslant M|b-a|.$$

例 3.6.6 (1) 设 $f:[0,1]\to\mathbb{R}$,

$$f(x)=\begin{cases}x\sin\dfrac{\pi}{x}, & 0<x\leqslant 1,\\ 0, & x=0.\end{cases}$$

显然，f 在 $[0,1]$ 上连续，但 $f\notin\mathrm{BV}([0,1])$.

(2) 设

$$f_n(x)=\begin{cases}x\sin\dfrac{\pi}{x}, & \dfrac{1}{n}\leqslant x\leqslant 1,\\ \dfrac{1}{n}\sin n\pi, & 0\leqslant x<\dfrac{1}{n};\end{cases}\qquad f(x)=\begin{cases}x\sin\dfrac{\pi}{x}, & 0<x\leqslant 1,\\ 0, & x=0.\end{cases}$$

则 $f_n\in\mathrm{BV}([0,1])$，但 $f=\lim\limits_{n\to+\infty}f_n\notin\mathrm{BV}([0,1])$.

引理 3.6.3 (1) $f\in\mathrm{BV}([a,b])\underset{\nLeftarrow}{\Rightarrow} f$ 在 $[a,b]$ 上为有界函数.

(2) $\mathrm{BV}([a,b])$ 构成一个线性函数.

(3) 设 $f\in\mathrm{BV}([a.b])$，且 $\bigvee\limits_a^b(f)=0$，则 f 必为常值函数.

(4) 设 $f,g\in\mathrm{BV}([a,b])$，则 $fg\in\mathrm{BV}([a,b])$.

(5) 设 $[c,d]\subset[a,b]$，$f\in\mathrm{BV}([a,b])$，则 $f|_{[c,d]}\in\mathrm{BV}([c,d])$.

引理 3.6.4 设 $f:[a,b]\to\mathbb{R}$ 为实函数，$a<c<b$，则

$$\bigvee_a^b(f)=\bigvee_a^c(f)+\bigvee_c^b(f).$$

定理 3.6.5　(Jordan 分解定理) $f\in \mathrm{BV}([a,b])\Leftrightarrow f(x)=g(x)-h(x)$，其中 $g(x)$ 与 $h(x)$ 为 $[a,b]$ 上的单调增函数.

定理 3.6.6　设 $f\in \mathrm{BV}([a,b])$，则 f 的不连续点集为至多可数集，且 f 在 $[a,b]$ 上几乎处处可导和 f' 为 $[a,b]$ 上的 Lebesgue 可积函数.

定理 3.6.7　设 $f\in \mathscr{L}([a,b])$，则其变上限积分

$$F(x)=(\mathrm{L})\int_a^x f(t)\mathrm{d}t$$

为 $[a,b]$ 上的有界变差函数. 因而，它在 $[a,b]$ 上几乎处处可导，且其全变差

$$\bigvee_a^b(F)=(\mathrm{L})\int_a^b |f(x)|\mathrm{d}x<+\infty.$$

定义 3.6.4　设 $f:[a,b]\to\mathbb{R}$ 为实函数，$\Delta: a=x_0<x_1<\cdots<x_n=b$ 为 $[a,b]$ 上的任一分割. 令

$$v_\Delta^+(f)=\sum_{f(x_i)\geqslant f(x_{i-1})}[f(x_i)-f(x_{i-1})],\quad v_\Delta^-(f)=\sum_{f(x_i)<f(x_{i-1})}[f(x_{i-1})-f(x_i)].$$

显然

$$\begin{cases}v_\Delta^+(f)+v_\Delta^-(f)=v_\Delta(f),\\ v_\Delta^+(f)-v_\Delta^-(f)=f(b)-f(a).\end{cases}$$

分别称

$$\bigvee_a^{b}{}^+(f)=\sup_\Delta v_\Delta^+(f),\qquad \bigvee_a^{b}{}^-(f)=\sup_\Delta v_\Delta^-(f)$$

为 f 在 $[a,b]$ 上的**正变差与负变差**.

引理 3.6.5　设 $\bigvee_a^{b}{}^+(f)$ 与 $\bigvee_a^{b}{}^-(f)$ 分别为 f 在 $[a,b]$ 上的正变差与负变差，则

$$\begin{cases}\bigvee_a^{b}{}^+(f)+\bigvee_a^{b}{}^-(f)=\bigvee_a^b(f),\\ \bigvee_a^{b}{}^+(f)=\bigvee_a^{b}{}^-(f)+f(b)-f(a).\end{cases}$$

定理 3.6.8　设 $f\in \mathrm{BV}([a,b])$，即 f 为 $[a,b]$ 上的有界变差函数，则有

$$(\mathrm{L})\int_a^b |f'(x)|\mathrm{d}x\leqslant\bigvee_a^b(f)<+\infty.$$

因而，$|f'|,f'\in\mathscr{L}([a,b])$.

注 3.6.3　在定理 3.6.8 的证明中，

$$f(x)=\Big[\bigvee_a^{x}{}^+(f)+f(a)\Big]-\bigvee_a^{x}{}^-(f)$$

为两个单调增函数 $\bigvee_a^x{}^+(f)+f(a)$ 与 $\bigvee_a^x{}^-(f)$ 之差，这就给出了Jordan分解定理3.6.5中必要性的另一证明.

推论 3.6.1　设实函数 f 在 $[a,b]$ 上几乎处处可导，则导函数 f'（在不可导点处补充定义为 0）在 $[a,b]$ 上为 Lebesgue 可测函数，且

$$(\mathrm{L})\int_a^b |f'(x)|\,\mathrm{d}x \leqslant \bigvee_a^b (f).$$

【245】　设 $E\subset(a,b)$ 为稠密集，$f,g:[a,b]\to\mathbb{R}$ 为两个单调函数，且 $f(x)=g(x)$，$x\in E$. 证明：f 与 g 有相同的连续点；并且在不连续点 x 的跳跃度相等，即

$$|f(x^+)-f(x^-)|=|g(x^+)-g(x^-)|.$$

证明　因为 f,g 在 (a,b) 上单调，所以 $f(x^+),f(x^-),g(x^+),g(x^-)$ 必存在有限. 由于 $E\subset(a,b)$ 为稠密集，且 $f(x)=g(x)$，$x\in E$，故对 $\forall\, x_0\in(a,b)$ 有

$$f(x_0^+)=g(x_0^+),\quad f(x_0^-)=g(x_0^-).$$

$$|f(x_0^+)-f(x_0^-)|=|g(x_0^+)-g(x_0^-)|.$$

且

$$\begin{aligned} f\text{ 在 } x_0 \text{ 连续} &\Leftrightarrow f(x_0^+)=f(x_0)=f(x_0^-)\\ &\Leftrightarrow g(x_0^+)=g(x_0)=g(x_0^-)\\ &\Leftrightarrow g\text{ 在 } x_0 \text{ 连续}. \end{aligned}$$

□

【246】　设 f 在 $[0,a]$ 上为有界变差函数. 证明：

$$F(x)=\begin{cases}\dfrac{1}{x}\displaystyle\int_0^x f(t)\,\mathrm{d}t, & x\in(0,a],\\ f(0^+), & x=0\end{cases}$$

为 $[0,a]$ 上的有界变差函数.

证明　根据引理 3.6.3(2)知，$\mathrm{BV}([0,a])$ 为线性空间. 对 $\forall\, f\in\mathrm{BV}([0,a])$，由 Jordan 分解定理 3.6.5，不妨设 f 单调增. 此时，若 $0<x_1<x_2\leqslant a$，有

$$\begin{aligned} F(x_2)-F(x_1) &= \frac{1}{x_2}\int_0^{x_2} f(t)\,\mathrm{d}t-\frac{1}{x_1}\int_0^{x_1} f(t)\,\mathrm{d}t\\ &= \frac{1}{x_2}\int_{x_1}^{x_2} f(t)\,\mathrm{d}t+\frac{x_1-x_2}{x_1x_2}\int_0^{x_1} f(t)\,\mathrm{d}t\\ &= \frac{x_2-x_1}{x_2}\left[\frac{1}{x_2-x_1}\int_{x_1}^{x_2} f(t)\,\mathrm{d}t-\frac{1}{x_1}\int_0^{x_1} f(t)\,\mathrm{d}t\right]\\ &\geqslant \frac{x_2-x_1}{x_2}\left[\frac{1}{x_2-x_1}f(x_1)(x_2-x_1)-\frac{1}{x_1}f(x_1)\cdot x_1\right]=0, \end{aligned}$$

即 F 在 $(0,a]$ 上单调增. 又因

$$\lim_{x\to0^+}F(x)=\lim_{x\to0^+}\frac{1}{x}\int_0^x f(t)\,\mathrm{d}t=f(0^+),$$

故 F 在$[0,a]$上单调增，$F\in \mathrm{BV}([0,a])$. □

【247】 设$\{f_k\}$为$[a,b]$上的有界变差函数列，且有

$$\bigvee_a^b (f_k)\leqslant M,\quad k=1,2,\cdots,$$

$$\lim_{k\to+\infty} f_k(x)=f(x),\quad \forall x\in[a,b].$$

证明：$f\in \mathrm{BV}([a,b])$，且 $\bigvee_a^b (f)\leqslant M$.

证明　对$[a,b]$上的任何分割 Δ：$a=x_0<x_1<\cdots<x_m=b$，有

$$v_\Delta(f_k)=\sum_{i=1}^m |f_k(x_i)-f_k(x_{i-1})|\leqslant \bigvee_a^b (f_k)\leqslant M,\quad k=1,2,\cdots.$$

令 $k\to+\infty$得到

$$v_\Delta(f)=\sum_{i=1}^m |f(x_i)-f(x_{i-1})|=\lim_{k\to+\infty}\sum_{i=1}^m |f_k(x_i)-f_k(x_{i-1})|$$

$$=\lim_{k\to+\infty} v_\Delta(f_k)\leqslant \lim_{k\to+\infty}\bigvee_a^b (f_k)\leqslant M,$$

$$\bigvee_a^b (f)\leqslant M<+\infty,\quad f\in \mathrm{BV}([a,b]).$$ □

【248】 设 $f\in\mathrm{BV}([a,b])$，$f_n\in\mathrm{BV}([a,b])$，$n=1,2,\cdots$，且有

$$\lim_{n\to+\infty}\bigvee_a^b (f-f_n)=0.$$

证明：存在$\{f_n\}$的子列$\{f_{n_i}\}$，s. t. 在$[a,b]$上有

$$\lim_{i\to+\infty} f'_{n_i}(x)\underset{m}{\doteq} f'(x).$$

证明　证法 1　因为

$$\lim_{n\to+\infty}\bigvee_a^b (f-f_n)=0,$$

故　$\exists\{n_i\}$，s. t. $n_1<n_2<\cdots<n_i<\cdots$，且

$$\bigvee_a^b (f-f_{n_i})<\frac{1}{2^{n_i}},\quad i=1,2,\cdots.$$

于是

$$\sum_{i=1}^\infty\bigvee_a^b (f-f_{n_i})<\sum_{i=1}^\infty\frac{1}{2^{n_i}}\leqslant\sum_{i=1}^\infty\frac{1}{2^i}=1<+\infty.$$

令

$$g_i(x)=\bigvee_a^x (f-f_{n_i}),\quad x\in[a,b].$$

易知

$$\sum_{i=1}^{\infty} g_i(x) = \sum_{i=1}^{\infty} \bigvee_a^x (f - f_{n_i}) \leqslant \sum_{i=1}^{\infty} \bigvee_a^b (f - f_{n_i}) < 1 < +\infty, \quad x \in [a,b]$$

在$[a,b]$上收敛. 注意到 $g_i(x) = \bigvee_a^x (f - f_{n_i})(i \in \mathbb{N})$ 在$[a,b]$上单调增,故根据 Fubini 定理 3.6.4,得

$$\sum_{i=1}^{\infty} g'_i(x) = \sum_{i=1}^{\infty} \Big(\bigvee_a^x (f - f_{n_i}) \Big)' \xlongequal{\text{题[267]}} \sum_{i=1}^{\infty} \mid f'(x) - f'_{n_i}(x) \mid$$

几乎处处收敛. 从而

$$\lim_{i \to +\infty} \mid f'(x) - f'_{n_i}(x) \mid \underset{m}{\doteq} 0, \quad x \in [a,b],$$

$$\lim_{i \to +\infty} f'_{n_i}(x) \underset{m}{\doteq} f'(x), \quad x \in [a,b].$$

证法 2　令 $g_n = f - f_n$. 作

$$h_n(x) = g_n(x) - g_n(a), \quad h_n(a) = g_n(a) - g_n(a) = 0.$$

因为

$$\lim_{n \to +\infty} \bigvee_a^b (h_n) = \lim_{n \to +\infty} \bigvee_a^b (g_n(x) - g_n(a)) = \lim_{n \to +\infty} \bigvee_a^b (g_n)$$

$$= \lim_{n \to +\infty} \bigvee_a^b (f - f_n) = 0,$$

故存在$\{h_n\}$的子列$\{h_{n_i}\}$, s. t.

$$\bigvee_a^b (h_{n_i}) < \frac{1}{2^i}.$$

所以,由 $h_{n_i}(a) = 0$ 得到

$$\mid h_{n_i}(x) \mid \leqslant \mid h_{n_i}(x) - h_{n_i}(a) \mid + \mid h_{n_i}(b) - h_{n_i}(x) \mid \leqslant \bigvee_a^b (h_{n_i}) < \frac{1}{2^i}.$$

由于 $h_{n_i} \in \mathrm{BV}([a,b])$,故根据 Jordan 分解定理 3.6.5,知

$$h_{n_i}(x) = h_{n_i}^1(x) - h_{n_i}^2(x),$$

其中

$$h_{n_i}^1(x) = \frac{1}{2}\Big[\bigvee_a^x (h_{n_i}) + h_{n_i}(x) \Big], \quad h_{n_i}^2(x) = \frac{1}{2}\Big[\bigvee_a^x (h_{n_i}) - h_{n_i}(x) \Big]$$

都为$[a,b]$上的单调增函数. 因此

$$|h_{n_i}^k(x)| \leqslant \frac{1}{2}\Big[\Big| \bigvee_a^x (h_{n_i}) \Big| + |h_{n_i}(x)| \Big] < \frac{1}{2}\Big(\frac{1}{2^i} + \frac{1}{2^i} \Big)$$

$$= \frac{1}{2^i}, \quad k = 1,2;\ i = 1,2,\cdots.$$

从而

$$\sum_{i=1}^{\infty} h_{n_i}^k(x), \quad k = 1,2$$

都在$[a,b]$上收敛. 根据 Fubini 定理 3.6.4,得

$$\sum_{i=1}^{\infty} h_{n_i}^{k'}(x)$$

在$[a,b]$上几乎处处收敛,且

$$\Big(\sum_{i=1}^{\infty} h_{n_i}^{k}(x)\Big)' \underset{m}{\doteq} \sum_{i=1}^{\infty} h_{n_i}^{k'}(x), \quad x \in [a,b].$$

由此推得

$$\lim_{i\to+\infty} h_{n_i}^{k'}(x) \underset{m}{\doteq} 0, \quad x \in [a,b];\ k = 1,2.$$

$$\begin{aligned} f'(x) - \lim_{i\to+\infty} f'_{n_i}(x) &= \lim_{i\to+\infty} [f(x) - f_{n_i}(x)]' = \lim_{i\to+\infty} g'_{n_i}(x) = \lim_{i\to+\infty} h'_{n_i}(x) \\ &= \lim_{i\to+\infty} [h_{n_i}^1(x) - h_{n_i}^2(x)]' \underset{m}{\doteq} 0 - 0 = 0, \quad x \in [a,b], \end{aligned}$$

$$\lim_{i\to+\infty} f'_{n_i}(x) \underset{m}{\doteq} f(x), \quad x \in [a,b].$$

□

【249】 设 f 为(a,b)上的单调增函数,$E\subset(a,b)$. 如果对$\forall\,\varepsilon>0$,$\exists\,(a_i,b_i)\subset(a,b)$,$i=1,2,\cdots$,s. t.

$$\bigcup_{i=1}^{\infty}(a_i,b_i) \supset E, \quad \sum_{i=1}^{\infty}[f(b_i) - f(a_i)] < \varepsilon.$$

证明: 在 E 上有 $f'(x)\underset{m}{\doteq}0$.

证明 证法 1 对 $\varepsilon=\dfrac{1}{k}$,由题设,$\exists\,(a_i^k,b_i^k)\subset(a,b)$,s. t.

$$\bigcup_{i=1}^{\infty}(a_i^k,b_i^k) \supset E, \quad \sum_{i=1}^{\infty}[f(b_i^k) - f(a_i^k)] < \frac{1}{k}.$$

令 $H = \bigcap\limits_{k=1}^{\infty} \bigcup\limits_{i=1}^{\infty}(a_i^k,b_i^k)$,则 $H\supset E$. 由于 f 在(a,b)上单调增,故 $f'(x)\underset{m}{\dot\geqslant}0$. 于是

$$\begin{aligned} 0 &\leqslant \int_H f'(x)\mathrm{d}x \leqslant \int_{\bigcup\limits_{i=1}^{\infty}(a_i^k,b_i^k)} f'(x)\mathrm{d}x = \sum_{i=1}^{\infty}\int_{(a_i^k,b_i^k)} f'(x)\mathrm{d}x \\ &\overset{\text{定理3.6.3(2)}}{\leqslant} \sum_{i=1}^{\infty}[f(b_i^k) - f(a_i^k)] < \frac{1}{k} \to 0\ (k\to+\infty), \end{aligned}$$

$$\int_H f'(x)\mathrm{d}x = 0,$$

且在 H 上,$f'(x)\underset{m}{\doteq}0$. 因此

$$f'(x) \underset{m}{\doteq} 0, \quad x \in E.$$

证法 2 (反证)反设结论不真,则 $\exists\,n_0\in\mathbb{N}$,s. t. (注意: $f'(x)\underset{m}{\dot\geqslant}0$)

$$m\Big(\Big\{x\in E \,\Big|\, f'(x) > \frac{1}{n_0}\Big\}\Big) > 0.$$

令 $\varepsilon_0=\frac{1}{n_0}m\left(\left\{x\in E\mid f'(x)>\frac{1}{n_0}\right\}\right)$. 由题设，$\exists(a_i,b_i)\subset(a,b)$，s.t.

$$\bigcup_{i=1}^{\infty}(a_i,b_i)\supset E,\quad \sum_{i=1}^{\infty}[f(b_i)-f(a_i)]<\varepsilon_0.$$

由于 f 在(a,b)上单调增，根据定理 3.6.3，知

$$\begin{aligned}\varepsilon_0&>\sum_{i=1}^{\infty}[f(b_i)-f(a_i)]\geqslant\sum_{i=1}^{\infty}\int_{[a_i,b_i]}f'(x)\mathrm{d}x\\&=\int_{\bigcup\limits_{i=1}^{\infty}[a_i,b_i]}f'(x)\mathrm{d}x\\&\geqslant\int_E f'(x)\mathrm{d}x\geqslant\int_{\left\{x\in E\mid f'(x)>\frac{1}{n_0}\right\}}f'(x)\mathrm{d}x\\&>\frac{1}{n_0}m\left(\left\{x\in E\mid f'(x)>\frac{1}{n_0}\right\}\right)=\varepsilon_0,\end{aligned}$$

矛盾. □

【250】 设 E 为$\mathbb{R}^1$ 中一族(开、闭、半开闭)区间的并集. 证明：E 为 Lebesgue 可测集.

证明 设 Σ_1 为所给区间族，$E=\bigcup\limits_{I\in\Sigma_1}I$. 另作区间族

$$\Sigma_2=\{[a,b]\mid a,b\in\mathbb{Q},a<b\}$$

及

$$\Sigma=\{I_1\cap I_2\mid I_1\in\Sigma_1,I_2\in\Sigma_2\},$$

则 Σ 为 E 的 Vitali 覆盖. 根据 Vitali 覆盖定理 3.6.1 知，$\forall\, l\in\mathbb{N}$，$\exists\,\Sigma$ 的有限子族 Σ^l，s.t.

$$m^*\big(E-\bigcup_{J\in\Sigma^l}J\big)<\frac{1}{l}.$$

因此

$$0\leqslant m^*\big(E-\bigcup_{n=1}^{\infty}\bigcup_{J\in\Sigma^n}J\big)\leqslant m^*\big(E-\bigcup_{J\in\Sigma^l}J\big)<\frac{1}{l}\to 0(l\to+\infty),$$

$$m^*\big(E-\bigcup_{n=1}^{\infty}\bigcup_{J\in\Sigma^n}J\big)=0,\quad E-\bigcup_{n=1}^{\infty}\bigcup_{J\in\Sigma^n}J\in\mathscr{L}.$$

从而

$$E=\big(\bigcup_{n=1}^{\infty}\bigcup_{J\in\Sigma^n}J\big)\cup\big(E-\bigcup_{n=1}^{\infty}\bigcup_{J\in\Sigma^n}J\big)\in\mathscr{L}.$$ □

【251】 设 $f\in\mathrm{BV}([a,b])$，$x_0\in[a,b]$，证明：

(1) f 在 x_0 点连续 $\Leftrightarrow\bigvee\limits_a^x(f)$ 在点 x_0 处连续.

(2) 有界变差的连续函数可用两个连续的增加函数之差来表示.

证明　(1) 证法 1　(⇐)对 $a\leqslant x_0<x\leqslant b$,有

$$|f(x)-f(x_0)|\leqslant \bigvee_{x_0}^{x}(f)=\bigvee_{a}^{x}(f)-\bigvee_{a}^{x_0}(f),$$

故当 $\bigvee_{a}^{x}(f)$ 在 $x=x_0$ 处右连续时,$f(x)$ 在 $x=x_0$ 也必右连续.

对 $a\leqslant x<x_0\leqslant b$,有

$$|f(x)-f(x_0)|\leqslant \bigvee_{x}^{x_0}(f)=\bigvee_{a}^{x_0}(f)-\bigvee_{a}^{x}(f),$$

故当 $\bigvee_{a}^{x}(f)$ 在 $x=x_0$ 处左连续时,$f(x)$ 在 $x=x_0$ 也必左连续.

综上知,当 $\bigvee_{a}^{x}(f)$ 在点 x_0 处连续时,f 必在 x_0 连续.

(⇒)设 $a\leqslant x_0<b$. 对 $\forall\,\varepsilon>0$,在 $[x_0,b]$ 中作如下的分点:

$$x_0<x_1<x_2<\cdots<x_n=b,$$

s. t.

$$v=\sum_{i=1}^{n}|f(x_i)-f(x_{i-1})|>\bigvee_{x_0}^{b}(f)-\frac{\varepsilon}{2},$$

因为加入新分点,绝不减少 v,所以不妨设(注意:f 在 x_0 点连续)

$$|f(x_1)-f(x_0)|<\frac{\varepsilon}{2}.$$

由上得

$$\begin{aligned}\bigvee_{x_0}^{b}(f)&<\frac{\varepsilon}{2}+\sum_{i=1}^{n}|f(x_i)-f(x_{i-1})|\\&<\varepsilon+\sum_{i=2}^{n}|f(x_i)-f(x_{i-1})|\leqslant\varepsilon+\bigvee_{x_1}^{b}(f).\end{aligned}$$

因此

$$0\leqslant\bigvee_{a}^{x_1}(f)-\bigvee_{a}^{x_0}(f)=\bigvee_{x_0}^{b}(f)-\bigvee_{x_1}^{b}(f)<\varepsilon,$$

$$\lim_{x_1\to x_0^+}\bigvee_{a}^{x_1}(f)=\bigvee_{a}^{x_0}(f),$$

即 $\bigvee_{a}^{x}(f)$ 在 x_0 处右连续.

设 $a<x_0\leqslant b$,同理可证

$$\lim_{x_1\to x_0^-}\bigvee_a^{x_1}(f)=\bigvee_a^{x_0}(f).$$

即 $\bigvee_a^{x}(f)$ 在 x_0 处左连续.

综合上述,有

$$\lim_{x\to x_0}\bigvee_a^{x}(f)=\bigvee_a^{x_0}(f),$$

即 $\bigvee_a^{x}(f)$ 在 x_0 点处连续.

证法 2 (⇒)设 $a\leqslant x_0<b$,x_0 为 $f(x)$的连续点,故对 $\forall\,\varepsilon>0$,$\exists\,\delta>0$,s. t.

$$|f(x)-f(x_0)|<\frac{\varepsilon}{2},\quad x\in[x_0,x_0+\delta)\subset[a,b].$$

作$[x_0,x_0+\delta]$的分割 Δ:$x_0<x_1<\cdots<x_n=x_0+\delta$,s. t.

$$\sum_{i=1}^{n}|f(x_i)-f(x_{i-1})|+\frac{\varepsilon}{2}>\bigvee_{x_0}^{x_0+\delta}(f).$$

于是

$$\begin{aligned}\bigvee_{x_0}^{x_1}(f)&=\bigvee_{x_0}^{x_0+\delta}(f)-\bigvee_{x_1}^{x_0+\delta}(f)<\left[\sum_{i=1}^{n}|f(x_i)-f(x_{i-1})|+\frac{\varepsilon}{2}\right]\\&\quad-\sum_{i=2}^{n}|f(x_i)-f(x_{i-1})|\\&=|f(x_1)-f(x_0)|+\frac{\varepsilon}{2}<\frac{\varepsilon}{2}+\frac{\varepsilon}{2}=\varepsilon.\end{aligned}$$

从而,有

$$\bigvee_{x_0}^{x}(f)\leqslant\bigvee_{x_0}^{x_1}(f)<\varepsilon,\quad x_0\leqslant x<x_1.$$

它表明 $\bigvee_a^{x}(f)$ 在 x_0 处是右连续的.

同理,当 $a<x_0\leqslant b$ 时,$\bigvee_a^{x}(f)$ 在 x_0 处是左连续的.

综合上述知,$\bigvee_a^{x}(f)$ 在 x_0 处是连续的.

(2) 进而,如果 f 为$[a,b]$上连续的有界变差函数,根据参考文献[1]Jordan 分解定理 3.6.5 证法 2,知

$$f(x)=\bigvee_a^{x}(f)-\left[\bigvee_a^{x}(f)-f(x)\right],$$

其中 $\bigvee_a^x(f)$ 与 $\bigvee_a^x(f)-f(x)$ 都为$[a,b]$上的增加函数. 再应用(1)的结论知，$\bigvee_a^x(f)$ 在$[a,b]$上连续. 由于题设 f 连续，故 $\bigvee_a^x(f)-f(x)$ 在$[a,b]$上也连续. 这就证明了 $f(x)$ 为$[a,b]$上两个连续的增加函数之差. □

【252】 设 $a<c<b$，$f:[a,b]\to\mathbb{R}$ 为有界变差函数. 证明：

(1) $\bigvee_a^{b}{}^{+}(f)=\bigvee_a^{c}{}^{+}(f)+\bigvee_c^{b}{}^{+}(f)$.

(2) $\bigvee_a^{b}{}^{-}(f)=\bigvee_a^{c}{}^{-}(f)+\bigvee_c^{b}{}^{-}(f)$.

证明 根据参考文献[1]引理 3.6.5 的证明，有

$$\begin{cases}\bigvee_a^{b}{}^{+}(f)=\dfrac{1}{2}\Big[\bigvee_a^b(f)+f(b)-f(a)\Big]\\[2mm]\bigvee_a^{b}{}^{-}(f)=\dfrac{1}{2}\Big[\bigvee_a^b(f)-f(b)+f(a)\Big].\end{cases}$$

于是，再根据定理 3.6.4 得到

$$\begin{aligned}(1)\ \bigvee_a^{b}{}^{+}(f)&=\frac{1}{2}\Big[\bigvee_a^b(f)+f(b)-f(a)\Big]\\&=\frac{1}{2}\Big[\bigvee_a^c(f)+\bigvee_c^b(f)+f(b)-f(a)\Big]\\&=\frac{1}{2}\Big[\bigvee_a^c(f)+f(c)-f(a)\Big]+\frac{1}{2}\Big[\bigvee_c^b(f)+f(b)-f(c)\Big]\\&=\bigvee_a^{c}{}^{+}(f)+\bigvee_c^{b}{}^{+}(f).\end{aligned}$$

$$\begin{aligned}(2)\ \bigvee_a^{b}{}^{-}(f)&=\frac{1}{2}\Big[\bigvee_a^b(f)-f(b)+f(a)\Big]\\&=\frac{1}{2}\Big[\bigvee_a^c(f)+\bigvee_c^b(f)-f(b)+f(a)\Big]\\&=\frac{1}{2}\Big[\bigvee_a^c(f)-f(c)+f(a)\Big]+\frac{1}{2}\Big[\bigvee_c^b(f)-f(b)+f(c)\Big]\\&=\bigvee_a^{c}{}^{-}(f)+\bigvee_c^{b}{}^{-}(f).\end{aligned}$$

□

【253】 设 f 为$[a,b]$上的有界变差函数，且连续. 证明：对 $\forall\varepsilon>0$，必 $\exists\delta>0$，当$[a,b]$的分割 $\Delta: a=x_0<x_1<\cdots<x_n=b$ 的模 $\|\Delta\|=\max\limits_{1\leqslant i\leqslant n}(x_i-x_{i-1})<\delta$ 时，总有

$$\bigvee_a^b(f)\geqslant v_\Delta(f)>\bigvee_a^b(f)-\varepsilon.$$

由此立知

$$\lim_{\|\Delta\|\to 0} v_\Delta(f) = \bigvee_a^b (f).$$

证明 (见参考文献[1]引理 3.8.4 的证明)当分点加多时,v_Δ 绝不减少.另一方面,于(x_{i-1},x_i)中添加一个新分点,则 v_Δ 的增加不会超过 $f(x)$在$[x_{i-1},x_i]$振幅的两倍.

对 $\forall\varepsilon>0$,由 $\bigvee_a^b (f)$ 的定义 3.6.3,作一个和式 v_{Δ^*} 满足 $v_{\Delta^*} > \bigvee_a^b (f)-\varepsilon$.设和 v_{Δ^*} 对应的$[a,b]$ 的分割为 $\Delta^*: a = x_0^* < x_1^* < x_2^* < \cdots < x_m^* = b$.

取 $\delta>0$ 足够小,s.t.当$|x''-x'|<\delta$时(注意:f 在$[a,b]$上一致连续),则

$$|f(x'')-f(x')| < \frac{v_{\Delta^*}(f)-\left(\bigvee_a^b (f)-\varepsilon\right)}{4m+1}$$

于是,对$[a,b]$的任何分割Δ,只要$\|\Delta\|<\delta$,便有

$$\bigvee_a^b (f) \geqslant v_\Delta(f) > \bigvee_a^b (f)-\varepsilon. \qquad (*)$$

事实上.我们造一个新分割 $\Delta\cup\Delta^*$(合并 Δ 与 Δ^* 的分点得到的分割).假设对应于$\Delta\cup\Delta^*$ 的和为 $v_{\Delta\cup\Delta^*}(f)$,则

$$v_{\Delta\cup\Delta^*}(f) \geqslant v_{\Delta^*}(f).$$

另一方面,$\Delta\cup\Delta^*$ 也可从Δ 每次增加一个分点,共增 m 次而得.而对于每一分点之添加,v 之增量小于 $2\cdot\dfrac{v_{\Delta^*}(f)-\left(\bigvee_a^b (f)-\varepsilon\right)}{4m+1}$,所以

$$v_{\Delta\cup\Delta^*}(f)-v_\Delta(f) < \frac{v_{\Delta^*}(f)-\left(\bigvee_a^b (f)-\varepsilon\right)}{4m+1}\cdot 2m \leqslant \frac{v_{\Delta^*}(f)-\left(\bigvee_a^b (f)-\varepsilon\right)}{2}$$

综合上述得到

$$\begin{aligned}\bigvee_a^b (f) \geqslant v_\Delta(f) &> v_{\Delta\cup\Delta^*}(f)-\frac{v_{\Delta^*}(f)-\left(\bigvee_a^b (f)-\varepsilon\right)}{2}\\ &\geqslant v_{\Delta^*}(f)-\frac{v_{\Delta^*}(f)-\left(\bigvee_a^b (f)-\varepsilon\right)}{2}\\ &= \frac{v_{\Delta^*}(f)+\left(\bigvee_a^b (f)-\varepsilon\right)}{2} > \bigvee_a^b (f)-\varepsilon.\end{aligned}$$

从式$(*)$立知

$$\lim_{\|\Delta\|\to 0} v_\Delta(f) = \bigvee_a^b (f).$$

□

【254】 (1) 在$[0,1]$上作一个严格增的函数 $f(x)$,s.t.

$$f'(x) \underset{m}{\doteq} 0, \quad x \in [0,1].$$

(2) 在$[0,1]$上作一个严格增的连续函数 $f(x)$, s. t.

$$f'(x) \underset{m}{\doteq} 0, \quad x \in [0,1].$$

解 (1) 例 1 作函数列

$$f_n(x) = \begin{cases} 0, & x \in [0, r_n), \\ \dfrac{1}{2^n}, & x \in (r_n, 1], \end{cases}$$

其中$[0,1] \cap \mathbb{Q} = \{r_1, r_2, \cdots, r_n, \cdots\}$. 令

$$f(x) = \sum_{n=1}^{\infty} f_n(x).$$

易知, $|f_n(x)| \leqslant \dfrac{1}{2^n}$, 故 $\sum\limits_{n=1}^{\infty} f_n(x)$ 在$[0,1]$上一致收敛于 $f(x)$, 且 $f(x)$在$[0,1]$上严格单调增. 事实上, 由于 $\forall n \in \mathbb{N}$, $f_n(x)$在$[0,1]$上单调增, 故对 $\forall x_1, x_2 \in [0,1]$, $x_1 < x_2$, 有 $f_n(x_1) \leqslant f_n(x_2)$. 进而, 有

$$f(x_1) = \sum_{n=1}^{\infty} f_n(x_1) \leqslant \sum_{n=1}^{\infty} f_n(x_2) = f(x_2).$$

此外, 取 r_{n_0}, s. t. $x_1 < r_{n_0} < x_2$, 则 $f_{n_0}(x_1) = 0 < \dfrac{1}{2^{n_0}} = f_{n_0}(x_2)$, 且

$$f(x_1) < f(x_2).$$

这就证明了 $f(x)$在$[0,1]$上是严格增的.

根据 Fubini 定理 3.6.4, $f(x)$在$[0,1]$上, 有

$$f'(x) = \Big(\sum_{n=1}^{\infty} f_n(x)\Big)' \underset{m}{\doteq} \sum_{n=1}^{\infty} f'_n(x) \underset{m}{\doteq} \sum_{n=1}^{\infty} 0 = 0, \quad x \in [0,1].$$

例 2 见参考文献[1]例 3.8.6.

(2) 参阅例 3.8.6. □

【255】 设$\{x_n\} \subset [a,b]$. 试作$[a,b]$的单调增函数, 使其不连续点集恰为$\{x_n\}$.

解 对$\{x_n\} \subset [a,b]$, 作函数列

$$f_n(x) = 4^{-n} \chi_{[x_n, b]}(x) = \begin{cases} 0, & x \in [a, x_n), \\ 4^{-n}, & x \in [x_n, b]. \end{cases}$$

$$f(x) = \sum_{n=1}^{\infty} f_n(x), \quad x \in [a,b].$$

因为 $f_n(x)$在$[a,b]$上单调增, 且 $|f_n(x)| \leqslant 4^{-n}$ $(n=1,2,\cdots)$, 故 $f(x) = \sum\limits_{n=1}^{\infty} f_n(x)$ 在$[a,b]$上一致收敛且单调增. 下证 f 的不连续点集恰为$\{x_n\}$.

事实上, 对 $\forall x_n (n \in \mathbb{N})$, 易见

$$f(x_n^-) - f(x_n) = 0 - 4^{-n} = -4^{-n} < 0,$$

$$f(x_n^+)-f(x_n)=0.$$

因此，f 在 x_n 右连续、左间断.

对 $x\notin\{x_n\}$，$\forall\,\varepsilon>0$，取 $N\in\mathbb{N}$，s. t. $\sum\limits_{m=N+1}^{\infty}\frac{1}{4^m}<\varepsilon$. 取

$$\delta=\frac{1}{2}\min\{|x-x_m|\mid 1\leqslant m<N\},$$

则当 $\tilde{x}\in[a,b]$，$|\tilde{x}-x|<\delta$ 时，有

$$|f(\tilde{x})-f(x)|\leqslant\sum_{m=N+1}^{\infty}\frac{1}{4^m}<\varepsilon,$$

即 f 在 x 点处连续.

综合上述知，f 的不连续点集恰为 $\{x_n\}$. □

【256】 设 $\alpha>0$，M 为常数. 如果

$$|f(y)-f(x)|\leqslant M|y-x|^{\alpha},\quad\forall\,x,y\in[a,b],$$

则称 f 为满足 **α 次的 Hölder 条件**(当 $\alpha=1$ 时，即为 Lipschitz 条件). 证明：

(1) 当 $\alpha>1$ 时，f 恒为常数.

(2) 作一个不满足任何次 Hölder 条件的有界变差函数.

(3) 作一个不满足任何 $\alpha\left(\frac{1}{3}<\alpha<+\infty\right)$ 次 Hölder 条件的绝对连续函数.

(4) 当 $0<\alpha<1$ 时，作一个函数满足 α 次 Hölder 条件，但不是有界变差的.

证明 (1) 当 $\alpha>1$ 时，因

$$\left|\frac{f(y)-f(x)}{y-x}\right|\leqslant M|y-x|^{\alpha-1}\to 0(y\to x),$$

故

$$f'(x)=\lim_{y\to x}\frac{f(y)-f(x)}{y-x}=0,\quad x\in[a,b].$$

从而，$f(x)=f(a)$，$\forall\,x\in[a,b]$.

(2) 作函数

$$f(x)=\begin{cases}-\dfrac{1}{\ln x}, & 0<x\leqslant\dfrac{1}{2},\\ 0, & x=0.\end{cases}$$

易见，$f'(x)=\dfrac{\frac{1}{x}}{\ln^2 x}=\dfrac{1}{x\ln^2 x}>0$，$0<x\leqslant\dfrac{1}{2}$；$\lim\limits_{x\to 0^+}f(x)=\lim\limits_{x\to 0^+}\left(-\dfrac{1}{\ln x}\right)=0=f(0)$. 因此，$f$ 为 $\left[0,\dfrac{1}{2}\right]$ 上严格增的连续函数. 从而，它为 $\left[0,\dfrac{1}{2}\right]$ 上的有界变差函数.

但是，对 $\forall\,\alpha>0$，f 不满足 α 次 Hölder 条件.

事实上，当 $0<\alpha\leqslant 1$ 时，由于

$$\lim_{x\to 0^+}\frac{|f(x)-f(0)|}{|x-0|^\alpha}=\lim_{x\to 0^+}\frac{-\frac{1}{\ln x}}{x^\alpha}=\lim_{x\to 0^+}\frac{-x^{-\alpha}}{\ln x}$$

$$=\lim_{x\to 0^+}\frac{\alpha x^{-\alpha-1}}{\frac{1}{x}}=\lim_{x\to 0^+}\alpha x^{-\alpha}=+\infty,$$

故对 $\forall M>0$, $\exists \tilde{x}\in\left(0,\frac{1}{2}\right]$, s. t.

$$\frac{|f(\tilde{x})-f(0)|}{|\tilde{x}-0|^\alpha}>M,$$

即

$$|f(\tilde{x})-f(0)|>M|\tilde{x}-0|^\alpha.$$

它表明 f 在 $\left[0,\frac{1}{2}\right]$ 上不满足 α 次 Hölder 条件.

当 $\alpha>1$,如果 f 满足 α 次 Hölder 条件,根据(1) f 应为常值函数,这与 $f(x)$ 不为常值函数 $\left(f(x)=-\frac{1}{\ln x}\neq f(0),x\in\left(0,\frac{1}{2}\right]\right)$ 相矛盾.

(3) 设 $f(x)=x^{\frac{1}{3}}$, $-1\leqslant x\leqslant 1$,则 f 为 $[0,1]$ 上的绝对连续函数.

事实上,当 $x\neq 0$ 时, $f'(x)=\frac{1}{3}x^{-\frac{2}{3}}$.

又当 $-1\leqslant x<0$ 时,有

$$\int_{-1}^{x}f'(t)\mathrm{d}t=\int_{-1}^{x}\frac{1}{3}t^{-\frac{2}{3}}\mathrm{d}t=x^{\frac{1}{3}}+1=f(x)-f(-1).$$

而当 $0<x\leqslant 1$ 时,有

$$\int_{-1}^{x}f'(t)\mathrm{d}t=\int_{-1}^{0}f'(t)\mathrm{d}t+\int_{0}^{x}f'(t)\mathrm{d}t=-(-1)+x^{\frac{1}{3}}=f(x)-f(-1).$$

因此

$$f(x)=\int_{-1}^{x}f'(t)\mathrm{d}t-1=f(-1)+\int_{-1}^{x}f'(t)\mathrm{d}t.$$

可见, $f(x)=x^{\frac{1}{3}}$ 为 $[-1,1]$ 上的绝对连续函数.

欲证对 $\alpha>\frac{1}{3}$, f 在 $[0,1]$ 上(当然也在 $[-1,1]$ 上)不满足 $\alpha>\frac{1}{3}$ 次 Hölder 条件.

(反证)假设存在常数 $M>0$, s. t.

$$|f(y)-f(x)|\leqslant M|y-x|^\alpha,\quad \forall x,y\in[0,1].$$

特别当 $y=0$ 时,应有

$$x^{\frac{1}{3}}=|f(x)|\leqslant M|x|^\alpha,\quad x\in[0,1],$$

即

$$x^{\frac{1}{3}-\alpha}\leqslant M,\quad x\in[0,1].$$

因为$\frac{1}{3}-\alpha<0$，故

$$+\infty=\lim_{x\to 0^+}x^{\frac{1}{3}-\alpha}\leqslant M<+\infty,$$

矛盾.

(4) 设$\{a_n\}$为严格减的且$a_n>0(n\in\mathbb{N})$的数列. 又设$\sum_{n=1}^{\infty}a_n$收敛，其和为s. 在$[0,s]$上构造函数f(见题256图(1))：

$$f(x)=\begin{cases}0, & x=0,a_1,a_1+a_2,a_1+a_2+a_3,\cdots,\\ \frac{1}{n}, & x=a_1+a_2+\cdots+a_{n-1}+\frac{a_n}{2},\quad n\in\mathbb{N},\\ 0, & x=s,\\ \text{线性}, & x\text{ 在任意形如}\left[a_1+a_2+\cdots+a_{n-1},a_1+a_2+\cdots+a_{n-1}+\frac{a_n}{2}\right],\\ & \left[a_1+a_2+\cdots+a_{n-1}+\frac{a_n}{2},a_1+a_2+\cdots+a_{n-1}+a_n\right]\\ & \text{和}\left[0,\frac{a_1}{2}\right],\left[\frac{a_1}{2},a_1\right].\end{cases}$$

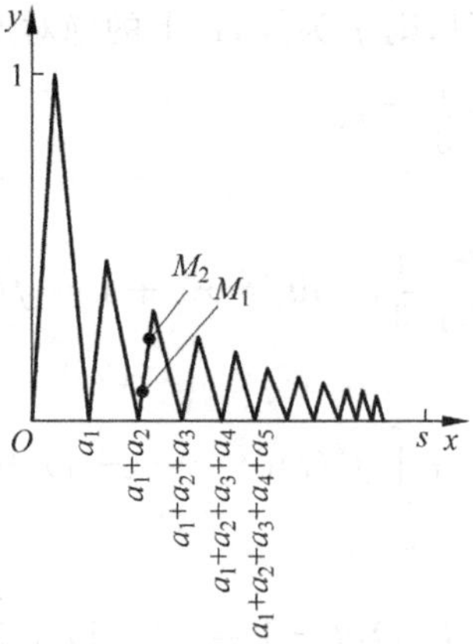

题256图(1)

这个函数在闭区间$[0,s]$上连续. 为证明它的全变差$\bigvee_0^s(f)=+\infty$，考虑分点：

$$0,\frac{a_1}{2},a_1,a_1+\frac{a_2}{2},a_1+a_2,a_1+a_2+\frac{a_3}{2},\cdots,a_1+a_2+\cdots+a_k$$

划分区间$[0,s]$，记此分割为Δ. 于是

$$v_\Delta(f)=\left|f\left(\frac{a_1}{2}\right)-f(0)\right|+\left|f(a_1)-f\left(\frac{a_1}{2}\right)\right|+\left|f\left(a_1+\frac{a_2}{2}\right)-f(a_1)\right|$$
$$+\cdots+\left|f(a_1+a_2+\cdots+a_k)-f\left(a_1+\cdots+a_{k-1}+\frac{a_k}{2}\right)\right|$$

$$+|f(s)-f(a_1+a_2+\cdots+a_k)|$$
$$=1+1+\frac{1}{2}+\frac{1}{2}+\frac{1}{3}+\frac{1}{3}+\cdots+\frac{1}{k}+\frac{1}{k},$$

$$\bigvee_0^s(f)=+\infty.$$

现在,选择级数 $a_1+a_2+\cdots+a_n+\cdots$,使函数 f 满足给定阶 $\alpha\in(0,1)$阶的 Hölder 条件. 设 $M_1(x_1,y_1)$,$M_2(x_2,y_2)$是属于 f 的图形上同一小区间上的两点(见题[256]图(1)). 如果

$$a_1+a_2+\cdots+a_{n-1}\leqslant x_1<x_2\leqslant a_1+a_2+\cdots+a_{n-1}+\frac{a_n}{2},$$

则

$$|y_2-y_1|=|f(x_2)-f(x_1)|=K|x_2-x_1|,$$

其中 $K=\dfrac{\frac{1}{n}}{\frac{a_n}{2}}=\dfrac{2}{na_n}$. 因而

$$|y_2-y_1|=|f(x_2)-f(x_1)|=\frac{2}{na_n}|x_2-x_1|=\frac{2|x_2-x_1|^{1-\alpha}}{na_n}|x_2-x_1|^\alpha$$
$$<\frac{2a_n^{1-\alpha}}{na_n}|x_2-x_1|^\alpha=\frac{2}{na_n^\alpha}|x_2-x_1|^\alpha.$$

选择$\{a_n\}$,使得$\dfrac{2}{na_n^\alpha}$是有界的(对$\forall n\in\mathbb{N}$). 在不破坏级数 $\sum_{n=1}^{\infty}a_n$ 的收敛性下,这样的级数是可以作得出来的. 例如:取 $a_n=n^{-\frac{1}{\alpha}}$. 则对属于函数 f 的图形上同一小区间上的任意两点 x_1 与 x_2,有

$$|f(x_2)-f(x_1)|\leqslant 2|x_2-x_1|^\alpha.$$

现设 x_1 和 x_2 是区间$[0,s]$上的任意两点,不在函数 f 的图形上的同一小区间上. 例如:

$$x_1\in\left[a_1+a_2+\cdots+a_{k-1},a_1+\cdots+a_{k-1}+\frac{a_k}{2}\right],$$

$$x_2\in\left[a_1+a_2+\cdots+a_{n-1}+\frac{a_n}{2},a_1+a_2+\cdots+a_{n-1}+a_n\right].$$

这里 $k\leqslant n$(见题 256 图(2)). 通过图形上的点 $M_2(x_2,y_2)$引水平直线,找出它同点 $M_1(x_1,y_1)$所在图形线段的交点 $M'_2(\xi,y_2)$. 易见,$|x_2-x_1|>|\xi-x_1|$;此外,$f(x_2)=f(\xi)$. 因而

$$|f(x_2)-f(x_1)|=|f(\xi)-f(x_1)|\leqslant 2|\xi-x_1|$$
$$\leqslant 2|\xi-x_1|^\alpha<2|x_2-x_1|^\alpha.$$

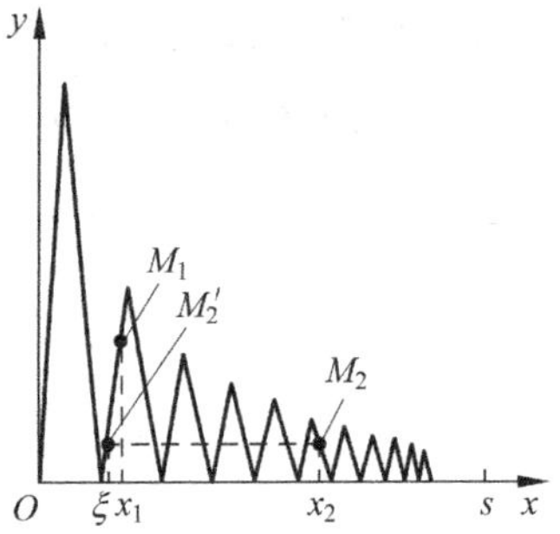

题 256 图(2)

于是

$$|f(x_2)-f(x_1)|\leqslant 2|x_2-x_1|^\alpha,\quad \forall x_1,x_2\in[0,s].$$

即函数 f 在区间$[0,s]$上满足 α 阶 Hölder 条件. □

3.7　重积分与累次积分、Fubini 定理

定义 3.7.1　设 $f(\boldsymbol{x},\boldsymbol{y})$ 为 $\mathbb{R}^n=\mathbb{R}^p\times\mathbb{R}^q$ 上的非负广义可测函数，且满足：

(A) 关于 Lebesgue 测度，对几乎所有的 $\boldsymbol{x}\in\mathbb{R}^p$，$f(\boldsymbol{x},\boldsymbol{y})$ 作为 $\boldsymbol{y}$ 的函数是 $\mathbb{R}^q$ 上的非负广义可测函数；

(B) $F_f(\boldsymbol{x})=\int_{\mathbb{R}^q}f(\boldsymbol{x},\boldsymbol{y})\mathrm{d}\boldsymbol{y}$ 为 $\mathbb{R}^p$ 上的非负广义可测函数；

(C) $\int_{\mathbb{R}^n}f(\boldsymbol{x},\boldsymbol{y})\mathrm{d}\boldsymbol{x}\mathrm{d}\boldsymbol{y}=\int_{\mathbb{R}^p}\mathrm{d}\boldsymbol{x}\int_{\mathbb{R}^q}f(\boldsymbol{x},\boldsymbol{y})\mathrm{d}\boldsymbol{y}=\int_{\mathbb{R}^p}F_f(\boldsymbol{x})\mathrm{d}\boldsymbol{x}$.

我们记满足(A,)(B),(C)三条的非负广义可测函数的全体为 $\mathscr{F}$. 显然，$f(\boldsymbol{x},\boldsymbol{y})\equiv 0\in\mathscr{F}$. 因此，$\mathscr{F}$ 是非空的.

引理 3.7.1　(1) 如果 $f\in\mathscr{F}$，实数 $\alpha\geqslant 0$，则 $\alpha f\in\mathscr{F}$.

(2) 如果 $f_1,f_2\in\mathscr{F}$，则 $f_1+f_2\in\mathscr{F}$.

(3) 如果 $f,g\in\mathscr{F}$，$f(\boldsymbol{x},\boldsymbol{y})-g(\boldsymbol{x},\boldsymbol{y})\geqslant 0$ 且 $g\in\mathscr{L}(\mathbb{R}^n)$，则 $f-g\in\mathscr{F}$.

(4) 如果 $f_k\in\mathscr{F}$，$k=1,2,\cdots$；$f_k(\boldsymbol{x},\boldsymbol{y})\leqslant f_{k+1}(\boldsymbol{x},\boldsymbol{y})$，$k=1,2,\cdots$，且有

$$\lim_{k\to+\infty}f_k(\boldsymbol{x},\boldsymbol{y})=f(\boldsymbol{x},\boldsymbol{y}),$$

则 $f\in\mathscr{F}$.

定理 3.7.1　(非负广义可测函数的 Tonelli 定理)设 $f(\boldsymbol{x},\boldsymbol{y})$ 为 $\mathbb{R}^n=\mathbb{R}^p\times\mathbb{R}^q$ 上的非负广义可测函数，则 $f\in\mathscr{F}$，即 f 满足定义 3.7.1 中的(A),(B),(C).

注 3.7.1　(1) 在定理 3.7.1 中，改变 $\boldsymbol{x}\in\mathbb{R}^p$ 与 $\boldsymbol{y}\in\mathbb{R}^q$ 的次序，结论同样是成立的. 因此，对非负广义可测函数，有

$$\int_{\mathbb{R}^q}\mathrm{d}\boldsymbol{y}\int_{\mathbb{R}^p}f(\boldsymbol{x},\boldsymbol{y})\mathrm{d}\boldsymbol{x}=\int_{\mathbb{R}^n}f(\boldsymbol{x},\boldsymbol{y})\mathrm{d}\boldsymbol{x}\mathrm{d}\boldsymbol{y}=\int_{\mathbb{R}^p}\mathrm{d}\boldsymbol{x}\int_{\mathbb{R}^q}f(\boldsymbol{x},\boldsymbol{y})\mathrm{d}\boldsymbol{y}.$$

通常将 $\int_{\mathbb{R}^n}f(\boldsymbol{x},\boldsymbol{y})\mathrm{d}\boldsymbol{x}\mathrm{d}\boldsymbol{y}$ 称为**重积分**，而 $\int_{\mathbb{R}^p}\mathrm{d}\boldsymbol{x}\int_{\mathbb{R}^q}f(\boldsymbol{x},\boldsymbol{y})\mathrm{d}\boldsymbol{y}$ 和 $\int_{\mathbb{R}^q}\mathrm{d}\boldsymbol{y}\int_{\mathbb{R}^p}f(\boldsymbol{x},\boldsymbol{y})\mathrm{d}\boldsymbol{x}$ 称为**累次积分**.

(2) 如果 $f(\boldsymbol{x},\boldsymbol{y})$ 为 $E\subset\mathbb{R}^p\times\mathbb{R}^q=\mathbb{R}^{p+q}=\mathbb{R}^n$ 上的非负广义可测函数，则可以用 $f(\boldsymbol{x},\boldsymbol{y})\cdot\chi_E(\boldsymbol{x},\boldsymbol{y})$ 代替定理 3.7.1 中的 $f(\boldsymbol{x},\boldsymbol{y})$ 得到

$$\begin{aligned}\int_E f(\boldsymbol{x},\boldsymbol{y})\mathrm{d}\boldsymbol{x}\mathrm{d}\boldsymbol{y}&=\int_{\mathbb{R}^n}f(\boldsymbol{x},\boldsymbol{y})\chi_E(\boldsymbol{x},\boldsymbol{y})\mathrm{d}\boldsymbol{x}\mathrm{d}\boldsymbol{y}\\&=\int_{\mathbb{R}^p}\mathrm{d}\boldsymbol{x}\int_{\mathbb{R}^q}f(\boldsymbol{x},\boldsymbol{y})\chi_E(\boldsymbol{x},\boldsymbol{y})\mathrm{d}\boldsymbol{y}\\&=\int_{\mathbb{R}^q}\mathrm{d}\boldsymbol{y}\int_{\mathbb{R}^p}f(\boldsymbol{x},\boldsymbol{y})\chi_E(\boldsymbol{x},\boldsymbol{y})\mathrm{d}\boldsymbol{x}.\end{aligned}$$

定理 3.7.2　(可积函数的 Fubini 定理)设 $f\in\mathscr{L}(\mathbb{R}^n)$，$(\boldsymbol{x},\boldsymbol{y})\in\mathbb{R}^p\times\mathbb{R}^q=\mathbb{R}^n$，则：

(A) 关于 Lebesgue 测度，对几乎所有的 $\boldsymbol{x}\in\mathbb{R}^p$，$f(\boldsymbol{x},\boldsymbol{y})$ 为 $\mathbb{R}^q$ 上的 Lebesgue 可积函数.

(B) 积分 $\int_{\mathbb{R}^q} f(\boldsymbol{x},\boldsymbol{y})\mathrm{d}\boldsymbol{y}$ 为$\mathbb{R}^p$ 上的可积函数.

(C) $\int_{\mathbb{R}^n} f(\boldsymbol{x},\boldsymbol{y})\mathrm{d}\boldsymbol{x}\mathrm{d}\boldsymbol{y} = \int_{\mathbb{R}^p}\mathrm{d}\boldsymbol{x}\int_{\mathbb{R}^q} f(\boldsymbol{x},\boldsymbol{y})\mathrm{d}\boldsymbol{y} = \int_{\mathbb{R}^q}\mathrm{d}\boldsymbol{y}\int_{\mathbb{R}^p} f(\boldsymbol{x},\boldsymbol{y})\mathrm{d}\boldsymbol{x}$.

例 3.7.1　设

$$f(x,y)=\begin{cases}\dfrac{xy}{(x^2+y^2)^2}, & (x,y)\in[-1,1]^2-\{(0,0)\},\\ 0, & (x,y)=(0,0).\end{cases}$$

则两个累次积分都存在且相等,即

$$\int_{-1}^{1}\mathrm{d}x\int_{-1}^{1}\frac{xy}{(x^2+y^2)^2}\mathrm{d}y = 0 = \int_{-1}^{1}\mathrm{d}y\int_{-1}^{1}\frac{xy}{(x^2+y^2)^2}\mathrm{d}x.$$

但是,$f(x,y)$在$\mathbb{R}^2$ 上不是 Lebesgue 可积的.

定理 3.7.3　设 $E\subset\mathbb{R}^n=\mathbb{R}^p\times\mathbb{R}^q$ 为 Lebesgue 可测集,对 $\forall\,\boldsymbol{x}\in\mathbb{R}^p$,令 E 在点 $\boldsymbol{x}$ 处的**截集**为

$$E_{\boldsymbol{x}}=\{\boldsymbol{y}\in\mathbb{R}^q \mid (\boldsymbol{x},\boldsymbol{y})\in E\},$$

则关于 Lebesgue 测度对几乎所有的 $\boldsymbol{x}\in\mathbb{R}^p$,$E_{\boldsymbol{x}}$ 为$\mathbb{R}^q$ 中的 Lebesgue 可测集,$m(E_x)$为$\mathbb{R}^p$ 上(几乎处处有定义)的可测函数,且有

$$m(E)=\int_{\mathbb{R}^p} m(E_{\boldsymbol{x}})\mathrm{d}\boldsymbol{x}.$$

定理 3.7.4　设 $E_1\subset\mathbb{R}^p$ 与 $E_2\subset\mathbb{R}^q$ 为 Lebesgue 可测集,则 $E_1\times E_2\subset\mathbb{R}^p\times\mathbb{R}^q=\mathbb{R}^n$ 也为 Lebesgue 可测集,且有

$$m(E_1\times E_2)=m(E_1)\cdot m(E_2).$$

定理 3.7.5　(Lebesgue 可测函数图形的测度)设 $f(\boldsymbol{x})$ 为 $E\subset\mathbb{R}^n$ 上的非负实值 Lebesgue 可测函数,作点集

$$G_E(f)=\{(\boldsymbol{x},f(\boldsymbol{x}))\in\mathbb{R}^{n+1} \mid \boldsymbol{x}\in E\},$$

称它为 $\boldsymbol{f}$ **在** $\boldsymbol{E}$ **上的图形**. 则有

$$m(G_E(f))=0.$$

例 3.7.2　定理 3.7.5 的逆并不成立.

定理 3.7.6　(Lebesgue 积分的几何意义)设 $f(\boldsymbol{x})$为 $E\subset\mathbb{R}^n$ 上的非负实值 Lebesgue 可测函数,记

$$\underline{G}(f)=\underline{G}_E(f)=\{(\boldsymbol{x},y)\in\mathbb{R}^{n+1} \mid \boldsymbol{x}\in E, 0\leqslant y\leqslant f(\boldsymbol{x})\},$$

称它为 f 在 E 上的**下方图形集**.

(1) 设 f 为 E 上的 Lebesgue 可测函数,则 $\underline{G}(f)$为$\mathbb{R}^{n+1}$中的 Lebesgue 可测集,且有

$$m(\underline{G}(f))=\int_E f(\boldsymbol{x})\mathrm{d}\boldsymbol{x}.$$

(2) 设 $E\subset\mathbb{R}^n$ 为 Lebesgue 可测集,$\underline{G}(f)$为$\mathbb{R}^{n+1}$ 中的 Lebesgue 可测集,则 $f(\boldsymbol{x})$为 Lebesgue 可测函数,且有

$$m(\underline{G}(f)) = \int_E f(\boldsymbol{x})\mathrm{d}\boldsymbol{x}.$$

定义 3.7.2 设 X,Y 为任何两个非空集合，称

$$X\times Y = \{(x,y) \mid x\in X, y\in Y\}$$

为空间 X,Y 的**乘积空间**(又称为 **Cartesian 积**，即**笛卡儿积**).

设 $A\subset X, B\subset Y$ 为非空集合，称

$$A\times B = \{(x,y) \mid x\in A, y\in B\}$$

为 $X\times Y$ 中的"**矩形**"(或**长方形**)，A 与 B 称为 $A\times B$ 的"**边**".

设 $\mathscr{R}_X$ 与 $\mathscr{R}_Y$ 分别为 X 与 Y 的某些子集构成的环. $\mathscr{R}$ 为有限个互不相交的矩形 $A\times B(A\in\mathscr{R}_X, B\in\mathscr{R}_Y)$ 的并集组成的 $X\times Y$ 的子集类. 由下面的引理 3.7.2 知，$\mathscr{R}$ 为环，记作 $\mathscr{R}=\mathscr{R}_X\times\mathscr{R}_Y$.

定义 3.7.3 设$(X,\mathscr{R}_X)$，$(Y,\mathscr{R}_Y)$为两个可测空间(注意 $\mathscr{R}_X,\mathscr{R}_Y$ 都为 σ 环)，记

$$\mathscr{T} = \{A\times B \mid A\in\mathscr{R}_X, B\in\mathscr{R}_Y\},$$

$$\mathscr{R}_X\times\mathscr{R}_Y = \mathscr{R}_\sigma(\mathscr{T})\text{ 为包含 }\mathscr{T}\text{的最小 }\sigma\text{ 环},$$

称$(X\times Y,\mathscr{R}_X\times\mathscr{R}_Y)$为$(X,\mathscr{R}_X)$与$(Y,\mathscr{R}_Y)$的**乘积可测空间**，称 $\mathscr{T}$ 中的 $A\times B$ 为**可测矩形**.

设 $E\subset X\times Y$，称集

$$E_x = \{y\in Y \mid (x,y)\in E\}$$

为由 x 决定的 E 的截口，简称为 $\boldsymbol{x}$ **截口**；同样地，称集

$$E^y = \{x\in X \mid (x,y)\in E\}$$

为 y 决定的 E 的截口，简称为 $\boldsymbol{y}$ **截口**.

设 $f: E\to\mathbb{R}$ 为实函数，当固定 $x\in X$ 时，如果 $E_x\neq\varnothing$，称

$$f_x: E_x\to\mathbb{R},$$

$$f_x(y) = f(x,y)$$

为 $\boldsymbol{f}$ **由** $\boldsymbol{x}$ **决定的截口函数**；类似地，当固定 $y\in Y$ 时，如果 $E^y\neq\varnothing$，称

$$f^y: E^y\to\mathbb{R},$$

$$f^y(x) = f(x,y)$$

为 $\boldsymbol{f}$ **由** $\boldsymbol{y}$ **决定的截口函数**.

引理 3.7.2 $\mathscr{R}=\widehat{\mathscr{R}_X\times\mathscr{R}_Y}$为环.

引理 3.7.3 设$(X,\mathscr{R}_X)$，$(Y,\mathscr{R}_Y)$为两个可测空间，则

$$\mathscr{R}_\sigma(\mathscr{R}=\widehat{\mathscr{R}_X\times\mathscr{R}_Y}) = \mathscr{R}_\sigma(\mathscr{T}) \overset{\text{def}}{=\!=} \mathscr{R}_X\times\mathscr{R}_Y.$$

引理 3.7.4 在乘积可测空间$(X\times Y,\mathscr{R}_X\times\mathscr{R}_Y)$上，可测集的截口为可测集. 可测函数的截口函数为可测函数.

引理 3.7.5 设$(X,\mathscr{R}_X,\mu)$，$(Y,\mathscr{R}_Y,\nu)$为两个全有限的测度空间，E 为$(X\times Y,\mathscr{R}_X\times\mathscr{R}_Y)$的可测子集，则 $\nu(E_x)$与 $\mu(E^y)$分别为$(X,\mathscr{R}_X,\mu)$与$(Y,\mathscr{R}_Y,\nu)$上的可测函数，且

$$\int_X \nu(E_x)\mathrm{d}\mu = \int_Y \mu(E^y)\mathrm{d}y.$$

引理 3.7.6 设$(X,\mathscr{R}_X,\mu)$，$(Y,\mathscr{R}_Y,\nu)$为两个测度空间，$A_0\in\mathscr{R}_X$，$B_0\in\mathscr{R}_Y$，且$\mu(A_0)<+\infty$，$\nu(B_0)<+\infty$. 则当$E\in\mathscr{R}_X\times\mathscr{R}_Y$，且$E\subset A_0\times B_0$时，$\nu(E_x)$，$\mu(E^y)$分别为$A_0$，$B_0$上的可测函数，并且

$$\int_{A_0} \nu(E_x)\mathrm{d}\mu = \int_{B_0} \mu(E^y)\mathrm{d}\nu.$$

定义 3.7.4 设$(X,\mathscr{R}_X,\mu)$，$(Y,\mathscr{R}_Y,\nu)$为两个σ有限的测度空间，作乘积可测空间$(X\times Y,\mathscr{R}_X\times\mathscr{R}_Y)$上的广义集函数$\lambda$如下：

如果$E\in\mathscr{R}_X\times\mathscr{R}_Y$，且有矩形$A\times B\in\mathscr{R}_X\times\mathscr{R}_Y$，$\mu(A)<+\infty$，$\nu(B)<+\infty$，s. t. $E\subset A\times B$时，令

$$\lambda(E) \xlongequal{\text{def}} \int_A \nu(E_x)\mathrm{d}\mu = \int_B \mu(E^y)\mathrm{d}\nu.$$

对一般的$E\in\mathscr{R}_X\times\mathscr{R}_Y$，由下面参考文献[1]定理 3.7.7 的证明必有一列矩形

$$F_n = A_n \times B_n \in \mathscr{R}_X\times\mathscr{R}_Y, \mu(A_n) <+\infty, \nu(B_n) <+\infty,$$
$$F_1 \subset F_2 \subset \cdots \subset F_n \subset \cdots,$$

s. t. $E\subset\bigcup_{n=1}^{\infty}F_n$. 我们定义

$$\lambda(E) \xlongequal{\text{def}} \lim_{n\to+\infty}\lambda(E\cap F_n).$$

从定理 3.7.7 知λ为$(X\times Y,\mathscr{R}_X\times\mathscr{R}_Y)$上的$\sigma$有限测度，称它为$\mu$与$\nu$的**乘积测度**，记为$\lambda=\mu\times\nu$.

定理 3.7.7 设$(X,\mathscr{R}_X,\mu)$，$(Y,\mathscr{R}_Y,\nu)$为σ有限测度，则由定义 3.7.4 给出的广义集函数λ: $\mathscr{R}_X\times\mathscr{R}_Y\to\mathbb{R}$为$(X\times Y,\mathscr{R}_X\times\mathscr{R}_Y)$上的$\sigma$有限测度. 而且是在$(X\times Y,\mathscr{R}_X\times\mathscr{R}_Y)$上满足条件

$$\lambda(A\times B) = \mu(A)\nu(B), \quad A\in\mathscr{R}_X, \quad B\in\mathscr{R}_Y$$

的惟一的σ有限测度.

定义 3.7.5 设$(X,\mathscr{R}_X,\mu)$，$(Y,\mathscr{R}_Y,\nu)$为两个σ有限测度空间，$(x\times Y,\mathscr{R}_X\times\mathscr{R}_Y,\mu\times\nu)$为它们的乘积测度空间，$E\in\mathscr{R}_X\times\mathscr{R}_Y$，$E=A\times B$，$A\in\mathscr{R}_Y$，$B\in\mathscr{R}_Y$，$f$: $E\to\mathbb{R}$为实函数. 如果f在E上关于测度$\mu\times\nu$是可积的，积分

$$\int_E f(x,y)\mathrm{d}(\mu\times\nu)(x,y) = \int_E f(x,y)\mathrm{d}(\mu\times\nu)$$

称为f在E上的**重积分**（它不过是乘积测度空间$(X\times Y,\mathscr{R}_X\times\mathscr{R}_Y,\mu\times\nu)$上的积分. 冠以“重”字是表明它相对于下面的“累次积分”而言）.

如果存在一个ν零集$B_0\subset B$，当$y\in B-B_0$时，$f^y(x)$在A上关于μ是可积的，记

$$h(y) = \int_A f^y(x)\mathrm{d}\mu(x), \quad y\in B-B_0.$$

如果又存在 B 上的(关于 ν)可积的函数 $\tilde{h}(y)$, s. t. 在 $B-B_0$ 上,有 $h(y)\underset{\nu}{\doteq}\tilde{h}(y)$,则称 $h(y)=\int_A f^y(x)\mathrm{d}\mu(x)$ 为 B 上的可积函数,并规定

$$\int_B h(y)\mathrm{d}\nu(y)=\int_B \tilde{h}(y)\mathrm{d}\nu(y)$$

(即不区分 $h(y)$ 与 $\tilde{h}(y)$). 我们称

$$\begin{aligned}\int_B h(y)\mathrm{d}\nu(y)&=\int_B\left[\int_A f^y(x)\mathrm{d}\mu(x)\right]\mathrm{d}\nu(y)\\&=\int_B\left[\int_A f(x,y)\mathrm{d}\mu(x)\right]\mathrm{d}\nu(y)\\&=\int_B\mathrm{d}\nu(y)\int_A f\mathrm{d}\mu(x)\end{aligned}$$

为 f 在 E 上的**累次积分**. 类似地,称

$$\begin{aligned}\int_A\left[\int_B f_x(y)\mathrm{d}\nu(y)\right]\mathrm{d}\mu(x)&=\int_A\left[\int_B f(x,y)\mathrm{d}\nu(y)\right]\mathrm{d}\mu(x)\\&=\int_A\mathrm{d}\mu(x)\int_B f(x,y)\mathrm{d}\nu(y)\\&=\int_A\mathrm{d}\mu(x)\int_B f\mathrm{d}\nu(y)\end{aligned}$$

为 f 在 E 上的另一个**累次积分**.

定理 3.7.8 (Fubini)设 E 为 $(X\times Y,\mathscr{R}_X\times\mathscr{R}_Y,\mu\times\nu)$ 上的 σ 有限的可测矩形, $E=A\times B$, $f\colon E\to\mathbb{R}$ 为实函数.

(1) 当 f 为 E 上关于 $\mu\times\nu$ 为可积函数时, f 在 E 上的两个累次积分存在有限,并且

$$\int_E f\mathrm{d}(\mu\times\nu)=\int_A\mathrm{d}\mu(x)\int_B f\mathrm{d}\nu(y)=\int_B\mathrm{d}\nu(y)\int_A f\mathrm{d}\mu(x).$$

(2) 反之,如果 f 在 E 上关于 $(X\times Y,\mathscr{R}_X\times\mathscr{R}_Y)$ 的可测函数,而且 $|f|$ 的两个累次积分

$$\int_A\mathrm{d}\mu(x)\int_B|f(x,y)|\mathrm{d}\nu(y),\quad\int_B\mathrm{d}\nu(y)\int_A|f(x,y)|\mathrm{d}\mu(x)$$

中有一个存在有限,则另一个累次积分和重积分 $\int_E f\mathrm{d}(\mu\times\nu)$ 也存在有限,且(1)中的公式成立.

推论 3.7.1 E 为 $(X\times Y,\mathscr{R}_X\times\mathscr{R}_Y,\mu\times\nu)$ 的 $\mu\times\nu$ 零集 $\Leftrightarrow$ 对几乎所有的 x,截口 E_x 为 $(Y,\mathscr{R}_Y,\nu)$ 上的 ν 零集 $\Leftrightarrow$ 对几乎所有的 y,截口 E^y 为 $(X,\mathscr{R}_X,\mu)$ 上的 μ 零集.

显然, Fubini 定理可以推广到多个测度空间 $(X_i,\mathscr{R}_{X_i},\mu_i)$, $i=1,2,\cdots,n$ 的乘积测度空间

$$(X_1\times X_2\times\cdots\times X_n,\mathscr{R}_{X_1}\times\mathscr{R}_{X_2}\times\cdots\times\mathscr{R}_{X_n},\mu_1\times\mu_2\times\cdots\times\mu_n).$$

【257】 设 $f(x,y)$ 在 $[0,1]\times[0,1]$ 上为 Lebesgue 可积函数. 证明:

$$\int_0^1\left[\int_0^x f(x,y)\mathrm{d}y\right]\mathrm{d}x=\int_0^1\left[\int_y^1 f(x,y)\mathrm{d}x\right]\mathrm{d}y.$$

证明　设 E 为由 $y=0,x=1,y=x$ 围成的区域. 因 $f(x,y)$ 在 $[0,1]\times[0,1]$ 上 Lebesgue 可积,故它在 E 上亦可积. 根据 Fubini 定理 3.7.2 有

$$\begin{aligned}\int_0^1 \mathrm{d}x\int_0^x f(x,y)\mathrm{d}y &= \int_0^1 \mathrm{d}x\int_0^1 f(x,y)\chi_E(x,y)\mathrm{d}y\\ &= \int_{[0,1]\times[0,1]} f(x,y)\chi_E(x,y)\mathrm{d}x\mathrm{d}y\\ &= \int_0^1 \mathrm{d}y\int_0^1 f(x,y)\chi_E(x,y)\mathrm{d}x\\ &= \int_0^1 \mathrm{d}y\int_y^1 f(x,y)\mathrm{d}x.\end{aligned}$$

□

【258】　证明:(L) $\iint\limits_{[0,+\infty)^2}\dfrac{\mathrm{d}x\mathrm{d}y}{(1+y)(1+x^2y)}=\dfrac{\pi^2}{2}$.

证明　一方面,$\displaystyle\iint\limits_{[0,+\infty)^2}\frac{\mathrm{d}x\mathrm{d}y}{(1+y)(1+x^2y)} \xlongequal{\text{Fubini 定理 3.7.2}} \int_0^{+\infty}\frac{\mathrm{d}y}{1+y}\int_0^{+\infty}\frac{\mathrm{d}x}{1+x^2y}$

$$=\int_0^1\frac{1}{1+y}\frac{1}{\sqrt{y}}\arctan\sqrt{y}x\Big|_{x=0}^{+\infty}\mathrm{d}y=\int_0^{+\infty}\frac{1}{1+y}\frac{\pi}{2\sqrt{y}}\mathrm{d}y$$

$$\xlongequal{u=\sqrt{y}}\int_0^{+\infty}\frac{\pi}{1+u^2}\mathrm{d}u=\pi\arctan u\Big|_0^{+\infty}=\frac{\pi^2}{2}.$$

另一方面,

$$\begin{aligned}&\iint\limits_{[0,+\infty)}\frac{\mathrm{d}x\mathrm{d}y}{(1+y)(1+x^2y)} \xlongequal{\text{Fubini 定理 3.7.2}} \int_0^{+\infty}\mathrm{d}x\int_0^{+\infty}\frac{\mathrm{d}y}{(1+y)(1+x^2y)}\\ &=\int_0^{+\infty}\frac{\mathrm{d}x}{x^2-1}\int_0^{+\infty}\left(\frac{x^2}{1+x^2y}-\frac{1}{1+y}\right)\mathrm{d}y\\ &=\int_0^{+\infty}\frac{\mathrm{d}x}{x^2-1}\left(\ln\frac{1+x^2y}{1+y}\Big|_{y=0}^{+\infty}\right)=2\int_0^{+\infty}\frac{\ln x}{x^2-1}\mathrm{d}x.\end{aligned}$$

因此

$$\iint\limits_{[0,+\infty)^2}\frac{\mathrm{d}x\mathrm{d}y}{(1+y)(1+x^2y)}=2\int_0^{+\infty}\frac{\ln x}{x^2-1}\mathrm{d}x=\frac{\pi^2}{2}.$$

□

【259】　设 $f\in\mathscr{L}((0,+\infty))$ 为非负函数,令

$$F(x)=\frac{1}{x}\int_0^x f(t)\mathrm{d}t,\quad x>0.$$

证明:$F\notin\mathscr{L}((0,+\infty))$.

证明　如果 $f(x)\underset{m}{\doteq}0,x\in(0,+\infty)$,则 $F(x)=0,\forall x>0$,当然 $F\in\mathscr{L}((0,+\infty))$. 题中结论不真. 因此,条件"非负"应改为"几乎处处正值". 令 $G(x,t)=\dfrac{1}{x}f(t)\underset{m}{\dot{>}}0,(x,t)\in(0,+\infty)\times(0,+\infty)$,则

$$\int_0^{+\infty} F(x)\mathrm{d}x = \int_0^{+\infty}\left[\frac{1}{x}\int_0^x f(t)\mathrm{d}t\right]\mathrm{d}x = \int_0^{+\infty}\mathrm{d}x\int_0^x G(x,t)\mathrm{d}t$$

$$\xlongequal{\text{Tonelli 定理 3.7.1}} \int_0^{+\infty}\mathrm{d}t\int_t^{+\infty} G(x,t)\mathrm{d}x$$

$$= \int_0^{+\infty} f(t)\mathrm{d}t\int_t^{+\infty}\frac{1}{x}\mathrm{d}x$$

$$= +\infty,$$

从而，$F\notin\mathscr{L}((0,+\infty))$. □

【260】 设 $f(x)$，$g(x)$ 为 $E\subset\mathbb{R}^1$ 上非负 Lebesgue 可测函数，$fg\in\mathscr{L}(E)$. 令

$$E_y = \{x\in E \mid g(x)\geqslant y\}.$$

证明：对 $\forall\, y>0$，

$$F(y) = (\mathrm{L})\int_{E_y} f(x)\mathrm{d}x$$

均存在有限，且有

$$(\mathrm{L})\int_0^{+\infty} F(y)\mathrm{d}y = (\mathrm{L})\int_E f(x)g(x)\mathrm{d}x.$$

证明 证法 1 （省"(L)"）因为

$$0\leqslant F(y) = \int_{E_y} f(x)\mathrm{d}x = \frac{1}{y}\int_{E_y} f(x)\cdot y\mathrm{d}x \leqslant \frac{1}{y}\int_{E_y} f(x)g(x)\mathrm{d}x$$

$$\leqslant \frac{1}{y}\int_E f(x)g(x)\mathrm{d}x < +\infty,\quad y>0,$$

所以对 $\forall\, y>0$，

$$F(y) = \int_{E_y} f(x)\mathrm{d}x$$

存在有限.

作函数

$$G(x,y) = f(x)\cdot\chi_{E(g)}(x,y)\geqslant 0,$$

其中 $E(g)=\{(x,y)\in\mathbb{R}^2 \mid 0\leqslant y\leqslant g(x), x\in E\}$. 根据 Tonelli 定理 3.7.1，有

$$\int_0^{+\infty} F(y)\mathrm{d}y = \int_0^{+\infty}\mathrm{d}y\int_{E_y} f(x)\mathrm{d}x = \int_{\mathbb{R}^1}\mathrm{d}y\int_{\mathbb{R}^1} G(x,y)\mathrm{d}x$$

$$= \int_{\mathbb{R}^2} G(x,y)\mathrm{d}x\mathrm{d}y = \int_{\mathbb{R}^1}\mathrm{d}x\int_{\mathbb{R}^1} G(x,y)\mathrm{d}y$$

$$= \int_E \mathrm{d}x\int_0^{g(x)} f(x)\mathrm{d}y = \int_E f(x)g(x)\mathrm{d}x.$$

证法 2 $\int_0^{+\infty}F(y)\mathrm{d}y=\int_0^{+\infty}\left(\int_{E_y}f(x)\mathrm{d}x\right)\mathrm{d}y$

$$=\int_0^{+\infty}\left(\int_E f(x)\chi_{E_y}(x)\mathrm{d}x\right)\xlongequal{\text{Tonelli}}\int_E f(x)\left(\int_0^{+\infty}\chi_{E_y}(x)\mathrm{d}y\right)\mathrm{d}x$$

$$=\int_E f(x)\int_0^{g(x)}1\mathrm{d}y=\int_E f(x)g(x)\mathrm{d}x.$$ □

【261】 设 A,B 为 $\mathbb{R}^n$ 中的 Lebesgue 可测集. 证明：

$$(\mathrm{L})\int_{\mathbb{R}^n}m((A-\boldsymbol{x})\cap B)\mathrm{d}\boldsymbol{x}=m(A)\cdot m(B),$$

其中 $A-\boldsymbol{x}=\{a-\boldsymbol{x}\mid a\in A\}$ 为 A 平移 $-\boldsymbol{x}$ 得到的集合.

证明 令

$$F(\boldsymbol{x},\boldsymbol{y})=\begin{cases}1, & \boldsymbol{y}\in(A-\boldsymbol{x})\cap B,\\ 0, & \text{其他}.\end{cases}$$

显然，$F(\boldsymbol{x},\boldsymbol{y})$ 作为 $\boldsymbol{y}$ 的函数，它是 $(A-\boldsymbol{x})\cap B$ 的特征函数. 从而，根据 Tonelli 定理 3.7.1，有

$$\int_{\mathbb{R}^n}m((A-\boldsymbol{x})\cap B)\mathrm{d}\boldsymbol{x}=\int_{\mathbb{R}^n}\mathrm{d}\boldsymbol{x}\int_{\mathbb{R}^n}F(\boldsymbol{x},\boldsymbol{y})\mathrm{d}\boldsymbol{y}=\int_{\mathbb{R}^n\times\mathbb{R}^n}F(\boldsymbol{x},\boldsymbol{y})\mathrm{d}\boldsymbol{x}\mathrm{d}\boldsymbol{y}$$

$$=m(\{\boldsymbol{x},\boldsymbol{y})\mid\boldsymbol{y}\in(A-\boldsymbol{x})\cap B\})$$

$$=m(\{(\boldsymbol{x},\boldsymbol{y})\mid\boldsymbol{y}\in B,\boldsymbol{x}+\boldsymbol{y}\in A\})$$

$$=\int_B\mathrm{d}\boldsymbol{y}\int_{A-\boldsymbol{y}}\mathrm{d}\boldsymbol{x}=\int_B m(A-\boldsymbol{y})\mathrm{d}\boldsymbol{y}$$

$$=\int_B m(A)\mathrm{d}\boldsymbol{y}=m(A)\cdot m(B).$$ □

【262】 设 $f(x),g(x)$ 为 $E\subset\mathbb{R}^1$ 上的 Lebesgue 可测函数，$m(E)<+\infty$. 如果 $f(x)+g(y)$ 在 $E\times E$ 上 Lebesgue 可积. 证明：$f(x),g(x)$ 都为 E 上的 Lebesgue 可积函数.

证明 因为 $f(x)+g(y)\in\mathscr{L}(E\times E)$，所以根据 Fubini 定理 3.7.8 知，对 a. e. $y\in E$，

$$f(x)+g(y)$$

作为 x 的函数在 E 上 Lebesgue 可积. 取某个 $y\in E$，s. t. 关于 x

$$f(x)+g(y)\in\mathscr{L}(E).$$

因为 $m(E)<+\infty$，故关于 x 的常值函数 $g(y)\in\mathscr{L}(E)$. 从而

$$f(x)=[f(x)+g(y)]-g(y)\in\mathscr{L}(E).$$

同理，$g(x)\in\mathscr{L}(E)$. □

3.8 变上限积分的导数、绝对(全)连续函数与 Newton-Leibniz 公式

定理 3.8.1 设 $f\in\mathscr{L}([a,b])$,令

$$F_h(x)=\frac{1}{h}\int_x^{x+h}f(t)\,\mathrm{d}t=\frac{1}{h}\left[\int_a^{x+h}f(t)\,\mathrm{d}t-\int_a^x f(t)\,\mathrm{d}t\right]$$

(当 $x\notin[a,b]$时,令 $f(x)=0$),则有

$$\lim_{h\to0}\int_a^b|F_h(x)-f(x)|\,\mathrm{d}x=0.$$

此时,称 F_h 平均收敛于 $f(h\to0)$.

定理 3.8.2 设 $f\in\mathscr{L}([a,b])$,令

$$F(x)=\int_a^x f(t)\,\mathrm{d}t,\quad x\in[a,b],$$

则在$[a,b]$上可得

$$F'(x)=\left(\int_a^x f(t)\,\mathrm{d}t\right)'\underset{m}{\doteq}f(x).$$

定理 3.8.3 设 $f\in\mathscr{L}([a,b])$,则$[a,b]$中几乎所有的点 x 为 f 的 **Lebesgue 点**,即

$$\lim_{h\to0}\frac{1}{h}\int_0^h|f(x+t)-f(x)|\,\mathrm{d}t\xlongequal{u=x+t}\lim_{h\to0}\frac{1}{h}\int_x^{x+h}|f(u)-f(x)|\,\mathrm{d}u=0.$$

例 3.8.1 对于$[0,1]$上的 Dirichlet 函数

$$\chi_{\mathbb{Q}}(x)=\begin{cases}1, & x\in\mathbb{Q},\\0, & x\in[0,1]-\mathbb{Q},\end{cases}$$

则 $\chi_{\mathbb{Q}}$ 的 Lebesgue 点集为$[0,1]-\mathbb{Q}$;而非 Lebesgue 点集为$\mathbb{Q}$.因此,$[0,1]$中几乎所有点为 $\chi_{\mathbb{Q}}$ 的 Lebesgue 点.显然,$\chi_{\mathbb{Q}}$ 的不连续点集为$[0,1]$.

定理 3.8.4 设 $f\in\mathscr{L}([a,b])$,则:

(1) x 为 f 的连续点 $\underset{\text{例 3.8.1}}{\overset{\Rightarrow}{\not\Leftarrow}}$ x 为 f 的 Lebesgue 点.

(2) x 为 f 的 Lebesgue 点 $\underset{\text{例 3.8.2}}{\overset{\Rightarrow}{\not\Leftarrow}}$ $\left(\int_a^x f(t)\,\mathrm{d}t\right)'=f(x)$.

(3) Lebesgue 可积函数 f 在$[a,b]$上几乎所有的点为其 Lebesgue 点(定理 3.8.3).因而,f 在$[a,b]$的所有 Lebesgue 点 x 处,有

$$\left(\int_a^x f(t)\,\mathrm{d}t\right)'=f(x).$$

它蕴涵着定理 3.8.2,即在$[a,b]$上,

$$\left(\int_a^x f(t)\,\mathrm{d}t\right)'\underset{m}{\doteq}f(x).$$

例 3.8.2 构造$[-a,a]$$(a>0)$上的函数 f，使得

$$\left(\int_{-a}^{x} f(t)\mathrm{d}t\right)'\bigg|_{x=0} = f(0),$$

但 0 不为 f 的 Lebesgue 点.

例 3.8.3 设

$$f(x)=\begin{cases}2^n, & x\in\left(\dfrac{1}{2^n},\dfrac{1}{2^{n-1}}\right], \quad n=1,2,\cdots,\\ 0, & x=0.\end{cases}$$

显然，$[0,1]$中几乎所有的点为 f 的连续点，自然$[0,1]$中几乎所有的点为 f 的 Lebesgue 点. 但是，$f\notin \mathscr{L}([0,1])$.

定义 3.8.1 设 $f:[a,b]\to\mathbb{R}$ 为实函数. 如果对$\forall\,\varepsilon>0$，$\exists\,\delta>0$，s. t. 当$[a,b]$中任意有限个互不相交的开区间(a_i,b_i)，$i=1,2,\cdots,n$ 满足

$$\sum_{i=1}^{n}(b_i-a_i)<\delta$$

时，有

$$\sum_{i=1}^{n}\mid f(b_i)-f(a_i)\mid<\varepsilon,$$

则称 f 为$[a,b]$上的**绝对(全)连续函数**.

定义 3.8.1′ 设 $f:[a,b]\to\mathbb{R}$ 为实函数. 如果对$\forall\,\varepsilon>0$，$\exists\,\delta>0$，s. t. 当$[a,b]$中任意至多可数个互不相交的开区间(a_i,b_i)，$i\in\mathbb{N}$ 满足

$$\sum_{i}(b_i-a_i)<\delta$$

时，有

$$\sum_{i}\mid f(b_i)-f(a_i)\mid<\varepsilon,$$

则称 f 为$[a,b]$上的**绝对(全)连续函数**(其中 $\sum\limits_{i}$ 表示有限和或可数和).

定义 3.8.1″ 将定义 3.8.1 中的“$\sum\limits_{i=1}^{n}\mid f(b_i)-f(a_i)\mid<\varepsilon$”改为“$\sum\limits_{i=1}^{n}[f(b_i)-f(a_i)]<\varepsilon$”.

定义 3.8.1‴ 将定义 3.8.1′中的“$\sum\limits_{i}\mid f(b_i)-f(a_i)\mid<\varepsilon$”改为“$\left|\sum\limits_{i}[f(b_i)-f(a_i)]\right|$”

容易证明上述关于绝对(全)连续函数的四种定义是彼此等价的(参阅题[263]).

例 3.8.4 设函数 $f:[a,b]\to\mathbb{R}$ 满足 Lipschitz 条件：

$$\mid f(x)-f(y)\mid\leqslant M\mid x-y\mid,\quad \forall\,x,y\in[a,b]$$

(特别当 f 在$[a,b]$上可导，且$\mid f'(x)\mid\leqslant M$ 时自动满足上述不等式)，其中 M 为常数，则 f 为$[a,b]$上的绝对连续函数.

定理 3.8.5　(1) f 为$[a,b]$上的绝对连续函数

$\overset{\Rightarrow}{\not\Leftarrow}$ f 为$[a,b]$上的一致连续函数(当然为连续函数).

(2) f 为$[a,b]$上的绝对连续函数$\overset{\Rightarrow}{\not\Leftarrow}$ f 为$[a,b]$上的有界变差函数.

(3) $[a,b]$上的绝对连续函数的全体构成一个线性空间.

定理 3.8.6　设 f 为$[a,b]$上的绝对连续函数.

(1) f 在$[a,b]$上必几乎处处可导,且 f'为$[a,b]$上的 Lebesgue 可积函数.

(2) 又若在$[a,b]$上,$f'(x)\underset{m}{\doteq}0$,则 $f(x)\equiv c$(常数),$\forall x\in[a,b]$.

引理 3.8.1　设 $f:[a,b]\to\mathbb{R}$ 为**奇异函数**(即 f 在$[a,b]$上几乎处处可导,$f'\underset{m}{\doteq}0$,且 f 在$[a,b]$上不恒为 0),则必$\exists\,\varepsilon_0>0$,s.t. 对$\forall\,\delta>0$,$[a,b]$内存在有限个互不相交的区间(a_i,b_i),$i=1,2,\cdots,n$,虽有 $\sum\limits_{i=1}^{n}(b_i-a_i)<\delta$,但

$$\sum_{i=1}^{n}|f(b_i)-f(a_i)|\geqslant\varepsilon_0$$

(这表明奇异函数必定不是绝对连续函数).

例 3.8.5　设 Φ 为例 1.6.4(2)中$[0,1]$上的 Cantor 函数,它为$[0,1]$上的单调增的连续函数,且在$[0,1]$上,$\Phi'(x)\underset{m}{\doteq}0$. 但因 $\Phi(0)=0<1=\Phi(1)$,故 Φ 不为常值函数. 这说明 Φ 为$[0,1]$上的一个奇异函数. 由引理 3.8.1,它不为$[0,1]$上的绝对连续函数. 但 Φ 为$[0,1]$上连续的有界变差函数.

例 3.8.6　存在$[0,1]$上严格增的连续的奇异函数 f.

定理 3.8.7　设 $f:[a,b]\to\mathbb{R}$ 为实函数,则

$f(x)=f(a)+\int_a^x g(t)\mathrm{d}t,\ g\in\mathscr{L}([a,b])\Leftrightarrow f$ 为$[a,b]$上的绝对连续函数.

此时,在$[a,b]$上,$g(x)\underset{m}{\doteq}f'(x)$,从而得到(**微积分学基本公式**)**Newton-Leibniz 公式**

$$f(x)=f(a)+\int_a^x f'(t)\mathrm{d}t.$$

并且

$$\bigvee_a^x(f)=\int_a^x|f'(t)|\mathrm{d}t.$$

注 3.8.2　(数学分析中(参阅参考文献[15]第一分册第 374 页)微积分学基本公式:Newton-Leibniz 公式)　设 f 在$[a,b]$上连续,最多除有限个点外,在$[a,b]$上 f 有导函数 f',且 f'在$[a,b]$上 Riemann 可积,则

$$f(x)=f(a)+(\mathrm{R})\int_a^x f'(t)\mathrm{d}t.$$

易见,Riemann 可积函数 f'必有界. 再根据 Lagrange 中值定理知,f 满足 Lipschitz 条

件，因此从例 3.8.4 推得 f 为$[a,b]$上的绝对连续函数. 这表明 Lebesgue 积分下的 Newton-Leibniz 公式中 f 的条件要比 Riemann 积分下 Newton-Leibniz 公式中的条件弱得多.

例 3.8.7　设 F 为$[a,b]$上的完全疏朗集，且 $m(F)>0, a=\inf F, b=\sup F$. 记$[a,b]-F=\bigcup\limits_{n=1}^{\infty}(a_n,b_n)$，其中$(a_n,b_n), n\in\mathbb{N}$ 为$[a,b]-F$ 的构成区间. 我们定义

$$f(x)=\begin{cases}(x-a_n)^2(x-b_n)^2\sin\dfrac{1}{(b_n-a_n)(x-a_n)(x-b_n)}, & x\in(a_n,b_n), n\in\mathbb{N},\\ 0, & x\in F.\end{cases}$$

易证

$$f(x)=f(a)+(\mathrm{L})\int_a^x f'(t)\mathrm{d}t.$$

但是

$$f(x)=f(a)+(\mathrm{R})\int_a^x f'(t)\mathrm{d}t$$

并不成立.

总之，实变函数中 Lebesgue 积分比数学分析中的 Riemann 积分所需的条件更弱，适用的范围更广.

定理 3.8.8　设 $u_k(x), k=1,2,\cdots$ 为$[a,b]$上的绝对连续函数列. 如果：

(1) $\exists c\in[a,b]$, s. t. 级数 $\sum\limits_{k=1}^{\infty}u_k(c)$ 收敛；

(2) $\sum\limits_{k=1}^{\infty}\int_a^b|u_k'(x)|\mathrm{d}x<+\infty$.

则级数 $\sum\limits_{k=1}^{\infty}u_k(x)$ 在$[a,b]$上是收敛的，且其极限函数

$$f(x)=\sum_{k=1}^{\infty}u_k(x)$$

是$[a,b]$上的绝对连续函数，在$[a,b]$上有

$$f'(x)=\Big(\sum_{k=1}^{\infty}u_k(x)\Big)'\underset{m}{\doteq}\sum_{k=1}^{\infty}u_k'(x).$$

定理 3.8.9　(分部积分公式)设 f,g 为$[a,b]$上的绝对连续函数，则

$$\int_a^b f(x)g'(x)\mathrm{d}x=f(x)g(x)\Big|_a^b-\int_a^b f'(x)g(x)\mathrm{d}x.$$

定理 3.8.10　(积分第一中值定理)设 f 为$[a,b]$上的连续函数，g 为$[a,b]$上的非负 Lebesgue 可积函数，则 $\exists\xi\in[a,b]$, s. t.

$$\int_a^b f(x)g(x)\mathrm{d}x=f(\xi)\int_a^b g(x)\mathrm{d}x.$$

定理 3.8.11　(积分第二中值定理)设 $f\in\mathscr{L}([a,b])$，g 为$[a,b]$上的单调函数，则 $\exists\xi\in$

$[a,b]$, s. t.

$$\int_a^b f(x)g(x)\mathrm{d}x = g(a)\int_a^\xi f(x)\mathrm{d}x + g(b)\int_\xi^b f(x)\mathrm{d}x.$$

引理 3.8.2 设 f 为 $[a,b]$ 上的绝对连续函数.

(1) 如果 $E\subset[a,b]$, $m(E)=0$, 则 $m(f(E))=0$.

(2) 如果 $E\subset[a,b]$ 为 Lebesgue 可测集, 则 $f(E)$ 也为 Lebesgue 可测集.

引理 3.8.3 设 $f:[a,b]\to\mathbb{R}$ 为连续函数, 则

f 具有性质(N): 对 $\forall e\subset[a,b]$, $m(e)=0$, 必有 $m(f(e))=0\Leftrightarrow$任何 Lebesgue 可测集 E 的像 $f(E)$ 仍为 Lebesgue 可测集.

引理 3.8.4 设 f 为 $[a,b]$ 上的连续函数, $\Delta: a=x_0<x_1<\cdots<x_n=b$ 为 $[a,b]$ 上的分割, $\|\Delta\|=\max\limits_{1\leqslant i\leqslant n}\{x_i-x_{i-1}\}$,

$$v_\Delta = \sum_{i=1}^m |f(x_i)-f(x_{i-1})|, \quad \Omega_\Delta = \sum_{i=1}^n \omega_i,$$

其中 ω_i 为 $f(x)$ 在 $[x_{i-1},x_i]$ 上的振幅. 则

$$\lim_{\|\Delta\|\to 0} v_\Delta = \lim_{\|\Delta\|\to 0}\Omega_\Delta = \bigvee_a^b(f).$$

例 3.8.9 引理 3.8.4 只限于 f 为连续函数时成立. 例如:

$$f:[-1,1]\to\mathbb{R}, \quad f(x)=\begin{cases}1, & x=0,\\ 0, & x\neq 0,\end{cases}$$

$$v_\Delta = 0, \quad \Omega_\Delta = 1, \quad \bigvee_{-1}^1(f)=2.$$

显然

$$\lim_{\|\Delta\|\to 0} v_\Delta = 0\neq 2=\bigvee_{-1}^1(f), \quad \lim_{\|\Delta\|\to 0}\Omega_\Delta = 1\neq 2=\bigvee_{-1}^1(f).$$

$$\lim_{\|\Delta\|\to 0} v_\Delta = 0\neq 1=\lim_{\|\Delta\|\to 0}\Omega_\Delta.$$

定义 3.8.2 设 f 为 $[a,b]$ 上的连续函数, 而

$$m=\min_{a\leqslant x\leqslant b}\{f(x)\}, \quad M=\max_{a\leqslant x\leqslant b}\{f(x)\}.$$

于 $[m,M]$ 上定义如下的函数 N: $[m,M]\to\mathbb{R}$, 当 $y\in[m,M]$ 时, $N(y)$ 为方程

$$f(x)=y$$

的根(解)的个数. 如果对某个 y, 方程的根有无限多个, 则定义

$$N(y)=+\infty.$$

我们称 $N(y)$ 为**巴拿赫(Banach)的指示函数**.

定理 3.8.12 (巴拿赫)巴拿赫的指示函数 $N(y)$ 是 Lebesgue 可测的, 且

$$\int_m^M N(y)\mathrm{d}y = \bigvee_a^b(f).$$

推论 3.8.1 设 f 为 $[a,b]$ 上的连续函数，则

f 为有界变差函数 $\Leftrightarrow f$ 的巴拿赫的指示函数 $N(y)$ 是 Lebesgue 可积的.

推论 3.8.2 设 f 为 $[a,b]$ 上连续的有界变差函数，则使方程 $f(x)=y$ 具有无限个根的 y，其全体

$$\{y\in[m,M]\mid f(x)=y\text{ 具有无限个根}\}=\{y\in[m,M]\mid N(y)=+\infty\}$$

为一个 Lebesgue 零测集.

定理 3.8.13 (C. 巴拿赫-M. A. 查列茨基)设 f 为 $[a,b]$ 上的连续，则

$f(x)$ 为绝对连续函数 $\Leftrightarrow f(x)$ 为有界变差函数且具有性质(N).

定理 3.8.14 (Г. M. 菲赫金哥尔茨)设 $F(y)$ 与 $f(x)$ 为两个绝对连续函数，且 $F(y)$ 是在 $f(x)$ 的函数值所在的区间上定义的，则

复合函数 $F(f(x))$ 为绝对连续函数 $\Leftrightarrow F(f(x))$ 为有界变差函数.

定理 3.8.15 设 $f:[a,b]\to\mathbb{R}$ 为实值函数，$E\subset[a,b]$. 如果 f 在 E 上任一点处可导，且 $|f'(x)|\leqslant M$, $\forall x\in E$，则

$$m^*(f(E))\leqslant M\cdot m^*(E).$$

定理 3.8.16 设 f 为 $[a,b]$ 上的可测函数，$E\subset[a,b]$ 为可测集且 f 在 E 的任一点处可导，则

$$m^*(f(E))\leqslant\int_E|f'(x)|\,\mathrm{d}x.$$

定理 3.8.17 设 f 在 $[a,b]$ 上处处可导，且 $f'\in\mathscr{L}([a,b])$，则 Newton-Leibniz 公式

$$f(x)=f(a)+\int_a^x f'(t)\,\mathrm{d}t$$

成立.

定理 3.8.18 设实函数 $f:[a,b]\to\mathbb{R}$ 在 $E\subset[a,b]$ 的任一点处可导，则：

(1) 如果在 E 上，$f'(x)\underset{m}{\doteq}0$，则 $m(f(E))=0$.

(2) 如果 $m(f(E))=0$，则在 E 上 $f'(x)\underset{m}{\doteq}0$.

定理 3.8.19 (复合函数的导数)设 $g:[a,b]\to[c,d]$, $F:[c,d]\to\mathbb{R}$, $F\circ g:[a,b]\to\mathbb{R}$ 都是关于 Lebesgue 测度几乎处处可导的，且在 $[c,d]$ 上，有

$$F'(x)\underset{m}{\doteq}f(x).$$

如果对 $[c,d]$ 中的任一 Lebesgue 零测集 Z，总有 $m(F(Z))=0$，则在 $[a,b]$ 上有

$$[F(g(t))]'\underset{m}{\doteq}f(g(t))\cdot g'(t).$$

推论 3.8.3 设 $g:[a,b]\to[c,d]$, $F:[c,d]\to\mathbb{R}$，且 g 和 $F\circ g$ 关于 Lebesgue 测度都几乎处处可导，而 F 在 $[c,d]$ 上绝对连续，则在 $[a,b]$ 上，有

$$[F(g(t))]'\underset{m}{\doteq}F'(g(t))\cdot g'(t).$$

例 3.8.10 在定理 3.8.19 中，F 将 Lebesgue 零测集映为 Lebesgue 零测集这一条件不能删去.

定理 3.8.20 (积分换元(变量代换)公式)设 $g:[a,b]\to[c,d]$ 为关于 Lebesgue 测度几乎处处可导的函数，$f:[c,d]\to\mathbb{R}$ 为 Lebesgue 可积函数. 记

$$F(x)=\int_c^x f(t)\mathrm{d}t,$$

则

(1) $F(g(t))$ 为 $[a,b]$ 上的绝对连续函数 $\Leftrightarrow$ (2) $f(g(t))g'(t)$ 为 $[a,b]$ 上的 Lebesgue 可积函数，且有

$$\int_{g(\alpha)}^{g(\beta)} f(x)\mathrm{d}x=\int_\alpha^\beta f(g(t))g'(t)\mathrm{d}t,$$

其中 $[\alpha,\beta]\subset[a,b]$.

推论 3.8.4 设 $g:[a,b]\to[c,d]$ 为绝对连续函数，$f\in\mathscr{L}([c,d])$. 如果：

(1) $g(t)$ 为 $[a,b]$ 上的单调函数；

(2) $f(x)$ 为 $[c,d]$ 上的有界函数；

(3) $f(g(t))g'(t)$ 为 $[a,b]$ 上的 Lebesgue 可积函数

三个条件之一成立，则对 $[\alpha,\beta]\subset[a,b]$ 有

$$\int_{g(\alpha)}^{g(\beta)} f(x)\mathrm{d}x=\int_\alpha^\beta f(g(t))g'(t)\mathrm{d}t.$$

$\mathbb{R}^n$ 中有关定理的推广可见参考文献[4]中第 202～218 页.

【263】 证明：绝对连续函数八种定义是等价的.

设 $f:[a,b]\to\mathbb{R}$ 为实函数，则：

(1) 对 $\forall\varepsilon>0$，$\exists\delta>0$，s. t. 当 $[a,b]$ 中任意有限个互不相交的开区间 (a_i,b_i)，$i=1,2,\cdots,n$ 满足

$$\sum_{i=1}^n(b_i-a_i)<\delta$$

时，有

$$\sum_{i=1}^n|f(b_i)-f(a_i)|<\varepsilon.$$

$\Leftrightarrow$(2) 对 $\forall\varepsilon>0$，$\exists\delta>0$，s. t. 当 $[a,b]$ 中任意至多可数个互不相交的开区间 (a_i,b_i)，$i\in\mathbb{N}$ 满足

$$\sum_{i\geqslant1}(b_i-a_i)<\delta$$

时，有

$$\sum_{i\geqslant1}|f(b_i)-f(a_i)|<\varepsilon.$$

$\Leftrightarrow$(3) 对 $\forall\varepsilon>0$，$\exists\delta>0$，s. t. 当 $[a,b]$ 中任意有限个互不相交的开区间 (a_i,b_i)，$i=1,2,\cdots,n$ 满足

$$\sum_{i=1}^n(b_i-a_i)<\delta$$

时，有

$$\left|\sum_{i=1}^{n}[f(b_i)-f(a_i)]\right|<\varepsilon.$$

$\Leftrightarrow$(4) 对 $\forall\varepsilon>0,\exists\delta>0$, s. t. 当$[a,b]$中任意至多可数个互不相交的开区间$(a_i,b_i),i\in\mathbb{N}$，满足

$$\sum_{i\geqslant 1}(b_i-a_i)<\delta$$

时，有

$$\left|\sum_{i\geqslant 1}[f(b_i)-f(a_i)]\right|<\varepsilon.$$

(5) 对 $\forall\varepsilon>0,\exists\delta>0$, s. t. 当$[a,b]$中任意有限个互不相交的闭区间$[a_i,b_i],i=1,2,\cdots,n$ 满足

$$\sum_{i=1}^{n}(b_i-a_i)<\delta$$

时，有

$$\sum_{i=1}^{n}|f(b_i)-f(a_i)|<\varepsilon.$$

(6) 对 $\forall\varepsilon>0,\exists\delta>0$, s. t. 当$[a,b]$中任意至多可数个互不相交的闭区间$[a_i,b_i],i=1,2,\cdots$满足

$$\sum_{i\geqslant 1}(b_i-a_i)<\delta$$

时，有

$$\sum_{i\geqslant 1}|f(b_i)-f(a_i)|<\varepsilon.$$

(7) 对 $\forall\varepsilon>0,\exists\delta>0$, s. t. 当$[a,b]$中任意有限个互不相交的闭区间$[a_i,b_i],i=1,2,\cdots,n$ 满足

$$\sum_{i=1}^{n}(b_i-a_i)<\delta$$

时，有

$$\left|\sum_{i=1}^{n}[f(b_i)-f(a_i)]\right|<\varepsilon.$$

(8) 对 $\forall\varepsilon>0,\exists\delta>0$, s. t. 当$[a,b]$中任意至多可数个互不相交的闭区间$[a_i,b_i],i=1,2,\cdots,n$ 满足

$$\sum_{i\geqslant 1}(b_i-a_i)<\delta$$

时，有

$$\left|\sum_{i\geqslant 1}[f(b_i)-f(a_i)]\right|<\varepsilon.$$

证明 (1)⇒(3)由

$$\left|\sum_{i=1}^{n}[f(b_i)-f(a_i)]\right|\leqslant\sum_{i=1}^{n}|f(b_i)-f(a_i)|<\varepsilon$$

立即推得.

(1)⇐(3) $\forall\varepsilon>0$,由(3)知,$\exists\delta>0$,s. t. 当$[a,b]$中任意有限个互不相交的开区间(a_i,b_i),$i=1,2,\cdots,n$满足

$$\sum_{i=1}^{n}(b_i-a_i)<\delta$$

时,有

$$\left|\sum_{i=1}^{n}[f(b_i)-f(a_i)]\right|<\frac{\varepsilon}{2}.$$

记$f(b_i)-f(a_i)\geqslant0$的全体和为$\sum^{+}$,$f(b_i)-f(a_i)<0$的全体和为$\sum^{-}$,则

$$\left|\sum\nolimits^{+}[f(b_i)-f(a_i)]\right|<\frac{\varepsilon}{2},\quad\left|\sum\nolimits^{-}[f(b_i)-f(a_i)]\right|<\frac{\varepsilon}{2},$$

$$\begin{aligned}\sum_{i=1}^{n}|f(b_i)-f(a_i)|&=\sum\nolimits^{+}|f(b_i)-f(a_i)|+\sum\nolimits^{-}|f(b_i)-f(a_i)|\\&=\left|\sum\nolimits^{+}[f(b_i)-f(a_i)]\right|+\left|\sum\nolimits^{-}[f(b_i)-f(a_i)]\right|\\&<\frac{\varepsilon}{2}+\frac{\varepsilon}{2}=\varepsilon.\end{aligned}$$

因此,(1)成立.

(2)⇒(4) 类似(1)⇒(3)的证明.

(2)⇐(4) 类似(1)⇐(3)的证明.

(1)⇐(2) 因为有限个是至多可数个中的一种.

(1)⇒(2) $\forall\varepsilon>0$,由(1)知,$\exists\delta>0$,s. t. 当$[a,b]$中任意有限个互不相交的开区间总长度小于δ时,它们区间端点处函数值之差的绝对值的总和小于$\frac{\varepsilon}{2}$.于是,对$[a,b]$中任意至多可数个开区间(a_i,b_i),$i\in\mathbb{N}$,如果

$$\sum_{i=1}^{\infty}(b_i-a_i)<\delta,$$

则 $\sum_{i=1}^{n}(b_i-a_i)<\sum_{i=1}^{\infty}(b_i-a_i)<\delta$,根据上述,知

$$\sum_{i=1}^{n}|f(b_i)-f(a_i)|<\frac{\varepsilon}{2},\quad n\in\mathbb{N}.$$

于是

$$\sum_{i=1}^{\infty}|f(b_i)-f(a_i)|=\lim_{n\to+\infty}\sum_{i=1}^{n}|f(b_i)-f(a_i)|\leqslant\frac{\varepsilon}{2}<\varepsilon.$$

这就证明(2)成立.

类似(1)⇔(2)⇔(3)⇔(4)的证明可推得(5)⇔(6)⇔(7)⇔(8).

最后需证明:

(1)⇒(5) 设(1)成立,即$\forall \varepsilon>0$,$\exists \delta>0$,当$[a,b]$中任意有限个互不相交的开区间(a_i,b_i),$i=1,2,\cdots,n$满足

$$\sum_{i=1}^{n}(b_i-a_i)<\delta$$

时,有

$$\sum_{i=1}^{n}|f(b_i)-f(a_i)|<\varepsilon.$$

如果$[a_i,b_i]$,$i=1,2,\cdots,n$为$[a,b]$中任意有限个互不相交的闭区间,则(a_i,b_i),$i=1,2,\cdots,n$自然仍不相交,且仍有

$$\sum_{i=1}^{n}(b_i-a_i)<\varepsilon,$$

根据上述,必有

$$\sum_{i=1}^{n}|f(b_i)-f(a_i)|<\varepsilon.$$

这就证明了(5)成立.

(1)⇐(5) 设(5)成立,即$\forall \varepsilon>0$,$\exists \delta>0$,当$[a,b]$中任意有限个互不相交的闭区间$[a_i,b_i]$,$i=1,2,\cdots,n$满足

$$\sum_{i=1}^{n}(b_i-a_i)<\delta$$

时,有

$$\sum_{i=1}^{n}|f(b_i)-f(a_i)|<\frac{\varepsilon}{2}.$$

于是,对于$[a,b]$中任意有限个互不相交的开区间(a_i,b_i),$i=1,2,\cdots,n$满足

$$\sum_{i=1}^{n}(b_i-a_i)<\delta$$

(注意:$[a_i,b_i]$,$i=1,2,\cdots,n$可能有相交的!).取$[\tilde{a}_i,\tilde{b}_i]\subset(a_i,b_i)$,$i=1,2,\cdots,n$,显然它们互不相交,根据(5)(上述),由于

$$\sum_{i=1}^{n}(\tilde{b}_i-\tilde{a}_i)<\delta,$$

故

$$\sum_{i=1}^{n}|f(\tilde{b}_i)-f(\tilde{a}_i)|<\frac{\varepsilon}{2}.$$

注意到(5)成立,f在$[a,b]$上必连续.令$\tilde{a}_i\to a_i^+$,$\tilde{b}_i\to b_i^+$立即推得

$$\sum_{i=1}^{n} | f(b_i) - f(a_i) | \leqslant \frac{\varepsilon}{2} < \varepsilon.$$

这就证明了(1)是成立的. □

【264】 设 $f:[a,b]\to[f(a),f(b)]$ 为绝对连续的严格增函数，$g(y)$ 为 $[f(a),f(b)]$ 上的绝对连续函数. 证明：$g\circ f(x)=g(f(x))$ 为 $[a,b]$ 上的绝对连续函数.

证明 $\forall\varepsilon>0$，由 $g(y)$ 在 $[f(a),f(b)]$ 上绝对连续知，$\exists\delta_1>0$，对 $[f(a),f(b)]$ 中任何有限个不相交的开区间列 $\{(y_i,z_i)|i=1,2,\cdots,n\}$，当 $\sum_{i=1}^{n}(z_i-y_i)<\delta_1$ 时，有

$$\sum_{i=1}^{n} | g(z_i) - g(y_i) | < \varepsilon.$$

又因 f 在 $[a,b]$ 上绝对连续知，$\exists\delta>0$，对 $[a,b]$ 中任何有限个不相交的开区间列 $\{(a_i,b_i)|i=1,2,\cdots,m\}$，当 $\sum_{i=1}^{m}(b_i-a_i)<\delta$ 时，有

$$\sum_{i=1}^{m} | f(b_i) - f(a_i) | < \delta_1.$$

再由 f 严格增推得 $\{(f(a_i),f(b_i))|i=1,2,\cdots,m\}$ 彼此不相交，故

$$\sum_{i=1}^{m} | g\circ f(b_i) - g\circ f(a_i) | = \sum_{i=1}^{m} | g(f(b_i)) - g(f(a_i)) | < \varepsilon.$$

根据定义 3.8.1 知，$g\circ f$ 在 $[a,b]$ 上是绝对连续的. □

【265】 设 $g(x)$ 为 $[a,b]$ 上的绝对连续函数，f 在 $\mathbb{R}^1$ 上满足 Lipschitz 条件. 证明：$f\circ g(x)=f(g(x))$ 为 $[a,b]$ 上的绝对连续函数.

证明 因为 f 在 $\mathbb{R}^1$ 上满足 Lipschitz 条件，故对 $\forall y_1,y_2\in\mathbb{R}^1$，有

$$| f(y_2) - f(y_1) | \leqslant M | y_2 - y_1 | \quad (M\text{ 为常数}).$$

又因为 $g(x)$ 为 $[a,b]$ 上的绝对连续函数，故对 $\forall\varepsilon>0$，$\exists\delta>0$，对 $[a,b]$ 中任何有限个不相交的开区间列 $\{(a_i,b_i)|i=1,2,\cdots,n\}$，当 $\sum_{i=1}^{n}(b_i-a_i)<\delta$ 时，有

$$\sum_{i=1}^{n} | g(b_i) - g(a_i) | < \frac{\varepsilon}{M+1}.$$

于是

$$\sum_{i=1}^{n} | f\circ g(b_i) - f\circ g(a_i) | = \sum_{i=1}^{n} | f(g(b_i)) - f(g(a_i)) |$$

$$\leqslant M\sum_{i=1}^{n} | g(b_i) - g(a_i) | \leqslant M\cdot\frac{\varepsilon}{M+1} < \varepsilon.$$

即 $f\circ g(x)$ 为 $[a,b]$ 上的绝对连续函数. □

【266】 设 f 为 $[a,b]$ 上的非负绝对连续函数. 证明：$f^p(x)(p>1)$ 为 $[a,b]$ 上的绝对连续函数.

证明 证法 1 设 $f([a,b])=[c,d]$，并记 $M\geqslant pd^{p-1}$，则对 $z=g(y)=y^p$，$y\in[c,d]$，$y_1,y_2\in[c,d]$，$y_1<y_2$ 有

$$\begin{aligned}|g(y_2)-g(y_1)| &\xlongequal[\exists\xi\in(y_1,y_2)]{\text{Lagrange 中值定理}} |g'(\xi)(y_2-y_1)| \\ &= |p\xi^{p-1}(y_2-y_1)| \leqslant M|y_2-y_1|,\end{aligned}$$

即 g 在 $[c,d]$ 上满足 Lipschitz 条件. 又因为 f 为 $[a,b]$ 上的绝对连续函数，故根据题[265]立知 $g\circ f(x)=g(f(x))=f^p(x)(p>1)$ 为 $[a,b]$ 上的绝对连续函数.

证法 2 设 $f([a,b])=[c,d]$，并记 $M\geqslant pd^{p-1}$. 对 $\forall\varepsilon>0$，因 f 为 $[a,b]$ 上的非负绝对连续函数，故 $\exists\delta>0$，当 $\{(a_i,b_i)\mid i=1,2,\cdots,n\}$ 为 $[a,b]$ 上的任何有限个互不相交的开区间，$\sum\limits_{i=1}^{n}(b_i-a_i)<\delta$ 时，有

$$\sum_{i=1}^{n}|f(b_i)-f(a_i)|<\frac{\varepsilon}{M+1}.$$

则

$$\begin{aligned}\sum_{i=1}^{n}|f^p(b_i)-f^p(a_i)| &\xlongequal[\xi_i\text{ 介于 }f(a_i)\text{ 与 }f(b_i)\text{ 间}]{\text{Lagrange 中值定理}} \sum_{i=1}^{n}|p\xi_i^{p-1}[f(b_i)-f(a_i)]| \\ &\leqslant pd^{p-1}\sum_{i=1}^{n}|f(b_i)-f(a_i)| \\ &\leqslant M\sum_{i=1}^{n}|f(b_i)-f(a_i)|\leqslant M\cdot\frac{\varepsilon}{M+1}<\varepsilon.\end{aligned}$$

再根据定义 3.8.1 立即得到 $f^p(x)(p>1)$ 为 $[a,b]$ 上的绝对连续函数. □

【267】 设 $f\in\mathrm{BV}([a,b])$，则 f 在 $[a,b]$ 上几乎处处可导，且

$$\Big(\bigvee_a^x(f)\Big)'\mathop{\doteq}_{m}|f'(x)|,\quad x\in[a,b].$$

证明 证法 1 对 $\forall\varepsilon>0$，根据全变差的定义，存在 $[a,b]$ 的分割

$$\Delta:\ a=x_0<x_1<\cdots<x_k=b,$$

$$0\leqslant\bigvee_a^b(f)-\sum_{i=1}^{k}|f(x_i)-f(x_{i-1})|<\varepsilon. \qquad (*)$$

在 $[a,b]$ 上作函数

$$g(x)=\begin{cases}f(x)+c_i, & f(x_i)\geqslant f(x_{i-1}),\\ -f(x)+\tilde{c}_i, & f(x_i)<f(x_{i-1}),\end{cases}\quad x\in[x_{i-1},x_i],\quad i=1,2,\cdots,k.$$

其中 $c_i,\tilde{c}_i(i=1,2,\cdots,k)$ 为常数.

我们归纳地来构造这个函数. 首先，对 $x\in[a,x_1]=[x_0,x_1]$，令

$$g(x)=\begin{cases}f(x)-f(x_0), & f(x_1)\geqslant f(x_0),\\ -f(x)+f(x_0), & f(x_1)<f(x_0).\end{cases}$$

其次，如果在 $[a,x_i](i<k)$ 上已定义了 $g(x)$，则对 $x\in(x_i,x_{i+1}]$，定义

$$g(x)=\begin{cases}f(x)+[g(x_i)-f(x_i)], & f(x_{i+1})\geqslant f(x_i),\\ -f(x)+[g(x_i)+f(x_i)], & f(x_{i+1})<f(x_i).\end{cases}$$

易知,对每个$[x_{i-1},x_i]$,或者$g(x)-f(x)$或者$g(x)+f(x)$为常数,且

$$|g'(x)|\underset{m}{\doteq}|f'(x)|,\quad x\in[a,b].$$

又由不等式(*)得到

$$\begin{aligned}0\leqslant\bigvee_a^b(f)-g(b)&=\bigvee_a^b(f)-\sum_{i=0}^{k-1}[g(x_{i+1})-g(x_i)]\\&=\bigvee_a^b(f)-\sum_{i=0}^{k-1}|f(x_{i+1})-f(x_i)|\\&=\bigvee_a^b(f)-\sum_{i=1}^{k}|f(x_i)-f(x_{i-1})|<\varepsilon,\end{aligned}$$

以及 $\bigvee_a^x(f)-g(x)$为$[a,b]$上的单调增函数.

由上述,对$\varepsilon=\frac{1}{2^n}$,存在$[a,b]$上的函数列$\{g_n(x)\}$,s.t.

$$0\leqslant\bigvee_a^b(f)-g_n(b)<\frac{1}{2^n},\quad |g_n'(x)|\underset{m}{\doteq}|f'(x)|,\quad x\in[a,b].$$

这表明

$$\sum_{n=1}^{\infty}\Big[\bigvee_a^x(f)-g_n(x)\Big]\overset{\text{单调增}}{\leqslant}\sum_{n=1}^{\infty}\Big[\bigvee_a^b(f)-g_n(b)\Big]<\sum_{n=1}^{\infty}\frac{1}{2^n}=1<+\infty,\quad x\in[a,b].$$

应用 Fubini 定理 3.6.4,有

$$\sum_{n=1}^{\infty}\Big[\Big(\bigvee_a^x(f)\Big)'-g_n'(x)\Big]\underset{m}{\dot{<}}+\infty,\ \lim_{n\to+\infty}\Big[\Big(\bigvee_a^x(f)\Big)'-g_n'(x)\Big]\underset{m}{\doteq}0,$$

$$\Big(\bigvee_a^x(f)\Big)'\underset{m}{\doteq}\lim_{n\to+\infty}g_n'(x),\quad x\in[a,b].$$

因为 $\Big(\bigvee_a^x(f)\Big)'\underset{m}{\dot{\geqslant}}0,x\in[a,b]$(注意: $\bigvee_a^x(f)$单调增)和$|g_n'(x)|\doteq|f'(x)|,x\in[a,b]$,故有

$$\Big(\bigvee_a^x(f)\Big)'\underset{m}{\doteq}\lim_{n\to+\infty}|g_n'(x)|\underset{m}{\doteq}|f'(x)|,\quad x\in[a,b].$$

证法2 因为$\bigvee_a^x(f)$为$[a,b]$上的单调增函数,故有$E\subset[a,b]$,s.t. $m(E)=b-a$,且对$\forall x\in E$,$\Big(\bigvee_a^x(f)\Big)'$,$f'(x)$都存在有限.

显然,当$x_0\in E$时,因

$$\frac{\bigvee_a^x(f)-\bigvee_a^{x_0}(f)}{x-x_0}=\frac{1}{x-x_0}\bigvee_{x_0}^x(f)\geqslant\left|\frac{f(x)-f(x_0)}{x-x_0}\right|,$$

所以，有

$$\left(\bigvee_a^x(f)\right)'\Big|_{x=x_0}=\lim_{x\to x_0^+}\frac{\bigvee_a^x(f)-\bigvee_a^{x_0}(f)}{x-x_0}$$

$$\geqslant\left|\lim_{x\to x_0^+}\frac{f(x)-f(x_0)}{x-x_0}\right|=|f'(x_0)|.$$

(反证)假设命题不真，则有 $E_1\subset E$ 及 $\delta>0$，s. t. $m(E_1)>0$，并且对 $x\in E_1$，

$$\left(\bigvee_a^x(f)\right)'>|f'(x)|+\delta.$$

取 $\varepsilon_0=\frac{1}{4}\delta m(E_1)>0$，有$[a,b]$的分割 $a=x_0<x_1<\cdots<x_n=b$，s. t.

$$0\leqslant\bigvee_a^b(f)-\sum_{i=1}^n|f(x_i)-f(x_{i-1})|<\varepsilon_0.$$

令 $\widetilde{E}_1=E_1-\{x_0,x_1,\cdots,x_n\}$，对 $\forall\,\xi\in\widetilde{E}_1$，有 $\eta(\xi)>0$，s. t. 当 $0<r=r(\xi)<\eta(\xi)$ 时，有

$$\{x_0,x_1,\cdots,x_n\}\cap[\xi,\xi+r]=\varnothing,$$

且

$$\frac{1}{r}\bigvee_{\xi}^{\xi+r}(f)>\left|\frac{f(\xi+r)-f(\xi)}{r}\right|+\delta.$$

作

$$\mathscr{A}=\{I_{\xi,r}=[\xi,\xi+r]\mid\xi\in\widetilde{E}_1,0<r<\eta(\xi)\},$$

则易见 $\mathscr{A}$ 在 Vitali 意义下覆盖 $\widetilde{E}_1$，从而有 $I_{\xi_1,r_1},\cdots,I_{\xi_l,r_l}\in\mathscr{A}$，它们两两不相交，且

$$m\left(\widetilde{E}_1-\bigcup_{j=1}^l I_{\xi_j,r_j}\right)<\frac{m(\widetilde{E}_1)}{2}=\frac{m(E_1)}{2},$$

所以

$$\sum_{j=1}^l r_j=m\left(\bigcup_{j=1}^l I_{\xi_j,r_j}\right)>m(\widetilde{E}_1)-\frac{m(\widetilde{E}_1)}{2}=\frac{m(\widetilde{E}_1)}{2}.$$

由 $I_{\xi_j,r_j}\in\mathscr{A}$，故

$$\frac{1}{r_j}\bigvee_{\xi_j}^{\xi_j+r_j}(f)>\left|\frac{f(\xi_j+r_j)-f(\xi_j)}{r_j}\right|+\delta,$$

$$\sum_{j=1}^l\bigvee_{\xi_j}^{\xi_j+r_j}(f)=\sum_{j=1}^l|f(\xi_j+r_j)-f(\xi_j)|+\delta\sum_{j=1}^l r_j$$

$$>\sum_{j=1}^l|f(\xi_j+r_j)-f(\xi_j)|+\frac{1}{2}\delta m(\widetilde{E}_1).$$

而

$$\sum_{\text{其余}} \bigvee_{\eta_i}^{\eta_i'}(f) \geqslant \sum_{\text{其余}} | f(\eta_i') - f(\eta_i) |.$$

将上面两式相加,便知

$$\begin{aligned}\bigvee_a^b(f) &= \sum_{j=1}^{l} \bigvee_{\xi_j}^{\xi_j+r_j}(f) + \sum_{\text{其余}} \bigvee_{\eta_j}^{\eta_j'}(f) \\ &> \sum_{j=1}^{l} | f(\xi_j + r_j) - f(\xi_j) | + \sum_{\text{其余}} | f(\eta_i') - f(\eta_i) | + \frac{1}{2}\delta m(\widetilde{E}_1) \\ &\geqslant \sum_{i=1}^{n} | f(x_i) - f(x_{i-1}) | + \frac{1}{2}\delta m(\widetilde{E}_1) \\ &> \bigvee_a^b(f) - \varepsilon_0 + \frac{1}{2}\delta m(\widetilde{E}_1) = \bigvee_a^b(f) + \frac{1}{4}\delta m(\widetilde{E}_1),\end{aligned}$$

矛盾. □

注 (参阅定理 3.8.7)设 f 为$[a,b]$上的绝对连续函数($\Leftrightarrow f' \in \mathscr{L}([a,b])$,且 $f(x) = f(a) + (\mathrm{L})\int_a^x f'(t)\mathrm{d}t$). 则

$$\bigvee_a^x(f) = \int_a^x | f'(t) | \mathrm{d}t,$$

$$\Big(\bigvee_a^x(f)\Big)' = \Big(\int_a^x | f'(t) | \mathrm{d}t\Big)' \underset{m}{\doteq} | f'(x) |, \quad x \in [a,b].$$

【268】 (1) 设 $f(x)$在$[a,b]$上可导,且 $f' \in \mathscr{R}([a,b])$(Riemann 可积函数的集合),则

$$\bigvee_a^b(f) = (\mathrm{R})\int_a^b | f'(x) | \mathrm{d}x.$$

如果"$f' \in \mathscr{R}([a,b])$"改为"$f' \in \mathscr{L}([a,b])$",则有

$$\bigvee_a^b(f) = (\mathrm{L})\int_a^b | f'(x) | \mathrm{d}x.$$

如果"$f' \in \mathscr{R}([a,b])$"改为"$f$ 几乎处处可导,且 $f' \in \mathscr{L}([a,b])$",则结论未必成立.

(2) (更一般)设 $f \in \mathscr{R}([a,b])$,令

$$F(x) = (\mathrm{R})\int_a^x f(t)\mathrm{d}t, \quad a \leqslant x \leqslant b,$$

则

$$\bigvee_a^b(F) = (\mathrm{R})\int_a^b | f(x) | \mathrm{d}x.$$

如果 $f \in \mathscr{L}([a,b])$,则有

$$\bigvee_a^b(F) = (\mathrm{L})\int_a^b | f(x) | \mathrm{d}x.$$

(3) 设 f 为$[a,b]$上的绝对连续函数. 则

$$\bigvee_a^b (f) = (\mathrm{L})\int_a^b |f'(x)|\,\mathrm{d}x.$$

(4) 设 f 在$[a,b]$上可导,且 f' 在$[a,b]$上是广义 Riemann 可积的,则

$$\bigvee_a^b (f) = (\mathrm{R})\int_a^b |f'(x)|\,\mathrm{d}x.$$

证明 (2) 对$[a,b]$的任一分割 Δ：$a=x_0<x_1<\cdots<x_n=b$,均有(这里积分为 Riemann 积分或者 Lebesgue 积分)

$$\begin{aligned} v_\Delta(F) &= \sum_{i=1}^n |F(x_i)-F(x_{i-1})| = \sum_{i=1}^n \left|\int_{x_{i-1}}^{x_i} f(x)\,\mathrm{d}x\right| \\ &\leqslant \sum_{i=1}^n \int_{x_{i-1}}^{x_i} |f(x)|\,\mathrm{d}x = \int_a^b |f(x)|\,\mathrm{d}x < +\infty. \end{aligned}$$

由此即得 $F\in \mathrm{BV}([a,b])$,且 $\bigvee_a^b (F) \leqslant \int_a^b |f(x)|\,\mathrm{d}x$.

为证 $\int_a^b |f(x)|\,\mathrm{d}x \leqslant \bigvee_a^b (F)$. 先对特定的阶梯函数

$$\varphi(x) = \sum_{i=1}^n c_i \chi_{[x_{i-1},x_i]}(x), \quad c_i = 1 \text{ 或 } 0 \text{ 或 } -1 \quad (a\leqslant x\leqslant b),$$

有

$$\begin{aligned} \int_a^b \varphi(x)f(x)\,\mathrm{d}x &= \sum_{i=1}^n c_i\int_{x_{i-1}}^{x_i} f(x)\,\mathrm{d}x \leqslant \sum_{i=1}^n \left|\int_{x_{i-1}}^{x_i} f(x)\,\mathrm{d}x\right| \\ &= \sum_{i=1}^n |F(x_i)-F(x_{i-1})| \leqslant \bigvee_a^b (F). \end{aligned}$$

然后,对 $f\in\mathscr{R}([a,b])$(或$\in\mathscr{L}([a,b])$),作$[a,b]$上的阶梯函数列$\{\psi_n(x)\}$,s. t.

$$\lim_{n\to+\infty}\psi_n(x) \doteq_m f(x), \quad x\in[a,b].$$

且令

$$\varphi_n(x) = \operatorname{sgn}\psi_n(x), \quad x\in[a,b], \quad n\in\mathbb{N}.$$

易知

$$\begin{aligned} \lim_{n\to+\infty}\varphi_n(x)f(x) &= \lim_{n\to+\infty}(\operatorname{sgn}\psi_n(x))f(x) \\ &\doteq_m (\operatorname{sgn}f(x))f(x) = |f(x)|, \quad x\in[a,b]. \end{aligned}$$

由上述,有

$$\int_a^b \varphi_n(x)f(x)\,\mathrm{d}x \leqslant \bigvee_a^b (F).$$

因为

$$|\varphi_n(x)f(x)| \mathrel{\dot{\leqslant}_m} |f(x)|, \quad x\in[a,b], \quad \int_a^b |f(x)|\,\mathrm{d}x < +\infty,$$

所以,根据控制收敛定理 3.4.1′,有

$$\int_a^b |f(x)|\,dx=\lim_{n\to+\infty}\int_a^b \varphi_n(x)f(x)\,dx\leqslant \bigvee_a^b (F).$$

综合上述立,知

$$\bigvee_a^b (F)=\int_a^b |f(x)|\,dx.$$

(1) 证法 1 因为 $f'\in\mathscr{R}([a,b])$,故根据参考文献[15]定理 6.3.4(微积分基本公式),有

$$f(x)=f(a)+(\mathrm{R})\int_a^x f'(t)\,dt.$$

再由(2)或定理 3.6.7 得到

$$\bigvee_a^b (f)=(\mathrm{R})\int_a^b |f'(x)|\,dx.$$

证法 2 因为 $f'\in\mathscr{R}([a,b])$,故 $|f'(x)|\leqslant M,x\in[a,b]$. 根据例 3.8.4,$f$ 为 $[a,b]$ 上的绝对连续函数. 因此,由(3),知

$$\bigvee_a^b (f)=(\mathrm{L})\int_a^b |f'(x)|\,dx=(\mathrm{R})\int_a^b |f'(x)|\,dx.$$

证法 3 如果 f 处处可导,且 $f'\in\mathscr{R}([a,b])$,因而 $f'\in\mathscr{L}([a,b])$,根据定理 3.8.17,

$$f(x)=f(a)+(\mathrm{L})\int_a^b f'(t)\,dt.$$

再由(2),知

$$\bigvee_a^b (f)=(\mathrm{L})\int_a^b |f'(x)|\,dx$$

$$=(\mathrm{R})\int_a^b |f'(x)|\,dx.$$

证法 4 易知,对 $\forall x',x''\in[a,b]$,且 $x'<x''$,根据微积分基本公式,得

$$|f(x'')-f(x')|=\left|(\mathrm{R})\int_{x'}^{x''} f'(x)\,dx\right|\leqslant(\mathrm{R})\int_{x'}^{x''}|f'(x)|\,dx.$$

因此

$$\begin{aligned}\bigvee_a^b (f)&=\lim_{\|\Delta\|\to 0} v_\Delta(f)=\lim_{\|\Delta\|\to 0}\sum_{i=1}^n |f(x_i)-f(x_{i-1})|\\&\leqslant\lim_{\|\Delta\|\to 0}\sum_{i=1}^n(\mathrm{R})\int_{x_{i-1}}^{x_i}|f'(x)|\,dx\\&=\lim_{\|\Delta\|\to 0}(\mathrm{R})\int_a^b|f'(x)|\,dx=(\mathrm{R})\int_a^b|f'(x)|\,dx.\end{aligned}$$

另一方面,对 $[a,b]$ 的分割 $\Delta: a=x_0<x_1<\cdots<x_n=b$,有

$$v_\Delta(f)=\sum_{i=1}^{n}|f(x_i)-f(x_{i-1})|$$

$$\xlongequal[\xi_i\in(x_{i-1},x_i)]{\text{Lagrange 中值定理}}\sum_{i=1}^{n}|f'(\xi_i)(x_i-x_{i-1})|$$

$$=\sum_{i=1}^{n}|f'(\xi_i)||x_i-x_{i-1}|.$$

由于 $v_\Delta(f)\leqslant\bigvee_a^b(f)$ 和 $f'\in\mathscr{R}([a,b])$，有

$$(\mathrm{R})\int_a^b|f'(x)|\mathrm{d}x=\lim_{\|\Delta\|\to 0}\sum_{i=1}^{n}|f'(\xi_i)||x_i-x_{i-1}|\leqslant\bigvee_a^b(f).$$

综合上述得到

$$\bigvee_a^b(f)=(\mathrm{R})\int_a^b|f'(x)|\mathrm{d}x.$$

但是，如果 f 在 $[a,b]$ 上几乎处处可导，且 $f'\in\mathscr{L}([a,b])$，上述结论未必成立. 例如：参考文献[1]中的例 1.6.4(2)与例 3.8.6，$f'\underset{m}{\doteq}0\in\mathscr{L}([a,b])$，但

$$f(x)\neq f(a)+(\mathrm{L})\int_a^b f'(t)\mathrm{d}t,$$

$$\bigvee_a^b(f)=f(b)-f(a)>0=(\mathrm{L})\int_a^b|0|\mathrm{d}x=(\mathrm{L})\int_a^b|f'(x)|\mathrm{d}x.$$

(3) 证法 1　因为 f 为 $[a,b]$ 上的绝对连续函数，根据定理 3.8.7，有

$$f(x)=f(a)+(\mathrm{L})\int_a^x f'(t)\mathrm{d}t.$$

再由(2)立知

$$\bigvee_a^b(f)=(\mathrm{L})\int_a^b|f'(x)|\mathrm{d}x.$$

证法 2　对 $[a,b]$ 的任一分割 Δ：$a=x_0<x_1<\cdots<x_n=b$，有

$$v_\Delta(f)=\sum_{i=1}^{n}|f(x_i)-f(x_{i-1})|\xlongequal{\text{定理 3.8.7}}\sum_{i=1}^{n}\left|\int_{x_{i-1}}^{x_i}f'(x)\mathrm{d}x\right|\leqslant\int_a^b|f'(x)|\mathrm{d}x.$$

从而，有

$$\bigvee_a^b(f)=\sup_{\Delta}v_\Delta(f)\leqslant\int_a^b|f'(x)|\mathrm{d}x.$$

另一方面，因为 f 为 $[a,b]$ 上的绝对连续函数，根据定理 3.8.5(2)，$f\in\mathrm{BV}([a,b])$. 再根据题[267]注意到 $\bigvee_a^x(f)$ 单调增，有

$$\left(\bigvee_a^x(f)\right)'\underset{m}{\doteq}|f'(x)|,x\in[a,b].$$

$$\int_a^b |f'(x)|\,dx = \int_a^b \left(\bigvee_a^x (f)\right)' dx \overset{\text{定理3.6.3}}{\leqslant} \bigvee_a^b (f) - \bigvee_b^a (f) = \bigvee_a^b (f).$$

综上得到
$$\bigvee_a^b (f) = (\mathrm{L}) \bigvee_a^b |f'(x)|\,dx.$$

(4) 因为 f 在 $[a,b]$ 上可导，且 f' 在 $[a,b]$ 上广义 Riemann 可积，故 f' 的广义 Riemann 积分可视作通常 Riemann 积分的极限. 由(2)立即推得结论. 例如：f' 在 $[a,b]$ 上有惟一的瑕点 b，则

$$\bigvee_a^b (f) = \lim_{x\to b^-} \bigvee_a^x (f) = \lim_{x\to b^-} (\mathrm{R})\int_a^x |f'(t)|\,dt = (\mathrm{R})\int_a^b |f'(t)|\,dt. \quad \square$$

【269】 设 f 为 $[a,b]$ 上的有界变差函数，则

$$p(x) = \frac{1}{2}\left[\bigvee_a^x (f) + f(x) - f(a)\right], \quad n(x) = \frac{1}{2}\left[\bigvee_a^x (f) - f(x) + f(a)\right]$$

分别称为 f 的**正变差函数与负变差函数**. 我们还称

$$\begin{cases} \bigvee_a^x (f) = p(x) + n(x), \\ f(x) - f(a) = p(x) - n(x) \end{cases}$$

为 $f(x)$ 的**正规分解**. 证明：

(1) $p(x), n(x)$ 为 $[a,b]$ 上的单调增的函数.

(2) f 与 $\bigvee_a^x (f)$ 有相同的右(左)连续点，有相同的连续点.

(3) x_0 为 f 的连续点 $\Leftrightarrow x_0$ 同时为 p, n 两个函数的连续点.

(4) 惟一地存在 $[a,b]$ 上右连续的有界变差函数 g，s. t.

(a) 在 $[a,b]$ 中 f 的连续点上 $g(x) = f(x)$；

(b) $g(a) = f(a^+)$，$g(b) = f(b)$；

(c) $\bigvee_a^b (g) \leqslant \bigvee_a^b (f)$ (考察 $g(x) = f(x^+)$).

(5) 设 $\{x_n\}$ 为 f 的不连续点的全体(至多可数). 易见

$$\sum_k [|f(x_k^+) - f(x_k)| + |f(x_k) - f(x_k^-)|] \leqslant \bigvee_a^b (f) < +\infty.$$

作 f 的跳跃函数

$$\varphi(x) = \sum_k [f(x_k^+) - f(x_k)]\theta(x - x_k) + \sum_k [f(x_k) - f(x_k^-)]\theta_1(x - x_k),$$

则 $g = f - \varphi$ 为连续的有界变差函数. 换言之，任何一个有界变差函数总可表示为一个连续的有界变差函数与一个跳跃函数之和，即 $f = (f - \varphi) + \varphi$，其中

$$\theta(x) = \begin{cases} 1, & x > 0, \\ 0, & x \leqslant 0, \end{cases}$$

并称它为 **Heaviside 函数**. 它是单调增函数,且在 $x=0$ 左连续,但非右连续. 再设

$$\theta_1(x)=\begin{cases}1, & x\geqslant 0,\\ 0, & x<0,\end{cases}$$

它也是单调增函数,且在 $x=0$ 右连续,但非左连续,且 $\theta_1(x)=1-\theta(-x)$.

证明 (1) 设 $x_1<x_2$,因为

$$\begin{aligned}p(x_2)-p(x_1)&=\frac{1}{2}\Big[\bigvee_{x_1}^{x_2}(f)+f(x_2)-f(x_1)\Big]\\&\geqslant\frac{1}{2}\Big[\bigvee_{x_1}^{x_2}(f)-|f(x_2)-f(x_1)|\Big]\geqslant 0,\end{aligned}$$

$$\begin{aligned}n(x_2)-n(x_1)&=\frac{1}{2}\Big[\bigvee_{x_1}^{x_2}(f)-f(x_2)+f(x_1)\Big]\\&\geqslant\frac{1}{2}\Big[\bigvee_{x_1}^{x_2}(f)-|f(x_2)-f(x_1)\Big]\geqslant 0,\end{aligned}$$

所以 $p(x),n(x)$ 均为 $[a,b]$ 上的单调函数.

(2) 当 $x<x'$ 时,由不等式

$$|f(x)-f(x')|\leqslant\bigvee_{x}^{x'}(f)=\bigvee_{a}^{x'}(f)-\bigvee_{a}^{x}(f)$$

知,全变差函数 $\bigvee_{a}^{x}(f)$ 的右(左)连续点必是 f 的右(左)连续点.

反之,如果 ξ 是 f 的右连续点,$a\leqslant\xi<b$. 则对 $\forall\,\varepsilon>0$, $\exists\,0<\delta<b-\xi$, s. t. 当 $x\in(\xi,\xi+\delta)$ 时,有

$$|f(x)-f(\xi)|<\frac{\varepsilon}{2}.$$

在 $[\xi,\xi+\delta]$ 上取一分点组 $\xi=x_0<x_1<\cdots<x_n=\xi+\delta$, s. t.

$$\sum_{i=1}^{n}|f(x_i)-f(x_{i-1})|>\bigvee_{\xi}^{\xi+\delta}(f)-\frac{\varepsilon}{2}.$$

由于

$$\sum_{i=2}^{n}|f(x_i)-f(x_{i-1})|\leqslant\bigvee_{x_1}^{\xi+\delta}(f),$$

以及

$$\bigvee_{\xi}^{\xi+\delta}(f)=\bigvee_{\xi}^{x_1}(f)+\bigvee_{x_1}^{\xi+\delta}(f),$$

就得到

$$\bigvee_{\xi}^{x_1}(f)=\bigvee_{\xi}^{\xi+\delta}(f)-\bigvee_{x_1}^{\xi+\delta}(f)$$

$$<\Big[\sum_{i=1}^{n}|f(x_i)-f(x_{i-1})|+\frac{\varepsilon}{2}\Big]-\sum_{i=2}^{n}|f(x_i)-f(x_{i-1})|$$

$$=\frac{\varepsilon}{2}+|f(x_1)-f(x_0)|$$

$$<\frac{\varepsilon}{2}+\frac{\varepsilon}{2}=\varepsilon.$$

因此,当 $x\in(\xi,x_1)$时,有

$$\Big|\bigvee_a^x(f)-\bigvee_a^\xi(f)\Big|=\bigvee_\xi^x(f)\leqslant\bigvee_\xi^{x_1}(f)<\varepsilon,$$

即 ξ 为 $\bigvee_a^x(f)$的右连续点.同理,可证 f 与 $\bigvee_a^x(f)$有相同的左连续点.由此推得 f 与 $\bigvee_a^x(f)$有相同的连续点.

(3) (⇒)设 x_0 为 f 的连续点,根据(2),x_0 也为 $\bigvee_a^x(f)$的连续点.再根据

$$p(x)=\frac{1}{2}\Big[\bigvee_a^x(f)+f(x)-f(a)\Big],\quad n(x)=\frac{1}{2}\Big[\bigvee_a^x(f)-f(x)+f(a)\Big]$$

知,x_0 为 $p(x)$与 $n(x)$的连续点.

(⇐)设 x_0 同时为 $p(x)$与 $n(x)$的连续点,则根据

$$f(x)=f(a)+p(x)-n(x),$$

x_0 也为 $f(x)$的连续点.

(4) 事实上,对 $x\in[a,b]$,取 $g(x)=f(x^+)$(当 $x>b$ 时,视 $f(x)=f(b)$).

如果 $x_0\in[a,b]$为 $f(x)$的一个连续点,由于 $f(x_0^+)=f(x_0)$,所以就有

$$g(x_0)=f(x_0^+)=f(x_0),$$

即 $f(x)=g(x)$在$[a,b]$中 $f(x)$的连续点上成立.

再证 $g(x)$在$[a,b]$上右连续.任取 $x_0\in[a,b]$,由右连续的定义,对 $\forall\varepsilon>0$,必 $\exists\delta>0$,当 $x\in(x_0,x_0+\delta)$时,成立着

$$f(x_0^+)-\frac{\varepsilon}{2}<f(x)<f(x_0^+)+\frac{\varepsilon}{2}.$$

对$(x_0,x_0+\delta)$中每个点 x,只要取 $x_n\in(x,x_0+\delta)$,并且 $x_n\to x$,从上式立即得到

$$f(x_0^+)-\frac{\varepsilon}{2}\leqslant f(x^+)\leqslant f(x_0^+)+\frac{\varepsilon}{2}.$$

即当 $x\in(x_0,x_0+\delta)$时,有

$$|g(x)-g(x_0)|=|f(x^+)-f(x_0^+)|\leqslant\frac{\varepsilon}{2}<\varepsilon.$$

这就证明了 $g(x)$在 x_0 点是右连续的.由于 $x_0\in[a,b]$是任取的,所以 $g(x)$在$[a,b]$上右连续.

最后证明：$\bigvee_a^b(g)\leqslant\bigvee_a^b(f)<+\infty$，从而 g 为 $[a,b]$ 上的有界变差函数.

在 $[a,b]$ 上任取分割 $\Delta: a=x_0<x_1<\cdots<x_n=b$，
再取 $y_i: x_i<y_i<x_{i+1}, i=1,2,\cdots,n-1$；$\widetilde{\Delta}: a=x_0<y_1<y_2<\cdots<y_{n-1}<x_n=b$，有

$$v_{\widetilde{\Delta}}(f)\leqslant\bigvee_a^b(f).$$

再令 $y_i\to x_i^+(i=1,2,\cdots,n-1)$，从上式和 $\lim\limits_{y_i\to x_i^+}f(y_i)=g(x_i)$ 就得到

$$v_\Delta(g)\leqslant\bigvee_a^b(f).$$

因此

$$\bigvee_a^b(g)\leqslant\bigvee_a^b(f).$$

至于 g 的惟一性是明显的. 假设 g_1,g_2 都是 $[a,b]$ 上满足(a)(b)(c)的右连续的有界变差函数.

(a) 在 $[a,b]$ 中 f 的连续点上 $g_1(x)=f(x)=g_2(x)$.

(b) $g_1(a)=f(a^+)=g_2(a)$. $g_1(b)=g_1(b^+)=f(b)=f(b^+)=g_2(b)$.

由于有界变差函数 $f(x)$ 为两个单调增函数之差，故 $f(x^+)$ 都存在有限. 又因为单调函数不连续点集至多可数，故 $f(x)$ 的不连续点至多可数. 由此及(a)和 g_1,g_2 都右连续推得 $g_1(x)=g_2(x), x\in[a,b]$.

(5) 由

$$\begin{cases}\bigvee_a^x(f)=p(x)+n(x),\\ f(x)-f(a)=p(x)-n(x),\end{cases}$$

我们有

$$\begin{aligned}|f(x_k^+)-f(x_k)|&=|[p(x_k^+)-n(x_k^+)+f(a)]-[p(x_k)-n(x_k)+f(a)]|\\&=|p(x_k^+)-n(x_k^+)-p(x_k)+n(x_k)|\\&\leqslant p(x_k^+)-p(x_k)+n(x_k^+)-n(x_k)\\&=[p(x_k^+)+n(x_k^+)]-[p(x_k)-n(x_k)]\\&=\bigvee_a^{x_k^+}(f)-\bigvee_a^{x_k}(f).\end{aligned}$$

同理可以得到

$$|f(x_k)-f(x_k^-)|\leqslant\bigvee_a^{x_k}(f)-\bigvee_a^{x_k^-}(f).$$

于是

$$\sum_k [|f(x_k^+) - f(x_k)| + |f(x_k) - f(x_k^-)|]$$

$$\leqslant \sum_k [\bigvee_a^{x_k^+}(f) - \bigvee_a^{x_k}(f) + \bigvee_a^{x_k}(f) - \bigvee_a^{x_k^-}(f)]$$

$$\leqslant \bigvee_a^b (f) < +\infty.$$

与单调增函数类似证明(见下面引理),任何一个有界变差函数 f 总可以表示成一个连续的有界变差函数 $f-\varphi$ 与一个跳跃函数 φ 的和,即 $f=(f-\varphi)+\varphi$. □

引理　设 f 为$[a,b]$上的单调增的函数,$\{x_n\}$为 f 的所有不连续点,作

$$\varphi(x) = \sum_n [f(x_n+0) - f(x_n)]\theta(x - x_n) + \sum_n [f(x_n) - f(x_n - 0)]\theta_1(x - x_n)$$

则 φ 为单调增函数,且

$$g(x) = f(x) - \varphi(x) \text{ 为}[a,b]\text{ 上的单调增的连续函数.}$$

进而,有 $\varphi(x) \underset{m}{\doteq} 0, g'(x) \underset{m}{\doteq} f'(x), x\in[a,b]$.

证明　易见,φ 为满足:

$$\varphi(x) \leqslant \sum_n [f(x_n+0) - f(x_n)] + \sum_n [f(x_n) - f(x_n - 0)] \leqslant f(b) - f(a),$$

且为单调增的跳跃函数. 还可看出 φ 的不连续点全体就是$\{x_n\}$,而且

$$\varphi(x_n+0) - \varphi(x_n) = f(x_n+0) - f(x_n),$$
$$\varphi(x_n) - \varphi(x_n-0) = f(x_n) - f(x_n-0).$$

因此

$$\begin{aligned} g(x_n+0) - g(x_n) &= [f(x_n+0) - \varphi(x_n+0)] - [f(x_n) - \varphi(x_n)] \\ &= [f(x_n+0) - f(x_n)] - [\varphi(x_n+0) - \varphi(x_n)] = 0, \\ g(x_n) - g(x_n-0) &= [f(x_n) - \varphi(x_n)] - [f(x_n-0) - \varphi(x_n-0)] \\ &= [f(x_n) - f(x_n-0)] - [\varphi(x_n) - \varphi(x_n-0)] = 0, \\ g(x_n+0) &= g(x_n-0), \end{aligned}$$

即 x_n 为 g 的连续点. 然而,除$\{x_n\}$外的点都是 f 和 φ 的连续点,自然也是 g 的连续点. 所以,g 为$[a,b]$上的连续函数.

再证 g 为单调增函数. 设 $\xi\in[a,b]$,显然,当 $\xi<x_n$ 时,有

$$\theta(\xi - x_n) = \theta_1(\xi - x_n) = 0.$$

而当 $\xi=x_n$ 时,$\theta(\xi-x_n)=0, \theta_1(\xi-x_n)=1$,因此

$$\varphi(\xi) = \sum_{x_n<\xi} [f(x_n+0) - f(x_n)]\theta(\xi - x_n) + \sum_{x_n\leqslant\xi} [f(x_n) - f(x_n-0)]\theta_1(\xi - x_n).$$

这就是说 $\varphi(\xi)$的值为 f 在$[a,\xi]$上所有不连续点跳跃度的总和(当 ξ 为 f 的不连续点时,这时只计算 ξ 点的左方跳跃度),因此,当 $\zeta<\xi$ 时,$\varphi(\xi)-\varphi(\zeta)$正是 f 在$[\zeta,\xi]$上所有不连续点跳跃度的总和(当 ζ 为 f 的不连续点时,只计算 ζ 点的右方跳跃度),于是

$$\varphi(\xi)-\varphi(\zeta)\leqslant f(\xi)-f(\zeta).$$

这个不等式等价于 $g(\zeta)\leqslant g(\xi)$,即 $g(x)$为$[a,b]$上的单调增函数.

最后,由于

$$\theta'(x-x_n)\underset{m}{\doteq}0,\quad \theta'_1(x-x_n)\underset{m}{\doteq}0\quad (n=1,2,\cdots)$$

和 Fubini 定理 3.6.4 推得

$$\varphi'(x)\underset{m}{\doteq}0,x\in[a,b].$$

□

【270】 设 f 为$[a,b]$上的绝对连续函数. 证明: $\bigvee\limits_a^x(f)$, $p(x)$, $n(x)$都为绝对连续函数.

证明 根据定理 3.8.5(2),$[a,b]$上的绝对连续函数 f 必为有界变差函数. 再根据题[268](3),有

$$\bigvee_a^x(f)=(\mathrm{L})\int_a^x|f'(t)|\,\mathrm{d}t.$$

于是,从定理 3.8.7 立知,$\bigvee\limits_a^x(f)$为$[a,b]$上的绝对连续函数.

因为

$$\begin{cases}p(x)=\dfrac{1}{2}\left[\bigvee\limits_a^x(f)+f(x)-f(a)\right],\\[2ex] n(x)=\dfrac{1}{2}\left[\bigvee\limits_a^x(f)-f(x)+f(a)\right],\end{cases}$$

所以,$p(x)$与 $n(x)$也都为$[a,b]$上的绝对连续函数. □

【271】 (Lebesgue 分解定理)设 f 为$[a,b]$上的有界变差函数. 证明: f 可分解为

$$f=f_c+f_s+\varphi,$$

其中 φ 为 f 在$[a,b]$上的跳跃函数,f_c 为$[a,b]$上的绝对连续函数,f_s 为奇异的有界变差函数(当然,f_c,f_s,φ 三个函数可以在上述分解中不全出现). 在相差一个常数意义下,三个函数均由 f 惟一决定.

证明 根据题[269](5)知,$f-\varphi$ 为$[a,b]$上连续的有界变差函数. 取

$$f_c=\int_a^x[f'(t)-\varphi'(t)]\mathrm{d}t+f(a).$$

由于 $f',\varphi'\in\mathscr{L}([a,b])$,故 f_c 为$[a,b]$上全连续函数,且 $f_c(a)=f(a)$. 由参考文献[3]第 281 页系知,$\varphi'(t)\underset{m}{\doteq}0$. 因而

$$f_c(x)=\int_a^x f'(t)\mathrm{d}t+f(a).$$

显然
$$f_s(x)=f(x)-f_c(x)-\varphi(x)=[f(x)-\varphi(x)]-f_c(x)$$
为$[a,b]$上的连续函数,并且
$$\begin{aligned}f'_s(x)&=f'(x)-f'_c(x)-\varphi'(x)\\&\underset{m}{\doteq}f'(x)-f'(x)-0=0,\quad x\in[a,b].\end{aligned}$$
如果 $f_s(x)$在$[a,b]$上不恒为0,则 f_s 为奇异的有界变差函数.于是,有分解
$$f=f_c+f_s+\varphi.$$

再证分解的惟一性.因为 φ 为 f 在$[a,b]$上的跳跃函数,它由 f 的跳跃点、跳跃度所惟一确定.如果 f 有另一分解 $f=\widetilde{f}_c+\widetilde{f}_s+\varphi$.则
$$\widetilde{f}_c+\widetilde{f}_s+\varphi=f=f_c+f_s+\varphi,$$
$$f_c-\widetilde{f}_c=\widetilde{f}_s-f_s.$$
因此,连续函数 $f_c-\widetilde{f}_c$ 的导函数
$$(f_c-\widetilde{f}_c)'\doteq(\widetilde{f}_s-f_s)'\underset{m}{\doteq}0-0=0.$$
根据定理3.8.6(2),知
$$\begin{aligned}f_c(x)-\widetilde{f}_c(x)&=\int_a^x[f'_c(t)-\widetilde{f}'_c(t)]\mathrm{d}t+f_c(a)-\widetilde{f}_c(a)\\&=\int_a^x0\mathrm{d}t+f_c(a)-\widetilde{f}_c(a)\\&=f_c(a)-\widetilde{f}_c(a),\end{aligned}$$
$$\begin{aligned}f_c(x)&=\widetilde{f}_c(x)+[f_c(a)-\widetilde{f}_c(a)],\\f_s(x)&=\widetilde{f}_s(x)+[f_s(x)-\widetilde{f}_s(x)]\\&=\widetilde{f}_s(x)+[\widetilde{f}_c(x)-f_c(x)]\\&=\widetilde{f}_s(x)+[\widetilde{f}_c(a)-f_c(a)].\end{aligned}$$
这就表明在相差一个常数意义下,三个函数均由 f 惟一决定. □

【272】 设 f 为$\mathbb{R}^1$ 上的有界 Lebesgue 可测函数,且对 $\forall\, t\in\mathbb{R}^1$,关于 $x\in\mathbb{R}^1$,有
$$f(x)\underset{m}{\doteq}f(x-t).$$
证明:存在常数 c,s.t. 在$\mathbb{R}^1$ 上,使得
$$f(x)\underset{m}{\doteq}c.$$

证明 因为 f 为$\mathbb{R}^1$ 上的有界 Lebesgue 可测函数,故在任何 Lebesgue 测度有限的集合上是 Lebesgue 可积的.令
$$F(x)=\int_0^x f(t)\mathrm{d}t,$$
则 $F\in C^0(\mathbb{R}^1)$,且对 $\forall\, x,y\in\mathbb{R}^1$,有
$$\begin{aligned}F(x+y)-F(y)&=\int_y^{x+y}f(t)\mathrm{d}t\xlongequal{t=u+y}\int_0^x f(u+y)\mathrm{d}u\\&\xlongequal{\text{题设}}\int_0^x f(u+y-y)\mathrm{d}u=\int_0^x f(u)\mathrm{d}u=F(x),\end{aligned}$$

$$F(x+y)=F(x)+F(y).$$

根据例 3.2.5,知

$$F(x)=F(1)x,\quad x\in\mathbb{R}^1.$$

由此与定理 3.8.2,知

$$F(1)=F'(x)=\left(\int_0^x f(t)\mathrm{d}t\right)'\underset{m}{\doteq}f(x),x\in[a,b].$$ □

【273】 设 f 为$\mathbb{R}^1$ 上的有界增函数,且在$\mathbb{R}^1$ 上可导. 记

$$\lim_{x\to-\infty}f(x)=A,\qquad \lim_{x\to+\infty}f(x)=B.$$

证明:

$$(\mathrm{L})\int_{\mathbb{R}^1}f'(x)\mathrm{d}x=B-A.$$

证明　因为 f 为增函数,所以根据定理 3.6.3(2)知,f' 在$[-n,n]$上是 Lebesgue 可积的. 再根据定理 3.8.17,有

$$(\mathrm{L})\int_{-n}^{n}f'(x)\mathrm{d}x=f(n)-f(-n).$$

令 $n\to+\infty$得到

$$(\mathrm{L})\int_{\mathbb{R}^1}f'(x)\mathrm{d}x=B-A.$$ □

【274】 设 f 在$\mathbb{R}^1$ 上可导,且 f 与 f'都为$\mathbb{R}^1$ 上的 Lebesgue 可积函数. 证明:

$$(\mathrm{L})\int_{\mathbb{R}^1}f'(x)\mathrm{d}x=0.$$

证明　根据定理 3.8.17,有

$$(\mathrm{L})\int_{-n}^{n}f'(x)\mathrm{d}x=f(n)-f(-n).$$

对 $\forall\, x_n\to+\infty(n\to+\infty)$,有

$$\begin{aligned}\lim_{n\to+\infty}f(x_n)&=\lim_{n\to+\infty}\left[f(0)+(\mathrm{L})\int_0^{x_n}f'(x)\mathrm{d}x\right]\\&=f(0)+(\mathrm{L})\int_0^{+\infty}f'(x)\mathrm{d}x.\end{aligned}$$

因此,$f(+\infty)=\lim\limits_{x\to+\infty}f(x)$存在有限. 又因 $f\in\mathscr{L}(\mathbb{R}^1)$,故 $f(+\infty)=0$. 特别地,$\lim\limits_{n\to+\infty}f(n)=0$. 同理,$\lim\limits_{n\to+\infty}f(-n)=0$. 于是

$$(\mathrm{L})\int_{\mathbb{R}^1}f'(x)\mathrm{d}x=\lim_{n\to+\infty}(\mathrm{L})\int_{-n}^{n}f'(x)\mathrm{d}x=\lim_{n\to+\infty}[f(n)-f(-n)]=0-0=0.$$ □

【275】 设 f 为$[a,b]$上的连续单调函数(或连续有界变差函数). 证明:

f 为$[a,b]$ 上的绝对连续函数

$\Leftrightarrow$ 对 $\forall\, E\subset[a,b],E\in\mathscr{R}_\sigma(\mathscr{T})=\mathscr{R}_\sigma(\mathscr{T})=\mathscr{B}$(Borel 集类),

$m(E)=0,\quad$ 必有 $m(f(E))=m(\{f(x)\mid x\in E\})=0.$

证明 证法1 (⇒)设 f 为$[a,b]$上的绝对连续函数,E 为 Borel 集,且 $m(E)=0$. 于是,E 为 Lebesgue 零集. 根据引理 3.8.2(1),必有 $m(f(E))=0$.

(⇐)对任何 Lebesgue 零集 E,根据定理 2.3.1(4),存在 G_δ 集 $H\supset E$, s. t. $m^*(H-E)=0$. 此时

$$0\leqslant m^*(H)\leqslant m^*(H-E)+m^*(E)=0+0=0,$$
$$m(H)=m^*(H)=0.$$

而 G_δ 集 H 为 Borel 集. 因此,根据右边条件,有

$$0\leqslant m^*(f(E))\leqslant m^*(f(H))=0,$$
$$m(f(E))=m^*(f(E))=0.$$

又因 f 为$[a,b]$上的连续单调函数(或连续有界变差函数)为连续有界变差函数. 根据定理 3.8.13,f 为绝对连续函数.

证法2 (⇒)因为 f 为$[a,b]$上的绝对连续函数,故对 $\forall\,\varepsilon>0$, $\exists\,\delta>0$, s. t. $[a,b]$中至多可数个互不相交的区间$\{(a_i,b_i)\}$满足 $\sum\limits_i(b_i-a_i)<\delta$ 时,有

$$\sum_i f(b_i)-f(a_i)\;|<\varepsilon.$$

由于 $m(E-\{a,b\})=m(E)=0$,故从引理 2.3.3 知存在开集

$$G=\bigcup_i(a_i,b_i)(\text{其中}\{(a_i,b_i)\}\text{为}G\text{的构成区间的全体}),$$

s. t.

$$E-\{a,b\}\subset G\subset(a,b),$$
$$\text{且 }m(G)\subset m\Big(\bigcup_i(a_i,b_i)\Big)=\sum_i(b_i-a_i)<\delta,$$

从而可得

$$0\leqslant m^*(f(E))=m^*(f(E-\{a,b\}))\leqslant m^*\Big(f\Big(\bigcup_i(a_i,b_i)\Big)\Big)$$
$$\leqslant m^*\Big(\bigcup_i f((a_i,b_i))\Big)\leqslant\sum_i m^*(f(a_i,b_i))$$
$$=\sum_i m((f(a_i),f(b_i)))=\sum_i[f(b_i)-f(a_i)]<\varepsilon.$$

令 $\varepsilon\to0^+$ 得到

$$0\leqslant m^*(f(E))\leqslant 0,\quad m(f(E))=m^*(f(E))=0.$$ □

注 $[a,b]$上的单调函数 f 将$[a,b]$中的任何 Lebesgue 零测集映为 Lebesgue 零测集,但它未必为连续函数,当然也未必为绝对连续函数.

反例:

$$f(x)=\begin{cases}x, & x\in\left[0,\dfrac{1}{2}\right],\\[2mm] x+1, & x\in\left(\dfrac{1}{2},1\right].\end{cases}$$

【276】 (1) 设 $f:\mathbb{R}^1\to\mathbb{R}$ 为 C^1 映射, E 为 Lebesgue 可测集, 且 $m(E)=0$, 则 $m(f(E))=0$.

(2) f 只是可导函数, 上述结论仍成立.

证明 (1) 证法 1 令 $E_n=E\cap[-n,n]$, $M_n=\max\limits_{x\in[-2n,2n]}\{|f'(x)|\}$. 因为 $m(E)=0$, 所以 $m(E_n)=0$.

对 $\forall\,\varepsilon>0$, 存在开集 $G=\bigcup\limits_i(a_i,b_i)\supset E_n$, s. t. $m(G)<\varepsilon$, 基中 $\{(a_i,b_i)\}$ 为 G 的构成区间, $(a_i,b_i)\subset[-2n,2n]$, 则当 $x\in(a_i,b_i)$ 时, 根据 Lagrange 中值定理, $\exists\,\xi\in(a_i,x)$, s. t.

$$|f(x)-f(a_i)|=|f'(\xi)(x-a_i)|\leqslant M_n|x-a_i|\leqslant M_n|b_i-a_i|.$$

所以

$$m^*(f(G))\leqslant M_n\sum_i(b_i-a_i)=M_nm(G),$$

$$0\leqslant m^*(f(E_n))\leqslant m^*(f(G))\leqslant M_nm(G)<M_n\varepsilon.$$

令 $\varepsilon\to0^+$ 得到 $m^*(f(E_n))=0$.

再由

$$0\leqslant m^*(f(E))\leqslant\sum_{n=1}^{\infty}m^*(f(E_n))=\sum_{n=1}^{\infty}0=0,$$

有

$$m^*(f(E))=0.$$

证法 2 见(2)的证法 1.

证法 3 见(2)的证法 2.

证法 4 因为 f 为 C^1 映射, 故 $f\in\mathscr{R}([a,b])$, $f\in\mathscr{L}([a,b])$, 根据定理 3.8.17, 得

$$f(x)=f(a)+\int_a^x f'(t)\,\mathrm{d}t.$$

再根据定理 3.8.7 知, f 为 $[a,b]$ 上的绝对连续函数. 于是, 从定理 3.8.13 知, f 具有性质 (N), 即将 $[a,b]$ 中的 Lebesgue 零测集映为 Lebesgue 零测集. 由此, 对 $\mathbb{R}^1$ 中任何 Lebesgue 零测集 E, 有

$$\begin{aligned}0\leqslant m^*(f(E))&=m^*\Big(f\Big(E\cap\bigcup_{n=-\infty}^{\infty}[n,n+1)\Big)\Big)\\&\leqslant\sum_{i=-\infty}^{\infty}m^*(f(E\cap[n,n+1)))\\&=\sum_{i=-\infty}^{\infty}0=0,\end{aligned}$$

$$m^*(f(E))=0.$$

(2) 证法 1 令 $E_n=\{x\in E\mid|f'(x)|\leqslant n\}$, 则 $E_n\subset E_{n+1}\subset E$, 且

$$0\leqslant m^*(E_n)\leqslant m^*(E)=0,\quad m^*(E_n)=0$$

和

$$E=\bigcup_{n=1}^{\infty}E_n.$$

根据定理 3.8.15 得到

$$0\leqslant m^*(f(E_n))\leqslant n\cdot m^*(E_n)=n\cdot 0=0,$$

$$m^*(f(E_n))=0,$$

$$0\leqslant m^*(f(E))=m^*\Big(f\Big(\bigcup_{n=1}^{\infty}E_n\Big)\Big)=m^*\Big(\bigcup_{n=1}^{\infty}f(E_n)\Big)$$

$$\leqslant\sum_{n=1}^{\infty}m^*(f(E_n))=\sum_{n=1}^{\infty}0=0,$$

$$m^*(f(E))=0.$$

证法 2 先证：设 $f(x)$在$[a,b]$上处处可导，$E\subset[a,b]$，且 $m(E)=0$，则 $m(f(E))=0$.

令 $E_n=E\cap\{x\mid|f'(x)|<n\}=\{x\in E\mid|f'(x)|<n\}$. 显然，$E=\bigcup_{n=1}^{\infty}E_n$，从而 $f(E)=\bigcup_{n=1}^{\infty}f(E_n)$. E_n 又可分解为

$$E_n=\{x\in E\mid 0\leqslant f'(x)<n\}\cup\{x\in E\mid -n<f'(x)\leqslant 0\}\xlongequal{\text{def}}\widetilde{E}_n\cup\widetilde{\widetilde{E}}_n.$$

欲证 $m(f(E_n))=0$，只须证明 $m(f(\widetilde{E}_n))=0=m(f(\widetilde{\widetilde{E}}_n))$，$n\in\mathbb{N}$.

由于 $m(\widetilde{E}_n)=0$，所以，对 $\forall\,\varepsilon>0$，必有开集 $G_n\supset\widetilde{E}_n$，且 $m(G_n)<\varepsilon$.

对 $\forall\,x\in\widetilde{E}_n\subset G_n$，由于 $0\leqslant f'(x)<n$，故 $\exists\,h_0>0$，当 $0<|h|<h_0$ 时，有

$$\left|\frac{f(x+h)-f(x)}{h}\right|<n+1,$$

即

$$f(x)-(n+1)|h|<f(x+h)<f(x)+(n+1)|h|. \qquad (*)$$

其中 h_0 可取得充分小，s. t. $(x-h_0,x+h_0)\subset G_n$. 对 $0<h<h_0$，作区间

$$\Delta(x,h)=(f(x)-(n+1)h,\quad f(x)+(n+1)h)$$

及相应的区间

$$d(x,h)=(x-h,x+h)\subset G_n.$$

由式$(*)$，知

$$f(d(x,h))\subset(f(x)-(n+1)h,\quad f(x)+(n+1)h)=\Delta(x,h).$$

显然

$$\lim_{h\to 0}m(\Delta(x,h))=\lim_{h\to 0}2(n+1)h=0.$$

而且，当 $\Delta(x_1,h_1)\cap\Delta(x_2,h_2)=\varnothing$ 时，有

$$f(d(x_1,h_1))\cap f(d(x_2,h_2))=\varnothing.$$

从而

$$d(x_1,h_1)\cap d(x_2,h_2)=\varnothing.$$

由上述结果可见区间族$\{\Delta(x,h)\mid x\in\widetilde{E}_n\}$依 Vitali 意义覆盖了 $f(\widetilde{E}_n)$. 而 $f(\widetilde{E}_n)$为有界集(因为在 $\widetilde{E}_n$ 上 $f'(x)$有界). 根据 Vitali 覆盖定理 3.6.1′,从$\{\Delta(x,h)\}$可选出可数个两两不相交的区间$\{\Delta(x_i,h_i)\mid i\in\mathbb{N}\}$, s. t.

$$m^*\left(f(\widetilde{E}_n)-\bigcup_{i=1}^{\infty}\Delta(x_i,h_i)\right)=0.$$

因此,由于$\{\Delta(x_i,h_i)\}$两两不相交,故$\{d(x_i,h_i)\}$也两两不相交. 由此得到下面的不等式:

$$\begin{aligned}
0\leqslant m^*(f(\widetilde{E}_n))&\leqslant m^*\left(\bigcup_{i=1}^{\infty}\Delta(x_i,h_i)\right)+m^*\left(f(\widetilde{E}_n)-\bigcup_{i=1}^{\infty}\Delta(x_i,h_i)\right)\\
&\leqslant\sum_{i=1}^{\infty}m^*(\Delta(x_i,h_i))+0\\
&\leqslant 2\sum_{i=1}^{n}(n+1)h_i\\
&=\sum_{i=1}^{\infty}(n+1)m(d(x_i,h_i))\\
&=(n+1)m^*\left(\bigcup_{i=1}^{\infty}d(x_i,h_i)\right)\\
&\leqslant(n+1)m^*(G_n)\\
&\leqslant(n+1)\varepsilon.
\end{aligned}$$

令 $\varepsilon\to0^+$,立即得到 $m^*(f(\widetilde{E}_n))=0$.

同理可证　$m^*(f(\widetilde{\widetilde{E}}_n))=0$. 于是,$m^*(f(E_n))=0$. $m^*(f(E))=m^*\left(\bigcup_{n=1}^{\infty}f(E_n)\right)=0$.

最后,对 $\forall\, E\subset\mathbb{R}^1$, $m(E)=0$,有

$$\begin{aligned}
0\leqslant m^*(f(E))&=m^*\left(f\left(\bigcup_{n=-\infty}^{\infty}(E\cap[n,n+1))\right)\right)\\
&=m^*\left(\bigcup_{n=-\infty}^{\infty}f(E\cap[n,n+1))\right)\\
&\leqslant\sum_{n=-\infty}^{\infty}m^*(f(E\cap[n,n+1)))\\
&=\sum_{n=-\infty}^{\infty}0=0,
\end{aligned}$$

$$m^*(f(E))=0.$$ □

【277】 设 $f:[a,b]\to\mathbb{R}$ 在 $E\subset[a,b]$上每一点处可导,则

在 E 上几乎处处导数为 0,即　$f'(x)\underset{m}{\doteq}0, x\in E\Leftrightarrow m(f(E))=0$.

证明　($\Rightarrow$)　设 $E_0=\{x\in E\mid f'(x)=0\}$, $E_n=\{x\in E\mid n-1<|f'(x)|\leqslant n\}$, $n=1$,

2,…. 由 $f'(x)\underset{m}{\doteq}0,x\in E$ 知,$m^*(E_n)=m(E_n)=0$. 再由定理 3.8.15 得到

$$\begin{aligned}0\leqslant m^*(f(E)) &= m^*\left(f\left(\bigcup_{n=0}^{\infty}E_n\right)\right)\\ &= m^*\left(\bigcup_{n=0}^{\infty}f(E_n)\right)\\ &\leqslant \sum_{n=0}^{\infty}m^*(f(E_n))\\ &\leqslant 0\cdot m(f(E_0))+\sum_{n=1}^{\infty}n\cdot m^*(E_n)\\ &= 0+\sum_{n=1}^{\infty}n\cdot 0=0,\\ m^*(f(E))&=0,\quad m(f(E))=0.\end{aligned}$$

(⇐)作点集

$$A_n=\left\{x\in E\mid \text{当}\ |y-x|\leqslant\frac{1}{n}\ \text{时},\ |f(y)-f(x)|\geqslant\frac{1}{n}|y-x|\right\},$$

显然

$$A=\{x\in E\mid |f'(x)|>0\}=\bigcup_{n=1}^{\infty}A_n.$$

易见

$$\begin{aligned}f'(x)\underset{m}{\doteq}0,x\in E&\Leftrightarrow m(A)=0\\ &\Leftrightarrow m(A_n)=0,n=1,2,\cdots.\end{aligned}$$

现证 $m(A_n)=0,n=1,2,\cdots$. 对任何区间 $I,\operatorname{diam}I\leqslant\frac{1}{n}$,因为

$$0\leqslant m^*(f(I\cap A_n))\leqslant m^*(f(A))\leqslant m^*(f(E))=m(f(E))=0,$$

所以,$m^*(f(I\cap A_n))=0,m(f(I\cap A_n))=0$. 于是,对 $\forall\,\varepsilon>0$,存在区间列 $\{J_k\}$, s. t.

$$\bigcup_{k=1}^{\infty}J_k\supset f(I\cup A_n),\quad \sum_{k=1}^{\infty}\operatorname{diam}J_k<\varepsilon.$$

令 $B_k=(I\cap A_n)\cap f^{-1}(J_k)$,则

$$B_k\subset I\cap A_n,\quad f(B_k)\subset J_k,\quad I\cap A_n=\bigcup_{k=1}^{\infty}B_k.$$

于是

$$\begin{aligned}0\leqslant m^*(I\cap A_n)&\leqslant m^*\left(\bigcup_{k=1}^{\infty}B_k\right)\\ &\leqslant\sum_{k=1}^{\infty}m^*(B_k)\leqslant\sum_{k=1}^{\infty}\operatorname{diam}B_k\end{aligned}$$

$$\leqslant \sum_{k=1}^{\infty} n \operatorname{diam} f(B_k)$$

$$\leqslant n \sum_{k=1}^{\infty} \operatorname{diam} J_k < n\varepsilon.$$

令 $\varepsilon \to 0^+$ 得到

$$m^*(I \cap A_n) = 0, \quad m(I \cap A_n) = 0.$$

由此立知

$$m(A_n) = 0. \qquad \square$$

【278】 (特殊 Sard 定理)设 $f: [a,b] \to \mathbb{R}$ 的临界点集为

$$E = \{x \in [a,b] \mid f'(x) = 0\}.$$

则 f 的临界值集 $f(E)$ 为 Lebesgue 零测集，即 $m(f(E))=0$.

证明　根据定理 3.8.15 得到

$$0 \leqslant m^*(f(E)) \leqslant 0 \cdot m^*(E) = 0,$$

$$m^*(f(E)) = 0, \quad m(f(E)) = 0. \qquad \square$$

【279】 证明：$[a,b]$上导数处处存在且有限的单调函数(或有界变差函数)f 必为绝对连续函数.

证明　由题[276](2)，对任何 Lebesgue 零测集 E，必有 $m(f(E))=0$. 又因 f 处处可导，故 f 在$[a,b]$上连续. 从题设知 f 单调(或有界变差)，故 f 为有界变差函数，根据定理 3.8.13，f 为绝对连续函数. $\square$

【280】 设 $f \in \mathscr{L}([0,1])$，g 为定义在$[0,1]$上的单调增函数. 如果对 $\forall [a,b] \subset [0,1]$，有

$$\left| (\mathrm{L})\int_a^b f(x)\,\mathrm{d}x \right|^2 \leqslant [g(b)-g(a)](b-a).$$

证明：f^2 为$[0,1]$上的 Lebesgue 可积函数.

证明　题中不等式

$$\left| (\mathrm{L})\int_a^b f(x)\,\mathrm{d}x \right|^2 \leqslant [g(b)-g(a)](b-a).$$

改为

$$\left| \frac{(\mathrm{L})\int_a^b f(x)\,\mathrm{d}x}{b-a} \right|^2 \leqslant \frac{g(b)-g(a)}{b-a}, \quad [a,b] \subset [0,1].$$

则

$$\left| \frac{(\mathrm{L})\int_x^{x+h} f(t)\,\mathrm{d}t}{h} \right|^2 \leqslant \frac{g(x+h)-g(x)}{h}, \quad h > 0.$$

令 $h \to 0^+$，并根据定理 3.8.2，有

$$|f(x)|^2 \underset{m}{\dot{\leqslant}} g'(x), \quad x \in [0,1].$$

由此推得

$$0 \leqslant (\mathrm{L})\int_0^1 f^2(x)\mathrm{d}x \leqslant (\mathrm{L})\int_0^1 g'(x)\mathrm{d}x \underset{g\text{单调增}}{\overset{\text{定理3.6.3(2)}}{\leqslant}} g(1)-g(0) < +\infty.$$

这就表明了 $f^2 \in \mathscr{L}([0,1])$. □

【281】 证明：(1) f 在 $[a,b]$ 上满足 Lipschitz 条件

$\Leftrightarrow$ 在 $[a,b]$ 上存在有界的 Lebesgue 可测函数 g（此时 $g \in \mathscr{L}([a,b])$），s. t.

$$f(x) = f(a) + \int_a^x g(t)\mathrm{d}t.$$

(2) 在(1)的充分性中，“有界”条件能否删去？

(3) $[a,b]$ 上的绝对连续函数是否必须满足 Lipschitz 条件？

证明 (1) ($\Rightarrow$)设 f 在 $[a,b]$ 上满足 Lipschitz 条件，即对 $\forall x_1,x_2 \in [a,b]$，有

$$|f(x_2)-f(x_1)| \leqslant M|x_2-x_1|.$$

由例 3.8.4 知，f 在 $[a,b]$ 上为绝对连续函数. 再由定理 3.8.7，得

$$f(x) = f(a) + \int_a^x g(t)\mathrm{d}t, \quad g \in \mathscr{L}([a,b]),$$

且在 $[a,b]$ 上，$g(x) \underset{m}{\doteq} f'(x)$. 进而，有

$$|g(x)| \underset{m}{\doteq} |f'(x)| = \left|\lim_{h\to 0}\frac{f(x+h)-f(x)}{h}\right|$$

$$\leqslant \lim_{h\to 0}\left|\frac{f(x+h)-f(x)}{h}\right| \leqslant M, x \in [a,b].$$

这表明 g 为 $[a,b]$ 上的有界 Lebesgue 可积函数.

($\Leftarrow$)设右边条件成立，则

$$|g(x)| \leqslant M, \quad \forall x \in [a,b].$$

于是，对 $\forall x_1,x_2 \in [a,b]$，$x_1 < x_2$ 有

$$|f(x_2)-f(x_1)| = \left|\left[f(a)+\int_a^{x_2} g(t)\mathrm{d}t\right] - \left[f(a)+\int_a^{x_1} g(t)\mathrm{d}t\right]\right|$$

$$= \left|\int_{x_1}^{x_2} g(t)\mathrm{d}t\right| \leqslant \int_{x_1}^{x_2} |g(t)|\mathrm{d}t \leqslant M|x_2-x_1|,$$

即 f 在 $[a,b]$ 上满足 Lipschitz 条件.

(2) 在(1)的充分性中，“有界”条件不能删去.

反例：令

$$g(x) = \begin{cases} \dfrac{1}{\sqrt{1-x}}, & x \in [0,1), \\ 0, & x = 1, \end{cases}$$

$$f(x) = \int_0^x \frac{\mathrm{d}t}{\sqrt{1-t}} = -2\sqrt{1-t}\,\Big|_0^x = 2-2\sqrt{1-x}, \quad x \in [0,1],$$

$$f'(x) \underset{m}{=} g(x),\quad g \in \mathscr{L}([0,1]).$$

(3) 根据定理 3.8.7，f 为$[0,1]$上的绝对连续函数，但不满足 Lipschitz 条件：

$$\begin{aligned}
|f(x_2)-f(x_1)| &= \left|\int_0^{x_2}\frac{\mathrm{d}t}{\sqrt{1-t}}-\int_0^{x_1}\frac{\mathrm{d}t}{\sqrt{1-t}}\right| \\
&= \left|\int_{x_1}^{x_2}\frac{\mathrm{d}t}{\sqrt{1-t}}\right| \\
&= \left|-2\sqrt{1-t}\,\Big|_{x_1}^{x_2}\right| \\
&= 2\left|\sqrt{1-x_1}-\sqrt{1-x_2}\right| \\
&= 2\frac{|x_2-x_1|}{\sqrt{1-x_1}+\sqrt{1-x_2}} \\
&\not\leqslant M|x_2-x_1|,\ \forall x_1,x_2\in[0,1),
\end{aligned}$$

其中 M 为常数. □

【282】 设 f 为$[a,b]$上的凸函数，即对任何 $a\leqslant x_1<x_2\leqslant b$，$\forall\lambda\in(0,1)$，总有

$$f(\lambda x_1+(1-\lambda)x_2)\leqslant\lambda f(x_1)+(1-\lambda)f(x_2).$$

它等价于，对任何 $a\leqslant x_1<x_2<x_3\leqslant b$，有

$$\frac{f(x_2)-f(x_1)}{x_2-x_1}\leqslant\frac{f(x_3)-f(x_1)}{x_3-x_1}\leqslant\frac{f(x_3)-f(x_2)}{x_3-x_2}. \tag{$*$}$$

(见参考文献[15]定理 3.6.1). 证明：

(1) f 在 $\forall[\alpha,\beta]\subset(a,b)$上满足 Lipschitz 条件.

(2) 在$[\alpha,\beta]\subset(a,b)$中 f 是一致连续的；而在(a,b)中是连续函数(注意：f 在端点 a,b 处未必连续).

(3) f 在(a,b)上任一点处都有有限的左导数 f'_- 与右导数 f'_+，且都为增函数. 且 $f'_-(x)\leqslant f'_+(x)$，$x\in(a,b)$.

(4) 如果 f 在 a,b 两点都连续，则 f 为$[a,b]$上的绝对连续函数.

证明 (1) 任取 $x_1,x_2\in[\alpha,\beta]\subset(A,B)\subset[A,B]\subset(a,b)$，$x_1<x_2$，由题中不等式$(*)$，知

$$\begin{aligned}
\frac{f(A)-f(\alpha)}{A-\alpha}&\leqslant\frac{f(x_1)-f(\alpha)}{x_1-\alpha}\leqslant\frac{f(x_2)-f(x_1)}{x_2-x_1}\\
&\leqslant\frac{f(\beta)-f(x_2)}{\beta-x_2}\leqslant\frac{f(B)-f(\beta)}{B-\beta}.
\end{aligned}$$

于是

$$\left|\frac{f(x_2)-f(x_1)}{x_2-x_1}\right|\leqslant M=\max\left\{\left|\frac{f(A)-f(\alpha)}{A-\alpha}\right|,\left|\frac{f(B)-f(\beta)}{B-\beta}\right|\right\},$$

即

$$|f(x_2)-f(x_1)|\leqslant M|x_2-x_1|,\quad\forall x_1,\quad x_2\in[a,b].$$

这表明 f 在$[\alpha,\beta]$上满足 Lipschitz 条件.

(2) 由(1), f 在$[\alpha,\beta]\subset(a,b)$为满足 Lipschitz 条件的函数. 根据一致连续的定义, $\forall\varepsilon>0$, 取 $0<\delta<\frac{\varepsilon}{M+1}$, 当 $x_1,x_2\in[\alpha,\beta]$, $|x_2-x_1|<\delta=\frac{\varepsilon}{M+1}$时, 有

$$|f(x_2)-f(x_1)|\leqslant M|x_2-x_1|\leqslant M\delta<M.\frac{\varepsilon}{M+1}<\varepsilon.$$

这就证明了 f 在$[\alpha,\beta]$上是一致连续的函数. 当然也就是连续函数. $\forall x_0\in(a,b)$, 必有 $x_0\in\left[\frac{a+x_0}{2},\frac{b-x_0}{2}\right]$, 由 f 在$\left[\frac{a+x_0}{2},\frac{b-x_0}{2}\right]$上连续知, f 在 x_0 点连续. 因为 $x_0\in(a,b)$任取, 故 f 在(a,b)上连续.

(3) 对 $\forall x_0\in(a,b)$, 令

$$\varphi(x)=\frac{f(x)-f(x_0)}{x-x_0}.$$

对 $\forall x_1,x_2\in(a,x_0)$, $x_1<x_2<x_0$. 由 f 为$[a,b]$上的凸函数和不等式(*), 知

$$\varphi(x_1)=\frac{f(x_1)-f(x_0)}{x_1-x_0}\leqslant\frac{f(x_2)-f(x_0)}{x_2-x_0}=\varphi(x_2).$$

因此, φ 是(a,x_0)上的增函数. 取 $x,B\in(a,b)$, $x<x_0<B$, 则

$$\varphi(x)=\frac{f(x)-f(x_0)}{x-x_0}\leqslant\frac{f(B)-f(x_0)}{B-x_0}=\varphi(B)(\varphi(x)\text{ 的上界}),$$

$$f'_-(x_0)=\lim_{x\to x_0^-}\frac{f(x)-f(x_0)}{x-x_0}=\lim_{x\to x_0^-}\varphi(x)$$

存在有限.

再证 f'_- 单调增. 对 $\forall x_1,x_2,u,v\in(a,b)$, $u<x_1<v<x_2$. 因 f 为$[a,b]$上的凸函数, 故有

$$\frac{f(u)-f(x_1)}{u-x_1}\leqslant\frac{f(v)-f(x_1)}{v-x_1}\leqslant\frac{f(v)-f(x_2)}{v-x_2}.$$

令 $u\to x_1^-$, $v\to x_2^-$ 就得

$$f'_-(x_1)=\lim_{u\to x_1^-}\frac{f(u)-f(x_1)}{u-x_1}\leqslant\lim_{v\to x_2^-}\frac{f(v)-f(x_2)}{v-x_2}=f'_-(x_2),$$

即 f'_- 为(a,b)上的增函数.

同理可证, f'_+ 在(a,b)上处处存在有限, 且在(a,b)上单调增.

最后, 对 $u,x,v\in(a,b)$, $u<x<v$, 有

$$\frac{f(u)-f(x)}{u-x}\leqslant\frac{f(v)-f(x)}{v-x},$$

$$f'_-(x)=\lim_{u\to x^-}\frac{f(u)-f(x)}{u-x}\leqslant\lim_{v\to x^+}\frac{f(v)-f(x)}{v-x}=f'_+(x),\quad x\in(a,b).$$

(4) 由(1) f 在$[\alpha,\beta]\subset(a,b)$上满足 Lipschitz 条件. 又由(2), f 在(a,b)上连续, 根据定

理 3.8.7,得

$$f(x)=f\left(\frac{a+b}{2}\right)+\int_{\frac{a+b}{2}}^{x}f'(t)\mathrm{d}t,\quad x\in(a,b),$$

其中 $f'(x)\in\mathscr{L}([\alpha,\beta])$(注意:$f'(x)$在$[a,b]$上未必 Lebesgue 可积).

如果 f 在 a,b 两点处连续,则

$$f(x)=f\left(\frac{a+b}{2}\right)+\int_{\frac{a+b}{2}}^{x}f'(t)\mathrm{d}t,\quad x\in[a,b].\qquad(**)$$

再由(3)知,f'_+ 与 f'_- 在(a,b)上是单调增的,从而 f'在$[a,b]$上凡存在有限的点集上也是单调增的. 由上还易知 $f'(x)$在$[a,b]$上几乎处处存在有限. 由此推得

$$\int_a^{\frac{a+b}{2}}|f'(t)|\mathrm{d}t<+\infty\Leftrightarrow\int_a^{\frac{a+b}{2}}f'(t)\mathrm{d}t\text{ 收敛},$$

$$\int_{\frac{a+b}{2}}^{b}|f'(t)|\mathrm{d}t<+\infty\Leftrightarrow\int_{\frac{a+b}{2}}^{b}f'(t)\mathrm{d}t\text{ 收敛}.$$

所以

$$|f'(x)|,\quad f'(x)\in\mathscr{L}([a,b]).$$

由式(**),并应用定理 3.8.7 得到 $f(x)$为$[a,b]$上的绝对连续函数. □

【283】 构造$\mathbb{R}^1$ 上具有连续导数的严格增函数,使其导函数在一个已给定的完全疏朗集 C 上恒为零.

解 设 ρ_0^1 为$\mathbb{R}^1$ 上的通常度量(距离)函数. 令

$$\varphi(x)=\rho_0^1(x,C)=\inf_{y\in C}|x-y|,\quad x\in\mathbb{R}^1,$$

则 φ 为$\mathbb{R}^1$ 上的连续函数,且

$$\varphi(x)\begin{cases}=0, & x\in C,\\ >0, & x\in\mathbb{R}^1-C.\end{cases}$$

在$\mathbb{R}^1$ 上再定义函数

$$f(x)=(\mathrm{R})\int_0^x\varphi(t)\mathrm{d}t,$$

则对 $\forall x\in\mathbb{R}^1$,根据微积分基本定理(见参考文献[15]定理 6.3.2)有

$$f'(x)=\varphi(x),\quad x\in\mathbb{R}^1.$$

由 φ 连续知 f 在$\mathbb{R}^1$ 上具有连续导数. 易见,$f'(x)=\varphi(x)\geqslant 0,x\in\mathbb{R}^1$; 且 $f'(x)=0\Leftrightarrow x\in C$(疏朗集),从而$\{x\in\mathbb{R}^1\mid f'(x)=0\}$不含区间}. 根据参考文献[15]定理 3.5.3,$f(x)$为$\mathbb{R}^1$ 上的严格增函数. 或者,对 $\forall x_1,x_2\in\mathbb{R}^1,x_1<x_2$,由于 C 为疏朗集,故必有闭区间$[\alpha,\beta]\subset(x_1,x_2)$,s. t. $[\alpha,\beta]\cap C=\varnothing$,从而

$$\begin{aligned}f(x_2)-f(x_1)&=(\mathrm{R})\int_0^{x_2}\varphi(t)\mathrm{d}t-(\mathrm{R})\int_0^{x_1}\varphi(t)\mathrm{d}t=(\mathrm{R})\int_{x_1}^{x_2}\varphi(t)\mathrm{d}t\\&\geqslant(\mathrm{R})\int_\alpha^\beta\varphi(t)\mathrm{d}t\xlongequal[\exists\xi\in[\alpha,\beta]]{\text{积分中值定理}}\varphi(\xi)(\beta-\alpha)>0,\\ f(x_1)&<f(x_2),\end{aligned}$$

f 为$\mathbb{R}^1$ 上的严格增函数. □

复习题 3

【284】 设$\{f_k\}$在$[a,b]$上依 Lebesgue 测度收敛于 f,g 为$\mathbb{R}^1$ 上的连续函数.证明:$\{g(f_k(x))\}$在$[a,b]$上依测度收敛于 $g(f(x))$.

证明 对$\forall \varepsilon>0,\forall \delta>0$,因 f 在$[a,b]$上几乎处处有限,故$\exists E\subset[a,b]$,s. t. $m([a,b]-E)<\dfrac{\delta}{2}$,且 f 在 E 上有界.不妨设$|f(x)|\leqslant M,\forall x\in E$.

又因 g 在$\mathbb{R}^1$ 上连续,所以 g 在$\left[-\dfrac{3M}{2},\dfrac{3M}{2}\right]$上一致连续,于是,$\forall y_1,y_2\in\left[-\dfrac{3M}{2},\dfrac{3M}{2}\right]$,当$|y_1-y_2|<\delta_\varepsilon$ 时,有

$$|g(y_1)-g(y_2)|<\varepsilon.$$

令 $\varepsilon_0=\min\left\{\delta_\varepsilon,\dfrac{M}{2}\right\}$,因为在$[a,b]$上 $f_k\underset{m}{\Rightarrow}f$,故$\exists K\in\mathbb{N}$,当 $k>K$ 时,有

$$m\left(\left\{x\in E\,\middle|\,|f_k(x)-f(x)|\geqslant\varepsilon_0\right\}\right)<\frac{\delta}{2}.$$

当$|f_k(x)-f(x)|<\varepsilon_0\leqslant\delta_\varepsilon$ 时,有

$$|g(f_k(x))-g(f(x))|<\varepsilon.$$

于是

$$\begin{aligned}
&\{x\in E\,|\,|f_k(x)-f(x)|\geqslant\varepsilon_0\}\supset\\
&\{x\in E\,|\,|g(f_k(x))-g(f(x))|\geqslant\varepsilon\},\\
&m(\{x\in E\,|\,|g(f_k(x))-g(f(x))|\geqslant\varepsilon\})\\
&\leqslant m(\{x\in E\,|\,|f_k(x)-f(x)|\geqslant\varepsilon_0\})<\frac{\delta}{2},\\
&m(\{x\in[a,b]\,|\,|g(f_k(x))-g(f(x))|\geqslant\varepsilon\})\\
&\leqslant m(\{x\in E\,|\,|g(f_k(x))-g(f(x))|\geqslant\varepsilon\})\\
&\quad+m([a,b]-E)<\frac{\delta}{2}+\frac{\delta}{2}=\delta.
\end{aligned}$$

这就证明了在$[a,b]$上,有

$$g\circ f_k\underset{m}{\Rightarrow}g\circ f,$$

即$\{g(f_k(x))\}$在$[a,b]$上依测度收敛于 $g(f(x))$. □

【285】 (Лузин 定理 3.2.10 的逆定理)设 f 为 Lebesgue 可测集 $E\subset\mathbb{R}^n$ 上的实函数,且对$\forall\delta>0$,存在 E 中的闭集 F,$m(E-F)<\delta$,s. t. f 在 F 上连续.证明:f 为 E 上的 Lebesgue 可测函数.

证明 取 $\delta=\frac{1}{n}$,则 $\exists F_n\subset E, F_n$ 为闭集,且

$$m(E-F_n)<\frac{1}{n},$$

而 f 在 F_n 上连续.令 $F=\bigcup_{n=1}^{\infty}F_n$,则

$$0\leqslant m(E-F)=m\left(E-\bigcup_{n=1}^{\infty}F_n\right)=m\left(\bigcap_{n=1}^{\infty}(E-F_n)\right)$$

$$\leqslant m(E-F_n)<\frac{1}{n}\to 0(n\to+\infty),$$

$$0\leqslant m(E-F)\leqslant 0,\quad m(E-F)=0.$$

由此推得 $\{x\in E-F \mid f(x)\geqslant t\}$ 为 Lebesgue 零测集,它是 Lebesgue 可测集.

因为 F_n 为闭集,故它为 Lebesgue 可测集.而 $\{x\in F_n \mid f(x)\geqslant t\}$ 为 F_n 中的闭集,它也为闭集,从而为 Lebesgue 可测集.由此,对 $\forall t\in\mathbb{R}^1$,

$$\{x\in E \mid f(x)\geqslant t\}=\{x\in E-F \mid f(x)\geqslant t\}\cup\{x\in F \mid f(x)\geqslant t\}$$

$$=\{x\in E-F \mid f(x)\geqslant t\}\cup\left(\bigcup_{n=1}^{\infty}\{x\in F_n \mid f(x)\geqslant t\}\right)$$

为 Lebesgue 可测集.这就证明了 f 为 E 上的 Lebesgue 可测函数. □

【286】 设 $f:\mathbb{R}^1\to\mathbb{R}$ 为有界函数.证明:

存在 $\mathbb{R}^1$ 几乎处处连续的函数 g, s. t. $f(x)\underset{m}{\doteq}g(x), x\in\mathbb{R}^1$

$\Leftrightarrow \exists E\subset\mathbb{R}^1$, s. t. $m(\mathbb{R}^1-E)=0$, f 在 E 上连续.

证明 ($\Rightarrow$)记 D_g 为 g 的不连续点集,则 $m(D_g)=0$.又设

$$F=\{x\in\mathbb{R}^1 \mid f(x)\neq g(x)\},$$

则 $m(F)=0$.令 $E=(F\cup D_g)^c$,即 $E^c=F\cup D_g$,则 $m(\mathbb{R}^1-E)=m(E^c)=0$,则在 E 上 $f=g$ 连续.

($\Leftarrow$)因为 $m(\mathbb{R}^1-E)=0$,所以 $\mathbb{R}^1-E$ 无内点,E 在 $\mathbb{R}^1$ 中稠密.

对 $\forall x\in\mathbb{R}^1$,令(注意 f 有界,故下面的上极限为有限值)

$$g(x)=\varlimsup_{\substack{y\to x\\ y\in E}}f(y) \text{ 或}$$

$$g(x)=\lim_{\delta\to 0^+}\sup\{f(y) \mid y\in E, |y-x|<\delta\},$$

则

$$g(x)=f(x),\quad x\in E,$$

$$g(x)\underset{m}{\doteq}f(x),\quad x\in\mathbb{R}^1.$$

由于 f 在 E 上连续,根据 $g(x)$ 的定义知,g 在 E 中的每一点处作为 $\mathbb{R}^1$ 上的函数是连续的.再由 $m(\mathbb{R}^1-E)=0$ 立知 g 在 $\mathbb{R}^1$ 上几乎处处连续. □

【287】 设 $\{f_k^{(n)}\}$ 为 $[0,1]$ 上的 Lebesgue 可测函数列,且满足:

(1) $\lim\limits_{k\to+\infty} f_k^{(n)}(x) \underset{m}{\doteq} f^{(n)}(x), x\in[0,1]$;

(2) $\lim\limits_{n\to+\infty} f^{(n)}(x) \underset{m}{\doteq} f(x), x\in[0,1]$.

证明：存在递增自然数列$\{n_j\}$，$\{k_j\}$，s.t.

$$\lim_{j\to+\infty} f_{k_j}^{(n_j)}(x) \underset{m}{\doteq} f(x).$$

证明 证法1 根据定理3.2.4(1)，题中条件(1)蕴涵着在$[0,1]$上(注意用到了$m([0,1])=1<+\infty$)$f_k^{(n)} \underset{m}{\Rightarrow} f^{(n)}(k\to+\infty)$；条件(2)蕴涵着在$[0,1]$上$f^{(n)} \underset{m}{\Rightarrow} f(n\to+\infty)$. 于是，由题[188]知，在$[0,1]$上，有$f_{k_j}^{(n_j)} \underset{m}{\Rightarrow} f(j\to+\infty)$. 再根据Riesz定理3.2.3，$\{f_{k_j}^{(n_j)}\}$又有子列在$[0,1]$上几乎处处收敛于$f$. 为简单仍记为$\{f_{k_j}^{(n_j)}\}$，故

$$\lim_{j\to+\infty} f_{k_j}^{(n_j)}(x) \underset{m}{\doteq} f(x).$$

证法2 因为$\lim\limits_{n\to+\infty} f^{(n)}(x) \underset{m}{\doteq} f(x), x\in[0,1]=E$，根据Егоров定理3.2.7(注意用到了$m([0,1])=1<+\infty$)，$\exists\, n_j\in\mathbb{N}$，s.t.

$$m\left(E\left(|f^{(n_j)}-f|>\frac{1}{2^{j+1}}\right)\right)<\frac{1}{2^{j+1}},$$

且可取$n_1<n_2<\cdots<n_j<\cdots$. 又因为$\lim\limits_{k\to+\infty} f_k^{(n_j)}(x) \underset{m}{\doteq} f^{(n_j)}$，再根据Егоров定理3.2.7，$\exists\, k_j\in\mathbb{N}$，s.t.

$$m\left(E\left(|f_{k_j}^{(n_j)}-f^{(n_j)}|>\frac{1}{2^{j+1}}\right)\right)<\frac{1}{2^{j+1}},$$

且可取$k_1<k_2<\cdots<k_j<\cdots$. 于是

$$\begin{aligned} m\left(E\left(|f_{k_j}^{(n_j)}-f|>\frac{1}{2^j}\right)\right) &\leqslant m\left(E\left(|f_{k_j}^{(n_j)}-f^{(n_j)}|>\frac{1}{2^{j+1}}\right)\cup E\left(|f^{(n_j)}-f|>\frac{1}{2^{j+1}}\right)\right) \\ &\leqslant m\left(E\left(|f_{k_j}^{(n_j)}-f^{(n_j)}|>\frac{1}{2^{j+1}}\right)\right) \\ &\quad + m\left(E\left(|f^{(n_j)}-f|>\frac{1}{2^{j+1}}\right)\right) \\ &< \frac{1}{2^{j+1}}+\frac{1}{2^{j+1}}=\frac{1}{2^j}. \end{aligned}$$

令

$$\begin{aligned} F_l &= \bigcap_{j=l}^{\infty}\left(E-E\left(|f_{k_j}^{(n_j)}-f|>\frac{1}{2^j}\right)\right) \\ &= \bigcap_{j=l}^{\infty} E\left(|f_{k_j}^{(n_j)}-f|\leqslant\frac{1}{2^j}\right) \\ &= E\left(|f_{k_j}^{(n_j)}-f|\leqslant\frac{1}{2^j}, j=l,l+1,\cdots\right). \end{aligned}$$

由此易见，在F_l上，$\{f_{k_j}^{(n_j)}\}$一致收敛于f. 而在$F=\bigcup\limits_{l=1}^{\infty}F_l$上$\{f_{k_j}^{(n_j)}\}$处处收敛于$f$. 再证

$m(E-F)=0$，从而，$\{f_{k_j}^{(n_j)}\}$在 E 上几乎处处收敛于 f.

事实上，由于

$$E-F=E-\bigcup_{l=1}^{\infty}F_l=\bigcap_{l=1}^{\infty}(E-F_l)$$
$$=\bigcap_{l=1}^{\infty}\left[E-\bigcap_{j=l}^{\infty}\left(E-E\left(|f_{k_j}^{(n_j)}-f|>\frac{1}{2^j}\right)\right)\right]$$
$$=\bigcap_{l=1}^{\infty}\bigcup_{j=l}^{\infty}E\left(|f_{k_j}^{(n_j)}-f|>\frac{1}{2^j}\right)$$
$$=\overline{\lim_{j\to+\infty}}E\left(|f_{k_j}^{(n_j)}-f|>\frac{1}{2^j}\right)$$

和

$$\sum_{j=1}^{\infty}m\left(E\left(|f_{k_j}^{(n_j)}-f|>\frac{1}{2^j}\right)\right)<\sum_{j=1}^{\infty}\frac{1}{2^j}=1,$$

以及定理 2.1.1(10)立即推得

$$m(E-F)=m\left(\overline{\lim_{j\to+\infty}}E\left(|f_{k_j}^{(n_j)}-f|>\frac{1}{2^j}\right)\right)=0. \qquad \square$$

注　将题[287]中[0,1]改为 E 且 $m(E)<+\infty$，其证明和结论仍成立.

请读者研究：当 $m(E)=+\infty$ 时，其结论仍成立吗？

【288】　题[188]中将“度量收敛”改为“收敛”；或题[287]中将“几乎处处收敛”改为收敛，所述结论成立吗？

解　结论不一定成立.

反例：设　$f_k^{(n)}(x)=[\cos(n!\ \pi x)]^{2k}$，

$$f^{(n)}(x)=\begin{cases}1, & n!x\text{ 为整数},\\ 0, & n!x\text{ 不为整数},\end{cases}$$

$$f(x)=D(x)=\begin{cases}1, & x\in[0,1]\text{中的有理数},\\ 0, & x\in[0,1]\text{中的无理数}.\end{cases}\text{(Dirichlet 函数)}$$

由于

$$\lim_{k\to+\infty}f_k^{(n)}(x)=\lim_{k\to+\infty}[\cos(n!x\cdot\pi)]^{2k}$$
$$=\lim_{k\to+\infty}\{[\cos(n!x\cdot\pi)]^2\}^k$$
$$=\begin{cases}\lim\limits_{k\to+\infty}1^k=1,\text{当 } n!x\text{ 为整数},\\ \lim\limits_{k\to+\infty}q^k=0,\text{当 } n!x\text{ 不为整数(其中 } 0<q<1)\end{cases}$$
$$=f^{(n)}(x).$$

进而，对 $\forall x\in[0,1]$中的有理数，则 $x=\dfrac{q}{p}$，其中 p 与 q 为互素的正整数. 当 $n>p$ 时，

$n!\,x=n!\,\dfrac{q}{p}$必为整数,从而,$f^{(n)}(x)=1$.于是,$\lim\limits_{n\to+\infty}f^{(n)}(x)=1$.

当$x\in[0,1]$中的无理数时,由于$\forall n\in\mathbb{N}$,$n!x$都不会是整数(若不然,有$n_0\in\mathbb{N}$,s.t. $n_0!\,x=q$为整数,则$x=\dfrac{q}{n_0!}$为有理数,这与x为无理数相矛盾).故$f^{(n)}(x)=0$,$\forall n\in\mathbb{N}$.从而,$\lim\limits_{n\to+\infty}f^{(n)}(x)=0$.

综上得到

$$\begin{aligned}\lim_{n\to+\infty}f^{(n)}(x)&=\begin{cases}1, & x\in[0,1]\text{ 中的有理数},\\ 0, & x\in[0,1]\text{ 中的无理数}\end{cases}\\ &=D(x)=f(x).\end{aligned}$$

因为对固定的$n,k\in\mathbb{N}$,$f_k^{(n)}(x)=[\cos(n!\;x\cdot\pi)]^{2k}$都是$[0,1]$上的连续函数.根据例1.5.7(定义域$\mathbb{R}$改为$[0,1]$结论仍成立),$\{f_k^{(n)}(x)\}$的任何子列都不会收敛到$D(x)$. □

【289】 Егоров定理3.2.7中删去条件"$\mu(E)<+\infty$",其结论是否仍成立.

解 结论未必成立.

反例:$f_n(x)=\begin{cases}0, & x\in[0,n],\\ 1, & x\in[n,+\infty),\end{cases}$

$f(x)=0,\quad x\in[0,+\infty)$.

显然,$\lim\limits_{n\to+\infty}f_n(x)=f(x)$,$x\in[0,+\infty)$.但对$\forall\delta>0$,不存在$E=[0,+\infty)$的Lebesgue可测子集$E_\delta$,s.t. $m(E-E_\delta)<\delta$,且在E_δ上,$\{f_n\}$一致收敛于f. □

【290】 设$E\subset\mathbb{R}^1$为Lebesgue可测集,f为E上的Lebesgue可测函数.证明:对任一Borel可测集B,$f^{-1}(B)=\{x\in E\mid f(x)\in B\}$为Lebesgue可测集.

证明 记$\mathscr{A}=\{A\subset\mathbb{R}\mid f^{-1}(A)\in\mathscr{L}(E)\}$.因$\mathscr{L}(E)$为$\sigma$代数,故当$A,B\in\mathscr{A}$时,有

$$f^{-1}(A-B)=f^{-1}(A)-f^{-1}(B)\in\mathscr{L}(E),\quad A-B\in\mathscr{A};$$

当$A_i\in\mathscr{A}(i=1,2,\cdots)$时,有

$$f^{-1}\Big(\bigcup_{i=1}^{\infty}A_i\Big)=\bigcup_{i=1}^{\infty}f^{-1}(A_i)\in\mathscr{L}(E),\qquad\bigcup_{i=1}^{\infty}A_i\in\mathscr{A}.$$

此外,由$f^{-1}(\mathbb{R})=E\in\mathscr{L}(E)$,$\mathbb{R}\in\mathscr{A}$.因此,$\mathscr{A}$为$\sigma$代数.

设A为开集,则由f为Lebesgue可测函数和例3.2.7知,$f^{-1}(A)\in\mathscr{L}(E)$,$A\in\mathscr{A}$.因此,$\mathscr{A}$是包含全部开集的$\sigma$代数.但Borel-$\sigma$代数$\mathscr{B}$是包含全部开集的最小$\sigma$代数,故$\mathscr{B}\subset\mathscr{A}$.这就证明了任何Borel集$B\in\mathscr{A}$,即$f^{-1}(B)$为Lebesgue可测集($f^{-1}(B)\in\mathscr{L}(E)$). □

【291】 设$E\subset\mathbb{R}^1$为Lebesgue可测集,$\{f_k\}$为E上依Lebesgue测度的收敛列,且存在常数M,对$\forall k\in\mathbb{N}$,有

$$|f_k(x_1)-f_k(x_2)|\leqslant M|x_1-x_2|,\quad\forall x_1,x_2\in E.$$

问:$\{f_k(x)\}$为E上的几乎处处收敛列吗?

解 $\{f_k\}$为E上的几乎处处收敛列.

令

$$A=\{x\in E \mid \forall \varepsilon>0,\ \text{有}\ m(E\cap(x-\varepsilon,x+\varepsilon))>0\}.$$

先证 $m(E-A)=0$. 事实上，$\forall x\in E-A$，$\exists \varepsilon_x>0$，s. t. $m(E\cap(x-\varepsilon_x,x+\varepsilon_x))=0$. 于是，$E-A$ 含于至多可数个有理区间$\{I_i\}$之并$\bigcup\limits_{i\geqslant 1} I_i$，且$\forall i\in\mathbb{N}$，有 $m(I_i\cap(E-A))=0$，故

$$0\leqslant m^*(E-A)\leqslant m^*\Big(\big(\bigcup_{i\geqslant 1} I_i\big)\cap(E-A)\Big)\leqslant \sum_{i\geqslant 1} m^*(I_i\cap(E-A))=\sum_{i\geqslant 1}0=0,$$

$$m^*(E-A)=0,\quad m(E-A)=0.$$

对$\forall x_0\in A$，$\forall\varepsilon>0$，记 $m\left(E\cap\left(x_0-\frac{\varepsilon}{3M+1},x_0+\frac{\varepsilon}{3M+1}\right)\right)=2\sigma>0$. 由$\{f_k(x)\}$为依测度收敛列知，$\exists N\in\mathbb{N}$，当 $k,j\geqslant N$ 时，有

$$m\left(\left\{x\in E \,\Big|\, |f_k(x)-f_j(x)|>\frac{\varepsilon}{3}\right\}\right)<\sigma<2\sigma.$$

于是，$\exists x_1\in E\cap\left(x_0-\frac{\varepsilon}{3M+1},x_0+\frac{\varepsilon}{3M+1}\right)$，s. t.

$$|f_k(x_1)-f_j(x_1)|\leqslant\frac{\varepsilon}{3},\quad k,j\geqslant N.$$

由此推得 $k,j\geqslant N$ 时，有

$$\begin{aligned}|f_k(x_0)-f_j(x_0)| &\leqslant |f_k(x_0)-f_k(x_1)|+|f_k(x_1)-f_j(x_1)|+|f_j(x_1)-f_j(x_0)|\\ &\leqslant 2M|x_0-x_1|+\frac{\varepsilon}{3}\leqslant 2M\cdot\frac{\varepsilon}{3M+1}+\frac{\varepsilon}{3}<\varepsilon.\end{aligned}$$

这就证明了$\{f_k(x_0)\}$收敛，由 $x_0\in A$ 任取，故$\{f_k\}$在 A 上处处收敛. 因为 $m(E-A)=0$，所以$\{f_k(x)\}$为 E 上的几乎处处收敛列. □

【292】 设$(X,\mathscr{R})$为可测空间，$E\in\mathscr{R}$，f 为 E 上的有界可测函数. 证明：必存在可测集的特征函数线性组合形成的函数列$\{f_n\}$在 E 上一致收敛于 f，并且

$$|f_n(x)|\leqslant\sup_{x\in E}|f(x)|,\quad n\in\mathbb{N}.$$

证明 由于 f 为 E 上的有界函数，故 $0\leqslant M=\sup\limits_{x\in E}|f(x)|<+\infty$. 令

$$f_n(x)=\begin{cases}\dfrac{i+1}{2^n}M, & x\in E\left(\dfrac{i}{2^n}M\leqslant f<\dfrac{i+1}{2^n}M\right),\quad i=-2^n,-2^n+1,\cdots,2^n-1,\\ M, & x\in E(f=M).\end{cases}$$

显然，因为 f 为 E 上的可测函数，所以$\{f_n\}$为可测集的特征函数线性组合形成的函数列，且

$$|f_n(x)|\leqslant M=\sup_{x\in E}|f(x)|,\quad n\in\mathbb{N}.$$

从

$$|f_n(x)-f(x)|\leqslant\frac{M}{2^n}$$

立知，$\{f_n\}$在 E 上一致收敛于 f. □

【293】 设 $f(x)$为 E 上的实值 Lebesgue 可测函数，$g(x)$为$\mathbb{R}^1$ 上的实值 Borel 可测函

数. 证明：$h(x)=g\circ f(x)=g(f(x))$为 E 上的 Lebesgue 可测函数.

证明 对任何开集 $G\subset\mathbb{R}$,因 g 为 Borel 可测函数,故 $g^{-1}(G)$为 Borel 可测集. 再由 f 为 E 上的 Lebesgue 可测函数,根据题[290]知

$$h^{-1}(G)=(g\circ f)^{-1}(G)=f^{-1}(g^{-1}(G))$$

为 Lebesgue 可测集,从而 $h(x)=g\circ f(x)=g(f(x))$为 E 上的 Lebesgue 可测函数. □

【294】 设$\{f_n\}$为$\mathbb{R}^1$ 上的 Lebesgue 可测函数,$\{\lambda_n\}$为正数列. 如果

$$\sum_{n=1}^{\infty}m\left(\left\{x\in\mathbb{R}^1\,\middle|\,\frac{|f_n(x)|}{\lambda_n}>1\right\}\right)<+\infty,$$

证明:

$$\overline{\lim_{n\to+\infty}}\frac{|f_n(x)|}{\lambda_n}\underset{m}{\overset{\cdot}{\leqslant}}1.$$

证明 令 $E_n=\left\{x\in\mathbb{R}^1\,\middle|\,\dfrac{|f_n(x)|}{\lambda_n}>1\right\}$,由 f_n 为$\mathbb{R}^1$ 上的 Lebesgue 可测函数知,$E_n(n\in\mathbb{N})$都为 Lebesgue 可测集. 且 $\sum\limits_{n=1}^{\infty}m(E_n)<+\infty$. 于是,对 $\forall\varepsilon>0$,$\exists n_0\in\mathbb{N}$,s. t. $\sum\limits_{k=n_0}^{\infty}m(E_k)<\varepsilon$.

记 $E=\overline{\lim\limits_{n\to+\infty}}E_n$,根据定理 1.1.4(1),$E$ 为 Lebesgue 可测集. 因此

$$0\leqslant m(E)=m(\overline{\lim_{n\to+\infty}}E_n)=m\Big(\bigcap_{n=1}^{\infty}\bigcup_{k=n}^{\infty}E_k\Big)\leqslant m\Big(\bigcup_{k=n_0}^{\infty}E_k\Big)\leqslant\sum_{k=n_0}^{\infty}m(E_k)<\varepsilon.$$

令 $\varepsilon\to0^+$得到

$$0\leqslant m(E)\leqslant0,\quad m(E)=0.$$

对$\forall x\in\mathbb{R}^1-E$,则 $x\notin E=\overline{\lim\limits_{n\to+\infty}}E_n$,即 x 只属于有限个 E_n,故$\exists N_x\in\mathbb{N}$,当 $n>N_x$ 时,$x\notin E_n$. 因此,当 $n>N_x$ 时,有

$$\frac{|f_n(x)|}{\lambda_n}\leqslant1.$$

由此推得

$$\overline{\lim_{n\to+\infty}}\frac{|f_n(x)|}{\lambda_n}\leqslant1.$$

又因 $m(E)=0$,故

$$\overline{\lim_{n\to+\infty}}\frac{|f_n(x)|}{\lambda_n}\underset{m}{\overset{\cdot}{\leqslant}}1,\quad x\in\mathbb{R}^1.$$ □

【295】 设 $f\in\mathscr{L}((0,+\infty))$,$[a_\lambda,b_\lambda]$为$(0,+\infty)$上的与正数 λ 有关的区间. 证明:

$$\lim_{\lambda\to+\infty}(\mathrm{L})\int_{a_\lambda}^{b_\lambda}f(t)\cos\lambda t\,\mathrm{d}t=0.$$

证明 因为 $f\in\mathscr{L}((0,+\infty))$,故由平均连续性定理 3.5.3,有

$$\lim_{\lambda\to+\infty}\int_0^{+\infty}\left|f(t)-f\left(t+\frac{\pi}{\lambda}\right)\right|\mathrm{d}t=0.$$

再由

$$0\leqslant\int_{a_\lambda}^{b_\lambda}\left|f(t)-f\left(t+\frac{\pi}{\lambda}\right)\right|\mathrm{d}t$$

$$\leqslant\int_{0}^{+\infty}\left|f(t)-f\left(t+\frac{\pi}{\lambda}\right)\right|\mathrm{d}t\to 0(\lambda\to+\infty)$$

和夹逼定理得到

$$\lim_{\lambda\to+\infty}\int_{a_\lambda}^{b_\lambda}\left|f(t)-f\left(t+\frac{\pi}{\lambda}\right)\right|\mathrm{d}t=0.$$

根据积分绝对连续性定理 3.3.15,知

$$\lim_{\lambda\to+\infty}\int_{a_\lambda}^{b_\lambda+\frac{\pi}{\lambda}}|f(t)|\,\mathrm{d}t=0=\lim_{\lambda\to+\infty}\int_{b_\lambda}^{b_\lambda+\frac{\pi}{\lambda}}|f(t)|\,\mathrm{d}t.$$

进而,从 $\cos\lambda\left(t+\frac{\pi}{\lambda}\right)=-\cos\lambda t$ 得到

$$0\leqslant 2\left|\int_{a_\lambda}^{b_\lambda}f(t)\cos\lambda t\,\mathrm{d}t\right|$$

$$=\left|\int_{a_\lambda}^{b_\lambda}f(t)\cos\lambda t\,\mathrm{d}t+\int_{a_\lambda}^{b_\lambda}f(t)\cos\lambda t\,\mathrm{d}t\right|$$

$$=\left|\int_{a_\lambda}^{b_\lambda}f(t)\cos\lambda t\,\mathrm{d}t+\int_{a_\lambda}^{a_\lambda+\frac{\pi}{\lambda}}f(t)\cos\lambda t\,\mathrm{d}t\right.$$

$$\left.+\int_{a_\lambda+\frac{\pi}{\lambda}}^{b_\lambda+\frac{\pi}{\lambda}}f(t)\cos\lambda t\,\mathrm{d}t+\int_{b_\lambda+\frac{\pi}{\lambda}}^{b_\lambda}f(t)\cos\lambda t\,\mathrm{d}t\right|$$

$$=\left|\int_{a_\lambda}^{b_\lambda}f(t)\cos\lambda t\,\mathrm{d}t-\int_{a_\lambda}^{b_\lambda}f\left(t+\frac{\pi}{\lambda}\right)\cos\lambda t\,\mathrm{d}t\right.$$

$$\left.+\int_{a_\lambda}^{a_\lambda+\frac{\pi}{\lambda}}f(t)\cos\lambda t\,\mathrm{d}t-\int_{b_\lambda}^{b_\lambda+\frac{\pi}{\lambda}}f(t)\cos\lambda t\,\mathrm{d}t\right|$$

$$\leqslant\int_{a_\lambda}^{b_\lambda}\left|f(t)-f\left(t+\frac{\pi}{\lambda}\right)\right|\mathrm{d}t+\int_{a_\lambda}^{a_\lambda+\frac{\pi}{\lambda}}|f(t)|\,\mathrm{d}t$$

$$+\int_{b_\lambda}^{b_\lambda+\frac{\pi}{\lambda}}|f(t)|\,\mathrm{d}t\to 0(\lambda\to+\infty),$$

$$\lim_{\lambda\to+\infty}\int_{a_\lambda}^{b_\lambda}f(t)\cos\lambda t\,\mathrm{d}t=0.$$

□

【296】 (1) 设 f 为$[a,b]$上的凸函数,$(X,\mathscr{R},\mu)$为测度空间,$E\in\mathscr{R}$,p 为 E 上非负可积函数. 又设 φ 为 E 上的可测函数,且对 $\forall\,x\in E$,$\varphi(x)\in[a,b]$. 证明:Jensen 不等式:当 $\int_E p(x)\mathrm{d}\mu(x)=1$ 时,有

$$f\left(\int_E\varphi(x)p(x)\mathrm{d}\mu(x)\right)\leqslant\int_E f(\varphi(x))p(x)\mathrm{d}\mu(x).$$

它等价于：当$\int_E p(x)\mathrm{d}\mu(x) > 0$时，有

$$f\left(\frac{\int_E \varphi(x)p(x)\mathrm{d}\mu(x)}{\int_E p(x)\mathrm{d}\mu(x)}\right) \leqslant \frac{\int_E f(\varphi(x))p(x)\mathrm{d}\mu(x)}{\int_E p(x)\mathrm{d}\mu(x)}.$$

(2) 设$\varphi(x)$，$p(x)$为$[0,1]$上的正值 Lebesgue 可测函数. 如果

$$\varphi(x)\cdot p(x) \geqslant 1, \quad \forall\, x \in [0,1].$$

证明：

$$(\mathrm{L})\int_0^1 \varphi(x)\mathrm{d}x \cdot (\mathrm{L})\int_0^1 p(x)\mathrm{d}x \geqslant 1.$$

证明 (1) 因为f为$[a,b]$上的凸函数，根据参考文献[15]例 3.6.5 知f在(a,b)上连续，且f在$[a,b]$上有界. 令$m=\inf\limits_{x\in[a,b]} f(x)$，$M=\sup\limits_{x\in[a,b]} f(x)$. 由于

$$ap(x) \leqslant \varphi(x)p(x) \leqslant bp(x),$$

$$|\varphi(x)p(x)| \leqslant (|a|+|b|)p(x),$$

$$\int_E (|a|+|b|)p(x)\mathrm{d}\mu(x) = (|a|+|b|) < +\infty,$$

故 $|\varphi(x)p(x)|$与$\varphi(x)p(x)$都在E上可积. 再由

$$mp(x) \leqslant f(\varphi(x))p(x) \leqslant Mp(x),$$

同上理，$|f(\varphi(x))p(x)|$与$f(\varphi(x))p(x)$都在E上可积.

先设p为非负简单可测函数，记为

$$p(x) = \sum_{i=1}^m c_i\chi_{\tilde{E}_i}(x), \quad x \in E.$$

取定$\delta>0$，$y_k=a+k\delta$，$k=1,2,\cdots,n$，其中$n=\left[\frac{b-a}{\delta}\right]+1$. 于是

$$\int_E \varphi(x)p(x)\mathrm{d}\mu(x) = \lim_{\delta\to 0^+}\sum_{j=1}^n\sum_{i=1}^m c_i y_j \mu(\tilde{E}_i \cap E_j),$$

其中$E_k=\{x\in E \mid y_k\leqslant\varphi(x)<y_{k+1}\}$，而

$$\sum_{j=1}^n\sum_{i=1}^m c_i\mu(\tilde{E}_i \cap E_j) = \int_E p(x)\mathrm{d}\mu(x) = 1.$$

故由离散的 Jensen 不等式(见参考文献[15]定理 3.6.2)可知

$$f\Big(\sum_{j=1}^n\sum_{i=1}^m c_i y_j\mu(\tilde{E}_i \cap E_j)\Big) \leqslant \sum_{j=1}^n\sum_{i=1}^m c_i f(y_j)\mu(\tilde{E}_i \cap E_j).$$

令 $E_1=\{x\in E \mid p(x)>0\}$，$\delta\to 0^+$，则

(i) $\varphi(x) \underset{m}{=} a$，$x\in E_1$，则$\int_E \varphi(x)p(x)\mathrm{d}\mu(x) = a$，且

$$f\Big(\int_E \varphi(x)p(x)\mathrm{d}\mu(x)\Big) = f(a) = \int_{E_1} f(a)p(x)\mathrm{d}\mu(x)$$

$$=\int_E f(\varphi(x))p(x)\mathrm{d}\mu(x).$$

(ii) $\varphi(x)\underset{m}{\dot{=}}b, x\in E_1$，则 $\int_E\varphi(x)p(x)\mathrm{d}\mu(x)=b$，且

$$f\left(\int_E\varphi(x)p(x)\mathrm{d}\mu(x)\right)=f(b)=\int_{E_1}f(b)p(x)\mathrm{d}\mu(x)$$
$$=\int_E f(\varphi(x))p(x)\mathrm{d}\mu(x).$$

(iii) $\varphi(x)\underset{m}{\dot{\neq}}a, \varphi(x)\underset{m}{\dot{\neq}}b, x\in E_1$，则 $a<\int_E\varphi(x)p(x)\mathrm{d}\mu(x)<b$. 由于$[a,b]$上的凸函数必在$(a,b)$内连续(见参考文献[15]例 3.6.5)，因此

$$f\left(\int_E\varphi(x)p(x)\mathrm{d}\mu(x)\right)=f\left(\lim_{\delta\to+0^+}\sum_{j=1}^n\sum_{i=1}^m c_iy_j\mu(\widetilde{E}_i\cap E_j)\right)$$
$$\xlongequal{f\text{在}(a,b)\text{上连续}}\lim_{\delta\to0^+}f\left(\sum_{j=1}^n\sum_{i=1}^m c_iy_j\mu(\widetilde{E}_i\cap E_j)\right)$$
$$\leqslant\lim_{\delta\to+0^+}\sum_{j=1}^n\sum_{i=1}^m c_if(y_j)\mu(\widetilde{E}_i\cap E_j)$$
$$=\int_E f(\varphi(x))p(x)\mathrm{d}\mu(x).$$

对于一般的非负可积函数 $p(x)$，$\int_E p(x)\mathrm{d}\mu(x)=1$. 作非负简单可测函数列$\{p_k(x)\}$，s. t.

$$\lim_{k\to+\infty}p_k(x)=p(x),\quad 且\int_E p_k(x)\mathrm{d}\mu(x)=1.$$

$\left(\text{否则用}\dfrac{p_k(x)}{\int_E p_k(x)\mathrm{d}x}\text{代替 }p_k(x)\right)$，则有

$$f\left(\int_E\varphi(x)p_k(x)\mathrm{d}\mu(x)\right)\leqslant\int_E f(\varphi(x))p_k(x)\mathrm{d}\mu(x).$$

当 $k\to+\infty$时，类似上面论证得到

$$f\left(\int_E\varphi(x)p(x)\mathrm{d}\mu(x)\right)\leqslant\int_E f(\varphi(x))p(x)\mathrm{d}\mu(x).$$

(2) 证法 1　由于 $y=\dfrac{1}{x}$在$(0,1)$上为凸函数，故在(1)中取 $f(x)=\dfrac{1}{x}$，$p(x)=1$ 可得

$$\frac{1}{(\mathrm{L})\int_0^1\varphi(x)\mathrm{d}x}\leqslant(\mathrm{L})\int_0^1\frac{\mathrm{d}x}{\varphi(x)}.$$

从而，当 $\varphi(x)\cdot p(x)\geqslant1, \forall x\in[0,1]\left(\Leftrightarrow p(x)\geqslant\dfrac{1}{\varphi(x)}, \forall x\in[0,1]\right)$时，可推得

$$(\mathrm{L})\int_0^1\varphi(x)\mathrm{d}x\cdot(\mathrm{L})\int_0^1 p(x)\mathrm{d}x\geqslant(\mathrm{L})\int_0^1\varphi(x)\mathrm{d}x\cdot(\mathrm{L})\int_0^1\frac{\mathrm{d}x}{\varphi(x)}\geqslant 1.$$

证法 2　因为

$$\begin{aligned}&2(\mathrm{L})\int_0^1\varphi(x)\mathrm{d}x\cdot(\mathrm{L})\int_0^1\frac{\mathrm{d}x}{\varphi(x)}-2\\&=(\mathrm{L})\int_0^1\varphi(x)\mathrm{d}x(\mathrm{L})\int_0^1\frac{\mathrm{d}y}{\varphi(y)}+(\mathrm{L})\int_0^1\varphi(y)\mathrm{d}y(\mathrm{L})\int_0^1\frac{\mathrm{d}x}{\varphi(x)}-2\\&=(\mathrm{L})\int_0^1\int_0^1\left[\frac{\varphi(x)}{\varphi(y)}+\frac{\varphi(y)}{\varphi(x)}-2\right]\mathrm{d}x\mathrm{d}y\geqslant\int_0^1\int_0^1 0\mathrm{d}x\mathrm{d}y=0,\end{aligned}$$

即

$$(\mathrm{L})\int_0^1\varphi(x)\mathrm{d}x\cdot(\mathrm{L})\int_0^1\frac{\mathrm{d}x}{\varphi(x)}\geqslant 1.$$ □

【297】 设 g 为$\mathbb{R}^1$ 上的有界 Lebesgue 可测的周期函数，周期为 $T>0$. 证明：对 $f\in\mathscr{L}(\mathbb{R}^1)$，有

$$\lim_{|\lambda|\to+\infty}\int_{\mathbb{R}^1}f(x)g(\lambda x)\mathrm{d}x=\left(\frac{1}{T}\int_0^T g(x)\mathrm{d}x\right)\left(\int_{\mathbb{R}^1}f(x)\mathrm{d}x\right).$$

更进一步，设 g 为$\mathbb{R}^1$ 上的有界 Lebesgue 可测的周期函数，周期为 $T>0$，I 为区间，$f\in\mathscr{L}(I)$，则

$$\lim_{|\lambda|\to+\infty}\int_I f(x)g(\lambda x)\mathrm{d}x=\left(\frac{1}{T}\int_0^T g(x)\mathrm{d}x\right)\left(\int_I f(x)\mathrm{d}x\right).$$

证明　证法 1　设 $\tilde{g}(x)=g(x)-\dfrac{1}{T}\displaystyle\int_0^T g(x)\mathrm{d}x$，则

$$\int_0^T\tilde{g}(x)\mathrm{d}x=\int_0^T g(x)\mathrm{d}x-\frac{1}{T}\int_0^T g(x)\mathrm{d}x\cdot\int_0^T\mathrm{d}x=\int_0^T g(x)\mathrm{d}x-\int_0^T g(x)\mathrm{d}x=0.$$

因此，不失一般性可以假定 $\displaystyle\int_0^T g(x)\mathrm{d}x=0$. 又设

$$\Phi(x)=\int_0^x g(t)\mathrm{d}t,$$

则由 $g(x)$为周期 T 的函数以及 $\displaystyle\int_0^T g(x)\mathrm{d}x=0$，知

$$\begin{aligned}|\Phi(x)|&=\left|\int_0^x g(t)\mathrm{d}t\right|=\left|\int_0^{\left[\frac{x}{T}\right]T+\alpha}g(t)\mathrm{d}t\right|\\&=\left|\int_0^\alpha g(t)\mathrm{d}t\right|\leqslant\int_0^T|g(t)|\mathrm{d}t,\quad x\in\mathbb{R}^1,\quad \alpha\in[0,T].\end{aligned}$$

它表明 $\Phi(x)$在$\mathbb{R}^1$ 上有界. 又因 $g(x)$在$\mathbb{R}^1$ 上也有界，故可设

$$|\Phi(x)|\leqslant M,\qquad |g(x)|\leqslant M,x\in\mathbb{R}^1.$$

从而对任何区间(a,b)，有

$$\int_a^b g(\lambda x)\mathrm{d}x\xlongequal{t=\lambda x}\frac{1}{\lambda}\int_{\lambda a}^{\lambda b}g(t)\mathrm{d}t=\frac{1}{\lambda}[\Phi(\lambda b)-\Phi(\lambda a)],$$

$$\left|\int_a^b g(\lambda x)\mathrm{d}x\right| \leqslant \frac{1}{|\lambda|}[|\Phi(\lambda b)|+|\Phi(\lambda a)|] \leqslant \frac{2M}{|\lambda|} \to 0(|\lambda| \to +\infty),$$

$$\int_a^b g(\lambda x)\mathrm{d}x \to 0(|\lambda| \to +\infty).$$

因此,对任意的阶梯函数的有限线性组合之函数 $\varphi(x)$,也有

$$\lim_{|\lambda|\to+\infty}\int_I \varphi(x)g(\lambda x)\mathrm{d}x = 0.$$

现对 $\forall \varepsilon>0$,在 I 上作阶梯函数的有限线性组合 $\varphi(x)$,s. t.

$$\int_I |f(x)-\varphi(x)|\mathrm{d}x < \frac{\varepsilon}{2M}.$$

于是,对上述 φ, $\exists \Delta>0$,当 $|\lambda|>\Delta$ 时,有

$$\left|\int_I \varphi(x)g(\lambda x)\mathrm{d}x\right| < \frac{\varepsilon}{2},$$

$$\begin{aligned}\left|\int_I f(x)g(\lambda x)\mathrm{d}x\right| &\leqslant \int_I |f(x)-\varphi(x)||g(\lambda x)|\mathrm{d}x + \left|\int_I \varphi(x)g(\lambda x)\mathrm{d}x\right| \\ &< M\int_I |f(x)-\varphi(x)|\mathrm{d}x + \frac{\varepsilon}{2} \\ &\leqslant M\cdot\frac{\varepsilon}{2M}+\frac{\varepsilon}{2}=\varepsilon,\end{aligned}$$

$$\lim_{|\lambda|\to+\infty}\int_I f(x)g(\lambda x)\mathrm{d}x = 0.$$

证法 2　设 $f(x)=\chi_{[a,b]}(x), x\in\mathbb{R}^1$,则

$$\begin{aligned}\int_{\mathbb{R}^1} f(x)g(\lambda x)\mathrm{d}x &= \int_a^b g(\lambda x)\mathrm{d}x \\ &= \int_a^{\left(\left[a/\frac{T}{\lambda}\right]+1\right)\frac{T}{\lambda}} g(\lambda x)\mathrm{d}x \\ &\quad + \int_{\left(\left[a/\frac{T}{\lambda}\right]+1\right)\frac{T}{\lambda}}^{\left[b/\frac{T}{\lambda}\right]\frac{T}{\lambda}} g(\lambda x)\mathrm{d}x + \int_{\left[b/\frac{T}{\lambda}\right]\frac{T}{\lambda}}^{b} g(\lambda x)\mathrm{d}x.\end{aligned}$$

注意到 g 为有界 Lebesgue 可测函数,且积分区间不大于 $\frac{T}{\lambda}$,故上述积分的

第 1 项,第 3 项 $\to 0(|\lambda|\to+\infty)$;

而由 g 为以 T 为周期的周期函数,故

$$\begin{aligned}\text{第 2 项积分} &\xlongequal{u=\lambda x} \int_{\left(\left[a/\frac{T}{\lambda}\right]+1\right)T}^{\left[b/\frac{T}{\lambda}\right]T} g(u)\frac{\mathrm{d}u}{\lambda} \\ &= \frac{\left[b/\frac{T}{\lambda}\right]-\left[a/\frac{T}{\lambda}\right]-1}{T}\cdot\frac{T}{\lambda}\int_0^T g(x)\mathrm{d}x \\ &\to \frac{b-a}{T}\int_0^T g(x)\mathrm{d}x\end{aligned}$$

$$= \left(\frac{1}{T}\int_0^T g(x)\,\mathrm{d}x\right)\left(\int_{\mathbb{R}^1} f(x)\,\mathrm{d}x\right)(|\lambda| \to +\infty),$$

所以公式成立.

由此易知,对具紧支集的阶梯函数 $f(x)$,公式亦成立.

对一般的 $f\in\mathscr{L}(\mathbb{R}^1)$,由引理 4.1.1(2),存在具有紧支集的阶梯函数列 $\{\varphi_k(x)\}$,s. t.

$$\lim_{k\to+\infty}\varphi_k(x) \underset{m}{\doteq} f(x),$$

且

$$\lim_{k\to+\infty}\int_{\mathbb{R}^1} |\varphi_k(x)-f(x)|\,\mathrm{d}x = 0.$$

此外,由 $g(x)$有界知

$$\int_{\mathbb{R}^1}\varphi_k(x)g(\lambda x)\,\mathrm{d}x \xrightarrow{\text{对 }\lambda\text{ 一致}} \int_{\mathbb{R}^1} f(x)g(\lambda x)\,\mathrm{d}x\,(k\to+\infty).$$

于是,从

$$\begin{aligned}
&\left|\int_{\mathbb{R}^1} f(x)g(\lambda x)\,\mathrm{d}x - \left(\frac{1}{T}\int_0^T g(x)\,\mathrm{d}x\right)\left(\int_{\mathbb{R}^1} f(x)\,\mathrm{d}x\right)\right| \\
\leqslant &\left|\int_{\mathbb{R}^1}[f(x)-\varphi_k(x)]g(\lambda x)\,\mathrm{d}x\right| \\
&+\left|\int_{\mathbb{R}^1}\varphi_k(x)g(\lambda x)\,\mathrm{d}x - \left(\frac{1}{T}\int_0^T g(x)\,\mathrm{d}x\right)\left(\int_{\mathbb{R}^1}\varphi_k(x)\,\mathrm{d}x\right)\right| \\
&+\left|\left(\frac{1}{T}\int_0^T g(x)\,\mathrm{d}x\right)\left[\int_{\mathbb{R}^1}|\varphi_k(x)-f(x)|\,\mathrm{d}x\right]\right|,
\end{aligned}$$

立知

$$\lim_{|\lambda|\to+\infty}\int_{\mathbb{R}^1} f(x)g(\lambda x)\,\mathrm{d}x = \left(\frac{1}{T}\int_0^T g(x)\,\mathrm{d}x\right)\left(\int_{\mathbb{R}^1} f(x)\,\mathrm{d}x\right).$$ □

【298】 设$\{a_n\}$为实数列,并令

$$E=\{x\in\mathbb{R}^1 \mid \lim_{n\to+\infty}\mathrm{e}^{\mathrm{i}a_n x} = \lim_{n\to+\infty}(\cos a_n x+\mathrm{i}\sin a_n x)\text{ 存在有限}\}.$$

如果 $m(E)>0$,证明:$\{a_n\}$为收敛列.

证明　由 $m(E)>0$ 知 E_E 包含区间$(-\delta,\delta)$(参阅题[145](2)).又若 $x_1\in E$,显然 $-x_1\in E$.且当 $x_1\in E$,$x_2\in E$ 时必有 $x_1+x_2\in E$,立知$\mathbb{R}^1\subset E$,由此立得 $E=\mathbb{R}^1$.即 $\forall x\in\mathbb{R}^1$,$\lim\limits_{n\to+\infty}\mathrm{e}^{\mathrm{i}a_n x}$存在有限.令

$$g(x)=\mathrm{e}^{\mathrm{i}x}.$$

易见,$|g(x)|=|\mathrm{e}^{\mathrm{i}x}|=1$,故 $g(x)$为有界 Lebesgue 可测(实际上是连续)的以 $T=2\pi$ 为周期的函数.

任取 $f\in\mathscr{L}(\mathbb{R}^1)$,由于$|f(x)\mathrm{e}^{\mathrm{i}a_n x}|=|f(x)|$,故根据 Lebesgue 控制收敛定理 3.4.1′,有

$$\int_{\mathbb{R}^1} f(x)\lim_{n\to+\infty}\mathrm{e}^{\mathrm{i}a_n x}\,\mathrm{d}x = \lim_{n\to+\infty}\int_{\mathbb{R}^1} f(x)\mathrm{e}^{\mathrm{i}a_n x}\,\mathrm{d}x.$$

如果$\exists\{n_k\}$, s. t. $|a_{n_k}|\to+\infty(k\to+\infty)$, 则由题[297]知

$$\begin{aligned}\int_{\mathbb{R}^1} f(x) \lim_{k\to+\infty} e^{ia_{n_k}x}\,dx &= \lim_{k\to+\infty}\int_{\mathbb{R}^1} f(x)e^{ia_{n_k}x}\,dx \\ &= \lim_{k\to+\infty}\int_{\mathbb{R}^1} f(x)g(a_{n_k}x)\,dx \\ &\xlongequal{\text{题[297]}} \left(\frac{1}{2\pi}\int_0^{2\pi} g(x)\,dx\right)\cdot\int_{\mathbb{R}^1} f(x)\,dx \\ &= \left(\frac{1}{2\pi}\int_0^{2\pi} e^{ix}\,dx\right)\cdot\int_{\mathbb{R}^1} f(x)\,dx \\ &= 0\cdot\int_{\mathbb{R}^1} f(x)\,dx = 0.\end{aligned}$$

但 $f\in\mathscr{L}(\mathbb{R}^1)$任取的, 易知 $\lim\limits_{k\to+\infty} e^{ia_{n_k}x}\underset{m}{\doteq}0, x\in\mathbb{R}^1$. (考虑:

$$f_\Delta(x)=\begin{cases}\lim\limits_{k\to+\infty} e^{ia_{n_k}x}, & x\in(-\Delta,\Delta),\\ 0, & x\notin(-\Delta,\Delta),\end{cases}$$

显然, $f_\Delta\in\mathscr{L}(\mathbb{R}^1)$. 由上得 $\lim\limits_{k\to+\infty} e^{ia_{n_k}x}\underset{m}{\doteq}0, x\in(-\Delta,\Delta)$). 于是

$$1=\lim_{k\to+\infty}1=\lim_{k\to+\infty}|e^{ia_{n_k}x}|=|\lim_{k\to+\infty}e^{ia_{n_k}x}|\underset{m}{\doteq}|0|=0,\quad x\in\mathbb{R}^1,$$

矛盾. 因此, $\{a_n\}$有界.

(反证)假设$\{a_n\}$不收敛, 则$\exists n_k\to+\infty, n'_k\to+\infty(k\to+\infty)$, s. t.

$$a_{n_k}\to a,\quad a_{n'_k}\to a'(k\to+\infty),$$

且 $a\neq a'$. 从而, $e^{ia_{n_k}x}\to e^{iax}$, $e^{ia_{n'_k}x}\to e^{ia'x}(k\to+\infty)$. 取 x, s. t.

$$\begin{aligned} e^{iax}\neq e^{ia'x} &\Leftrightarrow e^{i(a-a')x}\neq 1 \\ &\Leftrightarrow (a-a')x\neq 2n\pi,\quad n\in\mathbb{Z}.\end{aligned}$$

则 $\lim\limits_{n\to+\infty} e^{ia_nx}$不存在, 从而 $x\notin E$, 这与 $E=\mathbb{R}^1$ 相矛盾. 因此, $\{a_n\}$为收敛列. □

【299】 设 $E_k\subset[a,b]$, $m(E_k)\geqslant\delta>0(k=1,2,\cdots)$, $\{a_k\}$为一实数列, 且在$[a,b]$上满足

$$\sum_{k=1}^{\infty}|a_k|\chi_{E_k}(x)\underset{m}{\dot{<}}+\infty.$$

证明:

$$\sum_{k=1}^{\infty}|a_k|<+\infty.$$

证明 记

$$f(x)=\sum_{k=1}^{\infty}|a_k|\chi_{E_k}(x),\quad A_n=\{x\in[a,b]\mid f(x)>n\}.$$

易知, A_n 为单调减集列. 因为 $f(x)\underset{m}{\dot{<}}+\infty$, 所以 $\lim\limits_{n\to+\infty}A_n$ 为零测集. 取 $n_0\in\mathbb{N}$, s. t. $m(A_{n_0})<\frac{\delta}{2}$. 从而

$$m(E_k - A_{n_0}) \geqslant m(E_k) - m(A_{n_0}) > \delta - \frac{\delta}{2} = \frac{\delta}{2}.$$

又 f 在 $[a,b]-A_{n_0}$ 上有上界 n_0，即

$$f(x) = \sum_{k=1}^{\infty} |a_k| \chi_{E_k}(x) \leqslant n_0, \quad x \in [a,b] - A_{n_0}.$$

于是

$$\begin{aligned} n_0(b-a) &\geqslant n_0 \cdot m([a,b]-A_{n_0}) \\ &\geqslant \int_{[a,b]-A_{n_0}} f(x)\mathrm{d}x \\ &= \sum_{k=1}^{\infty} |a_k| \int_{[a,b]-A_{n_0}} \chi_{E_k}(x)\mathrm{d}x \\ &= \sum_{k=1}^{\infty} |a_k| \int_{[a,b]} \chi_{E_k - A_{n_0}}(x)\mathrm{d}x \\ &\geqslant \frac{\delta}{2} \sum_{k=1}^{\infty} |a_k|, \end{aligned}$$

$$\sum_{k=1}^{\infty} |a_k| < +\infty.$$ □

【300】 设 $\{f_n\}$ 为 $[0,1]$ 上的 Lebesgue 可测函数列，且存在实数列 $\{t_n\}$，s. t. $\sum\limits_{n=1}^{\infty} |t_n| = +\infty$，而 $\sum\limits_{n=1}^{\infty} t_n f_n(x)$ 在 $[0,1]$ 上几乎处处绝对收敛. 证明：$\exists \{n_k\}$，s. t. $\{f_{n_k}(x)\}$ 在 $[0,1]$ 上几乎处处收敛于 0.

证明 令 $g(x) = \sum\limits_{n=1}^{\infty} |t_n f_n(x)|$，由题设知，$g(x) \underset{m}{\dot{<}} +\infty$，$x \in [0,1]$. 记

$$E_k = \{x \in [0,1] \mid g(x) \leqslant k\}, \quad E = \bigcup_{k=1}^{\infty} E_k.$$

易见，$\{E_k\}$ 为单调增的集列，且 $m([0,1]-E)=0$. 因为

$$\begin{aligned} &\sum_{n=1}^{\infty} |t_n| \int_{E_k} |f_n(x)| \mathrm{d}x \xlongequal{\text{定理 3.3.8}} \int_{E_k} \sum_{n=1}^{\infty} |t_n f_n(x)| \mathrm{d}x \\ &= \int_{E_k} g(x)\mathrm{d}x \\ &\leqslant k \cdot m(E_k) \\ &\leqslant k \cdot m([0,1]) < +\infty, \end{aligned}$$

又已知 $\sum\limits_{n=1}^{\infty} |t_n| = +\infty$，所以 $\exists \{n_k\}$，$n_1 < n_2 < \cdots < n_k < \cdots$，s. t.

$$\int_{E_k} |f_{n_k}(x)|\,\mathrm{d}x < \frac{1}{2^k},\quad k = 1,2,\cdots.$$

由此对 $\forall j\in\mathbb{N}$，有

$$\begin{aligned}\int_{E_j}\sum_{k=j}^{\infty}|f_{n_k}(x)|\,\mathrm{d}x &\xlongequal{\text{定理 3.3.8}} \sum_{k=j}^{\infty}\int_{E_j}|f_{n_k}(x)|\,\mathrm{d}x\\ &\leqslant \sum_{k=j}^{\infty}\int_{E_k}|f_{n_k}(x)|\,\mathrm{d}x\\ &< \sum_{k=j}^{\infty}\frac{1}{2^k} < +\infty.\end{aligned}$$

根据定理 3.4.2′，在 E_j 上 $\sum\limits_{k=j}^{\infty}f_{n_k}(x)$ 几乎处处收敛，从而 $\{f_{n_k}(x)\}$ 在 E_j 上几乎处处收敛于 $0,j=1,2,\cdots$. 由此推得 $\{f_{n_k}(x)\}$ 在 $E=\bigcup\limits_{j=1}^{\infty}E_j$ 和 $[0,1]=E\cup([0,1]-E)$ 上都几乎处处收敛于 0. □

【301】 设 $\{n_k\}$ 为自然数列，$n_1<n_2<\cdots<n_k<\cdots$，且令

$$E = \{x\in[0,2\pi]\mid\{\sin n_k x\}\text{ 为收敛列}\}.$$

证明：$m(E)=0$.

证明　作函数

$$f(x) = \lim_{k\to+\infty}\chi_E(x)\sin n_k x.$$

因为 $\forall g\in\mathscr{L}(\mathbb{R}^1)$，有

$$\begin{aligned}\int_{\mathbb{R}^1}f(x)g(x)\,\mathrm{d}x &= \int_{\mathbb{R}^1}g(x)\lim_{k\to+\infty}\chi_E(x)\sin n_k x\,\mathrm{d}x\\ &\xlongequal[\text{收敛定理 3.4.1}']{\text{Lebesgue 控制}} \lim_{k\to+\infty}\int_{\mathbb{R}^1}g(x)\chi_E(x)\sin n_k x\,\mathrm{d}x\\ &\xlongequal[\text{题[297]}]{} \left(\frac{1}{2\pi}\int_0^{2\pi}\sin x\,\mathrm{d}x\right)\left(\int_{\mathbb{R}^1}g(x)\chi_E(x)\,\mathrm{d}x\right)=0,\end{aligned}$$

所以（取 $g(x)=f(x)\in\mathscr{L}(\mathbb{R}^1)$，$\int_{\mathbb{R}^1}f^2(x)\,\mathrm{d}x=0$），$f(x)\underset{m}{\doteq}0,x\in\mathbb{R}^1$.

又对 $\forall$ Lebesgue 可测集 A，有

$$\begin{aligned}0 = \int_A f^2(x)\,\mathrm{d}x &= \int_A\lim_{k\to+\infty}\chi_E(x)\sin^2 n_k x\,\mathrm{d}x\\ &\xlongequal[\text{收敛定理 3.4.1}']{\text{Lebesgue 控制}} \lim_{k\to+\infty}\int_{\mathbb{R}^1}\chi_{E\cap A}(x)\sin^2 n_k x\,\mathrm{d}x\\ &\xlongequal[\text{题[297]}]{} \left(\frac{1}{2\pi}\int_0^{2\pi}\sin^2 x\,\mathrm{d}x\right)\int_{\mathbb{R}^1}\chi_{E\cap A}(x)\,\mathrm{d}x\\ &= \frac{1}{2}m(E\cap A).\end{aligned}$$

由此推出 $m(E\cap A)=0$. 从而

$$m(E)=m\Big(E\cap\Big(\bigcup_{n=-\infty}^{\infty}[n,n+1)\Big)\Big)=m\Big(\bigcup_{n=-\infty}^{\infty}(E\cap[n,n+1))\Big)$$

$$=\sum_{n=-\infty}^{\infty}m(E\cap[n,n+1))$$

$$=\sum_{n=-\infty}^{\infty}0=0.$$

细心的读者自然会想到：应该证明 E 为 Lebesgue 可测集！（参阅下面的注）

注 设 $\{f_k(x)\}$为可测集 A 上的可测函数. 根据定理 3.1.4，$\overline{\lim\limits_{k\to+\infty}} f_k(x)$，$\underline{\lim\limits_{k\to+\infty}} f_k(x)$ 都为可测函数.

而 $A_1=\{x\in A\mid \overline{\lim\limits_{k\to+\infty}} f_k(x)-\underline{\lim\limits_{k\to+\infty}} f_k(x)>0\}$ 与 $A_2=\{x\in A,\mid \overline{\lim\limits_{k\to+\infty}} f_k(x)-\underline{\lim\limits_{k\to+\infty}} f_k(x)<0\}$ 都为 E 的可测子集. 从而，$E=\{x\in A\mid \lim\limits_{k\to+\infty} f_k(x)\text{存在}\}=\{x\in A\ \overline{\lim\limits_{k\to+\infty}} f_k(x)=\underline{\lim\limits_{k\to+\infty}} f_k(x)\}=A-(A_1\cup A_2)$为 A 的可测子集.

【302】 设 $f,g\in\mathscr{L}(\mathbb{R}^1)$，且满足：

$$(\mathrm{L})\int_{\mathbb{R}^1}f(x)\mathrm{d}x=(\mathrm{L})\int_{\mathbb{R}^1}g(x)\mathrm{d}x=1.$$

证明：对 $\forall\lambda\in[0,1]$，$\exists E\subset\mathbb{R}^1$，s. t.

$$(\mathrm{L})\int_E f(x)\mathrm{d}x=(\mathrm{L})\int_E g(x)\mathrm{d}x=\lambda.$$

证明 令

$$A=\{x\in\mathbb{R}^1\mid f(x)>g(x)\},\quad B=\mathbb{R}^1-A=\{x\in\mathbb{R}^1\mid f(x)\leqslant g(x)\},$$
$$A_t=(-\infty,t)\cap A,\quad B_t=(-\infty,t)\cap B;$$
$$\varphi(t)=\int_{A_t}[f(x)-g(x)]\mathrm{d}x,\quad \psi(t)=\int_{B_t}[g(x)-f(x)]\mathrm{d}x.$$

易知 $\varphi(t),\psi(t)$是$\mathbb{R}^1$ 上的非负连续函数，且有

$$\lim_{t\to-\infty}\varphi(t)=0=\lim_{t\to-\infty}\psi(t),$$

$$\lim_{t\to+\infty}\varphi(t)=\int_A[f(x)-g(x)]\mathrm{d}x$$

$$=\int_B[g(x)-f(x)]\mathrm{d}x$$

$$=\lim_{t\to+\infty}\psi(t).$$

从而对 $\forall t\in\mathbb{R}^1$，$\exists\lambda=\lambda(t)\in\mathbb{R}^1\cup\{-\infty\}\cup\{+\infty\}$，s. t. $\varphi(t)=\psi(\lambda)$. 又令

$$C_t=A_t\cup B_\lambda(t\in\mathbb{R}^1),$$

则 $C_t\subset C_s(t\leqslant s)$，且有

$$\int_{C_t}[f(x)-g(x)]\mathrm{d}x=\int_{A_t}[f(x)-g(x)]\mathrm{d}x+\int_{B_\lambda}[f(x)-g(x)]\mathrm{d}x$$

$$= \int_{A_t} [f(x) - g(x)] dx - \int_{B_\lambda} [g(x) - f(x)] dx$$

$$= \varphi(t) - \psi(\lambda) = 0.$$

因此

$$h(t) \xlongequal{\text{def}} \int_{C_t} f(x) dx = \int_{C_t} g(x) dx.$$

如果能证明 $m(C_t)$ 为 $t \in \mathbb{R}^1$ 的连续函数，$\lim\limits_{t \to -\infty} C_t = \varnothing$，$\lim\limits_{t \to +\infty} C_t = \mathbb{R}^1$（注意，对 $\forall t \in \mathbb{R}^1$，$\lambda(t)$ 并不惟一，上述结论不易证！），根据连续函数的介值定理知，$h(t)$ 达到 0 至 1 的所有数值. 即对 $\forall \lambda \in [0,1]$，必 $\exists t_0 \in \mathbb{R}^1$，s. t. $h(t_0) = \lambda$，而 $E = C_{t_0}$.

想严格证明，需将 B 分层.

证明 令

$$A = \{x \in \mathbb{R}^1 \mid f(x) > g(x)\},$$

$$B = \mathbb{R}^1 - A = \{x \in \mathbb{R}^1 \mid f(x) \leqslant g(x)\},$$

$$B_i = \left\{x \in \mathbb{R}^1 \mid g(x) - f(x) > \frac{1}{i}\right\}, \quad i = 1, 2, \cdots.$$

$$B_0 = \{x \in \mathbb{R}^1 \mid f(x) = g(x)\},$$

$$A_t = (-\infty, t) \cap A, \quad B_t = (-\infty, t) \cap B,$$

$$B_{0t} = (-\infty, t) \cap B_0, \quad B_{it} = (-\infty, t) \cap B_i;$$

$$\varphi(t) = \int_{A_t} [f(x) - g(x)] dx,$$

$$\psi(t) = \int_{B_t} [g(x) - f(x)] dx,$$

$$\psi_i(t) = \int_{B_{it}} [g(x) - f(x)] dx.$$

易见，$\varphi(t)$，$\psi(t)$，$\psi_i(t)$ 是 $\mathbb{R}^1$ 上单调增的非负连续函数，且有

$$\lim_{t \to -\infty} \varphi(t) = \lim_{t \to -\infty} \psi(t) = \lim_{t \to -\infty} \psi_i(t) = 0,$$

$$\lim_{t \to +\infty} \varphi(t) = \int_A [f(x) - g(x)] dx$$

$$= \int_B [g(x) - f(x)] dx$$

$$= \lim_{t \to +\infty} \psi(t),$$

$$\lim_{t \to +\infty} \lim_{i \to +\infty} \psi_i(t) = \lim_{t \to +\infty} \int_{B_t} [g(x) - f(x)] dx$$

$$= \int_B [g(x) - f(x)] dx$$

$$= \lim_{i \to +\infty} \int_{B_i} [g(x) - f(x)] dx$$

$$
\begin{aligned}
&= \lim_{i\to+\infty}\lim_{t\to+\infty}\int_{B_{it}}[g(x)-f(x)]\mathrm{d}x \\
&= \lim_{i\to+\infty}\lim_{t\to+\infty}\psi_i(t),
\end{aligned}
$$

$$
\begin{aligned}
\lim_{i\to+\infty}\lim_{t\to+\infty}\psi_i(t) &= \lim_{i\to+\infty}\int_{B_i}[g(x)-f(x)]\mathrm{d}x \\
&= \int_B[g(x)-f(x)]\mathrm{d}x \\
&= \lim_{t\to+\infty}\psi(t) \\
&= \lim_{t\to+\infty}\varphi(t).
\end{aligned}
$$

此外，$\lim\limits_{t\to+\infty}\psi_i(t)$关于 i 是单调增的.

记

$$
a_i=\lim_{t\to+\infty}\psi_i(t)=\int_{B_i}[g(x)-f(x)]\mathrm{d}x,\quad t_i=\sup\{t\in\mathbb{R}^1\mid\varphi(t)\leqslant a_i\}.
$$

我们考虑 $\varphi(t)$，$\psi_i(t)$. 对 $\forall\, t<t_i$，有

(i) 当 $\varphi(t)=\psi_i(t)$时，取 $\lambda_i(t)=t$，则有 $\psi_i(\lambda_i(t))=\psi_i(t)=\varphi(t)$；

(ii) 当 $0\leqslant\varphi(t)<\psi_i(t)$时，由连续函数的介值定理，必 $\exists\,\lambda_i(t)\in[-\infty,t)$，s. t. $\psi_i(\lambda_i(t))=\varphi(t)$；

(iii) 当 $\varphi(t)>\psi_i(t)$时，由于 $a_i=\lim\limits_{t\to+\infty}\psi_i(t)$，$t_i=\sup\{t\in\mathbb{R}^1\mid\varphi(t)\leqslant a_i\}$，故必 $\exists\,\lambda_i(t)\in(-\infty,+\infty]$，s. t. $\psi_i(\lambda_i(t))=\varphi(t)$.

这表明，对 $\forall\, t<t_i$，必 $\exists\,\lambda_i=\lambda_i(t)\in[-\infty,+\infty]$，s. t. $\psi_i(\lambda_i(t))=\varphi(t)$. 注意，$\lambda_i(t)$并不是惟一的，目前只取其中一个.

对 $\forall\, t<t_i$，令 $C_{it}=A_t\cup B_{i\lambda_i(t)}\cup B_{0t}$，下证 $m(C_{it})$关于 t 连续.

先证

$$
m(C_{it})=m(A_t)+m(B_{i\lambda_i(t)})+m(B_{0t})
$$

关于 t 连续，从而

$$
\begin{aligned}
h(t)&\overset{\text{def}}{=}\int_{C_{it}}f(x)\mathrm{d}x \\
&=\int_{A_t}f(x)\mathrm{d}x+\int_{B_{i\lambda(t)}}f(x)\mathrm{d}x+\int_{B_{0t}}f(x)\mathrm{d}x \\
&\xlongequal{\varphi(t)=\psi_i(\lambda_i(t))}\int_{A_t}g(x)\mathrm{d}x+\int_{B_{i\lambda_i(t)}}g(x)\mathrm{d}x+\int_{B_{0t}}g(x)\mathrm{d}x \\
&=\int_{C_{it}}g(x)\mathrm{d}x
\end{aligned}
$$

为$(-\infty,t_i)$上的连续函数.

事实上，因为 $\varphi(t)$关于 t 连续，故

$$\int_{B_{i\lambda_i(t)}}[g(x)-f(x)]\mathrm{d}x=\psi_i(\lambda_i(t))=\varphi(t)$$

关于 t 连续. 而当 $x\in B_i$ 时，$g(x)-f(x)>\frac{1}{i}$，故 $m(B_{i\lambda_i(t)})$ 关于 t 连续(注意，此时 $\lambda_i(t)\in[-\infty,+\infty]$，而 $\lambda_i(t)$ 不必关于 t 连续!). 又 $m(A_t)$，$m(B_{\alpha})$ 关于 t 连续，故 $m(C_{it})$ 关于 t 连续.

进而，可选 $\lambda_i=\lambda_i(t)$ 如下：

$$\lambda_i=\begin{cases}\inf\{\lambda_i(t)\in[-\infty,+\infty]\mid\psi_i(\lambda_i(t))=\varphi(t)\}, & t<t_i-100,\\ \sup\{\lambda_i(t)\in[-\infty,+\infty]\mid\psi_i(\lambda_i(t))=\varphi(t)\}, & t_i-100\leqslant t<t_i,\end{cases}$$

这样

$$\lim_{t\to-\infty}C_{it}=\varnothing,\quad \lim_{t\to t_i^-}C_{it}=A_{t_i}\cup B_i\cup B_{0t_i}.$$

此外，当 $i\to+\infty$ 时，$t_i\to+\infty$ 和

$$\int_{\mathbb{R}^1}f(x)\mathrm{d}x=\int_{\mathbb{R}^1}g(x)\mathrm{d}x=1$$

推得：对 $\forall\lambda\in[0,1]$，$\exists E\subset\mathbb{R}^1$，s. t.

$$(\mathrm{L})\int_E f(x)\mathrm{d}x=(\mathrm{L})\int_E g(x)\mathrm{d}x=\lambda.$$

【303】 证明：(1)不存在 $g\in\mathscr{L}(\mathbb{R}^n)$，s. t. 对 $\forall f\in\mathscr{L}(\mathbb{R}^n)$，在 $\mathbb{R}^n$ 上有

$$(g*f)(\boldsymbol{x})\underset{m}{\doteq}f(\boldsymbol{x}),$$

其中

$$(g*f)(\boldsymbol{x})=\int_{\mathbb{R}^n}g(\boldsymbol{x}-\boldsymbol{y})f(\boldsymbol{y})\mathrm{d}\boldsymbol{y}.$$

(2) 不存在 $g\in\mathscr{L}(\mathbb{R}^n)$，s. t. 对 $\forall f\in\mathscr{L}(\mathbb{R}^n)$，在 $\mathbb{R}^n$ 上有

$$(g*f)(\boldsymbol{x})=f(\boldsymbol{x}).$$

证明 (1)(反证)假设 $\exists g\in\mathscr{L}(\mathbb{R}^n)$，s. t. 对 $\forall f\in\mathscr{L}(\mathbb{R}^n)$，有

$$(g*f)(\boldsymbol{x})\underset{m}{\doteq}f(\boldsymbol{x}),\quad \boldsymbol{x}\in\mathbb{R}^n.$$

根据积分的绝对连续性定理 3. 3. 15，$\exists\delta>0$，s. t.

$$\int_{[-2\delta,2\delta]^n}|g(\boldsymbol{x})|\mathrm{d}\boldsymbol{x}<1$$

并取 $\mathscr{L}(\mathbb{R}^n)$ 中函数 $f(\boldsymbol{x})=\chi_{[-\delta,\delta]^n}(\boldsymbol{x})$，$\boldsymbol{x}\in\mathbb{R}^n$. 由上得到

$$\begin{aligned}\chi_{[-\delta,\delta]^n}(\boldsymbol{x})=f(\boldsymbol{x})&\underset{m}{\doteq}(g*f)(\boldsymbol{x})\\&=(g*\chi_{[-\delta,\delta]^n})(\boldsymbol{x})\\&=\int_{\mathbb{R}^n}g(\boldsymbol{x}-\boldsymbol{y})\chi_{[-\delta,\delta]^n}(\boldsymbol{y})\mathrm{d}\boldsymbol{y}\\&=\int_{[-\delta,\delta]^n}g(\boldsymbol{x}-\boldsymbol{y})\mathrm{d}\boldsymbol{y}\end{aligned}$$

$$= \int_{x-[-\delta,\delta]^n} g(t)\mathrm{d}t.$$

因此,必有 $x_0 \in [-\delta,\delta]^n$,s. t.

$$1 = \chi_{[-\delta,\delta]^n}(x_0) = f(x_0) = \int_{x_0-[-\delta,\delta]^n} g(t)\mathrm{d}t.$$

于是

$$1 = \left|\int_{x_0-[-\delta,\delta]^n} g(t)\mathrm{d}t\right| \leqslant \int_{x_0-[-\delta,\delta]^n} |g(t)|\mathrm{d}t \leqslant \int_{[-2\delta,2\delta]^n} |g(t)|\mathrm{d}t < 1,$$

矛盾.

(2) 证法 1 仿(1)证明.

证法 2 (反证)假设 $\exists g \in \mathscr{L}(\mathbb{R}^n)$,s. t. 对 $\forall f \in \mathscr{L}(\mathbb{R}^n)$,在 $\mathbb{R}^n$ 上有

$$(g * f)(x) = f(x).$$

当然它也有

$$(g * f)(x) = f(x) \underset{m}{\doteq} f(x), \quad x \in \mathbb{R}^n.$$

这与(1)结论矛盾.

证法 3 (反证)假设 $\exists g \in \mathscr{L}(\mathbb{R}^n)$,s. t. 对 $\forall f \in \mathscr{L}(\mathbb{R}^n)$,有

$$(g * f)(x) = \int_{\mathbb{R}^n} g(x-y)f(y)\mathrm{d}y = f(x), \quad x \in \mathbb{R}^n.$$

令 $f(x) = \chi_E(x)$,$x \in \mathbb{R}^n$,其中 $m(E) < +\infty$,故 $f(x) = \chi_E(x) \in \mathscr{L}(\mathbb{R}^n)$,且

$$\begin{aligned}\chi_E(x) &= \int_{\mathbb{R}^n} g(x-y)\chi_E(y)\mathrm{d}y \\ &= \int_E g(x-y)\mathrm{d}y \\ &= \int_{x-E} g(y)\mathrm{d}y,\end{aligned}$$

即

$$\int_{x-E} g(y)\mathrm{d}y = \chi_E(x), \quad x \in \mathbb{R}^n.$$

再令 $\widetilde{E} = \{x \in \mathbb{R}^n \mid g(x) > 0\}$,不妨设 $m(\widetilde{E}) > 0$(否则取 $\widetilde{E} = \{x \in \mathbb{R}^n \mid g(x) < 0\}$,若它也为 Lebesgue 零测集,则 $g(x) \underset{m}{\doteq} 0$. 显然,$g$ 不满足题设). 取 $\widetilde{E}_0 \subset \widetilde{E}$,s. t. $0 < m(\widetilde{E}_0) < +\infty$; 取 E_1,s. t. $m(E_1) < +\infty$,且 $x_0 \in E_1$,$m(E_1) < m(E_1 \cup (x_0 - \widetilde{E}_0))$. 记 $E_2 = E_1 \cup (x_0 - \widetilde{E}_0)$,则

$$\int_{x-E_1} g(y)\mathrm{d}y = \chi_{E_1}(x) = \chi_{E_2}(x) = \int_{x-E_2} g(y)\mathrm{d}y, x \in E_1 \subset E_2.$$

特别取 $x = x_0 \in E_1$,有

$$\begin{aligned}\int_{x_0-E_1} g(y)\mathrm{d}y &= \int_{x_0-E_2} g(y)\mathrm{d}y \\ &= \int_{x_0-(E_1 \cup (x_0-\widetilde{E}_0))} g(y)\mathrm{d}y\end{aligned}$$

$$= \int_{x_0 - E_1} g(y)\mathrm{d}y + \int_{\tilde{E}_0} g(y)\mathrm{d}y$$

$$> \int_{x_0 - E_1} g(y)\mathrm{d}y,$$

矛盾. □

【304】 设 f 为$\mathbb{R}^1$ 上的 Lebesgue 可测函数,并且它在任何有限区间(a,b)上 Lebesgue 可积,而 h 在$\mathbb{R}^1$ 上有 n 阶连续导数,在$[-M,M]$外为零. 证明: 函数

$$(f * h)(t) = (\mathrm{L})\int_{\mathbb{R}^1} f(t-x)h(x)\mathrm{d}x$$

为对 t 具有 n 阶导数的函数.

证明 应用变量代换 $u=t-x$,根据积分定义或定理 3.8.20,有

$$(f * h)(t) = (\mathrm{L})\int_{\mathbb{R}^1} f(t-x)h(x)\mathrm{d}x \xlongequal{u=t-x} (\mathrm{L})\int_{\mathbb{R}^1} f(u)h(t-u)\mathrm{d}u.$$

再反复应用定理 3.4.6,有

$$(f * h)^{(k)}(t) = (\mathrm{L})\int_{\mathbb{R}^1} f(u)h^{(k)}(t-u)\mathrm{d}u, \quad k = 1,2,\cdots,n.$$ □

【305】 设 $f(x)$为 $E\subset\mathbb{R}^1$ 的 Lebesgue 可测函数. 对 $\forall\lambda>0$,作点集

$$\{x \in E \mid | f(x) | > \lambda\}.$$

它是 Lebesgue 可测集. 显然

$$f_*(\lambda) = m(\{x \in E \mid | f(x) | > \lambda\})$$

为$(0,+\infty)$上的单调减函数. 我们有

$$\int_E | f(x) |^p \mathrm{d}x = p\int_0^{+\infty} \lambda^{p-1} f_*(\lambda)\mathrm{d}\lambda,$$

其中 $1\leqslant p<+\infty$.

证明 因为 f 为 E 上的 Lebesgue 可测函数,故对 $\forall\lambda>0$,根据定理 3.1.1 知,点集

$$\{x \in E \mid | f(x) | > \lambda\} = \{x \in E \mid f(x) > \lambda\} \cup \{x \in E \mid f(x) < -\lambda\}$$

为 Lebesgue 可测集.

作函数

$$F(\lambda,x) = \begin{cases} 1, & | f(x) | > \lambda, \\ 0, & | f(x) | \leqslant \lambda. \end{cases}$$

易知,$F(\lambda,x)$作为 x 的函数是$\{x\in E \mid | f(x) | >\lambda\}$上的特征函数. 从而,由 Tonelli 定理 3.7.1 可得到

$$\int_E | f(x) |^p \mathrm{d}x = \int_E \mathrm{d}x \int_0^{| f(x) |} p\lambda^{p-1}\mathrm{d}\lambda$$

$$= \int_E \mathrm{d}x \int_0^{+\infty} p\lambda^{p-1} F(\lambda,x)\mathrm{d}\lambda$$

$$\xlongequal{\text{Tonelli}} \int_0^{+\infty} p\lambda^{p-1}\mathrm{d}\lambda \int_E F(\lambda,x)\mathrm{d}x$$

$$= p\int_0^{+\infty} \lambda^{p-1} f_*(\lambda)\mathrm{d}\lambda. \qquad \square$$

【306】 设 f 为 $E\subset\mathbb{R}^1$ 上的有界 Lebesgue 可测函数，且 $\exists M>0$ 和 $\alpha<1$, s. t. 对 $\forall\lambda>0$，有

$$m(\{x\in E \mid |f(x)|>\lambda\})<\frac{M}{\lambda^\alpha}.$$

证明：$|f|, f\in\mathscr{L}(E)$.

证明 设 $|f(x)|$ 在 E 上有上界，即

$$|f(x)|\leqslant K,\quad x\in E.$$

则

$$f_*(\lambda)=m(\{x\in E \mid |f(x)|>\lambda\})<\frac{M}{\lambda^\alpha}.$$

于是

$$\int_E |f(x)|\,\mathrm{d}x \xlongequal[p=1]{\text{题[305]}} \int_0^{+\infty} f_*(\lambda)\mathrm{d}\lambda$$

$$=\int_0^K f_*(\lambda)\mathrm{d}\lambda$$

$$\leqslant\int_0^K \frac{M}{\lambda^\alpha}\mathrm{d}\lambda$$

$$=M\cdot\frac{\lambda^{-\alpha+1}}{1-\alpha}\bigg|_0^K$$

$$=\frac{M\cdot K^{-\alpha+1}}{1-\alpha}<+\infty,\ |f|, f\in\mathscr{L}(E).$$

也可如下直接证明：

设函数

$$F(\lambda,x)=\begin{cases}1, & |f(x)|>\lambda,\\ 0, & |f(x)|\leqslant\lambda,\end{cases}$$

则

$$\int_E |f(x)|\,\mathrm{d}x=\int_E \mathrm{d}x\int_0^{|f(x)|}\mathrm{d}\lambda=\int_E \mathrm{d}x\int_0^{+\infty}F(\lambda,x)\mathrm{d}\lambda$$

$$\xlongequal{\text{Tonelli}}\int_0^{+\infty}\mathrm{d}\lambda\int_E F(\lambda,x)\mathrm{d}x$$

$$=\int_0^{+\infty} m(\{x\in E \mid |f(x)|>\lambda\})\mathrm{d}\lambda\leqslant\int_0^K\frac{M}{\lambda^\alpha}\mathrm{d}\lambda$$

$$=\frac{M\cdot\lambda^{-\alpha+1}}{1-\alpha}\bigg|_0^K=\frac{MK^{-\alpha+1}}{1-\alpha}<+\infty,$$

$$|f|, f \in \mathscr{L}(E).$$ □

【307】 设 f 在$\mathbb{R}^n$ 中的任一具有限测度的 Lebesgue 可测集上都是 Lebesgue 可积的. 证明：f 可分解为两部分：

$$f(\boldsymbol{x}) = f_1(\boldsymbol{x}) + f_2(\boldsymbol{x}),$$

其中 $f_1 \in \mathscr{L}(\mathbb{R}^n)$，$f_2$ 在$\mathbb{R}^n - Z$ 上为有界函数，而 $m(Z)=0$.

证明 令

$$E_k = \{\boldsymbol{x} \in \mathbb{R}^n \mid k^2 < |f(\boldsymbol{x})| \leqslant (k+1)^2\}, \quad k = 1,2,\cdots.$$

证法 1 先证 $\exists k_0 \in \mathbb{N}$，s. t. $\bigcup\limits_{k=k_0}^{\infty} E_k$ 为测度有限的集合.

(反证)假设命题不成立，则对 $\forall k \in \mathbb{N}$，有 $m\left(\bigcup\limits_{l=k}^{\infty} E_l\right) = +\infty$，故存在自然数子列$\{k_n\}$，s. t.

$$m\left(\bigcup_{k=k_n+1}^{k_{n+1}} E_k\right) \geqslant 1.$$

在 $\bigcup\limits_{k=k_n+1}^{k_{n+1}} E_k$ 中取子集 A_n，s. t. $m(A_n) = \dfrac{1}{k_n^2}$，则 $A = \bigcup\limits_{n=1}^{\infty} A_n$ 测度有限，即

$$m(A) = m\left(\bigcup_{n=1}^{\infty} A_n\right) \leqslant \sum_{n=1}^{\infty} m(A_n) \leqslant \sum_{n=1}^{\infty} \frac{1}{k_n^2} \leqslant \sum_{n=1}^{\infty} \frac{1}{n^2} < +\infty.$$

但在 A 上，有

$$\begin{aligned}
\int_A |f(\boldsymbol{x})| \, d\boldsymbol{x} &= \int_{\bigcup\limits_{n=1}^{\infty} A_n} |f(\boldsymbol{x})| \, d\boldsymbol{x} \\
&= \sum_{n=1}^{\infty} \int_{A_n} |f(\boldsymbol{x})| \, d\boldsymbol{x} \\
&\geqslant \sum_{n=1}^{\infty} (k_n+1)^2 \cdot \frac{1}{k_n^2} \\
&\geqslant \sum_{n=1}^{\infty} 1 = +\infty,
\end{aligned}$$

这与题设对任何测度有限集，f 在其上可积相矛盾.

对上述的 k_0，记 $E = \bigcup\limits_{k=k_0}^{\infty} E_k$，则 $m(E) = m\left(\bigcup\limits_{k=k_0}^{\infty} E_k\right) < +\infty$. 令

$$f_1(\boldsymbol{x}) = f(\boldsymbol{x}) \chi_E(\boldsymbol{x}), \quad f_2(\boldsymbol{x}) = f(\boldsymbol{x}) \chi_{\mathbb{R}^n - E}(\boldsymbol{x}),$$

则

$$\begin{aligned}
f(\boldsymbol{x}) &= f(\boldsymbol{x})(\chi_E(\boldsymbol{x}) + \chi_{\mathbb{R}^n - E}(\boldsymbol{x})) \\
&= f(\boldsymbol{x}) \chi_E(\boldsymbol{x}) + f(\boldsymbol{x}) \chi_{\mathbb{R}^n - E}(\boldsymbol{x})
\end{aligned}$$

$$= f_1(\boldsymbol{x}) + f_2(\boldsymbol{x}),$$

$$\int_{\mathbb{R}^n} | f_1(\boldsymbol{x}) | \mathrm{d}\boldsymbol{x} = \int_{\mathbb{R}^n} | f(\boldsymbol{x})\chi_E(\boldsymbol{x}) | \mathrm{d}x$$

$$= \int_E | f(\boldsymbol{x}) | \mathrm{d}\boldsymbol{x} \overset{\text{题设}}{<} +\infty, | f_1 |, f_1 \in \mathscr{L}(\mathbb{R}^n),$$

$$| f_2(\boldsymbol{x}) | = | f(\boldsymbol{x})\chi_{\mathbb{R}^n - E}(\boldsymbol{x}) | \leqslant k_0^2,$$

$$\forall x \in \mathbb{R}^n - Z, Z = \{\boldsymbol{x} \in \mathbb{R}^n \,\big|\, | f(\boldsymbol{x}) | = +\infty\}, m(Z) = 0.$$

证法 2 先证 $\exists k_0 \in \mathbb{N}$, s. t. $\sum\limits_{k=k_0}^{\infty} k^2 m(E_k) < +\infty$.

(反证)假设命题不成立,则对 $\forall k_0 \in \mathbb{N}$, $\sum\limits_{k=k_0}^{\infty} k^2 m(E_k) = +\infty$. 因为

$$\int_{\bigcup\limits_{k=k_0}^{\infty} E_k} | f(\boldsymbol{x}) | \mathrm{d}\boldsymbol{x} = \sum_{k=k_0}^{\infty} \int_{E_k} | f(\boldsymbol{x}) | \mathrm{d}\boldsymbol{x}$$

$$\geqslant \sum_{k=k_0}^{\infty} k^2 m(E_k) = +\infty,$$

所以, $f \notin \mathscr{L}(\bigcup\limits_{k=k_0}^{\infty} E_k)$. 根据题意 $m(\bigcup\limits_{k=k_0}^{\infty} E_k) = +\infty, k_0 = 1, 2, \cdots$. 于是,可选取 A_{k_0}, s. t.

$$A_{k_0} \subset \bigcup_{k=k_0}^{\infty} E_k, \quad m(A_{k_0}) = \frac{1}{k_0^2},$$

且 $\{A_{k_0}\}$ 彼此不相交. 易见

$$m(\bigcup_{k_0=1}^{\infty} A_{k_0}) = \sum_{k_0=1}^{\infty} m(A_{k_0}) = \sum_{k_0=1}^{\infty} \frac{1}{k_0^2} < +\infty,$$

但是

$$\int_{\bigcup\limits_{k_0=1}^{\infty} A_{k_0}} | f(\boldsymbol{x}) | \mathrm{d}\boldsymbol{x} = \sum_{k_0=1}^{\infty} \int_{A_{k_0}} | f(\boldsymbol{x}) | \mathrm{d}\boldsymbol{x}$$

$$\geqslant \sum_{k_0=1}^{\infty} k_0^2 \cdot m(A_{k_0})$$

$$= \sum_{k_0=1}^{\infty} k_0^2 \cdot \frac{1}{k_0^2}$$

$$= \sum_{k_0=1}^{\infty} 1 = +\infty, \quad f(\boldsymbol{x}) \notin \mathscr{L}(\bigcup_{k_0=1}^{\infty} A_{k_0}).$$

这与题设相矛盾.

令 $E=\bigcup_{k=k_0}^{\infty}E_k$,

$$f_1(\boldsymbol{x})=f(\boldsymbol{x})\cdot\chi_E(\boldsymbol{x}),$$

$$f_2(\boldsymbol{x})=f(\boldsymbol{x})\chi_{\mathbb{R}^n-E}(\boldsymbol{x}),$$

则

$$f(\boldsymbol{x})=f(\boldsymbol{x})[\chi_E(\boldsymbol{x})+\chi_{\mathbb{R}^n-E}(\boldsymbol{x})]=f_1(\boldsymbol{x})+f_2(\boldsymbol{x}).$$

其中

$$\begin{aligned}\int_{\mathbb{R}^n}|f_1(\boldsymbol{x})|\,\mathrm{d}\boldsymbol{x}&=\int_{\mathbb{R}^n}|f(\boldsymbol{x})\cdot\chi_E(\boldsymbol{x})|\,\mathrm{d}\boldsymbol{x}\\&=\int_E|f(\boldsymbol{x})|\,\mathrm{d}\boldsymbol{x}\\&=\int_{\bigcup\limits_{k=k_0}^{\infty}E_k}|f(\boldsymbol{x})|\,\mathrm{d}\boldsymbol{x}\\&=\sum_{k=k_0}^{\infty}\int_{E_k}|f(\boldsymbol{x})|\,\mathrm{d}\boldsymbol{x}\\&\leqslant\sum_{k=k_0}^{\infty}(k+1)^2\cdot m(E_k)\\&\leqslant 4\sum_{k=k_0}^{\infty}k^2\cdot m(E_k)<+\infty,\quad f_1\in\mathscr{L}(\mathbb{R}^n).\end{aligned}$$

$|f_2(\boldsymbol{x})|=|f(\boldsymbol{x})\chi_{\mathbb{R}^n-E}(\boldsymbol{x})|\leqslant k_0^2$, $x\in\mathbb{R}^n-Z$, $Z=\{\boldsymbol{x}\in\mathbb{R}^n\,|\,|f(\boldsymbol{x})|=+\infty\}$, $m(Z)=0$,即 f_2 在 $\mathbb{R}^n-Z$ 上有界.

【308】 设 f 在 $[a,b+\delta]$ $(\delta>0)$ 上 Lebesgue 可积,则

$$\lim_{h\to0^+}\int_a^b|f(x+h)-f(x)|\,\mathrm{d}x=0,$$

$$\lim_{h\to0^+}\int_a^b f(x+h)\,\mathrm{d}x=\int_a^b f(x)\,\mathrm{d}x.$$

证明 证法1 参阅平均连续性定理3.5.3,只需将 f 零延拓视作 $\mathbb{R}^1$ 上的函数.

证法2 对 $\forall\,\varepsilon\in(0,\delta)$,因 $f\in\mathscr{L}([a,a+\delta])$,则由 Лузин 定理3.2.11,$\exists\,\varphi\in C^0([a,a+\delta])$, s. t.

$$\int_a^{b+\delta}|f(x)-\varphi(x)|\,\mathrm{d}x<\frac{\varepsilon}{3}.$$

又由 φ 在 $[a,b+\delta]$ 上一致连续知,$\exists\,\eta\in(0,\delta)$,当 $h\in(0,\eta)$ 时,对 $\forall\,x\in[a,b]$,恒有

$$|\varphi(x+h)-\varphi(x)|<\frac{\varepsilon}{3(b-a)}.$$

$$\begin{aligned}0&\leqslant\int_a^b|f(x+h)-f(x)|\,\mathrm{d}x\\&\leqslant\int_a^b|f(x+h)-\varphi(x+h)|\,\mathrm{d}x\\&\quad+\int_a^b|\varphi(x+h)-\varphi(x)|\,\mathrm{d}x+\int_a^b|\varphi(x)-f(x)|\,\mathrm{d}x\\&\leqslant\int_a^{b+\delta}|f(t)-\varphi(t)|\,\mathrm{d}t+\frac{\varepsilon}{3(b-a)}(b-a)\\&\quad+\int_a^b|\varphi(x)-f(x)|\,\mathrm{d}x\\&<\frac{\varepsilon}{3}+\frac{\varepsilon}{3}+\frac{\varepsilon}{3}=\varepsilon,\end{aligned}$$

$$\lim_{h\to0^+}\int_a^b|f(x+h)-f(x)|\,\mathrm{d}x=0.$$

再由

$$\begin{aligned}0&\leqslant\left|\int_a^bf(x+h)\mathrm{d}x-\int_a^bf(x)\mathrm{d}x\right|\\&\leqslant\int_a^b|f(x+h)-f(x)|\,\mathrm{d}x\to0(h\to0^+)\end{aligned}$$

与夹逼定理立知

$$\lim_{h\to0^+}\int_a^bf(x+h)\mathrm{d}x=\int_a^bf(x)\mathrm{d}x.$$ □

【309】 设 f 为 $[a,b+\delta]$($\delta>0$)上的 Lebesgue 可积函数. $E\subset[a,b]$ 为 Lebesgue 可测集. 则

$$\lim_{h\to0^+}\int_E|f(x+h)-f(x)|\,\mathrm{d}x=0,$$

$$\lim_{h\to0^+}\int_Ef(x+h)\mathrm{d}x=\int_Ef(x)\mathrm{d}x.$$

证明 证法 1 参阅平均连续性定理 3.5.3,只需将 f 零延拓视作 $\mathbb{R}^1$ 上的函数.

证法 2 根据题[308]的论证,有

$$\begin{aligned}0&\leqslant\left|\int_Ef(x+h)\mathrm{d}x-\int_Ef(x)\mathrm{d}x\right|\\&\leqslant\int_E|f(x+h)-f(x)|\,\mathrm{d}x\\&\leqslant\int_E|f(x+h)-\varphi(x+h)|\,\mathrm{d}x+\int_E|\varphi(x+h)-\varphi(x)|\,\mathrm{d}x+\\&\quad\int_E|\varphi(x)-f(x)|\,\mathrm{d}x\end{aligned}$$

$$< \frac{\varepsilon}{3} + \frac{\varepsilon}{3(b-a)}(b-a) + \frac{\varepsilon}{3} = \varepsilon,$$

$$\lim_{h \to 0^+} \int_E | f(x+h) - f(x) | \mathrm{d}x = 0,$$

$$\lim_{h \to 0^+} \int_E f(x+h) \mathrm{d}x = \int_E f(x) \mathrm{d}x. \qquad \square$$

【310】 设有界的非负 Lebesgue 可测函数 f 在$\mathbb{R}^1$ 上具有可任意小的周期. 证明：在$\mathbb{R}^1$ 上

$$f(x) \underset{m}{\doteq} \lambda,$$

其中 λ 为常数.

试具体给出两个这样的函数.

证明 由题设，$|f(x)| < M, \forall x \in \mathbb{R}^1$. 考虑 Lebesgue 积分. 如果 E 为紧集，则 $m(E) < +\infty$，从而

$$\mu(E) = \int_E f(x) \mathrm{d}x \leqslant M \cdot m(E) < +\infty.$$

于是，μ 为一个 Borel 测度. 又由题设，$f(x)$具有可任意小的周期，从而

$$T = \{x \in \mathbb{R}^1 \mid x \text{ 为 } f \text{ 的周期}\}$$

为$\mathbb{R}^1$ 中的稠密集. 且对 $\forall x_0 \in T$，有

$$\begin{aligned}
\mu(E + x_0) &= \int_{E+x_0} f(x) \mathrm{d}x \\
&= \int_E f(x - x_0) \mathrm{d}x \\
&\xlongequal{-x_0 \text{ 为周期}} \int_E f(x) \mathrm{d}x = \mu(E).
\end{aligned}$$

由此当 $x_0 \in \mathbb{R}^1$ 时，取 $x_n \in T$，s. t. $\lim\limits_{n \to +\infty} x_n = x_0$. 根据题[309]，有

$$\begin{aligned}
\mu(E + x_0) &= \int_{E+x_0} f(x) \mathrm{d}x \\
&= \int_E f(x - x_0) \mathrm{d}x \\
&\xlongequal{\text{题[309]}} \lim_{n \to +\infty} \int_E f(x - x_n) \mathrm{d}x \\
&\xlongequal{-x_n \text{ 为周期}} \lim_{n \to +\infty} \int_E f(x) \mathrm{d}x \\
&= \lim_{n \to +\infty} \mu(E) \\
&= \mu(E).
\end{aligned}$$

根据题[150]，知

$$\mu(E) = \lambda \cdot m(E),$$

即

$$\int_E f(x)\mathrm{d}x = \mu(E) = \lambda \cdot m(E).$$

令

$$E_1 = \{x \in \mathbb{R}^1 \mid f(x) < \lambda\},$$
$$E_2 = \{x \in \mathbb{R}^1 \mid f(x) > \lambda\}.$$

如果 $m(E_1)>0$,则

$$\lambda \cdot m(E_1) = \int_{E_1} f(x)\mathrm{d}x < \lambda \cdot m(E_1),$$

矛盾. 因此,$m(E_1)=0$; 同理,$m(E_2)=0$. 由此得到

$$f(x) \underset{m}{\doteq} \lambda, \quad x \in \mathbb{R}^1.$$

例 1　常值函数 $f(x)=\lambda$, $\forall x\in\mathbb{R}^1$. 它以任何非零实数为周期.

例 2　Dirichlet 函数

$$D(x) = \begin{cases} 1, & x \in \mathbb{Q}, \\ 0, & x \in \mathbb{R} - \mathbb{Q}. \end{cases}$$

它以任何非零的有理数为周期. □

【311】 设 f 在 $[0,+\infty)$ 上的 Lebesgue 可积,并且一致连续. 证明:

$$\lim_{x\to+\infty} f(x) = 0.$$

举例说明"一致连续"改为"非负连续",结论不成立. 因此,"一致连续"条件不可删去.

证明　证法 1　因为 f 在 $[0,+\infty)$ 上一致连续,当然也连续,所以对 $\forall b\in(0,+\infty)$, $f(x)$ 在 $[0,b]$ 上 Riemann 可积. 又因 f 在 $[0,+\infty)$ 上 Lebesgue 可积,即

$$(\mathrm{L})\int_0^{+\infty} |f(x)|\mathrm{d}x = (\mathrm{L})\int_0^{+\infty} f^+(x)\mathrm{d}x + (\mathrm{L})\int_0^{+\infty} f^-(x)\mathrm{d}x < +\infty,$$

故广义 Riemann 积分

$$(\mathrm{R})\int_0^{+\infty} f(x)\mathrm{d}x = (\mathrm{L})\int_0^{+\infty} f^+(x)\mathrm{d}x - (\mathrm{L})\int_0^{+\infty} f^-(x)\mathrm{d}x$$

收敛.

(反证)假设 $\lim\limits_{x\to+\infty} f(x)\neq 0$,则 $\exists\,\varepsilon_0>0$, s. t. $\forall\,\Delta>0$, $\exists\,x_1>\Delta$,有 $|f(x_1)|\geqslant\varepsilon_0$. 又因为 $f(x)$ 在 $[0,+\infty)$ 上一致连续,故 $\exists\,\delta>0$,当 $x',x''\in[0,+\infty)$, $|x'-x''|<\delta$ 时,有

$$|f(x') - f(x'')| < \frac{\varepsilon_0}{2}.$$

于是,当 $x\in[x_1,x_1+\delta)$ 时,有

$$\begin{aligned} |f(x)| &= |f(x_1) - [f(x_1) - f(x)]| \\ &\geqslant |f(x_1)| - |f(x_1) - f(x)| \\ &> \varepsilon_0 - \frac{\varepsilon_0}{2} = \frac{\varepsilon_0}{2}. \end{aligned}$$

并且,$f(x)$ 与 $f(x_1)$ 同号(否则,$|f(x)-f(x_1)|\geqslant|f(x_1)|\geqslant\varepsilon_0$ 与 $|f(x)-f(x_1)|<\frac{\varepsilon_0}{2}<\varepsilon_0$

相矛盾).

如果 $f(x_1)>0$,则 $f(x)>0$,从而 $f(x)>\frac{\varepsilon_0}{2}$,故

$$\left|\int_{x_1}^{x_1+\delta} f(x)\mathrm{d}x\right| \geqslant \frac{\varepsilon_0}{2}\int_{x_1}^{x_1+\delta}\mathrm{d}x = \frac{\varepsilon_0}{2}\delta.$$

同理,如果 $f(x_1)<0$,则 $f(x)<0$,也有

$$\left|\int_{x_1}^{x_1+\delta} f(x)\mathrm{d}x\right| = \int_{x_1}^{x_1+\delta} |f(x)|\mathrm{d}x \geqslant \frac{\varepsilon_0}{2}\int_{x_1}^{x_1+\delta}\mathrm{d}x = \frac{\varepsilon_0}{2}\delta.$$

这就证明了,对 $\frac{\varepsilon_0}{2}\delta>0$,$\forall \Delta>0$,$\exists\, x_1+\delta>x_1>\Delta$, s. t.

$$\left|\int_{x_1}^{x_1+\delta} f(x)\mathrm{d}x\right| \geqslant \frac{\varepsilon_0}{2}\delta.$$

根据广义(无穷)Riemann 积分的 Cauchy 收敛准则,$(\mathrm{R})\int_0^{+\infty} f(x)\mathrm{d}x$ 发散,这与上述广义 Riemann 积分 $(\mathrm{R})\int_0^{+\infty} f(x)\mathrm{d}x$ 收敛相矛盾.

证法 2　(反证)假设 $\lim\limits_{x\to+\infty} f(x)\neq 0$,则 $\exists\{x_n\}$, $\lim\limits_{n\to+\infty} x_n=+\infty$,但 $\lim\limits_{n\to+\infty} f(x_n)=a\neq 0$. 不失一般性,令 $a>0$. 因为 f 在 $[0,+\infty)$ 上一致连续,故 $\exists\,\delta>0$,当 $x',x''\in[0,+\infty)$, $|x'-x''|<\delta$ 时,有

$$|f(x')-f(x'')|<\frac{a}{3}.$$

又因为 $\lim\limits_{n\to+\infty} f(x_n)=a>0$,故 $\exists\, N\in\mathbb{N}$,当 $n>N$ 时,有

$$f(x_n)>a-\frac{a}{3}=\frac{2}{3}a.$$

于是

$$f(x)>f(x_n)-\frac{a}{3}>\frac{2}{3}a-\frac{a}{3}=\frac{a}{3},\quad \forall\, x\in(x_n-\delta,x_n+\delta).$$

$$\begin{aligned}\int_{\bigcup\limits_{n=N+1}^{\infty}(x_n-\delta,x_n+\delta)} |f(x)|\mathrm{d}x &= \sum_{n=N+1}^{\infty}\int_{(x_0-\delta,x_0+\delta)} |f(x)|\mathrm{d}x \\ &\geqslant \sum_{n=N+1}^{\infty}\frac{a}{3}\cdot 2\delta=+\infty,\end{aligned}$$

从而

$$|f|,f\notin\mathscr{L}\Big(\bigcup_{n=N+1}^{\infty}(x_n-\delta,x_n+\delta)\Big),$$

$$|f|,f\notin\mathscr{L}([0,+\infty)).$$

注意,“一致连续”改为“非负连续”,结论不成立. 因此,“一致连续”条件不可删去.

反例：令

$$f(x)=\begin{cases} n^2\cdot 2^n\left[x-\left(n-\dfrac{1}{2^n n}\right)\right], & x\in\left[n-\dfrac{1}{2^n n},n\right],\\ -n^2\cdot 2^n\left[x-\left(n+\dfrac{1}{2^n n}\right)\right], & x\in\left[n,n+\dfrac{1}{2^n n}\right],n=1,2,\cdots,\\ 0, & x\text{ 为}[0,+\infty)\text{ 中的其他点}, \end{cases}$$

则 $f(x)$ 非负连续，且 $\lim\limits_{n\to+\infty}f(n)=\lim\limits_{n\to+\infty}n=+\infty$，故 $\lim\limits_{n\to+\infty}f(x)\neq 0$，但是

$$\int_0^{+\infty}f(x)\mathrm{d}x=\sum_{n=1}^{\infty}\frac{1}{2^n}=1,$$

收敛. □

【312】 设 f 为 $\mathbb{R}^1$ 上的 Lebesgue 可积函数. 证明：$\sum\limits_{n=-\infty}^{\infty}f(n^2x)$ 必在 $\mathbb{R}^1$ 上关于 Lebesgue 测度几乎处处等于一个 Lebesgue 可积函数.

证明 先设 f 为 $\mathbb{R}^1$ 上的非负 Lebesgue 可积函数，则由定理 3.3.8，有

$$\begin{aligned}0&\leqslant\int_{\mathbb{R}^1}\sum_{n=-\infty}^{\infty}f(n^2x)\mathrm{d}x\\&=\sum_{n=-\infty}^{\infty}\int_{\mathbb{R}^1}f(n^2x)\mathrm{d}x\\&\xlongequal{u=n^2x}\sum_{n=-\infty}^{\infty}\int_{\mathbb{R}^1}f(u)\frac{\mathrm{d}u}{n^2}\\&=\int_{\mathbb{R}^1}f(u)\mathrm{d}u\cdot\sum_{n=-\infty}^{\infty}\frac{1}{n^2}<+\infty.\end{aligned}$$

再根据定理 3.3.7，$\sum\limits_{n=-\infty}^{\infty}f(n^2x)$ 在 $\mathbb{R}^1$ 上几乎处处有限，且 Lebesgue 可积.

于是，对一般的 Lebesgue 可积函数 $f=f^+-f^-$，必有 f^+ 与 f^- 均为非负的 Lebesgue 可积函数. 因此，根据上述结论得到

$$\begin{aligned}\sum_{n=-\infty}^{\infty}f(n^2x)&=\sum_{n=-\infty}^{\infty}[f^+(n^2x)-f^-(n^2x)]\\&=\sum_{n=-\infty}^{\infty}f^+(n^2x)-\sum_{n=-\infty}^{\infty}f^-(n^2x)\end{aligned}$$

为 $\mathbb{R}^1$ 上关于 Lebesgue 测度几乎处处等于一个 Lebesgue 可积函数. □

【313】 设 $f:[a,b]\to\mathbb{R}$ 为增函数.

(1) 如果 f 具有性质(N)：对 $\forall e\subset[a,b]$，$m(e)=0$，必定有 $m(f(e))=0$，且对 $\forall x\in E\subset[a,b]$，至少有一个导出数 $Df(x)\leqslant p(0\leqslant p<+\infty)$，则

$$m^*(f(E))\leqslant pm^*(E).$$

(2) 如果对 $\forall x\in E\subset[a,b]$，至少有一个导出数 $Df(x)\geqslant q(q\geqslant 0)$，则

$$m^*(f(E)) \geqslant qm^*(E).$$

证明　(1) 根据定理 3.6.3, f 在 $[a,b]$ 上关于 Lebesgue 测度几乎处处可导. 记 A 为 f 在 $[a,b]$ 中的可导点的全体. 显然, $m^*(E\cap A)=m^*(E)$, 且

$$f'(x) \leqslant p, \quad x \in E \cap A.$$

由于 f 具有性质 (N), $m(E-A)=m^*(E-A)=0$, 故

$$m(f(E-A)) = m^*(f(E-A)) = 0.$$

再由定理 3.8.15 得到

$$\begin{aligned} m^*(f(E)) &= m^*(f[(E\cap A)\cup(E-A)]) \\ &\leqslant m^*(f(E\cap A)) + m^*(f(E-A)) \\ &= m^*(f(E\cap A)) + 0 \\ &= m^*(f(E\cap A)) \\ &\overset{\text{定理3.8.15}}{\leqslant} pm^*(E\cap A) = pm^*(E). \end{aligned}$$

(2) 当 $q=0$ 时, 不等式显然成立.

当 $q>0$ 时, 类似定理 3.6.2(2) 的证明, 只需将"但因 $d_{n_i}(x_i)$ 两两不相交和 f 是严格增知, $\Delta_{n_i}(x_i)$ 也是两两不相交的"改为"但因 $d_{n_i}(x_i)$ 两两不相交和 f 是单调增知, $\Delta_{n_i}(x_i)$ 是两两无公共内点的". 其他证明完全相同. □

【314】　设 $f\in \mathrm{BV}([a,b])$. 证明: $\exists M>0, \exists \delta>0$, 当 $0<|h|<\delta$ 时, 有

$$\frac{1}{|h|}(\mathrm{L})\int_a^b |f(x+h)-f(x)|\,\mathrm{d}x \leqslant M$$

(f 在 $[a,b]$ 外的值视为 0).

证明　因为 $f\in \mathrm{BV}([a,b])$, 故

$$0 < M = 2\bigvee_a^b(f) + \sup f([a,b]) + 1 < +\infty.$$

于是, 当 $h>0$ 时, 有

$$\begin{aligned} &\frac{1}{h}\int_a^b |f(x+h)-f(x)|\,\mathrm{d}x \\ &= \frac{1}{h}\int_a^{b-h} |f(x+h)-f(x)|\,\mathrm{d}x + \frac{1}{h}\int_{b-h}^b |f(x)|\,\mathrm{d}x \\ &\leqslant \frac{1}{h}\int_a^{b-h}\bigvee_x^{x+h}(f)\,\mathrm{d}x + \sup f([a,b]) \\ &= \frac{1}{h}\left[\int_a^{b-h}\bigvee_a^{x+h}(f)\,\mathrm{d}x - \int_a^{b-h}\bigvee_a^{x}(f)\,\mathrm{d}x\right] + \sup f([a,b]) \\ &= \frac{1}{h}\left[\int_{a+h}^{b}\bigvee_a^{u}(f)\,\mathrm{d}u - \int_a^{b-h}\bigvee_a^{x}(f)\,\mathrm{d}x\right] + \sup f([a,b]) \\ &= \frac{1}{h}\left[\int_{b-h}^{b}\bigvee_a^{x}(f)\,\mathrm{d}x - \int_a^{a+h}\bigvee_a^{x}(f)\,\mathrm{d}x\right] + \sup f([a,b]) \end{aligned}$$

$$\leqslant 2\bigvee_a^b(f)+\sup f([a,b])+1=M.$$

当 $h<0$ 时,有

$$\frac{1}{|h|}\int_a^b|f(x+h)-f(x)|\,\mathrm{d}x\ \xlongequal[t>0]{h=-t}\ \frac{1}{t}\int_a^b|f(x-t)-f(x)|\,\mathrm{d}x$$

$$=\frac{1}{t}\int_a^{a+t}|f(x)|\,\mathrm{d}x+\frac{1}{t}\int_{a+t}^b|f(x-t)-f(x)|\,\mathrm{d}x$$

$$\leqslant\sup f([a,b])+\frac{1}{t}\int_{a+t}^b\bigvee_{x-t}^x(f)\,\mathrm{d}x$$

$$=\sup f([a,b])+\frac{1}{t}\left[\int_{a+t}^b\bigvee_{x-t}^b(f)\,\mathrm{d}x-\int_{a+t}^b\bigvee_x^b(f)\,\mathrm{d}x\right]$$

$$=\sup f([a,b])+\frac{1}{t}\left[\int_a^{b-t}\bigvee_u^b(f)\,\mathrm{d}u-\int_{a+t}^b\bigvee_x^b(f)\,\mathrm{d}x\right]$$

$$=\sup f([a,b])+\frac{1}{t}\left[\int_a^{b-t}\bigvee_x^b(f)\,\mathrm{d}x-\int_{a+t}^b\bigvee_x^b(f)\,\mathrm{d}x\right]$$

$$=\sup f([a,b])+\frac{1}{t}\left[\int_a^{a+t}\bigvee_x^b(f)\,\mathrm{d}x-\int_{b-t}^b\bigvee_x^b(f)\,\mathrm{d}x\right]$$

$$\leqslant 2\bigvee_a^b(f)+\sup f([a,b])+1=M.$$

综上得到

$$\frac{1}{|h|}\int_a^b|f(x+h)-f(x)|\,\mathrm{d}x\leqslant M,\quad 0<|h|<\delta,$$

其中

$$M=2\bigvee_a^b(f)+\sup f([a,b])+1>0,$$

$$0<\delta<\frac{1}{2}(b-a).$$ □

【315】 设　f 在 (a,b) 上 Lebesgue 可积,且对 $\forall[\alpha,\beta]\subset(a,b)$, $\exists\delta>0$,当 $|h|<\delta$ 时,有

$$(\mathrm{L})\int_\alpha^\beta|f(x+h)-f(x)|\,\mathrm{d}x\leqslant M|h|.$$

证明:在 (a,b) 上, $f(x)\underset{m}{\doteq}g(x)$,其中 $g\in\mathrm{BV}([\alpha,\beta])$.

证明　根据题设 f 在 (a,b) 的任何有界闭区间上都 Lebesgue 可积. 记

$$F(x)=\int_\alpha^x f(t)\,\mathrm{d}t,$$

$$F_h(x)=\frac{1}{h}[F(x+h)-F(x)],\quad h\neq 0.$$

先证明 $F_h(x)$ 当 h 充分小时是有界变差函数，且 $\bigvee_{\alpha}^{\beta}(F_h)\leqslant M$.

事实上，对 $[\alpha,\beta]$ 的任何分割 Δ：$\alpha=x_0<x_1<\cdots<x_n=\beta$，当 $0<|h|<\delta$ 时，有

$$\begin{aligned}
v_\Delta(F_h) &= \sum_{k=1}^{n}|F_h(x_k)-F_h(x_{k-1})| \\
&= \frac{1}{|h|}\sum_{k=1}^{n}\left|\int_{x_k}^{x_k+h}f(t)\mathrm{d}t-\int_{x_{k-1}}^{x_{k-1}+h}f(t)\mathrm{d}t\right| \\
&= \frac{1}{|h|}\sum_{k=1}^{n}\left|\int_{x_{k-1}}^{x_k}[f(t+h)-f(t)]\mathrm{d}t\right| \\
&\leqslant \frac{1}{|h|}\sum_{k=1}^{n}\int_{x_{k-1}}^{x_k}|f(t+h)-f(t)|\mathrm{d}t \\
&= \frac{1}{|h|}\int_{\alpha}^{\beta}|f(t+h)-f(t)|\mathrm{d}t\leqslant M,
\end{aligned}$$

故

$$\bigvee_{\alpha}^{\beta}(F_h)\leqslant M.$$

由题设知

$$F'(x)=\left(\int_a^x f(t)\mathrm{d}t\right)'\mathop{\doteq}_{m}f(x),\quad x\in(a,b).$$

$$\begin{aligned}
\lim_{h\to 0}F_h(x) &= \lim_{h\to 0}\frac{F(x+h)-F(x)}{h} \\
&= F'(x)\mathop{\doteq}_{m}f(x),\quad x\in(a,b).
\end{aligned}$$

因此，在 $[\alpha,\beta]$ 中划去一个零测集 Z，有

$$\lim_{h\to 0}F_h(x)=f(x),\quad x\in[\alpha,\beta]-Z.$$

下面作 $g(x)\in \mathrm{BV}([\alpha,\beta])$, s. t.

$$g(x)=f(x),\quad x\in[\alpha,\beta]-Z.$$

不妨设 $\alpha,\beta\notin Z$. 对 $x\in[\alpha,\beta]-Z$，定义

$$\bigvee_{\alpha}^{x}{}^{\cdot}(f)=\sup\left\{\sum_{k=1}^{n}|f(x_k)-f(x_{k-1})|\,\Big|\,x_k\in[\alpha,x]-Z,k=1,2,\cdots,n\right\},$$

它是分点在 $[\alpha,\beta]-Z$ 中变差之上确界. 则由

$$\begin{aligned}
\bigvee_{\alpha}^{x}{}^{\cdot}(f) &= \sup\left\{\sum_{k=1}^{n}|f(x_k)-f(x_{k-1})|\,\Big|\,x_k\in[\alpha,x]-Z,k=1,2,\cdots,n\right\} \\
&= \sup\left\{\sum_{k=1}^{n}\lim_{h\to 0}|F_h(x_k)-F_h(x_{k-1})|\,\Big|\,x_k\in[\alpha,x]-Z,k=1,2,\cdots,n\right\} \\
&\leqslant \overline{\lim_{h\to 0}}\sup\sum_{k=1}^{n}|F_h(x_k)-F_h(x_{k-1})|\leqslant M.
\end{aligned}$$

令

$$\begin{cases} h_1(x) = \dfrac{1}{2}\bigvee_{\alpha}^{x}{}^{\cdot}(f) + \dfrac{1}{2}f(x) \\ h_2(x) = \dfrac{1}{2}\bigvee_{\alpha}^{x}{}^{\cdot}(f) - \dfrac{1}{2}f(x), \quad x \in [\alpha,\beta] - Z, \end{cases}$$

则 h_1,h_2 在 $[\alpha,\beta]-Z$ 上单调增且有界. 将 h_1,h_2 延拓到 Z 上为 $\tilde{h}_1,\tilde{h}_2$，其中

$$\tilde{h}_1(x) = h_1(x^-) = \lim_{u\to x^-} h_1(u),$$

$$\tilde{h}_2(x) = h_2(x^-) = \lim_{u\to x^-} h_2(x), \quad x \in Z.$$

再令

$$g = \tilde{h}_1 - \tilde{h}_2,$$

根据 Jordan 分解定理 3.6.5，$g\in \mathrm{BV}([\alpha,\beta])$，且

$$\begin{aligned} g(x) &= \tilde{h}_1(x) - \tilde{h}_2(x) = h_1(x) - h_2(x) \\ &= f(x), \quad x \in [\alpha,\beta] - Z. \end{aligned}$$

易见，当 $[\alpha,\beta]\to(a,b)$ 时，由于对 $a<\alpha'<\alpha<b$，有

$$\bigvee_{\alpha'}^{x}{}^{\cdot}(f) = \bigvee_{\alpha'}^{\alpha}(f) + \bigvee_{\alpha}^{x}{}^{\cdot}(f),$$

$$\left[\frac{1}{2}\bigvee_{\alpha'}^{x}{}^{\cdot}(f) + \frac{1}{2}f(x)\right] - \left[\frac{1}{2}\bigvee_{\alpha'}^{x}{}^{\cdot}(f) - \frac{1}{2}f(x)\right]$$

$$= \left[\frac{1}{2}\bigvee_{\alpha}^{x}{}^{\cdot}(f) + \frac{1}{2}f(x)\right] - \left[\frac{1}{2}\bigvee_{\alpha}^{x}{}^{\cdot}(f) - \frac{1}{2}f(x)\right].$$

这推得在 (a,b) 上定义了一个所求的 $g(x)$. □

【316】 设 $f:[a,b]\to[c,d]$ 为连续函数，且对 $\forall\, y\in[c,d]$，点集 $f^{-1}(y)$ 至多有 20 个点. 证明：

$$\bigvee_a^b(f) \leqslant 20(d-c).$$

证明 证法 1 对于 $[a,b]$ 的任一分割 $\Delta: a=x_0<x_1<\cdots<x_n=b$，记 I_k 为以 $f(x_{k-1})$，$f(x_k)$ 为端点的区间，而 $f([x_{k-1},x_k])$ 仍为一区间，且 $I_k\subset f([x_{k-1},x_k])$，$k=1,2,\cdots,n$. 于是

$$\begin{aligned} v_\Delta(f) &= \sum_{k=1}^{n} | f(x_k) - f(x_{k-1}) | \\ &= \sum_{k=1}^{n} \left| \int_{f(x_{k-1})}^{f(x_k)} 1\mathrm{d}y \right| \\ &= \sum_{k=1}^{n} \int_c^d \chi_{I_k}(y)\mathrm{d}y \end{aligned}$$

$$\leqslant \sum_{k=1}^{n}\int_{c}^{d}\chi_{f([x_{k-1},x_k])}(y)\,\mathrm{d}y$$

$$=\int_{c}^{d}\sum_{k=1}^{n}\chi_{f([x_{k-1},x_k])}(y)\,\mathrm{d}y$$

$$\overset{(*)}{\leqslant}\int_{c}^{d}20\,\mathrm{d}y = 20(d-c).$$

（*）注意：除了 $y=f(x_k)(k=1,2,\cdots,n-1)$ 外，必有 $\sum_{k=1}^{n}\chi_{f([x_{k-1},x_k])}(y)\leqslant 20$；这有限个值（此时，$\sum_{k=1}^{n}\chi_{f([x_{k-1},x_k])}(y)\leqslant 40$）不影响积分的值. 由此立即推得

$$\bigvee_{a}^{b}(f)=\sup_{\Delta}\{v_{\Delta}(f)\mid \Delta\text{ 为}[a,b]\text{ 的任一分割}\}$$
$$\leqslant 20(d-c).$$

证法 2　记 $N(y)=\overline{\overline{f^{-1}(y)}}$（集合 $f^{-1}(y)$ 中的点数≤20），称它为巴拿赫(Banach)指示函数. 对$[a,b]$的任何分割 Δ：$a<x_0<x_1<\cdots<x_n=b$. 另记

$$N_k(y)=\overline{\overline{f^{-1}(y)\cap[x_{k-1},x_k]}}.$$

有

$$|f(x_k)-f(x_{k-1})|\leqslant \max f([x_{k-1},x_k])-\min f([x_{k-1},x_k])$$
$$\leqslant d-c\leqslant\int_{c}^{d}N_k(y)\,\mathrm{d}y$$

（当 $\min f([x_{k-1},k_k])\leqslant y\leqslant \max f([x_{k-1},x_k])$时，根据连续函数的介值定理知，$N_k(y)\geqslant 1$）.

因此

$$v_{\Delta}(f)=\sum_{k=1}^{n}|f(x_k)-f(x_{k-1})|$$

$$\leqslant\sum_{k=1}^{n}\int_{c}^{d}N_k(y)\,\mathrm{d}y$$

$$=\int_{c}^{d}\sum_{k=1}^{n}N_k(y)\,\mathrm{d}y$$

$$=\int_{c}^{d}N(y)\,\mathrm{d}y$$

$$\leqslant\int_{c}^{d}20\,\mathrm{d}y=20(d-c),$$

$$\bigvee_{a}^{b}(f)=\sup_{\Delta}\{v_{\Delta}(f)\mid\Delta\text{ 为}[a,b]\text{ 的任一分割}\}\leqslant 20(d-c).$$

证法 3　根据巴拿赫(Banach)定理 3.8.12，有

$$\bigvee_a^b (f) = \int N(y)\mathrm{d}y \leqslant 20(d-c).$$ □

【317】 设 f 为$[a,b]$上单调增的函数，且有

$$(\mathrm{L})\int_a^b f'(x)\mathrm{d}x = f(b)-f(a).$$

证明：f 为$[a,b]$上的绝对连续函数.

证明 对$\forall x\in[a,b]$，根据定理 3.6.3，有

$$\int_a^x f'(t)\mathrm{d}t \leqslant f(x)-f(a), \quad \int_x^b f'(t)\mathrm{d}t \leqslant f(b)-f(x).$$

两式相加得到

$$\begin{aligned} f(b)-f(a) &\xlongequal{\text{题设}} \int_a^b f'(t)\mathrm{d}t \\ &= \int_a^x f'(t)\mathrm{d}t + \int_x^b f'(t)\mathrm{d}t \\ &\leqslant [f(x)-f(a)] + [f(b)-f(x)] \\ &= f(b)-f(a), \end{aligned}$$

故上面三个不等号必须等号，即

$$\int_a^x f'(t)\mathrm{d}t = f(x)-f(a), \quad \int_x^b f'(t)\mathrm{d}t = f(b)-f(x).$$

因此

$$f(x) = f(a) + \int_a^x f'(t)\mathrm{d}t.$$

根据定理 3.8.7，f 为$[a,b]$上的绝对连续函数. □

【318】 设 $f_k(x)(k=1,2,\cdots)$为定义在$[a,b]$上的关于 x 单调增且绝对连续的函数列，级数 $\sum\limits_{k=1}^{\infty} f_k(x)$在$[a,b]$上处处收敛. 证明：和函数

$$\sum_{k=1}^{\infty} f_k(x)$$

在$[a,b]$上为绝对连续函数.

证明 因为 $f_k(x)(k=1,2,\cdots)$为$[a,b]$上的关于 x 单调增且绝对连续的函数列，故根据定理 3.6.3 与定理 3.8.7，有

$$f'_k(x) \overset{\cdot}{\underset{m}{\geqslant}} 0, \quad x\in[a,b],$$

$$f_k(x) = f_k(a) + \int_a^x f'_k(t)\mathrm{d}t, \quad x\in[a,b].$$

对 k 求和得到(注意$\sum\limits_{k=1}^{\infty} f_k(x)$ 在$[a,b]$ 上处处收敛)

$$\sum_{k=1}^{\infty} f_k(x) = \sum_{k=1}^{\infty} f_k(a) + \sum_{k=1}^{\infty}\int_a^x f'_k(t)\mathrm{d}t$$

$$\xlongequal{\text{定理 3.3.8}} \sum_{k=1}^{\infty} f_k(a) + \int_a^x \sum_{k=1}^{\infty} f'_k(x)\mathrm{d}x, \quad x \in [a,b].$$

由此立知 $\sum\limits_{k=1}^{\infty} f'_k(x)$ 在$[a,b]$上几乎处处收敛且 Lebesgue 可积. 再根据定理 3.8.7 推得,和函数 $\sum\limits_{k=1}^{\infty} f_k(x)$ 为$[a,b]$上的绝对连续函数. □

【319】 设 $f(x,y)$为定义在$[a,b]\times[c,d]$上的二元函数,且$\exists\, y_0\in(c,d)$, s. t. $f(x,y_0)$在$[a,b]$上是 Lebesgue 可积的,又对$\forall\, x\in[a,b]$, $f(x,y)$是对 y 在$[c,d]$上的绝对连续函数,$f'_y(x,y)$在$[a,b]\times[c,d]$上是 Lebesgue 可积的. 证明:

$$F(y) = (\mathrm{L})\int_a^b f(x,y)\mathrm{d}x$$

是定义在$[c,d]$上的绝对连续函数,且关于 Lebesgue 测度对几乎所有的 $y\in[c,d]$,有

$$F'(y) = (\mathrm{L})\int_a^b f'_y(x,y)\mathrm{d}x.$$

证明 因为 $f(x,y_0)$在$[a,b]$上是 Lebesgue 可积的,所以

$$F(y_0) = \int_a^b f(x,y_0)\mathrm{d}x$$

为有限值. 又因 $f'_y(x,y)$在$[a,b]\times[c,d]$上是 Lebesgue 可积的,故

$$F(y_0) + \int_{y_0}^{y}\mathrm{d}t\int_a^b f'_t(x,t)\mathrm{d}x \xlongequal[3.7.2]{\text{Fubini 定理}} F(y_0) + \int_a^b \mathrm{d}x\int_{y_0}^{y} f'_t(x,t)\mathrm{d}t$$

$$\xlongequal{f\text{ 对 }y\text{ 绝对连续}} F(y_0) + \int_a^b [f(x,y) - f(x,y_0)]\mathrm{d}x$$

$$= F(y).$$

由此推得 $F(y)$为定义在$[c,d]$上的绝对连续函数,且在 $y\in[c,d]$上,有

$$F'(y) \underset{m}{\doteq} \int_a^b f'_y(x,y)\mathrm{d}x.$$ □

【320】 设 f 为$[a,b]$上的单调增函数. 证明: f 可分解为

$$f(x) = g(x) + h(x), \quad x \in [a,b].$$

其中 g 为单调增的绝对连续函数,h 为单调增函数,且在$[a,b]$上,有

$$h'(x) \underset{m}{\doteq} 0.$$

证明 证法 1 令

$$g(x) = \int_a^x f'(t)\mathrm{d}t, \quad h(x) = f(x) - g(x).$$

因为 f 是$[a,b]$上的单调增函数,故 $f'(x) \underset{m}{\dot{\geqslant}} 0$, $x\in[a,b]$. 根据定理 3.6.3, $f'(x)$在$[a,b]$上

为 Lebesgue 可积函数，再根据定理 3.8.7，g 为$[a,b]$上单调增的绝对连续函数. 此外，对 $\forall x_1,x_2\in[a,b]$，$x_1<x_2$，有

$$\begin{aligned}h(x_2)-h(x_1)&=[f(x_2)-g(x_2)]-[f(x_1)-g(x_1)]\\&=[f(x_2)-f(x_1)]-[g(x_2)-g(x_1)]\\&=[f(x_2)-f(x_1)]-\int_{x_1}^{x_2}f'(t)\mathrm{d}t\overset{\text{定理3.6.3(2)}}{\geqslant}0,\end{aligned}$$

$$h(x_1)\leqslant h(x_2).$$

因此，h 为$[a,b]$上的单调增函数. 进而，由定理 3.8.2，有

$$\begin{aligned}h'(x)&=f'(x)-g'(x)=f'(x)-\left(\int_a^x f'(t)\mathrm{d}t\right)'\\&\underset{m}{\doteq}f'(x)-f'(x)=0,\quad x\in[a,b].\end{aligned}$$

证法 2 令

$$g(x)=\int_a^x f'(t)\mathrm{d}t,\quad h(x)=f(x)-g(x).$$

因 f 是$[a,b]$上的单调增函数，故 $f'(x)\underset{m}{\dot{\geqslant}}0, x\in[a,b]$. 根据定理 3.6.3，$f'(x)$在$[a,b]$上为 Lebesgue 可积，再根据定理 3.8.7，g 为$[a,b]$上的单调增的绝对连续函数. 下证 $h(x)$为$[a,b]$上的单调增函数. 对 $a\leqslant y<x\leqslant b$，作函数

$$\tilde{f}(t)=\begin{cases}f(t), & a\leqslant t<x,\\ f(x), & x\leqslant t\leqslant b,\end{cases}$$

则对 $\delta>0$，有

$$\begin{aligned}\int_y^x\frac{\tilde{f}(t+\delta)-\tilde{f}(t)}{\delta}\mathrm{d}t&=\frac{1}{\delta}\left[\int_{y+\delta}^{x+\delta}\tilde{f}(t)\mathrm{d}t-\int_y^x\tilde{f}(t)\mathrm{d}t\right]\\&=\frac{1}{\delta}\int_x^{x+\delta}\tilde{f}(t)\mathrm{d}t-\frac{1}{\delta}\int_y^{y+\delta}\tilde{f}(t)\mathrm{d}t\\&=f(x)-\frac{1}{\delta}\int_y^{y+\delta}f(t)\mathrm{d}t\overset{f\text{增}}{\leqslant}f(x)-f(y).\end{aligned}$$

于是，应用 Fatou 引理 3.4.3，有

$$\begin{aligned}\int_y^x f'(t)\mathrm{d}t&=\int_y^x\lim_{\delta\to0^+}\frac{\tilde{f}(t+\delta)-\tilde{f}(t)}{\delta}\mathrm{d}t\\&\leqslant\varliminf_{\delta\to0^+}\int_y^x\frac{\tilde{f}(t+\delta)-\tilde{f}(t)}{\delta}\mathrm{d}t\leqslant f(x)-f(y).\end{aligned}$$

$$g(x)-g(y)=\int_y^x f'(t)\mathrm{d}t\leqslant f(x)-f(y),$$

$$h(y)=f(y)-g(y)\leqslant f(x)-g(x)=h(x),$$

这就证明了 $h(x)$为$[a,b]$上的单调增函数. □

【321】 设 f 在$\mathbb{R}^1$ 的任一闭区间上都绝对连续. 证明：对 $\forall y\in\mathbb{R}^1$，有

$$\frac{\mathrm{d}}{\mathrm{d}y}\int_a^b f(x+y)\mathrm{d}x=\int_a^b\frac{\mathrm{d}}{\mathrm{d}y}f(x+y)\mathrm{d}x,$$

其中积分都为 Lebesgue 积分.

证明　因为 f 在 $\mathbb{R}^1$ 的任一闭区间上绝对连续，故 $f'(z)$ 在 $\mathbb{R}^1$ 中任一闭区间上 Lebesgue 可积，应用积分的平均连续性定理 3.5.3 知，$\forall\varepsilon>0$，$\exists\delta>0$，当 $|t|<\delta$ 时，有

$$\int_a^b |f'(x+y+t)-f'(x+y)|\,\mathrm{d}x<\varepsilon.$$

于是

$$\begin{aligned}&\left|\frac{1}{h}\int_a^b[f(x+y+h)-f(x+y)]\mathrm{d}x-\int_a^b\frac{d}{\mathrm{d}y}f(x+y)\mathrm{d}x\right|\\ &\xlongequal{f\text{ 绝对连续}}\left|\int_a^b\mathrm{d}x\,\frac{1}{h}\int_0^h[f'(x+y+t)-f'(x+y)]\mathrm{d}t\right|\\ &\leqslant\frac{1}{|h|}\left|\int_0^h\mathrm{d}t\int_a^b|f'(x+y+t)-f'(x+y)|\,\mathrm{d}x\right|\\ &<\frac{1}{|h|}\left|\int_0^h\varepsilon\mathrm{d}t\right|=\varepsilon,\quad |h|\neq 0,\end{aligned}$$

$$\begin{aligned}\frac{\mathrm{d}}{\mathrm{d}y}\int_a^b f(x+y)\mathrm{d}x&=\lim_{h\to 0}\frac{1}{h}\int_a^b[f(x+y+h)-f(x+y)]\mathrm{d}x\\ &=\int_a^b\frac{\mathrm{d}}{\mathrm{d}y}f(x+y)\mathrm{d}x.\end{aligned}$$

□

【322】　举例说明绝对连续函数关于 Lebesgue 测度几乎处处可导这个结论一般是不能改进的.

证明　设 $Z\subset[a,b]$，且 $m(Z)=0$. 作开集列 $\{G_n\}$，s. t. $G_n\supset Z$，$m(G_n)<\frac{1}{2^n}$. 又令

$$f(x)=\sum_{n=1}^{\infty}\int_a^x\chi_{G_n}(t)\mathrm{d}t.$$

首先

$$\begin{aligned}\int_a^x\sum_{n=1}^{\infty}\chi_{G_n}(t)\mathrm{d}t&\xlongequal{\text{定理 3.3.8}}\sum_{n=1}^{\infty}\int_a^x\chi_{G_n}(t)\mathrm{d}t\leqslant\sum_{n=1}^{\infty}m(G_n)\\ &<\sum_{n=1}^{\infty}\frac{1}{2^n}=1<+\infty.\end{aligned}$$

由此推得 $f(x)$ 定义是确切的. 它是一个处处取有限值的非负函数. 显然，它是一个单调增的函数. 由上不等式知

$$\sum_{n=1}^{\infty}\chi_{G_n}(x)$$

为 $[a,b]$ 上几乎处处有限的非负的 Lebesgue 可积函数. 因此

$$f(x)=\sum_{n=1}^{\infty}\int_a^x\chi_{G_n}(t)\mathrm{d}t=\int_a^x\sum_{n=1}^{\infty}\chi_{G_n}(t)\mathrm{d}t$$

为 $[a,b]$ 上的绝对连续函数. 它关于 Lebesgue 测度在 $[a,b]$ 上几乎处处可导.

设 $x\in Z\subset G_n, n\in\mathbb{N}$. 取定 $N\in\mathbb{N}$,必有 $\delta>0$,当 $0<h<\delta$ 时,有

$$x+h\in\bigcap_{n=1}^{N}G_n,$$

$$\frac{f(x+h)-f(x)}{h}=\sum_{n=1}^{N}\frac{\int_x^{x+h}\chi_{G_n}(t)\mathrm{d}t}{h}=\sum_{n=1}^{N}1=N,$$

$$\lim_{h\to0^+}\frac{f(x+h)-f(x)}{h}\geqslant N,\quad f'_+(x)=+\infty.$$

同理,当 $-\delta<h<0$ 时,$x+h\in\bigcap\limits_{n=1}^{N}G_n$,也有 $f'_-(x)=+\infty$. 因此

$$f'(x)=+\infty,\quad x\in Z.$$

这表明 f 在 Z 上不可导. 特别地,取 $[a,b]=[0,1]$,$Z=C$(Cantor 疏朗三分集),此时的 f 为结论不能改变的反例. □

【323】 设 $\{g_k\}$ 为 $[a,b]$ 上的绝对连续函数列,又在 $[a,b]$ 上,有

$$|g'_k(x)|\underset{m}{\dot{\leqslant}}F(x),\quad k=1,2,\cdots,\text{且 } F\in\mathscr{L}([a,b]).$$

如果

$$\lim_{k\to+\infty}g_k(x)\underset{m}{\doteq}g(x),\quad \lim_{k\to+\infty}g'_k(x)\underset{m}{\doteq}f(x),$$

证明:

$$g'(x)\underset{m}{\doteq}f(x),\quad x\in[a,b].$$

证明 由 $g_k(x)$ 在 $[a,b]$ 上绝对连续和定理 3.8.7,知

$$g_k(x)=g_k(a)+\int_a^x g'_k(t)\mathrm{d}t.$$

因为

$$|g'_k(x)|\underset{m}{\dot{\leqslant}}F(x),\quad x\in[a,b],\quad F\in\mathscr{L}([a,b]),$$

根据 Lebesgue 控制收敛定理 3.4.1′,有

$$\begin{aligned}g(x)&\doteq\lim_{k\to+\infty}g_k(x)=\lim_{k\to+\infty}\left[g_k(a)+\int_a^x g'_k(t)\mathrm{d}t\right]\\&=g(a)+\int_a^x\lim_{k\to+\infty}g'_k(t)\mathrm{d}t\\&=g(a)+\int_a^x f(t)\mathrm{d}t\end{aligned}$$

(不失一般性,可假定 $\lim\limits_{k\to+\infty}g_k(a)=g(a)$ 存在有限,否则另选一点). 因为

$$|f(x)|\underset{m}{\doteq}|\lim_{k\to+\infty}g'_k(x)|=\lim_{k\to+\infty}|g'_k(x)|\underset{m}{\dot{\leqslant}}F(x),$$
$$F\in\mathscr{L}([a,b]),$$

所以,$f\in\mathscr{L}([a,b])$. 从而,根据定理 3.8.7,$g(x)$ 在 $[a,b]$ 上绝对连续函数,且

$$g'(x) = \left(g(a) + \int_a^x f(t)\mathrm{d}t\right)' \underset{m}{\doteq} f(x), \quad x \in [a,b]. \qquad \square$$

【324】 (1) 设 f 为$[a,b]$上的绝对连续函数,则$|f(x)|$在$[a,b]$上也为绝对连续函数.

(2) 举例说明：$|f(x)|$为$[a,b]$上的绝对连续函数,但 $f(x)$却未必为$[a,b]$上的绝对连续函数.

(3) 设 f 为$[a,b]$上的连续函数,$|f(x)|$为$[a,b]$上的绝对连续函数.问：$f(x)$在$[a,b]$上绝对连续吗?

证明　(1) 因为 f 在$[a,b]$上为绝对连续函数,故对$\forall \varepsilon>0$,$\exists \delta>0$,当$\{(x_i,y_i)|i=1,2,\cdots,n\}$为$[a,b]$中互不相交的开区间列,且 $\sum\limits_{i=1}^{n}(y_i-x_i)<\delta$时,有

$$\sum_{i=1}^{n} |f(y_i)-f(x_i)|<\varepsilon.$$

于是

$$\sum_{i=1}^{n} \Big||f(y_i)|-|f(x_i)|\Big| \leqslant \sum_{i=1}^{n} |f(y_i)-f(x_i)|<\varepsilon,$$

这就表明$|f(x)|$在$[a,b]$上也为绝对连续函数.

(2) 设$[a,b]=[0,1]$,

$$f(x) = \begin{cases} 1, & x \in \mathbb{Q} \cap [0,1], \\ -1, & x \in (\mathbb{R}-\mathbb{Q}) \cap [0,1]. \end{cases}$$

显然,$|f(x)|=1(x\in[0,1])$为$[0,1]$上的绝对连续函数,但 $f(x)$在$[0,1]$上不连续,当然更不为绝对连续函数.

(3) 结论：$f(x)$为$[a,b]$上的绝对连续函数.

对 f 作分解：$f=f^+-f^-$.

易见,当 $f(x)f(y)\geqslant 0$ 时,有

$$\begin{aligned} ||f(x)|-|f(y)|| &= |[f^+(x)+f^-(x)]-[f^+(y)+f^-(y)]| \\ &= |[f^+(x)-f^+(y)]+[f^-(x)-f^-(y)]| \\ &= |f^+(x)-f^+(y)|+|f^-(x)-f^-(y)|. \end{aligned}$$

(这是下面转移难点的关键*)于是,当$|f|=f^++f^-$在$[a,b]$上绝对连续时,可证 f^+,f^-在$[a,b]$上均为绝对连续.从而

$$f = f^+ - f^-$$

在$[a,b]$上也绝对连续.

事实上,对$\forall \varepsilon>0$,因为$|f(x)|$在$[a,b]$上绝对连续,故$\exists \delta>0$,对任何$[a,b]$中不相交的开区间列$\{(x_i,y_i)|i=1,2,\cdots,n\}$,当$\sum\limits_{i=1}^{n}(y_i-x_i)<\delta$时,有$\sum\limits_{i=1}^{n}||f(y_i)|-|f(x_i)||<\varepsilon$.

对(x_i,y_i),若 f 在其中有零点,则取 z_i 为该零点;

否则 $f(x,y)$ 在 $[x_i,y_i]$ 内同号，则取 $z_i=\frac{x_i+y_i}{2}$，有 $f(x_i),f(z_i),f(y_i)$ 同号. 并构成新区间族 $\{(x_i,z_i),(z_i,y_i)\mid i=1,2,\cdots,n\}$. 此时，它们仍彼此不相交，且

$$\sum_{i=1}^{n}[(y_i-z_i)+(z_i-x_i)]=\sum_{i=1}^{n}(y_i-x_i)<\delta.$$

因此

$$\sum_{i=1}^{n}\Big[\Big||f(y_i)|-|f(z_i)|\Big|+\Big||f(z_i)|-|f(x_i)|\Big|\Big]<\varepsilon.$$

由此推得

$$\begin{aligned}
&\max\Big\{\sum_{i=1}^{n}|f^+(y_i)-f^+(x_i)|,\sum_{i=1}^{n}|f^-(y_i)-f^-(x_i)|\Big\}\\
\leqslant&\sum_{i=1}^{n}|f^+(y_i)-f^+(x_i)|+\sum_{i=1}^{n}|f^-(y_i)-f^-(x_i)|\\
\leqslant&\sum_{i=1}^{n}[|f^+(y_i)-f^+(z_i)|+|f^+(z_i)-f^+(x_i)|]\\
&+\sum_{i=1}^{n}[|f^-(y_i)-f^-(z_i)|+|f^-(z_i)-f^-(x_i)|]\\
=&\sum_{i=1}^{n}[|f^+(y_i)-f^+(z_i)|+|f^-(y_i)-f^-(z_i)|+|f^+(z_i)\\
&-f^+(x_i)|+|f^-(z_i)-f^-(x_i)|]\\
\xlongequal{\text{见 }*}&\sum_{i=1}^{n}[||f(y_i)|-|f(z_i)||+||f(z_i)|-|f(x_i)||]<\varepsilon,
\end{aligned}$$

即 f^+,f^- 在 $[a,b]$ 上均为绝对连续函数. □

【325】 设 $f(x)$ 为 $[a,b]$ 上的连续函数. 如果 $f(x)$ 为 $[a,b]$ 上的有界变差函数，且具有性质 (N)，则 $f(x)$ 为 $[a,b]$ 上的绝对连续函数.

证明 证法 1 见参考文献[1]定理 3.8.13 的充分性.

证法 2 先考察一个子区间 $[\alpha,\beta]\subset[a,b]$. 记

$$A=\{x\in[\alpha,\beta]\mid f'(x)\text{ 存在有限}\},\quad B=A^c\cap[\alpha,\beta],$$

则由 $f\in \mathrm{BV}[a,b]$ 知，$m(B)=0$. 根据题设 f 具有性质 (N)，故 $m(f(B))=0$.

于是

$$\begin{aligned}
|f(\beta)-f(\alpha)|&\overset{f\text{连续}}{\leqslant} m(f([\alpha,\beta]))\\
&=m^*(f(A)\cup f(B))\\
&\leqslant m^*(f(A))+m^*(f(B))\\
&=m^*(f(A))+0\\
&=m^*(f(A))
\end{aligned}$$

$$\overset{\text{定理3.8.16}}{\leqslant} \int_A |f'(x)| \, dx$$

$$= \int_\alpha^\beta |f'(x)| \, dx.$$

应用定理 3.6.6，$f \in \mathscr{L}([a,b])$. 根据积分的绝对连续性定理 3.3.15，对 $\forall \varepsilon > 0$，$\exists \delta > 0$，$e \subset [a,b]$为 Lebesgue 可测集，$m(e) < \delta$ 时，有

$$\int_e |f'(x)| \, dx < \varepsilon.$$

此时，若$\{(a_i, b_i) \mid i=1,2,\cdots,n\}$彼此不相交，且 $\sum_{i=1}^{n} (b_i - a_i) < \delta$，有

$$\sum_{i=1}^{n} |f(b_i) - f(a_i)| \leqslant \sum_{i=1}^{n} \int_{a_i}^{b_i} |f'(x)| \, dx = \int_{\bigcup_{i=1}^{n}(a_i, b_i)} |f'(x)| \, dx < \varepsilon.$$

这就证明了 $f(x)$在$[a,b]$上为绝对连续函数. □

【326】 设 f 为$[a,b]$上严格增的连续函数，

$$E = \{x \in [a,b] \mid f'(x) = +\infty\}.$$

证明：

$$f\text{ 为}[a,b]\text{ 上的绝对连续函数} \Leftrightarrow m(f(E)) = 0.$$

证明　证法 1　($\Rightarrow$)由 f 严格增(或绝对连续)知，$f(x)$在$[a,b]$上几乎处处存在有限导数 $f'(x)$. 从而，易知 $m(E)=0$. 又由定理 3.8.13 的必要性，绝对连续函数具性质(N)，即

$$m(f(E))=0.$$

($\Leftarrow$)先证 $f(x)$具有性质(N).

设 $e \subset [a,b]$，$m(e)=0$. 令

$$e_n = \{x \in [a,b] \mid f(x)\text{ 至少有一个 Dini 导出数小于 } n\} \cap e \quad (n = 1,2,\cdots).$$

$$e_0 = \{x \in [a,b] \mid f'(x) = +\infty\} \cap e,$$

$$e_n \subset e\text{，故 } m(e_n) = 0, n = 1,2,\cdots,\text{且} \quad e = \bigcup_{n=0}^{\infty} e_n,$$

$$f(e) = f\Big(\bigcup_{n=0}^{\infty} e_n\Big) = \bigcup_{n=0}^{\infty} f(e_n).$$

由题设可知，$m(f(e_0))=0$. 根据定理 3.6.2(1)，知

$$0 \leqslant m^*(f(e_n)) \leqslant n \cdot m^*(e_n) = n \cdot 0 = 0,$$

$$m(f(e_n)) = m^*(f(e_n)) = 0, n = 1,2,\cdots.$$

于是

$$0 \leqslant m(f(e)) \leqslant \sum_{n=0}^{\infty} m(f(e_n)) = \sum_{n=0}^{\infty} 0 = 0,$$

$$m(f(e)) = 0.$$

所以，$f(x)$具有性质(N). 因为 f 为严格增的函数，根据例 3.6.4 推得 $f(x)$为$[a,b]$上的有

界变差函数.再根据定理3.8.13,f为$[a,b]$上的绝对连续函数.

证法2 ($\Leftarrow$)应用定理3.8.13充分性或题[325],只需证明f具有性质(N),即f将Lebesgue零测集映为Lebesgue零测集.记

$$\begin{aligned} A &= \{x \in [a,b] \mid f \text{ 在 } x \text{ 点处无导数(包括} +\infty)\}, \\ E &= \{x \in [a,b] \mid f'(x) = +\infty\}, \\ B &= \{x \in [a,b] \mid |f'(x)| < +\infty\}. \end{aligned}$$

由题设$m(f(E))=0$.根据定理3.8.16,B中零测集在f下自然映为零测集.更应证明的是仅为:$f(A)$是零测集.作

$$A_n = \{x \in A \mid f \text{ 在点 } x \text{ 处的某个 Dini 导数} < n\},$$

则$f(A_n)\nearrow f(A)$.下证$m^*(f(A_n))=0,n\in\mathbb{N}$,因而

$$m^*(f(A)) = \lim_{n\to+\infty} m^*(f(A_n)) = \lim_{n\to+\infty} 0 = 0.$$

由于f严格增,根据定理3.6.3(1),f在$[a,b]$上几乎处处可导,故$m(A)=0$,从而$m(A_n)=0$.对$\forall\varepsilon>0$,存在至多可数个开区间$\{I_i\}$,s.t.

$$A_n \subset \bigcup_i I_i, \quad \sum_i m(I_i) < \varepsilon.$$

对$\forall x\in A_n\cap I_i$,取一串以x为端点的区间列$[a_x^m,b_x^m]\subset I_i$,其长度$b_x^m-a_x^m\to 0(m\to+\infty)$,且

$$|f(b_x^m) - f(a_x^m) \leqslant n(b_x^m - a_x^m).$$

$\{[a_x^m,b_x^m]\mid x\in A_n,m\in\mathbb{N}\}$组成了$A_n$的一个Vitali覆盖,记为$\{J_\alpha\mid\alpha\in\Gamma\}$.而$\{f(J_\alpha)\mid\alpha\in\Gamma\}$组成了$f(A_n)$的Vitali覆盖.应用Vitali覆盖定理3.6.1知,对$\forall\delta>0$,存在有限个不相交的$f(J_{\alpha_1}),\cdots,f(J_{\alpha_k})$,s.t.

$$\sum_{i=1}^k m^*(f(I_{\alpha_i})) + \delta \geqslant m^*(f(A_n)).$$

又

$$m^*(f(J_{\alpha_i})) \leqslant n \cdot m(J_{\alpha_i}).$$

而f严格增推出$\{J_{\alpha_i}\mid i=1,2,\cdots,k\}$彼此不相交,故

$$\sum_{i=1}^k m^*(f(J_\alpha)) \leqslant n\sum_{i=1}^k m(J_{\alpha_i}) \leqslant n\sum_i m(I_i) < n\varepsilon.$$

由上推得

$$n\varepsilon + \delta > \sum_{i=1}^k m^*(f(I_{\alpha_i})) + \delta \geqslant m^*(f(A_n)) \geqslant 0.$$

令$\varepsilon\to 0^+,\delta\to 0^+$即得

$$m(f(A_n)) = m^*(f(A_n)) = 0.$$ □

【327】 试作$[0,1]$上的绝对连续函数$f(x),g(x)$,s.t.

(1) $f(x)$严格单调增,且$f'(x)=0,x\in E$,其中$m(E)>0$.

(2) $g(x)$不在任一区间上单调.

证明　(1) 在$[0,1]$中取类 Cantor 集 $\tilde{C}$, s. t. $0<m(\tilde{C})<1$. 令

$$f(x)=\int_0^x \chi_{\tilde{C}^c}(t)\mathrm{d}t,$$

其中 $\chi_{\tilde{C}^c}(x)$为 $\tilde{C}$ 的余集 $\tilde{C}^c$ 上的特征函数. 显然, $f(x)$严格增(因为 $\tilde{C}^c$ 的构成区间在$[0,1]$中稠密, 且 $\chi_{\tilde{C}^c}(x)=1, x\in\tilde{C}^c$). 由于 $\chi_{\tilde{C}^c}(t)$在$[0,1]$上 Lebesgue 可积, 根据定理 3.8.7, $f(x)$为$[0,1]$上的绝对连续函数, 且

$$f'(x)=\left(\int_0^x \chi_{\tilde{C}^c}(t)\mathrm{d}t\right)' \underset{m}{\doteq} \chi_{\tilde{C}^c}(x),\quad x\in[0,1]$$

$$f'(x)\underset{m}{\doteq}0,\quad x\in\tilde{C}.$$

因此, 必有 Lebesgue 零测集 Z, s. t.

$$f'(x)=0,\quad x\in E=\tilde{C}-Z,\quad m(E)=m(\tilde{C}-Z)=m(\tilde{C})>0.$$

(2) 在$[0,1]$上作完备类 Cantor 集 E_1, s. t. $m(E_1)=\frac{1}{2^2}$.

再在$(0,1)-E_1$ 的每个构成区间中作完备的类 Cantor 集 E_1^j, s. t.

$$E_2=\bigcup_j E_1^j$$

的 Lebesgue 测集为$\frac{1}{2^3}$; …, 继续下去, 令

$$E=\bigcup_i E_i.$$

于是, $E, E^c=[0,1]-E$ 均在$[0,1]$中稠密, 其测度均为$\frac{1}{2}$. 再令

$$f(x)=\int_0^x[\chi_E(t)-\chi_{E^c}(t)]\mathrm{d}t,$$

由于 $\chi_E(t)-\chi_{E^c}(t)$为$[0,1]$上的 Lebesgue 可积函数, 根据定理 3.8.7, $f(x)$为$[0,1]$上的绝对连续函数, 且

$$f'(x)\underset{m}{\doteq}\chi_E(x)-\chi_{E^c}(x)=\begin{cases}1-0=1, x\in E,\\ 0-1=-1, x\in E^c.\end{cases}$$

因此, $f(x)$不在任一区间上单调(否则 f 在该区间上单调增(减), 必有 $f'(x)\underset{m}{\dot{\geqslant}}0\,(\underset{m}{\dot{\leqslant}}0), x\in[0,1]$). □

【328】　设 f 在 $x_0\in\mathbb{R}^1$ 的开邻域中, 存在有限的极限

$$\lim_{\substack{x_1\neq x_2\\(x_1,x_2)\to(x_0,x_0)}}\frac{f(x_2)-f(x_1)}{x_2-x_1}\overset{\text{def}}{=\!=}\overset{\triangledown}{f}'(x_0),$$

则称 f 在点 x_0 处**强可导**. 证明: 如果 f 在$[a,b]$中每一点上均强可导, 则 f 在$[a,b]$上为绝对连续函数.

证明 对 $\forall x\in[a,b]$ 由强可导定义知，$\exists\delta_x>0$，当 $x_1,x_2\in B(x;\delta_x)$ 时，有

$$\left|\frac{f(x_2)-f(x_1)}{x_2-x_1}\right|\leqslant|\overset{\triangledown}{f}'(x)|+1,\quad x_1\neq x_2.$$

显然，$\{B(x;\delta_x)\mid x\in[a,b]\}$ 为紧集 $[a,b]$ 的一个开覆盖，故有有限子覆盖

$$\mathscr{V}=\{B(x_k;\delta_{x_k})\mid k=1,2,\cdots,m\}.$$

记

$$M=\max\{|\overset{\triangledown}{f}'(x_k)|+1\mid 1\leqslant k\leqslant m\},$$

则对 $\forall\varepsilon>0$，取 $\delta=\dfrac{\varepsilon}{M+1}$，则对于 $[a,b]$ 中不相交的区间族 $\{(a_i,b_i)\mid i=1,2,\cdots,n\}$，有

$$\sum_{i=1}^{n}(b_i-a_i)<\delta=\frac{\varepsilon}{M+1},$$

可在 $(a_i,b_i)(i=1,2,\cdots,n)$ 中添加新分点，细分成区间族 $\{(\tilde{a}_j,\tilde{b}_j)\mid j=1,2,\cdots,\tilde{n}\}$，s. t. 每个 $(\tilde{a}_j,\tilde{b}_j)$ 均落在某个 $B(x_k;\delta_{x_k})$ 之中(见参考文献[15]Lebesgue 数定理 2.5.6)．此时，有

$$\begin{aligned}\sum_i|f(b_i)-f(a_i)|&\leqslant\sum_j|f(\tilde{b}_j)-f(\tilde{a}_j)|\\&\leqslant\sum_j M(\tilde{b}_j-\tilde{a}_j)\\&=M\sum_j(\tilde{b}_j-\tilde{a}_j)\\&=M\sum_i(b_i-a_i)\leqslant M\cdot\frac{\varepsilon}{M+1}<\varepsilon.\end{aligned}$$

这就证明了 f 在 $[a,b]$ 上是绝对连续的． □

【329】 证明：f 在 $[a,b]$ 上绝对连续

$\Leftrightarrow$ 对 $\forall\varepsilon>0$，$\exists A>0$，s. t. 对 $[a,b]$ 中的任何有限个互不相交的子区间 $\{[x_i,y_i]\mid i=1,2,\cdots,n\}$，有

$$\sum_{i=1}^{n}|f(x_i)-f(y_i)|\leqslant A\sum_{i=1}^{n}|x_i-y_i|+\varepsilon.$$

证明 证法 1 ($\Leftarrow$) $\forall\varepsilon>0$，由右边条件，$\exists A>0$，对 $[a,b]$ 中任何不相交的子区间 $\{[x_i,y_i]\mid i=1,2,\cdots,n\}$，有

$$\sum_{i=1}^{n}|f(x_i)-f(y_i)|\leqslant A\sum_{i=1}^{n}|x_i-y_i|+\frac{\varepsilon}{2}.$$

于是，对上述的 $\varepsilon>0$，取 $\delta=\dfrac{\varepsilon}{3A}$，则对 $[a,b]$ 中的任何有限个互不相交的子区间 $\{[a_i,b_i]\mid i=1,2,\cdots,n\}$，且 $\sum\limits_{i=1}^{n}(b_i-a_i)<\delta$ 时，有

$$\sum_{i=1}^{n}|f(a_i)-f(b_i)|\leqslant A\sum_{i=1}^{n}|a_i-b_i|+\frac{\varepsilon}{2}<A\cdot\delta+\frac{\varepsilon}{2}$$

$$= A \cdot \frac{\varepsilon}{3A} + \frac{\varepsilon}{2} = \frac{5\varepsilon}{6} < \varepsilon.$$

特别当 $i=1$ 时表明 f 为$[a,b]$上的一致连续函数，当然也是连续函数.

应用上述结论，对 $\forall \varepsilon>0, \delta=\frac{\varepsilon}{3A}$，则当$[a,b]$中的任何有限个互不相交的开区间$\{(a_i, b_i) \mid i=1,2,\cdots,n\}$，且 $\sum_{i=1}^{n}(b_i - a_i) < \delta$ 时，有

$$\sum_{i=1}^{n} |f(\tilde{a}_i) - f(\tilde{b}_i)| \leqslant A\sum_{i=1}^{n} |\tilde{a}_i - \tilde{b}_i| + \frac{\varepsilon}{2}$$

$$< A \cdot \delta + \frac{\varepsilon}{2} = A \cdot \frac{\varepsilon}{3A} + \frac{\varepsilon}{2}$$

$$= \frac{5}{6}\varepsilon < \varepsilon,$$

其中$[\tilde{a}_i, \tilde{b}_i] \subset (a_i, b_i)$. 令 $\tilde{a}_i \to a_i^+, \tilde{b}_i \to b_i^-$，由 f 的连续性得到

$$\sum_{i=1}^{n} |f(a_i) - f(b_i)| \leqslant \frac{5}{6}\varepsilon < \varepsilon.$$

根据绝对连续性定义 3.8.1 知，f 为$[a,b]$上的绝对连续函数.

($\Rightarrow$)设 $f(x)$在$[a,b]$上绝对连续，则 $\forall \varepsilon>0, \exists \delta>0$，对任何不相交的有限个开区间族$\{(a_i, b_i) \mid i=1,2,\cdots,n\}$，$\sum_{i=1}^{n}(b_i - a_i) < \delta$ 时，有

$$\sum_{i=1}^{n} |f(a_i) - f(b_i)| < \varepsilon.$$

此时，任给$[a,b]$中有限个互不相交的子区间$\{[x_i, y_i] \mid i=1,2,\cdots,n\}$. 设

$$(N-1)\delta \leqslant \sum_{i=1}^{n}(y_i - x_i) < N\delta.$$

将每个(x_i, y_i)都 N 等分$(i=1,2,\cdots,n)$，记作$\{(x_{i,j}, y_{i,j}) \mid j=1,2,\cdots,N\}$. 于是

$$\sum_{i=1}^{n}(y_{i,j} - x_{i,j}) < \delta, \quad j = 1,2,\cdots,N,$$

$$\sum_{i=1}^{n} |f(x_{i,j}) - f(y_{i,j})| < \varepsilon,$$

$$\sum_{i=1}^{n} |f(x_i) - f(y_i)| \leqslant \sum_{i=1}^{n}\sum_{j=1}^{N} |f(x_{i,j}) - f(y_{i,j})|$$

$$= \sum_{j=1}^{N}\sum_{i=1}^{n} |f(x_{i,j}) - f(y_{i,j})| < N\varepsilon$$

$$= \frac{\varepsilon}{\delta}(N-1)\delta + \varepsilon$$

$$\leqslant \frac{\varepsilon}{\delta}\sum_{i=1}^{n}(y_i - x_i) + \varepsilon.$$

取 $A=\frac{\varepsilon}{\delta}$ 即得结论.

证法 2 (⇐) $\forall\varepsilon>0$,由右边条件,$\exists A>0$,对$[a,b]$中任何不相交的子区间$\{[x_i,y_i]\mid i=1,2,\cdots,n\}$,有

$$\sum_{i=1}^{n}|f(x_i)-f(y_i)|\leqslant A\sum_{i=1}^{n}|x_i-y_i|+\frac{\varepsilon}{2}.$$

取 $\delta=\frac{\varepsilon}{2A}$,当 $\sum_{i=1}^{n}(y_i-x_i)<\delta$ 时,有

$$\begin{aligned}\sum_{i=1}^{n}|f(x_i)-f(y_i)|&\leqslant A\sum_{i=1}^{n}|x_i-y_i|+\frac{\varepsilon}{2}\\&<A\cdot\delta+\frac{\varepsilon}{2}\\&=A\cdot\frac{\varepsilon}{2A}+\frac{\varepsilon}{2}=\varepsilon,\end{aligned}$$

根据题[263](绝对连续性等价定义)知,f 在$[a,b]$上绝对连续.

(⇒)应用绝对连续性定义 3.8.1 或题[263]的等价定义,完全仿证法 1 的必要性证明.

□

【330】 设 f 为$\mathbb{R}^1$ 上非负实值 Lebesgue 可测函数,φ 在$[0,+\infty)$上单调增,且在任一区间$[0,a]$($a>0$)上绝对连续,又 $\varphi(0)=0$. 令

$$G_t=\{x\in\mathbb{R}^1\mid f(x)>t\},\quad t>0.$$

说明:对$\mathbb{R}^1$中任何 Lebesgue 可测集 E,有

$$(\mathrm{L})\int_E\varphi(f(x))\mathrm{d}x=(\mathrm{L})\int_0^{+\infty}m(E\cap G_t)\varphi'(t)\mathrm{d}t.$$

证明 因为 $\varphi(x)$在$[0,+\infty)$上单调增,故 $\varphi'(x)\underset{m}{\overset{\cdot}{\geqslant}}0$. 又因对 $\forall a>0$,$\varphi(x)$在$[0,a]$上是绝对连续函数,且 $\varphi(0)=0$,所以

$$\varphi(a)=\int_0^a\varphi'(t)\mathrm{d}t,\quad a\geqslant 0.$$

于是,应用 Tonelli 定理 3.7.1,有

$$\begin{aligned}\int_E\varphi(f(x))\mathrm{d}x&=\int_E[\varphi(f(x))-\varphi(0)]\mathrm{d}x\\&=\int_{\mathbb{R}^1}\chi_E(x)\mathrm{d}x\int_0^{f(x)}\varphi'(t)\mathrm{d}t\\&\xlongequal{\text{Tonelli}}\int_{\mathbb{R}^1\times\mathbb{R}^+}\chi_E(x)\chi_{[0,f(x)]}(t)\varphi'(t)\mathrm{d}x\mathrm{d}t\\&\xlongequal{\text{Tonelli}}\int_{\mathbb{R}^+}\varphi'(t)\mathrm{d}t\int_{\mathbb{R}^1}\chi_E(x)\chi_{G_t}(x)\mathrm{d}x\end{aligned}$$

$$= \int_0^{+\infty} m(E \cap G_t)\varphi'(t)\mathrm{d}t.$$ □

【331】 设$\{f_n\}$为支集含于(a,b)内的连续可导函数列，且满足：

$$\lim_{n\to+\infty}(\mathrm{L})\int_a^b |f_n(x)-f(x)|\mathrm{d}x = 0 = \lim_{n\to+\infty}(\mathrm{L})\int_a^b |f'_n(x)-F(x)|\mathrm{d}x,$$

其中 f 在$[a,b]$上连续. 证明：$F(x) \underset{m}{\doteq} f'(x), x\in[a,b]$.

证明　证法 1　由 $f_n \in C^1(a,b))$及 $\mathrm{supp} f_n = \overline{\{x\in(a,b) \mid f_n(x)\neq 0\}} \subset (a,b)$知，$|f'_n(x)|$在$(a,b)$中可达到最大值. 根据例 3.8.4，$f_n(n\in\mathbb{N})$，在$(a,b)$上都绝对连续.

又从题中第 1 个等式及题[210]证明知，在(a,b)上，有

$$f_n \underset{m}{\Rightarrow} f.$$

再根据 Riesz 定理 3.2.3，存在子列$\{f_{n_k}(x)\}$，s. t. $\lim\limits_{k\to+\infty} f_{n_k}(x) \underset{m}{\doteq} f(x), x\in(a,b)$. 取 $x_0\in(a,b)$，$\lim\limits_{k\to+\infty} f_{n_k}(x_0) = f(x_0)$. 于是

$$f_{n_k}(x) = f_{n_k}(x_0) + \int_{x_0}^x f'_{n_k}(t)\mathrm{d}t.$$

因为 $F(x) = f'_n(x) - [f'_n(x) - F(x)] \in \mathscr{L}((a,b))$，故可令

$$g(x) = f(x_0) + \int_{x_0}^x F(t)\mathrm{d}t.$$

由题中第 2 个等式及

$$\begin{aligned}|f_{n_k}(x) - g(x)| &= \left|\left[f_{n_k}(x) + \int_{x_0}^x f'_{n_k}(t)\mathrm{d}t\right] - \left[f(x_0) + \int_{x_0}^x F(t)\mathrm{d}t\right]\right| \\ &\leqslant |f_{n_k}(x_0) - f(x_0)| + \int_a^b |f'_{n_k}(t) - F(t)|\mathrm{d}t,\end{aligned}$$

立知

$$g(x) = \lim_{k\to+\infty} f_{n_k}(x) \underset{m}{\doteq} f(x).$$

注意到 $f(x)$与 $g(x)$均为(a,b)上的连续函数，进一步，有

$$f(x) = g(x), \quad x\in(a,b),$$

即

$$f(x) = f(x_0) + \int_{x_0}^x F(t)\mathrm{d}t.$$

因此，再

$$f'(x) \underset{m}{\doteq} F(x), \quad x\in[a,b].$$

证法 2　设 $\varphi(x)$为支集

$$\mathrm{supp}\varphi(x) = \overline{\{x\in(a,b) \mid \varphi(x)\neq 0\}}$$

含于(a,b)中的连续函数，则

$$\int_a^b f_n(x)\varphi(x)\mathrm{d}x = \int_a^b \varphi(x)\left(\int_a^x f'_n(t)\mathrm{d}t\right)\mathrm{d}x,$$

故得

$$\int_a^b f(x)\varphi(x)\mathrm{d}x \xlongequal{\text{题中第1等号}} \lim_{n\to+\infty}\int_a^b f_n(x)\varphi(x)\mathrm{d}x$$

$$= \lim_{n\to+\infty}\int_a^b \left(\int_a^x f'_n(t)\mathrm{d}t\right)\varphi(x)\mathrm{d}x$$

$$\xlongequal{\text{题中第2等号}} \int_a^b \left(\int_a^x F(t)\mathrm{d}t\right)\varphi(x)\mathrm{d}x,$$

$$\int_a^b \left[f(x) - \int_a^x F(t)\mathrm{d}t\right]\varphi(x)\mathrm{d}x = 0.$$

下证

$$f(x) = \int_a^x F(t)\mathrm{d}t,$$

于是

$$F(x) \underset{m}{\doteq} f'(x), \quad x \in [a,b].$$

(反证)假设$\exists\, x_0 \in (a,b)$, s. t.

$$f(x_0) \neq \int_a^{x_0} F(t)\mathrm{d}t,$$

即

$$f(x_0) - \int_a^{x_0} F(t)\mathrm{d}t \neq 0.$$

不妨设 $f(x_0) - \int_a^{x_0} F(t)\mathrm{d}t > 0$. 根据连续函数的保号性，$\exists\,\delta>0$，当 $x\in(x_0-2\delta, x_0+2\delta)\subset[x_0-2\delta, x_0+2\delta]\subset(a,b)$时，有

$$f(x) - \int_a^x F(t)\mathrm{d}t > 0.$$

构造具有紧支集含于(a,b)中的非负连续函数

$$\varphi(x) = \begin{cases} f(x) - \int_a^x F(t)\mathrm{d}t, & x \in (x_0-\delta, x_0+\delta), \\ \text{线性}, & x \in [x_0-2\delta, x_0-\delta] \cup [x_0+\delta, x_0+2\delta], \\ 0, & x \in (a, x_0-2\delta) \cup (x_0+2\delta, b), \end{cases}$$

则

$$0 = \int_a^b \left[f(x) - \int_a^x F(t)\mathrm{d}t\right]\varphi(x)\mathrm{d}x \geqslant \int_{x_0-\delta}^{x_0+\delta}\left[f(x) - \int_a^x F(t)\mathrm{d}t\right]^2 \mathrm{d}x > 0,$$

矛盾. □

【332】 设 f 为$\mathbb{R}^1$ 上的函数，在任何有限子区间上 Lebesgue 可积，且满足

$$f(x+y) = f(x)\cdot f(y), \quad \forall\, x, y, \in \mathbb{R}^1.$$

证明：$f(x) = \mathrm{e}^{Bx}$，其中 B 为常数；或者 $f(x)\equiv 0, x\in\mathbb{R}^1$.

证明　证法 1　显然,当 $f(x)\equiv 0, x\in\mathbb{R}^1$,时,它满足题设的条件.

当 $f(x)\not\equiv 0$ 时,$\exists x_0\in\mathbb{R}^1$,s.t. $f(x_0)\neq 0$. 于是,$\forall x\in\mathbb{R}^1$,由于

$$f(x)f(x_0-x)=f(x+(x_0-x))=f(x_0)\neq 0$$

知

$$f(x)\neq 0,\quad \forall x\in\mathbb{R}^1.$$

从而,$\forall x\in\mathbb{R}^1$,有

$$f(x)=f\left(\frac{x}{2}+\frac{x}{2}\right)=\left[f\left(\frac{x}{2}\right)\right]^2>0.$$

令

$$F(x)=\ln f(x),\quad x\in\mathbb{R}^1,$$

则

$$\begin{aligned}F(x+y)&=\ln f(x+y)\\&=\ln[f(x)f(y)]\\&=\ln f(x)+\ln f(y)\\&=F(x)+F(y),\quad x,y\in\mathbb{R}^1.\end{aligned}$$

由 $\ln z$ 连续,$f(x)$Lebesgue 可测,根据例 3.2.8,$F(x)=\ln f(x)$为$\mathbb{R}^1$ 上的 Lebesgue 可测函数. 当 $f(x)$在一个正测集上的值具有 $0<m\leqslant f(x)\leqslant M<+\infty$,则 $F(x)=\ln f(x)$在其正测集上也有界(上述 f,必有 $N\in\mathbb{N}$,s.t. $\{x\in\mathbb{R}^1\mid N-1<f(x)\leqslant N\}$为正测集; 如 f 在某点 x_0 连续,又 $f(x_0)>0$,则 $\exists\delta>0$,正测集$(x_0-\delta,x_0+\delta)$上,$\frac{f(x_0)}{2}=f(x_0)-\frac{f(x_0)}{2}<f(x)<f(x_0)+\frac{f(x_0)}{2}=\frac{3}{2}f(x_0)$). 根据题[151],知

$$\begin{aligned}\ln f(x)&=F(x)=F(1)x=\ln f(1)\cdot x,\\ f(x)&=\mathrm{e}^{\ln f(1)\cdot x}=\mathrm{e}^{Bx},\end{aligned}$$

其中 $B=\ln f(1)$.

证法 2　由证法 1 知,$f(x)>0, x\in\mathbb{R}^1$. 可取 $a\in\mathbb{R}^1$,s.t.

$$\int_0^a f(x)\mathrm{d}x=A^{-1}\neq 0.$$

则有

$$\begin{aligned}f(x)&=A\int_0^a f(x)f(t)\mathrm{d}t\\&=A\int_0^a f(x+t)\mathrm{d}t\\&\xlongequal{u=x+t}A\int_x^{x+a}f(u)\mathrm{d}u\\&=A\left[\int_0^{x+a}f(t)\mathrm{d}t-\int_0^x f(t)\mathrm{d}t\right]\end{aligned}$$

$$= A\left[\int_{-a}^{x} f(a+t)\mathrm{d}t - \int_{0}^{x} f(t)\mathrm{d}t\right]$$

$$= A\left[\int_{-a}^{x} f(a)f(t)\mathrm{d}t - \int_{0}^{x} f(t)\mathrm{d}t\right].$$

因为 f 在$\mathbb{R}^1$ 的任何有限子区间上 Lebesgue 可积，故 f 在$\mathbb{R}^1$ 的任一有限子区间上绝对连续，且在$\mathbb{R}^1$ 上，

$$f'(x) \underset{m}{\doteq} A[f(a)-1]f(x) = Bf(x),$$

其中 $B=A[f(a)-1]$. 令

$$g(x) = \mathrm{e}^{-Bx},$$

则

$$f(x)g(x) - f(0)g(0) \xlongequal{\text{定理 3.8.7}} \int_0^x [f(x)g(x)]'\mathrm{d}x$$

$$= \int_0^x [f'(x)g(x) + f(x)g'(x)]\mathrm{d}x$$

$$= \int_0^x [Bf(x)g(x) + f(x)(-Bg(x))]\mathrm{d}x$$

$$= \int_0^x 0\mathrm{d}x = 0,$$

$$f(x) = \frac{f(0)g(0)}{g(x)} = f(0)g(0)\mathrm{e}^{Bx} = C\mathrm{e}^{Bx}.$$

于是

$$C\mathrm{e}^{B(x+y)} = f(x+y) = f(x)f(y)$$

$$= C\mathrm{e}^{Bx}\cdot C\mathrm{e}^{By} = C^2\mathrm{e}^{B(x+y)},$$

$$C = C^2 (C = f(0)g(0) > 0), C = 1,$$

$$f(x) = \mathrm{e}^{Bx}, x\in\mathbb{R}^1.$$

□

【333】 设 f 为$[a,b]$上的单调增函数. 令

$$E = \{x\in[a,b] \mid f'(x) \text{ 存在有限}\}.$$

证明：

$$(\mathrm{L})\int_a^b f'(x)\mathrm{d}x = m^*(f(E)).$$

证明 证法 1 根据定理 3.6.3，对$[a,b]$上的单调增函数 f，可作分解：

$$f = g + h,$$

$$g = \int_a^x f'(t)\mathrm{d}t \quad \text{（单调增的绝对连续函数）},$$

而

$$h = f - g$$

为单调增函数，且 $h'(x) \underset{m}{\doteq} 0$. 于是，$f'(x)=g'(x)$，$x\in[a,b]$，故

$$\int_a^b f'(x)\mathrm{d}x = \int_a^b g'(x)\mathrm{d}x.$$

又 g 在$[a,b]$上绝对连续，E^c 为 Lebesgue 零测集(由定理 3.6.3(1))，故根据定理 3.8.13，$m(g(E^c))=0$. 再根据定理 3.8.13，有

$$\int_a^b g'(x)\mathrm{d}x \xlongequal{\text{定理 3.8.13}} g(b)-g(a) \xlongequal{g\text{ 单调增}} m(g([a,b]))$$

$$= m(g(E)\cup g(E^c)) = m(g(E)).$$

此外，有

$$m(g(E))\leqslant m^*(f(E))$$

事实上，设开集族 $\bigcup\limits_i (a_i,b_i)\supset f(E)=(g+h)(E)$. 记

$$E_i = E\cap f^{-1}((a_i,b_i)),\quad \alpha_i=\inf E_i,\quad \beta_i=\sup E_i,$$

则当 $x\in E_i$ 时，有

$$\begin{aligned} a_i-h(\alpha_i)&\leqslant g(\alpha_i)\leqslant g(x)\leqslant g(\beta_i)\\ &= f(\beta_i)-h(\beta_i)\leqslant b_i-h(\beta_i). \end{aligned}$$

由此得到

$$g(E)\subset\bigcup_i (a_i-h(\alpha_i),b_i-h(\beta_i)),$$

$$\sum_i[(b-h(\beta_i))-(a_i-h(\alpha_i))]$$

$$=\sum_i[(b_i-a_i)-(h(\beta_i)-h(\alpha_i))]$$

$$\leqslant\sum_i(b_i-a_i),$$

$$m(g(E))\leqslant m^*(f(E)).$$

综合上述，有

$$\begin{aligned}\int_a^b f'(x)\mathrm{d}x &= \int_a^b g'(x)\mathrm{d}x = g(b)-g(a) = m(g(E))\\ &\leqslant m^*(f(E)) \overset{\text{定理3.8.16}}{\leqslant} \int_E |f'(x)|\,\mathrm{d}x\leqslant\int_a^b f'(x)\mathrm{d}x,\end{aligned}$$

$$\int_a^b f'(x)\mathrm{d}x = m^*(f(E)).$$

证法 2　对覆盖 $f(E)$的区间族$\{I_n\mid n\in\mathbb{N}\}$，$E$ 被区间族$\{J_n=f^{-1}(I_n)\mid n\in\mathbb{N}\}$覆盖. 在每个 J_n 中取单调减数列$\{\alpha_k^n\}$，单调增数列$\{\beta_k^n\}$，s. t.

$$\lim_{k\to+\infty}\alpha_k^n=\inf_{x\in J_n}\{x\},\qquad \lim_{k\to+\infty}\beta_k^n=\sup_{x\in J_n}\{x\},$$

且有

$$\int_{J_n} f'(x)\mathrm{d}x = \lim_{k\to+\infty}\int_{\alpha_k^n}^{\beta_k^n} f'(x)\mathrm{d}x \overset{\text{定理3.6.3}}{\leqslant} f(\beta_k^n)-f(\alpha_k^n)\leqslant m(I_n).$$

从而可得

$$\int_E f'(x)\mathrm{d}x \leqslant \int_{\bigcup\limits_{n\geqslant 1} J_n} f'(x)\mathrm{d}x \leqslant \sum_{n\geqslant 1}\int_{J_n} f'(x)\mathrm{d}x \leqslant \sum_{n\geqslant 1} m(I_n).$$

根据外测度定义，立即有

$$\int_a^b f'(x)\mathrm{d}x = \int_E f'(x)\mathrm{d}x \leqslant m^*(f(E)).$$

又因为

$$m^*(f(E)) \overset{\text{定理3.8.16}}{\leqslant} \int_E |f'(x)|\mathrm{d}x \leqslant \int_a^b f'(x)\mathrm{d}x,$$

所以

$$\int_a^b f'(x)\mathrm{d}x = m^*(f(E)).$$ □

【334】 设 f 为定义在$[a,b]$上的连续函数，除了一个至多可数集外，$f'(x)$存在有限，且 $f'(x)$为$[a,b]$上的 Lebesgue 可积函数. 证明：

$$f(x)-f(a)=(\mathrm{L})\int_a^x f'(t)\mathrm{d}t,\quad x\in[a,b]$$

(对照参考文献[15]定理 6.3.4，本题条件比它弱. 因此，它是其推广).

证明 证法 1 记

$$A=\{x\in[a,b]\mid f'(x)\text{ 不存在}\},$$

则 A 为至多可数集.

因为$\forall(\alpha,\beta)\subset[a,b]$及连续函数的介值定理，有

$$|f(\beta)-f(\alpha)|\leqslant m(f((\alpha,\beta)))\xlongequal{A\text{ 至多可数}} m(f((\alpha,\beta)\cap A^c))$$
$$\overset{\text{定理3.8.16}}{\leqslant}\int_{(\alpha,\beta)\cap A^c}|f'(x)|\mathrm{d}x=\int_{(\alpha,\beta)}|f'(x)|\mathrm{d}x.$$

由 $f'\in\mathscr{L}^1([a,b])$，根据积分的绝对连续性定理 3.3.15，对$\forall\varepsilon>0$，$\exists\delta>0$，当 $e\subset[a,b]$，$m(e)<\delta$ 时，有

$$\int_e |f'(x)|\mathrm{d}x<\varepsilon.$$

进而，对$[a,b]$上任何两两不相交的开区间族$\{(a_i,b_i)\mid i=1,2,\cdots,n\}$，当 $\sum\limits_{i=1}^n(b_i-a_i)<\delta$ 时，有

$$\sum_{i=1}^n |f(b_i)-f(a_i)|\leqslant\sum_{i=1}^n\int_{(a_i,b_i)}|f'(x)|\mathrm{d}x$$
$$=\int_{\bigcup\limits_{i=1}^n(a_i,b_i)}|f'(x)|\mathrm{d}x<\varepsilon.$$

这就立即推出了 f 为$[a,b]$上的绝对连续函数. 根据定理 3.8.7，有

$$f(x)-f(a)=\int_a^x f'(t)\mathrm{d}t.$$

证法 2 对$[a,b]$的任何分割$\Delta: a=x_0<x_1<\cdots<x_n=b$,有

$$\begin{aligned}v_\Delta(f)&=\sum_{i=1}^n |f(x_i)-f(x_{i-1})|\\&\overset{\text{由证法1}}{\leqslant}\sum_{i=1}^n\int_{(x_{i-1},x_i)}|f'(x)|\mathrm{d}x\\&=\int_{\bigcup\limits_{i=1}^n(x_{i-1},x_i)}|f'(x)|\mathrm{d}x\\&=\int_a^b|f'(x)|\mathrm{d}x<+\infty.\end{aligned}$$

从而

$$\bigvee_a^b(f)=\sup_\Delta\{v_\Delta(f)\mid \Delta\text{为}[a,b]\text{的任一分割}\}\leqslant\int_a^b|f'(x)|\mathrm{d}x<+\infty,$$

即 $f\in \mathrm{BV}([a,b])$.

此外,对$\forall e\subset[a,b]$,$m(e)=0$,有

$$\begin{aligned}0&\leqslant m^*(f(e))=m^*(f(e\cap A)\cup f(e\cap A^c))\\&\leqslant m^*(f(e\cap A))+m^*(f(e\cap A^c))\\&=0+m^*(f(e\cap A^c))\\&=m^*(f(e\cap A^c))\\&\overset{\text{定理3.8.16}}{\leqslant}\int_{e\cap A^c}|f'(x)|\mathrm{d}x=0,\end{aligned}$$

$$m(f(e))=m^*(f(e))=0.$$

根据定理 3.8.13,f 为$[a,b]$上的绝对连续函数.再根据定理 3.8.7,有

$$f(x)-f(a)=\int_a^x f'(t)\mathrm{d}t. \qquad \square$$

【335】 设 f 为$[a,b]$上单调增的连续函数.如果$\exists E\subset[a,b]$, s. t. $m(E)=0$,且 $m(f(E))=f(b)-f(a)$.证明:

$$f'(x)\underset{m}{\doteq}0,\quad x\in[a,b].$$

证明 (反证)假设命题不真,则$\exists r>0$, s. t.

$$A=\{x\in[a,b]\mid r<f'(x)<+\infty\}$$

具有正测度,即 $m(A)>0$.

因为在 A 上导数为正,故当 $x_1\notin A$(即 $x_1\in A^c=[a,b]-A$)时,必有 $f(x_1)\notin f(A)$(若$\exists x_2\in A$, s. t. $f(x_1)=f(x_2)$,不妨设 $x_1<x_2$,则由 f 单调增立知,$f(x)=f(x_1)=f(x_2)$,$\forall x\in[x_1,x_2]$.由此得到 $0=f'_-(x_2)=f'(x_2)>r>0$,矛盾).因此,$f(A^c)\cap f(A)=\varnothing$.

因为$\exists E\subset[a,b]$, s. t. $m(E)=0$,且 $m(f(E))=f(b)-f(a)$.于是

$$f(E)=f(E\cap A)\cup f(E\cap A^c).$$

根据定理 3.8.16

$$0\leqslant m^*(f(E\cap A))\leqslant\int_{E\cap A}|f'(x)|\,\mathrm{d}x=0,$$

$$m(f(E\cap A))=m^*(f(E\cap A))=0.$$

另一方面,因

$$f(E\cap A^c)\cap f(A)=\varnothing,$$

$$f(E\cap A^c)\cup f(A)\subset[f(a),f(b)],$$

故

$$m^*(f(A))>0$$

(否则,如果 $m(f(A))=m^*(f(A))=0$,根据定理 3.8.18,必有 $f'(x)\underset{m}{\doteq}0,x\in A$,矛盾). 由此得到

$$m^*(f(E\cap A^c))<f(b)-f(a).$$

综合上述得到

$$f(b)-f(a)\xlongequal{\text{题设}}m(f(E))=m^*(f(E))$$

$$\xlongequal{m^*(f(E\cap A))=0}m^*(f(E\cap A^c))<f(b)-f(a),$$

矛盾. □

【336】 构造[0,1]上的绝对连续函数 f,使得 f 不在[0,1]的任何子区间上单调.

解 根据例 2.5.8,可构造一个 Borel 集 $E\subset[0,1]$(当然也是 Lebesgue 可测集),s. t. 对任何非空区间 $\Delta\subset[0,1]$,有

$$m(\Delta\cap E)>0,\quad m(\Delta\cap E^c)>0.$$

令

$$f(x)=\int_0^x[\chi_E(t)-\chi_{E^c}(t)]\mathrm{d}t,$$

根据定理 3.8.7 f 为[0,1]上的绝对连续函数. 由此可知,f 在[0,1]上几乎处处可导,且

$$f'(x)\underset{m}{\doteq}\chi_E(x)-\chi_{E^c}(x)=\begin{cases}1-0=1, & x\in E,\\ 0-1=-1, & x\in E^c.\end{cases}$$

对非空子区间 $\Delta\subset[0,1]$,由于

$$m(\Delta\cap E)>0,\quad m(\Delta\cap E^c)>0.$$

因此,必定 $\exists\,x_1\in\Delta\cap E,x_2\in\Delta\cap E^c$,s. t. f 在 x_1 与 x_2 处均可导,且

$$f'(x_1)=\chi_E(x_1)-\chi_{E^c}(x_1)=1-0=1>0,$$

$$f'(x_2)=\chi_E(x_2)-\chi_{E^c}(x_2)=0-1=-1<0.$$

这意味着绝对连续函数 f 在非空子区间 Δ 上不单调. □

【337】 设 $f\in C^0([a.b])$,记 $E=\{x\in[a,b]\mid D^+f(x)\leqslant0\}$. 如果 $f(E)$ 无内点,证明:

$f(x)$在$[a,b]$上单调增.

证明　(反证)假设 f 在$[a,b]$上非单调增,则$\exists\,\alpha,\beta\in(a,b)$,$f(\alpha)>f(\beta)$,而$\alpha<\beta$.

注意到 $f(E)$无内点,可取

$$y_0\in f(E)^c\cap(f(\beta),f(\alpha)).$$

根据连续函数的介值定理知,$\{x\in(\alpha,\beta)\mid f(x)=y_0\}$为非空集. 令

$$x_0=\sup\{x\in(\alpha,\beta)\mid f(x)=y_0\},$$

则 $f(x_0)=y_0$,(x_0,β)间各点之 f 值均$<y_0$. 因此,$D^+f(x_0)=\overline{\lim_{h\to0^+}}\dfrac{f(x_0+h)-f(x_0)}{h}\leqslant0$,即 $x_0\in E$. 但是,$y_0\notin f(E)$,它蕴涵着 $x_0\notin E$,矛盾. □

【338】　设 $f\in\mathscr{L}(\mathbb{R}^1)$,如果对$\mathbb{R}^1$上的任意具有紧支集的连续函数 $g(x)$,有

$$(\mathrm{L})\int_{\mathbb{R}^1}f(x)g(x)\mathrm{d}x=0.$$

证明:在$\mathbb{R}^1$上,$f(x)\underset{m}{\doteq}0$.

证明　证法 1　先证:$\forall\,(a,b)\subset\mathbb{R}^1$,有$\displaystyle\int_a^b f(x)\mathrm{d}x=0$.

事实上,可构造具有紧支集的连续函数列$\{g_n(x)\}$,s. t. $g_n(x)$在(a,b)上取值为 1,在$\left(a-\dfrac{1}{n},b+\dfrac{1}{n}\right)^c=\left(-\infty,a-\dfrac{1}{n}\right]\cup\left[b-\dfrac{1}{n},+\infty\right)$上取值为 0,其余各点处取为线性函数. 则

$$\begin{aligned}0&\xlongequal{\text{题设}}\int_{\mathbb{R}^1}f(x)g_n(x)\mathrm{d}x\\&=\int_a^b f(x)\mathrm{d}x+\int_{a-\frac{1}{n}}^{a}f(x)g_n(x)\mathrm{d}x+\int_b^{b+\frac{1}{n}}f(x)g_n(x)\mathrm{d}x.\end{aligned}$$

由 Lebesgue 积分的绝对连续性和$|g_n(x)|\leqslant1(x\in\mathbb{R}^1)$立知,

$$\left|\int_{a-\frac{1}{n}}^{a}f(x)g_n(x)\mathrm{d}x\right|\leqslant\int_{a-\frac{1}{n}}^{a}|f(x)|\mathrm{d}x\to0(n\to+\infty),$$

$$\left|\int_b^{b+\frac{1}{n}}f(x)g_n(x)\mathrm{d}x\right|\leqslant\int_b^{b+\frac{1}{n}}|f(x)\mathrm{d}x\to0(n\to+\infty).$$

于是,在上面等式中,令 $n\to+\infty$得到

$$0=\int_a^b f(x)\mathrm{d}x+0+0=\int_a^b f(x)\mathrm{d}x.$$

由此和例 3.3.5,立知

$$f(x)\underset{m}{\doteq}0,\quad x\in\mathbb{R}^1.$$

证法 2　由证法 1 得到

$$\int_a^x f(t)\mathrm{d}t=0,\quad x\in[a,b].$$

根据定理 3.8.7,知

$$0=\left(\int_a^x f(t)\mathrm{d}t\right)'\underset{m}{=}f(x),\quad x\in[a,b].$$ □

注 因为可构造$|g_n(x)|\leqslant 1$,且紧支集在(0,1)中的C^∞函数$g_n(x)$[13]§3引理1),故题[338]中的"连续函数"可改为"C^∞函数",结论仍成立.

【339】 设$f\in\mathscr{L}((0,1))$,如果对任意支集

$$\mathrm{supp}\varphi=\overline{\{x\in(0,1)\mid\varphi(x)\neq 0\}}\subset(0,1)$$

的函数$\varphi\in C^1((0,1))$,有

$$(\mathrm{L})\int_0^1 f(x)\varphi'(x)\mathrm{d}x=0.$$

证明:

$$f(x)\underset{m}{=}c,\quad x\in(0,1).$$

证明 取$h\in C^0((0,1))$,且其支集$\mathrm{supp}h\subset(0,1)$,$\int_0^1 h(x)\mathrm{d}x=1$. 而$g\in C^0((0,1))$,其支集$\mathrm{supp}g\subset(0,1)$.令

$$\varphi(x)=\int_0^x g(t)\mathrm{d}t-\int_0^x h(t)\mathrm{d}t\int_0^1 g(t)\mathrm{d}t$$

显然,$\varphi(x)\in C^1((0,1))$.因为h,g的支集都在(0,1)中,故$\exists a,b\in(0,1)$,在$(0,a)\cup(b,1)$上,$h(x)=g(x)=0$.所以

$$\int_0^x g(t)\mathrm{d}t=0,$$

$$\int_0^x h(t)\mathrm{d}t=0,\quad x\in(0,a).$$

$$\int_0^x g(t)\mathrm{d}t=\int_0^1 g(t)\mathrm{d}t,$$

$$\int_0^x h(t)\mathrm{d}t=\int_0^1 h(t)\mathrm{d}t=1,\quad x\in(b,1).$$

由此得到 $\varphi(x)$的支集在(0,1)中,且

$$\varphi'(x)=g(x)-h(x)\int_0^1 g(t)\mathrm{d}t,$$

$$\begin{aligned}0&\xlongequal{\text{题设}}\int_0^1 f(x)\varphi'(x)\mathrm{d}x\\&=\int_0^1 f(x)\left[g(x)-h(x)\int_0^1 g(t)\mathrm{d}t\right]\mathrm{d}x\\&=\int_0^1\left[f(t)-\int_0^1 f(x)h(x)\mathrm{d}x\right]g(t)\mathrm{d}t,\end{aligned}$$

根据题[338],有

$$f(t)-\int_0^1 f(x)h(x)\mathrm{d}x\underset{m}{=}0,\quad t\in(0,1).$$

$$f(x) \underset{m}{\doteq} \int_0^1 f(x)h(x)\mathrm{d}x = c, \quad x \in (0,1). \qquad \square$$

注　题[339]中,“$\varphi \in C^1((0,1))$”改为“$\varphi \in C^\infty((0,1))$”见参考文献[13] § 3 引理 1)结论仍成立.

【340】　设 f 为$[a,b]$上的连续函数,且对任一满足 $(\mathrm{R})\int_a^b \varphi(x)\mathrm{d}x = 0$ 的连续函数 $\varphi(x)$ 必有

$$(\mathrm{R})\int_a^b f(x)\varphi(x)\mathrm{d}x = 0,$$

则 f 为$[a,b]$上的常值函数.

证明　证法 1　令

$$\varphi(x) = f(x) - \frac{1}{b-a}\int_a^b f(t)\mathrm{d}t,$$

则

$$\int_a^b \varphi(x)\mathrm{d}x = \int_a^b \left[f(x) - \frac{1}{b-a}\int_a^b f(t)\mathrm{d}t\right]\mathrm{d}x = \int_a^b f(x)\mathrm{d}x - \frac{1}{b-a}\int_a^b f(t)\mathrm{d}t \cdot (b-a) = 0.$$

由题设,有

$$\int_a^b f(x)\varphi(x)\mathrm{d}x = 0.$$

因此

$$\begin{aligned}\int_a^b \varphi^2(x)\mathrm{d}x &= \int_a^b \varphi(x)\left[f(x) - \frac{1}{b-a}\int_a^b f(t)\mathrm{d}t\right]\mathrm{d}x \\ &= \int_a^b f(x)\varphi(x)\mathrm{d}x - \frac{1}{b-a}\int_a^b f(t)\mathrm{d}t\int_a^b \varphi(x)\mathrm{d}x \\ &= 0 - 0 = 0.\end{aligned}$$

再由 $\varphi(x)$在$[a,b]$上连续知,$\varphi^2(x)$在$[a,b]$上也连续,故 $\varphi^2(x)=0, x\in[a,b]$. 于是

$$f(x) - \frac{1}{b-a}\int_a^b f(t)\mathrm{d}t = \varphi(x) = 0, \quad x \in [a,b].$$

$$f(x) = \frac{1}{b-a}\int_a^b f(t)\mathrm{d}t, \quad x \in [a,b].$$

证法 2　(反证)假设在$[a,b]$上,$f \neq$常数,因为 f 在$[a,b]$上连续,根据最值定理,$\exists x_1, x_2 \in [a,b]$, s. t.

$$\begin{aligned}f(x_1) &= \min\{f(x) \mid x \in [a,b]\} \\ &< \max\{f(x) \mid x \in [a,b]\} = f(x_2).\end{aligned}$$

不妨设 $x_1 < x_2$,且 $M = f(x_2) > 0$. 于是,$\exists a < x_3 < x_4 < b$, s. t.

$$0 < f(x_3) < \frac{f(x_3) + f(x_4)}{2} < f(x_4).$$

取充分小的 $\delta > 0$, s. t.

$$a < x_3 - \delta < x_3 + \delta < x_4 - \delta < x_4 + \delta < b,$$

$$f(x) < \frac{f(x_3) + f(x_4)}{2}, \quad x \in (x_3 - \delta, x_3 + \delta),$$

$$f(x) > \frac{f(x_3) + f(x_4)}{2}, \quad x \in (x_4 - \delta, x_4 + \delta).$$

作函数(见题 340 图)

$$\varphi(x) = \begin{cases} -\dfrac{1}{\delta}[x - (x_3 - \delta)], & x \in [x_3 - \delta, x_3], \\ \dfrac{1}{\delta}[x - (x_3 + \delta)], & x \in [x_3, x_3 + \delta], \\ \dfrac{1}{\delta}[x - (x_4 - \delta)], & x \in [x_4 - \delta, x_4], \\ -\dfrac{1}{\delta}[x - (x_4 + \delta)], & x \in [x_4, x_4 + \delta], \\ 0, & \text{其他}. \end{cases}$$

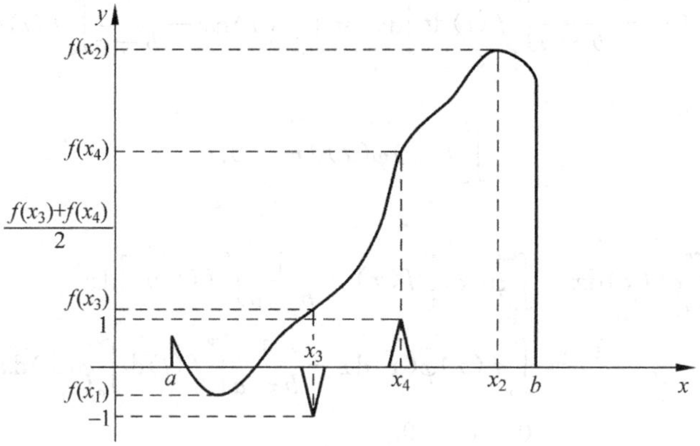

题 340 图

显然,φ 在$[a,b]$上连续,且 $\int_a^b \varphi(x)\mathrm{d}x = 0$. 但是

$$\begin{aligned} 0 &\xlongequal{\text{题设}} \int_a^b f(x)\varphi(x)\mathrm{d}x \\ &= \int_{x_3-\delta}^{x_3+\delta} f(x)\varphi(x)\mathrm{d}x + \int_{x_4-\delta}^{x_4+\delta} f(x)\varphi(x)\mathrm{d}x \\ &= \int_{x_4-\delta}^{x_4+\delta} f(x)\varphi(x)\mathrm{d}x - \int_{x_3-\delta}^{x_3+\delta} f(x)\mid\varphi(x)\mid\mathrm{d}x \\ &> \frac{f(x_3)+f(x_4)}{2}\int_{x_4-\delta}^{x_4+\delta}\varphi(x)\mathrm{d}x \\ &\quad - \frac{f(x_3)+f(x_4)}{2}\int_{x_3-\delta}^{x_3+\delta}\varphi(x)\mathrm{d}x = 0, \end{aligned}$$

矛盾. 所以, $f(x)=c$(常数), $x\in[a,b]$. □

【341】 设 f 为$[a,b]$上的 Riemann 可积函数,且对任一满足 $(R)\int_a^b\varphi(x)\mathrm{d}x=0$ 的 Riemann 可积函数 $\varphi(x)$必有

$$(R)\int_a^b f(x)\varphi(x)\mathrm{d}x=0,$$

则 f 在$[a,b]$几乎处处为常值函数.

证明 令

$$\varphi(x)=f(x)-\frac{1}{b-a}\int_a^b f(t)\mathrm{d}t,$$

则

$$\begin{aligned}\int_a^b\varphi(x)\mathrm{d}x&=\int_a^b\left[f(x)-\frac{1}{b-a}\int_a^b f(t)\mathrm{d}t\right]\mathrm{d}x\\&=\int_a^b f(x)\mathrm{d}x-\frac{1}{b-a}\int_a^b f(t)\mathrm{d}t\cdot(b-a)=0.\end{aligned}$$

由题设,有

$$\int_a^b f(x)\varphi(x)\mathrm{d}x=0.$$

因此

$$\begin{aligned}\int_a^b\varphi^2(x)\mathrm{d}x&=\int_a^b\varphi(x)\left[f(x)-\frac{1}{b-a}\int_a^b f(t)\mathrm{d}t\right]\mathrm{d}x\\&=\int_a^b f(x)\varphi(x)\mathrm{d}x-\frac{1}{b-a}\int_a^b f(t)\mathrm{d}t\int_a^b\varphi(x)\mathrm{d}x\\&=0-0=0,\end{aligned}$$

且

$$f(x)-\frac{1}{b-a}\int_a^b f(t)\mathrm{d}t=\varphi(x)\underset{m}{\doteq}0,\quad x\in[a,b].$$

$$f(x)\underset{m}{\doteq}\frac{1}{b-a}\int_a^b f(t)\mathrm{d}t(\text{常数}),\quad x\in[a,b].$$

注 题[341]中“Riemann 积分”改为“Lebesgue 积分”,其结论仍成立,证明方法也完全相同.

【342】 设 f 在$[a,b]$上连续,且 $(R)\int_a^b f(x)x^n\mathrm{d}x=0, n=0,1,2,\cdots$, 则 $f(x)\equiv0, x\in[a,b]$.

证明 对 $\forall\varepsilon>0$,由参考文献[17]Weierstrass 逼近定理 14.3.5,存在多项式函数 $P(x)$,使得

$$|f(x)-P(x)|<\varepsilon.$$

因为 $\int_a^b f(x)x^n\mathrm{d}x=0, n=0,1,2,\cdots$, 所以

$$\int_a^b f(x)P(x)\mathrm{d}x=0.$$

记 $M=\max\limits_{x\in[a,b]}|f(x)|$，则

$$\begin{aligned}0&\leqslant\int_a^b f^2(x)\mathrm{d}x\\&=\left|\int_a^b f(x)[f(x)-P(x)]\mathrm{d}x+\int_a^b f(x)P(x)\mathrm{d}x\right|\\&=\left|\int_a^b f(x)[f(x)-P(x)]\mathrm{d}x\right|\\&\leqslant\int_a^b|f(x)||f(x)-P(x)|\mathrm{d}x\\&\leqslant M(b-a)\varepsilon\to0(\varepsilon\to0),\end{aligned}$$

$$\int_a^b f^2(x)\mathrm{d}x=0.$$

又因为 $f(x)$ 与 $f^2(x)$ 是 $[a,b]$ 上的连续函数，所以在 $[a,b]$ 上 $f^2(x)\equiv0$ 及 $f(x)\equiv0$. □

【343】 设 f 在 $[a,b]$ 上 Riemann 可积，且 $(\mathrm{R})\int_a^b f(x)x^n\mathrm{d}x=0$, $n=0,1,2,\cdots$，则 $f(x)\underset{m}{\doteq}0, x\in[a,b]$.

证明 因为 f 在 $[a,b]$ 上 Riemann 可积，故它有界，设 $|f(x)|<M, x\in[a,b]$. 并且，必有连续函数 φ, s. t.

$$\begin{aligned}\left|\int_a^b f(x)\mathrm{d}x-\int_a^b\varphi(x)\mathrm{d}x\right|&=\left|\int_a^b[f(x)-\varphi(x)]\mathrm{d}x\right|\\&\leqslant\int_a^b|f(x)-\varphi(x)|\mathrm{d}x<\frac{\varepsilon}{2M}.\end{aligned}$$

再根据 Weierstrass 逼近定理 14.3.5，存在多项式函数 $\mathrm{P}(x)$, s. t.

$$|\varphi(x)-\mathrm{P}(x)|<\frac{1}{2M(b-a)},\quad x\in[a,b].$$

于是

$$\begin{aligned}0&\leqslant\int_a^b f^2(x)\mathrm{d}x=\int_a^b f(x)[f(x)-\varphi(x)+\varphi(x)-\mathrm{P}(x)+\mathrm{P}(x)]\mathrm{d}x\\&\leqslant\int_a^b|f(x)|\cdot|f(x)-\varphi(x)|\mathrm{d}x+\int_a^b|f(x)|\cdot|\varphi(x)\\&\quad-\mathrm{P}(x)|\mathrm{d}x+\left|\int_a^b f(x)\mathrm{P}(x)\mathrm{d}x\right|\\&\leqslant M\int_a^b|f(x)-\varphi(x)|\mathrm{d}x+M\int_a^b|\varphi(x)-\mathrm{P}(x)|\mathrm{d}x+0\end{aligned}$$

$$< M\frac{\varepsilon}{2M} + M\cdot\frac{\varepsilon}{2M(b-a)}(b-a)$$

$$= \varepsilon \to 0 \quad (\varepsilon \to 0^+),$$

$$\int_a^b f^2(x)\mathrm{d}x = 0.$$

由于 f 在$[a,b]$上 Riemann 可积,故它在$[a,b]$上几乎处处连续. 设 $x_0\in[a,b]$为 f 的任一连续点,如果 $f^2(x_0)>0$,则 $\exists\,\delta>0$, s. t.

$$|f^2(x)-f^2(x_0)| < \frac{f^2(x_0)}{2},$$

$$f^2(x) > f^2(x_0) - \frac{f^2(x_0)}{2} = \frac{f^2(x_0)}{2}.$$

由此得到

$$0 = \int_a^b f^2(x)\mathrm{d}x \geqslant \int_{[a,b]\cap(x_0-\delta,x_0+\delta)} f^2(x)\mathrm{d}x \geqslant \frac{f^2(x_0)}{2}\delta > 0,$$

矛盾. 因此,在 f 的连续点 x_0 处,有 $f(x_0)=0$.

综上知,$f(x)\underset{m}{\doteq}0, x\in[a,b]$. □

【344】 设 f 在$[a,b]$上 Lebesgue 平方可积,且 $(\mathrm{L})\int_a^b f(x)x^n\mathrm{d}x = 0, n = 1,2,\cdots$, 则 $f(x)\underset{m}{\doteq}0, x\in[a,b]$.

证明 因为 f 在$[a,b]$上 Lebesgue 平方可积,根据引理 4.1.1,则必有$[a,b]$上的连续函数 φ, s. t.

$$\int_a^b |f(x)-\varphi(x)|^2\mathrm{d}x < \varepsilon^2.$$

再根据 Weierstrass 逼近定理 14.3.5,存在多项式函数 $\mathrm{P}(x)$, s. t.

$$|\varphi(x)-\mathrm{P}(x)| < \frac{\varepsilon}{\sqrt{b-a}}.$$

于是,由 $\int_a^b f(x)x^n\mathrm{d}x = 0$ 得到 $\int_a^b f(x)\mathrm{P}(x)\mathrm{d}x = 0$. 进而,有

$$\begin{aligned}
0 &\leqslant \int_a^b f^2(x)\mathrm{d}x \\
&= \int_a^b f(x)[f(x)-\varphi(x)+\varphi(x)-\mathrm{P}(x)+\mathrm{P}(x)]\mathrm{d}x \\
&\leqslant \left|\int_a^b f(x)[f(x)-\varphi(x)]\mathrm{d}x\right| \\
&\quad + \left|\int_a^b f(x)[\varphi(x)-\mathrm{P}(x)]\mathrm{d}x\right| + \left|\int_a^b f(x)\mathrm{P}(x)\mathrm{d}x\right| \\
&\overset{\text{Cauchy-Schwarz}}{\leqslant} \left[\int_a^b f^2(x)\mathrm{d}x\right]^{\frac{1}{2}}\left[\int_a^b |f(x)-\varphi(x)|^2\mathrm{d}x\right]^{\frac{1}{2}}
\end{aligned}$$

$$+\left[\int_a^b f^2(x)\mathrm{d}x\right]^{\frac{1}{2}}\left[\int_a^b |\varphi(x)-\mathrm{P}(x)|^2\mathrm{d}x\right]^{\frac{1}{2}}+0$$

$$<\left[\int_a^b f^2(x)\mathrm{d}x\right]^{\frac{1}{2}}(\varepsilon+\varepsilon)\to 0(\varepsilon\to 0^+),$$

$$\int_a^b f^2(x)\mathrm{d}x=0,$$

这就蕴涵着 $f(x)\underset{m}{\doteq}0, x\in[a,b]$. □

【345】 设 $E\subset[a,b]$. 证明：

$$\lim_{h\to 0^+}\frac{m^*(E\cap[x-h,x+h])}{2h}\underset{m}{\doteq}1,\quad x\in E.$$

证明 证法 1 作 $[a,b]$ 中的开集 $G_n\supset E$, s. t.

$$m(G_n)\leqslant m^*(E)+m^*(G_n-E)<m^*(E)+2^{-n}.$$

再令

$$f_n(x)=m(G_n\cap[a,x]),\quad f(x)=m^*(E\cap[a,x]).$$

易知

$$\begin{aligned}0\leqslant f_n(x)-f(x)&\leqslant f_n(y)-f(y)\leqslant f_n(b)-f(b)\\&\leqslant m^*(G_n-E)<2^{-n},\quad a\leqslant x\leqslant y\leqslant b.\end{aligned}$$

于是

$$F_n(x)=f_n(x)-f(x)$$

关于 $x\in[a,b]$ 单调增，且当 $n\to+\infty$ 时，有

$$F_n(x)\rightrightarrows 0,\quad x\in[a,b].$$

因此，根据定理 3.6.3(2)，有

$$0\leqslant\int_a^b F_n'(x)\mathrm{d}x\leqslant F_n(b)-F_n(a)=F_n(b)=f_n(b)-f(b)<2^{-n}.$$

由此推得

$$F_n'(x)\underset{m}{\Rightarrow}0,\quad x\in[a,b](n\to+\infty).$$

根据 Riesz 定理 3.2.3，$\exists\{n_k\}$, s. t. 在 $[a,b]$ 上，有

$$F_{n_k}'(x)=f_{n_k}'(x)-f'(x)\xrightarrow[m]{\cdot}0(k\to+\infty).$$

因为 $x\in E$ 时，$f_{n_k}'(x)=1$，所以

$$\lim_{h\to 0^+}\frac{m^*(E\cap[x-h,x+h])}{2h}=\lim_{h\to 0^+}\frac{f(x+h)-f(x-h)}{2h}=f'(x)\doteq 1,\quad x\in E.$$

证法 2 由

$$0\leqslant\int_a^b[f_n'(x)-f'(x)]\mathrm{d}x<2^{-n}\to 0(n\to+\infty)$$

知

$$\lim_{n\to+\infty}\int_a^b [f'_n(x)-f'(x)]\mathrm{d}x=0.$$

根据定理 3.4.3(Fatou 引理)得到

$$\begin{aligned}0&\leqslant\int_a^b \varliminf_{n\to+\infty}[f'_n(x)-f'(x)]\mathrm{d}x\\&\leqslant\varliminf_{n\to+\infty}\int_a^b[f'_n(x)-f'(x)]\mathrm{d}x\\&=\lim_{n\to+\infty}\int_a^b[f'_n(x)-f'(x)]\mathrm{d}x=0,\end{aligned}$$

$$\int_a^b \varliminf_{n\to+\infty}[f'_n(x)-f'(x)]\mathrm{d}x=0,$$

$$\varliminf_{n\to+\infty}[f'_n(x)-f'(x)]\underset{m}{\doteq}0,\quad x\in[a,b].$$

因此，$\exists\{n_k\}$，s. t.

$$\lim_{k\to+\infty}[f'_{n_k}(x)-f'(x)]\underset{m}{\doteq}0,\quad x\in[a,b].$$

从 $f'_{n_k}(x)=1,x\in E$ 推得　$f'(x)\underset{m}{\doteq}1,x\in E$.　□

【346】 设 E 为 $\mathbb{R}^1$ 中的 Lebesgue 可测集，称

$$\frac{m(E\cap[x_0-h,x_0+h])}{2h}$$

为 E 在 $[x_0-h,x_0+h]$ 中的**平均密度**(注意，x_0 未必属于 E!). 如果

$$\lim_{h\to 0}\frac{m(E\cap[x_0-h,x_0+h]}{2h}$$

存在(当然介于 0 与 1 之间)，则称它为集 E 在点 x_0 的**密度**.

密度为 1 的点 x_0 称为 E 的一个**全密点**；密度为 0 的点 x_0 称为 E 的一个**稀薄点**.

Lebesgue 可测集 E 中几乎所有的点都是 E 的全密点.

证明　不失一般性，设闭区间 $[\alpha,\beta]\supset E$，$a=\alpha-1$，$b=\beta+1$，则当 $x\in E$，$h\leqslant 1$ 时，$[x-h,x+h]\subset[a,b]$. 下面均指 $h\leqslant 1$. 作点集 E 的特征函数

$$\varphi(x)=\begin{cases}1, & x\in E,\\ 0, & x\notin E.\end{cases}$$

这是有界 Lebesgue 可测函数. 令

$$\Phi(x)=\int_a^x\varphi(t)\mathrm{d}t.$$

根据定理 3.8.7，有

$$\Phi'(x)=\left(\int_a^x\varphi(t)\mathrm{d}t\right)'\underset{m}{\doteq}\varphi(x),\quad x\in[a,b].$$

特别地

$$\Phi'(x) \underset{m}{\doteq} \varphi(x) = 1, \quad x \in E.$$

设 $x\in E$,且 $\Phi'(x)=1$,则 x 为 E 的全密点.事实上,在这种点上,有

$$\lim_{h\to 0}\frac{\Phi(x+h)-\Phi(x)}{h} = 1 = \lim_{h\to 0}\frac{\Phi(x-h)-\Phi(x)}{-h} = \lim_{h\to 0}\frac{\Phi(x)-\Phi(x-h)}{h}.$$

从而得到

$$\begin{aligned}
&\lim_{h\to 0}\frac{m(E\cap[x_0-h,x_0+h])}{2h}\\
&= \lim_{h\to 0}\frac{\int_{x-h}^{x+h}\varphi(t)\mathrm{d}t}{2h}\\
&= \lim_{h\to 0}\frac{\Phi(x+h)-\Phi(x-h)}{2h}\\
&= \frac{1}{2}\left[\lim_{h\to 0}\frac{\Phi(x+h)-\Phi(x)}{h}+\frac{\Phi(x)-\Phi(x-h)}{h}\right]\\
&= \frac{1}{2}(1+1) = 1.
\end{aligned}$$

这就证明了 E 中几乎所有的点为 E 的全密点. □

【347】 设 $\{r_n \mid n\in\mathbb{N}\}$ 为 $[0,1]$ 中有理数的全体.证明:

$$\sum_{n=1}^{\infty}\frac{\cos nx}{n^2 \mid x-r_n\mid^{\frac{1}{2}}}$$

在 $\mathbb{R}$ 中几乎处处绝对收敛,当然也几乎处处收敛.

证明 证法1 因为当 $x\in[0,1]$ 时,有

$$\begin{aligned}
\int_0^1\sum_{n=1}^{\infty}\frac{1}{n^2\mid x-r_n\mid^{\frac{1}{2}}}\mathrm{d}x &= \sum_{n=1}^{\infty}\frac{1}{n^2}\int_0^1\frac{\mathrm{d}x}{\mid x-r_n\mid^{\frac{1}{2}}}\\
&= \sum_{n=1}^{\infty}\frac{1}{n^2}\left[\int_0^{r_n}\frac{\mathrm{d}x}{(r_n-x)^{\frac{1}{2}}}+\int_{r_n}^1\frac{\mathrm{d}x}{(x-r_n)^{\frac{1}{2}}}\right]\\
&= \sum_{n=1}^{\infty}\frac{1}{n^2}\left[-2(r_n-x)^{\frac{1}{2}}\Big|_0^{r_n}+2(x-r_n)^{\frac{1}{2}}\Big|_{r_n}^1\right]\\
&= \sum_{n=1}^{\infty}\frac{1}{n^2}[2r_n^{\frac{1}{2}}+2(1-r_n)^{\frac{1}{2}}]\leqslant\sum_{n=1}^{\infty}\frac{4}{n^2}\\
&= 4\cdot\frac{\pi^2}{6} = \frac{2\pi^2}{3} < +\infty;
\end{aligned}$$

又因为对 $\forall k\in\mathbb{N}$,在有定义处,$\dfrac{1}{k^2\mid x-r_k\mid^{\frac{1}{2}}}$ 连续,故 $\sum\limits_{k=1}^{n}\dfrac{1}{k^2\mid x-r_k\mid^{\frac{1}{2}}}$ 连续,当然它也 Lebesgue 可测,从而其极限函数 $\sum\limits_{n=1}^{\infty}\dfrac{1}{n^2\mid x-r_n\mid^{\frac{1}{2}}}$ 也为 Lebesgue 可测函数.结合

$$\int_0^1 \sum_{n=1}^{\infty} \frac{1}{n^2 \mid x-r_n \mid^{\frac{1}{2}}} \mathrm{d}x \leqslant \frac{2\pi^2}{3} < +\infty$$

可知，$\sum\limits_{n=1}^{\infty} \frac{1}{n^2 \mid x-r_n \mid^{\frac{1}{2}}}$ Lebesgue 可积. 因此，它几乎处处有限，即其无穷级数在$[0,1]$上几乎处处收敛. 因为

$$\left| \frac{\cos nx}{n^2 \mid x-r_n \mid^{\frac{1}{2}}} \right| \leqslant \frac{1}{n^2 \mid x-r_n \mid^{\frac{1}{2}}},$$

所以，$\sum\limits_{n=1}^{\infty} \frac{\cos nx}{n^2 \mid x-r_n \mid^{\frac{1}{2}}}$ 在$[0,1]$上几乎处处绝对收敛，当然也是几乎处处收敛. 当 $x \notin [0,1]$时，由于

$$\left| \frac{\cos nx}{n^2 \mid x-r_n \mid^{\frac{1}{2}}} \right| \leqslant \frac{1}{n^2 \rho_0^1(x,[0,1])^{\frac{1}{2}}} \left(\text{或} \leqslant \frac{1}{n^2 [\min\{\mid x \mid, \mid 1-x \mid\}]^{\frac{1}{2}}} \right),$$

故 $\sum\limits_{n=1}^{\infty} \frac{\cos nx}{n^2 \mid x-r_n \mid^{\frac{1}{2}}}$ 绝对收敛，它也是收敛的.

综上知，$\sum\limits_{n=1}^{\infty} \frac{\cos nx}{n^2 \mid x-r_n \mid^{\frac{1}{2}}}$ 在$\mathbb{R}$ 上几乎处处绝对收敛，也是几乎处处收敛的.

证法 2　对 $\forall \varepsilon > 0, \forall r_n \in [0,1] \cap \mathbb{Q}$，取 $\delta_n = \frac{\varepsilon}{n^{\frac{3}{2}}}$，则

$$G_\varepsilon = \bigcup_{n=1}^{\infty} (r_n - \delta_n, r_n + \delta_n) = \bigcup_{n=1}^{\infty} \left(r_n - \frac{\varepsilon}{n^{\frac{3}{2}}}, r_n + \frac{\varepsilon}{n^{\frac{3}{2}}} \right),$$

$$mG_\varepsilon \leqslant \sum_{n=1}^{\infty} m\left(r_n - \frac{\varepsilon}{n^{\frac{3}{2}}}, r_n + \frac{\varepsilon}{n^{\frac{3}{2}}} \right) = \sum_{n=1}^{\infty} \frac{2\varepsilon}{n^{\frac{3}{2}}} = \varepsilon \sum_{n=1}^{\infty} \frac{2}{n^{\frac{3}{2}}}.$$

对 $\forall x \in \mathbb{R} - G_\varepsilon$，有$|x-r_n| \geqslant \frac{\varepsilon}{n^{\frac{3}{2}}}$，及

$$\sum_{n=1}^{\infty} \frac{1}{n^2 \mid x-r_n \mid^{\frac{1}{2}}} \leqslant \sum_{n=1}^{\infty} \frac{1}{n^2 \left(\frac{\varepsilon}{n^{\frac{3}{2}}} \right)^{\frac{1}{2}}} = \sum_{n=1}^{\infty} \frac{1}{n^{\frac{5}{4}} \varepsilon^{\frac{1}{2}}} < +\infty.$$

因此，$\sum\limits_{n=1}^{\infty} \frac{1}{n^2 \mid x-r_n \mid^{\frac{1}{2}}}$ 在$\mathbb{R} - G_\varepsilon$ 上收敛.

记 $\sum\limits_{n=1}^{\infty} \frac{1}{n^2 \mid x-r_n \mid^{\frac{1}{2}}}$ 不收敛之点集为 E，则 $E \subset G_\varepsilon$，且

$$0 \leqslant m^* E \leqslant m^* G_\varepsilon = mG_\varepsilon \leqslant \varepsilon \sum_{n=1}^{\infty} \frac{2}{n^{\frac{3}{2}}}.$$

令 $\varepsilon \to 0^+$ 得到 $0 \leqslant m^* E \leqslant 0, m^* E = 0$. 由此知，$\sum\limits_{n=1}^{\infty} \frac{1}{n^2 \mid x-r_n \mid^{\frac{1}{2}}}$ 在$\mathbb{R}$ 上几乎处处收敛. 由于

$$\left|\frac{\cos nx}{n^2\,|x-r_n|^{\frac{1}{2}}}\right|\leqslant\frac{1}{n^2\,|x-r_n|^{\frac{1}{2}}},$$

故 $\sum\limits_{n=1}^{\infty}\dfrac{\cos nx}{n^2\,|x-r_n|^{\frac{1}{2}}}$ 在$\mathbb{R}$上几乎处处绝对收敛,当然也几乎处处收敛. □

【348】 (1) 设(L)$\int_0^{+\infty}|f(x)|\mathrm{d}x<+\infty$. 证明:

$$\int_0^{+\infty}\sin ax\,\mathrm{d}x\int_0^{+\infty}f(y)\mathrm{e}^{-xy}\mathrm{d}y=a\int_0^{+\infty}\frac{f(y)}{a^2+y^2}\mathrm{d}y,a>0.$$

(2) 设 (L)$\int_0^1|f(x)|\mathrm{d}x<+\infty$,(L)$\int_1^{+\infty}|f(x)|x^{-2}\mathrm{d}x<+\infty$. 证明:

$$\int_0^{+\infty}\sin ax\,\mathrm{d}x\int_0^{+\infty}f(y)\mathrm{e}^{-xy}\mathrm{d}y=a\int_0^{+\infty}\frac{f(y)}{a^2+y^2}\mathrm{d}y,a>0.$$

证明 (1) 因为二元 Lebesgue 可测函数 $\sin ax\cdot f(y)\mathrm{e}^{-xy}$不是非负的. 从而,要研究它的可积性. 考察 x 的积分范围限于$[\delta,\Delta]$,$0<\delta<\Delta$. 此时,有

$$\begin{aligned}(\mathrm{L})\int_\delta^\Delta\int_0^{+\infty}|\sin ax\cdot f(y)\mathrm{e}^{-xy}|\mathrm{d}x\mathrm{d}y&\leqslant(\mathrm{L})\int_\delta^\Delta\int_0^{+\infty}|f(y)|\mathrm{e}^{-\delta y}\mathrm{d}x\mathrm{d}y\\&\leqslant(\Delta-\delta)\int_0^{+\infty}|f(y)|\mathrm{d}y<+\infty,\end{aligned}$$

这表明 $\sin ax\cdot f(y)\mathrm{e}^{-xy}$ 在$[\delta,\Delta]\times[0,+\infty)$是 Lebesgue 可积的. 于是,根据 Fubini 定理 3.7.2,有

$$\int_\delta^\Delta\sin ax\,\mathrm{d}x\int_0^{+\infty}f(y)\mathrm{e}^{-xy}\mathrm{d}y=\int_0^{+\infty}f(y)\mathrm{d}y\int_\delta^\Delta\sin ax\,\mathrm{e}^{-xy}\mathrm{d}x.$$

因为对固定的 $y\in[0,+\infty)$,e^{-xy}关于 x 单调减,故

$$\begin{aligned}\left|\int_\delta^\Delta\sin ax\,\mathrm{e}^{-xy}\mathrm{d}x\right|&\xlongequal{\text{积分第二中值定理 3.8.11}}\left|\mathrm{e}^{-\delta y}\int_\delta^\xi\sin ax\,\mathrm{d}x+\mathrm{e}^{-\Delta y}\int_\xi^\Delta\sin ax\,\mathrm{d}x\right|\\&=\left|\mathrm{e}^{-\delta y}\frac{\cos a\delta-\cos a\xi}{a}+\mathrm{e}^{-\Delta y}\frac{\cos a\xi-\cos a\Delta}{a}\right|\\&\leqslant\frac{4}{a},\quad 0<\delta<\Delta<+\infty.\end{aligned}$$

$$\left|f(y)\int_\delta^\Delta\sin ax\,\mathrm{e}^{-xy}\mathrm{d}x\right|\leqslant\frac{4}{a}|f(y)|\in\mathscr{L}([0,+\infty)).$$

于是

$$\begin{aligned}&\int_0^{+\infty}\sin ax\,\mathrm{d}x\int_0^{+\infty}f(y)\mathrm{e}^{-xy}\mathrm{d}y\\&=\lim_{\substack{\delta\to0^+\\\Delta\to+\infty}}\int_\delta^\Delta\sin ax\,\mathrm{d}x\int_0^{+\infty}f(y)\mathrm{e}^{-xy}\mathrm{d}y\\&\xlongequal{\text{Fubini 定理 3.7.2}}\lim_{\substack{\delta\to0^+\\\Delta\to+\infty}}\int_0^{+\infty}f(y)\mathrm{d}y\int_\delta^\Delta\sin ax\,\mathrm{e}^{-xy}\mathrm{d}x\end{aligned}$$

$$\xlongequal[\text{定理 } 3.4.1']{\text{Lebesgue 控制收敛}} \int_0^{+\infty} f(y)\mathrm{d}y \lim_{\substack{\delta\to 0^+\\ \Delta\to+\infty}} \int_\delta^\Delta \sin ax\, \mathrm{e}^{-xy}\mathrm{d}x$$

$$= \int_0^{+\infty} f(y)\mathrm{d}y \int_0^{+\infty} \sin ax\, \mathrm{e}^{-xy}\mathrm{d}x$$

$$= a\int_0^{+\infty} \frac{f(y)}{a^2+y^2}\mathrm{d}y.$$

(2) 因为

$$|f(x)|x^{-2} \leqslant |f(x)|, \quad x\in[1,+\infty),$$

所以

$$\int_0^{+\infty} |f(x)|\mathrm{d}x < +\infty \Leftrightarrow \int_0^1 |f(x)|\mathrm{d}x < +\infty, \quad \int_1^{+\infty} |f(x)|\mathrm{d}x < +\infty$$

$$\Rightarrow \int_0^1 |f(x)|\mathrm{d}x < +\infty, \quad \int_1^{+\infty} |f(x)| x^{-2}\mathrm{d}x < +\infty.$$

这说明(1)中条件比(2)强.

因为

$$(\mathrm{L})\int_\delta^\Delta\int_0^1 |\sin ax \cdot f(y)\mathrm{e}^{-xy}|\mathrm{d}x\mathrm{d}y \leqslant (\mathrm{L})\int_\delta^\Delta\int_0^1 |f(y)|\mathrm{e}^{-\delta y}\mathrm{d}x\mathrm{d}y$$

$$\leqslant (\Delta-\delta)\int_0^1 |f(y)|\mathrm{d}y < +\infty,$$

与

$$(\mathrm{L})\int_\delta^\Delta\int_1^{+\infty} |\sin ax \cdot f(y)\mathrm{e}^{-xy}|\mathrm{d}x\mathrm{d}y \leqslant (\mathrm{L})\int_\delta^\Delta\int_1^{+\infty} |f(y)y^{-2}| \frac{y^2}{\mathrm{e}^{\delta y}}\mathrm{d}x\mathrm{d}y$$

$$\leqslant (\mathrm{L})\int_\delta^\Delta\int_1^{+\infty} |f(y)y^{-2}| \frac{y^2}{(\delta y)^2}\mathrm{d}x\mathrm{d}y$$

$$= \frac{1}{\delta^2}(\Delta-\delta)\int_1^{+\infty} |f(y)y^{-2}|\mathrm{d}y < +\infty,$$

所以,$\sin ax \cdot f(y)\mathrm{e}^{-xy}$ 在 $[\delta,\Delta]\times[0,+\infty)$ 上是 Lebesgue 可积的. 于是,根据 Fubini 定理 3.7.2,知

$$\int_\delta^\Delta \sin ax\,\mathrm{d}x \int_0^{+\infty} f(y)\mathrm{e}^{-xy}\mathrm{d}y = \int_0^{+\infty} f(y)\mathrm{d}y \int_\delta^\Delta \sin ay\,\mathrm{e}^{-xy}\mathrm{d}x.$$

因为对固定的 $y\in[0,+\infty)$,e^{-xy} 关于 x 单调减,故

$$\left|\int_\delta^\Delta \sin ax\,\mathrm{e}^{-xy}\mathrm{d}x\right| \xlongequal{\text{积分二中值定理 } 3.8.11} \left|\mathrm{e}^{-\delta y}\int_\delta^\xi \sin ax\,\mathrm{d}x + \mathrm{e}^{-\Delta y}\int_\xi^\Delta \sin ax\,\mathrm{d}x\right|$$

$$= \left|\mathrm{e}^{-\delta y}\,\frac{\cos a\delta - \cos a\xi}{a} + \mathrm{e}^{-\Delta y}\,\frac{\cos a\xi - \cos a\Delta}{a}\right|$$

$$\leqslant \frac{4}{a}, \quad 0<\delta<\Delta<+\infty.$$

$$\left|f(y)\int_\delta^\Delta \sin ax\,\mathrm{e}^{-xy}\,\mathrm{d}x\right| \leqslant \frac{4}{a}\mid f(y)\mid \in \mathscr{L}([0,1)),\quad y\in[0,1).$$

$$\begin{aligned}\left|f(y)\int_\delta^\Delta \sin ax\,\mathrm{e}^{-xy}\,\mathrm{d}x\right| &\leqslant \left|f(y)\cdot\frac{4}{a}\mathrm{e}^{-\delta y}\right|\\ &= \frac{4}{a}\mid f(y)y^{-2}\mid\frac{y^2}{\mathrm{e}^{\delta y}}\\ &\leqslant \frac{4}{a}\cdot\frac{y^2}{(\delta y)^2}\mid f(y)y^{-2}\mid\\ &= \frac{4}{a\delta^2}\mid f(y)\mid y^{-2}\in\mathscr{L}([1,+\infty)),\quad y\in[1,+\infty).\end{aligned}$$

于是，完全类似(1)，应用 Fubini 定理 3.7.2 和 Lebesgue 控制收敛定理 3.4.1′得到

$$\int_0^{+\infty}\sin ax\,\mathrm{d}x\int_0^{+\infty}f(y)\mathrm{e}^{-xy}\,\mathrm{d}x = a\int_0^{+\infty}\frac{f(y)}{a^2+y^2}\mathrm{d}y.$$ □

注 题[348]中，等式

$$\int_0^{+\infty}\sin ax\,\mathrm{d}x\int_0^{+\infty}f(y)\mathrm{e}^{-xy}\,\mathrm{d}y = a\int_0^{+\infty}\frac{f(y)}{a^2+y^2}\mathrm{d}y,\quad a>0$$

的左边 $\int_0^{+\infty}f(y)\mathrm{e}^{-xy}\mathrm{d}y$ 与右边 $\int_0^{+\infty}\frac{f(y)}{a^2+y^2}\mathrm{d}y$ 都是 Lebesgue 积分. 而左边关于 x 的积分

$$\int_0^{+\infty}\sin ax\,\mathrm{d}x\int_0^{+\infty}f(y)\mathrm{e}^{-xy}\,\mathrm{d}y = \lim_{\substack{\delta\to0^+\\ \Delta\to+\infty}}\int_\delta^\Delta\sin ax\,\mathrm{d}x\int_0^{+\infty}f(y)\mathrm{e}^{-xy}\,\mathrm{d}x$$

视作 Lebesgue 积分

$$\int_\delta^\Delta\sin ax\,\mathrm{d}x\int_0^{+\infty}f(y)\mathrm{e}^{-xy}\,\mathrm{d}x$$

当 $\delta\to0^+$，$\Delta\to+\infty$ 时的极限. 它类似于反常(广义)Riemann 积分.

【349】 (1) 设 $f(x)$ 在 $[a,b]$ 上绝对连续，且 $|f'(x)|\underset{m}{\dot{\leqslant}}M$，$x\in[a,b]$，则

$$\mid f(y)-f(x)\mid\leqslant M\mid y-x\mid,\quad\forall\, x,y\in[a,b],$$

即 $f(x)$ 在 $[a,b]$ 上满足 Lipschitz 条件.

(2) 设 $f(x)$ 定义在 $[a,b]$ 上满足 Lipschitz 条件，即

$$\mid f(y)-f(x)\mid\leqslant M\mid y-x\mid, x,y\in[a,b],$$

则

$$\mid f'(x)\mid\underset{m}{\dot{\leqslant}}M,\quad x\in[a,b].$$

(3) $f(x)$ 在 $[a,b]$ 上满足 Lipschitz 条件

$\Leftrightarrow f(x)$ 的所有导出数都满足 $|\mathrm{D}f(x)|\leqslant M$，$x\in[a,b]$.

(4) 设 $f(x)$ 在 $[a,b]$ 上为绝对连续函数，且几乎所有的 $x\in[a,b]$，至少有一个导出数 $\mathrm{D}f(x)$ 适合

$$\mid \mathrm{D}f(x)\mid\leqslant M,$$

则 $f(x)$在$[a,b]$上满足 Lipschitz 条件.

(5) 举出$[a,b]$上的绝对连续函数 $f(x)$,但它不是满足 Lipschitz 条件的函数.

证明 (1) 对$\forall x,y\in[a,b]$,由 $f(x)$在$[a,b]$上绝对连续,故有

$$\begin{aligned}|f(y)-f(x)| &\xlongequal{\text{定理 3.8.7}} \left|\int_x^y f'(t)\mathrm{d}t\right| \\ &\leqslant \left|\int_x^y |f'(t)|\mathrm{d}t\right| \\ &\overset{\text{题设}}{\leqslant} M\left|\int_x^y \mathrm{d}t\right| = M|y-x|,\end{aligned}$$

这就证明了 $f(x)$在$[a,b]$上满足 Lipschitz 条件.

(2) 因为 $f(x)$在$[a,b]$上满足 Lipschitz 条件,即

$$|f(y)-f(x)|\leqslant M|y-x|,\quad x,y\in[a,b],$$

所以根据例 3.8.4 知,$f(x)$为$[a,b]$上的绝对连续函数.再根据定理 3.8.5(2),$f(x)$为$[a,b]$上的有界变差函数.因此,从定理 3.6.6 立知,$f(x)$在$[a,b]$上几乎处处可导.于是,从

$$\left|\frac{f(y)-f(x)}{y-x}\right|\leqslant M,\quad x,y\in[a,b],y\neq x,$$

$y\to x$ 可得

$$|f'(x)| \underset{m}{\dot{\leqslant}} M,\quad x\in[a,b].$$

(3) ($\Rightarrow$)设 $f(x)$为$[a,b]$上满足 Lipschitz 条件的函数,则

$$|f(x_2)-f(x_1)|\leqslant M|x_2-x_1|,\quad \forall x_1,x_2\in[a,b].$$

于是,对$\forall x_0\in[a,b]$,$\forall\{x_n\}\subset[a,b]$,$x_n\to x_0(x\to+\infty)$,$x_n\neq x_0$,有

$$\left|\frac{f(x_n)-f(x_0)}{x_n-x_0}\right|\leqslant M,$$

若 $\mathrm{D}f(x_0)=\lim\limits_{n\to+\infty}\dfrac{f(x_n)-f(x_0)}{x_n-x_0}$存在,则$|\mathrm{D}f(x_0)|\leqslant M$.即 $f(x)$的所有导出数都满足

$$|\mathrm{D}f(x)|\leqslant M.$$

($\Leftarrow$)先证 $f(x)$为$[a,b]$上的连续函数.

(反证)假设 $f(x)$不是连续函数,必有 $x_0\in[a,b]$为 $f(x)$的不连续点.于是,对某个 $\varepsilon_0>0$,$\exists\{\delta_n\}\to 0(n\to+\infty)$,$\delta_n\neq 0$,s. t.

$$|f(x_0+\delta_n)-f(x_0)|\geqslant\varepsilon_0.$$

因此

$$\lim_{n\to+\infty}\left|\frac{f(x_0+\delta_n)-f(x_0)}{\delta_n}\right|=+\infty.$$

这表明 $f(x)$在 x_0 点有$\pm\infty$的导出数.它与题设 $f(x)$所有导出数都满足$|\mathrm{D}f(x)|\leqslant M$ 相矛盾.因此,$f(x)$为$[a,b]$上的连续函数.

现构造新函数

$$F_1(x)=Mx+f(x),\quad F_2(x)=Mx-f(x),$$

则

$$\mathrm{D}F_1(x)=M+\mathrm{D}f(x)\geqslant 0,\quad \mathrm{D}F_2(x)=M-\mathrm{D}f(x)\geqslant 0$$

根据题[354](2)，$F_1(x)$与$F_2(x)$均为$[a,b]$上的增函数. 于是，当$x,y\in[a,b]$，$y>x$时，有

$$My+f(y)=F_1(y)\geqslant F_1(x)=Mx+f(x),$$
$$My-f(y)=F_2(y)\geqslant F_2(x)=Mx-f(x).$$

从而就有

$$-M(y-x)\leqslant f(y)-f(x)\leqslant M(y-x),\ |f(y)-f(x)|\leqslant M|y-x|.$$

这就证明了$f(x)$在$[a,b]$上满足 Lipschitz 条件.

(4) 因为f在$[a,b]$上为绝对连续函数，故f在$[a,b]$上几乎处处可导，且

$$f(x)=f(a)+\int_a^x f'(t)\mathrm{d}t,\quad x\in[a,b].$$

又因为几乎所有的$x\in[a,b]$，至少有一个导出数$\mathrm{D}f(x)$满足

$$|\mathrm{D}f(x)|\leqslant M,$$

于是，在可导的x点处，有

$$|f'(x)|=|\mathrm{D}f(x)|\overset{\cdot}{\underset{m}{\leqslant}}M,\quad x\in[a,b].$$

根据(1)，f在$[a,b]$上满足 Lipschitz 条件.

(5) 设$f(x)=\int_0^x\frac{\mathrm{d}t}{2\sqrt{t}}=\sqrt{t}\Big|_0^x=\sqrt{x}$，则

$$f'(x)=\frac{1}{2\sqrt{x}},\quad x\in(0,1].$$

由于$(\sqrt{x})'=\frac{1}{2\sqrt{x}}\in\mathscr{L}([0,1])$，故根据定理 3.8.7 $f(x)$为$[0,1]$上的绝对连续函数. 再根据$|f'(x)|=\frac{1}{2\sqrt{x}}\overset{\cdot}{\underset{m}{\not\leqslant}}M$，$x\in[0,1]$和(2)立知，$f(x)=\sqrt{x}$不为$[0,1]$上满足 Lipschitz 条件的函数.

我们也可直接来证明$f(x)=\sqrt{x}$在$[0,1]$上为绝对连续函数. 事实上，对$\forall\,\varepsilon>0$，取$\delta=\left(\frac{\varepsilon}{3}\right)^2$，则当$[a,b]$上互不相交的开区间族$\{(a_i,b_i)\,|\,i=1,2,\cdots,n\}$，且

$$\sum_{i=1}^n(b_i-a_i)<\delta$$

时，有

$$\sum_{i=1}^n|f(b_i)-f(a_i)|=\sum_{i=1}^n[\sqrt{b_i}-\sqrt{a_i}]$$
$$\leqslant\sum_i{}'(\sqrt{b_i}-\sqrt{a_i})+\sum_i{}''(\sqrt{b_i}-\sqrt{a_i})$$

$$
\begin{aligned}
&<\sqrt{4\left(\frac{\varepsilon}{3}\right)^2}+\sum_i{}'' \frac{b_i-a_i}{\sqrt{b_i}+\sqrt{a_i}} \\
&<2\cdot\frac{\varepsilon}{3}+\sum_i{}'' \frac{b_i-a_i}{\sqrt{\left(\frac{\varepsilon}{3}\right)^2}} \\
&\leqslant \frac{2\varepsilon}{3}+\frac{3}{\varepsilon}\sum_{i=1}^{n}(b_i-a_i) \\
&<\frac{2\varepsilon}{3}+\frac{3}{\varepsilon}\delta=\frac{2\varepsilon}{3}+\frac{3}{\varepsilon}\cdot\left(\frac{\varepsilon}{3}\right)^2=\varepsilon,
\end{aligned}
$$

其中 $\sum\limits_i{}'$ 为含于$\left[0,4\left(\frac{\varepsilon}{3}\right)^2\right]$内的区间上求和；$\sum\limits_i{}''$ 为含于$\left[\left(\frac{\varepsilon}{3}\right)^2,1\right]$内的区间求和. 这就证明了 $f(x)$在$[0,1]$上为绝对连续函数.

但是，$f(x)=\sqrt{x}$不为$[0,1]$上满足 Lipschitz 条件的函数.（反证）假设满足 Lipschitz 条件，则存在常数 $M>0$，s. t.

$$|\sqrt{x}-\sqrt{y}|=|f(x)-f(y)|\leqslant M|x-y|,\quad \forall\, x,y\in[0,1].$$

特别地，取 $y=0$，有

$$\sqrt{x}\leqslant M|x|,\quad \frac{1}{M}\leqslant\sqrt{x},\quad \left(\frac{1}{M}\right)^2<x.$$

显然，当 $x\in\left(0,\left(\frac{1}{M}\right)^2\right)$时上述不等式不成立. 因此，$f(x)=\sqrt{x}$不为$[0,1]$上满足 Lipschitz 条件的函数. □

【350】 构造一个具有性质(N)的连续函数 f，但它不是绝对连续函数.

解　设

$$f:[0,1]\to\mathbb{R},$$

$$f(x)=\begin{cases} x\sin\dfrac{\pi}{x}, & 0<x\leqslant 1, \\ 0, & x=0, \end{cases}$$

它为$[0,1]$上的连续函数，因而为一致连续函数. 对 $\forall\, 1>a>0$，因为 f 在$[a,1]$上的导数有界，故满足 Lipschitz 条件，所以 f 在$[a,1]$上为绝对连续函数. 根据定理 3.8.13，f 在$[a,1]$上满足性质(N). 再由

$$[0,1]=\{0\}\cup\left(\bigcup_{n=2}^{\infty}\left[\frac{1}{n},1\right]\right)$$

知 f 在$[0,1]$上满足性质(N). 但是，f 不为$[0,1]$上的绝对连续函数.

证法 1　（反证）假设 f 为$[0,1]$上的绝对连续函数，则对 $\forall\,\varepsilon>0$，$\exists\,\delta>0$，当(a_i,b_i)，$i=1,2,\cdots,n$ 为$[a,b]$中的两两不相交的开区间族，且 $\sum\limits_{i=1}^{n}(b_i-a_i)<\delta$ 时，有

$$\sum_{i=1}^{n} | f(b_i) - f(a_i) | < \varepsilon.$$

对此固定的 $\varepsilon>0$,取 $r\in\mathbb{N}$,s. t. $\frac{2}{2r-1}<\delta$. 再固定 r,取充分大的 $s\in\mathbb{N}$,s. t. $\sum_{i=r}^{s}\frac{2}{2i-1}>\varepsilon$.
于是

$$\sum_{i=r}^{s}\left(\frac{2}{2i-1}-\frac{2}{2i+1}\right)<\frac{2}{2r-1}<\delta,$$

$$\begin{aligned}\varepsilon &> \sum_{i=r}^{s}\left|f\left(\frac{2}{2i-1}\right)-f\left(\frac{2}{2i+1}\right)\right| \\ &= \sum_{i=r}^{s}\left(\frac{2}{2i-1}+\frac{2}{2i+1}\right)\geqslant\sum_{i=r}^{s}\frac{1}{2i-1}>\varepsilon,\end{aligned}$$

矛盾.

证法 2 (反证)假设 f 为$[0,1]$上的绝对连续函数,由定理 3.8.5(2)知,f 必为$[0,1]$上的有界变差函数,这与下面 $\bigvee_a^b(f)=+\infty$,f 不为$[0,1]$上的有界变差函数相矛盾.

事实上,作分割 Δ:$0<\frac{2}{2n-1}<\frac{2}{2n-3}<\cdots<\frac{2}{3}<1$,$n\geqslant 3$,则

$$\begin{aligned}v_\Delta(f) &= \sum_{i=2}^{n-1}\left|f\left(\frac{2}{2i-1}\right)-f\left(\frac{2}{2i+1}\right)\right| \\ &\quad + \left|f\left(\frac{2}{2n-1}\right)-f(0)\right|+\left|f(1)-f\left(\frac{2}{3}\right)\right| \\ &= \sum_{i=2}^{n-1}\left(\frac{2}{2i-1}+\frac{2}{2i+1}\right)+\frac{2}{2n-1}+\frac{2}{3} \\ &= 2\sum_{i=2}^{n}\frac{2}{2i-1}.\end{aligned}$$

从而,当 $n\to+\infty$ 时,$v_\Delta(f)\to+\infty$,即 $\bigvee_a^b(f)=+\infty$.

【351】 (菲赫金哥尔茨)设 $F(x)$是$(-\infty,+\infty)$上定义的函数. 如果对$(-\infty,+\infty)$上任何绝对连续函数 $f(x)$,$F(f(x))$是绝对连续的. 证明:$F(x)$在$(-\infty,+\infty)$上满足 Lipschitz 条件.

证明 因为 $f(x)=x$ 为$(-\infty,+\infty)$上的绝对连续函数,根据题设,$F(f(x))=F(x)$为绝对连续函数,所以 $F(x)$几乎处处有有限导数.

(反证)假设 $F(x)$在$(-\infty,+\infty)$上不满足 Lipschitz 条件. 根据题[349](1)知,$F'(x)$一定不是有界的. 因此,有一列$\{x_n\}$,s. t.

$$|F'(x_n)|>n,\quad n=1,2,\cdots.$$

在$\{x_n\}$中可选出一子列$\{x_{n_k}\}$,它关于 n_k 严格单调,且$\{F'(x_{n_k})\}$同号. 不妨设

$$x_{n_k} < x_{n_{k+1}}, \quad k = 1,2,\cdots,$$
$$F'(x_{n_k}) > 0.$$

从而，$F'(x_{n_k})>n_k, k=1,2,\cdots$. 令 $y_k=x_{n_k}$，由于 $F'(y_k)>n_k\geqslant k$，所以 $\exists\, \mathring{\delta}_k>0$，当 $0<|\delta|<\mathring{\delta}_k$ 时，有

$$\frac{F(y_k+\delta)-F(y_k)}{\delta} > k.$$

现取 δ_k 满足：$0<\delta_k<\mathring{\delta}_k, \delta_k<\frac{1}{k^2}\left(\frac{1}{k^2}\text{不为 } \delta_k \text{ 的正整数倍}\right), y_k+\delta_k<y_{k+1}, k=1,2,\cdots$.

于是

$$|F(y_k+\delta_k)-F(y_k)| > k\delta_k,$$

其中 $\sum\limits_{k=1}^{\infty} k\delta_k <+\infty$. (反证)若不然，$\sum\limits_{k=1}^{\infty} k\delta_k =+\infty$. 从而，对 $\forall\, m\in\mathbb{N}$，均有

$$\sum_{k=m}^{\infty} |F(y_k+\delta_k)-F(y_k)| \geqslant \sum_{k=m}^{\infty} k\delta_k =+\infty. \tag{$*$}$$

另一方面，由 $0<\delta_k<\frac{1}{k^2}$，$\sum\limits_{k=1}^{\infty}\frac{1}{k^2}<+\infty$知，$\forall\,\delta>0$，$\exists\, m(\delta)\in\mathbb{N}$，当 $m_0\geqslant m(\delta)$时，有

$$\sum_{k=m_0}^{\infty}\delta_k \leqslant \sum_{k=m_0}^{\infty}\frac{1}{k^2} < \delta.$$

而 $F(y)$为绝对连续函数，故对 $\forall\,\varepsilon>0$，总 $\exists\,\delta>0$，当$\{(a_k,b_k)\mid k\in\mathbb{N}\}$为两两不相交的区间族，且 $\sum\limits_{k=1}^{\infty}(b_i-a_i)<\delta$ 时，有

$$\sum_{k=m_0}^{\infty} |F(b_k)-F(a_k)| < \varepsilon.$$

因此，如取$(a_k,b_k)=(y_k,y_k+\delta_k)$时，有

$$\sum_{k=m_0}^{\infty}(b_k-a_k)=\sum_{k=m_0}^{\infty}[(y_k+\delta_k)-y_k]=\sum_{k=m_0}^{\infty}\delta_k\leqslant\sum_{k=m_0}^{\infty}\frac{1}{k^2}<\delta,$$

故

$$\sum_{k=m_0}^{\infty} |F(y_k+\delta_k)-F(y_k)| < \varepsilon. \tag{$**$}$$

($*$)与($**$)两式是相矛盾的，所以必有

$$\sum_{k=1}^{\infty} k\delta_k <+\infty.$$

利用上面得到的 $y_k,\delta_k(k=1,2,\cdots)$构造出一个分段线性的连续函数. 由于 $0<\delta_k<\frac{1}{k^2}$ $\left(\frac{1}{k^2}\text{不为 } \delta_k \text{ 的正整数倍}\right)$，所以必有 $c_k(\geqslant 2)\in\mathbb{N}$ 满足：

$$(c_k-1)\delta_k<\frac{1}{k^2}<c_k\delta_k. \qquad (***)$$

设

$$f(x)=\begin{cases} y_1, x\leqslant 0\\ [x-n(\delta_1+1)]+y_1, x\in[n(\delta_1+1),(n+1)\delta_1+n],\\ n=0,1,2,\cdots,c_1-1;\\ -\delta_1[x-(n+1)\delta_1-n]+y_1+\delta_1, x\in[(n+1)\delta_1+n,(n+1)(\delta_1+1)),\\ n=0,1,2,\cdots,c_1-1;\\ (x-c_1\delta_1-c_1+1)+y_1+\delta_1,\\ x\in[c_1\delta_1+c_1-1,s_2), s_2\text{ 满足 } f(s_2)=y_2, y_2>y_1+\delta_1;\\ x-s_2-n(\delta_2+1)+y_2, x\in[s_2+n(\delta_2+1),s_2+(n+1)\delta_2+n),\\ n=0,1,2,\cdots,c_2-1;\\ -\delta_2(x-s_2-n-(n+1)\delta_2)+y_2+\delta_2,\\ x\in[s_2+(n+1)\delta_2+n,s_2+(n+1)(\delta_2+1)), n=0,1,2,\cdots,c_2-1;\\ (x-s_2-c_2\delta_2-c_2+1)+y_2+\delta_2, x\in[s_2+c_2\delta_2+c_2-1,s_3),\\ s_3\text{ 满足 } f(s_3)=y_3, y_3>y_2+\delta_2;\\ \vdots \end{cases}$$

由于 $0<\delta_k<1$，所以 $f(x)$ 的一切导出数 $|Df(x)|\leqslant 1$. 根据题[349](3)可知，$f(x)$ 在 $(-\infty,+\infty)$ 上满足 Lipschitz 条件. 因此，$f(x)$ 为 $(-\infty,+\infty)$ 上的绝对连续函数.

现证 $G(x)=F(f(x))$ 不是 $(-\infty,+\infty)$ 上的绝对连续函数. 设

$$[\alpha_i^j,\beta_i^j)=\Delta_i^j=[(\delta_i+1)\cdot j,(j+1)\delta_i+j), j=0,1,2,\cdots,c_i-1;\ i=1,2,3,\cdots.$$

由 $f(x)$ 定义知，$f(\alpha_i^j)=y_i$，$f(\beta_i^j)=y_i+\delta_i$.

$$G(\beta_i^j)-G(\alpha_i^j)=F(y_i+\delta_i)-F(y_i).$$

$\{\Delta_i^j\}$ 是一组两两不相交的区间族，且

$$\sum_{i=1}^{\infty}\sum_{j=0}^{c_i-1}m(\Delta_i^j)=\sum_{i=1}^{\infty}c_i\delta_i=\sum_{i=1}^{\infty}\delta_i+\sum_{i=1}^{\infty}(c_i-1)\delta_i$$

$$\overset{(***)}{<}\sum_{i=1}^{\infty}\delta_i+\sum_{i=1}^{\infty}\frac{1}{i^2}<+\infty.$$

因此，$\forall\,\delta>0$，$\exists\, m_0\in\mathbb{N}$，当 $m>m_0$ 时，有

$$\sum_{i=m_0}^{\infty}\sum_{j=0}^{c_i-1}m(\Delta_i^j)<\delta.$$

但是

$$\sum_{i=m_0}^{\infty}\sum_{j=0}^{c_i-1}|G(\beta_i^j)-G(\alpha_i^j)|=\sum_{i=m_0}^{\infty}\sum_{j=0}^{c_i-1}|F(y_i+\delta_i)-F(y_i)|$$

$$
\begin{aligned}
&= \sum_{i=m_0}^{\infty} c_i \mid F(y_i+\delta_i)-F(y_i) \mid \\
&> \sum_{i=m_0}^{\infty} c_i \cdot (i\delta_i) \\
&= \sum_{i=m_0}^{\infty} (c_i\delta_i) \cdot i \\
&\overset{(***)}{>} \sum_{i=m_0}^{\infty} \frac{1}{i^2} \cdot i \\
&= \sum_{i=m_0}^{\infty} \frac{1}{i} = +\infty.
\end{aligned}
$$

这就证明了 $G(x)=F(f(x))$ 不是 $(-\infty,+\infty)$ 上的绝对连续函数. 这与题设发生矛盾. 因此, $F(x)$ 必为 $(-\infty,+\infty)$ 上满足 Lipschitz 条件的函数. □

【352】 $f(x)$ 在 $[a,b]$ 上满足 Lipschitz 条件

$\Leftrightarrow$(菲赫金哥尔茨)设 $f(x)$ 为在 $[a,b]$ 上定义的函数. 如果对 $\forall\varepsilon>0$, $\exists\delta>0$, 当任何有限个区间 $\{(a_i,b_i)\mid i=1,2,\cdots,n\}$(可以彼此相交), 其全长

$$\sum_{i=1}^{n}(b_i-a_i)<\delta$$

时, 有

$$\left|\sum_{i=1}^{n}[f(b_i)-f(a_i)]\right|<\varepsilon.$$

证明 ($\Rightarrow$)设 $f(x)$ 在 $[a,b]$ 上满足 Lipschitz 条件, 即 $\forall\varepsilon>0$, 当 $x,y\in[a,b]$ 时, 有

$$\mid f(x)-f(y) \mid \leqslant M \mid x-y \mid.$$

于是, 对 $\forall\varepsilon>0$, 取 $\delta=\frac{\varepsilon}{M+1}$, 当任何有限个区间 $\{(a_i,b_i)\mid i=1,2,\cdots,n\}$, 其全长

$$\sum_{i=1}^{n}(b_i-a_i)<\delta$$

时, 有

$$
\begin{aligned}
\left|\sum_{i=1}^{n}[f(b_i)-f(a_i)]\right| &\leqslant \sum_{i=1}^{n} \mid f(b_i)-f(a_i) \mid \\
&\leqslant \sum_{i=1}^{n} M \mid b_i-a_i \mid \leqslant M\delta = M\cdot\frac{\varepsilon}{M+1}<\varepsilon.
\end{aligned}
$$

($\Leftarrow$)证法 1 由右边题设可知, 对 $\forall\varepsilon_0>0$, 必有 $\delta_0>0$, 只要区间族 $\{(a_i,b_i)\mid i=1,\cdots,n\}$ 的全长

$$\sum_{i=1}^{n}(b_i-a_i)<\delta_0$$

就有

$$\left|\sum_{i=1}^{n}[f(b_i)-f(a_i)]\right|<\varepsilon_0.$$

对$\forall x_0\in(a,b)$，必有$n_0\in\mathbb{N}$，s. t. $x_0+\frac{\delta'_0}{n_0}<b$. 当$n>n_0$时，也有$x_0+\frac{\delta'_0}{n}<b$，其中$0<\delta'_0<\delta_0$.

对$\forall n>n_0$，构造区间族$\{(a_i,b_i)\mid i=1,2,\cdots,n\}$，s. t. $(a_i,b_i)=\left(x_0,x_0+\frac{\delta'_0}{n}\right)$，$i=1,2,\cdots,n$($n$个重复区间). 于是

$$\sum_{i=1}^{n}(b_i-a_i)=n\cdot\frac{\delta'_0}{n}=\delta'_0<\delta_0,$$

故有

$$\left|\sum_{i=1}^{n}[f(b_i)-f(a_i)]\right|=n\left|f\left(x_0+\frac{\delta'_0}{n}\right)-f(x_0)\right|<\varepsilon_0,$$

即当$n>n_0$时，有

$$\left|\frac{f\left(x_0+\frac{\delta'_0}{n}\right)-f(x_0)}{\frac{\delta'_0}{n}}\right|<\frac{\varepsilon_0}{\delta'_0}.$$

由此必有子列，s. t.

$$\left|\lim_{k\to+\infty}\frac{f\left(x_0+\frac{\delta'_0}{n_k}\right)-f(x_0)}{\frac{\delta'_0}{n_k}}\right|\leqslant\frac{\varepsilon_0}{\delta'_0},$$

即$f(x)$在x_0点至少有一个导出数$|Df(x_0)|\leqslant\frac{\varepsilon_0}{\delta'_0}$. 由于$x_0$是$(a,b)$中任一点，所以，对于$(a,b)$中任一点$x$都至少有一个导出数的绝对值小于$\frac{\varepsilon_0}{\delta'_0}$.

同时，由右边假设可知$f(x)$必为$[a,b]$上的一个绝对连续函数. 根据定理3.8.7，有

$$f(x)=f(a)+\int_a^x f'(t)\mathrm{d}t.$$

而在$f'(x)$的存在点，$f'(x)=Df(x)$. 因此

$$|f'(x)|\leqslant\frac{\varepsilon_0}{\delta'_0}=M,$$

$$\begin{aligned}|f(x_2)-f(x_1)|&=\left|\left[f(a)+\int_a^{x_2}f'(t)\mathrm{d}t\right]-\left[f(a)+\int_a^{x_1}f'(t)\mathrm{d}t\right]\right|\\&=\left|\int_{x_1}^{x_2}f'(t)\mathrm{d}t\right|\leqslant\left|\int_{x_1}^{x_2}|f'(t)|\,\mathrm{d}t\right.\end{aligned}$$

$$\leqslant \frac{\varepsilon_0}{\delta_0} \mid x_2 - x_1 \mid = M \mid x_2 - x_1 \mid, x_1, x_2 \in [a,b].$$

这就证明了 $f(x)$在$[a,b]$上满足 Lipschitz 条件.

证法 2　由右边题设可知,取 $\varepsilon_0 = 1$,必 $\exists \delta_0 > 0$, s. t. 对$[a,b]$中的任意有限个区间(a_i, b_i), $i=1,2,\cdots,n$,当 $\sum\limits_{i=1}^{n}(b_i - a_i) < \delta_0$ 时,有

$$\left|\sum_{i=1}^{n}[f(b_i) - f(a_i)]\right| < \varepsilon_0 = 1.$$

任何 $x_1, x_2 \in [a,b]$,不妨设 $x_1 < x_2$.

情况 1. 当 $x_2 - x_1 > \delta_0$ 时,可在$[x_1, x_2]$中加入 N 个等分点:

$$x_1 = c_0 < c_1 < c_2 < \cdots < c_N = x_2$$

满足

$$\frac{\delta_0}{2} \leqslant \delta_1 = \frac{x_2 - x_1}{N} < \delta_0, \quad N \geqslant 2.$$

则对 $\forall i = 1,2,\cdots,N$,有

$$\mid f(c_i) - f(c_{i-1}) \mid < \varepsilon_0 = 1.$$

于是

$$\begin{aligned}
\mid f(x_2) - f(x_1) \mid &= \left|\sum_{i=1}^{N}[f(c_i) - f(c_{i-1})]\right| \\
&\leqslant \sum_{i=1}^{N} \mid f(c_i) - f(c_{i-1}) \mid \\
&< \sum_{i=1}^{N} 1 = N = \frac{1}{\delta_1} \cdot N\delta_1 \\
&= \frac{1}{\delta_1} \mid x_2 - x_1 \mid \leqslant \frac{2}{\delta_0} \mid x_2 - x_1 \mid = M \mid x_2 - x_1 \mid,
\end{aligned}$$

其中 $M = \dfrac{2}{\delta_0}$ 当 δ_0 取定后,它当然是常数.

情况 2. 当 $0 < x_2 - x_1 < \delta_0$ 时,必 $\exists N \in \mathbb{N}$, s. t.

$$\frac{\delta_0}{2} \leqslant \delta_1 = N(x_2 - x_1) < \delta_0,$$

即 N 个$(x_2 - x_1)$小于 δ_0,于是

$$N \mid f(x_2) - f(x_1) \mid < \varepsilon_0 = 1,$$

$$\mid f(x_2) - f(x_1) \mid < \frac{1}{N} < \frac{2}{\delta_0} \mid x_2 - x_1 \mid = M \mid x_2 - x_1 \mid.$$

综上可知,$f(x)$在$[a,b]$上满足 Lipschitz 条件.　□

注　在题[352]中,显然满足菲赫金哥尔茨条件的函数必为绝对连续函数. 根据题[349](5)知,$f(x)=\sqrt{x}$,$x\in[0,1]$为绝对连续函数,但不为满足 Lipschitz 条件的函数. 再根据题[352]知,$f(x)=\sqrt{x}$不满足菲赫金哥尔茨条件. 它就是绝对连续函数而不是满足菲赫金哥尔茨条件的函数的反例.

【353】 如果$\exists\delta_0>0$,$\forall x\in(x_0-\delta_0,x_0+\delta_0)$,当$x<x_0$时,$f(x)<f(x_0)$,而当$x>x_0$时,$f(x)>f(x_0)$,则称 $f(x)$**在点** $\boldsymbol{x_0}$ **处是严格增的**.

现设 $f(x)$在$\mathbb{R}$上每点处均严格增. 证明: $f(x)$在$\mathbb{R}$上严格增.

证明　证法 1　(反证)假设存在 $x_1<x_2$,使得 $f(x_1)\geqslant f(x_2)$. 因为 f 在 x_1,x_2 严格增,所以存在 $\delta_1>0,\delta_2>0$, s. t. $f|_{(x_i,x_i+\delta_i)}>f(x_i)$及 $f|_{(x_i-\delta_i,x_i)}<f(x_i)$,$i=1,2$.

令 $x^*=\sup\{x\in(x_1,x_2)\mid f(x)>f(x_1)\}$,则 $x_1<x^*<x_2$,且 $f(x^*)>f(x_1)$(否则,若 $f(x^*)\leqslant f(x_1)$,由 x^* 的定义知$\exists y_n\in(x_1,x_2)$,$f(y_n)>f(x_1)\geqslant f(x^*)$,且 $y_n<x^*$,$y_n\to x^*$. 这与 f 在 x^* 处严格单调增矛盾).

由 x^* 的定义知 $f|_{(x^*,x_2)}\leqslant f(x_1)$,这与 $f(x^*)>f(x_1)$及 f 在 x^* 处严格单调增相矛盾. 故 f 严格单调增.

证法 2　(反证)假设 f 不是$\mathbb{R}$上的严格增函数,则$\exists a_1,b_1\in\mathbb{R}$,$a_1<b_1$, s. t. $f(a_1)\geqslant f(b_1)$. 将$[a_1,b_1]$二等分. 若 $f\left(\frac{a_1+b_1}{2}\right)\geqslant f(b_1)$,则记$\frac{a_1+b_1}{2}=a_2$,$b_2=b_1$; 若 $f\left(\frac{a_1+b_1}{2}\right)<f(b_1)$,则记 $a_2=a_1$,$b_2=\frac{a_1+b_1}{2}$. 于是,总有 $f(a_2)\geqslant f(b_2)$.

再将$[a_2,b_2]$二等分,如上构造$[a_3,b_3]$使得 $f(a_3)\geqslant f(b_3)$. 依次下去,得一闭区间序列$[a_n,b_n]$,$n=1,2,\cdots$,满足:

(1) $[a_1,b_1]\supset[a_2,b_2]\supset\cdots\supset[a_n,b_n]\supset\cdots$;

(2) $b_n-a_n=\frac{b_1-a_1}{2^{n-1}}\to 0(n\to+\infty)$;

(3) $f(a_n)\geqslant f(b_n)$.

由闭区间套原理知$\exists_1 x^*\in\bigcap\limits_{n=1}^{\infty}[a_n,b_n]$. 由 f 在 x^* 处的严格增性,$\exists\delta>0$,当 $x_1,x_2\in(x^*-\delta,x^*+\delta)$且 $x_1<x^*<x_2$ 时,$f(x_1)<f(x^*)<f(x_2)$. 因$\lim\limits_{n\to+\infty}(b_n-a_n)=\lim\limits_{n\to+\infty}\frac{b_1-a_1}{2^{n-1}}=0$. 故$\exists n_0\in\mathbb{N}$. s. t. $[a_{n_0},b_{n_0}]\subset(x^*-\delta,x^*+\delta)$,即 $x^*-\delta<a_{n_0}\leqslant x^*<b_{n_0}<x^*+\delta$ 或 $x^*-\delta<a_{n_0}<x^*\leqslant b_{n_0}<x^*+\delta$. 于是,总有 $f(a_{n_0})<f(b_{n_0})$. 与构造$[a_n,b_n]$时必有 $f(a_n)\geqslant f(b_n)$相矛盾.

这就证明了 f 在$\mathbb{R}$上是严格单调增的.

证法 3　只须证明对$\forall x_0\in\mathbb{R}$,$\forall x_1>x_0$,必有 $f(x_1)>f(x_0)$. (反证)取定一x_0,假设$\exists x_1>x_0$,但 $f(x_1)\leqslant f(x_0)$. 令

$$A=\{x\mid x>x_0,f(x)\leqslant f(x_0)\}.$$

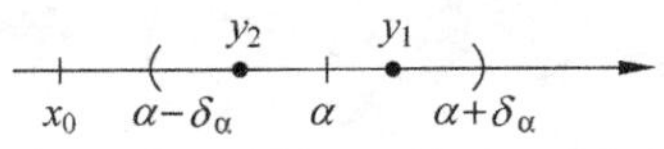

题 353 图(1)

显然，$x_1\in A$，A 非空. 设 $\alpha=\inf A(\geqslant x_0)\in\mathbb{R}$. 由 f 逐点严格单调增加 $\alpha>x_0$ 及 $\exists\delta_\alpha>0$，使当 $\alpha-\delta_\alpha<y_2<\alpha\leqslant y_1<\alpha+\delta_\alpha$ 时(见题 353 图(1))，$f(y_2)<f(\alpha)\leqslant f(y_1)$，但 α 是 A 的下确界，可选 $y_1>\alpha$，使得 $f(y_1)\leqslant f(x_0)$. 于是

$$f(x_0)\geqslant f(y_1)\geqslant f(\alpha)>f(y_2)>f(x_0),$$

矛盾.

证法 4 $\forall a,b\in\mathbb{R},a<b$，下证 $f(a)<f(b)$.

对 $\forall x_0\in[a,b]$，由题意知 $\exists\delta_{x_0}>0$，当 $u,v\in(x_0-\delta_{x_0},x_0+\delta_{x_0})$，$u<x_0<v$ 时，$f(u)<f(x_0)<f(v)$，而

$$\mathscr{V}=\{(x-\delta_x,x+\delta_x)\mid\forall x\in[a,b]\}$$

为闭区间$[a,b]$上的一个开覆盖. 由有限覆盖定理知存在$[a,b]$的有限覆盖 $\mathscr{V}^*\subset\mathscr{V}$.

$$\mathscr{V}^*=\{(x_1-\delta_{x_1},x_1+\delta_{x_1}),\cdots,$$
$$(x_n-\delta_{x_n},x_n+\delta_{x_n})\mid x_i\in[a,b],i=1,2,\cdots,n\}.$$

不妨设 $x_1<x_2<\cdots,<x_n$，且任两个开区间互不包含(否则去掉较小的一个).

当 $n=1$ 时，则

$$x_1-\delta_{x_1}<a\leqslant x_1<b<x_1+\delta_{x_1}$$

或

$$x_1-\delta_{x_1}<a<x_1\leqslant b<x_1+\delta_{x_1}.$$

于是 必有 $f(a)<f(b)$.

当 $n\geqslant2$ 时，由 $\mathscr{V}^*$ 所满足的条件知

$$(x_i-\delta_{x_i},x_i+\delta_{x_i})\cap(x_{i+1}-\delta_{x_{i+1}},x_{i+1}+\delta_{x_{i+1}})\neq\varnothing,$$

故可取 u_i，s. t. $x_i<u_i<x_{i+1}(i=1,2,\cdots,n-1)$. 因此，可取到 $u_1,u_2,\cdots,u_{n-1}$，s. t.

$$a\leqslant x_1<u_1<x_2<\cdots<x_{n-1}<u_{n-1}\leqslant b,$$
$$f(a)\leqslant f(x_1)<f(u_1)<f(x_2)<\cdots$$
$$<f(x_{n-1})<f(u_{n-1})\leqslant f(b)$$ 见题 353 图(2).

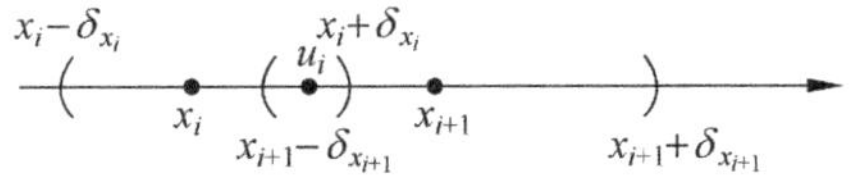

题 353 图(2)

这就证明了 $f(a)<f(b)$. 再由 a,b 的任意性，f 在$\mathbb{R}$上严格单调增. □

【354】 设 $f(x)$是在$[a,b]$上定义的有限函数.

(1) 如果 $f(x)$在每一点的一切导出数都为正数，则 $f(x)$为一个严格增函数.

(2) 如果 $f(x)$在每一点的一切导出数都为非负数，则 $f(x)$为一个增函数.

证明 (1) (反证)假设 $f(x)$在$[a,b]$上不为严格增函数，根据题[353]，$\exists x_0\in[a,b]$，$\delta_0>0$ 不存在，故 $\exists\{x_n\}$，s. t. $x_n\to x_0(n\to+\infty)$，且

$$\frac{f(x_n)-f(x_0)}{x_n-x_0}\leqslant0.$$

从而，$\exists$ 子列$\{x_{n_k}\}$，s. t.

$$\lim_{k\to+\infty}\frac{f(x_{n_k})-f(x_0)}{x_{n_k}-x_0}\leqslant 0.$$

它表明在 x_0 点处有一个导出数 $\mathrm{D}f(x_0)\leqslant 0$,这与题设 $f(x)$ 在每一点的一切导出数都为正数相矛盾.

(2) 令 $f_\varepsilon(x)=f(x)+\varepsilon x$,其中 $\varepsilon>0$,则

$$\mathrm{D}f_\varepsilon(x)=\mathrm{D}f(x)+\varepsilon\geqslant 0+\varepsilon=\varepsilon>0,$$

根据(1),$f_\varepsilon(x)$在$[a,b]$上关于 x 严格增.因此,当 $y>x,x,y\in[a,b]$时,有

$$f(y)+\varepsilon y=f_\varepsilon(y)>f_\varepsilon(x)=f(x)+\varepsilon x,$$

令 $\varepsilon\to 0^+$ 得到

$$f(y)\geqslant f(x),$$

即 $f(x)$在$[a,b]$上为增函数. □

第4章　函数空间$\mathscr{L}^p(p\geqslant 1)$

4.1　$\mathscr{L}^p$空间

定义 4.1.1　设 f 为 $E\subset\mathbb{R}^n$ 上的 Lebesgue 可测函数.

(1) 记

$$\|f\|_p=\left[\int_E |f(\boldsymbol{x})|^p\mathrm{d}\boldsymbol{x}\right]^{\frac{1}{p}},\quad 1\leqslant p<+\infty,$$

并称

$$\mathscr{L}^p(E)=\{f\mid \|f\|_p<+\infty\}$$

为 $\mathscr{L}^p$ **空间**$(1\leqslant p<+\infty)$,显然,$\mathscr{L}^1(E)=\mathscr{L}(E)$为 E 上的 Lebesgue 可积函数的全体.

(2) $m(E)>0$,如果$\exists M_0\in\mathbb{R}$,s. t.

$$|f(\boldsymbol{x})|\underset{m}{\dot{\leqslant}}M_0,\quad \boldsymbol{x}\in E,$$

则称

$$\|f\|_\infty=\inf\{M\mid |f(\boldsymbol{x})|\underset{m}{\dot{\leqslant}}M\}$$

为$|f(\boldsymbol{x})|$的**本性上界**.此时,称 $f(x)$为**本性有界**的.并记为

$$\mathscr{L}^\infty(E)=\{f\mid f\text{ 为 }E\text{ 上本性有界函数}\}.$$

显然,$|f(\boldsymbol{x})|\underset{m}{\dot{\leqslant}}\|f\|_\infty$,$x\in E$.

如果 $m(E)=0$,按上面叙述知 $f(\boldsymbol{x})$是本性有界的,且$\|f\|_\infty=0$.

我们称 $\mathscr{L}^\infty(E)$为 $\mathscr{L}^\infty$ **空间**.

定理 4.1.1　设 $m(E)<+\infty$,$f\in\mathscr{L}^\infty(E)$,则

$$\lim_{p\to+\infty}\|f\|_p=\|f\|_\infty.$$

定理 4.1.2　$\mathscr{L}^p(E)(1\leqslant p\leqslant+\infty)$构成一个线性空间.

定义 4.1.2　设 $p,q>1$,且$\dfrac{1}{p}+\dfrac{1}{q}=1$,则称 p 与 q 为**共轭指标**.显然,$q=\dfrac{p}{p-1}$; 且当 $p=2$ 时,$q=2$.

如果 $p=1$,规定 $q=+\infty$; 如果 $p=+\infty$,规定 $q=1$.

定理 4.1.3 (Hölder 不等式)设 p 与 q 为共轭指标. 如果 $f\in\mathscr{L}^p(E)$, $g\in\mathscr{L}(E)$,则有

$$\|f\cdot g\|_1\leqslant\|f\|_p\cdot\|g\|_q,\quad 1\leqslant p\leqslant+\infty.$$

即当 $1<p<+\infty$ 时,有

$$\int_E|f(\boldsymbol{x})g(\boldsymbol{x})|\mathrm{d}\boldsymbol{x}\leqslant\left(\int_E|f(\boldsymbol{x})|^p\mathrm{d}\boldsymbol{x}\right)^{\frac{1}{p}}\cdot\left(\int_E|g(\boldsymbol{x})|^q\mathrm{d}\boldsymbol{x}\right)^{\frac{1}{q}}.$$

当 $p=1, q=+\infty$ 时,有

$$\int_E|f(\boldsymbol{x})g(\boldsymbol{x})|\mathrm{d}\boldsymbol{x}\leqslant\|g\|_\infty\int_E|f(\boldsymbol{x})|\mathrm{d}\boldsymbol{x}.$$

当 $p=+\infty, q=1$ 时,有

$$\int_E|f(\boldsymbol{x})g(\boldsymbol{x})|\mathrm{d}\boldsymbol{x}\leqslant\|f\|_\infty\int_E|g(\boldsymbol{x})|\mathrm{d}x.$$

注 4.1.1 (1) 显然,Hölder 不等式对 $\|f\|_p=+\infty$ 或 $\|g\|_q=+\infty$ 时也成立.

(2) Hölder 不等式的一个重要特例是 Cauchy-Schwarz 不等式,即

$$\int_E|f(\boldsymbol{x})g(\boldsymbol{x})|\mathrm{d}\boldsymbol{x}\leqslant\left[\int_E f^2(\boldsymbol{x})\mathrm{d}\boldsymbol{x}\right]^{\frac{1}{2}}\left[\int_E g^2(\boldsymbol{x})\mathrm{d}\boldsymbol{x}\right]^{\frac{1}{2}}.$$

例 4.1.2 设 $m(E)<+\infty$,且 $1\leqslant p_1<p_2\leqslant+\infty$,则 $\mathscr{L}^{p_2}(E)\subset\mathscr{L}^{p_1}(E)$,且有

$$\|f\|_{p_1}\leqslant[m(E)]^{\frac{1}{p_1}-\frac{1}{p_2}}\|f\|_{p_2}.$$

例 4.1.3 设 $f\in\mathscr{L}^r(E)\cap\mathscr{L}^s(E)$, $0<\lambda<1$, $\dfrac{1}{p}=\dfrac{\lambda}{r}+\dfrac{1-\lambda}{s}$,则

$$\|f\|_p\leqslant\|f\|_r^\lambda\|f\|_s^{1-\lambda}.$$

由此,有

$$\|f\|_p\leqslant\max\{\|f\|_r,\|f\|_s\}.$$

定理 4.1.4 (Minkowski 不等式)设 $f,g\in\mathscr{L}^p(E)$, $1\leqslant p\leqslant+\infty$,则

$$\|f+g\|_p\leqslant\|f\|_p+\|g\|_p.$$

定理 4.1.5 设 $1\leqslant p\leqslant+\infty$,如果 $f_k\in\mathscr{L}^p(E)$, $k=1,2,\cdots$,且级数 $\sum\limits_{k=1}^{\infty}f_k(x)$ 在 E 上几乎处处收剑,则

$$\left\|\sum_{k=1}^{\infty}f_k\right\|_p\leqslant\sum_{k=1}^{\infty}\|f_k\|_p.$$

定义 4.1.3 设 $f,g\in\mathscr{L}^p(E)$,记

$$f\sim g\Leftrightarrow f\underset{m}{\doteq}g,\quad 则\ \|f\|_p=\|g\|_p(1\leqslant p\leqslant+\infty).$$

记

$$[f]=\{g\in\mathscr{L}^p(E)\mid g\sim f\}=\{g\in\mathscr{L}^p(E)\mid g\underset{m}{\doteq}f\}.$$

定理 4.1.6 设 $1\leqslant p\leqslant+\infty$,在 $(\mathscr{L}^p(E),\|\cdot\|_p)$ 中定义距离函数为

$$d:\mathscr{L}^p(E)\times\mathscr{L}^p(E)\to\mathbb{R},$$

$$(f,g)\mapsto d(f,g)\stackrel{\text{def}}{=\!=}\|f-g\|_p.$$

则　对 $f,g\in\mathscr{L}^p(E)$，有：

(1) $\|f\|_p\geqslant 0$，且 $\|f\|_p=0\Leftrightarrow f\underset{m}{\doteq}0$.

(2) $\|\lambda f\|_p=|\lambda|\,\|f\|_p$.

(3) $\|f+g\|_p\leqslant\|f\|_p+\|g\|_p$.

以及　对 $\forall f,g,h\in\mathscr{L}^p(E)$，有：

(i) $\mathrm{d}(f,g)=\|f-g\|_p\geqslant 0$，且

$\mathrm{d}(f,g)=\|f-g\|_p=0\Leftrightarrow f-g\underset{m}{\doteq}0\Leftrightarrow f\underset{m}{\doteq}g$（正定性）.

(ii) $\mathrm{d}(f,g)=\mathrm{d}(g,f)$（对称性）.

(iii) $\mathrm{d}(f,g)\leqslant\mathrm{d}(f,h)+\mathrm{d}(h,g)$（三点（角）不等式）.

定义 4.1.4　设 $1\leqslant p\leqslant+\infty$，$f_k\in\mathscr{L}^p(E)$，$k=1,2,\cdots$. 如果 $\exists f\in\mathscr{L}^p(E)$，s. t.

$$\lim_{k\to+\infty}\mathrm{d}(f_k,f)=\lim_{k\to+\infty}\|f_k-f\|_p=0,$$

则称　$\{f_k\}$**依 $\mathscr{L}^p(E)$ 的意义下收敛于**（或 **p 次幂平均收敛于**）f，并称 $\{f_k\}$ **为 $\mathscr{L}^p(E)$ 中的收敛列**，f 为 $\{f_k\}$ 的**极限**. 记为

$$(\mathscr{L}^p)\lim_{k\to+\infty}f_k=f.$$

定理 4.1.7　（极限的惟一性）

(1) 设 $f_k,f,g\in\mathscr{L}^p(E)$，$k=1,2,\cdots$，且

$$(\mathscr{L}^p)\lim_{k\to+\infty}f_k=f,\quad(\mathscr{L}^p)\lim_{k\to+\infty}f_k=g,$$

则　$f\underset{m}{\doteq}g$，即　$[f]=[g]$.

(2) 设　$(\mathscr{L}^p)\lim\limits_{k\to+\infty}f_k=f$，则 $\lim\limits_{k\to+\infty}\|f_k\|_p=\|f\|_p$.

定义 4.1.5　设 $\{f_k\}\subset\mathscr{L}^p(E)$. 如果

$$\lim_{k,j\to+\infty}\|f_k-f_j\|_p=0,$$

即对 $\forall\varepsilon>0$，$\exists N\in\mathbb{N}$，当 $k,j>N$ 时，有

$$\|f_k-f_j\|_p<\varepsilon,$$

则称 $\{f_k\}$ 为 $\mathscr{L}^p(E)$ 中的**基本（或 Cauchy）列**.

定理 4.1.8　设 $\{f_k\}\subset\mathscr{L}^p(E)$，则 $\{f_k\}$ 在 $\mathscr{L}^p(E)$ 中依 $\mathscr{L}^p(E)$ 意义下收敛（或依 p 次幂平均收敛）$\Leftrightarrow\{f_k\}$ 为 $\mathscr{L}^p(E)$ 中的基本（或 Cauchy）列.

定理 4.1.9　(1) 在 $\mathscr{L}^p(E)$ 中，有

(i) 当 $1\leqslant p<+\infty$ 时，$(\mathscr{L}^p)\lim\limits_{k\to+\infty}f_k=f\overset{\Rightarrow}{\underset{\not\Leftarrow}{}}$ 在 E 上，$f_k\Rightarrow f$；

(ii) $(\mathscr{L}^\infty)\lim\limits_{k\to+\infty}f_k=f\overset{\Rightarrow}{\underset{\not\Leftarrow}{}}$ 在 E 上，$f_k\Rightarrow f$.

(2) 在 $\mathscr{L}^p(E)$ 中，有

(i) 当 $1\leqslant p<+\infty$ 时，$(\mathscr{L}^p)\lim\limits_{k\to+\infty}f_k=f\overset{\not\Rightarrow}{\underset{\not\Leftarrow}{}}$ 在 E 上，$\lim\limits_{k\to+\infty}f_k(\boldsymbol{x})\underset{m}{\doteq}f(\boldsymbol{x})$；

(ii) $(\mathscr{L}^{\infty})\lim\limits_{k\to+\infty}f_k=f\underset{\nLeftarrow}{\Rightarrow}$在 E 上，$\lim\limits_{k\to+\infty}f_k(\boldsymbol{x})\underset{m}{\doteq}f(\boldsymbol{x})$.

例 4.1.7 $[0,1]$上全体 Riemann 可积函数 $\mathscr{R}([0,1])$按距离

$$d(f,g)=\left[(\mathrm{R})\int_0^1|f(x)-g(x)|^2\mathrm{d}x\right]^{\frac{1}{2}}$$

构成的空间不是完备的.

定理 4.1.10 在 $\mathscr{L}^p(E)(1\leqslant p\leqslant+\infty)$中，设

$$(\mathscr{L}^p)\lim_{k\to+\infty}f_k=f,$$

又在 E 上，$\lim\limits_{k\to+\infty}f_k(\boldsymbol{x})\underset{m}{\doteq}g(\boldsymbol{x})$，则 $f\underset{m}{\doteq}g$.

定义 4.1.6 设 $\mathscr{A}$ 为 $\mathscr{L}^p(E)$中的子集，如果对 $\forall f\in\mathscr{L}^p(E)$，$\forall\varepsilon>0$，$\exists g\in\mathscr{A}$，s.t.

$$d(f,g)=\|f-g\|_p<\varepsilon,$$

即 $\mathscr{A}$ 在$(\mathscr{L}^p(E),\mathrm{d})$中的闭包$\overline{\mathscr{A}}=\mathscr{L}^p(E)$，则称 $\mathscr{A}$ 在 $\mathscr{L}^p(E)$中是**稠密**的. 若 $\mathscr{L}^p(E)$中存在可数稠密子集，则称 $\mathscr{L}^p(E)$是**可分**的.

引理 4.1.1 设 $f\in\mathscr{L}^p(E)$，$1\leqslant p<+\infty$，则对 $\forall\varepsilon>0$，有

(1) 存在$\mathbb{R}^n$ 上具有紧支集的连续函数 $h(\boldsymbol{x})$，s.t.

$$\int_E|f(\boldsymbol{x})-h(\boldsymbol{x})|^p\mathrm{d}\boldsymbol{x}<\varepsilon,$$

则 E 上连续函数全体 $C(E)=C(E,\mathbb{R})$及具有紧支集的连续函数全体在 $\mathscr{L}^p(E)$中都是稠密的.

(2) 存在$\mathbb{R}^n$ 上具有紧支集的阶梯函数

$$\psi(\boldsymbol{x})=\sum_{i=1}^n c_i\chi_{I_i}(\boldsymbol{x}),$$

其中每个 I_i 都为方体，s.t.

$$\int_E|f(\boldsymbol{x})-\psi(\boldsymbol{x})|^p\mathrm{d}\boldsymbol{x}<\varepsilon,$$

即对$\mathbb{R}^n$ 上具有紧支集的阶梯函数全体 $\mathscr{A}$，$\{\psi|_E\mid\psi\in\mathscr{A}\}$在 $\mathscr{L}^p(E)$中稠密.

定理 4.1.11 (1) 当 $1\leqslant p<+\infty$时，$\mathscr{L}^p(E)$为可分空间.

(2) 当 $m(E)=0$ 时，$\mathscr{L}^{\infty}(E)$为可分空间；

当 $m(E)>0$ 时，$\mathscr{L}^{\infty}(E)$不为可分空间.

【355】 设 $R_1,R_2,\cdots,R_i,\cdots$为一列模空间，$x=(x_1,\cdots,x_i,\cdots)$，其中 $x_i\in R_i$，$i=1,2,\cdots$，而且 $\sum\limits_{i=1}^{\infty}\|x_i\|^p<+\infty$. 这种元素的全体记作 R. 对 $x,y\in R$ 定义：

加法：$x+y=(x_1,\cdots,x_i,\cdots)+(y_1,\cdots,y_i,\cdots)=(x_1+y_1,\cdots,x_i+y_i,\cdots)$；

数乘：$\lambda x=(\lambda x_1,\cdots,\lambda x_i,\cdots)$，$\lambda$ 为实数.

证明：(1)$(R,+,$数乘$)$为一个线性空间. 如果定义模

$$\|x\|_p=\left(\sum_{i=1}^{\infty}\|x_i\|^p\right)^{\frac{1}{p}},\quad 1\leqslant p<+\infty,$$

则$(R,\|\cdot\|_p)$为一个模空间.

(2) 对$\forall x=(x_1,\cdots,x_i,\cdots),y=(y_1,\cdots,y_i,\cdots)\in R$,定义距离

$$d(x,y)=\|x-y\|_p=\left(\sum_{i=1}^{\infty}\|x_i-y_i\|^p\right)^{\frac{1}{p}},\quad 1\leqslant p<+\infty,$$

则(R,d)为一个度量(距离)空间.

证明　设$p>0,q>0,\dfrac{1}{p}+\dfrac{1}{q}=1$,应用 Jensen 不等式(见参考文献[20]题 148(2))或应用 Lagrange 不定乘数法(见参考文献[21]题 406)可证得 Hölder 不等式:

$$\sum_{i=1}^{n}x_iy_i\leqslant\left(\sum_{i=1}^{n}x_i^p\right)^{\frac{1}{p}}\left(\sum_{i=1}^{n}y_i^q\right)^{\frac{1}{q}},\quad x_i\geqslant 0,\quad y_i\geqslant 0,\quad i=1,2,\cdots,n.$$

令$n\to+\infty$得到

$$\sum_{i=1}^{\infty}x_iy_i\leqslant\left(\sum_{i=1}^{\infty}x_i^p\right)^{\frac{1}{p}}\left(\sum_{i=1}^{\infty}y_i^q\right)^{\frac{1}{q}},\quad x_i\geqslant 0,\quad y_i\geqslant 0,\quad i=1,2,\cdots.$$

(1) 显然,根据线性空间的定义,容易验证$(R,+,数乘)$为一个线性空间.进而,有

$$\|x\|_p=\left(\sum_{i=1}^{\infty}\|x_i\|^p\right)^{\frac{1}{p}}\geqslant 0;$$

$$\|x\|=0\Leftrightarrow\|x_i\|=0,\quad i=1,2,\cdots\Leftrightarrow x=0.$$

$$\begin{aligned}\|\lambda x\|_p&=\left(\sum_{i=1}^{\infty}\|\lambda x_i\|^p\right)^{\frac{1}{p}}\\&=|\lambda|\left(\sum_{i=1}^{\infty}\|x_i\|^p\right)^{\frac{1}{p}}\\&=|\lambda|\cdot\|x\|,\quad\lambda\in\mathbb{R}.\end{aligned}$$

$$\begin{aligned}\|x+y\|_p^p&=\sum_{i=1}^{\infty}\|x_i+y_i\|^p\\&=\sum_{i=1}^{\infty}\|x_i+y_i\|^{p-1}\cdot\|x_i+y_i\|\\&\leqslant\sum_{i=1}^{\infty}\|x_i+y_i\|^{p-1}\|x_i\|+\sum_{i=1}^{\infty}\|x_i+y_i\|^{p-1}\|y_i\|\\&\xlongequal{\text{Hölder 不等式}}\left[\sum_{i=1}^{\infty}\|x_i+y_i\|^{q(p-1)}\right]^{\frac{1}{q}}\left[\sum_{i=1}^{\infty}\|x_i\|^p\right]^{\frac{1}{p}}\\&\quad+\left[\sum_{i=1}^{\infty}\|x_i+y_i\|^{q(p-1)}\right]^{\frac{1}{q}}\left[\sum_{i=1}^{\infty}\|y_i\|^p\right]^{\frac{1}{p}}\\&=\left[\sum_{i=1}^{\infty}\|x_i+y_i\|^p\right]^{\frac{1}{q}}\left[\sum_{i=1}^{\infty}\|x_i\|^p\right]^{\frac{1}{p}}\end{aligned}$$

$$+\left[\sum_{i=1}^{\infty}\|x_i+y_i\|^p\right]^{\frac{1}{q}}\left[\sum_{i=1}^{\infty}\|y_i\|^p\right]^{\frac{1}{p}}$$

$$=\|x+y\|_p^{\frac{p}{q}}\|x\|_p+\|x+y\|_p^{\frac{p}{q}}\|y\|_p$$

$$=\|x+y\|_p^{p-1}(\|x\|_p+\|y\|_p).$$

如果 $\|x+y\|_p\neq 0$,则在上式两端用 $\|x+y\|_p^{p-1}$ 除之,得到

$$\|x+y\|_p\leqslant\|x\|_p+\|y\|_p.$$

如果 $\|x+y\|_p=0$,显然有

$$\|x+y\|_p=0\leqslant\|x\|_p+\|y\|_p.$$

总之,有 Minkowski 不等式:

$$\|x+y\|_p\leqslant\|x\|_p+\|y\|_p.$$

这就证明了$(R,\|\cdot\|_p)$为一个模空间.

(2) 根据(1),有

$$d(x,y)=\|x-y\|_p\geqslant 0;$$

$$d(x,y)=\|x-y\|_p=0\Leftrightarrow x-y=0\Leftrightarrow x=y.$$

$$d(x,y)=\|x-y\|_p=\|-(y-x)\|_p$$

$$=|-1|\cdot\|y-x\|_p=d(y,x).$$

$$d(x,z)=\|x-z\|_p=\|(x-y)+(y-z)\|_p$$

$$\leqslant\|x-y\|_p+\|y-z\|_p=d(x,y)+d(y,z),$$

这就证明了(R,d)为一个度量(距离)空间. □

【356】 设 $l^p=\{x=(x_1,\cdots,x_i,\cdots)\mid x_i\in\mathbb{R},i=1,2,\cdots,\sum_{i=1}^{\infty}|x_i|^p<+\infty\}$, $1\leqslant p<+\infty$.

对 $x,y\in l^p$,定义:

加法:$x+y=(x_1,\cdots,x_i,\cdots)+(y_1,\cdots,y_i,\cdots)=(x_1+y_1,\cdots,x_i+y_i,\cdots)$;

数乘:$\lambda x=(\lambda x_1,\cdots,\lambda x_i,\cdots)$,$\lambda\in\mathbb{R}$.

证明:(1) $(l^p,+,$数乘$)$为一个线性空间.

(2) 设

$$\|\cdot\|:l^p\to\mathbb{R},$$

$$x\mapsto\|x\|_p=\left[\sum_{i=1}^{\infty}|x_i|^p\right]^{\frac{1}{p}},$$

则$(l^p,\|\cdot\|_p)$为一个模空间.

(3) 设

$$d:l^p\times l^p\to\mathbb{R},$$

$$d(x,y)=\|x-y\|_p=\left[\sum_{i=1}^{\infty}|x_i-y_i|^p\right]^{\frac{1}{p}},$$

则(l^p,d)为一个完备度量空间.因而,$(l^p,\|\cdot\|_p)$为一个 Banach 空间.

证明　作为题[355]的特例($R_i=\mathbb{R},i=1,2,\cdots$)知:

(1) (l^p,+,数乘)为一个线性空间.

(2) (l^p,$\|\cdot\|_p$)为一个模空间.

(3) (l^p,d)为一个度量(距离)空间.

最后,只需证明(l^p,d)为一个完备度量空间.

设$\{x^k\}$为 l^p 中的 Cauchy(基本)点列. 对$\forall\varepsilon>0$,则$\exists N\in\mathbb{N}$,当 $k,m>N$ 时,有

$$\|x^k-x^m\|_p<\frac{\varepsilon}{2}.$$

因为

$$|x_i^k-x_i^m|\leqslant\|x^k-x^m\|_p<\frac{\varepsilon}{2},\quad i=1,2,\cdots,$$

所以,$\{x_i^k\mid k=1,2,\cdots\}$为 Cauchy(基本)数列,故它必收敛,记为

$$x_i^{\circ}=\lim_{k\to+\infty}x_i^k,\quad i=1,2,\cdots.$$

由于

$$\left[\sum_{i=1}^{N}|x_i^k-x_i^m|^p\right]^{\frac{1}{p}}\leqslant\left[\sum_{i=1}^{\infty}|x_i^k-x_i^m|^p\right]^{\frac{1}{p}}=\|x^k-x^m\|_p<\frac{\varepsilon}{2}.$$

令 $m\to+\infty$得到

$$\left[\sum_{i=1}^{N}|x_i^k-x_i^{\circ}|^p\right]^{\frac{1}{p}}\leqslant\frac{\varepsilon}{2}.$$

再令 $N\to+\infty$,有

$$\|x^k-x^0\|_p=\left[\sum_{i=1}^{\infty}|x_i^k-x_i^{\circ}|^p\right]^{\frac{1}{p}}\leqslant\frac{\varepsilon}{2}<\varepsilon,$$

$$\lim_{k\to+\infty}x^k=x^0,\quad x^0=x^k-(x^k-x^0)\in l^p.$$

这就证明了(l^p,d)为完备度量空间,故(l^p,$\|\cdot\|_p$)为 Banach 空间. □

【357】　证明:当 $m(E)<+\infty,p'>p$ 时,有

$$\mathscr{L}^{p'}(E)\subset\mathscr{L}^p(E).$$

并就 $E=(0,1]$举例说明 $\mathscr{L}^{p'}(E)\neq\mathscr{L}^p(E)$.

证明　根据例 4.1.2,有 $\mathscr{L}^{p'}(E)\subset\mathscr{L}^p(E)$.

当 $E=(0,1]$时,对 $p'=4,p=2,f(x)=\dfrac{1}{x^{\frac{1}{4}}}$,有

$$\int_0^1\left(\frac{1}{x^{\frac{1}{4}}}\right)^2\mathrm{d}x=\int_0^1\frac{\mathrm{d}x}{x^{\frac{1}{2}}}=2x^{\frac{1}{2}}\Big|_0^1$$

$$=2<+\infty,f(x)=\frac{1}{x^{\frac{1}{4}}}\in\mathscr{L}^2((0,1]).$$

$$\int_0^1\left(\frac{1}{x^{\frac{1}{4}}}\right)^4\mathrm{d}x=\int_0^1\frac{\mathrm{d}x}{x}=\ln x\Big|_0^1=+\infty,$$

$$f(x)=\frac{1}{x^{\frac{1}{4}}}\notin\mathscr{L}^4((0,1]).$$

因此，$\mathscr{L}^4((0,1])\not\supset\mathscr{L}^2((0,1])$，$\mathscr{L}^4((0,1])\neq\mathscr{L}^2((0,1])$. □

【358】 就 $E=\mathbb{R}^1$ 举例说明：当 $m(E)=+\infty$ 时，$\mathscr{L}^p(E)$ 与 $\mathscr{L}^{p'}(E)$ 互不包含，此处 $p'>p\geqslant 1$.

解 例 1 对 $p'=4,p=2,f(x)=\frac{1}{(x^2+1)^{\frac{1}{4}}}$，有

$$\int_{-\infty}^{+\infty}\left[\frac{1}{(x^2+1)^{\frac{1}{4}}}\right]^4\mathrm{d}x=\int_{-\infty}^{+\infty}\frac{\mathrm{d}x}{x^2+1}$$

$$=\arctan x\Big|_{-\infty}^{+\infty}=\pi<+\infty,$$

$$f(x)\in\mathscr{L}^4(\mathbb{R}^1).$$

$$\int_{-\infty}^{+\infty}\left[\frac{1}{(x^2+1)^{\frac{1}{4}}}\right]^2\mathrm{d}x=\int_{-\infty}^{+\infty}\frac{\mathrm{d}x}{(x^2+1)^{\frac{1}{2}}}=+\infty,$$

$$f(x)\notin\mathscr{L}^2(\mathbb{R}^1).$$

因此，$\mathscr{L}^4(\mathbb{R}^1)\not\subset\mathscr{L}^2(\mathbb{R}^1)$.

例 2 构造偶函数 f，s. t.

$$f(x)=\begin{cases}n, & x\in\left(n-\frac{1}{2\cdot n^4},n+\frac{1}{2\cdot n^4}\right),n\in\mathbb{N},\\ 0, & (0,+\infty)-\bigcup\limits_{n=1}^{\infty}\left(n-\frac{1}{2\cdot n^4},n+\frac{1}{2\cdot n^4}\right),\end{cases}$$

则

$$\int_{-\infty}^{+\infty}[f(x)]^4\mathrm{d}x=2\sum_{n=1}^{\infty}n^4\cdot\frac{1}{n^4}$$

$$=2\sum_{n=1}^{\infty}1=+\infty,\quad f(x)\notin\mathscr{L}^4(\mathbb{R}^1).$$

$$\int_{-\infty}^{+\infty}[f(x)]^2\mathrm{d}x=2\sum_{n=1}^{\infty}n^2\cdot\frac{1}{n^4}=2\sum_{n=1}^{\infty}\frac{1}{n^2}$$

$$=2\cdot\frac{\pi^2}{6}=\frac{\pi^2}{3}<+\infty,f(x)\in\mathscr{L}^2(\mathbb{R}^1).$$

因此，$\mathscr{L}^4(\mathbb{R}^1)\not\supset\mathscr{L}^2(\mathbb{R}^1)$. □

【359】 设 $1\leqslant p<r<p'$，$f\in\mathscr{L}^p(E)\cap\mathscr{L}^{p'}(E)$. 证明：$f\in\mathscr{L}^r(E)$.

证明 因为

$$|f(x)|^r\leqslant|f(x)|^p+|f(x)|^{p'}$$

及 $f\in\mathscr{L}^p(E)\cap\mathscr{L}^{p'}(E)$，有

$$\begin{aligned}\int_E |f(x)|^r dx &\leqslant \int_E [|f(x)|^p + |f(x)|^{p'}]dx \\ &= \int_E |f(x)|^p dx + \int_E |f(x)|^{p'} dx < +\infty, \\ & f\in\mathscr{L}^r(E).\end{aligned}$$

□

【360】 设 $1\leqslant p<+\infty$，$g\in\mathscr{L}^p(E)$，$f_n\in\mathscr{L}^p(E)$，$|f_n(x)|\leqslant g(x)$，$n=1,2,\cdots$，在 E 上，$\lim\limits_{n\to+\infty} f_n(x)\underset{m}{\doteq} f(x)$. 证明：$(\mathscr{L}^p)\lim\limits_{n\to+\infty} f_n=f$.

证明　因为 $\lim\limits_{n\to+\infty} f_n(x)\underset{m}{\doteq} f(x)$，$x\in E$，所以当 $1\leqslant p<+\infty$ 时，在 E 上

$$\lim_{n\to+\infty} |f_n(x)-f(x)|^p \underset{m}{\doteq} 0.$$

又因为 $|f_n(x)|\leqslant g(x)$，$n=1,2,\cdots$，故

$$|f(x)| \underset{m}{\doteq} |\lim_{n\to+\infty} f_n(x)| = \lim_{n\to+\infty} |f_n(x)| \leqslant g(x),$$

$$|f_n(x)-f(x)|^p \leqslant [|f_n(x)|+|f(x)|]^p \leqslant [2g(x)]^p = 2^p[g(x)]^p.$$

注意到 $g\in\mathscr{L}^p(E)$，$f_n\in\mathscr{L}^p(E)$，并根据 Lebesgue 控制收敛定理 3.4.1，有

$$\lim_{n\to+\infty}\int_E |f_n(x)-f(x)|^p dx = \int_E \lim_{n\to+\infty} |f_n(x)-f(x)|^p dx = \int_E 0dx = 0,$$

即

$$(\mathscr{L}^p)\lim_{n\to+\infty} f_n = f.$$

□

【361】 设 $f\in\mathscr{L}^2([0,1])$. 令

$$g(x) = \int_0^1 \frac{f(t)}{|x-t|^{\frac{1}{2}}}dt,\quad 0<x<1.$$

证明：

$$\left[\int_0^1 g^2(x)dx\right]^{\frac{1}{2}} \leqslant 2\sqrt{2}\left[\int_0^1 f^2(x)dx\right]^{\frac{1}{2}}.$$

证明　因为

$$\begin{aligned}|g(x)| &\leqslant \int_0^1 \frac{|f(t)|}{|x-t|^{\frac{1}{2}}}dt \\ &= \int_0^1 |x-t|^{-\frac{1}{4}}\cdot|f(t)||x-t|^{-\frac{1}{4}}dt \\ &\overset{\text{hölder}}{\leqslant} \left[\int_0^1 |x-t|^{-\frac{1}{2}}dt\right]^{\frac{1}{2}}\left[\int_0^1 f^2(t)|x-t|^{-\frac{1}{2}}dt\right]^{\frac{1}{2}} \\ &= \left[\int_0^x (x-t)^{-\frac{1}{2}}dt + \int_x^1 (t-x)^{-\frac{1}{2}}dt\right]^{\frac{1}{2}}\left[\int_0^1 f^2(t)|x-t|^{-\frac{1}{2}}dt\right]^{\frac{1}{2}}\end{aligned}$$

$$= [2(\sqrt{x}+\sqrt{1-x})]^{\frac{1}{2}}\left[\int_0^1 f^2(t)\mid x-t\mid^{-\frac{1}{2}}\mathrm{d}t\right]^{\frac{1}{2}}$$

$$\leqslant (2\sqrt{2})^{\frac{1}{2}}\left[\int_0^1 f^2(t)\mid x-t\mid^{-\frac{1}{2}}\mathrm{d}t\right]^{\frac{1}{2}}.$$

因此

$$\left[\int_0^1 g^2(x)\mathrm{d}x\right]^{\frac{1}{2}} \leqslant \left[2\sqrt{2}\int_0^1\mathrm{d}x\int_0^1 f^2(t)\mid x-t\mid^{-\frac{1}{2}}\mathrm{d}t\right]^{\frac{1}{2}}$$

$$\xlongequal{\text{Tonelli}} \left[2\sqrt{2}\int_0^1 f^2(t)\mathrm{d}t\int_0^1\mid x-t\mid^{-\frac{1}{2}}\mathrm{d}x\right]^{\frac{1}{2}}$$

$$= \left[(2\sqrt{2})^2\int_0^1 f^2(t)\mathrm{d}t\right]^{\frac{1}{2}}$$

$$= 2\sqrt{2}\left[\int_0^1 f^2(x)\mathrm{d}x\right]^{\frac{1}{2}}.$$ □

【362】 设 $f(x)$为$[a,b]$上的正值 Lebesgue 可测函数. 证明：

$$\left(\frac{1}{b-a}\int_a^b f(x)\mathrm{d}x\right)\left(\frac{1}{b-a}\int_a^b\frac{\mathrm{d}x}{f(x)}\right)\geqslant 1.$$

证明 $\left(\frac{1}{b-a}\int_a^b f(x)\mathrm{d}x\right)\left(\frac{1}{b-a}\int_a^b\frac{\mathrm{d}x}{f(x)}\right) = \frac{1}{(b-a)^2}\int_a^b(\sqrt{f(x)})^2\mathrm{d}x\int_a^b\left(\frac{1}{\sqrt{f(x)}}\right)^2\mathrm{d}x$

$$\overset{\text{Hölder}}{\geqslant}\frac{1}{(b-a)^2}\left[\int_a^b\sqrt{f(x)}\cdot\frac{1}{\sqrt{f(x)}}\mathrm{d}x\right]^2$$

$$= \frac{1}{(b-a)^2}\left(\int_a^b\mathrm{d}x\right)^2$$

$$= \frac{1}{(b-a)^2}(b-a)^2 = 1.$$ □

【363】 设 $f\in\mathscr{L}^\infty(E)$，$w(x)>0$ 且 $\int_E w(x)\mathrm{d}x = 1$. 证明：

$$\lim_{p\to+\infty}\left[\int_E\mid f(x)\mid^p w(x)\mathrm{d}x\right]^{\frac{1}{p}} = \| f\|_\infty.$$

证明 证法1 因为 $f\in\mathscr{L}^\infty(E)$，故 $M=\| f\|_\infty<+\infty$. 于是

$$\left[\int_E\mid f(x)\mid^p w(x)\mathrm{d}x\right]^{\frac{1}{p}}\leqslant\left[\int_E(\| f\|_\infty)^p w(x)\mathrm{d}x\right]^{\frac{1}{p}}$$

$$= M\left[\int_E w(x)\mathrm{d}x\right]^{\frac{1}{p}} = M\cdot 1 = M,$$

$$\overline{\lim_{p\to+\infty}}\left[\int_E\mid f(x)\mid^p w(x)\mathrm{d}x\right]^{\frac{1}{p}}\leqslant M.$$

另一方面，对 $\forall\widetilde{M}<M$，由 $\|\cdot\|_\infty$ 的定义，存在正测集 A，$0<m(A)<+\infty$，当 $x\in A$ 时，$|f(x)|>\widetilde{M}$，故

$$\left[\int_E |f(x)|^p w(x)\mathrm{d}x\right]^{\frac{1}{p}} \geqslant \widetilde{M}\left[\int_A w(x)\mathrm{d}x\right]^{\frac{1}{p}},$$

$$\varliminf_{p\to+\infty}\left[\int_E |f(x)|^p w(x)\mathrm{d}x\right]^{\frac{1}{p}} \geqslant \widetilde{M}\lim_{p\to+\infty}\left[\int_A w(x)\mathrm{d}x\right]^{\frac{1}{p}} = \widetilde{M}.$$

令 $\widetilde{M}\to M^-$ 得到

$$\varliminf_{p\to+\infty}\left[\int_E |f(x)|^p w(x)\mathrm{d}x\right]^{\frac{1}{p}} \geqslant M.$$

综合上述,有

$$\begin{aligned}M&\leqslant \varliminf_{p\to+\infty}\left[\int_E |f(x)|^p w(x)\mathrm{d}x\right]^{\frac{1}{p}}\\&\leqslant \varlimsup_{p\to+\infty}\left[\int_E |f(x)|^p w(x)\mathrm{d}x\right]^{\frac{1}{p}}\leqslant M,\end{aligned}$$

$$\begin{aligned}&\lim_{p\to+\infty}\left[\int_E |f(x)|^p w(x)\mathrm{d}x\right]^{\frac{1}{p}}\\&\varliminf_{p\to+\infty}\left[\int_E |f(x)|^p w(x)\mathrm{d}x\right]^{\frac{1}{p}}\\&=\varlimsup_{p\to+\infty}\left[\int_E |f(x)|^p w(x)\mathrm{d}x\right]^{\frac{1}{p}}\\&=M=\|f\|_\infty.\end{aligned}$$

证法 2　因为 $f\in\mathscr{L}^\infty(E)$,故 $\|f\|_\infty<+\infty$. 于是

$$\begin{aligned}\left[\int_E |f(x)|^p w(x)\mathrm{d}x\right]^{\frac{1}{p}}&\leqslant\left[\int_E (\|f\|_\infty)^p w(x)\mathrm{d}x\right]^{\frac{1}{p}}\\&=\|f\|_\infty\left[\int_E w(x)\mathrm{d}x\right]^{\frac{1}{p}}=\|f\|_\infty\cdot 1=\|f\|_\infty.\end{aligned}$$

另一方面,对 $\forall\,\varepsilon>0$, $\exists\, e\subset E$, $m(e)>0$, s. t.

$$|f(x)|>\|f\|_\infty-\frac{\varepsilon}{2}, x\in e.$$

从而可得

$$\begin{aligned}&\left(\int_E |f(x)|^p w(x)\mathrm{d}x\right)^{\frac{1}{p}}>\left(\int_e |f(x)|^p w(x)\mathrm{d}x\right)^{\frac{1}{p}}\\&\geqslant\left(\|f\|_\infty-\frac{\varepsilon}{2}\right)\left(\int_e w(x)\mathrm{d}x\right)^{\frac{1}{p}}.\end{aligned}$$

又因　$\lim\limits_{p\to+\infty}\left(\int_e w(x)\mathrm{d}x\right)^{\frac{1}{p}}=1$,故 $\exists\, N\in\mathbb{N}$,当 $p>N$ 时,有

$$\left(\int_E |f(x)|^p w(x)\mathrm{d}x\right)^{\frac{1}{p}}>\|f\|_\infty-\varepsilon.$$

综上,当 $p>N$ 时,有

$$\|f\|_\infty-\varepsilon<\left(\int_E|f(x)|^p w(x)\mathrm{d}x\right)^{\frac{1}{p}}\leqslant\|f\|_\infty<\|f\|_\infty+\varepsilon,$$

因此

$$\lim_{p\to+\infty}\left(\int_E|f(x)|^p w(x)\mathrm{d}x\right)^{\frac{1}{p}}=\|f\|_\infty.$$ □

【364】 设 $f\in\mathscr{L}^\infty(E)$，$m(E)<+\infty$，且 $\|f\|_\infty>0$. 证明：

$$\lim_{n\to+\infty}\frac{\|f\|_{n+1}^{n+1}}{\|f\|_n^n}=\|f\|_\infty.$$

证明 设 $M=\|f\|_\infty>0$，根据定理 4.1.1，有

$$\lim_{n\to+\infty}\|f\|_n=\|f\|_\infty>0.$$

因此，$\exists N\in\mathbb{N}$，当 $n>N$ 时，$\|f\|_n>0$.

由于

$$\|f\|_{n+1}^{n+1}=\int_E|f(x)|^{n+1}\mathrm{d}x\leqslant\int_E\|f\|_\infty|f(x)|^n\mathrm{d}x=M\|f\|_n^n,$$

$$\frac{\|f\|_{n+1}^{n+1}}{\|f\|_n^n}\leqslant M,$$

推得

$$\overline{\lim_{n\to+\infty}}\frac{\|f\|_{n+1}^{n+1}}{\|f\|_n^n}\leqslant M.$$

另一方面，对 $\forall\widetilde{M}<M$，由 $\|\cdot\|_\infty$ 的定义，可找到正测子集

$$A=\{x\in E\mid|f(x)|>\widetilde{M}\}.$$

于是，对 $\forall x\notin A$，有 $|f(x)|\leqslant\widetilde{M}$.

注意到，若令

$$\widetilde{A}=\{x\in A\mid|f(x)|>\widetilde{M}+\varepsilon\},$$

此处　$0<\varepsilon<M-\widetilde{M}$，仍有 $m(\widetilde{A})>0$. 且

$$\int_A|f(x)|^n\mathrm{d}x>(\widetilde{M}+\varepsilon)^n m(\widetilde{A}).$$

又因

$$\int_{E-A}|f(x)|^{n+1}\mathrm{d}x\leqslant\widetilde{M}^{n+1}\cdot m(E),$$

$$\int_{E-A}|f(x)|^n\mathrm{d}x\leqslant\widetilde{M}^n\cdot m(E),$$

故

$$0\leqslant\frac{\int_{E-A}|f(x)|^{n+1}\mathrm{d}x}{\int_A|f(x)|^n\mathrm{d}x}\leqslant\frac{\widetilde{M}^{n+1}\cdot m(E)}{(\widetilde{M}+\varepsilon)^n\cdot m(\widetilde{A})}$$

$$=\left(\frac{\widetilde{M}}{\widetilde{M}+\varepsilon}\right)^n\frac{\widetilde{M}\cdot m(E)}{m(\widetilde{A})}\to 0(n\to+\infty),$$

$$0\leqslant\frac{\int_{E-A}|f(x)|^n\mathrm{d}x}{\int_A|f(x)|^n\mathrm{d}x}\leqslant\frac{\widetilde{M}^n\cdot m(E)}{(\widetilde{M}+\varepsilon)^n\cdot m(\widetilde{A})}$$

$$=\left(\frac{\widetilde{M}}{\widetilde{M}+\varepsilon}\right)^n\frac{m(E)}{m(\widetilde{A})}\to 0(n\to+\infty).$$

根据夹逼定理得到

$$\lim_{n\to+\infty}\frac{\int_{E-A}|f(x)|^{n+1}\mathrm{d}x}{\int_A|f(x)|^n\mathrm{d}x}=0=\lim_{n\to+\infty}\frac{\int_{E-A}|f(x)|^n\mathrm{d}x}{\int_A|f(x)|^n\mathrm{d}x}.$$

于是,从

$$\frac{\|f\|_{n+1}^{n+1}}{\|f\|_n^n}=\frac{\int_{E-A}|f(x)|^{n+1}\mathrm{d}x+\int_A|f(x)|^{n+1}\mathrm{d}x}{\int_{E-A}|f(x)|^n\mathrm{d}x+\int_A|f(x)|^n\mathrm{d}x}$$

$$\geqslant\frac{\int_{E-A}|f(x)|^{n+1}\mathrm{d}x+\widetilde{M}\int_A|f(x)|^n\mathrm{d}x}{\int_{E-A}|f(x)|^n\mathrm{d}x+\int_A|f(x)|^n\mathrm{d}x}$$

$$=\frac{\int_{E-A}|f(x)|^{n+1}\mathrm{d}x/\int_A|f(x)|^n\mathrm{d}x+\widetilde{M}}{\int_{E-A}|f(x)|^n\mathrm{d}x/\int_A|f(x)|^n\mathrm{d}x+1},$$

并令 $n\to+\infty$ 取下极限立即有

$$\varliminf_{n\to+\infty}\frac{\|f\|_{n+1}^{n+1}}{\|f\|_n^n}\geqslant\frac{0+\widetilde{M}}{0+1}=\widetilde{M}.$$

再令 $\widetilde{M}\to M^-$ 得到

$$\varliminf_{n\to+\infty}\frac{\|f\|_{n+1}^{n+1}}{\|f\|_n^n}\geqslant M.$$

综合上述,有

$$M\leqslant\varliminf_{n\to+\infty}\frac{\|f\|_{n+1}^{n+1}}{\|f\|_n^n}$$

$$\leqslant\varlimsup_{n\to+\infty}\frac{\|f\|_{n+1}^{n+1}}{\|f\|_n^n}\leqslant M,$$

$$\lim_{n\to+\infty}\frac{\|f\|_{n+1}^{n+1}}{\|f\|_n^n}=\varliminf_{n\to+\infty}\frac{\|f\|_{n+1}^{n+1}}{\|f\|_n^n}$$

$$=\overline{\lim_{n\to+\infty}}\frac{\|f\|_{n+1}^{n+1}}{\|f\|_n^n}=M=\|f\|_\infty.$$ □

【365】 设 $f\in\mathscr{L}^2((0,\pi))$. 证明：

(1) $\int_0^\pi[f(x)-\sin x]^2\mathrm{d}x\leqslant\frac{4}{9}$； (2) $\int_0^\pi[f(x)-\cos x]^2\mathrm{d}x\leqslant\frac{1}{9}$

两式不相容.

证明 (反证)假设 $\exists f\in\mathscr{L}((0,\pi))$, s. t. (1)与(2)两式相容,则

$$\begin{cases}\|f(x)-\sin x\|_2\leqslant\dfrac{2}{3},\\ \|f(x)-\cos x\|_2\leqslant\dfrac{1}{3}.\end{cases}$$

于是

$$\begin{aligned}\|\sin x-\cos x\|_2&=\|(f(x)-\cos x)-(f(x)-\sin x)\|_2\\&\overset{\text{Minkowski}}{\leqslant}\|f(x)-\cos x\|_2+\|f(x)-\sin x\|_2\\&\leqslant\frac{1}{3}+\frac{2}{3}=1.\end{aligned}$$

但是

$$\begin{aligned}\|\sin x-\cos x\|_2&=\left[\int_0^\pi(\sin x-\cos x)^2\mathrm{d}x\right]^{\frac{1}{2}}\\&=\left[\int_0^\pi(1-2\sin x\cos x)\mathrm{d}x\right]^{\frac{1}{2}}\\&=(\pi-\sin^2x\,|_0^\pi)^{\frac{1}{2}}\\&=\sqrt{\pi}>1,\end{aligned}$$

矛盾. 因而,(1)与(2)不相容. □

【366】 设 $0<p,q<+\infty$. 证明：

$$\mathscr{L}^p(E)\cdot\mathscr{L}^q(E)=\mathscr{L}^{\frac{pq}{p+q}}(E),$$

其中 $\mathscr{L}^p(E)\cdot\mathscr{L}^q(E)=\{f\cdot g\,|\,f\in\mathscr{L}^p(E),g\in\mathscr{L}^q(E)\}$.

证明 $\forall h\in\mathscr{L}^{\frac{pq}{p+q}}(E)$, 令 $f=h^{\frac{q}{p+q}}$, $g=h^{\frac{p}{p+q}}$, 则 $f\in\mathscr{L}^p(E)$, $g\in\mathscr{L}^q(E)$, 而 $h=f\cdot g$, 故

$$\mathscr{L}^{\frac{pq}{p+q}}(E)\subset\mathscr{L}^p(E)\cdot\mathscr{L}^q(E).$$

另一方面, $\forall f\in\mathscr{L}^p(E)$, $\forall g\in\mathscr{L}^q(E)$, 有

$$\begin{aligned}\int_E|fg|^{\frac{pq}{p+q}}\mathrm{d}m&=\int_E|f|^{\frac{pq}{p+q}}|g|^{\frac{pq}{p+q}}\mathrm{d}m\\&\overset{\text{Hölder}}{\leqslant}\left[\int_E|f|^p\mathrm{d}m\right]^{\frac{q}{p+q}}\left[\int_E|g|^q\mathrm{d}m\right]^{\frac{p}{p+q}}<+\infty,\end{aligned}$$

故 $f\cdot g\in\mathscr{L}^{\frac{pq}{p+q}}(E)$. 从而, $\mathscr{L}^p(E)\cdot\mathscr{L}^q(E)\subset\mathscr{L}^{\frac{pq}{p+q}}(E)$.

综上知

$$\mathscr{L}^p(E)\cdot\mathscr{L}^q(E)=\mathscr{L}^{\frac{pq}{p+q}}(E).\qquad\square$$

【367】 设 $f(x),g(x)$ 为 E 上非负可测函数. $1\leqslant p<+\infty,1\leqslant q<+\infty,1\leqslant r\leqslant+\infty$, $\frac{1}{r}=\frac{1}{p}+\frac{1}{q}-1$. 证明：

$$\int_E f(x)g(x)\mathrm{d}x\leqslant\|f\|_p^{1-\frac{p}{r}}\|g\|_q^{1-\frac{q}{r}}\left(\int_E f^p(x)g^q(x)\mathrm{d}x\right)^{\frac{1}{r}}.$$

证明 我们需 2 次应用 Hölder 不等式.

$$\begin{aligned}\int_E fg\,\mathrm{d}m&=\int_E(f^pg^q)^{\frac{1}{r}}(f^{1-\frac{p}{r}}g^{1-\frac{q}{r}})\mathrm{d}m\\&\underset{\frac{1}{r}+\frac{1}{r'}=1}{\overset{\text{Hölder}}{\leqslant}}\left[\int_E f^pg^q\mathrm{d}m\right]^{\frac{1}{r}}\left[\int_E(f^{1-\frac{p}{r}}g^{1-\frac{q}{r}})^{r'}\mathrm{d}m\right]^{\frac{1}{r'}}\\&=\left[\int_E f^pg^q\mathrm{d}m\right]^{\frac{1}{r}}\left[\int_E(f^p)^{r'(\frac{1}{p}-\frac{1}{r})}(g^q)^{r'(\frac{1}{q}-\frac{1}{r})}\mathrm{d}m\right]^{\frac{1}{r'}}\\&\overset{\text{Hölder}}{\leqslant}\left(\int_E f^pg^q\mathrm{d}m\right]^{\frac{1}{r}}\left(\int_E f^p\mathrm{d}m\right)^{\frac{1}{p}-\frac{1}{r}}\left(\int_E g^q\mathrm{d}m\right)^{\frac{1}{q}-\frac{1}{r}}\\&=\|f\|_p^{1-\frac{p}{r}}\|g\|_q^{1-\frac{q}{r}}\left(\int_E f^pg^q\mathrm{d}m\right)^{\frac{1}{r}}.\end{aligned}\qquad\square$$

【368】 设 $f\in\mathscr{L}^p(\mathbb{R}^n),g\in\mathscr{L}^q(\mathbb{R}^n),1\leqslant p,q<+\infty,\frac{1}{p}+\frac{1}{q}-1>0$. 令

$$h(x)=\int_{\mathbb{R}^n}f(t)g(x-t)\mathrm{d}t.$$

证明：

$$\|h\|_r\leqslant\|f\|_p\|g\|_q,$$

其中 $\frac{1}{r}=\frac{1}{p}+\frac{1}{q}-1$.

证明 因为 $1\leqslant p,q<+\infty$，故

$$0<\frac{1}{r}=\frac{1}{p}+\frac{1}{q}-1\leqslant1+1-1=1,r\geqslant1.$$

于是

$$\begin{aligned}|h(x)|^r&=\left|\int_{\mathbb{R}^n}f(t)g(x-t)\mathrm{d}t\right|^r\\&\overset{\text{题[367]}}{\leqslant}\|f\|_p^{r-p}\|g\|_q^{r-q}\left[\int_{\mathbb{R}^n}|f(t)|^p|g(x-t)|^q\mathrm{d}t\right].\end{aligned}$$

由此得到

$$\|h\|_r^r=\int_{\mathbb{R}^n}|h(x)|^r\mathrm{d}x$$

$$\leqslant \|f\|_p^{r-p}\|g\|_q^{r-q}\int_{\mathbf{R}^n}\mathrm{d}x\int_{\mathbf{R}^n}|f(t)|^p|g(x-t)|^q\mathrm{d}t$$

$$=\|f\|_p^{r-p}\|g\|_q^{r-q}\int_{\mathbf{R}^n}\mathrm{d}t\int_{\mathbf{R}^n}|f(t)|^p|g(x-t)|^q\mathrm{d}x$$

$$=\|f\|_p^{r-p}\|g\|_q^{r-q}\int_{\mathbf{R}^n}|f(t)|^p\mathrm{d}t\int_{\mathbf{R}^n}|g(x-t)|^q\mathrm{d}x$$

$$=\|f\|_p^{r-p}\|g\|_q^{r-q}\int_{\mathbf{R}^n}|f(t)|^p\mathrm{d}t\int_{\mathbf{R}^n}|g(u)|^q\mathrm{d}u$$

$$=\|f\|_p^{r-p}\|g\|_q^{r-q}\|g\|_q^q\|f\|_p^p$$

$$=\|f\|_p^r\|g\|_q^r,$$

$$\|h\|_r\leqslant\|f\|_p\|g\|_q.$$ □

【369】 设 $0<p_0<q_0<+\infty$,若 $\mathscr{L}^{p_0}(E)\subset\mathscr{L}^{q_0}(E)$. 证明:对 $0<p<q$,有

$$\mathscr{L}^p(E)\subset\mathscr{L}^q(E).$$

证明 证法1 先证 $m(E)<+\infty$.

(反证)假设 $m(E)=+\infty$,可取 E 中不相交的可测子集列 $\{E_n\}$, s.t. $m(E_n)=\dfrac{1}{n^3}$.

作函数

$$f(x)=\sum_{n=1}^{\infty}n^{\left(\frac{1}{p_0}+\frac{1}{q_0}\right)}\chi_{E_n}(x).$$

易见

$$\|f\|_{p_0}^{p_0}=\sum_{n=1}^{\infty}n^{\left(\frac{1}{p_0}+\frac{1}{q_0}\right)p_0}\cdot m(E_n)$$

$$=\sum_{n=1}^{\infty}n^{\left(1+\frac{p_0}{q_0}\right)}\cdot\frac{1}{n^3}$$

$$=\sum_{n=1}^{\infty}\frac{1}{n^{2-\frac{p_0}{q_0}}}<+\infty,$$

$$\|f\|_{q_0}^{q_0}=\sum_{n=1}^{\infty}n^{\left(\frac{1}{p_0}+\frac{1}{q_0}\right)q_0}\cdot m(E_n)$$

$$=\sum_{n=1}^{\infty}n^{\left(1+\frac{q_0}{p_0}\right)}\cdot\frac{1}{n^3}$$

$$=\sum_{n=1}^{\infty}\frac{1}{n^{2-\frac{q_0}{p_0}}}=+\infty,$$

故 $f\in\mathscr{L}^{p_0}(E)$,但 $f\notin\mathscr{L}^{q_0}(E)$,这与题设 $\mathscr{L}^{p_0}(E)\subset\mathscr{L}^{q_0}(E)$ 相矛盾.

进而,$m(E)<+\infty$,对 $\forall f\in\mathscr{L}^p(E)$,有

$$f^{\frac{p}{p_0}}\in\mathscr{L}^{p_0}(E)\subset\mathscr{L}^{q_0}(E),$$

即　$f\in\mathscr{L}^{p\cdot\frac{q_0}{p_0}}(E)$. 归纳知，$f\in\mathscr{L}^{p\cdot\left(\frac{q_0}{p_0}\right)^n}(E)$. 取 $n\in\mathbb{N}$, s. t. $p\cdot\left(\frac{q_0}{p_0}\right)^n>q$. 根据例 4.1.2，有 $f\in\mathscr{L}^{p\left(\frac{q_0}{p_0}\right)^n}(E)\subset\mathscr{L}^q(E)$, $\mathscr{L}^p(E)\subset\mathscr{L}^q(E)$.

注意，当 $1\leqslant p<q$ 时，根据例 4.1.2，有 $\mathscr{L}^p(E)=\mathscr{L}^q(E)$.

证法 2　事实上可证 $m(E)=0$，从而 $\mathscr{L}^p(E)=\mathscr{L}^q(E)$.

(反证)假设 $m(E)>0$，可取 E 中不相交的可测集列 $\{E_n\}$, s. t. $m(E_n)=\frac{m(E)}{n^3}>0$, $n\in\mathbb{N}$. 作函数

$$f(x)=\sum_{n=1}^{\infty}n^{\left(\frac{1}{p_0}+\frac{1}{q_0}\right)}\chi_{E_n}(x).$$

易见

$$\begin{aligned}\|f\|_{p_0}^{p_0}&=\sum_{n=1}^{\infty}n^{\left(\frac{1}{p_0}+\frac{1}{q_0}\right)p_0}\cdot m(E_n)\\&=\sum_{n=1}^{\infty}n^{\left(1+\frac{p_0}{q_0}\right)}\cdot\frac{m(E)}{n^3}\\&=\sum_{n=1}^{\infty}\frac{m(E)}{n^{2-\frac{p_0}{q_0}}}<+\infty,\end{aligned}$$

$$\begin{aligned}\|f\|_{q_0}^{q_0}&=\sum_{n=1}^{\infty}n^{\left(\frac{1}{p_0}+\frac{1}{q_0}\right)q_0}\cdot m(E_n)\\&=\sum_{n=1}^{\infty}n^{\left(1+\frac{q_0}{p_0}\right)}\frac{m(E)}{n^3}\\&=\sum_{n=1}^{\infty}\frac{m(E)}{n^{2-\frac{q_0}{p_0}}}=+\infty,\end{aligned}$$

故　$f\in\mathscr{L}^{p_0}(E)$，但 $f\notin\mathscr{L}^{q_0}(E)$，这与题设 $\mathscr{L}^{p_0}(E)\subset\mathscr{L}^{q_0}(E)$ 相矛盾.

上述结果表明必须 $m(E)=0$. 因此，$\mathscr{L}^p(E)=\mathscr{L}^q(E)$. □

【370】　设　$0<m(E)<+\infty$，令

$$N_p(f)=\left[\frac{1}{m(E)}\int_E|f(x)|^p\mathrm{d}x\right]^{\frac{1}{p}},1\leqslant p<+\infty.$$

证明：当 $p_1<p_2$ 时，有 $N_{p_1}(f)\leqslant N_{p_2}(f)$.

证明　对 $p_1<p_2$，记 $p=\frac{p_2}{p_1}$, $p'=\frac{p_2}{p_2-p_1}$，则 $\frac{1}{p}+\frac{1}{p'}=\frac{p_1}{p_2}+\frac{p_2-p_1}{p_2}=1$，且

$$\begin{aligned}N_{p_1}(f)^{p_1}&=\int_E|f(x)|^{p_1}\cdot\frac{1}{m(E)}\mathrm{d}x\\&\overset{\text{Hölder}}{\leqslant}\left[\int_E|f(x)|^{p_1p}\mathrm{d}x\right]^{\frac{1}{p}}\left[\int_E\left(\frac{1}{m(E)}\right)^{p'}\mathrm{d}x\right]^{\frac{1}{p'}}\end{aligned}$$

$$= \left[\int_E |f(x)|^{p_2} \mathrm{d}x\right]^{\frac{p_1}{p_2}} [m(E)^{1-p'}]^{\frac{1}{p'}}$$

$$= \left[\int_E |f(x)|^{p_2} \mathrm{d}x\right]^{\frac{p_1}{p_2}} [m(E)]^{-\frac{p_1}{p_2}}$$

$$= \left[\frac{1}{m(E)}\int_E |f(x)|^{p_2} \mathrm{d}x\right]^{\frac{p_1}{p_2}}$$

$$= N_{p_2}(f)^{p_1}.$$

因此

$$N_{p_1}(f) \leqslant N_{p_2}(f).$$

□

4.2 $\mathscr{L}^2$空间

定义 4.2.1 设 $p=2$,其共轭指标 $q=2$,$E\subset\mathbb{R}^n$ 为 Lebesgue 可测集,记

$$\mathscr{L}^2(E) = \{f \mid f \text{ 在 } E \text{ 上为 Lebesgue 可测函数,且 } \int_E |f(\boldsymbol{x})|^2 \mathrm{d}\boldsymbol{x} = \int_E f^2(\boldsymbol{x})\mathrm{d}\boldsymbol{x} < +\infty\}.$$

又设 $f,g\in\mathscr{L}^2(E)$,从

$$|f(\boldsymbol{x})g(\boldsymbol{x})| \leqslant \frac{f^2(\boldsymbol{x})+g^2(\boldsymbol{x})}{2}$$

立知 $fg\in\mathscr{L}^1(E)=\mathscr{L}(E)$. 由此我们定义

$$\langle,\rangle: \mathscr{L}^2(E)\times\mathscr{L}^2(E)\to\mathbb{R},$$

$$(f,g)\mapsto\langle f,g\rangle \overset{\text{def}}{=\!=} \int_E f(\boldsymbol{x})g(\boldsymbol{x})\mathrm{d}\boldsymbol{x}.$$

易见,对 $\forall f,g,f_1,f_2\in\mathscr{L}^2(E)$,$\lambda\in\mathbb{R}$,有

(a) $\langle f,f\rangle\geqslant 0$;

$\langle f,f\rangle=0 \Leftrightarrow f \underset{m}{\doteq} 0$,即$[f]$为 $\mathscr{L}^2(E)$中的零元(正定性).

(b) $\langle f,g\rangle=\langle g,f\rangle$(对称性).

(c) $\left.\begin{array}{l}\langle f_1+f_2,g\rangle=\langle f_1,g\rangle+\langle f_2,g\rangle,\\ \langle\lambda f,g\rangle=\lambda\langle f,g\rangle=\langle f,\lambda g\rangle.\end{array}\right\}$(双线性).

我们称$\langle f,g\rangle$为 f 与 g **的内积**. 由$\langle,\rangle$自然导出**模**(或**范数**)

$$\|\cdot\|_2: \mathscr{L}^2(E)\to\mathbb{R},$$

$$f\mapsto \|f\|_2 \overset{\text{def}}{=\!=} \langle f,f\rangle^{\frac{1}{2}} = \left[\int_E f^2(\boldsymbol{x})\mathrm{d}\boldsymbol{x}\right]^{\frac{1}{2}},$$

其中 $\|f\|_2$ 为 f **的模**(**范数**)或长度. 由内积条件(a),(b),(c)可推出模(或范数)$\|\cdot\|_2$满足:对 $\forall f,g\in\mathscr{L}^2(E)$,$\forall\lambda\in\mathbb{R}$,有

(1) $\|f\|_2\geqslant 0$，$\|f\|_2=0\Leftrightarrow f\underset{m}{\doteq}0$.

(2) $\|\lambda f\|_2=|\lambda|\,\|f\|_2$.

(3) $\|f+g\|_2\leqslant\|f\|_2+\|g\|_2$.

我们称 $\|\cdot\|_2$ 为由内积 $\langle,\rangle$ 诱导的模. 再由

$$d(f,g)\overset{\text{def}}{=\!=}\|f-g\|_2=[\langle f-g,f-g\rangle]^{\frac{1}{2}}=\left\{\int_E[f(\boldsymbol{x})-g(\boldsymbol{x})]^2\mathrm{d}\boldsymbol{x}\right\}^{\frac{1}{2}}$$

定义了 f 与 g 的**距离**.

完备的内积空间称为 **Hilbert 空间**；完备的模空间称为 **Banach 空间**. 显然，Hilbert 空间必为 Banach 空间. 但是，反之不真(见例 4.2.1).

注 4.2.2　根据参考文献[12]第 3 页定理 3，

模 $\|\cdot\|$ 由内积 $\langle,\rangle$ 诱导 $\Leftrightarrow$ $\|\cdot\|$ 满足平行四边形法则：

$$\|\boldsymbol{x}+\boldsymbol{y}\|^2+\|\boldsymbol{x}-\boldsymbol{y}\|^2=2[\|\boldsymbol{x}\|^2+\|\boldsymbol{y}\|^2]$$

例 4.2.1　Banach 空间未必为 Hilbert 空间.

定理 4.2.1　设 $f,g\in\mathscr{L}^2(E)$，则有 Cauchy-Schwarz 不等式

$$|\langle f,g\rangle|\leqslant\|f\|_2\|g\|_2.$$

且等号成立 $\Leftrightarrow f\underset{m}{\doteq}\lambda g$ 或 $g\underset{m}{\doteq}\mu f$，$\lambda,\mu\in\mathbb{R}$.

定义 4.2.2　设 $f,g\in\mathscr{L}^2(E)$，$\|f\|_2\neq 0$，$\|g\|_2\neq 0$. 令

$$\cos\theta=\frac{\langle f,g\rangle}{\|f\|_2\|g\|_2}\in[-1,1],$$

称 $\theta\in[0,\pi]$ 为 f 与 g 的**夹角**.

如果 $\langle f,g\rangle=0$，则称 f 与 g **正交(或垂直)**，记作 $f\perp g$.

如果 $\{\varphi_\alpha\,|\,\alpha\in\Gamma\}\subset\mathscr{L}^2(E)$ 中任意两个元都正交，则称 $\{\varphi_\alpha\,|\,\alpha\in\Gamma\}$ 为**正交系**.

如果正交系 $\{\varphi_\alpha\,|\,\alpha\in\Gamma\}$ 还有 $\|\varphi_\alpha\|_2=1(\forall\,\alpha\in\Gamma)$，则称 $\{\varphi_\alpha\,|\,\alpha\in\Gamma\}$ 为**规范(归一化或标准)正交系**.

例 4.2.2　$\mathscr{L}([-\pi,\pi])$ 中的三角函数列：

$$\frac{1}{\sqrt{2\pi}},\frac{1}{\sqrt{\pi}}\cos x,\frac{1}{\sqrt{\pi}}\sin x,\cdots,\frac{1}{\sqrt{\pi}}\cos kx,\frac{1}{\sqrt{\pi}}\sin kx,\cdots$$

为规范正交系.

定理 4.2.2　(内积的连续性)如果在 $\mathscr{L}^2(E)$ 中，$\{f_k\}$ 2 次幂平均收敛(依 $\mathscr{L}(E)$ 收敛)于 f，即

$$\lim_{k\to+\infty}\|f_k-f\|_2=\lim_{k\to+\infty}\left\{\int_E[f_k(\boldsymbol{x})-f(\boldsymbol{x})]^2\mathrm{d}\boldsymbol{x}\right\}^{\frac{1}{2}}=0,$$

对 $\{f_k\}$ **弱收敛**于 f，即对 $\forall\,g\in\mathscr{L}^2(E)$，有

$$\lim_{k\to+\infty}\langle f_k,g\rangle=\langle f,g\rangle\Leftrightarrow\lim_{k\to+\infty}\int_E f_k(\boldsymbol{x})g(\boldsymbol{x})\mathrm{d}\boldsymbol{x}=\int_E f(\boldsymbol{x})g(\boldsymbol{x})\mathrm{d}\boldsymbol{x}.$$

例 4.2.3　在 $\mathscr{L}^2(E)$ 中弱收敛未必 2 次幂平均收敛，未必几乎处处收敛，未必依测度(度量)收敛.

定理 4.2.3　$\mathscr{L}^2(E)$ 中任一规范正交系都是至多可数的.

定义 4.2.3　设$\{\varphi_i \mid i\in\mathbb{N}\}$为$\mathscr{L}^2(E)$中的规范正交系，$f\in\mathscr{L}^2(E)$. 我们称

$$c_i=\langle f,\varphi_i\rangle=\int_E f(\boldsymbol{x})\varphi_i(\boldsymbol{x})\mathrm{d}\boldsymbol{x},i=1,2,\cdots$$

为f关于$\{\varphi_i\}$的**广义 Fourier 系数**，称$\sum_{i=1}^{\infty}c_i\varphi_i(\boldsymbol{x})$为$f$关于$\{\varphi_i\}$的**广义 Fourier 级数**. 简记为

$$f\sim\sum_{i=1}^{\infty}c_i\varphi_i.$$

定理 4.2.4　设$\{\varphi_i\}$为$\mathscr{L}^2(E)$中的规范正交系，$f\in\mathscr{L}^2(E)$，取定k，作

$$f_k(\boldsymbol{x})=\sum_{i=1}^{k}a_i\varphi_i(\boldsymbol{x}),$$

其中$a_i(i=1,2,\cdots,k)$为实数，则当$a_i=c_i=\langle f,\varphi_i\rangle(i=1,2,\cdots,k)$时，$\|f-f_k\|_2$达到最小值.

定理 4.2.5　(Bessel 不等式)设$\{\varphi_i\}$为$\mathscr{L}^2(E)$中的规范正交系，且$f\in\mathscr{L}^2(E)$，则f的广义 Fourier 系数$\{c_i\}$满足

$$\sum_{i=1}^{\infty}c_i^2\leqslant\|f\|_2^2,$$

并称它为 **Bessel 不等式**.

定义 4.2.4　设$\{\varphi_i\}$为$\mathscr{L}^2(E)$中的规范正交系，$f\in\mathscr{L}^2(E)$，$c_i=\langle f,\varphi_i\rangle$，则称

$$\|f\|_2^2=\sum_{i=1}^{\infty}c_i^2$$

为f的**封闭公式**，也称为 **Parseval 等式**. 如果对$\forall f\in\mathscr{L}^2(E)$封闭公式成立，则称$\{\varphi_i\}$是**封闭的**.

定义 4.2.5　设$\{\varphi_i\}\subset\mathscr{L}^2(E)$，如果$\mathscr{L}^2(E)$中不存在非零元素$[f]$与一切$\varphi_i(\forall i)$都正交，则称$\{\varphi_i\}$为$\mathscr{L}^2(E)$中的**完全系**. 换言之，如果$f\in\mathscr{L}^2(E)$，且$\langle f,\varphi_i\rangle=0(\forall i)$，则必有$f(x)\underset{m}{\doteq}0$.

定理 4.2.6　(Riesz-Fischer)设$\{\varphi_i\}$为$\mathscr{L}^2(E)$中的规范正交系. 如果$\{c_i\}$为满足

$$\sum_{i=1}^{\infty}c_i^2<+\infty$$

的任一实数列，则$\exists f\in\mathscr{L}^2(E)$, s. t.

$$\langle f,\varphi_i\rangle=c_i,i=1,2,\cdots,$$

即$f\sim\sum_{i=1}^{\infty}c_i\varphi_i$.

令$S_k=\sum_{i=1}^{k}c_i\varphi_i$，则在$\mathscr{L}^2(E)$中，$S_k$收敛于$f$，即

$$(\mathscr{L}^2)\lim_{k\to+\infty}S_k=f$$

或

$$\left\|\sum_{i=1}^{k}c_i\varphi_i-f\right\|_2=\|S_k-f\|_2\to0(k\to+\infty),$$

且有封闭公式　$\|f\|_2^2=\sum\limits_{i=1}^{\infty}c_i^2$.

定理 4.2.7　设$\{\varphi_i\}$为$\mathscr{L}^2(E)$中的规范正交系.

(1) $\{\varphi_i\}$为$\mathscr{L}^2(E)$中的完全系

$\Leftrightarrow$(2) 对$\forall f\in\mathscr{L}^2(E)$,有

$$\lim_{k\to+\infty}\left\|f-\sum_{i=1}^{k}c_i\varphi_i\right\|_2=\lim_{k\to+\infty}\|f-S_k\|_2=0,$$

其中　$c_i=\langle f,\varphi_i\rangle,i=1,2,\cdots$

$\Leftrightarrow$对$\forall f\in\mathscr{L}^2(E)$,封闭公式(Parseval 等式)

$$\|f\|_2^2=\sum_{i=1}^{\infty}c_i^2$$

成立,其中$c_i=\langle f,\varphi_i\rangle$,即$\{\varphi_i\}$是封闭的.

定理 4.2.8　(推广的 Parseval 等式)设$f,g\in\mathscr{L}^2(E)$,$\{\varphi_i\}$为$\mathscr{L}^2(E)$上的规范正交的完全系.而a_k,b_k分别为f,g关于$\{\varphi_i\}$的广义 Fourier 系数,则

$$\int_E f(\boldsymbol{x})g(\boldsymbol{x})\mathrm{d}\boldsymbol{x}=\sum_{i=1}^{\infty}a_ib_i.$$

定理 4.2.9　(逐项积分)设$\{\varphi_i\}$为$\mathscr{L}^2(E)$的规范正交系,$f\in\mathscr{L}^2(E)$的广义 Fourier 级数为

$$f(\boldsymbol{x})\sim\sum_{i=1}^{\infty}c_i\varphi_i(\boldsymbol{x}),$$

则对任何 Lebesgue 可测集$E_1\subset E,m(E_1)<+\infty$,有

$$\int_{E_1}f(\boldsymbol{x})\mathrm{d}\boldsymbol{x}=\sum_{i=1}^{\infty}c_i\int_{E_1}\varphi_i(\boldsymbol{x})\mathrm{d}\boldsymbol{x}.$$

定理 4.2.10　(惟一性定理)设$f,g\in\mathscr{L}^2(E)$,且它们关于规范正交的完全系$\{\varphi_i\}$有相同的广义 Fourier 级数(即有相同的广义 Fourier 系数),则在E上,有$f\underset{m}{\doteq}g$.

定理 4.2.1　设$E=[-\pi,\pi]$,则三角函数系

$$1,\cos x,\sin x,\cdots,\cos kx,\sin kx,\cdots$$

为$\mathscr{L}^2([-\pi,\pi])$中的完全系,因而

$$\frac{1}{\sqrt{2\pi}},\frac{1}{\sqrt{\pi}}\cos x,\frac{1}{\sqrt{\pi}}\sin x,\cdots,\frac{1}{\sqrt{\pi}}\cos kx,\frac{1}{\sqrt{\pi}}\sin kx,\cdots$$

为$\mathscr{L}^2([-\pi,\pi])$中规范正交的完全系.

定义 4.2.6　设$\psi_1(\boldsymbol{x}),\psi_2(\boldsymbol{x}),\cdots,\psi_k(\boldsymbol{x})$为定义在 Lebesgue 可测集$E$上的函数.如果从

$$a_1\psi_1(\boldsymbol{x})+a_2\psi_2(\boldsymbol{x})+\cdots+a_k\psi_k(\boldsymbol{x})\underset{m}{\doteq}0$$

蕴涵着$a_1=a_2=\cdots=a_k=0$,则称$\psi_1(\boldsymbol{x}),\psi_2(\boldsymbol{x}),\cdots,\psi_k(\boldsymbol{x})$是**线性无关**的;否则称为**线性相关**的.

如果一个函数组中任意有限个都是线性无关的,则称该函数组是**线性无关**的.

定理 4.2.12　$\mathscr{L}^2(E)$中的规范正交系$\{\varphi_i\}$一定是线性无关的.

定理 4.2.13　(Gram-Schmidt 正交化)设$\{\psi_i\}$为$\mathscr{L}^2(E)$中的线性无关的函数系.令

$$\begin{cases}\varphi_1(\boldsymbol{x})=\psi_1(\boldsymbol{x}),\\ \varphi_2(\boldsymbol{x})=-\dfrac{\langle\psi_2,\psi_1\rangle}{\|\varphi_1\|_2^2}\varphi_1(\boldsymbol{x})+\psi_2(\boldsymbol{x})\\ \vdots\\ \varphi_i(\boldsymbol{x})=-\dfrac{\langle\psi_i,\varphi_1\rangle}{\|\varphi_1\|_2^2}-\cdots-\dfrac{\langle\psi_i,\varphi_{i-1}\rangle}{\|\varphi_{i-1}\|_2^2}\varphi_{i-1}(\boldsymbol{x})+\psi_i(\boldsymbol{x}),\\ \vdots\end{cases}$$

则$\{\varphi_i\}$为$\mathscr{L}^2(E)$上的线性无关的正交系. 而$\left\{\dfrac{\varphi_i}{\|\varphi_i\|_2}\right\}$为$\mathscr{L}^2(E)$的规范正交系.

定理 4.2.14 设$\{\varphi_i\}$为$\mathscr{L}^2(E)$中的规范正交系. 如果对$\forall f\in\mathscr{L}^2(E)$及$\forall\varepsilon>0$, $\exists\{\varphi_i\}$中的有限线性组合$\sum\limits_{j=1}^{k}a_j\varphi_{i_j}$, s. t.

$$\left\|f-\sum_{j=1}^{k}a_j\varphi_{i_j}\right\|_2<\varepsilon,$$

则$\{\varphi_i\}$为$\mathscr{L}^2(E)$的完全系.

定理 4.2.15 当$m(E)=0$时, $\mathscr{L}^2(E)$只含一个$[0]$(几乎处处为0所对应的等价类). 当$m(E)>0$时, $\mathscr{L}^2(E)$中必有规范正交的完全系.

【371】 在$\mathscr{L}^2([-\pi,\pi])$中, 证明:

$$\left\{\frac{1}{\sqrt{\pi}}\cos x,\frac{1}{\sqrt{\pi}}\sin x,\cdots,\frac{1}{\sqrt{\pi}}\cos kx,\frac{1}{\sqrt{\pi}}\sin kx,\cdots\right\}$$

不是完全系.

证明 因为

$$\begin{aligned}\langle 1,\frac{1}{\sqrt{\pi}}\cos kx\rangle&=\int_{-\pi}^{\pi}1\cdot\frac{1}{\sqrt{\pi}}\cos kx\,\mathrm{d}x\\&=\frac{1}{k\sqrt{\pi}}\sin kx\Big|_{-\pi}^{\pi}=0,\\ \langle 1,\frac{1}{\sqrt{\pi}}\sin kx\rangle&=\int_{-\pi}^{\pi}1\cdot\frac{1}{\sqrt{\pi}}\sin kx\,\mathrm{d}x\\&=\frac{1}{k\sqrt{\pi}}(-\cos kx)\Big|_{-\pi}^{\pi}=0,k=1,2,\cdots,\end{aligned}$$

故1与$\left\{\dfrac{1}{\sqrt{\pi}}\cos x,\dfrac{1}{\sqrt{\pi}}\sin x,\cdots,\dfrac{1}{\sqrt{\pi}}\cos kx,\dfrac{1}{\sqrt{\pi}}\sin kx,\cdots\right\}$中每个元素都正交, 但在$[-\pi,\pi]$上, $1\underset{m}{\doteq}0$不成立. 因此, $\left\{\dfrac{1}{\sqrt{\pi}}\cos kx,\dfrac{1}{\sqrt{\pi}}\sin kx\,\middle|\,k=1,2,\cdots\right\}$不是$\mathscr{L}^2([-\pi,\pi])$的完全系. □

【372】 设$\{\varphi_i\}_{i=1}^n$为$\mathscr{L}^2(E)$中的规范正交系. 证明: 由$\{\varphi_i\}_{i=1}^n$张成的线性子空间$\mathscr{L}(\{\varphi_i\}_{i=1}^n)$为$\mathscr{L}^2(E)$中的一个$n$维闭线性子空间.

证明　设 $f_k\in\mathscr{L}(\{\varphi_i\}_{i=1}^n)$，$f\in\mathscr{L}^2(E)$，$\|f_k-f\|_2\to 0(k\to+\infty)$. 则

$$\|f_k-f\|_2^2 \overset{\text{定理4.2.4}}{\geqslant} \|f-\sum_{i=1}^n\langle f,\varphi_i\rangle\varphi_i\|_2^2=\|f\|_2^2-\sum_{i=1}^n\langle f,\varphi_i\rangle^2\geqslant 0.$$

令 $k\to+\infty$ 得到

$$0=\lim_{k\to+\infty}\|f_k-f\|_2\geqslant\|f-\sum_{i=1}^n\langle f,\varphi_i\rangle\varphi_i\|_2\geqslant 0,$$

$$\|f-\sum_{i=1}^n\langle f,\varphi_i\rangle\varphi_i\|_2=0,$$

$$f\underset{m}{\doteq}\sum_{i=1}^n\langle f,\varphi_i\rangle\varphi_i\in\mathscr{L}(\{\varphi_i\}_{i=1}^n).$$

这就证明了由 $\{\varphi_i\}_{i=1}^n$ 张成的线性子空间 $\mathscr{L}(\{\varphi_i\}_{i=1}^n)$ 为 $\mathscr{L}^2(E)$ 中的一个 n 维闭线性子空间.

□

【373】　设 $\{\psi_i\}_{i=1}^m\subset\mathscr{L}^2(E)$，则由 $\{\psi_i\}_{i=1}^m$ 张成的线性子空间 $\mathscr{L}(\{\psi_i\}_{i=1}^m)$ 为 $\mathscr{L}^2(E)$ 中的一个 $n(\leqslant m)$ 维闭线性子空间.

证明　根据定理 4.2.13，有规范正交系 $\{\varphi_i\}_{i=1}^n$，s. t.

$$\mathscr{L}(\{\varphi_i\}_{i=1}^n)=\mathscr{L}(\{\psi_i\}_{i=1}^m),n\leqslant m.$$

再由题[372]知，$\mathscr{L}(\{\varphi_i\}_{i=1}^n)$ 为 $\mathscr{L}^2(E)$ 中的 n 维闭线性子空间. 因而，$\mathscr{L}(\{\psi_i\}_{i=1}^m)=\mathscr{L}(\{\varphi_i\}_{i=1}^n)$ 也为 $n(\leqslant m)$ 维闭线性子空间.　□

【374】　证明：$\mathscr{L}^2(E)$ 中的完全规范正交系就是最大的规范正交系.

证明　设 $\{\varphi_i\}\subset\mathscr{L}^2(E)$ 为完全规范正交系.（反证）若有更大的规范正交系 $\{\psi_j\}\supset\{\varphi_i\}$，则必有 ψ_{j_0}，对 $\forall\, i$ 有 $\langle\psi_{j_0},\varphi_i\rangle=0$，则由 $\{\varphi_i\}$ 为完全规范正交系（定义 4.2.5）立知，在 E 上，$\psi_j\underset{m}{\doteq}0$. 因而，$1=\|\psi_j\|_2=\|0\|_2=0$，矛盾.　□

【375】　在题[356]中，令

$$\langle\,,\rangle:\ l^2\times l^2\to\mathbb{R},$$

$$(x,y)\mapsto\langle x,y\rangle=\sum_{i=1}^\infty x_iy_i,$$

其中 $x=(x_1,\cdots,x_i,\cdots)$，$y=(y_1,\cdots,y_i,\cdots)\in l^2$. 证明：$(l^2,\langle\,,\rangle)$ 为 Hilbert 空间. 并写出诱导的 x 的模 $\|x\|$，诱导的 x 与 y 的距离 $d(x,y)$，相应的 Cauchy-Schwarz 不等式.

证明　易见，对 $x=(x_1,\cdots,x_i,\cdots)$，$y=(y_1,\cdots,y_i,\cdots)$，$z=(z_1,\cdots,z_i,\cdots)\in l^2$，$\lambda,\mu\in\mathbb{R}$ 有

$$\langle x,x\rangle=\sum_{i=1}^\infty x_ix_i=\sum_{i=1}^\infty x_i^2\geqslant 0;$$

$$\langle x,x\rangle=\sum_{i=1}^\infty x_i^2=0\Leftrightarrow x_i=0,i=1,2,\cdots\Leftrightarrow x=0.$$

$$\langle x,y\rangle=\sum_{i=1}^\infty x_iy_i=\sum_{i=1}^\infty y_ix_i=\langle y,x\rangle.$$

$$\langle \lambda x+\mu y,z\rangle=\sum_{i=1}^{\infty}(\lambda x_i+\mu y_i)z_i=\lambda\sum_{i=1}^{\infty}x_iz_i+\mu\sum_{i=1}^{\infty}y_iz_i=\lambda\langle x,z\rangle+\mu\langle y,z\rangle.$$

这就表明(l^2,⟨,⟩)为一个内积空间.

由内积⟨,⟩诱导出模

$$\|x\|_2=\sqrt{\langle x,x\rangle}=\sqrt{\sum_{i=1}^{\infty}x_ix_i}=\sqrt{\sum_{i=1}^{\infty}x_i^2}.$$

根据上述内积⟨,⟩的三条性质,立即导出 $\|\cdot\|$ 的三条性质:

$$\|x\|_2=\sqrt{\langle x,x\rangle}\geqslant 0;$$

$$\|x\|_2=\sqrt{\langle x,x\rangle}=0\Leftrightarrow x=0.$$

$$\|\lambda x\|_2=\sqrt{\langle \lambda x,\lambda x\rangle}=\sqrt{\lambda^2\langle x,x\rangle}=|\lambda|\cdot\|x\|_2.$$

$$\begin{aligned}\|x+y\|_2&=\sqrt{\langle x+y,x+y\rangle}=\sqrt{\langle x,x\rangle+2\langle x,y\rangle+\langle y,y\rangle}\\&\overset{\text{Cauchy-Schwarz}}{=\!=\!=\!=}\sqrt{\|x\|_2^2+2\|x\|_2\cdot\|y\|_2+\|y\|_2^2}\\&=\sqrt{(\|x\|_2+\|y\|_2)^2}=\|x\|_2+\|y\|_2.\end{aligned}$$

其中

$$\langle x,y\rangle\leqslant\|x\|_2\cdot\|y\|_2$$

即

$$\sum_{i=1}^{\infty}x_iy_i\leqslant\Big[\sum_{i=1}^{\infty}x_i^2\Big]^{\frac{1}{2}}\Big[\sum_{i=1}^{\infty}y_i^2\Big]^{\frac{1}{2}}$$

为相应的 Cauchy-Schwarz 不等式(仿参考文献[1]定理 4.2.1 证明).

由模 $\|\cdot\|_2$ 诱导出 x 与 y 的距离

$$d(x,y)=\|x-y\|_2=\sqrt{\sum_{i=1}^{\infty}(x_i-y_i)^2}.$$

根据上述模的三条性质,立即导出 $d(\cdot,\cdot)$ 的三条性质:

$$d(x,y)=\|x-y\|_2\geqslant 0;$$

$$d(x,y)=\|x-y\|=0\Leftrightarrow x-y=0\Leftrightarrow x=y.$$

$$d(x,y)=\|x-y\|_2=\|(-1)(x-y)\|_2=\|y-x\|_2=d(y,x).$$

$$\begin{aligned}d(x,z)&=\|x-z\|_2=\|(x-y)+(y-z)\|_2\\&\leqslant\|x-y\|_2+\|y-z\|_2=d(x,y)+d(y,z).\end{aligned}$$

最后,从题[356](3)知(l^2,d)为完备度量空间,从而(l^2,⟨,⟩)为 Hilbert 空间. □

【376】 l^2 中任何线性基 A(它的任何有限个元素都线性无关,且 l^2 中任一元素可惟一表示为该线性基中有限个元素的线性组合)是不可数的.

证明 对 $\forall a\in(0,1)$,由于

$$\sum_{n=1}^{\infty}(a^{n-1})^2=\sum_{n=1}^{\infty}(a^2)^{n-1}=\frac{1}{1-a^2}<+\infty,$$

故$(1,a,a^2,\cdots,a^n,\cdots)\in l^2$. 现证

$$V=\{(1,a,a^2,\cdots,a^n,\cdots)\mid a\in(0,1)\}$$

中的向量线性无关. 事实上,如果

$$\sum_{i=1}^{m}\lambda_i\alpha_i=0,$$

其中 $\alpha_i=(1,a_i,a_i^2,\cdots,a_i^n,\cdots)$,当 $i\neq j$ 时,$\alpha_i\neq\alpha_j$,$i,j\in\{1,2,\cdots,m\}$. 则

$$\begin{cases}\lambda_1+\lambda_2+\cdots+\lambda_m=0\\ \lambda_1a_1+\lambda_2a_2+\cdots+\lambda_ma_m=0\\ \vdots\\ \lambda_1a_1^{m-1}+\lambda_2a_2^{m-1}+\cdots+\lambda_ma_m^{m-1}=0\end{cases}$$

是关于 $\lambda_1,\lambda_2,\cdots,\lambda_m$ 的线性方程组. 由 Vandermonde 行列式

$$\det\begin{pmatrix}1&1&\cdots&1\\ a_1&a_2&\cdots&a_m\\ a_1^2&a_2^2&\cdots&a_m^2\\ \vdots&\vdots&&\vdots\\ a_1^{m-1}&a_2^{m-1}&\cdots&a_m^{m-1}\end{pmatrix}=\prod_{1\leqslant i<j\leqslant m}(a_j-a_i)\neq 0$$

知,$\lambda_1=\lambda_2=\cdots=\lambda_m=0$. 因此,$\{\alpha_i\mid i=1,2,\cdots,m\}$线性无关.

(反证)假设 A 为至多可数集,则可记为

$$A=\{\beta_1,\beta_2,\cdots,\beta_n,\cdots\}.$$

于是,l^2 和 V 中元素均可由 A 中元素有限线性表示. 设

$$\begin{aligned}&U_1=\{\lambda_1\beta_1\mid\lambda_1\in\mathbb{R}\},\\ &U_2=\{\lambda_1\beta_1+\lambda_2\beta_2\mid\lambda_1,\lambda_2\in\mathbb{R}\},\\ &\cdots\\ &U_n=\{\lambda_1\beta_1+\lambda_2\beta_2+\cdots+\lambda_n\beta_n\mid\lambda_1,\cdots,\lambda_n\in\mathbb{R}\}\\ &\cdots\end{aligned}$$

则 $\bigcup_{n=1}^{\infty}U_n=l^2\supset V$. 因此,至少存在一个自然数 N,使 U_N 中含 V 中不可数个点(否则会得到 V 为可数集,与上述 V 不可数($\overline{\overline{V}}=\overline{\overline{(0,1)}}=\aleph$)相矛盾). 设其形成的集合为 V_1. 于是,V_1 可由 $\beta_1,\beta_2,\cdots,\beta_N$ 线性表示. 因为 V_1 中的向量线性无关,故 V_1 中向量的个数$\leqslant N$,这与 V_1 为不可数集相矛盾.

这就证明了 A 为不可数集. □

【377】 证明:Chebyshev-Hermite 函数列

$$\varphi_n(x)=(-1)^n e^{\frac{x^2}{2}}\frac{d^n}{dx^n}e^{-x^2},\quad n=1,2,3,\cdots$$

为 $\mathscr{L}^2(\mathbb{R}^1)$中的正交系,但不是规范的.

证明 首先应用归纳法得到

$$\frac{\mathrm{d}^k}{\mathrm{d}x^k}\mathrm{e}^{-x^2} = P_k(x)\mathrm{e}^{-x^2},$$

其中 $P_k(x)$ 为 k 次多项式. 因此

$$\frac{\mathrm{d}^s}{\mathrm{d}x^s}\left(\mathrm{e}^{x^2}\frac{\mathrm{d}^k}{\mathrm{d}x^k}\mathrm{e}^{-x^2}\right)=\frac{\mathrm{d}^s}{\mathrm{d}x^s}P_k(x)$$

在 $s\leqslant k$ 时为 $k-s$ 次多项式，而在 $s>k$ 时为 0. 特别地，对一切 s 都有

$$\lim_{x\to\pm\infty}\mathrm{e}^{-x^2}\frac{\mathrm{d}^s}{\mathrm{d}x^s}\left(\mathrm{e}^{x^2}\frac{\mathrm{d}^k}{\mathrm{d}x^k}\mathrm{e}^{-x^2}\right)=0.$$

于是，对任意 $n>m$，有

$$\begin{aligned}
&\int_{-\infty}^{+\infty}\varphi_n(x)\varphi_m(x)\mathrm{d}x\\
&=\int_{-\infty}^{+\infty}(-1)^n\mathrm{e}^{\frac{x^2}{2}}\frac{\mathrm{d}^n}{\mathrm{d}x^n}\mathrm{e}^{-x^2}\cdot(-1)^m\mathrm{e}^{\frac{x^2}{2}}\frac{\mathrm{d}^m}{\mathrm{d}x^m}\mathrm{e}^{-x^2}\mathrm{d}x\\
&=(-1)^{n+m}\int_{-\infty}^{+\infty}\frac{\mathrm{d}^n}{\mathrm{d}x^n}\mathrm{e}^{-x^2}\cdot\mathrm{e}^{x^2}\frac{\mathrm{d}^m}{\mathrm{d}x^m}\mathrm{e}^{-x^2}\mathrm{d}x\\
&\xlongequal{\text{分部积分}}(-1)^{n+m}\left[\frac{\mathrm{d}^{n-1}}{\mathrm{d}x^{n-1}}\mathrm{e}^{-x^2}\cdot\left(\mathrm{e}^{x^2}\frac{\mathrm{d}^m}{\mathrm{d}x^m}\mathrm{e}^{-x^2}\right)\Bigg|_{-\infty}^{+\infty}\right.\\
&\left.-\int_{-\infty}^{+\infty}\frac{\mathrm{d}^{n-1}}{\mathrm{d}x^{n-1}}\mathrm{e}^{-x^2}\cdot\frac{\mathrm{d}}{\mathrm{d}x}\left(\mathrm{e}^{x^2}\frac{\mathrm{d}^m}{\mathrm{d}x^m}\mathrm{e}^{-x^2}\right)\mathrm{d}x\right]\\
&=(-1)^{n+m+1}\int_{-\infty}^{+\infty}\frac{\mathrm{d}^{n-1}}{\mathrm{d}x^{n-1}}\mathrm{e}^{-x^2}\cdot\frac{\mathrm{d}}{\mathrm{d}x}\left(\mathrm{e}^{x^2}\frac{\mathrm{d}^m}{\mathrm{d}x^m}\mathrm{e}^{-x^2}\right)\mathrm{d}x\\
&\cdots\xlongequal{\text{分部积分}}(-1)^{n+2m+1}\int_{-\infty}^{+\infty}\frac{\mathrm{d}^{n-m-1}}{\mathrm{d}x^{n-m-1}}\mathrm{e}^{-x^2}\cdot\frac{\mathrm{d}^{m+1}}{\mathrm{d}x^{m+1}}\left(\mathrm{e}^{x^2}\frac{\mathrm{d}^m}{\mathrm{d}x^m}\mathrm{e}^{-x^2}\right)\mathrm{d}x\\
&=(-1)^{n+2m+1}\int_{-\infty}^{+\infty}\frac{\mathrm{d}^{n-m-1}}{\mathrm{d}x^{n-m-1}}\mathrm{e}^{-x^2}\cdot 0\mathrm{d}x=0.
\end{aligned}$$

这就证明了 $\{\varphi_n(x)\}_{n=1}^{\infty}$ 为 $\mathscr{L}(\mathbb{R}^1)$ 上的正交系.

但是

$$\varphi_1(x)=-\mathrm{e}^{\frac{x^2}{2}}\frac{\mathrm{d}}{\mathrm{d}x}\mathrm{e}^{-x^2}=-\mathrm{e}^{\frac{x^2}{2}}(-2x\mathrm{e}^{-x^2})=2x\mathrm{e}^{-\frac{x^2}{2}},$$

$$\begin{aligned}
\int_{-\infty}^{+\infty}\varphi_1^2(x)\mathrm{d}x&=4\int_{-\infty}^{+\infty}x^2\mathrm{e}^{-x^2}\mathrm{d}x=-4\int_0^{+\infty}x\mathrm{d}\mathrm{e}^{-x^2}\\
&=-4\left[x\mathrm{e}^{-x^2}\Big|_0^{+\infty}-\int_0^{+\infty}\mathrm{e}^{-x^2}\mathrm{d}x\right]\\
&=4\int_0^{+\infty}\mathrm{e}^{-x^2}\mathrm{d}x=4\cdot\frac{\sqrt{\pi}}{2}=2\sqrt{\pi}\neq 1.
\end{aligned}$$

因此，$\{\varphi_n(x)\}_{n=1}^{\infty}$ 不为 $\mathscr{L}^2(\mathbb{R}^1)$ 上的规范系. □

【378】 证明：Legendre 多项式函数列

$$\mathrm{P}_n(x)=\frac{1}{2^n n!}\frac{\mathrm{d}^n}{\mathrm{d}x^n}(x^2-1)^n,n=0,1,2,\cdots$$

为 $\mathscr{L}^2([-1,1])$中的正交系，但不是规范的.

证明　设 $y=(x^2-1)^n$，则 $y'=2nx(x^2-1)^{n-1}$，从而$(x^2-1)y'=2nxy$. 两边应用高阶导数的 Leibniz 公式(见参考文献[15]定理 3.2.1)，有

$$(x^2-1)y^{(n+2)}+\mathrm{C}_{n+1}^1 2x\cdot y^{(n+1)}+\mathrm{C}_{n+1}^2 2y^{(n)}=2nxy^{(n+1)}+\mathrm{C}_{n+1}^1 2ny^{(n)},$$

$$(1-x^2)y^{(n+2)}-2xy^{(n+1)}+n(n+1)y^{(n)}=0.$$

即 $\mathrm{P}_n(x)$满足方程

$$\frac{\mathrm{d}}{\mathrm{d}x}\left[(1-x^2)\frac{\mathrm{d}}{\mathrm{d}x}\mathrm{P}_n(x)\right]+n(n+1)\mathrm{P}_n(x)=0.$$

于是，对 $\forall\, n,m=0,1,2,\cdots$，有

$$\begin{aligned}&\frac{\mathrm{d}}{\mathrm{d}x}\left\{(1-x^2)\left[\mathrm{P}_n(x)\frac{\mathrm{dP}_m(x)}{\mathrm{d}x}-\mathrm{P}_m(x)\frac{\mathrm{dP}_n(x)}{\mathrm{d}x}\right]\right\}\\&=\mathrm{P}_n(x)\frac{\mathrm{d}}{\mathrm{d}x}\left[(1-x^2)\frac{\mathrm{dP}_m(x)}{\mathrm{d}x}\right]-\mathrm{P}_m(x)\frac{\mathrm{d}}{\mathrm{d}x}\left[(1-x^2)\frac{\mathrm{dP}_n(x)}{\mathrm{d}x}\right]\\&=-m(m+1)\mathrm{P}_n(x)\mathrm{P}_m(x)+n(n+1)\mathrm{P}_n(x)\mathrm{P}_m(x)\\&=(n-m)(n+m+1)\mathrm{P}_n(x)\mathrm{P}_m(x).\end{aligned}$$

将上式两边在$[-1,1]$上积分得到

$$\begin{aligned}0&=(1-x^2)\left[\mathrm{P}_n(x)\frac{\mathrm{dP}_m(x)}{\mathrm{d}x}-\mathrm{P}_m(x)\frac{\mathrm{dP}_n(x)}{\mathrm{d}x}\right]\Bigg|_{-1}^{1}\\&=\int_{-1}^{1}\frac{\mathrm{d}}{\mathrm{d}x}\left\{(1-x^2)\left[\mathrm{P}_n(x)\frac{\mathrm{dP}_m(x)}{\mathrm{d}x}-\mathrm{P}_m(x)\frac{\mathrm{dP}_n(x)}{\mathrm{d}x}\right]\right\}\mathrm{d}x\\&=\int_{-1}^{1}(n-m)(n+m+1)\mathrm{P}_n(x)\mathrm{P}_m(x)\mathrm{d}x.\end{aligned}$$

当 $n\neq m$ 时，有

$$\int_{-1}^{1}\mathrm{P}_n(x)\mathrm{P}_m(x)\mathrm{d}x=0.$$

这就证明了$\{\mathrm{P}_n(x)\}_{n=0}^{+\infty}$为 $\mathscr{L}^2([-1,1])$上的正交系. 易见

$$\int_{-1}^{1}\mathrm{P}_0^2(x)\mathrm{d}x=\int_{-1}^{1}1^2\mathrm{d}x=2,$$

$$\int_{-1}^{1}\mathrm{P}_1^2(x)\mathrm{d}x=\int_{-1}^{1}x^2\mathrm{d}x=\frac{2}{3},$$

$$\int_{-1}^{1}\mathrm{P}_2^2(x)\mathrm{d}x=\int_{-1}^{1}\frac{1}{4}(3x^2-1)^2\mathrm{d}x=\frac{2}{5}.$$

它表明$\{\mathrm{P}_n(x)\}_{n=0}^{+\infty}$不是规范系.　□

复习题 4

【379】 设$\{f_n(x)\}$为$(0,+\infty)$上可导函数列,且

$$\int_0^{+\infty}|f'_n(x)|^2\mathrm{d}x\leqslant M,\ |f_n(x)|\leqslant\frac{1}{x},$$
$$x\in(0,+\infty),n=1,2,\cdots.$$

证明:(1) $\{f_n(x)\}$在$(0,+\infty)$上是一致有界的.

(2) $\{f_n(x)\}$在$(0,+\infty)$是等度连续的,即对$\forall\varepsilon>0$,$\exists\delta>0$,当$|x-y|<\delta$时,有

$$|f_n(x)-f_n(y)|<\varepsilon,x,y\in(0,+\infty),n=1,2,\cdots.$$

证明 (1) 由$|f_n(x)|\leqslant\dfrac{1}{x}$,$x\in(0,+\infty)$,易知$|f_n(x)|\leqslant 1,x\geqslant 1$.

当$0<x<1$时,由f_n在$(0,+\infty)$上可导,$f'_n\in\mathscr{L}^2((0,+\infty))$,故$f'_n\in\mathscr{L}^2((0,1))$.根据$|f'_n|\leqslant\dfrac{1+|f'_n|^2}{2}$推得$|f'_n|$,$f'_n\in\mathscr{L}((0,1))$.再根据定理3.8.17,知

$$f_n(x)=f_n(1)+\int_1^x f'_n(t)\mathrm{d}t,$$
$$|f_n(x)|\leqslant|f_n(1)|+\int_x^1|f'_n(t)|\mathrm{d}t$$
$$\overset{\text{Cauchy-Schwarz}}{\leqslant}1+\left[\int_x^1 1^2\mathrm{d}x\right]^{\frac{1}{2}}\left[\int_x^1|f'_n(t)|^2\mathrm{d}t\right]^{\frac{1}{2}}\leqslant 1+\sqrt{M}.$$

综合上述得到$|f_n(x)|$以$1+\sqrt{M}$为上界,$n\in\mathbb{N}$.从而,$\{f_n(x)\}$在$(0,+\infty)$上是一致有界的.

(2) 注意到,对$0<x<y<+\infty$,有

$$|f_n(y)-f_n(x)|=\left|\int_x^y f'_n(t)\mathrm{d}t\right|\leqslant\int_x^y|f'_n(t)|\mathrm{d}t$$
$$\overset{\text{Cauchy-Schwarz}}{\leqslant}\left[\int_x^y 1^2\mathrm{d}t\right]^{\frac{1}{2}}\left[\int_x^y|f'_n(t)|^2\mathrm{d}t\right]^{\frac{1}{2}}\leqslant\sqrt{M}\,|y-x|^{\frac{1}{2}}.$$

因此,对$\forall\varepsilon>0$,取$\delta=\dfrac{\varepsilon^2}{M+1}$,当$x,y\in(0,+\infty)$且$|y-x|<\delta$时,$\forall n\in\mathbb{N}$均有

$$|f_n(y)-f_n(x)|\leqslant\sqrt{M}\,|y-x|^{\frac{1}{2}}\leqslant\sqrt{M}\delta^{\frac{1}{2}}=\sqrt{M}\left(\frac{\varepsilon^2}{M+1}\right)^{\frac{1}{2}}<\varepsilon.$$

这就证明了$\{f_n(x)\}$在$(0,+\infty)$上等度连续. □

【380】 设$1\leqslant q<p$,$m(E)<+\infty$,$f\in\mathscr{L}^p(E)$且$f_k\in\mathscr{L}^p(E)(k=1,2,\cdots)$.如果

$$\lim_{k\to+\infty}\|f_k-f\|_p=0,$$

证明:

$$\lim_{k\to+\infty}\|f_k-f\|_q=0.$$

证明 根据例4.1.2,有

$$\|f_k-f\|_q\leqslant[m(E)]^{\frac{1}{q}-\frac{1}{p}}\|f_k-f\|_p.$$

由此式和 $\lim\limits_{k\to+\infty}\|f_k-f\|_p=0$ 立即推出 $\lim\limits_{k\to+\infty}\|f_k-f\|_q=0$. □

【381】 设 $f\in\mathscr{L}^p([a,b])$, $f_k\in\mathscr{L}^p([a,b])(k=1,2,\cdots)$. $1\leqslant p<+\infty$,且有 $\|f_k-f\|_p\to 0$ $(k\to+\infty)$. 证明:

$$\lim_{k\to+\infty}\int_a^t f_k(x)\mathrm{d}x=\int_a^t f(x)\mathrm{d}x, a\leqslant t\leqslant b.$$

证明 根据题[380],由 $\|f_k-f\|_p\to 0(k\to+\infty)$ 推得

$$\|f_k-f_1\|_1=\int_a^b|f_k(x)-f(x)|\mathrm{d}x\to 0(k\to+\infty),$$

于是,从

$$\left|\int_a^t f_k(x)\mathrm{d}x-\int_a^t f(x)\mathrm{d}x\right|\leqslant\int_a^t|f_k(x)-f(x)|\mathrm{d}x$$
$$\leqslant\int_a^b|f_k(x)-f(x)|\mathrm{d}x\to 0(k\to+\infty).$$

立即得到

$$\lim_{k\to+\infty}\int_a^t f_k(x)\mathrm{d}x=\int_a^t f(x)\mathrm{d}x, a\leqslant t\leqslant b.$$ □

【382】 设 $f_k(x)\to f(x)(k\to+\infty)$, $x\in[a,b]$,且有

$$(\mathrm{L})\int_a^b|f_k(x)|^r\mathrm{d}x\leqslant M, k=1,2,\cdots,0<r<+\infty.$$

证明:

$$\lim_{k\to+\infty}(\mathrm{L})\int_a^b|f_k(x)-f(x)|^p\mathrm{d}x=0, 0<p<r.$$

证明 根据 Fatou 引理(定理 3.4.3),有

$$\int_a^b|f(x)|^r\mathrm{d}x=\int_a^b\lim_{k\to+\infty}|f_k(x)|^r\mathrm{d}x\overset{\text{Fatou}}{\leqslant}\varliminf_{k\to+\infty}\int_a^b|f_k(x)|^r\mathrm{d}x\leqslant M.$$

从而, $f\in\mathscr{L}^r([a,b])$. 记

$$\widetilde{M}=2^rM+2^r\int_a^b|f(x)|^r\mathrm{d}x,$$

则

$$\int_a^b|f_k(x)-f(x)|^r\mathrm{d}x\overset{\text{定理4.1.2(1)}}{\leqslant}\int_a^b 2^r[|f_k(x)|^r+|f(x)|^r]\mathrm{d}x$$
$$\leqslant 2^rM+2^r\int_a^b|f(x)|^r\mathrm{d}x=\widetilde{M}.$$

下面按极限定义证明 $\lim\limits_{k\to+\infty}\int_a^b|f_k(x)-f(x)|^p\mathrm{d}x=0, 0<p<r$.

对 $\forall\varepsilon>0$,取正数 σ 充分大, s. t. $\frac{1}{\sigma^{r-p}}\widetilde{M}<\frac{\varepsilon}{3}$. 再应用 Егоров 定理 3.2.7,取 $[a,b]$ 的子集 A, s. t. $m(A)<\frac{\varepsilon}{3}\sigma^{-p}$. 而在 $[a,b]-A$ 上, $f_k\rightrightarrows f(k\to+\infty)$,则 $\exists k_0\in\mathbb{N}$,当 $k\geqslant k_0$ 时,有

$$|f_k(x)-f(x)|^p\leqslant\frac{\varepsilon}{3}\frac{1}{b-a}, x\in[a,b]-A.$$

此时，令

$$E_k=\{x\in[a,b]\,|\,|f_k(x)-f(x)|>\sigma\},$$

有

$$\begin{aligned}\int_a^b|f_k(x)-f(x)|^p\mathrm{d}x&=\int_{[a,b]-A}|f_k(x)-f(x)|^p\mathrm{d}x+\int_{A\cap E_k}|f_k(x)-f(x)|^p\mathrm{d}x\\&\quad+\int_{A-E_k}|f_k(x)-f(x)|^p\mathrm{d}x\\&<(b-a)\frac{\varepsilon}{3}\frac{1}{b-a}+\frac{1}{\sigma^{r-p}}\int_{A\cap E_k}|f_k(x)-f(x)|^r\mathrm{d}x\\&\quad+m(A)\cdot\sigma^p<\frac{\varepsilon}{3}+\frac{1}{\sigma^{r-p}}\widetilde{M}+\frac{\varepsilon}{3}<\frac{\varepsilon}{3}+\frac{\varepsilon}{3}+\frac{\varepsilon}{3}=\varepsilon,\end{aligned}$$

故

$$\lim_{k\to+\infty}(\mathrm{L})\int_a^b|f_k(x)-f(x)|^p\mathrm{d}x=0.$$ □

【383】 设 $1\leqslant p<+\infty$，$f\in\mathscr{L}^p(E)$，$f_k\in\mathscr{L}^p(E)(k=1,2,\cdots)$，且有

$$\lim_{k\to+\infty}f_k(x)\underset{m}{\doteq}f(x),x\in E,$$

$$\lim_{k\to+\infty}\|f_k\|_p=\|f\|_p.$$

证明：

$$\lim_{k\to+\infty}\|f_k-f\|_p=0.$$

证明　首先对 E 的每个可测子集 X，有

$$\begin{aligned}\overline{\lim_{k\to+\infty}}\int_X|f_k(x)|^p\mathrm{d}x&\geqslant\underline{\lim_{k\to+\infty}}\int_X|f_k(x)|^p\mathrm{d}x\\&\overset{\text{Fatou引理}}{\underset{\text{定理3.4.3}}{\geqslant}}\int_X\lim_{k\to+\infty}|f_k(x)|^p\mathrm{d}x\\&=\int_X|f(x)|^p\mathrm{d}x=\int_E|f(x)|^p\mathrm{d}x-\int_{E-X}|f(x)|^p\mathrm{d}x\\&\overset{\text{Fatou引理}}{\geqslant}\int_E|f(x)|^p\mathrm{d}x-\underline{\lim_{k\to+\infty}}\int_{E-X}|f_k(x)|^p\mathrm{d}x\\&\overset{\text{题设}}{=\!=}\overline{\lim_{k\to+\infty}}\left[\int_E|f_k(x)|^p\mathrm{d}x-\int_{E-X}|f_k(x)|^p\mathrm{d}x\right]\\&=\overline{\lim_{k\to+\infty}}\int_X|f_k(x)|^p\mathrm{d}x,\end{aligned}$$

$$\begin{aligned}\lim_{k\to+\infty}\int_X|f_k(x)|^p\mathrm{d}x&=\underline{\lim_{k\to+\infty}}\int_X|f_k(x)|^p\mathrm{d}x\\&=\overline{\lim_{k\to+\infty}}\int_X|f_k(x)|^p\mathrm{d}x\end{aligned}$$

$$=\int_X |f(x)|^p \mathrm{d}x.$$

其次,证明 $\overline{\lim_{k\to+\infty}}\int_E |f_k(x)-f(x)|^p \mathrm{d}x=0.$

事实上,对 $\forall\,\varepsilon>0$,由 $f\in\mathscr{L}^p(E)$ 和积分的绝对连续性定理 3.3.15,$\exists\,\delta>0$,当 $m(e)<\delta$ 时,有

$$\int_e |f(x)|^p \mathrm{d}x < 2^{-(p+2)}\varepsilon.$$

又 $\lim\limits_{k\to+\infty} f_k(x)\underset{m}{\doteq}f(x),x\in E$,据 Егоров 定理 3.2.7 知,可取出 E 的可测子集 A,$m(A)<\delta$,而在 $E-A$ 上,$f_k\rightrightarrows f$. 再取出 $B\subset E-A$,s. t. $\int_B |f(x)|^p \mathrm{d}x<2^{-(p+2)}\varepsilon$ 且 $m(E\cap A^c\cap B^c)=m(E-(A\cup B))<+\infty$(因 $f\in\mathscr{L}^p(E)$). 于是

$$\begin{aligned}
0&\leqslant \overline{\lim_{k\to+\infty}}\int_E |f_k(x)-f(x)|^p \mathrm{d}x\\
&\leqslant \overline{\lim_{k\to+\infty}}\int_{E-A\cup B} |f_k(x)-f(x)|^p \mathrm{d}x\\
&\quad+\overline{\lim_{k\to+\infty}}\int_A |f_k(x)-f(x)|^p \mathrm{d}x+\overline{\lim_{k\to+\infty}}\int_B |f_k(x)-f(x)|^p \mathrm{d}x\\
&\leqslant 0+2^p\left[\int_A |f(x)|^p \mathrm{d}x+\overline{\lim_{k\to+\infty}}\int_A |f_k(x)|^p \mathrm{d}x\right]\\
&\quad+2^p\left[\int_B |f(x)|^p \mathrm{d}x+\overline{\lim_{k\to+\infty}}\int_B |f_k(x)|^p \mathrm{d}x\right]\\
&=2^{p+1}\left[\int_A |f(x)|^p \mathrm{d}x+\int_B |f(x)|^p \mathrm{d}x\right]\\
&\leqslant 2^{p+1}\left[2^{-(p+2)}\varepsilon+2^{-(p+2)}\varepsilon\right]=\varepsilon.
\end{aligned}$$

令 $\varepsilon\to0^+$ 即知

$$\overline{\lim_{k\to+\infty}}\int_E |f_k(x)-f(x)|^p \mathrm{d}x=0.$$

因此

$$\lim_{k\to+\infty}\int_E |f_k(x)-f(x)|^p \mathrm{d}x=0,$$

$$\lim_{k\to+\infty}\|f_k-f\|_p=0.$$ □

【384】 设 $1<p<+\infty$,$f_k\in\mathscr{L}^p(E)(k=1,2,\cdots)$,且有

$$\lim_{k\to+\infty} f_k(x)=f(x),\quad \sup_{1\leqslant k<+\infty}\|f_k\|_p\leqslant M.$$

证明:$\{f_k\}$弱收敛于 f,即对 $\forall\,g\in\mathscr{L}^{p'}(E)$($p'$为 p 的共轭指标),有

$$\lim_{k\to+\infty}\int_E f_k(x)g(x)\mathrm{d}x=\int_E f(x)g(x)\mathrm{d}x.$$

此时，简记为 $f_k \xrightarrow{\text{Weakly(弱的)}} f(k\to+\infty)$ 或 $f_k \xrightarrow{\text{w}} f(k\to+\infty)$.

证明 根据 Fatou 引理(定理 3.4.3)易知，$\|f\|_p\leqslant M, f\in\mathscr{L}^p(E)$.

对 $\forall\varepsilon>0$，由 $g\in\mathscr{L}^{p'}(E)$ 知，$\exists A\subset E, m(A)<+\infty$，且

$$\left[\int_{E-A}|g(x)|^{p'}\mathrm{d}x\right]^{\frac{1}{p'}}\cdot 2M<\frac{\varepsilon}{3}.$$

由积分的绝对连续性定理 3.3.15，$\exists\delta>0$，当 $e\subset E, m(e)<\delta$ 时，有

$$\left[\int_e|g(x)|^{p'}\mathrm{d}x\right]^{\frac{1}{p'}}\cdot 2M<\frac{\varepsilon}{3}.$$

因为 $\lim\limits_{k\to+\infty}f_k(x)=f(x)$，根据 Егоров 定理 3.2.7，可取出 $B\subset A$，s. t. $m(B)<\delta$，且在 $A-B$ 上，$f_k\rightrightarrows f$. 于是，$\exists k_0\in\mathbb{N}$，当 $k\geqslant k_0$ 时，有

$$|f_k(x)-f(x)|\,m(A)^{\frac{1}{p}}\|g\|_{p'}<\frac{\varepsilon}{3}, x\in A-B.$$

由此得到

$$\begin{aligned}
&\left|\int_E f_k(x)g(x)\mathrm{d}x-\int_E f(x)g(x)\mathrm{d}x\right|\\
\leqslant&\int_E|f_k(x)-f(x)||g(x)|\mathrm{d}x\\
=&\int_{E-A}|f_k(x)-f(x)||g(x)|\mathrm{d}x\\
&+\int_{A-B}|f_k(x)-f(x)||g(x)|\mathrm{d}x+\int_B|f_k(x)-f(x)||g(x)|\mathrm{d}x\\
\overset{\text{Hölder}}{\leqslant}&\|f_k-f\|_p\left[\int_{E-A}|g(x)|^{p'}\mathrm{d}x\right]^{\frac{1}{p'}}\\
&+\|g\|_{p'}\left[\int_{A-B}|f_k(x)-f(x)|^p\mathrm{d}x\right]^{\frac{1}{p}}\\
&+\|f_k-f\|_p\left[\int_B|g(x)|^{p'}\mathrm{d}x\right]^{\frac{1}{p'}}\\
\leqslant&2M\left[\int_{E-A}|g(x)|^{p'}\mathrm{d}x\right]^{\frac{1}{p'}}+\|g\|_{p'}m(A)^{\frac{1}{p}}\sup_{x\in A-B}|f_k(x)-f(x)|\\
&+2M\left[\int_B|g(x)|^{p'}\mathrm{d}x\right]^{\frac{1}{p'}}\\
<&\frac{\varepsilon}{3}+\frac{\varepsilon}{3}+\frac{\varepsilon}{3}=\varepsilon,
\end{aligned}$$

因此

$$\lim_{k\to+\infty}\int_E f_k(x)g(x)\mathrm{d}x=\int_E f(x)g(x)\mathrm{d}x,$$

即在 E 上，有

$$f_k \xrightarrow{\text{w}} f(k\to+\infty).$$ □

【385】 设 $g(x)$ 为 E 上的 Lebesgue 可测函数，若对 $\forall f\in\mathscr{L}^2(E)$，有

$$\|g\cdot f\|_2\leqslant M\|f\|_2.$$

证明：$|g(x)|\underset{m}{\dot{\leqslant}}M, x\in E$.

证明　(反证)假设结论不真，则 $\exists E$ 的正测子集 A，s. t. $0<m(A)<+\infty$，且 $|g(x)|\geqslant M+2\varepsilon, \forall x\in A$，其中 $\varepsilon>0$ 充分小. 作函数

$$f(x)=(M+\varepsilon)\chi_A(x),$$

则

$$0<\|f\|_2=\left[\int_E f^2(x)\mathrm{d}x\right]^{\frac{1}{2}}=(M+\varepsilon)\sqrt{m(A)}<+\infty, f\in\mathscr{L}^2(E).$$

于是

$$\begin{aligned}M\|f\|_2\geqslant\|g\cdot f\|_2&=\left[\int_E (g(x)f(x))^2\mathrm{d}x\right]^{\frac{1}{2}}\\&=\left[\int_A g^2(x)(M+\varepsilon)^2\mathrm{d}x\right]^{\frac{1}{2}}\\&\geqslant(M+2\varepsilon)(M+\varepsilon)\sqrt{m(A)}\\&=(M+2\varepsilon)\|f\|_2,\end{aligned}$$

$$M\geqslant M+2\varepsilon,\quad 0\geqslant\varepsilon>0,$$

矛盾. □

【386】 设 $f\in\mathscr{L}^p(\mathbb{R}^n)$，$p>1$，且对任意具有紧支集的 $\varphi\in C^0(\mathbb{R}^n)$，有

$$\int_{\mathbb{R}^n} f(\boldsymbol{x})\varphi(\boldsymbol{x})\mathrm{d}\boldsymbol{x}=0.$$

证明：

$$f(\boldsymbol{x})\underset{m}{\doteq}0,\quad \boldsymbol{x}\in\mathbb{R}^n.$$

证明　首先，对 $\forall g\in\mathscr{L}^{p'}(\mathbb{R}^n)$，$\dfrac{1}{p'}+\dfrac{1}{p}=1$，可证 $\int_{\mathbb{R}^n} f(\boldsymbol{x})g(\boldsymbol{x})\mathrm{d}\boldsymbol{x}=0$.

事实上，对 $\forall\varepsilon>0$，由引理 4.1.1，存在$\mathbb{R}^n$ 上具有紧支集的连续 $\varphi(\boldsymbol{x})$，s. t.

$$\|g-\varphi\|_{p'}\|f\|_p=\left[\int_{\mathbb{R}^n}|g(\boldsymbol{x})-\varphi(\boldsymbol{x})|^{p'}\mathrm{d}\boldsymbol{x}\right]^{\frac{1}{p'}}\cdot\|f\|_p<\varepsilon.$$

于是

$$\begin{aligned}\left|\int_{\mathbb{R}^n} f(\boldsymbol{x})g(\boldsymbol{x})\mathrm{d}\boldsymbol{x}\right|&=\left|\int_{\mathbb{R}^n} f(\boldsymbol{x})g(\boldsymbol{x})\mathrm{d}\boldsymbol{x}-\int_{\mathbb{R}^n} f(\boldsymbol{x})\varphi(\boldsymbol{x})\mathrm{d}\boldsymbol{x}\right|\\&=\left|\int_{\mathbb{R}^n}[g(\boldsymbol{x})-\varphi(\boldsymbol{x})]f(\boldsymbol{x})\mathrm{d}\boldsymbol{x}\right|\\&\overset{\text{Hölder}}{\leqslant}\|g-\varphi\|_{p'}\|f\|_p<\varepsilon.\end{aligned}$$

令 $\varepsilon \to 0^+$ 得到

$$\int_{\mathbb{R}^n} f(\boldsymbol{x}) g(\boldsymbol{x}) \mathrm{d}\boldsymbol{x} = 0.$$

下证 $f(\boldsymbol{x}) \underset{m}{\doteq} 0, \boldsymbol{x} \in \mathbb{R}^n$.(反证)假设 $f(\boldsymbol{x}) \underset{m}{\doteq} 0, \boldsymbol{x} \in \mathbb{R}^n$ 不成立,则有 Lebesgue 可测集 A, s.t. $0 < m(A) < +\infty$,当 $\boldsymbol{x} \in A$ 时, $f(\boldsymbol{x}) \neq 0$. 令

$$g(\boldsymbol{x}) = [\operatorname{sign} f(\boldsymbol{x})] \chi_A(\boldsymbol{x}),$$

则

$$\int_{\mathbb{R}^n} |g(\boldsymbol{x})|^{p'} \mathrm{d}\boldsymbol{x} = \int_{\mathbb{R}^n} |[\operatorname{sign} f(\boldsymbol{x})] \chi_A(\boldsymbol{x})|^{p'} \mathrm{d}\boldsymbol{x} \leqslant \int_A \mathrm{d}\boldsymbol{x} = m(A) < +\infty,$$

$$g \in \mathscr{L}^{p'}(\mathbb{R}^n).$$

根据上述结果, $\int_{\mathbb{R}^n} f(\boldsymbol{x}) g(\boldsymbol{x}) \mathrm{d}\boldsymbol{x} = 0$. 但是

$$\int_{\mathbb{R}^n} f(\boldsymbol{x}) g(\boldsymbol{x}) \mathrm{d}\boldsymbol{x} = \int_{\mathbb{R}^n} f(\boldsymbol{x}) [\operatorname{sign} f(\boldsymbol{x})] \chi_A(\boldsymbol{x}) \mathrm{d}\boldsymbol{x} = \int_A |f(\boldsymbol{x})| \mathrm{d}\boldsymbol{x} > 0,$$

矛盾. □

【387】 试说明在 Riemann 积分意义下平方可积的函数类不是完备空间.

解 设[0,1]中有理数全体

$$[0,1] \cap \mathbb{Q} = \{r_1, r_2, \cdots, r_n, \cdots\},$$

$$I_n = \left(r_n - \frac{1}{2^{n+2}}, r_n + \frac{1}{2^{n+2}}\right) \cap \mathbb{Q}.$$

作函数列 $\{f_n\}$ 如下:

$$f_n(x) = \begin{cases} 1, x \in \bigcup_{k=1}^{n} I_k, \\ 0, x \in [0,1] - \bigcup_{k=1}^{n} I_k. \end{cases}$$

易见,当 $n < m$ 时,有

$$\begin{aligned} \mathrm{d}(f_n, f_m) &= \| f_n - f_m \|_2 = \left[\int_0^1 |f_n(x) - f_m(x)| \mathrm{d}x\right]^{\frac{1}{2}} \\ &\leqslant \left[\sum_{k=n+1}^{m} m(I_k)\right]^{\frac{1}{2}} \leqslant \left[\sum_{k=n+1}^{m} \frac{1}{2^{k+1}}\right]^{\frac{1}{2}} \\ &\leqslant \left(\frac{1}{2^{n+1}}\right)^{\frac{1}{2}} = \left(\frac{1}{\sqrt{2}}\right)^{n+1}. \end{aligned}$$

由此知 $\{f_n\}$ 在度量 d 下为 Cauchy 列,即

$$\lim_{n,m \to +\infty} \mathrm{d}(f_n, f_m) = 0.$$

但不存在 g 在 Riemann 积分意义下平方可积,且在 Riemann 意义下, $\mathrm{d}(f_n, g) \to 0 (n \to +\infty)$.

事实上,若有,记为 g,s. t. $d(f_n,g)=\|f_n-g\|_2=\left[(\mathrm{R})\int_0^1|f_n(x)-g(x)|^2\mathrm{d}x\right]^{\frac{1}{2}}\to 0(n\to+\infty)$. 由此可推得在$[0,1]$上,$f_n\underset{m}{\Rightarrow}g$(即 f_n 度量(依测度)收敛于 g). 根据 Riesz 定理 3.2.3,$\{f_n\}$有子列几乎处处收敛于 g. 又 f_n 对每个固定的 $x\in[0,1]$关于 n 单调增,故 $\lim\limits_{n\to+\infty}f_n(x)$存在有限,记

$$f(x)=\lim_{n\to+\infty}f_n(x)=\begin{cases}1,x\in\bigcup\limits_{n=1}^{\infty}I_n,\\0,x\in[0,1]-\bigcup\limits_{n=1}^{\infty}I_n,\end{cases}$$

则

$$f(x)\underset{m}{\doteq}g(x),x\in[0,1].$$

设 $f(x)=g(x),x\in[0,1]-E$,其中 $m(E)=0$.

显然,$\bigcup\limits_{n=1}^{\infty}I_n$ 为$[0,1]$中稠密的开集,故$\bigcup\limits_{n=1}^{\infty}I_n-E$ 仍为$[0,1]$中的稠密集,且

$$0<m\left(\bigcup_{n=1}^{\infty}I_n-E\right)=m\left(\bigcup_{n=1}^{\infty}I_n\right)\leqslant\sum_{n=1}^{\infty}m(I_n)\leqslant\sum_{n=1}^{\infty}\frac{1}{2^{n+1}}=\frac{1}{2}.$$

$$\begin{aligned}m\left([0,1]-E-\bigcup_{n=1}^{\infty}I_n\right)&=m\left([0,1]-\bigcup_{n=1}^{\infty}I_n\right)=m([0,1])-m\left(\bigcup_{n=1}^{\infty}I_n\right)\\&\geqslant 1-\frac{1}{2}=\frac{1}{2}>0.\end{aligned}$$

于是,对 $\forall x\in[0,1]-E-\bigcup\limits_{n=1}^{\infty}I_n$,必有 $x_n\in\bigcup\limits_{n=1}^{\infty}I_n-E$,s. t. $\lim\limits_{n\to+\infty}x_n=x$,从而

$$\lim_{n\to+\infty}g(x_n)=\lim_{n\to+\infty}f(x_n)=\lim_{n\to+\infty}1=1\neq 0=f(x)=g(x),$$
$$\lim_{n\to+\infty}g^2(x_n)=\lim_{n\to+\infty}f^2(x_n)=\lim_{n\to+\infty}1=1\neq 0=f^2(x)=g^2(x).$$

由此知,g,g^2 在 $x\in[0,1]-E-\bigcup\limits_{n=1}^{\infty}I_n$ 处不连续. 这表明 g 在 Riemann 积分意义下平方不可积,矛盾. □

【388】 设 $m(E)=1$,且$\exists r>0$,s. t. $f\in\mathscr{L}^r(E)$. 证明:当$\int_E\ln|f|\,\mathrm{d}m$ Lebesgue 可积时,有

$$\lim_{p\to0^+}\|f\|_p=\exp\left(\int_E\ln|f|\,\mathrm{d}m\right)=\mathrm{e}^{\int_E\ln|f|\mathrm{d}m}.$$

证明 因为 $f\in\mathscr{L}^r(E)$,$m(E)<+\infty$,故当 $0<p\leqslant r$ 时,由例 4.1.2,必有 $\mathscr{L}^r(E)\subset\mathscr{L}^p(E)$,则 $f\in\mathscr{L}^r(E)\subset\mathscr{L}^p(E)$.

(1) 易知 $\ln t\leqslant t-1,t\in(0,+\infty)$. 以

$$\frac{|f|^p}{\int_E |f|^p \mathrm{d}m}$$

代替 t 在 E 上积分有(下面要求 $\int_E \ln|f|^p \mathrm{d}m = p\int_E \ln|f|\,\mathrm{d}m$ Lebesgue 可积,从而 $\int_E |f|^p \mathrm{d}m > 0$)

$$\begin{aligned}
&\int_E \ln|f|^p \mathrm{d}m - \ln\int_E |f|^p \mathrm{d}m \xlongequal{m(E)=1} \int_E \ln\frac{|f|^p}{\int_E |f|^p \mathrm{d}m}\mathrm{d}m \\
&\leqslant \int_E \left[\frac{|f|^p}{\int_E |f|^p \mathrm{d}m} - 1\right]\mathrm{d}m \\
&= 1 - m(E) = 0, \\
&\int_E \ln|f|^p \mathrm{d}m \leqslant \ln\int_E |f|^p \mathrm{d}m, 0 < \mathrm{e}^{\int_E \ln|f|^p \mathrm{d}m} \leqslant \int_E |f|^p \mathrm{d}m.
\end{aligned}$$

(2) 固定 $y>0$. 因为

$$\frac{\mathrm{d}}{\mathrm{d}p}\frac{y^p-1}{p} = \frac{py^p\ln y - (y^p-1)}{p^2} \geqslant 0$$

(令 $\varphi(p)=py^p\ln y-(y^p-1)$, $\varphi'(p)=y^p\ln y+py^p(\ln y)^2-y^p\ln y=py^p(\ln y)^2\geqslant 0$, $\varphi(p)$ 单调增,故 $\varphi(p)\geqslant\varphi(0)=0$),故 $\frac{y^p-1}{p}$ 当 $p\searrow 0^+$ 时是单调减的. 因此, $\lim\limits_{p\to 0^+}\frac{y^p-1}{p}$ 存在,且

$$\lim_{p\to 0^+}\frac{y^p-1}{p} = \lim_{p\to 0^+}\frac{y^p\ln y}{1} = \ln y.$$

(3) 容易看到

$$\begin{aligned}
\frac{1}{p}\int_E (|f|^p - 1)\mathrm{d}m &= \frac{1}{p}\left(\int_E |f|^p \mathrm{d}m - 1\right) \\
&\overset{(t-1\geqslant \ln t)}{\geqslant} \frac{1}{p}\ln\int_E |f|^p \mathrm{d}m \\
&\overset{\text{由(1)}}{\geqslant} \frac{1}{p}\int_E \ln|f|^p \mathrm{d}m = \int_E \ln|f|\,\mathrm{d}m.
\end{aligned}$$

(4) 因为

$$\frac{|f|^p-1}{p} - \ln|f|$$

当 $p\searrow 0^+$ 时是非负单调减的,且

$$\lim_{p\to 0^+}\left[\frac{|f|^p-1}{p} - \ln|f|\right] = 0,$$

$$0 \leqslant \int_E \left[\frac{|f|^p-1}{p} - \ln|f|\right]\mathrm{d}m < +\infty.$$

根据题[208]或定理 3.4.1′,知

$$\lim_{p\to 0^+}\int_E\left[\frac{|f|^p-1}{p}-\ln|f|\right]\mathrm{d}m=\int_E\lim_{p\to 0^+}\left[\frac{|f|^p-1}{p}-\ln|f|\right]\mathrm{d}m$$
$$=\int_E 0\mathrm{d}m=0,$$
$$\lim_{p\to 0^+}\int_E\frac{|f|^p-1}{p}\mathrm{d}m=\int_E\ln|f|\mathrm{d}m.$$

由此推得

$$\int_E\ln|f|\mathrm{d}m=\lim_{p\to 0^+}\int_E\frac{|f|^p-1}{p}\mathrm{d}m\overset{\text{由(3)}}{\geqslant}\lim_{p\to 0^+}\ln\left[\int_E|f|^p\mathrm{d}m\right]^{\frac{1}{p}}$$
$$=\lim_{p\to 0^+}\ln\|f\|_p\geqslant\int_E\ln|f|\mathrm{d}m,$$
$$\ln\lim_{p\to 0^+}\|f\|_p=\lim_{p\to 0^+}\ln\|f\|_p=\int_E\ln|f|\mathrm{d}m,$$
$$\lim_{p\to 0^+}\|f\|_p=\mathrm{e}^{\ln\lim\limits_{p\to 0^+}\|f\|_p}=\mathrm{e}^{\int_E\ln|f|\mathrm{d}m}.$$ □

【389】 设 $m(E)>0$.

(1) 若 $f\in\mathscr{L}^p(E)$, $1\leqslant p<+\infty$,则 $\exists\, g\in\mathscr{L}^{p'}(E)$($p'$为 p 的共轭指标),且 $\|g\|_{p'}=1$, s. t.

$$\|f\|_p=\int_E f(x)g(x)\mathrm{d}x.$$

(2) 若 $f\in\mathscr{L}^\infty(E)$,则

$$\|f\|_\infty=\sup_{\|g\|_1=1}\left\{\left|\int_E f(x)g(x)\mathrm{d}x\right|\right\}.$$

(3) 举例说明,对 $f\in\mathscr{L}^\infty(E)$,不一定 $\exists\, g\in\mathscr{L}^1(E)$,且 $\|g\|_1=1$, s. t.

$$\|f\|_\infty=\int_E f(x)g(x)\mathrm{d}x,\quad \|f\|_\infty=\left|\int_E f(x)g(x)\mathrm{d}x\right|.$$

证明 (1) 当 $\|f\|_p=0\Leftrightarrow f(x)\underset{m}{\doteq}0$, $x\in E$ 时,对 $\forall\, g\in\mathscr{L}^{p'}(E)$,且 $\|g\|_{p'}=1$,有

$$\|f\|_p=0=\int_E 0\cdot g(x)\mathrm{d}x=\int_E f(x)g(x)\mathrm{d}x=0.$$

当 $\|f\|_p=0\Leftrightarrow f(x)\underset{m}{\dot{\neq}}0$, $x\in E$ 时,令

$$g(x)=\operatorname{sign}f(x),$$

则 $\|g\|_\infty=1$,且有

$$\int_E f(x)g(x)\mathrm{d}x=\int_E|f(x)|\mathrm{d}x=\|f\|_1;$$

如果 $1<p<+\infty$. 此时, $f(x)\underset{m}{\dot{\neq}}0\Leftrightarrow\|f\|_p\neq 0$. 令

$$g(x)=\left[\frac{|f(x)|}{\|f\|_p}\right]^{p-1}\cdot\operatorname{sign}f(x),$$

则有

$$\int_E |g(x)|^{p'}\mathrm{d}x=\int_E\left[\frac{|f(x)|}{\|f\|_p}\right]^{p'(p-1)}\mathrm{d}x=\frac{1}{\|f\|_p^p}\int_E |f(x)|^p\mathrm{d}x=1,$$

$$\|g\|_{p'}=1,$$

$$\int_E f(x)g(x)\mathrm{d}x=\int_E |f(x)|\left[\frac{|f(x)|}{\|f\|_p}\right]^{p-1}\mathrm{d}x=\|f\|_p.$$

(2) 当 $\|f\|_\infty=0\Leftrightarrow f(x)\underset{m}{\doteq}0, x\in E$ 时，则

$$\|f\|_\infty=0=\sup_{\|g\|_1=1}\left\{\left|\int_E 0\cdot g(x)\mathrm{d}x\right|\right\}$$

$$=\sup_{\|g\|_1=1}\left\{\left|\int_E f(x)g(x)\mathrm{d}x\right|\right\}$$

当 $\|f\|_\infty>0\Leftrightarrow f(x)\underset{m}{\dot{\neq}}0, x\in E$ 时，对任何 $0<M<\|f\|_\infty$，根据 $\|\cdot\|_\infty$ 的定义，存在 E 中的子集 A，s. t. $m(A)>0$，且

$$|f(x)|>M, \forall x\in A.$$

令

$$g(x)=\frac{1}{m(A)}\chi_A(x)\cdot\operatorname{sign} f(x),$$

则

$$\|g\|_1=\int_E |g(x)|\mathrm{d}x=\frac{1}{m(A)}\int_E\chi_A(x)\mathrm{d}x=\frac{1}{m(A)}\cdot m(A)=1,$$

$$\begin{aligned}\int_E f(x)g(x)\mathrm{d}x&=\frac{1}{m(A)}\int_E f(x)\cdot\chi_A(x)\cdot\operatorname{sign} f(x)\mathrm{d}x\\&=\frac{1}{m(A)}\int_A |f(x)|\mathrm{d}x>\frac{1}{m(A)}\int_A M\mathrm{d}x=M.\end{aligned}$$

由 M 任取

$$\int_E f(x)g(x)\mathrm{d}x\geqslant\|f\|_\infty,$$

$$\sup_{\|g\|_1=1}\left\{\left|\int_E f(x)g(x)\mathrm{d}x\right|\right\}\geqslant\|f\|_\infty.$$

另一方面，当 $\|g\|_1=1$ 时，由 Hölder 不等式，有

$$\left|\int_E f(x)g(x)\mathrm{d}x\right|\leqslant\|f\|_\infty\|g\|_1=\|f\|_\infty,$$

$$\sup_{\|g\|_1=1}\left\{\left|\int_E f(x)g(x)\mathrm{d}x\right|\right\}\leqslant\|f\|_\infty.$$

综上得到

$$\|f\|_\infty=\sup_{\|g\|_1=1}\left\{\left|\int_E f(x)g(x)\mathrm{d}x\right|\right\}.$$

(3) 令 $E=[0,1]$，$f(x)=x$，则 $\|f\|_\infty=1$. 此时，对 $\forall g\in\mathscr{L}^1(E)$，且 $\|g\|_1=1$，有

$$\int_0^1 f(x)g(x)\mathrm{d}x\leqslant\left|\int_0^1 x\,|g(x)|\,\mathrm{d}x<\int_0^1|g(x)|\,\mathrm{d}x\right.$$

$$=\|g\|_1=1=\|f\|_\infty,$$

$$\|f\|_\infty\neq\int_E f(x)g(x)\mathrm{d}x,\qquad \|f\|_\infty\neq\left|\int_E f(x)g(x)\mathrm{d}x\right|.$$

这就是所要求的反例. □

【390】 设 $f(x)$ 为 E 上的可测函数. 若对 $\forall g\in\mathscr{L}^p(E)(1\leqslant p\leqslant+\infty)$，必有 $f\cdot g\in\mathscr{L}(E)$. 证明：$f\in\mathscr{L}^{p'}(E)$（$p'$为 p 的共轭指标）.

证明 （反证）假设 $f\notin\mathscr{L}^{p'}(E)$，则 $\|f\|_{p'}=+\infty$. 根据[389](1) $\exists\{g_n\}\subset\mathscr{L}^p(E)$，s. t. $\|g_n\|_p=1$，且

$$\int_E|fg_n|\,\mathrm{d}m\geqslant\int_{E_n}|fg_n|\,\mathrm{d}m\geqslant\left|\int_E fg_n\mathrm{d}m\right|=\|f\|_{p'E_n}\geqslant n^3.$$

作

$$g=\sum_{n=1}^\infty\frac{1}{n^2}|g_n|.$$

于是，有

$$\|g\|_p=\left\|\sum_{n=1}^\infty\frac{1}{n^2}|g_n|\right\|_p\overset{\text{定理4.1.5}}{\leqslant}\sum_{n=1}^\infty\frac{1}{n^2}\|g_n\|_p$$

$$=\sum_{n=1}^\infty\frac{1}{n^2}\cdot 1=\sum_{n=1}^\infty\frac{1}{n^2}<+\infty,g\in\mathscr{L}^p(E).$$

然而

$$\int_E|fg|\,\mathrm{d}m=\int_E\sum_{n=1}^\infty\frac{1}{n^2}|fg_n|\,\mathrm{d}m$$

$$=\sum_{n=1}^\infty\frac{1}{n^2}\int_E|fg_n|\,\mathrm{d}m$$

$$\geqslant\sum_{n=1}^\infty\frac{1}{n^2}\cdot n^3$$

$$=\sum_{n=1}^\infty n=+\infty.$$

即 $\int_E|fg|\,\mathrm{d}m=+\infty$. 这就表明 $|fg|\notin\mathscr{L}(E)$. 根据定理 3.3.12，$fg\notin\mathscr{L}(E)$，这与题设 $fg\in\mathscr{L}(E)$ 相矛盾. □

【391】 设 $f\in\mathscr{L}^p(\mathbb{R}^n)(1\leqslant p<+\infty)$. 令

$$f_*(\lambda)=m(\{x\in\mathbb{R}^n\mid|f(x)|>\lambda\}),\lambda>0.$$

证明：(1) $\lim\limits_{\lambda\to+\infty}\lambda^p f_*(\lambda)=0$；　(2) $\lim\limits_{\lambda\to 0^+}\lambda^p f_*(\lambda)=0$.

证明 (1) 因为

$$p\int_0^{+\infty}\lambda^{p-1}f_*(\lambda)\mathrm{d}\lambda \xlongequal{\text{题[305]}} \int_{\mathbb{R}^n}|f(x)|^p\mathrm{d}x<+\infty.$$

所以,对 $\forall\,\varepsilon>0,\exists\,A>0$,当 $\lambda>\dfrac{A}{2}$ 时,有

$$\int_\lambda^{+\infty}t^{p-1}f_*(t)\mathrm{d}t<\frac{\varepsilon}{2^p}.$$

于是,当 $\lambda>A$ 时,由于 f_* 单调减,故

$$\frac{\varepsilon}{2^p}>\int_{\frac{\lambda}{2}}^{\lambda}t^{p-1}f_*(t)\mathrm{d}t\geqslant\left(\frac{\lambda}{2}\right)^{p-1}f_*(\lambda)\cdot\frac{\lambda}{2}=\frac{1}{2^p}\lambda^p f_*(\lambda),$$

即

$$0\leqslant\lambda^p f_*(\lambda)<\varepsilon.$$

根据极限定义,知

$$\lim_{\lambda\to+\infty}\lambda^p f_*(\lambda)=0.$$

(2) 对 $\forall\,\varepsilon>0,\exists\,\delta>0$,当 $0<\lambda<\delta$ 时,有

$$\int_0^\lambda t^{p-1}f_*(t)\mathrm{d}t<\frac{\varepsilon}{2^p}.$$

于是,当 $0<\lambda<\delta$ 时,由于 f_* 单调减,故

$$\frac{\varepsilon}{2^p}>\int_{\frac{\lambda}{2}}^{\lambda}t^{p-1}f_*(t)\mathrm{d}t\geqslant\left(\frac{\lambda}{2}\right)^{p-1}f_*(\lambda)\,\frac{\lambda}{2}=\frac{1}{2^p}\lambda^p f_*(\lambda),$$

$$0\leqslant\lambda^p f_*(\lambda)<\varepsilon.$$

根据极限定义,知

$$\lim_{\lambda\to0^+}\lambda^p f_*(\lambda)=0.$$ □

【392】 设 $\{\varphi_k\}$ 为 $\mathscr{L}^2(\mathbb{R}^n)$ 中的规范正交系. 令

$$E=\{\boldsymbol{x}\in\mathbb{R}^n\mid\lim_{k\to+\infty}\varphi_k(\boldsymbol{x})\text{ 存在}\}.$$

$$f(\boldsymbol{x})=\begin{cases}\lim\limits_{k\to+\infty}\varphi_k(\boldsymbol{x}), & \boldsymbol{x}\in E,\\ 0, & \boldsymbol{x}\notin E.\end{cases}$$

证明:$f(\boldsymbol{x})\underset{m}{\doteq}0,\boldsymbol{x}\in\mathbb{R}^n$.

证明 首先应指出的是根据定理 3.1.4 和定理 3.1.1,知

$$\begin{aligned}E&=\{\boldsymbol{x}\in\mathbb{R}^n\mid\lim_{k\to+\infty}\varphi_k(\boldsymbol{x})\text{ 存在}\}\\&=\{\boldsymbol{x}\in\mathbb{R}^n\mid\overline{\lim_{k\to+\infty}}\varphi_k(\boldsymbol{x})=\underline{\lim_{k\to+\infty}}\varphi_k(\boldsymbol{x})\}\\&=\{\boldsymbol{x}\in\mathbb{R}^n\mid\overline{\lim_{k\to+\infty}}\varphi_k(\boldsymbol{x})-\underline{\lim_{k\to+\infty}}\varphi_k(\boldsymbol{x})=0\}\\&=\{\boldsymbol{x}\in\mathbb{R}^n\mid\overline{\lim_{k\to+\infty}}\varphi_k(\boldsymbol{x})-\underline{\lim_{k\to+\infty}}\varphi_k(\boldsymbol{x})\geqslant0\}\\&\qquad\bigcap\{\boldsymbol{x}\in\mathbb{R}^n\mid\overline{\lim_{k\to+\infty}}\varphi_k(\boldsymbol{x})-\underline{\lim_{k\to+\infty}}\varphi_k(\boldsymbol{x})\leqslant0\}\\&=E^+\bigcap E^-\end{aligned}$$

为 Lebesgue 可测集. 因此,$f(x)$为 Lebesgue 可测函数,而 E^+,E^- 都为 Lebesgue 可测集.

任给$\mathbb{R}^n$ 中的 Lebesgue 可测集 A,$0<m(A)<+\infty$. 由 Bessel 不等式

$$\sum_{n=1}^{\infty}\langle \chi_{E^+\cap A},\varphi_k\rangle^2\leqslant\int_{\mathbb{R}^n}\left[\chi_{E^+\cap A}(\boldsymbol{x})\right]^2\mathrm{d}\boldsymbol{x}\leqslant m(A)<+\infty$$

或 Parseval 等式

$$\sum_{n=1}^{\infty}\langle \chi_{E^+\cap A},\varphi_k\rangle^2=\int_{\mathbb{R}^n}\left[\chi_{E^+\cap A}(\boldsymbol{x})\right]^2\mathrm{d}\boldsymbol{x}\leqslant m(A)<+\infty$$

可看出

$$\lim_{k\to+\infty}\langle \chi_{E^+\cap A},\varphi_k\rangle=0.$$

于是

$$\begin{aligned}0\leqslant\int_A f^+(\boldsymbol{x})\mathrm{d}\boldsymbol{x}&=\int_A\lim_{k\to+\infty}\chi_{E^+}(\boldsymbol{x})\cdot\varphi_k(\boldsymbol{x})\mathrm{d}\boldsymbol{x}\\&\overset{\text{Fatou引理}}{\leqslant}\varliminf_{k\to+\infty}\int_A\chi_{E^+}(\boldsymbol{x})\cdot\varphi_k(\boldsymbol{x})\mathrm{d}\boldsymbol{x}\\&=\lim_{k\to+\infty}\langle\chi_{E^+\cap A},\varphi_k\rangle=0,\\\int_A f^+(\boldsymbol{x})\mathrm{d}\boldsymbol{x}&=0.\end{aligned}$$

由 A 的任意性知,$f^+(\boldsymbol{x})\underset{m}{\doteq}0,\boldsymbol{x}\in\mathbb{R}^n$. 同理可证 $f^-(\boldsymbol{x})\underset{m}{\doteq}0$. 因此

$$f(\boldsymbol{x})=f^+(\boldsymbol{x})-f^-(\boldsymbol{x})\underset{m}{\doteq}0,\boldsymbol{x}\in\mathbb{R}^n.$$ □

【393】 设 $f_k\in\mathscr{L}^p(E)$,$k=1,2,\cdots,1\leqslant p<+\infty$,且有

$$\sum_{k=1}^{\infty}\|f_k\|_p<+\infty.$$

证明:

$$\sum_{k=1}^{\infty}|f_k(\boldsymbol{x})|\underset{m}{\dot{<}}+\infty,\boldsymbol{x}\in E.$$

若记

$$f(\boldsymbol{x})=\sum_{k=1}^{\infty}f_k(\boldsymbol{x}),$$

则有

$$\|f\|_p\leqslant\sum_{k=1}^{\infty}\|f_k\|_p,$$

$$\lim_{N\to+\infty}\left\|\sum_{k=1}^{N}f_k-f\right\|_p=0.$$

证明　根据定理 4.1.5,有

$$\|f\|_p=\|\sum_{k=1}^{\infty}f_k\|\leqslant\sum_{k=1}^{\infty}\|f_k\|_p<+\infty.$$

又从

$$\|\sum_{k=1}^{\infty}|f_k|\|_p\leqslant\sum_{k=1}^{\infty}\||f_k|\|_p=\sum_{k=1}^{\infty}\|f_k\|_p<+\infty,$$

立知

$$\sum_{k=1}^{\infty}|f_k(x)|\dot{\underset{m}{<}}+\infty,x\in E.$$

因为 $\sum_{k=1}^{\infty}\|f_k\|_p<+\infty$，故

$$0\leqslant\|\sum_{k=1}^{N}f_k-f\|_p=\|\sum_{k=N+1}^{\infty}f_k\|_p\leqslant\sum_{k=N+1}^{\infty}\|f_k\|_p\to 0(N\to+\infty),$$

$$\lim_{N\to+\infty}\|\sum_{k=1}^{N}f_k-f\|_p=0.$$

□

【394】 设 $f_k\in\mathscr{L}^1(E)\cap\mathscr{L}^\infty(E)$，$f\in\mathscr{L}^1(E)$. 若有

$$\lim_{k\to+\infty}\|f_k-f\|_1=0,\sup_k\|f_k\|_\infty<+\infty.$$

证明：对 $1<p<+\infty$，有

$$f\in\mathscr{L}^p(E)\cap\mathscr{L}^\infty(E),\lim_{k\to+\infty}\|f_k-f\|_p=0.$$

证明 (1) 因为 $\lim\limits_{k\to+\infty}\|f_k-f\|_1=0$，所以在 E 上，$f_k\underset{m}{\Rightarrow}f(k\to+\infty)$. 再根据 Riesz 定理 3.2.3，$\exists\{f_{k_i}\}$，s. t. $f_{k_i}\xrightarrow[m]{\cdot}f(i\to+\infty)$. 又

$$\sup_k\|f_k\|_\infty=M<+\infty,$$

所以 $|f_k(x)|\dot{\underset{m}{\leqslant}}M$，$|f(x)|\underset{m}{\doteq}|\lim\limits_{i\to+\infty}f_{k_i}(x)|\dot{\underset{m}{\leqslant}}M$，$\|f\|_\infty\leqslant M<+\infty$，即 $f\in\mathscr{L}^1(E)\cap\mathscr{L}^\infty(E)$.

(2) 对 $1<p<+\infty$，记 $A_k=\{x\in E\,|\,|f_k(x)|\geqslant 1\}$，由 $f_k\in\mathscr{L}^1(E)$ 知，$m(A_k)<+\infty$. 于是，

$$\begin{aligned}\int_E|f_k|^p\mathrm{d}x&=\int_{A_k}|f_k|^p\mathrm{d}x+\int_{E-A_k}|f_k|^p\mathrm{d}x\\&\leqslant M^pm(A_k)+\int_E|f_k|\,\mathrm{d}x<+\infty,\\&f_k\in\mathscr{L}^p(E).\end{aligned}$$

(3) 记 $E_k=\{x\in E\,|\,|(f_k-f)(x)|\geqslant 1\}$，有

$$\begin{aligned}\int_E|f_k-f|^p\mathrm{d}x&=\int_{E_k}|f_k-f|^p\mathrm{d}x+\int_{E-E_k}|f_k-f|^p\mathrm{d}x\\&\leqslant(2M)^pm(E_k)+\int_E|f_k-f|\,\mathrm{d}x\\&=(2M)^pm(E_k)+\|f_k-f\|_1.\end{aligned}$$

注意到 $f_k\underset{m}{\Rightarrow}f(k\to+\infty)$，推得 $m(E_k)\to 0(k\to+\infty)$，又 $\|f_k-f\|_1\to 0(k\to+\infty)$，所以

$$\lim_{k\to+\infty}\|f_k-f\|_p=0,f_k-f\in\mathscr{L}^p(E).$$

由此和(2)得到

$$f = f_k - (f_k - f) \in \mathscr{L}^p(E). \qquad \square$$

【395】 设$\{f_n(x)\}$为$\mathscr{L}^2([0,1])$中的绝对连续函数列，且$f'_n \in \mathscr{L}^2([0,1])$. 又$\exists f,g\in \mathscr{L}^2([0,1])$，满足：

$$\lim_{n\to+\infty} \| f_n - f \|_2 = 0, \quad \lim_{n\to+\infty} \| f'_n - g \|_2 = 0.$$

证明：(1) $f(x)$在$[0,1]$上关于 Lebesgue 测度几乎处处等于一个绝对连续函数.

(2) 如果f在$[0,1]$上几乎处处可导，则

$$f'(x) \underset{m}{\doteq} g(x), x \in [0,1].$$

证明 (1) 由$\lim\limits_{n\to+\infty} \| f_n - f \|_2 = 0$，易知$f_n \underset{m}{\Rightarrow} f$. 根据 Riesz 定理 3.2.3，存在子列$\{f_{n_k}\}$在$[0,1]$上几乎处处收敛于$f$. 不妨设$f_{n_k}(a)\to f(a)(k\to+\infty)$. 作函数(注意：$g\in\mathscr{L}^2([0,1])$蕴涵着$g\in\mathscr{L}([0,1])$)

$$h(x) = \int_a^x g(t)\mathrm{d}t + f(a).$$

注意到f_n为绝对连续函数，故有

$$f_{n_k}(x) = \int_a^x f'_{n_k}(t)\mathrm{d}t + f_{n_k}(a).$$

于是

$$\begin{aligned} 0 &\leqslant \| f - h \|_2 \leqslant \| f - f_{n_k} \|_2 + \| f_{n_k} - h \|_2 \\ &\leqslant \| f - f_{n_k} \|_2 + \left\| \int_a^x | f'_{n_k}(t) - g(t) | \mathrm{d}t \right\|_2 + \| f_{n_k}(a) - f(a) \|_2 \\ &\overset{\text{Cauchy-Schwarz}}{\leqslant} \| f - f_{n_k} \|_2 + \| f'_{n_k} - g \|_2 + | f_{n_k}(a) - f(a) |. \end{aligned}$$

令$k\to+\infty$即知，在$[0,1]$上，有

$$0 \leqslant \| f - h \|_2 \leqslant 0, \quad \| f - h \|_2 = 0,$$

$$f(x) \doteq h(x), x \in [0,1].$$

这表明$f(x)$在$[0,1]$上关于 Lebesgue 测度几乎处处等于绝对连续函数$h(x)$.

(2) 如果f在$[0,1]$上几乎处处可导，则在$[0,1]$上，根据定理 3.8.7，有

$$f'(x) \underset{m}{\doteq} h'(x) \underset{m}{\doteq} g(x), x \in [0,1]. \qquad \square$$

【396】 设$\{\varphi_i(x)\}$为$\mathscr{L}^2(A)$上规范正交的完全系，而$\{\psi_k(y)\}$为$\mathscr{L}^2(B)$上规范正交的完全系. 证明：

$$\{f_{i,k}(x,y)\} = \{\varphi_i(x)\cdot\psi_k(y)\}$$

为空间$\mathscr{L}^2(A\times B)$上的规范正交的完全系.

证明 因为$\{\varphi_i(x)\}$为$\mathscr{L}^2(A)$上的规范正交系，而$\{\psi_k(y)\}$为$\mathscr{L}^2(B)$上的规范正交系，故

$$\begin{aligned} \langle \varphi_i\psi_k, \varphi_j\psi_l \rangle &= \int_{A\times B} \varphi_i(x)\psi_k(y)\cdot\varphi_j(x)\psi_l(y)\mathrm{d}x\mathrm{d}y \\ &\xlongequal{\text{Fubini 定理}} \int_A \varphi_i(x)\varphi_j(x)\mathrm{d}x \int_B \psi_k(y)\psi_l(y)\mathrm{d}y \end{aligned}$$

$$= \langle \varphi_i, \varphi_j \rangle_A \langle \psi_k, \psi_l \rangle_B = \delta_{ij}\delta_{kl},$$

从而,$\{\varphi_i\psi_k\}$为规范正交系.

设 $f(x,y)\in \mathscr{L}^2(A\times B)$,均有

$$\begin{aligned} 0 = \langle f, \varphi_i\psi_k \rangle &= \int_{A\times B} f(x,y)\varphi_i(x)\psi_k(y)\mathrm{d}x\mathrm{d}y \\ &= \int_B \left[\int_A f(x,y)\varphi_i(x)\mathrm{d}x\right]\psi_k(y)\mathrm{d}y \\ &= \langle \int_A f(x,y)\varphi_i(x)\mathrm{d}x, \psi_k(y) \rangle_B. \end{aligned}$$

由于$\{\psi_k(y)\}$为 $\mathscr{L}^2(B)$上的完全系,故

$$\langle f, \varphi_i \rangle_A = \int_A f(x,y)\varphi_i(x)\mathrm{d}x \underset{m}{\doteq} 0, y \in B.$$

再由$\{\varphi_i(x)\}$为 $\mathscr{L}^2(A)$上的完全系,故对几乎所有的 $y\in B$,关于 $x\in A$,$f(x,y)\underset{m}{\doteq}0$. 因此,根据定理 3.7.3,知

$$f(x,y) \underset{m}{\doteq} 0, \quad (x,y) \in A\times B.$$

这就证明了$\{\varphi_i\psi_k\}$为 $\mathscr{L}^2(A\times B)$上的完全系. 从而,它为 $\mathscr{L}^2(A\times B)$上的规范正交的完全系. □

【397】 设$\{\varphi_n\}$为 $\mathscr{L}^2([a,b])$上的规范正交的完全系. 证明: 对$[a,b]$中任一正测子集 E,有

$$\sum_{n=1}^{\infty}\int_E \varphi_n^2(x)\mathrm{d}x \geqslant 1.$$

证明 对$[a,b]$的正测子集 E,考虑函数

$$f(x) = \frac{1}{\sqrt{m(E)}}\chi_E(x).$$

易见

$$\begin{aligned} \| f \|_2 = \left[\int_a^b f^2(x)\mathrm{d}x\right]^{\frac{1}{2}} &= \left[\int_a^b \frac{1}{m(E)}\chi_E(x)\mathrm{d}x\right]^2 \\ &= \left[\frac{1}{m(E)}\cdot m(E)\right]^2 = 1. \end{aligned}$$

记 $C_n = \langle f, \varphi_n \rangle = \int_a^b f(x)\varphi_n(x)\mathrm{d}x$,则有

$$\begin{aligned} 1 = \| f \|_2 = \sum_{n=1}^{\infty} C_n^2 &= \sum_{n=1}^{\infty} \langle f, \varphi_n \rangle^2 \\ &= \sum_{n=1}^{\infty}\left[\int_a^b f(x)\varphi_n(x)\mathrm{d}x\right]^2 \\ &= \sum_{n=1}^{\infty}\left[\int_a^b f(x)\varphi_n(x)\chi_E(x)\mathrm{d}x\right]^2 \end{aligned}$$

$$\overset{\text{Cauchy-Schwarz}}{\leqslant} \sum_{n=1}^{\infty} \| f \|_2 \int_a^b [\varphi_n(x)\chi_E(x)]^2 \mathrm{d}x$$

$$= \sum_{h=1}^{\infty} \int_E \varphi_n^2(x) \mathrm{d}x. \qquad \square$$

【398】 设$\{\varphi_n\}$为 $\mathscr{L}^2([a,b])$中的规范正交的完全系.若$\{\psi_n\}$为 $\mathscr{L}^2([a,b])$中满足:

$$\sum_{n=1}^{\infty} \int_a^b [\varphi_n(x) - \psi_n(x)]^2 \mathrm{d}x < 1$$

的正交系.证明:$\{\psi_n\}$为 $\mathscr{L}^2([a,b])$中完全系.

证明 (反证)假设$\{\psi_n\}$不为完全系,则$\exists f \in \mathscr{L}^2([a,b])$,$\langle f, \psi_n \rangle = 0$,$n=1,2,\cdots$,且 $f \underset{m}{\neq} 0$.不失一般性,设$\| f \|_2 = 1$.记

$$C_n = \langle f, \varphi_n \rangle.$$

由$\{\varphi_n\}$的规范正交性和完全性,知

$$\sum_{n=1}^{\infty} C_n^2 = 1.$$

于是

$$1 = \sum_{n=1}^{\infty} C_n^2 = \sum_{n=1}^{\infty} \langle f, \varphi_n \rangle^2$$

$$= \sum_{n=1}^{\infty} \langle f, \varphi_n - \psi_n \rangle^2$$

$$\overset{\text{Cauchy-Schwarz}}{\leqslant} \sum_{n=1}^{\infty} \| f \|_2^2 \| \varphi_n - \psi_n \|_2^2$$

$$= \sum_{n=1}^{\infty} \int_a^b [\varphi_n(x) - \psi_n(x)]^2 \mathrm{d}x,$$

这与题设

$$\int_a^b [\varphi_n(x) - \psi_n(x)]^2 \mathrm{d}x < 1$$

相矛盾. $\square$

【399】 证明:$\{\sin kx\}$为 $\mathscr{L}^2([0,\pi])$中的完全正交系.

证明 显然

$$\int_0^{\pi} \sin kx \ \sin lx \ \mathrm{d}x = \frac{1}{2} \int_0^{\pi} [\cos(k-l)x - \cos(k+l)x] \mathrm{d}x$$

$$= \begin{cases} \dfrac{1}{2} \displaystyle\int_0^{\pi} (1 - \cos 2kx) \mathrm{d}x = \dfrac{\pi}{2} - \dfrac{1}{2} \dfrac{\sin 2kx}{2k} \Big|_0^{\pi} = \dfrac{\pi}{2}, k = l, \\ \dfrac{1}{2} \left[\dfrac{\sin(k-l)x}{k-l} - \dfrac{\sin(k+l)x}{k+l} \right] \Big|_0^{\pi} = 0, k \neq l. \end{cases}$$

因此,$\{\sin kx\}$为 $\mathscr{L}^2([0,\pi])$中的正交系.

现证$\{\sin kx\}$为$\mathscr{L}^2([0,\pi])$中的完全系.

事实上，$\forall f(x)\in\mathscr{L}^2([0,\pi])$，若$\int_0^\pi f(x)\sin kx\,\mathrm{d}x=0,\forall k\in\mathbb{N}$. 考虑

$$g(x)=f\left(\frac{x}{2}+\frac{\pi}{2}\right),\quad x\in[-\pi,\pi],$$

则有

$$\begin{aligned}
0&=\int_0^\pi f(x)\sin kx\,\mathrm{d}x\\
&\xlongequal{x=\frac{\tilde{x}}{2}+\frac{\pi}{2}}\int_{-\pi}^{\pi} f\left(\frac{\tilde{x}}{2}+\frac{\pi}{2}\right)\sin k\left(\frac{\tilde{x}}{2}+\frac{\pi}{2}\right)\frac{\mathrm{d}\tilde{x}}{2}\\
&=\frac{1}{2}\int_{-\pi}^{\pi} g(\tilde{x})\sin\left(\frac{k}{2}\tilde{x}+\frac{k\pi}{2}\right)\mathrm{d}\tilde{x}\\
&=\begin{cases}\dfrac{(-1)^l}{2}\langle g(x),\sin lx\rangle_{[-\pi,\pi]},k=2l,\\[2mm] \dfrac{(-1)^l}{2}\left\langle g(x),\cos\left(l+\dfrac{1}{2}\right)x\right\rangle_{[-\pi,\pi]},k=2l+1.\end{cases}
\end{aligned}$$

注意到三角函数系为$\mathscr{L}^2([-\pi,\pi])$上的完全系，$g(x)$的 Fourier 展开式中只有余弦项，即$g(x)$几乎处处为偶函数.

进一步考虑$h(x)=g(x)\cos\frac{x}{2}$. 易知，h仍然几乎处处为偶函数，因而，$\langle h(x),\sin lx\rangle=0,l\in\mathbb{N}$. 又

$$\begin{aligned}
\langle h(x),\cos lx\rangle&=\int_{-\pi}^{\pi} h(x)\cos lx\,\mathrm{d}x\\
&=\int_{-\pi}^{\pi} g(x)\cos\frac{x}{2}\cos lx\,\mathrm{d}x\\
&=\frac{1}{2}\left[\int_{-\pi}^{\pi} g(x)\cos\left(l+\frac{1}{2}\right)x\,\mathrm{d}x+\int_{-\pi}^{\pi} g(x)\cos\left(l-\frac{1}{2}\right)x\,\mathrm{d}x\right]\\
&\xlongequal{\text{由上}}\frac{1}{2}(0+0)=0.
\end{aligned}$$

根据三角函数系为$\mathscr{L}^2([-\pi,\pi])$上的完全系知，$h(x)\underset{m}{\doteq}0,x\in[-\pi,\pi]$. 它蕴涵着$g(x)\underset{m}{\doteq}0$，$x\in[-\pi,\pi]$. 从而，也蕴涵着$f(x)\underset{m}{\doteq}0,x\in[0,\pi]$. □

【400】 设$\{\varphi_k\}$为$\mathscr{L}^2([a,b])$中的规范正交系，$|\varphi_k(x)|\leqslant M,k=1,2,\cdots$. 若有数列$\{a_k\}$，s. t. 级数

$$\sum_{k=1}^{\infty}a_k\varphi_k(x)$$

在$[a,b]$上关于 Lebesgue 测度几乎处处收敛. 证明：

$$\lim_{k\to+\infty}a_k=0.$$

证明　因为 $\sum\limits_{k=1}^{\infty}a_k\varphi_k(x)$ 在 $[a,b]$ 上关于 Lebesgue 测度几乎处处收敛，故对 $0<\varepsilon<\frac{1}{M^2+1}$，根据 Егоров 定理 3.2.7，$\exists E\subset[a,b]$，s.t. $m([a,b]-E)<\varepsilon$，且

$$\sum_{k=1}^{n}a_k\varphi_k(x)\rightrightarrows S(x),x\in E\quad(n\to+\infty).$$

特别地，$a_k\varphi_k(x)\rightrightarrows 0,x\in E(n\to+\infty)$. 因 $|\varphi_k(x)|\leqslant M,k=1,2,\cdots$，故

$$a_k\int_E\varphi_k^2(x)\mathrm{d}x=\int_E a_k\varphi_k^2(x)\mathrm{d}x\to 0(k\to+\infty).$$

又

$$\begin{aligned}\int_E\varphi_k^2(x)\mathrm{d}x&=\int_a^b\varphi_k^2(x)\mathrm{d}x-\int_{[a,b]-E}\varphi_k^2(x)\mathrm{d}x\\&\geqslant 1-M^2\cdot m([a,b]-E)\geqslant 1-M^2\cdot\varepsilon\\&\geqslant 1-M^2\cdot\frac{1}{M^2+1}=\frac{1}{M^2+1},\end{aligned}$$

所以

$$\lim_{k\to+\infty}a_k=0.$$
□

【401】　设 $\{\varphi_k\}$ 为 $\mathscr{L}^2(E)$ 中的规范正交的完全系. 令

$$f\in\mathscr{L}^2(E),c_k=\langle f,\varphi_k\rangle,f(\boldsymbol{x})\sim\sum_{k=1}^{\infty}c_k\varphi_k(\boldsymbol{x}).$$

证明：对 E 中的任何可测子集 E_1 有

$$\int_{E_1}f(\boldsymbol{x})\mathrm{d}\boldsymbol{x}=\sum_{k=1}^{\infty}c_k\int_{E_1}\varphi_k(\boldsymbol{x})\mathrm{d}\boldsymbol{x},$$

即 $f(\boldsymbol{x})$ 的广义 Fourier 级数可以逐项积分.

证明　证法 1（见参考文献[1]定理 4.2.9 证明）任取 $g\in\mathscr{L}^2(E)$，其广义 Fourier 级数为

$$g(\boldsymbol{x})\sim\sum_{k=1}^{\infty}\alpha_k\varphi_k(\boldsymbol{x}).$$

将 $g(\boldsymbol{x})$ 的广义 Fourier 系数

$$\alpha_k=\int_E g(\boldsymbol{x})\varphi_k(\boldsymbol{x})\mathrm{d}\boldsymbol{x},k=1,2,\cdots$$

代入推广的 Parseval 等式（定理 4.2.8），即得

$$\int_E f(\boldsymbol{x})g(\boldsymbol{x})\mathrm{d}\boldsymbol{x}=\sum_{k=1}^{\infty}c_k\alpha_k=\sum_{k=1}^{\infty}c_k\int_E g(\boldsymbol{x})\varphi_k(\boldsymbol{x})\mathrm{d}\boldsymbol{x}.$$

上式对 $\forall g\in\mathscr{L}^2(E)$ 都成立. 今取 g 为 E_1 的特征函数

$$\chi_{E_1}(\boldsymbol{x})=\begin{cases}1,\boldsymbol{x}\in E_1,\\0,\boldsymbol{x}\in E-E_1.\end{cases}$$

则上式就变成

$$\int_{E_1} f(x)\mathrm{d}x = \int_E f(x)\chi_{E_1}(x)\mathrm{d}x$$

$$= \sum_{k=1}^{\infty} c_k\alpha_k$$

$$= \sum_{k=1}^{\infty} c_k\int_E \chi_{E_1}(x)\varphi_k(x)\mathrm{d}x$$

$$= \sum_{k=1}^{\infty} c_k\int_{E_1} \varphi_k(x)\mathrm{d}x.$$

证法 2　令 $S_n = \sum_{k=1}^{n} c_k\varphi_k(x)$，$c_k = \langle f,\varphi_k\rangle$，$k=1,2,\cdots$. 根据定理 4.2.7，有

$$\| S_n - f \|_2 \to 0(n\to+\infty).$$

特别地有

$$\int_{E_1} | S_n - f |^2\mathrm{d}x \to 0(n\to+\infty).$$

再根据内积的连续性定理 4.2.2 得到

$$\int_{E_1} f(x)\mathrm{d}x = \langle f,1\rangle_{E_1} \xlongequal{\text{定理 4.2.2}} \lim_{n\to+\infty}\langle S_n,1\rangle_{E_1}$$

$$= \lim_{n\to+\infty}\int_{E_1}\left[\sum_{k=1}^{n} c_k\varphi_k(x)\right]\cdot 1\ \mathrm{d}x$$

$$= \lim_{n\to+\infty}\sum_{k=1}^{n}\int_{E_1} c_k\varphi_k(x)\mathrm{d}x$$

$$= \sum_{k=1}^{\infty}\int_{E_1} c_k\varphi_k(x)\mathrm{d}x. \qquad \square$$

【402】　设 $\mathscr{X} = \left\{ f\in C^\infty([0,1]) \mid f(0)=0, \int_0^1 \frac{f(x)}{x}\mathrm{d}x = 0 \right\}$. 证明：$\mathscr{X}$ 在 $\mathscr{L}^2([0,1])$ 中稠密.

证明　易知 $[0,1]$ 上 C^∞ 函数组 $\{x\sin 2n\pi x, x\cos 2n\pi x \mid n\in\mathbb{N}\}\subset\mathscr{X}$，根据参考文献[1]定理 4.2.12 证明知，它是一个线性无关的函数组. 将此函数组进行 Gram-Schmidt 规范正交化后得函数系 $\{\varphi_k(x) \mid k\in\mathbb{N}\}$. 下证 $\{\varphi_k(x)\}$ 为完全系. 事实上，若 $f\in\mathscr{L}^2([0,1])$，且 $\langle f,\varphi_k\rangle = 0$，$k=1,2,\cdots$，则有

$$\langle f, x\sin 2n\pi x\rangle = 0 = \langle f, x\cos 2nx\rangle,\quad n=1,2,\cdots.$$

它等价于

$$\langle f(x)\cdot x, \sin 2n\pi x\rangle = 0 = \langle f(x)\cdot x, \cos 2n\pi x\rangle,\quad n=1,2,\cdots$$

由 $\{1, \sin 2n\pi x, \cos 2n\pi x \mid n\in\mathbb{N}\}$ 在 $\mathscr{L}^2([0,1])$ 上的完全性，知

$$xf(x) \underset{m}{\doteq} c(\text{常数}).$$

由此得到 $f(x)\underset{m}{\doteq}\frac{c}{x}\in\mathscr{L}^2([0,1])$，从而 $\int_0^1 f^2(x)\mathrm{d}x=\int_0^1\frac{c^2}{x^2}\mathrm{d}x<+\infty$，必须有常数 $c=0$. 这意味着 $f(x)\underset{m}{\doteq}0, x\in[0,1]$. 它表明 $\{\varphi_k\}$ 为 $\mathscr{L}^2([0,1])$ 上的完全系.

根据 $\{\varphi_k\}$ 在 $\mathscr{L}^2([0,1])$ 上的规范正交性与完全性，并应用定理 4.2.7，对 $\forall g\in\mathscr{L}^2([0,1])$ 及 $\forall\varepsilon>0$，$\exists S_n=\sum\limits_{k=1}^n\langle g,\varphi_k\rangle\varphi_k$, s. t.

$$\|S_n-g\|_2<\varepsilon.$$

易知，$S_n\in\mathscr{X}$，故 $\mathscr{X}$ 在 $\mathscr{L}^2([0,1])$ 中稠密. □

【403】 设 $K(\boldsymbol{x},\boldsymbol{y})$ 为 $\mathbb{R}^n\times\mathbb{R}^n$ 上的可测函数，且 $\exists M$, s. t.

$$\int_{\mathbb{R}^n}|K(\boldsymbol{x},\boldsymbol{y})|\,\mathrm{d}\boldsymbol{y}\underset{m}{\dot{\leqslant}}M, \boldsymbol{x}\in\mathbb{R}^n,$$

$$\int_{\mathbb{R}^n}|K(\boldsymbol{x},\boldsymbol{y})|\,\mathrm{d}\boldsymbol{x}\underset{m}{\dot{\leqslant}}M, \boldsymbol{y}\in\mathbb{R}^n.$$

又设 $f\in\mathscr{L}^p(\mathbb{R}^n)$，$1\leqslant p\leqslant+\infty$. 令

$$Tf(\boldsymbol{x})=\int_{\mathbb{R}^n}K(\boldsymbol{x},\boldsymbol{y})f(\boldsymbol{y})\mathrm{d}\boldsymbol{y}.$$

证明：

$$\|Tf\|_p\leqslant M\|f\|_p.$$

证明　(1) 当 $p=1$ 时，有

$$\begin{aligned}\|Tf\|_1&=\int_{\mathbb{R}^n}|Tf(\boldsymbol{x})|\,\mathrm{d}\boldsymbol{x}=\int_{\mathbb{R}^n}\left|\int_{\mathbb{R}^n}K(\boldsymbol{x},\boldsymbol{y})f(\boldsymbol{y})\mathrm{d}\boldsymbol{y}\right|\mathrm{d}\boldsymbol{x}\\&\leqslant\int_{\mathbb{R}^n}\left[\int_{\mathbb{R}^n}|K(\boldsymbol{x},\boldsymbol{y})||f(\boldsymbol{y})|\,\mathrm{d}\boldsymbol{y}\right]\mathrm{d}\boldsymbol{x}\\&=\int_{\mathbb{R}^n}|f(\boldsymbol{y})|\left[\int_{\mathbb{R}^n}|K(\boldsymbol{x},\boldsymbol{y})|\,\mathrm{d}\boldsymbol{x}\right]\mathrm{d}\boldsymbol{y}\\&\leqslant M\int_{\mathbb{R}^n}|f(\boldsymbol{y})|\,\mathrm{d}\boldsymbol{y}=M\|f\|_1.\end{aligned}$$

(2) 当 $p=+\infty$ 时，由

$$|f(x)|\underset{m}{\dot{\leqslant}}\|f\|_\infty,\quad\boldsymbol{x}\in\mathbb{R}^n$$

得到

$$\begin{aligned}|Tf(\boldsymbol{x})|&=\left|\int_{\mathbb{R}^n}K(\boldsymbol{x},\boldsymbol{y})f(\boldsymbol{y})\mathrm{d}\boldsymbol{y}\right|\\&\leqslant\int_{\mathbb{R}^n}|K(\boldsymbol{x},\boldsymbol{y})||f(\boldsymbol{y})|\,\mathrm{d}\boldsymbol{y}\\&\leqslant\|f\|_\infty\int_{\mathbb{R}^n}|K(\boldsymbol{x},\boldsymbol{y})|\,\mathrm{d}\boldsymbol{y}\\&\leqslant M\|f\|_\infty.\end{aligned}$$

因此

$$\| Tf \|_\infty \leqslant M \| f \|_\infty.$$

(3) 当 $1<p<+\infty$ 时，有

$$\begin{aligned}
|Tf(\boldsymbol{x})| &= \left|\int_{\mathbb{R}^n} K(\boldsymbol{x},\boldsymbol{y})f(\boldsymbol{y})\mathrm{d}\boldsymbol{y}\right| \\
&\leqslant \int_{\mathbb{R}^n} |K(\boldsymbol{x},\boldsymbol{y})f(\boldsymbol{y})|\,\mathrm{d}\boldsymbol{y} \\
&= \int_{\mathbb{R}^n} |K(\boldsymbol{x},\boldsymbol{y})|^{\frac{1}{p'}} |K(\boldsymbol{x},\boldsymbol{y})|^{\frac{1}{p}} |f(\boldsymbol{y})|\,\mathrm{d}\boldsymbol{y} \\
&\overset{\text{Hölder}}{\leqslant} \left(\int_{\mathbb{R}^n} |K(\boldsymbol{x},\boldsymbol{y})|\,\mathrm{d}\boldsymbol{y}\right)^{\frac{1}{p'}} \left(\int_{\mathbb{R}^n} |K(\boldsymbol{x},\boldsymbol{y})|\,|f(\boldsymbol{y})|^p\mathrm{d}\boldsymbol{y}\right)^{\frac{1}{p}} \\
&\leqslant M^{\frac{1}{p'}} \left(\int_{\mathbb{R}^n} |K(\boldsymbol{x},\boldsymbol{y})|\,|f(\boldsymbol{y})|^p\mathrm{d}\boldsymbol{y}\right)^{\frac{1}{p}}.
\end{aligned}$$

故

$$\begin{aligned}
\| Tf \|_p^p &= \int_{\mathbb{R}^n} |Tf(\boldsymbol{x})|^p\mathrm{d}\boldsymbol{x} \\
&\leqslant M^{\frac{p}{p'}} \int_{\mathbb{R}^n} \mathrm{d}\boldsymbol{x} \int_{\mathbb{R}^n} |K(\boldsymbol{x},\boldsymbol{y})|\,|f(\boldsymbol{y})|^p\mathrm{d}\boldsymbol{y} \\
&\xlongequal{\text{Tonelli}} M^{\frac{p}{p'}} \int_{\mathbb{R}^n} |f(\boldsymbol{y})|^p\mathrm{d}\boldsymbol{y} \int_{\mathbb{R}^n} |K(\boldsymbol{x},y)|\,\mathrm{d}\boldsymbol{x} \\
&\overset{\text{题设}}{\leqslant} M^{1+\frac{p}{p'}} \int_{\mathbb{R}^n} |f(\boldsymbol{y})|^p\mathrm{d}\boldsymbol{y} \\
&= M^{1+\frac{p}{p'}} \| f \|_p^p.
\end{aligned}$$

从而

$$\| Tf \|_p \leqslant M^{\frac{1}{p}+\frac{1}{p'}} \| f \|_p = M \| f \|_p. \qquad \square$$

【404】 在 $\mathscr{L}^2(E)$ 中弱收敛于 $f(x)$ 的函数列 $\{f_n(x)\}$ 未必是 2 次幂平均收敛；未必是几乎处处收敛；未必是度量(依测度)收敛.

解 考虑 $\mathscr{L}^2([-\pi,\pi])$ 中的函数列

$$\left\{\frac{1}{\sqrt{2\pi}},\frac{1}{\sqrt{\pi}}\cos x,\frac{1}{\sqrt{\pi}}\sin x,\cdots,\frac{1}{\sqrt{\pi}}\cos nx,\frac{1}{\sqrt{\pi}}\sin nx,\cdots\right\}.$$

它是 $\mathscr{L}^2([-\pi,\pi])$ 中的规范正交完全系. 从而对 $\forall f\in\mathscr{L}^2([-\pi,\pi])$，有

$$\| f \|_2^2 = a_0^2 + \sum_{n=1}^{\infty}(a_n^2+b_n^2),$$

其中

$$a_0 = \left\langle f,\frac{1}{\sqrt{2\pi}}\right\rangle,\quad a_n = \left\langle f,\frac{\cos nx}{\sqrt{\pi}}\right\rangle, b_n = \left\langle f,\frac{\sin nx}{\sqrt{\pi}}\right\rangle,\quad n=1,2,\cdots.$$

根据 Bessel 不等式(定理 4.2.5)，得

$$a_0^2 + \sum_{n=1}^{\infty}(a_n^2+b_n^2) \leqslant \| f \|_2^2 < +\infty,$$

或 Parseval 等式(定理 4.2.1,定理 4.2.11 和定理 4.2.7),得

$$a_0^2+\sum_{n=1}^{\infty}(a_n^2+b_n^2)=\|f\|_2^2<+\infty,$$

必有　$a_n\to 0, b_n\to 0(n\to+\infty)$. 即对 $\forall f\in\mathscr{L}^2([-\pi,\pi])$,有 Riemann 引理:

$$\int_{-\pi}^{\pi}f(x)\cos nx\,\mathrm{d}x=\langle f,\cos nx\rangle\to 0,\quad \int_{-\pi}^{\pi}f(x)\sin nx\,\mathrm{d}x\to 0(n\to+\infty).$$

这说明 $\{\cos nx\}$ 和 $\{\sin nx\}$ 均弱收敛于 0.

但 $\{\cos nx\}$ 和 $\{\sin nx\}$ 并没有度量(依测度)收敛于 0,即

$$\cos nx\underset{m}{\not\Rightarrow}0,\sin nx\underset{m}{\not\Rightarrow}0(n\to+\infty).$$

(反证)反设　$\cos nx\underset{m}{\Rightarrow}0(n\to+\infty)$,则由定理 3.2.6(5),有 $\cos^2 nx\underset{m}{\Rightarrow}0(n\to+\infty)$.
又 $|\cos^2 nx|\leqslant 1$(有界控制函数),应用有界控制收敛定理 3.4.1″得到

$$\pi=\frac{1}{2}\cdot 2\pi=\int_{-\pi}^{\pi}\frac{1+\cos 2nx}{2}\mathrm{d}x=\int_{-\pi}^{\pi}\cos^2 nx\,\mathrm{d}x,$$

$$\pi=\lim_{n\to+\infty}\int_{-\pi}^{\pi}\cos^2 nx\,\mathrm{d}x=\int_{-\pi}^{\pi}0\,\mathrm{d}x=0,$$

矛盾. 这就证明了 $\cos nx\underset{m}{\not\Rightarrow}0(n\to+\infty)$.

同理可证 $\sin nx\underset{m}{\not\Rightarrow}0(n\to+\infty)$.

根据定理 3.2.4(1)与 $\cos nx\underset{m}{\not\Rightarrow}0(n\to+\infty)$, $\sin nx\underset{m}{\not\Rightarrow}0(n\to+\infty)$立知, $\cos nx$ 与 $\sin nx$ 在 $[-\pi,\pi]$上均不是几乎处处收敛于 0.

根据定理 4.1.9 与 $\cos nx\underset{m}{\not\Rightarrow}0(n\to+\infty)$, $\sin nx\underset{m}{\not\Rightarrow}0(n\to+\infty)$立知

$$(\mathscr{L}^2)\lim_{n\to+\infty}\cos nx\neq 0,(\mathscr{L}^2)\lim_{n\to+\infty}\sin x\neq 0.$$

我们也可直接证明这两个结论. 事实上

$$\begin{aligned}\int_{-\pi}^{\pi}(\cos nx-0)^2\mathrm{d}x&=\int_{-\pi}^{\pi}\cos^2 nx\,\mathrm{d}x\\&=\int_{-\pi}^{\pi}\frac{1+\cos 2nx}{2}\mathrm{d}x\\&=\pi\not\to 0(n\to+\infty),\end{aligned}$$

故　$(\mathscr{L}^2)\lim\limits_{n\to+\infty}\cos nx\neq 0$. 同理, $(\mathscr{L}^2)\lim\limits_{n\to+\infty}\sin nx\neq 0$.

此外,对 $\forall x\in(-\pi,0)\cup(0,\pi)$,取 $\frac{\pi}{2}>\alpha>0$, s. t. $0<|x|<\pi-2\alpha$.

于是,有 $n'_k,n''_k\in\mathbb{N}$, s. t. n'_kx 落在劣弧 AB 上, n''_kx 落在劣弧 CD 上(见题 404 图). 于是

$$\sin n'_kx\geqslant\sin\alpha>0,$$

$$\sin n''_kx\leqslant\sin(2\pi-\alpha)=-\sin\alpha<0,$$

因此

$$\lim_{k\to+\infty}\sin n'_kx\neq\lim_{k\to+\infty}\sin n''_kx.$$

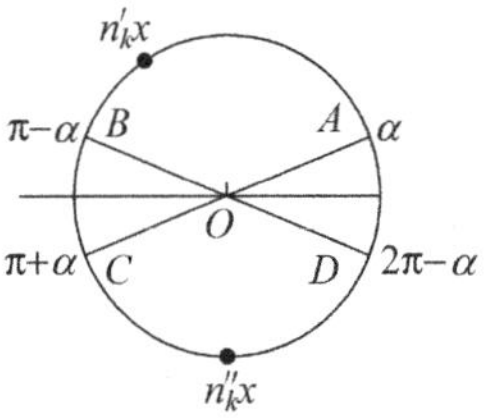

题 404 图

这就说明了 $\lim\limits_{n\to+\infty}\sin nx$ 不存在. 同理, $\lim\limits_{n\to+\infty}\cos nx$ 不存在. 因而, $\{\sin nx\}$ 与 $\{\cos nx\}$ 均非几乎处处收敛于 0. □

【405】 设 $\{f_n(x)\}$ 在 $\mathscr{L}^2([a,b])$ 中弱收敛于 $f(x)$, 且 $\|f\|_2\to\|f\|_2(n\to+\infty)$. 证明: $\{f_n(x)\}$ 平均收敛于 $f(x)$.

举例说明: 只假定 $\|f_n\|_2\to\|f\|_2(n\to+\infty)$, 推不出 $\|f_n-f\|_2\to 0(n\to+\infty)$. 此反例也表明 $\{f_n(x)\}$ 在 $\mathscr{L}^2([a,b])$ 中不弱收敛于 $f(x)$.

证明 (1) 由题设知

$$\int_a^b f_n^2\mathrm{d}x=\|f_n\|_2^2\to\|f\|_2^2=\int_a^b f^2\mathrm{d}x(n\to+\infty),$$

$$\int_a^b f_n f\,\mathrm{d}x\to\int_a^b f^2\mathrm{d}x(n\to+\infty).$$

从而, 有

$$\begin{aligned}\|f_n-f\|_2^2&=\int_a^b(f_n-f)^2\mathrm{d}x\\&=\int_a^b f_n^2\mathrm{d}x-2\int_a^b f_n f\,\mathrm{d}x+\int_a^b f^2\mathrm{d}x\\&\to\int_a^b f^2\mathrm{d}x-2\int_a^b f^2\mathrm{d}x+\int_a^b f^2\mathrm{d}x\\&=0(n\to+\infty).\end{aligned}$$

$$\|f_n-f\|_2\to 0(n\to+\infty),$$

即 $\{f_n(x)\}$ 平均收敛于 $f(x)$.

(2) 令 $f_n(x)=1+\dfrac{1}{n}, x\in[0,1]$, 则

$$f(x)=\begin{cases}1, x\in\left[0,\dfrac{1}{2}\right],\\-1, x\in\left(\dfrac{1}{2},1\right],\end{cases}$$

则 $f_n, f\in\mathscr{L}^2([0,1])$, 且有

$$\begin{aligned}\|f_n\|_2^2&=\int_0^1 f_n^2\mathrm{d}x=\int_0^1\left(1+\frac{1}{n}\right)^2\mathrm{d}x\\&=\left(1+\frac{1}{n}\right)^2\to 1=\int_0^1 1\,\mathrm{d}x\\&=\int_0^1 f^2\mathrm{d}x=\|f\|_2, n\to+\infty,\end{aligned}$$

$$\|f_n\|_2\to\|f\|_2.$$

但是

$$\begin{aligned}\int_0^1(f_n-f)^2\mathrm{d}x&=\int_0^{\frac{1}{2}}\left(1+\frac{1}{n}-1\right)^2\mathrm{d}x+\int_{\frac{1}{2}}^1\left(1+\frac{1}{n}+1\right)^2\mathrm{d}x\\&=\frac{1}{2n^2}+\left(2+\frac{1}{n}\right)^2\cdot\frac{1}{2}\to 2\quad(n\to+\infty),\end{aligned}$$

及　$\|f_n-f\|_2\not\to 0(n\to+\infty)$.

上述也表明$\{f_n(x)\}=\left\{1+\frac{1}{n}\right\}$在 $\mathscr{L}^2([0,1])$中不弱收敛于

$$f(x)=\begin{cases}1,x\in\left[0,\frac{1}{2}\right],\\ -1,x\in\left(\frac{1}{2},1\right].\end{cases}$$

当然,我们可直接从

$$\int_0^1 f_n f\,\mathrm{d}x=\int_0^{\frac{1}{2}}\left(1+\frac{1}{n}\right)\cdot 1\mathrm{d}x+\int_{\frac{1}{2}}^1\left(1+\frac{1}{n}\right)(-1)\mathrm{d}x$$

$$=0\not\to 1=\int_0^1 1\ \mathrm{d}x=\int_0^1 f\cdot f\mathrm{d}x(n\to+\infty),$$

推得$\{f_n(x)\}$在 $\mathscr{L}^2([0,1])$中不弱收敛于 f. □

【406】 设$\{f_n(x)\}$在 $\mathscr{L}^p([a,b])(p>1)$中弱收敛于 $f(x)$,且 $\|f_n\|_p\to\|f\|_p(n\to+\infty)$. 证明:$\{f_n(x)\}$ p 次幂平均收敛于 $f(x)$.

举例说明:只假定 $\|f_n\|_p\to\|f\|_p(n\to+\infty)$,推不出 $\|f_n-f\|_p\to 0(n\to+\infty)$. 此反例也表明$\{f_n(x)\}$在 $\mathscr{L}^p([a,b])$中不弱收敛于 $f(x)$(反例见题[405](2)).

证明　(1) 当 $p\geqslant 2$ 时,对于任何实数 z 恒有

$$|1+z|^p\geqslant 1+pz+c|z|^p,\tag{$*$}$$

其中 c 为一个不依赖于 z(但依赖于 p)的正的常数. 为此,考查分式

$$u(z)=\frac{|1+z|^p-1-pz}{|z|^p}.$$

显然,分子的二阶导数为

$$p(p-1)|1+z|^{p-2}\geqslant 0,$$

并且只有当 $z=-1$ 时才等于零. 同时,由于分子的一阶导数与分子本身在 $z=0$ 时都为零,故当 $z\neq 0$ 时恒有

$$|1+z|^p-1-pz>0.$$

在 $z=0$ 时,有

$$\lim_{z\to 0}u(z)=\lim_{z\to 0}\frac{|1+z|^p-1-pz}{|z|^p}$$

$$=\begin{cases}\lim\limits_{z\to 0}\dfrac{p(p-1)|1+z|^{p-2}}{p(p-1)|z|^{p-2}}=+\infty, & p>2,\\ \lim\limits_{z\to 0}\dfrac{z^2}{z^2}=1, & p=2.\end{cases}$$

又因

$$\lim_{z\to\infty}u(z)=1,$$

故

$$1 \geqslant c = \inf u(z) > 0,$$

$$\frac{|1+z|^p - 1 - pz}{|z|^p} = u(z) \geqslant c > 0,$$

$$|1+z|^p \geqslant 1 + pz + c|z|^p.$$

在不等式(*)中,令

$$z = \frac{f_n(x) - f(x)}{f(x)} \quad (f(x) \neq 0)$$

得到

$$\left|1 + \frac{f_n(x) - f(x)}{f(x)}\right|^p \geqslant 1 + p\frac{f_n(x) - f(x)}{f(x)} + c\left|\frac{f_n(x) - f(x)}{f(x)}\right|^p,$$

$$|f_n(x)|^p \geqslant |f(x)|^p + p|f(x)|^{p-2}f(x)[f_n(x) - f(x)] + c|f_n(x) - f(x)|^p.$$

显然,上述不等式当 $f(x)=0$ 时仍成立.

两边在 $E=[a,b]$上积分,即得

$$\int_E |f_n|^p \mathrm{d}x \geqslant \int_E |f|^p \mathrm{d}x + p\int_E |f|^{p-2}f(f_n - f)\mathrm{d}x + c\int_E |f_n - f|^p \mathrm{d}x.$$

因为$\{f_n\}$弱收敛于 f,这个不等式右边第二项随 $n \to +\infty$而趋于 0. 同时,根据题中关于模(范数)的假定,左边随 $n \to +\infty$而趋于右边的第一项. 因之

$$\begin{aligned}
0 &\leqslant \int_E |f_n - f|^p \mathrm{d}x \\
&\leqslant \frac{1}{c}\left[\int_E |f_n|^p \mathrm{d}x - \int_E |f|^p \mathrm{d}x - p\int_E |f|^{p-2}f(f_n - f)\mathrm{d}x\right] \\
&\to \frac{1}{c}\left[\int_E |f|^p \mathrm{d}x - \int_E |f|^p \mathrm{d}x - 0\right] \\
&= 0 \quad (n \to +\infty).
\end{aligned}$$

根据夹逼定理得到

$$\int_E |f_n - f|^p \mathrm{d}x = 0.$$

即$\{f_n(x)\}$在 $E=[a,b]$上 p 次平均收敛于 $f(x)$.

(2) 当 $1<p<2$ 时,我们考查函数

$$v(z) = \begin{cases} \dfrac{|1+z|^p - 1 - pz}{|z|^p}, & |z| \geqslant 1, \\[2ex] \dfrac{|1+z|^p - 1 - pz}{z^2}, & |z| < 1. \end{cases}$$

因为

$$\lim_{z\to 0} v(z) = \lim_{z\to 0}\frac{|1+z|^p - 1 - pz}{z^2}$$

$$= \lim_{z\to 0}\frac{p\,|1+z|^{p-1}-p}{2z}$$

$$= \frac{p}{2}\lim_{z\to 0}\frac{|1+z|^{p-1}-1}{z}$$

$$= \frac{1}{2}p(p-1),$$

$$\lim_{z\to\infty}v(z) = \lim_{z\to\infty}\frac{|1+z|^p-1-pz}{|z|^p} = 1,$$

以及当 $z\neq 0$ 时,总有 $v(z)>0$,所以

$$1\geqslant c = \inf_{z\in \mathbf{R}}v(z) > 0,\quad v(z)\geqslant c > 0,$$

$$\begin{cases}|1+z|^p \geqslant 1+pz+c\,|z|^p, & |z|\geqslant 1,\\ |1+z|^p\geqslant 1+pz+cz^2, & |z|<1\end{cases}\qquad (**)$$

在不等式(**)中,令

$$z = \frac{f_n(x)-f(x)}{f(x)}\quad (f(x)\neq 0)$$

得到

$$|f_n(x)|^p \geqslant \begin{cases}|f(x)|^p + p\,|f(x)|^{p-2}f(x)[f_n(x)-f(x)]\\ +c\,|f_n(x)-f(x)|^p, x\in E_n,\\ |f(x)|^p+p\,|f(x)|^{p-2}f(x)[f_n(x)-f(x)]\\ +c\,|f_n(x)-f(x)|^2\,|f(x)|^{p-2}, x\in E-E_n,\end{cases}$$

其中 $E_n=\{x\in E\,|\,|f_n(x)-f(x)|\geqslant |f(x)|\}$. 显然,上述不等式当 $f(x)=0$ 时仍成立.

两边在 E 上积分,即得

$$\int_E |f_n|^p\mathrm{d}x \geqslant \int_E |f|^p\mathrm{d}x + p\int_E |f|^{p-2}f(f_n-f)\mathrm{d}x$$

$$+c\left[\int_{E_n}|f_n-f|^p\mathrm{d}x+\int_{E-E_n}(f_n-f)^2\,|f|^{p-2}\mathrm{d}x\right],$$

因为 $\{f_n\}$ 弱收敛于 f,这个不等式右边第二项随 $n\to+\infty$ 而趋于 0. 同时,根据题中关于模(范数)的假定,左边随 $n\to+\infty$ 而趋于右边的第一项. 因之

$$0\leqslant \int_{E_n}|f_n-f|^p\mathrm{d}x + \int_{E-E_n}(f_n-f)^2\,|f|^{p-2}\mathrm{d}x$$

$$\leqslant \frac{1}{c}\left[\int_E |f_n|^p\mathrm{d}x - \int_E |f|^p\mathrm{d}x - p\int_E |f|^{p-2}f\,|f_n-f|\,\mathrm{d}x\right]$$

$$\to \frac{1}{c}\left[\int_E |f|^p\mathrm{d}x - \int_E |f|^p\mathrm{d}x - 0\right]$$

$$= 0\quad (n\to+\infty).$$

根据夹逼定理得到

$$\int_{E_n} |f_n - f|^p \mathrm{d}x + \int_{E-E_n} (f_n - f)^2 |f|^{p-2} \mathrm{d}x \to 0 (n \to +\infty).$$

$$\Leftrightarrow \int_{E_n} |f_n - f|^p \mathrm{d}x \to 0,$$

$$\int_{E-E_n} (f_n - f)^2 |f|^{p-2} \mathrm{d}x \to 0 (n \to +\infty).$$

如果我们能够从

$$\int_{E-E_n} (f_n - f)^2 |f|^{p-2} \mathrm{d}x \to 0 (n \to +\infty),$$

推知

$$\int_{E-E_n} |f_n - f|^p \mathrm{d}x \to 0 (n \to +\infty),$$

则

$$\int_E |f_n - f|^p \mathrm{d}x = \int_{E_n} |f_n - f|^p \mathrm{d}x + \int_{E-E_n} |f_n - f|^p \mathrm{d}x \to 0 (n \to +\infty).$$

即$\{f_n(x)\}$在$E=[a,b]$上p次平均收敛于$f(x)$.

为此,我们利用 Schwarz 不等式与对于属于集合$E-E_n$的x都成立的不等式

$$|f_n(x) - f(x)| < |f(x)|,$$

有

$$\begin{aligned}
0 &\leqslant \int_{E-E_n} |f_n - f|^p \mathrm{d}x \\
&\leqslant \int_{E-E_n} |f|^{p-1} |f_n - f| \mathrm{d}x \\
&= \int_{E-E_n} |f|^{\frac{p}{2}} |f_n - f| |f|^{\frac{p}{2}-1} \mathrm{d}x \\
&\overset{\text{Cauchy-Schwarz}}{\leqslant} \left(\int_{E-E_n} |f|^p \mathrm{d}x\right)^{\frac{1}{2}} \left(\int_{E-E_n} (f_n - f)^2 |f|^{p-2} \mathrm{d}x\right)^{\frac{1}{2}} \\
&\leqslant \left(\int_E |f|^p \mathrm{d}x\right)^{\frac{1}{2}} \left(\int_{E-E_n} (f_n - f)^2 |f|^{p-2} \mathrm{d}x\right)^{\frac{1}{2}} \\
&\to 0 (n \to +\infty).
\end{aligned}$$

根据夹逼定理得到

$$\lim_{n\to+\infty} \int_{E-E_n} |f_n - f|^p \mathrm{d}x.$$

□

【407】 证明：有限函数系在$\mathscr{L}^2([a,b])$中不可能是完全的.

证明 设$\mathscr{F}=\{f_1,f_2,\cdots,f_N\}$为$\mathscr{L}^2([a,b])$中的有限系.不妨设是线性无关的.

应用 Gram-Schmidt 正交化可作出与$\mathscr{F}$等价的规范正交系$\Omega=\{\omega_1,\omega_2,\cdots,\omega_N\}$.$\Omega$与$\mathscr{F}$

可相互线性表示出. Ω 与 $\mathscr{F}$ 同时为完全或不完全.

下面证明 Ω(从而 $\mathscr{F}$)不可能为 $\mathscr{L}^2([a,b])$中的完全系.

(反证)假设 Ω 为 $\mathscr{L}^2([a,b])$中的完全系,则对 $\forall f\in\mathscr{L}^2([a,b])$,由

$$\begin{aligned}\langle f-\sum_{k=1}^{N}c_k\omega_k,\omega_j\rangle&=\langle f,\omega_j\rangle-\sum_{k=1}^{N}c_k\langle\omega_k,\omega_j\rangle\\&=c_j-\sum_{k=1}^{N}c_k\delta_{kj}=c_j-c_j=0,\quad j=1,2,\cdots,N\end{aligned}$$

(其中 $c_k=\langle f,\omega_k\rangle$)推得 $f-\sum\limits_{k=1}^{N}c_k\omega_k\underset{m}{\doteq}0,\quad f\underset{m}{\doteq}\sum\limits_{k=1}^{N}c_k\omega_k$.

设 $\varphi_1,\varphi_2,\cdots,\varphi_l(l\geqslant N)$为 $\mathscr{L}^2([a,b])$中任意一组线性无关组. 它们都可用 Ω 线性表示. 记为

$$\begin{cases}\varphi_1\underset{m}{\doteq}a_{11}\omega_1+\cdots+a_{1N}\omega_N,\\\varphi_2\underset{m}{\doteq}a_{21}\omega_1+\cdots+a_{2N}\omega_N,\\\cdots\\\varphi_l\underset{m}{\doteq}a_{l1}\omega_1+\cdots+a_{lN}\omega_N.\end{cases}$$

由于矩阵

$$\begin{pmatrix}a_{11}&a_{12}&\cdots&a_{1N}\\a_{21}&a_{22}&\cdots&a_{2N}\\\vdots&\vdots&&\vdots\\a_{l1}&a_{l2}&\cdots&a_{lN}\end{pmatrix}_{l\times N}$$

的秩最大为 N. 知其 l 个行向量中至多有 N 个线性无关. 其他的行向量可以用这线性无关的行向量线性表示. 从而知函数组 $\varphi_1,\varphi_2,\cdots,\varphi_l$ 中至多有 N 个线性无关. 这与 $\mathscr{L}^2([a,b])$中存在含有可数个线性无关的函数组的结果相矛盾. 从而知有限函数系 Ω(从而 $\mathscr{F}$)不可能为 $\mathscr{L}^2([a,b])$中的完全系. □

【408】 (B. 奥尔里奇)设$\{\omega_k(x)\}$为$[a,b]$上封闭的规范正交系. 证明:

(1) 在$[a,b]$上, $\sum\limits_{k=1}^{\infty}\omega_k^2(x)\underset{m}{\doteq}+\infty$.

(2) 对于任何 Lebesgue 可测集 e,其测度 $m(e)>0$,有

$$\sum_{k=1}^{\infty}\int_e\omega_k^2(x)\mathrm{d}x=+\infty.$$

证明 (1) (反证)假设 $\sum\limits_{k=1}^{\infty}\omega_k^2(x)\underset{m}{\dot{\neq}}+\infty$,则 $m\left(\left\{x\in[a,b]\mid\sum\limits_{k=1}^{\infty}\omega_k^2(x)<+\infty\right\}\right)>0$.

于是,必有 $M>0$, s. t. $m\left(\left\{x\in[a,b]\mid\sum\limits_{k=1}^{\infty}\omega_k^2(x)<M\right\}\right)>0$. 记

$$E=\left\{x\in[a,b]\mid\sum_{k=1}^{\infty}\omega_k^2(x)<M\right\},$$

则 $m(E)>0$.

取 E 的可测子集 E^*, s. t. $0<m(E^*)<\frac{1}{2M}$. 定义函数

$$f(x)=\begin{cases}A,x\in E^*,\\0,x\notin E^*.\end{cases}\quad(A\neq 0)$$

则 $f\in\mathscr{L}^2([a,b])$. $\|f\|_2^2=\int_a^b f^2(x)\mathrm{d}x=A^2\cdot m(E^*)$.

$$\begin{aligned}a_k^2&=\left(\int_a^b f(x)\omega_k(x)\mathrm{d}x\right)^2\\&=\left(\int_{E^*}A\cdot\omega_k(x)\mathrm{d}x\right)^2\\&=A^2\left(\int_{E^*}1\cdot\omega_k(x)\mathrm{d}x\right)^2\\&\overset{\text{Cauchy-Schwarz}}{\leqslant}A^2\int_{E^*}1^2\mathrm{d}x\int_{E^*}\omega_k^2(x)\mathrm{d}x\\&=A^2\cdot m(E^*)\int_{E^*}\omega_k^2(x)\mathrm{d}x,\end{aligned}$$

$$\begin{aligned}\sum_{k=1}^{\infty}a_k^2&\leqslant A^2\cdot m(E^*)\sum_{k=1}^{\infty}\int_{E^*}\omega_k^2(x)\mathrm{d}x\\&\xlongequal{\text{定理 3.3.8}}A^2\cdot m(E^*)\int_{E^*}\sum_{k=1}^{\infty}\omega_k^2(x)\mathrm{d}x\\&<A^2\cdot m(E^*)\cdot M\cdot m(E^*)\\&<\frac{1}{2}A^2m(E^*).\end{aligned}$$

而

$$\|f\|_2^2=\int_a^b f^2(x)\mathrm{d}x=\int_{E^*}A^2\mathrm{d}x=A^2m(E^*)>\frac{1}{2}A^2m(E^*)>\sum_{k=1}^{\infty}a_k^2,$$

即

$$\|f\|_2^2>\sum_{k=1}^{\infty}a_k^2.$$

这与 $\{\omega_k(x)\}$ 为封闭的规范正交系,从而 $\|f\|_2^2=\sum_{k=1}^{\infty}a_k^2$ 相矛盾.

因此,必须有

$$m\left(\left\{x\in[a,b]\mid\sum_{k=1}^{\infty}\omega_k^2(x)<+\infty\right\}\right)=0,$$

$$\sum_{k=1}^{\infty}\omega_k^2(x)\underset{m}{\doteq}+\infty,x\in[a,b].$$

(2) 证法 1　由(1)知，$\sum\limits_{k=1}^{\infty}\omega_k^2(x)\underset{m}{\doteq}+\infty,x\in e$. 于是

$$\sum_{k=1}^{\infty}\int_e\omega_k^2(x)\mathrm{d}x\xlongequal{\text{定理 3.3.8}}\int_e\sum_{k=1}^{\infty}\omega_k^2(x)\mathrm{d}x=+\infty.$$

或对 $\forall\, n\in\mathbb{N}$,有

$$\sum_{k=1}^{\infty}\int_e\omega_k^2(x)\mathrm{d}x\xlongequal{\text{定理 3.3.8}}\int_e\sum_{k=1}^{\infty}\omega_k^2(x)\mathrm{d}x\geqslant\int_e n\mathrm{d}x=n\cdot m(e).$$

由于 $m(e)>0$,令 $n\to+\infty$得到

$$\sum_{k=1}^{\infty}\int_e\omega_k^2(x)\mathrm{d}x=+\infty.$$

证法 2　(直接用反证)假设不然,则必有某正测度集 e, s. t. $\sum\limits_{k=1}^{\infty}\int_e\omega_k^2(x)\mathrm{d}x<+\infty$.

记 $g(x)=\sum\limits_{k=1}^{\infty}\omega_k^2(x)$, 便有

$$\int_e g(x)\mathrm{d}x=\int_e\sum_{k=1}^{\infty}\omega_k^2(x)\mathrm{d}x=\sum_{k=1}^{\infty}\int_e\omega_k^2(x)\mathrm{d}x<+\infty.$$

这说明 $g(x)$为 e 上的非负 Lebesgue 可积函数.

由积分的绝对连续性,对$\frac{1}{2}$, $\exists\,\delta>0$, s. t. 对 $\forall\, e_1\subset e$,只要 $m(e_1)<\delta$,总有

$$\left|\int_{e_1}g(x)\mathrm{d}x\right|<\frac{1}{2}.$$

设 $H\subset e,0<m(H)<\delta$,则 $\left|\int_H g(x)\mathrm{d}x\right|<\frac{1}{2}$. 令

$$f(x)=\chi_H(x)=\begin{cases}1,x\in H,\\0,x\in[a,b]-H.\end{cases}$$

则　$\|f\|_2^2=\|\chi_H\|_2^2=\int_a^b\chi_H^2(x)\mathrm{d}x=\int_H\mathrm{d}x=m(H)$. 记

$$a_k=\int_a^b f(x)\cdot\omega_k(x)\mathrm{d}x=\int_H\omega_k(x)\mathrm{d}x$$

$$\begin{aligned}a_k^2&=\left(\int_H\omega_k(x)\mathrm{d}x\right)^2=\left(\int_H 1\cdot\omega_k(x)\mathrm{d}x\right)^2\\&\overset{\text{Cauchy-Schwarz}}{\leqslant}\int_H 1^2\mathrm{d}x\int_H\omega_k^2(x)\mathrm{d}x\\&=m(H)\int_H\omega_k^2(x)\mathrm{d}x,\end{aligned}$$

$$\sum_{k=1}^{\infty}a_k^2\leqslant m(H)\cdot\sum_{k=1}^{\infty}\int_H\omega_k^2(x)\mathrm{d}x$$

$$= m(H)\int_H \sum_{k=1}^{\infty} \omega_k^2(x)\mathrm{d}x$$

$$= m(H)\int_H g(x)\mathrm{d}x < \frac{1}{2}m(H).$$

从而

$$\| f \|^2 = m(H) > \frac{1}{2}m(H) \geqslant \sum_{k=1}^{\infty} a_k^2,$$

这与题设$\{\omega_k(x)\}$为封闭的规范正交系,从而与 $\| f \| = \sum_{k=1}^{\infty} a_k^2$ 相矛盾.

由此证明了对任何正测集 e,必有 $\sum_{k=1}^{\infty}\int_e \omega_k^2(x)\mathrm{d}x = +\infty$. □

【409】 (И. П. 那汤松)设 $f(x)\in\mathscr{L}^2([-\pi,\pi])$,$f(x+2\pi)=f(x)$,$x\in[-\pi,\pi]$. 令

$$g_n(x) = \int_{\frac{1}{n}}^{\pi} \frac{f(x+t)-f(x-t)}{t}\mathrm{d}t,$$

则函数列$\{g_n(x)\}$在 $\mathscr{L}^2([-\pi,\pi])$中平均收敛于 $g(x)\in\mathscr{L}^2([-\pi,\pi])$,且

$$\| g \|_2 \leqslant \| f \|_2 \cdot \int_{-\pi}^{\pi} \frac{\sin t}{t}\mathrm{d}t,$$

其中乘数 $\int_{-\pi}^{\pi} \frac{\sin t}{t}\mathrm{d}t$ 不能再减小.

证明 由于 $f(x)\in\mathscr{L}^2([-\pi,\pi])$,$f(x)$关于完全正交系

$$\{1,\cos x,\sin x,\cdots,\cos kx,\sin kx,\cdots\}$$

的 Fourier 级数为

$$\frac{a_0}{2} + \sum_{k=1}^{\infty}(a_k\cos kx + b_k\sin kx),$$

其中

$$a_k = \frac{1}{\pi}\langle f,\cos kx\rangle = \frac{1}{\pi}\int_{-\pi}^{\pi} f(x)\cos kx\,\mathrm{d}x, k = 0,1,2,\cdots,$$

$$b_k = \frac{1}{\pi}\langle f,\sin kx\rangle = \frac{1}{\pi}\int_{-\pi}^{\pi} f(x)\sin kx\,\mathrm{d}x, k = 1,2,\cdots.$$

$f(x)$的 Fourier 级数的部分和

$$S_N(x) = \frac{a_0}{2} + \sum_{k=1}^{N}(a_k\cos kx + b_k\sin kx)$$

(2 次幂)均方收敛于 $f(x)$,即

$$\| S_N(x) - f(x) \|_2 \to 0(N \to +\infty),$$

且

$$\| f \|^2 = \pi\left[\frac{a_0^2}{2} + \sum_{k=1}^{\infty}(a_k^2 + b_k^2)\right].$$

由于 $\| S_N(x)-f(x)\|_2\to 0$ 及 $f(x+2\pi)=f(x)$ 可知

$$\| f(x+t)-S_N(x+t)\|_2\to 0(N\to+\infty),$$
$$\| f(x-t)-S_N(x-t)\|_2\to 0(N\to+\infty).$$

记

$$K_{n,N}(x)=\int_{\frac{1}{n}}^{\pi}\frac{S_N(x+t)-S_N(x-t)}{t}\mathrm{d}t,$$
$$g_n(x)=\int_{\frac{1}{n}}^{\pi}\frac{f(x+t)-f(x-t)}{t}\mathrm{d}t.$$

易知，$K_{n,N}(x),g_n(x)\in\mathscr{L}^2([-\pi,\pi])$.

(1) 当 n 固定时，$\| K_{n,N}(x)-g_n(x)\|_2\to 0(N\to+\infty)$.

因为

$$\begin{aligned}
&\left(\int_{\frac{1}{n}}^{\pi}\frac{f(x+t)-S_N(x+t)}{t}\mathrm{d}t\right)^2\\
&\overset{\text{Cauchy-Schwarz}}{\leqslant}\int_{\frac{1}{n}}^{\pi}1^2\mathrm{d}t\int_{\frac{1}{n}}^{\pi}\frac{[f(x+t)-S_N(x+t)]^2}{t^2}\mathrm{d}t\\
&=\left(\pi-\frac{1}{n}\right)\int_{\frac{1}{n}}^{\pi}\frac{[f(x+t)-S_N(x+t)]^2}{t^2}\mathrm{d}t\\
&\leqslant\left(\pi-\frac{1}{n}\right)\frac{1}{\left(\frac{1}{n}\right)^2}\int_{\frac{1}{n}}^{\pi}[f(x+t)-S_N(x+t)]^2\mathrm{d}t\\
&\leqslant\pi n^2\int_{\frac{1}{n}}^{\pi}[f(x+t)-S_N(x+t)]^2\mathrm{d}t\to 0(N\to+\infty),
\end{aligned}$$

所以

$$\begin{aligned}
&\left\|\int_{\frac{1}{n}}^{\pi}\frac{f(x+t)-S_N(x+t)}{t}\mathrm{d}t\right\|_2^2\\
&=\int_{-\pi}^{\pi}\left[\int_{\frac{1}{n}}^{\pi}\frac{f(x+t)-S_N(x+t)}{t}\mathrm{d}t\right]^2\mathrm{d}t\\
&\leqslant\pi n^2\int_{-\pi}^{\pi}\int_{0}^{\pi}[f(x+t)-S_N(x+t)]^2\mathrm{d}t\,\mathrm{d}x\to 0(N\to+\infty).
\end{aligned}$$

同理，有

$$\left\|\int_{\frac{1}{n}}^{\pi}\frac{f(x-t)-S_N(x-t)}{t}\mathrm{d}t\right\|_2^2\to 0(N\to+\infty).$$

于是

$$\begin{aligned}
&\| K_{n,N}(x)-g_n(x)\|_2\\
&=\left\|\int_{\frac{1}{n}}^{\pi}\frac{S_N(x+t)-S_N(x-t)}{t}\mathrm{d}t-\int_{\frac{1}{n}}^{\pi}\frac{f(x+t)-f(x-t)}{t}\mathrm{d}t\right\|_2
\end{aligned}$$

$$=\left\|\int_{\frac{1}{n}}^{\pi}\frac{f(x+t)-S_N(x+t)}{t}\mathrm{d}t-\int_{\frac{1}{n}}^{\pi}\frac{f(x-t)-S_N(x-t)}{t}\mathrm{d}t\right\|_2$$

$$\leqslant\left\|\int_{\frac{1}{n}}^{\pi}\frac{f(x+t)-S_N(x+t)}{t}\mathrm{d}t\right\|_2+\left\|\int_{\frac{1}{n}}^{\pi}\frac{f(x-t)-S_N(x-t)}{t}\mathrm{d}t\right\|_2$$

$\to 0(N\to+\infty, n$ 固定).

(2) $\|K_{n,N}(x)-g_n(x)\|_2\to 0(N\to+\infty$,对 n 是一致的).

设 $L\pi\leqslant\frac{k}{n}<(L+1)\pi(L\in\mathbb{Z}$ 为整数),则

$$\Delta_{n,k}=\int_{\frac{1}{n}}^{\pi}\frac{\sin kt}{t}\mathrm{d}t=\int_{\frac{k}{n}}^{k\pi}\frac{\sin t}{t}\mathrm{d}t$$

$$=\int_{\frac{k}{n}}^{(L+1)\pi}\frac{\sin t}{t}\mathrm{d}t+\int_{(L+1)\pi}^{(L+2)\pi}\frac{\sin t}{t}\mathrm{d}t+\cdots+\int_{(k-1)\pi}^{k\pi}\frac{\sin t}{t}\mathrm{d}t$$

$$=(-1)^L\int_{\left(\frac{k}{n}-L\pi\right)}^{\pi}\frac{\sin u}{L\pi+u}\mathrm{d}u+(-1)^{L+1}\int_0^{\pi}\frac{\sin u}{(L+1)\pi+u}\mathrm{d}u+\cdots$$

$$+(-1)^{k-1}\int_0^{\pi}\frac{\sin u}{(k-1)\pi+u}\mathrm{d}u,$$

从而

$$\|\Delta_{n,k}\|\leqslant\int_{\frac{k}{n}-L\pi}^{\pi}\frac{\sin u}{L\pi+u}\mathrm{d}u+\int_0^{\pi}\frac{\sin u}{(L+1)\pi+u}\mathrm{d}u$$

$$\leqslant 2\int_0^{\pi}\frac{\sin t}{t}\mathrm{d}t=2\Delta\left(\Delta=\int_0^{\pi}\frac{\sin t}{t}\mathrm{d}t\right).$$

由

$$S_N(x+t)-S_N(x-t)=\left[\frac{a_0}{2}+\sum_{k=1}^{N}(a_k\cos k(x+t)+b_k\sin k(x+t))\right]$$

$$-\left[\frac{a_0}{2}+\sum_{k=1}^{N}(a_k\cos k(x-t)+b_k\sin k(x-t))\right]$$

$$=\sum_{k=1}^{N}2(-a_k\sin kx+b_k\cos kx)\sin kt,$$

知

$$K_{n,N}(x)=\int_{\frac{1}{n}}^{\pi}\frac{S_N(x+t)-S_N(x-t)}{t}\mathrm{d}t$$

$$=\sum_{k=1}^{N}2(-a_k\sin kx+b_k\cos kx)\int_{\frac{1}{n}}^{\pi}\frac{\sin kt}{t}\mathrm{d}t.$$

$$\|K_{n,N_1}(x)-K_{n,N_2}(x)\|_2=\left\|2\sum_{k=N_1+1}^{N_2}(-a_k\sin kx+b_k\cos kx)\int_{\frac{1}{n}}^{\pi}\frac{\sin kt}{t}\mathrm{d}t\right\|_2$$

$$= 2\left\| \sum_{k=N_1+1}^{N_2} (-a_k \sin kx + b_k \cos kx)\Delta_{nk} \right\|_2$$

$$= 2\sqrt{\pi}\sqrt{\sum_{k=N_1+1}^{N_2} (a_k^2 + b_k^2)\Delta_{n,k}^2}$$

$$\leqslant 2\sqrt{\pi}\sqrt{\sum_{k=N_1+1}^{N_2} (a_k^2 + b_k^2)\, 2\Delta}$$

$$= 4\Delta\sqrt{\pi}\sqrt{\sum_{k=N_1+1}^{N_2} (a_k^2 + b_k^2)} \to 0(N_1, N_2 \to +\infty, \text{对 } n \text{ 一致}).$$

于是

$$K_{n,N_1}(x) - K_{n,N_2}(x) \underset{m}{\Rightarrow} 0(N_1, N_2 \to +\infty).$$

必有　$\varphi_n(x) \in \mathscr{L}^2([-\pi,\pi])$, s. t. $K_{n,N}(x) \underset{m}{\Rightarrow} \varphi_n(x)(N \to +\infty)$.

由(1)　$\| K_{n,N}(x) - g_n(x) \|_2 \to 0(N \to +\infty)$知必有 $K_{n,N}(x) \underset{m}{\Rightarrow} g_n(x)(N \to +\infty)$. 因此，$\varphi_n(x) \underset{m}{\doteq} g_n(x)$.

由上对 $\forall \varepsilon > 0, \exists N_0 \in \mathbb{N}$，当 $N_1, N_2 \geqslant N_0$ 时，有

$$\| K_{n,N_1}(x) - K_{n,N_2}(x) \|_2 < \varepsilon(\text{对 } n \text{ 一致成立}),$$

因为　$K_{n,N_1}(x) - K_{n,N_2}(x) \underset{m}{\Rightarrow} K_{n,N_1}(x) - g_n(x)(N_2 \to +\infty)$，根据 Fatou 引理，有

$$| K_{n,N_1}(x) - g_n(x) \|_2^2 \overset{\text{Fatou}}{\leqslant} \sup_{N_2 \geqslant N_0} \| K_{n,N_1}(x) - K_{n,N_2}(x) \|_2^2$$

$$\leqslant \varepsilon^2(N_1 \geqslant N_0, \text{对一切 } n).$$

即

$$\| K_{n,N_1}(x) - g_n(x) \|_2 \leqslant \varepsilon \quad (N_1 \geqslant N_0, \text{对一切 } n).$$

这说明

$$\| K_{n,N}(x) - g_n(x) \|_2 \to 0(N \to +\infty, \text{对 } n \text{ 一致成立}).$$

(3)　$\lim\limits_{m,n \to +\infty} \| g_n(x) - g_m(x) \|_2 = 0(n, m \to +\infty)$.

对 $\forall \varepsilon > 0, \exists N_0 \in \mathbb{N}$，当 $N_1 \geqslant N_0$ 时，有

$$\| g_n(x) - K_{n,N_1}(x) \|_2 < \frac{\varepsilon}{2},$$

$$\| g_m(x) - K_{m,N_1}(x) \|_2 < \frac{\varepsilon}{2} \quad (\text{对一切 } n, m).$$

当 $n > m$ 时，记 $\Delta_{n,m}^{(k)} = \int_{\frac{1}{n}}^{\frac{1}{m}} \frac{\sin kt}{t} \mathrm{d}t$，显然，有

$$|\Delta_{n,m}^{(k)}| = \left|\int_{\frac{1}{n}}^{\frac{1}{m}} \frac{\sin kt}{t}\mathrm{d}t\right| \leqslant \left|\int_{\frac{1}{n}}^{\pi} \frac{\sin kt}{t}\mathrm{d}t\right| + \left|\int_{\pi}^{\frac{1}{m}} \frac{\sin kt}{t}\mathrm{d}t\right| \leqslant 2\Delta + 2\Delta = 4\Delta.$$

此外，有

$$\Delta_{n,m}^{(k)} = \int_{\frac{1}{n}}^{\frac{1}{m}} \frac{\sin kt}{t}\mathrm{d}t = \int_{\frac{k}{n}}^{\frac{k}{m}} \frac{\sin t}{t}\mathrm{d}t,$$

且当 $1\leqslant k\leqslant N_1$ 时，有

$$\lim_{n,m\to+\infty} \Delta_{n,m}^{(k)} = \lim_{n,m\to+\infty}\int_{\frac{k}{n}}^{\frac{k}{m}} \frac{\sin t}{t}\mathrm{d}t = 0\left(因\frac{k}{n}\to 0,\frac{k}{m}\to 0\right).$$

于是

$$\lim_{n,m\to+\infty} \| K_{n,N_1}(x) - K_{m,N_1}(x) \|_2 = \lim_{n,m\to+\infty} \left\| \sum_{k=1}^{N_1} 2(-a_k\sin kx + b_k\cos kx)\int_{\frac{1}{n}}^{\frac{1}{m}} \frac{\sin kt}{t}\mathrm{d}t \right\|$$

$$= \lim_{n,m\to+\infty} 2\sqrt{\pi}\sqrt{\sum_{k=1}^{N_1}(a_k^2+b_k^2)(\Delta_{n,m}^{(k)})^2} = 0.$$

由此推得 $\exists N\in\mathbb{N}$, s. t. 当 $n,m>N$ 时，有

$$\| K_{n,N_1}(x) - K_{m,N_1}(x) \|_2 < \frac{\varepsilon}{3}.$$

于是

$$\begin{aligned}\| g_n(x) - g_m(x) \|_2 &\leqslant \| g_n(x) - K_{n,N_1}(x) \|_2 + \| K_{n,N_1}(x) \\ &\quad - K_{m,N_1}(x) \|_2 + \| K_{m,N_1}(x) - g_m(x) \|_2 \\ &< \frac{\varepsilon}{3} + \frac{\varepsilon}{3} + \frac{\varepsilon}{3} = \varepsilon,\end{aligned}$$

$$\lim_{n,m\to+\infty} \| g_n(x) - g_m(x) \|_2 = 0.$$

(4) 由(3)的结果，$\exists g\in\mathscr{L}^2([-\pi,\pi])$, s. t. $g_n(x)$ 2 次幂平均收敛于 $g(x)$，也即 $(\mathscr{L}^2)\lim\limits_{n\to+\infty} g_n = g$. 我们记

$$g(x) = \int_0^{\pi} \frac{f(x+t)-f(x-t)}{t}\mathrm{d}t,$$

则 $\| g_n(x)-g(x) \|_2 \to 0(n\to+\infty)$，即 $(\mathscr{L}^2)\lim\limits_{n\to+\infty} g_n = g$.

(5) $\| g \|_2 \leqslant \| f \| \cdot \int_{-\pi}^{\pi} \frac{\sin t}{t}\mathrm{d}t$.

由于 $\| K_{n,N}(x)-g_n(x) \|_2 \to 0(N\to+\infty)$ 对 n 一致成立，故对 $\forall\varepsilon>0$，当 $N_1\geqslant N_0$ 时，有

$$\| K_{n,N_1}(x) - g_n(x) \|_2 < \varepsilon(一切\ n),$$

$$\begin{aligned}\| g_n(x) \|_2 &\leqslant \| g_n(x) - K_{n,N_1}(x) \|_2 + \| K_{n,N_1}(x) \|_2 \\ &< \varepsilon + \| K_{n,N_1}(x) \|_2 \quad (N_1 \geqslant N_0,一切\ n).\end{aligned}$$

故

$$\|g(x)\|_2=\lim_{n\to+\infty}\|g_n(x)\|_2\leqslant\varepsilon+\lim_{n\to+\infty}\|K_{n,N_1}(x)\|_2\overset{(*)}{\leqslant}\varepsilon+2\Delta\|f\|_2,$$

再令 $\varepsilon\to 0^+$ 得到

$$\|g(x)\|_2\leqslant 2\Delta\|f\|_2=\|f\|_2\cdot 2\int_0^{\pi}\frac{\sin t}{t}\mathrm{d}t=\|f\|\cdot\int_{-\pi}^{\pi}\frac{\sin t}{t}\mathrm{d}t.$$

现在来补证不等式(∗)

对固定的 N_1，当 $1\leqslant k\leqslant N_1$ 时，有

$$\begin{aligned}\left|\int_0^{k\pi}\frac{\sin t}{t}\mathrm{d}t\right|&=\left|\int_0^{\pi}\frac{\sin t}{t}\mathrm{d}t+\int_{\pi}^{2\pi}\frac{\sin t}{t}\mathrm{d}t+\cdots+\int_{(k-1)\pi}^{k\pi}\frac{\sin t}{t}\mathrm{d}t\right|\\&=\left|\int_0^{\pi}\frac{\sin t}{t}\mathrm{d}t+(-1)^1\int_0^{\pi}\frac{\sin t}{\pi+t}\mathrm{d}t+(-1)^2\int_0^{\pi}\frac{\sin t}{2\pi+t}\mathrm{d}t+\cdots\right.\\&\quad\left.+(-1)^{k-1}\int_0^{\pi}\frac{\sin t}{(k-1)\pi+t}\mathrm{d}t\right|\leqslant\int_0^{\pi}\frac{\sin t}{t}\mathrm{d}t=\Delta.\end{aligned}$$

从而

$$\begin{aligned}\lim_{n\to+\infty}|\Delta_{n,k}|&=\left|\lim_{n\to+\infty}\Delta_{n,k}\right|=\left|\lim_{n\to+\infty}\int_{\frac{1}{n}}^{\pi}\frac{\sin kt}{t}\mathrm{d}t\right|\\&=\left|\lim_{n\to+\infty}\int_{\frac{k}{n}}^{k\pi}\frac{\sin t}{t}\mathrm{d}t\right|\\&=\left|\int_0^{k\pi}\frac{\sin t}{t}\mathrm{d}t\right|\\&\leqslant\Delta\quad(1\leqslant k\leqslant N_1).\end{aligned}$$

$$\begin{aligned}\lim_{n\to+\infty}\|K_{n,N_1}(x)\|_2&=\lim_{n\to+\infty}\left\|2\sum_{k=1}^{N_1}(-a_k\sin kx+b_k\cos kx)\int_{\frac{1}{n}}^{\pi}\frac{\sin kt}{t}\mathrm{d}t\right\|_2\\&=\lim_{n\to+\infty}\left\|2\sum_{k=1}^{N_1}(-a_k\sin kx+b_k\cos kx)\Delta_{n,k}\right\|_2\\&=\lim_{n\to+\infty}2\sqrt{\pi}\sqrt{\sum_{k=1}^{N_1}(a_k^2+b_k^2)\Delta_{n,k}^2}\\&\leqslant 2\sqrt{\pi}\sqrt{\sum_{k=1}^{N_1}(a_k^2+b_k^2)\Delta^2}\\&=2\Delta\sqrt{\pi}\sqrt{\sum_{k=1}^{N_1}(a_k^2+b_k^2)}\leqslant 2\Delta\|f\|_2.\end{aligned}$$

(6) 乘数 $\int_{-\pi}^{\pi}\frac{\sin t}{t}\mathrm{d}t$ 不能再减小.

事实上，只须取 $f=\cos x$. 此时，有

$$g_n(x)=\int_{\frac{1}{n}}^{\pi}\frac{\cos(x+t)-\cos(x-t)}{t}\mathrm{d}t=-2\sin x\int_{\frac{1}{n}}^{\pi}\frac{\sin t}{t}\mathrm{d}t.$$

$$g_n(x)\to g(x)=-2\sin x\int_0^{\pi}\frac{\sin t}{t}\mathrm{d}t=-2\Delta\sin x.$$

$$\|g\|_2=2\Delta\|\sin x\|_2=2\Delta\|\cos x\|_2=2\Delta\|f\|_2=\|f\|_2\int_{-\pi}^{\pi}\frac{\sin t}{t}\mathrm{d}t.$$

这说明当 $f=\cos x$ 时，不等式

$$\|g\|_2\leqslant\|f\|_2\int_{-\pi}^{\pi}\frac{\sin t}{t}\mathrm{d}t$$

取等号，即说明乘数 $\int_{-\pi}^{\pi}\frac{\sin t}{t}\mathrm{d}t$ 不能减小. □

【410】 (A. H. 柯尔莫戈洛夫)设 $f\in\mathscr{L}^2([a,b])$，在 $[a,b]$ 外，$f(x)=0$. 令

$$f_h(x)=\frac{1}{2h}\int_{x-h}^{x+h}f(t)\mathrm{d}t,\quad h\neq 0.$$

证明：(1) $\|f_h\|_2\leqslant\|f\|_2$.

(2) $\lim\limits_{h\to 0}\|f_h-f\|_2=0$，即当 $h\to 0$ 时，f_h 在 $\mathscr{L}^2([a,b])$ 中平均收敛于 f.

证明 (1) 由

$$\begin{aligned}[f_h(x)]^2&=\left[\frac{1}{2h}\int_{x-h}^{x+h}f(t)\mathrm{d}t\right]^2=\frac{1}{4h^2}\left(\int_{x-h}^{x+h}1\cdot f(t)\mathrm{d}t\right)^2\\&\overset{\text{Cauchy-Schwarz}}{\leqslant}\frac{1}{4h^2}2h\int_{x-h}^{x+h}f^2(t)\mathrm{d}t\\&=\frac{1}{2h}\int_{x-h}^{x+h}f^2(t)\mathrm{d}t,\end{aligned}$$

推得

$$\begin{aligned}\|f_h\|_2^2&=\int_a^b f_h^2(x)\mathrm{d}x\leqslant\int_a^b\left(\frac{1}{2h}\int_{x-h}^{x+h}f^2(t)\mathrm{d}t\right)\mathrm{d}x\\&\xlongequal{t=x+u}\int_a^b\left(\frac{1}{2h}\int_{-h}^{h}f^2(x+u)\mathrm{d}u\right)\mathrm{d}x\\&=\frac{1}{2h}\int_{-h}^{h}\left(\int_a^b f^2(x+u)\mathrm{d}x\right)\mathrm{d}u\\&\overset{f|_{[a,b]^c}=0}{\leqslant}\frac{1}{2h}\int_{-h}^{h}\left(\int_a^b f^2(x)\mathrm{d}x\right)\mathrm{d}u\\&=\int_a^b f^2(x)\mathrm{d}x=\|f\|_2^2,\end{aligned}$$

$$\|f_h\|_2\leqslant\|f\|_2.$$

(2) 对 $\forall f\in\mathscr{L}^2([a,b])$，$\forall\varepsilon>0$，$\exists g\in C([a,b])\subset\mathscr{L}^2([a,b])$，s. t.

$$\| f-g\|_2<\frac{\varepsilon}{3}\quad\text{（不妨设 } g \text{ 于}[a,b]\text{ 外也为 0.）}$$

这里 g 依赖于 ε. 令

$$g_h(x)=\frac{1}{2h}\int_{x-h}^{x+h}g(t)\mathrm{d}t,$$

易知，$g_h(x)$ 也为 $[a,b]$ 上的连续函数，即 $g_h(x)\in C([a,b])\subset\mathscr{L}^2([a,b])$. 易见

$$g_h(x)=\frac{1}{2h}\int_{x-h}^{x+h}g(t)\mathrm{d}t\xlongequal[|\theta|\leqslant 1]{\text{积分中值定理}}g(x+\theta h)$$

$$\underset{\text{一致连续}}{\overset{g\text{在}[a,b]\text{上}}{\rightrightarrows}}g(x),\ \forall x\in[a,b](h\to 0),$$

即

$$\lim_{h\to 0}g_h(x)=g(x)\quad\text{于}[a,b]\text{ 上一致成立.}$$

从而，有

$$\lim_{h\to 0}\| g_h-g\|_2^2=\lim_{h\to 0}\int_a^b(g_h-g)^2(x)\mathrm{d}x=0,$$

$$\lim_{h\to 0}\| g_h-g\|_2=0.$$

因此，$\exists\delta>0$，当 $|h|<\delta$ 时，有

$$\| g_h-g\|_2<\frac{\varepsilon}{3}.$$

这就得到

$$\begin{aligned}\| f_h-f\|_2&\leqslant\| f_h-g_h\|_2+\| g_h-g\|_2+\| g-f\|_2\\&=\|(f-g)_h\|_2+\frac{\varepsilon}{3}+\frac{\varepsilon}{3}\\&\overset{(1)}{\leqslant}\| f-g\|_2+\frac{2\varepsilon}{3}<\frac{\varepsilon}{3}+\frac{2\varepsilon}{3}=\varepsilon,\end{aligned}$$

$$\lim_{h\to 0}\| f_h-f\|_2=0.$$ □

更一般地，有

【411】 设 $f\in\mathscr{L}^p([a,b])(p>1)$，$f(x)$ 于 $[a,b]$ 外为 0. 令

$$f_h(x)=\frac{1}{2h}\int_{x-h}^{x+h}f(t)\mathrm{d}t,$$

证明：(1) $\| f_h\|_p\leqslant\| f\|_p$.

(2) $\lim\limits_{h\to 0}\| f_h-f\|_p=0$，即当 $h\to 0$ 时，f_h 在 $\mathscr{L}^p([a,b])$ 中 p 次幂平均收敛于 f.

证明 (1) 由

$$|f_h(x)|=\left|\frac{1}{2h}\int_{x-h}^{x+h}f(t)\mathrm{d}t\right|=\left|\frac{1}{2h}\int_{x-h}^{x+h}1\cdot f(t)\mathrm{d}t\right|$$
$$\overset{\text{Hölder}}{\leqslant}\frac{1}{2h}(2h)^{\frac{1}{q}}\left(\int_{x-h}^{x+h}|f(t)|^p\mathrm{d}t\right)^{\frac{1}{p}}$$
$$=(2h)^{\frac{1}{q}-1}\left(\int_{x-h}^{x+h}|f(t)|^p\mathrm{d}t\right)^{\frac{1}{p}}$$
$$=(2h)^{-\frac{1}{p}}\left(\int_{x-h}^{x+h}|f(t)|^p\mathrm{d}t\right)^{\frac{1}{p}},$$
$$|f_h(x)|^p\leqslant(2h)^{-1}\int_{x-h}^{x+h}|f(t)|^p\mathrm{d}t.$$

推得

$$\int_a^b|f_h(x)|^p\mathrm{d}x\leqslant\int_a^b\left(\frac{1}{2h}\int_{x-h}^{x+h}|f(t)|^p\mathrm{d}t\right)\mathrm{d}x$$
$$\overset{t=x+u}{=\!=\!=}\int_a^b\left(\frac{1}{2h}\int_{-h}^{h}|f(x+u)|^p\mathrm{d}u\right)\mathrm{d}x$$
$$=\frac{1}{2h}\int_{-h}^{h}\left(\int_a^b|f(x+u)|^p\mathrm{d}x\right)\mathrm{d}u$$
$$\overset{f|_{[a,b]^c}=0}{\leqslant}\frac{1}{2h}\int_{-h}^{h}\left(\int_a^b|f(x)|^p\mathrm{d}x\right)\mathrm{d}u$$
$$=\int_a^b|f(x)|^p\mathrm{d}x=\|f\|_p^p,$$
$$\|f_h\|_p\leqslant\|f\|_p.$$

(2) 对 $\forall f\in\mathscr{L}^p([a,b])$, $\forall\varepsilon>0$, $\exists g\in C([a,b])\subset\mathscr{L}^p([a,b])$, s. t.

$$\|f-g\|_p<\frac{\varepsilon}{3}\quad(\text{不妨设 } g \text{ 在}[a,b]\text{外也为 }0).$$

这里 g 依赖于 ε. 令

$$g_h(x)=\frac{1}{2h}\int_{x-h}^{x+h}g(t)\mathrm{d}t,$$

易知,$g_h(x)$ 也为 $[a,b]$ 上的连续函数,即 $g_h(x)\in C([a,b])\subset\mathscr{L}^p([a,b])$. 易见

$$g_h(x)=\frac{1}{2h}\int_{x-h}^{x+h}g(t)\mathrm{d}t\overset{\text{积分中值定理}}{=\!=\!=\!=}g(x+\theta h)$$
$$\underset{\text{一致连续}}{\overset{g\text{在}[a,b]\text{上}}{\rightrightarrows}}g(x),\ \forall x\in[a,b](h\to0),$$

即

$$\lim_{h\to0}g_h(x)=g(x)\quad\text{于}[a,b]\text{上一致成立}.$$

从而,有

$$\lim_{h\to 0}\| g_h - g\|_p^p = \lim_{h\to 0}\int_a^b |(g_h-g)(x)|^p \mathrm{d}x = 0,$$

$$\lim_{h\to 0}\| g_h - g\|_p = 0.$$

因此，$\exists\,\delta>0$，当$|h|<\delta$时，有

$$\| g_h - g\|_p < \frac{\varepsilon}{3}.$$

这就得到

$$\begin{aligned}\| f_h - f\|_p &\leqslant \| f_h - g_h\|_p + \| g_h - g\|_p + \| g - f\|_p \\ &= \|(f-g)_h\|_p + \frac{\varepsilon}{3} + \frac{\varepsilon}{3} \\ &\overset{(1)}{\leqslant} \| f-g\|_p + \frac{2\varepsilon}{3} < \frac{\varepsilon}{3} + \frac{2\varepsilon}{3} = \varepsilon, \\ &\lim_{h\to 0}\| f_h - f\|_p = 0.\end{aligned}$$

□

【412】 设$-\infty\leqslant a<b\leqslant+\infty$，$f(x)$为$(a,b)$上关于 Lebesgue 测度几乎处处不为 0 的可测函数，且满足：

$$|f(x)|\leqslant c\mathrm{e}^{-\delta|x|},\quad \delta>0,\quad x\in(a,b).$$

证明：若有 $g\in\mathscr{L}^2((a,b))$，使得

$$\int_a^b x^n f(x)g(x)\mathrm{d}x = 0,\quad n=0,1,\cdots.$$

则　$g(x)=0$，a. e.，$x\in(a,b)$. 即$\{x^n f(x)\,|\,n=0,1,\cdots\}$为 $\mathscr{L}^2((a,b))$中的完全系.

证明　先证明$(a,b)=(-\infty,+\infty)$情形. 设 $g\in\mathscr{L}^2((-\infty,+\infty))$，s. t.

$$\int_{-\infty}^{+\infty} x^n f(x)g(x)\mathrm{d}x = 0,\quad n=0,1,2,\cdots. \tag{$*$}$$

因为 $\mathrm{e}^{\delta_1|x|}f(x)g(x)\leqslant\dfrac{[\mathrm{e}^{\delta_1|x|}f(x)]^2+g^2(x)}{2}$$(0<\delta_1<\delta)$，所以 $\mathrm{e}^{\delta_1|x|}f(x)g(x)\in\mathscr{L}^1((-\infty,+\infty))$，从而可作 Fourier 变换

$$F(\lambda)=\int_{-\infty}^{+\infty} f(t)g(t)\mathrm{e}^{-\mathrm{i}\lambda t}\mathrm{d}t,$$

并将 $F(\lambda)$解析延拓至带域$|\mathrm{Im}\lambda|<\delta$处(见引理 4).

另一方面，由$(*)$可知，$F(\lambda)$在 $\lambda=0$ 处的任意阶导数

$$\begin{aligned}F^{(k)}(\lambda)\big|_{\lambda=0} &= \int_{-\infty}^{+\infty}(-\mathrm{i}t)^k f(t)g(t)\mathrm{e}^{-\mathrm{i}\lambda t}\mathrm{d}t\,\Big|_{\lambda=0} \\ &= \int_{-\infty}^{+\infty}(-\mathrm{i})^k t^k f(t)g(t)\mathrm{d}t \\ &= (-\mathrm{i})^k\cdot 0 = 0,\ k=0,1,2,\cdots.\end{aligned}$$

从而由 $F(\lambda)$解析知，$\exists\, r>0$，当 $\lambda\in B(0;\,r)$时，有

$$F(\lambda)=\sum_{k=0}^{\infty}\frac{F^{(k)}(0)}{k!}\lambda^k=\sum_{k=0}^{\infty}\frac{0}{k!}\lambda^k=0.$$

再由带域$|\mathrm{Im}\lambda|<\delta$的连通性和引理1立得在此带域上有$F(\lambda)\equiv 0$(参阅注).

根据参考文献[6]286页惟一性定理(定理4的推论),知

$$f(x)g(x)=0,\mathrm{a.e.}\ x\in(-\infty,+\infty).$$

由于题设,$f(x)$为$(-\infty,+\infty)$上关于 Lebesgue 测度几乎处处不为0,必有

$$g(x)=0,\mathrm{a.e.}\ x\in(-\infty,+\infty).$$

对一般的(a,b),$-\infty\leqslant a<b\leqslant+\infty$.

由$g\in\mathscr{L}^2((a,b))$立知$g(x)\cdot\chi_{[a,b]}(x)\in\mathscr{L}^2((-\infty,+\infty))$.并且

$$\begin{aligned}\int_{-\infty}^{+\infty}x^nf(x)g(x)\cdot\chi_{[a,b]}(x)\mathrm{d}x&=\int_a^b x^nf(x)g(x)\mathrm{d}x\\&=\int_a^b x^nf(x)g(x)\mathrm{d}x=0,n=0,1,2,\cdots.\end{aligned}$$

根据上述结论,必有

$$f(x)g(x)\cdot\chi_{[a,b]}(x)=0,\quad \mathrm{a.e.}\ x\in(-\infty,+\infty).$$

$$f(x)g(x)=0,\quad \mathrm{a.e.}\ x\in(a,b).$$

因为$f(x)$为(a,b)上关于 Lebesgue 测度几乎处处不为0,所以

$$g(x)=0,\quad \mathrm{a.e.}\ x\in(a,b).$$ □

引理1 设$F(z)$在平面开区域(连通开集)U上复解析.

(1) 如果$\exists z_0\in U$,s.t. $F^{(k)}(z_0)=0,k=0,1,2,\cdots$,则$F(z)\equiv 0,z\in U$.

(2) 如果$\exists$平面开区域$V\subset U$,s.t. $F(z)\equiv 0,z\in V$,则$F(z)\equiv 0,z\in U$.

证明 (1) 证法1

$$U_1=\{z\in U\mid F^{(k)}(z)=0,k=0,1,2,\cdots\},$$

$$U_2=\{z\in U\mid \exists k_0\in\mathbb{N}\cup\{0\},\mathrm{s.t.}\ F^{(k_0)}(z)\neq 0\}.$$

对$\forall z_2\in U_2$,则$\exists k_2\in\mathbb{N}\cup\{0\}$,s.t. $F^{(k_2)}(z_2)\neq 0$.根据$F^{(k)}(z)$的连续性,必有$r_2>0$,s.t.

$$F^{(k_2)}(z)\neq 0,z\in B(z_2;r_2),$$

故

$$B(z_2;r_2)\subset U_2$$

从而U_2为开集.

另一方面,对$\forall z_1\in U_1$,则$F^{(k)}(z_1)=0,k=0,1,2,\cdots$.由$F(z)$在平面开区域$U$上复解析,故$\exists r_1>0$,s.t.

$$F(z)=\sum_{k=0}^{\infty}\frac{F^{(k)}(z_1)}{k!}(z-z_1)^k$$

$$= \sum_{k=0}^{\infty} \frac{0}{k!}(z-z_1)^k = 0, z \in B(z_1; r_1).$$

$$F^{(k)}(z) = 0, k = 0,1,2,\cdots, \quad z \in B(z_1; r_1),$$

$$B(z_1; r_1) \subset U_1.$$

从而 U_1 为开集. 因为 $z_0 \in B(z_0; r_0) \subset U_1$,故 $U_1 \neq \varnothing$. 根据 U 连通立知 $U = U_1$,从而

$$F(z) \equiv 0, z \in U.$$

证法 2 对 $\forall z \in U$,因为 U 为平面开区域,根据参考文献[16]定理 7.2.8,在 U 中必有一条连接 z_0 与 z 的折线道路(或道路)l. 对 $\forall w_1 \in l \cap U_1$,由证法 1,$\exists r_{w_1} > 0$, s. t. $B(w_1; r_{w_1}) \subset U_1$;对 $\forall w_2 \in l \cap U_2$,由证法 1,$\exists r_{w_2} > 0$, s. t. $B(w_2; r_{w_2}) \subset U_2$. 于是

$$\mathscr{A} = \{B(w; r_w) \mid w \in l \cap U\}$$

为紧致集 l 的一个开复盖,根据紧致定义,$\mathscr{A}$ 必有有限子覆盖

$$\mathscr{A}_1 = \{B(z_i; r_{z_i}) \mid i = 0,1,2,\cdots,k; z_k = z\}.$$

由此立即推出

$$F(z) = F(z_k) = \cdots = F(z_0) = 0.$$

这就证明了 $F(z) \equiv 0, z \in U$.

(2) 因为 $F(z) \equiv 0, z \in V$,故 $F^{(k)}(z) = 0, k = 0,1,2,\cdots$. 根据(1)推得

$$F(z) \equiv 0, z \in U. \qquad \square$$

注 对于实解析,引理 1 未必成立.

反例:设

$$F(x) = \begin{cases} e^{-\frac{1}{x}}, & x > 0, \\ 0, & x \leqslant 0, \end{cases}$$

根据参考文献[13]第一章§1 引理 1,$F^{(k)}(x) = 0, x \in (-\infty, 0], k = 0,1,2,\cdots$ 但 $F(x) \neq 0$, $x \in \mathbb{R}$.

引理 2 (复 Lebesgue 控制收敛定理)设$(X, \mathscr{R}, \mu)$为测度空间,$\{f_n = u_n + \mathrm{i}v_n\}$为 $E \in \mathscr{R}$ 上的一个复的广义可测函数列,F 为它的控制函数,即

$$|f_n| \underset{\mu}{\dot{\leqslant}} F, \quad n = 1,2,\cdots.$$

并且 F 在 E 上是可积的. 如果$\{f_n\}$在 E 上几乎处处收敛于 E 上的广义可测函数 $f = u + \mathrm{i}v$,即在 E 上 $\lim\limits_{n\to+\infty} f_n(x) \underset{\mu}{\dot{=}} f(x)$,则 f 在 E 上是可积的,且

$$\lim_{n\to+\infty} \int_E f_n \mathrm{d}\mu = \int_E f \mathrm{d}\mu.$$

证明 证法 1 因为

$$\max\{|u_n|, |v_n|\} \leqslant \sqrt{u_n^2 + v_n^2} = |u_n + \mathrm{i}v_n| = |f_n| \underset{\mu}{\dot{\leqslant}} F, n = 1,2,\cdots,$$

所以

$$\begin{aligned}
\lim_{n\to+\infty}\int_E f_n\mathrm{d}\mu &= \lim_{n\to+\infty}\int_E(u_n+\mathrm{i}v_n)\mathrm{d}\mu \\
&= \lim_{n\to+\infty}\left[\int_E u_n\mathrm{d}\mu+\mathrm{i}\int_E v_n\mathrm{d}\mu\right] \\
&= \lim_{n\to+\infty}\int_E u_n\mathrm{d}\mu+\mathrm{i}\lim_{n\to+\infty}\int_E v_n\mathrm{d}\mu \\
&\xlongequal{\text{定理 }3.4.1'}\int_E\lim_{n\to+\infty}u_n\mathrm{d}\mu+\mathrm{i}\int_E\lim_{n\to+\infty}v_n\mathrm{d}\mu \\
&= \int_E u\mathrm{d}\mu+\mathrm{i}\int_E v\mathrm{d}\mu \\
&= \int_E(u+\mathrm{i}v)\mathrm{d}\mu=\int_E f\mathrm{d}\mu.
\end{aligned}$$

证法 2　仿照参考文献[1]定理 3.4.1′的证明. □

引理 3　(复参变量积分的复可导性——积分号下求导)设 $f(t,z)$ 为定义在 $[a,b]\times U=\{(t,z)\mid a\leqslant t\leqslant b,z\in U,U$ 为平面开区域$\}$上的复值函数. 如果对任何固定的 $z\in U$, $f(t,z)$ 关于 t 在 $[a,b]$ 上是 Lebesgue 可积的,而且关于 Lebesgue 测度 m 对几乎所有的 t,复值函数 $f(t,z)$ 对 z 有偏导数,并且存在 $[a,b]$ 上的 Lebesgue 可积函数 $G(t)$, s. t. $\forall h\in\mathbb{C}-\{0\}$,有($\mathbb{C}$ 为复数或)

$$\left|\frac{f(t,z+h)-f(t,z)}{h}\right|\overset{\cdot}{\underset{m}{\leqslant}}G(t)\quad\text{或}\quad\left|\frac{\partial}{\partial z}f(t,z)\right|\overset{\cdot}{\underset{m}{\leqslant}}G(t),$$

则

$$F(z)=\int_a^b f(t,z)\mathrm{d}t$$

在 U 上具有导函数 F',即 F 在 U 上解析,且有

$$F'(z)=\frac{\mathrm{d}}{\mathrm{d}z}\int_a^b f(t,z)\mathrm{d}t=\int_a^b\frac{\partial}{\partial z}f(t,z)\mathrm{d}t.$$

证明　证法 1　如果

$$\left|\frac{f(t,z+h)-f(t,z)}{h}\right|\overset{\cdot}{\underset{m}{\leqslant}}G(t),$$

则

$$\left|\frac{\partial f}{\partial z}(t,z)\right|=\left|\lim_{h\to 0}\frac{f(t,z+h)-f(t)}{h}\right|=\lim_{h\to 0}\left|\frac{f(t,z+h)-f(t)}{h}\right|\overset{\cdot}{\underset{m}{\leqslant}}G(t).$$

反之,如果

$$\left|\frac{\partial}{\partial z}f(t,z)\right|\overset{\cdot}{\underset{m}{\leqslant}}G(t),$$

则 $\exists\,\theta_1,\theta_2(0,1)$, s. t.

$$\left|\frac{f(t,z+h)-f(t,z)}{h}\right|$$

$$
\begin{aligned}
&= \left|\frac{f(t,x+\mathrm{i}y+\Delta x+\mathrm{i}\Delta y)-f(t,x+\mathrm{i}y)}{\Delta x+i\Delta y}\right| \\
&\leqslant \left|\frac{f(t,x+\mathrm{i}y+\Delta x+\mathrm{i}\Delta y)-f(t,x+\mathrm{i}y+\mathrm{i}\Delta y)}{\Delta x}\right|\left|\frac{\Delta x}{\Delta x+\mathrm{i}\Delta y}\right| \\
&\quad+\left|\frac{f(t,x+\mathrm{i}y+\mathrm{i}\Delta y)-f(t,x+\mathrm{i}y)}{\Delta y}\right|\left|\frac{\Delta y}{\Delta x+\mathrm{i}\Delta y}\right| \\
&\overset{\text{Lagrange中值定理}}{\leqslant} 2\left|\frac{\partial f}{\partial x}(t,x+\mathrm{i}y+\theta_1\Delta x+\mathrm{i}\Delta y)\right| \\
&\quad+2\left|\frac{\partial f}{\partial y}(t,x+\mathrm{i}y+\mathrm{i}\theta_2\Delta y)\right| \\
&\leqslant 2G(t)+2G(t)=4G(t).
\end{aligned}
$$

先取 $h_n\neq 0$, s. t. $\lim\limits_{n\to+\infty}h_n=0$, $z+h_n\in U$，则对$[a,b]$中几乎所有的 t 有

$$
\lim_{n\to+\infty}\frac{f(t,z+h_n)-f(t,z)}{h_n}=\frac{\partial}{\partial z}f(t,z).
$$

由上证明知，$4G(t)$为

$$
\left\{\frac{f(t,z+h_n)-f(t,z)}{h_n}\right\}
$$

的 Lebesgue 可积的控制函数. 根据引理 2(类似 Lebesgue 控制收敛定理 3.4.1′)得到

$$
\begin{aligned}
\lim_{n\to+\infty}\frac{1}{h_n}\left[\int_a^b f(t,z+h_n)\mathrm{d}t-\int_a^b f(t,z)\mathrm{d}t\right]&=\lim_{n\to+\infty}\int_a^b\frac{f(t,z+h_n)-f(t,z)}{h_n}\mathrm{d}t \\
&=\int_a^b\lim_{n\to+\infty}\frac{f(t,z+h_n)-f(t,z)}{h_n}\mathrm{d}t \\
&=\int_a^b\frac{\partial}{\partial z}f(t,z)\mathrm{d}t,
\end{aligned}
$$

$$
\begin{aligned}
\frac{\mathrm{d}}{\mathrm{d}z}\int_a^b f(t,z)\mathrm{d}t&=\lim_{h\to 0}\frac{1}{h}\left[\int_a^b f(t,z+h)\mathrm{d}t-\int_a^b f(t,z)\mathrm{d}t\right] \\
&=\int_a^b\frac{\partial}{\partial z}f(t,z)\mathrm{d}t.
\end{aligned}
$$

证法 2　设

$$
\begin{aligned}
f(t,z)&=u(t,z)+\mathrm{i}v(t,z) \\
U(z)+\mathrm{i}V(z)=F(z)&=\int_a^b f(t,z)\mathrm{d}t \\
&=\int_a^b[u(t,z)+\mathrm{i}v(t,z)]\mathrm{d}t \\
&=\int_a^b u(t,z)\mathrm{d}t+\mathrm{i}\int_a^b v(t,z)\mathrm{d}t, \\
U(z)=\int_a^b u(t,z)\mathrm{d}t,V(z)&=\int_a^b v(t,z)\mathrm{d}t.
\end{aligned}
$$

因为

$$\max\left\{\left|\frac{\partial u}{\partial x}\right|,\left|\frac{\partial v}{\partial x}\right|\right\}\leqslant\sqrt{\left(\frac{\partial u}{\partial x}\right)^2+\left(\frac{\partial v}{\partial x}\right)^2}=\left|\frac{\partial(u+\mathrm{i}v)}{\partial x}\right|\leqslant G(t),$$

$$\max\left\{\left|\frac{\partial u}{\partial y}\right|,\left|\frac{\partial v}{\partial y}\right|\right\}\leqslant\sqrt{\left(\frac{\partial u}{\partial y}\right)^2+\left(\frac{\partial v}{\partial y}\right)^2}=\left|\frac{\partial(u+\mathrm{i}v)}{\partial y}\right|\leqslant G(t),$$

根据 Lebesgue 控制收敛定理 3.4.1′得到

$$\begin{cases}\dfrac{\partial U}{\partial x}=\dfrac{\partial}{\partial x}\displaystyle\int_a^b u(t,z)\mathrm{d}t\xlongequal{\text{定理 3.4.1}'}\int_a^b\frac{\partial}{\partial x}u(t,z)\mathrm{d}t\\ \xlongequal{\text{Cauchy-Riemann 条件}}\displaystyle\int_a^b\frac{\partial}{\partial y}v(t,z)\mathrm{d}t\xlongequal{\text{定理 3.4.1}'}\frac{\partial}{\partial y}\int_a^b v(t,z)\mathrm{d}t=\frac{\partial V}{\partial y},\\ \dfrac{\partial V}{\partial y}=\dfrac{\partial}{\partial y}\displaystyle\int_a^b u(t,z)\mathrm{d}t\xlongequal{\text{定理 3.4.1}'}\int_a^b\frac{\partial}{\partial y}u(t,z)\mathrm{d}t\\ \xlongequal{\text{Cauchy-Riemann 条件}}\displaystyle\int_a^b-\frac{\partial}{\partial x}v(t,z)\mathrm{d}t\xlongequal{\text{定理 3.4.1}'}-\frac{\partial V}{\partial x}.\end{cases}$$

这就表明了 $F(z)=U(y)+\mathrm{i}V(z)$ 满足 Cauchy-Riemann 条件，从而 $F(z)=U(z)+\mathrm{i}V(z)$ 为 U 上的解析函数. □

引理 4 若有 $\delta>0,\mathrm{e}^{\delta|t|}f(t)\in\mathscr{L}^1((-\infty,+\infty))$，则其 Fourier 变换

$$\mathscr{F}(f)(\lambda)=F(\lambda)=\int_{-\infty}^{+\infty}f(t)\mathrm{e}^{-\mathrm{i}\lambda t}\mathrm{d}t$$

在 $|\mathrm{Im}\lambda|<\delta$ 上收敛，且在 $|\mathrm{Im}\lambda|$ 上关于 λ 复解析.

证明 证法 1 对 $\forall k\in\mathbb{N}\cup\{0\},\forall 0<\delta_1<\delta,\exists M_k>0$, s. t.

$$|t^k\mathrm{e}^{(\delta_1-\delta)|t|}|=\frac{|t|^k}{\mathrm{e}^{(\delta-\delta_1)|t|}}\leqslant M_k,\ \forall t\in(-\infty,+\infty).$$

因此，当 $|\mathrm{Im}\lambda|<\delta_1<\delta,t\in(-\infty,+\infty)$ 时，有

$$\begin{aligned}|(-\mathrm{i}t)^kf(t)\mathrm{e}^{-\mathrm{i}\lambda t}|&\leqslant|t^kf(t)\mathrm{e}^{\delta_1|t|}|\\&=|t^k\mathrm{e}^{(\delta_1-\delta)|t|}\mathrm{e}^{\delta|t|}f(t)|\\&\leqslant M_k|\mathrm{e}^{\delta|t|}\cdot f(t)|\in\mathscr{L}^1((-\infty,+\infty)).\end{aligned}$$

根据引理 3，有

$$F^{(k)}(\lambda)=\int_{-\infty}^{+\infty}(-\mathrm{i}t)^kf(t)\mathrm{e}^{-\mathrm{i}\lambda t}\mathrm{d}t,\ |\mathrm{Im}\lambda|<\delta_1.$$

当 $k=1$ 时就表明 $F(\lambda)$ 是复解析的（注意：如果 λ 为实变量，即使 $F(\lambda)$ 无穷次可导（当然是各阶连续可导），$F(\lambda)$ 未必实解析. 反例见上面的注）.

由于 $\delta_1\in(0,\delta)$ 任取，故 $F(\lambda)$ 在 $|\mathrm{Im}\lambda|<\delta$ 中是解析的.

证法 2 设 $\lambda=x+\mathrm{i}y$，则

$$u(\lambda)+\mathrm{i}v(\lambda)=F(\lambda)=\int_{-\infty}^{+\infty}f(t)\mathrm{e}^{-\mathrm{i}\lambda t}\mathrm{d}t$$

$$=\int_{-\infty}^{+\infty} f(t)\mathrm{e}^{-\mathrm{i}(x+\mathrm{i}y)t}\mathrm{d}t$$
$$=\int_{-\infty}^{+\infty} f(t)\mathrm{e}^{yt}(\cos xt-\mathrm{i}\sin xt)\mathrm{d}t$$
$$=\int_{-\infty}^{+\infty} f(t)\mathrm{e}^{yt}\cos xt\,\mathrm{d}t-\mathrm{i}\int_{-\infty}^{+\infty} f(t)\mathrm{e}^{yt}\sin xt\,\mathrm{d}t.$$

$$\begin{cases} u(\lambda)=\int_{-\infty}^{+\infty} f(t)\mathrm{e}^{yt}\cos xt\,\mathrm{d}t, \\ v(\lambda)=-\int_{-\infty}^{+\infty} f(t)\mathrm{e}^{yt}\sin xt\,\mathrm{d}t. \end{cases}$$

显然,当 $|\mathrm{Im}\lambda|<\delta_1<\delta$ 时,有

$$\begin{aligned} |-tf(t)\mathrm{e}^{yt}\sin xt| &\leqslant |tf(t)\mathrm{e}^{yt}| \\ &\leqslant |t\mathrm{e}^{(\delta_1-\delta)|t|}\cdot \mathrm{e}^{\delta|t|}f(t)| \\ &\leqslant M_1\,|\mathrm{e}^{\delta|t|}f(t)|\in\mathscr{L}^1((-\infty,+\infty)). \end{aligned}$$

同理,有

$$|tf(t)\mathrm{e}^{yt}\cos xt|\leqslant M_1\,|\mathrm{e}^{\delta|t|}f(t)|\in\mathscr{L}^1((-\infty,+\infty)),$$
$$|-tf(t)\mathrm{e}^{yt}\cos xt|\leqslant M_1\,|\mathrm{e}^{\delta|t|}f(t)|\in\mathscr{L}^1((-\infty,+\infty)).$$

根据定理 3.4.6,有

$$\begin{cases} \dfrac{\partial u}{\partial x}=\displaystyle\int_{-\infty}^{+\infty}-tf(t)\mathrm{e}^{yt}\sin xt\,\mathrm{d}t=-\int_{-\infty}^{+\infty}tf(t)\mathrm{e}^{yt}\sin xt\,\mathrm{d}t=\dfrac{\partial v}{\partial y}, \\ \dfrac{\partial u}{\partial y}=\displaystyle\int_{-\infty}^{+\infty}tf(t)\mathrm{e}^{yt}\cos xt\,\mathrm{d}t=-\left(-\int_{-\infty}^{+\infty}f(t)\mathrm{e}^{yt}\cos xt\,\mathrm{d}t\right)=-\dfrac{\partial v}{\partial x}. \end{cases}$$

这就表明了 $F(\lambda)=u(\lambda)+\mathrm{i}v(\lambda)$ 中的 $u(\lambda),v(\lambda)$ 满足 Cauchy-Riemann 方程,因此,$F(\lambda)$ 在 $|\mathrm{Im}\lambda|<\delta_1$ 中解析.

由于 $\delta_1\in(0,\delta)$ 任取,故 $F(\lambda)$ 在 $|\mathrm{Im}\lambda|<\delta$ 中最解析的.

【413】 定义:设 $f(\boldsymbol{x}),g(\boldsymbol{x})\in\mathscr{L}^1(\mathbb{R}^n)$,如果积分

$$\int_{\mathbb{R}^n} f(\boldsymbol{x}-\boldsymbol{y})g(\boldsymbol{y})\mathrm{d}\boldsymbol{y}$$

存在,则此积分为 f 与 g 的**卷积**,记为 $(f*g)(\boldsymbol{x})$.

显然,$(f*g)(\boldsymbol{x})=\int_{\mathbb{R}^n} f(\boldsymbol{x}-\boldsymbol{y})g(\boldsymbol{y})\mathrm{d}\boldsymbol{y}=\int_{\mathbb{R}^n} f(\boldsymbol{u})g(\boldsymbol{x}-\boldsymbol{u})\mathrm{d}\boldsymbol{u}=(g*f)(\boldsymbol{x})$,

$$f*g=g*f.$$

设 $f,g\in\mathscr{L}^1(\mathbb{R}^n)$,则 $(f*g)(\boldsymbol{x})$ 对几乎处处的 $\boldsymbol{x}\in\mathbb{R}^n$ 存在(有限),且 $(f*g)(\boldsymbol{x})$ 为 $\mathbb{R}^n$ 上的 Lebesgue 可积函数,且有

$$\int_{\mathbb{R}^n}|(f*g)(\boldsymbol{x})|\,\mathrm{d}\boldsymbol{x}\leqslant\left(\int_{\mathbb{R}^n}|f(\boldsymbol{x})|\,\mathrm{d}\boldsymbol{x}\right)\left(\int_{\mathbb{R}^n}|g(\boldsymbol{x})|\,\mathrm{d}\boldsymbol{x}\right).$$

证明　设 $f(\boldsymbol{x})\geqslant 0,g(\boldsymbol{x})\geqslant 0$. 因为 $f(\boldsymbol{x}-\boldsymbol{y})g(\boldsymbol{y})$ 为 $\mathbb{R}^n\times\mathbb{R}^n$ 上的 Lebesgue 可测函数,所

以根据非负 Lebesgue 可测函数的 Tonelli 定理可得

$$\begin{aligned}\int_{\mathbb{R}^n}\mathrm{d}\boldsymbol{x}\int_{\mathbb{R}^n}f(\boldsymbol{x}-\boldsymbol{y})g(\boldsymbol{y})\mathrm{d}\boldsymbol{y}&=\int_{\mathbb{R}^n}\mathrm{d}\boldsymbol{y}\int_{\mathbb{R}^n}f(\boldsymbol{x}-\boldsymbol{y})g(\boldsymbol{y})\mathrm{d}\boldsymbol{x}\\&=\int_{\mathbb{R}^n}g(\boldsymbol{y})\mathrm{d}\boldsymbol{y}\int_{\mathbb{R}^n}f(\boldsymbol{x}-\boldsymbol{y})\mathrm{d}\boldsymbol{x}\\&=\int_{\mathbb{R}^n}g(\boldsymbol{y})\mathrm{d}\boldsymbol{y}\int_{\mathbb{R}^n}f(\boldsymbol{x})\mathrm{d}\boldsymbol{x}<+\infty.\end{aligned}$$

这说明$(f*g)(\boldsymbol{x})$在$\mathbb{R}^n$上几乎处处存在有限.且有

$$\int_{\mathbb{R}^n}(f*g)(\boldsymbol{x})\mathrm{d}\boldsymbol{x}=\int_{\mathbb{R}^n}g(\boldsymbol{y})\mathrm{d}\boldsymbol{y}\int_{\mathbb{R}^n}f(\boldsymbol{x})\mathrm{d}\boldsymbol{x}.$$

对于一般情形,有

$$\begin{aligned}\int_{\mathbb{R}^n}|(f*g)(\boldsymbol{x})|\mathrm{d}\boldsymbol{x}&\leqslant\int_{\mathbb{R}^n}(|f|*|g|)(\boldsymbol{x})\mathrm{d}\boldsymbol{x}\\&=\int_{\mathbb{R}^n}|f(\boldsymbol{x})|\mathrm{d}\boldsymbol{x}\int_{\mathbb{R}^n}|g(\boldsymbol{x})|\mathrm{d}\boldsymbol{x}.\end{aligned}$$

□

【414】 设$f\in\mathscr{L}^1(\mathbb{R}^n)$,$g\in\mathscr{L}^p(\mathbb{R}^n)(1\leqslant p\leqslant+\infty)$,则有 Young 不等式:

$$\|f*g\|_p\leqslant\|f\|_1\|g\|_p.$$

证明 (1) 当$p=+\infty$时,由$g\in\mathscr{L}^\infty(\mathbb{R}^n)$,故$|g(\boldsymbol{x})|\underset{m}{\overset{\cdot}{\leqslant}}\|g\|_\infty$,$\boldsymbol{x}\in\mathbb{R}^n$.从而

$$\begin{aligned}|(f*g)|&=\left|\int_{\mathbb{R}^n}f(\boldsymbol{x}-\boldsymbol{y})g(\boldsymbol{y})\mathrm{d}\boldsymbol{y}\right|\\&\leqslant\int_{\mathbb{R}^n}|f(\boldsymbol{x}-\boldsymbol{y})||g(\boldsymbol{y})|\mathrm{d}\boldsymbol{y}\\&\leqslant\|g\|_\infty\int_{\mathbb{R}^n}|f(\boldsymbol{x}-\boldsymbol{y})|\mathrm{d}\boldsymbol{y}\\&=\|g\|_\infty\int_{\mathbb{R}^n}|f(\boldsymbol{u})|\mathrm{d}\boldsymbol{u}\\&=\|f\|_1\|g\|_\infty.\end{aligned}$$

(2) 当$p=1$时,即题[413].

$$\begin{aligned}\|f*g\|_1&=\int_{\mathbb{R}^n}|f*g(\boldsymbol{x})|\mathrm{d}\boldsymbol{x}\\&\leqslant\int_{\mathbb{R}^n}|f(\boldsymbol{x})|\mathrm{d}\boldsymbol{x}\int_{\mathbb{R}^n}|g(\boldsymbol{x})|\mathrm{d}\boldsymbol{x}\\&=\|f\|_1\|g\|_1.\end{aligned}$$

(3) 当$1<p<+\infty$时,令p'为p的共轭指标,即$\frac{1}{p}+\frac{1}{p'}=1$.于是,有不等式

$$\begin{aligned}|(f*g)(\boldsymbol{x})|&=\left|\int_{\mathbb{R}^n}f(\boldsymbol{x}-\boldsymbol{y})g(\boldsymbol{y})\mathrm{d}\boldsymbol{y}\right|\\&\leqslant\int_{\mathbb{R}^n}|f(\boldsymbol{x}-\boldsymbol{y})||g(\boldsymbol{y})|\mathrm{d}\boldsymbol{y}\end{aligned}$$

$$=\int_{\mathbb{R}^n}|f(\boldsymbol{x}-\boldsymbol{y})|^{\frac{1}{p}}|g(\boldsymbol{y})||f(\boldsymbol{x}-\boldsymbol{y})|^{\frac{1}{p'}}\mathrm{d}\boldsymbol{y}$$

$$\overset{\text{Hölder}}{\leqslant}\left[\int_{\mathbb{R}^n}|f(\boldsymbol{x}-\boldsymbol{y})||g(\boldsymbol{y})|^p\mathrm{d}\boldsymbol{y}\right]^{\frac{1}{p}}\left[\int_{\mathbb{R}^n}|f(\boldsymbol{x}-\boldsymbol{y})|\mathrm{d}\boldsymbol{y}\right]^{\frac{1}{p'}}.$$

对上式两端 p 次方后再对 $\boldsymbol{x}$ 作积分得到

$$\|f*g\|_p^p=\int_{\mathbb{R}^n}|(f*g)(\boldsymbol{x})|^p\mathrm{d}\boldsymbol{x}$$

$$\leqslant\int_{\mathbb{R}^n}\left[\int_{\mathbb{R}^n}|f(\boldsymbol{x}-\boldsymbol{y})||g(\boldsymbol{y})|^p\mathrm{d}\boldsymbol{y}\right]\mathrm{d}\boldsymbol{x}\left[\int_{\mathbb{R}^n}|f(\boldsymbol{x}-\boldsymbol{y})|\mathrm{d}\boldsymbol{y}\right]^{\frac{p}{p'}}$$

$$=\int_{\mathbb{R}^n}|g(\boldsymbol{y})|^p\left[\int_{\mathbb{R}^n}|f(\boldsymbol{x}-\boldsymbol{y})|\mathrm{d}\boldsymbol{x}\right]\mathrm{d}\boldsymbol{y}\left[\int_{\mathbb{R}^n}|f(\boldsymbol{u})|\mathrm{d}\boldsymbol{u}\right]^{\frac{p}{p'}}$$

$$=\|f\|_1^{\frac{p}{p'}}\int_{\mathbb{R}^n}|g(y)|^p\left[\int_{\mathbb{R}^n}|f(u)|\mathrm{d}u\right]\mathrm{d}y$$

$$=\|f\|_1^{\frac{p}{p'}+1}\|g\|_p^p=\|f\|_1^p\|g\|_p^p,\ \|f*g\|_p\leqslant\|f\|_1\|g\|_p.$$ □

【415】 设 $g\in\mathscr{L}^1(\mathbb{R}^1)$，且 $\lim\limits_{k\to+\infty}\|f_k-f\|_2=0$. 证明：

$$\lim_{k\to+\infty}\int_{-\infty}^{+\infty}f_k(x-y)g(y)\mathrm{d}y=\int_{-\infty}^{+\infty}f(x-y)g(y)\mathrm{d}y.$$

证明 因为

$$\left|\int_{\mathbb{R}^1}f_k(x-y)g(y)\mathrm{d}y-\int_{\mathbb{R}^1}f(x-y)g(y)\mathrm{d}y\right|=|[(f_k-f)*g](x)|$$
$$=|[g*(f_k-f)](x)|,$$

所以，根据题[414]题，有

$$0\leqslant\|(f_k-f)*g\|_2=\|g*(f_k-f)\|_2\leqslant\|g\|_1\|f_k-f\|_2\to 0(k\to+\infty).$$

$$(f_k-f)*g\xrightarrow{\mathscr{L}^2(\mathbb{R}^1)}0(k\to 0),\text{即}(\mathscr{L}^2)\lim_{k\to+\infty}(f_k-f)*g=0.$$

于是

$$f_k*g\xrightarrow{\mathscr{L}^2(\mathbb{R}^1)}f*g(k\to+\infty),\text{即}\quad(\mathscr{L}^2)\lim_{k\to+\infty}f_k*g=f*g.$$

这就证明了

$$\lim_{k\to+\infty}\int_{-\infty}^{+\infty}f_k(x-y)g(y)\mathrm{d}y=\int_{-\infty}^{+\infty}f(x-y)g(y)\mathrm{d}y.$$ □

参考文献

[1] 徐森林,薛春华.实变函数论.北京:清华大学出版社,2009.

[2] И.П.那汤松.实变函数论(上、下册).北京:高等教育出版社,1958.

[3] 夏道行,严绍宗,吴卓人,舒五昌.实变函数论与泛函分析(上册).第2版.北京:高等教育出版社,1984.

[4] 周民强.实变函数.第2版.北京:北京大学出版社,1995.

[5] 周民强.实变函数解题指南.北京:北京大学出版社,2007.

[6] 江泽坚,吴智泉.实变函数论.第2版.北京:高等教育出版社,1994.

[7] 郑维行,王声望.实变函数与泛函分析概要(第一册).第2版.北京:高等教育出版社,1989.

[8] 陈建功.实函数论.北京:科学出版社,1978.

[9] 汪林.实分析的反例.北京:高等教育出版社,1989.

[10] 程民德,邓东皋,龙瑞麟.实分析.北京:高等教育出版社,1993.

[11] 程极泰.集合论.北京:国防工业出版社,1985.

[12] 徐森林.流形和Stokes定理.北京:高等教育出版社,1981.

[13] 徐森林,薛春华.流形.北京:高等教育出版社,1991.

[14] 徐利治,冯克勤,方兆本,徐森林.大学数学解题法诠释.合肥:安徽教育出版社,1999.

[15] 徐森林,薛春华.数学分析(第一册).北京:清华大学出版社,2005.

[16] 徐森林,薛春华.数学分析(第二册).北京:清华大学出版社,2006.

[17] 徐森林,金亚东,薛春华.数学分析(第三册).北京:清华大学出版社,2007.

[18] 徐森林,胡自胜,金亚东,薛春华.点集拓扑学.北京:高等教育出版社,2007.

[19] 国防科技大学应用数学教研室.实变函数论习题解答.长沙:湖南科学技术出版社,1980.

[20] 薛春华,徐森林.数学分析精选习题全解(上册).北京:清华大学出版社,2009.

[21] 薛春华,徐森林.数学分析精选习题全解(下册).北京:清华大学出版社,2010.